中国石油科技进展丛书（2006—2015年）

石油地质理论与配套技术

主　编：赵文智
副主编：胡素云　张水昌

石油工业出版社

内 容 提 要

本书总结了中国石油最近十几年来在石油地质理论与油气勘探配套技术方面的新进展,包括古老烃源岩成烃成藏研究、碎屑岩沉积储层与成藏理论、海相碳酸盐岩沉积储层与成藏理论、天然气大型化成藏与分布研究、非常规油气地质研究、油气资源评价方法技术、地球物理勘探技术等,对今后中国油气地质研究及勘探实践有重要的指导和借鉴意义。

本书可供石油地质研究人员、管理人员及相关专业的师生参考阅读。

图书在版编目(CIP)数据

石油地质理论与配套技术 / 赵文智主编 . —北京:石油工业出版社,2019.1

(中国石油科技进展丛书 . 2006—2015 年)

ISBN 978-7-5183-3000-3

Ⅰ.①石… Ⅱ.①赵… Ⅲ.①石油地质学–技术发展 Ⅳ.① TE14

中国版本图书馆 CIP 数据核字(2018)第 282622 号

审图号:GS(2018)6915 号

出版发行:石油工业出版社

(北京安定门外安华里 2 区 1 号 100011)

网　址:www.petropub.com

编辑部:(010)64523544　图书营销中心:(010)64523633

经　销:全国新华书店

印　刷:北京中石油彩色印刷有限责任公司

2019 年 1 月第 1 版　2019 年 1 月第 1 次印刷

787×1092 毫米　开本:1/16　印张:30.5

字数:740 千字

定价:260.00 元

(如出现印装质量问题,我社图书营销中心负责调换)

版权所有,翻印必究

《中国石油科技进展丛书（2006—2015年）》编委会

主　　任：王宜林

副 主 任：焦方正　喻宝才　孙龙德

主　　编：孙龙德

副 主 编：匡立春　袁士义　隋　军　何盛宝　张卫国

编　　委：（按姓氏笔画排序）

于建宁	马德胜	王　峰	王卫国	王立昕	王红庄
王雪松	王渝明	石　林	伍贤柱	刘　合	闫伦江
汤　林	汤天知	李　峰	李忠兴	李建忠	李雪辉
吴向红	邹才能	闵希华	宋少光	宋新民	张　玮
张　研	张　镇	张子鹏	张光亚	张志伟	陈和平
陈健峰	范子菲	范向红	罗　凯	金　鼎	周灿灿
周英操	周家尧	郑俊章	赵文智	钟太贤	姚根顺
贾爱林	钱锦华	徐英俊	凌心强	黄维和	章卫兵
程杰成	傅国友	温声明	谢正凯	雷　群	蔺爱国
撒利明	潘校华	穆龙新			

专　家　组

成　　员：
刘振武	童晓光	高瑞祺	沈平平	苏义脑	孙　宁
高德利	王贤清	傅诚德	徐春明	黄新生	陆大卫
钱荣钧	邱中建	胡见义	吴　奇	顾家裕	孟纯绪
罗治斌	钟树德	接铭训			

《石油地质理论与配套技术》编写组

主　编： 赵文智

副主编： 胡素云　张水昌

成　员：（按姓氏笔画排序）

马行陟　王　岚　王汇彤　王华建　王红军　王社教
王晓梅　王铜山　毛治国　卞从胜　朱如凯　任　荣
刘　伟　杨　智　李长喜　李建忠　何　坤　汪泽成
沈安江　张　研　张志杰　陈竹新　金　旭　周红英
周灿灿　郑　民　赵孟军　胡　英　胡国艺　柳少波
袁选俊　徐安娜　高志勇　郭秋麟　陶士振　董大忠
管树巍

序

习近平总书记指出，创新是引领发展的第一动力，是建设现代化经济体系的战略支撑，要瞄准世界科技前沿，拓展实施国家重大科技项目，突出关键共性技术、前沿引领技术、现代工程技术、颠覆性技术创新，建立以企业为主体、市场为导向、产学研深度融合的技术创新体系，加快建设创新型国家。

中国石油认真学习贯彻习近平总书记关于科技创新的一系列重要论述，把创新作为高质量发展的第一驱动力，围绕建设世界一流综合性国际能源公司的战略目标，坚持国家"自主创新、重点跨越、支撑发展、引领未来"的科技工作指导方针，贯彻公司"业务主导、自主创新、强化激励、开放共享"的科技发展理念，全力实施"优势领域持续保持领先、赶超领域跨越式提升、储备领域占领技术制高点"的科技创新三大工程。

"十一五"以来，尤其是"十二五"期间，中国石油坚持"主营业务战略驱动、发展目标导向、顶层设计"的科技工作思路，以国家科技重大专项为龙头、公司重大科技专项为抓手，取得一大批标志性成果，一批新技术实现规模化应用，一批超前储备技术获重要进展，创新能力大幅提升。为了全面系统总结这一时期中国石油在国家和公司层面形成的重大科研创新成果，强化成果的传承、宣传和推广，我们组织编写了《中国石油科技进展丛书（2006—2015年）》（以下简称《丛书》）。

《丛书》是中国石油重大科技成果的集中展示。近些年来，世界能源市场特别是油气市场供需格局发生了深刻变革，企业间围绕资源、市场、技术的竞争日趋激烈。油气资源勘探开发领域不断向低渗透、深层、海洋、非常规扩展，炼油加工资源劣质化、多元化趋势明显，化工新材料、新产品需求持续增长。国际社会更加关注气候变化，各国对生态环境保护、节能减排等方面的监管日益严格，对能源生产和消费的绿色清洁要求不断提高。面对新形势新挑战，能源企业必须将科技创新作为发展战略支点，持续提升自主创新能力，加快构筑竞争新优势。"十一五"以来，中国石油突破了一批制约主营业务发展的关键技术，多项重要技术与产品填补空白，多项重大装备与软件满足国内外生产急需。截至2015年底，共获得国家科技奖励30项、获得授权专利17813项。《丛书》全面系统地梳理了中国石油"十一五""十二五"期间各专业领域基础研究、技术开发、技术应用中取得的主要创新性成果，总结了中国石油科技创新的成功经验。

《丛书》是中国石油科技发展辉煌历史的高度凝练。中国石油的发展史，就是一部创业创新的历史。建国初期，我国石油工业基础十分薄弱，20世纪50年代以来，随着陆相生油理论和勘探技术的突破，成功发现和开发建设了大庆油田，使我国一举甩掉贫油的帽子；此后随着海相碳酸盐岩、岩性地层理论的创新发展和开发技术的进步，又陆续发现和建成了一批大中型油气田。在炼油化工方面，"五朵金花"炼化技术的开发成功打破了国外技术封锁，相继建成了一个又一个炼化企业，实现了炼化业务的不断发展壮大。重组改制后特别是"十二五"以来，我们将"创新"纳入公司总体发展战略，着力强化创新引领，这是中国石油在深入贯彻落实中央精神、系统总结"十二五"发展经验基础上、根据形势变化和公司发展需要作出的重要战略决策，意义重大而深远。《丛书》从石油地质、物探、测井、钻完井、采油、油气藏工程、提高采收率、地面工程、井下作业、油气储运、石油炼制、石油化工、安全环保、海外油气勘探开发和非常规油气勘探开发等15个方面，记述了中国石油艰难曲折的理论创新、科技进步、推广应用的历史。它的出版真实反映了一个时期中国石油科技工作者百折不挠、顽强拼搏、敢于创新的科学精神，弘扬了中国石油科技人员秉承"我为祖国献石油"的核心价值观和"三老四严"的工作作风。

《丛书》是广大科技工作者的交流平台。创新驱动的实质是人才驱动，人才是创新的第一资源。中国石油拥有21名院士、3万多名科研人员和1.6万名信息技术人员，星光璀璨、人文荟萃、成果斐然。这是我们宝贵的人才资源。我们始终致力于抓好人才培养、引进、使用三个关键环节，打造一支数量充足、结构合理、素质优良的创新型人才队伍。《丛书》的出版搭建了一个展示交流的有形化平台，丰富了中国石油科技知识共享体系，对于科技管理人员系统掌握科技发展情况，做出科学规划和决策具有重要参考价值。同时，便于科研工作者全面把握本领域技术进展现状，准确了解学科前沿技术，明确学科发展方向，更好地指导生产与科研工作，对于提高中国石油科技创新的整体水平，加强科技成果宣传和推广，也具有十分重要的意义。

掩卷沉思，深感创新艰难、良作难得。《丛书》的编写出版是一项规模宏大的科技创新历史编纂工程，参与编写的单位有60多家，参加编写的科技人员有1000多人，参加审稿的专家学者有200多人次。自编写工作启动以来，中国石油党组对这项浩大的出版工程始终非常重视和关注。我高兴地看到，两年来，在各编写单位的精心组织下，在广大科研人员的辛勤付出下，《丛书》得以高质量出版。在此，我真诚地感谢所有参与《丛书》组织、研究、编写、出版工作的广大科技工作者和参编人员，真切地希望这套《丛书》能成为广大科技管理人员和科研工作者的案头必备图书，为中国石油整体科技创新水平的提升发挥应有的作用。我们要以习近平新时代中国特色社会主义思想为指引，认真贯彻落实党中央、国务院的决策部署，坚定信心、改革攻坚，以奋发有为的精神状态、卓有成效的创新成果，不断开创中国石油稳健发展新局面，高质量建设世界一流综合性国际能源公司，为国家推动能源革命和全面建成小康社会作出新贡献。

2018年12月

丛书前言

　　石油工业的发展史，就是一部科技创新史。"十一五"以来尤其是"十二五"期间，中国石油进一步加大理论创新和各类新技术、新材料的研发与应用，科技贡献率进一步提高，引领和推动了可持续跨越发展。

　　十余年来，中国石油以国家科技发展规划为统领，坚持国家"自主创新、重点跨越、支撑发展、引领未来"的科技工作指导方针，贯彻公司"主营业务战略驱动、发展目标导向、顶层设计"的科技工作思路，实施"优势领域持续保持领先、赶超领域跨越式提升、储备领域占领技术制高点"科技创新三大工程；以国家重大专项为龙头，以公司重大科技专项为核心，以重大现场试验为抓手，按照"超前储备、技术攻关、试验配套与推广"三个层次，紧紧围绕建设世界一流综合性国际能源公司目标，组织开展了50个重大科技项目，取得一批重大成果和重要突破。

　　形成40项标志性成果。（1）勘探开发领域：创新发展了深层古老碳酸盐岩、冲断带深层天然气、高原咸化湖盆等地质理论与勘探配套技术，特高含水油田提高采收率技术，低渗透/特低渗透油气田勘探开发理论与配套技术，稠油/超稠油蒸汽驱开采等核心技术，全球资源评价、被动裂谷盆地石油地质理论及勘探、大型碳酸盐岩油气田开发等核心技术。（2）炼油化工领域：创新发展了清洁汽柴油生产、劣质重油加工和环烷基稠油深加工、炼化主体系列催化剂、高附加值聚烯烃和橡胶新产品等技术，千万吨级炼厂、百万吨级乙烯、大氮肥等成套技术。（3）油气储运领域：研发了高钢级大口径天然气管道建设和管网集中调控运行技术、大功率电驱和燃驱压缩机组等16大类国产化管道装备，大型天然气液化工艺和20万立方米低温储罐建设技术。（4）工程技术与装备领域：研发了G3i大型地震仪等核心装备，"两宽一高"地震勘探技术，快速与成像测井装备、大型复杂储层测井处理解释一体化软件等，8000米超深井钻机及9000米四单根立柱钻机等重大装备。（5）安全环保与节能节水领域：

研发了 CO_2 驱油与埋存、钻井液不落地、炼化能量系统优化、烟气脱硫脱硝、挥发性有机物综合管控等核心技术。（6）非常规油气与新能源领域：创新发展了致密油气成藏地质理论，致密气田规模效益开发模式，中低煤阶煤层气勘探理论和开采技术，页岩气勘探开发关键工艺与工具等。

取得 15 项重要进展。（1）上游领域：连续型油气聚集理论和含油气盆地全过程模拟技术创新发展，非常规资源评价与有效动用配套技术初步成型，纳米智能驱油二氧化硅载体制备方法研发形成，稠油火驱技术攻关和试验获得重大突破，井下油水分离同井注采技术系统可靠性、稳定性进一步提高；（2）下游领域：自主研发的新一代炼化催化材料及绿色制备技术、苯甲醇烷基化和甲醇制烯烃芳烃等碳一化工新技术等。

这些创新成果，有力支撑了中国石油的生产经营和各项业务快速发展。为了全面系统反映中国石油 2006—2015 年科技发展和创新成果，总结成功经验，提高整体水平，加强科技成果宣传推广、传承和传播，中国石油决定组织编写《中国石油科技进展丛书（2006—2015 年）》（以下简称《丛书》）。

《丛书》编写工作在编委会统一组织下实施。中国石油集团董事长王宜林担任编委会主任。参与编写的单位有 60 多家，参加编写的科技人员 1000 多人，参加审稿的专家学者 200 多人次。《丛书》各分册编写由相关行政单位牵头，集合学术带头人、知名专家和有学术影响的技术人员组成编写团队。《丛书》编写始终坚持：一是突出站位高度，从石油工业战略发展出发，体现中国石油的最新成果；二是突出组织领导，各单位高度重视，每个分册成立编写组，确保组织架构落实有效；三是突出编写水平，集中一大批高水平专家，基本代表各个专业领域的最高水平；四是突出《丛书》质量，各分册完成初稿后，由编写单位和科技管理部共同推荐审稿专家对稿件审查把关，确保书稿质量。

《丛书》全面系统反映中国石油 2006—2015 年取得的标志性重大科技创新成果，重点突出"十二五"，兼顾"十一五"，以科技计划为基础，以重大研究项目和攻关项目为重点内容。丛书各分册既有重点成果，又形成相对完整的知识体系，具有以下显著特点：一是继承性。《丛书》是《中国石油"十五"科技进展丛书》的延续和发展，凸显中国石油一以贯之的科技发展脉络。二是完整性。《丛书》涵盖中国石油所有科技领域进展，全面反映科技创新成果。三是标志性。《丛书》在综合记述各领域科技发展成果基础上，突出中国石油领先、高端、前沿的标志性重大科技成果，是核心竞争力的集中展示。四是创新性。《丛书》全面梳理中国石油自主创新科技成果，总结成功经验，有助于提高科技创新整体水平。五是前瞻性。《丛书》设置专门章节对世界石油科技中长期发展做出基本预测，有助于石油工业管理者和科技工作者全面了解产业前沿、把握发展机遇。

《丛书》将中国石油技术体系按15个领域进行成果梳理、凝练提升、系统总结，以领域进展和重点专著两个层次的组合模式组织出版，形成专有技术集成和知识共享体系。其中，领域进展图书，综述各领域的科技进展与展望，对技术领域进行全覆盖，包括石油地质、物探、测井、钻完井、采油、油气藏工程、提高采收率、地面工程、井下作业、油气储运、石油炼制、石油化工、安全环保节能、海外油气勘探开发和非常规油气勘探开发等15个领域。31部重点专著图书反映了各领域的重大标志性成果，突出专业深度和学术水平。

《丛书》的组织编写和出版工作任务量浩大，自2016年启动以来，得到了中国石油天然气集团公司党组的高度重视。王宜林董事长对《丛书》出版做了重要批示。在两年多的时间里，编委会组织各分册编写人员，在科研和生产任务十分紧张的情况下，高质量高标准完成了《丛书》的编写工作。在集团公司科技管理部的统一安排下，各分册编写组在完成分册稿件的编写后，进行了多轮次的内部和外部专家审稿，最终达到出版要求。石油工业出版社组织一流的编辑出版力量，将《丛书》打造成精品图书。值此《丛书》出版之际，对所有参与这项工作的院士、专家、科研人员、科技管理人员及出版工作者的辛勤工作表示衷心感谢。

人类总是在不断地创新、总结和进步。这套丛书是对中国石油2006—2015年主要科技创新活动的集中总结和凝练。也由于时间、人力和能力等方面原因，还有许多进展和成果不可能充分全面地吸收到《丛书》中来。我们期盼有更多的科技创新成果不断地出版发行，期望《丛书》对石油行业的同行们起到借鉴学习作用，希望广大科技工作者多提宝贵意见，使中国石油今后的科技创新工作得到更好的总结提升。

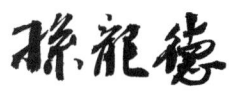

孙龙德

2018年12月

前 言

在石油工业的发展过程中，石油储产量每上一个台阶，都伴随着我国石油地质理论认识和勘探技术的一次飞跃。进入 21 世纪以来，随着国民经济的快速发展，国内油气供给面临严峻形势，油气勘探对象日益多元化，常规、非常规并举，中浅层和深层、超深层并重，新老勘探领域都成为勘探的重点和热点。从 2006 年至 2015 年的 10 年间，中国石油累计新增探明石油地质储量 116.4 亿吨、天然气地质储量 6.4 万亿立方米；在古老深层、非常规和陆相层系的油气勘探领域取得一系列重大突破，四川盆地新元古界—下古生界万亿立方米天然气田、玛湖凹陷"百里油区"10 亿吨级大油气区、鄂尔多斯盆地数个亿吨级低渗透—致密大油区等的发现，使中国石油新增油气储量能够连续 10 年以 10 亿吨规模高位增长。可以说，这 10 年是中国石油取得丰硕成果的 10 年，也是中国石油发展史上辉煌的 10 年。10 年来，石油地质理论的快速发展和勘探评价技术的不断进步，对中国石油上游勘探的发展起到了重要的指导和推动作用，为国内油气的稳定供给提供了理论与技术保障。

《石油地质理论与配套技术》是《中国石油科技进展丛书（2006—2015年）》的一个分册，它集中体现了中国石油在 2006 年至 2015 年间油气勘探实践的新发现和新认识，全面反映了 10 年间石油地质理论研究与勘探配套技术研发所取得的最新进展及应用成效。其中，在古老海相碳酸盐岩油气系统生烃与成藏、陆相碎屑岩大油气区天然气资源形成与分布、非常规油气聚集机制与富集规律、地质实验与油气资源评价技术、地球物理勘探技术等基础地质研究与关键技术研发方面进展突出。这些成果不仅对中国石油油气勘探储量的快速增长起到了重要的推动作用，而且丰富和发展了石油地质理论和勘探评价技术。

本书反映的成果以国家油气专项和中国石油集团科技专项为基础，经过反复推敲、凝练、总结、提升而成，是集常规与非常规、浅层与深层、年轻与古老层系石油地质理论新认识与技术新进展、新发现和新成效于一体的成果，力求反映这一时期中国石油广大科技工作者大胆探索和勇于创新的精华。相信本书的出版，将对深入认识我国含油气盆地形成与演化、油气成藏条件和富集规律、发现新的油气资源具有重要的理论意义和实用价值。

本书由赵文智担任主编，提出编写思路和框架，并对核心内容的表述进行了多次审订。胡素云、张水昌担任副主编，负责具体组织和统稿工作。

全书共分九章。第一章，重点介绍烃源岩成烃成藏研究进展，由赵文智、张水昌、王晓梅、王华建、何坤、管树巍、任荣等负责编写。主要内容包括：（1）三大克拉通盆地裂谷类型、演化、沉积格局及其对烃源岩发育的控制作用；（2）天文旋回和大气环流、海洋表层水富氧和深部水体厌氧、冰期和间冰期对中—新元古代微生物繁盛和有机质富集的控制作用；（3）真核生物在中—新元古代的出现及其对生烃母质多样性构成和倾油气性的影响；（4）"接力生气"等模式的理论内涵和勘探意义、深层多途径有机—无机复合生气机制及天然气形成和保存下限。

第二章，重点介绍海相碳酸盐岩储层与成藏研究进展，由赵文智、胡素云、汪泽成、沈安江、刘伟、王铜山等负责编写。主要内容包括：（1）中国古老克拉通盆地演化历经 Rodinia 和 Pangea 两个伸展—聚敛构造旋回，在小克拉通背景上形成了 2 类 7 种海相原型盆地；（2）克拉通内构造分异对海相沉积分异具有重要控制作用，克拉通内裂陷两侧高能环境发育的丘滩体以及碳酸盐岩缓坡发育的颗粒滩体，分布广、规模大，为规模储层发育奠定了物质基础；（3）海相碳酸盐岩储层成因分类方案，高能相带、岩溶作用、白云石化作用及断裂作用等对规模储层形成的控制；（4）我国碳酸盐岩油气藏集群式分布的 5 种模式、3 类油气富集带、油气勘探多"黄金带"理论。

第三章，重点介绍碎屑岩沉积储层与成藏理论新进展，由袁选俊、陶士振、张志杰、毛治国、王岚、周红英等负责编写。主要内容包括：（1）湖盆细粒沉积特征与沉积新模式，提升了富油气凹陷勘探潜力；（2）坳陷湖盆中心砂质碎屑流与大型浅水三角洲沉积新模式，拓展了岩性地层油气藏勘探领域；（3）形成了碎屑岩储层数字露头三维建模、测井—成岩相定量评价等技术，提高了有效储层的预测精度；（4）创建了"源下、源上"成藏新模式及"源储共生、增压充注、断裂控藏、集群式分布"的岩性地层大油区地质理论，推动了从湖盆边缘向湖盆中心、从源内向源上和源下的多层系勘探。

第四章，主要介绍中低丰度天然气大型化成藏与分布研究新进展，由赵文智、王红军、汪泽成、卞从胜、徐安娜等负责编写。主要内容包括：（1）成藏要素的大型化发育与横向规模变化是中低丰度气藏群大型化成藏的基础，薄饼式和集群式成藏是大型化成藏的主要样式，体积流与扩散流充注是大型化成藏的主要机制；（2）中低丰度天然气分别以大面积成藏组合、大范围成藏组合和似层状组合的形式出现，分布具有近源性，成藏时机具有晚期性；（3）大型化成藏组合有规模性、成藏类型有单一性、成藏时机有晚期性，成藏效率较高，是我国天然气资源的主体。

第五章，重点介绍非常规油气地质研究新进展，由朱如凯、陶士振、董大忠、柳少波、杨智、马行陟等负责编写。主要内容包括：（1）非常规储层划分与微纳米孔喉系统精细表征；（2）致密油气聚集机理与"甜点区、段"选区评价；（3）富有机质页岩沉积环境、有机质富集、有机质类型与热演化程度、页岩气富集与保存；（4）煤层气富集控制因素与中高煤阶煤层气富集高产区的三种模式。

第六章，重点介绍地质实验技术进展，由赵孟军、柳少波、王汇彤、胡国艺、金旭、陈竹新、高志勇等负责编写。主要内容包括：（1）以物理模拟技术为核心的含油气盆地构造变形、成烃、成储与成藏全过程物理模拟新技术，实现油气成藏要素模拟的定量化、可视化和规范化；（2）致密储层不同尺度不同级别孔喉系统精细观测、重构及含油气性的定量表征技术，为非常规油气资源准确评价和有利区优选提供技术支撑；（3）低分子量 C_6—C_{13} 轻馏分检测及定量分析方法，中分子量烃类金刚烷分离、定量及单体碳同位素测定方法，形成全组分烃类解析与油气来源示踪技术。

第七章，重点介绍第四次资源评价技术进展，由李建忠、郑民、郭秋麟、王社教等负责编写。主要内容包括：（1）发展三维运聚模拟、刻度区资源丰度类比法和广义帕莱托分布法等常规油气资源评价方法技术，研发小面元法、分级资源丰度类比法、EUR 类比法和数值模拟法等非常规油气资源评价方法技术；（2）建立基础信息参数、资源评价方法参数、标准类比参数体系，构建了 3 大类资源评价方法 12 项关键参数的取值标准；（3）我国常规油气以及 7 类非常规油气资源量评价结果，进一步明确常规剩余油气资源未来勘探的重点领域以及非常规油气发展方向。

第八章，重点介绍地球物理勘探技术新进展，由张研、周灿灿、胡英、李长喜等负责编写。主要内容包括：（1）薄砂体地震预测技术和不整合面识别预测技术，在松辽、四川、鄂尔多斯、塔里木、准噶尔等盆地中浅层岩性地层油气藏勘探开发中发挥重要的作用；（2）重磁电震一体化预测技术，为松辽盆地深层、准噶尔盆地东部火山岩领域突破与增储上产奠定技术基础；（3）各向异性高精度成像技术、岩溶缝洞体识别预测技术和白云岩气藏预测技术，有效推动了四川、塔里木、鄂尔多斯等探区碳酸盐岩接替领域向现实领域的转化；（4）以速度建模为核心的前陆冲断带复杂构造叠前深度域成像技术，为西气东输二期管线建设奠定扎实的资源基础；（5）致密油砂岩测井评价技术，在长庆油田长7致密油的有效勘探开发中发挥了技术支撑作用；（6）非均质碳酸盐岩测井评价与产气量预测测井关键技术，为四川盆地震旦系和寒武系大气区的发现奠定了有效储层和流体类型识别的技术基础；（7）海相页岩气测井评价技术，有效支撑了蜀南页岩气勘探开发进程，为页岩气甜点评价和有效开发提供了重要技术手段。

本书审稿过程中，特别邀请宋建国教授、顾家裕教授、赵长毅教授等专家对书稿编写及审查提出了具体建议，王华建、王晓梅等参加了后期统稿工作，在此一并表示衷心地感谢。应该指出，本书内容是集体智慧与劳动的结晶，参与该书编写的执笔人只是科研团队的部分代表，在这里向为这些理论和技术方法的发展做出贡献的每一位科技人员表示衷心的感谢！

特别感谢中国石油天然气集团有限公司王宜林董事长多年的关怀和支持，感谢科技管理部、勘探与生产公司领导多年来给予的支持和关照，感谢戴金星院士、邹才能院士、高瑞祺教授等的指导和帮助！感谢石油工业出版社章卫兵总经理助理以及相关编辑为本书的出版付出的艰辛劳动。

由于研究领域多、研究对象复杂，加上近年来石油地质理论和勘探技术进展迅速，信息量大，全面系统总结这些成果有不少难度，书中有诸多不妥之处，敬请广大读者批评指正。

目 录

第一章　古老烃源岩成烃成藏　1
- 第一节　元古宇—下古生界烃源岩发育的构造背景　1
- 第二节　元古宇—下古生界烃源岩发育的气候—海洋环境　14
- 第三节　元古宇—下古生界烃源岩特征与倾油气性　21
- 第四节　古老深层有机质生烃机制、油气相态与保存下限　28
- 小结　42
- 参考文献　43

第二章　海相碳酸盐岩储层与成藏理论　46
- 第一节　海相碳酸盐岩沉积与岩相古地理　46
- 第二节　海相碳酸盐岩规模储层的形成与分布　75
- 第三节　海相碳酸盐岩油气藏形成与分布　92
- 第四节　深层碳酸盐岩层系油气多勘探"黄金带"　109
- 小结　114
- 参考文献　115

第三章　碎屑岩沉积储层与成藏理论　116
- 第一节　湖盆细粒沉积特征与分布模式　116
- 第二节　浅水三角洲沉积特征与生长模式　133
- 第三节　砂质碎屑流沉积特征与分布模式　144
- 第四节　碎屑岩储层成岩与定量评价　148
- 第五节　岩性地层大面积成藏机理与分布规律　156
- 小结　167
- 参考文献　168

第四章　天然气大型化成藏与分布　172
- 第一节　中国天然气资源类型与地质特征　172
- 第二节　海相与煤系气源研究新进展　179
- 第三节　天然气大型化成藏的地质特征　187

  第四节 天然气大型化成藏机理 ········· 197
  第五节 中低丰度天然气资源潜力与分布 ········· 203
  小结 ········· 210
  参考文献 ········· 211

第五章 非常规油气地质 ········· 213

  第一节 非常规油气勘探进展与经验 ········· 213
  第二节 非常规储层微纳米孔喉系统与储集性 ········· 218
  第三节 致密油连续型聚集与"甜点区"评价 ········· 227
  第四节 致密气持续充注聚集模式与多层叠置大面积分布 ········· 231
  第五节 页岩气源储一体聚集机理与富集规律 ········· 236
  第六节 煤层气富集高产模式 ········· 248
  小结 ········· 261
  参考文献 ········· 261

第六章 石油地质实验技术 ········· 264

  第一节 成盆—成烃—成储—成藏物理模拟技术 ········· 264
  第二节 多尺度储层孔隙与含油气性表征技术 ········· 291
  第三节 全组分烃类解析与油气来源示踪技术 ········· 306
  小结 ········· 316
  参考文献 ········· 317

第七章 油气资源评价方法技术 ········· 319

  第一节 油气资源评价新方法、新技术 ········· 320
  第二节 油气资源评价关键参数 ········· 345
  第三节 油气资源潜力与勘探方向 ········· 372
  小结 ········· 384
  参考文献 ········· 385

第八章 地球物理勘探技术 ········· 386

  第一节 岩性地层油气藏地震预测技术 ········· 386
  第二节 火山岩气藏综合地球物理勘探技术 ········· 394
  第三节 碳酸盐岩油气藏地震预测技术 ········· 404
  第四节 前陆冲断带复杂构造地震成像技术 ········· 415
  第五节 致密砂岩油气层测井评价技术 ········· 427
  第六节 非均质碳酸盐岩测井评价关键技术 ········· 442

  第七节 海相页岩气测井评价技术 …………………………………………… 452
  小结 ………………………………………………………………………… 461
  参考文献 …………………………………………………………………… 461

第九章 结语 …………………………………………………………………… 463

第一章　古老烃源岩成烃成藏

早期研究认为，全球范围内显生宇以前的烃源岩沉积相当有限，大范围的有效烃源岩层位只是在寒武系以上。截至20世纪90年代，石油地质学家仍然对元古宇原生油气资源潜力持怀疑态度，认为90%以上的油气资源分布在显生宇的志留系、上泥盆统至土尔内昔阶、宾夕法尼亚系至下二叠统、上侏罗统、中白垩统和渐新统—中新统等六套地层中，而历时长达20亿年之久的元古宇总份额不超过0.2%。

近20多年来的油气勘探进展显示，元古宇—下古生界蕴含着大量潜在的和未开发的油气资源。目前在除南极洲外的各大洲，均已发现前寒武系油气，且原生油气资源量不断攀升。俄罗斯西伯利亚地台和伏尔加—乌拉尔地区、阿曼含盐盆地、印度—巴基斯坦等地区的元古宇—下古生界原生油气已经得到工业开发[1]。澳大利亚北部麦克阿瑟盆地和南部阿德莱德地区、西非陶代尼盆地、北美五大湖区和巴西圣弗朗西斯科盆地等地的元古宇也成为油气勘探重点层系。近年来，澳大利亚更是在中—新元古界油气勘探中屡获突破。尤其是在麦克阿瑟盆地，目前已发现古元古界Barney Creek（16.4亿年）页岩区天然气地质储量达4000多亿立方米，中元古代Middle Velkerra（14.0亿年）超级页岩气区天然气地质储量更是超百万亿立方米，极大提振了勘探家在元古宇—下古生界找油找气的信心[2]。

中国在四川盆地、塔里木盆地和鄂尔多斯盆地下古生界油气勘探过程中，近年来陆续取得安岳气田、涪陵气田、顺北油田、顺南气田、靖边气田等一大批重大油气发现，累计探明油气地质储量超过50×10^8t油当量，有力支撑了自产油气的增储上产。同时，华北克拉通燕山地区中元古界发育多套富有机质页岩，并发现液态油苗、沥青等油气显示200余处[3]，四川盆地灯影组以及盆地周缘的寒武系牛蹄塘组和震旦系陡山沱组也发现工业气流显示，证明中国元古宇—下古生界找油气前景广阔，是当前油气勘探的前沿领域和潜在接替领域。

第一节　元古宇—下古生界烃源岩发育的构造背景

全球最重要的元古宙地质事件为Columbia超大陆（2.1—1.2Ga）和Rodinia超大陆的聚合与裂解（1.3—0.6Ga）。受控于这两个超大陆旋回，华北、华南和塔里木克拉通经历基底拼合及之后的裂解作用，在克拉通边缘和内部形成规模巨大的元古宙裂谷系（图1-1）[4-6]。这些裂谷作为克拉通的最早期盆地，内部充填了巨厚的元古宇（图1-2），并为烃源岩发育提供有利场所。但是三大克拉通具有不同的裂谷发育时限和演化历史，其中华北的古、中、新元古代裂谷均发育，华南与塔里木主要为新元古代裂谷。早古生代受控于周缘洋盆的扩张、闭合作用，三大克拉通均经历了早期伸展—晚期聚敛构造演化过程。

一、华北克拉通元古宙—早古生代构造演化

华北克拉通是地球上最古老的克拉通之一，主要由太古宙—古元古代变质基底和上覆沉积盖层组成。古元古代晚期（约1.85Ga），吕梁运动导致华北克拉通东、西两大陆块碰

撞拼合形成统一基底。接着，其构造体制发生根本改变，在克拉通内部和边缘发生强烈的伸展作用，形成熊耳、燕辽、白云鄂博、鄂尔多斯、徐淮等裂谷盆地（图1-1和图1-3），裂谷沉积最厚10000m以上（图1-2a）。中—新元古代，华北克拉通内部没有发现与聚合事件有关的岩浆记录，整个华北很可能一直处于拉伸的构造背景[6]。

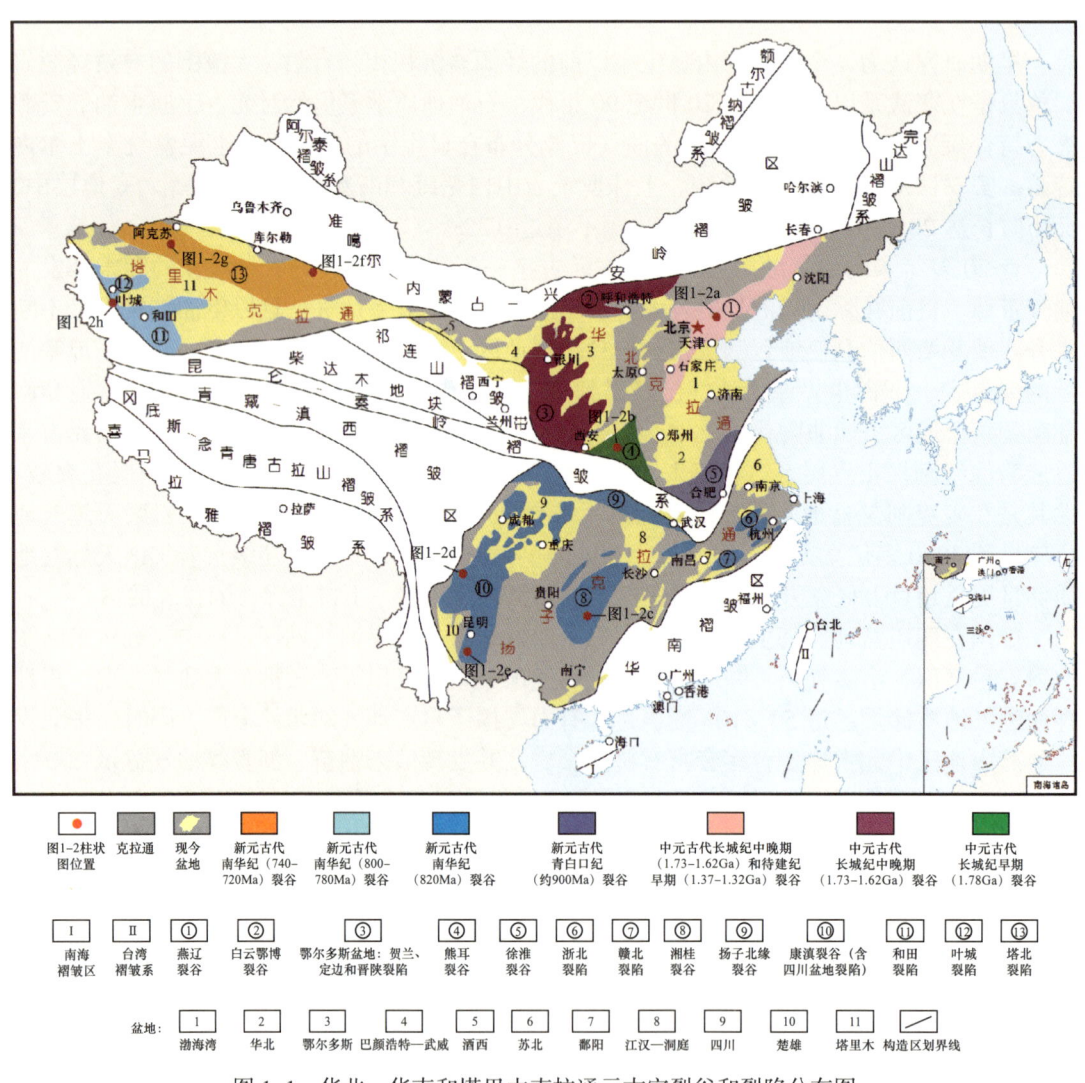

图1-1 华北、华南和塔里木克拉通元古宙裂谷和裂陷分布图

1. 元古宙裂谷构造演化

古元古代放射状岩墙群和熊耳群大火成岩省（1.8—1.78Ga）的分布指示华北克拉通在长城纪初期（约1.8Ga）裂解中心位于克拉通南缘，即熊耳/中条三叉裂谷系中心位置（图1-4a），该裂谷火山岩系厚度巨大（3000～7000m）。但是，此时燕辽地区并没有张开形成裂谷。长城系底部常州沟组下伏侵入太古宙密云群变质基底的1.67Ga环斑花岗岩和侵位于长城系串岭沟组的1.64Ga辉绿岩床共同指示燕辽裂谷盆地的开启时限为1.67—1.64Ga，在长城系下部形成一套由粗快速变细的裂陷沉积序列，串岭沟组发育暗色泥质岩和细碎屑沉积（图1-2a）。对白云鄂博群、狼山—渣尔泰群和化德群的研究也证实华北北缘西段的白云鄂博裂谷具有与燕辽裂谷盆地相同的层序与沉积历史[6]。熊耳裂谷在长城

-2-

第一章 古老烃源岩成烃成藏

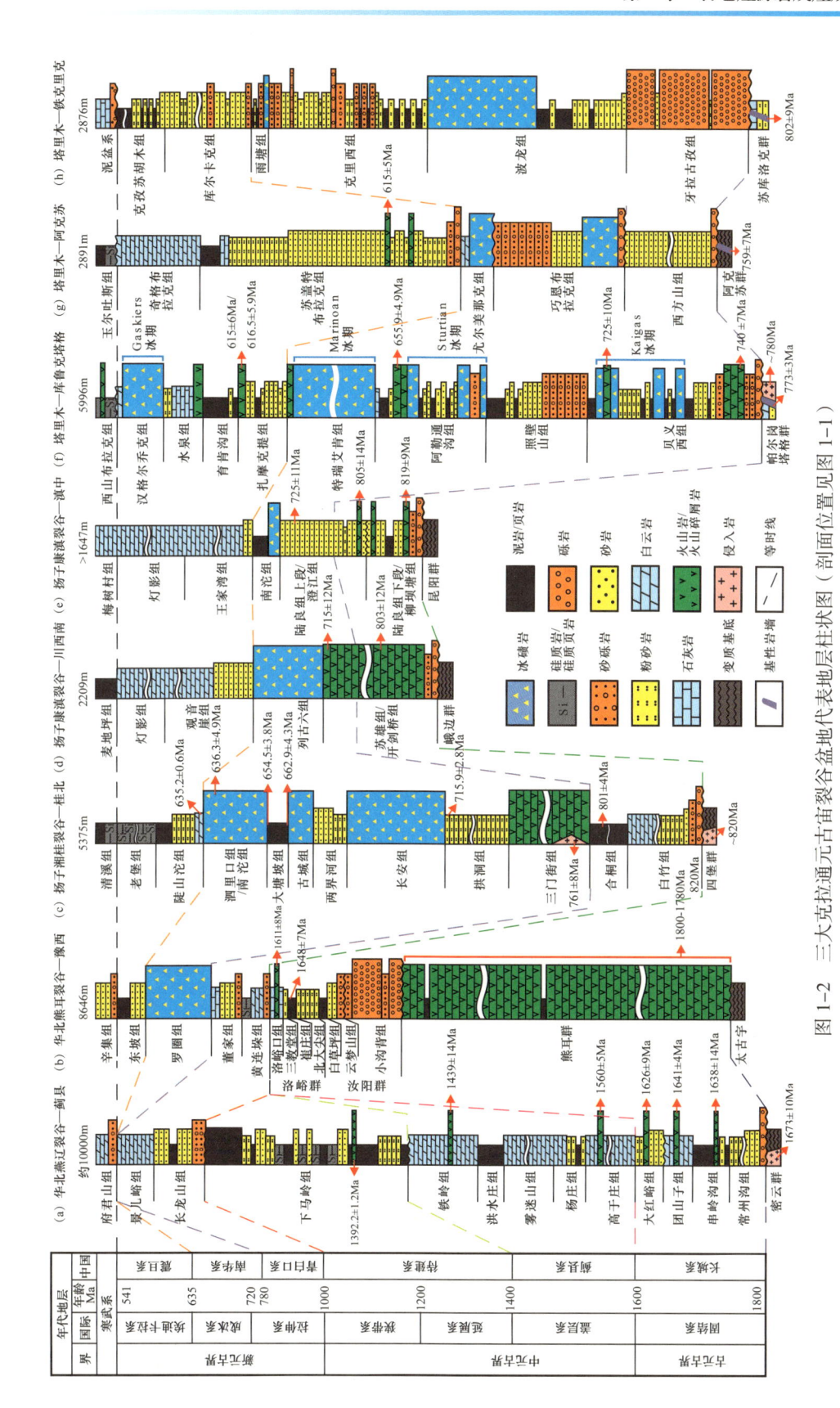

图1-2 三大克拉通元古宙裂谷盆地代表地层柱状图（剖面位置见图1-1）

-3-

纪中—晚期沉积滨浅海相的汝阳群和洛峪群，其中洛峪群崔庄组发育黑色碳质泥页岩（图1-2b）。航磁、地震、钻井等证据揭示华北西部鄂尔多斯盆地内部隐伏三个NE走向展布的晋陕、定边和贺兰裂陷槽，其内部长城系呈明显的堑、垒间裂陷沉积特征（图1-5）[7]，庆深2井、天深1井、桃59井等揭示长城系石英砂岩中夹数层安山岩、辉绿岩，证明鄂尔多斯盆地同样存在长城纪裂陷作用，但桃59井仅在长城系钻遇3m黑色碳质泥岩。

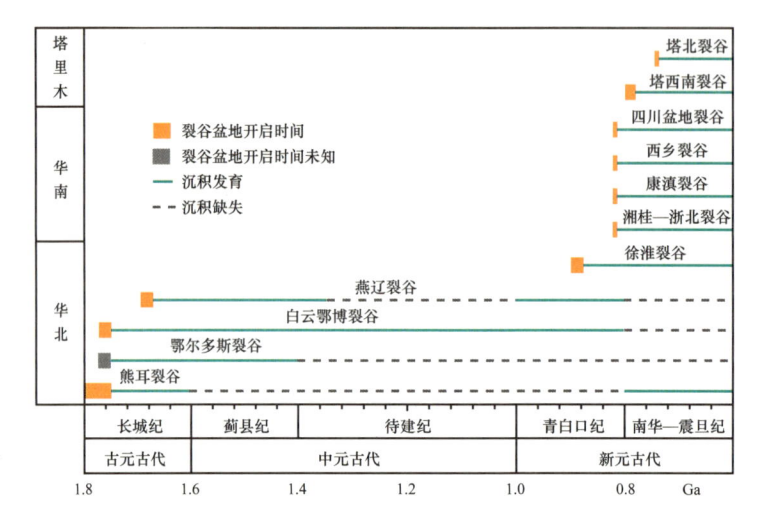

图1-3 三大克拉通元古宙裂谷盆地开启时限和沉积发育时代

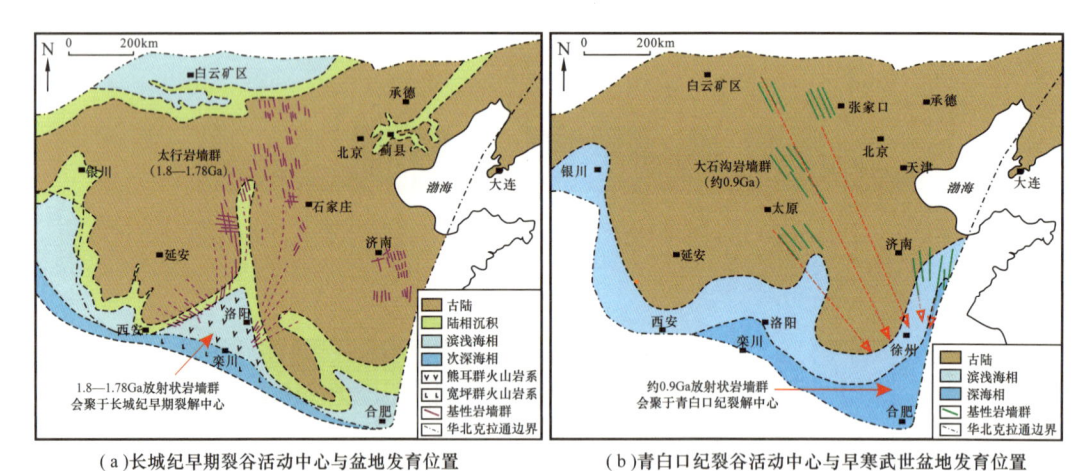

（a）长城纪早期裂谷活动中心与盆地发育位置
（b）青白口纪裂谷活动中心与早寒武世盆地发育位置

图1-4 华北元古宙裂解中心移位与盆地分布

从蓟县纪高于庄组沉积期开始，华北克拉通处于相对稳定的演化阶段，主要表现为较弱的岩浆作用和大范围巨厚碳酸盐岩的发育（图1-2a），可能反映长城纪之后断陷向坳陷转化、物源和沉积范围扩大的构造沉积环境[8]。这与华北周缘在1.6Ga之后进入被动陆缘演化阶段的认识基本一致，洪水庄组暗色页岩即形成于此时期。在待建纪（1.4—1.0Ga），华北克拉通北缘再次发生裂解，以下马岭组暗色泥页岩和1.33—1.3Ga燕辽大火成岩省的形成为显著特征。白云鄂博地区由地幔熔融产生的1.3Ga火成碳酸岩床表明华北北缘西段也存在同期的裂谷岩浆活动，并很可能发育待建系。鄂尔多斯盆地已有50余口钻井钻遇基底和元古宇，证实缺失待建系，华北南缘蓟县系和待建系均缺失。

在新元古代青白口纪，华北的裂解中心主要位于克拉通的东南缘，在华北中部和南部—东南部分别形成925Ma大石沟岩墙群和约900Ma徐淮—栾川—旅大—平南岩床群（图1-4b）[9]。与约1.8Ga的岩墙群和大火成岩省事件相比，此期裂谷岩浆活动较弱。同时，在华北西北缘狼山—渣尔泰地区也可能局部发育同期的伸展盆地。南华—震旦纪，华北大部分地区包括鄂尔多斯盆地为古陆，沉积主要沿华北克拉通周缘分布。

2. 早古生代伸展—挤压旋回

在早古生代，华北克拉通处于相对稳定的地台状态，主体发育寒武系—中奥陶统碎屑岩—碳酸盐岩沉积。其中，寒武纪受控于南缘古秦岭洋和北缘古亚洲洋的扩张[10,11]，以被动陆缘的发育为特征，早期沉积主要形成于克拉通周缘包括南部的徐淮、北部的辽东等地区（图1-4b）；而在早奥陶世晚期，由于上述周缘洋盆俯冲造成的南北挤压，华北克拉通边缘发生隆升，形成边缘隆起和隆后坳陷，在克拉通中部发育局限陆表海环境的马家沟组膏盐沉积；在晚奥陶世—志留纪，持续的南北挤压作用导致华北克拉通整体抬升，并发生大规模海退，在克拉通内部大面积缺失同期沉积。

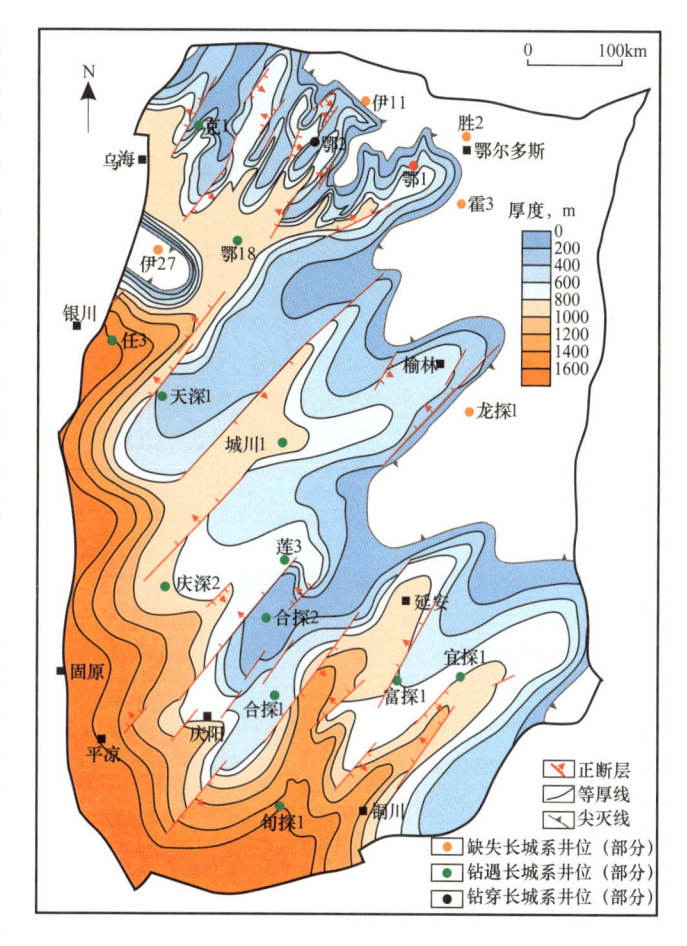

图1-5 鄂尔多斯盆地长城系残余厚度分布

二、华南克拉通新元古代—早古生代构造演化

华南克拉通主要由太古宇—下新元古界变质基底及上覆海—陆相沉积盖层组成。中元古代末期—新元古代早期（1.1—0.85Ga），四堡运动导致扬子和华夏地块最终聚合，形成统一的华南克拉通。之后，华南发育850—820Ma的后碰撞岩浆活动（非裂谷）和早期裂谷作用，主要表现为花岗岩侵入和同造山期沉积，如裂谷沉积下伏825—820Ma花岗岩的就位和冷家溪群、四堡群的沉积。接着华南发生大规模的裂谷作用，形成湘桂、浙北、康滇和西乡等多个裂谷盆地（图1-1和图1-6a），内部充填了典型的裂谷盆地火山—沉积序列[4]。重、磁和地震资料显示南华纪四川盆地也发育呈"川"字分布的三支北东向裂陷（图1-7）[7]。

1. 新元古代裂谷演化阶段

作为对Rodinia超大陆裂解的响应，华南新元古代裂谷盆地开启于约820Ma（图1-3），峰期为820—750Ma，在635Ma基本消亡，主要分为三个演化阶段。

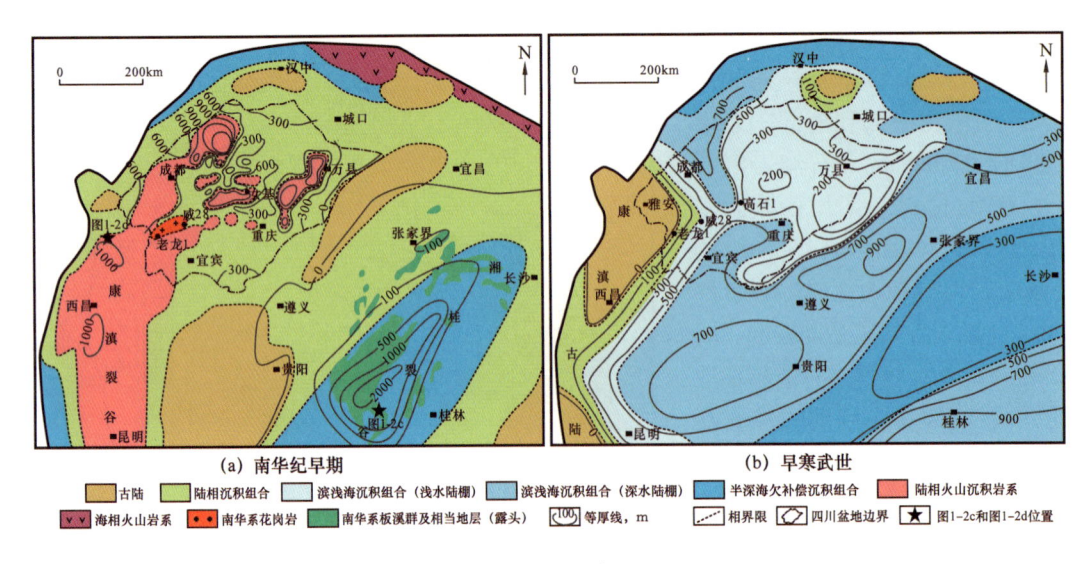

图1-6 华南中—上扬子地区南华纪早期和早寒武世构造古地理

第一期断陷阶段（820—780Ma），在湘桂—浙北和康滇裂谷南部均沉积一套由粗变细的裂陷层序，以湘桂地区最为典型，从下到上依次是洪积扇相、滨浅海相、碳酸盐台地相和欠补偿盆地相（图1-2c）[4]，发育合桐组、天井组和柳坝塘组黑色泥页岩。而在康滇裂谷北部和西乡地区，则发育碧口大火成岩省（820—810Ma）和苏雄组、铁船山组陆相双峰式火山岩（图1-2d；817—803Ma）。四川盆地目前共有5口井钻入基底，其中威117井钻遇的794±11Ma A型花岗岩为伸展背景的产物[12]，时代与康滇地区双峰式火山岩相近，指示四川盆地很可能也发育同期的断陷活动。

第二期断陷阶段（780—750Ma），以大规模陆相和海相双峰式火山岩的发育为特征。其中，在湘桂地区为海相火山岩，如三门街组枕状细碧岩—角斑岩组合（图1-2c），浙北、康滇北部及四川盆地（女基井基底流纹英安岩）以陆相火山岩为主[4]，而康滇南部滇中地区继续发育裂谷碎屑沉积（图1-2e）。

坳陷阶段（<750Ma），代表裂谷消亡期，岩浆活动微弱，以冰期、间冰期和冰期后沉积为特征。其中，Sturtian和Marinoan冰期之间沉积的大塘坡组为一套含锰黑色碳质页岩（图1-2c），沉积时限为663—655Ma，这两个冰期在华南又分别被称为江口冰期和南沱冰期。至震旦纪，冰期结束后的快速海侵作用使整个华南连成一片，发育陡山沱组黑色页岩、白云岩。灯影组沉积时，在川滇黔地区形成大型碳酸盐岩台地。震旦纪末的桐湾运动，导致晚震旦世碳酸盐岩普遍发育古岩溶特征。

2. 寒武纪—中奥陶世伸展阶段

早寒武世华南在继承晚震旦世古地理格局上发生了较大规模海侵，整体表现为西高东低地貌（图1-6b），其中西部为康滇古陆，向东海水加深，现今四川盆地位置为浅水砂泥质陆棚沉积相。勘探已证实在此砂泥质陆棚上发育了一个大型向北开口的北北西向"德阳—安岳"裂陷槽（图1-6b）。中寒武世是沉积相发生较大变化的时期，西缘抬升，陆源区扩大。随着沉积环境变浅，龙王庙组沉积期中—上扬子已逐渐发展为巨大的碳酸盐岩缓坡。晚寒武世陡坡寺组和洗象池组沉积期，中—上扬子地区发生海退，西缘的汉南古陆和康滇古陆面积扩大，川中隆起形成。早奥陶世，中—上扬子地区基本继承了晚寒武世古地理格局，发育以镶边台地为主的碳酸盐沉积格局。中奥陶世，康滇古陆、黔中隆起和川中

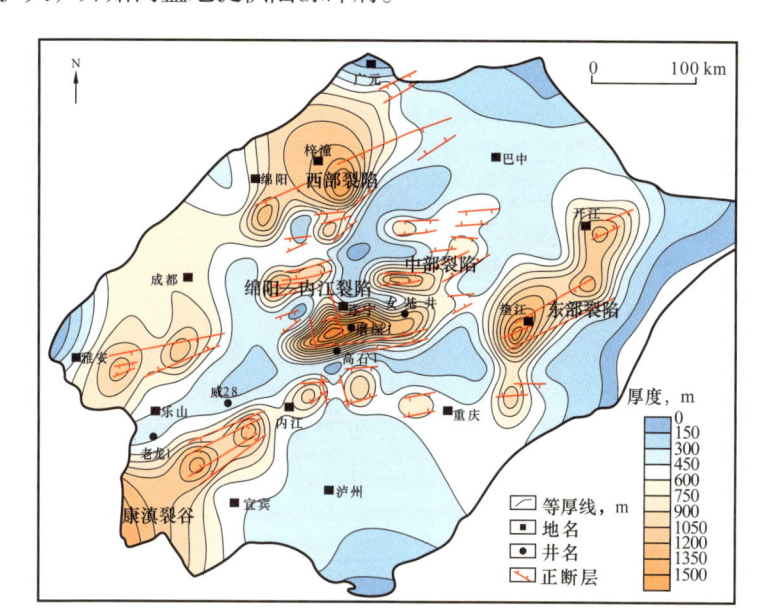

古隆起不断扩大,开始向盆地提供陆源碎屑。

图 1-7 四川盆地南华系残余厚度分布

3. 晚奥陶世—志留纪挤压阶段

在晚奥陶世,受扬子陆块和华夏陆块陆内会聚(即广西运动)的影响,中—上扬子边缘古隆起形成,雪峰、川中和黔中等隆起出露在海平面之上(图 1-8)。而与构造快速隆升对应的则是基底的快速沉降以及隆后坳陷盆地的形成,中—上扬子海域被古隆起围限,前期的浅水碳酸盐台地为大面积欠补偿缺氧的深水陆棚环境所取代(图 1-8),发育厚数米至数十米的放射虫硅质岩、黑色泥页岩等细粒沉积。深水陆棚相的发育标志着中—上扬子地区盆地性质彻底改变,结束了震旦纪以来的碳酸盐岩台地沉积历史。早志留世龙马溪组沉积期,扬子南缘和东南缘的隆起基本相连,形成了滇、黔、桂隆起带,控制了该期的沉积相发育和展布特征,盆地内部主体为局限浅海沉积环境。早志留世晚期,中扬子地区已出现三角洲相,表明沉积区已靠近陆地,但扬子北缘至南秦岭早志留世以浊流沉积为主,为被动大陆边缘裂解盆地。早志留世以后,海水向西北退出,中—上扬子地区缺失中—上志留统沉积。

三、塔里木克拉通新元古代—早古生代构造演化

与华南克拉通相似,塔里木克拉通同样由新太古代—新元古代早期变质基底及上覆海—陆相沉积盖层组成。在新元古代早期,塔里木由南、北塔里木陆块及周缘的多个地体碰撞拼贴形成统一的克拉通基底[5],在新疆地区被称为塔里木运动。之后,作为对 Rodinia 超大陆裂解的响应,在南华—震旦纪发育塔北、塔西南等裂谷盆地,形成厚达 5000m 以上的第一套沉积盖层。整体上,塔里木经过南华纪断陷、震旦纪坳陷阶段最终演化成被动陆缘,在早古生代受控于周缘南天山洋、西昆仑—阿尔金—祁连洋盆的开启扩张和聚敛闭合。

1. 新元古代裂谷构造演化

南华纪为裂谷断陷阶段,在东北缘库鲁克塔格地区发育贝义西组由粗到细快速变化

的裂谷早期充填序列和大套双峰式火山岩系（图1-2f），阿克苏地区以西方山组、巧恩布拉克组粗碎屑岩系为主（图1-2g），塔西南西昆仑地区由底部牙拉古孜组大套红色砾岩向上过渡为砂岩、粉砂岩和泥岩沉积（图1-2h）。南华纪火山活动主要分布在库鲁克塔格地区。需要强调的是，航磁、地震和地质证据揭示塔里木盆地南、北部具有截然不同的裂谷盆地分布、发育时限及形成动力学机制（图1-9和图1-10）[13]。南部裂谷与南华纪早期全球超级地幔柱活动密切相关，表现为北东走向深入克拉通内部的坳拉槽；西昆仑地区地幔柱成因基性岩墙群和双峰式岩浆岩年龄分别为802Ma和783Ma，代表裂谷盆地开启时间的下限，指示南部裂谷盆地很可能开启于南华纪早期（约780Ma）。而北部裂谷主要受控于超大陆边缘洋壳俯冲产生的弧后伸展作用，呈近东西走向狭长带状分布，宽度100～150km，最大沉积厚度超过2000m（图1-9a）；库鲁克塔格和阿克苏地区773—759Ma裂谷相关基性岩墙群侵入到包括阿克苏群蓝片岩在内的变质基底和820—780Ma花岗岩之中，并且均被南华系不整合覆盖，指示北部裂谷在759Ma之前尚未开启，南华系底部贝义西组740Ma双峰式火山岩和超过725Ma沉积[14]标志其很可能开启于约740Ma。因此，塔里木盆地北部裂谷开启时间较南部滞后约40Ma。

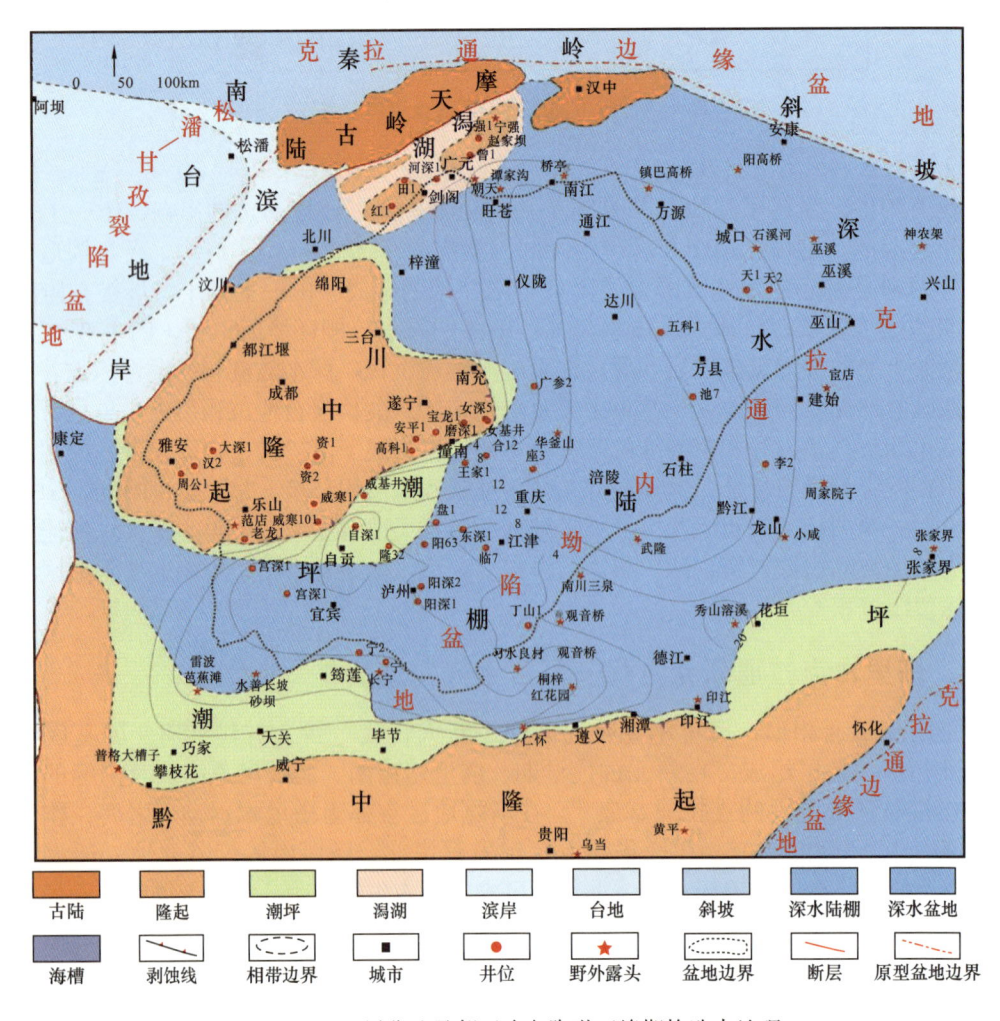

图1-8 四川盆地及邻区晚奥陶世五峰期构造古地理

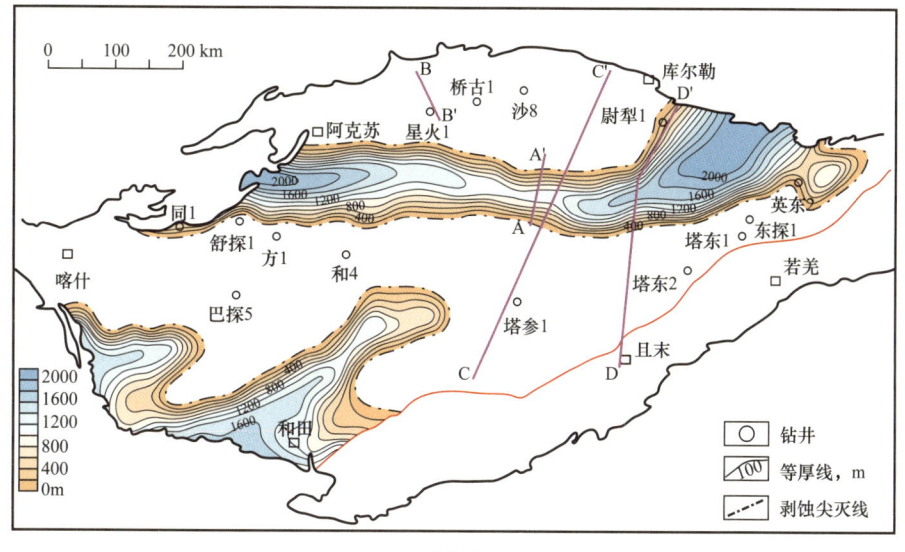

(a) 南华系

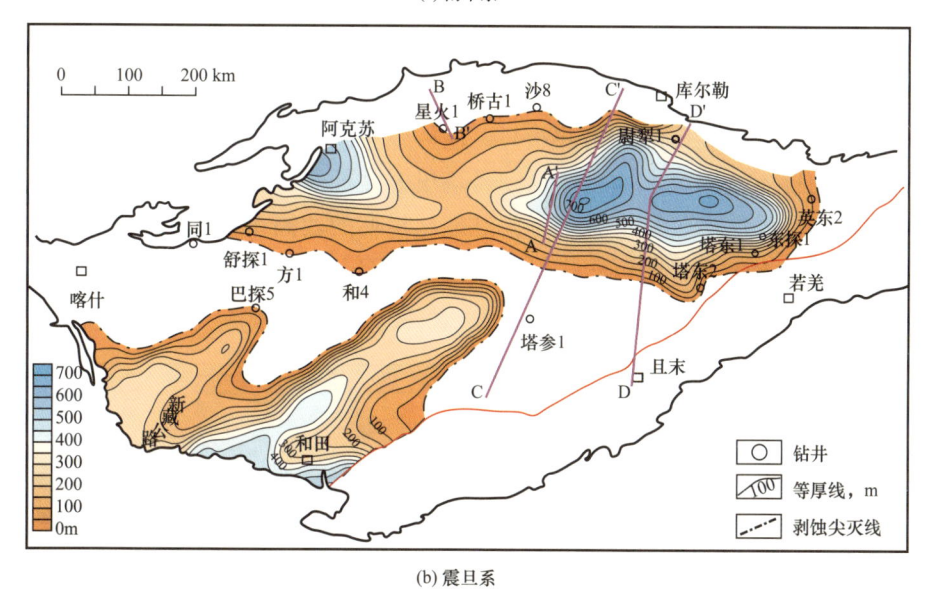

(b) 震旦系

图1-9 塔里木盆地南华系和震旦系残余厚度分布图

塔里木盆地在震旦纪继承了南华纪构造—沉积格局,也具有南北分异的特征,主要发育一套厚度较小(一般<1000m)、横向变化不大但分布范围更广的碎屑岩—碳酸盐岩沉积序列(图1-9b),整体上反映构造变化较弱的坳陷环境(图1-10)。蛇绿岩年龄资料显示,塔里木盆地北缘的南天山洋、南缘的始特提斯洋(即西昆仑—阿尔金—祁连洋)在震旦纪很可能已经打开[13],塔里木盆地及周缘进一步演化成被动陆缘。

2. 寒武纪—中奥陶世早期伸展阶段

在早寒武世玉尔吐斯期,塔里木盆地北部仍继承早期的构造沉积格局,发育近东西展布的深水陆棚区,大致位于现今塔北隆起和中央隆起带之间;塔里木盆地南部则仍沿着先存的南华纪—震旦纪伸展构造发生沉降,接受沉积(图1-11)。之后至中奥陶世早期,塔

-9-

里木盆地进入相对稳定的发展阶段，出现"东盆西台"格局。在盆地西部发育较大规模的碳酸盐岩台地，早、中寒武世时，塔里木盆地位于赤道附近，更是发育了大范围的蒸发潟湖沉积，而盆地东部则继续快速沉降，发育典型的浊积岩、黑色泥岩等深水欠补偿盆地沉积，被碳酸盐岩台地的台地边缘带和台缘斜坡带严格围限。

3. 中奥陶世晚期—志留纪挤压阶段

中奥陶世晚期，塔里木盆地西南缘发生弧陆碰撞作用，并且西昆仑洋开始向北俯冲，导致塔里木盆地内部的构造—沉积古地理格局显著改变。由巴楚古斜坡—塔中隆起—和田河隆起构成的大型古隆起带形成并遭受剥蚀，造成先前沉积的下、中奥陶统大面积缺失，并发育广泛的角度不整合和大规模喀斯特岩溶风化作用。这与由剥蚀量分布反映的剥蚀主要发生于盆地西南部的事实一致，它指示了造成盆地隆起的动力主要来自西南部西昆仑洋盆的挤压[15]。同时，由于南天山洋开始俯冲削减[16]，盆地北部也发生挤压隆升和剥蚀。此时的沉积中心位于相对沉降的北部坳陷和塘古坳陷内部，盆地整体显示西高东低、近东西走向隆坳相间的构造—沉积格局。晚奥陶世，受古隆起形态和边界断裂控制，塔中古隆起形成东窄西宽并向东倾没的孤立碳酸盐岩台地，北部坳陷和塘古坳陷发育数千米厚的超补偿深水复理石沉积（图1-12a）。晚奥陶世末，西昆仑—阿尔金—祁连等始特提斯洋盆闭合，塔里木盆地南缘早古生代碰撞造山带形成[17]，导致盆地西南部和东南部发生强烈隆升，与北缘南天山洋的俯冲一起，这种双向挤压形成盆内广泛分布的奥陶系与志留系之间的角度不整合。该期构造运动是塔里木盆地最重要的古构造运动之一，对构造、沉积古地理格局产生了根本影响，使盆地从早期的西高东低变为东高西低，并结束了早古生代碳酸盐岩占优势的沉积格局，形成志留纪及晚古生代陆源碎屑占优势的沉积格局。

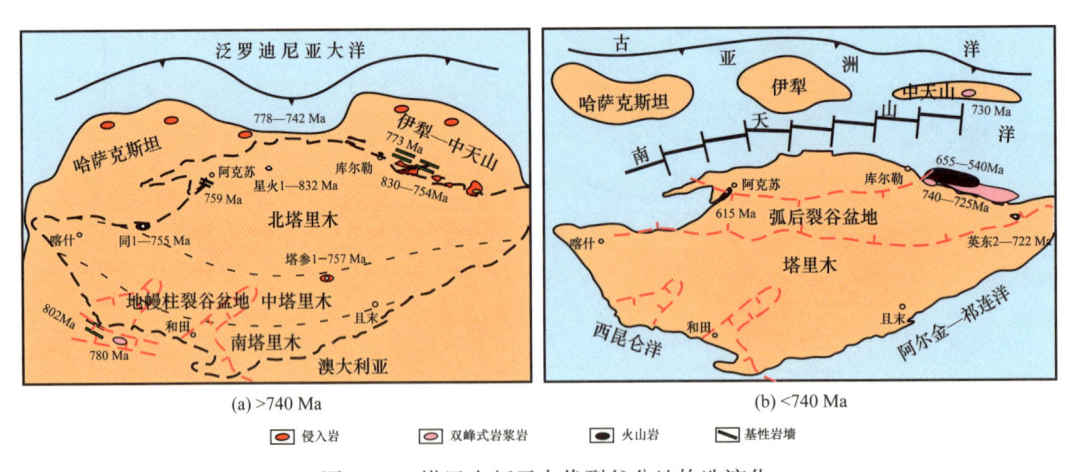

图1-10 塔里木新元古代裂谷盆地构造演化

志留纪期间，由于西昆仑—阿尔金—祁连早古生代碰撞造山带的持续聚敛和南天山洋盆的持续俯冲，盆地继续处于挤压背景，周缘持续隆升，先前沉积被强烈剥蚀（图1-12b）。但是，盆地内部变形较弱，志留系主要沉积于盆地中心，其中古隆起边缘以河流—三角洲、潮坪或滨海碎屑沉积为主，坳陷内则以浅海碎屑岩为主。

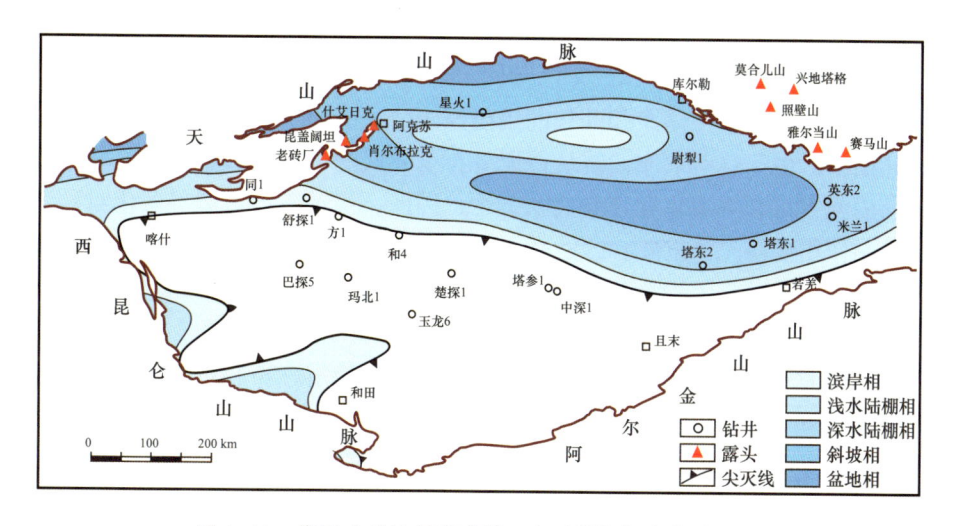

图 1-11 塔里木盆地早寒武世玉尔吐斯组沉积期古地理

(a) 晚奥陶世

(b) 早志留世

图 1-12 塔里木盆地晚奥陶世和早志留世构造—沉积古地理图

四、元古宙裂谷演化对早寒武世沉积盆地的控制

早寒武世盆地孕育了中国海相油气的重要烃源岩——四川盆地的筇竹寺组和塔里木盆地的玉尔吐斯组。由于这些下寒武统烃源岩分布受寒武纪早期构造—沉积格局控制，而该格局与先前的元古宙裂谷演化存在必然相关性，因此，揭示元古宙裂谷演化对早寒武世沉积盆地的控制作用显得尤为重要。

1. 早寒武世盆地对元古宙裂谷的继承性演化

目前普遍认为，塔里木盆地早寒武世为东盆西台格局，即东部是深水盆地，西部是大规模的碳酸盐岩台地。但新的裂谷盆地演化模式和地震解释资料指示寒武纪早期，塔里木盆地很可能继承南华—震旦纪的构造—沉积格局，同样显示南北差异的沉积盆地分布特征。

南华—震旦纪，塔里木盆地北部发育近东西走向的弧后裂谷盆地，在裂谷南部和北部分别形成中部和北部古隆起。震旦纪末期柯坪运动导致塔里木盆地震旦系与寒武系之间发育广泛的不整合，其中平行不整合主要分布在盆地北部和露头区，超覆型角度不整合则分布在现今中央隆起带北翼，呈近东西向展布，这种分布规律反映在下寒武统开始沉积时中部古隆起带持续发育，其北部很可能仍为近东西向的沉积坳陷区。同时，构造演化重建结果表明塔里木盆地北缘在震旦纪—中奥陶世一直处于被动陆缘演化阶段[15]，因此，在持续的南天山洋被动陆缘伸展背景下，塔北震旦系和寒武系之间应该为伸展不整合，这与其以平行不整合为主，先前裂谷构造与地层未明显反转、变形特征一致（图1-13），玉尔吐斯组沉积期盆地整体应显示"大继承、小改造"特征。据此推测，塔里木盆地北部很可能发育近东西向展布的玉尔吐斯组，先前的南华纪弧后裂谷盆地区域为继承性坳陷。此外，从地震大剖面Z1300可以看出，满加尔凹陷的寒武系向东存在着明显的逐层超覆和减薄现象（图1-14）[7]。这一现象说明，现今的塔东凸起位置在寒武纪水体较浅，可能接近古海岸，而不是位于欠补偿盆地内。事实上，塔里木盆地东部典型的欠补偿盆地相出现在中寒武世之后，被中—晚寒武世至奥陶纪碳酸盐岩台地的台缘斜坡带所严格围限。

同样地，在华南克拉通南华纪裂陷作用最强、沉积最厚的湘中和桂北地区，下寒武统的沉积厚度却最薄，可能反映一种深水欠补偿沉积环境，恰恰印证了南华纪裂谷对早寒武世沉积盆地的控制。此外，在四川盆地中部还识别出NWW走向的南华纪裂陷[7]。这条裂陷的走向和位置与下寒武统筇竹寺组的裂陷槽能够很好匹配，反映南华纪裂陷很可能对寒武系筇竹寺组烃源岩分布具有控制作用。

2. 裂谷中心移位对早寒武世盆地发育位置的控制

在上文已经论述，华北克拉通中—新元古代裂谷盆地具有不同的开启时限，南缘熊耳（1.8Ga）、北部燕辽与白云鄂博（两期，1.67Ga和1.35Ga）、东南缘徐淮（0.9Ga）裂谷盆地依次打开，显示横向发育特征。同时，裂解中心在新元古代明显向东南移位，导致新元古代古地理呈现出北高南低、西高东低格局，造成西部块体包括鄂尔多斯盆地新元古代沉积的大面积缺失。因此，华北克拉通中、新元古代裂谷活动中心存在着显著的移位，即长城纪早期位于华北南缘的栾川—洛阳地区，待建纪移位至北部燕辽地区，青白口纪则移位至东南缘的徐淮地区，裂谷活动中心的移位是导致华北中元古代、新元古代和寒武纪盆地在垂向上缺少叠合性的主要机制。青白口纪裂谷中心向东南缘的转移以及北高南低、西高

东低形态的形成，使得震旦纪和早寒武世沉积盆地均首先形成在华北东南缘，然后向北西扩展，直至中寒武世，海水才淹没华北古陆西部。

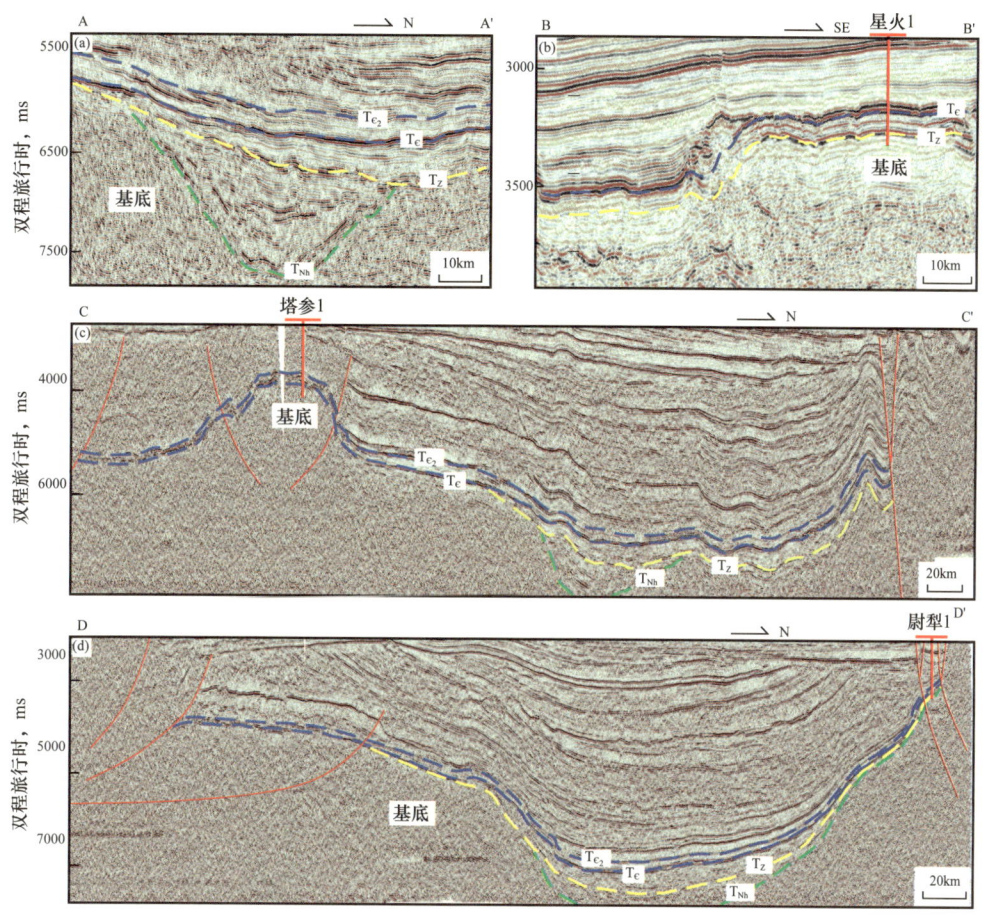

图 1-13 塔里木盆地前寒武系代表地震剖面

剖面位置见图 1-9，T_{Nh}、T_Z、T_ϵ、T_{ϵ_2} 分别为南华系、震旦系、寒武系和中寒武统底界

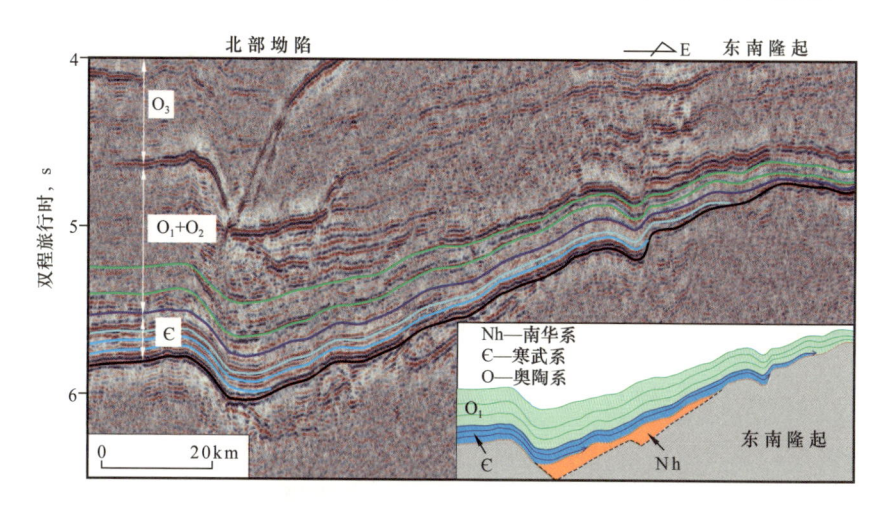

图 1-14 塔里木盆地北部坳陷寒武系向东（古陆）超覆减薄现象（测线 Z1300）

第二节　元古宇—下古生界烃源岩发育的气候—海洋环境

烃源岩作为油气生成的物质基础，一定丰度的有机质含量是评价烃源岩质量优劣的最基本标准。通过对低熟海相泥岩和碳酸盐岩有机质丰度与生烃潜力的关系对比，张水昌等（2005）提出以0.5%的总有机碳含量（TOC）作为中国元古宇—古生界海相烃源岩的评价下限[18]。大量样品的分析与统计结果也表明，中国元古宇海相烃源岩主要是高有机质丰度的泥页岩，碳酸盐岩的有机质丰度普遍较低，仅仅是次要的烃源岩类型[19]。而在中国元古宙海相沉积体系中，碳酸盐岩是最主要的沉积岩类型。虽不乏富有机质泥页岩，但也表明元古宇烃源岩并不是随处可见的，其层位和空间分布均有着一定的客观规律。

一、元古宇—下古生界烃源岩发育期气候条件

越来越多的证据表明，全球性冰期之后的海平面快速上升与局部的盆地发育和裂谷作用耦合，更容易形成富有机质沉积，由此导致气候变化、海平面升降和烃源岩规模性分布之间存在较好的对应关系（图1-15）。目前冰期形成结束的原因尚不清楚。一般认为，冰期形成与低日照量、低温室气体含量和超大陆组合有关，而冰期结束则对应着高日照量、高温室气体含量和超大陆裂解。

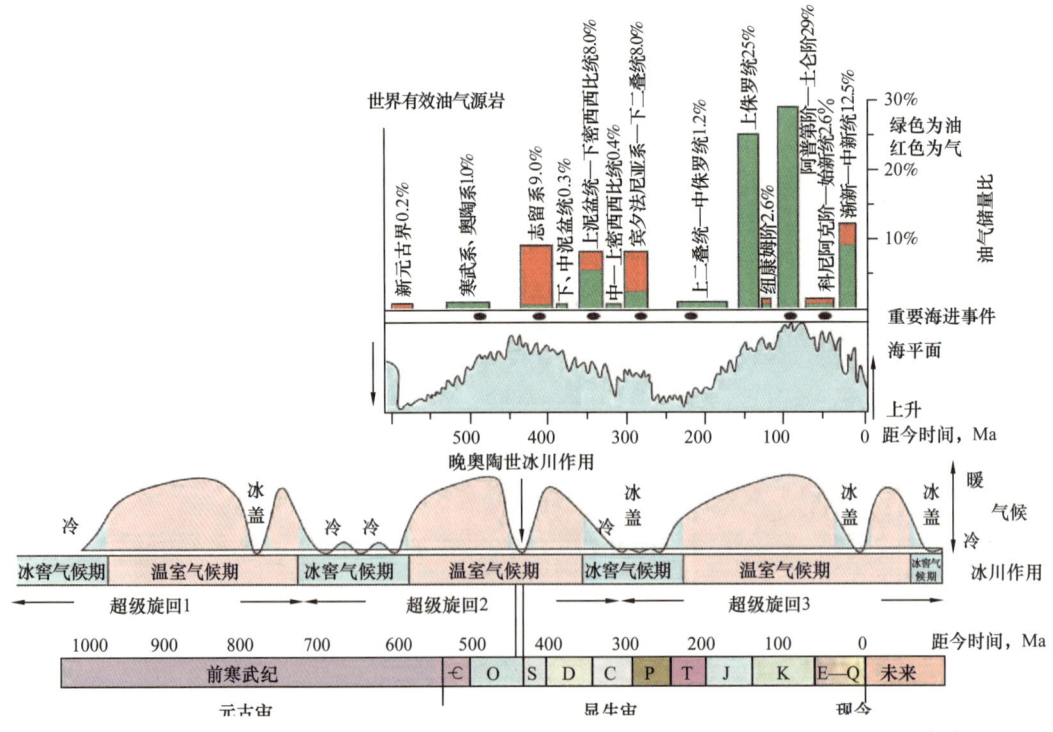

图1-15　新元古代以来的全球气候、海平面变化和重要有效烃源岩的对应关系[20]

太古宙时期，高含量温室气体（CH_4、CO_2、H_2O等）使得早期地球的表面温度可能高达55~85℃。蓝细菌等光合作用生物（>2.8Ga）为地球上带来O_2，同时细菌硫酸盐还

原作用抑制 CH_4 释放；凯诺兰超大陆在古元古代初期形成，强的陆地风化作用消耗大量 CO_2，而弱的火山活动使得 CO_2 不能得到有效补充，综合作用使得大气中温室气体含量急剧下降，最终导致休伦冰期（2.4—2.1Ga）形成。在其间冰期和冰后期，形成了全球最古老的规模性有机碳沉积。

进入中元古代，温室气体含量持续降低，温室效应逐渐减弱。在刚果、安哥拉北部和加蓬南部、印度和格陵兰等地，曾有报道在 1.7—1.3Ga 期间，可能存在中元古代大冰期，但尚待进一步确认。在中国并未发现中元古代冰期记录，这可能是由于当时的华北克拉通位于赤道附近的低纬度区，冰期覆盖范围并未到达。蓟县系数千米厚的微生物碳酸盐岩连续沉积表明，当时的气候条件应该是温暖湿润的。由此形成高于庄组、洪水庄组和下马岭组等数套烃源岩沉积，且有机质含量高，沉积厚度大。巴西圣弗朗西斯科盆地有证据显示，中元古代末期（约 1.1Ga）可能存在冰期事件。此次冰期后的全球性烃源岩发育，对应于中国神农架群的郑家垭组。

新元古代以来的冰期事件是最为人熟知的。大塘坡组和陡山沱组烃源岩分别形成于斯图特（约 7.2Ga）和马莲诺（约 6.35Ga）两次全球性冰期之后。再加上之前的凯格斯（约 7.8Ga）和之后的喀斯科尔斯（约 5.8Ga）两次区域性冰川事件，地球在新元古代后期的 0.2Ga 内出现了 4 次不同规模的冰期事件，也被称为"雪球事件"。从某种角度上讲，或许也可以把这四次冰期看作一次大的冰期事件，类似于 2.4—2.1Ga 前的休伦冰期，同样是由多期不同规模的冰期事件组成。大塘坡组、陡山沱组乃至下寒武统筇竹寺组可视为间冰期和冰后期发育的烃源岩。进入早古生代，奥陶纪末赫南特冰期之后，发育龙马溪组烃源岩。

由以上沉积记录和烃源岩层位可以看出，元古宇—下古生界烃源岩多形成于间冰期或冰后期的气温快速转暖、冰川迅速融化所导致的海平面快速上升期。海平面上升使得水体变深，海水覆盖面积变大，陆棚大面积形成；冰期形成的深海可溶有机质在间冰期得以释放，生成大量 CO_2，产生温室效应；冰川融化使得陆表径流增加，营养物质输入海洋，引起低等微生物繁盛。最终为有机质富集和烃源岩发育提供了优越的位置空间、气候背景和物质基础。

二、元古宙—早古生代大气氧化进程

近十余年的研究表明，元古宙之前的大气圈组成可能以 H_2、CO_2、CH_4 等还原性气体为主，自由氧浓度极低，显著异于显生宙。大气成氧过程对早期地球表层系统和生物圈演化影响巨大。没有大气圈氧化，就不可能有海洋氧化，也可能不会有真核生物或后生动物的发展。而大气成氧过程主要由光合产氧细菌和真核藻类及其产生的氧气与 CH_4、CO_2 等温室气体相互作用、平衡的结果。因此，大气组成的改变一定程度上影响了烃源岩形成期的古气候环境、古海洋环境和成烃母质。

当前研究一般把大气圈演化划分为 3 个阶段：（1）2.4Ga 之前，完全无氧或低于现代大气水平（PAL）0.01% 的大气圈；（2）2.4—0.8Ga，大气氧含量开始上升，但仍低于 10%PAL；（3）0.8Ga 之后，大气氧含量进一步上升，达到或接近显生宙水平，并持续至今（图 1-16）。大量的地球化学研究表明，由古元古代早期和新元古代两次成氧事件分割的大气圈演化三阶段模式，主体框架应该是对的，并得到广泛接受，但有关大气成氧的细节特征仍有不同看法。

古元古代 2.45—2.35Ga 期间，被认为是地球历史上的首次成氧期，也称为大氧化事件（GOE）。所依靠的主要地质记录包括碎屑黄铁矿、富铀易氧化矿物等易氧化矿物和陆相红层的出现，以及条状带铁质建造（BIF）和厚层菱铁矿规模性沉积的消失等；地球化学记录中最重要的标志则是该时期的"非质量硫同位素分馏"（MIF-S）现象。实验证实，MIF-S 在有氧条件下不会发生，而当氧含量低于 10^{-5}（<0.01%PAL）时，超紫外线光解会导致 MIF-S，进而产生较大的 $\Delta^{33}S$ 值。因此，2.45Ga 之前普遍存在的 MIF-S，在此后趋于 0，被认为是确定地球上大气氧出现的最可靠证据（图 1-16）。这一时期大气氧含量的增加可能与早期微生物活动密切相关。

中元古代是地球演化的"中世纪"。与古元古代和新元古代所发现的冰期、增氧、富铁沉积、生物辐射、黑色页岩全球性沉积等重大地质事件记录相比，中元古代显得颇为乏味，地球化学记录也十分"平坦"，一度被认为是"无聊的十亿年（Boring Billion）"。有学者认为，大气氧含量可能仍低于 0.1%PAL，不足以维持动物生存需要，甚至到"雪球事件"前都处于很低的水平[21]。这种大气成氧过程的减缓甚至停止的原因目前尚不清楚，推测可能与真核生物演化停滞和富 H_2S 水体广泛发育有关。但基于中国华北下马岭组黑色页岩的研究，Zhang 等（2016）提出 1.4Ga 前的大气氧含量可能已经高达 4%PAL，足以满足海绵等早期动物的呼吸需要[22]。因此，中元古代大气氧含量目前仍存在争议，并成为当前中元古代研究的焦点问题。而这项争议的解决，无疑将会对进一步认识中元古界油气勘探前景有着重要意义。

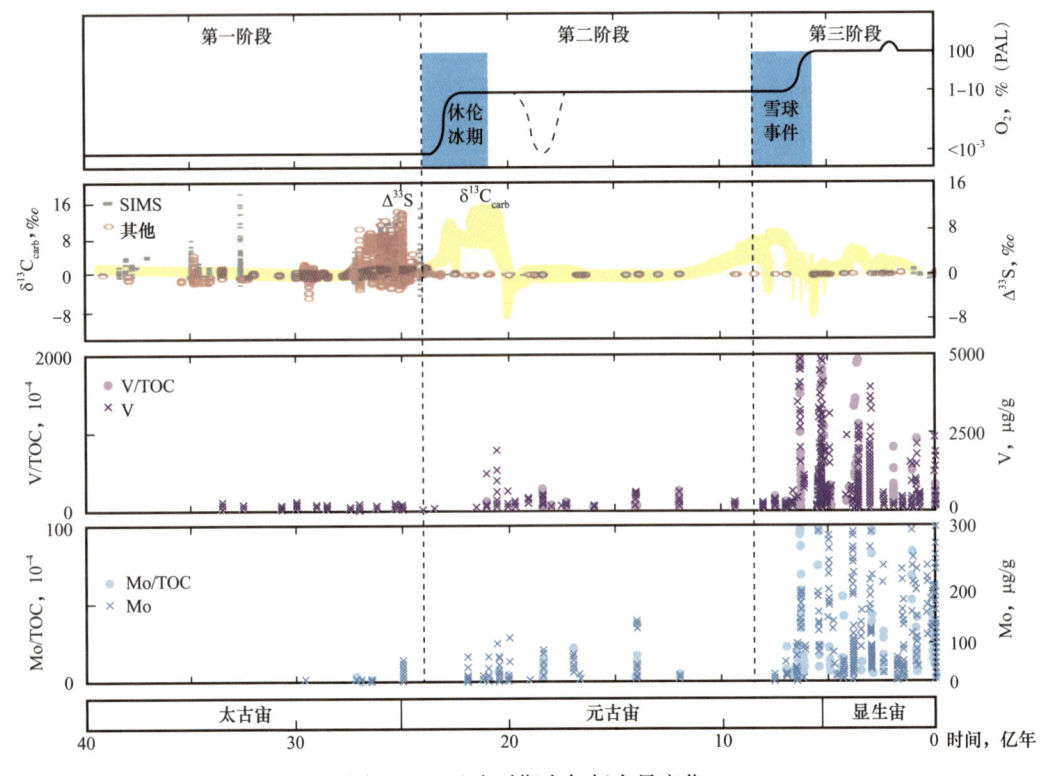

图 1-16 地史时期大气氧含量变化

进入新元古代，真核藻类开始辐射，成为地球上主要的氧气制造者。黑色页岩的全球性发育，表明当时的初级生产力十分庞大，能够向大气中释放足够多的氧气，并吸收 CO_2 等温室气体，使得地球温度下降，符合耗氧生物生存需要。新元古代增氧事件（NOE），可能使得大气氧含量达到或接近显生宙水平，改变了古海洋氧化还原程度，海洋深部开始氧化，彻底激发了生命演化进程。在中国华南陡山沱组黑色页岩中，Mo、V 等氧化还原敏感性元素的含量突然上升，且与有机质含量共变（图 1-16），表明陆上有氧风化显著增强，使得海洋中 Mo、V 的输入通量大大增加，从侧面反映了当时大气氧含量的一次跃升。

看似巧合其实又具有必然联系的是，古元古代 GOE 和新元古代 NOE 与休伦冰期、雪球事件的启动时间基本吻合。这表明光合作用产氧细菌和真核藻类消耗大气中的 CH_4、CO_2 等温室气体或抑制其排放，并提供了氧气，进而导致地球降温乃至进入冰期。而大气氧含量的升高也促进了真核藻类辐射以及后生动物演化，并在氧气制造和消耗方面达到一定的平衡。因此，地球早期大气氧含量变化，一定程度上反映了初级生产力变化趋势，也控制了古海洋氧化还原条件和有机质埋藏环境，进而决定了烃源岩形成与否。

三、元古宙—早古生代烃源岩发育期古海洋环境

元古宙—早古生代有机质的制造和埋藏均是在海洋中进行的，因此古海洋化学环境很大程度上影响甚至控制了烃源岩形成。地球早期海洋环境演化与大气成氧事件密切相关，但又叠加了更为复杂的地质与微生物化学作用过程，如古海水中还原性铁沉积、细菌硫酸盐还原作用（BSR）等，这使得海洋氧化明显滞后于大气圈。

与大气圈"三段式"演化历程类似的是，地史时期古海洋演化也可以分为三个阶段：（1）太古宙和古元古代时期（>1.8Ga）的海洋以无氧、富铁、贫硫酸盐为主，生物主要为甲烷菌和其他古菌类；（2）元古宙大部分时期（1.8—0.58Ga）海洋转化为表层含氧、中层贫铁含 H_2S、深部富铁的分层海洋；（3）新元古代末期至显生宙（0.58Ga 至今）的海洋表层富氧、中层硫化程度改变、深度适度氧化（图 1-17）。近年来，铁组分、铁同位素、硫同位素、钼同位素等多方面的证据也显示，这种"三段式"古海洋演化模式的主体框架基本上是对的。

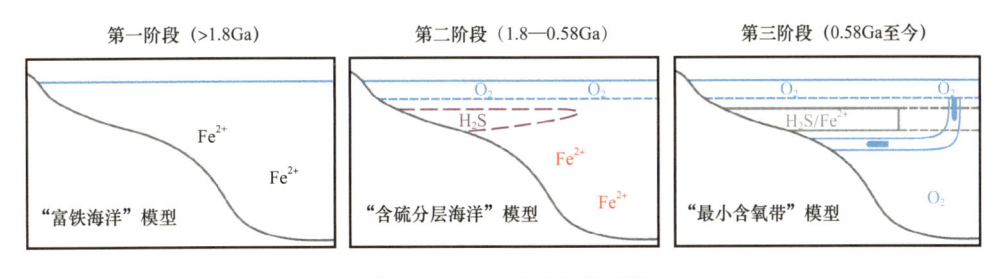

图 1-17 古海洋演化模式图

传统模型曾认为，2.4—2.2Ga 前的 GOE 使得大气和海洋被逐步氧化，太古宙—古元古代还原铁化的深部海洋在中元古代末期被彻底氧化沉淀，从而结束了全球范围内的 BIF 沉积。然而，硫同位素曲线则显示元古宙海洋化学的核心问题可能是硫化水体的形成（图 1-15、图 1-16）。硫的来源则是陆源 SO_4^{2-} 物质的风化输入或火山喷气产生的 SO_2。氧化态的 SO_4^{2-} 或 SO_2 在元古宙海洋水体中被还原为 H_2S，并逐渐成为控制海洋氧化还原状态的

新主导因素,由"富铁海洋"转化为"含硫分层海洋"。海洋表层/亚表层 H_2S 水体的规模可能并不是很大,但却极大限制了海洋中真核生物固氮必需元素(Mo、V等)的浓度,进而影响了中元古代真核生物演化。"含硫分层海洋"概念的提出为元古宙真核生物演化停滞和 BIF 消失提供了较为合理的理论解释,因此,这个观点也被广泛接受并逐渐成为近年来古海洋研究的主流。

对于这种"含硫分层海洋"出现及维持的时间,学界认识仍具有较大分歧。普遍认为,海洋表层氧化水体和亚表层硫化水体,直至 1.8Ga 前后才开始规模性出现,明显滞后于 GOE。中元古代硫酸盐浓度(0.5~2.5mmol/L)相比于太古宙(<0.2mmol/L)已经大大增加,但仍远低于现代海洋水平(约 28mmol/L)。这使得古元古代晚期和中元古代可能存在一种过渡性质的海洋状态,即深部含氧量很低,并存在高的硫酸盐还原,但仍不含 H_2S,称为"亚氧化"状态。通过对华北下马岭组铁组分和黄铁矿硫同位素的高精度分析,也发现中元古代海洋并不是一成不变的恒定厌氧硫化海洋,而是呈现周期性波动,底部水体的氧化还原状态也存在铁化、硫化和氧化等动态变化[23]。

寒武纪之前频繁的大规模火山喷发和海底喷气活动使深部海洋氧化时间较表层至少推迟了 0.6Ga。由于陆源物质风化形成的硫酸盐是海洋中硫的主要来源,硫化水体也主要发育在陆缘海区域,其最大距海岸的广度可达 100km。这个区域也正是微生物生存演化和烃源岩发育的区域,因此,元古宙海洋的化学结构和演化进程对生物演化以及海相烃源岩的分布和质量起到了至关重要的作用。在现代生物产氧光合作用中,真核浮游微生物的贡献达 99%,而原核蓝细菌的贡献仅占 1%,说明真核浮游藻类对有机质埋藏和大气成氧的贡献最大。元古宙海洋的硫化水体限制了真核生物发育和初始生产力,也就潜在地限制了古—中元古代烃源岩的分布和质量。依据硫同位素分析结果,硫化水体可能始于 1.8Ga 之前,在 BIF 消失之前,但晚于 GOE,与 Columbia 大陆的最早裂解期相吻合,并持续至"雪球事件"和 Rodinia 大陆裂解之后。这段时期内沉积物中的无机碳同位素、硫同位素以及 Mo、Cr 等非传统稳定同位素的相对稳定,也为这一认识提供了地球化学证据。新元古代末期 NOE 事件使得深部海洋的含氧量发生明显变化,需氧型光合生物的生存空间大大拓展,促进了后生动物出现和寒武纪生命大爆发,也为烃源岩发育准备了足够的初级生产力。因此,新元古代的海洋氧化与真核生物大辐射和烃源岩的全球性分布有着直接相关性。

四、元古宙—早古生代烃源岩发育期生烃母质

生物体内有机组成的不同决定了沉积有机质组成的差异性,这是影响烃源岩质量的一个重要因素。显生宙烃源岩的母质生物主要包括浮游藻、底栖藻和细菌三大类。对于元古宙生物来讲,富有机质沉积物的存在证明它们具有强大的有机质制造能力。然而,元古宙处于生物演化的初始阶段,生命经历了从无到有,从低等到高等,从原核类到真核类等数次革命性演变(图 1—18)。同时,元古宙生物一般个体微小,很难在富有机质层段中寻找到相关实体化石的痕迹。在这种情况下,具有明确生物学意义的分子化石(又称生物标志化合物,简称生标)成为元古宙有机质生源和生命起源研究的主要手段。因此,元古宙生物,尤其是烃源岩的母质生物研究,必须综合考虑实体化石和分子化石的证据。

1. 古元古代（2.5—1.6Ga）

研究认为，地球上的生命可能起源于深海环境中不具光合作用功能的化能自养细菌类为主（如甲烷菌等）。分子化石证据显示，最早具光合作用的自养蓝细菌可能始于太古宙（>2.78Ga），并在太古宇和元古宇富有机质页岩中被大量检出。根据生命活动特征和硫同位素显著分馏，推断硫细菌可能在太古宙已经存在，其分子化石在古元古界上部Barney Creek 组 HYC 页岩（约1.64Ga）中被大量发现。对于真核生物，澳大利亚 Jeerinah 页岩（约 2.69Ga）中曾检测到最古老的真核生物分子化石信息——甾烷。但近年来，古老沉积物中甾烷的原生性鉴定遭遇挑战，这些甾烷类生物标志化合物可能来自于烃类运移、钻井以及实验分析中的污染。然而，北美 Negaunee-Iron 组（2.10Ga）发现最古老大型真核藻类 *Grypania* 实体化石，中国华北地区长城系（1.7—1.6Ga）发现的大量具有机壁和多细胞结构的宏观藻类化石，从形态学和系统发育关系上，证明真核生物在古元古代应该已经出现，早于之前认为的中元古代 Roper 群发育期（约1.40Ga）。然而，真核生物化石的零散出现和低丰度分布难以将它们归为古元古代早期沉积有机质的主要制造者。依据分子化石证据建立的"生命进化树"，也显示古元古代的生命形式和有机质制造者主要为原始的古细菌类和细菌类，尤其是蓝细菌。

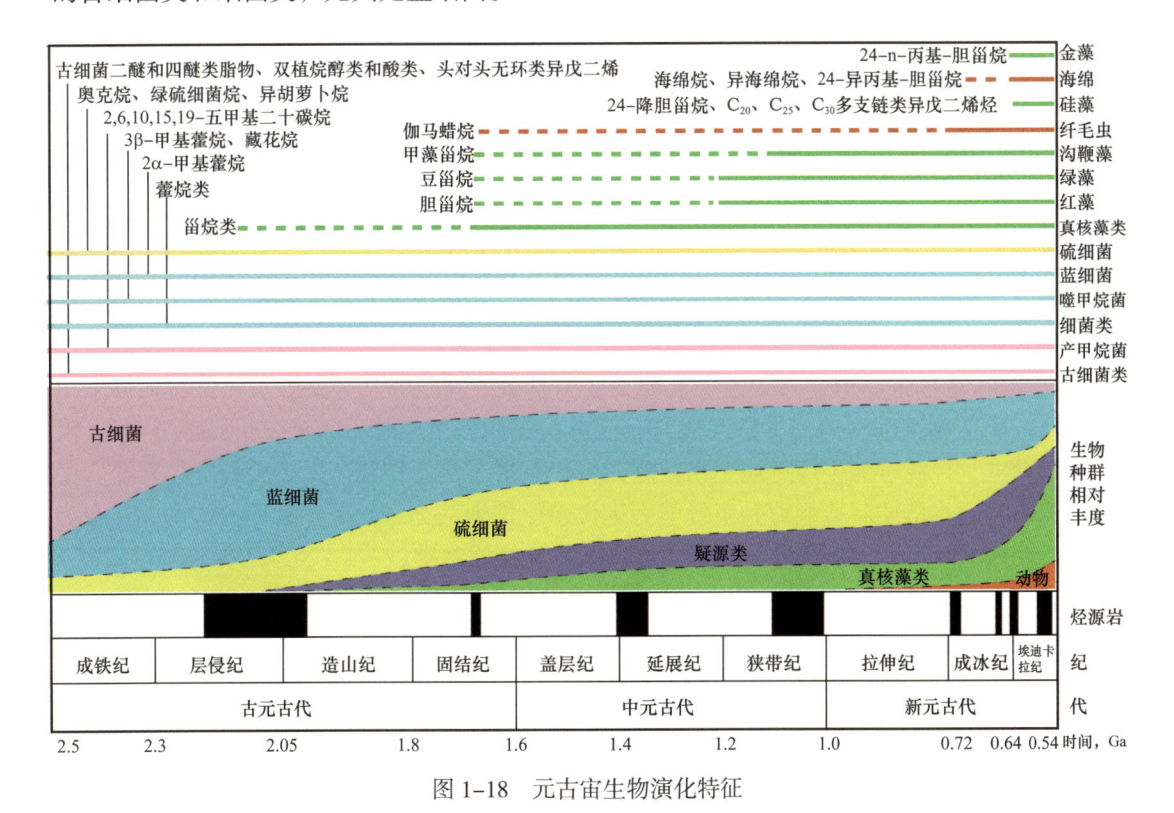

图 1-18 元古宙生物演化特征

2. 中元古代（1.6—1.0Ga）

中元古代是地球上菌藻类蓬勃发展的时期，以硫细菌、蓝细菌数量急剧增多和疑源类、真核宏观藻类大量出现最具特征，标志着早期地球生物群落的重大转折。疑源类是构成中—新元古代数量最多的真核或原核微生物化石，但其分类位置尚待进一步确定。红藻作为元古宙最重要的真核藻类，目前已知最古老的实体化石发现于北美 Hunting 组（约 1.20Ga），绿藻和褐藻最早出现的实体化石证据均为北美 Beck Spring 组上部白云岩（约 1.20Ga）。张水昌等（2007）在华北下马岭组（约 1.40Ga）贫有机质页岩中发现了沟鞭藻的专属生标——三芳甲藻甾烷[24]。然而，真核藻类的演化在整个中元古代是非常缓慢的，甚至出现停滞现象，这表现为实体化石的零星检出和黑色页岩中低的甾烷含量。比如，在澳大利亚 Roper 群（约 1.40Ga），华北洪水庄组（约 1.45Ga）[25]、下马岭组（约 1.40Ga），西非 Taoudeni 盆地 Touirist 组（约 1.10Ga），北美 Nonesuch 组（约 1.08Ga）等主要的中元古代烃源岩中的甾烷含量都是极低的。在西伯利亚 Riphean 期（约 1.10Ga）和巴西圣弗朗西斯科盆地 Vazante 群（约 1.10Ga）的黑色页岩中，虽有甾烷类化合物的检出，但相比于来自原核细菌的藿烷类化合物，并不占据优势地位。由此可见，真核藻类在中元古代虽然已经出现并开始分化，但仍没有成为沉积有机质的主要来源，主要的母质生物仍为原核和疑源类生物。

3. 新元古代（1.0—0.54Ga）

进入新元古代，地球在经历了"雪球事件"和 NOE 之后，生物种类开始勃发，藻类快速辐射，以海绵为代表的后生动物开始出现。在北美 Chuar 群 Kwagunt 组（约 0.74Ga）和 Uinta Mountain 群 Red Pine 页岩（约 0.74Ga）的岩石抽提物中，虽然仍存在蓝细菌的母源输入信息，但甾烷含量已占据优势地位，且以 C_{27}- 胆甾烷为主，表明真核藻类（尤其是红藻）已成为当时沉积有机质的主要来源。而在阿曼地区 Huqf 超群（<0.70Ga），C_{29}-豆甾烷占据优势地位，表明沉积有机质的母质来源以绿藻为主。在华南大塘坡组（约 0.66Ga）中，生物微体化石已有细菌、藻类、疑源类等 20 多个属种，绝大部分为真核生物；黑色页岩中的甾烷分布存在 C_{29} 优势，且甲藻甾烷大量检出，表明绿藻和沟鞭藻在成冰纪末期已成为沉积有机质的主要贡献者。在陡山沱组沉积时期，虽仍以细菌、浮游藻类、疑源类为主，但开始出现类型复杂的宏观藻类、底栖藻类和后生动物；黑色页岩中已表现出规则的甾烷分布，表明红藻、绿藻等真核藻类对沉积有机质均有贡献。张水昌等（2001）曾在塔里木盆地前寒武系中发现大量沟鞭藻、硅藻等浮游藻类实体化石和分子化石，进一步证明这些浮游藻类已经成为新元古代烃源岩生烃母质的重要组成部分[26]。由此可以看出，烃源岩的生烃母质生物在新元古代完成了从原核细菌向真核藻类的转变。由于真核藻类的有机质制造能力和生烃能力远大于原核细菌类，此次生物种群的重大转变为烃源岩在新元古代和显生宙的广泛分布提供了生物物质基础。

4. 早古生代（0.54—0.42Ga）

自早古生代开始，地球上的生物进入一个崭新的发展阶段，完成了从简单带壳后生动物到原始脊椎动物的演化，原始的高等植物、裸蕨类也开始出现，产生了浮游相、底栖相、混合相和礁相等不同生物相的分异，并出现了具生物骨架的礁体。这些礁体不仅提供了有机质来源，在后期还可以作为非常好的油气储层。古植物学和生物标志物的分析均表明，塔里木盆地奥陶系烃源岩的有机质已经具有浮游藻类和底栖藻类两种生源[27, 28]。另外，早古生代频繁出现的生物分区现象表明这个时期的生物演化速度远远高于元古宙。长期的地理隔离使得不同区域内生物之间的基因交流受到阻碍，各自向不同的方向演化，最终导致生物种群的分异和辐射。

第三节　元古宇—下古生界烃源岩特征与倾油气性

元古宙分层海洋为需氧光合作用生物提供了表层生存空间，也为有机质的沉积埋藏提供了底部还原环境。按照优质烃源岩形成的传统观点，这种海洋结构非常适合烃源岩发育，而且应该是全球性发育。然而，元古宇烃源岩却并不是无处不在。相反，在长达近20亿年的元古宙，烃源岩都是极其匮乏的，仅在若干个时间段内才有烃源岩的发育，且生烃产物类型明显不同于显生宙烃源岩。这表明，烃源岩的形成及倾油气性可能与气候条件、古海洋环境和微生物类型演化到一定程度有关。比如古海洋环境是动态变化的，而生物的分异辐射和烃源岩的形成则是爆发性、层位性的，且在下古生界和元古宇表现出惊人的一致。从哲学观点来看，古海洋演化是量变的积累，而生物演化和烃源岩形成则是量变到质变的产物。

一、元古宇—下古生界烃源岩发育层系

近年来，中国年代地层学研究取得重要进展，在华北、扬子和塔里木的元古宙地层获得一大批精准的年龄数据。结合重大地质事件的沉积记录以及下古生界生物地层对比框架，基本形成了三大陆块的地层对比方案（图1–19）。其中华北和神农架地区主要发育古—中元古界和下古生界烃源岩，扬子和塔里木地区发育新元古界—下古生界烃源岩。

1. 古元古界

中国古元古界主要分布在华北克拉通，以燕辽地区长城系和豫西地区汝阳群为代表。燕辽地区冀北凹陷和辽西凹陷串岭沟组的最高TOC达2.6%，大于0.5%的黑色泥页岩累计厚度在200m以上。从地层年龄上看，鄂尔多斯盆地南缘和豫西地区的崔庄组黑色页岩与串岭沟组应属于同期沉积，均在1.64Ga左右。但从山西永济出露情况来看，崔庄组TOC最高仅为0.9%，烃源岩有效厚度不超过10m。在鄂尔多斯盆地内部，桃59井钻遇长城系灰黑色页岩约3m（未穿），现场热解TOC可达3.0%以上，等效R_o值为1.8%~2.2%。该套烃源岩在地震剖面上对应一组强反射，指示深部厚层泥页岩的存在。济探1井在长城系也获30余米暗色泥岩，最高TOC约为0.9%。多条地震剖面也显示长城系裂陷槽内普遍发育此套强波反射，进而推测盆地内部长城系规模性烃源岩存在的可能性极大。

2. 中元古界

中国中元古界主要分布在华北克拉通和神农架地区，以蓟县系—待建系和神农架群为代表。蓟县系以大套的碳酸盐岩连续沉积为特征，总厚度达6000m以上。在高于庄组三段和洪水庄组中下部发育厚层灰黑色泥质白云岩、黑色云质泥页岩。宽城地区高于庄组烃源岩累计厚度达300m，最高TOC达4.7%；洪水庄组烃源岩厚度约60m，最高TOC达6.2%。待建系下马岭组主要发育在燕辽地区宣龙凹陷，烃源岩厚度约250m，最高TOC达20%以上，等效R_o值仅为0.6%，是我国唯一一套前寒武系低熟海相烃源岩。

按照最新地层年龄格架，神农架群与蓟县系—待建系形成良好互补，基本覆盖了国际地层年代表中的"中元古界"。神农架群主要发育在神农架地区，以碳酸盐岩和碎屑岩为主，同时也发育郑家垭组、送子园组、台子组等数套黑色泥页岩，最高TOC可达10%。但该套地层仅见出露于神农架地区，且已处于过成熟阶段，可能并不能作为规模烃源岩。

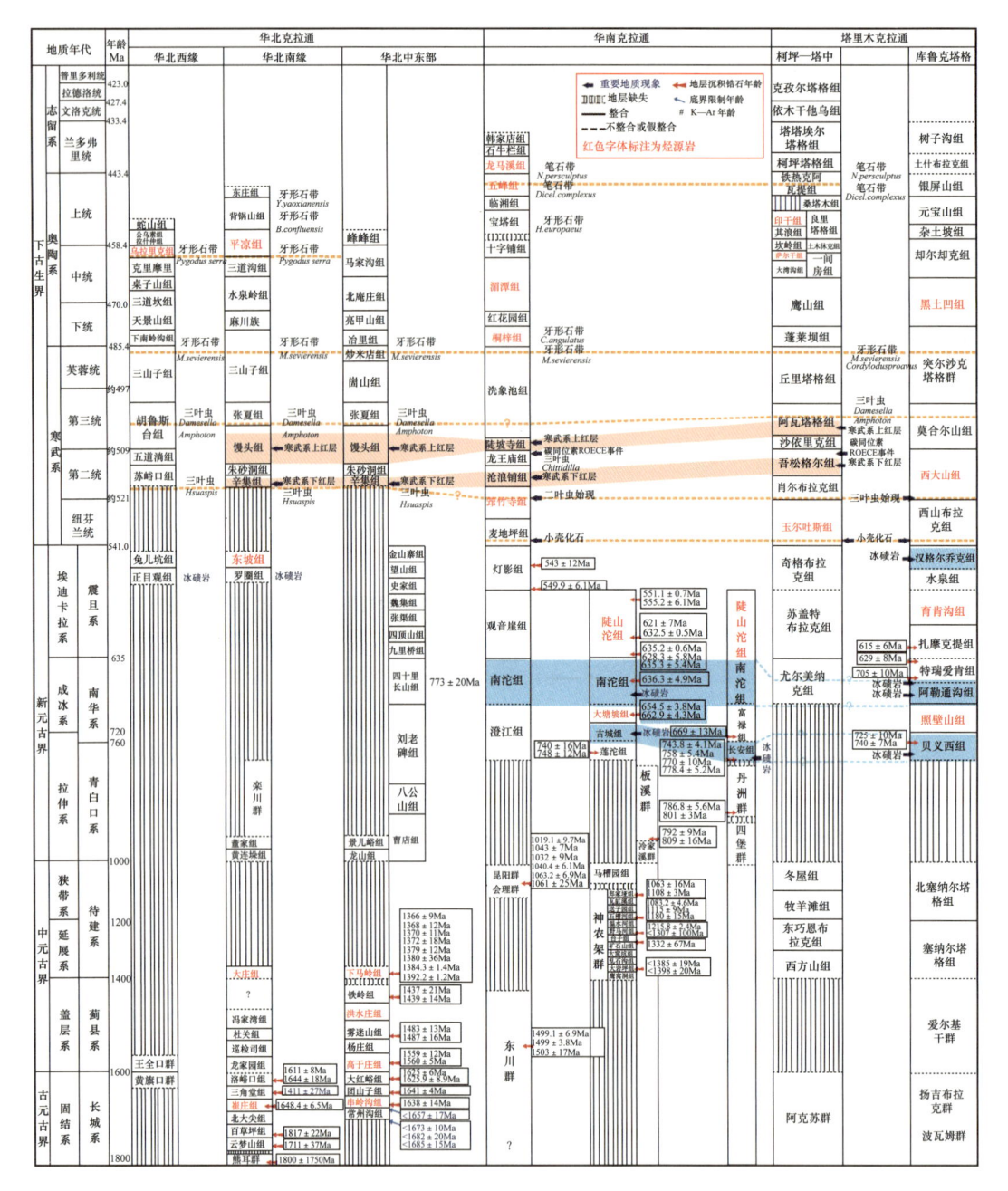

图 1-19 中国元古宇—下古生界对比框架图

3. 新元古界

新元古界分布相对广泛，在华北、扬子和塔里木板块均可见。新元古代早期的青白口系主要分布在华北地区，以贫有机质硅质碎屑岩为主。晚期南华系和震旦系则发育多套冰碛岩，间冰期可见大塘坡组、陡山沱组等黑色泥页岩沉积，是中国华南地区最重要的两套新元古界烃源岩。大塘坡组主要发育在中—上扬子地区，底部黑色页岩可见含锰层，最高TOC达5%以上，烃源岩厚度约50m。陡山沱组则在上、中、下扬子均有分布，发育陡二段和陡四段两个烃源层。陡二段主要分布在中—上扬子区，最高 TOC 达 4%，烃源岩厚度约 50m。陡四段在下扬子区又名蓝田组，最高 TOC 达 10% 以上，烃源岩厚度约 10m。在塔里木盆地，新元古界虽可见暗色岩系沉积，但成熟度较高，TOC 一般在 1.0% 以下，烃源岩的规模性和有效性仍有待进一步落实。

4. 下古生界

相比元古宇，下古生界烃源岩的规模性和有效性业已被当前的油气勘探所证实。四川盆地安岳气田主力烃源岩为下寒武统筇竹寺组黑色泥页岩[29]，盆地西南缘涪陵页岩气田的烃源岩和产层则为奥陶系—志留系的五峰组—龙马溪组硅质页岩。这两套黑色页岩在上扬子区均分布广泛，且厚度大，有机质含量高。筇竹寺组黑色泥页岩 TOC 最高可达 10% 以上，烃源岩厚度在 150m 以上；五峰组—龙马溪组黑色碳质泥岩 TOC 最高可达 7% 以上，烃源岩厚度普遍在 100m 以上。

在塔里木盆地，东部西大山组—西山布拉克组、西北部玉尔吐斯组与四川盆地筇竹寺组应为等时地层，TOC 最高可达 10% 以上，但烃源岩厚度多在 50m 以下。中—下奥陶统黑土凹组为塔里木盆地下古生界另一套富有机质页岩。在东部地区，TOC 最高可达 5% 以上，烃源岩厚度在 50m 以上。

马家沟组五段暗色云质泥岩和泥质白云岩是鄂尔多斯盆地靖边气田的主力烃源岩之一，TOC 最高可达 8% 以上，平均为 0.83%，烃源岩累计厚度大于 40m。

因此，根据地层年龄、有机质含量及区域分布，确定中国元古宇—下古生界共发育 10 套规模性烃源岩，全球可对比（表 1–1）。从最古老的串岭沟组到志留系龙马溪组，1.2Ga 时间段内，这 10 套烃源岩的形成无不代表着当时地球环境的特殊性，至少是相互之间的耦合性，才造就了规模性烃源岩的发育。

表 1–1 中国元古宇—下古生界主要烃源岩层位及分布地区

时代		年龄，Ma	华北	中上扬子	塔里木
下古生界	志留系	443	—	龙马溪组	
	奥陶系	445	—	五峰组	—
		470		湄潭组/大湾组	黑土凹组
	寒武系	520	东坡组	筇竹寺组/九门冲组/牛蹄塘组	玉尔吐斯组/西大山组
新元古界		635~550		陡山沱组	
		656		大塘坡组	
中元古界		1380	下马岭组		
		1450	洪水庄组		
		1560	高于庄组		
古元古界		1640	串岭沟组/崔庄组		

二、元古宇—下古生界烃源岩发育模式

当前元古宙研究大多局限于古生物、古海洋、古气候、超大陆事件或冰期事件等单因素深入研究，尚未将烃源岩作为特定对象进行有针对性的交叉研究，选择层段也大多不富含有机质。因此，元古宙烃源岩形成机制研究仍需要进一步加强。笔者认为，可能是某种具有旋回性的因素（如冰期旋回、超大陆旋回或天文旋回等）控制了气候、大气、海洋乃至生物的演化，并最终控制了烃源岩的形成。

目前针对温室/冰室旋回如何影响有机质沉降和烃源岩发育的研究仍处于起步阶段。显生宙烃源岩多通过有机质含量及碳、氮、氧同位素和微量元素等来代表有机质沉降、初级生产力和水体分层，并认为米氏旋回主要通过日照量变化导致温室—冷室气候的旋回，并通过温室环境下初级生产力勃发、水体分层、O_2/CO_2比率降低等一系列事件的耦合作用，最终控制烃源岩发育。基于显生宙的研究结果认为，在日照量较高的温室环境下，海平面上升，生物勃发，有机质在浅海陆棚沉积；以有机质消耗为主的反硝化作用在沉积物中进行，对大气—海洋中的氮循环影响不大，氮同位素处于 $-2‰\sim2‰$ 之间，生物勃发得以持续，有机质大量沉积形成烃源岩。而在日照量较低的冰室环境下，海平面下降，有机质沉降进入深海盆地，并在沉降过程中，消耗海水中的溶解氧，形成最小氧化带（OMZ）或大洋缺氧事件（OAE），进而使得反硝化作用主要发生在水体环境，表层海水乏氮，真核生物在蛋白质合成时受限，初级生产力得到抑制，烃源岩不发育。

Zhang 等（2015）近年来对下马岭组的研究结果也显示[30]，哈德里环流等大气环流和陆表径流的强弱变化，也会影响烃源岩的发育，而烃源岩非均质性又受控于米氏旋回控制的日照量变化。早期海相烃源岩发育的四种经典模式：（1）热水活动—上升洋流（赤道幅散带—开阔大洋幅散带型上升洋流）—缺氧事件；（2）台缘缓斜坡—反气旋洋流（型）；（3）干热气候—咸化静海；（4）湿润气候—滞留静海，也被认为是在大气环流的不同位置体现出的具体特征。因此，天文旋回可能是烃源岩发育的先决条件，但生态组成、海洋环境、盆地构造、大气和大洋环流同样是影响有机质生产、沉积和保存的重要因素（图1—20）。

三、元古宇—下古生界烃源岩倾油气性

随着中国、俄罗斯和阿曼在古老地层中陆续发现了大型油气田，并实现了规模开发，人们对在古老地层中常规油气和非常规油气的勘探越来越重视。对于油气勘探家来讲，烃源岩生烃能力的评价不仅需要明确其生烃能力，还需要明确所生成烃类的类型——是油还是气，最好还要了解烃源岩的生烃过程，理解不同热演化程度烃源岩的生烃行为。

显生宙海相烃源岩的生烃能力已被广泛研究，但多数聚集在生油窗和生气窗的范围以及最大生油能力和最大生气能力的评价等指标上。很少讨论有机质母源或烃源岩形成环境差异导致的烃源岩生油生气倾向性，一个很重要的原因是显生宙烃源岩中几乎已经不能排除真核生物对有机质的贡献。而对于元古宙，一个以原核生物为主，记录着真核生物出现并逐步繁盛的时代，古海洋环境也是存在着氧化、铁化、厌氧硫化等的动态变化，烃源岩的母质生物与形成环境，均与显生宙有着显著性差异。

经典石油地质学中，Tissot 提出的有机质生烃理论认为，具备生烃潜力的沉积有机质

主要是可以进行光合作用的浮游藻类，而细菌对生烃的贡献小到可以忽略。然而。在太古宙—古、中元古代，在真核生物规模性勃发之前的富有机质沉积，其母质来源只可能是原核生物。但如何识别原核生物对烃源岩沉积有机质的贡献，以及不同沉积环境下所发育烃源岩的生烃能力成为回答元古宇烃源岩成烃特征这一问题的关键所在。

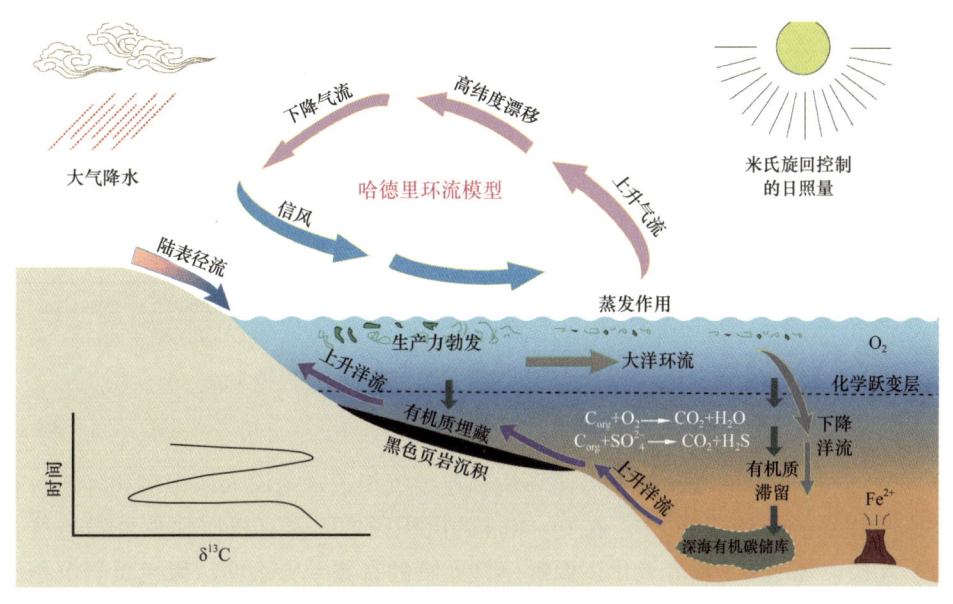

图 1-20　烃源岩形成模式图

中国华北下马岭组是一套低熟中元古界烃源岩，尚处于有机质热演化的低成熟阶段（R_o^E 约为 0.6%），且有机质丰度高，TOC 值在 1%～20% 的范围内变化。以此套页岩为海相烃源岩的代表，国内学者开展了大量的成烃潜力模拟实验研究，实验方法包括封闭体系热压模拟和半开放半封闭体系的生排烃模拟等。通过高精度古海洋环境分析和生物标志化合物鉴定，确认下马岭组不同层段的形成环境和母质来源均存在明显差异[22, 23, 31]。笔者选择了四个不同层位的黑色页岩样品进行封闭体系黄金管生烃热模拟实验，样品原始的地球化学参数见表 1-2，实验结果见图 1-21。

表 1-2　黄金管生烃热模拟实验样品的地球化学参数

序号	深度 m	TOC %	T_{max} ℃	S_1 mg/g	S_2 mg/g	HI mg/g TOC	沉积环境	生源母质
1	46.8	1.61	440	0.52	7.71	479	缺氧	真核生物参与
2	60.9	4.38	442	0.81	28.99	661	缺氧	真核生物参与
3	282.4	11.37	448	1.14	57.11	502	弱氧化	原核生物为主
4	283.1	7.39	436	1.33	28.37	383	弱氧化	原核生物为主

以上四个样品均取自同一套地层，有机质含量较高，经历的热演化史也一致，具有明显差异的就是沉积环境和生源母质。从模拟生烃结果可以看出，缺氧环境沉积且生源母质有着真核生物参与的烃源岩样品的有机质含量虽低，但生油气潜力明显要高于弱氧化环境

沉积且生源母质主要为原核生物的烃源岩样品。由此也可以说明，元古宙烃源岩的生油生气倾向性可能与有机质含量并无关系，而是取决于有机质的母质来源和沉积环境。但究竟哪一个因素更占据主导地位，仍需要大量的实验和地质实例来证实。

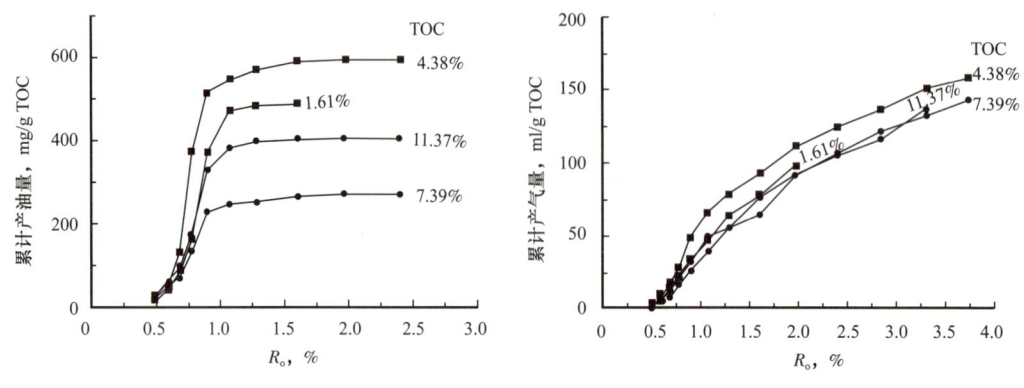

图 1-21　下马岭组烃源岩样品黄金管生烃热模拟实验

1. 沉积环境对有机质倾油气性的影响

下马岭组 unit 1 期间波动的古海洋环境和连续沉积记录为深入认识沉积环境对有机质保存的影响提供了绝佳范例[31]。在 0～40m 的沉积段内，富有机质黑色页岩与贫有机质灰色页岩互层。Mo、V、U 等氧化还原敏感性元素的富集差异表明，黑色页岩沉积于厌氧环境，而灰色页岩沉积于弱含氧环境；稳定的有机碳同位素则表示当时的初级生产力和生源母质并没有明显差异（图 1-22），TOC 和 HI 的差异主要来自底部水岩界面的氧化还原环境对沉积有机质的降解和矿化。因此，缺氧环境更有利于有机质和氢的保存。

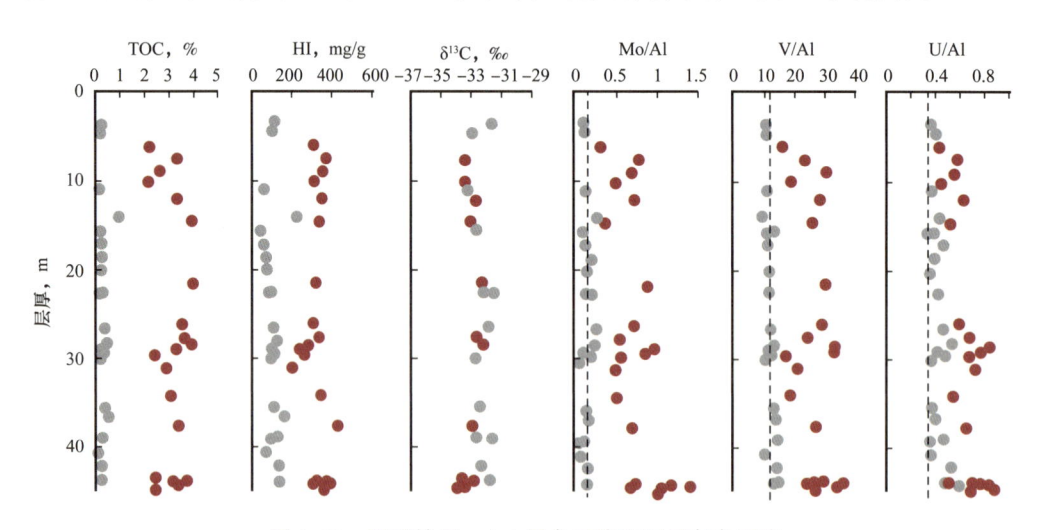

图 1-22　下马岭组 unit 1 黑色页岩和互层灰色页岩

对于低熟烃源岩来讲，HI 是倾油气性和生油气潜力的直接指标。把它和氧指数相结合，可以用来划分有机质类型，确定烃源岩演化程度，评价生油岩中有机质丰度和估算生油量等。这一实例可以明显的表示，沉积环境的氧化还原程度可以极大的影响，甚至控制烃源岩的倾油气性和生烃潜力。缺氧环境沉积有机质有着明显的倾油性，且生油气潜力更大。

2. 生源母质对有机质倾油气性的影响

除却埋藏环境这一因素外，因有机质生源母质差异导致的生油生气倾向性，可能跟真核生物和原核生物细胞膜上的类脂化合物的组成不同有关。因为石油中的许多化合物，包括一些常见的生物标志化合物都主要来自类脂。对真核生物细胞膜来说，类脂的主要成分是与极性端头相连的脂肪酸组成的磷脂和糖脂。不同类型的部分可以连接到脂肪酸上形成极性端头，最为常见的是含氮碱基和糖的磷酸盐（图1-23）。典型的脂肪酸链有12~24个碳，可以是完全饱和的，也可以含有一个或多个双键，通常还有非极性侧链（R_1和R_2）。脂肪酸的生物合成特征是一经启动，链就会不断延长，循环连续地添加两个碳原子形成不同链长的脂肪酸。因此，最常见的脂肪酸和相关的类脂膜具有偶数碳原子。短链C_{12}、C_{14}、C_{16}正链烷酸主要来自真核藻类的类脂，而长链正链烷酸（如C_{24}、C_{26}、C_{28}），主要来自陆生植物。

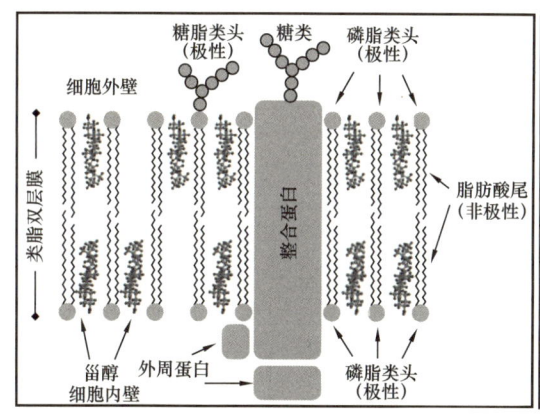

图1-23 真核生物细胞膜

与真核生物不同的是，原核细菌细胞膜由各种二糖的聚合物组成，彼此之间通过短链的缩氨酸连接，后者被称为肽聚糖或胞壁质。革兰氏阴性菌的细胞壁相对较薄，一层由蛋白质、磷脂和独有的脂多糖组成的外膜包裹着胞壁质层。而革兰氏阳性菌的细胞壁则有一层厚厚的胞壁质（图1-24）。而古细菌细胞膜的主要结构成分是二醚和四醚键合的类异戊二烯，通过醚键连接在一起。连在极性端上的类异戊二烯烷烃侧链的碳数在15~25之间；或者也可以具有两个极性端，二者通过C_{40}双植烷类类异戊二烯烷烃连在一起（图1-24）。二醚类脂是喜盐古细菌的主要类脂膜，存在于包括产甲烷菌在内的其他种类的古细菌中。作为甘油二烷基丙三醇四醚（GDGTs）的亚类，双植基四醚则是其他古细菌的主要类脂膜。这些类脂形成一种靠双极的特性而稳定的单层膜。大多数产甲烷古细菌具有与细菌相似的细胞壁，只是胞壁质膜间肽交联的成分不同而已。其他古细菌的细胞壁则很复杂，由无机盐、多糖以及糖蛋白或蛋白质组成。由此可以看出，真核细胞类脂膜上的长链脂肪酸含量更高，饱和程度也更高，因此生油能力更强。而原核细胞类脂膜上多为短链有机质，且含有较高的不饱和键和O、N等杂原子，因此生甲烷气能力更强。

由此可以推测，对于有真核藻类贡献且为缺氧环境沉积的元古宇烃源岩，仍存在发现原生油藏的可能性。但对于仅有原核细菌贡献且为弱氧化环境沉积的元古宇烃源岩，可能发现由它们所生成的气藏。就目前的勘探发现结果来看，这种推测或许也是对的。澳大利亚 McArthur 盆地古元古界上部 HYC 页岩和西非中元古界上部 Atar 群 Touirist 组页岩的有机质含量都很高，成熟度也都处于低成熟—成熟状态；但生物标志化合物检测结果显示，藿烷类化合物极其丰富，缺少甾烷类化合物，表明有机质几乎均来自于原核生物。勘探结果显示，这两套烃源岩的生烃产物确实都是气，并未发现有液态油显示。而在其他中—新元古界的含油地层中，如中国华北中元古界中部下马岭组、西伯利亚里菲阶 Tungusik 段、北美新元古界中部 Chuar 群 Kwagunt 组和阿曼新元古界上部 Huqf 群，其烃源岩都或多或少检测到甾烷类化合物，证明真核生物对当时的沉积有机质还是有贡献的，因此也是可以生成油的。

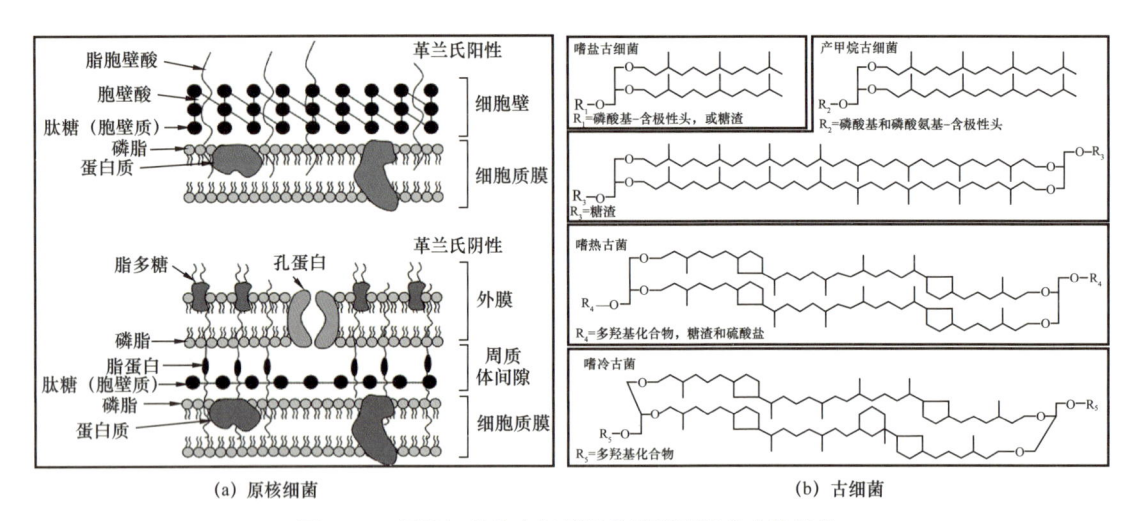

图 1-24　原核细菌及古细菌细胞膜类脂类化合物结构

第四节　古老深层有机质生烃机制、油气相态与保存下限

中国沉积盆地的多旋回性和烃源灶的多样性，决定了深层天然气成因类型的复杂性。近年来，深层油气尤其是天然气勘探相继取得重大突破，比如四川盆地深层高、过成熟常规气和页岩气以及塔里木盆地深层凝析油藏和天然气[29,32,33]。这些发现使得传统油气地质理论在解释深层油气成因上面临诸多挑战，需要重新审视高、过成熟阶段的生气母质、深层油气热稳定性等诸多科学问题。油气类型很大程度上受控于母源类型、生成和裂解动力学机制，后者决定了油气藏中的油气组成或相态等。同时，沉积有机质的热演化通常发生在复杂的无机介质环境中，可能存在的各类有机—无机相互作用会影响甚至控制油气的生成和演化。"十一五"以来，中国石油勘探开发研究院针对不同母质的生烃潜力、下限和动力学机制等，开展了大量卓有成效的研究工作，建立了深层天然气成因理论，相关认识为深层油气资源类型预测和资源潜力评价提供了重要的科学依据和参数体系。

一、"接力生气"模式

众所周知，烃源岩生排烃过程很大程度上决定了烃源灶的赋存形式及其在深层的裂解生气量。21世纪初，根据中国含油气盆地的地质特点，国内学者基于不同模拟实验体系，系统研究了不同类型烃源岩的生排烃效率、生气潜力和时限。针对深层天然气物质来源、烃源岩中滞留烃的成藏贡献等科学问题，赵文智等（2005，2011）率先开展了逼近地下环境的排烃模拟实验和不同赋存状态有机质的成气机理研究，并建立了有机质"接力生气"模式[34,35]。"接力生气"的概念是赵文智等在2003年第239次香山科学会议上首次提出，并于2005年首次在科技期刊发表，其核心内涵是随着干酪根热演化程度的升高，干酪根降解生气过程逐渐转化为烃源岩内残留的液态烃裂解生气，二者在主生气时间上构成接力过程。模拟实验表明，Ⅰ、Ⅱ型有机质的烃源岩干酪根裂解生气和残留液态烃裂解生气的比例大致为1:2，而Ⅲ型有机质的烃源岩二者的比例约为2:1，这主要是因为Ⅰ、Ⅱ型有机质以生油为主，Ⅲ型有机质以生气为主造成的。

"接力生气"首先明确的是烃源岩内残留的液态烃数量。赵文智等（2005，2011）先后开展了两方面的研究：（1）不同类型烃源岩排烃效率模拟实验；（2）利用热裂解资料对滞留烃数量作统计分析[34,35]。分别选择华北震旦系下马岭组石灰岩、山西石炭系石灰岩、泌阳古近系泥灰岩、唐山石炭系油页岩和广东茂名古近系油页岩进行排烃效率实验，这些样品的共同点是热成熟度普遍不高（$R_o \leqslant 0.68\%$），且代表着有机质丰度低（TOC为0.62%~0.68%）、有机质丰度高（TOC为4.75%）和油页岩（TOC为7.55%~10.08%）三个端元。生排烃模拟实验的结果表明，烃源岩的排烃作用多发生于R_o为0.6%~1.6%的阶段。不同岩性与不同有机质丰度的烃源岩，排烃效率也不同，油页岩的排烃效率最高，可达80%左右，且高效排烃发生在R_o大于1.4%的高成熟阶段。一般烃源岩的排烃效率多在40%~60%（图1-25）。

滞留烃的最佳成气时间也是"接力生气"理论的核心内容之一。赵文智等（2005，2011）通过生气动力学实验分析，探讨了滞留烃的主生气时机和贡献[34,35]，模拟实验可分为两大类：一是固体有机质随热成熟度升高生油潜力变化的实验，用以判断干酪根的主生气时机；二是液态烃裂解气主生气时机和贡献。通过第一类实验，得出两点重要认识：（1）Ⅰ、Ⅱ型干酪根中能够生油的脂族碳含量在R_o达到1.5%之前迅速减少，表明固体干酪根的主生油期为R_o小于1.5%，R_o超过1.5%以后生气的母质数量锐减；（2）Ⅰ、Ⅱ型干酪根的主生气期在R_o为1.1%~2.6%。第二类实验分别选择纯原油、原油+碳酸盐岩、原油+泥岩和原油+砂岩4组样品，代表液态烃在古油藏、不同烃源岩内部和输导层三种不同环境下发生热裂解的情况。另一组是变温变压条件下的生气模拟，将同一样品分别置于50MPa、100MPa和200MPa三种压力条件下，分别施以2℃/h和20℃/h的升温速率，采用金管封闭体系完成变压变温模拟实验。实验结果揭示了两种现象：（1）液态烃的赋存环境对其裂解过程有重要影响，按照强度从大到小依次为碳酸盐岩、泥岩和砂岩，相应的主生气期R_o依次为：纯原油1.5%~3.8%；碳酸盐岩1.2%~3.2%；泥岩1.3%~3.4%；砂岩1.4%~3.6%。（2）压力对液态烃裂解生气的影响具有多样性。对塔里木盆地轮古2井奥陶系原油不同压力下的裂解生气实验反映了以下三个特征：慢速升温条件下，压力对液态烃的裂解过程有抑制作用，可使得液态烃大量裂解的起始时间滞后；快速升温条件下，压力对裂解过程影响不明显；高演化阶段，压力对裂解过程的影响增强，可使液态烃裂解过程延至更高演化阶段。

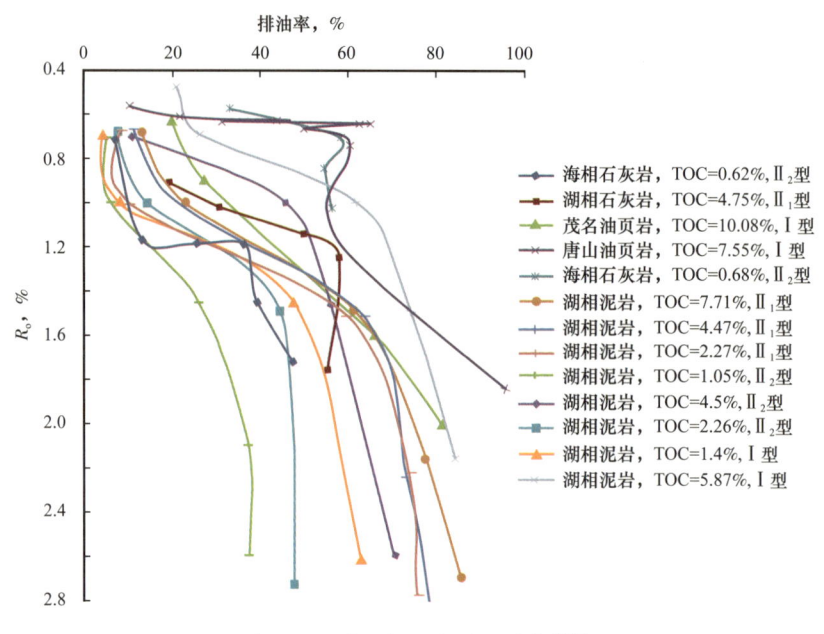

图1-25 典型烃源岩排烃效率[28]

综上所述，固体有机质的生气过程尽管可以延至R_o为2.6%的过成熟阶段，但R_o为达到1.6%之后的生气量有限。纯原油裂解的起始点R_o为1.3%，在压力作用下，可迟滞到R_o为1.6%，主生气阶段R_o为1.5%~3.8%。目前判断液态烃裂解生气的终点应该在R_o超过3.5%之后，在有压力参与的环境中，终止时期的R_o可能达到4.0%。"接力生气"观对深层天然气勘探的重要意义在于：明确了高、过成熟阶段天然气的物质来源与生气比例，肯定了源灶内滞留烃生气潜力的晚期性和规模性，确立了源内天然气（页岩气）晚期成藏地位，改变了深层天然气资源评价参数与总量。以此推动了中国塔里木盆地和四川盆地古生界深层天然气勘探获得重大新突破。

二、深层多源灶、多途径生气机制

1. 干酪根裂解生气下限和动力学

作为深层油气来源的主要母质类型，海相Ⅰ/Ⅱ型有机质的生烃潜力、特征和时限很大程度上决定了深层油气资源潜力和油气赋存形式。探讨Ⅰ/Ⅱ型有机质的生烃潜力和时限，有必要将生油和生气区分进行探讨，其生烃演化过程可分为初次裂解和二次裂解两个阶段：

初次裂解（primary cracking）：干酪根→烃类气体＋非烃气体＋液态油＋固体残渣；

二次裂解（secondary cracking）：液态油→烃类气体＋非烃气体＋焦沥青。

实际上，20世纪90年代，国内外学者针对海相有机质的生烃动力学开展了大量系统研究，并认识到不同类型有机质的生烃特征和时限存在差异。普遍的观点认为，Ⅰ/Ⅱ型有机质的生油发生在低熟—成熟阶段（R_o为0.5%~1.3%），而关于海相Ⅰ/Ⅱ型干酪根初次裂解气生气时限的认识似乎存在争议。"十二五"以来，依托国家油气重大专项和中国石油股份公司基础研究项目，中国石油勘探开发研究院针对不同生气母质的生气下限和高过成熟阶段的生气机理开展了进一步深入研究。

基于不同成熟度海相和湖相干酪根的模拟实验，张水昌等（2013）探讨了Ⅰ/Ⅱ型干酪根的初次裂解生气时限和晚期生气潜力[36]。首先，通过低成熟样品的分步热模拟结果发现：Ⅰ型和Ⅱ型有机质生气具有阶段性，最大初次裂解气产量约140mL/gTOC；主生气期 R_o 为 0.7%~2.0%，生气下限可延伸至 R_o 为 3.5%，高、过成熟阶段的生气贡献可占总干酪根裂解生气量的约15%（图1-26）。同时，不同成熟度地质样品的升温热解实验也进一步证实了这一认识。实际上，Ⅰ、Ⅱ型干酪根核磁分析结果表明，尽管高、过成熟阶段干酪根结构中长脂肪链含量明显降低，但仍含有一定量的短支链的脂肪结构。这说明，深层—超深层处于高过成熟阶段的干酪根具有生气物质基础[34, 35]。

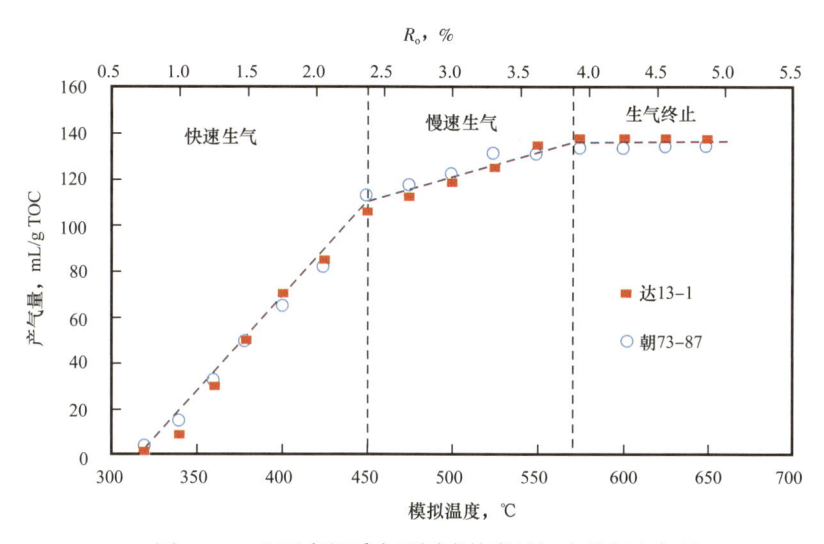

图1-26 Ⅰ型有机质在不同成熟度的初次热解生气量

2. 源内残留烃裂解动力学

尽管Ⅰ型和Ⅱ型有机质的排烃过程通常发生较早且具有较高的效率，但在成熟甚至是高成熟的烃源岩内仍存在一定量类似于原油的残留沥青。大量研究证实，含氮、硫、氧元素（NSO）的有机物或极性组分在较高的热应力作用下仍能裂解生成较高产量的烃类气体。这说明源内残留沥青对晚期气的聚集可能具有重要的贡献，比如高成熟烃源岩中的页岩气。烃源岩中不同油气组分排烃效率的差异，使得残留沥青相对源外或油藏中聚集的正常原油往往更富集重质组分。同时，在较高热应力作用下原油或沥青与固体有机质间发生相互作用，会抑制固体有机质热演化过程中的交联或聚合反应，也会改变沥青热降解的反应途径。此外，由于赋存环境或围岩介质条件的不同，源内残留烃和油藏中原油的裂解行为也可能存在差异。泥页岩烃源岩中通常富含具催化活性的黏土矿物，会加速有机质的热解生烃和原油的裂解生气。因此，全岩热解的方法研究源内残留沥青的原位裂解更接近其真实的地质演化过程。

何坤等（2013）通过四川盆地海相低熟泥岩和抽提后样品（R_o=0.76%）的升温热解[37]，针对源内残留烃的裂解生气行为开展了相关研究。结果发现，泥岩热解烃类气体的最大质量产率（28.49mg/g）明显要高于抽提样品（19.48mg/g），表明烃源岩中残留沥青的裂解对天然气的生成具有重要的贡献。基于泥岩和抽提后样品产气量的差值，可近似计算得到升温热解过程中残留烃的生气曲线（图1-27a）。烃源岩中的残留沥青裂解的最大烃类气体质量产率可达 9.2 mg/g，约占泥岩总生气量的 32.3%。图1-27b 显示了计算得到的泥岩中残留沥青原位裂解的动力学参数。残留沥青原位裂解的平均活化能为 56.0 kcal/mol，明显低于原油裂解（约 60kcal/mol），这主要归因于残留烃重质组分明显偏高以及可能的源内黏土矿物的催化作用。

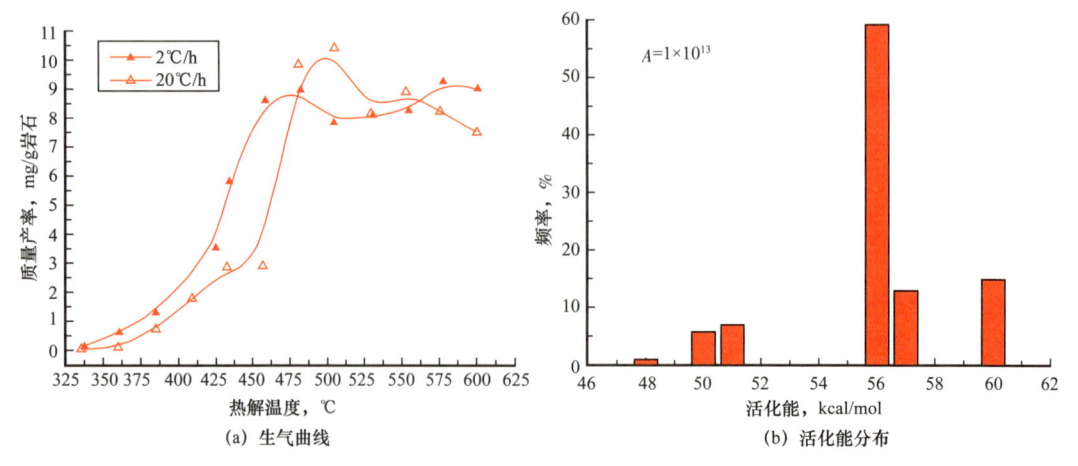

图 1-27 矿山梁泥岩中残留沥青裂解生成烃类气体的质量产率和活化能分布

(a) 生气曲线　　(b) 活化能分布

结合排烃曲线和油生成及源内沥青裂解的动力学参数，通过地质推演，可以得到地质升温条件（2℃/Ma）下Ⅱ型烃源岩生油和源内残留沥青、源外原油裂解随地质温度和 R_o 的演化模式（图 1-28）。其结果表明，源内残留沥青原位裂解生气的温度比油藏中原油要低约 30℃，两者开始裂解对应的地质温度分别为 140℃和 170℃，对应的 R_o 分别为 1.1%和 1.6%。

3. 源外原油热稳定性和裂解动力学

20 世纪 70 年代以来，国内外学者基于大量地质统计，提出了原油裂解的温度和深度门限的概念。早期认识提出，原油大量裂解生气的温度分别为 135~160℃。但后期一些超深钻井中重质饱和烃的发现，说明该温度要低于实际的原油裂解气大规模生成时的温度界限。近年来，油气勘探发现了越来越多的深层油气藏，原油和液态烃的保存深度和温度已超过早期的预测。这些矛盾或难以解释的现象的出现，很大程度上阻碍了深层油气资源的预测和勘探。实际上，大量不同条件下的模拟实验表明，油气的热稳定性受控于众多因素，主要包括：原油的性质或组成、流体压力和围岩介质条件等。不同性质原油裂解模拟实验表明，轻质油或凝析油的热稳定性要高于重质原油和正常原油，蜡含量高的原油裂解的平均活化能要高于硫含量高的原油。同时，不同的研究者得到的原油裂解气生成的门限温度或深度不尽相同，甚至是有较大的差别。基于大量原油裂解模拟实验发现，这种差异很大程度上归因于不同模拟实验选取原油性质上的差别[36,38]。由于原油中各组分裂解反应的能力及途径各不相同，这就决定了原油裂解的速率及裂解气的地球化学特征。原油来源于生烃母质的热成熟作用，不同的有机质或干酪根类型决定了原油的组分和成分分布。高 HI 指数的有机质（如Ⅰ型干酪根）通常能生成饱和烃含量较高的原油，低 HI 指数的有机质（Ⅲ型干酪根）则倾向于生成芳香烃含量高的原油。成分的差异，将引起原油一些宏观性质（如密度、含蜡量和含硫量等）的差异，从而使其具有不同的热稳定性及热解生气的特征[36]。

原油裂解成气的过程是一个复杂的化学反应过程，原油中的不同组分及成分，比如烃类与沥青质、链烷烃与芳香烃,它们在热演化过程中的稳定性和反应途径存在很大差异,这也是导致不同类型或组成原油裂解生气特征存在差异的主要原因。作为原油的主要组分,烃类的热稳定性很大程度上决定了原油裂解反应的热动力学特征和裂解生气潜力,不同类型的烃类(主要包括烷烃、环烷烃及芳香烃)在原油的热演化过程中常经历不同的化学反应途径。表1-3给出了不同单体化合物裂解的动力学参数,显然,不同类型的化合物裂解的活化能和指前因子都存在明显的差异。相对来说,正构烷烃裂解反应的指前因子和活化能明显要高于芳香烃类。不含支链或短支链芳香烃的热稳定性要高于链状烷烃,长支链的芳香烃热稳定性较低。这是由于含长支链芳香烃的β位C—C键的离解能通常要低于链状烷烃中的C—C键,因此含长支链的芳香烃发生裂解优选断开支链,形成稳定性较高的甲基芳香烃和链烷烃。

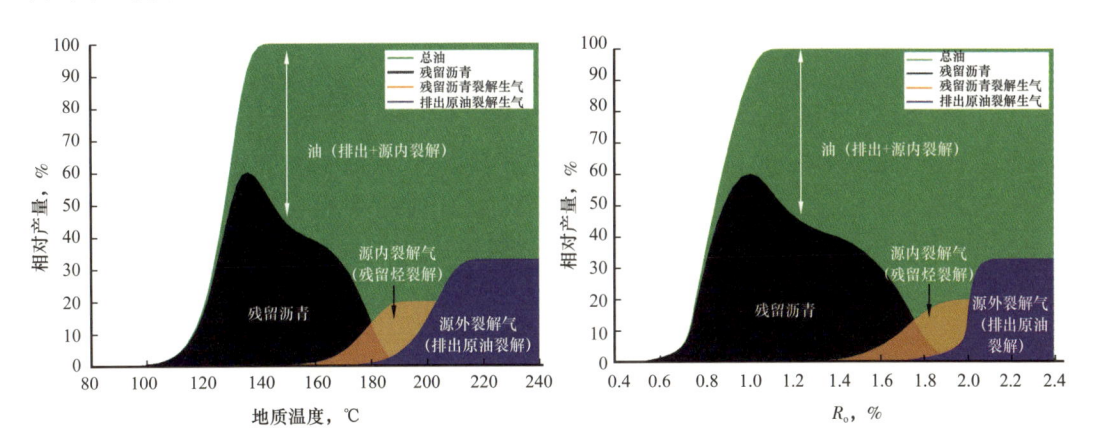

图1-28 Ⅱ型烃源岩源内残留沥青和排出原油随地质温度和R_o的裂解演化模式

表1-3 不同单体化合物裂解的动力学参数

化合物	活化能(kcal/mol)	指前因子(s^{-1})
n-C$_{14}$	67.6	7.20×10^{18}
n-C$_{16}$	59.6	3.10×10^{14}
n-C$_{16}$	61.2	1.50×10^{15}
n-C$_{25}$	74	3.00×10^{19}
萘满	58	3.50×10^{12}
2-乙基萘满	53.5	5.00×10^{12}
十二烷基苯	53.3	1.30×10^{13}
戊基苯	55.5	1.10×10^{14}
丁基苯	52.9	1.10×10^{12}
乙基苯	62.3	4.70×10^{13}
3-甲基菲	49	4.50×10^{10}
1-甲基萘	47.4	7.90×10^{9}
二苯并噻吩	59	1.90×10^{11}

除此之外，原油中NSO化合物（包括胶质和沥青质）的含量对原油的稳定性也具有一定的影响。相比于较稳定的C—C键来说，由这些杂原子（尤其是S）组成的共价键（比如C—S和S—S键等）由于具有更低的键能，其断裂所需的热应力要弱得多，也更容易发生。由于热稳定性及热解反应途径的差异，不同的组分在原油裂解过程中表现出来的热动力学特征不尽相同。根据成分的化学性质，原油分为了如下几个组分：胶质及沥青质（C_{14+}NSO化合物）；C_{14+}不稳定芳香烃类（含烷基侧链芳香烃和环烷烃稠和芳香烃组分）；C_{14+}多环稠和芳香烃及甲基芳香烃类；焦沥青；轻质芳香烃类（C_6—C_{13}）；C_{14+}异构/环烷类饱和烃；C_{14+}正构烃类；轻质饱和烃类（C_6—C_{13}）及气体部分（C_3—C_5）。根据裂解动力学参数分布特征，对C_{14+}组分进行了分类，即裂解反应的活化能分布的三个主要区域：高活化能部分（64~70kcal/mol）对应于饱和烃裂解及轻烃的生成；中间部分（50~54kcal/mol）对应于NSO化合物及大部分不稳定芳香烃组分的热分解反应；低活化能部分（<50kcal/mol）对应于芳香烃裂解生成多聚芳环和类焦炭物质的过程。基于之前研究得到的各组分裂解的动力学参数，推演得到一般地质升温条件下（2℃/Ma）不同组分的裂解曲线（图1-29）。显然，达到同样的裂解转化率时，NSO化合物所需要的地质温度或深度最低，原油中各组分裂解反应速率的顺序为：不稳定芳香烃类>NSO化合物>稳定芳香烃类>异构和环烷烃>正构饱和烃。

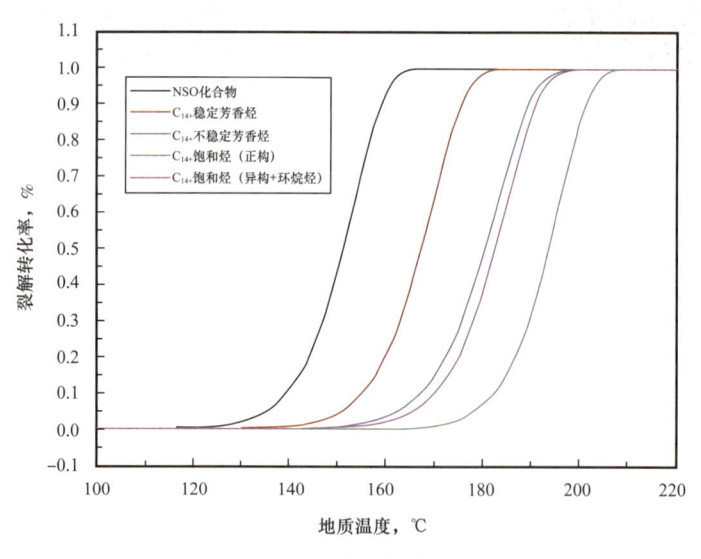

图1-29 原油不同组分裂解的地质推演

三、深层有机—无机复合生烃机制

众所周知，沉积有机质的热演化生烃发生在复杂的无机介质环境中。近些年来，越来越多的国内外地球化学家开始关注油气生成过程中可能存在的各类有机—无机相互作用。大量的研究证实，高温高压条件下，烃源岩或储层中的无机流体和矿物会影响甚至参与有机反应。其中，无机的围岩矿物，尤其是黏土矿物的催化作用能在一定程度上改变油气生成的门限温度甚至影响油气的成分组成。作为含油气盆地重要的无机介质，水能与有机物反应并为油气的生成提供无机氢和氧。通常，高温下水与有机质的反应能改变热解产物产率、化学组成与同位素组成。模拟实验结果也观察到水来源的氢向干酪根和烃类转移的现象。深层页岩气和常规气中常见的同位素异常，包括碳同位素倒转和甲烷氢同位素的反转现象，也常被认为是水—有机质生气反应或烃类气体水热反应的结果。

实际上，除了与烃类直接反应外，水还能与围岩矿物发生相互作用，实现二次加氢（间接加氢）或催化加氢生气作用。比如，水与还原性含铁矿物（如磁黄铁矿、磁铁矿和菱铁矿）的水热反应能形成氧化还原缓冲体系生成 H_2。同时，橄榄石的蛇纹石化也能生成 H_2，后者在高温下会还原 CO_2 生成烃类。作为特殊的水—岩—烃反应，热化学硫酸盐还原作用（TSR）对原油或烃类裂解生气的影响也受到了广泛关注。作为沉积盆地赋存最广的两类矿物，黏土和碳酸盐岩同样会与水发生相互作用，在其表面离解形成活性酸位或者以氢键的形式发生键合，从而影响水的反应活性和水—有机反应机制。针对这些科学问题，中国石油勘探开发研究院依托国家油气重大专项，开展了大量基础研究工作。

1. 黏土矿物的催化作用

无机矿物在生油岩和储层中普遍存在，它们对有机质的热解生烃可能存在的影响很早便引起了地球化学家的关注。大量的地质观察及热解实验的结果都表明，具有较大比表面积和较多酸活性中心的蒙皂石常显示出较好的催化性能，其他黏土矿物（包括伊利石和高岭石）的催化作用则很微弱，而碳酸盐甚至表现出一定的抑制作用。但是考虑到原油裂解通常发生在较深的地层中，此时黏土矿物的作用是否存在难免受到质疑。众所周知，地层中唯一具有催化活性的蒙皂石矿物在埋深成岩过程中，会发生结构及成分的转变，逐渐发生伊利石化。相对于具有可膨胀层和更多表面活性酸位的蒙皂石来说，层间不含或含很少量 Brønsted 酸位的伊利石的催化活性通常很低，因此在成岩过程中，随着蒙皂石的伊利石化，其催化活性似乎应降低。实际上，在蒙皂石伊利石化早期的脱水作用、四面体取代（Al^{3+} 替代 Si^{4+}）的发生以及增加的层间电荷，都将导致矿物表面 Brønsted 酸位的增多，因此早期形成的无序的或有序的 R_1 型伊/蒙混层相对纯的蒙皂石往往具有更高的催化活性。针对不同深度地层中黏土矿物催化活性的分析结果也证实了这一点。对于进入高度有序的伊/蒙混层（R_3 型）以及伊利石矿物来说，其对原油或烃类裂解的催化作用则十分微弱甚至不具有催化作用。

模拟实验研究表明，黏土矿物尤其是蒙皂石的加入，会一定程度降低烃类或原油裂解反应的活化能，从而加速原油裂解气的生成。而蒙皂石之所以对原油的裂解能表现出一定的催化效果，主要是由于黏土矿物表面存在大量具催化活性的酸位，这包括能催化羧酸的脱羧基反应的 Lewis（L）酸位及促进烃类裂解的 Brønsted（B）酸位。何坤等（2011）曾选用了工业合成的具理想比表面积的酸性层状黏土矿物蒙皂石 K10，以及负载不同类型或浓度的金属离子的 K10，分别进行了塔里木盆地哈德逊油田 HD11 原油的催化裂解[34]。氨气吸附及催化活性表征的结果表明，负载不同类型或浓度离子的 K10 的两种表面酸位的强度存在如下关系：

Lewis 酸位　　1.5 M Fe^{3+}-K10＞1.5 M Al^{3+}-K10＞0.5 M Fe^{3+}-K10＞K10

Brønsted 酸位　　1.5 M Al^{3+}-K10＞1.5 M Fe^{3+}-K10＞0.5 M Fe^{3+}-K10＞K10

图 1–30 显示了不同热解体系最终得到的气体产物的分析结果。显然，黏土矿物的加入促进了原油的裂解和烃类气体的生成，且提高了气体的干燥系数。值得注意的是，原油的裂解速率与黏土矿物表面的 B 酸位强度呈明显的正相关，与 L 酸位强度关系不大。蒙

皂石存在热解体系中异构产物相对含量的明显增加，也证实催化作用主要归因于 B 酸位提供 H^+，从而促进烃类或原油的碳正离子裂解反应。

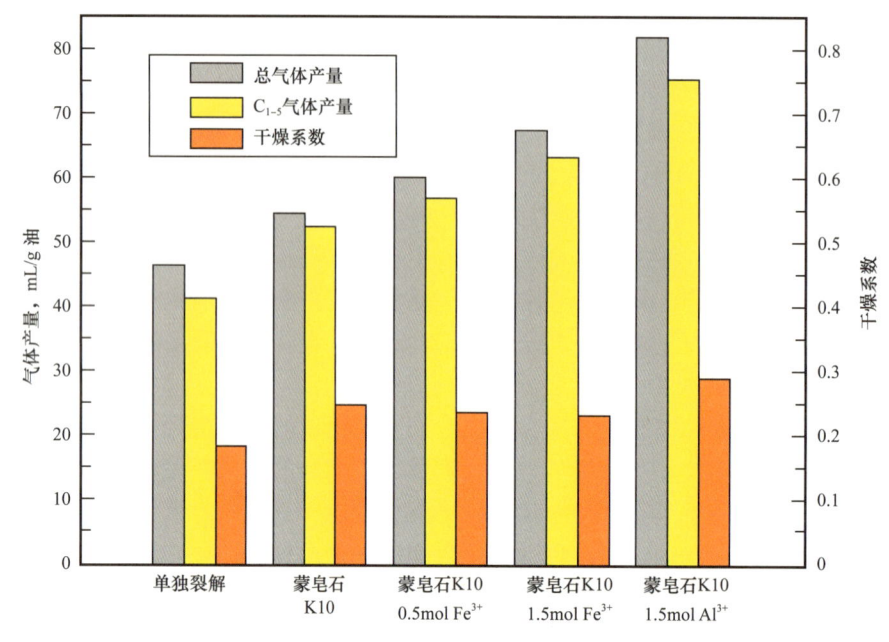

图 1-30　不同表面酸强度的蒙皂石对原油裂解的影响

2. 硫酸盐热化学还原作用

硫酸盐热化学还原作用（TSR），即地层水中特殊的硫酸盐结构氧化烃类或原油的过程，是导致地质条件下酸性（含 H_2S）天然气形成和聚集的重要有机—无机作用。含硫化氢天然气在中国典型海相含油气盆地均有分布，且主要来源于 TSR 作用。TSR 作用常与原油的热裂解相伴生，由于该反应的活化能要明显低于烃类裂解的自由基链反应，因此 TSR 反应会降低原油的热稳定性，促进二次裂解气的生成[39]。同时，由于氧化还原反应除了产生还原产物 H_2S 外，还生成氧化产物 CO_2 和副产物固体沥青等，有机碳源的消耗对最终二次裂解气产量也很可能存在影响。

通过黄金管模拟实验同原位激光拉曼技术相结合，证实了模拟实验的高温条件下（大于 300℃）和地质温度条件下（小于 250℃）TSR 反应的氧化剂分别为硫酸氢根（HSO_4^-）和硫酸盐接触离子对（CIP）[40—42]。同时，TSR 反应的速率受控于氧化还原反应的动力学参数（指前因子 A 和活化能 Ea）以及地层水中活性硫酸盐的浓度，即 $k=k(T) \times$ ［活性硫酸盐浓度］$= A \times \exp(-Ea/RT) \times$ ［CIP］。其中，理论反应速率常数 $k(T)$ 主要受原油组成（主要是不稳定含硫化合物的含量）和硫酸盐类型的影响，浓度（CIP）受地层水中溶解硫酸盐浓度和盐度或特殊阳离子（如 Mg^{2+} 离子）浓度等的影响。不同噻吩含量的链烷烃 TSR 反应动力学表明，原油含硫化合物含量很大程度上决定了 TSR 反应温度门限。

通过原位激光拉曼的定量分析技术，He 等（2014）建立了地层水中 CIP 浓度的预测模型，并发现活性硫酸盐的浓度与地层水中溶解 Mg^{2+} 浓度呈现明显正相关[42]。基于液态油 TSR 反应的动力学参数和地层水中活性硫酸盐浓度的预测模型，可推演得到不同地层水条件下 TSR 的转化曲线（图 1-31）。Mg^{2+} 含量较低的地层水中活性硫酸盐浓度相对较低，TSR 反应启动的难度相对较大，门限温度高于 180℃。当地层水中含有较高的 Mg^{2+} 时，直接氧化剂 CIP 的含量也较高，TSR 反应在 140℃左右就能开始发生。

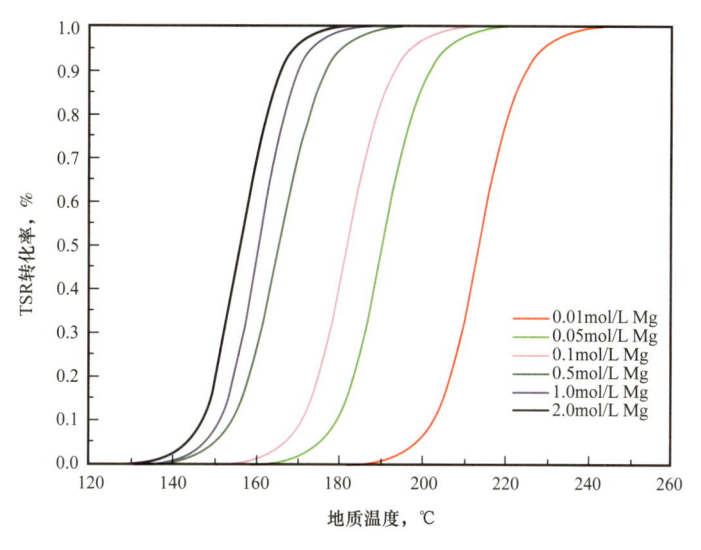

图 1-31　不同地层水条件下的 TSR 转化曲线

3. 水—烃反应机制

众所周知，在储层的孔隙及油藏中的油或气水边界上都存在大量的地层水，同时，在矿物（如氢氧化物及层状硅酸盐矿物等）内部，还存在大量的层间吸附水和结构水。水广泛影响着大量的地质过程，比如岩石风化、区域变质、岩石孔隙的形成及层控矿床形成等。目前，关于水—有机质直接反应的机理包括三类：（1）水或水来源的氢通过捕获烃类均裂生成的自由基生成小分子烃类并实现加氢作用；（2）水离解或酸催化形成 H^+ 与烯烃甚至烷烃发生正离子和异构化反应实现加氢；（3）水直接与烯烃或不饱和键发生加成或氧化反应。笔者基于黄金管模拟装置，开展了不同条件下的烃类有水热解实验（图 1-32）。可以发现，水的加入明显提高了烃类气体的产率。此外，水的加入导致了大量 CO_2 的生成并明显提高了 H_2 产率。这表明，高温条件下水与烃类发生了反应并为气体产物的生成提供了 H 和 O。而有水体系烯烃产率的明显增加预示烯烃很可能是水—烃反应的中间产物，并在水的加氢生气过程中发挥了重要作用。水—烃—蒙皂石共存体系的气体产率明显高于无水和单独加水热解体系。这表明，蒙皂石的加入促进了水—烃反应或水的加氢生气作用。值得注意的是，无水条件下对烃类裂解不表现出催化效应的碳酸盐矿物的加入，也明显提高了有水条件下烃类裂解生气产率。水—碳酸钙—烃类热解体系的气体产率也明显高于无水和单独有水热解体系，甚至略高于水—蒙皂石—烃类热解体系。同时，相对于无水热解体系，单独加水和水—蒙皂石热解体系异构烃相对产率明显增加，而水—碳酸盐热解体系异构化指数（iC_4/nC_4）明显降低。众所周知，热裂解生成的正构烃和异构烃分别代表自由基和碳正离子反应机理。产物中异构烃相对含量的差异，表明两种矿物存在下的有水热解体系水的加氢生气机制存在明显差异。

进一步基于量子化学理论，计算了不同有机分子与水反应的能垒。计算结果表明，水与烯烃 C_nH_{2n}（$n=2\sim4$）反应的活化能为 39.6~41.8 kcal/mol（$A_f=1.01\times10^{10}\sim3.25\times10^{10}s^{-1}$），

明显低于水与烷烃和非烃反应。这证实，烯烃在有水体系具有较高的反应活性，很容易与水发生加成或氧化反应生成含氧化合物。在高温下烯烃会与水发生氧化或加成反应，经历醇类、酮类、羧酸类中间演化过程，最后生成小分子正构烷烃、CO_2 和 H_2。H^+ 和 1- 丁烯（$1-C_4H_8$）发生加成反应及 C_4 正离子异构化反应的活化能分别为 2.5kcal/mol 和 31.6 kcal/mol。单独有水热解体系异构烷烃相对含量（iC_4/nC_4）明显高于无水体系，且随着热演化或水—烃反应程度的增加，两者差异逐渐增大。这表明，高温有水热解体系生成的异构烃很可能来源于烯烃或烷烃的正离子（H^+）加氢和后续的异构化作用。碱性矿物水镁石有水热解体系气体产率明显偏低，证实正离子反应而非自由基反应机理主导了单独有水热解过程中的生气作用。

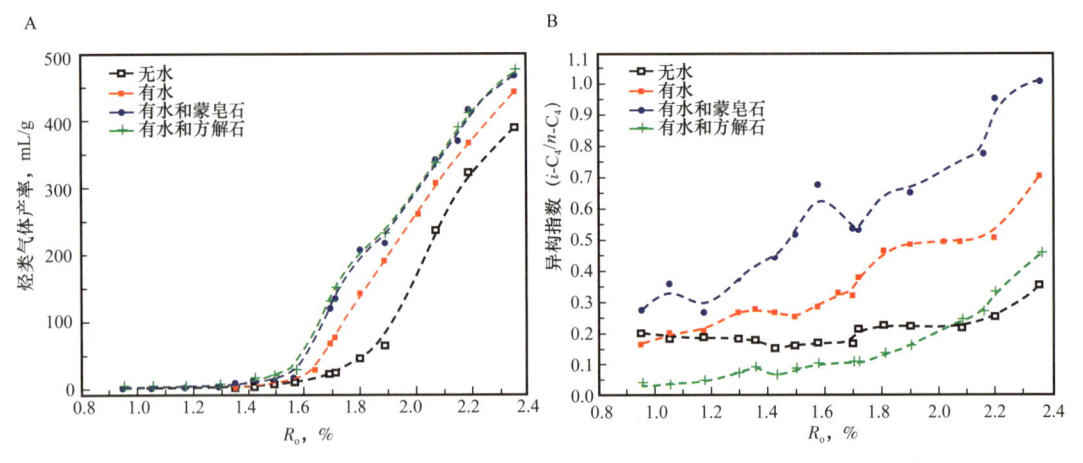

图 1-32　不同热解体系的烃类气体产率和异构烃相对含量随成熟度的演化

相对来说，水与烷烃直接反应生成甲烷和醇类的能垒较高（76.5~100.0 kcal/mol），反应速率较低（300℃时速率常数仅为 −43.2~−66.7）。但是烃类发生均裂反应裂解生成的烃类自由基，可与水发生加氢和氧化反应。热力学计算结果显示，在 25~650℃ 和 50MPa 条件下，R·+ CH$_3$·+ H$_2$O→R-OH+ CH$_4$（R 为烷烃自由基）的吉布斯自由能为 −63.2~−45.7 kcal/mol，证实该加氢途径在热力学上具有可行性。同时，重水—烃类—水镁石体系甲烷 D 的明显富集，也预示水与烃类先期均裂生成自由基的直接反应，是实现水加氢生气作用的一种潜在途径。因此，高温条件下水—烃加氢生气作用主要归因于正离子反应机制，一定程度上存在自由基反应的贡献。然而，地质温度条件下（低于 250℃），自由基反应在水—有机质反应过程中很可能起到更重要的作用。

综上所述，地层中赋存的油气绝不可能是简单的干酪根或者有机质的单独热解作用生成的，地表下的化学环境（如水、矿物和过渡金属）对油气的生成具有重要的影响。也许正是这些有机—无机相互作用（如水与有机分子的反应，黏土和过渡金属的催化作用等），影响或控制着油气的生成和聚集。

四、深层油气相态与保存下限

深层油气相态首先受控于油气藏中的油气组成，即气油比（GOR）。油气藏中 GOR 超过 5000ft^3/bbl 时，油藏会由液态油相转变为气相（凝析气藏）。也就是说，剩下未裂解的液态油在油气藏中也都以气相形式存在，此时对应的原油裂解转化率为62.5%。也有学者提出，油气藏中以液态油相存在的最大气油比应该为3200ft³/bbl，该比值对应的液态油裂解转化率为51.0%。对于原油裂解来说，不同的地质热史或升温速率条件达到同样转化率的温度或深度存在差异。较高的地质升温速率或快速埋深条件下，油藏进入凝析气藏需要的温度要更高。基于计算得到的原油裂解动力学参数，推演得到了不同升温速率条件下液态油藏裂解进入凝析气藏对应的温度（图1-33）。在1℃/Ma和5℃/Ma的升温速率条件下，原油裂解转化率达到62.5%或油藏气油比达到5000ft³/bbl时对应的温度分别为178℃和188℃。

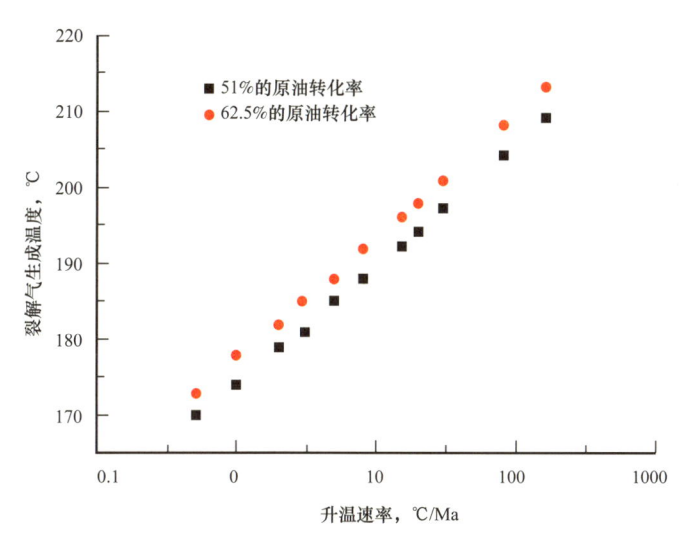

图1-33 不同升温速率条件下液态油藏转化为凝析气藏对应的温度

笔者也曾利用金管模拟装置开展了一系列不同性质原油的裂解实验[36]，结果发现不同性质的原油的热稳定性存在较大差异，导致其进入凝析气藏或达到62.5%裂解转化率对应的温度明显不同。基于塔里木盆地原油裂解的动力学参数[36,38]，通过地质推演可得到不同升温速率条件下其裂解转化曲线（图1-34）。对于30℃/km的地温梯度来说，油藏中独立相（或液相）存在的原油完全消失（转化率=62.5%）对应的深度为6000m左右（地质温度190~210℃）。值得注意的是，该温度和深度门限是指该油藏经历的最大埋藏温度或深度。由于塔里木盆地TSR作用等次生蚀变并不普遍，塔里木原油的稳定性很大程度上取决于其热演化史。因此塔里木盆地较低的地温梯度和独特的热演化史，导致该地区深层普遍存在油藏。对于四川盆地来说，较高的地温梯度或较快的升温速率，使得同样深度条件下，地层具有较高的温度。同时，该盆地海相地层普遍存在TSR作用，也会很大程度上降低原油裂解的温度门限，这也是四川盆地深层往往以气藏为主的重要原因。

结合原油裂解产气量和动力学的数学模型，可以推演得到地质条件下油藏中的原油裂解转化过程（图1-35）。原油开始裂解发生在180℃以上，此时油藏以油气混合相形式存在；温度高于200℃时，油藏进入凝析气阶段，此时剩下未裂解的液态油在地下也以气相形式存在；当温度高于220℃时，进入纯气藏阶段，此阶段C_{2+}烃类气体开始裂解，随着热演化程度的继续增加，将最终进入干气阶段。

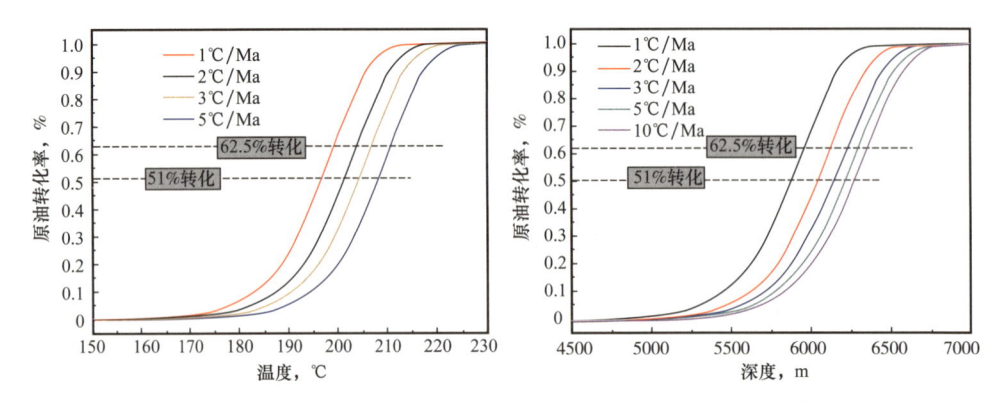

图 1-34 HD11 原油在不同地质升温速率条件下的裂解曲线

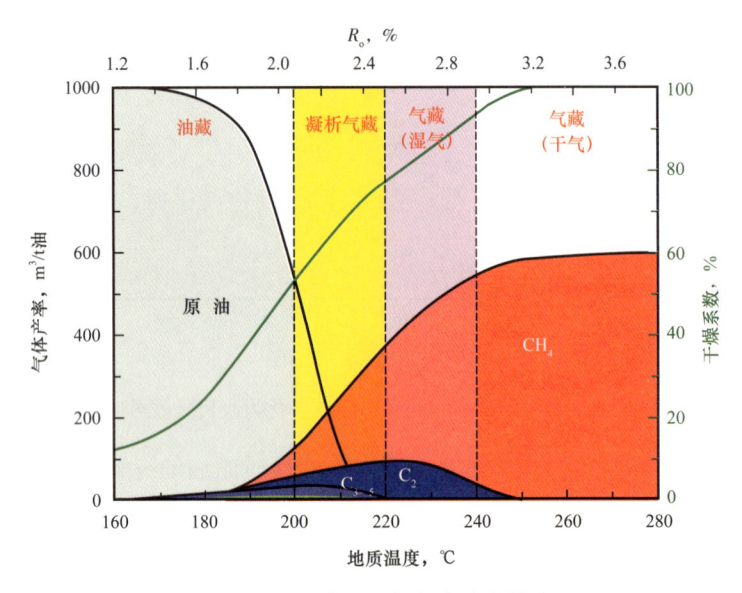

图 1-35 油藏中油气相态演化模式

除了液态烃，大量的模拟实验结果表明，重烃气（C_{2-5}）在较高的温度或热应力条件下也会发生裂解生成甲烷和固体沥青等。模拟实验的产物详细定量结果表明，重烃气中乙烷、丙烷、丁烷和戊烷等的裂解温度或成熟度门限存在一定差异。相对来说，乙烷裂解的成熟度门限通常要高于 2.5%。基于重烃气转化特征[33]，也可以通过动力学分布计算得到乙烷（C_2）和 C_{3-5} 裂解的活化能分布（图 1-36）。可以发现，乙烷裂解的平均活化能为 72.1 kcal/mol。C_{3-5} 裂解的平均活化能为 67.0 kcal/mol，明显要低于乙烷。

相对来说，甲烷具有较高的热稳定性，在无特殊氧化剂存在时，通常升温或恒温热解实验条件下（300~650℃）很少观察到甲烷的裂解。为了探讨甲烷裂解的可能性和活化能，选取了高成熟Ⅲ型有机质样品开展了 400~900℃温度范围内的升温热解。可以观察到，实验快速升温条件下当热解温度高于 700℃时，甲烷产率出现了明显降低，表明甲烷发生了裂解（图 1-37a）。为了评价地质条件下甲烷裂解的可行性和温度门限，基于实验结果对甲烷裂解的动力学参数进行了计算（图 1-37b）。发现其活化能主要分布在

78～96kcal/mol 范围内，平均活化能为 88.02kcal/mol，明显高于重烃气，说明甲烷在地质条件下具有极高的热稳定性。

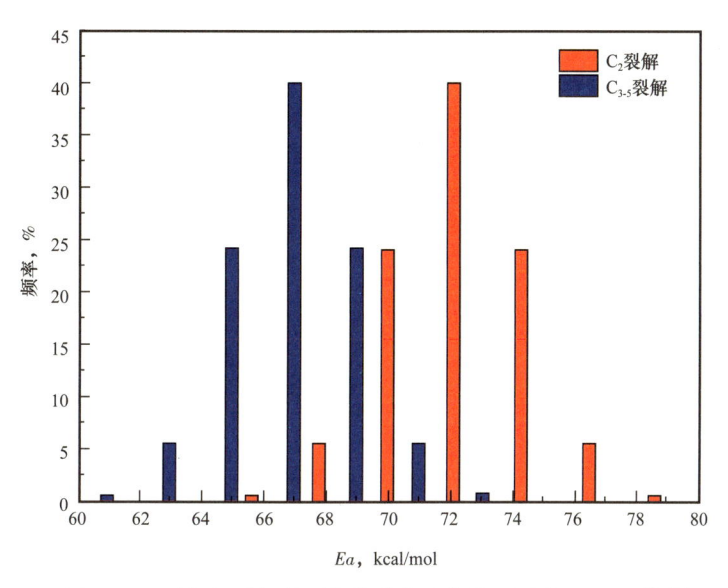

图 1-36 重烃气裂解的活化能分布（指前因子为 $1.0 \times 10^{15} s^{-1}$）

基于不同液态组分和烃类气体裂解反应的转化系数和动力学参数，进行地质推演可建立原油及不同气体组分裂解生气模式（图 1-38）。可以发现，在 2℃/Ma 的升温速率条件下，原油完全裂解的温度为 220℃，其中非烃沥青质裂解的温度要明显低于饱和烃和芳香烃类，轻质芳香烃和饱和烃的热稳定性明显高于其他液态组分。重烃气裂解的温度要高于 220℃，乙烷裂解的温度高于 230℃，重烃气保存下限可到 300℃。甲烷开始裂解的温度要高于 350℃，对应的成熟度要高于 5.0%，在目前的勘探深度条件下，甲烷发生热裂解的可能性较低。当然，如果存在特殊的氧化条件，比如强烈的 TSR 作用，也可能存在甲烷降解作用。

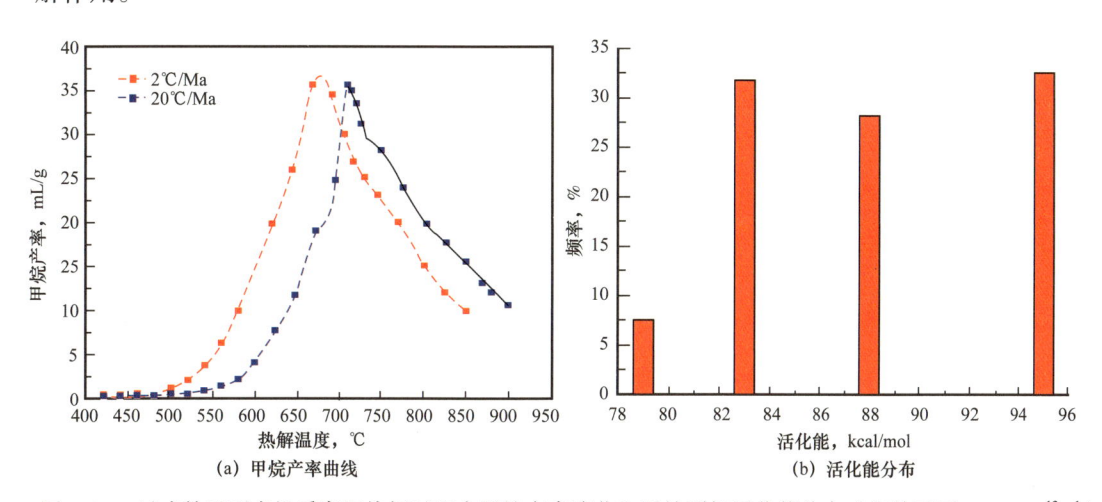

图 1-37 过成熟Ⅲ型有机质高温热解过程中甲烷产率演化和甲烷裂解活化能分布（指前因子 $6.35 \times 10^{13} s^{-1}$）

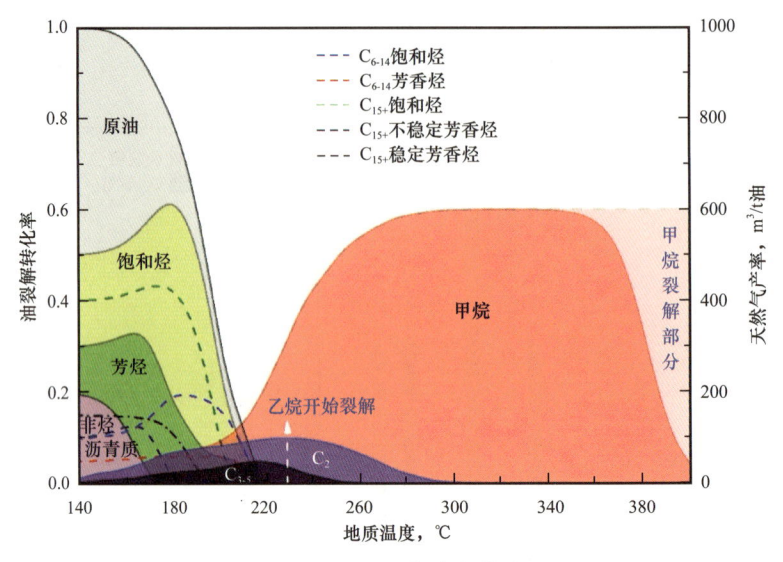

图 1-38　不同组分裂解生气演化模式（2℃/Ma）

小　　结

中—新元古界超深层已成为当前中国石油油气勘探的新战场和重点攻关领域。本章结合近年来中—新元古代和超深层的相关研究进展，针对古老烃源岩成烃成藏研究，重点论述了元古宇—下古生界烃源岩发育的构造背景和气候—海洋环境、烃源岩特征与倾油气性、古老深层有机质生烃机制、油气相态与保存下限等方面的研究进展。

（1）就目前研究成果来看，元古宙 Columbia 和 Rodinia 两次超大陆旋回在中国华北、华南和塔里木克拉通边缘和内部形成了规模巨大的裂谷系。这些裂谷作为克拉通的最早期盆地，为古老烃源岩发育提供了有利场所。华北克拉通的古、中、新元古代裂谷均发育，华南与塔里木主要为新元古代裂谷。早古生代受控于周缘洋盆的扩张、闭合作用，三大克拉通均经历了早期伸展—晚期聚敛构造演化过程。

（2）当前研究结果也显示，元古宇—下古生界烃源岩多形成于间冰期或冰后期的气温快速转暖、冰川迅速融化所导致的海平面快速上升期。大气氧化为真核生物出现和演化提供了先决条件，一定程度上影响了烃源岩的古海洋环境和成烃母质。元古宙海洋也并非前人所认为的恒定的厌氧硫化海洋，而是呈现铁化、硫化和氧化等动态变化；生烃母质则经历了从低等到高等、从原核类到真核类等数次革命性演变。

（3）通过跨克拉通地层对比，明确我国元古宇—下古生界共发育 10 套规模性烃源岩，全球可对比。这 10 套烃源岩的形成无不代表着当时地球环境的特殊性。气候变化和天文旋回可能控制了烃源岩发育的层位性和非均质性；古海洋、古气候和古生物等相互之间的耦合性，造就了规模性烃源岩的发育。实际地质勘探和生烃热模拟实验均证实，古老烃源岩具有规模生烃能力，但倾油气性则与沉积环境缺氧程度和生物母质来源有关。

（4）通过对"接力生气""有机—无机复合生烃"等模式的理论内涵和勘探意义的论述，提出深层存在多源灶、多途径的生气特征，即固体有机质（干酪根）、源内残留烃

（或分散液态烃）、源外原油甚至有机—无机源灶均可作为深层重要的生气母质或来源。各类生气过程存在"接力"效应和"叠合"特征，且天然气的形成和保存下限明显较高。这些认识为深层油气资源类型预测和资源潜力评价提供了重要的科学依据和参数体系。

参 考 文 献

[1] 孙枢，王铁冠.中国东部中—新元古界地质学与油气资源[M].北京：科学出版社，2016.

[2] 赵文智，胡素云，汪泽成，等.中国元古界—寒武系油气地质条件与勘探地位[J].石油勘探与开发，2018，45（1）：1-13.

[3] 王铁冠，韩克猷.论中—新元古界的原生油气资源[J].石油学报，2011，32（1）：1-7.

[4] Wang J, Li Z X. History of Neoproterozoic rift basins in South China：implications for Rodinia break-up[J]. Precambrian Research, 2003, 122: 141-158.

[5] Xu Z Q, He B Z, Zhang C L, et al. Tectonic framework and crustal evolution of the Precambrian basement of the Tarim Block in NW China：New geochronological evidence from deep drilling samples[J]. Precambrian Research, 2013, 235: 150-162.

[6] 翟明国，胡波，彭澎，等.华北中—新元古代的岩浆作用与多期裂谷事件[J].地学前缘，2014，21（1）：100-119.

[7] 管树巍，吴林，任荣，等.中国主要克拉通前寒武纪裂谷分布与油气勘探前景[J].石油学报，2017，38（1）：9-22.

[8] 王鸿祯，等.中国古地理图集.北京：地图出版社，1985：1-85.

[9] Peng P, Bleeker W, Ernst R E, et al. U-Pb baddeleyite ages, distribution and geochemistry of 925Ma mafic dykes and 900Ma sills in the North China craton: Evidence for a Neoproterozoic mantle plume[J]. Lithos, 2011, 127（1）: 210-221.

[10] 张国伟，孟庆任，于在平，等.秦岭造山带的造山过程及其动力学特征[J].中国科学（D辑），1996，26（3）：193-200.

[11] Windley B F, Alexeiev D, Xiao W J, et al. Tectonic models for accretion of the Central Asian orogenic belt[J]. Journal of the Geological Society of London, 2007, 164, 31-47.

[12] 谷志东，张维，袁苗，等.四川盆地威远地区基底花岗岩锆石SHRIMP U-Pb定年及其地质意义[J].地质科学，2014，49（1）：202-213.

[13] 任荣，管树巍，吴林，等.塔里木新元古代裂谷盆地南北分异及油气勘探启示[J].石油学报，2017，38（3）：255-266.

[14] Xu B, Xiao S H, Zou H B, et al. SHRIMP zircon U-Pb age constraints on Neoproterozoic Quruqtagh diamictites in NW China[J]. Precambrian Research, 2009, 168: 247-258.

[15] 林畅松，李思田，刘景彦，等.塔里木盆地古生代重要演化阶段的古构造格局与古地理演化[J].岩石学报，2011，27（1）：210-218.

[16] Ren R, Guan S W, Han B F, et al. Chronological constraints on the tectonic evolution of the Chinese Tianshan Orogen through detrital zircons from modern and paleo-river sands[J]. International Geology Review, 2017, 59: 1657-1676.

[17] 许志琴，李思田，张建新，等.塔里木地块与古亚洲/特提斯构造体系的对接[J].岩石学报，2011，27（1）：1-22.

[18] 张水昌, 张宝民, 边立曾, 等. 中国海相烃源岩发育控制因素[J]. 地学前缘, 2005, 12(3): 39-48.

[19] 陈建平, 梁狄刚, 张水昌, 等. 泥岩/页岩: 中国元古宙—古生代海相沉积盆地主要烃源岩[J]. 地质学报, 2013, 87(7): 905-921.

[20] 汪泽成, 姜华, 王铜山, 等. 上扬子地区新元古界含油气系统与油气勘探潜力[J]. 天然气工业, 2014, 34(4): 27-36.

[21] Planavsky N J, Reinhard C T, Wang X L, et al. Low Mid-Proterozoic atmospheric oxygen levels and the delayed rise of animals[J]. Science, 2014, 346(6209): 635-638.

[22] Zhang S C, Wang X M, Wang H J, et al. Sufficient oxygen for animal respiration 1,400million years ago[J]. Proceedings of the National Academy of Sciences, 2016, 113(7): 1731-1736.

[23] Wang X M, Zhang S C, Wang H J, et al. Oxygen, climate and the chemical evolution of a 1400 million year old tropical marine setting[J]. American Journal of Science, 2017, 317(8): 861-900.

[24] 张水昌, 张宝民, 边立曾, 等. 8亿多年前由红藻堆积而成的下马岭组油页岩[J]. 中国科学: D辑, 2007, 37(5): 636-647.

[25] 崔景伟. 冀北凹陷高于庄组与洪水庄组在岩芯、露头中多赋存态生物标志物的对比[J]. 沉积学报, 2011, 29(3): 593-598.

[26] 张水昌, Moldowan M J, Li M W, 等. 分子化石在寒武—前寒武纪地层中的异常分布及其生物学意义[J]. 中国科学: D辑, 2001, 31(4): 299-304.

[27] Zhang S C, Hanson A D, Moldowan J M, et al. Paleozoic oil-source rock correlations in the Tarim basin, NW China[J]. Organic Geochemistry, 2000, 31(4): 273-286.

[28] 张宝民, 张水昌, 尹磊明, 等. 塔里木盆地晚奥陶世良里塔格型生烃母质生物[J]. 微体古生物学报, 2005, 22(3): 243-250.

[29] 邹才能, 杜金虎, 徐春春, 等. 四川盆地震旦系—寒武系特大型气田形成分布、资源潜力及勘探发现[J]. 石油勘探与开发, 2014, 41(3): 278-293.

[30] Zhang S C, Wang X M, Hammarlund E U, et al. Orbital forcing of climate 1.4 billion years ago[J]. Proceedings of the National Academy of Sciences, 2015, 112(12): 1406-1413.

[31] Zhang S C, Wan X M, Wang H J, et al. The oxic degradation of sedimentary organic matter 1400Ma constrains atmospheric oxygen levels[J]. Biogeosciences, 2017, 14(8): 2133-2149.

[32] 张水昌, 梁狄刚, 陈建平, 等. 中国海相油气形成与分布[M]. 北京: 科学出版社, 2017.

[33] 魏国齐, 谢增业, 宋家荣, 等. 四川盆地川中古隆起震旦系—寒武系天然气特征及成因[J]. 石油勘探与开发, 2015, 42(6): 702-711.

[34] 赵文智, 王兆云, 张水昌, 等. 有机质"接力成气"模式的提出及其在勘探中的意义[J]. 石油勘探与开发, 2005, 32(2): 1-7.

[35] 赵文智, 王兆云, 王红军, 等. 再论有机质"接力成气"的内涵与意义[J]. 石油勘探与开发, 2011, 38(2): 129-135.

[36] 张水昌, 胡国艺, 米敬奎, 等. 三种成因天然气生成时限与生成量及其对深部油气资源预测的影响[J]. 石油学报, 2013, 34(S1): 41-50.

[37] 何坤, 张水昌, 王晓梅, 等. 源内残留沥青原位裂解生气对有机质生烃的影响[J]. 石油学报, 2013, 34(S1): 57-64.

[38] 何坤, 张水昌, 米敬奎. 原油裂解的动力学和控制因素研究[J]. 天然气地球科学, 2011, 22(2): 1-8.

[39] 张水昌, 帅燕华, 朱光有. TSR 促进原油裂解成气：模拟实验证据[J]. 中国科学：D 辑, 2008, 51(3): 451-455.

[40] 张水昌, 朱光有, 何坤. 硫酸盐热化学还原反应对原油裂解成气和碳酸盐岩储层改造的影响及作用机制[J]. 岩石学报, 2011, 27(3): 809-826.

[41] 张水昌, 帅燕华, 何坤, 等. 硫酸盐热化学还原作用的启动机制研究[J]. 岩石学报, 2012, 28(3): 739-748.

[42] He K, Zhang S C, Mi J K, et al. The speciation of aqueous sulfate and its implication on the initiation mechanisms of TSR at different temperatures, Applied Geochemistry 2014, 3: 121-131.

第二章 海相碳酸盐岩储层与成藏理论

海相碳酸盐岩在世界油气生产中占据极为重要的地位。与国外相比，中国海相碳酸盐岩油气地质有其特殊性，表现为四个方面：（1）时代老、分布广。以古生界为主的海相地层面积约 $146 \times 10^4 km^2$，主要分布在塔里木、华北和扬子三个克拉通盆地。（2）海相烃源岩热演化程度高，一般达到高—过成熟（$R_o>2.0\%$）的烃源岩占盆地面积超过80%。按传统的生烃理论，海相烃源岩大多进入生烃"死亡线"，资源潜力很有限。（3）埋深大。四川和塔里木盆地的海相碳酸盐岩埋深超过4500m，一般达到6000～9000m，存在传统石油地质理论无法解释的深层生烃与排烃、储层有效性等科学问题。（4）多期构造运动导致古油气藏广遭破坏与改造，现今油气藏评价难度大，油气成藏与富集规律不清，有利勘探领域与区带优选难度大。正是由于成藏条件的复杂性，使得海相碳酸盐岩油气勘探尽管勘探历史长，但大油气田发现较少的困境。

随着碳酸盐岩领域油气勘探的不断深入，碳酸盐岩油气地质基础性理论研究显得尤为重要。"十一五"以来，以国家油气专项、中国石油集团公司重大专项为平台，立足塔里木、四川、鄂尔多斯三大盆地，系统开展了海相碳酸盐岩地层分布、原型盆地恢复与古地理重建、规模储层形成与分布、油气成藏与大油气田分布规律等系统性研究，取得了重要进展，逐渐形成了中国盆地特色的古老碳酸盐岩油气成藏理论，有效指导了碳酸盐岩油气勘探实践。

第一节 海相碳酸盐岩沉积与岩相古地理

中国陆上海相碳酸盐岩地层分布广泛，元古宇—新生界均有分布，蕴藏丰富油气资源的海相碳酸盐岩主要分布在四川盆地的震旦系—三叠系、塔里木盆地的寒武系—奥陶系以及鄂尔多斯盆地的寒武系—奥陶系。"十一五"以来，立足三大盆地的重点层系，开展海相盆地原型恢复与古构造演化、地层划分对比与分布、主要海相层系岩相古地理及沉积模式研究。通过等时框架下岩相古地理及碳酸盐岩沉积模式研究，解决制约碳酸盐岩储层评价及分布预测的基础地质问题。

一、海相原型盆地

中国古老克拉通盆地演化历经Rodinia和Pangea两个伸展—聚敛构造旋回，在小克拉通背景上形成了2类7种海相原型盆地，现今保留的以台地沉积为主。

1. 三大克拉通盆地演化

受控于全球板块构造的两大旋回，Rodinia旋回和Pangea旋回，塔里木盆地、四川盆地、鄂尔多斯盆地在南华纪—中三叠世共同经历了两个从区域伸展至区域挤压的构造作用旋回：南华纪—早古生代和晚古生代—三叠纪两个构造旋回（图2-1）。研究表明，中国自南华纪以来的盆地演化可划分为5个阶段[1]。塔里木盆地、四川盆地、鄂尔多斯盆地的演化可以归入这5个阶段，只不过不同盆地进入同一阶段的时间略有先后而已。

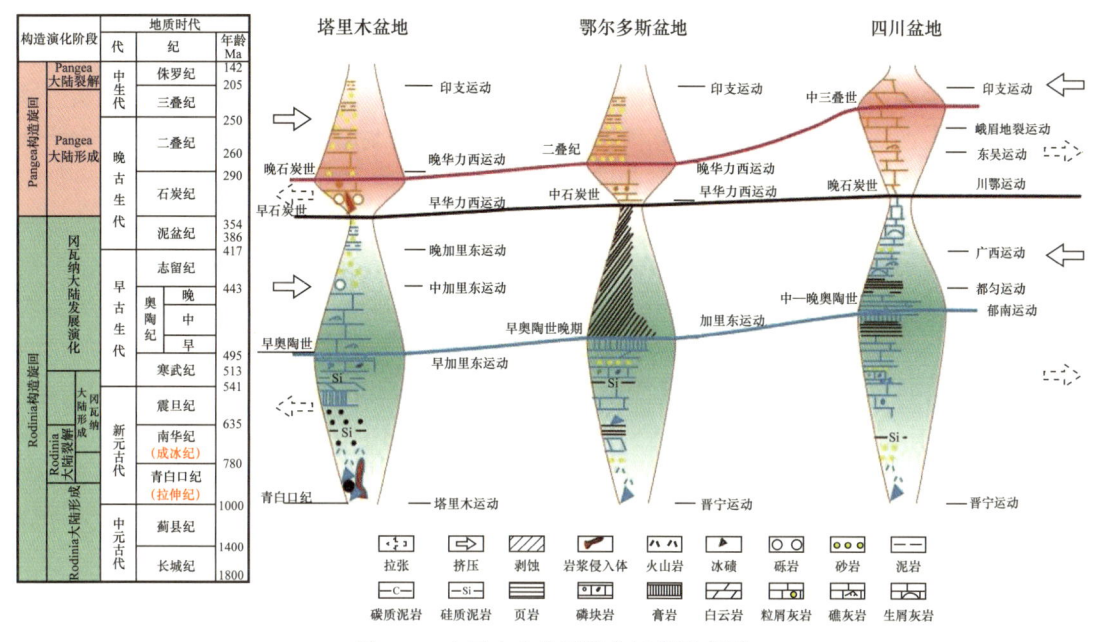

图 2-1 中国小克拉通演化过程示意图

1）大陆裂谷阶段（新元古代早期）

从新元古代中期开始，泛大陆分裂，原中国陆块从东冈瓦纳边缘裂解出来。它在向外运动过程中，除陆块边缘产生一系列拉张裂谷带之外，在陆块内部也拉张分裂，形成昆仑—秦岭大陆裂谷带和北祁连大陆裂谷。裂谷初始沉积了以陆相为主的红色或杂色粗碎屑岩，随后沉积了滨浅海细碎屑岩和碳酸盐岩或蒸发岩，随着拉张作用加强，沿断裂带发生强烈的碱质基性、超基性—酸性岩浆侵入和碱质双峰式火山喷发。南华纪塔里木板块边缘带北有南天山裂陷（谷），西南有北昆仑裂谷，东北发育库鲁克塔格—满加尔边缘裂陷；南华纪开始的伸展—裂离作用在四川盆地及邻区，乃至整个中国南方是区域性的。在扬子地块东南侧逐渐形成了华南裂陷海槽—有限洋盆，在川西—滇西地区也形成了张裂大陆边缘盆地，在扬子地块与中朝地块之间则逐渐形成了大别—秦岭—祁连洋盆。同期，包括鄂尔多斯地块在内的华北板块西侧贺兰山南缘以及北秦岭等地区则广泛发育大陆裂谷火山作用，在局部地区，大陆裂谷的进一步扩张形成小洋盆，产生具洋中脊玄武岩特点的火山岩（如北秦岭宽坪群），而北秦岭可见晋宁期构造带。

总体来说，三大盆地在新元古代早期处于大陆裂谷阶段，但不同板块裂谷发育程度不同。南华纪冰碛岩的存在为塔里木地区（塔里木盆地）与扬子区（四川盆地）共同发育。

2）洋盆扩张阶段（震旦纪—早、中奥陶世）

震旦纪早期—早寒武世，昆仑—秦岭裂谷带已扩张成洋盆，发育了完整的洋脊型蛇绿岩套，扬子陆块与华北—塔里木陆块分离。祁连—阿尔金的裂谷期一直延续到中寒武世早期，甘肃郭米寺一带大面积出露早寒武世晚期—中寒武世早期的富钠酸性火山岩和少量

- 47 -

双峰式基性火山岩，含有多金属硫化矿产的较深水硅泥质沉积，标志裂谷的存在。中寒武世中晚期洋脊型—裂谷型蛇绿岩的出现表明北祁连已从裂谷阶段演化到了洋盆阶段。这时塔里木陆块与华北陆块分离，北祁连洋和昆仑—秦岭洋一起组成古中国洋，其中后者是主洋盆。

由于古中国洋的扩张，华北陆块南缘、塔里木陆块东南—南缘、扬子陆块北缘从边缘裂谷发展为大西洋型离散边缘，而陆内裂谷分别形成贺兰拗拉槽和龙门山拗拉槽。有些区段，如西昆仑和北祁连在中（晚）寒武世就开始了早期俯冲。西昆仑新藏公路库地一带早期的洋内俯冲形成洋内弧，有岛弧型钙碱质安山岩、玄武安山岩、安山角砾岩和蛇纹质—安山质火山复理石直接覆盖在大洋拉斑玄武岩、碧玉岩之上。接着洋盆向两侧俯冲，形成南、北两个陆缘深成岩浆带（距今460～520Ma）。北祁连昌马—清水沟—百经寺一线分布有晚寒武世高压蓝片岩变质带和俯冲杂岩以及早—中奥陶世含基质岩砾的砾岩，表明该时期之前也曾有过一次洋壳俯冲和蛇绿岩的构造侵位与剥蚀作用。就整个古中国洋而言，扩张作用持续到早—中奥陶世，洋壳达到最大宽度。具体到不同盆地则扩张作用持续时间各有先后，塔里木盆地的边缘晚寒武世—早奥陶世已结束了拉伸扩张，四川盆地中、晚奥陶世开始区域性的由拉张反转为挤压隆升，鄂尔多斯盆地从中奥陶世开始，由伸展离散体制开始向聚敛体制转换。

3) 俯冲削减阶段（早奥陶世—中志留世）

中奥陶世初，古中国洋主体进入以俯冲为主的阶段，此时洋盆虽然还在扩张，但其速度已抵不上俯冲速度，洋盆逐渐消减。古中国洋的东段俯冲极性是向北的，具明显的张性弧特征。阿尔金断裂以西的西昆仑段为双向俯冲，两侧形成具有压性特征的深成岩浆弧。位于两者之间的东昆仑段具有与东段相似的性质，为向北单向俯冲及张性弧，而弧后形成明显的扩张洋盆（祁曼塔格弧后洋盆）。形成岛弧火山岩的同位素年龄西昆仑距今494—449Ma，秦岭（丹凤群，奥陶系—志留系）447Ma左右，并参考岛弧花岗岩同位素年龄（距今382～425Ma），推定昆仑—秦岭主洋盆俯冲起始时间为距今494—382Ma，相当于始于早奥陶世早期，结束于志留纪晚期。俯冲消减作用持续了约100Ma。

北祁连支洋盆的主要俯冲发生在中奥陶世初到志留纪。北祁连蛇绿岩套和高压变质带两侧分别发育弧盆系，因而双向俯冲是明显的。从泥盆系磨拉石不整合在志留系俯冲增生的碎屑复理石之上来看，俯冲结束时间大致与主洋盆相同，为志留纪晚期。因此三大盆地构造格局转换的时间以塔里木盆地最早，为早奥陶世；向东四川盆地—鄂尔多斯盆地的构造转换时间要晚到中—晚奥陶世。

4) 碰撞造山和古中国联合陆块形成期（晚志留世—泥盆纪）

古中国洋经历了晚奥陶世—志留纪俯冲，洋盆逐渐被消减殆尽，两侧陆块（或岛弧）逐渐接近，最后于晚志留世—泥盆纪发生碰撞，陆块边缘强烈变形隆升，碰撞型花岗岩岩基侵入（距今325～420Ma）形成规模巨大的秦岭—祁连—昆仑造山系。华北、塔里木、扬子陆块重新拼合，形成古中国联合陆块。四川盆地从中奥陶世开始，华夏地块逐渐向北西漂移，与扬子地块靠近，导致华南盆地脉动式收缩，形成活动大陆边缘盆地和前陆盆地。中—晚奥陶世以后，由于受华夏地块与扬子地块的靠近及华南洋收缩作用所产生的远程效应影响，秦祁洋也进入了以会聚收缩及扬子地块向华北地块之下俯冲为主的阶段，使得扬子地块北缘即鄂尔多斯盆地南缘亦转化为主动大陆边缘。

5）拉张—挤压—造山旋回（石炭纪—二叠纪—中三叠世）

早石炭世开始，特提斯洋和古亚洲洋再次扩张，全国范围内的海平面上升，海水淹没了广大地区，陆缘区形成较深海相，其他广大地区为陆表浅海相，到晚石炭世晚期由于南北挤压，海平面下降，不少地区变成陆地。早二叠世的再次拉张作用，使不少地区海平面上升。在天山南部及塔里木出现裂谷，有大量火山喷发。内蒙古贺根山及东北张广才岭、大兴安岭等也出现裂谷并伴有火山喷发活动。晚二叠世，海水基本退出，中国北方大陆为陆相充填，中国南方仍为浅海相，陆表海沉积一直延续到中三叠世末。

在 Rodinia 和 Pangea 两个伸展—聚敛构造旋回中，由于中国陆块面积小，稳定性差，边缘活动性强，受多期构造运动影响，多为改造型叠合盆地。复杂的构造活动，使得我国古生代小克拉通大陆边缘沉积多已褶皱成山，目前保留下来的是地台区沉积，这也是我国小克拉通海相沉积层序的一个特点。

2. 中国克拉通的海相原型盆地

原型盆地分析首先需要合理划分盆地的演化阶段，然后对每一阶段盆地的周缘构造环境、深部构造背景、构造沉降、沉积充填、古地理古气候与古生态、岩浆活动特点及其反映的构造背景、构造变形及热体制等进行分析，合理恢复该时期盆地的构造与沉积面貌，即盆地原型的实体。由于随时间的演变，原型盆地将被叠加、保存或改造，因此，需要深入剖析原型盆地的叠加过程，逐渐"剔除"叠加效应，对原型盆地予以"复原"。通过这一"反演"方法的系列应用，就可以再现盆地的构造演化历史，也可以具体刻画盆地叠加的动力学过程。本书探讨了中国塔里木、四川和鄂尔多斯三大海相盆地在早古生代或早、晚古生代的形成与多旋回叠加演化过程，所采用的盆地分类原则如表2-1所示。

表2-1 中国海相原型盆地类型

动力背景	构造位置	盆地类型	实例
离散	克拉通边缘	坳拉谷（裂谷）盆地	满加尔坳拉谷（Z—O₁）
		克拉通边缘坳陷盆地	川东、川北（∈） 塔里木东部（∈—O₁） 鄂尔多斯西缘和南缘（∈—O₁）
	克拉通内	克拉通内坳陷盆地	塔里木阿瓦提（∈） 鄂尔多斯盆地（O₂）、 四川盆地（P₂¹，龙潭组）
		克拉通内裂陷	德阳—安岳裂陷（Z—∈） 开江—梁平海槽（P—T₁）
聚敛	克拉通边缘	克拉通边缘挠曲盆地	塔东（O₂₋₃） 四川（S）
		前陆盆地	塔西南（S）
	克拉通内	克拉通内挠曲盆地	塔里木阿瓦提（O₂₋₃）

海相原型盆地类型控制了沉积充填序列及碳酸盐岩岩相古地理展布。

需要说明的是，在离散构造背景下，克拉通盆地存在两种主要型式的构造分异，即克拉通内裂谷和克拉通内裂陷。两者在演化、充填地层等方面均存在显著差异。

克拉通内裂谷主要发生在克拉通盆地形成初期，具规模大、沉积巨厚、初期伴随火山活动等特征，裂谷充填地层可达数千米至上万米，存在多个层序界面。裂谷的形成与大陆裂解有关，如在全球 Rodinia 超大陆裂解的构造动力学背景下，扬子和华夏在晋宁 II 期拼合形成统一的华南古大陆板块发生裂解，板块周缘分裂出微板块，上扬子克拉通内部在南华纪发育陆内裂谷；华北克拉通中元古代裂谷则是 Columbia 超大陆裂解的动力学背景下的产物。然而，对叠合盆地深层的中—新元古代陆内裂谷，由于埋深大、钻井资料少，裂谷分布特征认识程度低。近年来，有学者利用重、磁、电等深部地球物理探测技术开展了叠合盆地深部构造解译，取得了认识新进展。

克拉通内裂陷是在区域拉张构造作用下内克拉通盆地形成的断陷，具"早断—晚坳"的演化特征，规模较小，充填地层厚数百米至上千米，没有明显火山活动，重、磁、电等地球物理剖面上响应特征不明显。如四川盆地德阳—安岳裂陷，晚震旦世为碳酸盐岩台地背景上的裂陷，深水沉积为主，厚度薄，发育"葡萄花边"的瘤状泥质泥晶白云岩、泥晶白云岩，裂陷边缘往往发育纵向加积明显的丘滩或礁滩复合体，在地震剖面上有明显的响应特征；早寒武世为陆棚背景上的裂陷，通常发育厚层泥页岩，裂陷外围发育的泥页岩厚度明显减薄。

四川盆地晚震旦世—早寒武世德阳—安岳裂陷是一个典型的克拉通内裂陷。该裂陷位于四川盆地腹部，呈"喇叭"形近南北向展布，往北向川西海盆开口，往南向川中、蜀南延伸，宽度 50～300km，南北长 320km，在盆地范围内面积达 $6 \times 10^4 km^2$（图 2-2）。

德阳—安岳裂陷分布受断裂控制。裂陷内部及两侧发育 NW 向为主的张性断层，其中控边断层断距大，具有从北向南断距变小趋势，高石梯—威远以南断层不发育。纵向上，震旦系及下寒武统筇竹寺组断距最大，且具有同沉积断层特征，灯影组三段底界断距为 400～500m，寒武系底界断距为 300～400m，向上到沧浪铺组断距减小，除边界断层外的多数断层消失在龙王庙组。

德阳—安岳裂陷演化经历了 3 阶段。震旦纪灯影组沉积期为裂陷形成期，裂陷内构造沉降快，沉积厚度为 150～300m，发育较深水槽盆相的泥晶白云岩和瘤状泥晶白云岩。裂陷两侧控边断裂上升盘处于浅水高能带，形成厚达 650～1000m 的台地边缘丘滩复合体，发育微生物格架白云岩（如凝块石、泡沫绵层、叠层石等）和颗粒白云岩。早寒武世早期为裂陷强盛期，下部充填麦地坪组斜坡—盆地相沉积，厚度可达 100～200m，裂陷外围区发育碳酸盐岩台地相，厚度小于 50m；上部充填筇竹寺组深水陆棚沉积，以深灰色含硅磷页岩、泥岩为主，厚度可达 400～800m，邻区发育浅水陆棚碎屑岩沉积，厚度只有 100～300m。早寒武世沧浪铺组沉积期为裂陷消亡期，裂陷与邻区的构造沉降差异不明显，地层厚度变化不大，为 150～200m。

从区域构造背景看，德阳—安岳克拉通内裂陷的形成与 Rodinia 超大陆裂解的拉张作用有关。图 2-3 为德阳—安岳裂陷形成的动力学解释模式。灯影组沉积期，受川西海盆拉张影响，形成由川西海盆向上扬子克拉通内部延伸的拉张裂陷。早期（相对于灯影组二段沉积期），受张性断层活动影响，形成规模较小的裂陷；到灯影组四段沉积期，裂陷规模不断扩大（图 2-3a）。到早寒武世早期，随着区域拉张构造活动增强，裂陷快速沉降，充填巨厚的泥质岩（图 2-3b）。

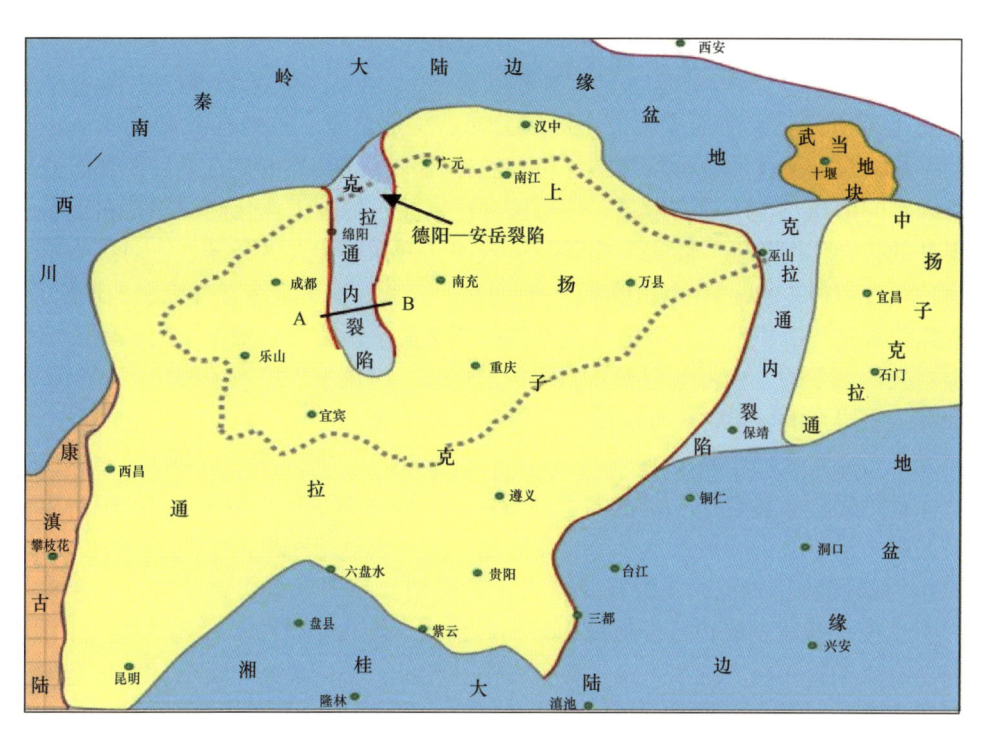

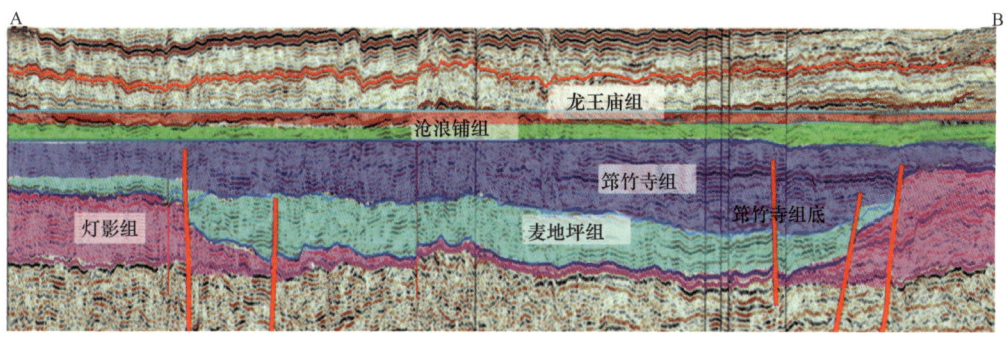

图 2-2 上扬子地区震旦纪盆地原型

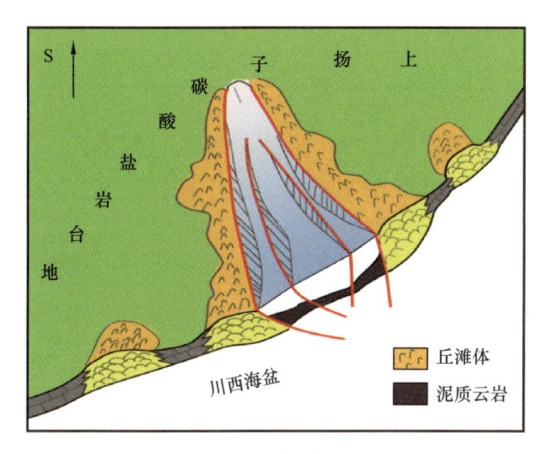

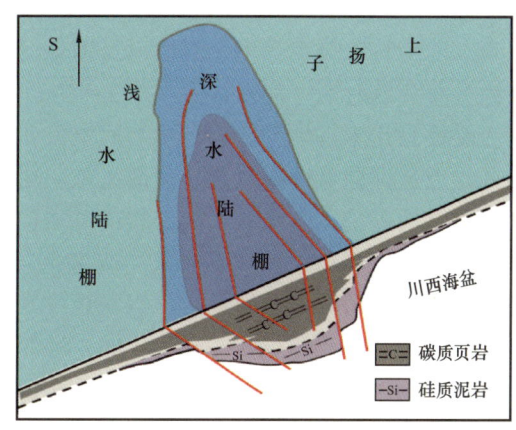

图 2-3 震旦纪和早寒武世克拉通内裂陷形成机制示意图

二、三大盆地重点层系岩相古地理

岩相古地理研究是重建地质历史中海陆分布、构造背景、盆地配置和沉积演化的重要途径和手段，对于油气资源远景预测评价和勘探开发实践具有重要意义。以往研究更多关注露头和钻井信息，少用地震信息，使得覆盖区岩相古地理工业化制图因资料点密度不够导致图件的指导作用有限。随着海相碳酸盐岩油气勘探逐步发展和深入，对更为精确的岩相古地理图件的需求也显得更加迫切。"十一五"以来，基于"综合考虑盆地地质背景、深入分析露头及钻井沉积信息，以地震资料的沉积地质解译为重要根据"的原则，形成了等时地层格架约束下的岩相古地理工业制图技术方法，应用于塔里木、四川、鄂尔多斯三大盆地碳酸盐岩层系的岩相古地理编图，取得了明显实效。

1. 塔里木盆地寒武纪—奥陶纪

塔里木盆地经历了震旦纪—早奥陶世伸展盆地、中奥陶世—志留纪/泥盆纪挤压挠曲盆地和石炭纪—早二叠世伸展盆地三个主要阶段。其中震旦纪—早古生代早期为海相沉积环境，以巨厚的碳酸盐岩沉积为特征。早古生代晚期，受周缘板块聚敛拼合的影响，陆源碎屑大量出现，盆地充填物从碳酸盐岩转为碎屑岩。晚古生代受 Pangea 构造旋回影响，石炭纪局部有海相碳酸盐岩沉积。晚二叠世—中三叠世，古特提斯洋闭合，海水退出，变为陆相沉积环境。

1）寒武纪岩相古地理

近年来塔里木油气勘探逐步向深层拓展，对寒武纪岩相古地理的研究也更为深入，主要表现在对寒武系玉尔吐斯组沉积期古地理进行单独成图、对塔西台地内部沉积相带和空间分布进一步细化和完善等方面。

早寒武世，塔里木盆地沉积了玉尔吐斯组、肖尔布拉克组和吾松格尔组。受资料和认识程度限制，前期多将下寒武统统一考虑、整体成图。近年来，油气勘探向深层拓展，寒武系底部玉尔吐斯组优质烃源岩受到更多的关注，明确其空间分布对台盆区油气勘探有重要意义。

塔里木克拉通早寒武世早期发生大规模海侵，沉积了一套大范围分布的黑色页岩、含磷硅质岩或磷块岩，即玉尔吐斯组，这一点可与扬子板块对比。通过阿克苏露头区肖尔布拉克、苏盖特布拉克等多个剖面以及覆盖区星火1井分析，结合地震资料，确定了玉尔吐斯组分布和该时期古地理特征（图2-4）。

受震旦纪末古地形影响，早寒武世玉尔吐斯组沉积期表现为低缓斜坡，自西南向东北由内缓坡逐渐向盆地相过渡。南部巴楚—塔中地区古地形相对较高，水体较浅，属于内缓坡或中缓坡环境。内缓坡以白云岩或砂质白云岩为主，在靠近古陆的局部可能出现棕红色硅质碎屑岩沉积；中缓坡以云灰岩或黑色页岩和硅质岩夹泥质灰岩/白云岩为主。塔北和塔东地区为下缓坡-盆地环境，以灰色—深灰色硅质岩和黑色页岩为主。烃源岩主要发育在中下缓坡和盆地相分布，向东北部，烃源岩的发育厚度可能较大。

随后持续性海退，塔里木克拉通进入碳酸盐岩台地发育阶段。塔里木克拉通建造了东西两个碳酸盐岩台地，之间为塔东盆地。利用有限的钻井资料结合地震解释，推测肖尔布拉克组沉积期自西南向东北依次为古陆—混积潮坪—半蒸发云坪—台内洼地—台缘/斜坡—盆地环境（图2-5）。这一时期，西缘露头区和东部覆盖区均有资料揭示碳酸盐岩台地经历了由缓坡向台地的转变，进入镶边台地演化阶段。早寒武世中期—中寒武世，碳酸盐岩台地以进积—加积的方式生长，台地边缘迅速向外迁移，最远距离可达80km（古城地区）。台地镶边程度加强，导致台地内部水体进一步局限，西南部的古陆则继承发育。中寒武世，由于古气候条件和水下隆起—台地内古地形差异—镶边型台地边缘导致的障壁作用与海平面波动、炎热干燥气候条件的综合影响，台地内中西部形成大面积稳定分布的膏岩潟湖。晚寒武世，随着海平面的上升和古气候回转，碳酸盐岩台地内部水体流动逐渐通畅，能量增强，逐渐过渡为局限台地和半局限—开阔台地环境。古陆已经过渡为水下低隆，规模也小了很多。罗西台地在这一时期已经由碳酸盐岩缓坡过渡为镶边型台地。

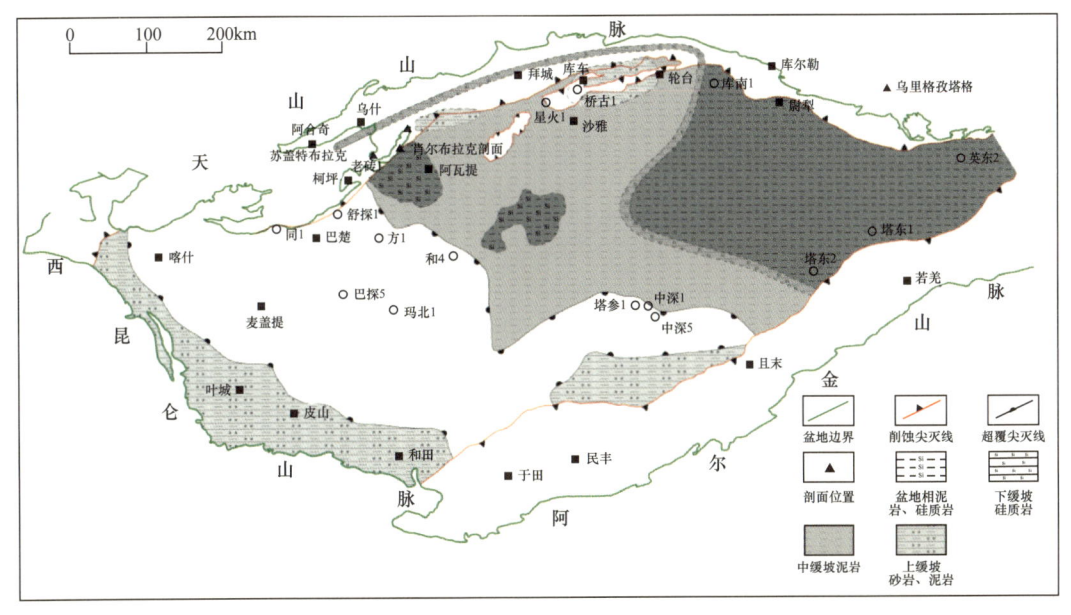

图2-4 塔里木盆地早寒武世玉尔吐斯组沉积期岩相古地理图

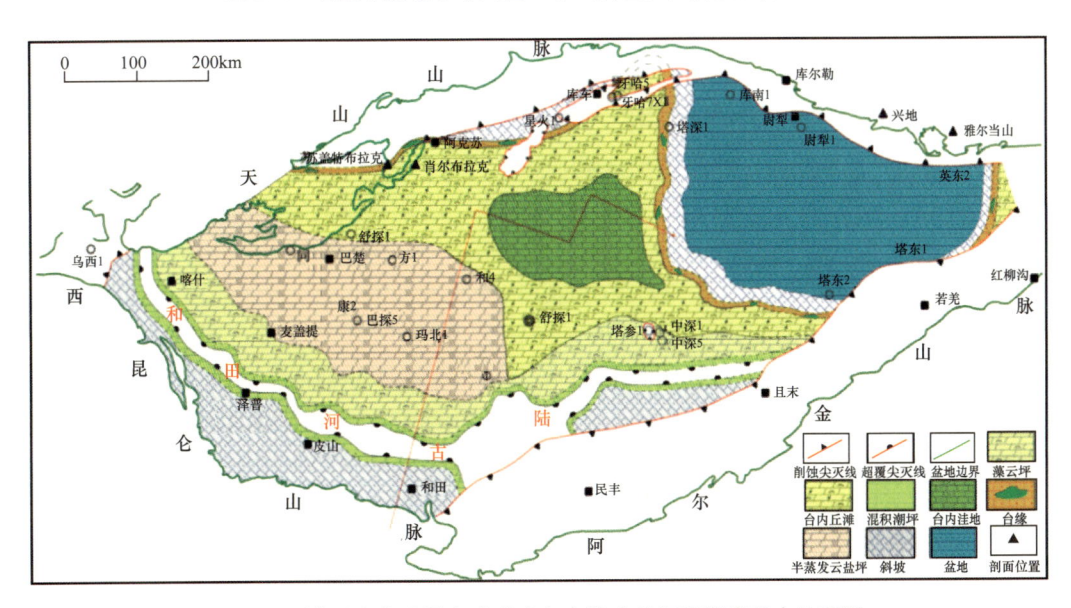

图2-5 塔里木盆地早寒武世肖尔布拉克组沉积期岩相古地理图

2）奥陶纪岩相古地理

塔里木盆地奥陶纪古地理环境有三次明显的转变。一是早奥陶世末，受塔里木克拉通南北两侧挤压应力的影响，塔西台地内部出现沉积环境分异，台内洼地开始形成；二是中奥陶世，塔西台地在进一步增强的挤压作用下，开始分裂为两个独立的碳酸盐岩台地；三是奥陶纪末，大量碎屑物质的涌入造成碳酸盐岩台地的消亡，盆地整体上转变为碎屑陆棚环境。

早奥陶世蓬莱坝组沉积期古地理格局基本继承了晚寒武世的特点。塔西台地东部边缘相带沿库南1井—满参1井—塔中32井—古城4井—塔中5井一线分布，呈向西突出的马蹄形。这一时期，台缘滩和台内滩大面积分布，多呈长条形沿台地边缘和台内洼地延伸方向分布（图2-6）。

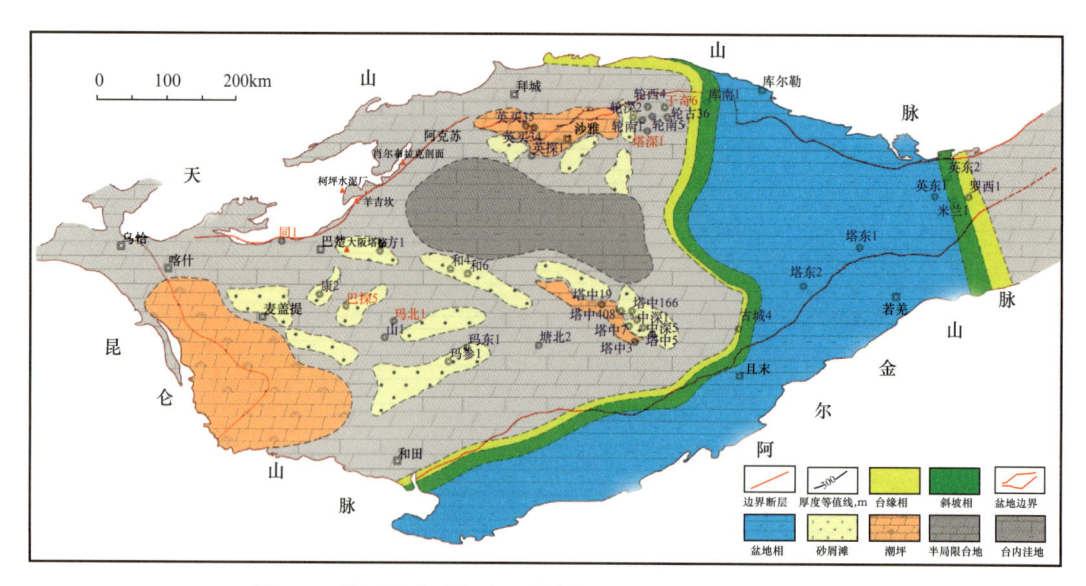

图2-6 塔里木盆地奥陶纪蓬莱坝组沉积期岩相古地理图

早奥陶末开始，塔里木板块由伸展环境转换为挤压环境。在近南北向挤压应力作用下，塔北和塔西南—塔中地区出现不同程度的隆升，同时形成了阿瓦提—满加尔过渡带之间的低地势区，这可能是台内洼地形成的原因（图2-7）。持续的挤压作用，最终导致塔西台地在一间房组沉积期沿台内洼地方向分裂为南北两个独立的碳酸盐岩台地。

中奥陶世，受板块活动影响，位于阿瓦提—满加尔过渡带的台内洼地继续向西扩展，并在柯坪至乌什地区与外海相连，形成向西开口的闭塞海湾。在一间房组沉积期晚期，持续的挤压应力最终导致前期统一的塔西台地分割为南北两个孤立台地，而位于盆地南端的塘南台地也于这一时间形成（图2-8）。古隆1井和古城4井钻遇的一间房组，揭示了该地区一间房组沉积时期仍处于碳酸盐岩台地环境。轮南存在一个大型的颗粒滩发育区，其内带主要为滩相沉积，外带为滩夹点礁。这可能是在南北向挤压作用下塔北隆起的沉积响应。英买力地区以中低能台地相沉积为特征，颗粒滩不发育。滩相的大面积分布也可能与碳酸盐岩缓坡背景下中缓坡上分布广泛的滩相沉积有关。

良里塔格组沉积期古地理格局表现出三方面特点。一是塔北和塔中—巴楚之间被浅海盆地分隔，南北为两个独立的碳酸盐岩台地，不同地区的碳酸盐岩台地类型存在差异性。

二是塔北地区表现为缓坡型的碳酸盐岩台地。塔中Ⅰ号台缘带为镶边型碳酸盐岩台地，台缘斜坡带较窄，台缘礁滩发育。而塔中—巴楚南北两侧总体由镶边型碳酸盐岩台地过渡为缓坡型碳酸盐岩台地。巴楚露头区为相对低能的弱镶边或缓坡型碳酸盐岩台地，发育障积礁或灰泥丘、滩组合。三是塘南台地在该时期表现为弱镶边结构，以滩相沉积为主。

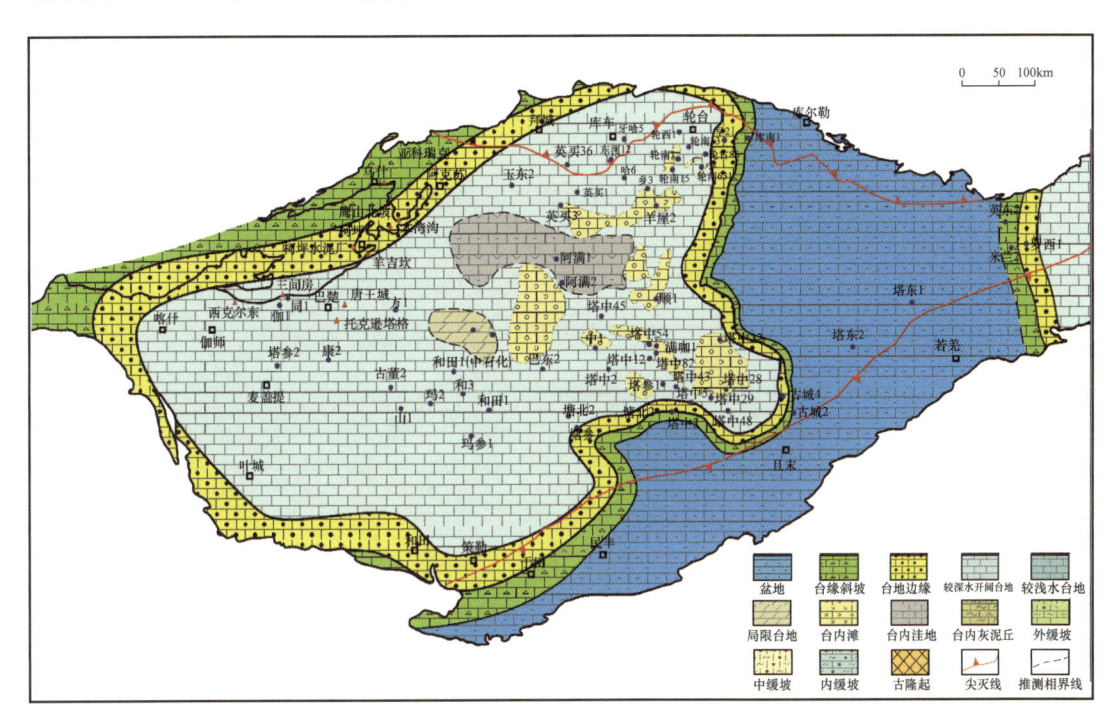

图 2-7 塔里木盆地奥陶纪鹰山组上段沉积期岩相古地理图

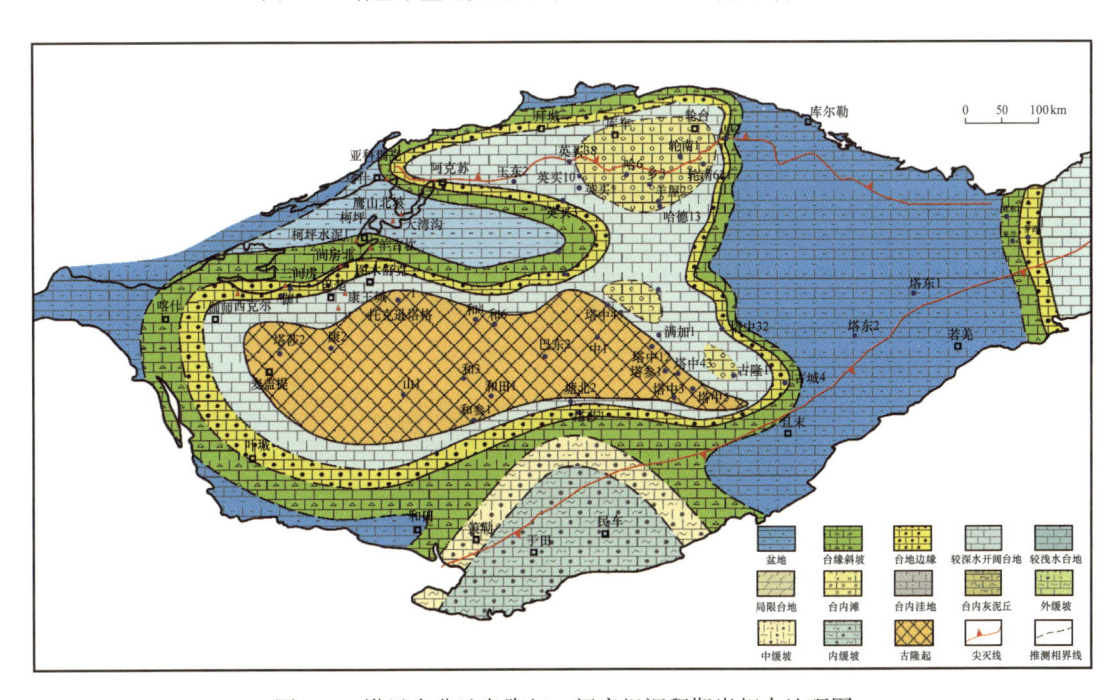

图 2-8 塔里木盆地奥陶纪一间房组沉积期岩相古地理图

-55-

晚奥陶世桑塔木组沉积期由于陆源碎屑的大量注入碳酸盐岩台地消亡，塔里木盆地总体上以混积陆棚、碎屑陆棚沉积为主，在过渡带为浅水盆地相，塔东地区为盆地相。

2. 四川盆地震旦系—中三叠统

近10年来，紧密结合四川盆地碳酸盐岩天然气勘探需求，系统编制了震旦纪灯影组沉积期、寒武纪龙王庙组沉积期、二叠纪栖霞—茅口组沉积期等一系列岩相古地理图件，为四川盆地安岳震旦系—寒武系特大型气田、龙岗礁滩气田的发现及二叠系栖霞组—茅口组获重大突破提供了重要支撑。

1）震旦纪灯影组沉积期岩相古地理

在分别经历了陡山沱组、灯三段沉积的填平补齐作用后，灯影组一、二段和四段分别进入了上扬子乃至中国南方地质历史上第一次面积最大的碳酸盐岩镶边台地发育期。而且，它们具有相似的岩相古地理格局（图2-9、图2-10）。

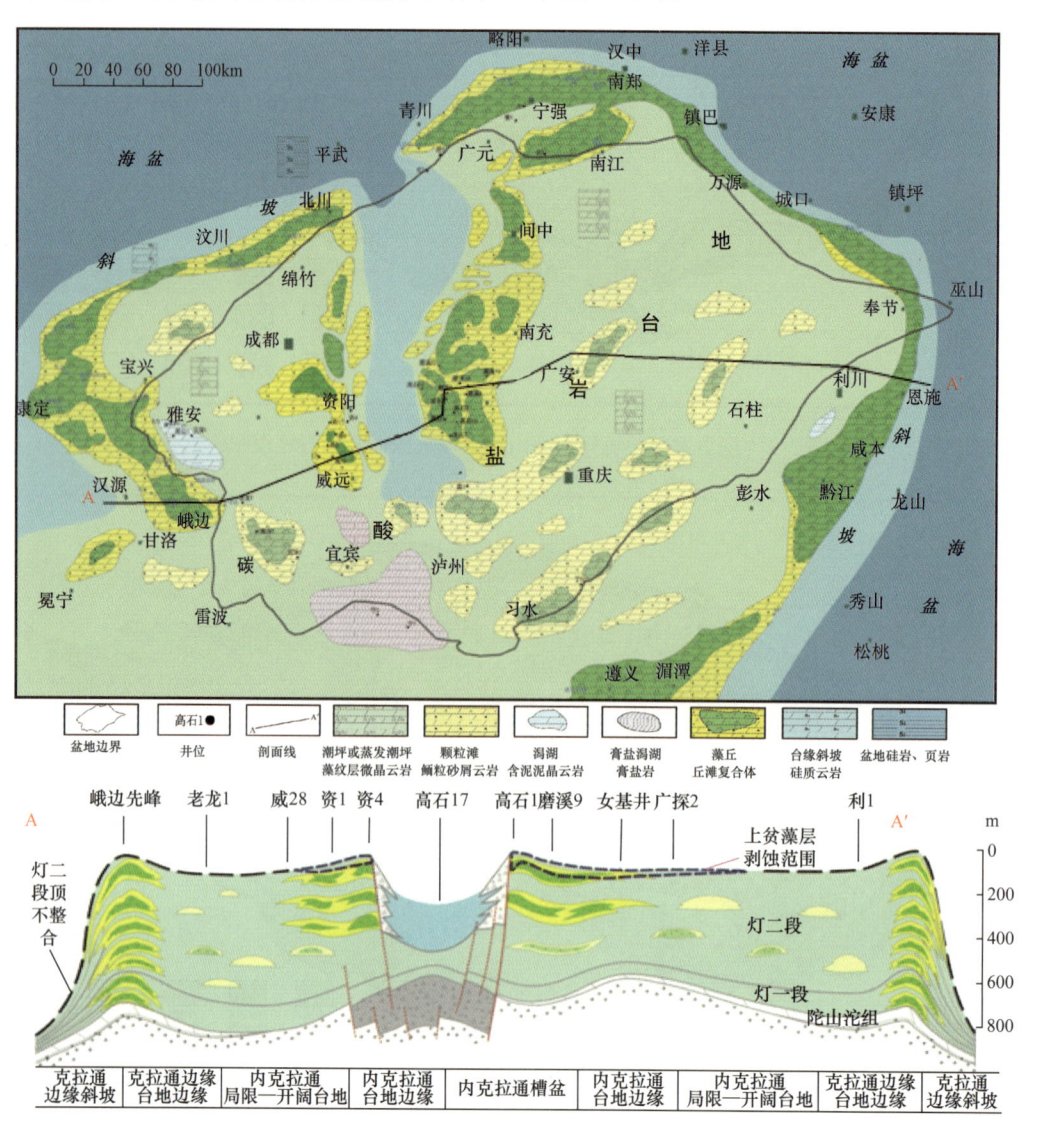

图2-9 四川盆地及周缘灯一段、灯二段沉积期岩相古地理及沉积相剖面

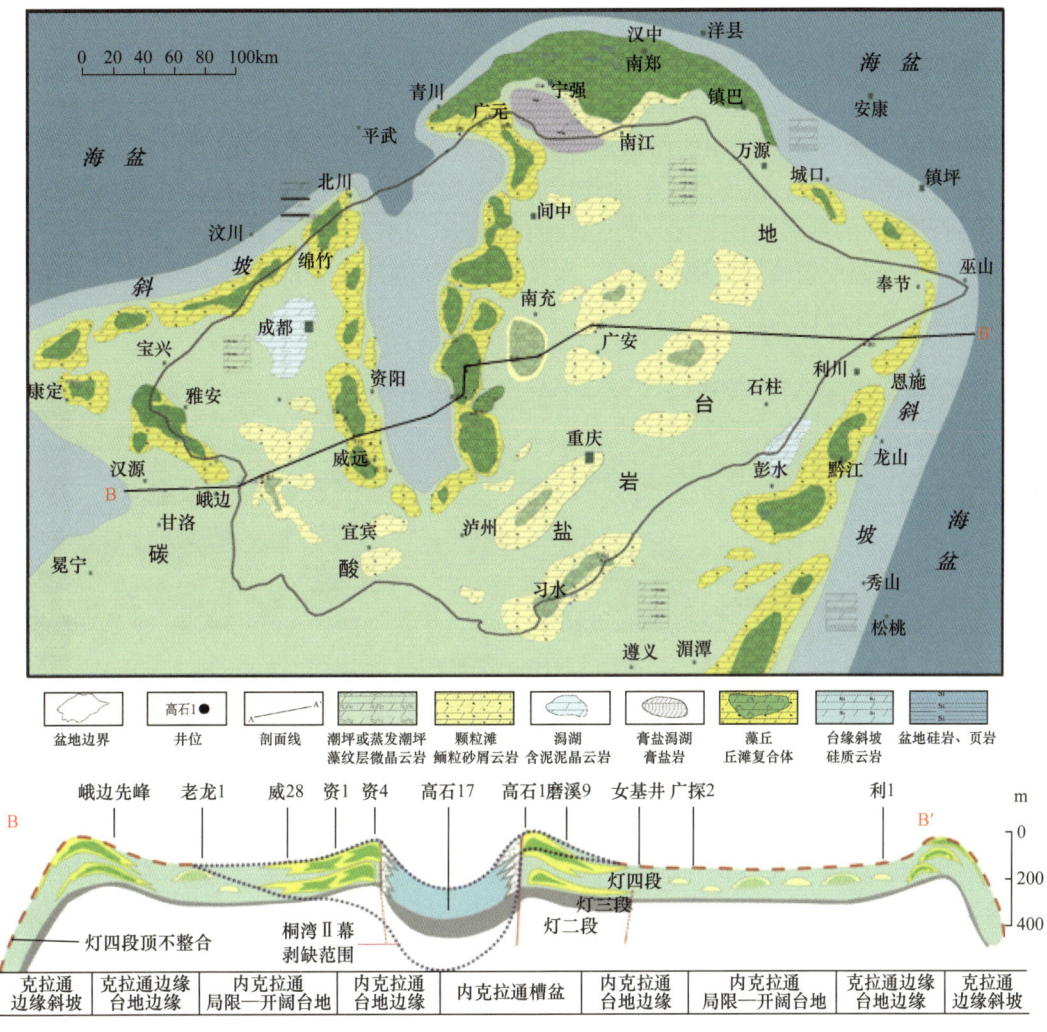

图 2-10　四川盆地及周缘灯四段沉积期岩相古地理及沉积相剖面

灯影组一段、二段和四段均为碳酸盐岩沉积。其岩相古地理格局总体表现为内克拉通槽盆与其两侧镶边台地、内克拉通开阔—局限—蒸发台地，以及克拉通边缘台地边缘、斜坡—欠补偿盆地。其中的镶边台地，实际上主要反映的是灯二段和灯四段沉积中晚期的岩相古地理面貌，是分别经历了灯一段、灯四段沉积早期填平补齐式沉积作用和碳酸盐岩缓坡演化的最终产物。

以下从内克拉通槽盆向两侧依次简述其岩相古地理格局。

（1）内克拉通槽盆与两侧台地边缘相。

这两个相带为受同沉积断裂作用控制而形成的内克拉通地貌—沉积单元，前者为负向单元，后者为正向单元，相生相伴，缺一不可。

① 内克拉通槽盆相。

由图 2-9、图 2-10 可见，灯一段、灯二段和灯四段内克拉通槽盆均从平武、青川向南深入四川盆地内部，向南可达高石 17 井附近，总体上呈 NS 向展布。

在裂陷槽延伸方向上，长宁地区宁 2 井灯一段发育 240m 厚的膏盐岩和 30m 厚的膏云岩，镇雄露头剖面发育膏盐岩。研究表明，这些蒸发潟湖的形成与德阳—安岳裂陷槽的初始拉张裂陷和海水循环不畅有关。

灯二段沉积期，构造活动变弱而陆源碎屑注入减少，海平面上升而海水循环变好，因而裂陷槽中沉积典型下斜坡相的瘤状泥质泥晶白云岩。因灯二段沉积后海平面大幅度下降，海水退出四川盆地，从而遭受溶蚀作用而发育葡萄构造和花边构造。

过高石17井的地震剖面显示，灯二段明显减薄，时深转换其残厚约150m；灯二段呈现连续—强振幅反射特征（图2-11），而其上覆的下寒武统麦地坪组、筇竹寺组明显增厚，具有填平补齐的特征。

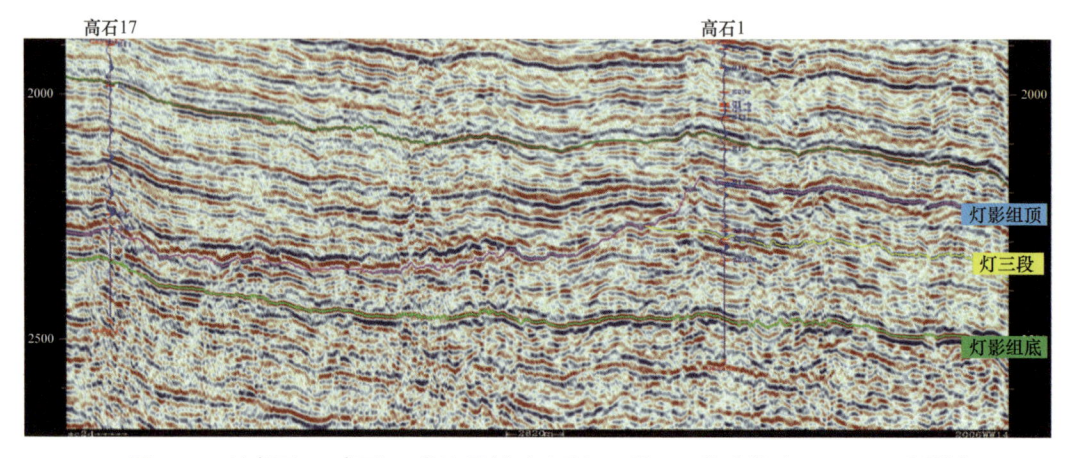

图2-11 过高石1—高石17井地震剖面显示灯一段—二段减薄（2006WW14测线）

需要指出，在经历了桐湾Ⅰ幕对灯二段的暴露剥蚀与风化壳岩溶作用后，上扬子内克拉通再次拉张裂陷，德阳—安岳裂陷槽再次形成，灯三段发育了一套以欠补偿槽盆相黑色泥质岩、硅质岩夹泥质泥晶白云岩、粉砂岩为主的地层。灯四段沉积期，裂陷槽继承性发育，沉积物可能类似于高石17井灯二段，也为瘤状泥质泥晶白云岩。但灯三段、灯四段在磨溪—高石梯西侧的高石17井区和资阳、雅安、宝兴、成都、绵竹，以及黔北遵义、泸州、长宁等地被剥缺，因而难以找到槽盆相以及川西北部台地相的岩石学与沉积学证据。被剥缺的原因，可能与桐湾二幕运动强烈隆升所导致的剥蚀有关（图2-10）。

②槽盆两侧台地边缘相。

磨溪—高石梯以及资阳的实钻揭示，灯二段、灯四段普遍发育菌藻、凝块石、泡沫绵层等格架岩构成的建隆与砂砾屑、砂屑白云岩构成的浅滩，以及发育于建隆顶或滩顶的叠层石、层纹石和雪花状白云岩。而且，槽盆两侧台地边缘沉积相类型及特征还有所不同。

资阳地区以滩为主，磨溪—高石梯以菌藻丘为主（图2-12），分别具有富含菌藻类、滩体发育和建隆高大且具抗浪构造，以及孔隙、孔洞发育并受原始沉积组构（粒间孔、格架孔）控制的特点。

地球物理的攻关成果显示，在德阳—安岳裂陷槽与两侧台地的过渡带，明显具有"坡折带"的地震反射，"坡折带"下倾方向为槽盆相，上倾方向为台地边缘相，揭示台地类型属典型的内克拉通镶边台地。其中，裂陷槽北段（阆中、盐亭、射洪），坡折带平缓，走向"蜿蜒曲折"（图2-9、图2-10）；中段坡折带在裂陷槽东、西两侧均清晰，走向近NS，且东侧磨溪、高石梯地区具"陡坎"特征，尤其是灯四段自SE向NW的进积现象，指示了

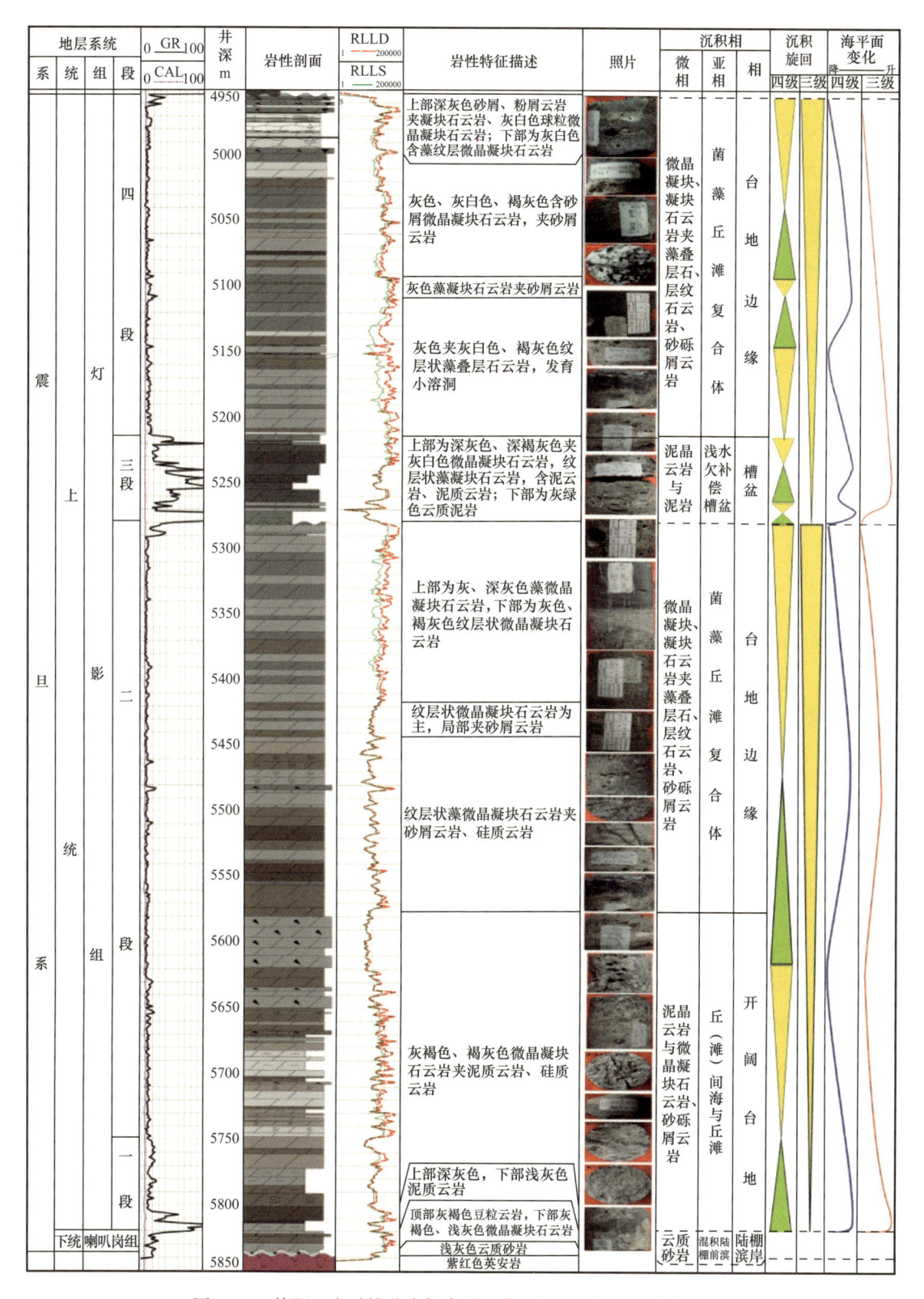

图 2-12 德阳—安岳槽盆东侧高石 1 井灯影组沉积相柱状剖面图

德阳—安岳裂陷槽这一深水区的存在，尽管该裂陷槽中灯三—四段被剥蚀殆尽；南段，由于地震剖面信噪比低，裂陷槽东、西两侧无明显边界和"坡折带"反射，且走向较模糊。

（2）蒸发—局限—开阔台地相。

蒸发—局限—开阔台地相均发育在台地内部，但限于目前钻井少和二维地震测线分辨率低，还难以准确刻画这三个相带的分布。

蒸发台地相发育在海水循环受限的地区，包括地势低洼的蒸发潟湖和地势较高而平缓的蒸发潮坪两个亚相。前者的水深差异大，有潮上带、潮间带、潮下带潟湖之分，典型沉积为云膏盐、膏盐岩、岩盐等；后者的水深很浅，典型沉积为含硬石膏团块或含石膏晶体白云岩。例如，灯一段在威117井发育厚约60m的含硬石膏团块白云岩（图2-13），灯二段在滇东北普遍发育含石膏晶体白云岩；灯四段在川北曾1井、会1井分别发育12.5m和23.5m的蒸发潟湖—蒸发潮坪相膏盐岩、云膏盐及膏云岩，其成因可能与北部克拉通边缘台缘、西侧内克拉通台缘巨大丘滩体障壁所导致的海水循环不畅有关（图2-10）；局限—开阔台地相，广泛发育于灯一—二段和灯四段，主要表现为"星罗棋布"的台内丘滩体与丘滩间海，或台内丘滩体呈"星散状"分布在丘滩间海之间。其沉积亚相以台内丘、颗粒滩、云坪和丘滩间海为特征，但总体上表现为丘滩体规模小、菌藻类发育程度低、粒度细（以泥晶为特征，无凝块石等）及无抗浪构造等，而丘滩间海往往是具水平层理的泥晶云岩。

威117井为川西南的一口全取心井，完整记录了陡山沱组蒸发潟湖、灯一段蒸发潮坪和灯二段局限—开阔台地、灯三段陆棚及灯四段开阔台地的沉积演化（图2-13）。

（3）克拉通边缘台地边缘与斜坡—广盆相。

① 克拉通边缘台地边缘相。

灯影组一—二段和四段的克拉通边缘台缘相带，均大致沿康定、北川、宁强、汉中、镇巴、万源、城口、奉节、恩施、咸丰、黔江、湄潭、峨边呈环带状展布（图2-9、图2-10），具有菌藻格架岩（也可称微生物礁，或称菌藻礁）极为发育、规模宏大、抗浪构造典型，以及滩体厚度大、分布广的特点。而且，它们还具有孔隙、孔洞极为发育并受原始沉积组构（粒间孔、礁格架孔）控制的特点。陕南汉中高家山剖面灯二段和灯四段，峨边先锋剖面灯二段可作为典型代表。不同的是，灯四段的克拉通边缘台缘相带进一步向外进积增生。

此外，在克拉通边缘台缘菌藻礁的背后，可发育礁后潟湖亚相。例如，峨边先锋剖面灯二段的富藻层上部，由黑灰色雪花状白云岩与灰色泥晶白云岩间互构成一系列的"米级旋回"，实属克拉通边缘台缘菌藻礁不断进积迁移过程中在礁后形成的潟湖沉积。

需要指出，尽管震旦纪灯影组沉积期的造架生物与显生宙迥然不同，但其形成环境、发育机制却是相似的，即适宜的水深、清澈的水体与很强的光合作用、面向外海而很强的波浪作用、上升洋流作用与丰富的养料供给等。

② 克拉通边缘斜坡—盆地相。

在上扬子克拉通边缘的台缘斜坡，其沉积类型可概括为3种。一是重力流砂质白云岩，如陕南李家沟剖面；二是斜坡重力流灰岩，如秭归三斗坪剖面灯三段（石板滩段）；三是厚度很薄、具欠补偿特征，如贵州剑河五河剖面灯影组总厚仅20m（灯一—二段、灯三段分别厚约5m，灯四段厚约10m）。广盆相分布在斜坡相的外缘，主要为黑灰色、棕色泥质烃源岩、层状硅质岩等，如川西海盆、秦岭海槽和湘桂海盆。

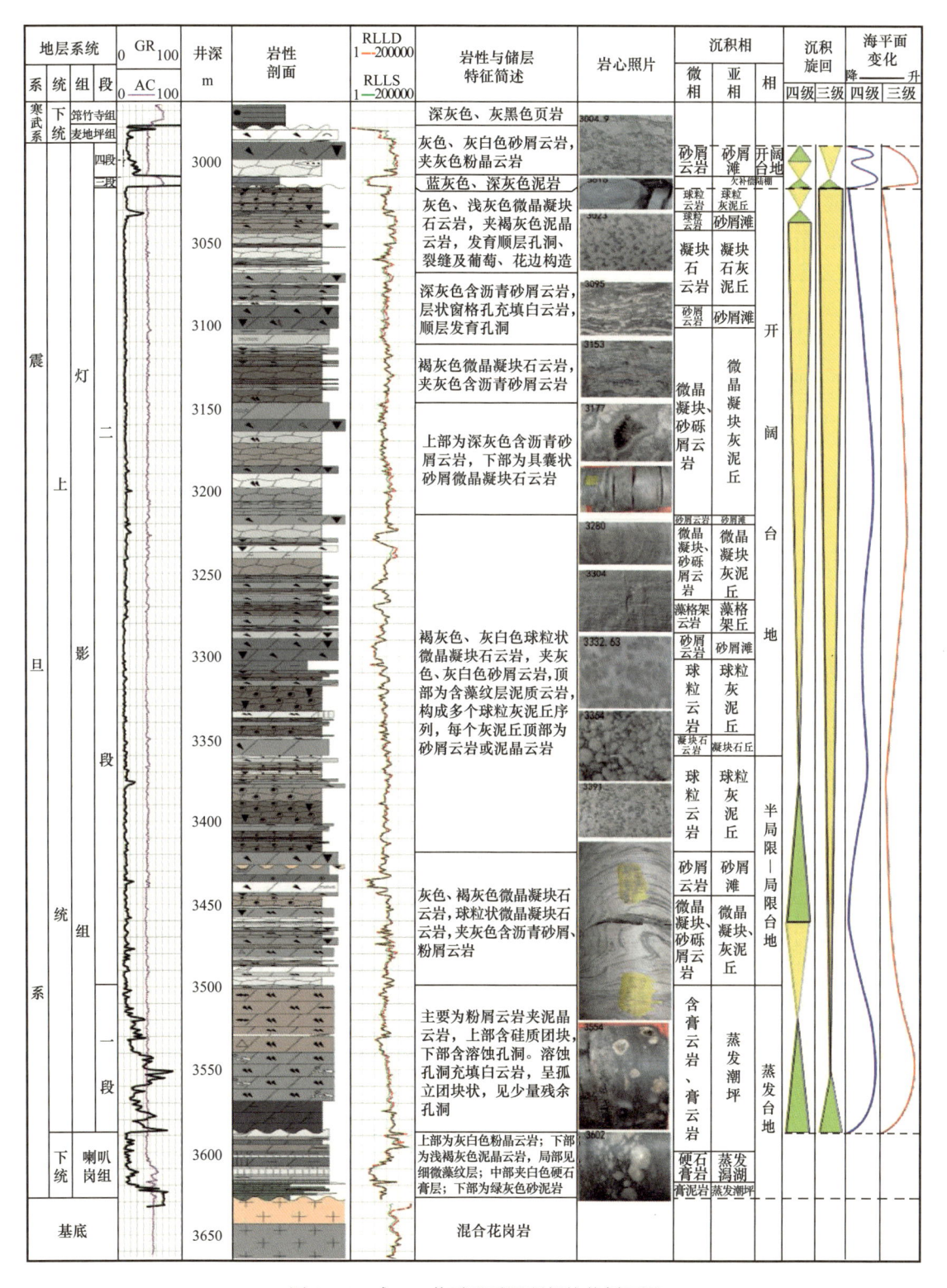

图 2-13 威 117 井震旦系沉积相柱状剖面图

2）寒武纪龙王庙组沉积期岩相古地理

在经历了沧浪铺组碎屑岩、碳酸盐岩混积缓坡的填平补齐作用后，进入了龙王庙组碳酸盐岩缓坡的沉积演化。该碳酸盐岩缓坡自 NW 向 SE 宽逾 600km，龙王庙组在乐山—龙女寺古隆起核部被剥缺，至湘西花垣李梅一带，残余地层最大厚度达 300~685m，据此推算缓坡的最大坡度约 1/1000，最大坡角仅 0.057°（3.42'）。

下寒武统龙王庙组岩相古地理总体上具有古地貌西高东低、水体西浅东深、水动力强度西强东弱、相带呈 NE 向展布的特征（图 2-14）。

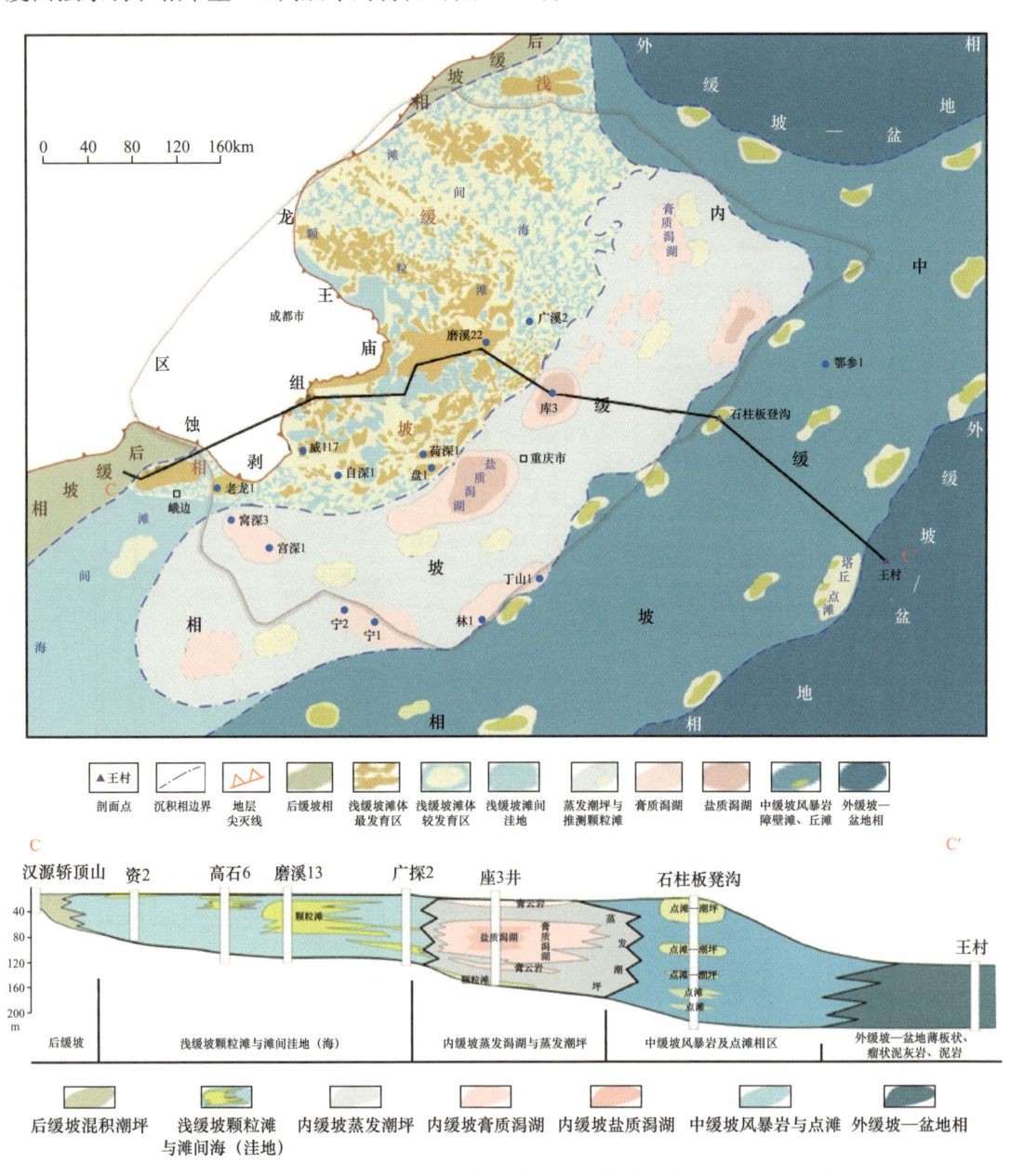

图 2-14 四川盆地及周缘早寒武世龙王庙组沉积期岩相古地理及沉积相剖面

（1）后缓坡混积潮坪亚相。

在四川盆地及周缘，后缓坡相主要发育混积潮坪亚相，目前仅残存在川西北、川西南一隅（图2-14）。该相带的岩石类型为含砂白云岩、砂质白云岩，可夹陆源碎屑岩，如云质砂岩、云质—泥质粉砂岩和粉砂质泥岩薄层。而且，因沉积时处于海底古地貌高部位而沉积晚，沉积后因处于乐山—龙女寺古隆起高部位而抬升早，被剥缺地层多，故残余地层厚度薄，如川西南荥经白井沟和轿顶山剖面，龙王庙组分别为厚仅13m、23m的灰色砂泥质白云岩。

（2）内/浅缓坡颗粒滩—滩间洼地（海）亚相。

该亚相广泛分布在西起川西南汉源帽壳山，北到川北旺苍—南江，东至富顺、合川、华蓥、营山、阆中的广大范围内，是龙王庙组最有利储集岩的发育相带和优质储层发育区之所在，分布面积接近四川盆地总面积的1/2。

自古隆起核部向围斜部位，龙王庙组残余厚度逐渐变大，如帽壳山剖面为48m，资阳地区为70~80m，到磨溪—广探2井增厚至100m左右。该亚相岩石类型均突出表现为遭受强烈生物扰动的颗粒、残余颗粒白云岩，粪球粒白云岩，细中晶和粉细晶白云岩，以及泥粒、粒泥白云岩等。颗粒滩体中偶见斜层理和交错层理，其原因与沉积时强烈风暴的破坏（侵蚀与夷平）作用有关。

颗粒滩高能相带围绕乐山—龙女寺水下古隆起呈半环状展布（图2-14），其沉积严格受水下古隆起微地貌控制，突出表现为水下古隆起区水体浅、能量高而滩体更发育，但并未发现明显的进积现象。在磨溪地区，除磨溪21井位于近EW向同沉积断裂下降盘而颗粒滩不发育外，其余井揭示龙王庙组颗粒滩体比高石梯更发育。前者，突出表现为乐山—龙女寺水下古隆起轴部高地上的加积序列，颗粒滩体具有纵向上多套、平面上叠合连片、单层厚和累计厚度大（25~65m）的特点。而且，龙王庙组四级旋回底部的高伽马段（为泥质泥晶白云岩、泥质纹层白云岩夹白云质泥岩），是全盆地钻井的区域对比标志层，但除磨溪21井外，其余井几乎不见，表明沉积时的古地貌位置最高，受海平面上升所导致的"淹没"作用影响小而沉积环境稳定（图2-15）。

高石梯地区沉积时古地貌位置较低而水体较深，因而龙王庙组四级旋回4底部的高伽马段极为清晰而典型。但颗粒滩体厚度变薄，发育程度变低，其单层厚及累计厚度均较薄（5~27m），而滩间洼地沉积更发育。自此向东至乐山—龙女寺水下隆起东倾没端的广探2井，尽管龙王庙组厚达101m，但沉积时水体变得更深、能量变得更低，主要为深灰色瘤状白云岩、泥质纹层泥晶或粉屑白云岩，因而全井段几乎无颗粒滩和储层发育。

宏观看整个浅缓坡相区（图2-14），可能主要受NE到近EW向的乐山—龙女寺（宝兴、天全、汉源、威远、资阳、磨溪—高石梯所在的遂宁、广安、南充）与汉南两个水下古隆起（旺苍、南江）控制。而且，还受到了来自东北方向城口—竹山广海与东南方向黔东—湘西广海波浪与风暴潮的控制。野外实测与统计表明，颗粒岩板状斜层理的倾向为NW310°，指示波浪与风暴潮所造成的冲流、回流方向为NW—SE向，颗粒滩体呈大致与其垂直的NE40°方向展布；冲流、回流浪成波痕走向介于NE25°~70°，指示波浪与风暴潮所造成的冲流、回流方向与其垂直，颗粒滩体展布方向大致与之平行。

（3）内缓坡蒸发潟湖—蒸发潮坪亚相。

综合露头剖面、钻井、地震资料的研究发现，该亚相区呈半环状包围浅缓坡颗粒滩亚相区，广泛分布在华蓥山大断裂与七曜山大断裂之间的蜀南与重庆地区，以及川东北的通江—巴中—平昌—达州—邻水—垫江—梁平—忠县—万县—开县地区的碳酸盐岩缓坡腹部，分布面积超过四川盆地总面积的1/2。其成因可能与内克拉通同沉积断裂的强烈活动控制有关。

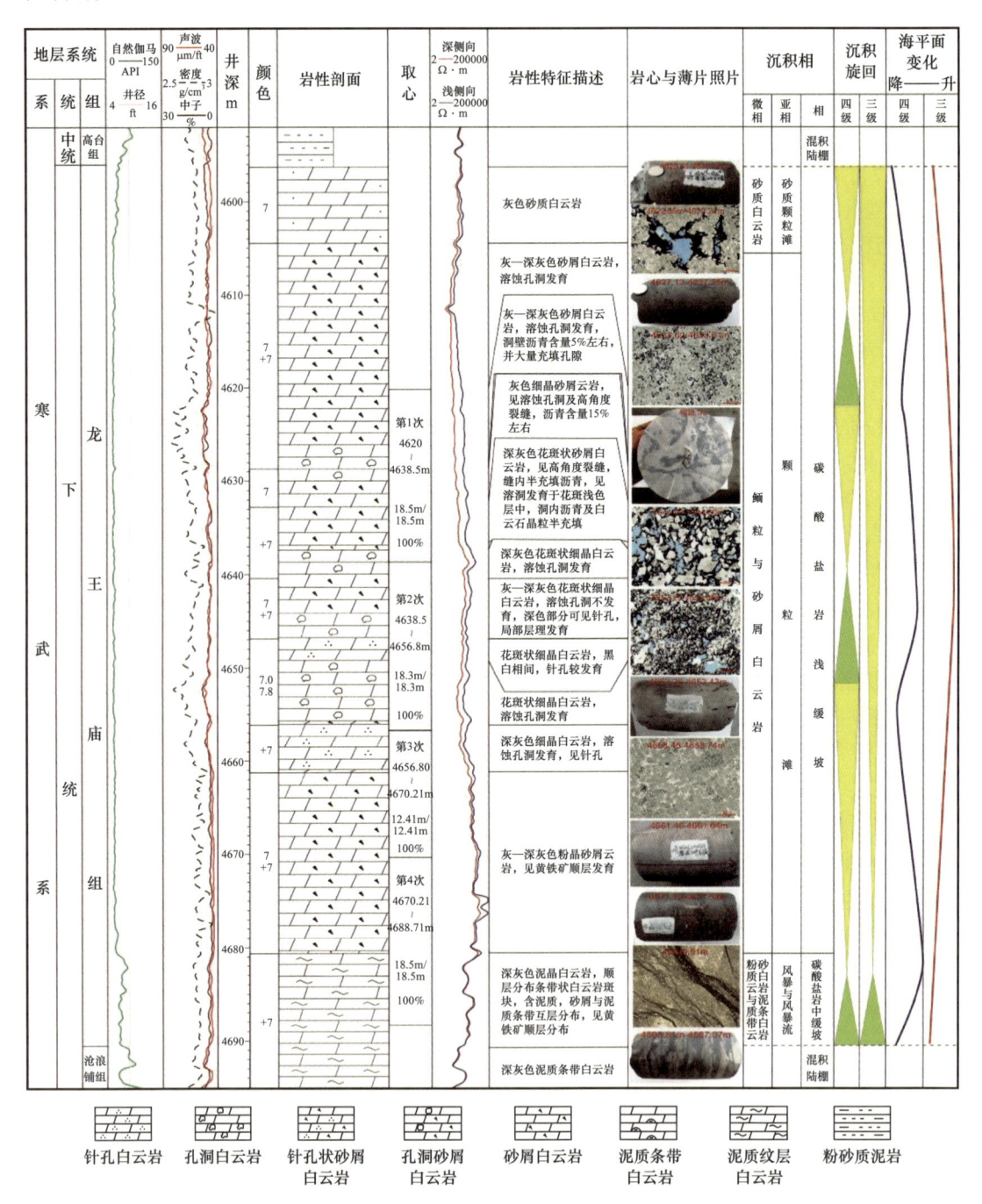

图2-15　颗粒滩亚相区磨溪12井龙王庙组沉积相柱状剖面图

该相区发育分布广泛的蒸发盐，但可能不存在统一的大膏盆或大盐盆，古地理景观主要表现为"星罗棋布"的蒸发潟湖分布在蒸发潮坪中，但限于钻井少，目前还难以准确刻画蒸发潟湖的分布。在地震剖面上，蒸发盐沉积多表现为厚度增大、强振幅和肠状、断续状反射特征，目前已有过东深 1—临 7 井大剖面 L5、过广安—平昌—通江地震大剖面、广探 2 井以东大剖面 GJ1、GJ6，座 3 井东北大剖面 L9 等控制。

（4）中缓坡相。

中缓坡介于正常天气浪基面与风暴浪基面之间，因而各类风暴作用最为频繁而强烈。其沉积物通常为各类、各种粒级的风暴灰岩（具丘状、洼状层理的粗粒—粒序性颗粒灰岩与泥粒灰岩、粒泥灰岩），残余地层厚度一般为 180～260m。该相区广泛分布在盆地外围南部、东南部的黔中隆起上，以及川东北的万源—城口—巫溪一带。

（5）外缓坡—盆地相。

外缓坡—盆地相总体上为处于风暴天气浪基面以下的区域，除阵发性滑塌事件和重力流事件外，水体安静，沉积物为薄板状或瘤状泥屑灰岩、暗色灰质泥岩、页岩或薄层硅质岩，并见浊积岩和滑塌岩。

由图 2-14 可见，该相区分别发育在川东北城口及陕南镇巴、紫阳、安康、岚皋、竹山与黔东北、湘西地区，相界线分别位于镇巴高桥—城口—巫溪—神农架小当阳一线，以及黔东北遵义—正安、渝南秀山、湘西花垣李梅—鱼塘—桑植一带。

3）二叠系栖霞组—茅口组沉积期岩相古地理

（1）栖霞组高位体系域沉积相。

栖霞组沉积中晚期四川盆地主体发育三大沉积相带：川西主要为碳酸盐岩台地边缘相，川中为浅水开阔台地相，川东北到川东南为较深水台地相（图 2-16）。盆地西缘和北缘，尤其是川西广元—雅安一带，台缘丘滩体呈带状发育，岩性以浅色亮晶藻屑、生屑灰岩为主，沉积厚度较大。由于频繁暴露发生白云石化作用，故多见具有残余结构的白云岩、灰质云岩和云质灰岩。在区域地质调查报告中见到关于盆地北缘汉中—城口一带关于云质豹斑灰岩的描述，结合南秦岭洋盆的地质背景，推测台缘带在该带发育。川中—川南广大地区，为浅水开阔台地沉积，岩性以灰色、浅灰色泥晶生屑灰岩为主，生物含量较高，总体以灰泥支撑为主。受局部高古地貌的控制，水体较浅、水动力较强，发育台内粒屑滩，岩性主要为浅灰色、灰色亮晶、细—粉晶藻屑及生屑灰岩，以及（残余）生屑云岩和灰质云岩。

（2）茅口组高位体系域沉积相。

茅口组沉积中期，海水自四川盆地西南部向东北部退去，沉积相带也随之向东北部迁移，自西南向东北依次形成康滇岛链、混积台地、浅缓坡、中—深缓坡和盆地等岩相古地理单元（图 2-17）。四川盆地西南大部为浅缓坡相，以浅灰、灰色含生屑泥晶灰岩、泥晶生屑灰岩为特征。缓坡内颗粒滩广泛分布，岩性为灰褐色亮晶生屑灰岩，部分发生白云石化。在川中地震工区（图中黑色虚线框），利用"相位杂乱、不具层理反射"的地震相特征，精细刻画了颗粒滩体的展布。川东及川北地区为中—深缓坡相带发育区，以深灰色—灰黑色泥晶—粉晶灰岩夹泥质灰岩和硅质灰岩为特征。茅口组沉积中晚期，受峨眉地裂运动影响，川东北地区及黔北地区发育 3 个北西西走向拉张槽，自北向南依次为渡口—巫溪拉张槽、渠县—石柱拉张槽和威信—仁怀拉张槽。台槽内为厚度不等的碳质泥岩、硅质泥灰岩岩性组合，围绕拉张槽有高能颗粒滩发育，可发生白云石化和硅化。

3. 鄂尔多斯盆地奥陶系中组合

奥陶系是鄂尔多斯盆地主要含气层段，勘探上根据不同地层组合，分为上组合、中组合和下组合，其中上组合（马五$_4$—马六段）早在 20 世纪后期发现了靖边风化壳型气田。"十二五"针对中组合（马五$_5$—马五$_{10}$亚段）勘探，发现了靖西气田。

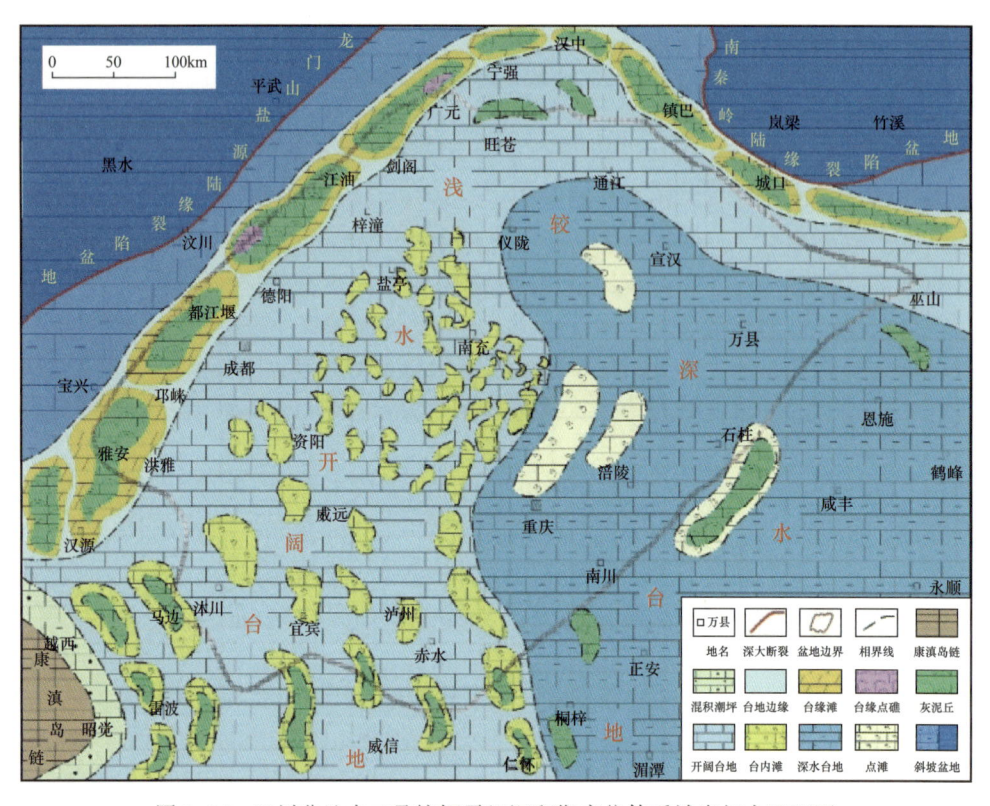

图 2-16　四川盆地中二叠统栖霞组沉积期高位体系域岩相古地理图

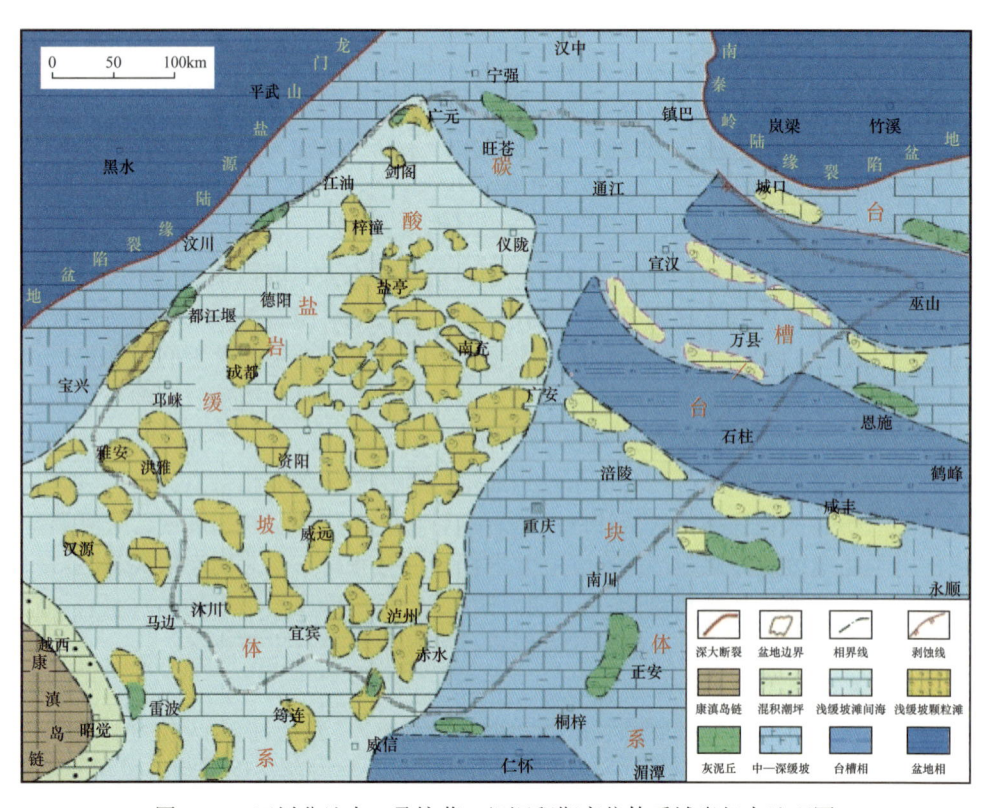

图 2-17　四川盆地中二叠统茅口组沉积期高位体系域岩相古地理图

研究表明，早—中奥陶世马家沟组沉积期古环境格局中部为鄂托克旗—庆阳—黄陵"L"形隆起，西、南、东侧均为开阔海环境的特点。沉积表现为反复振荡的海进—海退，以马一、马三、马五段海退旋回的台内蒸发岩相沉积和马二、马四、马六段海进旋回的石灰岩盆地相沉积为代表。盆地中东部为台地相，南部和西部表现为斜坡形态，这种格局在马家沟组沉积期继承性发展。海退期（马一段、马三段、马五段沉积期），盆地中东部发育一个分部广泛的蒸发潟湖，周缘为蒸发潮坪环境。中东部台地向南过渡为缓坡，之间有一泥云坪带。海进期（马二段、马四段、马六段沉积期），盆地中东部演化为开阔—半局限台地环境，其周围沿陆地边缘为潮坪环境，开阔—半局限台地内部有生屑—砂屑颗粒滩发育。晚奥陶世，盆地南部转变为活动大陆边缘，开始海退，盆地本部抬升为陆，仅在西缘、南缘发育开阔台地—台地边缘—斜坡—深水环境，相带窄，分布局限，开阔台地、台地边缘相带内局部发育礁滩相沉积。

中组合可进一步划分为马五$_5$—马五$_{10}$等5个亚段，各亚段岩性受海平面升降控制，其中马五$_5$、马五$_7$、马五$_9$亚段发育滩相沉积，而马五$_6$、马五$_8$、马五$_{10}$亚段则发育蒸发岩。短期海侵和间歇性暴露形成了滩相白云岩储层夹在蒸发岩层序中。中组合白云岩储集体主力储层是以夹在蒸发潮坪泥粉晶白云岩中的粗粉晶白云岩为主，其成因受短期海侵形成的藻屑滩相沉积体控制，单个储集体在平面上的分布范围不等，但由于受大的沉积相带控制，沿古隆起东侧成群分布，形成一个大的滩相储集体发育区带。

纵向上，对盆地东部盐洼区沉积层序的研究表明，马五$_5$、马五$_7$、马五$_9$亚段同为夹在蒸发岩层序中的短期海侵沉积，结合区域岩相古地理格局分析，古隆起东侧在马五$_5$、马五$_7$、马五$_9$亚段海侵期均处于相对浅水高能环境，发育有利的滩相沉积，经沉积期后白云岩化改造后，均有利于形成白云岩晶间孔型有效储层。期中，马五$_5$亚段沉积期是盆地内一次较大的海侵期，水体向东逐渐加深，能量逐渐减弱，自西向东依次发育环陆云坪、靖西台坪、靖边缓坡及东部洼地。岩性由白云岩过渡为石灰岩。其中靖西台坪邻近古隆起，水动力强，发育藻屑滩有利沉积微相（图2-18）。

横向上，靖边西侧（靖西）地区的马五段沉积期处在间歇暴露的古隆起区的东侧，其东为膏盐洼地沉积区，西为间歇暴露的中央古隆起区，在大的古地理格局上构成了区域岩性相变的沉积基础，也为其后白云岩化作用提供了特殊的成岩作用环境。虽然马五段沉积期整体处于大的蒸发岩—碳酸盐岩旋回的相对低水位期（海退期），但其间也存在次一级的短期海进旋回，马五$_5$亚段沉积期即是夹在其间的一次较重要的次级海侵期。其岩相古地理格局呈环带展布，自西向东依次发育环陆云坪、靖西台坪、靖边缓坡及东部石灰岩洼地（图2-18）。东部洼地位于潮下带，沉积期水体开阔，与广海相通，主要沉积深灰色富含生物碎屑的泥晶灰岩，在局部地区有云化的迹象；靖边缓坡总体处于潮间带，主要以石灰岩沉积为主，间夹泥粉晶白云岩；靖西台坪总体处于潮上带和潮间带交替发育带，马五$_5$段沉积早期可处于潮下带环境，如苏203井区马五$_5^3$，该带主要以白云岩沉积为主，因古地形相对较高，水体较浅，在局部的高能带可形成台内藻屑滩微相沉积；环陆云坪靠近中央古隆起，主要处于潮上带，沉积物以泥晶白云岩沉积为主，但在加里东期多被剥蚀殆尽。因此，靖西台坪相带是形成白云岩储层最有利的部位，主要发育藻灰坪、藻屑滩、灰云坪等沉积微相，颗粒滩是最有利的沉积微相。在靖西台坪区的局部高部位，是台内滩相颗粒碳酸盐岩沉积发育的有利位置，经后期云化后可形成有效的白云岩晶间孔储层。

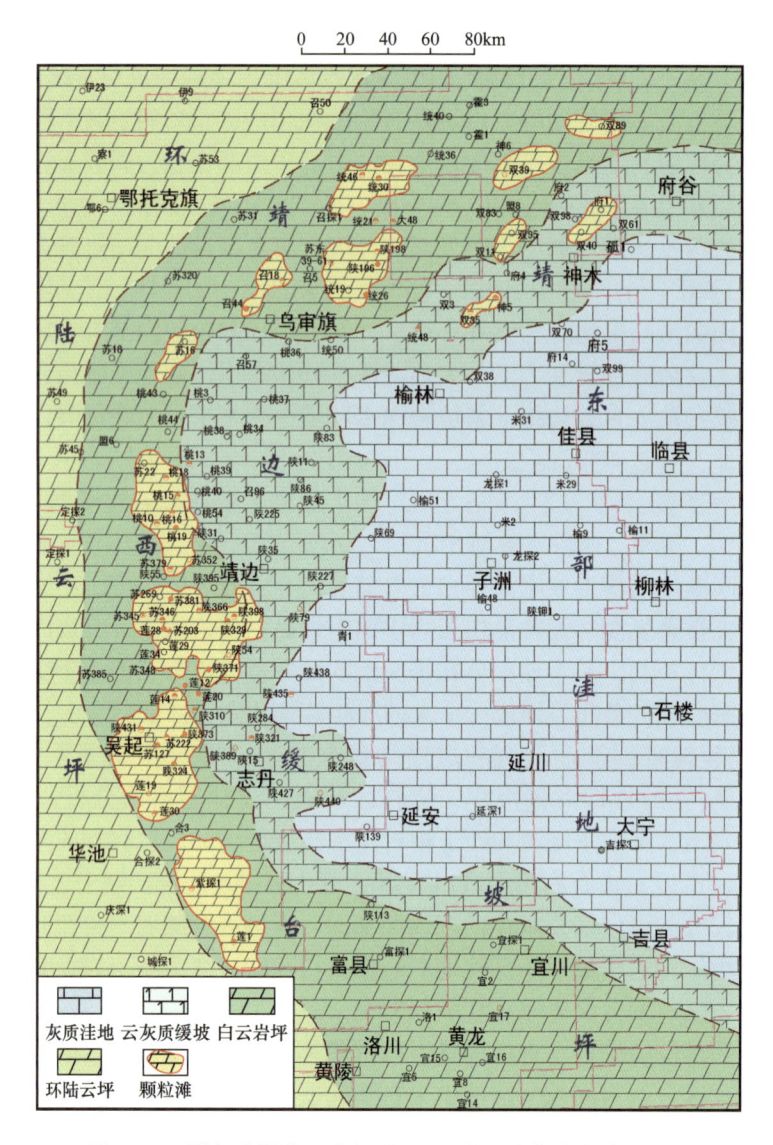

图2-18 鄂尔多斯盆地东部马五₅亚段沉积期岩相古地理图

三、碳酸盐岩台地典型沉积模式

20世纪60年代以来，随着对现代碳酸盐岩沉积作用研究的深入及油气勘探的发展，先后建立了海相碳酸盐岩沉积模式，把碳酸盐岩相模式直接与成岩环境、矿产和油气资源勘探联系起来。随着海相碳酸盐岩油气勘探不断向深层—超深层、更古老层系等领域拓展，迫切需要建立井—震结合的沉积相分布模式，指导储层分布预测和岩性—地层圈闭识别。

"十一五"以来，通过对塔里木、四川、鄂尔多斯三大盆地重点层系的攻关研究，建立了适合不同层系碳酸盐岩沉积相分布特点的沉积模式，尤其在克拉通内裂陷台缘带沉积模式、克拉通坳陷缓坡型台地沉积模式以及新元古代—寒武纪微生物碳酸盐岩沉积模式等方面取得重要进展，并在勘探发现中发挥了重要作用。

1. 克拉通内裂陷槽盆—镶边台地沉积模式

碳酸盐岩台地边缘高能环境普遍发育生物礁、颗粒滩及其复合体，称为台缘带礁滩复合体，是碳酸盐岩油气勘探的重点对象之一。然而，受中国复杂构造运动影响，广布于克拉通边缘的台缘带多卷入构造变形，使得成藏条件差或者复杂，不是勘探的重点。受克拉通构造分异作用所产生的克拉通内裂陷，其两侧的高能环境同样发育礁滩复合体，成藏条件优越，已成为勘探重点，如四川盆地开江—梁平裂陷两侧的长兴组—飞仙关组礁滩体、塔里木盆地中奥陶世良里塔格组台缘带。近几年，在四川盆地震旦系—寒武系发现了德阳—安岳克拉通内裂陷，建立了克拉通内裂陷槽盆—镶边台地沉积模式，指导了裂陷两侧以微生物丘滩体为特征的灯影组台缘带分布预测，有效指导了安岳气田的发现。

下文重点介绍德阳—安岳裂陷灯影组碳酸盐岩沉积模式。

德阳—安岳裂陷位于四川盆地腹部，呈近狭长状南北向展布，面积约 $6 \times 10^4 km^2$。该裂陷发育始于晚震旦世灯影组沉积期，消亡于早寒武世早期，属于拉张环境下的克拉通内断陷盆地。为了区别于中—新生代陆相断陷盆地，称之为"克拉通内裂陷"。裂陷充填碳酸盐岩集中分布在震旦系灯影组，裂陷内主要以泥质云岩、硅质云岩为主，厚度薄（<50m）；裂陷两侧发育台缘带，厚度超过300m，以含或富含菌藻类的各类白云岩为特征，包括格架白云岩（如凝块石、泡沫绵层、叠层石、层纹石、雪花状等）、核形石白云岩、鲕粒白云岩、砂屑、砂砾屑白云岩、泥（微）晶白云岩、泥质泥晶白云岩等。

前人的镶边台地模式，可概括为两相区、若干个相带模式。例如，9相带模式可概括为两相区、9相带（内克拉通蒸发—局限—开阔台地相区，克拉通边缘台缘浅滩—台缘生物礁—前斜坡—斜坡脚—开阔陆棚—盆地相区）；7相带模式可概括为两相区、7相带（内克拉通潮坪—堤后潟湖—浅水碳酸盐砂—静水碳酸盐泥相区，克拉通边缘礁或碳酸盐沙滩—礁前碎屑岩堆积或较深水灰泥丘—开阔海）。国外学者对晚古生代以来的镶边台地进行了广泛而深入的研究，但对缺乏造架后生动物的隐生宙镶边台地研究程度较低，尤其是内克拉通槽盆—碳酸盐镶边台地模式鲜见报道。

以国外经典镶边台地沉积模式为标准，综合40余个露头剖面、50余口探井灯影组的岩石类型、沉积组构，以及特殊的指相矿物（如含膏团块或硬石膏晶体），并以此刻度测井、标定地震，开展了露头—钻井—地震—分析化验资料"四位一体"的综合研究，获得了灯一—二段与灯四段沉积相标志、沉积相类型的第一手资料和可靠证据，建立了四川盆地灯影组内克拉通槽盆—碳酸盐岩镶边台地沉积新模式。

与9相带模式对比，本书新增了1个相区、2个相带（内克拉通槽盆—台地边缘）；其他沉积相带则以内克拉通裂陷槽为中心对称分布，相带数量增加了一倍。据此，可将四川盆地灯影组槽盆—镶边台地沉积新模式概括为3相区、若干个相带模式（图2-19，表2-2）。

德阳—安岳裂陷槽与两侧台地的过渡带，明显具有"坡折带"的地震反射，坡折带下倾方向为槽盆相，上倾方向为台地边缘相，揭示台地类型属典型的内克拉通镶边台地。其中，裂陷槽北段（阆中、盐亭、射洪），坡折带平缓（图2-20a），走向"蜿蜒曲折"；中段坡折带在裂陷槽东、西两侧均清晰，走向近NS，且东侧磨溪、高石梯地区具"陡坎"特征，尤其是灯四段自SE向NW的进积现象，指示了德阳—安岳裂陷槽这一深水区的存在，尽管该裂陷槽中灯三—四段被剥蚀殆尽（图2-20b）；南段由于地震剖面信噪比低，裂陷槽东、西两侧无明显边界和"坡折带"反射，且走向较模糊。

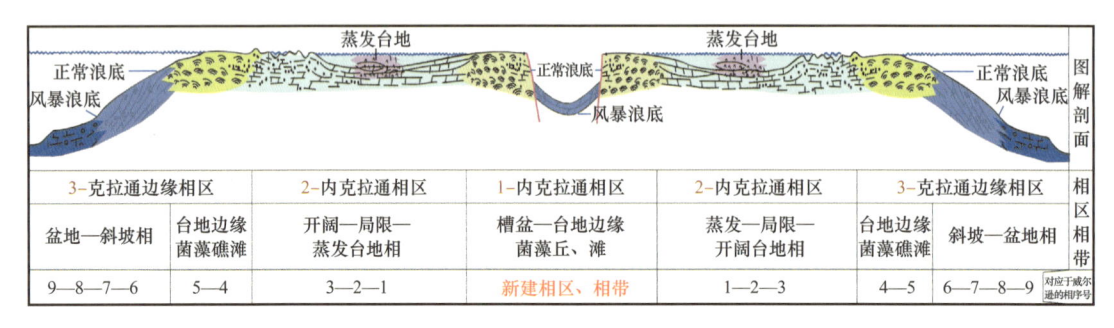

图 2-19 四川盆地灯影组内克拉通槽盆—碳酸盐岩镶边台地沉积模式

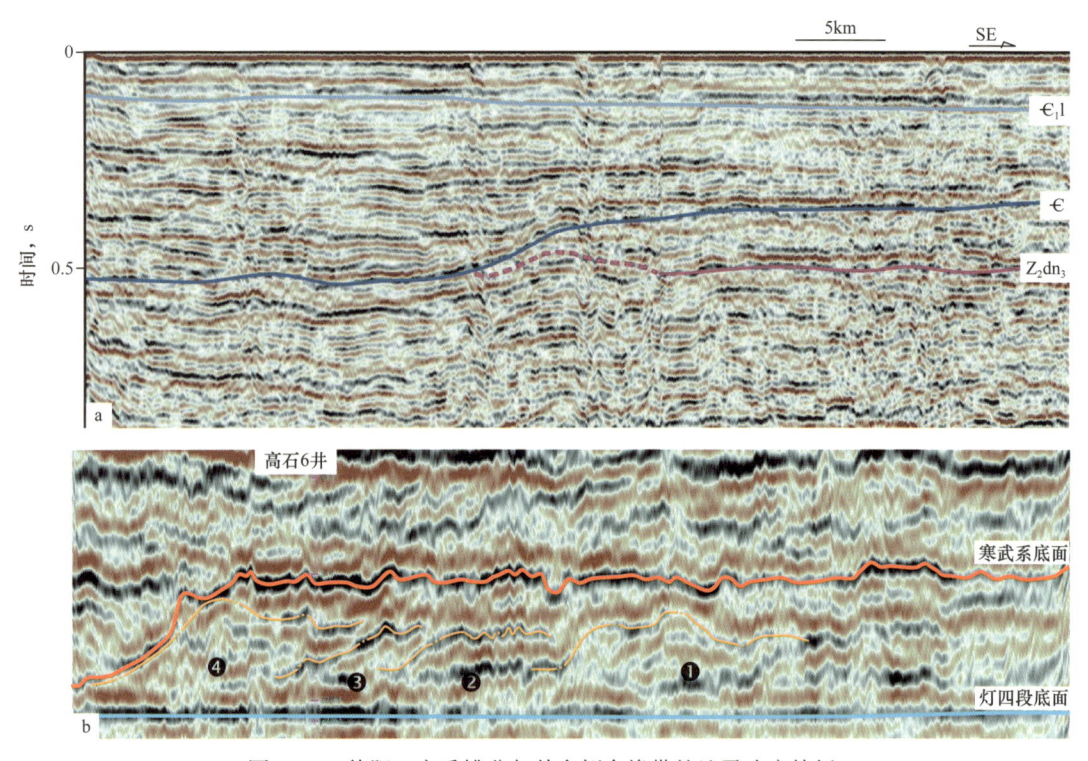

图 2-20 德阳—安岳槽盆与其东侧台缘带的地震响应特征

（a）阆中地区，二维地震剖面；（b）高石梯地区过高石6井三维地震剖面，清晰反映了内克拉通槽盆与其东侧台地边缘相的沉积特征，尤其是三维工区台地边缘丘滩复合体的向西进积现象（❶→❹）

表 2-2 四川盆地及周缘灯影组沉积相类型及主要相标志

沉积体系	碳酸盐岩台地				
对应威尔逊相序号	1	2—3	新建相区、相带	4—5	6—7—8—9
沉积相	蒸发台地	局限—开阔台地	内克拉通槽盆	内克拉通台地边缘	克拉通边缘台地边缘	克拉通边缘斜坡—广盆（盆地）

续表

沉积体系	碳酸盐岩台地				
对应威尔逊相序号	1	2—3	新建相区、相带	4—5	6—7—8—9
亚相	蒸发潟湖与蒸发潮坪	菌藻礁（丘）/滩后潟湖、灰泥丘、颗粒滩、云坪、丘滩间海，以及台沟	蒸发槽盆；槽盆上斜坡、槽盆下斜坡；浅水欠补偿槽盆，深水欠补偿槽盆	菌藻礁/滩，菌藻丘/滩，潮坪	上斜坡、下斜坡。浅水欠补偿广盆，深水欠补偿广盆
微相及主要相标志	氧化色泥岩、泥质粉砂岩、粉砂质泥岩，结核状硬石膏、层状硬石膏，含膏泥晶白云岩，薄中层状泥质泥晶白云岩，含砂泥质白云岩等	球粒状凝块石白云岩，微晶凝块石白云岩，（柱状、穹状）叠层石白云岩，层纹石白云岩，砂砾屑、砂屑白云岩，核形石白云岩，硅质条带白云岩，含泥白云岩、中层状泥晶白云岩、粉屑白云岩，跌积砾屑、粒屑白云岩	上斜坡为由跌积砾屑白云岩构成的环台缘碎石堆；下斜坡为瘤状白云岩与泥质纹层、泥质条带白云岩，裂陷槽中海水循环不畅时可发育蒸发岩；循环通畅且无陆源碎屑注入时发育薄层泥质白云岩或重力流泥质白云岩；循环通畅且有陆源碎屑注入时发育浅水欠补偿泥质泥晶白云岩与泥岩烃源岩，或深水欠补偿泥页岩烃源岩、碳质—硅质泥页岩	凝块石白云岩、球粒状凝块石白云岩，泡沫绵层白云岩，叠层石、层纹石白云岩，雪花状白云岩，可夹薄层菌藻礁白云岩，以及砂砾屑、砂屑白云岩等	菌藻礁白云岩、凝块石格架白云岩，泡沫绵层白云岩，叠层石、层纹石白云岩，雪花状白云岩，砂砾屑、砂屑白云岩等	上斜坡为由跌积砾屑白云岩构成的环克拉通台缘碎石堆；下斜坡为含跌积砾屑碳酸盐岩，瘤状或泥质纹层、泥质条带碳酸盐岩，滑塌碳酸盐岩，浊积碳酸盐岩。浅水欠补偿盆地的薄板状、条带状泥质泥晶碳酸盐岩与泥页岩，深水欠补偿盆地的暗色泥页岩与暗色碳质—硅质泥页岩等
发育层位			灯一段，灯二段，灯四段		

槽盆—镶边台地沉积新模式（图2-21），在内克拉通相区和相带展布上丰富了碳酸盐岩沉积学理论，填补了古老小克拉通碳酸盐岩镶边台地沉积模式的空白。而且，对油气勘探具有重要的指导意义。

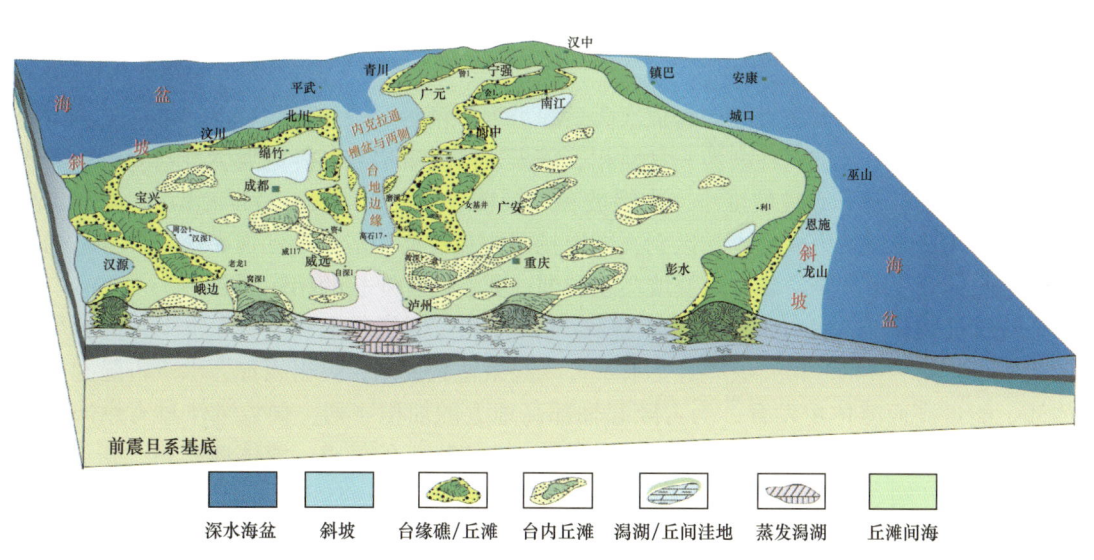

图2-21 四川盆地灯影组内克拉通槽盆—碳酸盐岩镶边台地沉积模式

内克拉通槽盆—镶边台地构成了优越的源—储配置。在克拉通边缘斜坡—盆地相优质烃源岩普遍被卷入造山带的活动小克拉通，稳定内克拉通槽盆相暗色泥岩、碳质—硅质泥岩为大油气区的形成提供了生烃中心和充足烃源；内克拉通镶边台缘，向外与克拉通边缘的镶边台缘相连，台缘带"蜿蜒曲折"而高能相带面积增加，尽管台地被裂陷槽肢解为几个小台地，但有效勘探范围大幅度增加。但在活动小克拉通，尽管克拉通边缘台缘广泛发育菌藻礁、滩，厚度大、相带较宽，原始储集条件最为优越，但均已卷入造山带而失去了勘探意义，而内克拉通槽盆两侧的台地边缘为油气勘探提供了新领域和新目标。

2. 克拉通坳陷缓坡型台地沉积模式

克拉通盆地进入坳陷阶段，表现为总体构造稳定、沉积底形平缓，具备发育大面积颗粒滩沉积条件，是碳酸盐岩规模储层分布的有利相带。研究表明，缓坡型碳酸盐岩台地沉积普遍发育，如塔里木盆地下寒武统肖尔布拉格组、四川盆地下寒武统龙王庙组及下二叠统栖霞组—茅口组等，这些层系以发育大面积颗粒滩相储层为主，是目前勘探的重点层系。

有关碳酸盐岩缓坡的沉积相分类，国外研究程度很高，提出了多个大同小异的划分方案。经典碳酸盐岩均匀倾斜或远端变陡缓坡模式的特点，为自陆向海依次发育内缓坡蒸发潟湖—蒸发潮坪、浅缓坡颗粒滩、深缓坡、外缓坡—盆地相带。

下文重点介绍四川盆地龙王庙组"双颗粒滩"沉积模式。

1）沉积底形

在经历了沧浪铺组碎屑岩、碳酸盐岩混积缓坡的填平补齐作用后，进入了龙王庙组碳酸盐岩缓坡的沉积演化。该碳酸盐岩缓坡自 NW 向 SE 宽逾 600km，龙王庙组在乐山—龙女寺古隆起核部被剥缺，至湘西花垣李梅一带，残余地层最大厚度达 300～685m，据此推算缓坡的最大坡度约 1/1000，最大坡角仅 0.057°（3.42′）。

2）"双颗粒滩"沉积模式

通过对四川盆地及其周缘 30 余个露头剖面、70 余口探井龙王庙组的岩石类型、沉积组构，以及成像测井和地球物理响应证据，建立了沉积相识别标志，并通过沉积演化序列与展布的分析，建立了四川盆地龙王庙组腹部具盐洼的碳酸盐岩缓坡沉积新模式（图 2-22）。

由图可见，相带展布自陆向海依次为后缓坡混积潮坪、浅缓坡颗粒滩、内缓坡蒸发潟湖—蒸发潮坪、中缓坡、外缓坡—盆地相。该模式既表现出与国外经典碳酸盐岩缓坡模式的相似性（如上扬子缓坡坡度小，中缓坡和外缓坡—盆地相的发育特征相似），同时也显示了与国外经典缓坡模式的本质区别，即上扬子内克拉通构造活动性强而隆坳分异格局复杂，由此导致浅缓坡颗粒滩与内缓坡蒸发潟湖—蒸发潮坪亚相的相序倒置。

浅缓坡颗粒滩，又称为"上滩"。颗粒滩高能相带围绕乐山—龙女寺水下古隆起呈半环状展布（图 2-14），其沉积严格受水下古隆起微地貌控制，突出表现为水下古隆起区水体浅、能量高而滩体更发育，为古隆起轴部高地上的加积序列，颗粒滩体具有纵向上多套、平面上叠合连片、单层厚和累计厚度大（25～65m）的特点，滩体地震相"亮点"反射特征明显（图 2-23），是安岳气田的主要产层。

中缓坡颗粒滩，又称为"下滩"。中缓坡介于正常天气浪基面与风暴浪基面之间，因而各类风暴作用最为频繁而强烈，在局部的古地貌高地上，因快速加积作用可局部发育成由颗粒灰岩、豹皮状云质颗粒灰岩、层纹石白云岩所构成的塔状浅缓坡。其沉积演化序列，则均经历了由中缓坡到浅缓坡频繁而快速的演化，石柱板凳沟可作为典型代表。由此，也导致中缓坡的古地理景观为塔状的浅缓坡颗粒滩，呈"星散状"分布在广阔的广海中（图2-14）。

海洋水文条件水动力学特征	潮汐与风暴潮作用	经常性波浪作用高能带	表层经常受波浪、潮汐作用，深层静水低能	通常为风暴搅动和风暴流作用频繁作用带。但在局部古地貌高地上，因快速加积作用而形成塔状的经常性波浪作用带	风暴搅动和风暴流作用不频繁	偶尔受海啸作用影响
沉积相	后缓坡相	内/浅缓坡相	内缓坡（潟湖相带）	中缓坡相	外缓坡—盆地相	
沉积相标志	云质砂岩、粉砂岩、泥砂质岩及粉质泥白云岩，主要为混积潮坪	具强烈生物扰动的颗粒、泥粒、粒泥云岩，主要为颗粒滩、滩间洼地亚相	蒸发岩（主要为膏盐，其次为盐岩）与层纹石白云岩。主要为蒸发潟湖、蒸发潮坪亚相	主体为各类风暴灰岩（具丘状、洼状层理的粗粒、粒序性风暴岩与泥粒、粒泥灰岩）。在局部古地貌高地上，可因快速加积作用而发育颗粒灰岩、豹皮状云质粒灰岩点滩和层纹石碳酸盐岩组成的塔状浅缓坡	薄层、细粒粒序性风暴岩，夹生物扰动和纹层状泥屑灰岩或泥岩，常成薄板状或瘤状	暗色泥页岩与暗色纹层状泥屑灰岩，或者常呈厘米级薄板状

图2-22 四川盆地龙王庙组碳酸盐岩缓坡沉积新模式与相类型、相标志

（a）磨溪13井，第5筒心，浅缓坡相颗粒滩亚相，溶蚀孔洞极为发育的颗粒白云岩；（b）雷波火草坪剖面，内缓坡相蒸发潟湖亚相，硬石膏与膏溶角砾岩露头；（c）华蓥田坝剖面，内缓坡相蒸发潮坪亚相，发育具膏模孔泥晶白云岩；（d）洪雅张村剖面，中缓坡相，具丘状层理白云岩；（e）南川三汇剖面，中缓坡相，具洼状层理的砂屑白云岩；（f）磨溪21井，第3筒心，中缓坡相，风暴砾屑白云岩；（g）湘西花垣李梅剖面，外缓坡相，深灰、黑灰色泥质纹层与泥质条带、薄板状、瘤状泥灰岩；（h，i）贵州剑河五河剖面，外缓坡相，具各种滑塌变形构造的石灰岩剖面与层面特征

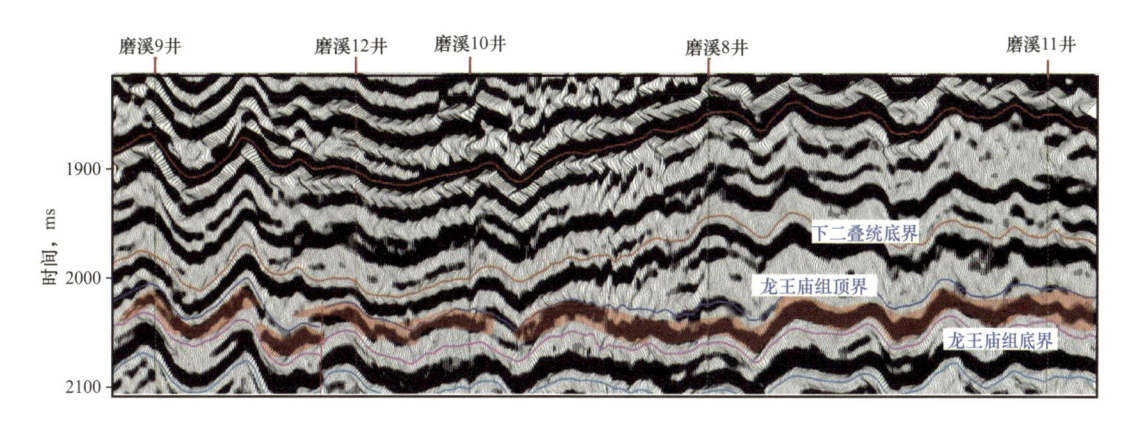

图2-23 过磨溪9—磨溪12—磨溪10—磨溪8—磨溪11井叠前时间剖面

3. 新元古代—寒武纪微生物碳酸盐岩沉积模式

微生物岩（microbialite）为由底栖微生物群落捕获和粘结碎屑物质，或者与微生物活动相关的无机或有机诱导矿化作用形成利于矿物沉淀的基座，从而导致沉积物原地聚集形

成的有机沉积（岩）。微生物岩的矿物成分可由碳酸盐、磷灰石、铁质、锰质矿物和有机质组成，也可由硫化物、黏土和各种硅质碎屑岩组成。目前研究较多且地域与时代分布最为广泛的是由碳酸盐组成的微生物岩，即微生物碳酸盐岩（图2-24），是碳酸盐岩储层中一类特殊的岩石类型，也是油气勘探的对象之一。从20世纪五六十年代起，美国阿拉巴马州、苏联东西伯利亚地区、巴西桑托斯盆地、阿曼盐盆、哈萨克斯坦以及中国的塔里木盆地、华北地区、四川盆地和南方地区微生物碳酸盐岩中均有重大油气发现。

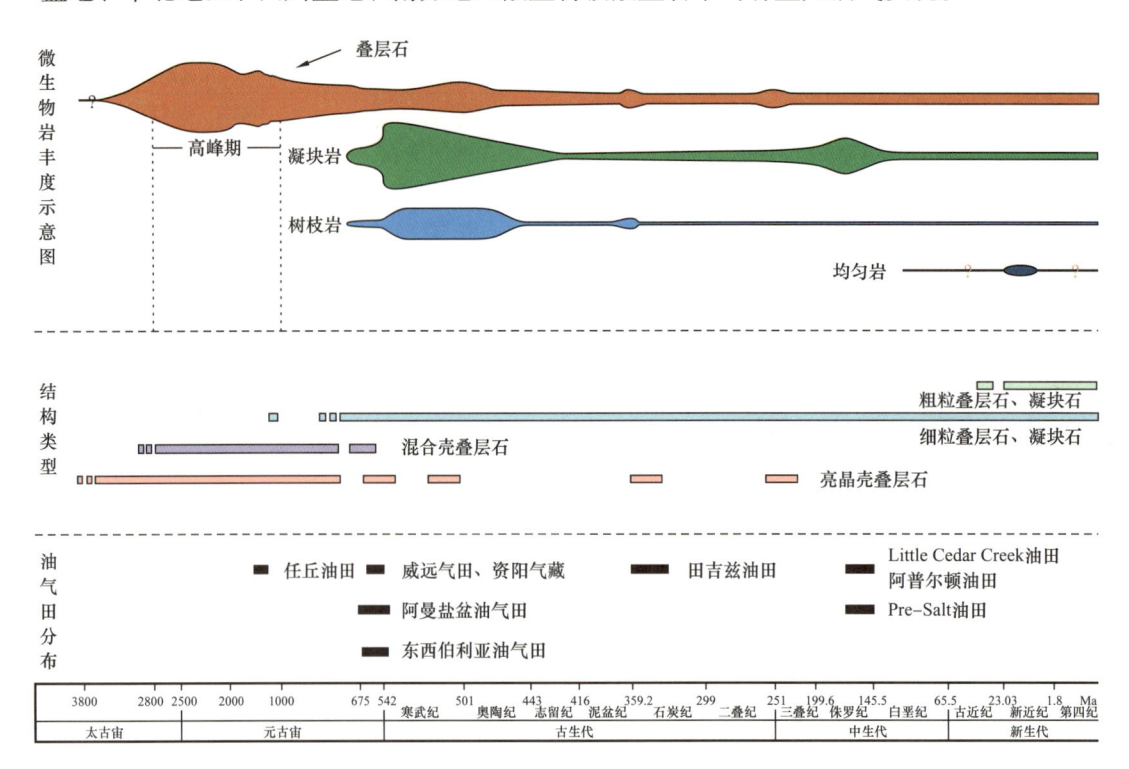

图 2-24　微生物碳酸盐岩演化与相关油气田在地质历史中的分布

下文重点介绍四川盆地震旦系灯影组微生物碳酸盐岩沉积模式研究进展。

中国四川盆地上震旦统灯影组微生物碳酸盐岩储层发育，自20世纪60年代初至今，相继发现川西南威远—资阳气藏和川中高石梯—磨溪含气构造区，微生物白云岩主要发育在灯二段和灯四段，灯二段包括叠层石、凝块石、核形石、泡沫绵层石、枝状石、葡萄石和包壳颗粒等，主要发育于开阔微动荡浅水潮坪环境，可划分出粘结集合颗粒岩、微生物礁岩和纹层粘结岩等沉积微相。沉积相和岩相古地理研究表明（图2-9、图2-10），灯影组微生物碳酸盐岩不仅在台缘带高能环境发育，而且台内同样发育微生物碳酸盐岩。两者最大差别在于台缘带微生物岩纵向加积发育，形成厚度较大的微生物丘滩体，而台内微生物丘滩体单层厚度较小，如磨溪51井取心段（图2-25）。沉积模式详见图2-9及图2-10。

储集空间类型主要为格架孔、葡萄—花边状孔洞、粒间溶孔和粒内溶孔，面孔率集中在2.2%～5%。灯四段主要有叠层石、泡沫绵层石、凝块石和纹层石，沉积微相以纹层叠层粘结岩为主，储集空间类型主要为窗格孔、粒间溶孔和晶间溶孔，面孔率集中在2.5%～3%。灯影组微生物碳酸盐岩储层发育受微生物骨架结构、桐湾期构造运动大气淡水溶蚀和埋藏溶蚀作用三个因素控制，微生物骨架是后期储层改造的关键因素。

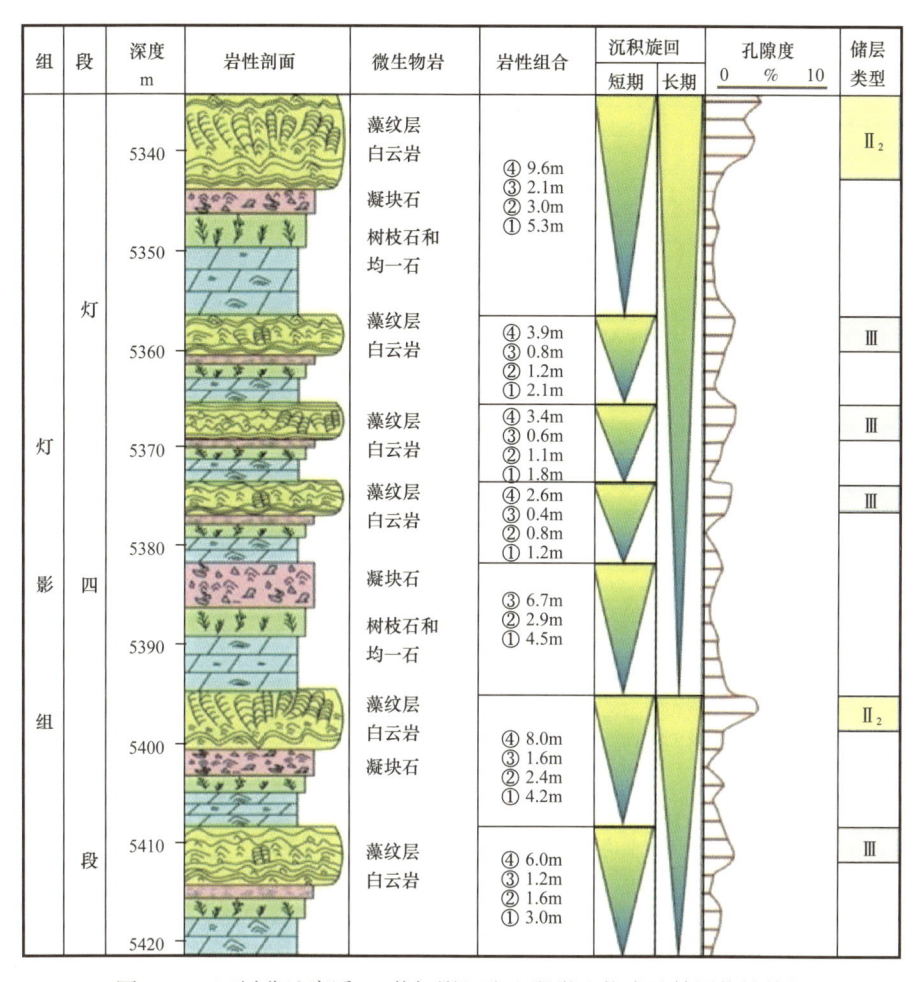

图 2-25 四川盆地磨溪 51 井灯影组取心段微生物岩及储层物性特征

第二节 海相碳酸盐岩规模储层的形成与分布

由于碳酸盐岩的高化学活动性和复杂的后期成岩改造，导致了碳酸盐岩储层以次生孔隙为主，成因复杂，分布规律不清，预测难度大。因此，碳酸盐岩储层成因一直是油气地质学家关注的焦点。本节以近 10 年国家油气重大专项碳酸盐岩沉积储层课题为依托，应用微区多参数和高温高压溶解动力学储层模拟两项技术，系统解剖了塔里木盆地、四川盆地、鄂尔多斯盆地碳酸盐岩储层的成因，揭示了储层分布规律，为储层预测提供了依据。

一、碳酸盐岩储层类型

碳酸盐岩储层分类至今仍未有一个让大家都认可的方案，本书立足塔里木、四川和鄂尔多斯盆地数百口井的岩心和薄片资料，同时综合录井、测井、试油和地震资料，提出了中国海相碳酸盐岩储层成因分类方案（表 2-3）。这一划分方案既考虑了物质基础、地质背景和成孔作用三个方面的储层发育条件，又考虑了油气勘探生产的实用性。

表2-3 中国海相碳酸盐岩储层成因分类及岩性特征

储层类型			储层发育的物质基础	实例
相控型	礁滩储层	台缘带礁滩储层（镶边台缘及台内裂陷周缘礁滩储层）	礁灰岩，与礁相关的各种生屑灰岩、鲕粒灰岩、白云石化礁滩白云岩	德阳—安岳灯四段台内裂陷周缘礁滩储层，开江—梁平长兴组—飞仙关组沉积期海槽周缘礁滩储层，塔中北斜坡良里塔格组台缘带礁滩储层
		镶边台缘台内礁滩储层	礁丘灰岩、生屑灰岩、砂屑灰岩、鲕粒灰岩等	川中长兴组和飞仙关组、塔里木盆地鹰山组上段和一间房组台内颗粒滩
		台内缓坡礁滩储层	生屑灰岩、鲕粒灰岩、砂屑灰岩等，白云石化礁滩白云岩，保留原岩结构	四川盆地高石梯—磨溪龙王庙组、塔里木盆地肖尔布拉克组颗粒滩储层
	白云岩储层	沉积型白云岩储层	回流渗透白云岩储层	鲕粒灰岩、砂屑灰岩、藻礁灰岩等，白云石化礁滩白云岩，残留部分原岩结构	
			萨布哈白云岩储层	膏云岩，位于膏岩湖和泥晶白云岩过渡带	塔北牙哈地区中—下寒武统，鄂尔多斯盆地马家沟组上组合
		埋藏—热液改造型白云岩储层		原岩是多孔的颗粒灰岩，易发生白云石化，残留部分原岩结构或晶粒白云岩	塔里木盆地上寒武统及蓬莱坝组、四川盆地栖霞组—茅口组、鄂尔多斯盆地马家沟组中组合白云岩储层
成岩型	岩溶储层	内幕岩溶储层	层间岩溶储层	岩性选择性，洞穴及孔洞主要发育于层间岩溶面之下的泥粒灰岩、粒泥灰岩中	塔北南缘一间房组—鹰山组、塔中鹰山组、四川盆地茅口组顶部岩溶储层
			顺层岩溶储层		
			受断裂控制岩溶储层	断裂及裂缝两侧的泥粒灰岩、粒泥灰岩易发生溶蚀形成沿断裂或裂缝分布的溶蚀孔洞	塔北英买1、2井区一间房组—鹰山组岩溶储层
		潜山（风化壳）岩溶储层	石灰岩潜山	岩性选择性，潜山面之下的泥粒灰岩、粒泥灰岩易发生溶蚀形成溶蚀孔洞	轮南低凸起、哈拉哈塘地区一间房组—鹰山组岩溶储层
			白云岩风化壳	原岩为白云岩、灰质白云岩、云质灰岩，灰质易溶形成溶蚀孔洞，使储层物性得到改善	塔北牙哈地区中—下寒武统，鄂尔多斯盆地马家沟组上组合

由于礁滩储层大多发生白云石化，导致礁滩储层和白云岩储层的界定存在叠合，本书将礁滩相沉积发生早期白云石化，但仍保留原岩礁滩结构的白云岩储层纳入礁滩储层，而将礁滩相沉积发生埋藏白云石化，残留或不保留原岩礁滩结构的晶粒白云岩储层划分成白云岩储层。岩溶储层是指与岩溶作用相关的储层，岩溶作用同样具有岩石的组构选择性，主要见于泥粒灰岩中。

二、碳酸盐岩储层成因

1. 礁滩相沉积是储层发育的物质基础

不难理解礁滩相沉积是礁滩储层发育的物质基础，而岩溶储层可以发育于各种不同岩性中，相控性不明显，由于结晶白云岩（细晶及以上）储层的原岩难以恢复，受沉积相还是成岩相控制还存在分歧。本书基于塔里木盆地、四川盆地和鄂尔多斯盆地不同类型储层成因解剖，指出礁滩相沉积不仅是礁滩储层发育的物质基础，同样也是白云岩储层和岩溶储层发育的物质基础（表2-3）。

1）礁滩相沉积是白云岩储层发育的物质基础

白云岩可划分为同生沉积或交代成因白云岩和次生交代或重结晶成因白云岩两大类。同生沉积或交代成因白云岩是同生期及浅埋藏早期沉积物未完全固结成岩时白云石化作用的产物，白云石化作用具组构选择性，往往保留原岩结构，用Dunham提出的石灰岩命名术语命名白云岩，两者间有很好的对应关系，只要把石灰岩结构分类表中的"石灰岩"改为"白云岩"即可。次生交代或重结晶成因白云岩是埋藏期交代作用和重结晶作用的产物，甚至是热液作用的产物，原岩结构难以保存或残存部分原岩结构，往往以晶粒白云岩的形式出现，随着埋藏深度的加大和作用时间的加长，晶体粒度往往变大，可按晶粒大小对其进行命名，如粉晶白云岩、细晶白云岩、中晶白云岩、粗晶白云岩等，可归入"结晶岩"类中。

对于保留原岩结构的颗粒白云岩、藻丘（礁）白云岩储层，毫无疑问，原岩是礁滩相沉积。如塔里木盆地方1井下寒武统藻丘白云岩（图2-26a）、牙哈7X-1井中寒武统颗粒白云岩，藻格架孔、粒间孔和鲕模孔发育（图2-26b、c），保留原岩礁滩结构，被归为礁滩储层。

对于未保留原岩结构的次生交代或重结晶成因白云岩，其原岩是否为礁滩相沉积一直是储层地质学家关注的焦点之一。在研究四川盆地栖霞组—茅口组白云岩储层成因时，发现一个非常有趣的现象，证实了结晶白云岩（细晶、中晶白云岩）的原岩为礁滩相沉积。在普通显微镜下为细—中晶白云岩，但将光线调暗到一定程度（或在薄片下垫一张白纸），就会发现细—中晶白云岩的原岩为砂屑灰岩、生屑灰岩，细—中晶白云岩中的晶间孔和晶间溶孔实际上是对原岩孔隙粒间孔、粒间溶孔和生物体腔孔的继承和调整（图2-26d-i）。原岩结构的保留程度与原岩颗粒的大小、白云石晶粒的大小密切相关，当白云石晶粒的粒度小于原岩颗粒的粒度时，原岩结构往往能得到较好的保留，当白云石晶粒的粒度大于原岩颗粒的粒度时，原岩结构难以保留。显然，细—中晶白云岩的原岩大多为礁滩相沉积，泥粉晶白云岩的原岩可能为低能相带的泥晶灰岩，粗晶或巨晶白云岩大多与热液作用有关，甚至是从热液流体中直接沉淀的，充填在裂缝及溶蚀孔洞中，部分粗晶白云岩可能与粗结构灰岩经历长期的重结晶作用有关。

2）礁滩相沉积是岩溶储层发育的物质基础

岩溶储层主要发育于石灰岩地层，一般认为岩溶储层的储集空间以非组构选择性溶蚀孔洞、洞穴和溶缝为主，不同类型的碳酸盐岩经历岩溶作用均可形成溶蚀孔洞，没有相控性，不像礁滩储层和白云岩储层那样具有强烈的岩性选择性和相控性。根据塔里木盆地岩溶储层的统计，岩溶洞穴和孔洞主要见于泥粒灰岩中，少量见于颗粒灰岩、粒泥灰岩和泥晶灰岩中，内幕岩溶储层的岩性选择性和相控性比潜山岩溶储层更为明显。

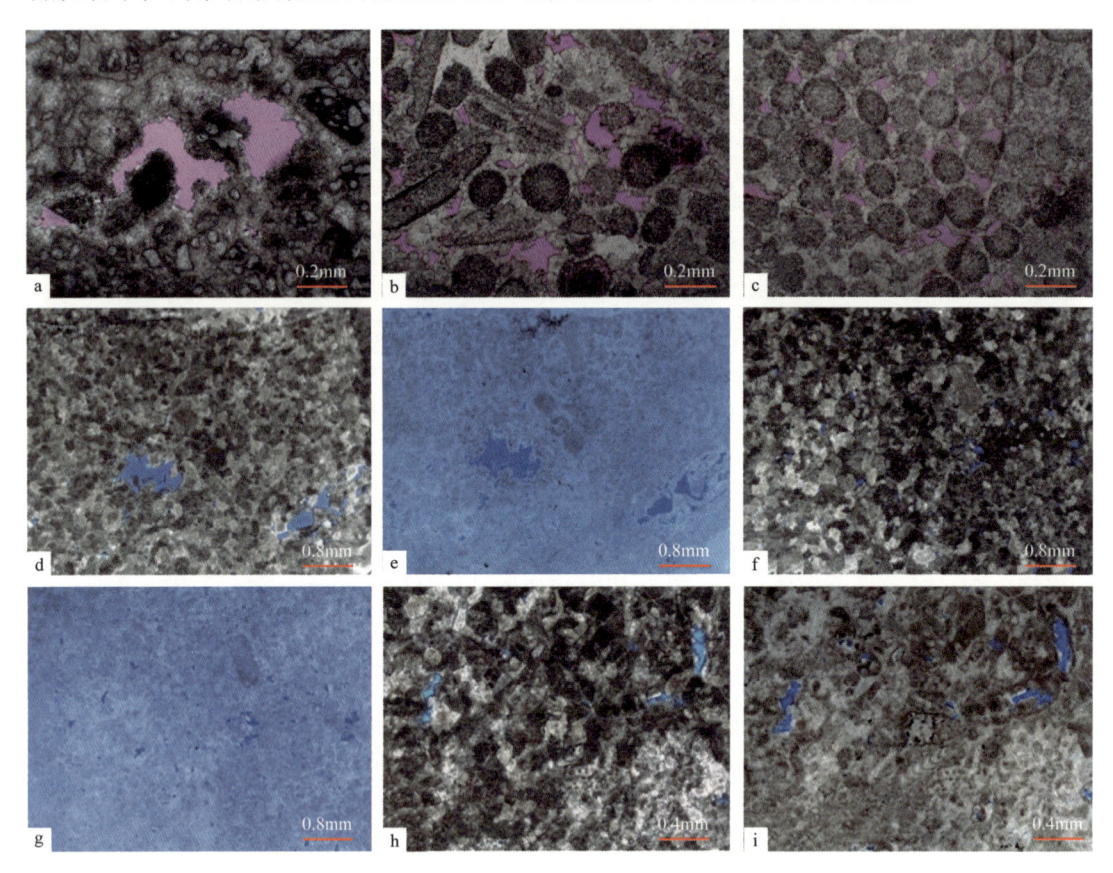

图2-26 白云岩储层的原岩为礁滩相沉积

（a）藻礁白云岩，保留原岩结构，藻格架孔，下寒武统，塔里木盆地巴楚地区，方1井，4600.50m，铸体薄片，单偏光；（b）颗粒白云岩，保留原岩结构，粒间孔和鲕模孔，中寒武统，塔里木盆地牙哈地区，牙哈7X-1井，5833.00m，铸体薄片，单偏光；（c）颗粒白云岩，保留原岩结构，粒间孔和鲕模孔，中寒武统，塔里木盆地牙哈地区，牙哈7X-1井，5833.20m，铸体薄片，单偏光；（d）细晶白云岩，晶间孔和晶间溶孔，栖霞组，川西北矿2井，2423.55m，铸体薄片，单偏光；（e）与（d）为同一视域，原岩为砂屑—生屑灰岩，体腔孔和溶孔；（f）细晶白云岩，晶间孔和晶间溶孔，栖霞组，川西南汉深1井，4982.45m，铸体薄片，单偏光；（g）与（f）为同一视域，原岩为砂屑—生屑灰岩，粒间孔和粒间溶孔；（h）细晶白云岩，晶间孔和晶间溶孔，栖霞组，川中磨溪42井，4656.25m，铸体薄片，单偏光；（i）与（h）为同一视域，原岩为生屑灰岩，粒间孔、铸模孔和体腔孔

不整合面及断裂是岩溶缝洞发育的一级控制因素，岩溶缝洞主要分布在不整合面之下0～100m的范围，沿断裂呈串珠状分布或沿潜水面呈准层状分布，轮古西可识别出四期准层状分布的岩溶缝洞体系。但不整合面之下或断层两侧岩溶缝洞的富集程度则受岩性控制，泥粒灰岩是岩溶缝洞及孔洞发育的首选岩性，其次是粒泥灰岩、泥晶灰岩及颗粒灰岩，这不仅仅是因为灰泥及由灰泥构成的颗粒比亮晶方解石胶结物更易溶的缘故，而且还因为颗粒周缘灰泥溶蚀导致颗粒垮塌和搬运加大了机械溶蚀速度的缘故。

表生环境不同岩性碳酸盐岩溶蚀实验也说明了上述观点。溶蚀实验的岩性为泥晶灰岩、泥粒灰岩和颗粒灰岩三组样品，样品采自塔里木盆地鹰山组，实验条件见表2-4。

表 2-4 表生环境不同岩性碳酸盐岩溶蚀实验条件

属性	流体	实验环境	实验流速	实验时间	实验温压	样品制备	溶蚀类型
实验参数	CO_2 饱和溶液，p_{CO_2}=2MPa	开放—连续流动体系	1mL/min	10h	30℃，5MPa	样品表面抛光	表面溶蚀

溶蚀结果揭示白云岩的溶解速率远小于石灰岩（图 2-27a），导致白云石表面突出，方解石溶蚀形成凹坑。亮晶方解石胶结物的溶解速率远小于灰泥颗粒（图 2-27b），导致亮晶方解石胶结物突出，灰泥颗粒溶蚀形成凹坑，灰泥颗粒内微孔发育（图 2-27c）。灰泥的溶蚀速率远小于灰泥颗粒（图 2-27d），灰泥颗粒（红色箭头）溶蚀形成孔隙，灰泥区域溶蚀较弱。白云石、亮晶方解石、灰泥及灰泥颗粒的溶解速率依次增大（图 2-27e、f），白云石几乎不溶，亮晶方解石比灰泥及灰泥颗粒难溶得多，灰泥及灰泥颗粒易溶，且灰泥颗粒比灰泥的溶解速率要大。这足以说明泥粒灰岩是最容易溶蚀形成孔洞及洞穴的，不仅仅是因为灰泥颗粒相对易溶的缘故，而且还因为颗粒周缘灰泥溶蚀导致颗粒垮塌和搬运加大了机械溶蚀速度的缘故。亮晶方解石胶结的颗粒灰岩，颗粒如果由棘屑、亮晶方解石等不易溶的组分构成，则很难通过表生溶蚀作用形成孔隙，即使是灰泥颗粒，由于亮晶方解石胶结致密，流体难以进入，也很难发生表生溶蚀作用。灰泥的溶蚀速率远小于灰泥颗粒，导致粒泥灰岩、泥晶灰岩中的溶蚀孔洞不发育。这很好地解释了泥粒灰岩是塔里木盆地岩溶缝洞及孔洞发育的首选岩性，为不整合面之下岩溶缝洞及孔洞富集区优选提供了理论依据。

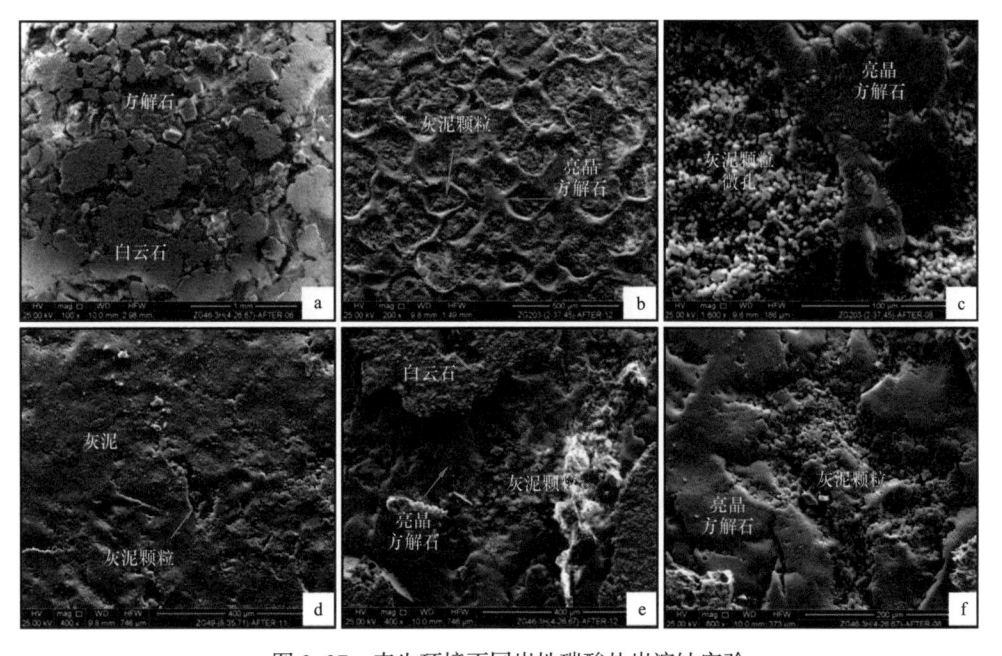

图 2-27 表生环境不同岩性碳酸盐岩溶蚀实验

（a）—（f）为表生溶蚀后的扫描电镜照片。（a）云质灰岩，白云岩的溶解速率远小于石灰岩，中古 46-3H，鹰山组，5597.00m；（b）亮晶砂屑灰岩，亮晶方解石胶结物的溶解速率远小于灰泥颗粒，中古 203 井，鹰山组，6572.88m；（c）同（b），灰泥颗粒内微孔发育；（d）粒泥灰岩，灰泥的溶蚀速率远小于灰泥颗粒，塔中 49 井，鹰山组，6345.00m；（e）同（a），白云石、亮晶方解石及灰泥颗粒的溶解速率依次增大；（f）同（a），灰泥颗粒的溶解速率远大于亮晶方解石

2. 表生环境是储层孔隙发育的重要场所

孔隙发育的场所也是长期以来储层地质学家关注的焦点，主流观点认为孔隙既可以形成于表生环境，也可以形成于埋藏环境。本书通过塔里木、四川和鄂尔多斯盆地礁滩、岩溶和白云岩储层的实例解剖，认为碳酸盐岩储层孔隙主要形成于表生环境，目前深埋于地下的碳酸盐岩储层孔隙是对沉积、准同生和表生环境形成孔隙的继承和调整，埋藏环境孔隙的建设和破坏作用是平衡的。

表生环境碳酸盐岩储层孔隙有三个成因，一是沉积环境中形成的原生孔隙，如粒间孔、粒内孔、体腔孔和格架孔等，二是准同生期暴露环境沉积物中的不稳定矿物（文石、高镁方解石等）溶解形成组构选择性溶孔，以小的溶蚀孔洞或铸模孔为主，三是表生环境碳酸盐岩岩溶作用形成的非组构选择性溶蚀孔洞，以大型的岩溶缝洞为主，三者构成了碳酸盐岩储集空间的主体。

1）沉积条件下形成的原生孔隙

原生孔隙指的是沉积作用结束后留在沉积物和岩石中的所有孔隙。原生孔隙主要形成于两个阶段，分别为沉积前阶段和沉积阶段。沉积前阶段以单体沉积颗粒的形成为起始，包括了在有孔虫、球粒、鲕粒和其他非骨骼颗粒中所见到的粒内孔，这类孔隙在特定的沉积物中是非常重要的。沉积阶段指的是沉积物在埋藏地点或者生物格架生长地点最终被沉积下来的时间段，该阶段形成的孔隙被称为沉积孔隙，如粒间孔和生物格架孔等，它对碳酸盐岩及沉积物中所见到的总孔隙体积有重要的贡献。

2）准同生期沉积物暴露和组构选择性溶蚀形成的孔洞

在碳酸盐岩地层被埋藏的早期和矿物稳定化之前，如果孔隙中原始海水流体被大气淡水取代，溶解作用将导致孔隙度的增加，形成的次生溶孔具明显的组构选择性，该溶解作用受单个颗粒的矿物相控制。就其对孔隙改造的体积而言，该阶段是非常重要的。早成岩阶段活跃的成岩环境包括大气淡水潜流带、大气淡水渗流带、浅海、深海和蒸发海水成岩环境，作用的对象为未固结的碳酸盐沉积物，对应的地质界面为低级别（三级）或高频层序界面，而不是大型的不整合面或地层剥蚀面，形成的储层在垂向上可多套叠置，厚度与受大气淡水淋溶作用的时间、强度和原生孔隙发育的程度控制。

以塔里木盆地良里塔格组礁滩储层为例，准同生期海平面下降导致良里塔格组泥晶棘屑灰岩暴露和大气淡水溶蚀，形成组构选择性溶孔。塔中62井测试井段为4703.50~4770.00m，厚66.50m，日产油38m³，日产气29762m³。测试段4706.00~4759.00m有取心，经铸体薄片鉴定，有效储层岩性为泥晶棘屑灰岩，共3层10m，与含亮晶方解石泥晶棘屑灰岩、含藻泥晶棘屑灰岩呈不等厚互层，上覆生屑泥晶灰岩（图2-28）。高分辨率层序地层学研究揭示，在高位体系域向上变浅准层序组上部发育的台缘礁滩沉积，最易暴露和受大气淡水淋滤形成溶孔，而且越紧邻三级层序界面的准层序组，溶蚀作用越强烈，储层厚度越大，垂向上呈多层段相互叠置分布。紧邻储层之下的含亮晶方解石泥晶棘屑灰岩段、含藻泥晶棘屑灰岩段，粒间往往见大量渗流沉积物，再往深处才变为未受影响带，构成完整的淡水溶蚀带—渗流物充填带—未受影响带的淋溶渐变剖面。塔中62井良里塔格组礁滩储层的垂向剖面表明，组构选择性溶孔主要是准同生期大气淡水溶蚀的产物。

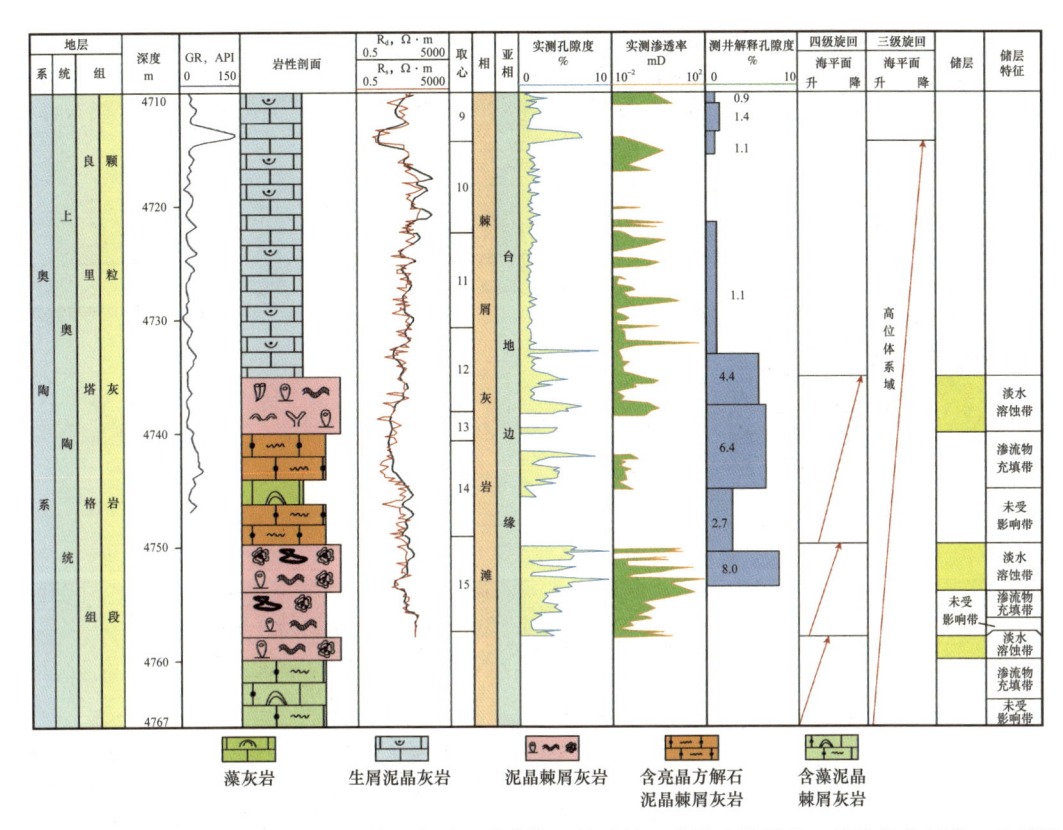

图 2-28 塔中 62 井 4710～4767m 井段海平面升降旋回导致的 3 次淡水溶蚀带—渗流物充填带—未受影响带完整的淋溶剖面旋回与 3 套储层发育的关系

这一阶段形成的孔隙不但具有强烈的组构选择性（图 2-29a-e），而且以基质孔（0.01～2mm）及溶蚀孔洞（2～100mm）为主，不容易形成大型的洞穴及缝洞系统（>100mm），主要发育于向上变浅旋回顶部的礁滩相沉积中，由于受沉积作用和海平面升降共同控制，在碳酸盐岩地层中普遍发育，垂向上多套叠置，是层序格架中最为重要的储层，与沉积原生孔一起，构成礁滩和白云岩储层的主要储集空间，并影响埋藏期（中成岩）和表生期（晚成岩阶段）的成岩改造。礁滩体易于白云石化实际上与礁滩体的孔隙发育和为白云石化介质提供通道有关。

3）表生环境岩溶作用形成的非组构选择性岩溶缝洞

这里的表生环境特指与不整合面相伴生对古老岩石的侵蚀，而不是沉积旋回中较小的沉积间断（层序界面）导致的沉积物暴露遭受侵蚀和淡水淋溶。正因如此，表生环境受影响的碳酸盐岩地层是矿物相稳定的石灰岩和白云岩。发生在与不整合面相伴生的矿物稳定化之后的岩溶作用通常为非组构选择性的（图 2-29f-i），是石灰岩直接暴露于大气淡水渗流带和潜流带成岩环境的结果。该成岩环境普遍具有较高的 CO_2 分压，相对于绝大多数的碳酸盐矿物相（包括白云石）是不饱和的，形成的孔隙可以切割所有的岩石结构组分（如颗粒、胶结物和基质）。

表生岩溶作用有三种形式：一是沿大型的潜山不整合面分布；二是沿碳酸盐岩地层内幕的层间间断面或剥蚀面分布；三是沿断裂分布。

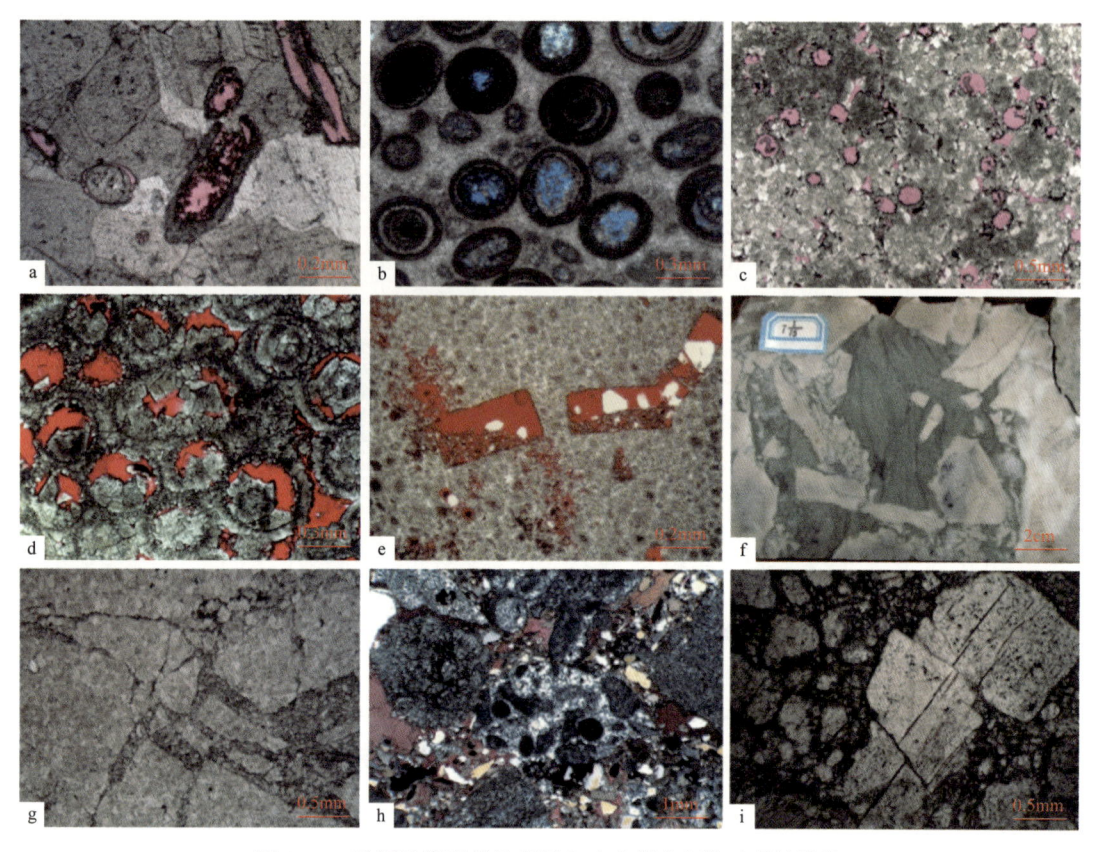

图 2-29 准同生期组构选择性与表生期非组构选择性溶孔

（a）亮晶棘屑灰岩，棘屑间的藻屑被选择性溶解形成生屑铸模孔，上奥陶统良里塔格组，塔里木盆地塔中地区，塔中 621 井，4865.60m，铸体片，单偏光；（b）亮晶鲕粒灰岩，鲕粒部分溶解形成鲕模孔，下三叠统飞仙关组，四川盆地龙岗地区，龙岗 22 井，5512.00m，铸体片，单偏光；（c）细晶残余鲕粒白云岩，鲕模孔，下三叠统飞仙关组，四川盆地罗家寨地区，罗家 2 井，3249.24m，铸体片，单偏光；（d）残余鲕粒白云岩，鲕模孔，下三叠统飞仙关组，四川盆地川东北地区，普光 2 井，5172.38m，铸体片，单偏光；（e）粉晶白云岩，硬石膏板柱状晶被溶蚀形成膏模孔，下奥陶统马家沟组五段，鄂尔多斯盆地，G42-8 井，3674.06～3674.08m，铸体片，单偏光；（f）浅灰色砂屑灰岩，破裂作用导致岩石角砾岩化，砾间充填蓝灰色泥质，下奥陶统鹰山组，塔里木盆地塔北地区，轮南 12 井，7-1/15（第 7 筒心由顶至底共 15 块次中的第 1 块次），岩心；（g）泥粉晶白云岩，破裂作用导致岩石角砾岩化，沿裂缝发育的溶孔或砾间孔，大多为砂泥质渗流物充填，中—下奥陶统蓬莱坝组，塔里木盆地塔西南地区，山 1 井，4303.34m，普通片，单偏光；（h）洞穴充填物，由围岩角砾、陆源碎屑及亮晶方解石胶结物组成，硅化，上奥陶统良里塔格组，塔里木盆地塔中地区，塔中 25 井，3763.30m，染色片，正交光；（i）洞穴充填物，亮晶方解石胶结物作为岩屑充填洞穴，灰质充填在岩屑间，下奥陶统鹰山组，塔里木盆地塔中地区，塔中 4 井，3852.15m，普通片，单偏光

综上所述，表生环境（包括沉积和准同生暴露环境）是储层孔隙发育非常重要的场所，因为只有表生环境才是最完全的开放体系，富含 CO_2 的大气淡水能得到及时的补充，溶解的产物能及时的被搬运走，为规模孔隙的发育创造了优越的条件，而且这些孔隙被埋藏后为埋藏成岩流体提供了运移通道。

3. 埋藏环境是储层孔隙保存和调整的场所

虽然埋藏晚期（中成岩阶段）次生孔隙的成因比较难以解释，但埋藏环境通过溶蚀作用可以形成孔隙这一观点已为地质学家所接受。高温、高压、有机酸、TSR 及热液、造山后期大气淡水的补给都可能会导致侵蚀性埋藏流体的形成，这些埋藏流体有能力溶解碳酸盐岩形成埋藏次生溶孔。

本书通过塔里木、四川和鄂尔多斯盆地礁滩、岩溶和白云岩储层的实例解剖，认为埋藏期碳酸盐岩孔隙的改造作用主要是通过溶蚀（有机酸、TSR 及热液等作用）和沉淀作用导致先存孔隙的富集和贫化，封闭体系是孔隙保存的场所，开放体系流动区是孔隙建造的场所，开放体系滞留区是孔隙破坏的场所。虽然孔隙净增量近于零，但其意义在于通过埋藏成岩改造导致的孔隙富集和贫化，为深层优质储层的发育创造了条件。

1）埋藏环境的孔隙建造作用

为定量研究埋藏溶蚀作用对储层物性的贡献，特选取具一定初始孔隙度和渗透率的鲕粒云岩、粉细晶白云岩、砂屑白云岩样品，开展溶蚀量定量模拟实验。

实验使用浓度为 2mol/L 的乙酸溶液，开放、流动体系，内部溶蚀，乙酸溶液流速为 1mL/min，共开展了 9 个温压点的模拟实验，每个温压点的模拟实验时间为 30min。模拟实验结果显示，不同孔喉结构的白云岩达到化学热力学平衡的温压点均不同，对于孔隙型储层，入口压力不到 1MPa，流体即通过岩石样品并迅速达到化学平衡，此后随温度、压力的升高，溶液中的 $Ca^{2+}+Mg^{2+}$ 浓度逐渐下降。对于裂缝—孔洞型储层，入口压力大于 5MPa，流体才通过岩石样品，并随着温度、压力的升高，溶液中的 $Ca^{2+}+Mg^{2+}$ 浓度逐渐上升，在 135℃、40MPa 时与孔隙型储层达到化学热力学平衡共同点。达到平衡之后，无论是孔隙型储层还是裂缝—孔洞型储层，随温度、压力的升高，溶液中的 $Ca^{2+}+Mg^{2+}$ 浓度虽有所下降（溶解度降低），但总体趋于稳定（图 2-30）。

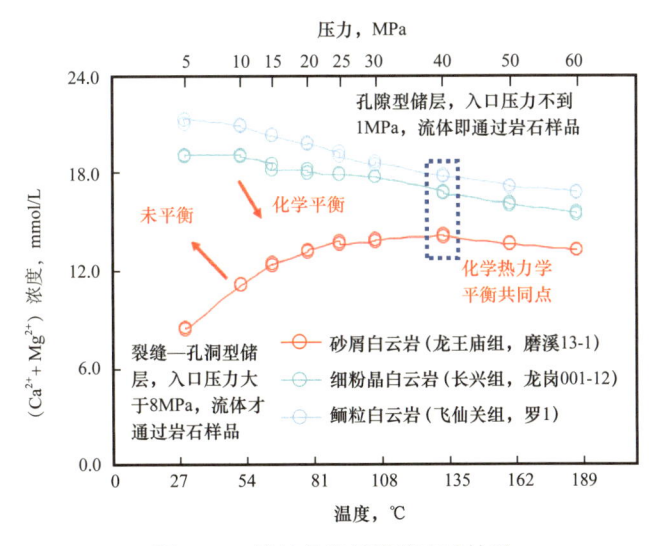

图 2-30 溶蚀量定量模拟实验结果

砂屑白云岩样品取自磨溪 13-1 井龙王庙组，粉细晶白云岩样品取自龙岗 001-12 井长兴组，鲕粒白云岩样品取自罗 1 井飞仙关组；9 个温压点基于高石梯—磨溪地区埋藏史和温压史恢复结果确定

模拟封闭体系，实验样品从 130℃、40MPa 至 189℃、60MPa，溶液中 $Ca^{2+}+Mg^{2+}$ 浓度保持不变，保持化学平衡状态；模拟开放体系，实验样品从 135℃、40MPa 至 189℃、60MPa，$Ca^{2+}+Mg^{2+}$ 浓度虽有所下降，但总体趋于稳定并达到化学平衡的溶解过程，溶蚀后样品质量平均减少 1.29%，渗透率增加 4.75～7.48mD，孔隙度增加 2%～3%，孔喉结构明显变好。这说明达到化学平衡之后，如果是封闭体系，溶蚀和沉淀作用达到平衡，先存孔

隙可以得到很好的保存；如果是开放体系，饱和介质不断地被运移走，并被欠饱和介质所替代，溶蚀作用大于沉淀作用，在漫长的埋藏溶蚀作用下可以形成规模优质储层。开放体系的高势能区更有利于饱和介质的运移和欠饱和介质的补充。

白云岩储层中发育的非组构选择性溶孔和孔洞大多为埋藏溶蚀作用的产物，如塔里木盆地塔深1井、塔中7井上寒武统和东河25井蓬莱坝组白云岩中发育的溶蚀孔洞、四川盆地龙王庙组和飞仙关组白云岩中发育的溶蚀孔洞，白云石被溶蚀成港湾状，这显然不是表生环境大气淡水溶蚀形成的。

2）埋藏环境的孔隙破坏作用

埋藏环境下既可通过有机酸溶蚀、TSR、热液溶蚀等溶蚀作用新增孔隙，也可通过溶解产物的沉淀作用破坏孔隙，但不论是溶蚀作用还是沉淀作用，都是在继承了表生环境孔隙的开放体系中进行的，其分布不但受埋藏前的初始孔隙分布控制，具继承性，而且岩性和孔隙组合控制了埋藏溶孔的分布样式。

物性对溶蚀强度影响模拟实验结果（图2-31）证实了这一点。选取砂屑灰岩和砂屑云岩样品，砂屑灰岩的孔隙度为4.44%，渗透率为3.6mD，砂屑云岩的孔隙度为19.76%，渗透率为1.71mD，使用的流体浓度为1mol/L的乙酸溶液，开放、流动体系，流速为1mL/min，共开展了9个温压点的模拟实验，每个温压点的模拟实验时间为30min。岩性对溶蚀强度影响的模拟实验已证实石灰岩的溶蚀强度远大于白云岩，但此模拟实验的结果是随温压的升高，白云岩的溶蚀强度大于石灰岩，原因在于砂屑云岩的物性比砂屑灰岩好，不仅增大了砂屑云岩的溶蚀比表面积，而且饱和的成岩流体更易于运移。这说明埋藏环境下岩石的孔隙大小和连通性控制溶蚀强度，甚至比矿物成分的控制作用更强，很好地解释了碳酸盐岩的埋藏溶蚀和沉淀作用主要受层序界面（或暴露面）控制的原因：先存孔隙为有机酸溶蚀、TSR流体和热液流体溶蚀等埋藏溶蚀介质提供了通道，较大的孔隙度和较好的连通性增大了碳酸盐岩的溶蚀强度，导致大量溶蚀孔洞沿先存孔隙发育带的上倾方向叠加发育，孔隙增加，而沉淀作用则沿先存孔隙发育带的下倾方向发育，破坏孔隙。

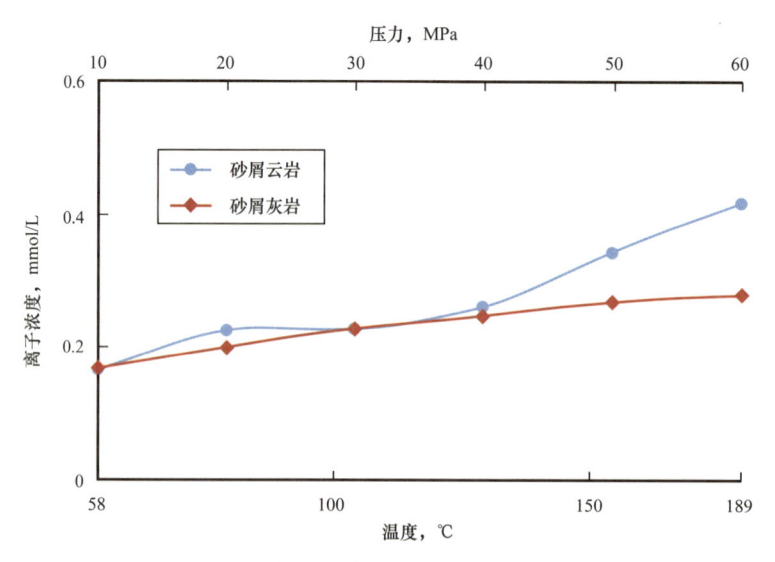

图2-31 物性对溶蚀强度影响模拟实验结果

砂屑灰岩离子浓度指Ca^{2+}，砂屑云岩离子浓度指$Ca^{2+}+Mg^{2+}$；样品取自磨溪12、磨溪13井龙王庙组，9个温压点基于高石梯—磨溪地区埋藏史和温压史恢复结果确定

封闭体系对先存孔隙的保存作用不难理解，当溶蚀和沉淀作用达到化学平衡时，既不形成孔隙也不破坏孔隙，是先存孔隙得以保存的重要场所。开放体系则存在孔隙建造与破坏两种现象，但均发生在表生环境形成的孔隙发育带中。事实上，在漫长的埋藏环境中，绝对的封闭体系非常罕见，开放体系与封闭体系会交替发生，开放体系的高势能区和低势能区也会发生换位，储层分布预测要充分考虑这些因素。

由于埋藏环境不像准同生和表生大气淡水环境，溶蚀的产物可以被河流搬运到体系外的湖泊或大海中，体系内的质量是亏损的，可以新增孔隙，埋藏体系在特定的场合可以发育大量孔隙，但长期而广泛的岩石—水的相互作用形成的埋藏成岩流体相对于绝大多数的碳酸盐矿物相来说被认为是过饱和的。参照液态烃运移的距离，溶蚀的产物不可能作长距离的运移而搬运到体系外的湖泊或大海中，而是在附近的先存孔隙体系中发生沉淀，体系内质量是守恒的，孔隙净增量应近于零。

最后需要指出的是白云石化与热液作用对孔隙的贡献问题，由于优质储层主要发育于白云岩中，并往往伴有热液活动，白云石化与热液作用对孔隙的贡献被夸大。事实上，白云岩中的孔隙部分是对原岩孔隙的继承，部分来自溶蚀作用，热液作用与其说是孔隙的建造者不如说是孔隙的指示者。

三、碳酸盐岩规模储层分布

本书基于塔里木、四川和鄂尔多斯盆地碳酸盐岩规模储层实例解剖，提出了不同类型储层规模发育的地质背景，认为相控型碳酸盐岩规模储层主要发育于台地边缘、碳酸盐岩缓坡及蒸发台地三类沉积背景，成岩型碳酸盐岩规模储层发育的控制因素复杂，具有较大的不确定性，受早期储层规模和区域不整合面规模控制。

1. 相控型储层

相控型储层中，台缘带礁滩储层（镶边台缘及台内裂陷周缘礁滩储层）、台内缓坡礁滩储层、沉积型白云岩储层均具备规模发育的潜力。

1）台缘带礁滩储层的规模性

镶边台缘是台缘礁滩储层规模发育的沉积背景之一。镶边台缘发育台缘礁滩和台缘颗粒滩两类规模储层，台缘礁滩储层的特点是位于台缘带，具明显的镶边（构造型或沉积型镶边），呈"小礁大滩型"。所谓的小礁指礁核相规模不大，大滩指与礁伴生的滩相沉积可以大面积分布，由生物碎屑构成，礁的生长、破碎和搬运为滩相沉积提供了物源，这也是礁核规模不大的主要原因，储集空间主要赋存于伴生的大面积分布的滩相沉积中。台缘颗粒滩储层特点是没有明显的生物格架，颗粒成分以鲕粒和砂屑为主，生屑少见，并可向台内搬运很远。

川东北环开江—梁平海槽二叠系长兴组台缘礁滩储层以礁核顶部的晶粒白云岩、残余生物碎屑白云岩为主，储集空间以晶间孔和晶间溶孔为主，多是对原岩孔隙的继承和调整，部分来自溶蚀扩大，平均孔隙度 6.46%，平均渗透率 3.93mD，推测原岩为礁核顶部的生屑灰岩。礁核相由海绵格架岩构成，格架孔为放射状和块状两期亮晶方解石胶结物充填，偶见微弱的白云石化，致密无孔。垂向上发育三期礁旋回，储层累计厚度达 30～50m。三叠系飞仙关组一—二段发育鲕粒白云岩储层，鲕粒结构可以得到完好的保留或残留鲕粒幻影，储集空间以鲕模孔、粒间孔、晶间（溶）孔为主，平均孔隙度为 8.21%，平均渗透率为 20.43mD，储层累计厚度 50～70m。长兴组台缘礁滩和飞仙关组台缘鲕粒滩储层长850km，宽2~4km，面积1700~3400km²，储量规模在万亿立方米以上，并已经发现了普光、元坝和龙岗大气田。

近几年四川盆地高石梯—磨溪地区震旦系灯影组的勘探拓展了台缘带的涵义，除传统意义上的台地边缘的台缘带外，台内裂陷周缘同样发育有类似于台缘带的规模礁滩储层，德阳—安岳裂陷周缘灯影组四段的规模礁滩储层展布面积达到$2×10^4km^2$，高石梯—磨溪地区震旦系灯影组四段台缘带长100km，宽15km，面积1500km²，发育了一套优质微生物丘滩复合体储层，由3~5期旋回构成，累计厚度150m，有效储层厚度为60~80m，孔隙度为2.0%~10.0%，平均为4.2%，渗透率为1.0~10.0mD，平均为2.26mD，近万亿立方米的天然气储量规模。事实上，中国古老小克拉通台地的台缘带大多俯冲到造山带之下，埋藏深度大，地质构造复杂，台内裂陷周缘的规模礁滩体才是现实的勘探领域。塔里木、四川和鄂尔多斯盆地重点层位台缘带和台内裂陷周缘礁滩体分布规模见表2-5，是近期深层碳酸盐岩油气勘探值得观注的领域。

表2-5 塔里木、四川和鄂尔多斯盆地重点层系台缘带礁（丘）/滩体分布规模

盆地	层位	礁滩体	厚度，m	长度，km	宽度，km	面积，km²	油气田
塔里木	良里塔格组	塔中北斜坡台缘带礁滩体	80~100	30~40	5~15	530	塔中
	鹰山组	塔西台地台缘带颗粒滩	100~150	30~40	20~30	9000	风险领域
	中—上寒武统	轮南—古城台地台缘带礁滩体	50~60	200~300	20~30	8000	
	震旦系	塔东北裂陷台缘带丘滩体	20~30	500~800	10~15	7500	
		塔西南裂陷台缘带丘滩体	20~30	400~500	10~15	6000	
四川	长兴组—飞仙关组	开江—梁平裂陷台缘带礁滩体	30~50	600	5~10	2500	普光、龙岗
	栖霞组—茅口组	川西—川北台缘带颗粒滩	20~30	300~400	10~15	4000	双探1高产
		仪陇—梁平裂陷南侧台缘带颗粒滩	10~20	300~400	30~40	12000	风险勘探
	灯影组	德阳—安岳裂陷台缘带丘滩体	20~30	300~400	20~40	15000	安岳气田
鄂尔多斯	中—上奥陶统	秦祁海槽台缘带礁滩体	40~50	500~600	30~50	25000	风险领域

综上所述，镶边台缘礁滩储层沿台缘带或台内裂陷周缘呈条带状分布，受沉积相带控制，有规模可预测。

2）台内缓坡礁滩储层的规模性

碳酸盐岩缓坡是台内颗粒滩储层规模发育的场所。四川盆地寒武系龙王庙组是典型的

碳酸盐岩缓坡台内滩储层，由于碳酸盐岩缓坡坡度缓，高能滩带宽度大，海平面轻微的升降就可导致滩体作大范围的迁移，形成台内大面积层状展布的颗粒滩储层，尤其是台内发育潟湖或洼地时，在潟湖或洼地周缘是最有利于颗粒滩储层规模发育的，受沉积旋回的控制，储层垂向上可多期叠置。据此，建立了龙王庙组的双滩沉积模式（图 2-32），颗粒滩规模储层主要发育于龙王庙组上段潟湖或洼地两侧的浅缓坡和中缓坡。

龙王庙组厚 80~120m，垂向上发育三期滩体，滩体累计厚度 30~90m，颗粒滩储层厚度 10~70m。龙王庙组颗粒滩储层以砂屑白云岩为主，少量鲕粒白云岩，形成于同生期的交代作用，原岩为生屑—砂屑灰岩和鲕粒灰岩。储集空间类型以粒间孔、晶间（溶）孔、溶蚀孔洞为主，少量裂缝，孔隙度最大 11.28%，主体介于 2%~8% 之间，渗透率最大 101.80mD，主体介于 0.01~10mD 之间。龙王庙组颗粒滩分布面积近 $3 \times 10^4 km^2$，仅高石梯—磨溪地区的储量规模就达万亿立方米以上。塔里木、四川和鄂尔多斯盆地重点层位台内缓坡礁滩储层分布规模见表 2-6，是近期深层碳酸盐岩油气勘探值得观注的领域。

表 2-6 塔里木、四川和鄂尔多斯盆地重点层系镶边和缓坡地质背景下台内滩分布规模

盆地	层位	台内滩名称	台内滩类型	厚度，m	面积，km²	油气田
塔里木	一间房组	塔中—巴楚台地生屑—砂屑滩	碳酸盐岩缓坡	30~50	20000	塔中
		塔北台地生屑—砂屑滩	碳酸盐岩缓坡	30~50	15000	哈拉哈塘
	鹰山组	塔西台地生屑—砂屑滩	镶边台缘背景	50~80	40000	塔中哈拉哈塘
	蓬莱坝组	塔西台地生屑—砂屑滩	镶边台缘背景	80~100	50000	风险勘探
	中—上寒武统	塔西台地生屑—砂屑滩	镶边台缘背景	80~100	50000	城探 1
	下寒武统	塔西台地丘滩白云岩	碳酸盐岩缓坡	30~50	9000	中深 1、5
四川	栖霞组—茅口组	川西—川中台内生屑—砂屑滩	镶边台缘背景	80~100	30000	风险勘探
	洗象池组	川中—川东台内生屑鲕粒滩	镶边台缘背景	50~80	50000	风险勘探
	龙王庙组	川中—川东台内生屑鲕粒滩	碳酸盐岩缓坡	60~80	50000	高石 1、7、9，磨溪 9
	灯影组	川中—川东台内藻白云岩丘	镶边台缘背景	50~70	30000	
鄂尔多斯	克里摩里组/桌子山组	中央隆起台内生屑—砂屑滩	镶边台缘背景	60~80	20000	风险勘探
	马五段中组合	东中央隆起台内生屑滩	镶边台缘背景	40~60	80000	
	马四段下组合	东中央隆起台内生屑滩	镶边台缘背景	100~120	50000	

3）沉积型白云岩储层的规模性

蒸发碳酸盐岩台地由陆向海主体由 4 个相带构成：泥晶白云岩带、膏云岩过渡带、膏盐岩带及台缘礁滩带，膏云岩过渡带及台缘礁滩带是规模储层发育的有利相带，垂向上与膏盐岩互层，侧向上与膏盐岩呈指状接触（图 2-33）。

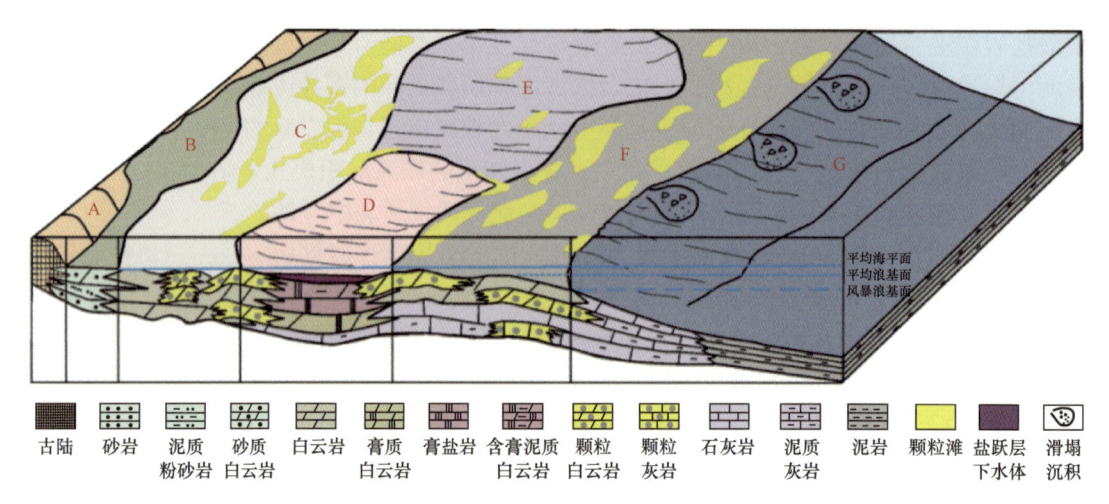

图 2-32 四川盆地龙王庙组上段双滩发育模式图

A—古陆；B—近岸潮坪；C—浅缓坡；D—局限内缓坡；E—开阔内缓坡；F—中缓坡；G—外缓坡及盆地

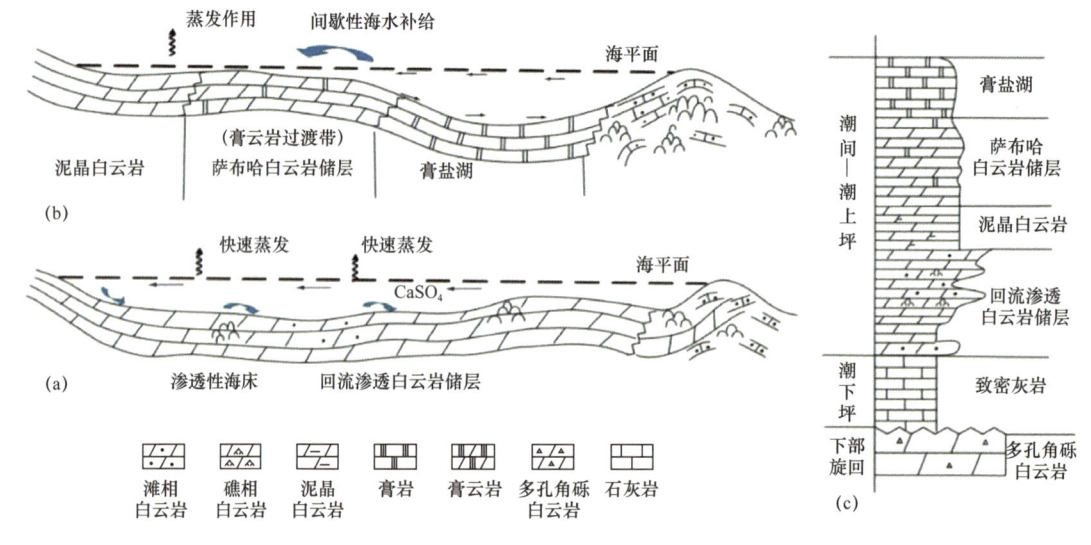

图 2-33 沉积型白云岩储层发育模式

(a) 回流渗透白云石化，由于蒸发海盆层状膏盐还未形成，碳酸盐岩台地的海床渗透性好，蒸发重卤水的回流渗透可导致下伏沉积物发生白云石化，以粉细晶白云岩储层为主，少量礁滩相（点礁、点滩）白云岩储层，含石膏结核或斑块；(b) 萨布哈白云石化，气候进一步干旱，形成膏盐湖，非渗透性海床，同期沉积物发生萨布哈白云石化，碳酸盐岩台地由泥晶白云岩带、膏云岩过渡带、膏盐岩带及台缘礁滩白云岩带构成，膏云岩过渡带及台缘礁滩白云岩带是有利储层的发育相带，泥晶白云岩往往致密无孔，膏盐岩的侧向迁移可以形成很好的区域盖层；(c) 蒸发台地沉积型白云岩储层垂向发育模式

鄂尔多斯盆地马家沟组上组合（含）膏云岩（马五$_{1-4}$）以膏模孔为主，原岩为（含）石膏结核的泥粉晶白云岩，分布于膏云岩过渡带，面积达 20000km² 以上，天然气储量规模达数千亿立方米；中组合（马五$_{5-10}$）粉细晶白云岩以晶间孔、晶间溶孔为主，原岩为台内藻屑滩、粒屑滩灰岩，呈群状广布，仅靖边气田西缘暴露于不整合面的粉细晶白云岩的面积就达 2000km²，天然气储量规模达数千亿立方米。事实上，由中组合的回流渗透白云岩至上组合的萨布哈白云岩，反映了气候逐渐变干旱的过程。中组合在台地中央或潟湖

中并没有成层分布的膏盐岩，缺膏盐岩带，但回流渗透的重卤水可使下伏沉积物部分或完全白云石化，尤其是有较高渗透能力的藻屑滩、粒屑滩灰岩。至上组合，随着气候进一步干旱和卤水浓度的进一步升高，在台地中央或潟湖中开始出现成层的膏盐岩，在膏盐湖周缘开始出现膏云岩过渡带，石膏呈结核状或斑块状分布于泥晶白云岩中。由于膏盐岩的封隔作用，阻止了回流重卤水的向下渗透，导致膏盐岩之下未完全白云石化的中组合灰岩不再有发生回流渗透白云石化的机会。储层主要发育于中组合的藻屑滩、粒屑滩白云岩及上组合的（含）膏云岩中。

塔里木盆地中—下寒武统同样发育萨布哈和回流渗透两类沉积型白云岩储层。如牙哈5井、牙哈10井和中深5井为萨布哈白云岩储层，膏云岩膏模孔发育，牙哈7X-1井、中深1井为回流渗透白云岩储层，鲕粒白云岩的粒间孔、鲕模孔发育，方1井为藻丘白云岩，藻格架孔发育，部分为石膏充填。虽然中深1井、中深5井在中—下寒武统获得了高产工业气流，由于盆地勘探程度低，目前仍处于风险勘探阶段，储量规模不清，但储层分布的规模是很大的，仅巴楚—塔中地区膏云岩过渡带的面积就达50000km^{2}以上，塔北西部藻丘、颗粒滩白云岩的分布面积就达2000km^2。四川盆地嘉陵江组和雷口坡组一段为萨布哈白云岩储层，膏云岩过渡带的展布面积达20000~30000km^2，膏模孔发育，垂向上与厚层膏盐岩互层，天然气储量规模达千亿立方米；雷口坡组三段为回流渗透白云岩储层，原岩为藻屑滩、粒屑滩灰岩，藻架孔、粒间孔和铸模孔发育，展布面积达20000~30000km^2，天然气储量规模达千亿立方米。总之，沉积型白云岩储层受相带控制，层状大面积分布，可预测性强。

综上所述，镶边台缘、碳酸盐岩缓坡、蒸发台地是礁滩储层和沉积型白云岩储层规模发育的沉积背景。

2. 成岩型储层

成岩型储层包括岩溶储层和埋藏—热液改造型白云岩储层。岩溶储层又包括层间岩溶储层、顺层岩溶储层、石灰岩潜山岩溶储层、白云岩风化壳储层和受断裂控制岩溶储层。

1）层间岩溶储层的规模性

层间岩溶储层主要指碳酸盐岩层系内幕与区域性平行不整合、微角度不整合相关的岩溶储层。如塔中—巴楚地区大面积缺失中奥陶统一间房组和上奥陶统吐木休克组，鹰山组裸露区为灰云岩山地，其接触关系为上奥陶统良里塔格组，与鹰山组主体呈微角度不整合接触，代表10~16Ma的地层缺失和层间岩溶作用，形成大面积分布的层间岩溶储层[2]，分布面积达3×10^4~5×10^4km^2，仅塔中北斜坡（面积1866km^2）的储量规模就达数亿吨油。

事实上，对于石灰岩型层间岩溶储层，由于层间岩溶面或地层剥蚀面之下为石灰岩地层，易于在表生环境被溶蚀形成岩溶缝洞，层间岩溶作用的范围和持续时间控制了储层的规模，如前述的塔中—巴楚地区鹰山组层间岩溶储层。

2）潜山（风化壳）岩溶储层的规模性

传统意义上的岩溶储层，包括石灰岩潜山与白云岩风化壳两类，都与明显的地表剥蚀和峰丘地貌有关，或与大型的角度不整合有关，岩溶缝洞沿大型不整合面、断裂或峰丘地貌呈准层状分布，集中分布在不整合面之下0~100m的范围内。

塔北地区轮南低凸起奥陶系鹰山组属传统意义上的石灰岩潜山岩溶储层[3]，奥陶系鹰山组石灰岩为石炭系砂泥岩覆盖，之间代表长达120Ma的地层剥蚀和缺失，峰丘地貌特征明显，潜山高度可以达到数百米，是区域构造运动的产物，不整合面之下的岩溶缝洞是非常重要的油气储集空间，集中分布在不整合面之下 0~100m 的范围内，形成于表生期的岩溶作用，分布面积达 20000km², 储量规模达数亿吨油。

塔北牙哈—英买力地区的寒武系—蓬莱坝组、四川盆地雷口坡组、鄂尔多斯盆地马家沟组上组合均属传统意义上的白云岩风化壳储层[4—6]，分别为侏罗系卡普沙良群、三叠系须家河组及石炭系本溪组碎屑岩覆盖，之间代表长期的地层剥蚀和缺失。地貌起伏不大，峰丘地貌特征不明显，缝洞体系不发育，可能与表生淡水环境白云岩比石灰岩更难溶解有关。以晶间孔、晶间溶孔、粒间孔、藻架孔及膏模孔为主，反映的是对先存白云岩储层叠加改造的产物。塔北牙哈—英买力地区白云岩风化壳储层分布面积达 200km², 含油面积 36km², 储量规模达 2000×10⁴t 油；鄂尔多斯盆地靖边地区白云岩风化壳储层分布面积达 20000km², 储量规模达万亿立方米天然气。

3）受断裂控制岩溶储层的规模性

受断裂控制岩溶储层是指由沿断裂带分布的岩溶缝洞构成的储层，与前述两类岩溶储层不同的是岩溶缝洞沿断裂带呈网状、栅状分布，而非准层状分布，发育于连续沉积的地层序列中，之间没有明显的地层缺失和不整合，导致缝洞垂向上的分布跨度也大得多。塔北南缘哈拉哈塘地区是受断裂控制岩溶储层规模发育的典型案例（图 2-34），层位为一间房组—鹰山组，岩溶储层深度跨度可达 200m，储集空间分布受断裂系统控制，主断裂控制洞穴的发育，裂缝系统控制孔洞的发育，越远离主断裂，孔洞越不发育。岩溶缝洞主要形成于走滑断裂及伴生的裂缝系统＋断裂相关岩溶作用，层间或顺层岩溶作用为次。

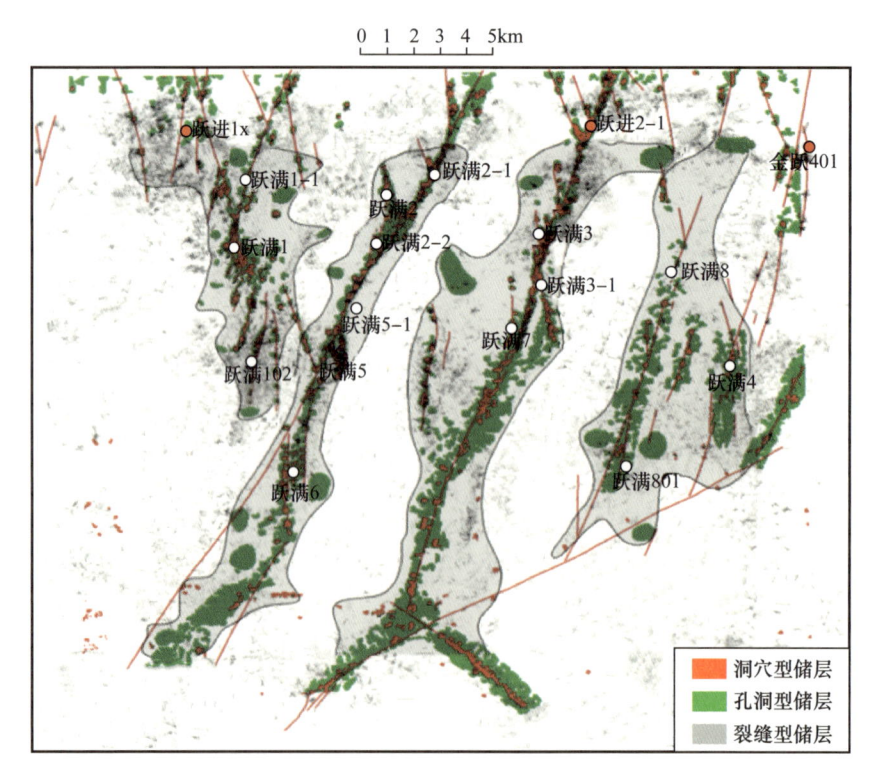

图 2-34 塔北哈拉哈塘地区一间房组—鹰山组岩溶缝洞与断裂系统相关性

塔北英买1-2区块的一间房组和鹰山组也发育典型的受断裂控制岩溶储层[7]。英买1-2区块奥陶系沉积序列完整，鹰山组和一间房组被吐木休克组、良里塔格组和桑塔木组覆盖，之间没有明显的地层缺失和不整合。英买2号构造具穹隆状构造特征，构造面积7km^2，构造幅度560m。发育三组断裂，一组为NNE大型走滑断裂，延伸较远，切割中—上寒武统—志留系，另两组为NNW和NWW小型断裂，切割奥陶系，集中发育在穹隆高部位，分布面积63km^2，储量规模5000×10^{4}t油。储集空间有溶蚀孔洞、洞穴，主要沿穹隆高部位的断裂或裂缝发育，围岩基质孔不发育。

总体上，受断裂控制的岩溶储层是否规模发育主要取决于断裂和裂缝分布的范围。

4）埋藏—热液改造型白云岩储层

埋藏—热液改造作用更多的体现在对先存储层的改造上，使先存储层品质变好或变坏，而不是形成埋藏—热液成因的白云岩储层。事实上，没有先存储层和断裂/裂缝系统的存在，埋藏—热液流体就没有运移的通道。因此，埋藏—热液改造型白云岩储层的规模受先存储层规模及断缝系统的控制。

综上所述，建立了中国碳酸盐岩储层规模发育的潜力及主控因素（表2-7），塔里木、四川和鄂尔多斯盆地海相层系均可能发育上述类型的规模储层，精细的沉积相编图和礁滩体刻画、精细的层序界面和断裂系统识别是搞清层序格架中碳酸盐岩规模储层分布规律的关键。

表2-7 中国海相碳酸盐岩储层规模发育潜力及主控因素

储层类型				规模储层发育潜力及主控因素
相控型	礁滩储层	台缘带礁滩储层（镶边台缘及台内裂陷周缘礁滩储层）		具备储层规模发育的潜力，规模发育的台缘带或台内裂陷周缘生物礁及颗粒滩是主控因素
		镶边台缘台内礁滩储层		储层规模具不确定性，并受障壁类型、障壁的连续性、台地类型、台内水深和地貌共同控制
		台内缓坡礁滩储层		具备储层规模发育的潜力，碳酸盐岩缓坡台地上的规模颗粒滩是主控因素
	白云岩储层	沉积型白云岩储层	回流渗透白云岩储层	具备储层规模发育的潜力，蒸发碳酸盐台地规模发育的膏云岩、礁丘及礁滩是沉积型白云岩储层主控因素
			萨布哈白云岩储层	
成岩型		埋藏—热液改造型白云岩储层		储层规模受先存储层规模的控制，往往叠加改造礁滩（白云岩）储层，并以晶粒（细、中、粗晶）白云岩储层的形式出现，热液溶蚀孔洞
	岩溶储层	内幕岩溶储层	层间岩溶储层	与区域地层抬升和剥蚀有关，与区域构造运动相关，一般都能规模发育
			顺层岩溶储层	与潜山岩溶储层相伴生，是潜山岩溶储层的重要补充，拓展了岩溶储层的勘探范围，有规模
			受断裂控制岩溶储层	受断裂和裂缝分布的范围控制，可以区域性规模发育，也可以局部发育
		潜山（风化壳）岩溶储层	石灰岩潜山	与区域构造运动有关，一般都能规模发育
			白云岩风化壳	

第三节 海相碳酸盐岩油气藏形成与分布

海相碳酸盐岩是全球油气勘探和大油气田发现的重要领域。统计表明，国外碳酸盐岩大油气田主要分布在大陆边缘盆地的中—新生界，且以构造油气藏及复合型油气藏的大油气田为主[8]。我国陆上的海相碳酸盐岩以古生界为主，且主要分布在克拉通台地上，经历了复杂的成烃、成藏演化历史，油气藏的形成与分布有其特殊性。

一、海相碳酸盐岩圈闭与油气藏类型

我国陆上发现的碳酸盐岩油气藏数量众多，不同学者从不同角度对碳酸盐岩油气藏进行分类，目前尚未有统一的碳酸盐岩油气藏类型划分方案。碳酸盐岩油气藏类型的复杂性是碳酸盐岩储层强非均质性决定的。油气藏中流体分布受储集类型控制，油气水关系复杂，在非构造型油气藏中表现尤为明显。因此，海相碳酸盐岩油气藏类型的划分，不仅要考虑圈闭类型，更要考虑储集体类型。这样的分类方案将有助于正确理解油气藏特征，更重要的是在勘探开发中将针对不同类型油气藏，有针对性采取不同的勘探部署思路、勘探方法及开发方案。

本书提出碳酸盐岩圈闭与油气藏类型划分方案（表2-8）。首先将碳酸盐岩圈闭分为构造型、地层型、岩性型及复合型四大类。在各大类中，按照圈闭形成的主导因素进一步细化类型。其中，岩性圈闭和地层圈闭的细化分类中，充分考虑储集体类型。限于篇幅，简要介绍岩性型与地层型油气藏的基本特征。

表2-8 中国海相碳酸盐岩圈闭类型与油气藏实例

圈闭类型		油气藏实例
构造圈闭	挤压背斜圈闭	英买2（O）、塔中4（O）、塔中16（O）、和田河（O）、渡口河（T₁f）、铁山（T₁f）
	逆断层—背斜圈闭	五百梯（C）、大池干（C）、轮南14（O）、普光2（P₂）、铁山坡（P₂）
	正断层—背斜圈闭	解放渠（T）、桑塔木（T）
	断层—裂缝圈闭	蜀南（P—T₁）
岩性圈闭	生物礁圈闭 边缘礁圈闭	龙岗1（P₂）、塔中62（O₂l）、高石1（Z₂dn）
	生物礁圈闭 点礁圈闭	高峰场（P₂）、龙岗11（P₂）、板东4（P₂）
	颗粒滩圈闭 颗粒滩岩性圈闭	龙岗（T₁f）、元坝（T₁f）、磨溪8（∈₁₁）
	颗粒滩圈闭 砂屑滩/生屑滩岩性圈闭	磨溪（P₂）、磨溪（T₂l）
	成岩圈闭（如白云石化）	靖边陕6-30井区（O₁m₄¹）、磨溪（T₁j）、

续表

圈闭类型			油气藏实例
地层圈闭	不整合面之下	块断潜山圈闭	任丘（O—Pt）、南堡2（O）、牛东（O）
		准平原化侵蚀古地貌圈闭	靖边（O_1m_4）、龙岗（$T_2l_4^3$）
		残丘古潜山缝洞体圈闭	轮南（O）、轮古东（O）
		似层状缝洞体圈闭	塔河（O）、哈拉哈塘（O）、塔中鹰山组
		地层楔状体圈闭	华蓥山西（C）
	不整合面之上	地层上超尖灭圈闭	哈德4（C）
复合圈闭	构造—岩性复合	构造—生物礁复合	普光（P_2）、黄龙场（P_2）
		构造—颗粒滩复合	铁北101（T_1f）
	构造—地层复合		温泉井（C）、天东（C）
	地层—岩性复合		靖边西（马5_5）
	断层—热液白云岩复合		中古9（O）

注：表中（ ）为含油气层位。

1. 岩性圈闭

碳酸盐岩岩性圈闭根据储集体类型，可进一步划分为三类：生物礁圈闭、颗粒滩圈闭及成岩圈闭（图2-35）。

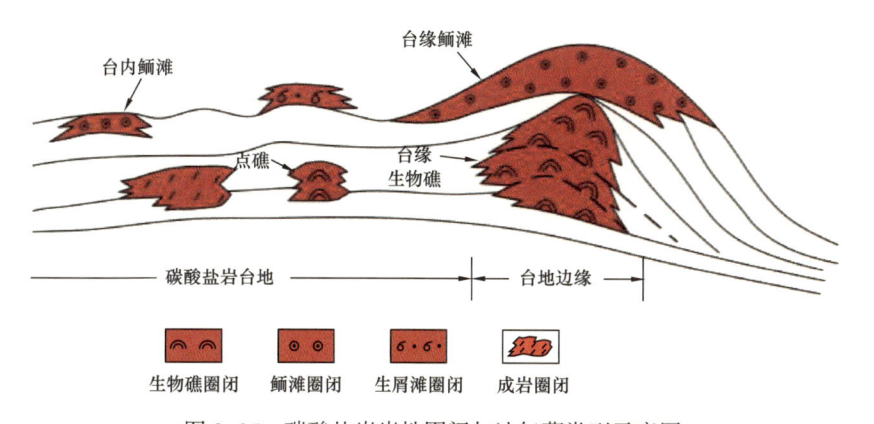

图 2-35 碳酸盐岩岩性圈闭与油气藏类型示意图

生物礁圈闭，可根据生物礁分布与形态，分为边缘礁圈闭和点礁圈闭。边缘礁圈闭主要分布在碳酸盐岩台地边缘，规模大、成带状分布，地震上好识别，成藏条件良好，可形成油气富集带。如四川盆地龙岗1井长兴组生物礁气藏、龙岗11井点礁气藏。

颗粒滩圈闭，可根据颗粒滩成因细分为鲕滩、生屑滩、砂（砾）屑滩等圈闭类型（图2-35）。圈闭的规模受滩体大小控制，台缘带发育的滩体规模大，物性条件较好，油气藏规模较大。如四川盆地开江—梁平海槽台缘带飞仙关组鲕滩气藏，鲕粒白云岩储层厚度达

30～110m，目前已发现普光、罗家寨等一批鲕滩大气田。

成岩圈闭，可以是局部白云石作用导致白云岩储层被致密灰岩所围限的圈闭，如四川盆地雷口坡组、嘉陵江组普遍存在局部白云岩圈闭。从这两套层系的钻探情况看，白云岩储层发育区往往含气，而相邻的致密灰岩中不含气。成岩圈闭也可以由差异溶蚀作用形成，如鄂尔多斯盆地陕6井区奥陶系的成岩透镜体气藏。

2. 地层圈闭

本书将与不整合面、古风化壳有密切关系的岩溶储集体圈闭称为地层圈闭，可分为"不整合面之下"及"不整合面之上"两类。不整合面之下的圈闭类型多样，可依据岩溶储集体形成的主导因素以及储集体形态、空间分布等，进一步划分为5种类型（图2-36）。

(a) 块断潜山圈闭与油气藏

(b) 准平原化侵蚀古地貌圈闭与油气藏

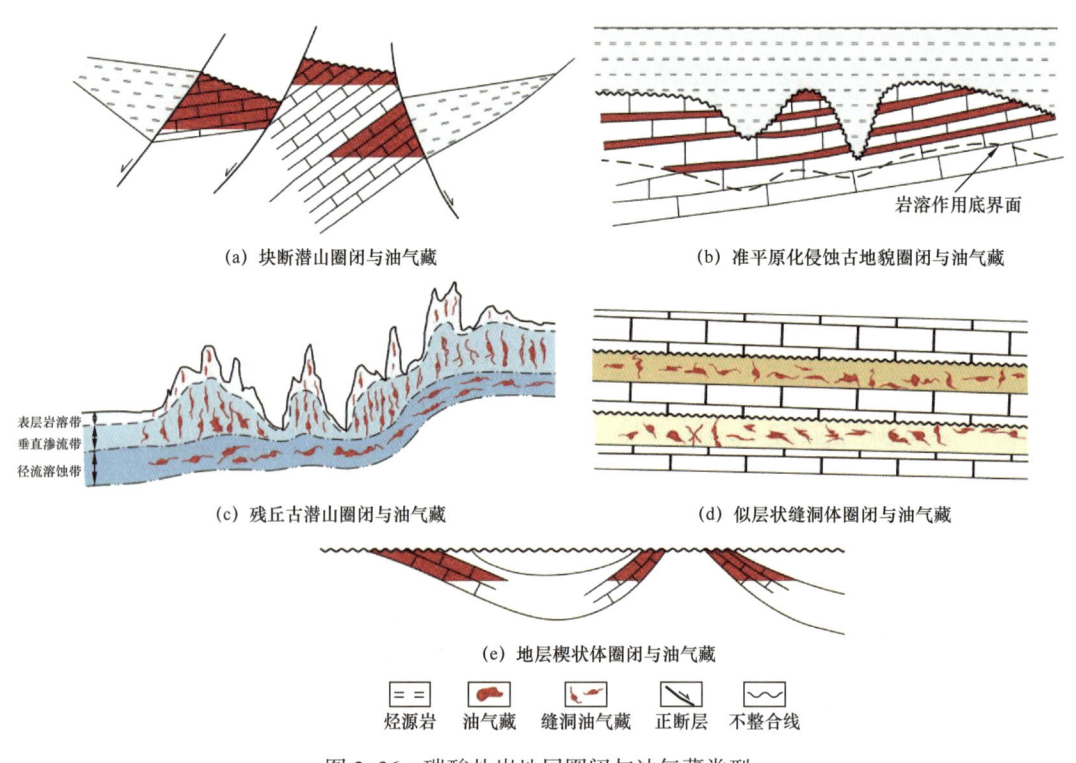

(c) 残丘古潜山圈闭与油气藏

(d) 似层状缝洞体圈闭与油气藏

(e) 地层楔状体圈闭与油气藏

图2-36 碳酸盐岩地层圈闭与油气藏类型

（1）块断潜山圈闭是指断陷盆地中碳酸盐岩基底在断层活动控制下形成的潜山断块圈闭。这类圈闭在渤海湾盆地中常见（图2-36a），烃源岩为断陷期沉积的湖相泥质岩，储层为前断陷期发育的碳酸盐岩，储集空间为溶蚀孔、洞，或者裂缝，两者构成新生古储的油气藏，如任丘古潜山油藏。这类圈闭能否成藏取决于与上覆烃源岩接触的"供油窗"是否存在。

（2）准平原化侵蚀古地貌圈闭（图2-36b），是指准平原化喀斯特古地貌背景下发育的岩溶储集体圈闭，长时间的岩溶作用使得岩溶储层层位稳定，互层状大面积分布；圈闭的侧向封堵主要靠侵蚀沟谷充填泥质岩形成的岩性封堵带，如靖边气田奥陶系马五$_4$—马五$_1$。

（3）残丘古潜山缝洞体圈闭（图2-36c），是指峰林耸立、沟壑纵横的喀斯特古地貌背景下发育的岩溶储集体圈闭。这类圈闭多发育在长期隆升的古隆起部位。由于古潜山地貌落差大，使得岩溶储层发育深度跨度大，各岩溶相带中，表层岩溶带的洞穴最发育，其次为水平潜流带和季节变动带，垂直渗流带洞穴最不发育。此外，构造裂缝发育，以发育立缝和低角度缝为主，高角度缝和水平缝则较次发育。油气分布受局部构造影响不明显，油水界面宏观上呈现与岩溶储层平行的倾斜特点。

（4）似层状缝洞体圈闭（图2-36d），是指碳酸盐岩地层中由顺层岩溶或者层间岩溶作用形成的溶洞、溶孔与裂缝相互连接形成的孔—缝—洞网络圈闭体，具有沿某个层系集中分布的特点。这类圈闭中以缝洞体为油气聚集单元，具有相对独立的油水系统及油水界面。多个缝洞单元以不同方式叠加形成复合油气藏，平面上沿着洞缝储层发育带似层状分布，缺少统一的油气水边界。

顺层岩溶作用和层间岩溶作用是似层状缝洞体圈闭形成的关键因素。根据这两类岩溶作用，可将这类圈闭分为顺层岩溶型圈闭和层间岩溶型圈闭，前者主要发育在古隆起围斜部位的顺层岩溶储集体中，通常位于残丘古潜山圈闭向斜坡带延伸部位，如塔北哈拉哈塘奥陶系；后者主要发育在碳酸盐岩层系内受较短时间的层间不整合面控制的层间岩溶储集体中，可以在古隆起斜坡或者古隆起高部位分布，如塔中鹰山组。

（5）地层楔状体圈闭（图2-36e），是指不整合面之下被剥蚀削截的碳酸盐岩楔状体圈闭。川东石炭系在地层剥蚀缺失"天窗"区周围以及石炭系地层尖灭带均发育这类圈闭，其上覆的二叠系泥质岩具良好的封盖条件。这类圈闭与不整合面之上的地层上超尖灭圈闭，形态上很相似，分布上后者受沉积相控制，沿古隆起分布。

二、跨构造期成藏与晚期成藏机制

所谓"跨构造期成藏"，是指古老烃源岩油气从生成、运聚到成藏的过程跨越一个以上的构造期。如塔里木盆地古隆起区下古生界烃源岩有机质演化在泥盆纪到新近纪长达4亿年一直处于生油窗阶段，是现今仍然能够找到大油田的主要因素。跨构造期成藏是叠合盆地古老层系油气成藏的特点，有别于单旋回盆地的一期成藏。

1. 跨构造期成藏与晚期成藏特征

跨构造期成藏与晚期成藏是中国海相碳酸盐岩油气成藏的重要特征。表2-9为主要海相碳酸盐岩大油气田的成藏期统计表，可看出海相碳酸盐岩主要成藏期有：海西早期、海西晚期、印支—燕山期、喜马拉雅期，但以海西晚期和喜马拉雅期为主要成藏期。

实际上，油气成藏期次与油气生成期有着密切关系。如前所述，中西部盆地中深层海相烃源岩具有跨构造期生烃作用，这种经历了长时间的生烃作用势必导致油气成藏也具有跨构造期成藏特点，体现了古老克拉通成藏的特殊性。研究表明，塔北地区奥陶系发生过三次主要成藏期：晚加里东期、晚海西期（二叠纪晚期）—喜马拉雅早期、喜马拉雅晚期。寒武系—下奥陶统烃源岩演化快、生烃早，加里东晚期（志留纪中—晚期）进入大量生排烃阶段；而中、上奥陶统烃源岩演化慢、生烃晚，晚海西期（二叠纪晚期）—喜马拉雅早期长期处于生油窗阶段；喜马拉雅晚期（20Ma以来）寒武系—下奥陶统烃源岩到达裂解生干气阶段。因此，从生烃史的分析来看，该区可能存在三期重要充注成藏过程，加里东晚期（志留纪中—晚期）、晚海西期—早喜马拉雅期和晚喜马拉雅期，前两期以油充注成藏为主，后一期以气为主。从奥陶系储层包裹体资料分析来看，奥陶系有机包裹体均一化温度分布跨度大，从70～170℃，其中70～90℃的低温部分可能是晚加里东期—晚海西期；中高温包裹体是二叠纪以来的产物。从 LG35 井奥陶系包裹体看（井深 6178m），方解石脉的微裂缝中见大量发黄色荧光油包裹体，共生盐水包裹体均一温度达 108～137℃，是喜马拉雅期产物，这表明喜马拉雅期仍有油充注。

表 2-9　中国主要海相碳酸盐岩大油气田成藏期次统计表

盆地	油气田（藏）名称	油气藏类型	主要烃源岩层系	含油气层系	成藏期次与年代	代表井	油气藏形成过程
塔里木	轮南	油气藏	O, Є	C	K—E, N—Q	轮南 46	次生/原生
				O	S末, P末, K—E		原生/调整
	塔河	油气藏	O, Є	C	K—E, N—Q	沙46、沙47	原生/次生
				O	O末, J—K		原生/调整
	英买力	油气藏	Є, O	O	S末, E—Q	英买32	原生/调整
	哈拉哈塘	油藏	O	O	S末, E—Q	哈6	原生/调整
	塔中45	油气藏	Є, O	O	P末, K—E	塔中45	原生/调整
	塔中1	油气藏	Є, O	O	S末, E—Q	塔1	原生/调整
	和田河	气藏	Є	C, O	E—Q	玛4、玛5	次生
鄂尔多斯	靖边	气藏	C, P	O_1m	J_3—K_1	陕参1	原生
四川	五百梯	气藏	S	C	T_3—J_1, K—E	天东1	原生/调整
	卧龙河	气藏	P_2l	T_1j	J_3, K—E	卧70、卧88	原生/调整
			S, P_1	P_1	J_3, K—E		
			S	C	T_3—J_1, K—E		
	威远	气藏	Є	Є	S末, K—E	威28、威117	次生
				Zdn			
	普光	气藏	S, P_2	P_2ch—T_1f	T_3—J_3, K—E	普光2	原生/调整
	铁山坡	气藏	S, P_2	P_2ch—T_1f	T_3—J_3, K—E	坡2	原生/调整
	龙岗	气藏	P_2	P_2ch—T_1f	J_3, K—E	龙岗1	原生/调整
	磨溪	气藏	Є、Z	Є	T_3, J—K	高科1	原生/调整
				Z			

2. 跨构造期成藏机制

本书提出了两种跨构造期成藏机制，一种是烃源岩长期处于液态窗，最大限度规避构造破坏；另一种是烃类相态转换、多源灶晚期生气、继承性构造保存等多因素叠加，天然气跨构造期成藏。

1)"递进埋藏"和"退火受热"相耦合,烃源岩长期处于液态窗

位于叠合盆地深层的海相烃源岩,有机质生烃受埋藏历史和受热历史影响,多数都经历了双峰式生烃演化历史。塔里木、四川、鄂尔多斯等盆地发育多套烃源岩,尽管在不同构造部位成烃演化差异大,但每个层系烃源岩演化均经历了"早油晚气"生烃历史,而且生油或生气的时间长,可以跨度重大构造期。

"退火"地温场与递进埋藏的耦合作用是古老烃源岩跨重大构造期生烃演化的关键。在中国中西部叠合盆地演化中,早期为具高地温梯度的"热盆",中晚期为具低地温梯度的"冷盆"。如塔里木盆地,古生代地温梯度高达 3.0~3.5℃/100m,三叠纪—侏罗纪的地温梯度为 2.0~2.5℃/100m,现今的地温梯度只有 1.8~2.0℃/100m。早期高地温导致凹陷中烃源岩生烃作用早,满加尔凹陷周围志留系所见大面积的沥青砂岩就是早期油藏被海西早期运动破坏的结果。后期盆地演化出现的退火过程,与几乎同时出现的强挤压背景下的快速沉降,使得部分烃源岩在很长时间里都处在生液态石油烃的范围内(图 2-37),也导致在距今很晚的时间出现一次大规模的成藏过程,勘探找油气的现实性远好于早期成藏。成藏解剖显示,在塔里木盆地台盆区所发现的油藏和气藏,有相当多都是晚期形成的,仅在距今 2~5Ma 的时间形成。准噶尔、鄂尔多斯、吐哈、柴达木、四川等盆地同样经历地温场"退火"演化与中晚期的快速埋藏,两者的耦合作用使得古老烃源岩生烃作用时间长,有利于晚期成藏。

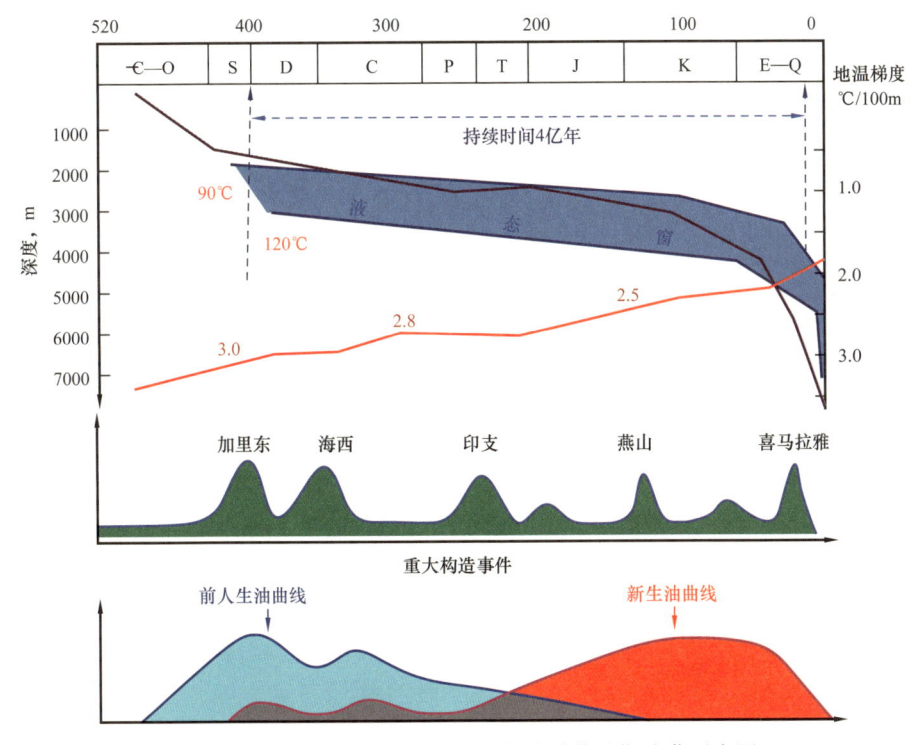

图 2-37 递进埋藏与退火受热耦合跨构造期成藏示意图

现今盆地深层油气资源类型受构造单元之间差异性演化控制。塔里木盆地下古生界烃源岩演化分为三种类型(图 2-38),即持续埋藏型(如满西 1 井)、早深埋—晚抬升型(如塔东 2 井)、晚期快速深埋型(如轮古 38 井)。持续埋藏型烃源岩,液态烃生油窗所持续的

时间可从加里东晚期到海西晚期，主要分布在满加尔凹陷区及塔西南坳陷区（图2-38a）。早深埋—晚抬升型，由于加里东—海西期快速深埋，使得液态窗分布的时间跨度较窄，一般在晚海西期基本结束生油历史；晚期的抬升作用，使得这部分烃源岩的生烃作用处于停滞，取而代之的是滞留在烃源岩中的分散液态烃成气作用，如塔东隆起等。晚期快速深埋型主要发生在古隆起区，这部分烃源岩沉积后直至新生代之前，埋藏较浅，有机质热演化长期处于液态窗阶段，直到新生代深埋后才进入高成熟阶段。研究认为，塔北隆起长期处于"液态窗"范围内的烃源岩面积约 $15\times10^4 km^2$，石油资源量丰富，勘探潜力仍很大。

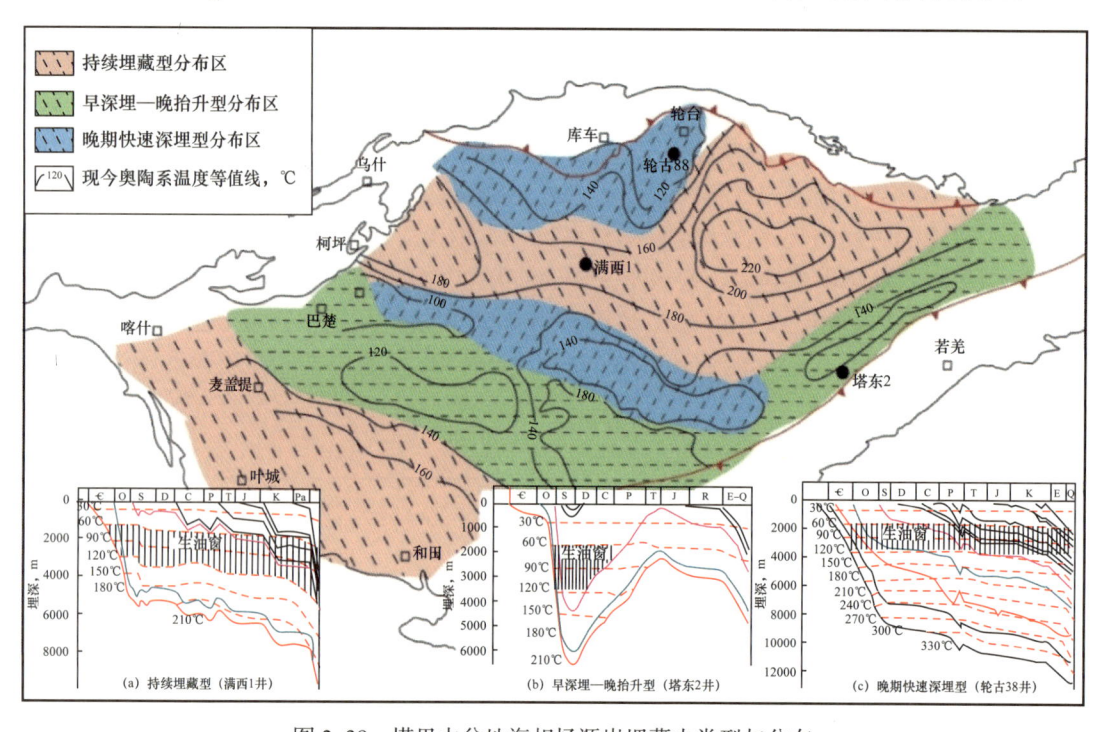

图2-38 塔里木盆地海相烃源岩埋藏史类型与分布

2）烃类相态转换与多源灶晚期持续生气

烃类相态转换、多源灶晚期持续生气、继承性构造保存等多因素叠加，使得古老地层天然气跨构造期规模成藏。

（1）烃类相态转换。

我国深层普遍经历古油藏形成、油裂解成古气藏、晚期调整形成今气藏三个阶段（图2-39），因为持续深埋，普遍进入高过成熟阶段，跨越"液态窗"进入"气态窗"，能够形成大气田。包裹体揭示的油气充注事件都包含古油藏形成（液态烃包裹体，均一温度100～160℃）、原油裂解气成藏（气液两相包裹体，均一温度>160℃）。

（2）液态烃裂解时限长，有利于油气保存和晚期供烃。

无论地温梯度高的四川盆地，还是地温梯度低的塔里木盆地，都经历了液态烃的裂解，而且时限很长，有利于晚期持续供烃和跨构造期成藏。如四川盆地海相深层以天然气为主，甚至部分地区 C_{2+} 气体发生裂解，经历了较长的裂解时限，全天候生气；塔里木盆地原油裂解不充分，完全裂解的时机更晚、时限更长。模拟实验表明，蜀南地区凝析油完全裂解的温度可达240℃，这也是液态烃裂解时限长的佐证。

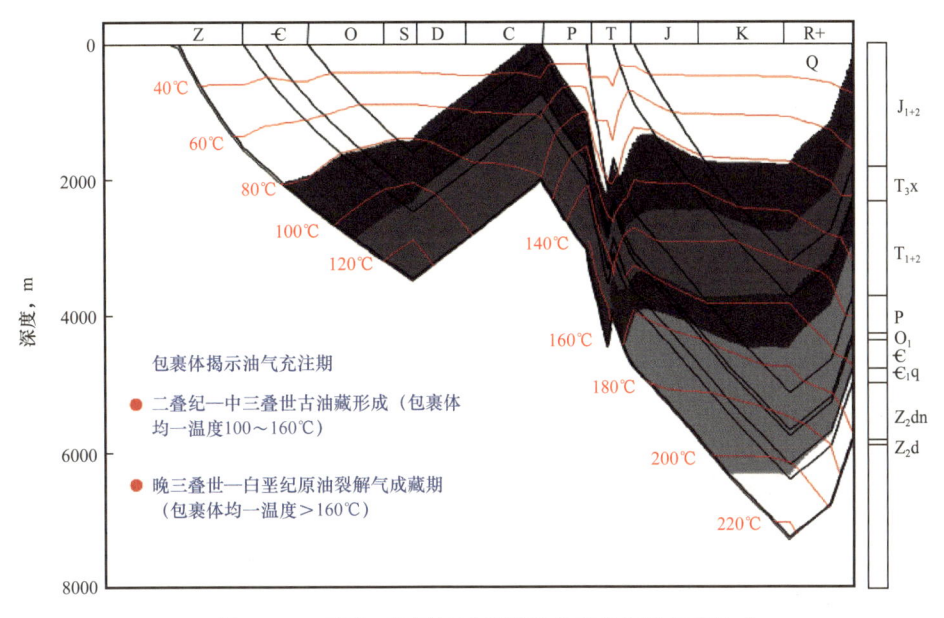

图 2-39　高石 1 井震旦系烃源岩热演化与油气充注史

此外，前人研究指出，甲烷是最稳定的烃类，在催化条件下，稳定性可达 700℃，在没有催化剂存在条件下可保存至 1200℃以上。这也表明，深层跨构造期成藏具备晚期持续供烃的物质基础。

（3）构造演化的继承性和稳定性有利于油气藏的保存。

由于中国叠合盆地多旋回发育的地质特征，大油气田形成以后的晚期保存至关重要。以四川盆地高石梯—磨溪大气田的形成为例，一个关键要素就是高石梯—磨溪地区长期处于继承性古隆起发育区，表现为油气的有利指向区。虽然古隆起经历了多期构造的叠加，但从桐湾期到喜马拉雅期古隆起轴部由北向南迁移，但高石梯—磨溪地区继承性发育、稳定性强（图 2-40），在资阳地区早期为古隆起高部位，喜马拉雅期为斜坡带；威远地区早期为斜坡带，喜马拉雅期为构造高部位。但是，多期构造活动，特别是喜马拉雅运动对油气藏破坏改造严重，在受构造影响较小的高石梯—磨溪地区规模成藏，形成大气田，在构造破坏严重的盆地边缘则油气藏完全破坏。

三、碳酸盐岩油气藏集群式分布特征

如前所述，中国古生界为主的碳酸盐岩油气藏类型多样，具层状、似层状分布特点；单个油气藏储量规模较小，但油气藏集群式分布，总储量规模较大。总结塔里木、四川、鄂尔多斯三大盆地碳酸盐岩大油气田分布特点，按照油气藏集群式分布的思路，可归纳为 5 种分布形式。

1. 古隆起及斜坡带油气藏群楼房式分布

油气藏群楼房式分布是指在某一区带发育多套似层状分布的油气藏，平面上沿某个层系发育多个油气藏，集群分布构成似层状；纵向上发育多套，构成"楼房式"分布。这种分布模式主要发生在古隆起及其上斜坡部位，如塔中古隆起和塔北古隆起的轮南构造带。

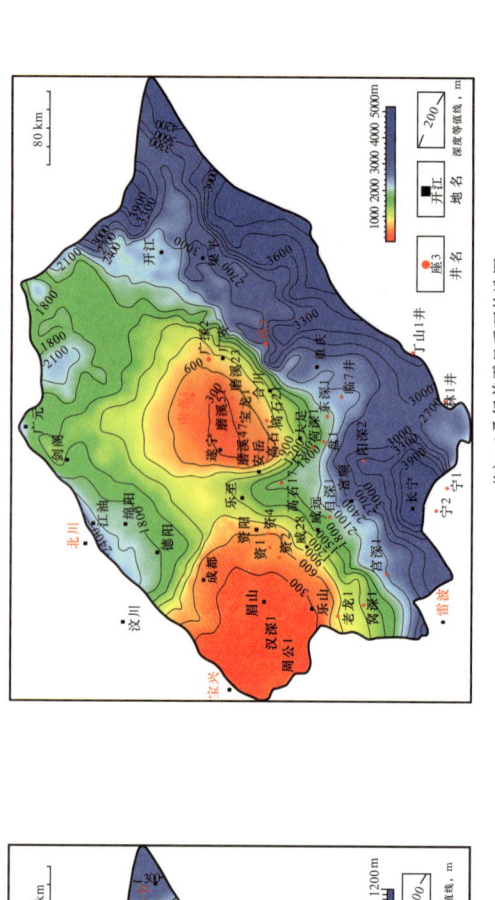

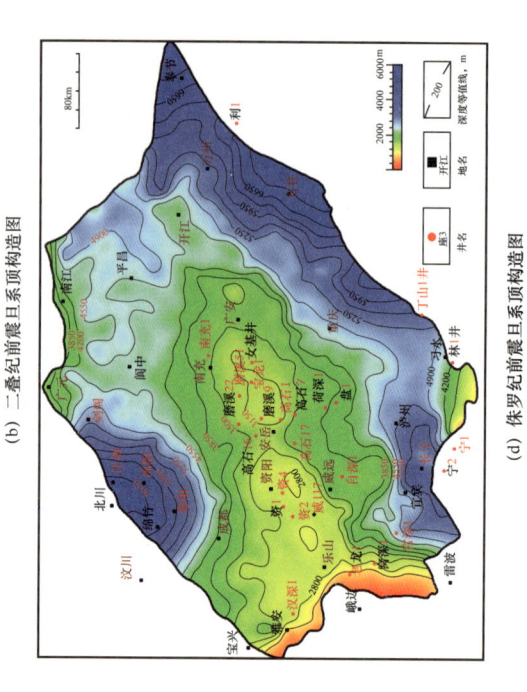

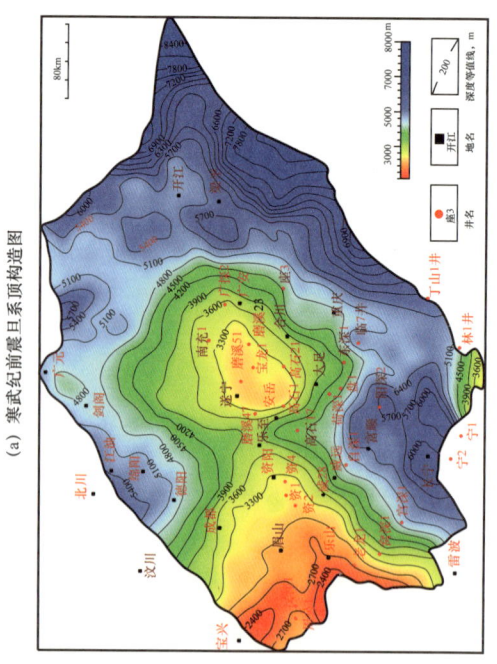

图 2-40 四川盆地震旦系顶界古构造演化图

从塔中碳酸盐岩成藏组合条件看，烃源岩主要分布在下构造层寒武系—奥陶系，上下构造层之间存在上奥陶统桑塔木组厚层泥质岩以及志留系泥质岩区域性盖层。但受地层剥蚀缺失影响，在塔中中央断垒带缺失这两套区域性盖层，石炭系直接与下构造层接触。从储层发育层位看，石炭系、泥盆系、志留系、奥陶系、寒武系发育储层。勘探已证实这些层系均含油气。受油源通道及成藏组合控制，油气分布表现为规律性变化，总体特征是"下气上油、北气南油、东气西油"（图2-41）；油气藏类型多样，上构造层以构造—岩性油气藏为主，如中央断垒带发育披覆背斜和断裂背斜油气藏（塔中4井石炭系），中央断垒带与塔中Ⅰ号坡折带之间的志留系发育地层尖灭油气藏（塔中16井志留系）、地层超覆油气藏（塔中10井志留系）。下构造层以地层—岩性油气藏为主，中央断垒带寒武系发育潜山或风化壳型油气藏（如塔中1井），中央断垒带与塔中Ⅰ号坡折带之间的鹰山组发育风化壳油气藏，塔中Ⅰ号坡折带发育良里塔格组台缘礁滩复合体油气藏，深层下奥陶统蓬莱坝组发育内幕油气藏（如塔中162井）。

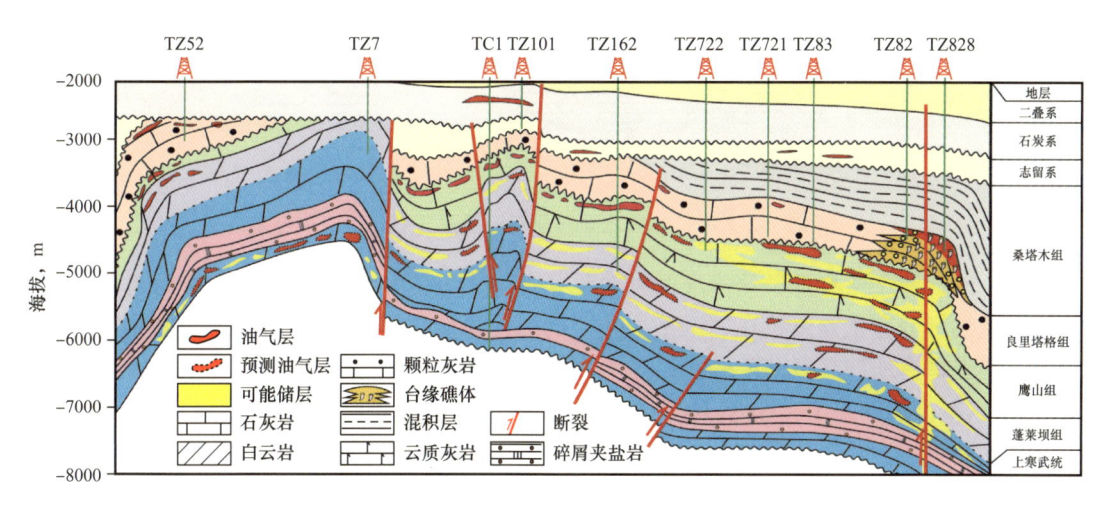

图2-41 塔中古隆起及斜坡带碳酸盐岩油气分布模式

塔北隆起的轮南地区也存在多层系油气的"楼房式"分布特点。塔北地区奥陶系在晚海西期曾有大规模油气聚集，成为一个层状含油的大型含油气系统。燕山期以来，随着库车快速沉降，塔北中生界以上地层的倾向发生反转，加上断层活动，奥陶系油气重新发生分配，在石炭系、三叠系、侏罗系等形成若干次生油气藏，形成"楼房式"油气分布的特点。

2. 古隆起斜坡带缝洞型油气藏似层状分布

古隆起斜坡区油气分布受顺层与层间岩溶储层控制，油气藏分布表现为似层状特点。如塔北斜坡奥陶系发育一间房组、鹰山组、良里塔格组等多套岩溶储层，这些储层分布具似层状特点。同一地区多层缝洞体油气藏具有平面上叠合连片含油、空间上不均匀富集的特征（图2-42）。多套似层状分布的油气藏共同构成大型油气田，如塔河油田、哈拉哈塘油田。

塔北南斜坡的哈拉哈塘地区奥陶系鹰山组——间房组碳酸盐岩内部洞缝储层经历了多期次岩溶的叠加改造作用，其中控制一间房组—鹰山组洞缝系统发育最主要的构造—岩溶活动有两期。一是一间房组沉积后的短暂暴露期，发育广泛的淡水淋滤作用，并且发育有河流，准同沉降期岩溶发育；二是桑塔木组沉积后，北部地区碳酸盐岩发生暴露剥蚀，从而淡水沿着先前形成的裂缝和早期岩溶系统进行改造和扩溶，形成广泛的洞缝系统。这些洞缝系统垂向上具有多个旋回，每个旋回构成一个似层状储层发育层。油气藏分布受顺层岩溶储集体控制，具似层状分布特点。

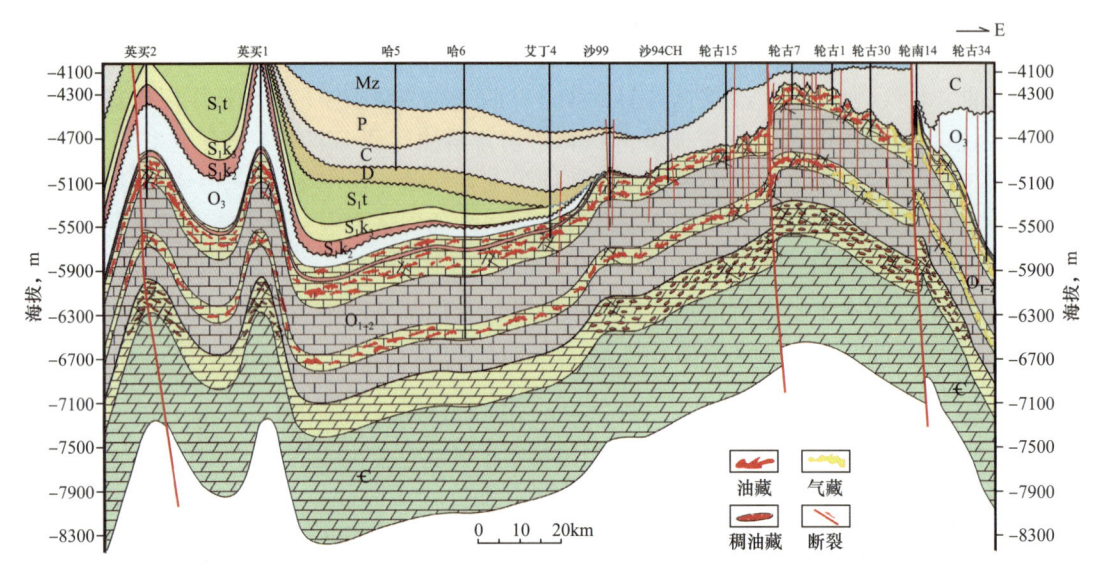

图 2-42 塔里木盆地塔北隆起及斜坡区油气似层状分布模式

3. 古地貌油气藏群沿侵蚀基准面大面积分布

这类油气分布主要发生在"准平原化"的风化壳储集体内。由于老年期卡斯特古地貌的显著特点是古地貌高低落差较小，岩溶古地貌呈现"准平原化"特点，局部见"孤峰残丘"。排水基准面落差小（小于100m），岩溶具水平岩溶带成层状稳定分布特点。

油气藏类型主要以风化壳古地貌气藏为主，沿风化壳古侵蚀面集群式分布。受风化壳侵蚀面控制，储层厚度薄，气藏分隔受沟槽及岩性致密带控制，单个气藏规模较小，储量丰度低，但多个层系的气藏叠合连片，可形成大油气田。如鄂尔多斯盆地靖边大气田，是一个典型的由碳酸盐岩古地貌气藏组成的大气田（图2-43）。气藏主要沿奥陶系顶部侵蚀基准面分布，气藏多分布在侵蚀基准面之上、距不整合顶面30～50m深度范围内，气层厚度小，横向连续性好。

4. 沿台缘带礁滩岩性油气藏群带状分布

中国已在塔里木盆地塔中地区奥陶系良里塔格组礁滩体以及四川盆地长兴组—飞仙关组礁滩体发现了大型油气田。礁滩体油气藏分布受礁滩体储层控制，而储层分布又与沉积相带关系密切，因而油气藏在层系上分布较稳定，平面上呈环带状沿台缘带分布。

四川盆地长兴组—飞仙关组环开江—梁平海槽台缘带是近几年来天然气勘探的重点区带。地震预测该台缘带礁滩体长度绵延600km，宽度2～6km。沿该台缘带发育长兴组生物礁以及飞仙关组鲕滩，勘探程度相对较高。目前，四川盆地长兴组已发现生物礁气藏30余个，储量规模近千亿立方米；飞仙关组鲕滩气藏40余个，其中大中型鲕滩气藏主要分布在蒸发台地、开阔台地及其边缘相带，台地内部分布有限。已发现了罗家寨、渡口河、普光、龙岗等大型气田和一批气藏（图2-44）。

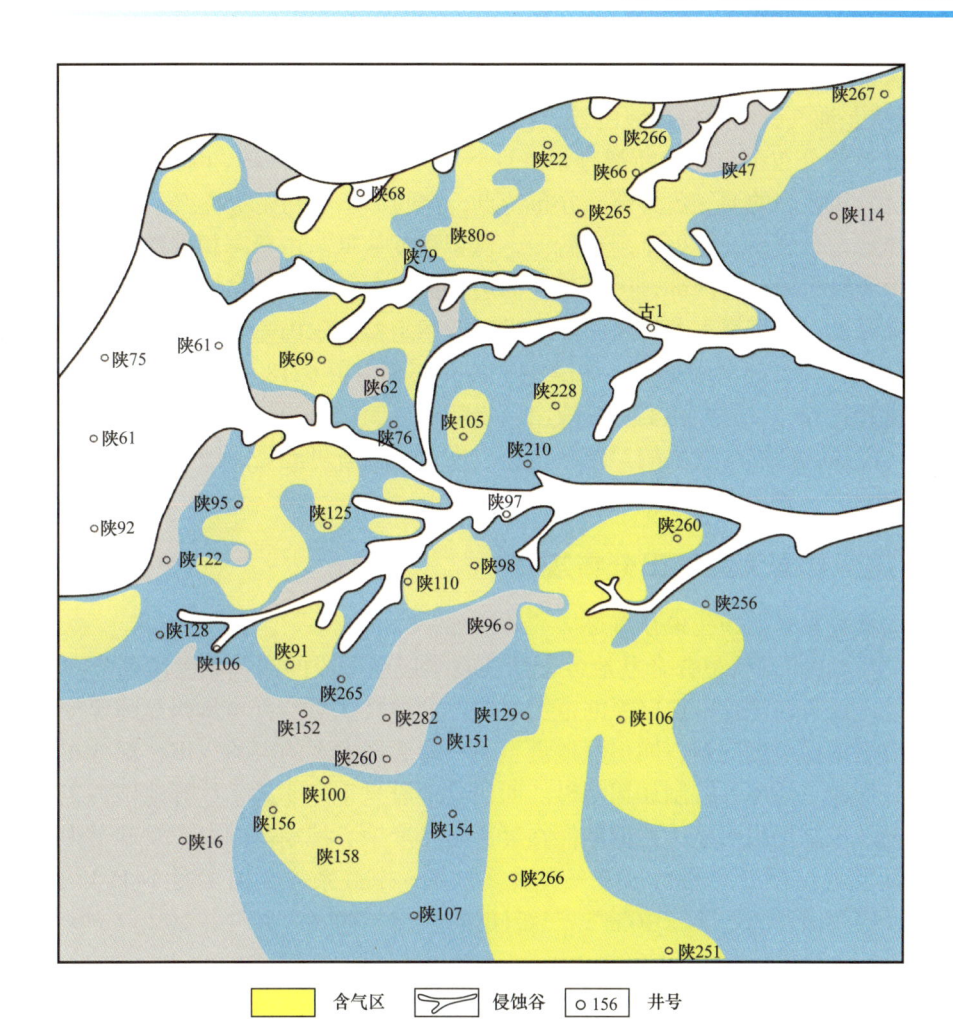

图 2-43 鄂尔多斯盆地靖边奥陶系古地貌气藏分布

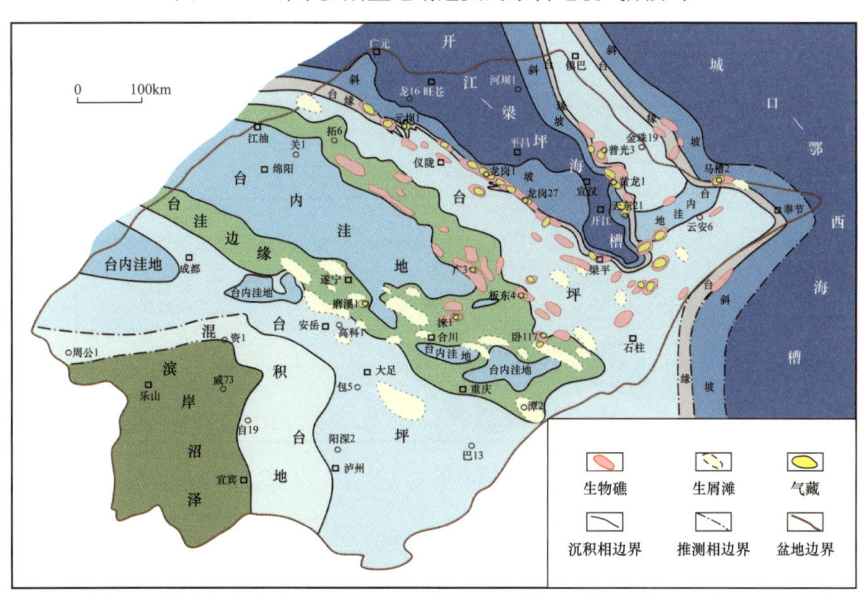

图 2-44 四川盆地长兴组生物礁气藏分布图

5. 沿深大断裂带油气"网栅状"分布

"网栅状"油气分布特指热液白云岩化储集体或者埋藏热液溶蚀储集体相关的油气藏。由于这两类储层分布多与深大断裂有关,且储层分布具有沿断裂"网栅状"发育的特点,因而受储层分布控制的油气藏具穿层分布特点,空间形态具网栅状特点。

国内热液白云岩研究还处于起步阶段,认识程度偏低。由于海相碳酸盐岩时代老、埋深大,又处于克拉通台地内部,因而这类储层可能主要与克拉通盆地深大断裂有关。从目前研究与勘探看,在塔里木盆地塔中断裂带以及四川盆地乐山—龙女寺古隆起的深层可能存在该类储层,应引起高度重视。如塔中中古9井鹰山组6218~6314m发育白云岩储层,累计厚度可超过61m,研究证实具热液白云岩特征,测试获油气。从塔里木盆地深层地震剖面分析,沿深大断裂带发生的"花状串珠"反射,很有可能是热液对碳酸盐岩储层改造作用的地震响应,利于形成网栅状油气藏。

四、碳酸盐岩大油气田分布规律

1. 海相碳酸盐岩大油气田分布遵从"源灶控"

所谓"源灶控",就是叠合盆地各个油气富集层系形成的油气藏主体都分布在有效烃源灶地域之内或与烃源灶密切联系的范围之内,即油气成藏与分布具明显的源控特征。研究表明,塔里木盆地奥陶系、四川盆地震旦系—寒武系发现的大油气田,都分布在主力生烃中心及其周缘,烃源灶控制作用明显。四川盆地震旦系—寒武系尽管地层古老,但油气分布受烃源灶控制仍很明显,近期勘探在烃源岩厚度中心控制范围内,发现了中国产层最古老、单体储量规模最大的高石梯—磨溪震旦系—寒武系大气田(图2-45),截至2015年底,累计探明储量达$6574 \times 10^8 m^3$,三级储量达$1.5 \times 10^{12} m^3$。

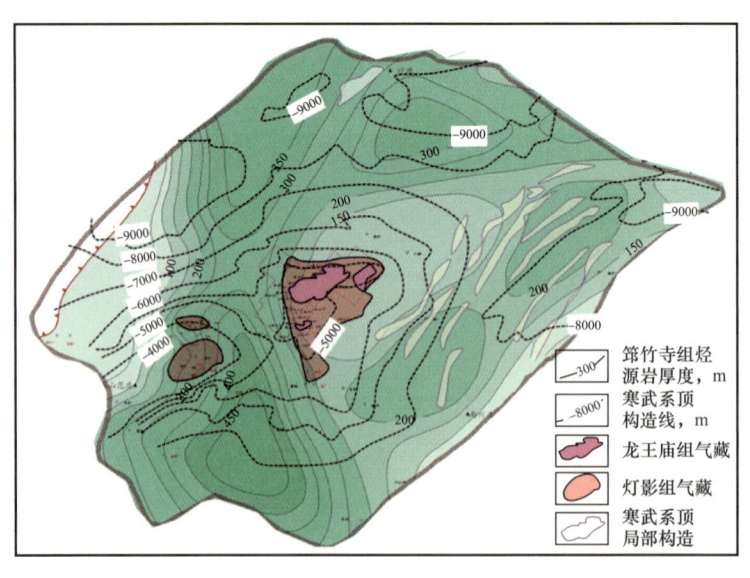

图2-45 四川盆地高石梯—磨溪大气田与烃源岩分布叠合图

2. 碳酸盐岩大油气田储盖共控特征

古老海相碳酸盐岩大油气田形成过程中规模储层和有效盖层是两个核心要素。规模储层为油气赋存提供充足空间,有效盖层为油气藏保存提供必要的保存条件,两者的有效配置是形成大油气田的重要条件。盖层条件最好的是蒸发岩，其次是泥页岩、碳酸盐岩。我国碳酸盐岩层系中除四川盆地中—下寒武统、三叠系，塔里木盆地寒武系，鄂尔多斯盆地奥陶系发育蒸发岩盖层外，其余层系发育泥页岩和致密碳酸盐岩盖层，目前已发现的大油气田均以泥页岩和致密碳酸盐岩盖层为主。

四川盆地安岳大气田是储盖共控形成大气田的典型实例（图2-46，表2-10）。安岳大气田形成得益于三套优质储层及泥质岩、膏盐岩优质盖层。早期油气勘探发现的威远震旦系气田，处于威远背斜顶部，气田充满度仅占构造圈闭幅度的25%，多数人认为是盖层条件较差所致。但位于川中古隆起构造低部位的磨溪—高石梯构造，长期稳定继承性发育，尤其是发育下寒武统泥页岩、中—下寒武统泥页岩和蒸发岩等多套区域性的盖层，使得该区震旦系—寒武系保存条件优越。盖层的有效性与古隆起长期继承发育控制的储层有利区配置合理，保证了安岳大气田下古生界—震旦系多层系规模成藏。

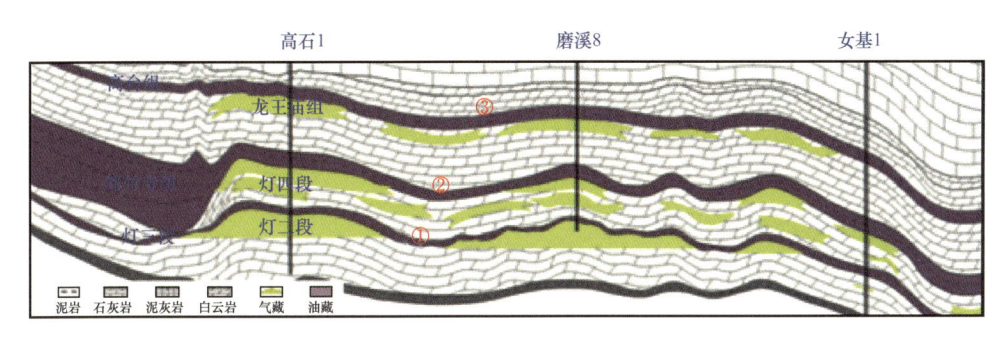

图2-46 四川盆地川中古隆起多套储盖组合（图中数字意义见表2-10）

表2-10 四川盆地安岳气田盖层条件与储量关系

序号	直接盖层特征			气藏特征		
	地层	岩性	厚度，m	压力，MPa	气层厚度，m	储量，$10^8 m^3$
①	高台组	泥灰岩、膏盐岩	40～70	12～65	1.56～1.65	4403（探明）
②	筇竹寺组	泥质岩	80～150	40～150	1.12～1.13	2200（探明）
③	灯三段	泥质岩	10～35	15～110	1.10	2300（控制）

3. 古今构造匹配控制油气富集

古今构造匹配控制油气富集是对经历多期复杂构造运动、多期油气聚集调整、晚期成藏的古老海相碳酸盐岩成藏有效保存方式的一个重要判断。现今构造是油气最晚一期聚集成藏最为有利的指向区。虽然海相碳酸盐岩以岩性—地层型油气藏为主，但总体发现均在隆起及其斜坡部位。古隆起可以分为两类：一类是在沉积过程中对沉积地貌和沉积相带分异起重要控制作用的同沉积期水下古隆起，往往控制着碳酸盐岩高能相带的展布；另外一类是在碳酸盐岩沉积后发生的隆升作用，造成区域暴露，伴生大量断裂，形成表生岩溶，中国古老海相碳酸盐岩储层中无论是石灰岩还是白云岩，经历表生淡水淋滤作用形成规模储层是最主要的成储方式之一。因此，古今构造匹配既是古隆起控制的有利储层发育区与现今油气聚集有利区的匹配，同时也是长期继承性稳定构造发育有利于油气多期运聚调整，长期保存的内在涵义的认识。

长期勘探实践表明：（1）古隆起与今构造叠合部位有利于形成大油气田，在与优质烃源岩和有效盖层匹配的情况下，甚至可以认为是碳酸盐岩油气规模成藏最为有利的部位；（2）继承性古隆起斜坡区往往既是表生岩溶发育的有利部位，又是成藏期油气向隆起区运聚的指向区，岩性—地层型油气藏发育普遍，具有整体含油气特征；（3）反转型古斜坡的枢纽带有利于油气聚集，枢纽带是指在中国小型克拉通经历长期复杂演化过程中，存在多期差异升降运动和周缘造山作用，甚至构造反转情况下，相对构造活动较弱、改造破坏小、整体保存条件稳定的地区。差异构造运动往往造成早期储层发育有利区和晚期成藏有利区配置上的偏差，构造反转是这种偏差的极端情况。在这种背景下，相对稳定的枢纽带地层保存相对完整，成藏期处于油气指向区，具备有效聚集油气并保存的条件。

4. 海相碳酸盐岩油气富集有利区带

综合分析中国古老海相碳酸盐岩沉积、储层、烃源岩、保存等静态要素，结合构造演化与成藏过程匹配关系，以"三控"认识观为指导，提出三类油气富集带。

1）古、新隆起叠置脊部油气富集带

中国古生界海相油气藏的分布大多与古隆起有关。如鄂尔多斯盆地中央古隆起控制了奥陶系气田分布，塔里木盆地台盆区发现的油气藏主要分布于塔北及塔中古隆起及其斜坡地带，四川盆地古生界气田也主要分布于川中古隆起及泸州—开江古隆起。深入研究表明，古隆起对油气藏的制约是有差别的，早期形成的古隆起控制沉积储层，后期形成的古隆起控制成藏过程，晚期形成的隆起控制成藏规模。因此，注重古隆起形成后的演化及其对油气成藏的控制尤为重要。通过对安岳气田的解剖研究，表明古、新隆起叠置脊部油气富集程度最高，即古隆起形成演化过程中，具有继承性发育的特征，早期沉积储层最有利的部位与后期油气聚集指向部位叠置区重合，对于油气富集最为有利。

川中古隆起的威远—安岳含气大区的含气丰度最能体现古今构造叠合对油气富集的控制作用。如图2-47所示，安岳气田在成烃高峰期与现今都处于隆起高部位，即持续处于油气聚集指向区，因此形成了规模巨大的天然气聚集。而相距不远的威远地区，则是构造不断调整，最后定型形成的规模巨大的现今构造，但是含气丰度远远不足。

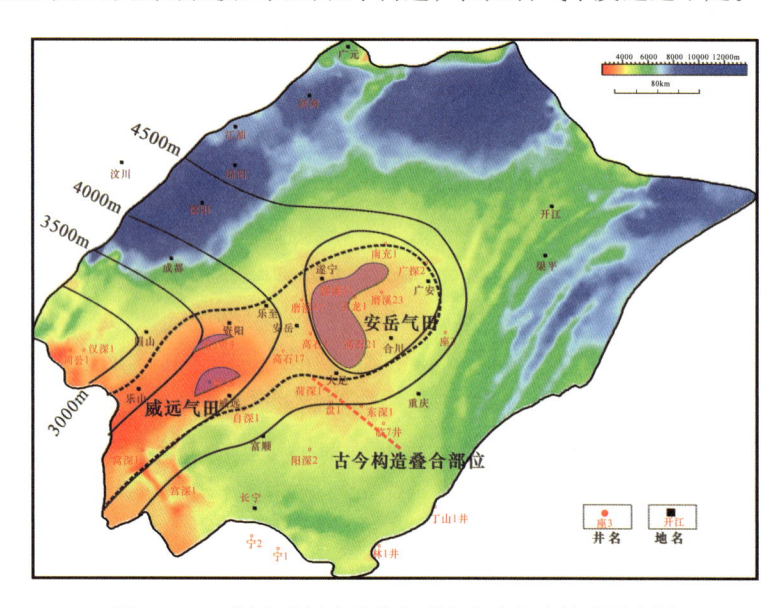

图2-47 四川盆地川中古隆起现今构造与古构造叠合图

2）古隆起斜坡油气富集带

围绕"古隆起、古斜坡"进行油气勘探，是长期碳酸盐岩油气勘探实践中的重要认识。古隆起斜坡区油气富集是"古今构造叠合部位控制油气富集"认识观的重要组成部分。

早期在塔河油田及周边的油气勘探过程中发现：塔河油田位于塔北古隆起上斜坡部位，油气最为富集，而其上部更靠近古隆起顶部地区则由于盖层及岩溶储层不够发育等原因勘探成效甚微。随着勘探不断深化，塔里木盆地塔中、塔河、哈拉哈塘、英买力、和田河等油气田发现，勘探部位主要是古隆起及斜坡区，主力产层主要为一间房组、鹰山组、良里塔格组，油气探明储量 $37.08 \times 10^8 t$，三级储量 $51.76 \times 10^8 t$，主力油源为寒武系。在塔北古隆起的斜坡区发现一系列的油气区，其中哈拉哈塘气区的发现使古隆起斜坡区油气富集的认识更为明确。

古隆起斜坡油气富集的实质是有利储层与有利油气聚集区的叠合。古隆起斜坡区油气富集可以分为两种情况讨论：（1）继承性的古隆起斜坡区，在沉积期处于较有利沉积部位，在表生岩溶期处于岩溶有利发育区，在成藏期为油气指向区，这种斜坡区成藏十分有利，塔北哈拉哈塘气区就属于这种类型（图2-48）。（2）调整型的古隆起，古隆起和斜坡区在构造演化过程中不断调整，古隆起的斜坡区与现今地貌区大相径庭，需要经过构造恢复才能识别，因此这种类型发现较晚。调整型古隆起斜坡区识别枢纽带，寻找油气指向较为稳定的地区是油气勘探思路。例如：鄂尔多斯盆地奥陶系天然气富集于古斜坡反转的枢纽部位，在构造调整过程中，早期形成的岩溶斜坡区处于枢纽带，成为油气聚集的指向区，同时，由于碳酸盐岩储层非均质性强，以岩性—地层型储层为主的特点，在斜坡区规模成藏（图2-49）。

3）深大断裂多层系油气富集带

多期活动的深大断裂有利于形成多层系油气富集带。深大断裂对于油气成藏的有利控制作用表现在3个方面：（1）早期深大断裂的形成，造成地貌格局的差异，进而控制碳酸盐岩高能相带和烃源岩发育带的配置关系，从而形成对油气成藏的有利条件。（2）深大断裂形成早，且在以后的地史过程中常发生再活化，对于碳酸盐岩表生岩溶期的大气淡水沿断裂对深部进行建设性溶蚀具有重要作用。例如塔里木盆地塔北地区广泛发育海西早期的深大断裂及伴生的断裂破碎带，这些断裂带在海西期岩溶改造过程中发挥了关键作用，塔河—哈拉哈塘地区的岩溶洞穴体系主要沿着断裂展布。这种岩溶作用沿着深大断裂进行流体的纵向沟通，与不整合面、渗透层形成空间流体交换网络，可以形成区域规模发育的储集空间。在埋藏过程中，深大断裂也是沟通深部流体的重要流动体系组成部分，对于深部热液的沟通，形成埋藏建设性溶蚀或云化等成岩作用具有重要意义。（3）成藏期深大断裂及其衍生断裂、裂缝沟通烃源灶，成为高效输导体系中的重要组成部分，垂向上沟通多个层系，不整合面调整富集，形成多层系、大面积分布的巨型油气富集区。

深大断裂控制油气富集的典型实例是塔里木盆地，如塔中地区、塔北南缘哈拉哈塘地区发现的碳酸盐岩油气藏均与断裂活动有关。塔北地区塔河—哈拉哈塘油气田85%的高产井位分布在距主断裂1000m范围之内。以塔北跃满区块奥陶系鹰山组古岩溶成藏为例说明，沿断裂发育4个缝洞油气富集带（跃满1、跃满2、跃满3、跃满4），含油面积达 $243.8 km^2$，石油地质储量达 $2741.4 \times 10^4 t$，技术可采储量 $575.20 \times 10^4 t$，平均单井日产油35t，区块累计产油 $15.74 \times 10^4 t$。

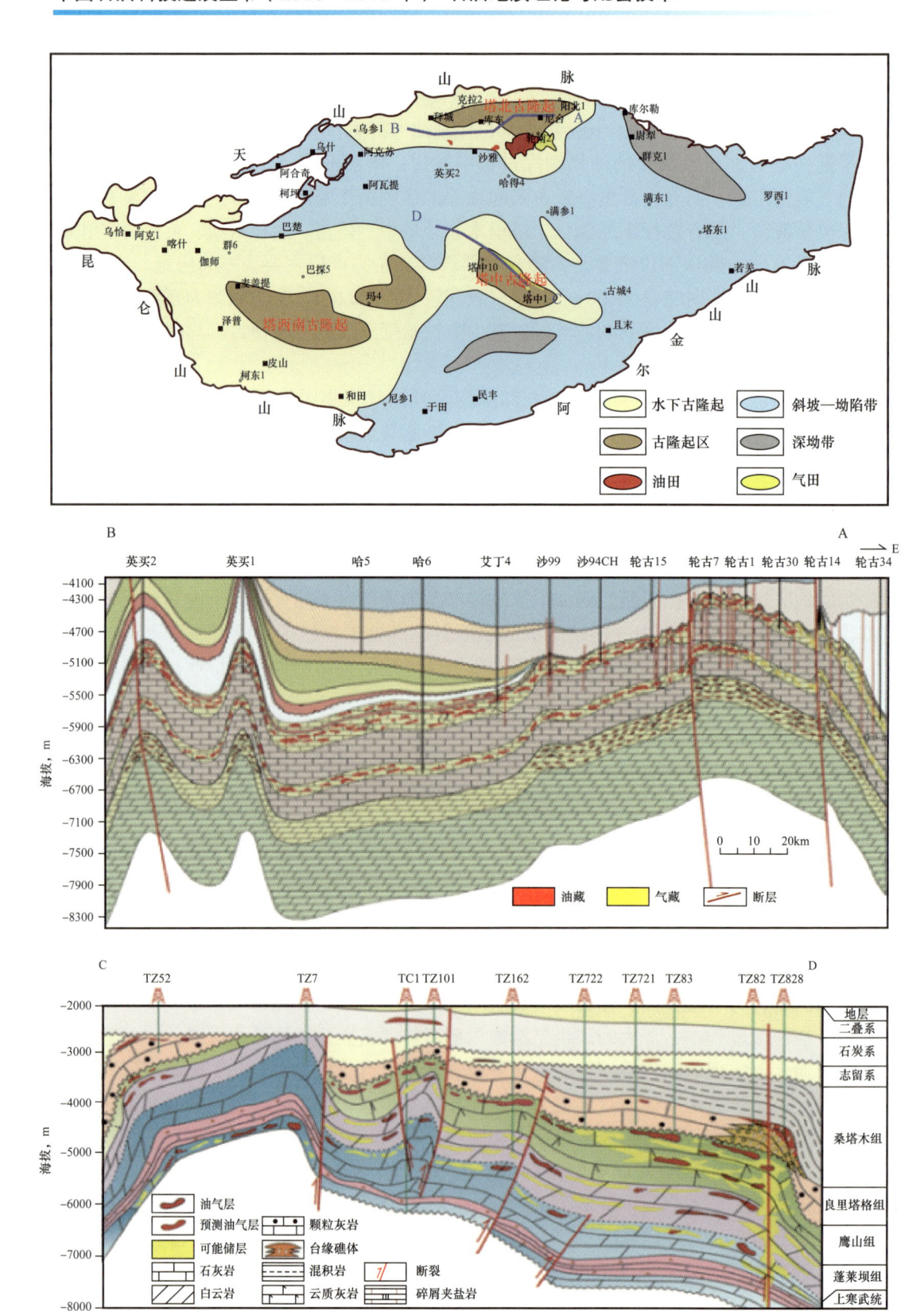

图2-48 塔里木盆地古隆起与大油气田分布关系图

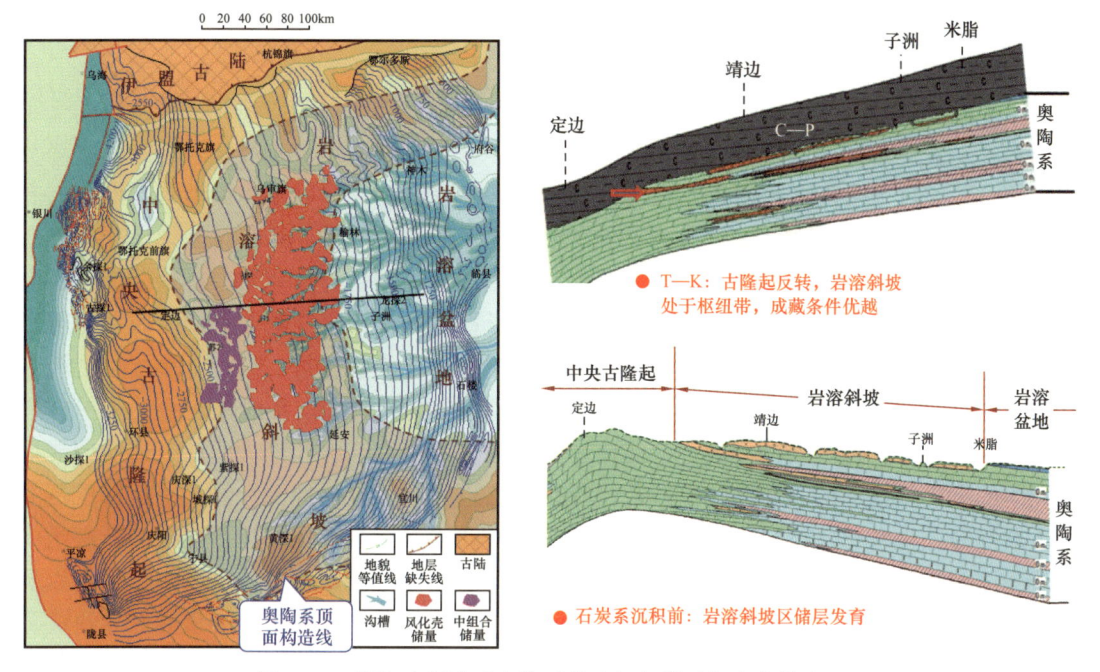

图 2-49　鄂尔多斯盆地奥陶系构造枢纽带油气富集模式图

第四节　深层碳酸盐岩层系油气多勘探"黄金带"

20 世纪 70 年代，蒂索提出的干酪根生烃模式明确了生烃门限、液态石油窗和干气阶段等概念及干酪根演化的空间分布和温度范围。其中，液态石油窗对应的地下温度为 60~120℃，相应的热演化程度 R_o 为 0.6%~1.2%，成为油气勘探的主要深度范围，挪威学者称之为勘探"黄金带"。

近年来，四川、塔里木和鄂尔多斯等盆地勘探表明中国碳酸盐岩油气具有多层系富集的特点，深层油气资源丰富，勘探程度低，勘探潜力巨大，目前勘探深度突破 6000m，远远超出挪威学者提出的勘探"黄金带"下限。基于中国叠合盆地发育多旋回性，总结多源、多储、多期成藏的石油地质特征，提出多勘探"黄金带"理论。多勘探"黄金带"理论认识的提出，揭示中国叠合盆地深层勘探潜力超出预期，勘探前景乐观。

一、大型叠合盆地多勘探"黄金带"

中国叠合盆地深层发育的海相层系时代古老，烃源岩热演化程度高、有机质演化充分，早期曾大规模生油，滞留于烃源岩内尚未排出的分散液态烃在进入高—过成熟阶段以后又可以大规模生气，生烃过程具有"双峰"式特点。同时，叠合盆地往往发育多期、多层系烃源岩，同一层系烃源岩又形成多个烃源灶。这些烃源灶由于差异演化，生油生气历史也有差异。烃源岩的多层系发育与多期、多源生烃，加上地质历史时期多期发育的储集体，油气多期成藏，油气富集具有纵向上呈多层系、平面上呈多带、多区的特点。如果将控制油气富集的每一层系视为一个勘探"黄金带"，那么叠合含油气盆地这样的勘探"黄金带"就不是一个，而会有多个（图 2-50）。

叠合盆地多勘探"黄金带"不同于以往所说的多层系含油，是针对中国叠合盆地特点对其成藏的内在规律的总结。

（1）烃源灶具有多期性，既叠合含油气盆地因差异沉降与多阶段演化，使得纵向上不同层系、平面上不同凹陷烃源岩呈多源、多期供烃。特别强调滞留于烃源岩内的液态烃数量相当可观，高—过成熟阶段进一步裂解形成的天然气数量大，是一类天然气晚期成藏和有效成藏的气源灶，是突破传统"黄金带"勘探禁区的重要资源贡献者。

（2）储层发育具有多阶段性，既叠合盆地受多旋回沉积构造演化与多种地质因素综合作用，从而发育多套规模有效储层。碳酸盐岩建设性成岩作用贯穿地史不同阶段，储层发育范围从中浅层至中深层甚至超深层。平面上多套储层可叠合连片，纵向上多层系规模分布。在油气源充沛和源储配置关系适宜条件下，可以大规模、多层系成藏。

（3）成藏多期性与晚期有效性，既由于烃源灶多期生烃和在几期大的油气运移期或期后发生的多次构造运动，使油气的成藏出现多期性，其中，有从烃源灶经二次运移成藏的原生油气藏，也有已经形成的油气藏在后期构造变动中发生调整、到达新层系和新圈闭中的调整成藏，还有同一烃源灶由于差异埋藏所表现出的分地域发生的多次成藏过程，以及随着热演化程度的升高，同一烃源灶由生油向生气的多阶段生烃，这些因素必然导致成藏的多阶段性。

以四川盆地为例，四川盆地震旦系至中三叠统为海相碳酸盐岩沉积层序，晚三叠世以后因周缘山系隆升，盆地被封闭，逐渐转为陆相碎屑岩沉积层序。盆地至少存在5个勘探"黄金带"（图2-51），自下而上依次为震旦系—寒武系、石炭系、二叠系—下三叠统、上三叠统须家河组以及侏罗系。从勘探历程看，石炭系"黄金带"勘探历时20余年，探明天然气地质储量$2412 \times 10^8 m^3$；二叠系—下三叠统礁滩体"黄金带"勘探历时16年，探明天然气地质储量$2922.3 \times 10^8 m^3$；三叠系须家河组"黄金带"勘探历时9年，探明天然气地质储量$7065.79 \times 10^8 m^3$。震旦系—寒武系勘探"黄金带"，自20世纪60年代发现威远气田后，数十年勘探无进展。2011年以高石1井突破为标志，目前已发现磨溪龙王庙组整装大气田，探明天然气地质储量$4404 \times 10^8 m^3$，预计储量规模在万亿立方米以上。此外，盆地二叠系栖霞组—茅口组以及三叠系嘉陵江组和雷口坡组都有获得新突破的潜力，有望成为新的勘探"黄金带"。勘探证实，塔里木、鄂尔多斯等叠合含油气盆地同样发育多个勘探"黄金带"。

二、克拉通盆地中—新元古界潜在的"勘探黄金带"

国内外油气勘探证实，中—新元古界发育多套优质烃源岩及生储盖组合，是重要的勘探领域，在俄罗斯、北非、中东等地区均取得重要勘探成果。俄罗斯东西伯利亚盆地，原油资源主要分布在寒武系、文德系及里菲系。截至2015年，累计共发现150个油气藏，已获探明+控制石油地质储量$98.7 \times 10^8 t$；在阿曼，90%以上石油产量均来自新元古界—下寒武统烃源岩；印度的巴格哈瓦拉油田在新元古界—寒武系探明地质储量$6.28 \times 10^8 bbl$。中国在华北克拉通燕山地区发现最古老下马岭古油藏，表明中元古界曾经历过油气成藏过程。在四川盆地震旦系先后发现威远气田、安岳气田，证实了扬子克拉通新元古界发育原生油气藏为主的含油气系统。

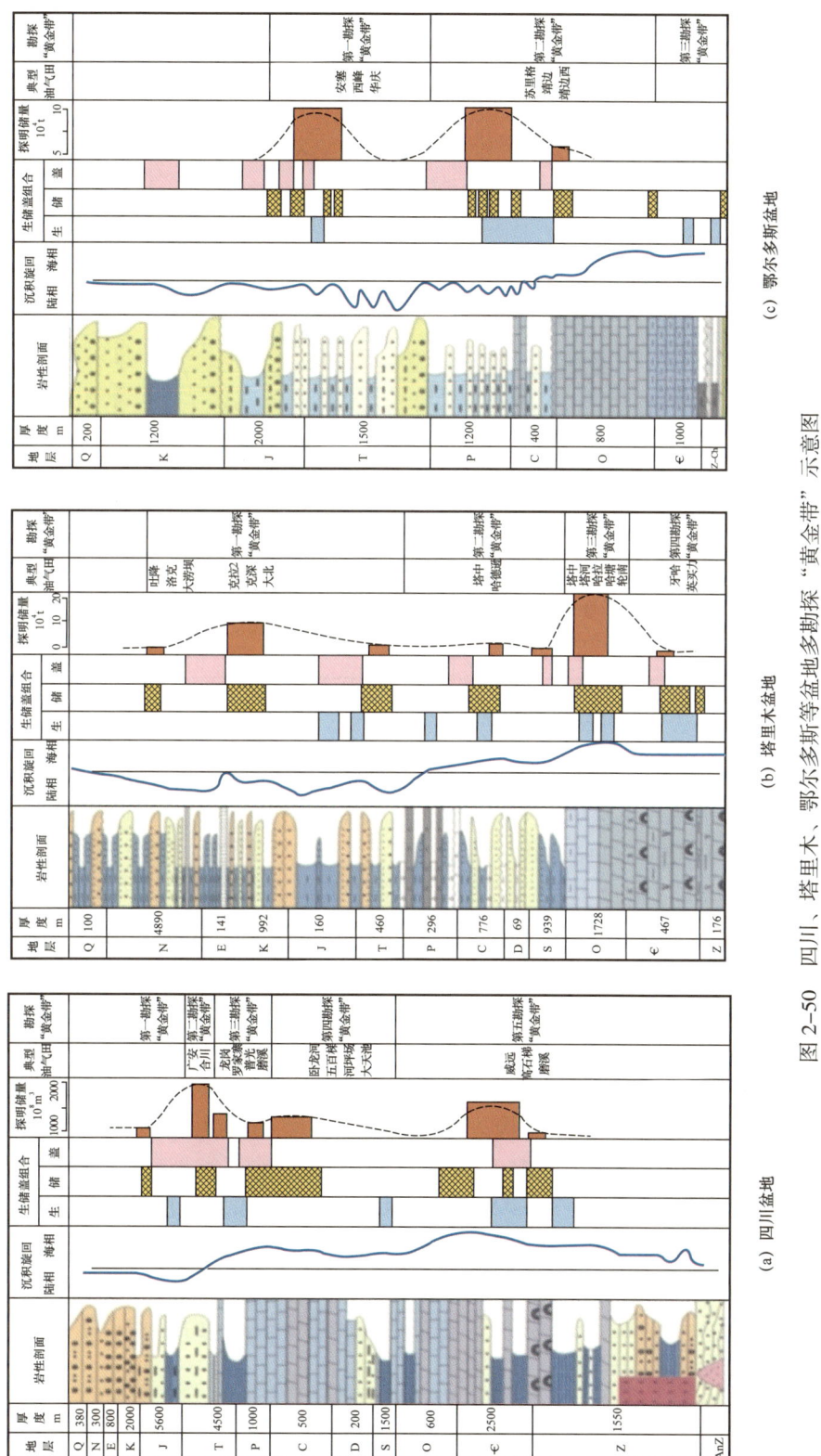

第二章 海相碳酸盐岩储层与成藏理论

图 2-50 四川、塔里木、鄂尔多斯等盆地多勘探"黄金带"示意图
(a) 四川盆地　(b) 塔里木盆地多勘探"黄金带"　(c) 鄂尔多斯盆地

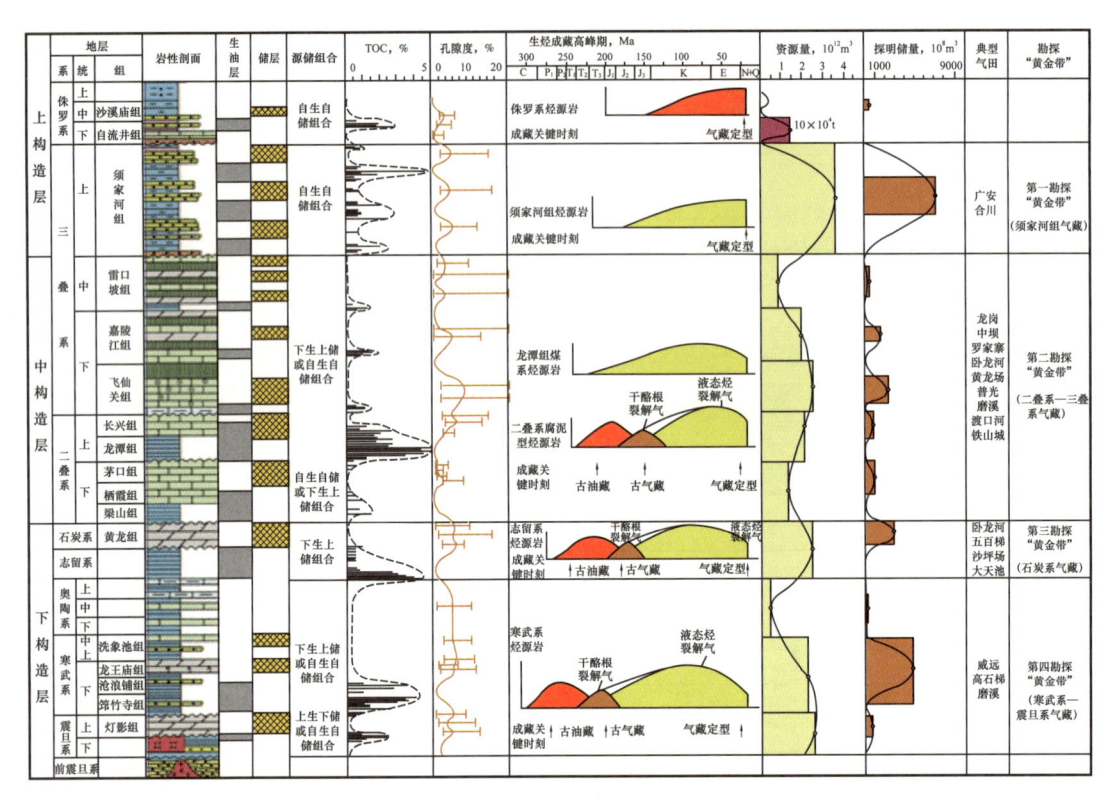

图 2-51 四川盆地多勘探"黄金带"形成示意图

近几年来,中国学者加强了华北、扬子、塔里木三大克拉通中—新元古界油气地质条件研究,初步研究揭示:(1)三大克拉通在中—新元古代经历了裂谷演化阶段,沉积充填了厚度较大的海相沉积,生储盖条件良好,奠定了油气资源物质基础;(2)中—新元古界发育多套优质烃源岩,除造山带部分变质外,盆地腹部的烃源岩大多未发生变质作用,具一定的生烃潜力;(3)中—新元古界碳酸盐岩层系中微生物碳酸盐岩发育且分布广,经多期建设性成岩改造后,可形成有效储层,是重要的勘探对象。上述有利的油气地质条件,决定了大型盆地深层—超深层的中—新元古界具有良好的勘探前景,是潜在的勘探黄金带,值得高度重视。

1. 三大克拉通元古宙陆内裂陷奠定了油气资源物质基础

受全球超大陆旋回拼合—裂解构造环境影响,中国三大克拉通中—新元古界都发育大型陆内裂陷,受哥伦比亚大陆裂解(1600—1300Ma)影响,华北克拉通发育中元古代裂陷;受罗迪尼亚大陆裂解(800—600Ma)影响,扬子、塔里木克拉通发育新元古代裂陷。这种张性裂陷造成了克拉通内部较大的地貌分异,从而控制了储层和烃源岩的发育和分布,特别是裂陷内可发育规模优质烃源岩。裂陷区及其周缘可能发育良好的生储盖组合,是一套尚未充分认识也未充分勘探的"处女地",对于深层—超深层油气资源的评价和勘探方向都十分重要。

2. 三大克拉通中—新元古界发育多套优质烃源岩

大量露头及钻井资料揭示,华北、扬子、塔里木三大克拉通中元古界普遍发育厚度大、丰度高、成熟度高的古老烃源岩。华北克拉通长城系串岭沟组和洪水庄组、待建系下马岭组，扬子克拉通南华系大塘坡组、震旦系灯影组、陡山沱组，塔里木克拉通震旦系等均发育优质烃源岩（表2-11）。

表2-11 元古宇泥页岩烃源岩基本参数统计表

盆地	层系		厚度，m	TOC，%	R_o，%	资料位置
华北	鄂尔多斯	古元古界	崔庄组	>40	0.2~1.5/0.4	2.5~3.0/2.6	山西永济
			书记沟组	100~300	0.8~17/3.8	2.0~3.0/2.2	内蒙古固阳
	燕辽		串岭沟组	>240	0.6~15/2	1.2~2.5/2.2	河北宽城
	燕辽	中元古界	下马岭组	>260	3~21/5.2	0.6~1.4/1.1	河北下花园
			洪水庄组	>90	1~6/4.1	0.8~2.1/1.6	河北宽城
扬子		震旦系	灯影组	10~30	0.33~4.7/1.03	2.21~3.21/2.8	四川安岳
			陡山沱组	20~40	0.5~14/2.9	2.1~3.8/2.8	遵义六井
		南华系	大塘坡组	25~35	0.9~6.8/4.4	2.1~2.4/2.3	贵州松林
塔里木		南华系—震旦系		130~320	0.6~4.9/2.9	1.1~1.4/1.2	库鲁克塔格

3. 微生物碳酸盐岩是主要的储层

元古宇作为油气勘探的潜在目的层系，位于叠合含油气盆地的深层、超深层，埋深大，能否发育规模分布的有效储层不仅关系古老地层能否成藏，更重要的是关系到油气资源的经济性。通过对露头剖面及有限钻井资料的储层研究，表明元古宇海相碳酸盐岩具备大面积分布的有效储层形成条件，其中微生物碳酸盐岩储集体经过建设性成岩作用改造，可形成规模分布的有效储层，是重要的勘探对象。

微生物碳酸盐岩是分布最为广泛的一类微生物岩，主要包括与微生物活动密切相关的生物—沉积构造和沉积物，如叠层石、凝块石、树枝石等，以及某些鲕粒、团粒、核形石、球粒和泥晶；发育时代上可追溯到古太古代，并以中—新元古界、寒武系和奥陶系最为发育。目前，俄罗斯、北美、中亚以及中国四川、华北、塔里木等地已证实中、新元古界—寒武系发育的微生物碳酸盐岩具良好的储集性能，是重要的勘探领域（表2-12）。

四川盆地震旦系灯影组是威远、安岳等气田的主力产层，储层岩性为微生物格架白云岩、颗粒白云岩、岩溶角砾白云岩等。微生物格架白云岩是重要的储集岩类型，包括叠层白云岩、纹层石白云岩、凝块石白云岩、葡萄花边状白云岩等。主要储集空间包括溶孔、溶洞、洞穴和裂缝。最常见的为溶洞和洞穴，占总储集空间的80%以上。灯影组微生物岩储层形成与分布受沉积微相与岩溶作用双重因素控制。沿台缘带分布的微生物丘（滩）体规模大，单层厚度可达50~60m，累计厚度可达250~350m。历经桐湾运动及加里东运动，灯影组丘滩体经风化壳剥蚀暴露及淡水淋滤作用改造，形成风化壳型岩溶储层。钻井证实台缘带灯四段有效储层厚度大，累计厚度可达60~130m，而台内丘滩体的有效储层厚度一般为30~70m。

表 2-12　世界元古宇微生物碳酸盐岩储层油气勘探成果表

油气田名称	盆地或地区	地层	微生物储集岩	油气储量
东西伯利亚油气田	东西伯利亚盆地	里菲系、文德系	叠层石、凝块石等	22.36×10^8 t 油当量
阿曼盐盆油气田	阿曼盐盆	新元古界—下寒武统	叠层石、凝块石	3.5×10^8 t 油
任丘油田	渤海湾盆地	蓟县系雾迷山组	凝块石、叠层石、核形石、层纹石	9.6×10^8 t 油
威远气田	四川盆地	震旦系灯影组	叠层石、凝块石、层纹石、核形石、颗粒粘结岩、球粒白云岩	408.6×10^8 m³ 气
资阳气藏	四川盆地	震旦系灯影组	层纹石、核形石、叠层石	102×10^8 m³ 气
安岳气田	四川盆地	震旦系灯影组	凝块石、叠层石、层纹石、核形石、颗粒粘结岩、球粒白云岩	5000×10^8 m³ 气

小　结

（1）中国古老克拉通盆地演化历经 Rodinia 和 Pangea 两个伸展—聚敛构造旋回，在小克拉通背景上形成了两类 7 种海相原型盆地，即拗拉谷（裂谷）盆地、克拉通边缘坳陷盆地、克拉通内坳陷盆地、克拉通内裂陷盆地、克拉通边缘挠曲盆地、前陆盆地、克拉通内挠曲盆地。

（2）利用井震结合编图方法，系统编制了塔里木、四川、鄂尔多斯三大盆地震旦系—三叠系海相层系岩相古地理图，揭示了克拉通内构造分异对沉积分异的控制作用，明确了克拉通内裂陷两侧高能环境发育的丘滩体以及碳酸盐岩缓坡发育的颗粒滩体，分布广、规模大，为规模储层发育奠定了物质基础。初步揭示了新元古界—寒武系广泛发育的微生物碳酸盐岩也是一类重要的储层类型。

（3）建立了海相碳酸盐岩储层成因分类方案，按成因分为相控型和成岩型两大类，按储集岩类型又可划分为礁滩储层、白云岩储层、岩溶储层三个亚类，每个亚类又划分约干个类型。系统分析了各类储层规模发育的条件，指出高能相带、岩溶作用、白云石化作用及断裂作用等是规模储层形成的关键因素。

（4）建立海相碳酸盐岩油气藏类型划分方案，进一步细化了岩性油气藏、地层油气藏以及复合油气藏类型；明确提出构造期成藏与晚期成藏是古老碳酸盐岩油气成藏的重要特征；指出我国碳酸盐岩油气藏集群式分布的 5 种模式；总结提出海相碳酸盐岩大油气田分布遵从源灶控、储盖共控、古今构造匹配控制油气富集；提出海相碳酸盐岩油气富集三类油气富集带：古、新隆起叠置脊部油气富集带、古隆起斜坡油气富集带、深大断裂多层系油气富集带。

（5）基于大型叠合盆地油气地质特点，提出深层碳酸盐岩层系油气多勘探"黄金带"理念，认为油气富集的每一层系视为一个勘探"黄金带"，叠合含油气盆地存在多个勘探"黄金带"。强调克拉通盆地中—新元古界是潜在的"勘探黄金带"，值得未来勘探高度重视。

参 考 文 献

[1] 康玉柱.中国古大陆形成及古生代演化特征[J].天然气工业,2010,30(3):1-7.
[2] 杨海军,韩剑发,孙崇浩,等.塔中北斜坡奥陶系鹰山组岩溶型储层发育模式与油气勘探[J].石油学报,2011,32(02):199-205.
[3] 赵文智,沈安江,潘文庆,等.碳酸盐岩岩溶储层类型研究及对勘探的指导意义——以塔里木盆地岩溶储层为例[J].岩石学报,2013,29(9):3213-3222.
[4] 沈安江,王招明,郑兴平,等.塔里木盆地牙哈—英买力地区寒武系—奥陶系碳酸盐岩储层成因类型、特征及油气勘探潜力[J].海相油气地质,2007,12(2):23-32.
[5] 汪华,刘树根,秦川,等.四川盆地中西部雷口坡组油气地质条件及勘探方向探讨[J].成都理工大学学报,自然科学版,2009,36(6):669-674.
[6] 何江,方少仙,侯方浩,等.风化壳古岩溶垂向分带与储集层评价预测——以鄂尔多斯盆地中部气田区马家沟组马五_5—马五_1亚段为例[J].石油勘探与开发,2013,40(05):534-542.
[7] 乔占峰,沈安江,邹伟宏,等.断裂控制的非暴露型大气水岩溶作用模式——以塔北英买2构造奥陶系碳酸盐岩储层为例[J].地质学报,2011,85(12):2070-2083.
[8] 汪泽成,姜华,刘伟,等.克拉通盆地构造枢纽带类型及其在碳酸盐岩油气成藏中的作用[J].石油学报,2012,33(S2):11-20.

第三章 碎屑岩沉积储层与成藏理论

碎屑岩储层构成了我国油气储层的主体,在陆相、海相及海陆过渡相均广泛发育与分布。中国石油工业以陆相沉积盆地产油气著称,目前在已发现的石油储量中,80%以上来自中—新生界陆相碎屑岩储层。21世纪以来,随着我国油气勘探从构造油气藏向岩性地层油气藏的转变,湖盆碎屑岩沉积储层和油气分布规律研究取得重要进展,创建了岩性地层油气藏大面积成藏地质理论,强有力地推动了我国岩性地层油气藏的勘探进程,指导了从湖盆边缘向湖盆中心、从源内向源上和源下的多层系岩性地层油气藏的勘探部署,为"十五"以来鄂尔多斯盆地湖盆中心大油区、准噶尔盆地玛湖凹陷"百里油区"的规模发现提供了理论指导。2006年以来,碎屑岩岩性地层油气藏已经成为中国石油储量增长的主体,探明储量占总探明储量的70%以上。

本章依托"十一五"以来中国石油集团公司和国家油气重大专项"岩性地层油气藏成藏规律、关键技术与目标评价"项目成果,重点介绍陆相碎屑岩沉积储层与岩性地层油气藏成藏理论研究进展,包括湖盆细粒沉积特征与分布模式、浅水三角洲沉积特征与生长模式、深水重力流沉积特征与成因模式、碎屑岩储层成岩相定量评价、岩性地层油气藏大面积成藏机理与分布规律。

第一节 湖盆细粒沉积特征与分布模式

细粒沉积岩作为烃源岩不但控制了常规油气藏的形成与分布,而且与致密油气、页岩油气等非常规油气资源紧密相关。本节在对国内外细粒沉积学研究进展总结基础上,重点介绍了鄂尔多斯长7油层组、松辽盆地青山口组的湖盆细粒沉积特征与富有机质页岩分布模式。

一、细粒沉积研究现状

"细粒沉积"的概念,最早是由Krumbein根据岩石粒度分析提出的[1],目前该术语已被普遍接受和广泛应用。细粒沉积岩主要是指粒级小于0.1mm的颗粒含量大于50%的沉积岩,主要由黏土和粉砂等陆源碎屑颗粒组成,也包含少量盆地内生的碳酸盐、生物硅质、磷酸盐等颗粒[2]。细粒沉积岩占全球各类沉积岩分布的70%左右。

国外细粒沉积的研究首先是从泥岩开始的。早在1747年,Hoosen就提出了泥岩的概念,但直到1853年,Sorby才首次利用薄片来研究泥岩的微观特征。20世纪20年代以来,随着X衍射、扫描电子显微镜等技术的引入,泥岩微观特征研究进入了一个新的阶段,已经能够定量识别黏土矿物类型与颗粒形态。M. D. Picard首次较为系统地提出了一套细粒沉积岩的分类方法,指出"细粒"的意义在于分选良好,粉砂或泥质含量须大于50%[2]。Millot出版了第一本泥岩专著《Geologie des Argiles》[3],Potter编写了第一本《Sedimentology of Shale》(页岩沉积学)专著[4],对细粒沉积研究具有深远影响。

20世纪80年代以后，人们将更多精力投入第四纪晚期或现代细粒沉积研究，在生物化学和沉积机理等方面取得了重要进展。W. E. Dean 对深海细粒沉积进行了三端元分类（钙质生物颗粒、硅质生物颗粒和非生物颗粒）[5]；Dimberline 认为半远洋沉积是一种层状的、以粉砂级颗粒为主的细粒沉积物，可以夹砂级或泥级的浊流沉积（风暴影响），也可以形成独立的沉积相，提出半远洋细粒层是浮游生物繁盛与粉砂充注交替进行的结果，这种交替作用一年一次或一季一次[6]。David R. Lemons 对湖盆细粒沉积进行了研究，认为湖平面变化、构造作用、沉积物源、盆地底形会影响细粒沉积相带的分布，其中盆地底形是最为关键的因素[7]。

关于细粒沉积模式的研究，主要集中于海相黑色页岩，已经建立了海侵、门槛和洋流上涌等三种类型的沉积模式[2]，认为海相黑色页岩的形成主要受物源和水动力条件控制，滞流海盆、陆棚区局限盆地、边缘海斜坡等低能环境是其主要发育环境。海相富有机质黑色页岩的形成必需两个重要条件：一是表层水中浮游生物生产力必须十分高；二是必须具备有利于沉积有机质保存、聚集与转化的沉积条件。Macquaker 提出"海洋雪"作用和藻类爆发是海相富有机质细粒沉积物的主要成因[8]。陆相湖盆沉积水体规模有限，水体循环能力远不及海洋，富有机质页岩以水体分层和湖侵两种沉积模式为主。

中国石油地质领域关于细粒沉积的研究特色是湖泊沉积，在湖泊成因与湖泊作用、湖泊相沉积特征、烃源岩分布等方面总体达到国际先进水平，推动了中国陆相石油地质理论的建立。主要研究成果可以概括为以下四个方面。

第一从石油地质观点出发，根据湖泊的构造成因、地理位置和气候等条件，对中国中—新生代湖泊类型进行了划分，并系统研究了不同类型湖泊的沉积特征与生油能力[9-11]。如淡水湖泊一般形成于潮湿气候环境，以泥岩、页岩等细粒碎屑岩为主，平面上呈环带状分布，干酪根多属腐泥型。咸水湖泊一般形成于大陆干旱气候环境，以各种盐类沉积为主，如湖相石灰岩、白云岩、石膏、石盐等，亦有各种碎屑岩伴生。从生油能力分析，湖水盐度过高会影响生物的生长，因此盐湖沉积的生油指标不及淡水湖，干酪根类型多属腐殖型，不利生油。

第二从沉积环境与沉积特征解剖入手，根据沉积岩的成分、颜色、结构、展布和化石等多种标志对古代湖泊沉积亚相进行划分，并预测生油岩与储集岩的分布。指出浪基面、枯水面、洪水面三个界面是湖泊沉积亚相进一步划分的重要依据[9]。深湖—半深湖环境位于浪基面以下，为缺氧的还原环境，岩性以细粒沉积物为主，发育黑色泥岩、页岩，常见薄层泥灰岩或白云岩夹层，生油潜力最大。湖湾和沼泽环境一般也以细粒沉积为主，主要发育粉砂岩和泥岩，甚至可发育黑色页岩，可形成煤成气和少量凝析油[12]。

第三通过考察现代湖泊，对湖泊物理、化学、生物过程，沉积作用特点，富有机质页岩的分布以及早期成岩作用等进行了卓有成效的研究，深化了对湖泊相的认识[13]。如20世纪60年代初期，为了深入了解湖泊沉积的生油能力，围绕陆相生油理论，对青海湖进行多学科的综合研究，提出湖流、水深、氧化还原环境等因素共同控制富有机质页岩的形成与分布（图3-1）。同时部分学者也对中国渤海湾、鄂尔多斯等盆地湖相优质烃源岩的沉积特征与发育机制进行了解剖，探讨了形成与主控因素[14, 15]。

第四是开展了以有机地球化学为主的沉积—有机相研究。有机相最早由 Rogers 提出，主要是应用这一概念来描述生油岩中有机质数量、类型与产油气率和油气性质的关系。郝芳提出有机相是具有一定丰度和特定成因类型有机质的地层单元，并首次提出了有机亚相的概念[16]。金奎励[17]、朱创业[18]分别提出了陆相碎屑岩和海相碳酸盐岩沉积有机相的分类方案。

总之，陆相湖盆细粒沉积体系研究目前还比较薄弱，亟须在三个方面创新发展。一是传统碎屑岩沉积学研究内容与方法，已不能完全满足细粒沉积岩的需求，亟须建立行之有效的研究方法体系，明确主要研究内容，推动沉积学科的创新性发展；二是细粒沉积岩研究程度总体较低，亟须加强岩石微观组构与宏观分布规律等的解剖研究，建立不同类型细粒沉积岩的成因模式，为有利相带预测提供理论支撑；三是细粒沉积与粗粒沉积密切相关，需要加强整体性研究，揭示相互控制作用与机理，建立不同类型细粒沉积体系分布模式，为区带评价优选提供地质依据。

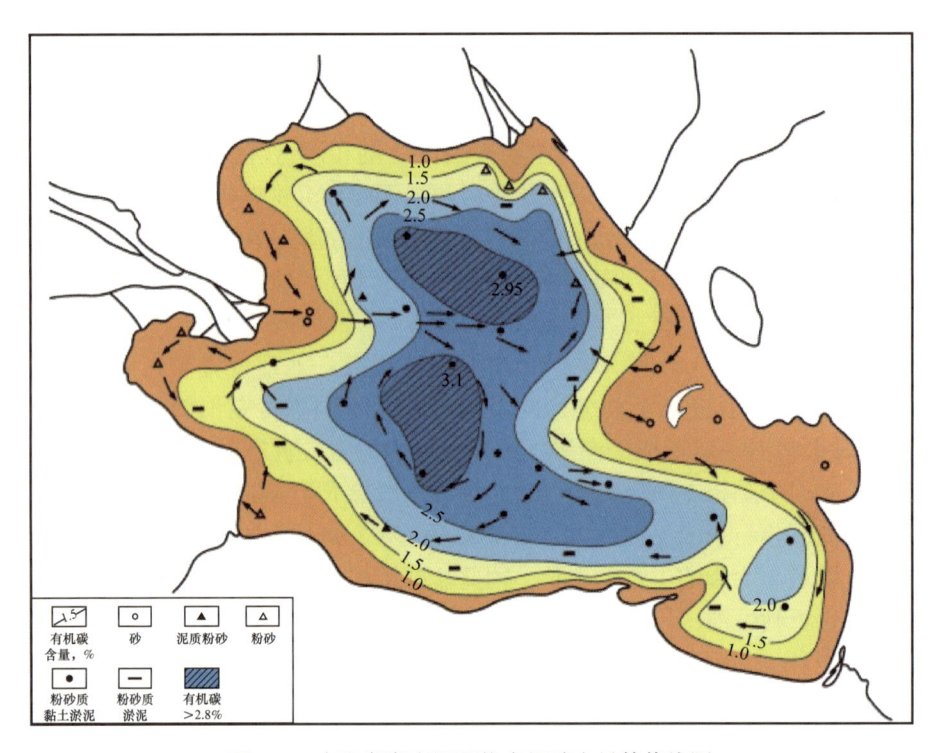

图 3-1　青海湖湖底沉积物有机碳含量等值线图

二、鄂尔多斯盆地长 7 油层组细粒沉积特征与分布模式

1. 岩相与沉积相展布特征

鄂尔多斯盆地延长组发育一套厚 800～1200m 的深灰色、灰黑色泥岩与灰绿色、灰色粉砂岩和中细粒砂岩互层的旋回性沉积。根据岩性、电性、含油情况，将其自下而上划分为 5 个岩性段（T_3y_1—T_3y_5）或 10 个油层组（长 10—长 1）。根据地质背景及古环境恢复初步分析，延长组沉积环境为淡水湖泊，经历了湖盆初始形成阶段（长 10 油层组沉积期）、湖盆扩张阶段（长 9—长 7 油层组沉积期）、湖盆萎缩消亡阶段（长 6—长 1 油层组沉积期），为一个完整的湖盆演化过程[19]。其中长 7 油层组沉积期是鄂尔多斯盆地三叠纪湖侵发育的最主要时期，沉积时期湖泊面积超过 $5 \times 10^4 km^2$，深湖区水体深度可达 150m[20]，

湖盆中央以泥页岩等细粒沉积为主，形成了中生界含油气系统最重要的烃源岩，控制了中生界岩性大油区的形成与分布[21]。

1）岩相展布特征

为了针对长7油层组湖泊细粒沉积特征进行精细研究，应用工区295口探井的综合录井资料，分3个小层按细砂岩、泥质细砂岩、粉砂岩、泥质粉砂岩、钙质砂岩、砂质泥岩、粉砂质泥岩、泥岩、页岩、凝灰质泥岩10种岩性进行了统计与工业化编图，厘定了长7油层组的岩相平面分布，刻画了长7油层组3个小层的细粒沉积体系。随机选取有取心资料的11口井进行岩心记录与录井数据比对，证实录井数据与取心数据的平均符合度为87.5%。利用综合录井资料进行细粒沉积岩分布研究的方法科学可行，在勘探程度较高的湖盆细粒沉积研究中具有推广价值。

对10种岩性分布的统计表明，长7油层组主要发育细砂岩、泥质粉砂岩、粉砂质泥岩、泥岩和页岩5种岩性或岩相类型，其厚度总和占地层厚度的97%左右。通过各小层不同类型岩性厚度分布与岩相编图，明确了长7油层组岩相发育特征与演化（图3-2）。

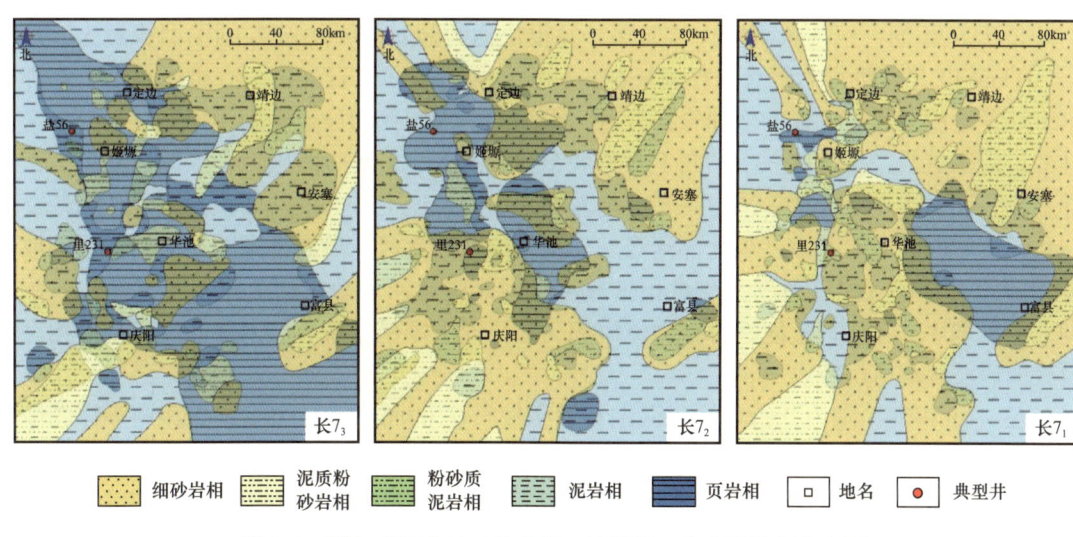

图3-2 鄂尔多斯盆地三叠系长7油层组3个小层岩相分布图

长7$_3$页岩相发育，以深湖亚相为主，三角洲主要发育在东北部地区；长7$_2$以泥岩相、细砂岩相为主，页岩相减少，反映深湖亚相开始萎缩，发育东北部、西南部大型三角洲并向湖延伸，导致深湖区发育大规模砂质碎屑流沉积；长7$_1$细砂岩相占主导地位，大型三角洲持续发育，深湖区砂质碎屑流沉积范围进一步扩大。

通过典型岩心观察与沉积微相分析，揭示了不同类型岩相的主要沉积环境。页岩相主要发育在深湖—半深湖沉积环境，细砂岩相主要发育在三角洲分流河道和砂质碎屑流沉积环境，泥质粉砂岩相在三角洲平原环境最为发育，粉砂质泥岩相在前三角洲环境最为发育，泥岩相主要发育在滨浅湖沉积环境，分布最为广泛，其向内边界反映了半深湖的界限。

2）沉积相特征

沉积相综合研究表明，长7油层组主要发育湖泊、三角洲和砂质碎屑流等沉积相类型，不同小层的沉积相分布规律有明显差异（图3-3）。

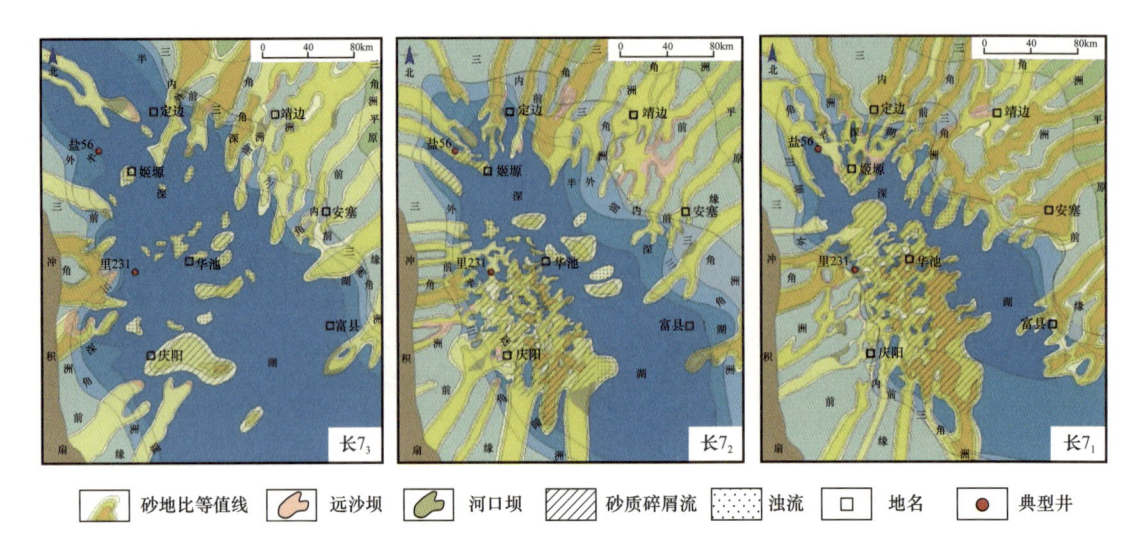

图 3-3　鄂尔多斯盆地三叠系长 7 油层组 3 个小层沉积相图

长 7₃ 沉积期，水体急剧扩大与加深，并很快达到鼎盛，因此长 7₃ 湖泊面积最大，达 $5 \times 10^4 \text{km}^2$ 以上。湖盆中央以发育深灰色、灰黑色泥岩、油页岩为主，有机质丰富，是鄂尔多斯盆地中生界最主要的生油岩发育区。半深湖—深湖亚相位于庆阳、华池、姬塬、富县的广大区域内，呈北西—南东向不对称展布；浅湖亚相呈环带状围绕半深湖区展布，东部宽阔，湖盆边缘在安塞—靖边一带。随着湖平面的快速上升，湖盆面积扩大，环湖各类三角洲体系明显向岸退缩。东北部靖边、安塞等地区曲流河三角洲范围明显缩小；西部坡度较陡，发育辫状河三角洲，前缘相带较窄，因此洪泛河水携带的沉积物可迅速注入深湖、半深湖中，在局部地区发育重力流沉积，在平面上零星分布。庆阳地区发育规模相对较大的砂质碎屑流沉积。

长 7₂ 沉积期，湖泊开始萎缩，深湖相面积较长 7₃ 的面积略有缩小，半深湖—深湖中心位置向东略微迁移，缩小至姬塬、华池、富县地区。三角洲砂体较长 7₃ 发育，东北部靖边、安塞等地区曲流河三角洲范围基本没变，西南部辫状河三角洲明显向湖泊延伸，分布范围扩大；半深湖—深湖亚相沉积重力流砂体发育，砂质碎屑流砂体广泛分布在庆阳—华池等地区。

长 7₁ 沉积期，湖泊继续向东南缩小，深湖中心位置缩小至姬塬、华池、塔儿湾一带，呈北西—南东向的狭窄区域展布。长 7₁ 沉积期三角洲砂体发育，东北部定边、靖边、安塞等地区曲流河三角洲略向湖盆方向延伸，西南部辫状河三角洲继续向东北方向延伸入湖，分布范围扩大。西南物源的砂质碎屑流沉积最为发育，分布面积大，平行于湖岸线展布，范围达庆阳—华池的广大地区，连片分布[22]。

2. 长 7 油层组泥页岩组构特征

三叠系延长组长 7 油层组是鄂尔多斯盆地中生界的主力烃源岩，前人主要从有机地球化学角度对其烃源岩特征与生油潜力进行了系统研究与资源潜力评价，但对泥页岩组构特征、泥页岩沉积环境恢复以及与有机质的关系等方面研究较少。本书应用岩心 CT 扫描、薄片观察、X 衍射、地球化学测试、有机碳测试井定量计算等多种手段与方法，对鄂尔多斯盆地长 7 油层组典型湖相页岩/泥岩及其岩石组成、纹层构造等微观特征进行了系统解剖。

通过岩心薄片观察描述与 X 衍射、热解分析测试资料整理，长 7 油层组泥页岩矿物组成以黏土、石英为主，其次为长石、有机碳和黄铁矿等。通过 13 口井 300 余块岩心样品全岩 X 衍射分析数据统计，长 7_3 泥页岩组成有机碳、黏土、黄铁矿含量较高，平均分别为 7.18%、53.2%、8.2%，长 7_2、长 7_1 泥页岩组成有机碳、黏土、黄铁矿含量逐渐降低，反映了湖水逐渐变浅、陆源碎屑物质供给逐渐增加的地质特征。

盐 56 井位于工区西北部姬塬地区，连续取心长度达 158m，取心层位包括长 8 油层组顶部与长 7 油层组全部，是鄂尔多斯盆地针对长 7 油层组最为系统的 1 口取心井（图 3-4）。长 8 油层组沉积期湖泊范围小，水体浅，该地区发育三角洲前缘细砂岩—粉砂岩，随着湖侵的发生，在长 8 油层组顶部发育浅灰色滨浅湖相泥岩、粉砂质泥岩，并快速进入长 7 油层组的深湖相页岩沉积。盐 56 井长 7 油层组主要为深湖、半深湖页岩、泥岩，夹薄层粉砂岩或泥质粉砂岩，反映该地区受外来物源影响较小，总体发育页岩相。黏土矿物含量一般为 50%~70%，石英含量一般为 30%~40%，长石含量在长 7_3—长 7_2 中较低，一般小于 5%，长 7_1 长石含量较高，一般可达 10%~20%；有机碳含量一般在 4%~12% 之间，黄铁矿含量一般小于 3%，最高可达 15%。

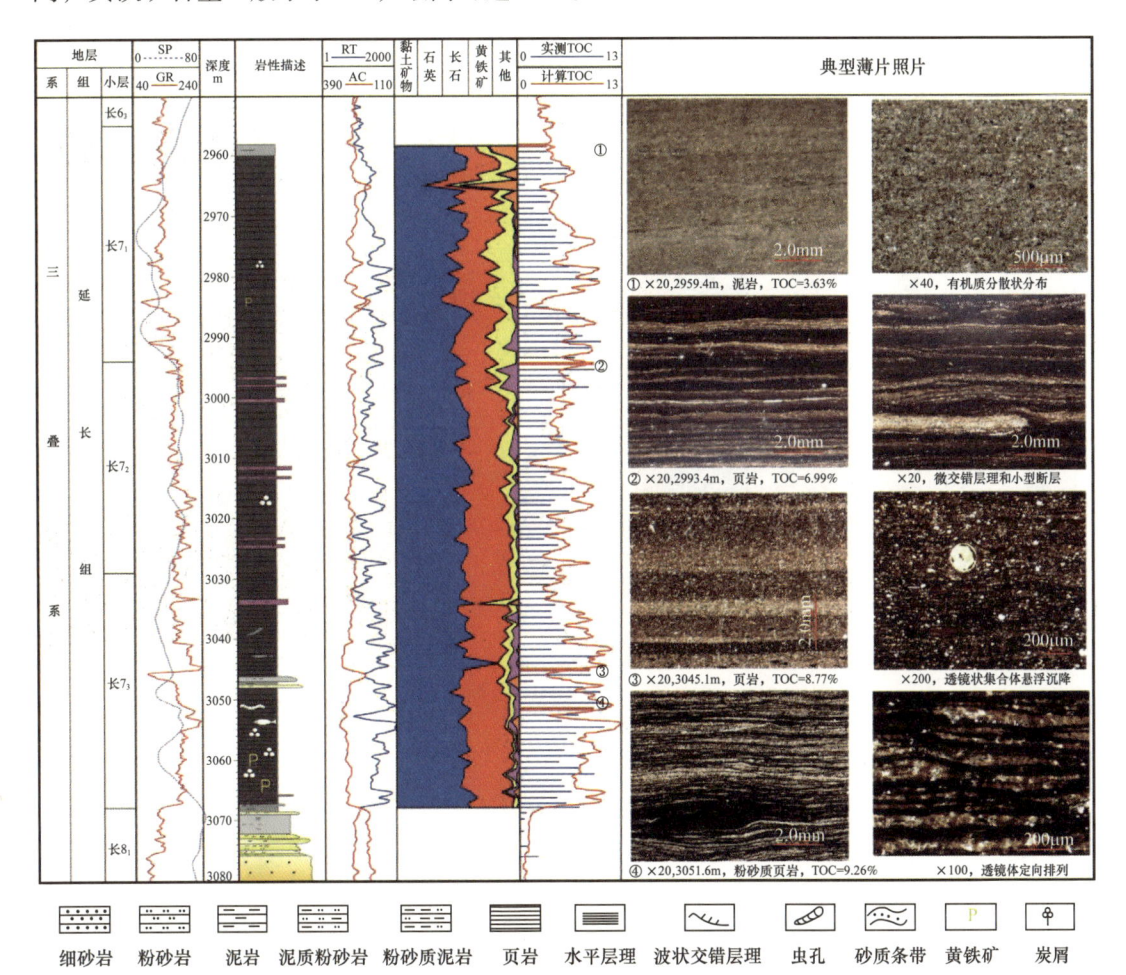

图 3-4 鄂尔多斯盆地盐 56 井三叠系延长组长 7 油层组组构特征综合分析图

薄片观察表明，盐56井岩性与层理构造复杂，既发育波状纹层、平直纹层页岩和似块状页岩，也发育块状层理、粒序层理泥岩，反映沉积时湖泊水体环境变化较大，并控制了有机碳的发育。泥岩有机碳含量相对较低，有机质一般分散分布，页岩有机碳含量较高，有机质一般成层分布。有机碳含量在纵向上分布具有明显的旋回性，反映了有机质勃发周期等特征。

里231井位于工区中部环县地区，连续取心长度达120m，取心层位为长7_3—长7_1（图3-5）。长7_3中下部发育深湖相页岩夹砂质碎屑流细砂岩，以富有机质页岩为主，页岩相发育，黏土矿物、有机碳与黄铁矿含量高；长7_3上部沉积开始湖泊水体逐渐变浅，以及西北部三角洲生长影响到里231井地区，导致该地区处于半深湖环境—前三角洲过渡相带，因此长7_3上部—长7_1以泥质粉砂岩、粉砂质泥岩、粉砂岩和页岩为主，并夹较厚层河口坝砂体。前三角洲—半深湖环境形成的泥岩有机碳含量明显较低，一般小于1%。长7_3深湖亚相似块状页岩发育，镜下观察主要由有机质—黏土结合体在压实后，呈现扁平状透镜体组成，可以看见存在着多种组构的超微化石，有机碳含量可高达20%以上。长7_2半深湖亚相块状、粒序状泥岩发育，常见变形构造，沉积时期水体受重力流沉积的影响。有机碳含量在纵向上分布也具有明显的旋回性特征。

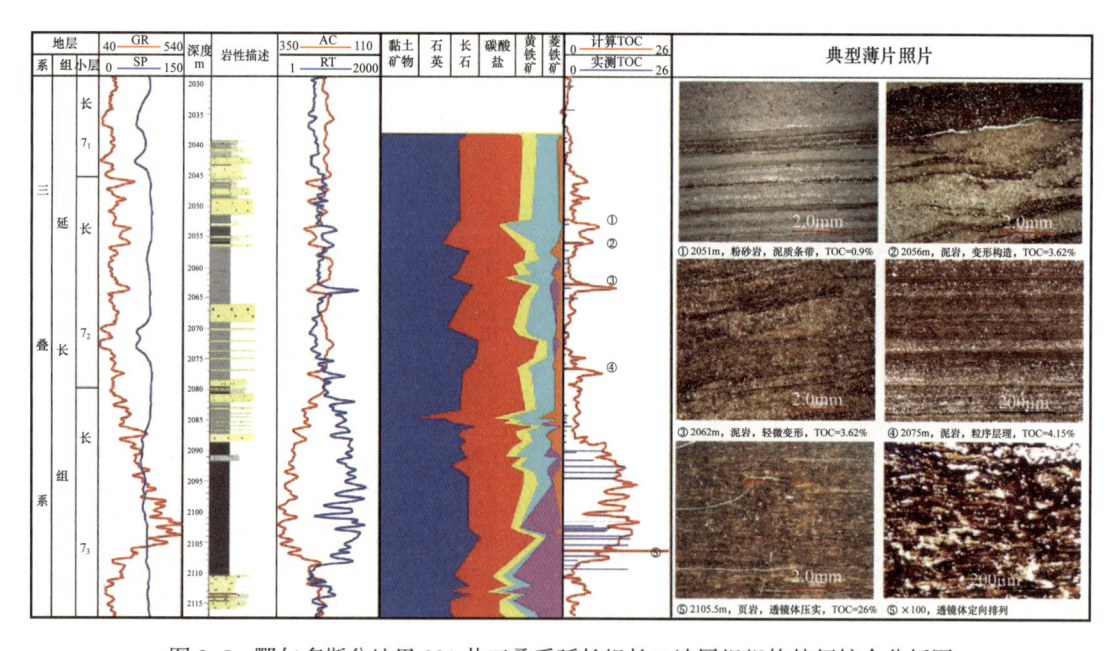

图3-5 鄂尔多斯盆地里231井三叠系延长组长7油层组组构特征综合分析图

3. 富有机质页岩沉积模式

关于泥岩和页岩的概念及其理论内涵在学术界还比较模糊，一般认为页理发育的泥状岩称为页岩，页理不发育的泥状岩称为泥岩[15]。通过实例解剖，揭示了长7油层组泥岩和页岩在岩石特征与结构、矿物与元素组成、有机质赋存状态与地球化学特征等方面存在明显区别（表3-1）。页岩比泥岩颜色深，页理构造发育，石英、长石等碎屑矿物含量较低，黏土矿物含量一般大于50%，黄铁矿含量平均为10%，是泥岩的10倍。泥岩残余有机碳含量主要分布于0.5%~1.5%之间，最高不超过4.5%，平均为2.21%。页岩残余有机碳含量一般为4%~20%，最高可达30%以上，平均为10.63%，是泥岩的5倍。页岩可溶烃S_1平均含量为4.25mg/g，是泥岩的3倍；页岩产油潜量S_1+S_2平均为62.88mg/g，约为泥岩的8倍。薄片观察表明，页岩中的有机质多呈纹层状连续分布，而泥岩中有机质一般呈星点状分散分布，或者与矿物层完全混合呈絮凝状分布。干酪根类型页岩以腐泥型为主，泥岩以腐殖型—腐泥型为主。

表3-1　鄂尔多斯盆地长7油层组泥岩与页岩沉积组构、地球化学特征差异

沉积组构差异				地球化学差异		
岩石特征	泥岩		页岩	测试项目	泥岩	页岩
岩石颜色	浅灰色、灰色为主		深灰色、黑色为主	平均有机碳含量，%	2.21	10.63
层理构造	块状层理为主		页理构造发育	干酪根类型	II_A—II_B	I—II_A
含砂量，%	5~20		一般<5	可溶烃S_1，mg/g	1.41	4.25
碳质、沥青含量	较少，不污手		碳质页岩污手	热解烃S_2，mg/g	6.88	58.63
岩石组成	黏土、石英、长石、菱铁矿等		黏土、石英、长石、有机质、黄铁矿等	产油潜量S_1+S_2，mg/g	8.29	62.88
黏土矿物含量，%	一般<50		一般>50	残余碳S_4，mg/g	30.83	131.93
石英、长石含量，%	一般>40		一般<40	产率指数PI	0.19	0.12
有机碳含量，%	一般<3		一般>5	氢指数HCI，mg/g	143.96	296.20
黄铁矿含量，%	一般<2		一般>3	有效碳PC，%	0.66	5.30
岩石结构	含砂质结构		黏土质、泥质结构	降解率D，%	14.47	27.20

泥岩一般形成于深湖—半深湖重力流环境和前三角洲与滨浅湖环境，陆源碎屑物质供给相对充分，沉积速率较快，导致泥岩纹层构造不明显，这也是与页岩在构造上的最直观差异。深湖—半深湖重力流环境形成的泥岩，粉砂质含量较高，常呈递变层理和块状层理，其成因机制以浊流为主，在纵向上可观察到鲍马序列。在鲍马序列的c—e段，岩性细，黏土与有机质含量高，也可形成优质烃源岩；而在a—b段，岩性较粗，石英、长石等含量较高，沉积快速，导致有机碳含量较低。前三角洲环境形成的泥岩，由于受三角洲物源和水动力的影响，泥岩中粉砂质含量普遍较高，有机碳含量明显较低，发育受水动力和底栖生物改造的多种层理构造。

页岩主要形成于相对封闭的深湖环境，陆源碎屑物质供给不足，沉积速率低，底栖生物不发育，导致页岩季节性纹层构造发育，形成长英—黏土与有机质的二元结构。当湖泊出现季节性分层时，可形成这种明暗相间的纹层。在有湖流或者浊流影响时，也能够形成似波状层理，有机质呈现断续的分布，表明深湖区水体并不是非常安静。在陆源碎屑物质供给严重不足的深湖区，有机质经历更长时间的沉积，有机质遭受更长时间的降解，成分散状分布，这种富有机质页岩一般形成于水体深度最大、最为安静的水体中。另外，还有

黄铁矿、胶磷矿透镜状分布的黏土集合体的定向排列所形成的页岩。这种纹层构造的黑色页岩通常具有最高的有机碳含量，普遍在长 7_3 底部出现，反映当时沉积环境具有极高的生产力和低的陆源物质输入。

富有机质页岩是一种非常重要的细粒沉积岩，富含有机质是其基本特征，是含油气盆地最重要的烃源岩，同时也是页岩气/油的储集岩。鄂尔多斯盆地三叠系延长组长 7 油层组富有机质页岩的沉积模式以湖侵—水体分层模式为主（图 3-6），沉积相带、水体深度、缺氧环境、湖流是富有机质页岩分布的主控因素。

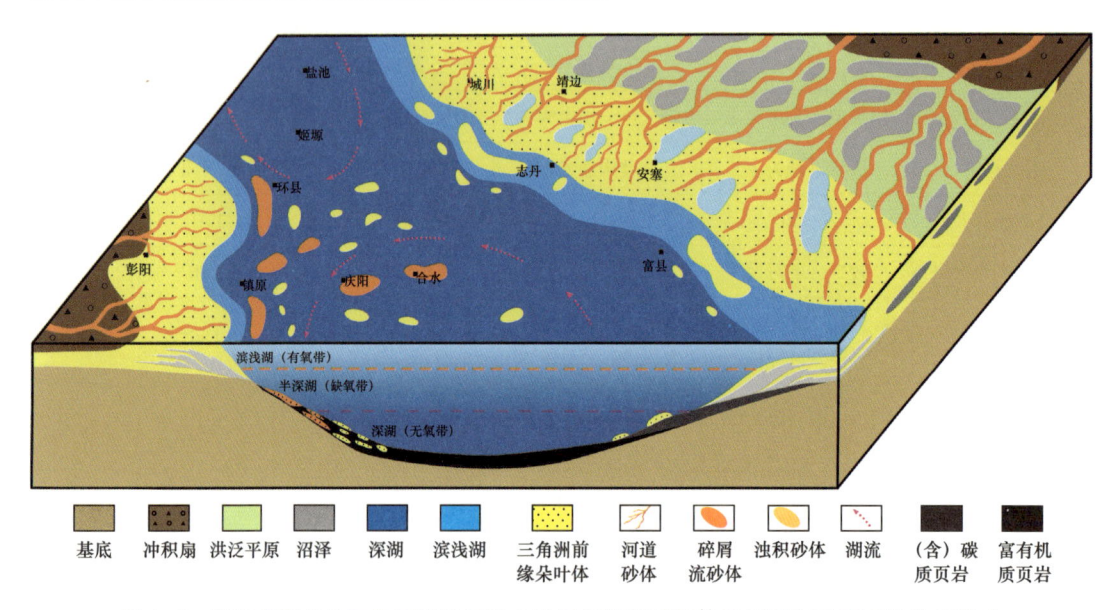

图 3-6 鄂尔多斯盆地三叠系延长组长 7 油层组细粒沉积体系与富有机质页岩分布模式

深湖亚相宁静水体页岩分布区，以页岩为主，有机碳含量高，Ⅰ型干酪根，以湖流作用为主。砂质碎屑流背景深湖相页岩分布区，页岩、砂岩互层，有机碳含量高，Ⅰ型、Ⅱ$_A$型干酪根，受浊流或砂质碎屑流影响。前三角洲背景半深湖相页岩分布区，以泥岩、粉砂质泥岩为主，有机碳含量低，以Ⅱ型干酪根为主，以三角洲喷流或湖流作用为主。河流—三角洲平原碳质页岩分布区，以碳质泥岩为主，有机碳含量高，以Ⅱ、Ⅲ型干酪根为主。

长 7 油层组沉积期是鄂尔多斯盆地三叠纪湖侵发育的最主要时期，长 7_3 沉积期湖泊面积超过 $5×10^4 km^2$，深湖区水体深度可达 150m，水体盐度一般小于 0.01%，属于淡水环境。长 7_3 沉积期快速湖侵，湖水深度和范围急剧增加，深湖区表层水体与下层水体由于温度差异导致上下水体循环受阻，从而在深湖区形成了大面积的缺氧环境，有利于富有机质页岩的发育。另外，火山活动对其生产力的提高和缺氧环境的形成也有很大的促进作用[23]。

通过对长 7 油层组富有机质页岩薄片的观察发现，存在着多种组构的微体、超微化石。这些生物化石有多种类型，外形上有球形、椭球形等，常常具有胶磷矿和黄铁矿的外壳，内部为有机质。原生的厚的胶磷矿外壳和生物膜壳的快速黄铁矿化，是长 7 油层组有机质得以保存的主要影响因素。这些化石层段在垂向上比较局限，多出现在长 7_3 的底部，表现出短暂的勃发—消亡特征，并常常出现在凝灰质纹层附近，证实火山喷发、湖底热液活动等可能为其触发机制。

三、松辽盆地青山口组细粒沉积特征与分布模式

1. 青山口组岩性特征

松辽盆地青山口组形成于晚白垩世坳陷期。青一段沉积期整体表现为快速湖侵的沉积过程，湖侵使湖泊面积急速扩大，湖泊范围至少接近现今盆地边界，面积达到 $10 \times 10^4 km^2$，湖盆中心发育一套富有机质的深湖相黑色泥岩，为松辽盆地最重要的烃源岩。从青二段沉积中、晚期开始，湖盆以水退为主，湖泊面积逐渐缩小。泥页岩等细粒沉积主要分布在滨浅湖和深水环境。滨浅湖受河流、湖浪、环流和沿岸流等控制，常见波状、楔状及平行层理等牵引流沉积构造；岩性以灰黑色泥岩、粉砂岩和介形虫灰岩为主，砂地比为10%～30%。半深湖—深湖受控于细粒悬浮沉降和底流沉积，水平纹层和波状纹层发育；岩性以深灰色黏土质页岩、粉砂质页岩及粉砂质黏土岩为主，砂地比一般小于10%。根据水动力条件、岩性特征与沉积相带解剖分析，松辽盆地细粒沉积可划分为五个相带（图3-7），即三角洲前缘相、前三角洲相、湖湾相、半深湖斜坡相、深湖相。深湖与半深湖相是泥页岩的主体相带。

(a) 沉积体系示意图　　(b) 细粒沉积模式图

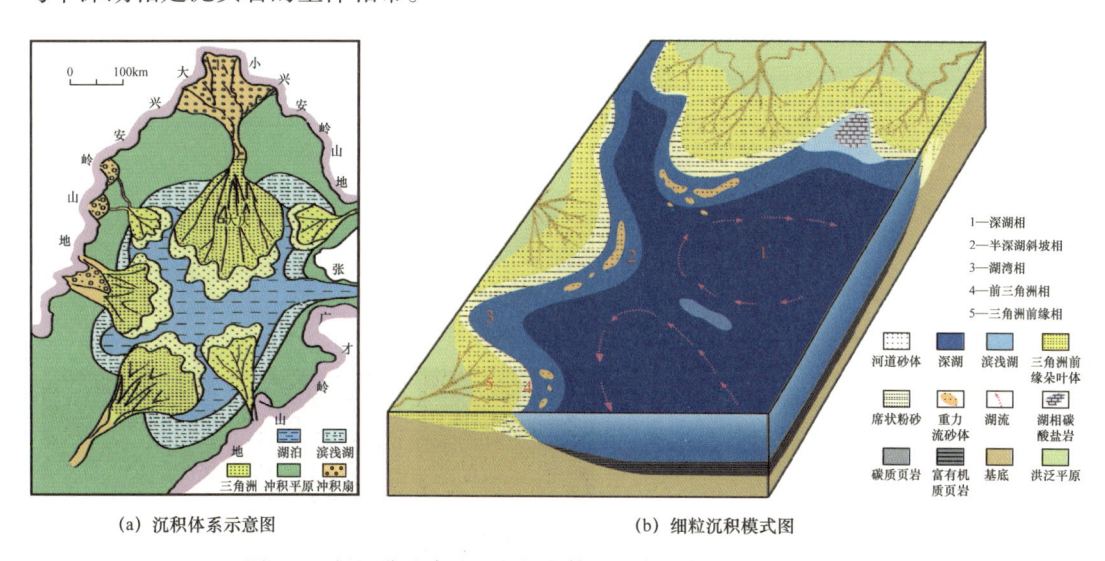

图3-7　松辽盆地青山口组沉积体系示意图与细粒沉积模式图

总的看来，四种相带形成的页岩有机质含量从高到低依次为：深湖相、半深湖斜坡相、湖湾相、前三角洲相。深湖相以细粒悬浮沉降为主，岩相为黏土质页岩和少量粉砂质页岩，黄铁矿含量高（5%），TOC（有机碳含量）平均值大于3%，水平纹层和波状纹层发育。半深湖斜坡相底流活动较强，岩性为粉砂质黏土岩和生屑粉砂质页岩，黄铁矿含量低，TOC平均值为2.21%，波状纹层发育。湖湾相水体安静，岩性为粉砂质页岩和黏土质页岩，黄铁矿含量高，TOC平均值为3.03%。前三角洲相湖流发育，岩性为粉砂质泥岩、生屑粉砂质泥岩和少量粉砂质页岩，TOC平均为1.88%。

深湖相页岩分布于齐家—古龙凹陷和三肇凹陷内部。该区页岩质纯，呈深黑色，厚

度较大，连续厚度可达 70m，青一段底部一般发育厚度约 10m 的油页岩。岩性主要为含锰磷黏土质页岩和少量的粉砂质页岩，黏土含量高，石英含量低，黄铁矿含量高，页岩平均 TOC 值较高。以葡 53 井为例，该井位于齐家—古龙凹陷中央，发育一套黑色页岩、暗色泥岩夹薄层碳酸盐岩；页岩黏土含量为 44.9%，石英含量为 29.7%，碳酸盐含量低，为 8.41%，黄铁矿含量为 5.3%，TOC 为 0.11%~8.76%，平均值为 3.41%。深湖相沉积时水体安静，细粒物质主要以悬浮沉积的形式堆积，同时水体分层性好，还原条件优越，有利于藻类、水生低等生物等生油母质埋藏并向干酪根转化，深湖相是富有机质页岩发育的最有利相带。

半深湖斜坡相指湖盆边部向湖盆中心推进的阶地部位，相当于齐家—古龙凹陷与龙虎泡—大安阶地结合的部位。该相带水动力较强，泥质浊流沉积频率高，浊流带来的大量有机质得以快速埋藏，快的埋藏速率使有机质迅速与上部存在有氧降解的区域隔离开，从而保存下来。该地区形成的页岩纯度比深湖相略差，主要岩性为粉砂质页岩和少量黏土质页岩夹生屑粉砂质页岩。以哈 14 井为例（图 3-8），页岩黏土含量为 47%，石英含量为 30%，黄铁矿含量低，为 2.08%，TOC 为 0.51%~5.47%，平均为 2.21%。半深湖斜坡相比深湖相水体动荡，水体分层和还原条件相对较差，但是该地区一般浊流发育，沉积物埋藏速率较高，弥补了还原环境较弱这个缺陷，因此局部层段也能形成含有较高 TOC 值的页岩。同时由于水体变浅，这里形成的页岩常与碳酸盐岩形成互层。除了深湖相，半深湖斜坡相也是富有机质页岩发育的有利相带。

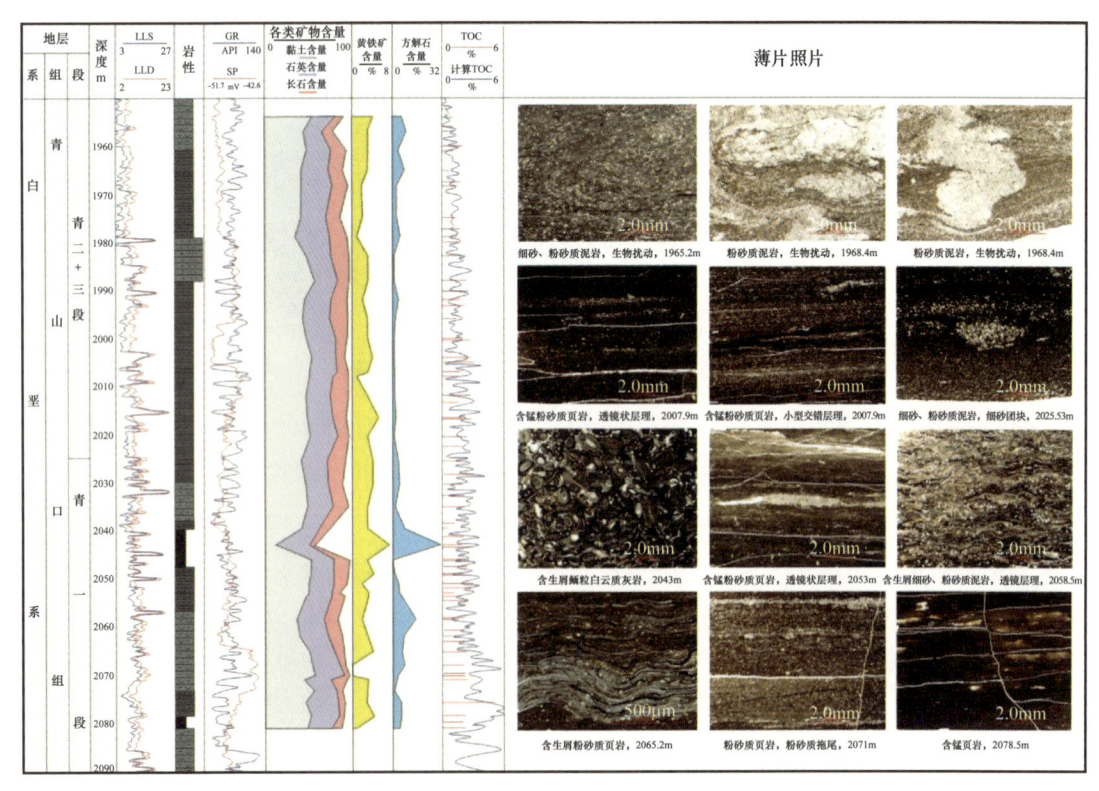

图 3-8 松辽盆地哈 14 井岩性综合柱状图及典型薄片照片

前三角洲相形成的泥页岩主要岩性为粉砂质泥岩夹少量生屑粉砂质泥岩，黏土含量低，石英、长石等陆源碎屑含量高，同时黄铁矿含量低，菱铁矿含量高，表明其还原条件较弱，水体较浅。页岩TOC值为0.39%～4.62%，平均为1.98%。因此不属于富有机质页岩发育的有利相带。

湖湾相属于前三角洲与半深湖的过渡类型，可发育湖相碳酸盐沉积。

2. 青山口组泥页岩组构特征

1）岩矿特征与化学组成

青山口组泥页岩由陆源碎屑物质、黏土矿物、有机质和化学沉淀物组成。系统取样分析，石英含量为22%～40%，平均为30.9%；长石含量为4%～22%，平均为14.5%；黏土含量为11%～56%，平均为45.8%；碳酸盐矿物（方解石、铁白云石）含量为0～31%，平均为5.4%。X衍射显示，黏土矿物以伊/蒙混层为主，含量约85.9%，伊利石含量为7%，还有少量高岭石和绿泥石。扫描电镜结合能谱可辨别锆石、金红石、磷灰石、闪锌矿、黄铜矿等。

黄铁矿含量介于1%～7%之间，平均为3.05%。扫描电镜下观察到黄铁矿顺层分布，以单晶、莓球状和二者集合体的形态存在，与黏土矿物共生。黄铁矿是富有机质沉积的特征矿物，也是恢复沉积环境的重要指标。沉积环境还原性越强，有机碳含量越高，黄铁矿单晶直径越小。

青山口组优质烃源岩的微量元素测试结果显示，Mo的平均含量为5.56×10^6，V的平均含量为104.2×10^6，Cu的平均含量为44.1×10^6，U的平均含量为5.43×10^6，Pb的平均含量为31.5×10^6。与长7油层组优质烃源岩中的Mo、U、Cu、Pb等微量元素相比数值普遍偏低，青山口组页岩中的生命元素低于鄂尔多斯长7油层组页岩，表明两个湖盆生产力存在较大的差异。从哈14井微量元素与TOC的匹配关系可以看出，2073m发育富有机质页岩，与其共生的元素组合为U—Mn—V—Zn—Al组合；2064m处发育鲕粒灰岩，共生的元素组合为P—Ba—Sr（图3-9）。

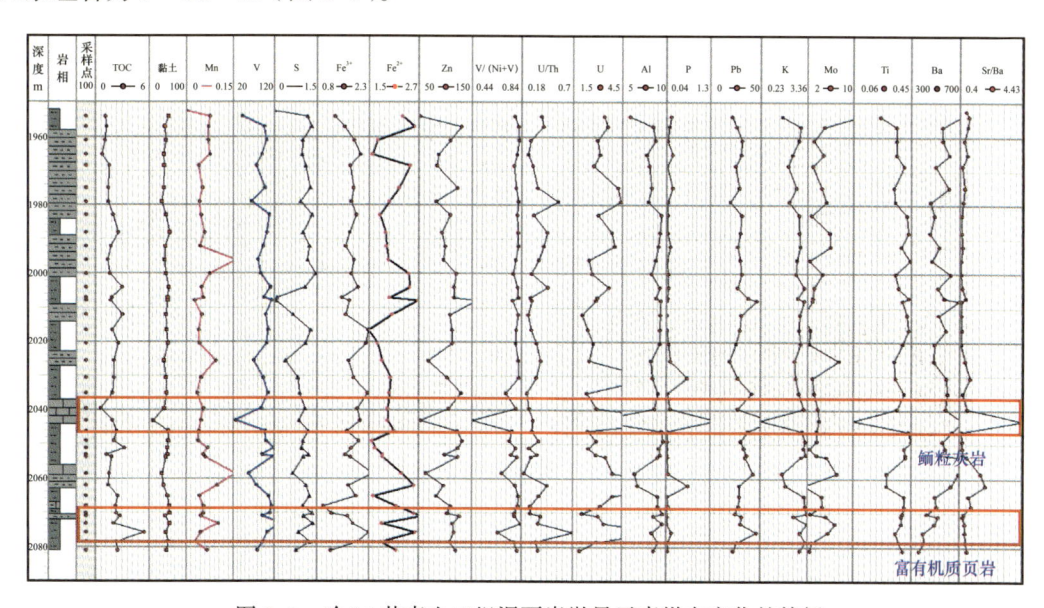

图3-9　哈14井青山口组泥页岩微量元素纵向变化的特征

2)有机地球化学特征

通过青山口组254块样品的地球化学分析表明,黑色页岩的TOC值平均为2.67%,主要分布在1.5%~2.5%,按照国外烃源岩划分标准,属于好—很好烃源岩。青一段平均有机碳含量为2.87%,平均总烃含量为1612μg/g,总烃/有机碳为0.073;青二段平均有机碳含量为0.707%,平均总烃含量为285μg/g,总烃/有机碳为0.04。

根据干酪根热解色谱分析和镜下鉴定,青一段干酪根属于腐泥型,H/C原子比在1.5以上;青二段、青三段干酪根属于混合型,H/C原子比为1.0~1.5。横向上,深湖相黑色泥岩中的干酪根属于腐泥型,泛滥平原和沼泽相泥岩属于腐殖型,中间属于混合型。

对哈14井深湖相泥页岩的热解色谱分析显示,主峰碳数主要为轻烃,说明其母质主要来源于湖相低等生物。多井正烷烃数据对比显示,从边缘相—湖相不同环境下的有机质有着明显的差别。靠近湖盆边缘相的样品主峰偏后,OEP(奇偶优势化)大,而向湖区主峰偏前,OEP减小。反映湖盆边缘主要接受陆源高等植物、湖盆中心主要接受藻类等水生生物有机质的特征。青一段中的腐泥质主要由藻类体和矿物沥青质组成,藻类体含量为1.0%~7.87%,一般在3%以上,这些藻类体主要为无结构藻类体,是各种藻类降解或者不完全降解的产物,显微镜下不能判断其生物结构。

3)微观沉积构造

泥页岩的纹层构造是非常重要的微观构造特征之一,它能反映水体深浅、沉积过程、湖盆生产力等诸多沉积因素。经15口井100多个泥页岩薄片的镜下观察,总结出松辽盆地青山口组富有机质页岩中的沉积构造主要有三种。

纹层构造:通过对松辽盆地青山口组15口井的泥页岩薄片开展观察,发现其纹理丰富,包括水平纹层和波状纹层,纹层厚度为0.2~0.6mm,从横向连续性可分为连续纹层和断续纹层。暗色矿物或有机质呈薄层断续或连续波状,介形虫碎片则呈厚度不一的连续波状。

碳酸盐纹层色浅,白色或者褐黄色纹层,叠瓦状连续分布,由介形虫残骸堆积而成,单层厚度为0.03~0.1mm(图3-10)。在介形虫残骸叠加的缝隙之间,夹有富含铁质或者锰矿物的黑色纹层,混有少量稍粗粒方解石及少量铁白云石。

(a)叠瓦状碳酸盐纹层(白色纹层),大61井,1937.8m　(b)叠瓦状碳酸盐纹层(白色纹层),哈14井,2046m

图3-10 青山口组页岩中碳酸盐纹层典型薄片照片

微型交错层理:泥页岩中存在微型交错层理是近年来结合水槽实验得出的有关泥页岩沉积动力学的最新研究成果。过去细粒物质沉积研究达成的共识,认为页岩总是发育于水流微弱的安静环境，悬浮沉积形成；受到水流作用时会再悬浮，不会侵蚀，高含水的泥岩受到强水流的作用时，没有剪切力。随着研究的深入，上述共识已经面临挑战。现代泥质粒度分析表明，大多数直径小于 10μm 的颗粒以絮凝物形式沉积，直径大于 10μm 的颗粒则主要以单独颗粒形式沉降，絮凝过程有助于在海洋环境中长距离输送大量泥质沉积物。Schieber 等通过水槽实验证明絮状物可表现为与粗粒碎屑水力等效的方式，作为高密度流或者浊流的成分在海底进行搬运，并可形成交错层理[24]。

青山口组泥岩中发现较多的微型交错层理，说明其沉积环境不是静止的，而是底流发育的动荡环境。这些泥岩中可以见到小型的楔状、槽状交错层理，透镜状构造以及底部冲刷、充填构造（图 3-11），均为牵引流成因，这些沉积构造除了与深水区的浊流有关，还可能与海水入侵形成的底流有较大关系。

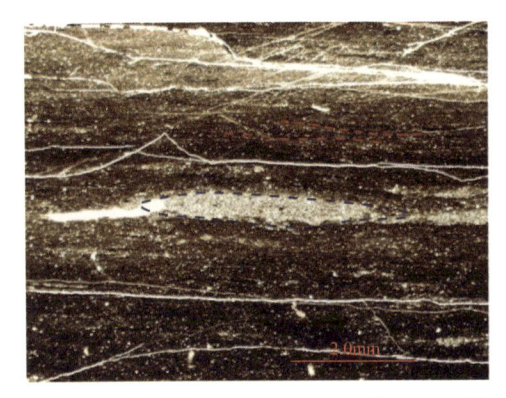

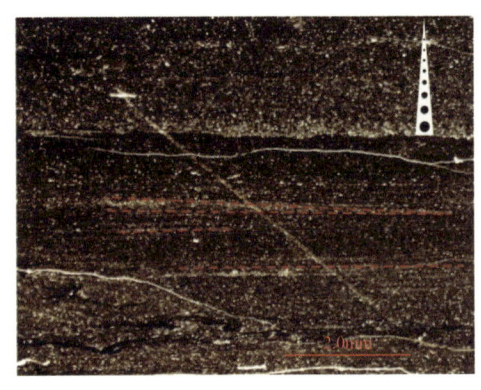

图 3-11 青山口组微型交错层理典型薄片照片

生物扰动构造：生物扰动构造在青山口组泥岩中非常常见，特别是青二段、青三段的顶部。按照生物扰动的程度，可分为保留少量层理的生物扰动以及斑块—均质的生物扰动。图 3-12a 为保留少量层理的生物扰动构造，其形成环境为水体突然加深或者沉积物迅速掩埋，生物体迅速逃逸产生的垂直逃逸迹，破坏了局部的纹层，但仍可看出原始的沉积纹层。图 3-12b 为斑块—均质的生物扰动，当时的环境利于生物生存活动，生物基本改变了原始沉积面貌，原始沉积构造已经看不出来。

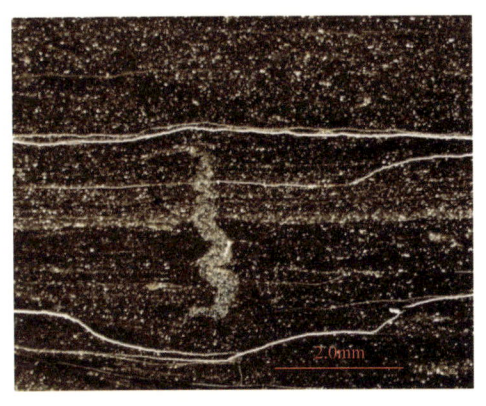

(a) 保留层理的生物扰动，大 61 井，1926m　　(b) 斑块—均质的生物扰动，哈 14 井，2010.5m

图 3-12 青山口组页岩生物扰动构造典型薄片照片

3. 富有机质页岩沉积模式

由于有机质的富集在垂向上变化很大，从而导致有机碳的分布也有较大的离散。通过对哈14井青山口组（1952.4～2081m）页岩的分析，TOC值在0.51%～5.47%之间波动，显示出强烈的非均质性（图3-9）。共发育四个富有机质页岩段（TOC＞2%），青一段底部2063～2081m发育厚度为18m的富有机碳页岩段，有机碳含量最高值为5.47%，纹层发育；青二段2012～2030.5m发育厚度为18m的富有机碳页岩段，有机碳含量最高值为3.02%，纹层发育；而青三段顶部有机碳含量普遍小于2%，最小值为0.54%，生物扰动构造发育。结合页岩组构和显微构造分析，认为这种有机碳含量非均质性与沉积环境具有较强相关性。

松辽盆地在白垩纪总体上属亚热带气候，古气温较高，年平均温度为14～24℃；水表年平均温度为17～25℃；水深大于20m的深湖区平均温度为6.5～12.2℃；湖内水深最大处湖底温度为4～11.3℃；青山口组和嫩江组沉积时期，湖水分层显著，深湖区湖底温度季节性变化很小，常年在8℃以下。青山口组和嫩江组沉积时期的最大特点是水深大，平均水深在30m以上，最大水深在70m以上。这样大的水深创造了两个有利空间：一是上部的变温层空间，四季分明，为水生生物的发育提供了宽阔的场所，其表层20～25℃的较高温度既有利于大多数浮游生物的繁衍，更是水生藻类发育的理想温度；二是下部的恒温层，由于水深大，湖底水体安静，水温基本常年不变，上下水体交换不畅，形成缺氧环境，十分有利于有机质的保存。也就是说，上部变温层为水生生物的大量繁衍提供了理想的空间，下部的低温恒温层为沉积有机质的保存创造了极有利的条件。生油母质是由藻类和经过细菌强烈改造的陆生高等植物叠合而成，且具有很高的有机质丰度。

青山口组沉积由早到晚，水体逐渐变浅，底水含氧量逐渐升高，由较强的还原环境演化为弱还原环境。选取TOC大于2%和TOC小于2%的样品，对比其沉积组构和生物标志化合物。样品A的TOC值为5.47%，无明显层理构造，应形成于安静贫氧的底水环境中，有机质通过与黏土矿物结合悬浮沉降保存。样品B、C、F的TOC值均大于2%，发育平行层理、波状层理、底部侵蚀构造等表征底流的显微沉积构造，形成于底流发育的底水环境中，处于相对缺氧的还原环境。样品D、E、G发育不同程度的生物扰动构造，表明其所处的环境为具有一定溶氧量的弱还原环境。样品H发育在青二段、青三段的顶部，虽无明显的生物扰动构造，在沉积相带上已位于三角洲前缘部位，有机质输入量降低，TOC值仅为0.51%。生物标志化合物对比也证实了这一点，样品A的Pr/Ph值为0.8，表现为植烷优势，属于强还原环境；样品B、C、F的Pr/Ph均不大于1，属于还原环境；样品D、E、G、H的Pr/Ph值均大于1，属于弱还原环境（图3-13）。

青山口组黑色页岩经历三种沉积环境，对应三种模式。青一段沉积早期，快速沉降使湖盆迅速扩张，水域宽广且水体深，气候温暖潮湿，河流注入量大，为青山口组沉积期湖盆发展的全盛时期。湿热气候中的持续降雨增强了物源区的侵蚀，带来大量营养物质与有机元素，湖盆中浮游藻类勃发，以葡萄藻和沟边藻为主，湖泊生产力最强。90%的有机质来自湖泊自身生产力和陆源输入。深湖底部受到地形和水体循环的限制造成底水缺氧，是富有机质页岩发育的最佳环境（图3-14）。同时大量可代谢的有机质在底部水体出现硫酸盐的还原作用，释放出H_2S（硫化氢），运用还原态硫与有机质结合形成稳定生物聚合物来促进有机质的保存。

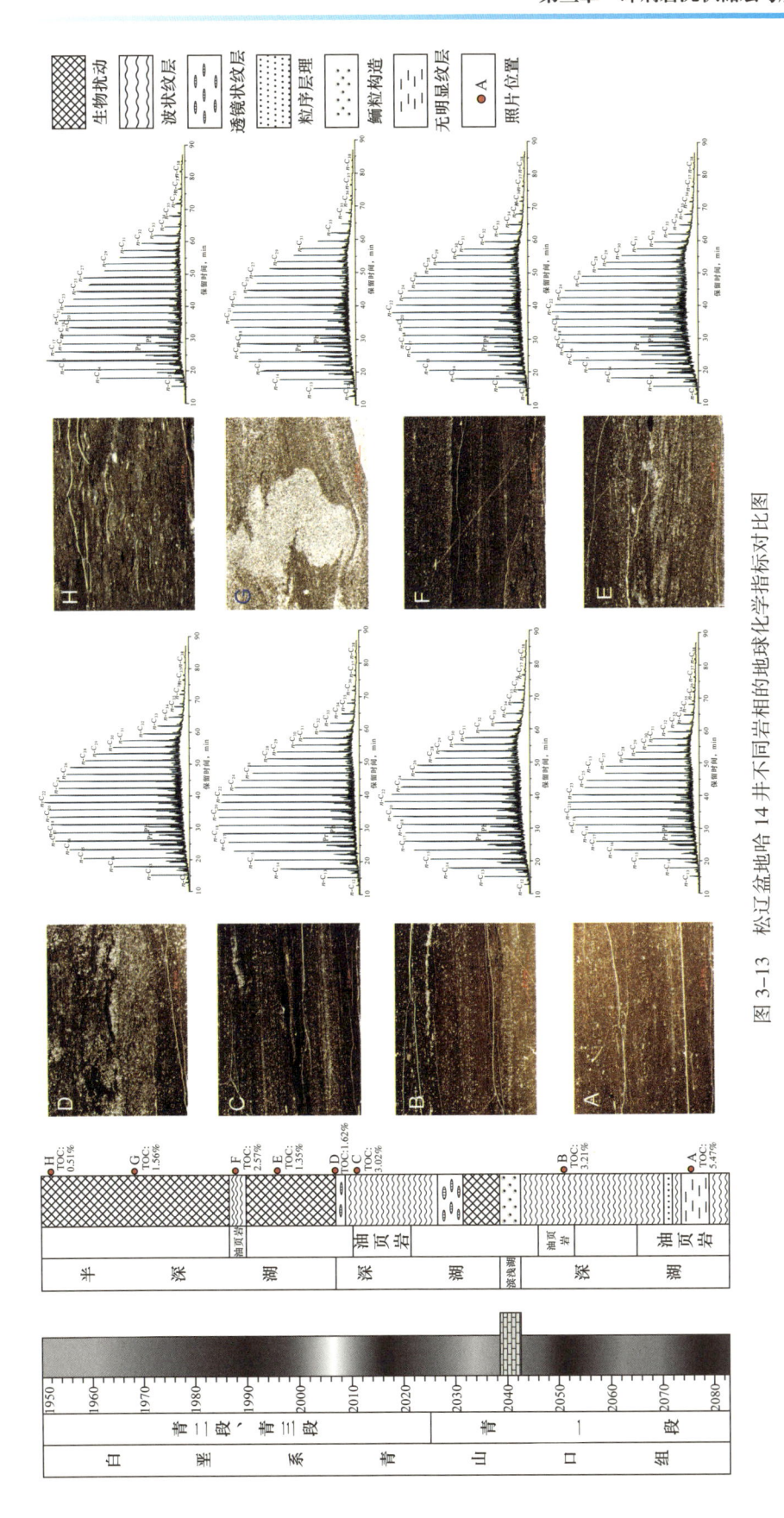

图 3-13 松辽盆地哈 14 井不同岩相的地球化学指标对比图

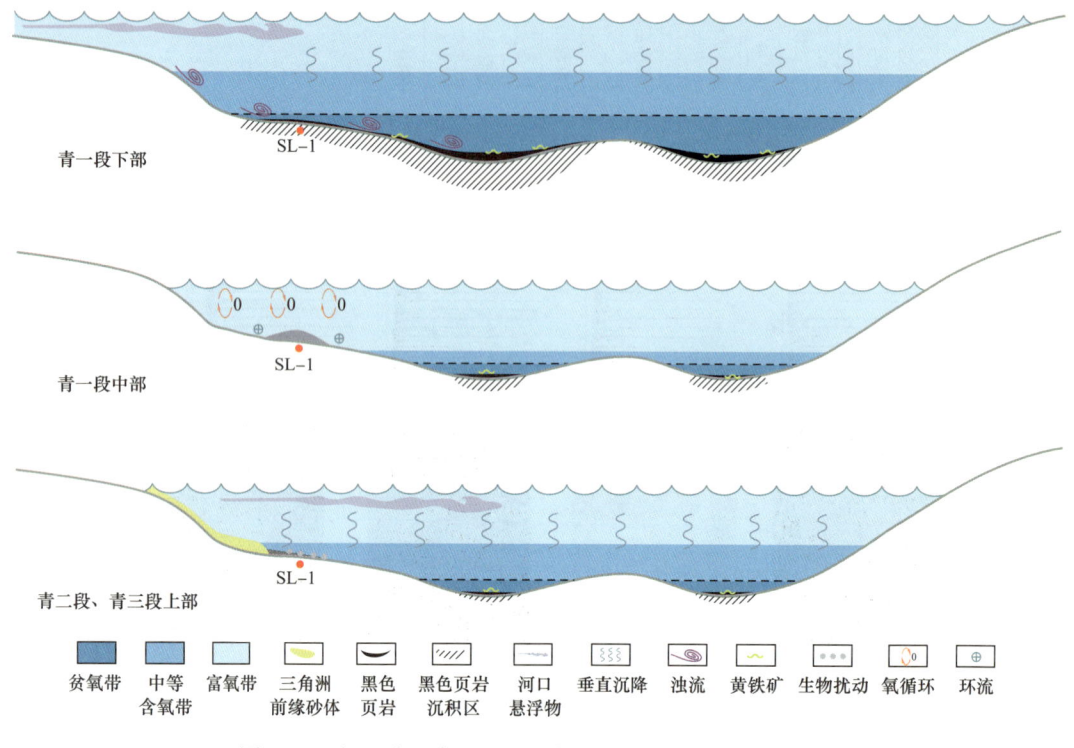

图 3-14 松辽盆地青山口组页岩的沉积模式与演化示意图

湖盆坳陷中心是富有机质页岩最有利的发育区，哈 14 井所处的盆地斜坡部位也是富有机质页岩形成的有利区域。这里水动力较强，泥质浊流沉积频率高，浊流带来的大量有机质得以快速埋藏，快的埋藏速率使有机质迅速与上部存在有氧降解的区域隔离开，从而保存下来。薄片中大量的波状层理、冲刷充填构造也证实这里底流发育。一般认为由于浊流的间歇性侵入，斜坡地区的底水具有一定的溶氧量，不利于有机质的保存，但高的沉积速率弥补了这个不足，斜坡部位亦是富有机质页岩的有利沉积区。深湖坳陷中心富有机质页岩的形成模式可归结为水体分层的底水缺氧模式，斜坡部位则是间歇性底流侵入的快速埋藏模式。

青一段沉积中期，湖盆逐渐收缩，哈 14 井位于浅湖湖湾地带。这里水体清浅，阳光充足，水体溶氧量高，光合作用强而有利于藻类和底栖生物繁衍生长，湖浪与湖流作用较强且具有一定能量，是碳酸盐沉积的有利环境，岩心上对应深度 2043m 处的生屑鲕粒白云质灰岩。随后湖盆虽有短暂的水体加深，整体表现为三角洲进积、湖盆萎缩的趋势。哈 14 井处于滨浅湖相带动荡的含氧水体中，发育一套前三角洲相泥岩，各种生物扰动构造发育，岩心上对应青二段、青三段上部 1950~1974.5m 的粉砂质泥岩。水体有一定溶氧量且浊流不发育，适宜底栖生物发育，不利于有机质保存，故 TOC 普遍小于 2%。这两个沉积阶段处于滨浅湖相带，不利于富有机质页岩的保存，仅局部地区发育厚度较小的富有机质页岩。

第二节 浅水三角洲沉积特征与生长模式

近年来，中国陆相盆地油气勘探揭示出大型坳陷湖盆内发育典型的河控浅水型三角洲，湖盆中心也发育分布面积广、类型丰富的砂体。勘探实践证实，坳陷湖盆大面积浅水三角洲及湖盆中心砂体，是大面积低丰度岩性油气田形成的基础[25]。随着中国陆相盆地岩性地层油气藏的持续勘探，需要深入研究湖相浅水三角洲的形成条件及砂体分布规律，以指导油气勘探部署。

一、浅水三角洲研究现状

浅水三角洲的概念是由美国学者 Fisk 在 1961 年研究密西西比河三角洲沉积时首次提出的，他将河控三角洲分为深水型及浅水型三角洲。1974 年 Donaldson 在研究美国石炭纪陆表海时进一步总结了浅水三角洲的概念，指出水深是控制三角洲发育的一个重要因素[26]。1990 年 Postma 在研究低能盆地河控三角洲时指出，浅水三角洲主要发育于湖盆浪基面以上，水深一般在数十米以内，并根据惯性、摩擦、浮力、蓄水体深浅、坡度的陡缓、河道稳定度、注水速率、负载类型等因素识别出了 8 种浅水三角洲端元[27]。2006 年 Olariu 等通过对古代三角洲和全球典型现代湖盆三角洲的对比分析，指出河控型浅水三角洲前缘常发育不同规模的末端分流河道砂体，砂体厚度一般为 1~3m，延伸距离一般为 100~300m。

国内学者对浅水三角洲的研究始于 20 世纪 80 年代，提出了多种浅水三角洲分类方案及沉积模式，研究内容主要涉及浅水三角洲的形成动力学、微相构成及结构样式等多个方面。1997 年裘怿楠等根据松辽盆地湖盆三角洲优势相带的发育特征，建立了三种三角洲的沉积模式，即分流河道占优势的三角洲、断续型水下分流河道三角洲、席状砂占优势的三角洲[28]，这也是我国浅水三角洲分类研究的最早雏形。

2004 年楼章华等根据三角洲前缘砂体的特征，将浅水三角洲分为席状、坨状、枝状，并指出浅水三角洲的形状与河流作用、气候、湖口升降等因素有关[29]。2007 年王建功等根据盆地沉积动力学特征，提出了低水位期、水进期、高水位期等三种浅水三角洲沉积模式。2008 年邹才能等分别对陕北晚三叠世古三角洲和鄱阳湖赣江现代三角洲等进行了综合研究，建立了毯式及吉尔伯特式两种结构类型的陆相浅水湖盆三角洲沉积模式（图 3-15），并根据其供源体系、倾斜的坡度（陡峭、平缓）、水深等因素划分了 9 种湖盆三角洲成因结构单元[25]。2012 年朱筱敏等认为，浅水三角洲的发育受多种地质因素控制，其中气候是控制浅水三角洲发育的重要因素，干旱气候下的浅水三角洲具有"大平原、小前缘"的特点，而潮湿气候下的浅水三角洲具有"小平原、大前缘"的特点[30]。

一般认为，浅水三角洲常发育于坳陷盆地构造活动稳定的层系中，这类盆地在相应沉积期基底相对平缓、坡度较小、水体浅并且物源供给十分充足，如我国的松辽盆地白垩系泉头组、鄂尔多斯盆地三叠系延长组、渤海湾盆地新近系以及现代鄱阳湖、洞庭湖等。浅水三角洲平原相砂体厚度大，主要发育分流河道和河道边缘的决口水道、溢岸、决口扇、泛滥平原相等微相类型；前缘相砂体厚度不大，但可大面积连片分布，以水下分流河道为主，河口坝、远沙坝及前三角洲相对不发育。近年来的勘探实践表明，坳陷湖盆大型浅水三角洲及湖盆中心砂体是非常规油气勘探的重要目标，也是大面积低丰度连续型有序聚集的非常规油气田形成的基础，具有重要的油气勘探意义。

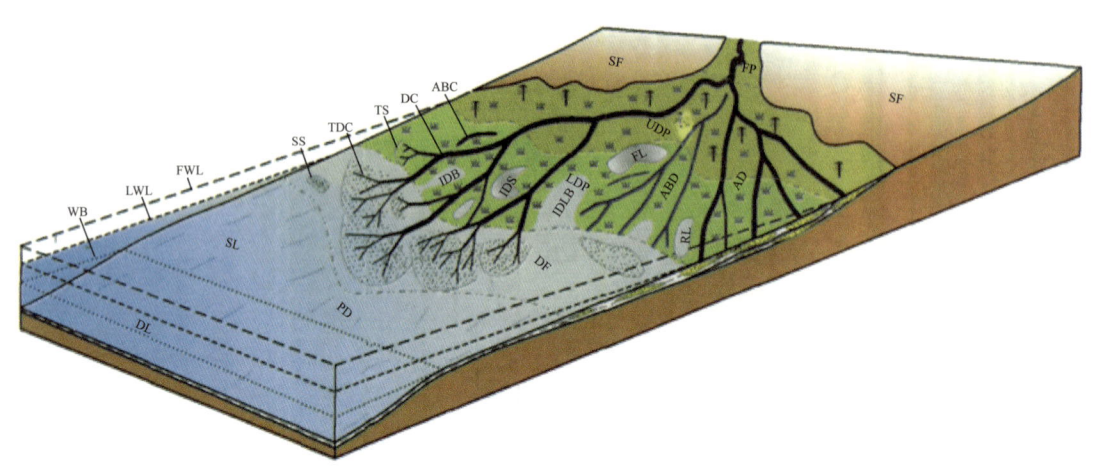

图 3-15 陆相湖盆浅水三角洲沉积模式示意图[25]

ABC—废弃河道；ABD—废弃三角洲朵叶体；AD—活动三角洲朵叶体；DC—分流河道；DF—三角洲前缘；DL—半深湖—深湖；FL—河漫湖；FP—洪泛平原；FWL—洪水面；IDB—分流间湾；IDLB—三角洲朵叶体间湾；IDS—分流间沼泽；LDP—下三角洲平原；LWL—枯水面；PD—前三角洲；RL—残余湖；SF—沉积底面；SL—浅湖；SS—席状砂；TS—末端决口扇；TDC—末端分流河道；UDP—上三角洲平原；WB—浪基面

二、浅水三角洲形成背景与沉积特征

1. 浅水三角洲的形成背景

大型浅水型湖泊三角洲的形成首先需要一个大面积的浅水区，这就需要确定浅水的定义或浅水区的深底下限。一般来说，表面波浪受水底地形强烈影响的水深范围为浅水区，通常以表面波浪波长的1/2深度作为浅水区的下限，即浪基面以上为浅水区。现代湖泊浪基面深度通常不超过20m，如青海湖、鄱阳湖的波浪波长一般为15m。按照浅水的概念，湖盆中可将浪基面之上的滨、浅湖区定为浅水区。湖盆浪基面以上浅水区的发育面积受湖盆水体深度及湖底坡度控制，湖盆面积大、水体浅时整个湖盆都属于浅水区。湖盆存在深湖或半深湖区时，浪基面之上湖底坡度平缓时浅水区分布广，如湖盆的缓坡带或长轴端；湖底坡度较大时浅水区分布窄，如湖盆的陡坡带。

从沉积地质角度来说，盆地内大面积浅水区的形成与盆地缓慢的沉降、较小的基底坡度、微弱的构造活动及沉积物的快速供给有关。中国中—新生代大型坳陷湖盆尽管湖区面积较大，但总体水深较浅。晚三叠世鄂尔多斯盆地为克拉通基底上的大型内陆淡水坳陷湖盆，早白垩世松辽盆地也处于裂谷断陷盆地基础上形成的大型坳陷湖盆。两个大型坳陷湖盆沉降缓慢，盆内构造活动微弱，盆地长轴一侧及短轴缓坡一侧基底坡度平缓。在区域构造挤压背景下，盆缘剥蚀区持续隆升，盆内沉积区稳定缓慢沉降，物源供给充足。在该沉积地质背景下，尽管松辽盆地早白垩世青一段沉积期湖区面积可达 $8.7 \times 10^4 km^2$，嫩一段沉积期湖区面积可达 $15 \times 10^4 km^2$，但最大湖扩期深水区的水深仅30~60m[9]。鄂尔多斯盆地晚三叠世延长组沉积期，湖区面积最大可达 $10 \times 10^4 km^2$，深水区水深也仅有30~60m。大型坳陷湖盆浅的水体、稳定的构造背景、平缓的坡度及充足的物源，为湖盆大面积浅水区及大型浅水三角洲体系的形成奠定了基础。

（1）敞流型湖盆是浅水三角洲形成的重要条件。

水文地质学将湖盆分为敞流湖盆与闭流湖盆两种类型。敞流湖盆是指注入湖盆的水量大于蒸发量和地下渗流量之和，湖平面的位置维持在与湖盆最低溢出口相同的高程上，多余的水通过泄水通道流出盆地的湖盆。湖盆的基准面维持在溢出点的等高程面上，构造升降是相对湖平面升降、可容纳空间变化的唯一原因，降水量及沉积物供给量对湖盆基准面的升降不起作用。

研究表明，敞流湖盆是盆地中心浅水三角洲砂体发育的重要条件。沉积物供给量大于盆地沉降量的敞流湖盆中，尽管搬运大量沉积物入湖的同时湖泊注水量增大，但湖平面维持在溢出点同一高程上，多余湖水沿敞流通道流出湖盆，湖泊水深反而会变浅，进积的浅水三角洲可分布于湖盆中心，直至湖泊萎缩消亡。而对于闭流湖盆，雨量充沛、沉积物供给充足时，将导致湖平面上升，盆地中心很难形成浅水三角洲砂体。

松辽盆地是一个以上白垩统为主的大型陆相坳陷盆地，上白垩统从下到上依次为登娄库组、泉头组、青山口组、姚家组、嫩江组、四方台组和明水组，其中泉头组—嫩江组是坳陷期沉积的主体，发育两个完整的二级层序（图3-16）。下部二级层序基本由泉头组和青山口组组成，时间跨度约27Ma；上部二级层序基本由姚家组和嫩江组组成，时间跨度约15Ma。青一段与嫩一段、嫩二段为二级层序的湖侵体系域晚期沉积物，这两次最大洪泛期形成的湖相泥岩富含有机质，是松辽盆地的主要生油岩，同时也是重要的区域盖层。在青一段与嫩一段沉积期两个最大洪泛期之间湖盆阶段性地扩张和收缩，形成了青山口组高位体系域三角洲、姚一段低位体系域三角洲和姚二段、姚三段湖侵早期体系域三角洲砂体。

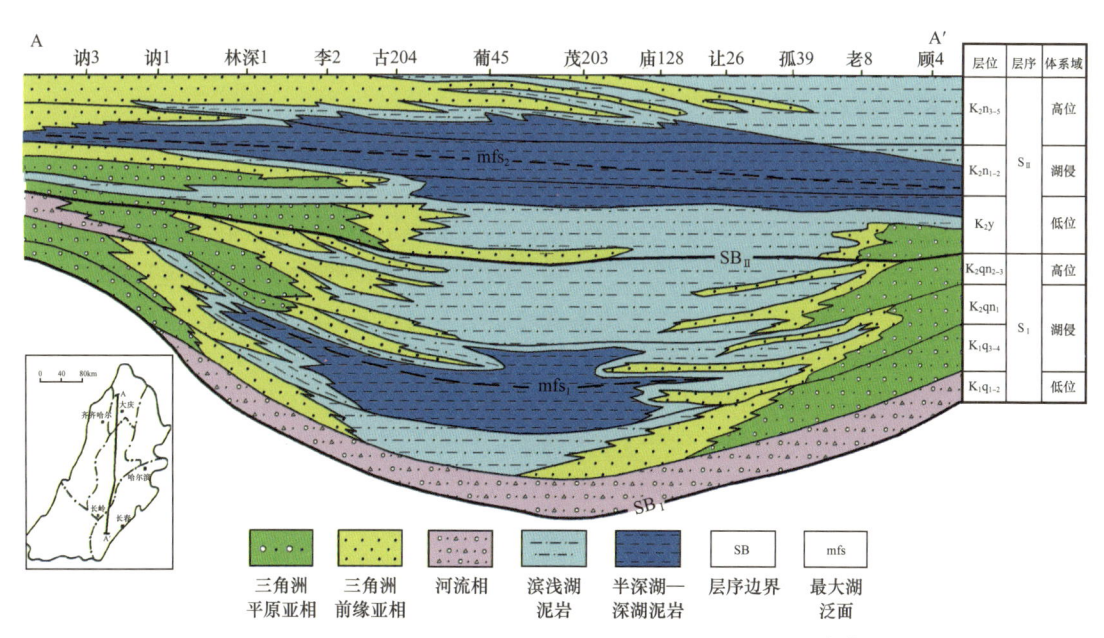

图3-16 松辽盆地坳陷期沉积地层二级层序划分示意图[31]

松辽盆地在白垩纪以来，是一个典型的具有湖海通道的敞流型湖盆，研究表明湖盆向东开口，湖水出海口位置在如今宾县附近。由于松辽盆地濒临海洋，湖泊大小与水体深浅明显受海平面升降控制。青一段与嫩一段、嫩二段沉积时期海平面较高,一方面湖水无法排出,另一方面可能存在局部海侵,因此导致松辽盆地发育大型湖泊,在大湖泊、较深水背景下,松辽盆地以泥页岩等细粒沉积为主,在湖泊周缘发育正常三角洲。而在青二段、青三段—姚家组沉积时期,嫩三段—嫩五段沉积时期海平面较低,导致湖水通过出海口大量流出,湖泊范围明显变小、水体变浅,因此大型浅水三角洲广泛发育。松辽盆地水体大面积进退与浅水三角洲纵向叠置,形成了典型的"三明治"结构,生油层、砂岩储层大面积接触,有利于大面积岩性成藏。

鄂尔多斯盆地上三叠统延长组的沉积演化具有与松辽盆地上白垩统类似的特点。目前最新研究认为,鄂尔多斯晚三叠世原型盆地远远超出目前盆地范围,可能向东开口与海洋相通,也属于具有湖海通道的敞流型湖盆,因此除长7油层组沉积时期湖水外泄不畅通外,其他时期湖泊范围较小,水体浅,在盆地范围内广泛发育浅水三角洲沉积。

现代的鄱阳湖及洞庭湖也都向长江开口或为长江的过水湖盆,形成了典型的浅水三角洲。现代鄱阳湖尽管纳五水入湖,而且处于湖盆稳定扩张阶段,然而只是带来大量沉积物卸载于湖盆,湖水均沿古赣江河道溢出长江,湖盆水体浅,发育赣江等浅水三角洲砂体。

(2)敞流湖盆敞流通道对盆地中心浅水三角洲砂体的分布具有重要控制作用。

敞流通道对湖盆中心砂体分布的控制作用表现在,浅水三角洲前缘水道向敞流通道收缩,湖盆中心砂体向溢出口方向延伸。鄱阳湖湖底存在与长江相通的赣江古河道,遥感图像清晰显示出,不仅洪水期湖泊中心吞吐流沿敞流通道由北侧溢出口流出,而且赣江三角洲的西支主分流河道入湖后向北,与修河三角洲分流河道合流后,也取道敞流通道直接流入长江。赣江三角洲南支分流河道的一个分支与抚河合并,也取道敞流通道向溢出口方向流动。同时,各三角洲的前积方向也向敞流通道收敛。由此可见,敞流湖盆溢出口及其连接的敞流通道的分布,直接控制了湖盆中心分流河道砂体及湖流改造砂体的走向,并控制了三角洲体系的进积方向及宏观砂体走向。

鄂尔多斯盆地长6油层组沉积时期,东北物源体系大型浅水三角洲均向北西—南东方向的敞流通道收缩,晚三叠世鄂尔多斯湖盆东南侧的开口对残留鄂尔多斯盆地中心浅水三角洲砂体及各类砂体的分布有重要的控制作用。松辽盆地早白垩世泉四段沉积时期三角洲体系也有向东西向溢出通道收敛的特征,四川盆地晚三叠世须四段、须六段沉积期的湖泊水体逐渐向川中西南方向汇集,三角洲体系有向北东—南西方向的溢出通道收缩的趋势。

2. 浅水三角洲的沉积特征

中国大型坳陷湖盆油气的深入勘探揭示出大面积分布的湖盆浅水三角洲砂体,松辽、鄂尔多斯、四川及准噶尔盆地内不同层位的浅水三角洲不仅分布于湖盆边缘,甚至盆地中心也有大面积分布的浅水三角洲砂体。借鉴现代实例,探讨湖盆内部大面积浅水三角洲砂体形成的条件与分布特征,对于岩性圈闭勘探有重要意义。

中国中—新生代发育大型坳陷湖盆,区域构造挤压背景下,盆缘剥蚀区持续隆升,物源供给充足。湖盆长轴端或缓坡带沉积底形坡度平缓,湖区宽浅,湖浪作用微弱,是湖盆浅水三角洲发育的理想场所。河道携带沉积物长驱入湖,形成中国坳陷湖盆特有的大型河控浅水三角洲体系,发育规模与海陆过渡相三角洲相当,而远大于断陷湖盆内的扇三角洲。由于地形坡度平缓,河流分流后的能量更低,同一时期三角洲平原分流河道的延伸距离有限,大面积三角洲砂体是多期三角洲朵叶体平面上拼接而成的三角洲复合砂体。在基底沉降缓慢的宽浅湖区，相对低的可容纳空间下，三角洲平原上的分流河道通过不断的决口改道产生新的朵叶体填积近岸的浅水区。后期的河流流过近岸三角洲朵叶体时发生过路作用，在向湖一侧卸载形成新的三角洲朵叶体群，如此不断的进积形成大面积分布的浅水三角洲复合体。坳陷湖盆周期性的扩张与收缩，可以形成不同时期浅水三角洲砂体的横向连片与纵向叠置，在沉积物供给速率与基底沉降速率相当的平衡补偿浅水区，多期浅水三角洲的垂向叠置形成厚度较大的三角洲复合旋回砂体。

鄂尔多斯盆地三叠系延长组的沉积演化特征表明，除长7油层组沉积时期湖泊面积大、水体较深外，其他层段沉积时期湖泊面积较小、水体较浅，这为大型浅水三角洲的发育提供了背景。如长6油层组沉积时期，从北部阴山南麓直到鄂尔多斯腹地，发育的安塞—志靖三角洲，就是典型的大型曲流河浅水三角洲，由多期三角洲朵叶体纵横连片复合构成，三角洲平原面积约18000km^2，三角洲前缘面积约22000km^2。长8油层组沉积时期，在鄂尔多斯盆地西南发育西峰辫状河三角洲，三角洲面积达上万平方千米。大型浅水三角洲是目前鄂尔多斯盆地岩性油气藏勘探的主体。

鄂尔多斯盆地中生界延长组长8油层组是较为典型的浅水三角洲（图3-17）。在盆地周边露头剖面上可发现长8油层组沉积时期三角洲平原河道砂体规模较大，连片发育；盆地中部三角洲前缘分流河道发育，延伸范围宽广；湖盆中心煤线与碳质泥岩发育，说明水体浅，面积较小。长8油层组沉积时期的北部三角洲面积可达48000km^2，如此大面积分布的三角洲朵叶体是多期三角洲纵横连片，延伸到盆地中心的结果。长8油层组沉积时期大面积浅水三角洲砂体是多期三角洲朵叶体平面上连接而成的三角洲复合砂体，湖盆的敞流性是湖盆中心浅水三角洲砂体发育的重要条件，敞流通道对湖盆中心砂体的分布及方向有重要控制作用，湖盆中心各类浅水砂体的走向垂直于敞流通道，向溢出口收敛。

松辽盆地浅水三角洲主要发育于泉四段、青三段和姚家组沉积时期。该时期湖泊水体较浅，在三角洲发育区域一般无稳定湖泊存在，因此其沉积作用以河流为主。浅水三角洲沉积的突出特点是三角洲垂向序列不完整，厚度较小，前三角洲沉积层不明显，河口坝沉积不发育，水下分流河道延伸较远，常直接与湖相泥岩呈冲刷接触，在该区湖相泥岩基本为灰紫色，反映了湖泊水体较浅的滨浅湖沉积特征。浅水三角洲仅水下分流河道砂体较发育，而河口坝砂体相对不发育，砂体单层厚度较小。

松辽盆地南部长岭凹陷在泉四段沉积时期发育大型浅水三角洲沉积体系，骨架砂体以分流河道为主（图3-18），这是浅水三角洲砂体分布最重要的特征。Ⅳ砂组沉积期长岭凹陷整体表现为水进过程，平面上沉积特征为西北部分流间湾发育，西南保康物源沉积砂体由东南向西北迁移。Ⅲ砂组沉积时期同样为水进，西北部发育间湾沉积，西南主砂体由东南向西北迁移。Ⅱ砂组沉积时期水进特征更加明显，逐渐变成了三角洲前缘沉积，平面上为东南区域间湾沉积发育，西南朵叶体的主砂体带由东南至西北迁移。Ⅰ砂组整个沉积时期还是表现为水进过程，东南区域同样发育间湾沉积，西南主砂体带由东南至西北逐步迁移。

在垂向上底部Ⅳ砂组砂体为曲流河道与三角洲平原分流河道的复合砂体，中部Ⅱ、Ⅲ砂组砂体为三角洲平原分流河道砂体，顶部Ⅰ砂组砂体为三角洲前缘水下分流河道砂体，局部发育三角洲前缘水下分流河道和三角洲分流河道叠加而成的复合砂体。在平面上，河道主要沿西南和东南呈交叉或带状分布，部分河道为多期单河道叠加、切割而成的复合河道，从小层沉积微相图同样发现砂体横向迁移非常明显，总体为西南保康沉积主砂体由东南向西北迁移。

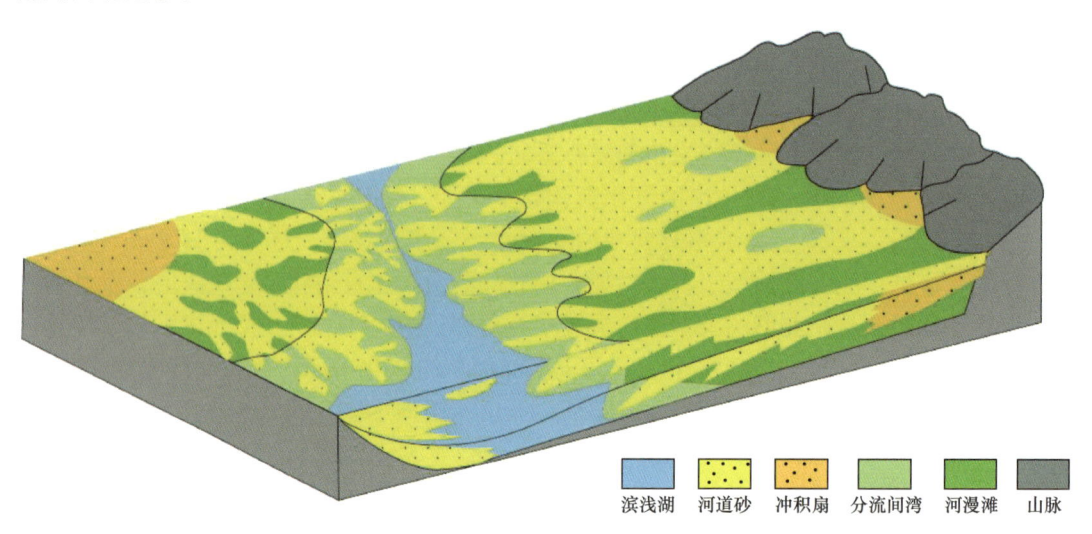

图 3-17　鄂尔多斯盆地三叠纪延长组长 8 油层组沉积时期浅水三角洲沉积模式图[22]

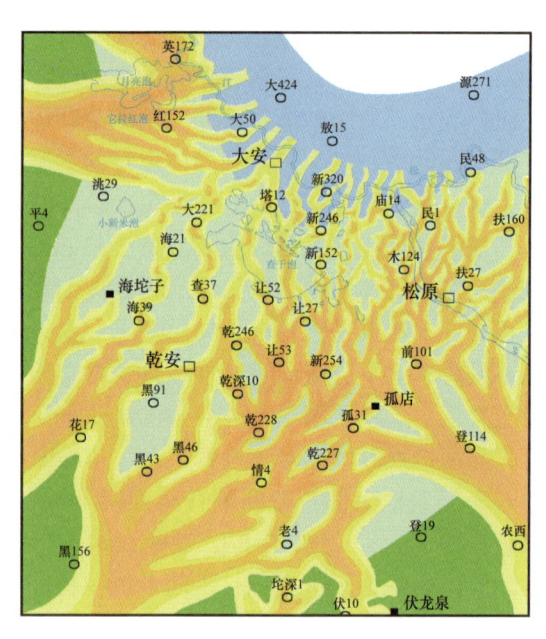

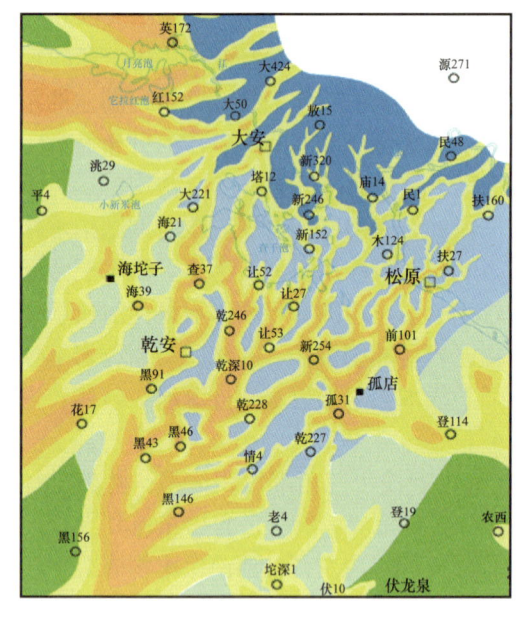

图例：滨浅湖　河道砂　冲积扇　分流间湾　河漫滩　山脉

(a) Ⅰ砂组沉积时期分流河道砂体展布　　(b) Ⅲ砂组沉积时期分流河道砂体展布

图 3-18　松辽盆地长岭凹陷泉四段Ⅰ、Ⅲ砂组沉积时期分流河道砂体展布图

三、鄱阳湖现代沉积特征与赣州三角洲生长模式

1. 鄱阳湖概况

鄱阳湖是一个吞吐型季节性淡水浅湖，呈现出"高水湖相，低水河相，高水是湖，低水是河，洪水一片，林水一线"的独特景观（图 3-19）。洪、枯水期湖体面积、湖体容积相差极大。洪水期湖面最大面积为 4647km²，容积为 $333 \times 10^8 m^3$；而枯水期湖面最小面积

- 138 -

仅 146km², 相差 31 倍, 容积为 $5.6 \times 10^8 \text{m}^3$, 相差 58.5 倍。

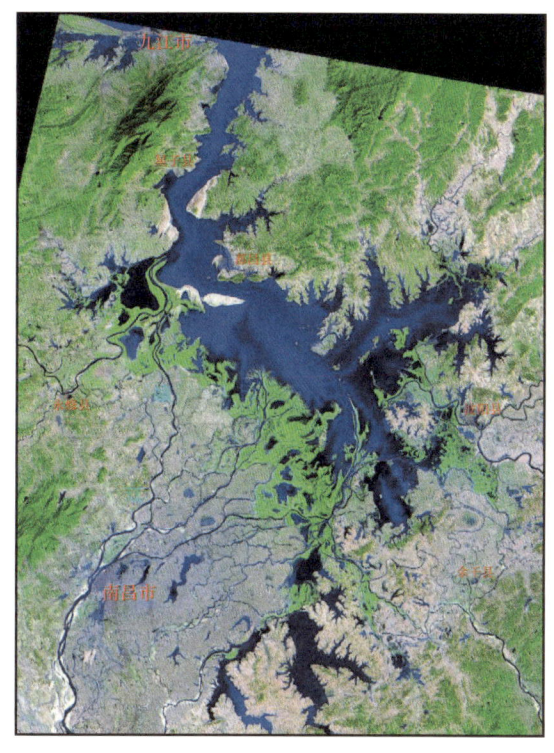

(a) 枯水期　　　　　　　　　　　　　　　(b) 洪水期

图 3-19　鄱阳湖枯水期、洪水期汇水湖面卫星遥感影像图[25]

鄱阳湖以松门山为界，分为南北两部分，南部宽阔而水浅，为主湖，北部狭窄而水深，为通江水道。全湖最大长度约 173km，最宽处为 70km，平均宽度为 16.9 km，入江水道最窄处仅宽 3 km。鄱阳湖湖底平坦，湖水较浅，平均为 8.4 m。

鄱阳湖是在新构造运动的背景下，由赣江古河道演变而来的，具有湖口—星子通江水道的外泄湖泊。鄱阳湖不是一个简单的构造湖，其大水面的形成与河流积水和长江水位关系密切。

正是由于鄱阳湖中存在一条南北方向分布的水下河道，在鄱阳湖流域洪水季节，洪水及泥砂沿水下河道由湖口泄入长江。而在长江洪峰时，江水倒灌，长江洪水及泥砂由湖口涌入鄱阳湖区。因此，鄱阳湖湖底并非静水环境，存在着相当活跃的水下河道沉积，水下河道的坡降比为 1/10000。卫星照片特征表明，赣江水下分汊河道向湖区延伸较远，有时甚至可以与湖区水下河道相连，如赣江北支。由于该水下河道是由古赣江演化而来，其位置靠近鄱阳湖西侧，因此整个鄱阳湖西半部都受赣江影响。

同时，长江受大别山向南倾斜的影响，使得长江江道逐渐南迁，逼近湖口，造成江流对湖水泄流的顶托，阻滞作用日益加强，流水大量积于鄱阳湖区内，遂形成南鄱阳湖大水面。在该过程中，鄱阳湖水位上升，水面扩张之趋势从未停止过，今湖岸线与清光绪年间（距今 150 年）相比，湖面扩大 1 倍，与 1700 年前相比，扩大 3～7 倍。近 200 年来，由于防洪的需要，在鄱阳湖四周大量修筑人工圩堤，限制了湖域的自然扩大，从而使湖泊能量受到限制。

在距今 1700 年左右，现在汇入鄱阳湖的赣江、修河、信江、抚河、饶河已进入稳定的曲流河发展时期，河床相对稳定，入湖口位置变化不大，每年为鄱阳湖带来丰富的水源和泥砂等碎屑物质。近年的研究表明，鄱阳湖年平均进湖砂量为 $2104 \times 10^4 t$，其中来自五河的泥砂为 $1834.2 \times 10^4 t$，占 87.2%。五河入湖砂量中，以赣江最丰，平均每年为 $1152 \times 10^4 t$，占五河进砂量的 62.8%；信江次之，平均每年为 $242.2 \times 10^4 t$，占 13.2%；修河第三，平均每年为 $195.3 \times 10^4 t$，占 10.6%。抚河第四，平均每年为 $154.7 \times 10^4 t$，占 8.4%；饶河最小，平均每年为 $90 \times 10^4 t$，占 4.9%。

但是由于鄱阳湖存在一条南北方向分布的水下分流河道，洪水期五河携带的泥砂大部分又通过湖口泄入长江，多年平均泄入长江的泥砂为 $1052.2 \times 10^4 t$，占五河携带进入鄱阳湖泥砂总量的 57.4%。泥砂出湖集中于长江大汛前 2—6 月，占年总量的 90.4%。鄱阳湖剩余泥砂主要分布在各河流入湖口处，尤以赣江最甚。泥砂淤积的结果，使得各河入湖口不断向湖心延伸，形成以河流作用为主的高建设性三角洲。

每年 7—9 月的长江大汛期，长江水位上涨，洪水携带的泥砂又倒灌入湖，每年平均倒灌入湖的泥砂为 $104.5 \times 10^4 t$。这些泥砂主要在湖口附近水网区河道淤积形成众多的心滩、边滩。

随着南鄱阳湖大水面的形成，其水深湖阔之态已经可见，加上鄱阳湖特殊的自然地理环境，使鄱阳湖成为大风集中区。鄱阳湖每年夏季为南风或偏南风，冬季则为北风或偏北风，有时风速可达 31m/s，如此大的风浪波浪可以强烈改造沉积物的分布。如水域扩大时期形成的三角洲经过波浪的改造最终形成破坏型三角洲。

2. 鄱阳湖沉积特征

通过遥感影像的解译分析和野外沉积考察验证，鄱阳湖湖盆中心发育三种类型砂体沉积（图 3-20），即三角洲沉积、溢流通道沉积和风成沉积。

1）三角洲沉积

鄱阳湖接受赣江、修河、抚河、信江及饶河等五条河流的注入，其中赣江入湖形成的三角洲面积最大，可达 $1544 km^2$。赣江的流域面积、水量、输砂量在各入湖河流中都占首位，三角洲发育历史较长。赣江在南昌附近发生分流，水系分成四支呈辐射状伸向湖区，形成典型的鸟足状三角洲[32]。

遥感图像上清晰显示出，赣江三角洲呈明显的扇形朵叶体，三角洲的水上部分可分为上三角洲平原及下三角洲平原，始终处于枯水线之上的上三角洲平原延伸约 40km；枯水线与洪水线之间的下三角洲平原延伸 10~20km，平均 15km。

鄱阳湖上承赣江、抚河、信江、饶河、修河等五大河流来水，下经湖口汇入长江。整个流域泥砂丰富，五河入湖砂量中，以赣江最丰，占五河输砂量的三分之二。赣江的流域面积、水量和输砂量在入湖各河流中均占首位，其三角洲发育历史较早。赣江流出南昌后水面开阔平坦，水系分为四支呈辐射状伸向湖区，形成典型的扇形三角洲。抚河、修河和信江下游水系受到湖滨阶地与赣江水系的约束和影响，故三角洲发育规模小，形态很不规则，其河口段与赣江分流河道汇合形成复式三角洲。饶河在五大河流中水量和输砂量最小，三角洲发育历史短，河口充填物来不及补偿因水侵造成的水位上升速率，三角洲生长缓慢。

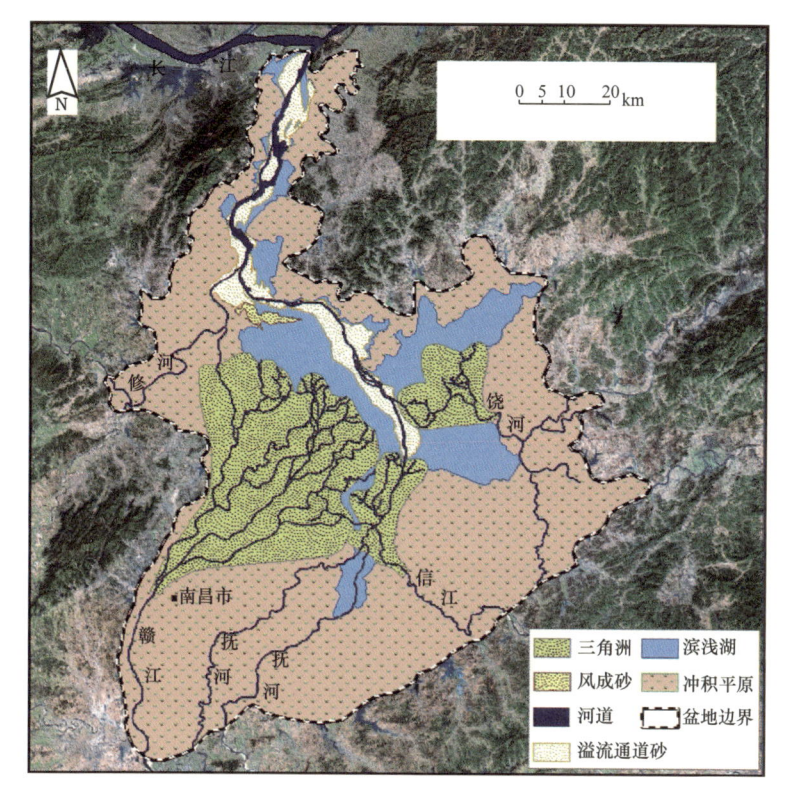

图 3-20 鄱阳湖盆地沉积相遥感解析图

2）溢流通道沉积

鄱阳湖的溢流通道从湖区南部三江口纵穿至松门山北，后继续往北沿湖口汇入长江，溢流通道受吞吐流和牵引流的共同作用，并且随着溢流通道曾经的摆动，形成了平行通道方向的溢流通道砂体。溢流通道的宽度为2~3km，两侧砂体最宽达4.5km，面积可达400km²。

吞吐流分为顺畅型、倒灌型和顶托型，随着长江与鄱阳湖水位差一年四季的交替变化，溢流通道北部由于接近长江受吞吐流作用较大，溢流通道南部汇集赣江南支、抚河和信江三河来水，受牵引流作用较大，局部形成了心滩和边滩沉积。

3）风成沉积

由于鄱阳湖西侧的庐山山体呈北东—南西走向，且鄱阳湖湖口段湖面狭窄呈瓶颈状，走向为北北东方向，全年以偏北风为主，北北东方向为主导风力方向，平均风速3m/s以上。通过遥感影像分析得到，鄱阳湖湖口线性风蚀地貌发育，并且线性风蚀的走向与鄱阳湖主导风力一致，都呈北北东方向，湖颈口的砂体在北北东方向风力的作用下被扬起，广泛地沉积在鄱阳湖湖区，其中粒度较粗的先沉积下来，形成湖颈口南部的松门山滩坝，松门山为典型的风成沉积，以中砂为主，滩坝砂体长约14km，最大宽度为2.6km，最大厚度为70余米，风成砂面积为68.5km²。

3. 赣州三角洲发育特征与生长规律

洪水期赣江未分流前发育点坝，向下游方向点坝被冲蚀沟道切割成过渡坝，并最终发育小型的心滩。经南昌后赣江分为三条支流，北侧支流又分为二支，共形成上三角洲平原四条主要的分流河道。总体上北侧两支分流河道的弯曲度大于南侧二支，发育点坝或被冲蚀沟道切割成的过渡坝。上三角洲平原下部分流河道继续分汊，入湖时形成八条分流河道，其中最北侧的主分流河道能量强，入湖前未发生分流，穿过下三角洲平原并最终与湖区水下河道相连，直接流出鄱阳湖。洪水期的下三角洲平原主体位于湖平面之下，分流河道进一步分汊，形成末端分流河道系统，分流河道间发育分流间湾。分流河道入湖后进一步分汊，形成三角洲前缘水下末端分流河道，前缘带扇形散开的小型分流河道系统形态上类似于决口扇，与澳大利亚现代 Erye 湖三角洲前缘的末端决口扇类似。洪水期下三角洲平原下部至前缘发育的末端分流河道与末端决口扇，形成了浅水三角洲特色的沉积微相。

枯水期赣江流量减小，未分流前洪水期没于水下的心滩出露，点坝受切割不明显。过南昌分流后形成上三角洲平原的四条分流河道，河道类型为低弯度曲流河或顺直河，北边两条分流河道曲流特征明显，发育点坝；南边两支分流河道为顺直型，点坝不明显，局部发育心滩。上三角洲平原的下部分流河道存在进一步的分汊，部分分流河道废弃形成牛轭湖，分流间洼地积水较少。下三角洲平原主体位于水上，中间两支分流河道在洪水期形成的末端分流河道与末端决口扇体系展露无遗，洪水期的分流间湾与主湖区隔离形成分流间沼泽或残留湖。最北边的分流河道与修河合并直接穿越鄱阳湖。

鄱阳湖洪水、枯水期赣江三角洲的发育特征体现了浅水河控三角洲的以下几个特点：（1）三角洲平原明显分为上三角洲平原及下三角洲平原，下三角洲平原尽管延伸距离不到上三角洲平原的一半，但分布面积与上三角洲平原相当；（2）相对于上三角洲平原的洪泛盆地，下三角洲平原分流间沼泽、残留湖或分流间湾发育；（3）洪水期的下三角洲平原为主要沉积物卸载区，发育多级末端分流河道系统，河道决口与多级分汊在前端形成特色的末端决口扇；（4）三角洲前缘相带相对窄，受湖流改造强烈。

现代沉积研究表明，三角洲的生长模式与水流强度和输砂量有一定关系，随着水流强度和输砂量的减弱，三角洲生长大致表现为鸟足状伸长—决口分汊—心滩分汊—水下三角洲的发展趋势。以鸟足状伸长伴有决口分汊是赣江三角洲发育的最主要生长模式。

三角洲的模式决定了其生长过程，随着三角洲前缘分流河口呈鸟足状伸向湖区，将伴生决口分汊和形成新的分汊河道。在分汊河道延伸过程中，先后形成次一级分汊，使原来的湖区被分汊河道、天然堤、河口沙坝所分割包围，形成分流间湖湾。三角洲前缘继续生长，分流间湖湾便脱离湖体形成残留湖或分流间沼泽洼地。经河流泛滥加积后，形成坦荡的三角洲平原。

在赣江三角洲研究区，以中等分辨率的 TM 遥感影像为基础底图，开展多时相赣江三角洲沉积相遥感解译，形成赣江三角洲沉积相遥感解译图。在赣江三角洲中支右翼重点区，以高分辨率遥感影像为基础底图，开展多时相中支右翼的沉积相遥感解译，解译的要素包括河道和分流坝，形成赣江三角洲中支右翼重点区的沉积相遥感解译图（图3-21）。

赣江三角洲是河流强注入受季节性湖水水位变化控制的进积型三角洲，河流输砂是三角洲生长的主要动力和物源，因此三角洲的沉积微相中河道和前缘的沙坝是表征三角洲生长的最为重要的要素。以多时相的遥感影像为数据源，以赣江三角洲前缘朵叶体的河道和沙坝为动态监测对象，定量统计和分析它们的演化和变迁，从而表征三角洲的生长发育过程。

基于多期次的影像解译矢量，开展面向对象的沉积相定量分析，分析结果表明：

1973—2013 年 40 年间赣江三角洲生长最为迅速的是中支前缘，朵叶体向湖方向推进 3km，沙坝面积由 6km² 增加到 25km²，河道总长度由 150km 增加到 200km（图 3-22）。

图 3-21　鄱阳湖赣江三角洲中支右翼沉积相遥感解译图

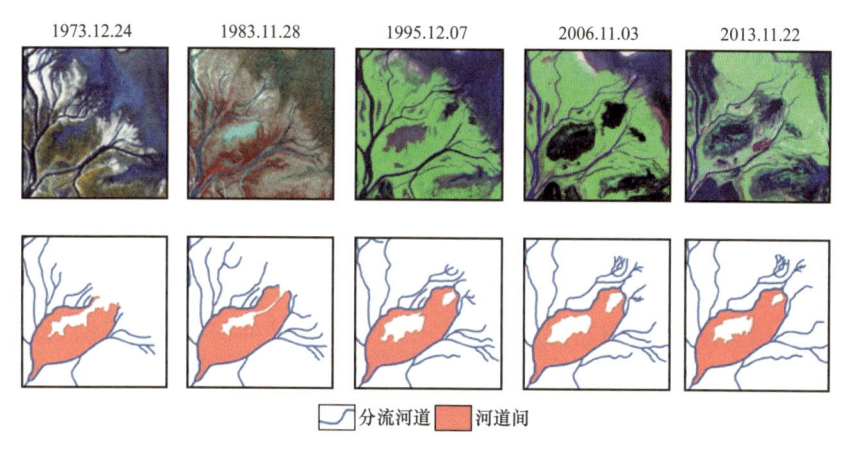

图 3-22　树枝状沉积向结网状沉积转化的生长模式示意图

通过对赣江三角洲多时相生长要素定量变化的综合分析，总结了赣江三角洲中支前缘河道的生长规律，并进一步总结出赣江三角洲生长模式为树枝状与结网状。空间上，赣江南北向主河道西侧的分流河道以北西向入湖，呈树枝状分布，局部少量呈结网状；南北向主河道东侧的分流河道以北东和北东东向入湖，整体呈结网状，少量呈树枝状。时间上，分流河道在入湖口多形成树枝状，后期被改造为结网状。赣江三角洲在空间和时间上呈树枝状生长并伴随分流河道的包围合并，使得河道砂体呈树枝状和结网状分布，代表了赣江三角洲两种典型的砂体分布和生长模式。

第三节　砂质碎屑流沉积特征与分布模式

砂质碎屑流是深水重力流的一种，目前国内外流行的砂质碎屑流理论是对经典浊流理论的部分否定与创新发展。2006年在鄂尔多斯盆地白豹地区三叠系延长组长6油层组发现面积为3000km^{2}的规模砂质碎屑流含油砂体，发现了华庆5×10^{8}t级油田，引起沉积学者对坳陷湖盆中央砂体成因的广泛关注。在松辽盆地西缘英台三角洲前缘、渤海湾盆地歧口凹陷等湖盆中心也发现大规模砂质碎屑流沉积，这一新认识拓展了中国湖盆中心部位找油新领域。本节在对深水重力流研究现状进行总结的基础上，重点介绍鄂尔多斯盆地砂质碎屑流沉积特征与分布模式。

一、深水重力流研究现状

近年来，以浊积砂体作为油气储层在世界各地陆续被发现，使浊积砂体成为继河流沉积、三角洲沉积之后又一个找油的重要领域。与三角洲、河流沉积相研究相比，深水重力流研究起步较晚。1948年，Kuenen提出海底峡谷可能由高密度流侵蚀形成，并于1950年发表《浊流形成粒序层理》一文，是重力流理论研究的开端[33]。20世纪50—70年代是重力流沉积模式的建立时期，不断有学者提出新的深水沉积模式，其中有影响力的为鲍马序列与沃克综合扇模式。Walker把Nornak的现代扇模式[34]和Mutti古代海底扇的相概念[35]结合起来，提出的综合扇模式由于其预测能力在油气勘探上受到重视[36]。随着人们对深水沉积认识的深入，有学者撰文质疑鲍马序列和扇模式，并指出现代和古代扇系统比我们想象的要复杂。1994年美国石油地质家协会（AAPG）联合科罗拉多矿院、斯坦福大学、埃克森美孚公司等多家单位考察Ouachit山深水沉积剖面，并在AAPG撰文各抒己见，其中Shanmugam提出的砂质碎屑流概念及实验具有深远意义[37]。

沉积学界对于重力流沉积的认识程度存在差别，总的来说可概括为以下两个方面，即浊积岩的内涵与鲍马序列的重新解释。深水重力流根据其沉积物支撑机制可分为颗粒流、沉积物液化流、碎屑流与浊流。有学者将这四种重力流沉积物统称为浊积岩，事实上浊积岩只是浊流沉积的产物。浊流是一种紊流支撑的悬浮搬运，其沉积物表现为沉积颗粒的顺序排列，即粒序层理，鲍马序列A段的下部。A段的上部块状层理被解释为砂质碎屑流沉积，而B、C、D段则被解释为深水底流沉积或者牵引流的产物。换句话说，鲍马序列是深水沉积的岩相组合，包含多种流态的沉积物，只有粒序层理是鉴别浊流的标志。在浊流理论逐渐更新的过程中建立的砂质碎屑流概念是对重力流理论的部分否定与补充，浊流与砂质碎屑流理论共同解释深水沉积物更加准确和完善。

砂质碎屑流由Hampton引入[38]，Shanmugam等美国学者在365m的露头观察与4650m岩心分析的基础上完善砂质碎屑流概念[37]。他认为浊流沉积在深水沉积物中所占比例较小，绝大部分为砂质碎屑流与底流改造沉积物。砂质碎屑流代表在黏性与非黏性碎屑流之间的连续作用过程，从流变学的特征看属于宾汉塑性流体，具有分散压力、基质强度和浮力等多种支撑机制。流体浓度较高，泥质含量低—中等，颗粒沉积时表现为整体固结。

砂质碎屑流与浊流的主要区别表现在流态、流变特征、流体浓度、层理、发育位置、平面展布、砂体形态等7个方面。浊流特征：（1）紊流支撑的悬浮搬运；（2）牛顿流体；

（3）流体浓度小于28%；（4）粒序层理；（5）发育于一期流体的顶部与前端；（6）沉积物平面呈水道扇形；（7）剖面砂体呈孤立透镜体。砂质碎屑流特征：（1）多种支撑机制搬运；（2）宾汉塑性流体；（3）流体浓度大于50%；（4）具块状层理，顶部常有漂浮的泥岩或页岩颗粒；（5）发育于一期流体的底部；（6）平面呈不规则的舌状体；（7）剖面砂体呈连续块状或者席状。

我国众多沉积学家曾专门针对湖相浊流沉积开展了系统研究，总结了湖泊浊流、碎屑流等重力流沉积的机理、成因、岩石组构、分布规律及控制因素，提出了多种相模式，促进了中国湖泊浊流研究和油气勘探。如吴崇筠根据浊积砂体在湖泊中所处的位置和形态，将湖相浊积岩归纳为近岸水下扇、远岸水下扇、扇三角洲/三角洲前滑塌浊积体等类型[39]。目前我国石油系统将这种在湖泊深水区以重力流沉积为主的砂体，笼统地称为水下扇，其成因以浊流为主，也包括砂质碎屑流、颗粒流、液化流等。

二、鄂尔多斯盆地白豹地区砂质碎屑流沉积特征

白豹地区长6油层组三角洲前缘坡折带下部是砂质碎屑流沉积分布的主要场所，砂体具有纵向延伸不远、横向叠置连片规模大、分布较广、厚度较大、物性较好的特点，有利勘探面积达4000km²以上。坳陷湖盆斜坡中下部或坡折带底部发育大规模砂质碎屑流沉积，而呈扇状展布的浊流沉积分布规模很小，这一观点打破了鲍马序列和海底扇等深水沉积的传统认识。

1. 砂质碎屑流主要沉积特征

通过对鄂尔多斯盆地白豹地区三叠系延长组长6油层组砂体成因的解剖发现，该地区广泛发育的厚层砂岩主要是以砂质碎屑流沉积的形式保存下来，浊流沉积较为少见。该地区砂质碎屑流沉积最具代表性的岩性为含泥砾砂岩与无任何层理的块状砂岩。含泥砾砂岩的岩性较细，为细砂岩—粉细砂岩，泥砾的粒径差异较大，一般为3～5cm，最大可达10cm，部分泥砾还保留有原始的沉积构造——水平层理。块状砂岩是研究区的重要储层，岩心中可见大量含油块状砂岩，单层厚度为0.6～1.5m，累计厚度可达10～20m，这些块状砂岩的存在是长6油层组高产的基础，为盆地长6油层组整体连续油层的分布奠定了基础。

白豹地区砂质碎屑流沉积在三角洲前缘坡折带形成三个砂带，包括元字号井、白字号井、山字号井三个砂带，其中元281井—元417井区砂体最为发育。砂带形态不规则，呈狭长状南北向展布。砂体单层厚度为5～12m，累计厚度可达36m。该砂带砂体含油性好，产能高，其中元414井日产油达百吨。华630井—白281井区的重力流砂带呈不规则朵叶状，面积约72km²。砂体最厚处为白454井，累计厚度可达36.5m。第三发育带位于山150井—午68井区，为两个滑塌朵叶体的结合，砂体规模大但累计厚度略小于前两个砂带。三个砂带平行于湖岸线并与三角洲前缘带砂体紧密相连，无法划分出前三角洲相带，亦无明显的浊积水道。三个砂带叠合成片形成东南—西北方向宽约12km、长约48km的砂质碎屑流沉积发育区（图3-23）。

白豹地区砂质碎屑流沉积最具代表性的标志为含泥砾砂岩与无任何层理的块状砂岩。含泥砾砂岩的岩性较细，为细砂岩—粉细砂岩，泥砾的粒径差异较大。较为常见的泥砾直径为3～5cm，宁36井的泥砾直径可达10cm。砾石的大小可能与滑塌变形的规模有关，

也与运移距离的长短有关。岩心观察表明，较大的砾石还保留有原始的沉积构造——水平层理，泥砾均有棱角，说明这些页岩被打碎搬运后快速凝结下来；而大部分泥砾经过长时间搬运，颗粒大小趋于一致并逐渐被磨圆，因而在岩心中表现为质纯的椭圆状黑色泥砾，这种泥砾漂浮在基质之中的构造更加接近碎屑流沉积的漂砾构造。含泥砾的构造特征表明流体是呈层状流动的碎屑流，而不是紊乱状态的浊流。

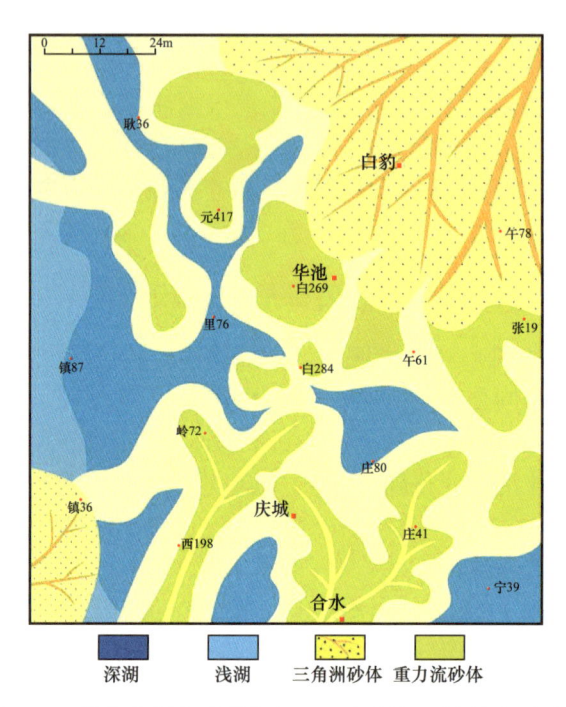

图 3-23 鄂尔多斯盆地湖盆中心三叠系长 6 油层组沉积相图

由于这些泥砾的存在，含泥砾细砂岩几乎不具备储集性能，岩心中极少见含油含砾砂岩，仅在元 284 井这口高产井中见到泥砾粒径为 7cm 的含油含砾砂岩，但该层段没有产出。部分井中含油含砾细砂岩有明显的钙质胶结现象，主要原因是泥砾中碱性地层水被压入砂岩，使得砂岩孔隙中产生碳酸盐沉淀。

块状砂岩是研究区的重要储层，岩心中可见大量含油块状砂岩，单层厚度为 0.6～1.5m，累计厚度可达 10～20m，这些块状砂岩的存在是长 6—长 3 油层组高产的原因。块状砂岩中高角度裂缝发育，裂缝面可见碳酸盐岩脉充填。

当前流行的浊流理论认为，只有这种呈正递变粒序的砂岩才是真正的浊流沉积，从流态的角度分析，只有紊流才能让沉积物颗粒按照相对密度依次沉降。而研究区由于沉积物颗粒较细，底部往往是灰色粉细砂岩或者粉砂岩，逐渐向上过渡为黑色泥岩（图 3-24）。颜色的转变远比粒度的变化更加明显。究其原因，鄂尔多斯盆地河流源远流长，三角洲前缘河道沉积都少见中砂岩，所以其前端浊流沉积物粒度更细。典型浊流沉积在白 281 井部分层段有发现。该井粒序层理砂岩岩性极细，主要为粉细砂岩，少见细砂岩。砂岩与底部泥岩接触面平直，表明底部无冲刷；砂岩顶部可见水平层理，是浊流向底流转化形成的牵引流构造。浊流形成的砂岩薄互层厚度较小，单层厚度小于 3cm，旋回也较少，可见重荷模。研究区浊流沉积规模很小，不能形成规模储集砂体。

图 3-24　鄂尔多斯盆地白豹地区白 281 井典型浊流沉积岩心照片

2. 砂质碎屑流沉积模式与相带划分

邹才能等通过露头、岩心观测和测井参数分析，建立了以鄂尔多斯盆地三叠系延长组长 6 油层组为代表的坳陷湖盆中心深水砂质碎屑流重力成因沉积模式[22]（图 3-25）。白豹地区三角洲前缘由于砂体快速堆积，沉积物常常不稳定，在地震、波浪等外界动力机制触发下，沿坡折带或斜坡发生滑动形成重力流沉积。松动的岩层首先发生滑动，然后发生滑塌变形，随着水体注入，岩层块体破碎搅混，以碎屑流的形式呈层状流动，在三角洲前缘坡折带及深湖平原形成大面积砂质碎屑流舌状体；碎屑流沉积物的前方或者顶部发育少量的浊流沉积。

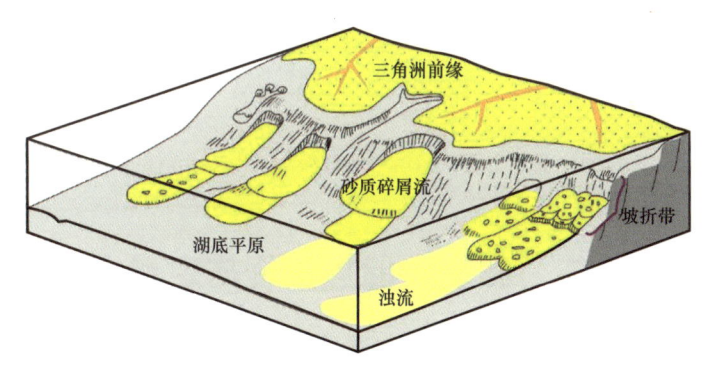

图 3-25　鄂尔多斯盆地三叠系延长组长 6 油层组砂质碎屑沉积模式[22]

鄂尔多斯盆地延长组长 6 油层组沉积期气候潮湿，物源供给充足，湖区宽浅，湖浪作用微弱，是湖盆浅水三角洲发育的理想场所。长 6 油层组沉积期下三角洲平原及前缘面积约 $2.2 \times 10^4 km^2$，如此大面积的三角洲体系是多期三角洲纵横连片的结果，为坡折带下横向连片的砂质碎屑流沉积砂体提供了物质基础。当三角洲前缘砂体沉积厚度和坡度增大到稳定休止角的极限值时，首先在沉积物内部形成超孔隙压力，使沉积物自身的重力大于下部泥岩的承受能力，促使沉积界面发生倾斜并超出稳定休止角，使沉积物进一步强烈液化，并沿坡折带泥质沉积物表面顺坡滑移而发生重力滑塌和流动。

坡折带是沉积物重力流发生的重要条件之一。梅志超、杨华在陕北延长组沉积相研究中首次提到"水下坡折带"的概念，提出吴起—靖边—化子坪一带存在沉积物能量变化的枢纽带[40]。王多云结合层序对湖盆底形进行恢复，指出在延长组长7油层组沉积期，安塞—延安—志丹—吴起一带湖盆底形变平缓，为二次坡折带；环县—华池—白豹—黄陵一带为坡折带下的湖盆底部地区，也就是深水重力流沉积的主要富集区[41]。

研究区滑塌成因形成的不规则舌状体，其靠近滑塌根部的部位砂体厚，含油性好，主要发育砂质碎屑流成因的块状砂岩与含泥砾块状砂岩；靠近盆地平原的地区则多是浊流和底流形成的薄层砂体，不具备储集能力；两者结合的部位则有可能发育各种类型的砂体（图3-26）。因此，从生产实践的角度考虑，可以大致划分为三个带：滑塌根部、中间部位和盆地平原。由于砂质碎屑流流体密度大，运移的距离较近，主要集中于滑塌的根部，也就是坡折带下的地区，在这些地区的单井剖面上可以看到大量块状砂岩与含泥砾砂岩形成的互层。浊流由于密度较小而分布广泛，其沉积构造较易受到水流的改造，所以在盆地平原部位水动力较为安静的区域容易保存下来，并与底流形成的沙纹层理形成互层。

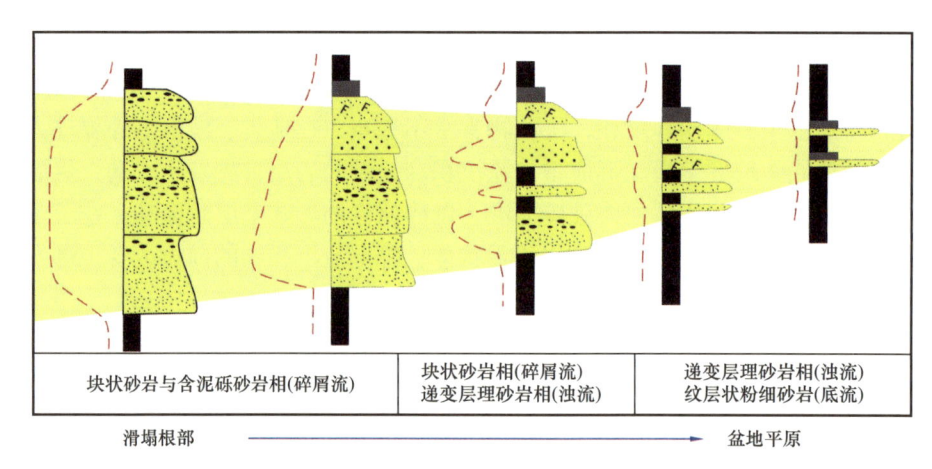

图3-26 鄂尔多斯盆地白豹地区深水重力流沉积相带划分

第四节 碎屑岩储层成岩与定量评价

碎屑岩储层成岩过程复杂，成岩作用与储层物性密切相关，评价预测难。本节在对研究现状与进展进行调研的基础上，通过对松辽盆地南部白垩系泉头组扶余油层、鄂尔多斯盆地姬塬地区上三叠统延长组长8油层组等典型储层的解剖，重点阐述低孔渗—致密碎屑岩储层的成岩演化序列与成岩相定量评价。

一、碎屑岩储层研究现状与进展

近年来，碎屑岩储层的研究热点集中表现在对次生孔隙成因和储层非均质性的研究。原生孔隙在成岩演化过程中大量减少甚至丧失殆尽，使得次生孔隙在油气勘探开发中的作用显得尤其重要。次生孔隙形成的作用机理主要有：有机酸和无机酸的作用使含氧盐（长石、黏土矿物等）溶解；碱液作用下石英溶解；表生作用下的渗滤作用；循环对流作用及深部热液作用等。储层非均质性包括层间非均质性和层内非均质性，前者主要受沉积层序和沉积相的控制；后者则是在前者基础上，受成岩作用控制。

1. 储层成岩作用

目前，国内外对碎屑岩储层成岩作用开展的研究，主要集中在以下几个方面：（1）成岩作用本身的研究。主要集中在对成岩阶段的划分，不同地区和时代储层成岩作用的类型以及成岩作用的综合性、尺度大小等的研究。苏立萍等对川东北罗家寨气田下三叠统飞仙关组鲕粒滩的成岩作用进行了研究[42]。刘宝珺指出，沉积成岩作用的研究涉及大地构造、盆地分析、沉积学、物理化学、有机地球化学等学科，范围包括大、中、小尺度的各种作用的综合研究[43]。（2）成岩作用对储层性质的影响。该项研究是成岩作用研究中研究最多的内容。如刘林玉等对鄂尔多斯盆地西峰油田长 8_1 砂岩成岩作用及其对储层的影响进行了研究[44]。（3）成岩作用模拟。何东博等以库车坳陷东部下侏罗统储层为例，对碎屑岩成岩作用的数值模拟及其应用进行了研究。（4）成岩相分析。刘林玉等对鄂尔多斯盆地白豹地区延长组长 3 油层组的成岩作用与成岩相进行了分析[45]。（5）成岩作用与油气成藏关系的研究。李阳以惠民凹陷基山砂体为例，分析了成岩作用对油气圈闭的影响[46]。（6）沉积学与成岩作用关系的分析。王卓卓等以鄂尔多斯盆地劳山地区为例，对成岩作用与沉积环境的关系进行了分析，认为沉积相对成岩作用具有重要的影响[47]。（7）成岩作用建模研究。刘伟对弱成岩作用生物气藏储层参数解释模型开展了研究[48]。（8）成岩作用与其他学科交叉研究。焦养泉等对准噶尔盆地腹部侏罗系顶部红层成岩作用过程中蕴藏的车莫古隆起演化信息进行了分析[49]。地质过程的复杂性和综合性决定了成岩作用的研究必须考虑其他地质作用过程，同时随着相关学科的不断发展和进步，成岩作用与相关学科的交叉综合分析变得越来越重要。

综合分析发现，目前成岩作用研究虽然取得了长足的进展，但在以下几个方面仍存在继续发展的空间：（1）成岩作用对储层性质的影响主要集中在对储层孔隙的影响方面，而对于成岩作用对油气成藏、储层综合评价以及油田开发生产方面的延伸分析较少。（2）成岩作用研究的方法和手段略显单调。王允诚将成岩作用常用的研究方法和手段总结为 9 种。实际工作中，除薄片鉴定和扫描电镜观察这两种方法外，其他研究方法较少使用。（3）成岩相的研究有待加强。由于成岩作用与储层物性密切相关，因此，成岩相作为储层性质重要的指示标志，在储层预测研究中发挥着十分重要的作用，但目前这方面的研究还比较薄弱。（4）成岩作用的定量化和半定量化研究目前甚少，成果有待丰富。地质过程是复杂和综合的，多种地质作用相互影响，相互作用，共同产生了最终的地质物质结果。在成岩作用研究中，成岩作用与构造、沉积等地质作用的综合分析目前还没有引起研究者的足够重视。

2. 储层孔隙结构评价技术方法

目前，储层孔隙结构评价技术方法主要有实验分析、核磁共振测井两类。其中，常用的实验分析评价储层孔隙结构方法主要有扫描电镜法、铸体薄片法、CT 扫描成像、压汞分析等。CT 扫描成像可以通过岩石内部各成像单元的密度差异，真实反映岩石内部的微观结构特征（如裂缝、孔隙等），确定岩石孔喉分布。压汞分析包括常规压汞、高压压汞及恒速压汞，主要通过毛细管压力对孔隙结构进行研究。与常规压汞相比，恒速压汞可有效识别孔隙与喉道，对孔隙结构的研究更加准确。

核磁共振测井评价孔隙结构主要是利用核磁共振 T_2 分布与压汞毛细管压力曲线得到的孔径分布类似的特性，将核磁共振 T_2 分布转换成伪毛细管压力曲线，再利用转换的伪毛细管压力曲线来评价岩石孔隙结构。

3. 储层非均质性研究

储层非均质性研究开始于20世纪70—80年代，国际上1985年、1989年、1991年分别召开了三届储层表征技术讨论会，从而掀起了储层研究的热潮。国内对于油气储层非均质性的研究几乎与国外同步。储层非均质性的影响因素包括沉积、成岩、构造等多方面的因素，其分类，不同学者考虑不同因素，存在较多的分类方案，如，Pettijohn按层系规模、砂体规模、层理系规模、纹层规模、孔隙规模，从大到小将河流沉积储层非均质性分为5个层次[50]；Weber考虑非均质性对流体渗流的影响，将储层非均质性分为7种类型[51]；裘怿楠根据我国以陆相湖盆碎屑岩沉积储层为主特征，综合考虑油田生产的实际情况和储层规模，将碎屑岩储层非均质性按从大到小的顺序分为4级[28, 52, 53]。

目前，常用的储层非均质性研究方法与技术可以分为实验分析测试、储层地质分析、参数统计分析三类。实验分析测试主要是对储层微观非均质性进行刻画，包括扫描电镜、铸体薄片及压汞等；储层地质分析包括露头研究、沉积体系分析、结构单元和流动单元研究、储层地质建模等；参数统计分析主要有统计学方法、Dykstra法、劳伦兹曲线法、综合指数法等。

二、低孔渗—致密砂岩储层成岩演化序列

储层现今孔隙面貌是岩石在埋藏演化过程中经历了多重成岩环境演化，经过多种成岩作用改造而保存下来的结果。成岩作用从不同的强度（强和弱）和不同的方面（破坏性和建设性）影响着储层孔隙的演化过程，明确成岩流体的演化过程及各主要成岩作用发生的先后顺序，是储层孔隙演化定量研究的基础。

松辽盆地南部长岭凹陷白垩系泉头组扶余油层低孔渗—致密砂岩储层经历了复杂的成岩作用改造，主要的成岩作用类型有：压实作用、胶结作用、交代作用及溶解作用等。首先利用岩石薄片观察、扫描电镜分析、荧光薄片观察等手段，根据自生矿物之间的溶解充填及交代切割关系，定性确定各成岩作用发生的先后顺序（图3-27）；结合流体包裹体均一温度分析、碳氧同位素分析、氧同位素形成温度计算，在埋藏演化史上进行投影，确定各关键成岩作用发生的精确时间；利用有机质演化史及黏土矿物热演化分析，采用与烃类包裹体同期的盐水包裹体均一温度测试，明确成岩流体性质演化及油气充注发生过程，从而确定低孔渗—致密砂岩储层成岩环境的演化过程，明确储层成岩演化序列。

上述各分析相互补充相互验证，最终建立松辽盆地南部长岭凹陷白垩系泉头组扶余油层低孔渗—致密砂岩储层成岩演化序列。认为松辽盆地南部长岭凹陷白垩系泉头组扶余油层低孔渗—致密砂岩储层主要成岩作用发生的先后顺序为：压实作用/绿泥石薄膜→压实作用/硅质胶结/早期石英加大→压实作用/长石溶蚀/晚期石英加大/自生高岭石→压实作用/长石加大/方解石胶结→压实作用/铁方解石胶结/铁白云石胶结→压实作用/黄铁矿胶结，油气充注发生于长石溶蚀/自生高岭石沉淀之后（图3-28）。

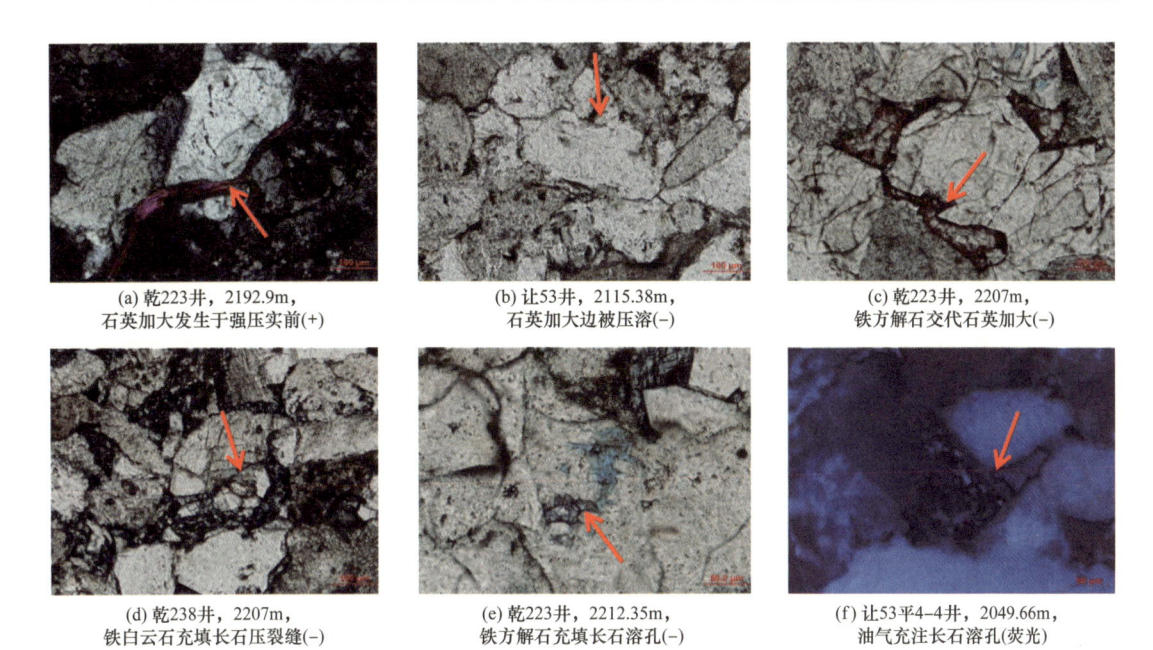

(a) 乾223井，2192.9m，
石英加大发生于强压实前(+)

(b) 让53井，2115.38m，
石英加大边被压溶(-)

(c) 乾223井，2207m，
铁方解石交代石英加大(-)

(d) 乾238井，2207m，
铁白云石充填长石压裂缝(-)

(e) 乾223井，2212.35m，
铁方解石充填长石溶孔(-)

(f) 让53平4-4井，2049.66m，
油气充注长石溶孔(荧光)

图 3-27 致密砂岩储层成岩作用及其特征

三、低孔渗—致密砂岩储层成岩相定量评价

成岩作用对储层的孔隙度、渗透率具有较大的影响，了解储层的成岩相是分析储层产出能力，划分有利储层的重要前提。目前主要通过观察薄片分析资料来识别储层的成岩相类型，然而，薄片鉴定结果比较离散，不能利用其连续地识别储层的成岩相带。测井资料能够在整个层段连续获得，且各种测井曲线是地层不同岩性、物性等信息的综合响应，能够在一定程度上反映储层的成岩相特征，本书主要通过结合薄片鉴定结果和相应测井曲线的响应特征，以鄂尔多斯盆地姬塬地区上三叠统延长组长 8 油层组为例，开展基于测井资料的成岩相识别方法及技术研究，并进行成岩相的定量评价。

1. 不同成岩相地层的测井响应特征分析

在对姬塬地区 53 口井延长组长 8 油层组 445 块薄片观察，并分析了 94 口井 1650 张薄片鉴定资料的基础上，结合岩心观察，将长 8 油层组成岩相划分为如下六种类型：（1）压实致密成岩相；（2）碳酸盐胶结成岩相；（3）绿泥石衬边弱溶蚀成岩相；（4）不稳定组分溶蚀成岩相；（5）高岭石充填成岩相；（6）构造裂缝成岩相。其中绿泥石衬边弱溶蚀成岩相、不稳定组分溶蚀成岩相为建设性成岩相，对于有利储层的形成具有重要作用，而压实致密成岩相、碳酸盐胶结成岩相和高岭石充填成岩相为破坏性成岩相，这三种类型成岩相的地层容易堵塞喉道，导致储层的孔隙度减小，渗透率降低。构造裂缝形成于长 8 油层组成藏晚期，且大多数为充填缝，对油藏的形成和油气的输导不具有较大的建设性意义，且现有的感应测井方法对于裂缝的响应不明显，本次研究中主要利用测井资料来识别五种成岩相。

（1）压实致密成岩相：主要发育于三角洲前缘的分流间湾、席状砂等相带。其主要岩性为泥岩、粉砂质泥岩、泥质粉砂岩等。黑云母、千枚岩、板岩等塑性岩屑含量较高，石英颗粒含量相对比较低。在强压实作用下砂岩中颗粒接触关系主要为线状和凹凸状，颗粒排列紧密。在强压实作用下,塑性岩屑弯曲变形强烈,局部发育少量溶蚀孔隙。由于杂基含量高,压实作用强烈,颗粒以点线接触,压溶现象少见或较弱,地层物性较差或不具备储层性能。在测井曲线上的响应特征综合起来可描述为"三高一大",即高自然伽马(80~120API)、高中子孔隙度(>18%)、高密度(>2.6g/cm³)、中子孔隙度—密度孔隙度之间的差异大(大于11.5pu)。

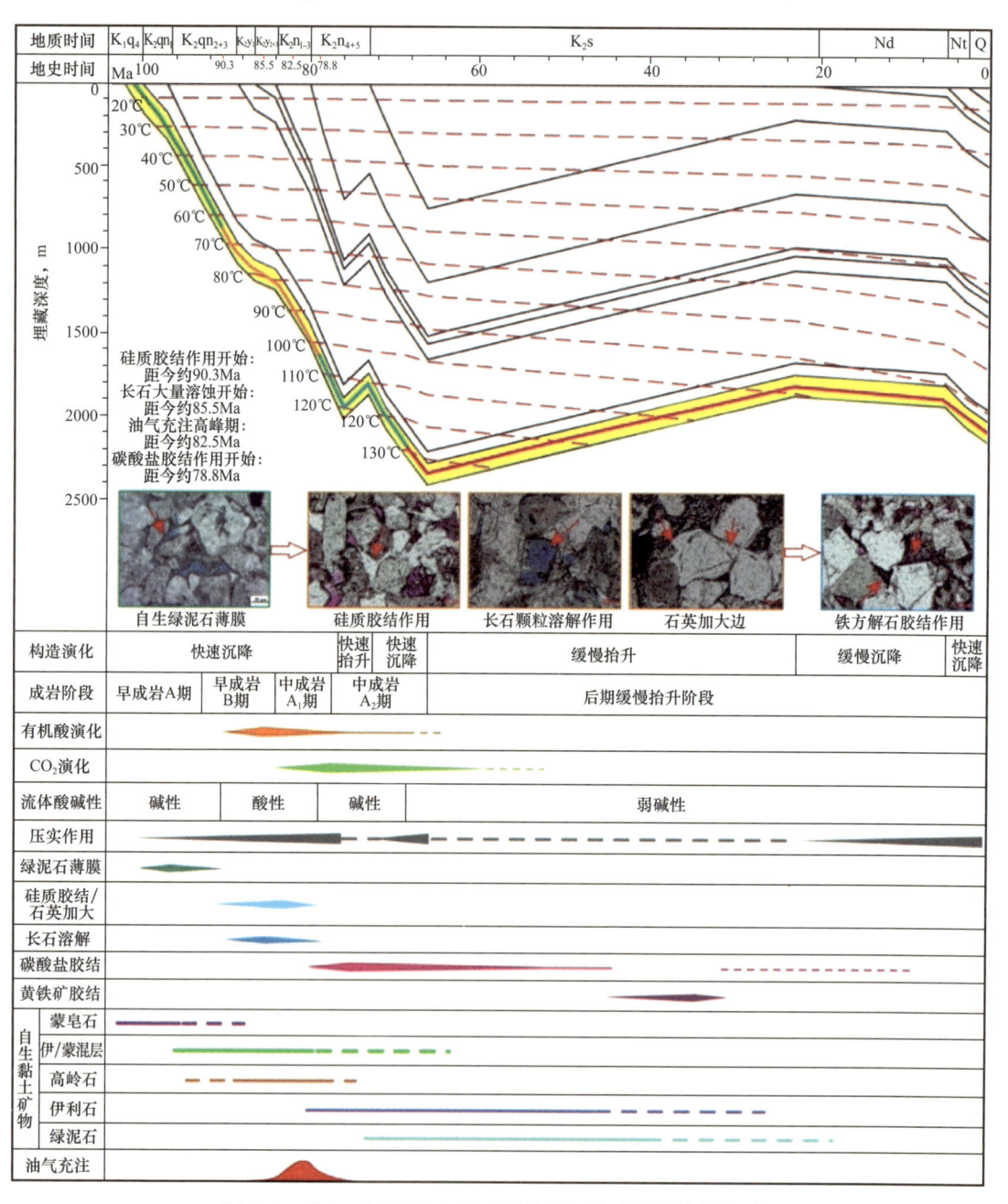

图3-28 致密砂岩储层成岩环境演化及成岩作用演化序列

(2)碳酸盐胶结成岩相:根据胶结物类型又可细分为铁方解石胶结成岩相和铁白云石胶结成岩相。研究区长8油层组主要发育铁方解石胶结成岩相,铁白云石胶结成岩相局部发育。碳酸盐胶结成岩相主要发育于分流河道、河口坝等较厚砂体顶部和底部，厚1~2m，与砂岩顶底接触处泥岩较发育。主要岩性包含细砂岩、粉细砂岩等，砂岩分选中—好。主要成岩特征为碳酸盐连晶胶结、交代，主要是铁方解石、铁白云石，含量8%以上，最大20%，属于碳酸盐胶结成岩相的砂岩。碳酸盐胶结物含量高，可达8%~10%甚至更高，呈充填孔隙式胶结或嵌晶式胶结。胶结物主要为方解石和含铁方解石，代表早期胶结而晚期未发生明显溶蚀的储层类型。其孔渗性很差，属于致密储层。这种成岩相偶尔出现于三角洲分流河道和河口坝砂体中，无一定分布规律。在测井曲线上的响应特征归结起来可描述为"三低两高一大"，即低自然伽马、低中子测井孔隙度、低声波时差、高密度、高电阻率、中子—密度孔隙度差异大。对于长8油层组典型的碳酸盐胶结成岩相而言，自然伽马一般介于55~95API之间，中子孔隙度小于16%，声波时差小于220μs/m，密度大于2.5g/cm^3，当三孔隙度测井曲线采用国际统一回放方式时，碳酸盐胶结成岩相在三孔隙度测井曲线上表现为相同方向变化趋势的特征，电阻率一般较高，中子—密度孔隙度差异较分散，介于3~18pu之间。

（3）绿泥石衬边弱溶蚀成岩相：绿泥石衬边弱溶蚀成岩相常发育于三角洲前缘水下分流河道、河口坝微相等砂体的中间部位，主要的岩性包括细砂岩、粉细砂岩等，砂岩分选中—好。成岩特征为石英颗粒边缘绿泥石膜发育，长石颗粒部分溶蚀或全部溶蚀。绿泥石衬边弱溶蚀成岩相储层的孔隙类型以原生粒间孔为主，少量溶蚀孔。长石和岩屑是主要被溶蚀的物质，形成粒内孔、铸模孔及溶蚀扩大粒间孔。自生绿泥石通过增加岩石机械强度对各种成因的孔隙起保护作用，同时抑制了石英的次生加大。物性一般较好，是研究区最有利的成岩相。在常规测井曲线上主要表现为"三低一小"的响应特征。即低自然伽马，一般绿泥石衬边弱溶蚀成岩相储层的自然伽马介于60~100API之间；低中子孔隙度，一般中子测井孔隙度介于13%~20%之间；密度介于2.35~2.6 g/cm^{3}之间；中子—密度孔隙度差异小，典型绿泥石衬边弱溶蚀成岩相储层的中子和密度孔隙度差异小于7.5pu。

（4）不稳定组分溶蚀成岩相：常发育于三角洲平原分流河道、三角洲前缘水下分流河道等沉积微相环境，主要岩性为细砂岩、粉细砂岩等，砂岩分选中—好。在强压实作用下砂岩中的颗粒接触关系主要为线状和凹凸状，颗粒排列紧密。局部发育溶蚀孔隙，长石和岩屑发生较强的溶蚀作用，形成次生溶孔，是研究区较好的储层，不稳定组分溶蚀成岩相储层的孔隙度一般为8%~12%，物性较好，对有利储层的形成和油气的聚集具有建设性作用。测井响应特征归结为"两低两中等"。不稳定组分溶蚀成岩相的储层会表现为较低的自然伽马，一般小于100API；低密度，一般密度测井值介于2.46~2.6g/cm^{3}之间；中等中子孔隙度，介于10%~22%之间；中子—密度孔隙度差异中等，即中子和密度孔隙度差异介于7~11.5pu之间，同时，当中子—密度视石灰岩孔隙度差异较小，一般指小于7pu时，对应于较低的中子测井孔隙度值，一般中子测井孔隙度会低于13%。

（5）高岭石充填成岩相：地层常发育于三角洲平原分流河道和水下分流河道，为长石溶蚀所造成。主要的岩性为细粒长石砂岩和岩屑长石砂岩。高岭石的产生多与砂岩中不稳定组分的溶蚀密切相关，不稳定组分溶蚀后，若砂岩孔隙结构较好，孔隙水流动性强，杂基中溶出的Al^{3+}、Ca^{2+}等多被带走，有少量的沉淀下来，形成沉淀高岭石。在姬塬地区延长组长 8 油层组中，高岭石的沉淀作用会减少一部分孔隙，使储层的物性变差。高岭石充填作用对地层有利储层的形成具有破坏作用，为破坏性成岩相类型。姬塬地区长 8 油层组高岭石充填成岩相地层在常规测井曲线上的测井响应特征归结起来为"二高一低一大"。对于典型的高岭石充填成岩相地层，表现为高自然伽马，自然伽马值一般介于 100～120API 之间；高中子测井孔隙度，一般大于 18%；低密度，密度测井值小于 2.6g/cm³；中子—密度孔隙度差异大于 11.5pu。在常规测井曲线上，高岭石充填成岩相地层与压实致密成岩相地层具有相似的响应特征，二者唯一的差异在于密度值的高低，一般高岭石充填成岩相地层的密度测井值小于 2.6g/cm³，而压实致密成岩相地层的密度值则高于 2.6g/cm³。

2. 储层成岩相测井识别方法及技术

通过上述对于不同成岩相类型的地层测井响应特征的分析可知，地层的中子、密度和中子—密度视石灰岩孔隙度差异对于姬塬地区延长组长 8 油层组成岩相类型最为敏感，自然伽马可以辅助起到判断地层是否为建设性成岩相或破坏性成岩相的目的，声波时差对于压实致密成岩相、高岭石充填成岩相、绿泥石衬边弱溶蚀成岩相和不稳定组分成岩相地层不灵敏，但对于判断碳酸盐胶结成岩相地层则具有较大的作用。

不同成岩相类型的地层，其中子—密度视石灰岩孔隙度差异不同，且对应的中子孔隙度（CNL）和密度孔隙度（DEN）也有差异。因此，在分析铸体薄片资料和常规测井资料的基础上，选取了中子测井孔隙度值、密度测井值和中子—密度视石灰岩孔隙度差异作为反映长 8 油层组压实致密成岩相、高岭石充填成岩相、绿泥石衬边弱溶蚀成岩相和不稳定组分成岩相的主要参数，结合声波时差和电阻率测井曲线，建立了长 8 油层组成岩相识别图版。图 3-29 为本次研究中选用 23 口井共 23 块样品的铸体薄片分析资料建立的长 8 油层组成岩相识别图版，从图上看，对于本次研究中所划分的压实致密成岩相、高岭石充填成岩相、绿泥石衬边弱溶蚀成岩相和不稳定组分成岩相，运用该图版能够较好地加以区分，而对于碳酸盐胶结成岩相的识别，则必须结合声波时差资料。判断地层成岩相的标准如下。

绿泥石衬边弱溶蚀成岩相：CNL＞13% 且 CNL—DEN 视孔隙度差异＜7pu。

不稳定组分溶蚀成岩相：CNL＜13% 且 CNL—DEN 视孔隙度差异＜7pu 或者 7pu≤CNL—DEN 视孔隙度差异＜11.5pu。

高岭石充填成岩相：CNL—DEN 视孔隙度差异≥11.5pu 且 DEN＜2.65g/cm³。

压实致密成岩相：CNL—DEN 视孔隙度差异≥11.5pu 且 DEN≥2.65g/cm³。

图 3-30 为耿 79 井利用常规测井资料识别地层成岩相与岩心薄片鉴定结果对比图，从图上三孔隙度测井曲线的响应特征可以看到，2556～2570m 井段地层，表现为各种不同的成岩相特征，2556～2558.5m，中子和密度测井曲线之间具有相对较大的差异，且自然伽马较大，中子孔隙度值较大，电阻率较低，解释为不稳定组分溶蚀成岩相，2557.2m 处岩心薄片鉴定结果为不稳定组分溶蚀成岩相，与测井识别结果一致。2558.5～2563.5m 井段，密度和中子测井曲线之间的距离明显减小，自然伽马降低，电阻率升高，表现出储层物性更好，测井解释结果为绿泥石衬边弱溶蚀成岩相。而在 2563.5～2565.2m 夹杂有自然伽马相对较高，电阻率较小，中子—密度孔隙度差异较大，且密度值小于 2.60g/cm³ 的高岭石充填成岩相地层。很好地验证了成岩相识别图版的可靠性。

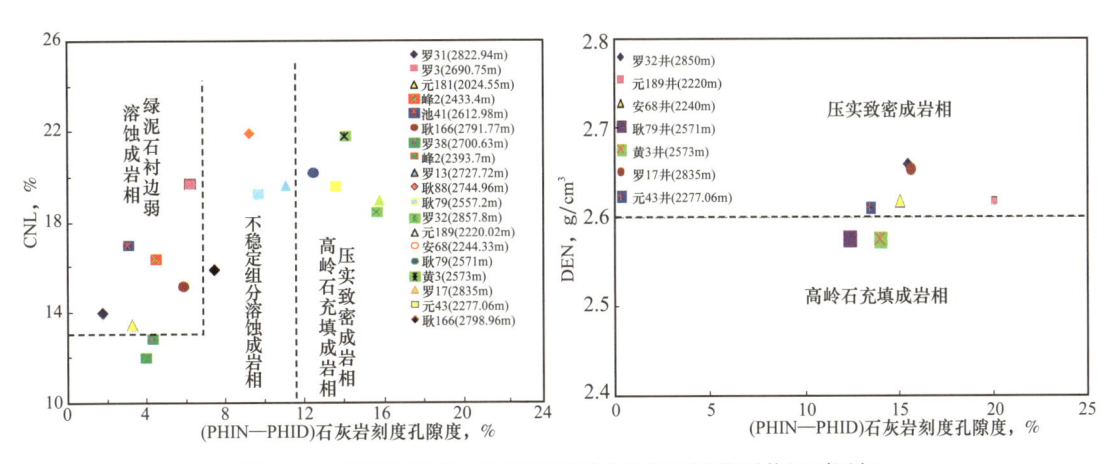

第三章 碎屑岩沉积储层与成藏理论

图 3-29 姬塬地区长 8 油层组不同成岩相地层的测井识别图版

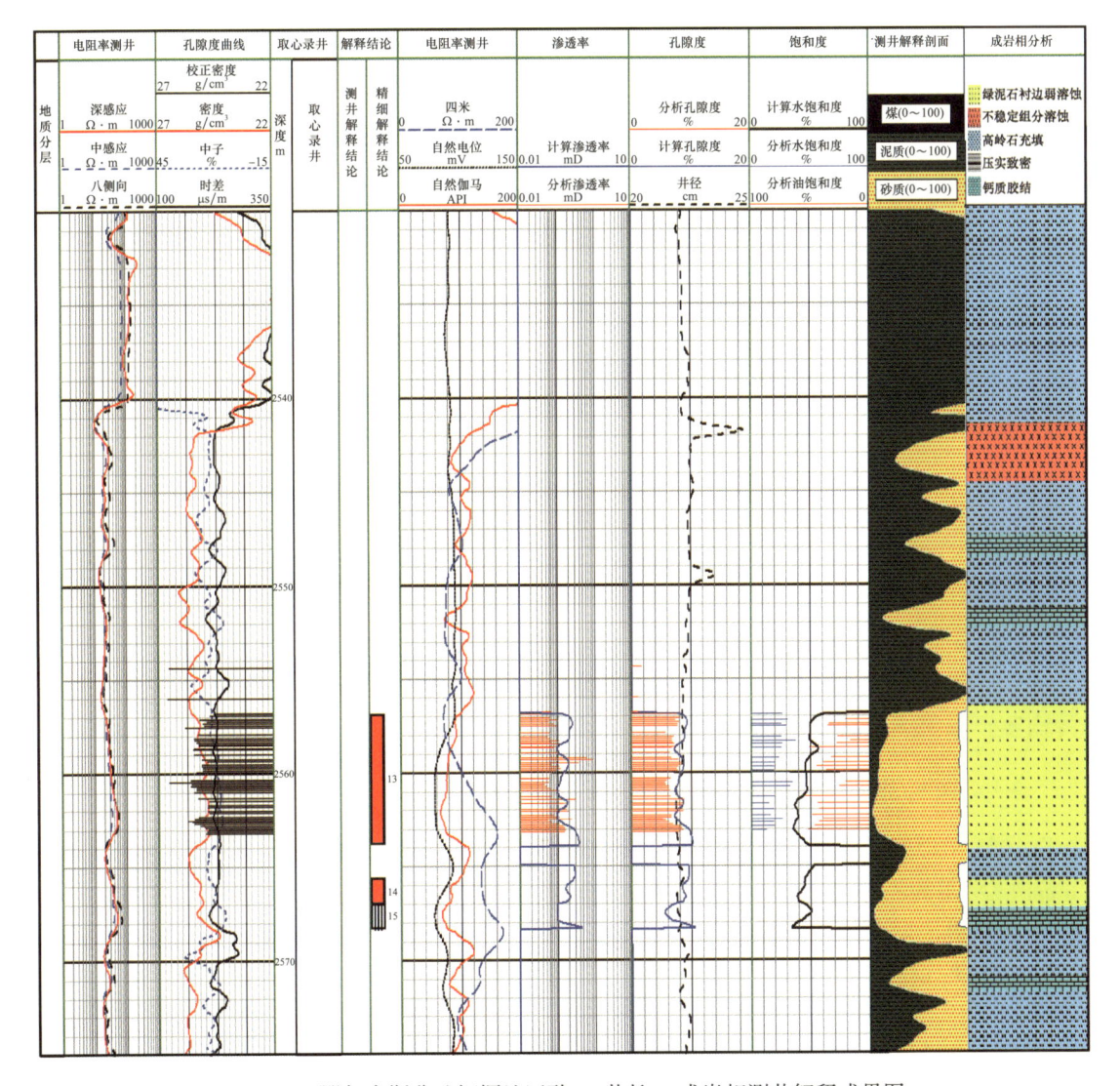

图 3-30 鄂尔多斯盆地姬塬地区耿 79 井长 8_2 成岩相测井解释成果图

- 155 -

根据上述储层成岩相识别结果，对姬塬地区长 8_2 实际测井资料进行了分析处理以研究储层的成岩相分布，通过对处理结果作连井剖面，以确定长 8_2 储层成岩相平面分布图，其结果如图 3-31 所示。图 3-31 中所示 Ⅰ 类区域为绿泥石衬边弱溶蚀成岩相地层，Ⅱ 类区域为不稳定组分溶蚀成岩相地层，Ⅲ 类区域为高岭石充填成岩相地层，Ⅳ 类区域主要表现碳酸盐胶结成岩相地层，但在总体上看，该类地层属于建设性（绿泥石衬边弱溶蚀和不稳定组分溶蚀）成岩相地层，只是由于碳酸盐夹层的影响导致储层的孔隙度减小，渗透率降低，该区域容易发育下限层，储层物性参数属于干层的范畴，但在采取措施后能够产出流体，Ⅴ 类区域为压实致密成岩相地层。Ⅲ 类和 Ⅴ 类地层所示区域均不具备产油能力。

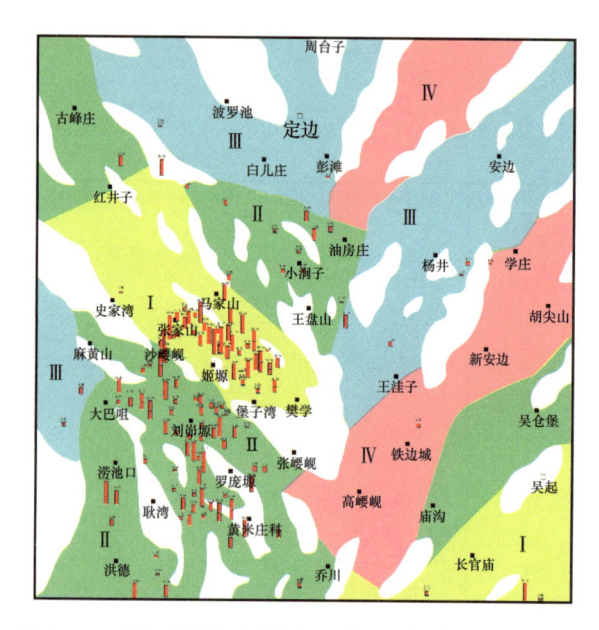

图 3-31　鄂尔多斯盆地姬塬地区长 8_2 储层成岩相平面图

第五节　岩性地层大面积成藏机理与分布规律

本节在对岩性地层油气藏地质理论研究进展简述基础上，重点阐述碎屑岩岩性油气藏大面积成藏条件与主控因素、大面积成藏机理与模式、岩性大油气区地质特征与分布规律等内容。

一、岩性地层油气藏成藏理论认识进展

2003 年以前，我国习惯把目前技术难以发现的圈闭称为隐蔽圈闭/油气藏（subtle traps）。圈闭类型除岩性地层、潜山外，还包括低幅度构造、复杂断块等。2003 年贾承造院士明确提出隐蔽油气藏已不能反映勘探现实，建议使用岩性地层油气藏（stratigraphic traps），以便预测评价和大规模勘探，并与国际接轨[54]。岩性地层油气藏是指在一定的构造背景下，由岩性、物性变化或地层超覆尖灭、不整合遮挡等形成的油气藏。21 世纪以来，岩性地层油气藏已经成为我国陆上最重要的勘探领域和储量增长主体，"十一五"以来新增探明油气地质储量已占总探明地质储量的 70% 以上。

2003—2007年，中国石油天然气股份有限公司组织了"岩性地层油气藏地质理论与勘探技术"重大科技项目，分陆相断陷、坳陷、前陆和海相克拉通四类盆地，围绕砂砾岩、碳酸盐岩、火山岩三类储层进行系统研究。经过5年技术攻关，项目取得了重大理论、技术创新，油气勘探获得重大发现，成效显著。通过该重大科技项目的攻关研究，建立了中国陆上岩性地层油气藏地质理论和勘探技术，推动了中国石油构造勘探向岩性地层勘探的重大转变，实现了岩性地层油气藏大规模勘探，取得了重大勘探发现。岩性地层油气藏理论是继以陆相生油与复式油气聚集带理论为核心的陆相石油地质学之后的又一次重大地质理论与技术创新。该项目曾荣获中国石油天然气集团公司技术创新一等奖和国家科技进步一等奖。取得的主要理论认识如下。

（1）系统建立了"四类盆地、三种储集体"岩性地层油气藏区带、圈闭与成藏地质理论，揭示了不同类型盆地岩性地层油气藏的富集规律。创建了构造—层序成藏组合理论：提出构造—层序成藏组合概念及14种模式，首次建立了岩性地层油气藏区带划分标准。发展了"六线、四面"圈闭成因理论："六线"指岩性尖灭线、地层超覆线、地层剥蚀线、物性变化线、流体突变线、构造等高线；"四面"指断层面、不整合面、洪泛面、顶底板面。提出了"三大界面"控制宏观分布理论：认为最大洪泛面、不整合面、断层面控制了岩性地层油气藏区域展布。揭示了四类盆地富集规律：坳陷盆地三角洲前缘带大面积成藏、断陷盆地富油气凹陷满凹含油、陆相前陆盆地冲断带扇体控藏、海相克拉通盆地台缘带礁滩控油气，指导油气勘探取得了重大发现。该项成果已在2006年中国石油"十五"科技进展丛书《石油地质理论与方法进展》中详细论述。

（2）创建了中低丰度岩性地层油气藏大面积成藏地质理论。建立了大型坳陷浅水三角洲前缘带砂体大面积分布成因模式：揭示了陆相坳陷盆地中央坳陷区三角洲前缘带大面积分布，广泛发育牵引流成因的大面积水下分流河道砂体的形成机理，有效储层具有明显原始沉积相、成岩相的相控特征。提出了三角洲前缘带大面积岩性地层油气藏形成机理：指出陆相坳陷盆地大型三角洲砂体与湖相生油岩大面积错叠连片，水下分流河道发育岩性圈闭，低油气水柱与中低压力系统等因素，有利于形成大面积岩性地层油气藏。提出以初始和最大湖泛面为界，划分源内、源下、源上三种成藏组合，揭示了三组合油气藏分布控制因素和源下超压"倒灌式"成藏机理，开辟了在主力烃源岩下伏地层勘探的新领域。

2008年以来，依托国家油气重大专项岩性地层油气藏项目，分岩性、地层、致密油气三大领域开展了攻关研究，岩性地层油气藏地质理论不断深化完善，并创新发展了连续型油气聚集与岩性地层大油气区成藏理论。其中坳陷湖盆岩性大油区成藏理论，推动了从湖盆边缘向湖盆中心、从源内向源上和源下的多领域岩性油藏勘探，推动了鄂尔多斯盆地湖盆中心大油区、准噶尔盆地玛湖凹陷百里油区的勘探发现。取得的主要理论认识如下。

（1）针对从砂体展布规律宏观预测到微观储层特征的精细表征，建立并完善了六个尺度的沉积储层研究方法体系，推动湖盆沉积与储层地质学等学科创新发展。基于对泥页岩特征解剖与富有机质页岩分布规律研究，建立了淡水湖、咸水湖与碱湖等三类湖相细粒沉积新模式，提升了准噶尔盆地玛湖凹陷等富油气凹陷的勘探潜力。基于对不同类型浅水三角洲沉积模式与骨架砂体分布规律研究，一是构建了浅水三角洲生长模式，揭示了结网状砂体结构成因机理与分布规律，为鄂尔多斯、松辽盆地等大面积岩性油气藏勘探提供了有效的模式指导；二是创建了大型浅水扇三角洲沉积新模式，开辟了扇三角洲前缘大面积砂砾岩储层勘探新领域，推动准噶尔盆地玛湖凹陷百口泉组油气勘探获得重大突破。基于低渗透—致密储层预测评价研究，揭示了储层致密化机理与成岩演化序列，形成了碎屑岩储层数字露头三维建模、测井—成岩相定量评价等技术，提高了有效储层的预测精度。

（2）针对不同于源内大面积岩性油气藏的成藏特点，发展了源下、源上大面积岩性油气藏成藏新模式，建立了三类斜坡岩性油气藏富集模式。基于鄂尔多斯盆地延长组下组合源下成藏机理与富集规律研究，建立了长9—长7油层组"多源主次凹供烃、源储压差驱动、近源连续聚集"成藏模式，推动了下组合的规模效益勘探。基于准噶尔盆地玛湖凹陷百口泉组源上成藏机理与富集规律研究，建立了"源上扇控大面积"成藏模式，推动了玛湖凹陷百口泉组的整体勘探，形成百里新油区。基于岩性大油气区分布与富集规律研究，提出了碎屑岩岩性油气藏在湖盆中心复合共生、斜坡带主体聚集的新认识，并建立了构造、沉积、复杂断裂等三类斜坡的成藏模式，预测评价了有利富集区带。

碎屑岩沉积储层研究进展已在前四节中进行了系统介绍，下面重点论述坳陷型湖盆大面积成藏主控因素、成藏机理与岩性大油气区研究进展。

二、岩性油气藏大面积成藏条件与主控因素

大面积成藏意味着在同一层系大范围有着相似的成藏条件与成藏作用过程，不仅生储盖组合条件、运聚条件、圈闭条件等成藏地质要素具有相似性，而且油气生成、运移、聚集等成藏作用过程也相似，有利于大面积聚集的油气被保存下来。这类油气藏以岩性地层型为主，储量丰度偏低，以中低丰度为主。勘探实践与研究表明，坳陷型盆地构造平缓、沉积范围广、烃源岩与储集体规模大、储层物性以低渗—致密为主，因此具备大面积成藏的基本条件。

（1）坳陷湖盆构造平缓、沉积范围广，发育规模烃源岩与储集体。

我国大型陆相坳陷型盆地主要发育于中生代，在东部、中部、西部各大含油气区均有分布，是我国最重要的含油气原形盆地类型之一。近50年来针对中生代陆相坳陷盆地的油气勘探，发现了大量的油气储量，建成了大庆、长庆等石油生产基地。近年来的勘探成果表明，这类盆地仍有较大的剩余油气资源潜力，特别是松辽、鄂尔多斯、准噶尔盆地岩性地层油气藏勘探，是近几年来石油储量增长的重要组成部分。坳陷盆地具有以下共性特征。

① 盆地面积较大，这是大面积成藏的基础。根据盆地形成的大地构造背景，我国中生代陆相坳陷型盆地大体上可以分为三种类型：一是叠加在断陷之上的坳陷盆地，如松辽盆地，在早期相互分离的断陷基础之上，早白垩世泉头组—嫩江组沉积时期的热衰减作用，形成了湖盆面积逾 $26 \times 10^4 km^2$ 的大型坳陷盆地。二是在古克拉通基础上发育起来的坳陷盆地，如鄂尔多斯盆地，印支期华北陆块南北陆缘抬升，陆块中央大面积挠曲沉降，形成开阔的三叠纪坳陷盆地。目前勘探面积约 $10 \times 10^4 km^2$，其原型盆地面积可达 $60 \times 10^4 km^2$ 以上。三是海西期褶皱基底基础上发育起来的坳陷盆地，如准噶尔盆地中生界，其沉积面积达 $20 \times 10^4 km^2$。

② 发育规模烃源岩与储集体。坳陷盆地构造稳定，原始沉积地形平缓，湖平面升降变化频繁且影响面积大，常在纵向上形成多旋回、多级别层次的生储盖组合。在盆地稳定沉降阶段，其湖侵期发育大面积广覆式烃源岩，如松辽盆地青山口组、鄂尔多斯盆地延长组、四川盆地须家河组烃源岩面积分别达 $10 \times 10^4 km^2$、$8 \times 10^4 km^2$ 和 $4.5 \times 10^4 km^2$，具备大

面积生烃和成藏的资源基础。坳陷型盆地演化过程中，盆外隆起持续抬升，水系发育，物源供给充足；盆内稳定沉降，古地形宽缓，湖泊收缩扩张波及范围广，水体总体较浅，有利于入湖河流携带碎屑物长距离进入湖盆腹部，广泛分布大规模、各种形态的砂体，形成我国特有的大面积分布的河控型浅水三角洲体系。陆相坳陷型盆地浅水三角洲体系沉积规模大，分布面积可达 $1×10^4 \sim 5×10^4 km^2$，可与海陆交互相三角洲媲美，显著区别于陆相断陷型盆地内发育的小型三角洲体系。

鄂尔多斯盆地位于华北地台西部，面积约 $25×10^4 km^2$，是一个发育在太古宇—古元古界结晶基底之上的大型多旋回克拉通盆地，主要形成了古生界和中生界两套含油气系统，其中中生界含油气系统已累计探明石油地质储量达 $30×10^8 t$。上三叠统延长组发育一套厚 $800\sim 1200m$ 的深灰色、灰黑色泥岩和灰绿色、灰色粉砂岩、中细粒砂岩互层的旋回性沉积。延长组沉积时期经历了湖盆初始形成阶段（长10沉积时期）、湖盆扩张阶段（长9—长7沉积时期）、湖盆萎缩消亡阶段（长6—长1沉积时期），为一个完整的湖盆演化过程。长7油层组形成了规模优质烃源岩，分布面积达 $5×10^4 km^2$，长6、长8油层组发育大型浅水三角洲砂质碎屑流规模储集体，在湖盆中心广泛分布，均为大面积成藏奠定了物质基础（图3-32）。

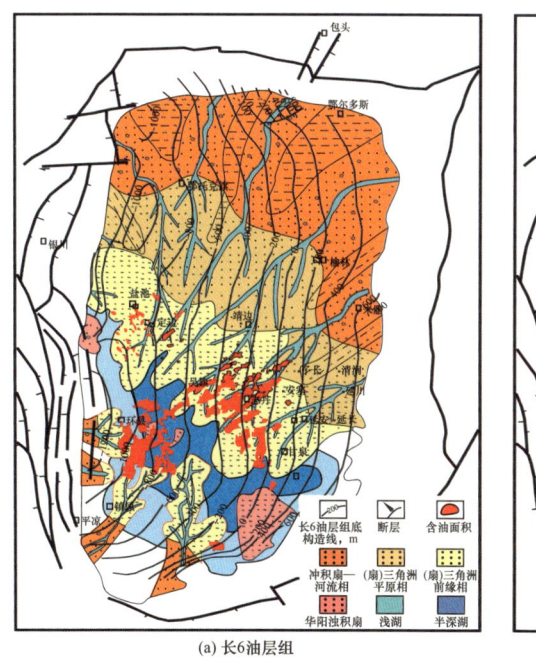

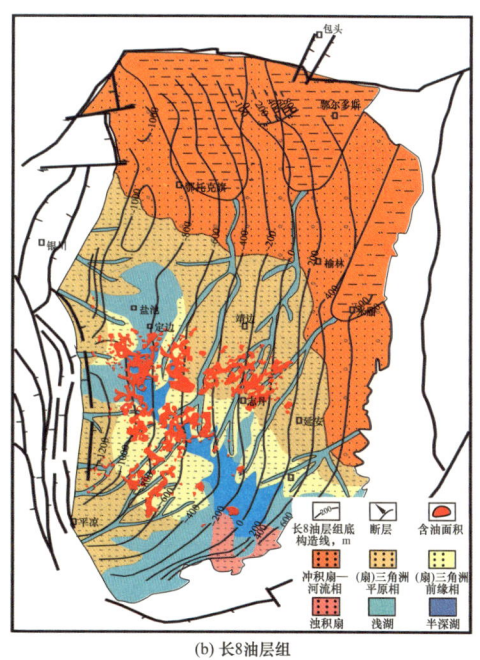

图 3-32 鄂尔多斯盆地长6、长8油层组沉积相、烃源岩与油田分布图

（2）生储盖组合"三明治"结构为大面积成藏奠定基础。

坳陷湖盆湖底坡度平缓，坡降比低，使得湖盆水体总体较浅，沉积体系向湖盆腹地延伸的距离长。湖平面上升期（湖侵期）湖泊水域广，大范围发育有机质丰富的泥质岩，是烃源岩发育的主要层段；湖平面下降期（湖退期），浅水（扇）三角洲砂体向湖盆腹地推进，是储层发育的主要层段。频繁的湖侵与湖退，导致湖盆大范围内湖相泥质与浅水（扇）三角洲砂体间互沉积，呈现"三明治"结构。鄂尔多斯盆地晚三叠世延长组沉积期、四川盆地晚三叠世须家河组沉积期、松辽盆地早白垩世发育的湖盆沉积都具有类似的"三明治"结构（图3-33）。

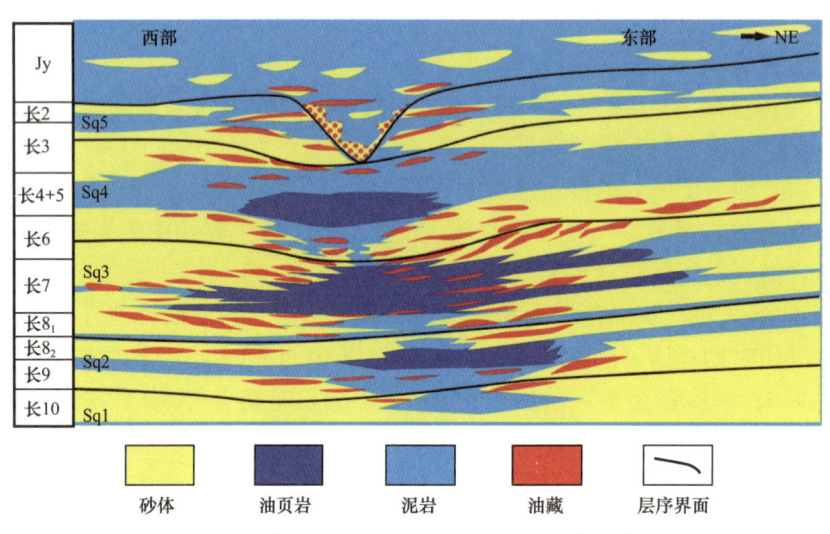

图3-33 鄂尔多斯盆地延长组—延安组油藏分布模式

鄂尔多斯盆地晚三叠世延长组长7油层组沉积期是最大湖侵期，深湖—半深湖相泥岩烃源岩面积达 $8.5 \times 10^4 km^2$，占同期湖盆面积的60%，有机质类型多以Ⅰ—Ⅱ$_1$型为主，有机碳平均含量为2.17%，盆地中心吴起一带烃源岩厚100m以上，向盆地边缘减薄，在靖边—子长—延安一线为30m左右。松辽盆地主要烃源岩发育在青一段，发育暗色泥岩，除在盆地边部如滨北地区砂岩含量较高外，在中央坳陷区几乎全区分布，泥岩厚60~80m，有机碳含量平均为2.207%，有机质类型多以Ⅰ—Ⅱ$_1$型干酪根为主，有效烃源岩面积达 $6.5 \times 10^4 km^2$，占湖盆总面积的53%。

大型坳陷湖盆沉积后，受区域构造及基底稳定性影响而发生区域性沉降，沉降幅度具相似性，致使烃源岩在相同或相近的地质年代大面积进入成熟阶段，形成广覆式烃源灶。与烃源灶有充分接触的储集砂体具有"近水楼台"的成藏优势，大面积成藏成为可能。

（3）储层强非均质性降低了油气的突破能量，有利于大面积成藏。

储层内部的非均质性会导致流体在其内部流动时因"障壁"的阻隔而发生流动方向改变与流动单元分隔。"障壁"往往是由于沉积或成岩作用因素导致层内孔喉结构变化而产生的，可以阻止流体在储层内部侧向流动（图3-34），本书称为阻流层。阻流层阻止流体侧向流动的能力既与自身的封闭性有关，也与油气藏能量有关。对于气藏而言，阻流层的阻挡作用很明显。当气藏能量充足，气体浮力大于毛细管阻力时，阻流层的障壁性就不存在了；当气藏能量不足或者阻流层排驱压力大时，突破阻流层所需的动力（如浮力）越大。

储层非均质性强的关键因素是区域性的破坏性成岩作用强烈，而建设性成岩作用局部化，导致有效储层被致密化砂岩分隔成块状不均匀分布。强非均质性势必产生栅状阻流层，对于早期形成的大油气藏，这种栅状阻流层可将大油气藏分隔为数个小油气藏。对于成藏期晚于储层致密化的气藏而言，在成藏前就已形成众多的小规模岩性圈闭，栅状阻流层的存在可能导致油气水分异不彻底。总之，栅状阻流层的阻隔作用，使得气藏连通性差，降低了气藏突破能量，有利于大面积成藏。

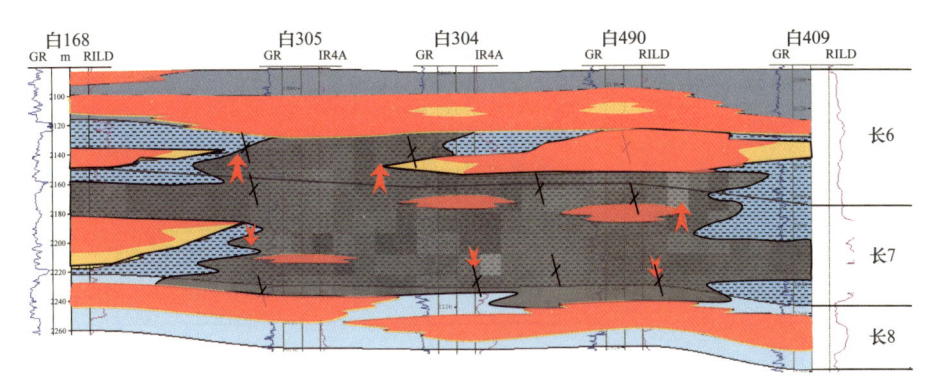

图 3-34 鄂尔多斯盆地延长组长 7 油层组烃源岩超压排烃示意图

三、岩性油气藏大面积成藏地质特征

传统的含油气组合划分方案主要是根据区域不整合面和含油气结构层系，分为上生下储、自生自储、下生上储三种组合类型。本书在层序地层学工业化应用研究基础上，根据层序演化特点，以初始和最大湖泛面及其对应的主力烃源层和区域盖层为参照系划分含油气组合，分为源上、源内、源下三种成藏组合，重点研究了各成藏组合的供烃方式、成藏动力机制与油气分布规律。

1. 不同成藏组合岩性油气藏形成背景与成藏模式

三种成藏组合具有明显不同的成藏模式和特点（表 3-2）。在源上、源内和源下三种成藏组合中，源上成藏组合是目前的重点勘探领域，其中浅层次生油气藏是未来值得重视的高效勘探领域。源上组合成藏动力主要为浮力作用与势差驱动。源上油藏为下生上储型的断层—岩性油藏，油源断裂（输导系统）与有利圈闭是油藏形成的主控因素，油藏空间分布主要受断层面和层序界面控制，其中断层面控制油气运移，层序界面控制储集体分布。

表 3-2 陆相湖盆三种组合岩性油气藏形成背景与成藏模式图

类型划分	地质背景与成藏特征	实例	成藏模式图
源上组合	垂向油源断裂和超压是油气成藏的关键因素，断层面、不整合面、湖泛面控制油气成藏和分布	松辽盆地黑帝庙、鄂尔多斯盆地长 6 油层组、准噶尔盆地侏罗系—白垩系	
源内组合	源内油藏主要为透镜体油气藏、断层—岩性油藏及上倾尖灭油藏，构造背景、沉积相和成岩相控制油气藏的形成和分布	松辽盆地萨尔图、葡萄花、高台子油层，渤海湾盆地沙河街组	

续表

类型划分	地质背景与成藏特征	实例	成藏模式图
源下组合	油源断裂、超压与有利圈闭是油藏形成的主控因素，油藏分布受湖泛面、断层面和不整合面控制	鄂尔多斯盆地长8、长10油层组，松辽盆地长垣扶余油层等	

2. 典型岩性油气藏大面积成藏特征

重点以松辽、鄂尔多斯、准噶尔三个盆地为例，分别探讨源内、源下、源上三种成藏组合大面积成藏机理与特征。

1）松辽盆地源内成藏组合大面积成藏特征

松辽盆地岩性油藏形成和发育于坳陷盆地背景下的白垩系。盆地长期稳定的构造沉降是形成大面积岩性油藏的基础，大型坳陷及构造隆起的斜坡带为形成上倾尖灭岩性圈闭带创造了条件。松辽盆地中浅层可划分为32个构造单元，构造翼部和凹陷区，能形成大面积、多层位的岩性油气藏带。盆地中生代湖盆持续稳定整体沉降，物源和水系稳定分布，以湖相为中心形成了环带状分布的河流—三角洲沉积体系。青一段和嫩一段为湖侵体系域晚期沉积物，这两次最大洪泛期形成的深湖相泥岩富含有机质，是盆地重要的烃源岩和盖层。纵向上由于湖平面的频繁变化导致河流相、三角洲相砂体与湖相泥岩交互沉积，形成了扶余、高台子、葡萄花、萨尔图等多套含油组合，其中高台子—萨尔图的三角洲前缘相带平面上多期河道叠置，形成大面积连片分布的砂体，是最有利的岩性油藏发育区（图3-35）。根据生储盖组合结合压力系统，松辽盆地岩性油藏可分为上生下储的常压、低压下部扶余油层成藏体系，自生自储的常压、高压中部萨尔图、葡萄花、高台子油层成藏体系和下生上储的常压上部黑帝庙油层成藏体系。据统计，姚家组含油层段（包括萨尔图和葡萄花）和青山口组含油层段（高台子），分别占盆地已探明石油储量的78%和14.8%，共同组成了中部含油组合石油储量的主体。

2）鄂尔多斯盆地源下成藏组合大面积成藏特征

鄂尔多斯盆地长7油层组源下油藏分布呈现"近源（成藏期古构造）高部位岩性圈闭聚油，厚层砂体上倾端富集"，具有多源主次供烃、源储压差驱动、近源连续聚集的成藏规律。陇东地区长7、长9油层组优质烃源岩生烃增压，石油在剩余压力的驱动下，通过叠置砂体及裂缝的输导，向下进入下组合储层后优先选择相对高渗透率砂岩、构造较高的"甜点"部位聚集成藏（图3-36），长8油层组油藏大面积连片分布，长9油层组具有一定规模，长10油层组局部高产富集。

高丰度优质烃源岩在区域上控制着油气的分布，盆地有效烃源区延长组发育古成藏动力控制运聚区，成藏期流体在高源储压差的驱动下自烃源岩进入储层，进入储层后压力还没有达到泄压平衡，驱动油气在储层中继续向压力低值区运移。因此，在源储压差的作用下，流体易于从高压差部位最先突破，并在压差驱动下运移，从高压差向低压差区运移是压差驱动油气运移的基本指向，成藏期低势区及高势向低势的过渡区是油气有利运聚区。

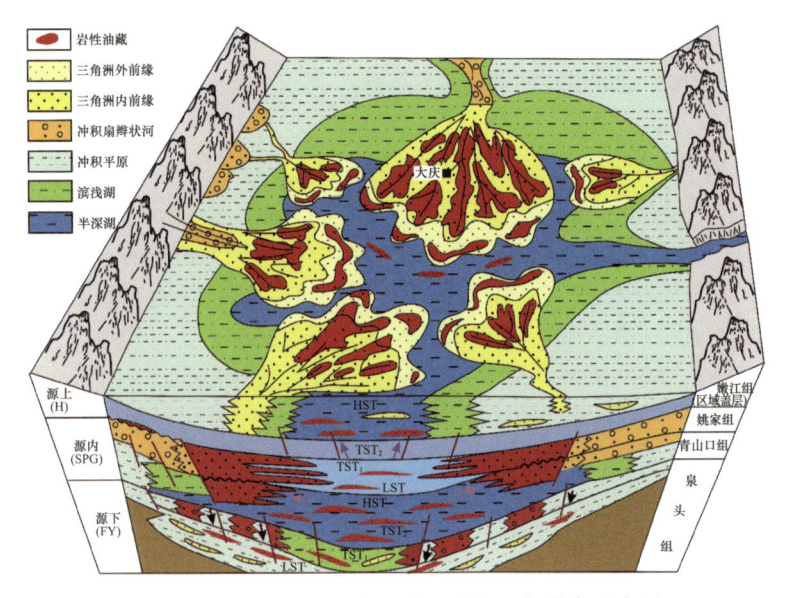

图 3-35 松辽盆地成藏组合划分与油气分布示意图

H—黑帝庙油层；SPG—萨尔图、葡萄花、高台子油层；FY—扶余油层

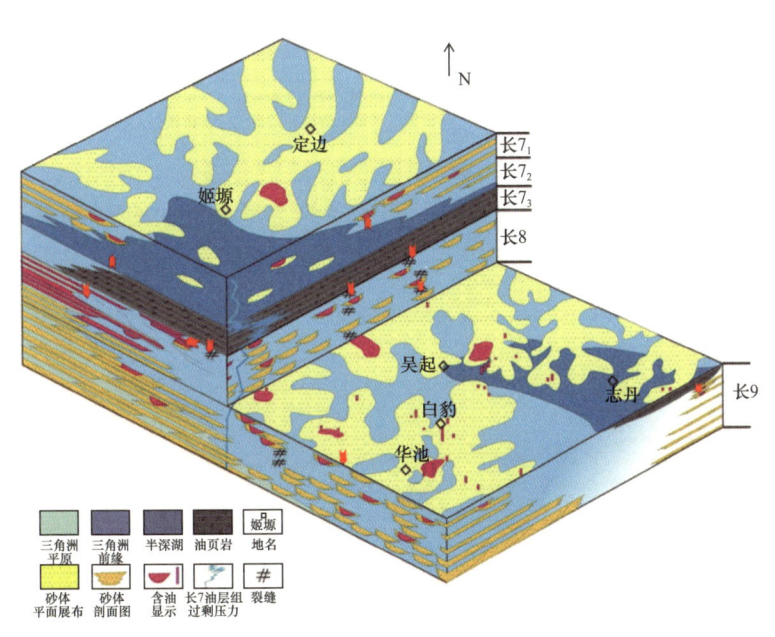

图 3-36 鄂尔多斯盆地长 8—长 10 油层组源下大面积成藏模式图

现今延长组的石油发现均分布在成藏期构造相对较高部位。且成藏期后至早白垩世末期继承性发育的构造高点油气更为富集。这似乎与现今研究区延长组储层特征和油藏分布特征不符，因为在研究区延长组储层普遍较为致密，且油藏的赋存部位和油水关系都表现得十分复杂，与现今的构造关系也不明显，因而普遍认为延长组油藏具有不受构造控制的特征。事实上这一储层特征在成藏期并不存在，上述储层的孔隙度研究也显示研究区成藏期长 8 油层组孔隙度普遍大于 10%，具有中孔的孔隙特征。在成藏期该孔隙度之下，当时的构造对油气藏具有控制作用就是十分正常的事情了。在成藏期古构造的控制下，由烃源

岩进入储层的流体可在构造的影响下向构造上倾方向运移，与此同时，位于构造下倾方向的储层则难以充注成藏。从时空演化的角度来看，成藏期及成藏期后继承性发展的构造高部位是油气的有利富集区。

3）准噶尔盆地源上成藏组合大面积成藏特征

准噶尔盆地玛湖凹陷斜坡区三叠系百口泉组砾岩油藏是国内外迄今为止发现的罕见的凹陷区古生新储型大面积连片成藏层系。百口泉组储层主要为扇三角洲前缘相灰色砂砾岩，分布广泛，储层整体表现为低孔、低渗的特点，前缘相砂体表现出大面积含油的特征，但它与传统的源储一体大面积成藏又有差异，主要是纵向上与下伏主力烃源岩层风城组相隔1000~2000m，源上成藏。百口泉组储层为低孔低渗储层，主力油层百二段储层孔隙度为6.95%~13.9%，平均为9.0%，渗透率为0.05~139mD，平均为1.34mD。低孔低渗储层造成油藏一定闭合高度所要求的侧向遮挡以及封盖条件有所降低，更易于形成大面积连续型油藏。玛北斜坡油藏高度达950m，油藏含油面积为140.6km^2，边底水不活跃，试油出水很少；含油边界主要受岩性变化控制，油藏大范围分布，没有明显的边界；而且油藏无统一油水界面和压力系统，反映其受浮力影响较小，这些都符合连续型油藏特征。

玛湖凹陷斜坡区构造格局形成于早白垩世，构造较为简单，基本表现为东南倾的平缓单斜，局部发育低幅度背斜、鼻状构造及平台，百口泉组倾角平均为2°~4°。构造相对平缓使得原油不易运移、调整和逸散，有利于形成大面积连续型油藏。这类油藏能大面积成藏，与其独特的成藏条件与各条件相互配置关系是分不开的。准噶尔盆地三叠系百口泉组油气大面积成藏与富集的核心是断裂、储层、顶底板条件。首先是断裂的沟通，由于众多断裂形成高效沟通油源的网络，使得原本纵向上与烃源岩分隔的它源型储盖组合可以近似看作源储一体或自生自储型的连续型油气藏储盖组合（图3-37）。

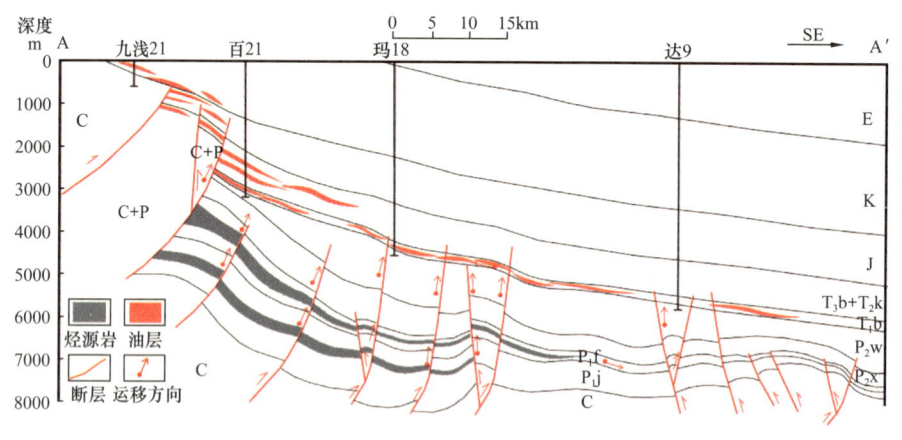

图3-37 玛湖斜坡带百口泉组源上大面积成藏模式图

第一，玛湖凹陷斜坡区由于受到盆地周缘老山海西—印支期多期逆冲推覆作用影响，发育一系列具有调节性质的近东西向走滑断裂。断距不大、断面陡倾，多断开二叠系—三叠系百口泉组。断裂数量较多，平面上成排、成带发育，与主断裂相伴生，两侧不仅发育一系列正花状构造，而且发育一系列鼻状构造。海西—印支期形成多条近东西向压扭性断裂，断开百口泉组储集体，直接沟通下部烃源岩，成为源外跨层运聚的通道，为大面积成藏奠定了良好输导条件。第二，玛湖凹陷发育大规模稳定展布的砂砾岩储层，为油气的大面积运聚提供了良好的输导与储集条件。玛湖凹陷周缘发育六大扇体的控制下，百口泉组陆源碎屑供给充足，沉积时坡度较缓，扇三角洲前缘亚相发育，砂体可直接推进至湖盆中心。单个扇体前缘相分布面积较大，均在数百平方千米，为油气的大面积运聚提供了良好的输导与储集条件。第三是顶底板条件，百口泉组在大范围缓坡构造背景下发育厚层状顶底板，以及大规模相变形成的上倾与侧向组合遮挡带，使得油气不易逸散，可以呈连续型稳定分布。百口泉组油气藏的顶板为三叠系白碱滩组湖相泥岩区域盖层，以及三叠系克拉玛依组细粒沉积，而底板是下伏二叠系下乌尔禾组在区域上整体发育的50~100m厚层泥岩，局部百口泉组底部为扇三角洲平原相致密砂砾岩，也可以形成底板封堵。

四、岩性地层大油气区地质特征与分布规律

以上分析了一些地层大油气区成藏条件与成藏机理，这里重点阐述岩性地层大油气区内涵、特征与分布，形成主控因素以及三类斜坡岩性大油气区富集规律。

1. 岩性地层大油气区内涵、特征与分布

岩性大油气区是以岩性、断层—岩性、成岩圈闭等油气藏为主的大型油气聚集区（表3-3）。地层大油气区是以地层不整合为主要圈闭要素的油气藏规模聚集形成的大油气区。

表3-3　岩性地层油气藏大油气区地质理论认识框架表

类型	概念	基本特征	理论内涵	研究方法	典型实例
岩性大油气区	以岩性、断层—岩性、成岩圈闭等油气藏为主的大型油气聚集区	岩性或物性变化带，适中的砂地比，中低斜坡近源分布，远源次生油气藏受输导体系与有效圈闭控制	① 规模岩性体的沉积学与储层地质学 ② 岩性圈闭要素与成因机制 ③ 源内岩性油气藏三段式成藏机理 ④ 远源岩性油气藏形成机制	① 储层地质评价与分布预测方法 ② 岩性圈闭识别与流体检测方法 ③ 远源输导体系追踪识别方法	环玛湖斜坡带三叠系，鄂尔多斯盆地长8、长6油层组，松辽盆地中浅层
地层大油气区	以地层不整合为主要圈闭要素的油气藏规模聚集形成的大油气区	构造运动及其形成的不整合结构体、地层尖灭带、输导体系，控制地层油气藏的形成和分布	① 构造演化与地层不整合结构体成因 ② 地层圈闭要素与组合模式 ③ 复合输导体系及构成要素 ④ 地层油气藏运聚与成藏机理	① 不整合结构体分层及厚度综合识别方法 ② 地层尖灭线识别方法 ③ 输导体系识别与追踪方法 ④ 有利储盖组合分布评价方法	渤海湾盆地潜山，四川盆地震旦系，鄂尔多斯盆地马家沟组，塔里木盆地寒武系—奥陶系

2. 岩性大油气区形成主控因素

沉积坡折带、复杂断阶带和坡凸叠合带三类斜坡油气成藏主控因素存在明显差异性（表3-4）。沉积坡折带是在特定古地貌背景下差异压实和差异沉降过程中形成的坡折带，重力流砂体发育，砂体与烃源岩交互接触，以岩性圈闭为主，近源成藏。砂质碎屑流与泥质烃源岩是岩性油气藏形成和分布的两大主控因素。松辽盆地南部西斜坡砂体富集和石油

聚集受沉积坡折带控制，具有 $3000 \times 10^4 t$ 预测储量规模，四川盆地中—西部过渡带须家河组岩性油气藏形成和分布亦受沉积坡折带控制。

表3-4 陆相湖盆三类斜坡岩性油气藏形成背景与成藏模式图

构造成藏背景	类型划分	地质背景与成藏特征	实例	成藏模式图
湖盆斜坡	沉积坡折带	差异沉降作用形成的斜坡由陡变缓的转折部位，是沉积砂体卸载的场所，有利于形成岩性油气藏	松辽盆地南部西斜坡、川中—川西过渡带	
	复杂断阶带	斜坡被断层切割，形成一系列断阶带，有利于形成断层—岩性圈闭及油气藏	歧口北斜坡、南堡高北斜坡、吉林新北斜坡等	
	坡凸叠合带	斜坡背景上发育鼻隆或凸起，有利于聚集生烃中心运移上来的油气，形成岩性或构造—岩性油气藏	松辽盆地北部西斜坡、玛湖凹陷北西斜坡、阜东斜坡带	

复杂断阶带是斜坡带被一系列横向断层切割形成的若干断阶。在复杂断阶带背景下发育多种类型砂体，近源或源下成藏，以构造—岩性圈闭为主。断裂、砂体和有效的油源通道是岩性油气藏形成的主控因素。渤海湾盆地歧北等斜坡带亿吨级岩性油田、松辽盆地吉林新北斜坡亿吨级岩性油气田以及海坨子岩性油藏均发育于复杂断阶带。复杂断阶带的断层在活动期作为油气运移的通道，在停滞期作为圈闭封堵条件，有利于形成断层—岩性油气藏，通常多断阶油气富集优于少断阶，少断阶优于无断阶。

坡凸叠合带是斜坡背景上叠置了局部背斜或鼻凸，有利于截获从斜坡低部位运移上来的油气聚集成藏。通常盆地/凹陷鼻凸或横梁斜坡部位大型三角洲砂体发育，油气聚集受鼻凸或脊状构造控制，其成藏特点是以岩性、构造—岩性圈闭为主，砂体及断层、不整合输导，岩性油气藏形成的主控因素是有利砂体、局部构造和输导体系。松辽盆地北部西斜坡亿吨级储量规模石油、准噶尔盆地玛湖凹陷西斜坡和阜东斜坡亿吨级石油均发育于坡凸叠合带。其中玛湖凹陷西斜坡三叠系百口泉组油气勘探近年来获得重大进展，展现出 $10 \times 10^8 t$ 级储量规模，百里油区基本形成，该斜坡夏子街—玛湖鼻状构造带对油气汇聚起着关键作用。

3. 岩性大油气区富集规律

碎屑岩岩性油气藏具有斜坡带主体聚集、凹陷区多类油气藏复合共生规律。通过勘探动态跟踪分析和典型油气藏解剖（表3-4），提出了斜坡带/凹陷区是陆相碎屑岩岩性油气藏勘探的主体领域。立足于解剖研究和综合分析，明确了盆地/凹陷不同构造区碎屑岩岩性油气藏形成和分布特征。碎屑岩岩性油气藏具有凹陷生烃，生烃中心区岩性与致密油（页岩油）复合共生，斜坡带岩性油藏主体聚集规律。明确了优势输导体系和有效圈闭是远源/次生岩性油气藏形成和富集的关键要素。"十二五"期间陆相湖盆斜坡带岩性油气藏勘探取得了一系列勘探成果和重要进展，2011—2015年形成松辽中浅层、松辽西斜坡、埕海、歧北、姬塬、华庆、环玛湖斜坡带、阜东斜坡等12个油气区，新增探明石油储量 $4.6 \times 10^8 t$、天然气 $760 \times 10^8 m^3$。新增控制、预测石油储量约 $25 \times 10^8 t$，勘探前景广阔。

（1）三类斜坡带是陆相碎屑岩岩性油气藏赋存的主体区域。斜坡带毗邻生烃凹陷，是油气运移的指向区（图3-38）。以坡凸叠合带为例（表3-4），通过松辽盆地西斜坡、玛湖凹陷西斜坡和阜东斜坡的解剖，建立了坡凸叠合带岩性油气藏成藏模式，即在斜坡背景上叠加鼻状构造等局部凸起，有利于捕获从斜坡低部位凹陷中心运移上来的油气。基于典型油气藏解剖与实验模拟，揭示了断裂、有利相带、压差三大要素控制斜坡带岩性圈闭成藏与富集，推动了松辽盆地西斜坡、准噶尔盆地玛湖、阜东等斜坡带岩性油气藏勘探。

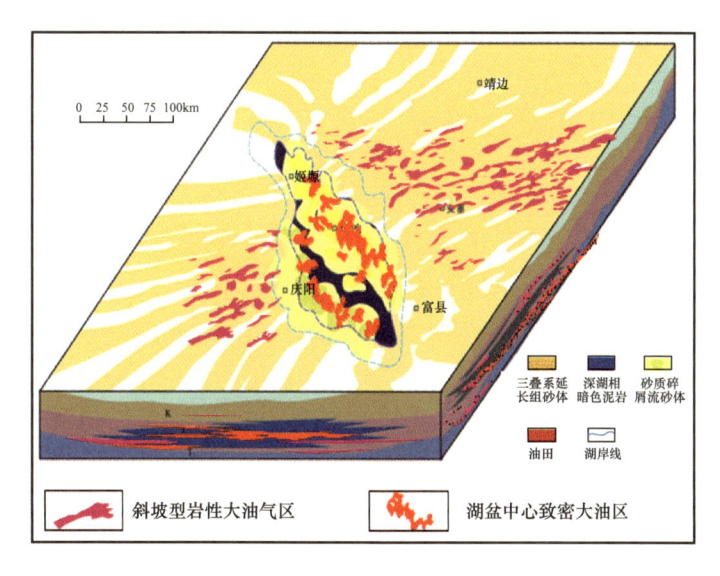

图 3-38　鄂尔多斯盆地中生界石油勘探成果图

（2）三类凹（坳）陷区是源内或近源岩性油气藏聚集的有利区域。凹（坳）陷区处于生烃灶中心区域，储集体处于源内或近源接触，排烃及充注成藏效率高。以裂谷后期坳陷区为例，通过松辽盆地白垩系坳陷湖盆岩性油气藏解剖研究，建立了裂谷后期坳陷区成藏模式。坳陷盆地中心区域，源储广泛接触，具备大面积成藏有利条件。通过油藏解剖和模拟实验，揭示了湖盆中心砂地比低、透镜体/成岩圈闭广布、具有三段式成藏机理、资源规模大的地质特征。推动松辽盆地中浅层、鄂尔多斯盆地姬塬多层系岩性油藏勘探。

小　结

本章立足"十一五"以来岩性地层油气藏领域的勘探研究进展，重点介绍了湖盆细粒沉积特征与分布模式、浅水三角洲沉积特征与生长模式、深水重力流沉积特征与成因模式、低孔渗储层成岩相定量评价、岩性地层油气藏大面积成藏机理与分布规律等研究成果。

（1）针对湖相富有机质页岩形成机理与分布模式，重点开展了泥页岩组构特征解剖与沉积古环境恢复，建立了鄂尔多斯盆地长7油层组湖侵—水体分层、松辽盆地青山口组局部海侵—水体分层的细粒沉积与富有机质页岩分布模式，提出沉积相带、水深、缺氧环境、湖流共同控制富有机质页岩的分布，为湖盆烃源岩预测评价提供了沉积基础。

（2）针对不同类型浅水三角洲沉积模式与骨架砂体分布规律，重点开展了现代三角洲遥感沉积学解析、水槽模拟实验与古代典型三角洲沉积特征解剖，构建了浅水三角洲沉积与生长模式，揭示了结网状砂体结构成因机理与分布规律，为鄂尔多斯、松辽盆地等大面积岩性油气藏勘探提供了有效的模式指导。

（3）针对湖盆中心深水重力流成因与规模储集砂体分布规律，对鄂尔多斯盆地白豹地区延长组长6油层组的沉积特征与砂体分布规律进行了典型解剖，构建了大型坳陷湖盆中心砂质碎屑流沉积新模式，明确了鉴别标志，指出在坳陷湖盆中心大型三角洲前缘以外的深水区可广泛发育以滑塌成因为主的砂质碎屑流规模储集砂体，大大拓展了湖盆中心的勘探领域。

（4）针对低孔渗—致密碎屑岩有效储层评价预测，对松辽盆地南部白垩系泉头组扶余油层、鄂尔多斯盆地姬塬地区延长组长8油层组开展了典型解剖，明确了低孔渗—致密砂岩储层成岩演化序列，发展完善了实验分析定类型、测井响应定分布的成岩相定量评价技术与方法，有效预测评价鄂尔多斯盆地姬塬地区长8_2有利储集相带分布。

（5）针对岩性地层大面积成藏机理与分布规律，重点开展了不同类型岩性大油气区形成条件与主控因素的解剖，揭示了源内、源下与源上大面积岩性油气藏成藏规律，建立了沉积坡折带、复杂断阶带、坡凸叠合带等三类斜坡的成藏模式，推动了从湖盆边缘向湖盆中心、从源内向源上和源下的多领域岩性油藏勘探，推动了姬塬、玛湖多个岩性大油区的发现。

参 考 文 献

[1] Krumbein W C. The dispersion of fine-grained sediments for mechanical analysis [J]. Journal of Sedimentary Research, 1932, 2(3): 140-149.

[2] Picard M D. Classification of fine-grained sedimentary rocks [J]. Journal of Sedimentary Research, 1971, 41(1): 179-195.

[3] Millot G. Geologie des Argiles [J]. Masson, 1964: 499.

[4] Potter P E, Maynard J B, Pryor W A. Sedimentology of shale: Study guide and reference source [J]. New York: Springer-Verlag, 1980.

[5] Dean W E, Leinen M, Stow D A V. Classification of deep-seafine-grained sediments [J]. Journal of Sedimentary Petrology, 1985, 55: 250-256.

[6] Dimberline A J, Bell A, Woodcock N H. A laminated hemipelagic facies from the Wenlock and Ludlow of the Welsh Basin [J]. Journal of the Geological Society, 1990, 147(6): 693-701.

[7] Lemons D R, Chan M A. Facies architecture and sequencestratigraphy of fine-grained lacustrine deltas

along the easternmargin of late Pleistocene Lake Bonneville, northern Utah andsouthern Idaho [J]. AAPG Bulletin, 1999, 83（4）: 635-665.

[8] Macquaker J H S, Adams A E.Maximizing information from fine-grained sedimentary rocks : An inclusive nomenclature for mudstones [J]. Journal of Sedimentary Research, 2003, 73（5）: 735-744.

[9] 吴崇筠, 薛叔浩. 中国含油气盆地沉积学 [M]. 北京: 石油工业出版社, 1993.

[10] 薛叔浩, 刘雯林, 薛良清, 等. 湖盆沉积地质与油气勘探. 北京: 石油工业出版社, 2002.

[11] 冯增昭. 中国沉积学（第2版）[M]. 北京: 石油工业出版社, 2013.

[12] 胡见义, 黄第藩, 徐树宝, 等. 中国陆相石油地质理论基础 [J]. 北京: 石油工业出版社, 1991.

[13] 中国科学院兰州地质研究所. 青海湖综合考察报告 [M]. 北京: 科学出版社, 1979.

[14] 邓宏文, 钱凯. 深湖相泥岩的成因类型和组合演化 [J]. 沉积学报, 1990, 8（3）: 1-21.

[15] 姜在兴, 梁超, 吴靖, 等. 含油气细粒沉积岩研究的几个问题 [J]. 石油学报, 2013, 34（6）: 1031-1039.

[16] 郝芳, 陈建渝, 孙永传, 等. 有机相研究及其在盆地分析中的应用 [J]. 沉积学报, 1994, 12（4）: 77-86.

[17] 金奎励, 李荣西. 烃源岩组分组合规律及其意义 [J]. 天然气地球科学, 1998, 9（1）: 23-30.

[18] 朱创业. 海相碳酸盐岩沉积有机相研究及其在油气资源评价中的应用 [J]. 成都大学学报: 自然科学版, 2000, 19（1）: 1-6.

[19] 邓秀芹, 蔺昉晓, 刘显阳, 等. 鄂尔多斯盆地三叠系延长组沉积演化及其与早印支运动关系的探讨 [J]. 古地理学报, 2008, 10（2）: 159-166.

[20] 杨华, 窦伟坦, 刘显阳, 等. 鄂尔多斯盆地三叠系延长组长7沉积相分析 [J]. 沉积学报, 2010, 28（2）: 254-263.

[21] 杨华, 李士祥, 刘显阳, 等. 鄂尔多斯盆地致密油、页岩油特征及资源潜力 [J]. 石油学报, 2012, 34（1）: 1-11.

[22] 邹才能, 赵政璋, 杨华, 等. 陆相湖盆深水砂质碎屑流成因机制与分布特征: 以鄂尔多斯盆地为例 [J]. 沉积学报, 2009, 27（6）: 1065-1075.

[23] 张文正, 杨华, 彭平安. 晚三叠世火山活动对鄂尔多斯盆地长7优质烃源岩发育的影响 [J]. 地球化学, 2009, 38（6）: 573-582.

[24] Schieber J, Zimmerle W. The histore and promise of shale research [C] //Schieber J, Zimmerle W, Sthi P. Shales and mudstones : Vol.1: Basin studies, sedimentology and paleonotology [M]. Stuttgart : Schweizerbart Science Publishers, 1998: 1-10.

[25] 邹才能, 赵文智, 张兴阳, 等. 大型敞流坳陷湖盆浅水三角洲与湖盆中心砂体的形成与分布 [J]. 地质学报, 2008, 82（6）: 813-825.

[26] Donaldson A C.Pennsylvanian sedimentation of central Appalachians [J].The Geological Society of America, 1974, Special Paper : 47-48.

[27] Postma G. An analysis of the variation in delta architecture [J]. Terra Nova, 1990, 2（2）: 124-130.

[28] 裘怿楠. 油气储层评价技术 [M]. 北京: 石油工业出版社, 1997.

[29] 楼章华, 袁笛, 金爱民. 松辽盆地北部浅水三角洲前缘砂体类型、特征与沉积动力学过程分析 [J]. 浙江大学学报（理学版）, 2004, 31（2）: 211-215.

[30] 朱筱敏, 刘媛, 方庆, 等. 大型坳陷湖盆浅水三角洲形成条件和沉积模式: 以松辽盆地三肇凹陷扶余油层为例 [J]. 地学前缘, 2012, 19（1）: 89-99.

[31] 袁选俊, 薛良清, 池英柳, 等. 坳陷型湖盆层序地层特征与隐蔽油气藏勘探——双松辽盆地为例 [J]. 石油学报, 2001, 24（3）: 11-15.

[32] 朱海虹, 郑长苏, 王云飞, 等. 鄱阳湖现代三角洲沉积相研究 [J]. 石油与天然气地质, 1981, 2（2）: 89-102.

[33] Kuenen PhH, Migliorini C I.Turbidity currents as a cause of graded bedding [J]. Jour, Geology, 1950, 58: 41-127.

[34] Normark W R. Growth patterns of deep sea fans [J]. American Association of Petroleum Geologists Bulletin, 1970, 54: 2170-2195.

[35] Mutti E, & Ricci, Lucchi F. Turbidites of the northern Apennines: introduction to facies analysis [J]. International Geology Review, 1972, 20: 125-166.

[36] Walker R G. Deep-water sandstone facies and ancient submarine fans: models for exploration for stratigraphic traps [J]. American Associationof Petroleum Geologists Bulletin, 1978, 62: 932-966.

[37] Shanmugam G, Moiola R J. Reinterpretation of depositional processes in a classic flysch sequence (Pennsylvanian Jackfork Group), Ouachita Mountains, arkansas and Oklahoma [J]. AAPG, 1995, 79: 672—695.

[38] Hampton M A. Competence of Fine-grained Debris Flows [J]. Journal of Sedimentary Petrology, 1975, 45: 834-844.

[39] 吴崇筠. 湖盆砂体类型 [J]. 沉积学报, 1986, 4（4）: 1-27.

[40] 梅志超, 彭荣华, 杨华, 等. 陕北上三叠统延长组含油砂体的沉积环境 [J]. 石油与天然气地质, 1988, 9（3）: 261-268.

[41] 王多云, 李凤杰, 等. 储层预测和油藏描述中沉积学的一些问题 [J]. 沉积学报, 2004, 22（2）: 193-197.

[42] 苏立萍, 罗平, 胡社荣. 川东北罗家寨气田下三叠统飞仙关组鲕粒滩成岩作用 [J]. 古地理学报, 2004, 6（2）: 182-190.

[43] 刘宝珺. 关于沉积学发展的思考 [J]. 沉积学报, 1992, （3）: 1-9.

[44] 刘林玉, 曹青, 柳益群. 白马南地区长81砂岩成岩作用及其对储层的影响 [J]. 地质学报, 2006, 80（5）: 712-718.

[45] 刘林玉, 王震亮, 张龙. 鄂尔多斯盆地镇北地区长3砂岩的成岩作用及其对储层的影响 [J]. 沉积学报, 2006, 24（5）: 690-697.

[46] 李阳. 惠民凹陷基山砂体成岩作用及对油气圈闭的影响 [J]. 岩石学报, 2006, 22（8）: 2205-2212.

[47] 王卓卓, 梁江平, 李国会, 等. 成岩作用对储层物性的影响及与沉积环境的关系 [J]. 天然气地质学, 2008, 19（2）: 171-177.

[48] 刘伟. 弱成岩作用生物气藏储层参数解释模型研究 [J]. 地球科学与环境科学, 2005, 35（3）: 320-324.

[49] 焦养泉, 吴立群, 陆永潮, 等. 准噶尔盆地腹部侏罗系顶部红层成岩作用过程中蕴藏的车莫古隆起演化信息 [J]. 地球科学: 中国地质大学学报, 2008, 33（2）: 219-226.

[50] Pettijohn F J, Potter P E, Siever R. Sand and Sandstone [J]. Soil Science, 1973, 117 (117): 130.

[51] Weber K J. How Heterogeneity Affects Oil Recovery [J]. Reservoir Characterization, 1986: 487-544.

[52] 裘怿楠, 许仕策, 肖敬修. 沉积方式与碎屑岩储层的层内非均质性 [J]. 石油学报, 1985, 6 (1): 22-28.

[53] 裘怿楠. 中国陆相碎屑岩储层沉积学的进展 [J]. 沉积学报, 1992, (3): 16-24.

[54] 贾承造, 赵文智, 邹才能, 等. 岩性地层油气藏地质理论与勘探技术 [J]. 石油勘探与开发, 2003, 34 (5): 257-272.

第四章 天然气大型化成藏与分布

天然气作为清洁能源可有效替代煤炭，改善环境。"十一五"以来，加快天然气利用，提升在一次能源消费结构中的比例，成为国家能源战略的重点。我国天然气资源丰富，天然气工业相比石油工业发展滞后近30年。2002年以来，为加快我国天然气发展，国家层面开始重视并加大了在天然气基础研究方面的支持力度，国家科学技术部先后启动两期"973"天然气基础研究项目，由中国石油天然气集团公司组织实施，中国石油勘探开发研究院承担，联合中国石油主要油气田公司研究院、中国科学院、中国石油大学、中国地质大学等单位近百位科研人员参与，历时10年，针对我国天然气地质特殊性和资源分布不均一性，开展了天然气资源形成条件、大气田形成与分布主控因素、优质资源评价方法以及天然气高效开发利用等基础研究，在我国天然气地质理论与资源分布预测方面取得众多突出进展，成为中国天然气地质学继煤成气理论、大中型气田形成与分布理论之后又一系统理论成果，包括天然气高效成藏地质理论与中低丰度天然气资源大型化成藏理论。

10年期间，研究与勘探实践紧密结合，相互促进，在四川、塔里木、鄂尔多斯、柴达木等大气区论证和新发现了一批重要勘探领域，助推库车深层、塔里木台盆区、苏里格大气田和四川盆地深层下古生界等天然气勘探突破，对我国陆上气区天然气储量与产量大幅度增长发挥了重要的支撑作用。本章将重点阐述近10年在天然气地质基础研究方面取得的创新成果与认识。

第一节 中国天然气资源类型与地质特征

中国常规与非常规天然气地质资源较为丰富，地质条件相对复杂[1—3]。陆上多发育海相、海陆过渡相和陆相多层系叠合沉积盆地，其中陆相和海陆过渡相沉积层序中，碎屑岩沉积体系由于物源多、流程短，沉积相带变化快，储集体内部物性变化大，且非均质性强，往往是常规储层与非常规储层交互共生。这种储层特征决定我国含气盆地中，少数天然气藏形成于较优质的常规储层中，更多天然气藏则形成于中低孔、低渗储层中，这部分天然气资源分布区具有常规与非常规储层共生的特点，有三个特征：（1）构成天然气藏的储集体物性和储层结构特征处于常规储层和非常规储层的过渡区，具明显的过渡性（图4-1）。（2）天然气聚集存在两种成藏机制，即常规气藏主要通过达西流流动，以体积流方式成藏，部分气藏具有明显的气水分异；非常规气（主要是致密砂岩气）主要通过非达西流流动，以扩散流方式成藏，成藏机制具有双重性。（3）资源构成具有过渡性。以储层地下渗透率小于0.1mD、地面渗透率小于1mD为标准，统计我国陆上已发现的中低丰度（亦称低渗透）气藏，常规气占35%左右，非常规气占65%左右。

从近几年勘探发现的岩性油气藏储量构成看，中、低丰度油气储量占相当大比重，尤其是大型油气田多数为中、低丰度。而且剩余待发现油气资源中，中、低丰度油气资源也占主体。这类资源广泛发育于中国陆上大型坳陷盆地中，其形成具有特殊性[4—6]。因此，及时总结中、低丰度岩性地层油气藏的形成条件与分布规律，对指导拓展勘探领域和推动未来发现都具有重要意义。

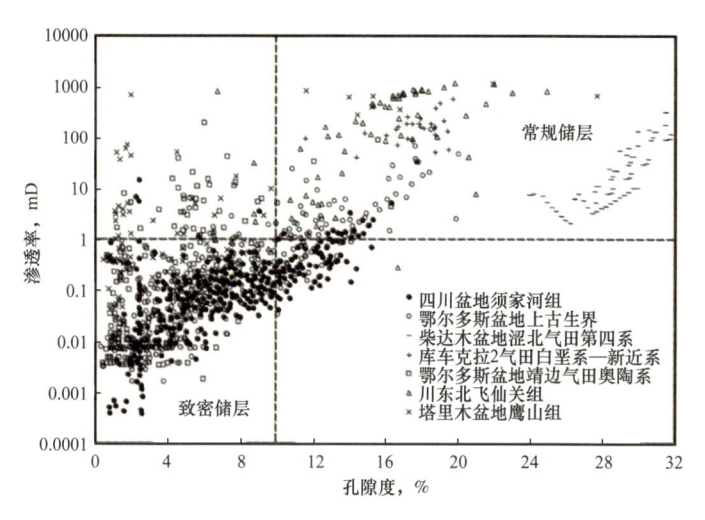

图 4-1 不同类型天然气藏储层物性分布特征

一、大气田地质特征新认识

在全国发现的 200 余个天然气田中，地质储量大于 $300 \times 10^8 m^3$ 的大型气田近 50 个，探明天然气储量超过 $7 \times 10^{12} m^3$；地质储量大于 $1000 \times 10^8 m^3$ 的大型气田 21 个，探明天然气储量近万亿立方米。通过对这些大气田的基本地质特征进行分析，能够反映中国已发现天然气资源的类型和特征（表 4-1）。

表 4-1 列出了中国一些大气田的地质参数。按照天然气藏分类的国家标准：可采储量丰度大于 $8 \times 10^8 m^3/km^2$ 为高丰度气藏，$8 \times 10^8 \sim 2.5 \times 10^8 m^3/km^2$ 为中丰度气藏，小于 $2.5 \times 10^8 m^3/km^2$ 为低丰度气藏。我国天然气资源总量中，高丰度气藏占 37%，中低丰度气藏占 67%。

高丰度大气田以大中型构造圈闭与构造—岩性圈闭为主，储层物性较好，孔隙度一般大于 10%，通常为 8%~20%，渗透率大于 1mD，多在 5~20mD 及以上，不论是砂岩储层还是碳酸盐岩礁滩型储层，一般厚度较大，连续性较好，气柱高度可达百米至数百米。在气藏形成过程中，浮力作用和气水分异都较显著，具有明显的气水界面，多为异常高压气藏。含气面积不一定很大，但单个气藏控制的储量规模大、储量丰度高。如塔里木盆地库车坳陷前陆冲断带中的克拉 2 大气田、四川盆地川东高陡构造带的普光大气田、琼东南盆地断陷底辟构造带的崖 13-1 大气田等为典型代表，它们是现阶段中国天然气产量的重要贡献者之一。

中低丰度大气田是众多单体规模较小的岩性气藏以集群方式形成的气藏群，由常规气藏与非常规致密气藏构成。以鄂尔多斯盆地石炭系—二叠系、四川盆地川中地区须家河组发育的天然气最为典型，这类气藏的特点是：气田含气面积大，达数百乃至数千甚至上万平方千米，储量规模也大，一般都在数百亿乃至数千亿甚至上万亿立方米，但储量丰度很低。一个大气田通常由成千上万个单体规模较小的气藏构成，在常规小型岩性气藏之间连续或不连续分布着含气饱和度很低的致密气层、水层或干层。这类集群式分布的气藏群多形成于大型坳陷盆地的腹部，为构造平缓区、斜坡区和部分向斜区。

表 4-1 中国大气田地质参数

序号	气田名称	所属盆地	面积, km²	圈闭类型	地质储量 10⁸m³	技术可采储量, 10⁸m³	储量丰度 10⁸m³/km²	储量丰度类型	时代	岩性	孔隙度, %	渗透率, mD
1	普光	四川	126.6	构造—岩性	4121.7	3048.2	24.1	高	T_1	白云岩	6~28	0.1~3000
2	克拉2	塔里木	48.1	构造	2840.3	2128.9	44.3	高	K、E	砂岩	9~14.0	4.0~350
3	迪那2	塔里木	125.3	构造	1752.2	1138.9	9.1	高	N	砂岩	8~15.2	0.5~216
4	崖城13-1	琼东南	54.5	构造	978.5	763.7	14	高	E_3	砂岩	10.8~18.9	142~1400
5	克拉美丽	准噶尔	65.7	构造—地层	1053.3	632	9.6	高	C	火山岩	4.3~10.5	1.6~6.3
6	台南	柴达木	35.9	构造	951.6	536.7	15	高	Q	砂岩	21~39	76~470
7	涩北一号	柴达木	46.7	构造	990.6	536	11.5	高	Q	砂岩	30.9~31.1	20~50
8	涩北二号	柴达木	44.6	构造	826.3	433	9.7	高	Q	砂岩	18~38	>100
9	铁山坡	四川	24.9	构造	374	280.5	11.3	高	T_1f	白云岩	5~11	50~100
10	春晓	东海	19.3	构造	330.4	206.9	10.7	高	N	砂岩	13~28	16.1~239.4
11	柯克亚	塔里木	19.4	构造	348.9	169.8	8.8	高	N	砂岩	7~18	300~500
12	塔中Ⅰ号	塔里木	478.1	构造—岩性	2376	1468.7	3.1	中	O	碳酸盐岩	3~6	3.5~12
13	徐深	松辽	285.1	构造—地层	2217.6	1048	3.7	中	K_2	火山岩	4~11	0.1~1
14	新场	四川	161.2	构造	2045.2	893.4	5.5	中	T_3	砂岩	3~8	0.1~4
15	大天池	四川	274.6	构造	1067.6	728.3	2.7	中	C_1h	白云岩	3~7	0.01~7
16	罗家寨	四川	125	构造	797.4	596.4	4.8	中	T_1f	碳酸盐岩	5~11	1~56
17	和田河	塔里木	143.4	构造	616.9	445.7	3.1	中	O、C	碳酸盐岩砂岩	2~7.9	2.5~27
18	长岭Ⅰ号	松辽	54	构造—地层	706.3	389.2	7.2	中	K_2	火山岩	4~9	0.1~1

续表

第四章 天然气大型化成藏与分布

序号	气田名称	所属盆地	面积, km²	圈闭类型	地质储量 10⁸m³	技术可采储量, 10⁸m³	储量丰度 10⁸m³/km²	储量丰度类型	时代	岩性	孔隙度, %	渗透率, mD
19	卧龙河	四川	92.1	构造	408.9	370.6	4	中	C—T	碳酸盐岩和砂岩	3~13	0.1~0.4
20	大北1	塔里木	50.8	构造	587	363.5	7.2	中	K₁	砂岩	5~9	5~15
21	荔湾3-1	珠江口	43.5	构造	475.8	344.5	7.9	中	N	砂岩	11~25	>100
22	松南	松辽	41	构造	484.7	285.7	7	中	K₁	火山岩	7~12	0.01~0.5
23	渡口河	四川	33.8	构造	359	269.3	8	中	T₁f	碳酸盐岩	6~12	0.1~10
24	邛西	四川	81	构造	323.3	212.9	2.6	中	T₃	砂岩	3~9	0.01~0.8
25	番禺30-1	珠江口	26.4	构造	300.9	197.8	7.5	中	N	砂岩	15~35	5~210
26	英买7号	塔里木	45.2	构造	309.2	190.9	4.2	中	E	砂岩	12~25	12~260
27	玛河	准噶尔	25	构造	314	172.7	6.9	中	E	砂岩	15~25	10~200
28	大牛地	鄂尔多斯	1457.7	岩性	3745.3	1744.9	1.2	低	C—P	砂岩	5~11	0.001~100
29	合川	四川	1058	岩性—构造	2299.4	1034.7	1	低	T₃	砂岩	7~10	0.001~50
30	东方1-1	莺歌海	336.1	构造	951.2	655.1	1.9	低	Q—N	砂岩	22~31	3~200
31	广安	四川	578.9	构造—岩性	1355.6	610	1.1	低	T₃	砂岩	6~13	0.001~10
32	磨溪	四川	229	构造—岩性	702.3	297.9	1.3	低	T₂₋₃	砂岩	4~9	0.001~2
33	乐东22-1	莺歌海	165.8	构造	431	250	1.5	低	Q—N	砂岩	22~36	1~12
34	塔河	塔里木	124.9	岩性	365	249.3	2	低	O	石灰岩	3~5	0.1~5
35	威远	四川	100	构造—岩性	408.6	152.8	1.5	低	Z	藻白云岩	2~4	0.01~1
36	八角场	四川	69.6	构造—岩性	351.1	137.1	2	低	T₃	砂岩	6~9	0.01~2

续表

序号	气田名称	所属盆地	面积, km²	圈闭类型	地质储量 10⁸m³	技术可采储量, 10⁸m³	储量丰度 10⁸m³/km²	储量丰度类型	时代	岩性	孔隙度, %	渗透率, mD
37	苏里格	鄂尔多斯	6356.8	岩性	8715.3	4408.7	0.7	特低	P	砂岩	7~11	0.01~100
38	靖边	鄂尔多斯	6693.7	岩性—地层	4700	2995.2	0.4	特低	C—P	碳酸盐岩和砂岩	4~8	0.01~5
39	榆林	鄂尔多斯	1715.8	岩性	1807.5	1244.4	0.7	特低	C—P	砂岩	5~11	0.01~100
40	子洲	鄂尔多斯	1189	岩性	1152	679.7	0.6	特低	C—P	砂岩	4~9	0.01~100
41	乌审旗	鄂尔多斯	872.5	岩性	1012.1	518.1	0.6	特低	C—P	砂岩	3.5~14	0.01~100
42	神木	鄂尔多斯	827.7	岩性	935	474.6	0.6	特低	C—P	砂岩	4~12	0.01~100
43	米脂	鄂尔多斯	478.3	岩性	358.5	205.1	0.4	特低	C—P	砂岩	2~10	0.01~100
44	洛带	四川	161.9	构造	323.8	126.4	0.8	特低	J_{2-3}	砂岩	7~12	0.01~2
合计					57571.3	33636.2						

除此之外，非常规天然气中的煤层气和页岩气在我国也有发现[7, 8]，属于典型的烃源岩中的连续型气聚集。天然气的生成和聚集过程都发生在煤层和页岩内部，分布面积大，资源丰度更低，是典型的非常规气藏，开发技术有相似性，更强调低成本开发。此外，气藏的形成条件与资源富集分布的评价标准，则与中低丰度天然气的研究、评价与选区有很大不同。

二、天然气资源类型构成新认识

根据国土资源部 2014 年完成的全国油气资源评价结果，中国常规天然气地质资源量为 $68\times10^{12}\mathrm{m}^3$，可采资源量为 $40\times10^{12}\mathrm{m}^3$（包括常规天然气资源和部分致密砂岩气资源）。累计探明量为 $12\times10^{12}\mathrm{m}^3$，探明程度 18%，处于勘探早期。

基于对已发现天然气藏地质特征的分析研究，将中国天然气资源划分为三大类：第一类是常规天然气资源，以高丰度优质大气田为代表；第二类是纯非常规天然气资源，包括均质性和连续性都比较好的致密砂岩气、煤层气和页岩气，可称为连续型天然气；第三类是中低丰度天然气资源，是由常规天然气和非常规天然气资源混合构成的，是已经探明和将要发现的天然气储量的主体。

上述三类天然气资源在成藏条件、气藏特征与资源赋存环境等方面存在明显差异（表 4-2）。高丰度天然气藏的形成一般需要优质生储盖及组合条件，气藏的形成经历了

表 4-2 中国三类天然气资源对比

资源类型	常规天然气资源	中低丰度天然气资源	非常规（连续型）天然气资源
气藏类型	常规气藏	中低丰度气藏群（含致密气）	连续气（页岩气和煤层气/天然气水合物）
静态地质要素	源储分离 优质烃源岩 优质高孔渗储层 优质盖层 大型圈闭	两类气源灶的大型化发育 广覆式与三明治等四类生储盖组合 中低丰度储集体的大型化发育 成藏要素的横向规模变化	优质烃源岩 源储一体 低—特低孔渗 顶底板封闭 无圈闭
动态成藏条件	高效气源灶 高剩余压差驱动（不必要） 浮力驱动 二次运移明显 优势输导体系 运聚动平衡	气源输入的规模化 源储剩余压差、扩散、浮力共同作用 初次运移为主，二次运移较弱 抬升卸载排烃的规模化	吸附为主，无二次运移 无输导
气藏内部特征	浮力作用，气水分异明显 异常高压—常压为主 高气柱为主，单个气藏规模大 封闭式气藏，气水边界明显	浮力作用不明显，气水关系复杂 常压—异常低压 中小气柱，单个气藏规模小 单个气藏为开放式	无气水分异 无连续气柱 无边界
资源分布特征	各类盆地内大型构造发育区 流体运移的低势区	大面积与大范围成藏组合为主 大型坳陷和克拉通盆地内深盆区、构造平缓区和斜坡区	盆地内烃源岩发育区

初次和二次运移过程，天然气在浮力作用下发生了由分散向聚集的过程，气藏分布于局部有限范围的圈闭之中，资源丰度相对较高，可以用常规的油气成藏理论进行评价和勘探。低丰度连续气是源储一体的，需要优质烃源岩和呈连续性分布的储集体大面积接触，气藏的形成更多地依靠毛细管力的束缚而非浮力作用；气藏边界不明显，分布具有区域性，较多分布于沉积盆地的向斜区和斜坡区。中低丰度天然气资源由部分常规天然气藏与众多非常规天然气藏（以致密砂岩气为主）构成，以中低丰度天然气藏群形式出现，需要大型化发育的成藏条件，天然气以初次运移为主，其中常规气藏的形成有浮力参与，存在明显的二次运移；主要分布在大型坳陷和克拉通盆地的坳陷区和斜坡区。

在气藏内部特征方面，常规天然气藏内部具有明显的气水边界，大型构造气藏具有较大且连续的含气高度，圈闭充满程度高，一般气藏具有较高的压力或异常高压。非常规（连续型）天然气主要依靠矿物颗粒的吸附作用和孔喉结构的束缚而在烃源岩内部和致密砂岩中聚集，没有明显的气水分异过程。中低丰度天然气藏（群）的形成分布介于二者之间，气水关系复杂，在储层物性较好的岩性与低幅度构造圈闭中，气水界面明显，在相对致密储层中气水分异不清。

三、中低丰度天然气资源的主体性

中低丰度天然气资源主要分布于克拉通盆地台地区的海相碳酸盐岩层系、叠合沉积盆地陆内坳陷区沉积层系以及前陆沉积盆地的缓翼斜坡区。这些区域地层比较平缓，构造起伏不大。不管是海相碳酸盐岩层系，还是海陆过渡相煤系沉积，抑或是陆相碎屑岩层系，都因储层内部的非均质性和孔喉结构变化，而极易形成岩性和地层圈闭，且成群发育，分布范围十分广泛。单体规模可变性较大，总体以小型为多。但形成的圈闭群则规模相当大，天然气藏往往呈大型化分布。从统计看，含气面积至少达数百平方千米以上，主体在数千至上万平方千米，储量规模在千亿立方米以上，多数在数千至上万亿立方米。

其分布范围主要是海相克拉通盆地大型古隆起的斜坡区与有差异沉积发生的台内坳陷与台缘隆起的结合部，大型陆内坳陷的向斜与斜坡区（图4-2）。这两类盆地所发育的适宜中低丰度气藏群形成的区域，除了上面提及的四个条件外，还有一个十分重要的条件，即多是煤系和海相气源灶发育区，有近水楼台之便。因此，中低丰度天然气藏群所分布的重点范围按经典天然气成藏理论来衡量，多数是不利于天然气成藏的范围，是以往勘探的"禁区"。无疑，中低丰度天然气资源成藏理论的建立和发展不仅会大大增加我国的天然气资源总量，而且也大大扩展了勘探范围，从以往立足局部有限范围找常规天然气藏，到立足于气源灶分布的整个范围，找大面积和大范围的常规和非常规混合气藏群，其意义和价值不言自明。

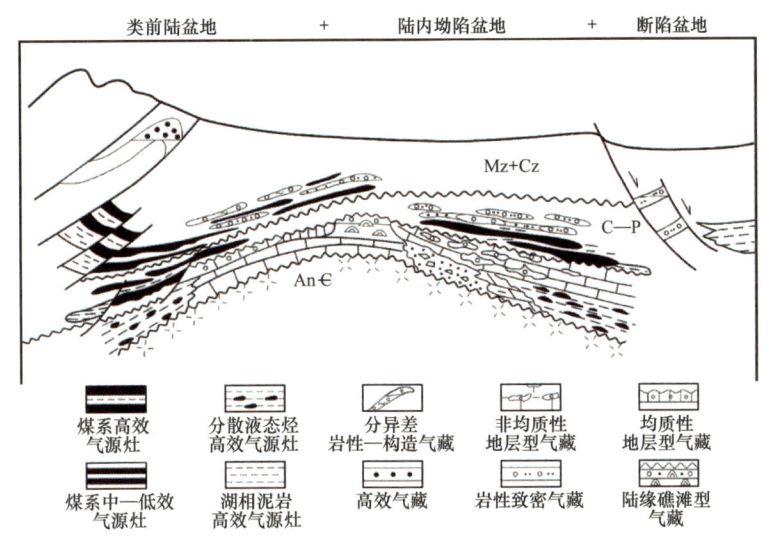

图 4-2　中国天然气藏分布模式图

第二节　海相与煤系气源研究新进展

我国天然气资源主要源于四类，即煤成气、热降解气、热裂解气和生物气，其中煤成气形成的气藏发现最多，占总探明储量的 61%；海相成因气包括热降解气和热裂解气两大类型，其中原油热裂解气是主要贡献者，探明储量占 27%，主要分布于塔里木、四川盆地，鄂尔多斯盆地中部靖边气田也有部分海相成因气的贡献；生物气探明储量占 7% 左右，主要分布于柴达木盆地。

前人对气源的研究成果和认识非常丰富，特别是我国"七五"以来逐步形成的煤成气理论，对于发现中西部地区大量煤成气大气田发挥了重要的指导作用[9—13]。古油藏裂解气作为重要的气源在四川盆地海相古隆起勘探中发挥了重要的作用[14—16]。近 10 年来，针对中国陆上两类大气田形成条件的研究，更加关注气源灶的有效性研究，一是在生气母质方面，开展了古老海相地层中烃源岩内部滞留液态烃裂解气作为生气母质的机理、规模和现实性研究，提出了有机质接力成气理论；二是在气源灶对成藏的贡献方面，开展了气源灶生气过程及对成藏贡献的有效性研究，提出了源灶大型化控制大气田形成与分布的认识。

本节介绍在海相和煤系生气母质研究方面的新进展。

一、海相烃源岩中滞留烃裂解气的重要意义

1. 有机质接力成气的理论内涵

经典生烃理论认为高—过成熟阶段干酪根生气潜力有限，勘探找油气潜力不大。2003 年以来，"973"天然气项目率先关注烃源岩发生排烃以后滞留烃的生气潜力，基于生烃动力学和液态窗滞留烃量研究，提出烃源岩中液态滞留烃数量高达 40%～60%，在 R_o（镜质组反射率）值大于 1.6% 的高—过成熟阶段发生热裂解大量生气，生气物质、主生气时

机与干酪根热降解成气构成接力过程，于源内形成有效气源灶，控制源外常规气藏、非常规气藏规模形成与分布，即有机质接力成气理论。指出Ⅰ、Ⅱ型有机质烃源岩成气过程中生气母质的转换与生气时机的接替，有两层含义：一是干酪根热降解生气在先，液态烃裂解成气在后，二者在主生气时机和先后贡献上构成接力过程。二是干酪根降解形成的液态烃只有一部分可排出烃源岩，绝大部分则是分散状滞留在烃源岩内，在高—过成熟阶段（$R_o>1.6\%$）发生裂解，使烃源岩仍然具有良好的生气和成藏潜力。有机质接力成气理论研究的重点有4个方面：（1）主生油期后，烃源岩内部液态滞留烃数量高达总生烃量的40%～60%，可以作为高—过成熟阶段有效气源母质；（2）滞留烃主生气时机在R_o值大于1.6%的高—过成熟阶段，生气物质、主生气时机与干酪根热降解成气构成接力过程；（3）由滞留烃裂解形成的天然气具有明显区别于干酪根热降解气的标志化合物特征，可以鉴别；（4）高成岩（无压缩）环境中天然气具有膨胀排烃和蒸发排烃等有效排驱机理与条件，可以在源内形成有效气源灶，控制源外常规气藏、非常规气藏规模形成与分布[17]。

该理论的提出基于大量生烃动力学和模拟实验研究，相关实验及机理已在第一章中阐述。

2. 滞留烃作为气源母质的现实性

图4-3给出了塔里木盆地古生界海相烃源岩和渤海湾盆地古近—新近系湖相烃源岩中滞留烃数量分布。从图中看出，滞留液态烃数量在液态窗阶段确实有富集峰值，说明烃源岩在液态窗阶段发生排烃以后，确有相当数量的液态烃滞留。之后在高—过成熟阶段，滞留烃数量急剧减少，说明滞留烃发生了二次裂解和排烃。这里有两点需要说明：（1）应该在什么热成熟度窗口统计滞留烃的数量，也是一些学者对滞留烃数量提出异议的根源所在；（2）烃源岩滞留烃数量达到多大门限时，就会有经济规模的天然气生成。笔者认为，对烃源岩滞留液态烃最大数量的统计应该在原油大量生成但尚未发生裂解的这个阶段进行，即R_o值小于1.6%。一些学者认为烃源岩中滞留烃数量太少，不足以形成商业规模的天然气，主要原因是在统计滞留烃数量时并未考虑成熟度因素，而把大量已发生二次裂解和排烃的高—过成熟样品都计入在内。实际上，处于高—过成熟阶段的烃源岩中，滞留烃数量少正是二次裂解和排烃的反映，不应该成为否定其规模生气和成藏的依据。关于滞留烃数量下限的确定，应该考虑两个因素：一是满足烃源岩黏土颗粒和有机质表面吸附以及超微孔隙饱和以后，能够有余量天然气在条件具备时向源外排驱；二是烃源岩总体积要足够大，以保证排出天然气数量的规模性。在模拟实验基础上，笔者确定滞留烃下限值为$S_1=0.1mg/g$[18]。按此标准，烃源岩在液态窗阶段排烃以后的滞留烃量相当高，统计发现，海、陆相沉积烃源岩中滞留烃量较高的样品都较多。因此，滞留烃在高—过成熟阶段完全可以成为天然气规模生成和成藏的有效气源灶[19, 20]。

同时，研究发现烃源岩中滞留烃可以成为一种高效气源灶，其含义包括两点：一是生气动力学实验揭示，液态烃向气态转化，转化量是等量固体干酪根降解生气的2～4倍。根据研究，富含Ⅰ型和Ⅱ型有机质的海相烃源岩在液态窗阶段发生排烃以后，仍滞留在烃源岩中的液态烃数量相当大，高TOC优质烃源岩（TOC含量一般为4%～6%）滞留烃量也有 20%～30%，由于这部分烃源岩有机碳含量高，因而总的滞留烃量相当大。而 TOC 含量相对偏低的端元（TOC 含量一般为 1.0%～2.0%）滞留烃量可以达到 40%～60%。考虑到液态窗阶段排出的烃类多数为液态烃，天然气多为干酪根降解气，所以，由滞留烃在高—过成熟阶段裂解形成的天然气应该是有机质成气的主体，在天然气资源形成中占有重要地位。二是液态烃裂解主要发生于热演化高—过成熟阶段。对应于我国主要含气盆地的演化发展，海相烃源岩进入高—过成熟阶段（$R_o > 1.6\%$）主要发生于白垩纪以后的古近纪阶段。因此，由分散液态烃热裂解形成天然气发生较晚，相应地成藏也晚，因而散失量小，成藏效率高。

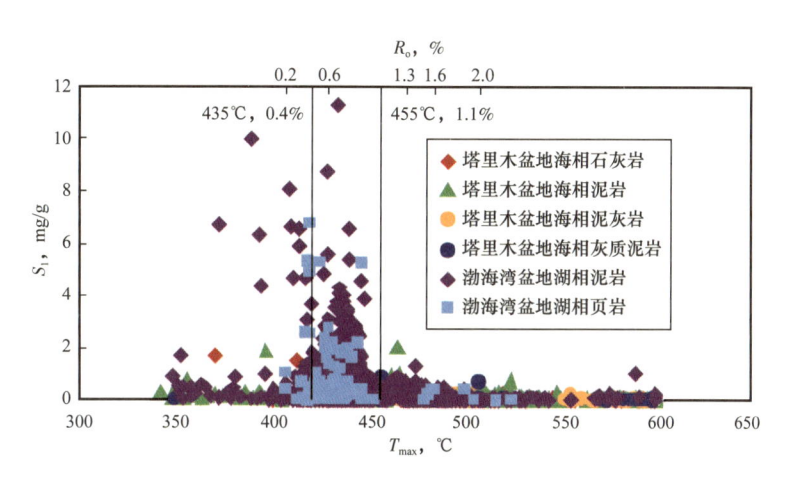

图 4-3　烃源岩分成熟度区间的源内液态烃滞留量统计图

3. 滞留烃裂解气的鉴别

有机质接力成气理论提出以后，还需要回答一个问题，即如何鉴别和区分三种来源的天然气：滞留分散液态烃裂解形成的天然气、干酪根热降解气和古油藏裂解形成的天然气。应该说，滞留烃裂解气也是原油裂解气的一种，与干酪根热降解气不难区分，关键是如何与古油藏裂解形成的天然气有效区分，因为后者是早已为前人认识的气藏类型。2004—2005 年，笔者专门做了实验来研究这一问题，分别选择纯原油和原油加不同比例的蒙皂石进行热催化裂解实验，代表古油藏与烃源岩内部分散液态烃两种情况，并对裂解产物进行检测和量化分析，模拟结果见表 4-3。从裂解产物中发现了一种重要的轻烃化合物——甲基环己烷，甲基环己烷主要来源于腐殖型母质——高等植物木质素、纤维素和糖类等，是反映陆源母质类型的良好参数。但实验发现聚集型和分散型液态烃裂解气中甲基环己烷含量明显不同，并可作为判识滞留烃裂解气的重要指标，这一认识也为笔者近期与美国斯坦福大学合作完成的实验所证实。为检验这一指标的有效性，选择塔里木盆地和田河气藏作为由分散滞留烃裂解形成的气藏，其中甲基环己烷的含量有明显峰值（图 4-4a）；选择四川盆地川东地区罗家寨气藏作为由古油藏裂解形成的气藏，检测发现其甲基环己烷的含量明显偏低（图 4-4b）。由此可见，可用甲基环己烷含量指标鉴别滞留烃在高—过成熟阶段裂解形成的天然气。

表4-3 聚集型和分散型液态烃热催化裂解实验结果

类型	实验系列	温度,℃	环烷烃/(正己烷+正庚烷)	甲基环己烷/正庚烷	甲苯/正庚烷
聚集型	100%原油	550	1.14	0.43	0.37
	50%原油+50%蒙皂石	550	0.85	0.44	0.34
	20%原油+80%蒙皂石	550	0.83	0.44	0.51
分散型	5%原油+95%蒙皂石	550	9.32	3.38	1.26
	1%原油+99%蒙皂石	550	18.14	3.48	3.41

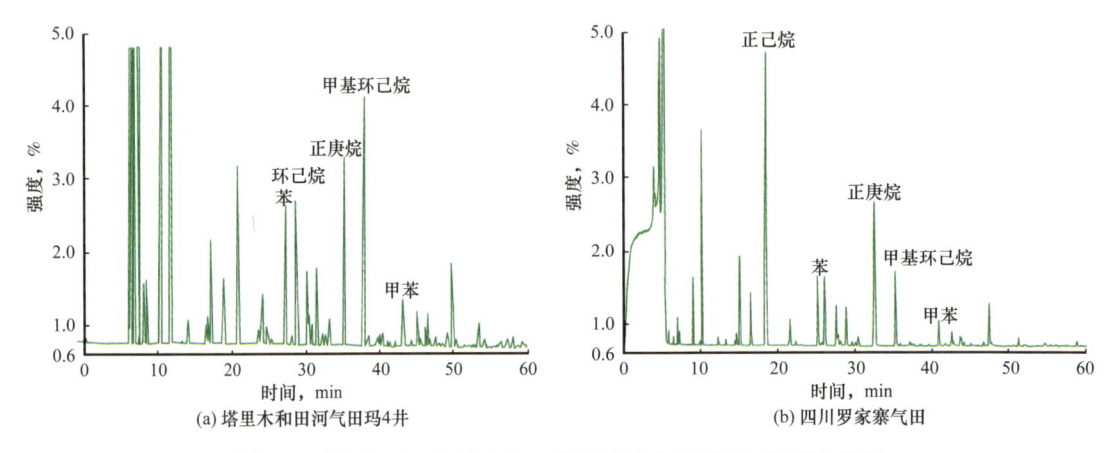

图4-4 塔里木和田河气田和四川罗家寨气田天然气轻烃色谱图

4. 高成岩环境天然气排驱与源外成藏现实性

如前所述，烃源岩发生排烃以后，滞留在烃源岩内部的液态烃数量相当可观。在高—过成熟阶段进一步裂解形成天然气的数量远大于液态窗阶段由干酪根降解形成的天然气数量。这部分天然气是在烃源岩高度成岩以后形成的，能否有效排出是制约滞留烃裂解气源外常规天然气成藏的关键，也是石油地质学研究的重大前沿问题之一。

最近几年兴起的页岩气研究与大规模开发利用，让储层研究从毫米—微米级进入纳米级[21]。越来越多的超微观资料显示，页岩中存在大量纳米级孔隙，主要有微裂缝、黏土颗粒堆积形成的粒间孔隙和有机质降解过程中形成的次生孔隙，其中，最小的黏土颗粒粒间孔隙直径也有5nm[22]，是甲烷分子直径的13倍，其他孔隙的直径高达几十至几百纳米不等。如果有动力存在，天然气在页岩中运移的通道是存在的，关键问题是页岩在无压缩状态下是否具备驱使天然气排出的动力。有文献报道，在油藏环境下，液态烃向气态烃转化，体积增加60%～90%[23]。页岩气的成功开发利用，说明页岩也是一种气藏形成环境。其中液态烃向气态烃的转化，可能是驱使源内天然气排出的重要动力，因为高成岩环境下，页岩的骨架体积变化很小，而存在于页岩各类微小孔隙中和吸附于颗粒表面的液态烃裂解为气体后，体积要膨胀很多，就可以推动天然气从源内向源外运移，其机理类似于弹药爆炸。此外，在页岩内部和页岩与输导层之间还存在明显的天然气浓度差，也为天然气发生扩散运移提供了条件。因此，高成岩环境下，存在天然气有效排驱的通道、动力与过程。据统计，截至 2016 年底，塔里木盆地古生界已发现的天然气探明储量中，有超过 $5500\times10^8m^3$ 发现的储量是分散液态烃裂解气源外成藏的产物，这为滞留烃裂解气有效排烃和源外成藏提供了有力的佐证。

二、煤系生气机理研究新认识

煤系气源灶和滞留烃热裂解气源灶在演化与生、排气历史等方面既有共性，更有差异。煤系烃源岩的生气过程早，$R_o=0.3\%$ 时即开始，同时结束时间晚，可延至 $R_o=5.0\%$，但主要生气期为 $R_o=0.9\%\sim2.0\%$，主生气期生气量占总生气量的 60%~70%。滞留烃裂解气的主生气期为 $R_o=1.6\%\sim3.2\%$，显然处于高—过成熟阶段，与中国主要含气盆地的演化历史相对应。所谓排气的阶段性，主要是指煤系气源灶与抬升阶段伴生的排气过程是有阶段性的而非连续性的。

1. 煤系气源岩的多阶段生气机理

煤系气源岩包括煤与高碳泥岩，有两个特点：一是有机质含量极高，有机质类型为Ⅲ型，以生气为主；二是煤中发育众多的超微孔隙，对甲烷具有极强的吸附性。煤系烃源岩从 $R_o=0.3\%$ 开始有天然气生成，该过程时间跨度大，可一直延至 $R_o=4.5\%\sim5.0\%$，主生气期为 $R_o=0.8\%\sim2.0\%$。为研究煤中不同可溶组分的生气贡献，分别采用氯仿以及 CS_2 和 N-甲基-吡咯烷酮（N-MP）组成的混合溶剂对煤样进行抽提，其中 CS_2 对烃类有较大溶解度而 N-MP 对芳香结构有强溶解能力。实验结果表明，煤的生气过程具有三段式特征：煤化作用初期（$R_o<0.8\%$）阶段、可溶组分裂解阶段（$R_o=0.8\%\sim2.0\%$）与后期煤大分子网络的缩聚作用导致的干酪根裂解阶段（$R_o>2.0\%$）。煤化作用初期阶段主要为煤干酪根小分子侧链的断裂，因而产气量不大。随热演化程度进一步升高，赋存于煤中的可溶—半可溶组分（包括可用氯仿抽提的组分和以缔合结构存在于干酪根内部的、可用超强溶剂抽提的组分）发生裂解，这部分物质的生气量可达总生气量的 2/3，是生气的主体。后期阶段煤中的大分子网络发生芳核缩聚作用，并生成甲烷气体，其实质是固体干酪根主体的生气过程，该阶段发生于 R_o 大于 2.0% 之后，尽管可延至 $R_o=5.0\%$，但其累计生气贡献所占比例较小。另外，在对煤固体残渣结构进行系统分析后发现，其芳构化参数也表现出三段式变化特征：R_o 小于 0.8% 时，芳构化程度较高，说明气体主要为煤干酪根小分子侧链断裂所形成的产物。$R_o=0.8\%\sim2.0\%$ 阶段，芳构化程度基本保持稳定，说明该阶段煤中气态烃主要来自煤中各类可溶—半可溶组分的进一步裂解。而在 R_o 大于 2.0% 的高演化阶段，芳构化程度再度升高（图 4-5），这应该是干酪根大分子网络芳核缩聚作用的结果，伴随有部分甲烷产生。

前人对煤系有机质的生气门限已开展大量工作。戴金星等将煤系有机质的生气演化分为三个阶段：未成熟的前干气阶段，主要是生物气生成阶段（相当于泥炭—褐煤阶段）；成熟阶段的重烃气阶段，对应于 $R_o=0.5\%\sim1.7\%$ 的湿气生成阶段（相当于长焰煤—焦煤阶段）；过成熟的后干气阶段，对应于 R_o 大于 1.7% 的干气生成阶段（相当于瘦煤—无烟煤阶段）[2]。徐永昌等将腐殖型有机质的成气演化划分为四个带，即生物化学作用带（$R_o<0.3\%$）、生物热催化过渡带（$R_o=0.3\%\sim0.6\%$）、热解作用带（$R_o=0.6\%\sim1.7\%$ 或者 2.0%）和高温裂解带（$R_o>1.7\%$ 或者 2.0%）[24]。综合前人研究结果，证明煤的生气演化是有阶段性的。本次研究在前人工作基础上作了修改和完善。应该说煤三段式生气过程的厘定明确了三个问题:(1)煤中可溶—半可溶物质的成气贡献较大,主生气期在R_o=0.8%~2.0%;(2)煤生气过程持续时间很长,为R_o=0.3%~5.0%,结点比以往认识更长;(3)在高演化阶段,尽管煤大分子网络还可以裂解生气,但其生气量所占比重较小。

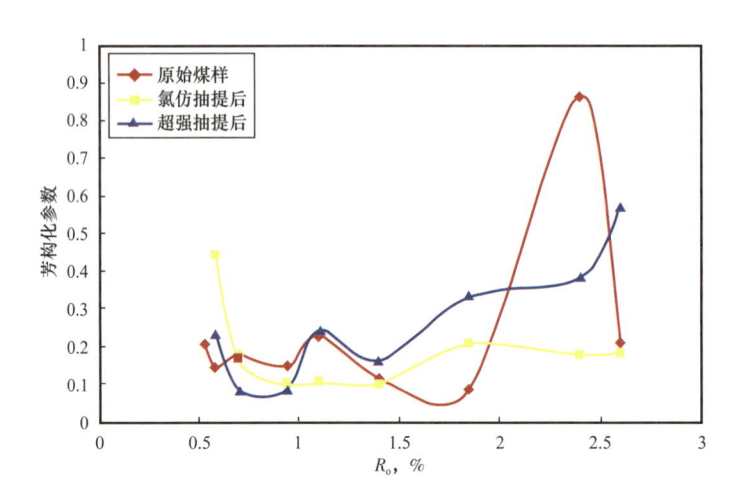

图4-5 原样、氯仿抽提物及超强抽提物固体残渣结构变化的红外芳构化指数

2. 整体抬升作用促进煤系气源灶的大型化发育

对于煤系气源灶而言,在递进埋藏阶段,随着天然气不断生成,其在源灶内部的"储蓄"也会加速,不仅增加了源灶内部压力,也增加了源灶内部的吸附气量。在抬升阶段,由于压力卸载,引发源灶内部天然气的解吸和膨胀,既增加了游离气的数量,使源灶规模排烃,又为天然气的有效排驱提供了动力,因而成藏范围很大,是天然气大型化成藏的重要保证条件之一。

煤系烃源岩抬升卸载排烃的机理在于,大规模的抬升与剥蚀作用促使深部地层的上覆地层压力降低(即卸载),地层发生降温与降压,导致早期吸附在气源灶内部的天然气(主要是游离气)以体积膨胀的方式向外排出,最终在低孔渗储层中成藏。

为证实抬升过程对煤系烃源岩供气能力的作用,本次研究开展了抬升过程对煤系烃源岩解吸过程影响的模拟实验,共设计了两种装置,一种是开放装置,主要模拟随地层压力降低的降温过程,系统通过外部加压来模拟地层压力,并通过外加热模拟受热过程。该装置主要是模拟地层压力,因此也可称为干系统。根据鄂尔多斯盆地的地质情况,设定模拟地层由4000m抬升到2000m的过程,温压条件分别为:第一设定点压力为104MPa,温度为400℃;第二设定点压力为60MPa,温度为320℃。另一种是半封闭装置,为一带特殊控制开关的高压釜,主要模拟随流体压力降低的降温过程。该装置能够在高温高压条件下对固、液、气三种物质实现物理分隔,并能单独对固、液部分进行降温和减压条件下的模拟实验。由于该装置主要是模拟流体压力,因此也可称为湿系统。该装置同样也设计了两个温压条件:第一设定点温度为450℃,流体压力为40~60MPa;第二设定点温度为350℃,流体压力为常压。

实验过程分为两个阶段:升温增压阶段和降温减压阶段。首先快速升温升压至第一设定点(压力为104MPa,温度为400℃时),用集气装置收集气体,并恒温50h,直至达到平衡状态(即无气体产生),而后收集气体并做检测,此时收集的天然气是煤系烃源岩从常温至400℃时（压力104MPa）生成的气体；然后缓慢降温减压到第二个设定点（压力为60MPa，温度为320℃），并恒温30h直至达到平衡，测量并分析气体，此时收集的气体为煤系烃源岩在第一设定点条件下吸附而后又在第二设定点解吸出来的天然气。

模拟实验的结果表明，煤在降温减压过程中仍有相当数量的天然气产出，干系统条件下气体产率为19.4~29.0mL/g，湿系统产率为14.55~79.5mL/g。实验过程中，第一设定点已达到平衡状态，因而可认为降温减压过程中没有新的气体形成，则降温减压过程中所产的天然气主要是煤中已储存的天然气的释放过程。这一结果表明煤在高温高压条件下有更高的储存能力，按以上实验结果，煤在埋深4000m时（模拟温压条件为400~450℃、104MPa），储气量介于15~79.5mL/g之间。如果将第一设定点看作是煤在持续深埋至4000m左右时的储气数量，那么从第一设定点到第二设定点则可看作是煤在抬升过程中释放已储存的天然气的过程。可以看出地层抬升（如2000m）后仍然有相当数量的天然气持续排出，这部分天然气主要是由于煤具有超微孔隙性和高富含有机质特性，从而使早期生成的天然气因吸附作用而滞留于煤中，之后由于地层抬升导致温度和压力降低，煤中天然气发生解吸、膨胀并运移出来，该阶段的排气量占总生气量的25%~45%，最高可达57%。综合看，煤中的天然气最大吸附量介于6.55~13.15mL/g，平均为11.5mL/g。在降温和减压过程中会有相当数量的天然气释放出来，经计算，排气量为30~50mL/g。

另外，针对鄂尔多斯盆地与四川盆地川中地区的煤和煤系泥岩也进行了模拟实验。结果表明，鄂尔多斯盆地与四川盆地川中地区煤岩在抬升过程中排出的天然气可以占到总生气量的23%~51%，而煤系泥岩在抬升过程中释放的天然气数量要小很多，最大不超过总生气量的3%，说明有机碳含量对吸附气体数量的影响很大。

为了更准确把握煤在降温和减压过程中气体的释放过程，精确测量了煤在减压过程的不同阶段排气产率与排气速率，见图4-6。从图中可看出，随压力降低，不同阶段的排气产率和排气速率有所差异。50MPa降至20MPa时，排气产率和排气速率较低，累计排气产率约为50mL/g，累计排气速率为1~3mL/（g·MPa）；而在25MPa降至0时，排气产率和排气速率较高，累计排气产率可达到140mL/g，累计排气速率为4~9mL/（g·MPa）。这说明抬升泄压阶段气体释放虽然是连续过程，但大量排气过程发生于压力释放到足够程度之后，亦即抬升剥蚀的末期，进一步证明，抬升阶段的成藏也具有晚期性。

实验结束后，对煤在降温减压过程中释放天然气的组分和单体碳同位素进行了分析，结果示于表4-4。从表中可见，抬升阶段排出的天然气有以下特点：（1）非烃含量相对较高，烃类气体含量则相对较低，烃类气体数量较深埋阶段天然气含量低4~6个百分点；（2）烃类气体中，甲烷含量较低，重烃含量较高，干燥系数偏低；（3）烃类气体的单体碳同位素都相对较轻，一般较深埋阶段轻3~4个千分点。上述特征表明，煤中吸附的天然气对应烃源岩的成熟度较低，具有早期热降解—热裂解气的特点，说明这些早期生成的气体优先饱和于煤中的超微孔隙和微裂缝，吸附于煤有机质骨架表面，达到动态饱和吸附后，后期生成的天然气才能运移出煤母体或聚集成藏或逸散。当地层发生抬升作用导致温度和压力变化后，由于打破了吸附—解吸物理化学平衡条件，吸附在煤中的这部分早期生成的气体便释放出来，构成抬升期煤中释放的天然气的主体。

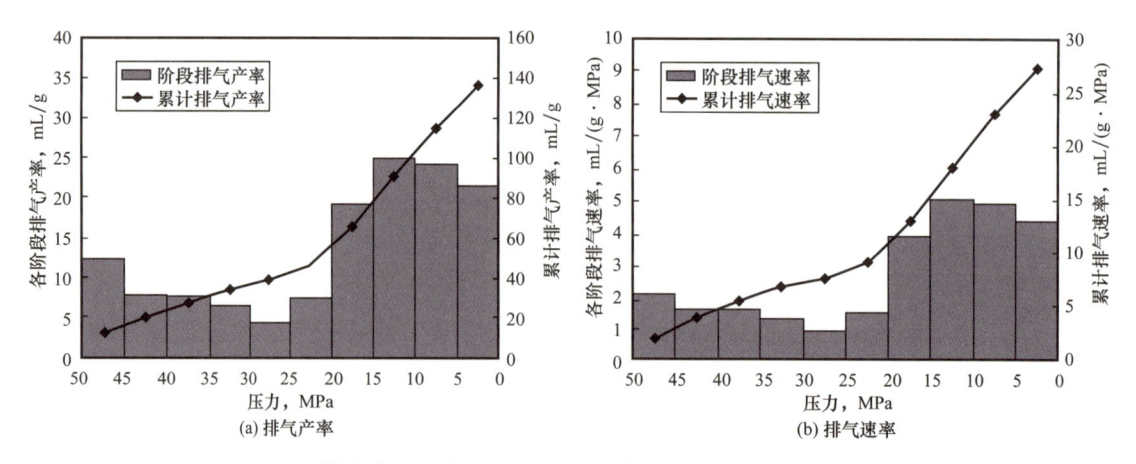

图4-6 煤在降温和减压过程中释放气体的阶段与累计产率与速率

表4-4 煤在降温和减压过程中释放气体的主要组分和单体碳同位素

编号	温度，℃	压力 MPa	气体产率，mL/g	烃气 %	C_1，%	C_{2+}，%	干燥系数	$\delta^{13}C_1$ ‰	$\delta^{13}C_2$ ‰	$\delta^{13}C_3$ ‰
WL-4	400	104	19.40	6.92	3.71	3.21	0.57	−34.54	−25.70	−27.94
	320	60		17.52	8.73	8.79	0.52	−40.63	−29.89	−28.62
WL-6	450	6.0	73.25	13.21	7.75	5.46	0.60	−35.00	−29.82	−29.98
	350	2.0		9.48	4.76	4.72	0.55	−36.76	−29.56	−27.97
WL-7	450	8.2	79.50	40.11	22.82	17.29	0.59	−31.75	−25.96	−26.51
	350	4.0		9.21	6.21	3.00	0.69	−34.51	−27.38	−27.80
WL-8	450	4.1	60.80	72.74	54.57	18.17	0.76	−30.07	−24.51	−24.35
	350	2.4		68.16	48.89	19.28	0.72	−34.55	−24.55	−25.34
WL-9	450	4.4	70.25	76.30	61.64	14.66	0.81	−31.45	−23.02	−23.03
	350	1.0		70.99	59.40	11.59	0.84	−33.41	−23.84	−23.74

为了研究较高压力条件下降压释放出天然气的气体组分与同位素，对实验各阶段所释放气体的组分和同位素也作了分析，结果示于表4-5。

表4-5 煤在降温和减压过程中各阶段释放气体的主要组分和单体碳同位素

编号	压力降低 MPa	烃类气体 %	C_1 %	C_{2+} %	干燥系数	CO_2 %	O_2 %	CO %	$\delta^{13}C_1$ ‰	$\delta^{13}C_2$ ‰	$\delta^{13}C_3$ ‰
WL16-G-1	51→35	53.83	29.35	24.48	0.55	36.57	1.52	1.00	−28.80	−24.65	−23.85
WL16-G-2	35→15	48.04	23.26	24.78	0.48	37.20	1.43	1.59	−29.32	−25.77	−24.82
WL16-G-3	15→0	30.82	11.53	19.28	0.37	59.25	0.70	2.41	−30.81	−25.87	−25.70

可以看出，与表4-5展示的规律相似，随压力降低，释放气体的烃类气体含量越来越低，非烃含量则越来越高，烃类气体的干燥系数也越来越低。同时，非烃气体中CO_2和CO含量增高，而O_2含量降低。烃类气体（C_1、C_2和C_3）的碳同位素也越来越轻。这说明早期释放出的天然气具较高的成熟度，晚期释放气体的成熟度则相对较低。

根据鄂尔多斯盆地西部天然气的成分组成和同位素资料，可以帮助判识苏里格气田聚集的天然气究竟来自源灶深埋阶段的排气，还是来自抬升阶段的释压排气。很多研究者已经注意到鄂尔多斯盆地天然气的成分组成和气体同位素与煤系烃源岩的成熟度并不匹配，特别是甲烷同位素偏轻、干燥系数较低与烃源岩的成熟度较高构成矛盾，如苏里格地区石炭系—二叠系煤成熟度R_o均超过2.0%。苏里格有些地区天然气较湿，干燥系数可达到86%；甲烷同位素较轻，为−36.45‰～−29.96‰。利用Stahl公式计算的结果与此一致。前期有研究认为这是由于下古生界或石炭系、二叠系油型气的混入造成的。实际上，本次实验结果赋予新解于这一成藏特征。即苏里格气田聚集的天然气主要是抬升阶段，由源灶内吸附气的解吸和游离气的膨胀排烃贡献的，而吸附于烃源岩内部的天然气因主要来自早中期的裂解产物，成熟度应该偏低，与烃源岩现今成熟度不同应属正常而非相悖。

第三节 天然气大型化成藏的地质特征

一、两类气源灶大型化发育特征

中低丰度天然气藏群的形成，主要与两种类型气源灶密切相关，即煤系气源灶与海相油裂解型气源灶。气源灶的大型化分布是指为中低丰度天然气藏群大型化成藏提供气源输入的气源灶规模、整体进入生气和排气的规模都相当大，可保证在呈集群式和大规模分布的地层—岩性圈闭中广泛而规模化成藏。气源灶大型化分布有三方面内涵。

一是气源灶整体进入生气和排气的规模性。如鄂尔多斯盆地上古生界石炭系—二叠系煤系气源灶，由于地层平缓，白垩纪末期之前，面积达$24×10^4 km^2$的气源灶全部进入生气高峰门限（即$R_o>1.2\%$），气源灶整体进入主生气窗，比例高达90%以上，表现为规模性。白垩纪以后，地层整体抬升，气源灶发生吸附气解吸与游离气膨胀排烃，面积达$18×10^4 km^2$，规模也相当大。

二是气源灶整体生烃相态的单一性。由于气源灶内生烃母质的单一性，以及烃源岩在构造变动中沉降和抬升的整体一致性，使烃源灶生成和排出的产物在烃类相态上具有单一性，而非多相态。这是煤系与海相原油母质裂解生气的单一性决定的。例如煤系气源灶的主要生气源岩是煤岩与高碳泥岩，其中主要的生气母质是Ⅲ型干酪根，以生气为主，生烃相态具有单一性。在煤化作用初期（$R_o<0.8\%$）阶段，主要是煤干酪根中小分子侧链断裂的产气过程，产气量不大；在$R_o=0.8\%～2.0\%$阶段，主要是煤岩中含有的可溶—半可溶组分（包括可用氯仿抽提的组分和以缔合结构存在于干酪根内部的、可用超强溶剂抽提的组分）发生热裂解的生气过程，是煤岩生气的主体，占总生气量的2/3左右；R_o大于2.0%阶段的生气过程则主要是煤岩大分子网络发生芳核缩聚过程中断裂形成的产物，可以说是固体干酪根主体的生气过程，生气量较小，约占总生气量的10%左右。

三是有效供气的气源灶分布面积大，是真正的大型气源灶。从统计看，我国鄂尔多斯和四川盆地发育的煤系气源灶，有效气源灶的分布面积为 $4\times10^4\sim20\times10^4\mathrm{km}^2$；松辽盆地与致密砂砾岩接触的侏罗系烃源岩是在断陷环境中形成的，规模略小，但也有数千至上万平方千米；准噶尔盆地石炭系—二叠系气源灶，是一种海陆过渡—湖相热成因裂解气源灶，规模也在数万平方千米；四川盆地由震旦系及寒武系和志留系烃源岩中滞留液态烃裂解形成的气源灶叠加面积在 $10\times10^4\mathrm{km}^2$ 以上，同样是整体进入生气和排气成藏的大型气源灶。

1. 煤系气源灶大型化发育与分布

煤系气源灶的分布规模大，晚期阶段生、排气强度高，内部具有较强的非均质性，这对一些地区的中低丰度天然气资源呈现不连续和"甜点"化成藏具有重要的控制作用。

鄂尔多斯盆地煤系气源岩主要发育于石炭系、二叠系的太原组、山西组和石盒子组，是一套在由海转陆环境中发育的海陆交互沉积，岩性为煤岩、互层状煤系高碳泥岩及砂岩。这套煤系烃源岩的叠合厚度达 $50\sim100\mathrm{m}$，其中煤层总厚度为 $10\sim25\mathrm{m}$，局部达 $40\mathrm{m}$ 以上，主力煤层单层厚度为 $5\sim10\mathrm{m}$；该套煤层的分布范围几乎覆盖全盆地，面积超过 $25\times10^4\mathrm{km}^2$，平面上除局部有厚度变化，总体相当稳定。整体进入生气高峰的规模大。鄂尔多斯盆地上古生界煤系气源岩热演化程度 R_o 大于 1.0% 的面积达 $23\times10^4\mathrm{km}^2$，占总面积的 95% 以上，表明其整体进入主生气阶段的规模很大。另外，生气强度大于 $10\times10^8\mathrm{m}^3/\mathrm{km}^2$ 的面积近 $18\times10^4\mathrm{km}^2$，占煤系烃源岩分布总面积的 80% 以上。

四川盆地须家河组煤系气源岩主要发育于须一段、须三段和须五段，与须二段、须四段和须六段以砂岩为主的储集体优质层段间互发育，呈大面积分布。其中，须一段、须三段、须五段是一套煤岩、暗色泥岩、碳质泥岩和部分粉、细砂岩组成的互层集中段，单段煤系厚度为 $10\sim100\mathrm{m}$，三段累计厚度为 $100\sim800\mathrm{m}$，分布面积超过 $6\times10^4\sim8\times10^4\mathrm{km}^2$，占四川盆地总面积的 75%～80%。该套煤系烃源岩的分布范围十分广泛，但总体较分散。若将须一段、须三段、须五段集中起来看，其生气强度大于 $20\times10^8\mathrm{m}^3/\mathrm{km}^2$ 的部分约占气源灶总面积的 80%，但具体到每一段，则生气强度多小于 $15\times10^8\mathrm{m}^3/\mathrm{km}^2$，主分布区间为 $8\times10^8\sim10\times10^8\mathrm{m}^3/\mathrm{km}^2$，空间展布上明显受到煤系烃源岩分布的控制。因此，每一段气源岩在相邻储层段形成气藏时，从烃源灶供气的充分性来说，就不够充足，如果储集体的规模足够大，则难以形成高充满度的气藏。

2. 海相分散液态烃裂解气大型化发育与分布

由滞留烃源岩中的分散液态烃裂解形成的气源灶在生气历史与分布上有三个特点：一是主生气期发生于高—过成熟阶段，这对我国现今处于高—过成熟状态的海相古生界找气勘探是个福音，大大提升了勘探发现更多天然气藏的潜力。二是烃源灶分布的规模性。由于滞留烃以分散状分布于烃源岩层中，所以进入高—过成熟状态的烃源岩范围有多大，生气和排气范围就有多大。从目前评价看，这样的大型气源灶主要发育于塔里木盆地满加尔凹陷区的寒武系—奥陶系、四川盆地寒武系—志留系以及鄂尔多斯盆地奥陶系可能存在的烃源岩层系。应该指出的是，四川盆地震旦系也发育黑色页岩，TOC 含量平均为 1.13%，厚度为 $20\sim30\mathrm{m}$，成熟度（R_o）为 2.5%～3.0%，主要分布于川中—川东南地区。该套泥岩在高—过成熟阶段由分散液态烃裂解生气，可以为与之呈互层状发育的灯影组似层状溶滤储集体提供天然气，形成气藏。早已发现的威远气田，虽然对气源岩的判识还有不同观点，本次研究在综合分析了川中古隆起区的构造演化、地层展布与断裂发育后认为，威远气田的天然气来自震旦系烃源岩供气的可能性很大。中国石油在高石梯钻探的风险探井，已经在震旦系灯影组测试获日产 $101\times10^4m^3$ 的高产天然气流，气源也应该是震旦系本身的气源岩。三是滞留分散液态烃可以在源外和源内两种环境成藏，分别形成常规气藏和非常规页岩气资源。其中页岩集中段中的分散液态烃裂解主要形成页岩气资源，而厚度适中和较薄的页岩，特别是能与有孔性砂岩和碳酸盐岩呈互层发育的富有机质页岩，则以形成常规气资源为主。截至目前，在塔里木盆地塔中—轮古东地区奥陶系、四川盆地川东北地区石炭系与川中古隆起区震旦系已经和将要发现的天然气藏，都是滞留烃热裂解气源外成藏的产物。

二、两类储集体群大型化发育特征

从储集岩岩石类型看，构成中低丰度气藏群的主要储集体类型是致密砂岩和碳酸盐岩两大类，其中碳酸盐岩储集体以后生溶蚀—溶滤型储层和埋藏—热液改造型碳酸盐岩为主。

1. 碎屑岩储集体大型化发育的地质特征

陆相湖盆中发育的大型沉积体系和大型砂体群在特定地质条件下，可以形成大规模分布的储集体。这类储集体中有的储集物性良好，以常规储层为主，如准噶尔盆地三工河组二段，储层孔隙度一般为 10%～20%，渗透率一般为 0.5～10mD，高的可达 100mD 以上，一般形成常规油气资源。另一类储集体以低孔低渗致密储层为主体，同时包含一定量的常规储层，如四川盆地须家河组，孔隙度一般为 4%～14%，渗透率为 0.01～0.5mD，这类储集体的形成一般经历了区域性成岩作用过程，形成了大规模低孔渗储集体，但受原始沉积作用的非均质性影响，在主河道砂体发育带等有利相区也保存了高孔渗储层，呈斑块状分布于致密砂岩储集体中。

鄂尔多斯盆地上古生界发育大型沉积体系和砂体群，经历成岩作用改造后可形成大面积分布的有效砂岩储集体。有效储层的发育受岩石类型和成岩相的控制，有利的成岩相为火山物质溶蚀相，图 4-7 是盒 8 段有效砂岩储集体分布预测图，显示出有效砂体近乎全盆地分布，厚度总体呈现北厚南薄的特征。北部杭锦旗至鄂托克前旗地区盒 8 段有效储集砂体厚度为 15～35m、山 1 段为 10～20m。盒 8 段有效孔隙为晶间孔和溶蚀孔，在苏里格—乌审旗地区还发育原生粒间孔，物性相对较好，孔隙度可达 8%～12%，渗透率为 0.5～1mD，是目前勘探的主要目标区，已发现了苏里格、乌审旗、大牛地等大气田。自鄂托克前旗至安塞地区，有效砂体厚度逐渐减薄至 3～5m，物性逐渐变差，

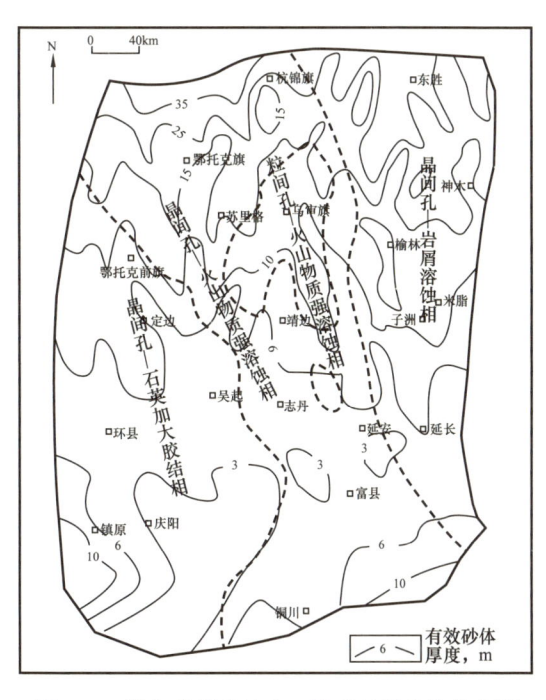

图 4-7 鄂尔多斯盆地盒 8 段有效储集体分布图

而安塞地区以南有效储层厚度基本在3～5m甚至更薄，只在盒8段的镇原与山1段镇原与铜川地区储层厚度分别为3～6m和4～12m。

根据四川盆地须家河组储层的主控因素分析，综合考虑储层物性、储层厚度和断裂在平面上的分布，预测了须家河组各层段有效储集体的分布规律。

图4-8是须二段储层综合评价图。物性相对较好的有利储层主要分布在三个地区，即：川中的合川—安岳、南充—营山和川西南的白马庙地区。储层有利区通常是主河道和有利成岩相的叠置区，或者裂缝发育部位，储层孔隙度基本为7%～12%，厚度为20～30m，是目前勘探的重点领域，已发现合川、安岳大气田。此外，龙岗、剑阁—柘坝场以及威远—大足一带，储层物性和厚度变化相对较大，孔隙度为5%～7%，厚度一般为10～20m，但范围较广，也是下一步勘探的有利部位。须四段相对较有利的储集体主要分布在盆地北部的三台—仪陇、广安与南部的合川—大足地区，这些区域是主河道的发育带，储层原生孔隙发育，孔隙度都在8%～10%甚至更高，厚度基本为20～40m，分布范围广，已发现了广安、八角场等大型气田。须六段有利储集体主要分布在南充—广安、蓬莱与威远—宜宾地区，厚度与须四段相似，物性相对差一些，孔隙度为7%～9%，但分布范围很广。

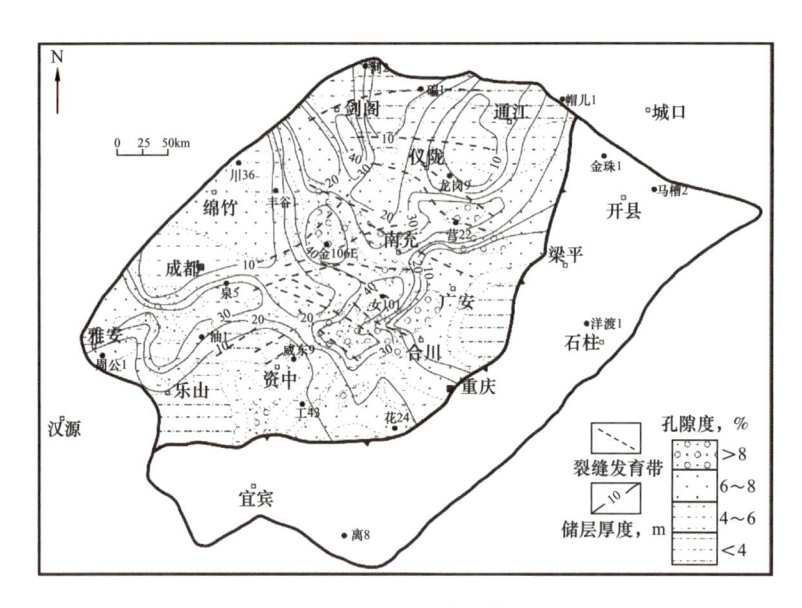

图4-8 四川盆地须二段有利储层分布预测

2. 碳酸盐岩储集体大型化发育的基本特征

我国海相碳酸盐岩分布范围较广，以古生界为主，分布于叠合盆地的深层，如塔里木盆地的寒武系—奥陶系、鄂尔多斯盆地的下奥陶统、四川盆地的古生界和三叠系等，都经历了多旋回构造运动的叠加与改造，储层成因机理极为复杂[25,26]。研究认为，我国主要盆地的碳酸盐岩储集体主要属于沉积—成岩型、层间—层内溶滤型和埋藏—热液改造型三种成因类型，其中后二者属于后生改造型碳酸盐岩储集体。沉积型碳酸盐岩储集体常见台地边缘礁或滩、台内滩、蒸发型白云岩等类型，储层物性较好，不属于中低丰度大型化发育的碳酸盐岩储集体。埋藏—热液改造型受埋藏与热液白云石化控制，而层间—层内溶滤型碳酸盐岩储集体主要受岩溶和埋藏热液白云化作用影响，也受原始沉积相带控制，二者多数呈似层状大面积分布，属于中低丰度大型化碳酸盐岩储集体。

如塔里木盆地轮南构造带奥陶系鹰山组石灰岩潜山储层分布面积为 1561km^2，牙哈潜山构造带和英买 32 潜山构造带寒武系白云岩风化壳储层分布面积分别为 1093km^2 和 980km^2。层间岩溶储层除分布范围广外，还有多期次的特点，如塔里木盆地下古生界发育四幕层间岩溶，分别是 Ⅰ—蓬莱坝组顶、Ⅱ—鹰山组顶、Ⅲ——间房组顶和 Ⅳ—良里塔格组顶。塔中—巴楚地区以 Ⅰ、Ⅱ 幕为主，有效勘探面积为 5×10^4km^2；塔北南缘奥陶系以 Ⅱ、Ⅲ 幕最为重要，并且叠加了海西期顺层岩溶的改造，有效勘探面积约 1×10^4km^2。

三、四类大型化成藏的生储盖组合类型

常规天然气藏形成过程中，天然气排出烃源岩后主要沿断层、砂体或不整合等高效输导体向有利的储集和圈闭部位运移。优势输导体系是天然气二次运移的主要路径[27]。中低丰度天然气藏最典型的特征之一是储层的低孔低渗和高排替压力。在低孔低渗储层中，天然气在储层中的二次运移受到较大阻力，很难发生大规模的侧向运移并汇聚成藏，而是一般在烃源灶附近的低孔低渗储层聚集成藏。因此，形成大型化中低丰度天然气藏群的基本条件就是烃源灶、储集体的大型化发育以及源储大面积直接接触，从而使天然气从烃源岩中以面状方式向储层中大面积排烃、规模化成藏。前述中低丰度天然气藏大型化成藏的两大类有利储集体，与煤系和海相分散液态烃气源灶配置，形成四种类型的生储盖组合：广覆式组合、三明治式组合、转接式组合和倒灌式组合，为中低丰度天然气资源的形成提供了有利的条件。

1. 广覆式生储盖组合

广覆式生储盖组合发育于鄂尔多斯盆地石炭系、二叠系，是指气源灶在下、储集体在上，二者以直接方式大面积接触。石炭系—二叠系有效烃源岩面积近 23.8×10^4km^2，占盆地面积的 85%；有效烃源岩之上覆盖了大面积的低孔渗砂体，形成了源—储的大面积接触。盒 8 段为典型的辫状河三角洲沉积体系，砂体发育，呈现砂多泥少的形态。大面积展布的河道间漫溢砂岩在横向上相互叠合，垂向上也有较好的侧接性，形成延展广泛的大型储集砂体。天然气从烃源灶排出以后，主要以蒸发式，呈面积式移入，在上覆由众多砂体构成的储集体群中形成中低丰度的天然气藏群（图 4-9）。

2. "三明治"式生储盖组合

"三明治"式生储盖组合主要发育于四川盆地川中须家河组，是指气源岩与储集体呈指状交互、大面积接触，天然气从烃源灶排出以后，也主要以蒸发式和下灌式向上和向下短距离移入相邻的储集体中，在上覆和下伏众多砂体中形成中低丰度天然气藏群，气藏的充满程度变化较大，取决于烃源灶的质量、供气规模与横向非均质变化等。

须家河组在纵向上由须一段、须三段、须五段泥岩和须二段、须四段、须六段砂岩相互叠置构成典型的三明治式结构。同时，在每一次基准面旋回的内部，浅水湖盆短期湖平面频繁振荡使得每一套烃源岩内部也发育了砂岩地层；同样，每一套储层内部也有泥质岩的发育。这就使得源储不仅在宏观上相互大面积叠置接触，而且在每一套内部也相互穿插，充分接触，既增大了烃源岩与储层的接触面积，提高了排烃效率，也增大了各有效

储层砂岩成藏的机会，扩大了气藏的分布范围。其中成熟的有效烃源岩厚度大于20m以上面积占川中地区面积的80%以上，其与砂岩的接触面积占整个烃源岩分布面积的80%，为储层中的各类有效砂体大面积成藏提供了充足的气源，形成了多套有效生储盖组合。因此，这种须家河组源储的不同时间尺度上的交互式结构，为大面积成藏创造了必要的条件（图4-10）。

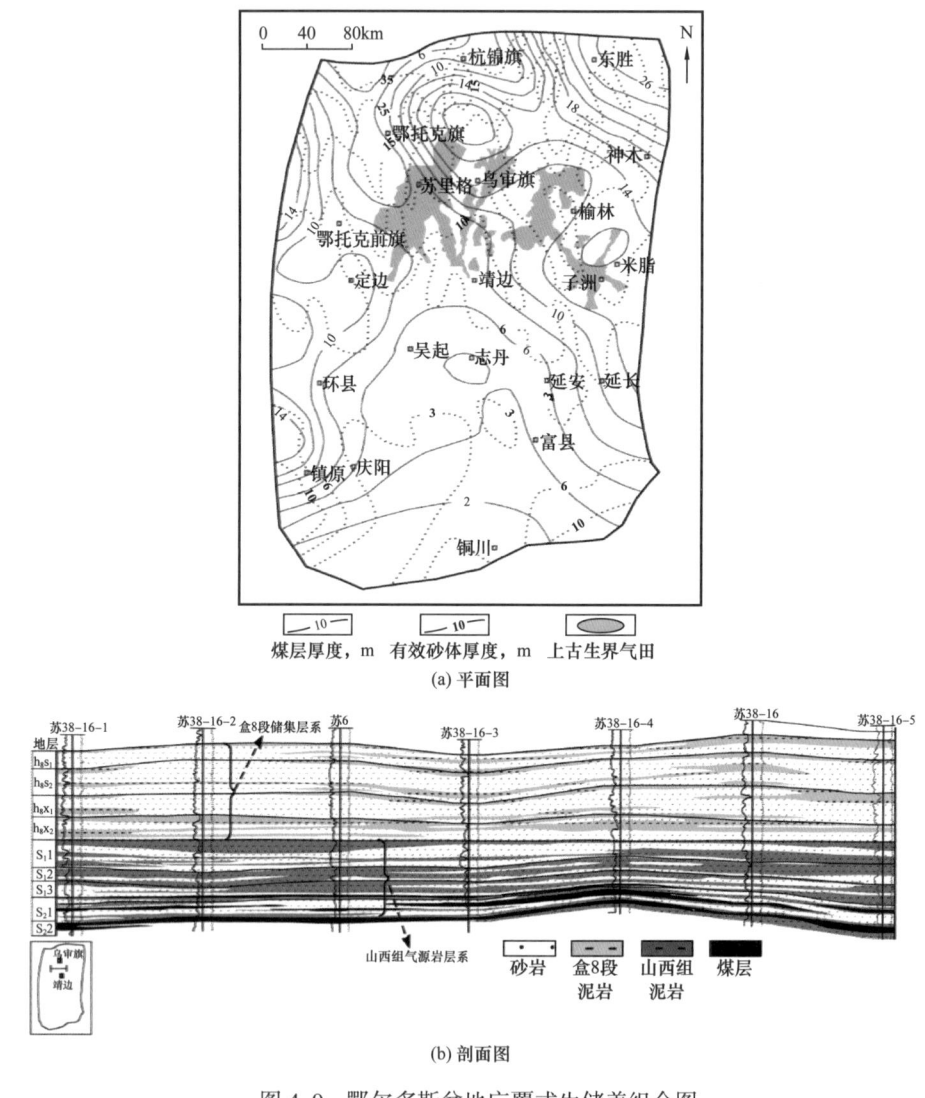

(a) 平面图

(b) 剖面图

图4-9 鄂尔多斯盆地广覆式生储盖组合图

3. 转接式生储盖组合

转接式生储盖组合主要发育于塔里木盆地古生界海相奥陶系与风化溶滤相关的层间与顺层岩溶型地层圈闭。在这类组合中气源灶与储集体不直接接触或接触有限，天然气从气源灶排出后，主要靠不整合和数量可观而规模不等的断裂和裂缝移入似层状分布的储集体中。这类组合中的气源灶与储集体规模都很大，通过不整合和断裂发生的天然气输入也是规模化的，因而天然气成藏也是规模化的。

(a) 平面图

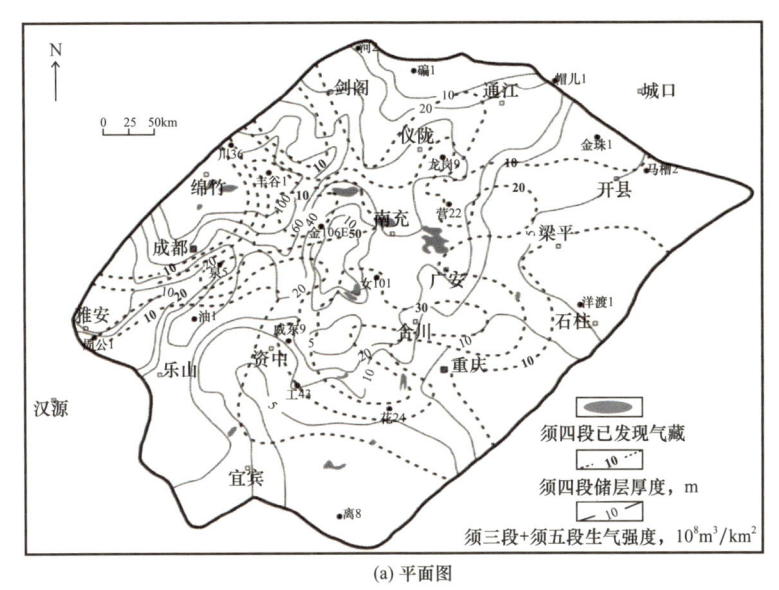

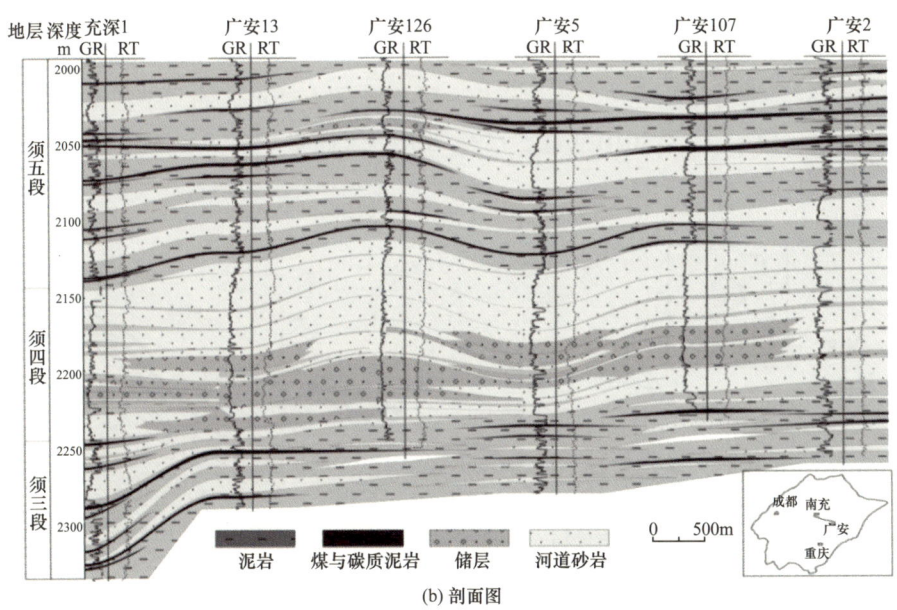

(b) 剖面图

图 4-10 须家河组"三明治"式生储盖组合

以塔北隆起及其斜坡区奥陶系成藏为例。勘探已证实塔北隆起及斜坡区具有整体含油气特征。隆起高部位到斜坡低部位落差超过 1300m，都有油气分布。纵向上油气分布具似层状特征。油气藏类型以风化壳型和缝洞型为主。从生储盖组合条件看，烃源岩是寒武系—下奥陶统、中—上奥陶，储层为非均质性强烈的缝洞系统，且多层系发育。盖层为上奥陶统及上覆地层的泥岩（图 4-11）。塔北隆起的构造形成与演化对缝洞型岩溶储层的形成及似层状分布、早期油气藏的形成、破坏与油气再分配等均起了非常重要的作用。塔北地区发生过三次主要成藏期：晚加里东期、晚海西期（晚二叠世）—喜马拉雅早期、喜马拉雅晚期。因此，从生烃史的分析来看，该区可能存在三期重要充注成藏过程，加里东晚期（中—晚志留世）、晚海西期—喜马拉雅早期和喜马拉雅晚期，前两期以油充注成藏为主，后一期以气为主，形成规模较大的中低丰度气藏群。

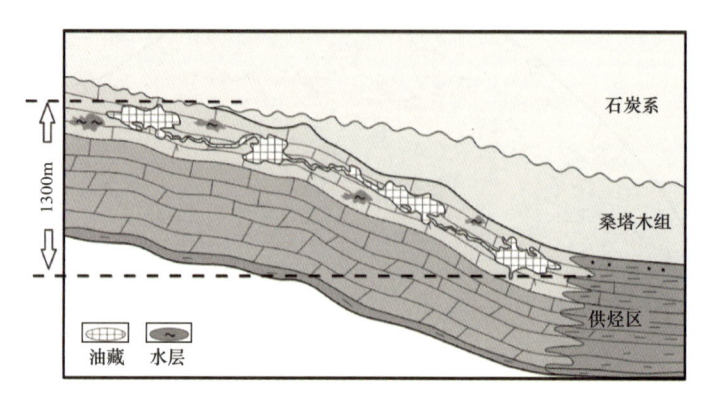

图 4-11 塔里木盆地奥陶系转接式生储盖结构示意图

4. 倒灌式生储盖组合

倒灌式生储盖组合主要发育于鄂尔多斯盆地下古生界马家沟组与古地貌相关的地层型圈闭中，石炭系、二叠系山西组和太原组煤系气源岩或大面积或天窗式直覆于以奥陶系马五段为主形成的岩溶古残丘之上，天然气以一种倒灌的方式进入圈闭中，形成似层状、大面积气藏（图 4-12），截至 2010 年底，已探明天然气储量 $4193.9 \times 10^8 m^3$，未来还有让储量翻番的发现潜力。

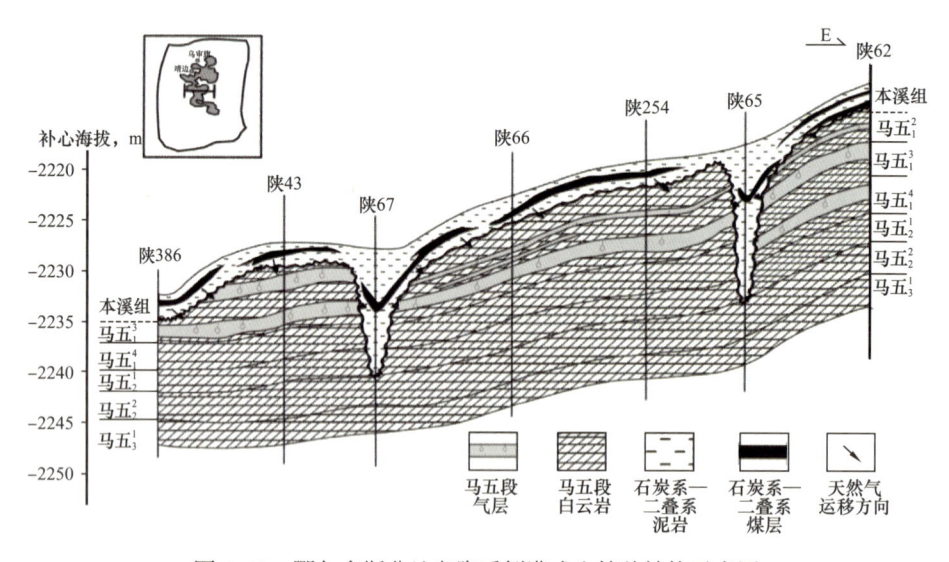

图 4-12 鄂尔多斯盆地奥陶系倒灌式生储盖结构示意图

四、大型化成藏的主要方式与类型

1. 薄饼式成藏

薄饼式成藏是指气藏的气柱高度较小而含气面积却很大的一类天然气藏，从气藏形态看似薄饼状而称之。从统计来看，这类气藏的含气厚度与含气面积之比多数在 1∶1000 以上（表4-6）。

在平缓背景下，含气高度是控制天然气突破能量的关键因素。如图4-13所示，长方体模型以直立式、平卧式和斜置式三种不同方式放置。直立式是将长方体的短边平放，代表气藏的含气面积，而长边直立，代表气藏的气柱高度。平卧式则正好相反，而斜置式是上述两种空间姿态的过渡类型。

根据浮力定义，气藏的浮力与气水密度差及气柱高度有关，相关关系可以图4-13中的公式表示。如果地层有倾斜，则与含气面积有关，如果地层水平和直立，则与含气面积关系不大。这就是为什么平缓构造背景下天然气藏群能够大型化发育且又不需要很好的盖层条件的原因。

表4-6 中国中低丰度气藏与气层厚度一览表

序号	气田名称	含气面积，km^2	气层厚度，m	宽/厚比
1	新场	161.2	8～25/9.8	1311
2	大牛地	1545.65	6～19/11	3574
3	合川	1058.3	11～26/15.5	2168
4	广安	579	6～35/18.2	1322
5	安岳	360.8	10～36/16.8	1187
6	苏里格	20800	5～15/10	14422
7	榆林	1715.8	3～30/11.6	3570
8	乌审旗	872.5	5～12/8.5	3475
9	神木	827.7	3～15/8.4	3424

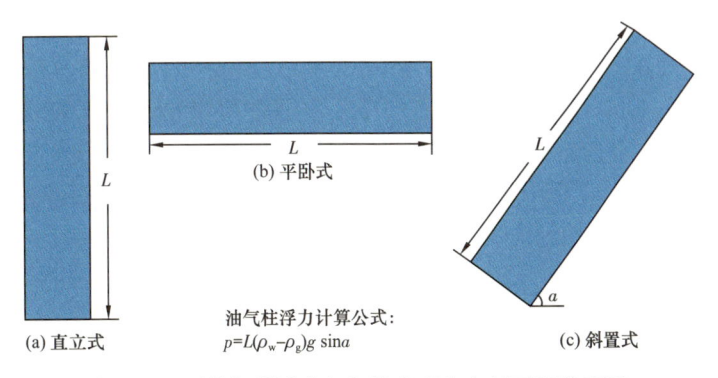

注：气层厚度为范围值/平均值。

油气柱浮力计算公式：
$$p = L(\rho_w - \rho_g)g\sin\alpha$$

(a) 直立式　(b) 平卧式　(c) 斜置式

图4-13 天然气藏浮力与气柱高度和含气面积关系图

如前所述，当地层几近水平时，天然气藏的逸散能量，即气藏的浮力作用主要与气柱高度有关，而与含气面积的关系较疏。薄饼式成藏即是由于这样的原因而得以大型化成藏。为进一步说明这类气藏的特点，选择鄂尔多斯盆地苏里格气田和四川盆地川中广安、合川等气田作解剖研究，一系列数据可以说明这类气藏的基本特征。鄂尔多斯盆地苏里格气田发育于石炭系—二叠系山西组与石盒子组，是一套海陆过渡沉积，地层倾角为

1°～3°，气层厚度为5～15m，单个含气砂体规模一般长1000～2500m，宽100～250m，纵向上有多个含气层段，叠加含气面积达到20800km²，其中含气砂体有$5×10^4$～$8×10^4$个，储量探明区面积6356.8km²；单个气藏的气柱高度仅2～6m，由气柱高度所产生的浮力最大为0.15MPa。实际上，该地区阻流层的排替压力大于1.2MPa，气层和阻流层之间的排替压力差大于0.5MPa。因此，由气柱高度产生的浮力不足以突破阻流层。所以，苏里格气田是由多达数万个小气藏构成的气藏群集合体。四川盆地须家河组主力含气层段为须二段、须四段和须六段，砂岩发育，厚度大，但有效含气层薄，广安气田须四段砂岩厚度为80～120m，有效储层厚度为5～30m，含气层厚度平均仅18.2m，目前已探明储量区块含气面积达320.8km²，探明储量$566×10^8$m³。气藏解剖表明，广安气田也是由相对孤立—半孤立分布的小气藏组成的气藏群，目前气藏产生的突破压力为0.03～0.1MPa，直接盖层为更致密一些的砂岩，排替压力为2～14MPa。因气柱高度小，虽然盖层不理想，仍可以形成气藏。

上述表明，薄饼式成藏大大降低了对盖层条件的要求，使很多按经典成藏理论来衡量，基本上不具备成藏可能的劣质区，仍然可以大规模成藏。与此同时，薄饼式成藏看似降低了含气丰度，但也扩大了成藏规模，这是中低丰度天然气大型化成藏的重要原因。

2. 集群式成藏

所谓集群式成藏，是指由于储集体内部的非均质性和陆相储集体横向和垂向的频繁变化，产生一系列地层—岩性圈闭的集合体，当天然气在其内部发生聚集成藏后，不是形成连续性和均质性较好的单一气藏，而是形成一系列气藏的集合体，数量多达数百至数千个，甚至上万个气藏。如鄂尔多斯盆地苏里格气田现已探明的范围是由数万个相对独立的岩性气藏组成的大型气藏集合体。从统计看（表4-7），单个气藏的面积一般为0.3～1.5km²，储量规模一般为$0.3×10^8$～$1×10^8$m³，但已探明气田面积为6356.8km²，探明加基本探明天然气地质储量为$2.85×10^{12}$m³，是一个大气田。从气藏解剖资料看，气藏"甜点"的孔喉突破压力为0.02～0.04MPa，气藏的直接盖层为与气层同期沉积的致密砂岩，突破压力为0.3～1.2MPa。苏里格气田多数气藏的气柱高度为2～6m，气藏群的累计气柱高度超过50m。从理论计算看，单一气藏的突破能量小于盖层的突破能量，因而气藏可以保存。如果连续气柱高度达到气层累计厚度水平，则气藏将逸散，而不能保存。这其中除了薄饼式成藏降低气藏成藏要求外，还与集群式成藏带来的分隔性有很大关系。

表4-7 中低丰度气藏集群式成藏特征统计

序号	气田	气藏个数	单个气藏含气面积 km²	单个气藏储量规模 10^8m³	单个气藏储量丰度 10^8m³/km²	单个气藏气层厚度，m
1	苏里格	（5～8）×10^4	0.3～1.5	0.3～1	0.3～0.7	2～6
2	靖边	120～200	20～60	10～60	0.2～0.7	2～7
3	合川	150～200	0.5～10	1～20	1～5	2～10
4	广安	35～60	9～17	5～40	0.8～4.3	4～13

第四节 天然气大型化成藏机理

一、大型化成藏的动力及充注方式

中低丰度天然气资源的成藏特征与常规天然气资源和致密气资源明显不同。相关的天然气运移方式与常规天然气和非常规天然气成藏也明显不同。本节重点介绍对中低丰度天然气藏群大型化成藏最重要的两种运移方式——体积流充注和扩散流充注。

1. 埋藏期的体积流充注

低孔低渗储层的高排替压力使烃源岩生成的天然气不能向储层自由充注并在浮力的作用下在储层中自由运移。真实致密储层岩心充注实验表明，天然气向致密储层充注和在致密储层中发生运移必须具备一定的启动压力。在地质历史过程中，烃源岩发育的异常高压是天然气向致密储层充注的必要条件，当烃源岩的压力超过储层的排替压力时，天然气就可以以体积流的方式向致密储层充注并发生运移。即源储剩余压差驱动的体积流充注和运移，是地层埋藏期低丰度天然气藏高效成藏过程中天然气充注的主要方式。

通过定量成岩史研究，恢复了致密储层排替压力在地质历史上的演化。根据鄂尔多斯盆地上古生界190个样品的压汞数据，建立了储层孔隙度与排替压力的关系。储层孔隙度与排替压力具有较好的指数关系，随着孔隙度的增加，储层排替压力呈指数减小。因此，可以基于孔隙度演化研究恢复天然气向储层充注和在储层中运移的阻力（排替压力）在地质历史中的变化情况。

真实致密储层岩心天然气充注实验可以确定体积流充注的临界条件。选用渗透率范围为$0.0043\sim1.37$mD的12个砂岩样品，在不同压力梯度条件下进行甲烷的充注实验。实验表明，在低孔低渗岩心中发生体积流流动必须具备一定的启动压力梯度。启动压力梯度与物性呈明显的指数关系，当渗透率为0.1mD时，最小实验室启动压力梯度为0.1MPa/cm，经相似分析所得地质条件下的启动压力梯度约为5MPa/100m；当渗透率达到1mD时，最小实验室启动压力梯度减小为0.02MPa/cm左右，相当于地下压力梯度为0.25MPa/100m。

由气水密度差所引起的浮力梯度为$(0.023\sim4.9)\times10^3$Pa/m，远小于低孔低渗储层中发生体积流流动的启动压力梯度。地层条件下发生体积流充注和流动时，其地层剩余压力梯度必须超过其启动压力梯度。

流体包裹体测压数据和地层压实分析表明，苏里格气田在地质历史上存在发生体积流充注的条件。在盆地发展的不同阶段，存在多种增压机制，绝大部分的增压机制均发生于地层的深埋时期，沉积层系中的泥岩（特别是烃源岩）是异常压力发育的主要层段，砂岩是主要的泄压层段，通常形成一个由烃源岩指向储层的源储剩余压差，是驱动天然气由烃源岩向储层充注的主要动力。

前述分析表明，鄂尔多斯盆地上古生界在地层深埋时期存在明显的超压现象。山西组最大古压力系数可达1.4左右，主频区间为$1.2\sim1.3$；石盒子组内以常压为主，最大古压力系数为1.1，主频区间为$1.0\sim1.1$。在地层最大埋深期，伴随着烃源岩生气高峰的出现（图4-14b），山西组的烃源岩与砂体之间至少存在$2\sim3$MPa的剩余压差，这种剩余压差的存在必然导致烃源岩生成的天然气在超压驱动下向储层运移，即发生超压充注（图4-14a）。

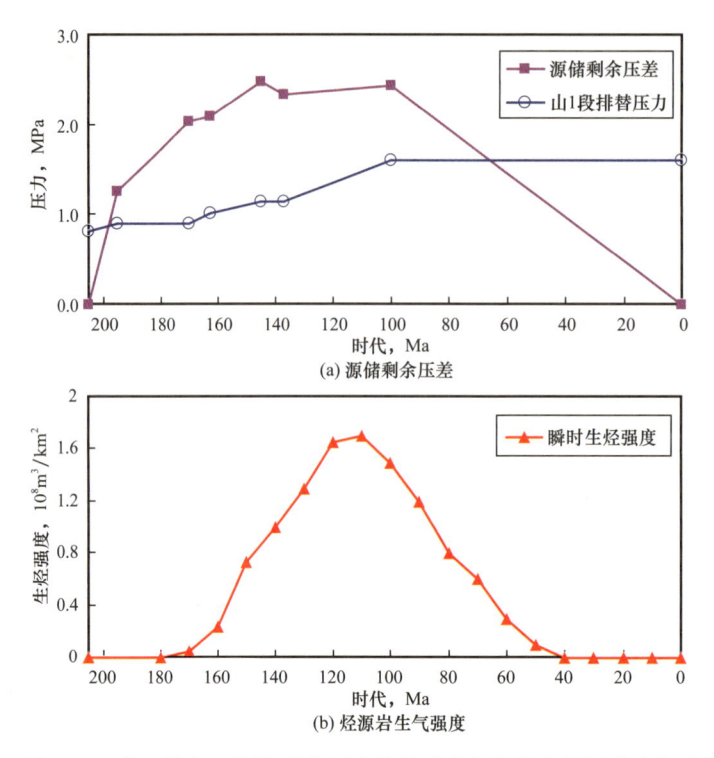

图4-14 苏里格气田源储剩余压力差的形成与演化和烃源岩生气强度

2. 抬升期的扩散流充注

扩散是物质传递的一种方式，通常是指某物质在浓度梯度的作用下，自发地发生从高浓度区向低浓度区的分子运动，从而实现浓度平衡的一种物质传递过程。只要有浓度梯度的存在，就会发生扩散作用。

在以往的认识中，一般将扩散作用视为天然气藏破坏的主要作用之一。对于在特定条件下，扩散作用对天然气成藏的贡献认识不足，特别是扩散充注对中低丰度天然气藏大型化成藏的有效性缺乏足够的认识。

苏里格气田天然气高效成藏主要发生在源储广覆式接触的地质条件下。成藏过程中天然气以初次运移和短距离的垂向二次运移为主，侧向的二次运移不明显。这一成藏条件的特殊性使得扩散作用在中低丰度天然气藏大型化成藏中发挥着与常规气藏成藏中不同的作用。在地层的埋藏阶段，特别是当烃源岩发育比较明显的超压时，体积流充注的效率明显大于扩散流充注的效率，因此扩散流充注的贡献一般不明显而被忽略。但在地层的抬升阶段，由于源储剩余压差的降低或消失，体积流充注将趋于停止，此时扩散流充注的条件仍然存在，扩散作用随之成为天然气充注的主要途径。含气盆地在抬升阶段出现大规模成藏是低丰度天然气藏高效成藏的重要特征，抬升过程中的扩散成藏体现在两个方面：一是抬升卸载导致气源灶内部天然气的解吸和膨胀，既增加了游离气的数量，又为天然气的有效排驱提供了动力；二是抬升过程表现为沉积盆地在大范围的整体抬升，使气源灶的排烃也有规模性，因而成藏范围很大。

地层发生大规模的抬升与剥蚀作用，可使深部地层的上覆压力降低（即卸载），地层发生降温与降压。此时，烃源岩层孔隙中吸附的气体体积相对于岩石骨架的体积在抬升过程中会有较大膨胀，可成为天然气自烃源岩排出的重要动力，从而导致吸附气的大量解吸排出，增加了烃源岩周围的气体浓度，为扩散运移至储层提供了动力。根据气态方程计算，苏里格气田在早白垩世末，二叠系石盒子组的古地层压力为48~53MPa，降温后压力为32~35MPa，现今压力为29~30MPa，在不考虑天然气散失和补充等因素的前提下，降温导致的压力降低在苏里格地区可达30%~35%。

在鄂尔多斯盆地上古生界天然气藏地质解剖的基础上，建立了扩散—渗流耦合模型，对鄂尔多斯盆地上古生界低丰度天然气藏的体积流充注和扩散流充注及其扩散散失过程进行了数值模拟。模拟结果表明，天然气的体积流充注主要发生于盆地的埋藏期，在早白垩世生烃最大时期，天然气的体积流充注速率达到最大，为$1.3 \times 10^7 m^3/(km^2 \cdot Ma)$。天然气的扩散流充注主要发生于盆地的抬升期，最大充注速率为$1.2 \times 10^7 m^3/(km^2 \cdot Ma)$（图4-15）。

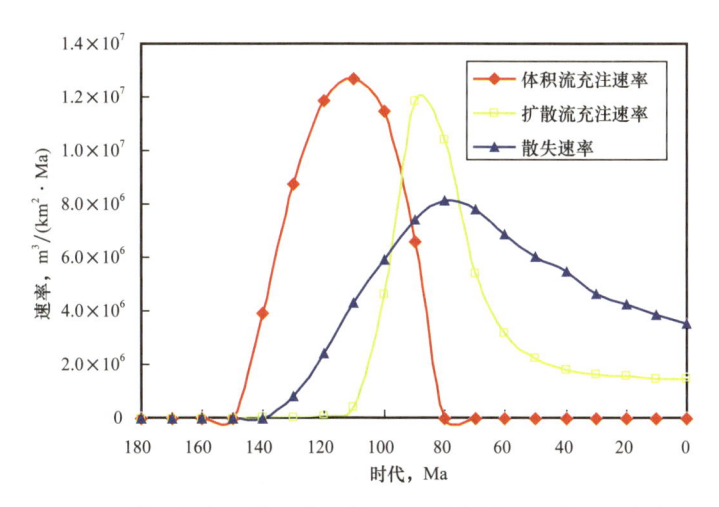

图4-15 苏里格气田苏7井上古生界天然气充注及散失速率演化图

对盆地总的模拟结果表明，在地层埋藏阶段天然气体积流充注量约为$180 \times 10^{12} m^3$，扩散流充注量约为$60 \times 10^{12} m^3$。而在地层整体抬升阶段，天然气体积流充注量不足$10 \times 10^{12} m^3$，扩散流充注量则接近$70 \times 10^{12} m^3$，表明在地层抬升阶段扩散流充注是天然气充注的主要机理。在整个地质历史过程中，天然气的体积流充注量为$190 \times 10^{12} m^3$，天然气的扩散流充注量为$130 \times 10^{12} m^3$，而这一过程中天然气的扩散散失量为$205 \times 10^{12} m^3$，仅靠体积流充注量不足以满足天然气的扩散散失，因此，天然气的扩散充注有效地弥补了天然气的扩散损失，对低丰度大气田的高效成藏与保存具有积极的贡献。

二、构造抬升促进大面积成藏

传统石油地质理论认为，地层埋藏阶段是天然气大量生成的主要阶段，也是天然气成藏的主阶段。而在抬升阶段，因地层经历抬升剥蚀，温度降低，生气过程会停止，烃源条件没有了，因而成藏也会停止。对我国几个主要含气盆地，如鄂尔多斯盆地和四川盆地，已经发现的数个大气田的成藏期次研究后发现，这些大气田并不是完全在埋藏期形成的，相反恰恰是在抬升阶段形成的。这样，不得不思考抬升阶段天然气成藏的动力和现实性，为此开展了抬升阶段天然气成藏的模拟实验。

1. 抬升卸载环境下解吸气释放的物理模拟实验

为了证实抬升过程中天然气成藏的地质过程，以须家河组典型气藏为地质模型，开展了三维温压条件下天然气排驱模拟实验，模拟在沉降和抬升背景下，煤系烃源岩天然气可能发生的大规模充注和运移过程。

实验设备选用中国石油勘探开发研究院实验中心自行研制的三维模拟装置，主要由储气钢瓶、恒速注入系统、三维恒温箱、高温高压三维模拟器和测量系统组成。可以模拟石油和天然气在温度不大于150℃、压力不大于10MPa的条件下充注和运移过程。

1）物理模拟实验模型和装置

根据川中广安地区的须四段和须六段气藏的解剖特征，共设计了两个实验模型，第一个模型模拟广安须五段煤系烃源岩在沉降和抬升卸载过程中，天然气发生的膨胀解吸运移过程。地质解剖认为，须五段煤系地层由煤层、碳质泥岩和普通泥岩的互层组成，根据这三者的接触关系和厚度的统计比例，设计了如图4-16所示的实验模型。该模型下部为4cm厚的泥岩，选用200目的玻璃微珠，中部为两个煤层和碳质泥岩间互，煤层选用唐山煤矿的肥煤，组分与热演化程度基本与须家河组相一致，碳质泥岩为炭粒和玻璃微珠以2∶5混合而成。模型中各层都放入了压力传感器，测量实验过程中的模型内部压力。为了安全起见，实验气体为氮气，计量系统为高灵敏度的三相分离测量装置。

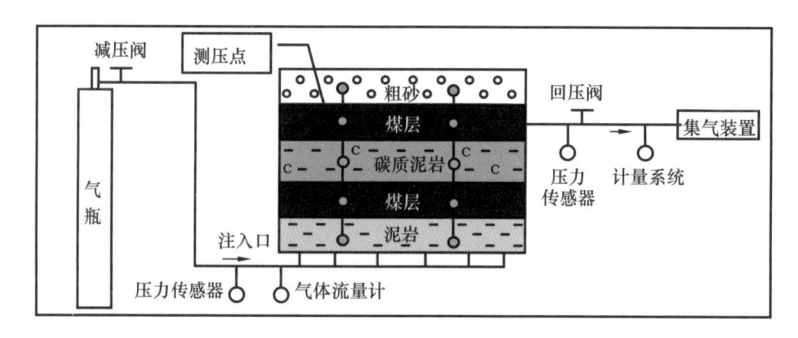

图4-16 煤层与碳质泥岩地层天然气在抬升状态下排驱的物理模型

第二个模型模拟川中须家河组储层和泥岩隔夹层在沉降和抬升卸载过程中，游离态天然气在温压降低的条件下发生的膨胀运移过程。实验中为了模拟成岩作用强烈的致密砂岩，选用粒级在180目以上的玻璃微珠代替，下部连接气源，温压测试装置与模型一相同。

2）实验过程

实验中将模型在干燥无水条件下装入三维模拟器中，然后用真空泵将模型抽气12h，再充分饱和水，加上覆压力5~7MPa，流体压力1~1.5MPa，温度60℃，然后从模型底部注入气体，直到在顶部出口达到一定出气量为止，停止注气静置24h后，让模型充分饱和气，该过程相当于地质条件下烃源岩和储层在埋藏过程中的生排气过程。停止注气后相当于最大埋深期后的生气过程停止阶段，随后降低上覆压力和流体压力以及温度，观察出口有无气流及其变化特征。

3）实验结果与分析

实验结果表明天然气在充注过程中需要一个很明显的致密层突破压力，当气柱压力超过突破压力时发生幕式运移，说明煤系地层在埋藏过程中烃源岩大量生气，当其压力增加超过烃源岩的排替压力后,发生幕式排烃。同时,天然气在输导层中的气柱高度产生的压力只有大于致密层的排替压力后才能发生运移。实验证实在没有持续气源供应条件下,依靠烃源岩与致密层的滞留气体,在抬升降压条件下可以发生体积膨胀排烃,实验效果十分明显(图4-17)。

在两次实验过程中,砂泥岩地层模型在降低上覆压力和流体压力过程中,均有大量天然气膨胀排出,说明天然气主要以游离态形式停留在岩石孔隙中,降压过程中发生膨胀排气。而煤层和碳质泥岩模型只在流体压力和上覆压力同时降低时解吸产生大量天然气,表明其天然气主要以吸附态存储在煤层孔隙表面,只有在流体压力降低时,吸附于煤层表面的天然气发生解吸形成游离态天然气排出。

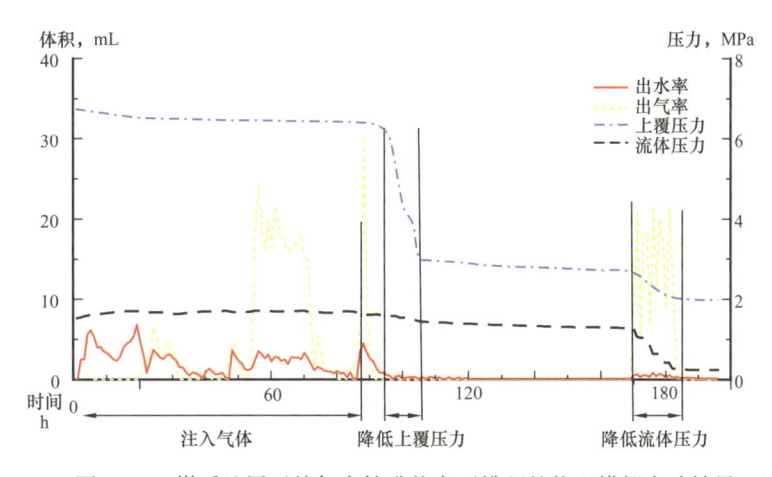

图4-17 煤系地层天然气在抬升状态下排驱的物理模拟实验结果

2. 流体包裹体指示抬升期是重要的成藏期

油气成藏期次的确定一直是石油地质研究的关键问题之一。流体包裹体是地下流体运移过程的直接证据。因此,可以通过流体包裹体测温,结合古地温演化与地质历史分析判断油气成藏期次[28,29]。镜下观察发现,苏里格气田储层样品中见大量气体包裹体,主要分布于石英次生加大边、石英内裂纹、穿石英微裂隙以及方解石和石英脉中。含烃包裹体主要沿石英次生加大边和切穿石英颗粒及其加大边的微裂隙分布(图4-18),呈群状或线状分布,以气态烃包裹体为主,偶见液态烃包裹体,镜下呈淡黄色,显示浅黄色荧光。

(a) 苏13井盒8段正交偏光　　　　(b) 苏3井盒8段单偏光

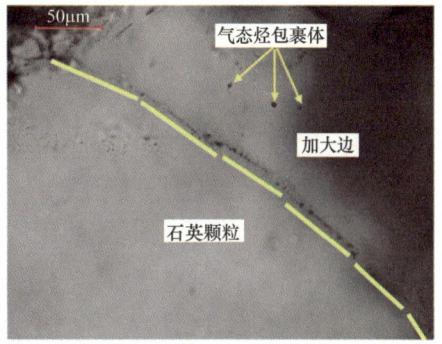

图4-18 苏里格气田上古生界储层气态烃包裹体照片

对苏里格气田上古生界储层盐水包裹体的均一温度进行测定发现，其均一温度区间主要为80~150℃，并且具有明显的两期次特征。第一期的均一温度为80~110℃，主峰区为90~100℃，该期次样点数量约占样点总数的46%；第二期的均一温度分布区间为110~150℃，主峰区间为130~140℃，该期次样点所占比例较多，占样点总数的54%。冰点温度分布范围较广，在−17~−0.1℃之间均有分布，且有两个明显分开的点群，高冰点温度（低盐度）点群分布在−7~−0.1℃之间，而低冰点温度（高盐度）点群分布在−17~−14℃之间。

由于不同时期捕获的流体包裹体在流体成分（盐度）上存在明显区别，因此，冰点温度测量揭示的现象反映流体活动存在多期性。测试样点呈三个相互分离的点群，分别为较低均一温度较低盐度点群、较高均一温度较低盐度点群和中等均一温度较高盐度点群（图4-19）。其中，较低盐度的两个点群的均一温度变化连续，而较高盐度点群的均一温度则呈明显的孤立中断分布特征。结合地质条件分析，认为均一温度变化连续的两个较低盐度的点群应该主要形成于地层深埋时期。随着地层的深埋，地层温度逐渐增高，地层水逐渐浓缩，盐度逐渐增大，这一变化特征与均一温度和冰点温度的变化趋势是一致的。而中等均一温度、较高盐度的点群则可能形成于地层抬升期。由于经过封闭、还原环境下的生烃作用以后，地层流体的盐度会升高，同时地层抬升会导致温度降低，流体运移动力减弱，该时期捕获的流体应该具有较高的盐度和较低的均一温度，这与鄂尔多斯盆地后期的演化历史是一致的。

基于均一温度和冰点温度交会图可将苏里格气田天然气成藏过程分为三期，分别为中侏罗世、早白垩世与白垩纪末—古近纪（图4-20），其中，古近纪成藏处于盆地的抬升期，从成藏解剖看，苏里格气田的主要成藏期即发生于抬升期，因此，抬升阶段的成藏规模相当大。

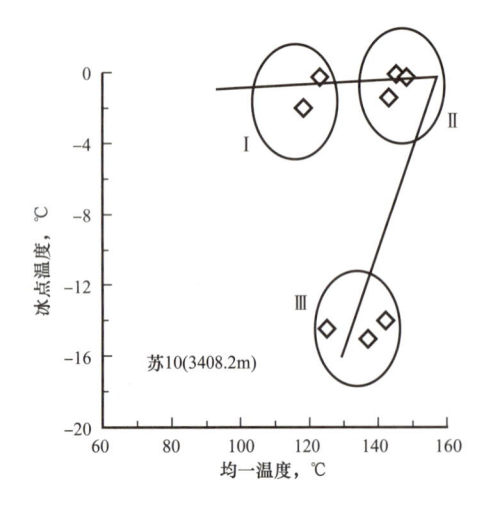

图4-19 苏里格气田上古生界储层流体包裹体均一温度与冰点温度交会图

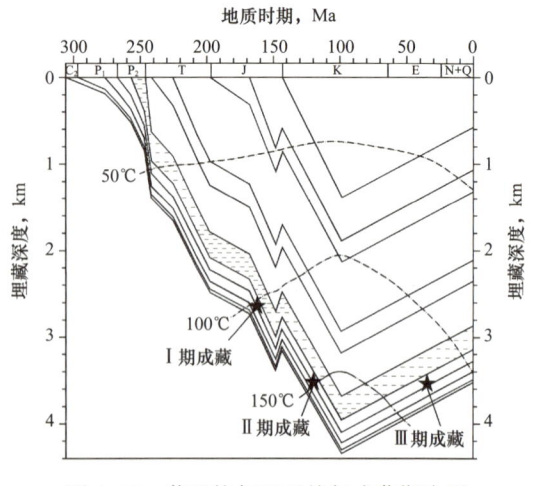

图4-20 苏里格气田天然气成藏期次图

第五节　中低丰度天然气资源潜力与分布

一、重点地区中低丰度天然气资源概算

本次研究以鄂尔多斯盆地上古生界和四川盆地须家河组中低丰度天然气藏群为重点，按照中低丰度天然气藏群大型化成藏的主控因素，分别对气源灶大型化、储集体大型化和生储盖组合的有效性进行了定量评价，强调埋藏期和抬升期气源灶供气的有效性和天然气充注方式的有效性评价，按照"甜点"富气、致密砂岩含气的成藏模式评价天然气的聚集过程，根据有效源储组合的分布评价天然气有利聚集区。

如鄂尔多斯盆地上古生界，分别评价了"甜点"和致密砂岩中的资源量，相比于前人评价资源量大幅度增加的原因，一是新增加了致密砂岩中的资源量，二是对"甜点"的资源量评价，不仅考虑了在埋藏期天然气的充注量，而且在盆地抬升期，还计算了相当一部分以扩散方式的充注量，而以往评价中抬升期都被当作天然气聚集后的散失过程，因而聚集系数给得很低，影响了对资源总量的评价。

四川盆地须家河组的资源评价是按照三明治式生储盖组合模式进行的，不仅评价了主要储层段须二段、须四段和须六段的资源量，而且还对烃源岩段须一段、须三段、须五段中砂岩储层分布区的资源量进行了评价，同样是按照埋藏期和抬升期两期成藏过程进行气源灶供气量和充注量的计算，较前期评价资源量增加很多。

塔里木盆地寒武系—奥陶系资源评价的特色是按照有机质接力成气的评价方法，计算出不同时期烃源岩中滞留分散液态烃的裂解气量，结合有效储集体的形成与分布，估算出在深层古老碳酸盐岩区的潜在资源量。

其他盆地的中低丰度天然气资源量是在前人评价的基础上，类比上述几个精细解剖的盆地，不同程度增加了中低丰度低孔渗储层天然气资源量。在汇总各盆地和层系资源总量时，分别给出了地质资源量和可采资源量的区间值（表4-8），7个盆地总地质资源量为 $28 \times 10^{12} \sim 40 \times 10^{12} m^3$，可采资源量为 $9.41 \times 10^{12} \sim 13.65 \times 10^{12} m^3$。较三轮资源评价，低品位天然气可采资源量（$4 \times 10^{12} \sim 6 \times 10^{12} m^3$）增加 $5 \times 10^{12} \sim 8 \times 10^{12} m^3$。

表4-8　主要含气盆地中低丰度天然气资源量评价结果

盆地	面积，$10^4 km^2$	层系	资源量，$10^{12} m^3$	可采资源量，$10^{12} m^3$
鄂尔多斯	25	C—P	"甜点"：7～9	"甜点"：2.8～3.6
			致密砂岩：4～6	致密砂岩：0.6～0.9
四川	18	T_3x	须二/四/六段：3～4	须二/四/六段：1.2～1.6
			须一/三/五段：1～2	须一/三/五段：0.3～0.8
松辽	26	J/K_1	1～2/1～2	0.35～0.7/0.3～0.6
塔里木	52	J+K+S	3～4	1.2～1.6
		ϵ—O	3～4	1.2～1.6

续表

盆地	面积，$10^4 km^2$	层系	资源量，$10^{12}m^3$	可采资源量，$10^{12}m^3$
吐哈	5.5	J	0.8~1.0	0.3~0.4
渤海湾	8.9	Es_{3-4}	1.5~2.0	0.4~0.8
准噶尔	13.4	J/C	1.0~1.5/1.5~2	0.3~0.45/0.45~0.6
合计			28~40	9~14

二、重点地区中低丰度天然气资源分布特征与有利区带

1. 四川盆地中低丰度天然气资源分布有利区带

1）须一段

根据须一段气源灶、源内储层及断裂的分布，对须一段有利区进行了综合评价，优选出了三个有利区带，分别为（1）中坝—剑阁；（2）雅安—成都；（3）柘坝场—仪陇。其中（1）和（3）有利区气源灶发育，总供气量分别为 $1.47×10^{12}m^3$ 和 $2×10^{12}m^3$，（2）的供气量偏低，为 $0.78×10^{12}m^3$，但是（2）和（3）的储层发育，有效孔隙度基本为3%~5%，并有明显的出气井显示，具有较强的勘探潜力，综合评价来看，柘坝场—仪陇区带气源充足，储层发育，且裂缝较发育，资源量达 $1300×10^8m^3$，是下一步勘探的有利区。

2）须二段

根据须一段和须三段气源灶、须二段储层及断裂的分布，对须二段有利区进行了综合评价，优选出了六个有利区带，分别为（1）剑阁—九龙山；（2）柘坝场—仪陇；（3）雅安—成都；（4）金华—蓬溪；（5）南充—营山；（6）合川—安岳。其中（1）、（2）和（4）有利区埋藏期气源灶发育，须一段和须三段总供气量为 $25.2×10^{12}$~$25.3×10^{12}m^3$，（1）、（5）和（6）的供气量偏低，基本在 $10×10^{12}m^3$ 左右，但是（3）、（5）、（6）的储层发育，储能系数为2~4，（5）和（6）已发现了千亿立方米以上的储量。另一方面，（4）、（5）和（6）的须一段抬升期供气量较大，达到了 $1400×10^8$~$1600×10^8m^3$，综合评价来看，柘坝场—仪陇、南充—营山、金华—蓬溪、合川—安岳区带气源充足，储层和裂缝较发育，是下一步勘探的有利区。

通过把须二段有利区的各项石油地质条件与合川须二段的刻度区进行类比，得出有利区带各项成藏条件的类比得分，然后经过加权平均后得出总的评价结果，须二段总资源量为 $1.44×10^{12}m^3$，聚集量较大的三个区带为柘坝场—仪陇、金华—蓬溪和合川—安岳地区，地质资源量分别为 $2900×10^8m^3$、$2900×10^8m^3$ 和 $4500×10^8m^3$。

3）须三段

根据须三段气源灶、源内储层及断裂的分布，对须三段有利区进行了综合评价，优选出了五个有利区带，分别为（1）剑阁—九龙山；（2）成都—绵竹；（3）南充—仪陇；（4）平落坝；（5）遂宁—合川。其中（1）和（2）有利区气源灶发育，总供气量分别为 $36.5×10^{12}m^3$ 和 $13.2×10^{12}m^3$，（1）、（3）和（4）的储层发育，有效孔隙度基本为3%~5%，剑阁地区初步评价具有 $1000×10^8m^3$ 的储量规模，并发现多口高产气流井，是下一步的重点勘探领域。同时，（2）、（3）和（5）的抬升期供气强度为 $0.5×10^8$~$2×10^8m^3/km^2$，潜力较

大。综合评价来看，剑阁—九龙山、南充—仪陇区带气源较充足，储层和裂缝较发育，是下一步勘探的有利区（图4-21）。

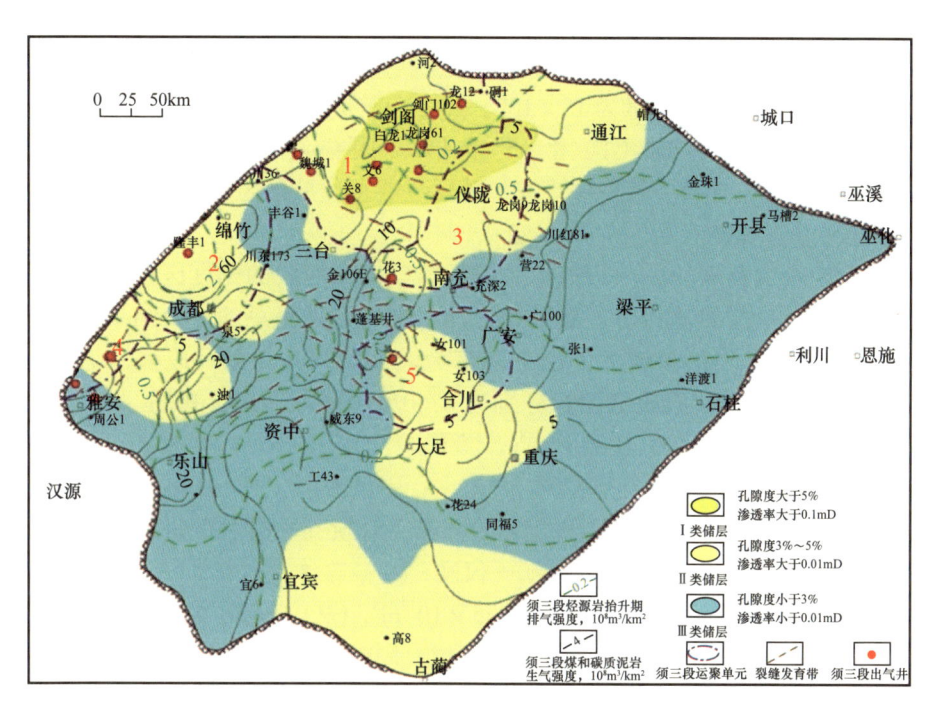

图4-21 须三段有利区综合评价图

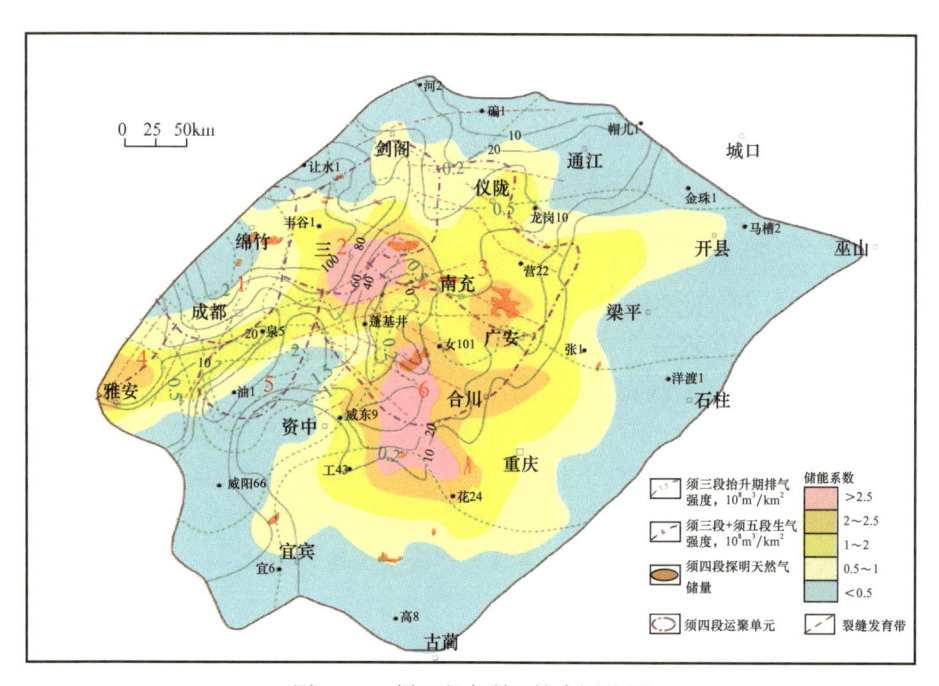

图4-22 须四段有利区综合评价图

4）须四段

根据须三段和须五段气源灶、须四段储层及断裂的分布，对须四段有利区进行了综合评价，优选出了六个有利区带，分别为（1）成都—绵竹；（2）老关庙—八角场；（3）仪陇—广安；（4）平落坝；（5）平泉；（6）蓬溪—合川。其中（1）、（2）和（3）有利区埋藏期气源灶发育，须三段总供气量为 $15 \times 10^{12} \sim 46.7 \times 10^{12} m^3$，（2）、（3）和（6）的储层发育，储能系数为 1.5~3。另一方面，（1）和（5）的抬升期供气量大，达到了 $1.3 \sim 1.4 \times 10^{12} m^3$。综合评价来看，成都—绵竹、仪陇—广安、蓬溪—威东、平泉区带气源充足，储层和裂缝较发育，是下一步勘探的有利区（图 4-22）。

通过把须四段有利区的各项石油地质条件与广安须四段的刻度区进行类比，得出有利区带各项成藏条件的类比得分，然后经过加权平均后得出总的评价结果，须四段总资源量为 $1.84 \times 10^{12} m^3$，聚集量较大的四个区带为老关庙—八角场、成都—绵竹、仪陇—广安和蓬溪—合川地区，地质资源量分别为 $8700 \times 10^8 m^3$、$2700 \times 10^8 m^3$、$2800 \times 10^8 m^3$ 和 $2300 \times 10^8 m^3$，其他区带基本在 $2000 \times 10^8 m^3$ 以下。

5）须五段

根据须五段气源灶、源内储层及断裂的分布，对须五段有利区进行了综合评价，优选出了三个有利区带，分别为（1）通江—仪陇；（2）三台—南充；（3）绵竹—邛西。其中（3）有利区气源灶发育，总供气量达 $7.35 \times 10^{12} m^3$，（2）的储层发育，金华和磨溪地区发现多口高产气流井，是下一步的重点勘探领域。同时，三个有利区的抬升期供气强度为 $1.5 \times 10^8 \sim 3 \times 10^8 m^3/km^2$，潜力较大。综合评价来看，三台—南充区带气源充足，储层发育，且裂缝较发育，是下一步勘探的有利区。

6）须六段

根据须五段气源灶、须六段储层及断裂的分布，对须六段有利区进行了综合评价，优选出了四个有利区带，分别为（1）八角场—充西；（2）龙岗；（3）广安—蓬溪；（4）平落坝。其中（1）和（3）有利区埋藏期气源灶发育，须五段总供气量为 $3.8 \times 10^{12} \sim 5.5 \times 10^{12} m^3$，（3）和（4）的储层发育，储能系数为 1.5~2.5，（3）已发现了近千亿立方米的储量。另一方面，（1）和（3）的抬升期供气量大，达到了 $1.5 \times 10^{12} \sim 1.9 \times 10^{12} m^3$，综合评价来看，营山、八角场—充西区带气源充足，储层发育，且裂缝较发育，是下一步勘探的有利区。

通过把须六段有利区的各项石油地质条件与广安须六段的刻度区进行类比，得出有利区带各项成藏条件的类比得分，然后经过加权平均后得出总的评价结果，须六段总资源量为 $8000 \times 10^8 m^3$，聚集量较大的两个区带为八角场—充西和广安—蓬溪地区，地质资源量分别为 $2800 \times 10^8 m^3$ 和 $2400 \times 10^8 m^3$，其他区带基本在 $2000 \times 10^8 m^3$ 及其以下。

本次在须家河组共评价出 27 个有利区带，凹陷区 6 个，斜坡区 8 个，低幅度构造区 8 个，构造发育区 5 个，总面积达 $26.9 \times 10^4 km^2$，总地质资源量为 $5.5 \times 10^{12} m^3$。

2. 塔里木盆地寒武系—奥陶系中低丰度天然气资源潜力评价

1）分散液态烃气源灶的生气潜力

塔里木盆地寒武系烃源岩经历了加里东—早海西期、晚海西期、喜马拉雅期三次主要成熟排烃期，形成地质历史上的三个有效气源灶。总体上，寒武系烃源岩东部成熟早、西部成熟晚，凹陷区成熟早、隆起斜坡区成熟晚。如满加尔凹陷东部在加里东晚期即达高—过成熟，并成为当时的供烃中心，海西期以来分别形成满加尔—阿瓦提凹陷和西南坳陷供烃中心；进入喜马拉雅期又形成了塘古孜巴斯、和田等供气中心。在计算了液态烃裂解气量和干酪根生气量的基础上，得出现今的资源量约为 $7.21 \times 10^{12} m^3$（表4-9），相当于可采资源量为 $2.8 \times 10^{12} m^3$。

表4-9　塔里木盆地寒武系烃源岩不同时期生烃量汇总表

时期	干酪根生油量 $10^8 t$	滞留分散液态烃量，$10^8 t$	干酪根生气量 $10^{12} m^3$	液态烃裂解气量 $10^{12} m^3$	总生气量 $10^{12} m^3$	总资源量 $10^{12} m^3$
中—晚奥陶世末	275	55	263	13.5	276.5	
二叠纪末	550	137.5	263	33.67	296.67	
现今	0	27.5	263	53.9	316.9	
合计	825		789	101.07	890.07	7.21

2）有利勘探区评价

现今，寒武系烃源岩生气强度高值区主要在满加尔凹陷周缘和西南坳陷地区，其上、下发育寒武系白云岩，奥陶系岩溶、潜山、礁滩等多种类型储集体（图4-23）。塔中、塔北隆起及其周缘地区具有长期油气聚集的有利条件，油气都很富集，是塔里木盆地油气资源及勘探潜力最大的地区。牙哈—英买力地区、轮南凸起和塔北南缘邻近烃源灶中心，牙哈—英买力地区发育寒武系、下奥陶统蓬莱坝组白云岩风化壳，上覆侏罗系—白垩系陆相碎屑岩，垂向上可发育多套溶孔—溶洞—溶缝型储层，风化壳不整合面和断裂体系发育，可大大改善储层连通性，并为天然气运移提供通道，使其成为现实的勘探领域。轮南凸起和塔北南缘分布有奥陶系石灰岩潜山、层间岩溶两类储层，并为轮古西等断裂体系沟通，储集体整体物性较好，勘探前景大。

塔中北斜坡鹰山组发育层间岩溶储层，整体表现为向北东方向倾没的单斜，被北东向走滑断层切割分块。除北东方向岩溶盆地和南部高垒带强烈剥蚀区外，广阔的岩溶上斜坡、下斜坡、平台及次高地均有利于岩溶储层成片发育。鹰山组发育北西南东向、北东南西向和近南北向三个方向的断裂，并在交会区形成了局部的网状断裂系统，为局部地区的储层改造和溶蚀的形成奠定了基础，也为油气的运移提供了良好的通道。另外，塔中Ⅰ号断裂带上奥陶统良里塔格组发育碳酸盐岩台地边缘高能礁滩体，颗粒灰岩段储层发育，是油气赋存的有利岩相基础。总之，塔中北斜坡紧邻生气中心，并具有隆升构造背景、充足的烃源供给、规模岩溶储层、良好的储盖组合、保存条件以及在走滑断裂、逆冲断裂、不整合面构成油气立体输导网络，油气勘探潜力巨大。

另外，巴楚地区毗邻寒武系生气中心，该区存在奥陶系鹰山组岩溶储层和蓬莱坝组白云岩储层。岩溶储层呈南北向条带状展布，主要由生物灰岩、鲕粒灰岩、砂屑灰岩、白云岩及泥晶灰岩组成，是一套巨厚的碳酸盐岩储层。奥陶系出露地表遭受风化剥蚀，在大气淡水溶蚀和构造裂缝的双重作用下，岩溶作用深度大、岩溶储层发育，形成了奥陶系潜山淋滤带和潜溶带，发育大量垂直和水平溶蚀孔洞，大大改善了碳酸盐岩的储集物性。上寒武统—蓬莱坝组内幕白云岩储层分布广泛，与上覆奥陶系鹰山组、一间房组和良里塔格组具有同样的区域构造位置和生储盖条件，虽然勘探程度不高，但也有一定的勘探潜力。综上，塔里木盆地巴楚隆起区上寒武统—蓬莱坝组白云岩储层是非常重要的潜在勘探领域。

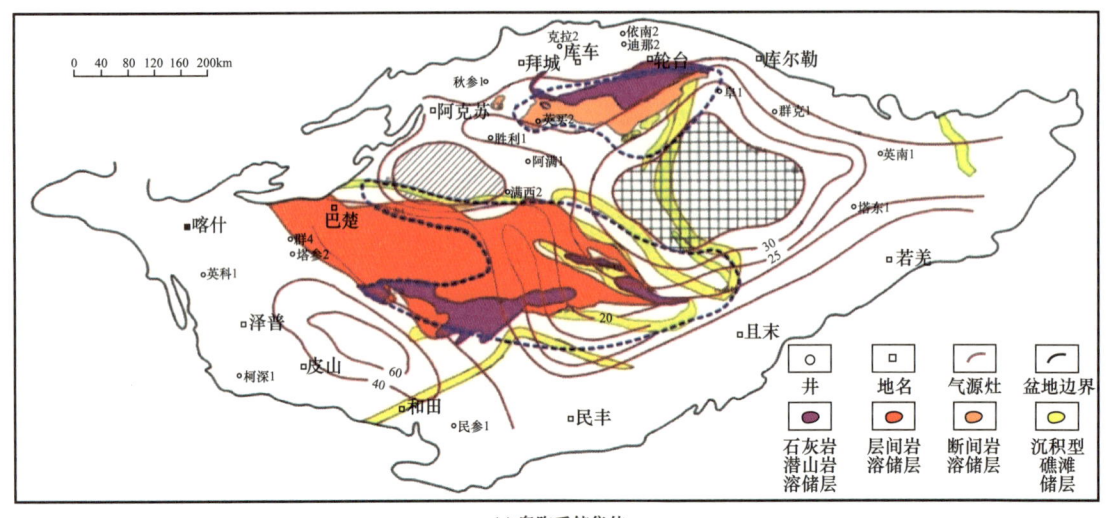

(a) 奥陶系储集体

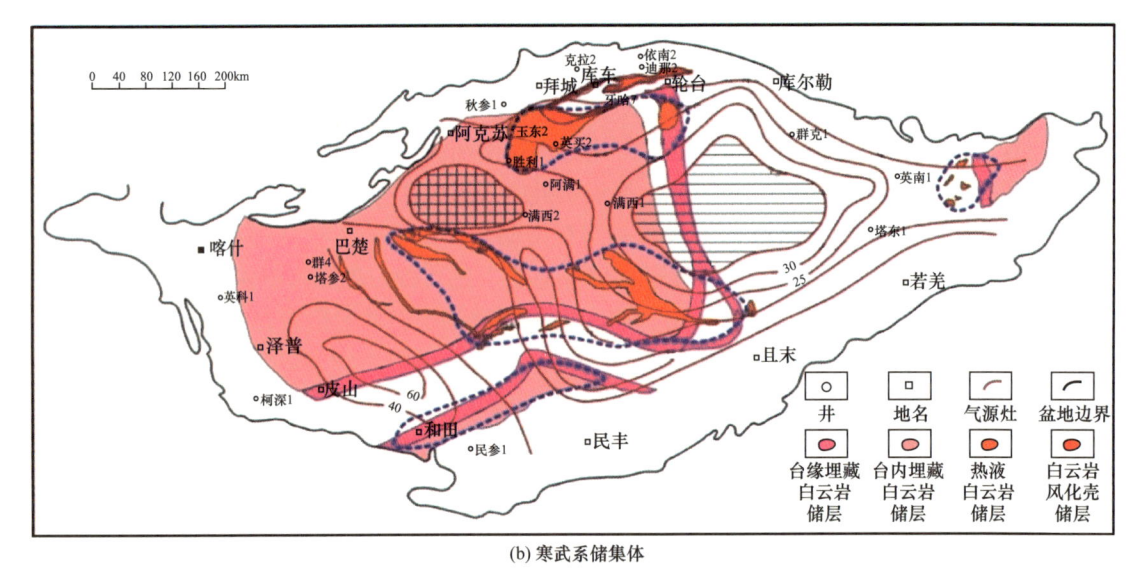

(b) 寒武系储集体

图4-23 塔里木盆地寒武系烃源岩与奥陶系及寒武系储集体发育带叠合图

3. 鄂尔多斯盆地上古生界中低丰度天然气藏群有利区评价

按前述中低丰度天然气成藏群大型化成藏条件与机理新认识，使用数值模拟技术与有利区评价方法，对鄂尔多斯盆地上古生界不同类型砂体中的天然气聚集量进行了定量评价，总充注量达到 $294.95 \times 10^{12} m^3$。

鄂尔多斯盆地上古生界天然气充注强度整体呈现"东高西低"的特点，充注强度为 $6 \times 10^8 \sim 32 \times 10^8 m^3/km^2$。西侧环县—定边一线是相对低充注强度背景上的高值区，充注强度均高于 $20 \times 10^8 m^3/km^2$。吴起—鄂托克前旗地区是充注强度低值区，强度低于 $16 \times 10^8 m^3/km^2$；苏里格—靖边—志丹一线往东，充注强度均超过 $16 \times 10^8 m^3/km^2$，并逐渐增高，至米脂—绥德一线充注强度可达 $32 \times 10^8 m^3/km^2$，最大充注强度位于延安一带，可达 $35 \times 10^8 m^3/km^2$。

在扣除扩散等散失作用所造成的天然气损失量后，就获得了鄂尔多斯盆地上古生界各层位不同类型砂岩储集体的天然气存留量（地质资源量）。整体来看，盒8段的地质资源量较大，可达 $11.55×10^{12}m^3$；而山 1 段资源量较小，仅为 $2.58×10^{12}m^3$。鄂尔多斯盆地上古生界总的地质资源量为 $14.13×10^{12}m^3$。

不同层位中，致密砂岩与"甜点"的天然气远景资源量存在较明显的差别。整体来看，致密砂岩的天然气地质资源量低于"甜点"。如盒 8 段"甜点"中的天然气地质资源量为 $7.05×10^{12}m^3$，而致密砂岩天然气地质资源量为 $4.5×10^{12}m^3$；山 1 段"甜点"中的天然气地质资源量为 $1.48×10^{12}m^3$，而致密砂岩天然气地质资源量为 $1.1×10^{12}m^3$（图 4-24、图 4-25）。

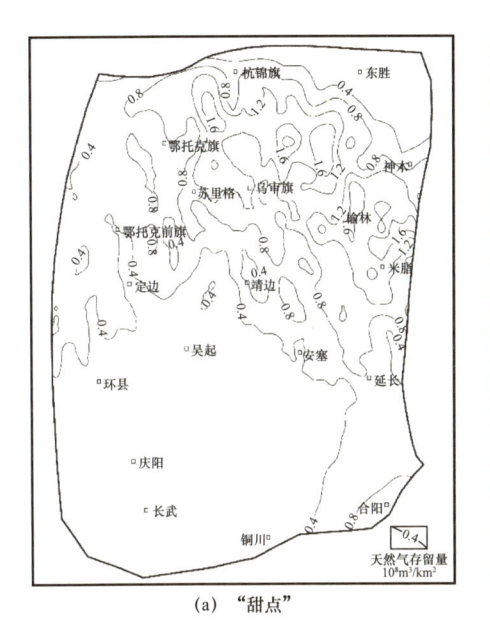

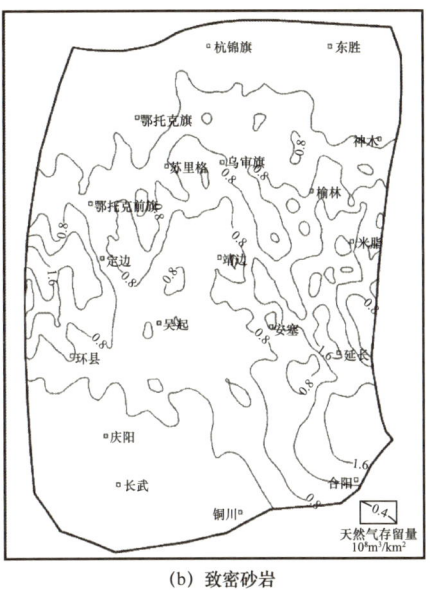

图 4-24 鄂尔多斯盆地盒 8 段"甜点"与致密砂岩天然气存留量

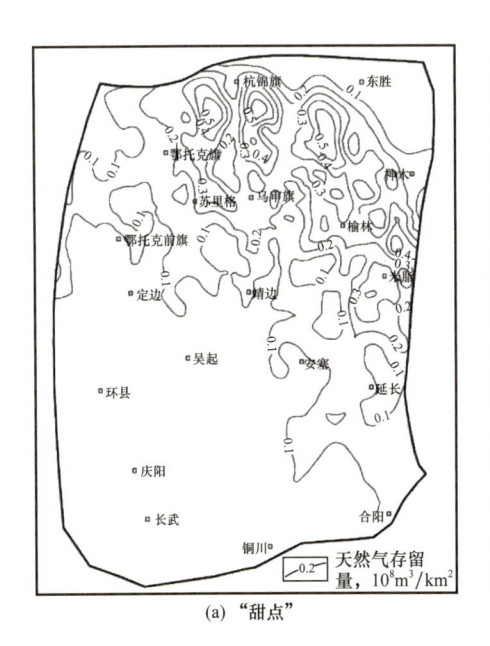

图 4-25 鄂尔多斯盆地山 1 段"甜点"与致密砂岩天然气存留量

与前人的资源评价方法相比，本次评价的特色是定量计算了天然气的充注过程，分"甜点"和致密砂岩分别计算了天然气的充注量和散失量，从而得到资源量（表4-10）。其中"甜点"富气，占总资源量的60%，表外致密气占总资源量的40%，常规与非常规气混生，资源具有明显的混合性。

表4-10 鄂尔多斯盆地上古生界天然气成藏模拟结果表

层段	类型	充注量 $10^{12}m^3$	散失量 $10^{12}m^3$	存留量，$10^{12}m^3$		"甜点"存留量 $10^{12}m^3$	致密砂岩存留量，$10^{12}m^3$
盒8	"甜点"	209.79	189.98	11.55	7.05	8.53	5.6
	致密砂岩				4.5		
山1	"甜点"	85.16	81.4	2.58	1.48		
	致密砂岩				1.1		
合计		294.95	271.38	14.13			

根据上述天然气存留量评价结果，结合储层分布，编制鄂尔多斯盆地上古生界中低丰度天然气藏群有利区带分布图，在定边、米脂、苏里格、神木等地区优选出8个有利区带，总资源量为$12.48×10^{12}m^3$，"甜点"资源量为$7.06×10^{12}m^3$，而致密砂岩资源量为$5.42×10^{12}m^3$，单层有利含气面积为$4.7×10^4km^2$以上。其中盒8段中的四个区带地质资源量都在万亿立方米以上。

小　　结

（1）基于笔者的研究，中国天然气资源可划分为三大类：第一类是常规天然气资源，以高丰度优质大气田为代表；第二类是纯非常规天然气资源，包括均质性和连续性都比较好的致密砂岩气、煤层气和页岩气，可称为连续型天然气；第三类天然气资源就是中低丰度天然气，是由常规天然气和非常规天然气资源混合构成的，是我国已经探明和将要发现的天然气储量的主体。

（2）中低丰度天然气资源由部分常规天然气藏与众多非常规天然气藏（以致密砂岩气为主）构成，以中低丰度天然气藏群形式出现，需要大型化发育的成藏条件。其中，成藏要素的大型化发育与横向规模变化是气藏群大型化成藏的基础；薄饼式和集群式成藏是大型化成藏的主要样式；液态烃气源灶规模裂解生气与煤系气源灶抬升期规模排气，是大型化成藏的主要气源输入；体积流与扩散流充注是大型化成藏的主要机制；大型化成藏的分布有近源性，成藏组合有规模性，成藏类型有单一性，成藏时机有晚期性。

（3）中低丰度天然气资源主要分布于克拉通盆地台地区的海相碳酸盐岩层系、叠合沉积盆地陆内坳陷区沉积层系以及前陆沉积盆地的缓翼斜坡区，如在鄂尔多斯盆地上古生界、四川盆地须家河组和塔里木盆地寒武系—奥陶系，中低丰度天然气分别以大面积成藏组合、大范围成藏组合和似层状组合的形式出现，分布具有近源性，成藏时机具有晚期性，成藏效率较高，是我国天然气资源的主体。

参考文献

[1] 戴金星, 戚厚发, 郝石生. 天然气地质学概论[M]. 北京: 石油工业出版社, 1989.

[2] 戴金星, 陈践发, 钟宁宁, 等. 中国大气田及其气源[M]. 北京: 科学出版社, 2003.

[3] 邱中建, 方辉. 中国天然气产量发展趋势与多元化供应分析[J]. 天然气工业, 2005, 25(8): 1-5.

[4] 赵文智, 汪泽成, 王红军, 等. 中国中、低丰度大油气田基本特征及形成条件[J]. 石油勘探与开发, 2008, 35(6): 641-650.

[5] 赵文智, 王红军, 卞从胜, 等. 我国低孔渗储层天然气资源大型化成藏特征与分布规律[J]. 中国工程科学, 2012, 14(6): 31-39.

[6] 赵文智, 胡素云, 王红军, 等. 中国中低丰度油气资源大型化成藏与分布[J]. 石油勘探与开发, 2013, 40(2): 1-13.

[7] 赵文智, 董大忠, 李建忠, 张国生. 中国页岩气资源潜力及其在天然气未来发展中的地位[J]. 中国工程科学, 2012, 14(7): 46-52.

[8] 邹才能, 杨智, 朱如凯, 等. 中国非常规油气勘探开发与理论技术进展[J]. 地质学报, 2015, (6): 979-1007.

[9] 戴金星, 胡安平, 杨春, 等. 中国天然气勘探及其地学理论的主要新进展[J]. 天然气工业, 2006, 26(12): 1-5.

[10] 戴金星, 邹才能, 陶士振, 等. 中国大气田形成条件和主控因素[J]. 天然气地球科学, 2007, 18(4): 473-484.

[11] 戴金星, 倪云燕, 黄士鹏, 等. 煤成气研究对中国天然气工业发展的重要意义[J]. 天然气地球科学, 2014, 25(1): 1-22.

[12] 赵文智, 王红军, 钱凯. 中国煤成气理论发展及其在天然气工业发展中的地位[J]. 石油勘探与开发, 2009, 36(3): 280-289.

[13] 杨华, 刘新社. 鄂尔多斯盆地古生界煤成气勘探进展[M]. 石油勘探与开发, 2014, 41(2): 129-137.

[14] 赵文智, 王兆云, 王红军, 等. 不同赋存状态油裂解条件及油裂解型气源灶的正演和反演研究[J]. 中国地质, 2006, (5): 952-965.

[15] 刘德汉, 肖贤明, 田辉, 等. 论普光原油裂解气藏的动力学和热力学模拟方法与结果[J]. 天然气地球科学, 2010, 21(2): 175-185.

[16] 张水昌, 胡国艺, 米敬奎, 等. 三种成因天然气生成时限与生成量及其对深部油气资源预测的影响[M]. 石油学报, 2013, 34(增刊1): 41-50.

[17] 赵文智, 王兆云, 张水昌, 等. 有机质"接力成气"模式的提出及其在勘探中的意义[J]. 石油勘探与开发, 2005, 32(2): 1-7.

[18] 王兆云, 赵文智, 张水昌, 等. 深层海相天然气成因与塔里木盆地古生界油裂解气资源[J]. 沉积学报, 2009, 27(1): 153-163.

[19] 赵文智, 王兆云, 王红军, 等. 再论有机质"接力成气"的内涵与意义[J]. 石油勘探与开发, 2011, 38(2): 129-135.

[20] 赵文智, 王兆云, 王东良, 等. 分散液态烃的成藏地位与意义[J]. 石油勘探与开发, 2015, 42(4): 401-413.

[21] 邹才能, 董大忠, 王社教, 等. 中国页岩气形成机理、地质特征及资源潜力 [J]. 石油勘探与开发, 2010, 37 (6): 641-653.

[22] Bob L. Evaluation and assessment of shale resource plays [R]. Austin: Bureau of Economic Geology, School of Geosciences, The University of Texas at Austin, 2010.

[23] Hui Tian, Xianming Xiao, Ronald W T Wilkins, et al. New insights into the volume and pressure changes during the thermal cracking of oil to gas in reservoirs: Implications for the in-situ accumulation of gas cracked from oils [J]. AAPG Bulletin, 2008, 92 (2): 181-200.

[24] 徐永昌. 天然气成因理论及应用 [M]. 北京: 科学出版社, 1994.

[25] 赵文智, 沈安江, 胡素云, 等. 中国碳酸盐岩储集层大型化发育的地质条件与分布特征 [J]. 石油勘探与开发, 2012, 39 (1): 1-12.

[26] 沈安江, 赵文智, 胡安平, 等. 海相碳酸盐岩储集层发育主控因素 [J]. 石油勘探与开发, 2015, 42 (5): 545-554.

[27] 李明诚. 石油与天然气运移（第三版）[M]. 北京: 石油工业出版社, 2004.

[28] 刘德汉, 肖贤明, 田辉, 等. 含油气盆地中流体包裹体类型及其地质意义 [J]. 石油与天然气地质, 2008, 29 (4): 491-501.

[29] 刘可禹, Julien Bourdet, 张宝收, 等. 应用流体包裹体研究油气成藏——以塔中奥陶系储集层为例 [J]. 石油勘探与开发, 2013, 40 (2): 171-180.

第五章 非常规油气地质

非常规油气是指在现有经济技术条件下，不能用传统技术开发的油气资源。通常将其分为非常规石油资源和非常规天然气资源两大类。前者主要指致密砂岩油、致密灰岩油、重（稠）油、油砂油、页岩油、油页岩油等，后者主要指致密砂岩气、煤层气、页岩气、天然气水合物等。非常规油气资源平面上大面积连续型或准连续型聚集，主要分布于盆地中心、斜坡等负向构造单元。随着技术和成本瓶颈的不断突破，非常规资源勘探开发成效显著，美国引领了"页岩气革命"。中国在非常规油气领域也不断取得突破和进展，在非常规油气储层实验方法与微纳米孔喉系统精细表征、连续型油气聚集机理与分布规律、陆相致密油形成机理与富集规律及"甜点区、段"选区评价、致密气大面积分布规律与"甜点区"富集主控因素及评价方法、海相页岩气富集机理与主控因素及"甜点区、段"评价技术、中高煤阶与中低煤阶煤层气富集高产区形成富集机理、非常规油气地质评价和资源分级评价方法、水平井钻完井、大型压裂、微地震监测以及地面集输等勘探开发主体技术方面都取得了重要进展，推动了国内陆相致密油气、海相页岩气以及煤层气的商业开发和规模发展。

第一节 非常规油气勘探进展与经验

一、北美非常规油气勘探进展与经验

北美地区（美国、加拿大）是非常规油气（页岩气与致密油）勘探开发的典范，具有工作量投入大、产量快速攀升、后续资源潜力大等特点。该地区非常规油气的成功开发对北美以及全球都产生了深刻影响，不仅降低了美国的能源对外依存度，抑制了地区天然气价格上涨，而且促进了世界油气格局的转变，并在一定程度上引发了全球非常规油气勘探开发热潮[1—4]。

1. 北美非常规油气勘探进展

近年来，全球非常规油气勘探开发取得了一系列重大突破。致密气、煤层气、重油、沥青砂等已成为全球非常规石油天然气勘探开发的重点领域，页岩气成为全球非常规天然气勘探开发的热点领域，致密油成为全球非常规石油勘探开发的亮点领域。全球非常规油气产量快速增长，在全球能源供应中的地位日益凸显。

1）致密砂岩气

致密砂岩气是最早进行工业化开采的非常规天然气资源。目前，全球已发现或推测有 70 个盆地发育致密砂岩气，资源量约为 $209.6 \times 10^{12} m^3$，主要分布在北美、拉丁美洲和亚太地区[5—7]。美国是致密砂岩气开发最早、最成熟的国家，已在 23 个盆地发现 900 多个致密砂岩气田，可采资源量 $13 \times 10^{12} m^3$，探明可采储量 $5 \times 10^{12} m^3$，生产井超过 10 万口，2016 年致密砂岩气产量约为 $1200 \times 10^8 m^3$；预计 2040 年致密砂岩气产量将保持在

$2380×10^8m^3$左右,占届时美国天然气总产量的22%。致密气的快速发展主要得益于地质认识的进步和压裂技术的突破。

2）煤层气

煤层气的开发利用已从最初的煤矿瓦斯抽排发展成为独立的煤层气产业。世界75个主要含煤国家中,已有35个开展了煤层气的研发,其中约半数进行了煤层气专项勘探和试验开采。全球煤层气资源量约为$256.1×10^{12}m^3$,主要分布在原苏联、北美和亚太地区的煤炭资源大国。目前,全球煤层气主要生产国是美国、加拿大和澳大利亚。20世纪70年代末至80年代初,美国地面煤层气开采试验获得成功,并快速进入规模发展阶段,2007年产量突破$500×10^8m^3$,占当年美国天然气总产量的9%；2016年美国煤层气产量大约$380×10^8m^3$。加拿大从1978年开始进行煤层气开采试验,经过20多年探索与发展,至2002年煤层气年产量才达到$1.0×10^8m^3$左右,之后产量开始快速增长,目前产量大致在$80×10^8m^3$左右。澳大利亚煤层气在2004年前后开始快速增长,目前产量规模大致在$50×10^8m^3$左右,主要集中在澳大利亚东部的波恩、悉尼、刚尼达、加利利等二叠纪—三叠纪含煤盆地中。

3）页岩气

全球页岩气资源量约为$456×10^{12}m^3$。页岩中主要发育直径介于5~200nm之间的孔隙,早期钻探证实页岩几乎没有渗透率,通过水平井压裂形成"人造"渗透率,产出页岩"人造气"。正因如此,虽然页岩气发现得很早,1859年美国第一口天然气生产井就是页岩气井,但它长期被看作是一种裂缝型气藏,在100多年的时间里发展一直很缓慢,直到2001年页岩气产量才达到$103×10^8m^3$。进入21世纪,随着水平井和多段压裂技术的进步与工业化应用,以美国为代表,页岩气开发利用进入快速发展阶段。2005年美国页岩气产量突破$200×10^8m^3$,2008年突破$600×10^8m^3$,2010年突破$1000×10^8m^3$[7]。目前美国已在20多个盆地进行页岩气勘探开发,形成巴内特（Barnett）、费耶特维尔（Fayetteville）、海恩斯维尔（Haynesville）、马塞勒斯（Marcellus）等8个重要的页岩气产区,探明可采储量约$1.7×10^{12}m^3$,2016年页岩气产量达到$4447×10^8m^3$。

4）致密油

致密油又被称为"黑金",北美巴肯致密油是继页岩气突破之后的又一热点领域。2008年,巴肯致密油实现规模开发,被确定为全球十大发现之一。目前北美已发现威利斯顿（Williston）、墨西哥湾（Gulf coast）和沃思堡（Fort Worth）等近20个致密油盆地,巴肯（Bakken）、鹰滩（Eagle Ford）、Barnett、伍德福德（Woodford）和Marcellus等多套产层,已探明可采储量$6.4×10^8t$,2016年产量已达到$2.3×10^8t$左右。北美致密油的规模发展主要得益于2005年之后,借鉴了页岩气开采思路,以及水平井分段压裂技术的规模应用,水平井初始最高产油500t/d,稳产15~25t/d,实现了快速工业化开发。2013年,美国能源信息署（EIA）预测美国致密油技术可采资源量为$79.3×10^8t$,显示出致密油勘探开发的良好前景。除美国外,加拿大、阿根廷、厄瓜多尔、英国和俄罗斯等国家都发现了致密油[7]。

2. 北美非常规油气快速发展的经验与启示

近10年成为美国页岩气、致密油"革命性发展的黄金十年",页岩气由南部地区的Barnett,到Haynesville,再到东部地区的Marcellus,持续获得重大发展,成为非常规油气发展热点，2014年页岩气产量高达$3637\times10^8m^3$，约占美国天然气总产量的50.0%；致密油由北部地区的Bakken，到南部地区的Eagle Ford，再到东部地区的尤蒂卡（Lltica），连续获得重大突破，成为非常规油气发展亮点，2014年致密油产量已达2.09×10^4t，约占美国石油总产量的36.2%。页岩气、致密油等非常规油气快速发展，使得美国油气对外依存度大幅下降，2014年天然气基本可以自给，石油对外依存度已降至39.1%，持续推动了美国"能源独立"战略的实施，美国未来很可能主要依靠美洲实现宽泛意义上的"能源独立"。大量勘探开发实践表明，非常规油气（致密气、页岩气、致密油）的快速发展，推动了快速、廉价的资源潜力评价方法和钻完井技术的革新。

高效、准确的资源潜力评价是非常规资源成功勘探开发的关键因素，从板块构造分析到油藏评价再到孔喉表征的从宏观到微观的系统分析方法能提高资源潜力评价的精度。通过各种先进的实验分析技术测量数据并根据可成图的成藏组合关键要素建立地质模型，是这种系统分析方法的主要手段。岩心、岩屑的地球化学分析常用来测定有机质的类型、丰度和成熟度等参数，通过这些参数能预测烃类的生成和流体的性质。非常规油气资源多源储一体，烃源岩有时也是储层。通过新一代的扫描电子显微镜（SEM）可以观察到矿物基质和有机质中的纳米孔隙，并能得到孔喉空间形态的三维图像，从而可以观察烃类在孔隙中的赋存形态和在页岩中的渗流特征，直观地认识储层的储集能力。通过岩石力学实验可以测量岩石的抗压强度和弹性特征，根据实验获得的数据标定测井资料，可以得到成藏组合剖面中储层力学性质的分异特征。支撑剂嵌入实验能够模拟井下压力条件下储层岩石、支撑剂以及压裂改造液之间的力学关系。运用这些实验分析的结果和数据建立成藏组合级别的地层模型，分析影响各类非常规油气资源勘探开发的地质因素，总结成功与失败经验。这些方法与技术有助于在勘探投资前评价新区盆地的油气资源潜力，快速估算成藏组合级别"甜点区"的油气资源潜力。

非常规油气开发需要新技术进行油藏描述、水平井钻井、多级完井和多级水力压裂，这些技术发展非常迅速。现已广泛采用水平井、丛式井设计结合钻井技术，使钻井开发井网覆盖区域最大化，作业流程最优化。如针对巴肯的最新完井方案（38-44段压裂）可以达到$120\times10^4bbl/d$的原油产量。

据分析，北美非常规油气蓬勃发展的主要原因有10个方面：（1）丰富的非常规油气资源；（2）有利的自然条件；（3）先进的开发技术；（4）完整的服务产业；（5）强劲的消费需求；（6）成熟的油气市场；（7）充足的资本投资；（8）完善的行业政策；（9）谨慎的环保态度；（10）共赢的利益分享。

二、中国非常规油气勘探进展与前景

中国沉积盆地的形成及发展经历了古生代海相与中新生代陆相两个时期，非常规油气形成地质条件优越。致密油、致密气、页岩油、页岩气、煤层气、油页岩、重油沥青及天然气水合物等资源丰富。2006年启动沁水煤层气田开发，2010年通过威201井的钻探发现了蜀南页岩气田，2011年长庆油田启动致密油试验，目前致密气、致密油、重油、煤层气已初步实现工业开发，页岩气、油页岩油、油砂油等非常规油气资源开发试验初见成效，通过强化理论创新与技术攻关，加大工作力度，中国非常规油气资源有望实现规模发展[7-9]。

1. 中国非常规油气勘探进展

1）致密气

早在 20 世纪 60 年代，在中国四川盆地川西地区就已发现致密气，但因技术不成熟，长期没有大发展。近年来，随着大型压裂改造技术的进步和规模化应用，致密砂岩气勘探开发取得重大进展，发现了以鄂尔多斯盆地苏里格、四川盆地须家河组为代表的致密砂岩大气区，在松辽、吐哈、塔里木、渤海湾等盆地发现了一批高产的致密砂岩气井，表明中国致密砂岩气分布广泛，资源相当丰富。据最新估算，中国致密砂岩气可采资源量约（9～13）×$10^{12}m^3$。截至 2013 年底，中国致密砂岩气累计探明地质储量为 3.8×$10^{12}m^3$，大约占全国天然气总探明储量的 39%；2014 年致密气产量大约为 360×10^8m^3 [6, 7, 10]。

2）煤层气

中国煤层气自 1994 年开始专项勘探与开采试验以来，经过近 20 年的发展，初步形成了适合不同类型煤层气的勘探开发配套技术，在山西沁水盆地南部、鄂尔多斯盆地东缘、辽宁铁法等地成功实现了工业化开采，在吐哈、准噶尔等盆地正在进行开发先导试验。据全国新一轮资源评价，中国埋深 1500m 以浅的煤层气可采资源量 10.9×$10^{12}m^3$。截至 2013 年底，中国已累计探明煤层气可采储量 2849×10^8m^3。2015 年地面煤层气产量已达 45×10^8m^3 [11]。

3）页岩气

2005 年以来，借鉴美国页岩气规模开发利用的成功经验，中国有关部门和企业组织开展了页岩气基础研究、资源调查与选区等工作，已在资源评价和核心区优选、水平井压裂等技术创新、工业化试验区建设等攻关取得重大进展。2010 年首次在四川盆地威 201 井志留系龙马溪组直井获日产大于 1×10^4m^3 的页岩气流，并在四川富顺—永川、威远—长宁、重庆焦石坝、云南昭通等地区开展了页岩气开采试验。截至 2013 年底，已完钻各类页岩气井 130 余口，约 60 口井获工业气流，直井单井产量平均 2.2×$10^4m^3/d$，水平井产量平均 19.2×$10^4m^3/d$，2016 年页岩气产量已达 78×10^8m^3，页岩气开发利用顺利实现工业起步。初步估算，中国页岩气技术可采资源量大约为（10～25）×$10^{12}m^3$ [7, 9, 12, 13]。

4）致密油

致密油在中国主要含油气盆地广泛分布，主要发育与湖相生油岩共生或接触、大面积分布的致密砂岩油或致密碳酸盐岩油。目前，在鄂尔多斯盆地三叠系长 7 油层组、准噶尔盆地二叠系芦草沟组、四川盆地中下侏罗统、松辽盆地青山口—泉头组等，都发育丰富的致密油资源，勘探也已获得了一些重要发现，具有形成规模储量和有效开发的条件。初步预测中国致密油技术可采资源量大约为（20～25）×10^8t。目前，松辽盆地的扶杨油层、鄂尔多斯盆地长 7 油层组已实现规模开发，其他地区也已有工业产量，2016 年致密油产量 150×10^4t [6, 7, 14, 15]。

2. 中国非常规油气发展的经验与前景

近 10 年成为中国致密气、致密油"开创性发展的探索十年"。致密气已成为天然气增储上产的重要领域，发现了目前全国最大的苏里格致密气区，2014 年探明和基本探明地质储量达 4.2×$10^{12}m^3$，2014 年致密气产量 235×10^8m^3。在鄂尔多斯、准噶尔、松辽等盆地发现（5～10）×10^8t 级致密油储量规模区，在渤海湾、四川等盆地也获重要发现。煤层气初步建成沁水盆地南部、鄂尔多斯盆地东缘两个地面生产基地，在四川盆地南部和东部志留系龙马溪组海相页岩已初步实现页岩气工业突破。致密油、致密气已成为中国非常规油气发展重点，海相页岩气、煤层气等将实现规模化生产。

非常规油气是科技进步和政策扶持驱动下出现的新型化石能源，具有与常规油气相同的产品属性。中国非常规油气勘探开发起步较晚但发展迅速，得益于工程技术创新与非常规油气成藏基础理论认识的突破，目前已经形成非常规特别是致密油气和页岩气的地质评价和资源分级评价方法，建立了水平井钻完井、大型压裂、微地震监测以及地面集输等勘探开发主体技术，推动了我国陆相致密油气、海相页岩气以及煤层气的商业开发和规模发展。以致密油气、煤层气、页岩气为代表的非常规油气取得了一系列重大突破，促使非常规技术水平、装备制造能力大幅提高。

在致密气勘探开发方面，水平井地质布井与设计技术系列，使有效储层钻遇率由攻关前的 51% 提高到 63%，有效指导了水平井的规模应用；致密气测井综合识别与评价技术系列，使致密气层识别准确率提升了 10 个百分点以上。预计 2020 年以前，中国致密砂岩气新增探明储量和年产量仍将保持快速增长，占全国天然气储量、产量比例有望进一步上升。

在页岩气勘探开发方面，初步形成了复杂山地三分量三维地震采集、各向异性及叠前深度偏移处理技术和"甜点区"预测技术；开发出以纳米 CT 为核心的国际先进非常规实验技术系列；试验形成了以气体钻井表层治漏等为主体的页岩气水平井提速配套技术，钻井周期大幅下降；形成了埋深 3000m 以浅地层主体压裂技术，单井产量大幅提高。预计未来 5～10 年将是中国页岩气技术攻关与先导试验的关键期，需要制定"加快'核心区'评选、加强'试验区'建设、加强'生产区'规划"三步走路线图，2020 年前后实现页岩气工业化发展。但中国页岩气开发利用面临保存条件差、埋藏较深、地表山地复杂、水资源与环境压力大等一系列特殊性，大规模经济有效开发难度较大。中国页岩气规模化发展，需要突破理论关、技术关、成本关、环境关四道关。

在中低煤阶煤层气勘探开发方面，中低煤阶及煤系勘探理论取得了重要认识，丰富和完善了煤层气地质理论。理论技术创新对沁水、鄂东两大示范区储量增长和规模开发起到了至关重要的支撑作用，加快了两大示范区产能建设步伐，2015 年产量突破 $15 \times 10^8 m^3$，经济效益稳步提高。随着煤层气开采技术不断进步与完善，煤层气将进入快速发展期。

在致密油勘探开发方面，初步明确了致密油成藏机理及主控因素，形成了适合盆地特点的致密油储层甜点预测技术。致密油配套关键技术已在鄂尔多斯、松辽、准噶尔、渤海湾、柴达木盆地获突破，支撑了致密油规模储量的发现和产能建设，资源逐渐进入储量序列，形成百万吨产能规模。随着关键技术的突破和工作力度的加大，致密油开发利用速度将进一步加快。

页岩油在中国主要赋存于湖相页岩中，广泛分布于鄂尔多斯盆地延长组、准噶尔盆地二叠系、四川盆地侏罗系、渤海湾盆地沙河街组、松辽盆地白垩系、柴达木盆地古近系—新近系、酒西盆地白垩系、三塘湖盆地二叠系等层系。近年来，中国针对页岩层系中的石油资源开展了一系列的钻探和试验，如辽河西部凹陷曙古 165 井沙三段页岩、泌阳凹陷安深 1 井核三段页岩等，获得了较好的效果，但都与裂缝有关。在页岩基质地层中发现了纳米级孔隙，并有石油滞留，初步展示了中国也具有页岩油的资源潜力，未来页岩油的发展主要取决于开采技术方法的突破。

从长远发展看，非常规油气资源是未来世界油气工业发展的方向，也是人类利用资源的必然选择，其在世界能源结构中的比重会逐步加大。非常规油气业务发展还面临着两个方面的严峻挑战，即通过科技创新最大限度提高采收率与管理创新如何最大幅度降低成本。今后应进一步加强对非常规油气富集甜点的预测，开发少水和无水压裂技术以及大平台丛式水平井开采技术等，做好非常规油气资源提高采收率技术攻关，努力实现非常规油气大规模有效开发利用，推动非常规油气规模效益发展再上新台阶。

第二节 非常规储层微纳米孔喉系统与储集性

一、非常规储层微纳米孔喉系统

纳米不仅是空间尺度的概念，更是一种从原子和分子层次来思考问题的新方式。从常规到非常规储层，孔喉尺寸具有毫米级到微米级再到纳米级连续谱分布的特征。场发射扫描电镜、聚焦离子束（FIB）、纳米 CT 等设备具有高分辨率，能有效辨识储层中纳米级孔喉的类型和分布，大大推动了非常规储层纳米级孔喉结构精细表征的研究[15—17]，为非常规油气资源勘探开发提供了重要参考依据。

1. 微纳米级孔喉

非常规储层以微纳米级孔喉系统为主，局部发育毫米级—微米级孔隙。中国鄂尔多斯盆地延长组致密砂岩油与页岩油、上古生界致密砂岩气及四川盆地侏罗系致密砂岩油与灰岩油、下古生界海相页岩气等储层中，均发育丰富的纳米级孔喉。纳米级孔喉系统主体孔径为 20~500nm，其中页岩气储层孔径为 5~200nm，页岩油储层孔径为 30~400nm，致密灰岩油储层孔径为 40~500nm，致密砂岩油储层孔径为 50~900nm，致密砂岩气储层孔径为 40~700nm。以鄂尔多斯盆地长 6 油层组含油细砂岩为例，高压压汞（压力高达 300MPa）实验分析表明，直径小于 1μm 的纳米级孔喉占储集空间比例达 80% 以上，微米级孔隙仅占 5%~20%[7]。

孔隙类型包括原生粒间孔、晶间孔、粒间溶蚀孔、粒内孔及有机质孔。环境扫描电镜研究表明，粒间溶蚀孔与原生粒间孔是致密砂岩、致密灰岩等非常规储层中石油赋存的重要空间[15]。作为页岩气赋存与渗流的重要通道，有机质孔是决定页岩储层中含气量的关键参数，有机质孔是否发育在很大程度上决定了页岩气工业化评价的结果。

在非常规储层纳米级孔喉分类中，考虑到与常规储层孔喉分类的连续性、方案简便性、普适性与科学性，本书采用三级分类原则。首先根据成因，将孔喉分为原生微孔与次生微孔；然后根据孔隙发育位置分为粒间孔与粒内孔，考虑到有机质孔与微裂缝的特殊性，也将它们列入二级孔喉类型中；最后根据孔喉周围基质类型对孔喉进行细化命名。这里兼顾了孔隙成因与发育位置，便于进一步展示不同类型孔隙与储层物性之间的关系。孔隙类型、尺寸与排列影响油气原地赋存与聚集，也影响页岩的封盖能力；孔隙成因与分布的差异性也对储层的渗透率和物性产生影响。

2. 纳米级孔喉系统与油气聚集

非常规油气储层物性差，孔隙度一般为 2%~10%，渗透率一般为 0.001~1mD，孔隙主要分布在微孔隙和超微孔隙区域。纳米级孔喉系统是非常规储层的本质特征，决定了特殊的油气聚集方式及渗流机理。储集空间大小的序列分布决定各种烃类资源的形成机制。在毫米级（孔喉直径大于 1mm）及以上孔隙中，流体可自由流动，形成"管流"，油气多以游离状态赋存于连通的孔隙和裂缝中，服从静水力学规律；在微米级（孔喉直径 1mm～1μm）孔隙中，毛细管阻力限制流体自由流动，形成"渗流"，服从达西渗流规律；在纳米级（孔喉直径小于 1μm）孔喉中，流体与周围介质之间存在大的黏滞力和分子作用力，油气以吸附状态吸附于矿物和干酪根表面，或以扩散状态吸附于固体有机质内部。研究认为天然气在纳米孔中的运移受控于气体滑移和表面相互作用力，不服从达西渗流，一般条件下，流体在纳米级孔喉中不能自由流动，形成"滞留"，即使改变温压条件，也仅能以分子或分子团的状态进行扩散，如粉细砂岩、页岩、黏土等致密层的孔喉系统。

非常规连续型油气突破了常规储层物性下限与传统圈闭找油的理念，大面积分布的关键在于大规模纳米级孔喉储层的致密背景，以及油气生成、排聚的主要时限。

二、非常规油气储层特征

1. 致密砂岩储层

致密砂岩储层在沉积背景和环境、成岩演化、孔隙类型、孔喉结构、孔隙连通性、储集性等方面与常规砂岩储层存在较大差异。一般将致密砂岩储层标准定为孔喉直径 0.03～2μm。致密储层围压渗透率范围为 0.1～0.0001mD，孔隙演化主要受沉积物组成、压实作用、胶结作用、构造挤压作用控制，但颗粒包壳层能抑制石英胶结作用。

1）致密砂岩储层类型

中国致密砂岩储层主要发育于陆相、海陆交互相和海相三种沉积环境，进一步按形成机理可分原生沉积型和成岩改造型两种成因类型。

（1）原生沉积型致密砂岩储层：

中国陆相沉积盆地原生沉积型致密砂岩储层多分布于冲积扇与三角洲前缘相带内。冲积扇致密砂岩储层的主要成因是颗粒杂基支撑、分选差、泥质含量高；湖盆三角洲前缘相致密砂岩储层的主要成因是岩石颗粒细、分选差、泥质含量高。

（2）成岩型致密砂岩储层：

① 陆相致密砂岩储层。陆相致密砂岩储层是目前最为重要的非常规储层类型，包括鄂尔多斯盆地中生界延长组、四川盆地上三叠统须家河组、侏罗系、松辽盆地扶余油层、渤海湾盆地深层等，沉积相类型包括冲积扇、河流、三角洲、滩坝等。储层大多埋藏深度大，成岩演化程度高，多已演化至中成岩至晚成岩阶段，经历了十分复杂的成岩变化，在各种成岩作用中，强压实、压溶作用和胶结充填作用表现较为强烈。机械压实和压溶作用为最重要的成岩事件之一，机械压实作用在早期阶段表现比较明显，是使岩石固结成岩最主要的因素，在早成岩期机械压实作用强度最大，它使沉积物由未接触到点接触、线接触，使岩石损失大量的粒间孔隙。随埋深的增加，碎屑颗粒接触点上所承受的来自上覆层的压力或来自构造作用的侧向压力超过正常孔隙流体压力时，颗粒接触处的溶解度增高，将发生晶格变形和溶解作用；随着颗粒所受压力的不断增加和地质时间的推移，颗粒受压溶处的形态将依次由点接触演化为线接触、凹凸接触和缝合线接触，压溶作用为硅质胶结物提供了一定的二氧化硅。如四川盆地上三叠统须家河组致密砂岩储层在显微镜下常见石英颗粒间呈线—凹凸接触，甚至缝合线接触，可见塑性岩屑、斜长石聚片双晶弯曲折断、

石英颗粒间的微缝合线接触。

② 海陆交互相致密砂岩储层。海陆交互相致密储层以鄂尔多斯盆地苏里格致密砂岩气田为代表，上古生界砂体主要为浅水三角洲沉积体系，三角洲平原发育，三角洲前缘不发育，以分流河道沉积作用为主，三角洲分流河道横向摆动大，垂向切割少，砂体频繁叠置，并且与泛滥平原、河漫沼泽和分流间湾的粉砂岩、泥岩等细粒岩性交错叠置，表现为多个岩性圈闭复合连续分布；另外，砂岩成岩演化程度很高，达到晚成岩B—C期，储层非均质性很强。宏观上砂体大范围连续，微观上连片砂体内部存在非均质性。

③ 海相致密砂岩储层。海相致密砂岩储层包括塔里木盆地东部志留系、四川盆地志留系小河坝砂岩、鄂尔多斯盆地石炭系—二叠系等，主要发育于辫状河三角洲、沙坝、潮坪等环境。如四川盆地志留系主要岩石类型以极细粒岩屑砂岩、长石岩屑砂岩为主，矿物成分以石英为主，岩屑以泥板岩、硅质岩、片岩和中酸性喷出岩岩屑为主，储层致密。塔里木盆地塔东地区志留系主要岩性为粉细砂岩、中细砂岩，成岩压实、碳酸盐胶结物和黏土矿物成分及含量、石英强烈加大、孔隙中网状黏土发育、产生水锁等是导致储层致密的主要因素。

2）致密砂岩储层岩石学特征与储集性

成分成熟度和结构成熟度低，是中国陆相低渗—致密储层的主要特点，表现为长石和岩屑含量普遍较高，多为长石砂岩、岩屑长石砂岩、长石岩屑砂岩和岩屑砂岩，石英砂岩少见。颗粒大小混杂，分选和磨圆较差，泥质含量高。此特征使沉积物在成岩过程中容易发生压实作用，压实强度较大，使孔隙大大减少，储层物性较差。

致密砂岩储层孔喉主体为纳米级孔喉，占据储集空间比例达到了60%～80%。储层物性差，孔隙度、渗透率低是致密砂岩气储层最基本的地质特征（表5-1）。致密砂岩储层孔隙类型主要包括原生粒间孔、粒间及粒内溶孔、粒间微孔、自生矿物晶间孔、微裂缝、颗粒内纳米孔。致密砂岩孔喉结构包括孔喉大小及其分布、孔喉空间几何形态、孔喉间连通性等。按孔喉大小分为微米级和纳米级孔喉，微米级孔喉指直径大于1μm的孔喉，纳米级孔喉指直径小于1μm的孔喉。

表 5-1 中国主要含油气盆地典型致密砂岩储层特征表

类别	鄂尔多斯盆地	四川盆地	松辽盆地南部	吐哈盆地	准噶尔盆地	塔里木盆地	
地层	石炭系—二叠系	上三叠统须家河组	白垩系登娄库组	侏罗系水西沟群	侏罗系八道湾组	塔东志留系	库车东部侏罗系
沉积相	河流、辫状河、曲流河三角洲、滨浅湖滩坝	辫状河、曲流河三角洲、扇三角洲、滨浅湖滩坝	河流、辫状河、曲流河三角洲	辫状河三角洲	辫状河三角洲、曲流河三角洲	滨岸、辫状河三角洲	河流、曲流河、辫状河三角洲、扇三角洲
岩石类型	岩屑砂岩、岩屑石英砂岩、石英砂岩	长石岩屑砂岩和岩屑砂岩、岩屑石英砂岩、长石石英砂岩	长石岩屑砂岩、岩屑砂岩	长石岩屑砂岩	长石岩屑砂岩和岩屑砂岩	中、细粒岩屑砂岩	岩屑砂岩、长石岩屑砂岩

续表

类别	鄂尔多斯盆地	四川盆地	松辽盆地南部	吐哈盆地	准噶尔盆地	塔里木盆地	
埋深, m	2000~5000	2000~5200	2200~3500	3000~3650	4200~4800	4800~6500	3800~4900
成岩阶段	中成岩A_2到B	中成岩A到B	中成岩A_2期	中成岩B到晚成岩	中成岩A_1—A_2期	中成岩A到B	中成岩A到B
孔隙类型	残余粒间孔、粒间溶孔、粒内溶孔、高岭石晶间孔	孔隙型、裂缝—孔隙型与孔隙—裂缝型	残余粒间孔、粒间溶孔、粒内溶孔	粒内溶孔、粒间溶孔	粒间孔、颗粒溶孔、基质收缩孔、微孔	残余粒间孔、粒内溶孔	粒间溶孔、粒内溶孔、颗粒溶孔、微孔隙、微裂缝
中值ϕ, %	6.70	4.20	3.20	5.01	9.10	6.51	2.78
均值ϕ, %	6.93	5.65	3.35	5.16	9.04	6.98	6.49
样品数 个	6015	39999	61	25	51	1019	4720
中值K mD	0.229	0.0567	0.0342	0.047	0.455	0.205	0.393
均值K mD	0.604	0.351	0.224	0.106	1.25	3.572	1.126
样品数 个	5849	32351	52	25	43	988	4531

2. 泥页岩储层孔喉系统与储集性

泥页岩存在一定储集空间的认识得到了众多学者的关注，国外学者围绕北美海相泥页岩等致密储层孔喉大小、分布、连通性和孔喉演化规律、孔喉发育控制因素等微观结构特征开展了探索研究，指出了北美海相泥页岩孔喉大小集中于5~100nm，孔隙类型包括有机质微孔、黏土矿物粒内孔和粒间孔，并且认为热演化程度是储集空间增加的主要因素。

国内学者针对海相高成熟度页岩储集空间方面也开展了大量的探索研究[18]，发现了国内海相页岩中微米—纳米级孔隙与微裂缝发育，指出页岩气储层纳米级孔隙以有机质内孔、颗粒内孔及自生矿物晶间孔为主，孔隙直径范围5~300nm，主体为80~200nm，纳米级孔是致密储层连通性储集空间的主体。

1) 海相泥页岩孔隙特征与主控因素

中国海相富有机质页岩发育在前古生代、早古生代和中生代，分布于华北、南方、塔里木和青藏四个地区，面积约200万平方千米，累计最大地层厚度超过10km，形成了前寒武系、下寒武统、上奥陶统（五峰组）—下志留统（龙马溪组）、中泥盆统（罗富组）、下石炭统、下二叠统（栖霞组）、上二叠统（龙潭和大隆组）、下三叠统（青龙组）等八套以黑色页岩为主体特点的烃源岩层系。

四川盆地寒武系、志留系海相页岩储层的纳米级孔隙分为有机质孔、粒内孔、粒间孔，同时发育微裂缝。有机质孔分布于有机质内部或与黄铁矿等颗粒吸附的有机质中，孔径介于5~200nm之间，主体在150nm左右，呈规则凹坑状、近球状、密集网状分布，或以较大的圆形—椭圆形赋存于有机质与基质接触边界，是有机质热演化形成的纳米级孔隙；有机质内纳米孔体积小、数量大，叠合呈蜂窝状、孤立块状分布。粒内孔主要包括长石溶蚀、方解石溶蚀、绿泥石等黏土矿物溶蚀形成的纳米级孔，呈三角形、长条状、片状，孔径为60~500nm。在有机质内部与矿物基质内，微裂缝发育，呈明显的锯齿弯曲状，缝宽约300nm，延伸长度十几微米。统计发现，页岩中有机质孔可占有机质颗粒面积的20%以上，可增加面孔率4%~7%，对页岩储层孔隙度的贡献达12%~30%，是页岩储层重要的储集空间。三维孔隙系统模型揭示，四川盆地志留系龙马溪组海相页岩孔隙系统连通性中等，围绕有机质孔形成连通网络体系，局部发育小孔隙（图5-1）。

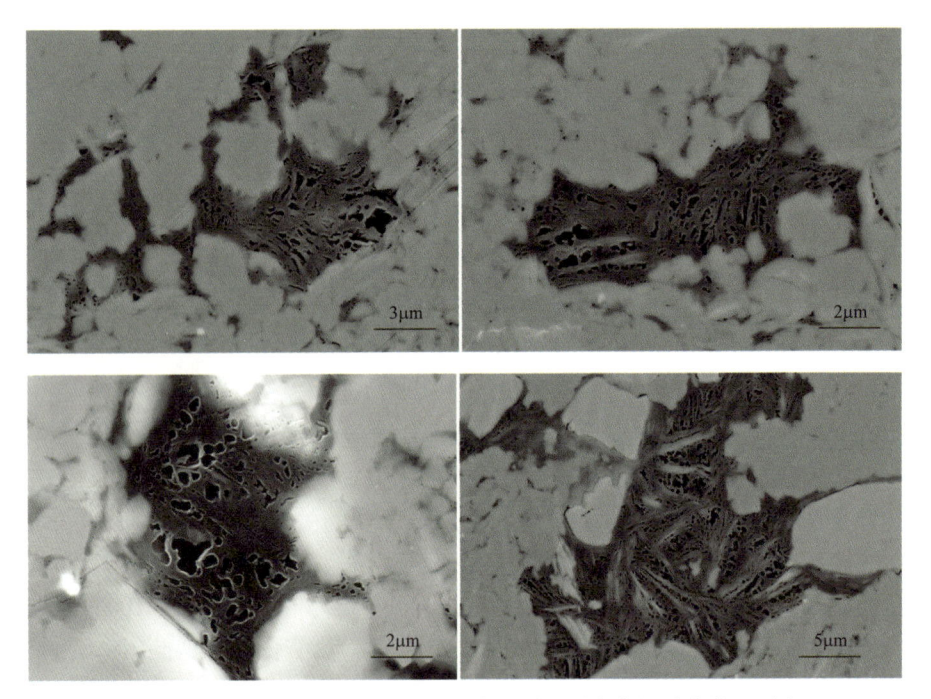

图5-1　四川盆地威201井志留系龙马溪组页岩有机质孔微观照片

华北地区中—新元古界海相泥页岩以石英和黏土矿物为主，石英含量在20.3%~52.3%，平均含量为34.5%，其中串岭沟组为20.3%~36.6%，洪水庄组为40.1%~51.2%，下马岭组为52.3%；黏土矿物含量在23.1%~54.1%，平均含量为42.6%；斜长石含量在1.0%~2.3%，平均含量为1.6%，主要集中在串岭沟组泥页岩中。脆性矿物以石英为主，含量较高，且不含蒙皂石这类膨胀性黏土矿物，因此有利于后期储层改造，压裂可形成裂缝。

应用场发射扫描电镜和环境扫描电镜等技术对孔隙结构的观察结果表明，泥页岩孔缝较发育，有机质等暗色物质大量存在，发育不同类型孔隙等。压汞和气体吸附实验测试数据显示，孔隙度分布范围为2.00%~8.08%，比孔容为0.01~0.031mL/g，比表面积分布范围为1.01~3.98m^2/g，储层孔隙以微孔和介孔为主，平均占70%（表5-2）。

表 5-2　华北地区中—新元古界海相泥页岩孔隙参数

孔隙类型		孔隙度,%	比孔容,mL/g	比表面积,m²/g	宏孔占比,%	介孔占比,%	微孔占比,%
串岭沟组	有机质孔、层状黏土矿物晶间孔、粒间溶孔及粒内溶孔	4.77	0.0183	2.35	17.90	41.37	30.95
洪水庄组	粒间孔及粒间溶孔、有机质孔、粒内孔及粒内溶孔、黏土矿物晶间孔	4.43	0.0176	2.31	2.11	44.42	23.85
下马岭组	粒间孔及粒间溶孔、有机质孔、粒内孔及粒内溶孔	7.93	0.0310	1.82	43.23	37.00	12.35

2）海陆交互相页岩孔隙特征与主控因素

华北地台区石炭系—二叠系发育沼泽相煤泥页岩，纳米级孔隙分为粒内孔、粒间孔、有机质孔，局部发育微裂缝，主体孔径大小为 50nm～400nm，最大可达 4～5μm。有机质孔发育程度不高，主要呈狭长状赋存于有机质内部或有机质与周围基质之间（图 5-2a）；长石颗粒之间及其与周围基质之间发育孔隙，形态以长条形与弯片形为主，具有定向排列特征（图 5-2b）；黄铁矿晶间与绿泥石、伊/蒙混层等黏土颗粒内部发育微孔，形态多不规则，但数量较多（图 5-2c、d），鄂尔多斯盆地二叠系盒 8 段泥岩纳米 CT 三维空间图像显示，纳米级孔喉系统较发育，以伊/蒙混层与绿泥石等黏土矿物粒内孔为主，整体呈现出定向排列特征，连通性中等。

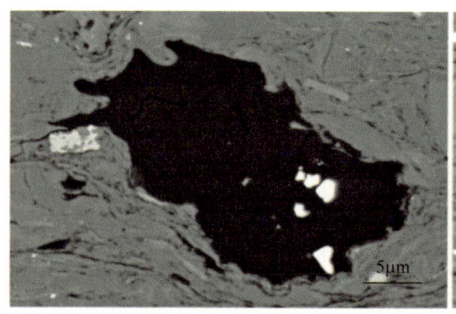

(a) 有机质孔，苏66井，二叠系盒8，3571m，鄂尔多斯盆地

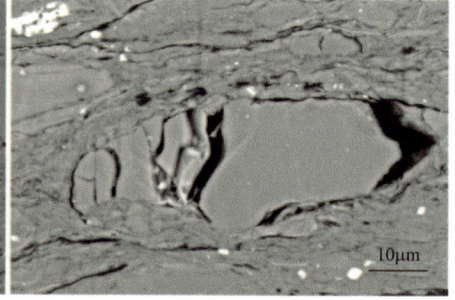

(b) 长石粒间孔，其定向排列特征，苏66井，二叠系盒8，3571m，鄂尔多斯盆地

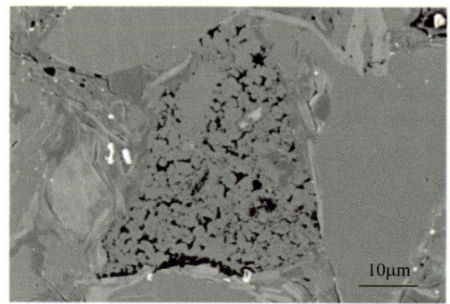

(c) 伊/蒙混层粒内孔，佟3井，石炭系太原组，2095m，辽河坳陷

(d) 黄铁矿晶间孔与绿泥石粒内孔，佟3井，二叠系山西组，2000m，辽河坳陷

图 5-2　海陆交互相页岩储层典型微观照片

3)陆相泥页岩孔隙特征与主控因素

中国发育丰富的陆相页岩,面积达（20～25）×$10^4 km^2$,主要形成于大型湖盆扩张期,如渤海湾盆地古近纪、松辽盆地白垩纪、鄂尔多斯盆地三叠纪、四川盆地侏罗纪、塔里木盆地三叠纪—侏罗纪、准噶尔盆地侏罗纪等均形成了分布广泛且厚度大的湖相页岩,有机质丰富,含介形虫、孢粉、高等植物等化石,厚度为200～2500m,有机碳含量为2%～3%,最高达7%～14%。

与海相页岩相似,中国松辽、鄂尔多斯、准噶尔等盆地陆相富有机质泥页岩中均发现了多种类型的微孔、微缝,孔缝类型主要包括有机质内孔隙、矿物内孔隙、矿物间孔隙、溶蚀孔、构造或成岩微孔缝等,孔缝大小从几纳米到几十微米不等。有机质孔隙发育程度与有机质热演化程度密切相关,其他类型孔缝多与泥页岩成岩及构造作用有关。中国陆相泥页岩孔隙度多数在5%以下,页岩油气开发时的渗透率与天然裂缝和人工裂缝发育程度有关。如鄂尔多斯盆地长7页岩压汞分析数据显示,主体发育微米级孔喉（$d>$1000nm）,纳米级孔隙仅在个别样品大量发育（图5-3a、c）,同时,N_2低温吸附数据显示在3～5nm孔径处存在峰值（图5-3b、d）。

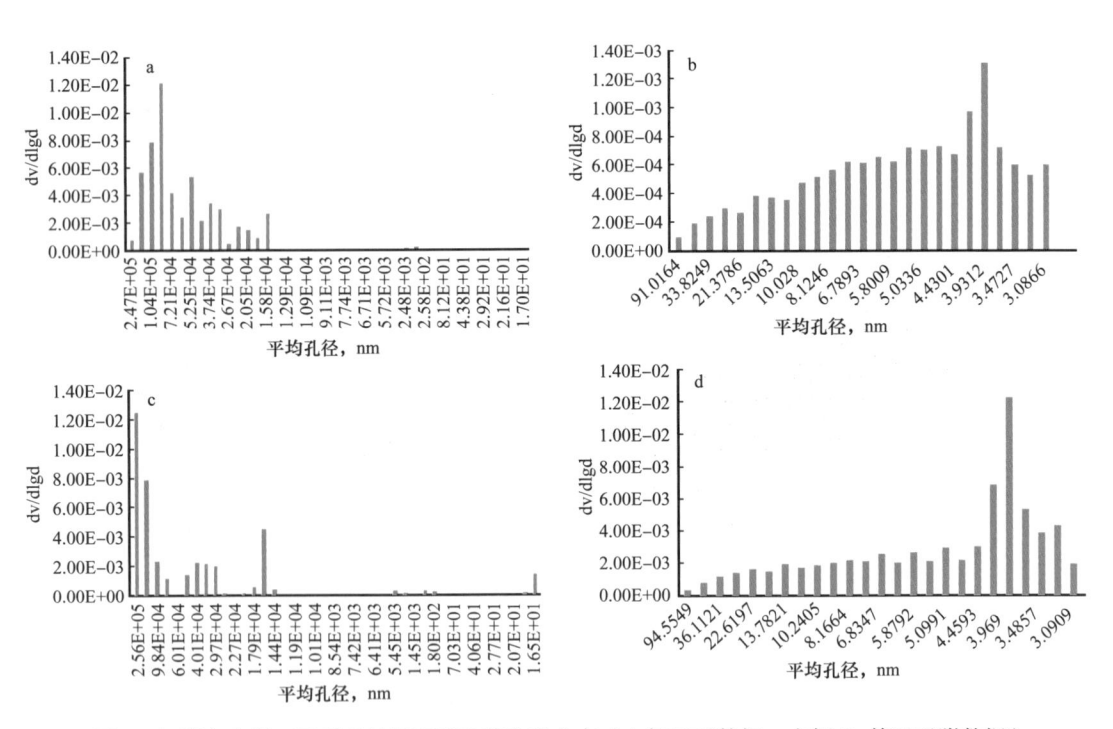

图5-3 鄂尔多斯三叠系延长组页岩孔隙孔喉分布（左侧压汞数据、右侧N_2等温吸附数据）

3. 致密湖相碳酸盐岩储层

中国典型湖相碳酸盐岩包括四川盆地侏罗系大安寨段、渤海湾盆地济阳坳陷古近系、黄骅坳陷古近系、松辽盆地下白垩统、江汉盆地古近系潜江组、东濮凹陷古近系沙河街组、泌阳凹陷古近系核桃园组等。

湖相碳酸盐岩储层具有层数多、单层薄、岩性复杂的特点。建设性成岩作用主要包括白云石化作用、压溶作用和构造裂缝作用等;破坏性成岩作用有压实作用、胶结作用和充填作用等。

湖相碳酸盐岩储层多为裂缝—孔隙双重介质，物性总体较差（表5-3），以基质孔隙为主，基质孔隙发育程度决定储层有效性，裂缝发育程度决定产能高低。

孔隙类型以方解石粒内溶蚀孔为主，微裂缝较发育，偶见方解石粒间孔。方解石溶蚀孔形态多样，以圆形、矩形、三角形或蜂窝状集群产出，孔径主体50～300nm；微裂缝或位于不同方解石颗粒之间，或切穿方解石颗粒，缝宽50～300nm，延伸长度可达几微米到十几微米，与方解石粒间孔相互沟通，共同构成超微观连通网络系统（图5-4）。

表5-3 中国部分地区湖相碳酸盐岩储层物性特征

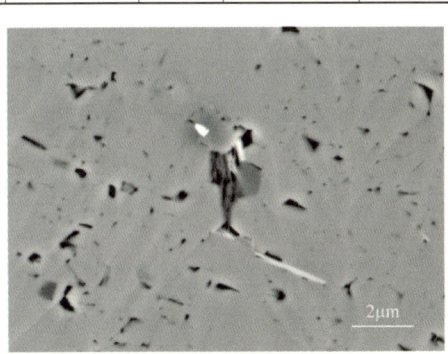

盆地	地区	层位	储层类型	平均渗透率，mD	平均孔隙度，%	压力系数	实例
渤海湾	歧口凹陷	$Es_{1下}$	白云岩	0.14	6.8	1.24～1.27	房10、滨深6
	济阳坳陷	Es_2	泥质白云岩	0.10	3.7	1.53～1.80	罗18、新义深9
	辽河坳陷	E_2s	白云岩	1.00	10.8	1.3～1.80	高2、3区，雷39
四川	川中隆起区	J_1dn	介壳灰岩	0.10	2.0	1.3～1.60	公山庙、金华镇
柴达木	茫崖坳陷	E_3g_1	白云岩	0.53	10.7	1.19	尕斯库勒、红柳泉
准噶尔	西北缘	P_1f	白云岩	0.70	8.0	1.42	风3、风5、夏69
酒泉	酒西凹陷	K_1g	泥云岩	<0.50	4.3～4.9	1.23～1.39	柳沟庄、窟窿山

(a) 公6井大安寨段方解石粒内溶孔，见绿泥石充填孔隙

(b) 小3井大一段白云石粒内溶孔

(c) 小3井大一段白云石粒间孔与方解石粒内孔

(d) 小3井大一段方解石粒间溶孔，孔隙内见残余沥青

图5-4 四川盆地侏罗系致密灰岩油储层典型微观照片

4. 混积岩储层特征

"混合沉积物"用于表述陆源碎屑与碳酸盐组分在沉积作用过程中的混合；混合沉积包括陆源碎屑与碳酸盐组分在同一岩层内混合形成的混积岩，以及陆源碎屑岩、碳酸盐岩与混积岩构成交替互层或夹层的混合，即混积层系。混合沉积在滨浅海、浅海陆棚、陆表海和陆相咸水湖泊等环境中广泛分布。近年来随着非常规油气勘探开发的不断深入发展，在国内陆相湖盆中发现大量由陆源碎屑和碳酸盐组分混合沉积构成的混积岩，它们既具有良好的油气生成条件，也可作为储集岩。典型的如渤海湾盆地始新统、准噶尔盆地二叠系、酒西盆地白垩系等。

准噶尔盆地吉木萨尔凹陷芦草沟组为典型的碳酸盐岩与碎屑岩组成的混积岩。致密储集岩单层厚度普遍较薄，一般为50～100cm，最厚约200cm，并以夹层形式赋存于泥（页）岩中。它们纵向上集中发育为上、下两段，横向上连续分布，主要岩石类型分为三类：泥质粉（细）砂岩、白云质粉（细）砂岩和砂屑白云岩（含粉砂质白云岩），分别占储层总厚度的39%、46%和15%。芦草沟组含油致密储层物性普遍偏低，孔隙度主要分布在4%～16%，覆压渗透率一般小于0.1mD。

芦草沟组样品储集空间类型统计表明：粒间溶孔约占44%，为主要储集类型；其次为粒内溶孔和粒间孔隙，分别占26%和22%。粒间溶孔和粒内溶孔约占总储集空间的70%，多在砂屑白云岩、白云质粉（细）砂岩等岩性中发育。

由于受成岩介质及有机质演化影响，准噶尔盆地二叠系云质粉砂岩、云质泥岩和白云岩致密储层成岩作用复杂。曾发生过白云石化、方沸石化、去白云石化、硅化、钠长石化、方解石化、菱铁矿化、膏化、去膏化、黄铁矿化、碳钠钙石化、硅硼钠石化等多种成岩作用，对后期储层物性影响明显，尤其是白云石化作用对储层物性具明显改善作用。部分云质岩中溶孔较发育，溶蚀孔发育程度与暴露时间长短、白云石含量及有机酸溶蚀作用有关，具选择性溶蚀特点。溶蚀作用的强弱与碳酸盐岩含量关系密切，溶蚀作用发生于云质岩含量较高的层段。微晶云岩、砂屑云岩与砂质云岩溶蚀作用较强，泥质云岩溶蚀较弱。

准噶尔盆地二叠系致密储层"甜点"的形成及其控制因素有以下三种：（1）吉木萨尔凹陷芦草沟组云质岩溶蚀孔发育，云质岩储层储集性受云质、砂、粉砂含量多少影响明显；（2）克拉美丽山前凹陷二叠系平地泉组一段发育致密云质岩储层，局部发育溶孔型与裂缝型两类"甜点"，溶孔型"甜点"主要受沉积微相控制；（3）玛湖凹陷二叠系风城组储层中，风三段云质岩较发育，富有机质泥岩与云质岩呈互层，发育溶孔及微裂缝型"甜点"。

准噶尔盆地二叠系芦草沟组上段原油具有从西至东横向运移特征，吉172井区上甜点原油成熟度比紧邻的烃源岩成熟度高，与埋深较大的西部区成熟度相近。下段原油密度自东向西变小，含蜡量和凝固点低。原油主要来源于附近烃源岩，横向运移特征不明显，由东向西烃源岩成熟度增加，原油成熟度加大。

上下段致密储层含油性虽与储层孔隙度相关，更与紧邻的烃源岩成熟度关系密切。下段页岩成熟度高于上段页岩，芦草沟组下段致密油和页岩油的含油性明显好于上段，下段致密油和页岩油的含油饱和度达90%以上，基本不含水[7,19]。

第三节　致密油连续型聚集与"甜点区"评价

致密油具有近源或源内聚集、大面积分布规律。本节主要介绍致密油形成地质条件、连续型聚集机理与"甜点区"评价等内容。

一、致密油形成地质条件

大面积连续分布的致密油形成应具备以下六个条件。

（1）大型宽缓构造背景。原始沉积时构造平缓，坡度较小，现今地层一般较平缓，但前陆冲断带附近等区域地层倾角可以较大；处于同一构造背景的区域应有较大分布面积。

（2）大面积持续沉降沉积环境。如大型陆相湖盆中坳陷盆地连续沉积环境，克拉通盆地沉积环境。

（3）广覆式优质成熟烃源岩。烃源岩以Ⅰ、Ⅱ型为主，多数 TOC 大于 2%，热演化成熟度 R_o 为 0.6%~1.3%，分布面积较大。

（4）纳米级孔喉为主的致密砂岩或致密湖相碳酸盐岩。空气渗透率小于 1mD 的储层所占比例大于 70%，分布面积较大。

（5）源储间互或上下紧密接触。发育于优质成熟烃源岩内部，或与其紧密接触的致密储层组成有效生储组合。

（6）油以一次运移或短距离二次运移为主，扩散聚集为主、浮力作用受限，以非达西渗流为主。生烃增压和油水浓度差是油运聚动力，生油期与储层致密化期可能有多个，可能有多期充注[7, 14, 15, 20, 24]。

二、中国陆相致密油的特殊性

中国地质演化背景及其构造沉积环境具有与国外不同的特征，与北美 Bakken 致密油和 Eagle Ford 致密油相比，致密油的形成与分布具有独特的地质属性（表 5-4）。

（1）中国致密油以陆相沉积为主，主要与陆相生油岩共生。中国陆相生油岩主要发育在中、新生代，断陷、坳陷和前陆等盆地都有分布，生油凹陷数量多，TOC 含量中等—高，其中最有利于形成规模致密油的生油岩 TOC 一般大于 1%，R_o 在 0.9%~1.3%。北美致密油以海相为主，生油岩质量更好，TOC 最高达 12%，分布稳定，面积大。

（2）中国陆相致密储层非均质性强，横向变化大，孔隙度相对较低，一般小于 8%，以纳米级孔喉系统为主，其中致密砂岩多为薄互层，致密碳酸盐岩厚度相对较大。国外以海相沉积为主，分布较稳定，基质孔隙度较高，最高达 12%。

（3）中国致密油主要分布于凹陷区及斜坡带，分布面积、规模相对较小，一般单个面积小于 2000km²，但累计厚度大；国外致密油分布范围较大，厚度较小。

（4）中国经历了较强烈的晚期构造运动，对保存条件有一定影响，压力系数变化大，致密油层既有超压，也有负压。国外构造稳定，致密油层以超压为主。

（5）中国致密油油质相对较重；北美致密油多为凝析油，油质较轻。

（6）中国致密油勘探开发刚起步，研究和认识程度低；国外已有一定勘探开发经验。

表 5-4 中国与北美典型致密油特征对比

致密油区		鄂尔多斯盆地延长组	准噶尔盆地二叠系	四川盆地侏罗系	渤海湾盆地沙河街组	松辽盆地白垩系	柴达木盆地古近系—新近系	酒西盆地白垩系	三塘湖盆地二叠系	吐哈盆地侏罗系	Bakken	Eagle Ford
有利面积,10⁴km²		5~10	3~5	4~10	5~10	5~10	1~3	0.3~1.0	0.5~1.0	0.7~1.0	7	2
烃源岩	岩性	湖相泥岩	湖相泥岩	湖相泥岩	湖相泥岩	湖相泥岩	湖相泥岩	湖相泥岩	湖相泥岩	湖相泥岩	海相页岩	海相泥灰岩
	厚度,m	10~100	10~35	100~150	100~300	80~450	200~1200	400~500	50~700	30~60	2~18	20~60
	TOC,%	2~10	3~4	1.0~2.4	1.5~3.5	0.9~3.8	0.4~1.2	1.0~2.5	1~6	1~5	10~14	3~7
	R₀,%	0.7~1.2	0.6~1.5	0.5~1.6	0.5~2.0	0.5~2.0	0.6~1.8	0.5~0.8	0.6~1.2	0.5~0.9	0.6~1.0	0.5~2.0
储层	岩性	粉细砂岩	云质粉砂岩、白云岩	粉细砂岩、介壳灰岩	粉细砂岩、碳酸盐岩	粉细砂岩	泥灰岩、灰岩、粉砂岩	粉砂岩、碳酸盐岩	泥灰岩、灰质白云岩、凝灰质泥岩	粉细砂岩	白云质—泥质粉砂岩	泥灰岩
	厚度,m	10~80	80~200	10~60	100~200	5~30	100~150	100~300	10~100	30~200	2~20	30~90
	孔隙度,%	2~12	3~10	0.2~7.0	5~10	2~15	5~8	5~10	3~13	4~10	10~13	2~12
	渗透率,mD	0.01~1.00	<1.0	0.0001~2.1000	0.2~1.0	0.6~1.0	<1.0	<0.1	0.1~1.0	<1.0	<0.01~1.00	<0.01~1.00
原油密度,g·cm⁻³		0.80~0.86	0.87~0.92	0.76~0.87	0.67~0.86	0.78~0.87	1.30~1.40	0.82~0.94	0.85~0.90	0.75~0.85	0.81~0.83	0.82~0.87
压力系数		0.75~0.85	1.10~1.80	1.23~1.72	1.24~1.80	1.20~1.58	1.30~1.40	1.20~1.30	1.00~1.20	0.70~0.90	1.35~1.58	1.35~1.80
资源量,10⁸t		35.5~40.6	15.0~20.0	15.2~18	20.5~25.4	19.0~21.3	3.6~4.4	1.8~2.3	0.9~1.2	1.0~1.5	566.0	

三、致密油连续型聚集机理与"甜点区"评价

1. 致密油连续型聚集机理

致密油源储接触,浮力不起作用,形成机理较常规油藏复杂。这里主要探讨致密化与充注次序、运聚空间结构、充注动力、渗流机制与运聚模式。

通过流体演化、储层微观结构、物理模拟实验等综合分析,揭示了致密储层石油充注通常晚于储层致密化,运聚空间结构为毫米—微米—纳米三级尺度运聚空间孔—缝双重介质结构,生烃增压和毛细管压力差为主要充注动力,渗流机制与运聚模式为三阶段非达西渗流机制与孔缝复合运聚模式(图5-5、图5-6)。四川盆地侏罗系成岩—成烃演化与包裹体等研究揭示了储层先致密化后充注石油,生烃史与埋藏史及包裹体测温证实充注期在储层致密化后。

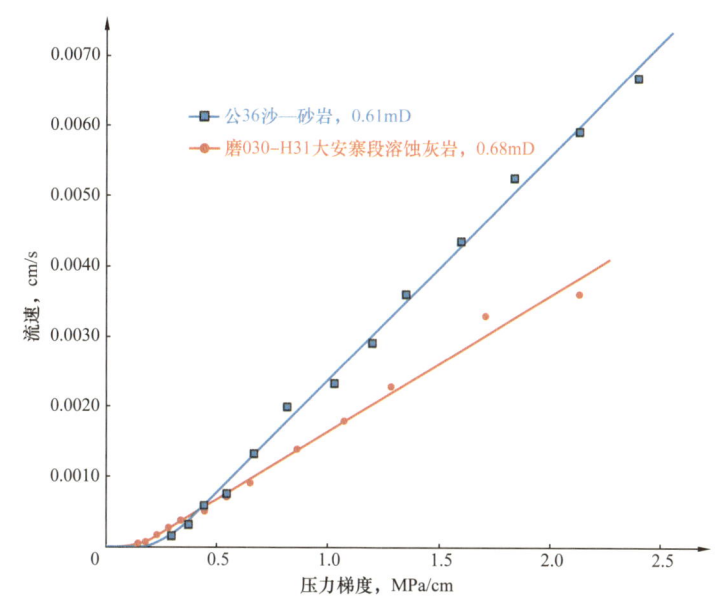

图 5-5 致密储层样品油驱水模拟渗流曲线

实验研究与理论计算表明,生烃增压提供致密油的主要运聚动力,干酪根生油后,体积增加25.4%。据研究,优质烃源岩生烃增压可达50MPa。通过有限空间内大安寨段烃源岩生烃增压模拟实验获得异常高压,初步实验结果表明增压瞬时最高值可达38MPa,可突破孔喉半径26nm,排烃后剩余异常高压达2.8MPa,对应孔喉半径117nm。实验及技术方案尚在继续和完善,目前实验结果反映了生烃过程中产生异常高压的事实。

油气充注实验结果表明,四川盆地侏罗系石灰岩(1.3%,0.014mD)最小突破压力为15.80MPa,砂岩(4.3%,0.064mD)最小突破压力为10.65MPa,可见生烃增压和毛细管压力差可有效克服毛细管阻力,实现石油有效运聚。

真实岩心一维成藏物理模拟实验揭示了致密储层非达西渗流机制(图5-5、图5-6)。石油充注过程经历了滞流、非线性渗流和拟线性渗流三个阶段(图5-7),表现出以下渗流特征:一是存在启动压力梯度;二是流速与压力梯度呈非线性关系;三是启动压力梯度与渗透率呈反相关,与原油黏度呈正相关。实验也揭示了含油饱和度与渗透率和压力梯度呈正相关关系。

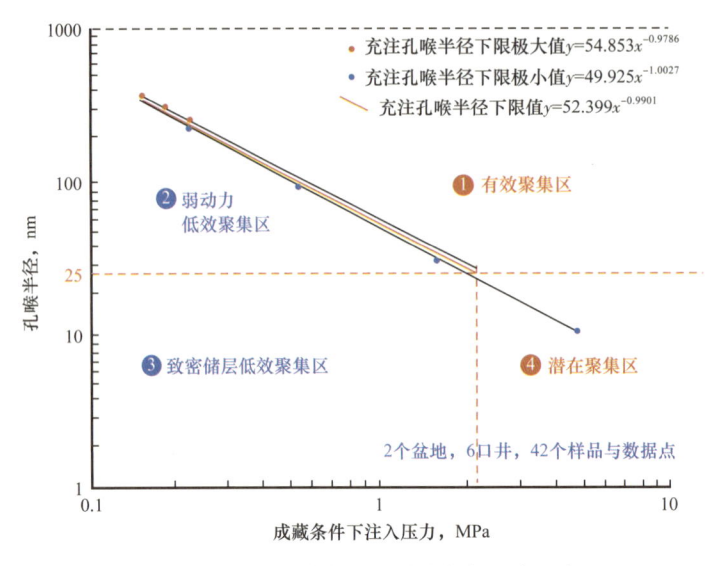

图 5-6　孔喉尺寸与压力梯度判断流态图版

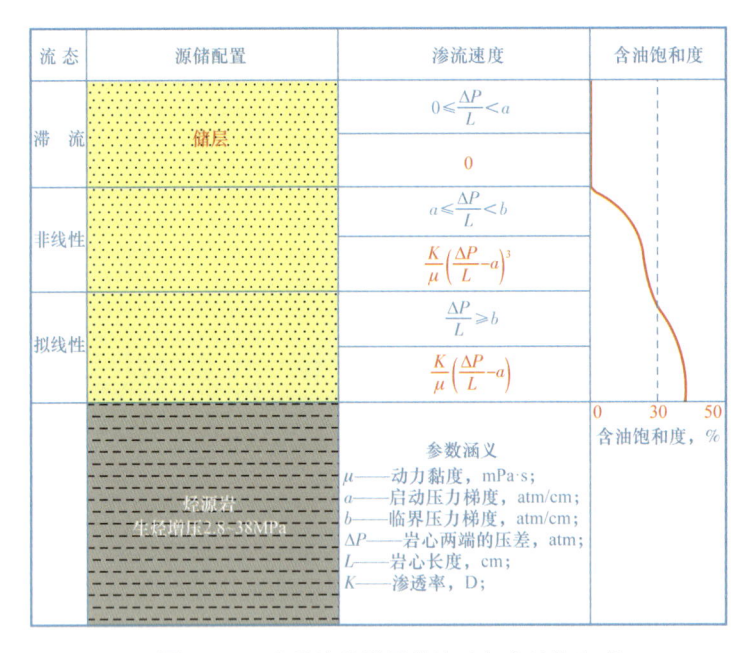

图 5-7　三个渗流阶段及其流速与含油饱和度

通过典型油气解剖和实验模拟，揭示了致密油三个阶段的孔缝复合运聚模式，第一阶段是源岩内部生成的油气向源储界面的排驱，第二阶段是油气沿优势通道（高孔渗带或各级裂缝—微缝组合）进入输导系统，第三阶段是石油沿着晶间微缝或微纳米级喉道向基质孔隙的渗流。

致密油具有源区控油、近源富集、网状赋油、"甜点"高产的特点。在横向上，致密油具有源区控油的特点，即有效烃源区控制致密油分布范围；纵向上，具有近源富集的特点，主力烃源层段控制主力油层分布；总体致密储层网状赋油，即基质缝+基质孔+微裂缝，复合控制油气运聚；裂缝带、高孔渗区、脆性矿物区等"甜点"区控制致密油高产区的分布。裂缝或高孔渗"甜点"区始终是国内外致密油气勘探和开发的优选目标。

2. 致密油"甜点区"评价优选

致密油"甜点区"对致密油的经济有效开采及提高经济效益至关重要。在致密油发育区评价优选"甜点区"应同时满足以下四个条件。

（1）Ⅰ、Ⅱ类有效烃源岩厚度大于一定值。烃源岩 TOC 大于 4%，累计厚度较大，热演化成熟度 R_o 在 0.8%～1.2%。

（2）储层厚度较大，物性相对较好，或裂缝、微裂缝发育。致密砂岩基质空气渗透率大于 0.8mD、孔隙度大于 8%，累计厚度较大；或致密湖相碳酸盐岩基质空气渗透率大于 0.5mD、孔隙度大于 5%，累计厚度较大。

（3）含油饱和度及储量丰度相对较高。致密砂岩含油饱和度一般与该区致密砂岩平均含油饱和度之差大于 8%；或致密碳酸盐岩含油饱和度一般与该区致密湖相碳酸盐岩平均含油饱和度之差大于 5%。储量丰度一般高于该区平均储量丰度两倍以上。

（4）符合上述条件的致密油区有较大分布面积，也就是说单个区域或邻近的多个区域分布面积较大，能满足经济规模建产条件。

第四节　致密气持续充注聚集模式与多层叠置大面积分布

一、致密气主要地质特征

致密砂岩气是指覆压基质渗透率小于 0.1mD 的砂岩气层，单井一般无自然产能，或自然产能低于工业气流下限，但在一定经济条件和技术措施下，可以获得工业天然气产量[25]。通常情况下，这些技术措施包括压裂、水平井、多分支井等。

致密砂岩气储层致密，非均质性强，气水关系复杂，无统一气水界面，无统一压力系统，圈闭界限模糊，大面积连续含气，主要具有以下地质特征：

（1）烃源岩多样，包括含煤岩系和湖相、海相烃源岩，主要为煤系气源岩。

（2）天然气分布不受构造带控制，斜坡带、坳陷区均可以成为有利区，分布范围广，局部富集。如苏里格、榆林、大牛地等气田，均分布在陕北斜坡，构造平缓（坡度 1°～3°），断层不发育；四川盆地合川气田分布在川中平缓斜坡带上（坡度 2°～3°），广安气田主体位于广安构造，发育多条近东西向断层，在广安构造外围的平缓构造区，存在大面积含气区。

（3）储层多为致密砂岩，非均质性强，含水饱和度较高，大规模分布。孔隙类型以孔隙型、孔隙—裂缝型为主。例如鄂尔多斯盆地苏里格气田的砂岩孔隙度主要集中在 5%～12%，渗透率 0.10～0.82mD，以孔隙型储集空间为主；四川盆地广安气田须四段气层孔隙度集中在 6%～14%，渗透率 0.2～5mD，以裂缝—孔隙型储集空间为主。

（4）以自生自储为主，源储紧密接触。例如四川盆地上三叠统须家河组致密砂岩气，须二、须四、须六段储层与下伏须一、须三、须五段烃源层直接接触，下伏生成的天然气可通过垂向运移向上注入须二、须四或须六段储层中。

（5）天然气运移以一次运移或短距离二次运移为主，天然气聚集主要靠扩散方式，浮力作用受限；天然气渗流以非达西流为主；也可依靠连通下部烃源层的断裂及其裂缝，作为烃类垂向运移的主要途径。横向运移主要靠须家河组内部的孔隙层和裂缝，须家河组内部的断层规模虽然不大，长度一般只有几千米，断距普遍小于100m，但数量多，其伴生裂缝发育。这些断层及其伴生的裂缝，可以明显改善须家河组砂岩储层的横向连通性，有利于天然气的横向运移和聚集。

（6）天然气具有多期充注聚集特点。根据四川盆地上三叠统须家河组烃源岩演化史、储层演化史以及储层发育史，结合薄片镜下观察，确定川中—川南过渡带须家河组天然气存在三次运聚期。第一期为燕山早中期的晚侏罗世，对应须家河组烃源岩生气初期阶段，部分地区须家河组下部的须一、须三段烃源岩进入生气期；第二期为燕山中晚期的白垩纪—古近纪，须家河组各段烃源岩进入生气高峰期，当然也不排除部分地区下伏地层生成的天然气注入，但总体上以须家河组天然气注入为主，为须家河组天然气大量生成和运移聚集期；第三期为喜马拉雅运动以来的新近纪至今，已经形成的天然气由于构造活动的影响，经历重新调整、再分配和转移的再聚集，露头区天然气甚至运移散失。

（7）流体分异差，无统一流体界面与压力系统，饱和度差异大，气水共存。

（8）资源丰度较低，平面上能形成气区，但一般无自然产量或产量极低，需采用适宜的技术措施才能形成工业产量，稳产时间较长。

中国与国外致密砂岩气在地质演化背景、构造沉积环境等方面具有不同特征，与北美丹佛、圣胡安、阿尔伯达、阿巴拉契亚等盆地致密砂岩气相比，中国致密砂岩气的形成与分布具有独特的地质属性（表5-5）。

（1）中国致密砂岩发育区构造背景为多旋回构造演化，经历较强烈的晚期构造运动，对保存条件有影响；国外构造稳定，多为单旋回或少旋回构造演化。

（2）中国致密气以陆相湖盆三角洲与海陆交互相沉积为主，与煤系伴生；国外以海相—海陆交互相沉积为主，煤系发育。

（3）中国致密砂岩储层非均质性较强，厚度相对较小，横向变化大，致密砂岩多为薄互层或厚砂岩薄储层，孔隙度相对较低；国外储层分布稳定、厚度大，孔隙度相对较高。

（4）中国致密砂岩气主要分布在斜坡区和山前构造带；国外以盆地中心气为主，主要分布于凹陷区或前渊带。

（5）中国致密砂岩气压力系数变化大，既有超压，也有负压，存在多种气水关系，普遍含水；国外致密砂岩气的气水倒置关系常见，以低压为主。

（6）中国致密砂岩气一般自然产能低、递减速度快，局部发育"甜点"；国外含气饱和度较高，递减速度较慢。

（7）中国致密砂岩气勘探开发起步较晚，虽然有一定产量规模，但研究和认识程度相对低；国外已有多年的勘探开发经验。

中国陆上致密砂岩气分布范围广，具有广阔的勘探前景。预测致密砂岩气地质资源量$(17.0\sim23.8)\times10^{12}m^3$，可采资源量$(8\sim11)\times10^{12}m^3$，主要分布在鄂尔多斯、四川和塔里木三大盆地，占81%；松辽、渤海湾、准噶尔、吐哈等盆地也有较好的勘探潜力。中国已探明致密砂岩气地质储量超过$4.3\times10^{12}m^3$，其中鄂尔多斯盆地上古生界、四川盆地上三叠统须家河组致密砂岩气已规模建产[6, 10, 26, 27]。

表 5-5 中国与北美典型致密砂岩气特征对比表

盆地	丹佛盆地	圣胡安盆地	阿尔伯达盆地	阿巴拉契亚盆地	鄂尔多斯盆地			四川盆地		
气田	Wattenberg	Blanco Mesaverde	Elmworth-Wapiti	Appalachian	苏里格东一区		榆林	合川	广安	
层位	Muddy	Mesaverde	Sprit River	Clinton-Medina	盒 8	山 1	山 2	须二	须六	须四
目的层埋深, m	2070~2830	1677~1900	823~1433	1220~1829	2854~3244	2906~3442	2500~3000	2209	1700~2000	2360
目的层厚度, m	50~100	121~274	150~180	45.7	45~60	40~50	40~60	75~140	94~172	72~129
孔隙度, %	8~12	9.5	4~7	5~10	6~14 (9.5)	4~14 (8.8)	6.2	5.0~5.8	1~8 (4.6)	2~12 (5.84)
渗透率, mD	0.050~0.005	0.5~2.0	0.001~1.200	<0.1	0.05~10.00 (0.88)	0.05~10.00 (0.67)	0.15~1.20	0.310	0.178	0.387
地层压力, MPa	异常低压	异常低压	低压	低压	26.00	25.00	27.20	28.36	21.63	超压
含气饱和度, %	56.0	66.0	50.0~70.0	自由水饱和度高	63.7	63.2	74.5	61.7	53.7	56.0
含气面积, km²	300（估算）	410	5000	44011	710	760	1716	505	200	415
有效厚度, m	3.0~15.2	24	15~19	30~45	7.8	6.3	8.3	21.6	34.2	10.6

二、致密气形成的基本地质条件

大面积连续分布的致密砂岩气形成应具备以下六个条件。

（1）大型宽缓构造背景。原始沉积时构造平缓，坡度较小，现今地层一般较平缓，但前陆冲断带附近等区域地层倾角可以较大；处于同一构造背景的区域应有较大分布面积。

（2）大面积持续沉降沉积环境。主要包括大型陆相湖盆中坳陷、前陆和断陷盆地连续沉积沉降环境，海相及海陆交互相沉积环境。

（3）广覆式有效成熟烃源岩。以含煤地层Ⅱ、Ⅲ烃源岩为主，热演化成熟度R_o一般大于1.0%；以Ⅰ、Ⅱ型烃源岩为主的TOC一般大于1.5%，热演化成熟度R_o一般大于1.3%，有较大分布面积。

（4）微—纳米级孔喉为主的致密砂岩储层。空气渗透率小于1mD的储层所占比例大于80%，分布面积较大。

（5）源储一体或紧密接触（图5-8）。优质成熟烃源岩内部，或与其紧密接触的致密砂岩组成有效生储组合。

（6）天然气以一次运移或短距离二次运移为主，持续充注、扩散聚集，浮力作用受限，以非达西渗流为主。生烃增压和浓度差是气主要运聚动力，持续充注是致密砂岩气聚集基础。

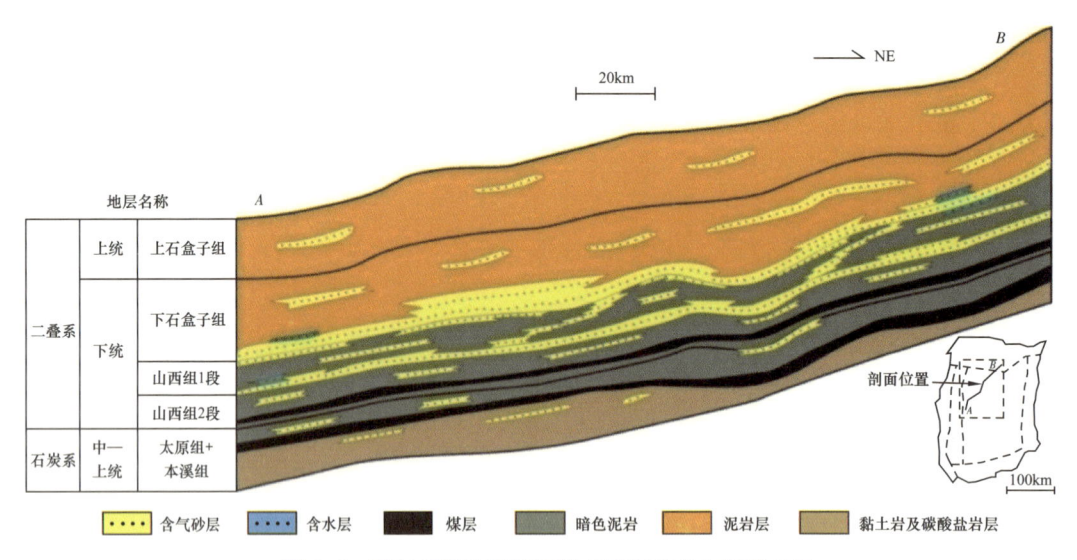

图5-8 鄂尔多斯盆地苏里格气田源储共生配置关系

三、致密气持续充注与连续型聚集模式

持续充注是致密气聚集过程的重要特征之一。多数致密气聚集区发育有煤系烃源岩，而煤系烃源岩具有全天候持续生烃的特征，如鄂尔多斯上古生界海陆交互相煤系烃源岩、四川盆地须家河组煤系烃源岩。连续生烃为天然气连续聚集提供了物质基础和前提。

鄂尔多斯盆地山西组到下石盒子组沉积期，伊陕斜坡北部发育大型河流—三角洲沉积体系，河道侧向迁移迅速且频繁，纵向上多层位砂体叠置，平面上连片分布。随后深埋藏阶段，由于强烈压实作用、自生黏土矿物大量生成、石英加大和碳酸盐胶结作用、中生界构造热事件等的综合影响，上古生界砂岩储层在晚侏罗世—早白垩世天然气大量充注之前，已演化成为一套非常规致密砂岩储层，界线模糊的岩性—成岩圈闭普遍发育。天然气充注的主成藏期（早白垩世晚期到抬升初期），天然气从大面积的煤系烃源岩和致密砂岩接触面大范围排烃，近源运移进入山西组和下石盒子组致密砂岩储集体，形成连续型致密大气区。晚白垩世开始，盆地整体构造抬升，演化为低温低压盆地，微裂缝较为发育，致密气缓慢调整，并未改变主成藏期的天然气分布格局。在稳定平缓的构造面貌、较高成熟烃源岩广布式生排烃和大面积致密砂岩储层叠置分布的成藏地质背景下，晚侏罗世—早白垩世早期，鄂尔多斯盆地致密气具有规模充注、连续聚集的成藏特征，早白垩世晚期以后缓慢调整，最终形成了大面积连续型致密砂岩大气区（图5-9）。

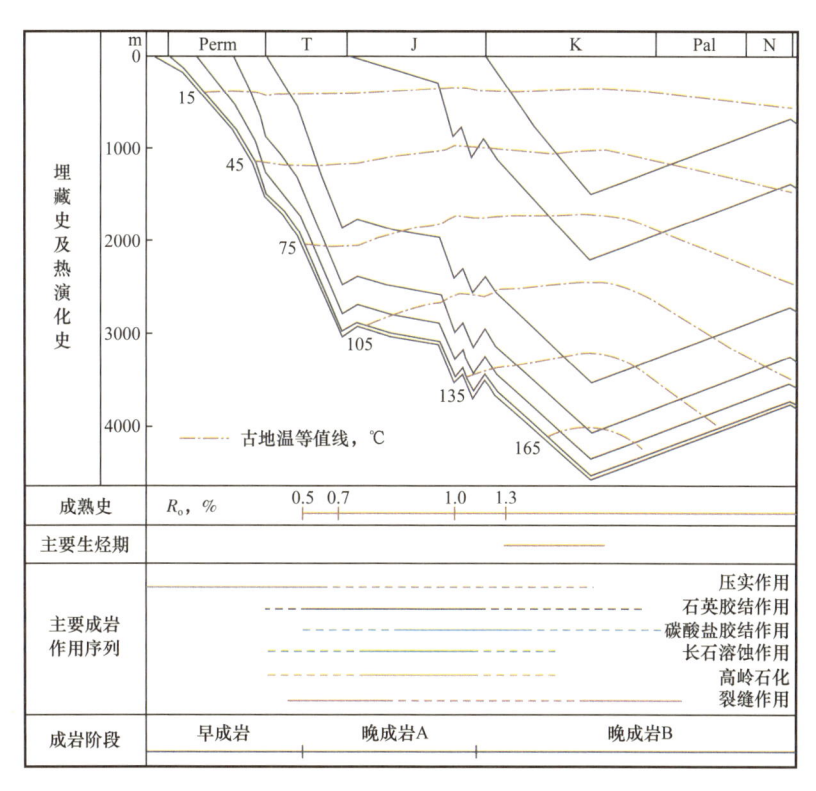

图5-9 鄂尔多斯盆地苏里格气田成岩成藏耦合关系综合图

四、致密气多层叠置大面积分布富集规律

漫长地史时期，大范围储层致密化和大规模生气过程相互耦合、共同作用，致密砂岩多层叠置、普遍含气、大面积连续分布，源储叠置有利区一般为致密气富集区。

鄂尔多斯盆地上古生界源储接触面积大，致密气主要在源内或近源连续型分布。鄂尔多斯盆地上古生界致密砂岩气全盆地广泛分布，勘探面积 $20 \times 10^4 km^2$，储量规模大于 $5 \times 10^8 m^3$。广覆式煤系烃源岩与大规模连片砂体大面积紧密接触，源储接触面积可达 $18 \times 10^4 km^2$，宏观上呈下生上储结构，天然气主要在煤系烃源岩内部及其上部近源致密储层中。上古生界致密砂岩气"甜点区"主要受控于源储共生接触关系，一般生气强度大于 $15 \times 10^8 m^3/km^2$ 的规模砂体发育区，近源运聚效率高，可形成大气田，天然裂缝发育情况决定能否高产。上古生界致密气的优势在于烃气含量高、致密砂岩规模发育、储层可压性好、微裂缝较发育等，主要制约因素是地层压力低、含水较高，开采过程中应注意保持地层能量、多层系整体开发。

第五节　页岩气源储一体聚集机理与富集规律

一、页岩气类型与特征

1821年美国成功钻探了世界第一口页岩气井，随着油气地质理论和勘探开发技术进步，页岩气成为新的天然气储、产量增长点，在全球油气勘探开发领域掀起了一场"页岩气革命"，在这场"革命"中，中国实现了页岩气勘探开发突破。

与其他天然气类型相比，页岩气从形成、成藏到开采都独具明显特征：（1）持续供气、连续富集，烃（气）源岩有机碳含量高（TOC > 2.0%）。（2）赋存方式多样，页岩气以游离气、吸附气、溶解气等多种方式赋存在富有机质页岩层段中，其中以游离气、吸附气为主要赋存方式。（3）富集成藏方式为自生自储、持续生烃、连续聚集、大面积成藏。（4）开采方式特殊，一般单井无自然产能，需要通过特殊开发技术（主要包括水平井、大型分段体积压裂技术），对页岩储层大规模改造后，才能获得工业产量。

1. 页岩气主要类型与基本特征

在页岩气储层中，天然气以三种方式赋存在页岩中：（1）游离气，储存在页岩基质孔隙、天然裂缝中。（2）吸附气，有机质（干酪根）和天然裂缝中矿物表面吸附（化学吸附），有机质（干酪根）和基质岩石中矿物表面吸附（物理吸附）。（3）溶解气，溶解于沥青中。

迄今，全球开发的页岩气以热成因为主，个别为生物成因及混合成因。热成因气可以有两种成因机制：（1）有机质（干酪根）热裂解直接成气，沥青降解（初次裂解）成气。（2）原油、高含碳量的焦炭或沥青残余物等液态烃热裂解成气（二次裂解成气）。页岩有机质热成熟度决定了成气阶段及成气数量。Jarviel等对美国20个页岩气藏（区带）进行了研究，17个为热成因气藏，3个为生物成因气藏，1个为混合成因气藏（表5-6）。中国四川盆地长宁—昭通、威远、涪陵也为典型的热成因气藏。根据页岩储层压力特征，页岩气藏一般分为低压气藏、常压气藏、高压气藏和超高压气藏四类。

表5-6　美国页岩气藏成因分类简表

序号	页岩气藏（区带）	地层	盆地	成因	序号	页岩气藏（区带）	地层	盆地	成因
1	Antrim	泥盆系	Michigan	生物成因	11	Haynesville	侏罗系	ETNL Salt	热成因
2	Niobrara	白垩系	中Nebraska	生物成因	12	Barnett	密西西比系	Fort Worth	热成因
3	NewAlbany	泥盆系	Illinois	混合成因	13	Perrsall	白垩系	Maverick	热成因

续表

序号	页岩气藏（区带）	地层	盆地	成因	序号	页岩气藏（区带）	地层	盆地	成因
4	Woodford	泥盆系	Ardomore–Arkoma	热成因	14	Pennsylvania–mississippian	宾夕法尼亚系—密西西比系	Delaware	热成因
5	Bossier	侏罗系	East Texas Salt	热成因	15	Woodford	泥盆系	Anadarko	热成因
6	Utica	奥陶系	Appalachian 东北部	热成因	16	Pennsylvania	宾夕法尼亚系	Anadarko	热成因
7	Marcellus	泥盆系	Appalachian	热成因	17	Pierre	白垩系	Raton	热成因
8	Conasauga	寒武系	Appalachian 南部	热成因	18	Gothic	宾夕法尼亚系	Paradox	热成因
9	Fayetteville	密西西比系	Arkoma	热成因	19	Baxter	白垩系	Greater Green River	热成因
10	Mowry	白垩系	BigHorn	热成因					

2. 页岩气形成与富集因素

页岩气形成、成藏与富集受多种因素综合控制，包括富有机质页岩沉积环境、有机质富集、有机质类型与热演化程度、页岩气富集与保存等[7, 12, 13, 18, 28—34]。

1）富有机质页岩沉积环境

页岩气工业聚集需要丰富的气源物质基础，有机质丰度高的黑色页岩是页岩气成藏的最好烃源岩，其形成需要较快速的沉积条件和封闭性较好的还原环境，沉积速率较快可以使富有机质页岩在被氧化破坏之前大量沉积下来，水体缺氧可以抑制微生物的活动性，减小其对有机质的破坏。在沉积埋藏后控制甲烷产量的因素是缺氧、缺硫酸盐环境，低温、富含有机物质和充足的储存气体空间。

2）岩性及矿物组成

页岩岩性多为沥青质或富含有机质的暗色、黑色页岩（高碳泥页岩类），岩石组成一般为 20%～40% 的黏土矿物、25%～65% 的粉砂质（石英颗粒）和 0～20% 的有机质，还包括一定数量的碳酸盐、黄铁矿等。Barnett 页岩由含硅页岩、石灰岩和少量白云岩组成。总体上，岩层中硅含量相对较多，占体积的 35%～50%，而黏土矿物含量较少（<35%）。Lewis 页岩为富含石英的页岩，其有机碳含量变化在 0.5%～2.5%。Antrim 页岩由薄层状粉砂质黄铁矿和富有机质页岩组成，夹灰色、绿色页岩和碳酸盐岩层。

3）有机地球化学条件

（1）有机质丰度（有机碳含量 TOC）。有机碳含量是烃源岩丰度评价的重要指标，也是衡量生烃量的重要参数。有机碳含量随岩性变化而变化，对于富含黏土的页岩来说，由于吸附量很大，有机碳含量最高。美国主要页岩气盆地（表 5-7）页岩有机碳含量一般在 1.5%～25%。Antrim 页岩与 New Albany 页岩有机碳含量较高，最高值可达 25%。

表 5-7 美国主要产气页岩地质特征参数表

页岩区带名称	Antrim	Barnett	Eagle Ford	Fayetteville	Haynesville	Lewis	Marcellus	New Albany	Woodford
盆地	Michigan	Fort Worth	Gulf Coast	Arkoma	East Texas	San Juan	Appalachian	Illinois	Anadarko
盆地类型	克拉通	前陆	克拉通	前陆	克拉通	前陆	前陆	克拉通	前陆盆地
盆地面积，km^2	31100	38100	83500	23300	23300	22800	246050	112700	28500
页岩时代	D_3	M	K_3	M	J_3	K_3	D_2	D_3—M_1	D_3
沉积环境，类型	海相	海相	海相	海相	海相	海陆交互相	海相	海相	海相
有效厚度，m	20～40	30～180	30～90	6～60	60～90	60～90	15～60	15～30	35～70
TOC，%	1.0～20.0	4.5	2.8	4.0～9.8	0.5～4.0	0.5～2.5	3.0～12.0	1.0～25.0	1.0～14.0
R_o，%	0.4～0.6	0.5～2.1	1.0～2.0	1.0～5.0	1.2～3.0	1.6～1.88	1.2～3.5	0.4～1.0	1.0～4.0
总孔隙度，%	9.0	4.0～5.0	2.0～10.0	2.0～8.0	8.0～9.0	3.0～3.5	10.0	10.0～14.0	3.0～9.0
含气量，m^3/t	1.1～2.8	4.2～9.9	2.8～5.7	1.7～6.2	2.8～9.3	0.4～1.3	1.7～2.8	1.1～2.2	2.8～5.3
吸附气含量，%	70.0	20.0	10.0～20.0	20.0	10.0	60.0～85.0	20.0	40.0～60.0	20.0
地层压力系数	0.81	0.99～1.01	1.35～1.80	1.38～1.84	1.61～2.07	0.46～0.58	0.92～1.38	0.8～99	1.35～1.85

（2）有机质类型。有机质类型是有机质产烃能力的重要参数，不同类型的有机质决定了产物以油为主还是以气为主，还影响天然气吸附率和扩散率。美国产气页岩有机质类型主要以Ⅰ—Ⅱ型干酪根为主，很少有Ⅲ型干酪根。实验证明，页岩气可以在不同有机质类型的烃源岩中产出，有机质的总量和成熟度是决定烃源岩产气能力的重要因素。

（3）有机质热演化程度。有机质热成熟度越高越有利天然气形成，美国产气页岩热成熟度（R_o）在0.4%～4.0%，页岩气生成贯穿于有机质向烃类演化的整个过程。但是，只有当R_o大于1.0%才更易成气，R_o在1.0%～2.5%为主生气窗，当R_o大于2.5%则进入生干气阶段。热成熟度是评价高产页岩气的重要参数，当R_o在1.0%＜R_o＜3.5%的范围内时，热成熟度越高越有利于页岩气的生成，也有利于页岩气的产出。

（4）页岩气赋存条件。富有机质页岩既是气源岩又是储气层，作为储层，页岩孔隙度、渗透率极低，孔隙度小于10%，渗透率小于0.001mD。页岩孔隙度与含量之间具有正相关性，页岩含量随页岩孔隙度的增大而增大，纳米孔隙对吸附态页岩气赋存具有重要影响。渗透率在一定程度上影响游离气赋存形式，渗透率越大，游离态气体储集空间就越大。页岩中，层理、页理、微裂缝等为页岩气赋存提供了重要储集空间。页岩中极低的基质渗透率，开启的、相互交织的多类型天然微裂缝能增加页岩气储量。大量微裂缝可能是干酪根向烃类转化过程中热成熟作用和构造作用力或两者共同作用产生的应力引起的。页岩气储层中若发育大量裂缝群，就可能存在足够进行商业开采的页岩气。阿巴拉契亚盆地产气量高的井大都处在裂缝发育带内，裂缝不发育区的井产量一般较低。四川盆地长宁—昭通、威远及涪陵三个页岩气田对比也发现页岩气单井产量与裂缝密切相关。

（5）页岩气富集因素。勘探开发实践与研究证实，控制页岩气藏富集程度的关键因素主要包括富有机质页岩厚度、有机质含量、储集空间（孔隙、裂缝）、保存条件等。构造作用对页岩气聚集有重要的影响，主要体现在以下几个方面：构造作用能够直接影响泥页岩的沉积作用和成岩作用，进而对泥页岩的生烃过程和储集性能产生影响；构造作用还会造成泥页岩层的抬升和下降，从而控制页岩气的成藏过程；构造作用可以产生裂缝，可以有效改善泥页岩的储集性能，对储层渗透率的改善尤其明显。

二、中国页岩气地质特征

中国大陆板块构造格局经历了异常复杂的演变历史，中国大陆由数十个大小不等的陆块（小板块）和时代不同、特征有异的构造活动带（裂谷带、洋盆、造山带等）增生拼接而成，导致中国盆地类型多、结构复杂，页岩气的生成和赋存特征存在差异。海相页岩规模大、展布广且较连续；陆相页岩规模相对小、展布受到限制；过渡相煤系页岩具有单层薄、累计厚度大、频繁互层等特征。

1. 页岩类型与分布

1）海相页岩

由于海相沉积的碎屑物分选好，能够形成很好的细粒沉积岩，且相对缺氧的沉积环境有利于有机质保存，是形成巨厚的富有机质页岩最有利的沉积环境。根据海水深度，海相沉积环境可以分为滨海相、浅海相、半深海相和深海相。而对页岩有利沉积的环境有欠补偿深海—半深海盆地、台地边缘深缓坡、半闭塞—闭塞的欠补偿海湾等。中国的海相页岩主要有：上震旦统（陡山沱组）、下寒武统、上奥陶统（五峰组）—下志留统（龙马溪组）、中泥盆统（罗富组）、下石炭统、下二叠统（栖霞组）、上二叠统（龙潭和大隆组）、下三叠统。按照盆地来划分，中国海相油气资源主要集中在三大盆地：四川盆地的寒武系、奥陶系和志留系；塔里木盆地的寒武系和奥陶系，埋深较大；鄂尔多斯盆地的中奥陶统、石炭系和上二叠统，资源丰度较低。中国陆上海相页岩具有分布面积广、厚度大、有机质丰度高和成熟度高的特点，具备页岩气成藏的地质条件。

2）陆相页岩

在陆相黑色富有机质页岩中或者其夹层中形成，并且赋存于陆相页岩中的页岩气称为陆相页岩气。陆相富有机质页岩主要在深湖相和沼泽相中形成。此外，陆相含煤地层中也有富有机质黑色页岩发育。作为页岩气储层的富有机质页岩沉环境以半深湖—深湖为主。

松辽盆地发育的下白垩统青山口组黑色页岩、渤海湾盆地发育的古近系沙河街组沙三段和沙四段页岩、鄂尔多斯盆地发育的上三叠统延长组页岩、吐哈盆地的水西沟群黑色页岩和碳质页岩等陆相页岩，都具有一定的页岩气成气前景。

3）海陆交互相页岩

海陆交互相富有机质页岩沉积于前陆和克拉通坳陷盆地，广泛分布于中国石炭系—

二叠系。海陆交互相煤系富有机质页岩通常具有 TOC 含量高、单层厚度薄、累计厚度大、与砂岩频繁互层等特征。尽管海陆交互相发育有较好的富有机质页岩，具备页岩气勘探开发条件，但常与煤层、致密砂岩层等互为烃源岩、储层和盖层，形成页岩气、煤层气、致密气等多种类型非常规气藏共存的混合型气藏，成为理论上可以进行页岩气、煤层气、致密砂岩气等多种气藏共采的格局。鄂尔多斯、渤海湾等盆地石炭系—二叠系本溪组、太原组等发育典型的海陆交互相富有机质页岩。

2. 页岩地球化学特征

中国海相页岩主要在下古生界至下三叠统发育，由于构造运动，海陆变迁，海相页岩上叠加了海陆交互相页岩和陆相页岩，海陆交互相和陆相页岩多发育于煤系或为中生代至新生代沉积。中国海相页岩多期构造运动导致了多期成藏与调整、改造与破坏，晚期强烈构造变形，现今海相页岩气藏成藏期晚，有利海相页岩主要分布在扬子地区，以中—上扬子地区为主。大部分陆相页岩及部分海陆交互相页岩还未达到大量成气阶段。中国东部中—新生代张性断陷具有高—特高生烃丰度和油气资源丰度，各断陷湖相生油岩具有丰富的有机碳和较好的母质类型，皆以成油演化阶段为主。中—新生代陆相含煤地层富有机质页岩主要分布在塔里木盆地和准噶尔盆地三叠系—侏罗系、四川盆地上三叠统等。不同沉积环境下形成的页岩在气体成分、赋存状态、气体成因等方面具有一定的共性，但也存在明显的差别（表5-8）。

页岩生烃是指页岩中有机质成熟演化伴随烃类物质生成的过程。衡量一套页岩生烃潜力的主要指标为有机质丰度、变质程度、有机质类型及富有机质页岩的有效厚度等。通常大中型气田分布在烃源岩生气中心及其周缘。总体上，各主要含油气盆地内（表5-9），中—新生代页岩广泛发育，以陆相沉积为主，具有东部生油能力强，西部生气能力强的特征；古生界页岩主要发育于中、西部盆地和南方地区，以海相沉积为主，具有热演化程度高的特征。制约不同页岩储层生烃的因素主要包括有机质丰度（TOC）和有机质演化程度（R_o）。

表5-8 中国和美国富有机质页岩有机地球化学特征简表

盆地名称	页岩名称	沉积环境	时代	TOC, %	R_o, %	气体成因类型	有机质类型
塔里木盆地	克孜勒努尔组	陆相	J_2	2.45～8.92	1.68	热解	Ⅰ、Ⅱ型
	阳霞组	陆相	J_1			热解	Ⅰ、Ⅱ型
	玉尔吐斯组	海相	ϵ_{1+2}	0.50～5.00	1.29～2.95	生物、热解	Ⅰ、Ⅱ型
四川盆地	须家河组	陆相	T_3	1.00～4.50	1.00～2.20	热解、裂解	Ⅲ型
	龙马溪组	海相	S_1	0.50～3.00	2.00～3.00	生物、热解	Ⅰ、Ⅱ型
	筇竹寺组	海相	ϵ_1	1.00～4.00	3.00～6.00	生物、热解	Ⅰ、Ⅱ型
鄂尔多斯盆地	延长组	陆相	T	0.60～5.80	0.70～1.10	热解	Ⅱ、Ⅲ型
	山西组	过渡相	C—P	2.00～3.00	1.20～2.00	热解	Ⅱ、Ⅲ型

续表

盆地名称	页岩名称	沉积环境	时代	TOC, %	R_o, %	气体成因类型	有机质类型
沁水盆地	山西组	陆相	P_1	1.77~8.64	2.24~2.95	热解	Ⅱ、Ⅲ型
	太原组	过渡相	C	0.96~1.54	2.35~2.77	热解	Ⅱ、Ⅲ型
渤海湾盆地	沙三段	陆相	R	0.30~33.00	0.30~1.00	生物、热解	Ⅱ、Ⅲ型
松辽盆地	青一段	陆相	K	1.50~4.20	0.70~3.30	热、裂解	Ⅰ、Ⅱ型
	沙河子组	陆相	J_3	0.70~1.50	1.50~3.90	裂解	Ⅰ、Ⅱ型
圣胡安盆地	Lewis	陆相	K_2	0.45~2.50	1.60~1.88	热解、裂解	Ⅰ型
密歇根盆地	Antrim	海相	D_3	0.30~24.00	0.40~0.60	生物、热解	Ⅰ型
伊利诺斯盆地	NewAlbany	海相	D	1.00~25.00	0.40~1.00	生物、热解	Ⅰ型
福特沃斯盆地	Barnett	海相	C	4.50	1.00~1.30	热解	Ⅱ型
阿巴拉契亚盆地	Ohio	海相	D	0~4.70	0.40~1.30	热解	Ⅰ、Ⅱ型
	Marcellus	海相	D_2	3.00~12.00	1.50~3.00	热解	Ⅰ、Ⅱ型

有机碳含量是衡量富有机质页岩生烃强度最重要的指标，海相黑色页岩TOC较高，一般在2%以上；过渡相黑色页岩与煤层互层，TOC值一般较高，最高可超过20%；陆相（主要为湖相）黑色页岩的沉积中心附近TOC值一般也较高，如沁水盆地山西组页岩TOC为1.77%~8.64%。所以，从有机碳含量来看，其与页岩的沉积类型无直接对应关系。中国很多地区的页岩，包括海相、过渡相和陆相地层中的富有机质页岩都可以具有较好的生烃潜力。

有机质的热演化程度对生烃具有重要意义，是评价高产页岩的重要参数。对比美国产气页岩的TOC、R_o及页岩的厚度等地质参数，在其他参数相近时，R_o对生烃和富集的影响极大。按照Tissot划分方案：R_o < 0.5%为成岩作用阶段，生油岩处于未成熟或低成熟作用阶段；R_o介于0.5%~1.3%之间为成熟阶段，处于生油窗；R_o介于1.3%~2.0%之间为高成熟阶段，处于湿气和凝析油带；R_o > 2.0%为过成熟作用阶段，处于干气带。具体到单一类型的干酪根，成熟度优选指标不同，中国产气页岩R_o要求大于1.1%，腐殖型干酪根R_o大于0.5%。

中国很多产气页岩的R_o偏高，这可能和中国复杂的构造有关。经过中—新生代改造后，许多大中型盆地遭到破坏，仅在四川、鄂尔多斯、塔里木等地保留下来一部分克拉通盆地。中生代以来，陆相盆地广泛发育。下寒武统海相富有机质页岩的热演化程度普遍较高，仅在上扬子南部和北部、鄂西和下扬子中部地区R_o小于3.0%，其他地区下寒武统海相富有机质页岩R_o普遍大于3.0%，页岩气的勘探前景不大。R_o过高不利于页岩气储层的形成。总体来说，中国海相古生界页岩热演化程度较高（R_o在2.5%~5.0%），陆相中新生界页岩热演化程度较低（R_o在0.5%~2.0%）。海相页岩成熟度高，以生气为主；陆相页岩以Ⅰ型干酪根为主，既能生成页岩油，也能生成页岩气；过渡相页岩以Ⅲ型干酪根为主，演化程度较高，以生气为主。热演化程度较低时，以生物成因气为主；当R_o > 1.1%时，页岩油裂解生气；当R_o > 3%时，有机质过成熟，生气量下降，随着TOC下降，吸附量减少。R_o不断升高会造成TOC不断下降，同时产生微孔隙。因此，有机质演化程度不仅影响生气量，也间接影响吸附量。根据表5-8数据，渤海湾盆地沙三段R_o在0.3%~1.0%，尚处于生油窗，热成因气产量较少，生成的页岩气主要是生物成因气；中国海相筇竹寺组和龙马溪组R_o值较高，最高可达到3.0%~4.0%，生成的页岩气属于热成因气；沁水盆地R_o值在2.24%~2.95%，太原组在2.35%~2.77%，生成的页岩气也属于热成因气。

由于不同干酪根的化学组成与结构特征具有显著差别，因而不同阶段产气率会有较大变化。主要生气期（天然气的生成量占总生气量的70%~80%）对应的R_o值不同。Ⅰ、Ⅱ和Ⅲ型干酪根主要生气期对应的R_o分别为1.2%~2.3%、1.1%~2.6%和0.7%~2.0%；海相石油裂解成气的R_o值为1.5%~3.5%。在R_o值相同的情况下，陆相页岩比海相页岩先进入生气阶段。沁水盆地R_o值一般在2.24%~2.95%，且不同有机质类型的页岩储层孔隙发育程度也不同，Ⅱ型干酪根比Ⅲ型干酪根发育的孔隙更多。

烃源岩评价中最主要的参数是TOC、有机质类型和有机质成熟度。有机碳不仅是生烃的主要物质基础，而且其表面也是天然气吸附的主要场所。所以残余有机碳含量的多少会直接影响天然气的吸附量。一般海相黑色页岩TOC值较陆相和过渡相页岩高，生气量和赋气量也较高；其次为过渡相页岩，陆相页岩有机质对天然气的吸附能力较低。有机质类型对页岩吸附能力影响比较大，Ⅰ—Ⅱ型干酪根的吸附能力要强于Ⅲ型干酪根的吸附能力。H/C原子比越大，吸附量越大；O/C原子比越大，吸附量越小。烃源岩成熟度越高，生气量越大。成熟度也影响页岩的吸附能力，此外，随着热演化程度的增高，大量生成的烃类物质会导致地层压力升高，使吸附气含量增大。当地层压力升高到一定程度时，形成的微裂缝也是页岩气赋存的良好储集空间。因此，有机质热成熟度是评价潜在高产页岩气烃源岩的关键地球化学参数。

3. 页岩气储层特征

国内学者早在19世纪90年代便对页岩气藏的基本特征进行了概括，他们指出页岩自成一套生储盖体系，页岩气藏具有高压异常、多种储集空间类型的特点，介于根状气、根缘气、根远气三大气藏之间，储集空间以裂缝为主，单井产量低。页岩气藏为隐蔽圈闭气藏，其赋存聚集不需要构造圈闭。与常规天然气不同，对于页岩气来说，页岩既是烃源岩又是储层。页岩气"甜点"应具有如下特征：(1) TOC > 2.0%；(2) 脆性矿物含量 > 40%、黏土矿物含量 < 30%；(3) R_o > 1.1%；(4) 孔隙度 > 2.0%，渗透率 > 0.0001mD；(5) 有效厚度30~50m。

据中、美含气页岩统计（表5-9），页岩岩心孔隙度小于4.0%~6.5%（测井孔隙度4%~12%），平均5.2%；渗透率一般为0.001~2mD，平均0.0409mD。在断裂带或裂缝发育带，页岩储层的孔隙度可达11%，渗透率达2mD。中国页岩孔隙度和渗透率的差异性更强。中国陆相产气页岩地层渗透率一般在1mD以下。页岩气储层低孔隙度、低渗透率、无效孔隙度高等特点都是造成页岩气流的阻力比常规天然气大的因素。页岩气采收率比常规天然气低，常规天然气采收率在60%以上，而页岩气仅为5%~60%。页岩中游离相天然气的采出，能够自然达到降压目的，导致吸附态天然气游离化，进一步提高天然气的产能，实现长期稳产目的。由于孔隙度和渗透率较低，页岩气的生产率和采收率亦低。因此，页岩气的最终工业产率依赖有效的人工压裂措施。压裂技术和开采工艺直接影响页岩气井的经济效益。

表 5-9 中美产气页岩储层特征简表

盆地名称	页岩名称	沉积环境	埋深，m	有效厚度，m	含气量，m³/t	孔隙度，%	渗透率，mD
塔里木盆地	克孜勒努尔组	陆相		30.00~85.00			
	阳霞组	陆相		38.00			
	玉尔吐斯组	海相	4351~5630				
四川盆地	须家河组	陆相		40.00~100.00			
	龙马溪组	海相	1600~4200	20.00~100.00	1.73~5.10	2.43~15.72	1.96×10⁻³
	筇竹寺组	海相	2600~4600	20.00~80.00	1.17~6.02	0.34~8.12	
鄂尔多斯盆地	延长组	陆相	600~800			0.40~1.50	0.012~0.653
	山西组	过渡相	1000~2500	40.00~80.00		5.20	0.1~0.7
沁水盆地	山西组	陆相	490~750	27.62~71.36	0.44~5.51	3.30~6.70	0.545~0.895
	太原组	过渡相	560~680	46.61~64.15	0.52~0.66		0.595
渤海湾盆地	沙三段	陆相		100.00~500.00			
松辽盆地	青一段	陆相	500~2000	70.00~150.00			
	沙河子组	陆相	630~2000				
圣胡安盆地	Lewis	陆相	914~1829	61.00~91.00	0.40~1.30	3.00~5.50	
密歇根盆地	Antrim	海相	183~732	21.00~37.00	1.13~2.83	9.00	
伊利诺斯盆地	New Albany	海相	183~1494	15.00~30.00		10.00~14.00	
福特沃斯盆地	Barnett	海相	1981~2591	15.00~61.00	8.50~9.91	4.00~5.00	(0.15~2.5)×10⁻⁶
阿巴拉契亚盆地	Ohio	海相	610~1524	9.00~30.00	1.70~2.80	4.70	
	Marcellus	海相	1291~2591	15.00~60.00	1.70~2.83	10.00	0.005~0.02

三、国内南方海相页岩气富集条件与富集模式

我国海相页岩气富集条件包括有利沉积环境、适中热演化程度、孔缝发育和有效构造保存等四大因素，并由此发育多种富集模式。

1. 海相页岩气富集条件

1）稳定的半深水—深水陆棚沉积环境控制富有机质、富硅质页岩规模发育，是海相页岩气形成与富集的地质基础

连续厚度大、分布面积广的富有机质页岩是页岩气形成与富集的重要物质基础。富有机质页岩的形成须具有两个重要条件：（1）表层水体营养物质丰富，浮游生物具有高生产

力，能为页岩提供充足的有机物质；（2）底层水体安静、缺氧，能为有机物质有效保存提供良好的环境。缓慢沉降的半深水—深水陆棚相具备上述有利条件，是富有机质页岩形成的理想沉积环境。

根据上扬子地区筇竹寺组和龙马溪组黑色页岩和岩相古地理研究，缓慢沉降的稳定海盆与海平面快速上升共同作用形成的半深水—深水陆棚为表层浮游生物的高生产以及海底有机质的高效聚集与保存提供了良好场所，是造就两套富有机质页岩大面积集中分布的关键，由此控制形成的筇竹寺组和龙马溪组富有机质页岩连续分布面积分别为 $10.1 \times 10^4 km^2$、$10.7 \times 10^4 km^2$，集中段厚度分别为 20~100m、20~135m，有机质丰度分别为 2.0%~3.3%、2.0%~8.3%。富有机质页岩的大面积集中分布，既是页岩气富集的必要条件，也是实现经济有效开发的地质基础。

深水环境在形成有机质高度富集的同时，也有利于硅质、白云石、黄铁矿等脆性矿物的发育和保存。根据长宁双河剖面资料，龙马溪组底部深水陆棚相页岩段硅质含量平均为 41.3%，较中上部浅水陆棚相页岩段（平均为 24.5%）高 16.8 个百分点；底部 44.5m 页岩段发现大量海绵骨针和放射虫等微体化石，且硅质含量与 TOC 呈正相关。这两大特征与 Barnett 页岩十分相似，表明富有机质页岩段硅质的形成具有生物成因特征，即龙马溪组底部丰富的硅质除来源于陆源碎屑以外，海绵骨针和放射虫等深水硅质生物的贡献也十分突出。

丰富的硅质使页岩脆性增强，在构造应力或人工改造机制作用下易形成大量裂缝，并控制页岩气富集高产。根据长宁双河剖面资料，五峰组—龙马溪组底部 74.5m 深水相页岩段为高 TOC、高脆性矿物含量的"双高"集中段，TOC 普遍大于 1.5%，主要矿物平均含量为石英 40%、黏土矿物 32%，脆性指数一般为 40%~80%（底部 30m 超过 50%），露头显示为薄层状，页理、节理和裂缝发育；而中上页岩段 TOC 一般为 0.5%~1.5%，主要矿物平均含量为石英 23.6%、黏土矿物 47.8%，脆性指数一般为 40% 以下，露头显示为厚层状，页理、节理和裂缝发育程度较下部明显变差。

2）有机质丰度高、类型好，且处于有效生气窗内，是海相页岩气富集的物质基础

根据天然气有机成因理论，烃源岩处于有效生气窗内是页岩气形成和富集的重要条件，页岩热成熟度过低（$R_o < 1.1\%$）或过高（$R_o > 3.5\%$），都对页岩生烃能力不利。例如，美国页岩气主要产层的热成熟度适中，R_o 一般为 1.1%~2.5%，个别地区达到 3.0% 以上，但很少有页岩气区带 R_o 超过 3.5%。

五峰组—龙马溪组主力产层有机碳含量高，且由上至下不断增高，全层段有机碳含量大于 2.0%，一般为 2.5%~4.0%，最高达 8.6%。威远气田有机碳含量介于 2.7%~3.0% 之间，长宁气田有机碳含量介于 3.1%~4.0% 之间，涪陵气田有机碳含量介于 3.2%~3.8% 之间。另外，该地层有机质类型为腐泥型—混合型，且热演化程度适中，R_o 介于 2.1%~3.1% 之间（一般小于 2.6%）。这表明，五峰组—龙马溪组黑色页岩处于高成熟分散液态烃生气阶段，具有较强的生烃能力，不仅有助于通过生烃增压形成高压—超高压气层，而且能产生大量裂缝、微—纳米级有机质孔隙和无机矿物溶蚀孔等孔缝，为页岩气运聚创造丰富的气源和良好的储渗空间。

受生烃条件控制，中国南方扬子地区五峰组—龙马溪组呈现区域整体含气特征，超压区含气量明显高于常压区。如在长宁超压区（压力系数 1.4~2.0），龙马溪组近 300m 页岩

段含气量 0.5~6.5m³/t，下部 166m（TOC＞1%）为超压段，现场解析含气量 1~4m³/t，其中底部 33m（TOC＞2%）现场解析含气量 2.4~4.0m³/t，总含气量 3.5~6.5m³/t（图 5-10）。而在威远常压区，龙马溪组富有机质页岩含气量一般为 1.09~3.15m³/t，平均 2.67m³/t，明显低于长宁超压区。

与五峰组—龙马溪组相比，下寒武统筇竹寺组页岩虽然拥有较高的 TOC，但由于热成熟度过高（R_o 介于 3.0%~5.1% 之间，一般大于 3.4%），在川南南部—昭通、渝东—湘鄂西和中下扬子等广大地区出现大面积有机质碳化和生烃衰竭，含气性普遍较差。钻探显示，筇竹寺组仅在威远、黔北等局部地区钻探获气显示，在威远地区含气量一般低于 2.0m³/t，压力系数为 1.0，测试初始产量为 (1.0~2.8)×10⁴m³/d，在长宁、昭通和下扬子等有机质碳化区（R_o 均大于 3.5%）钻探基本无气显示。

丰富的有机质不仅是产生页岩气的物质基础，也是形成页岩吸附气的主要载体。根据长宁龙马溪组和威远筇竹寺组含气量测试结果，两套海相页岩的天然气吸附能力和含气量与有机质丰度具有显著正相关性，即页岩含气量总体随着有机质含量升高而增大。

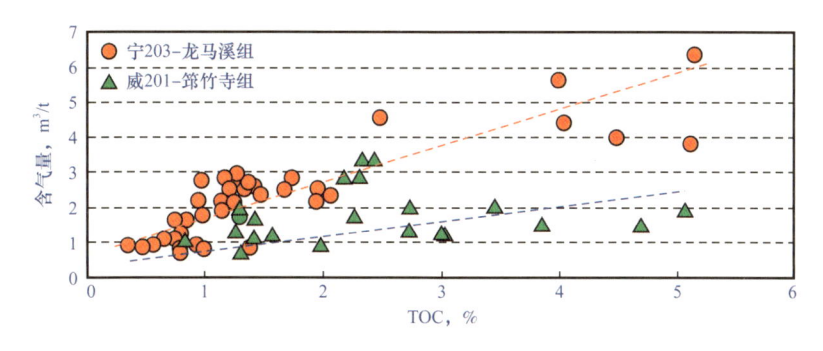

图 5-10　四川盆地五峰组—龙马溪组、筇竹寺组含气量与 TOC 关系图

3）富有机质页岩段发育基质孔隙和裂缝，为页岩气聚集和高产提供优质储渗空间

硅质页岩和钙质硅质混合页岩为五峰组—龙马溪组富有机质页岩段的优质岩相，在成岩、生烃和构造等多种地质作用下普遍发育基质孔隙和裂缝孔隙，是页岩气赋存的主要载体。

富有机质页岩基质孔隙主要包括黏土矿物晶间孔、有机质纳米孔和碎屑颗粒粒间孔、粒内溶蚀孔、生物残骸腔内孔等多种孔隙空间，孔径一般在 5~200nm。黏土矿物晶间孔、有机质纳米孔是页岩气主要的储集空间类型。研究证实，五峰组—龙马溪组产层基质孔隙体积及构成区域分布稳定，基质孔隙度平均为 4.6%~5.4%（与 Barnett 相当），其中有机质孔隙度 1.1%~1.3%，黏土矿物晶间孔隙度 2.4%~3.0%，脆性矿物孔隙度 0.9%~1.2%。

裂缝孔隙是页岩中呈开启状的高角度缝、层理缝以及长度为几微米至几十微米以上、连通性较好的微裂隙和粒间孔隙。在页岩裂缝孔隙发育段，岩石渗透性较好，渗透率一般在 0.01mD 以上，而在基质孔隙型页岩段，岩石渗透性普遍较差，渗透率一般在 0.01mD 以下，低于前者 2~4 个数量级。裂缝孔隙是页岩气优质储层至关重要的储集和渗流空间，其成因包括构造活动、有机质生烃和成岩作用等，以构造成因为主。根据长宁和焦石坝气田资料（表 5-10），涪陵气田产层因受后期构造反转和顺层滑脱作用，普遍发育网状缝、微裂缝等裂缝孔隙，裂缝发育区呈斑块状分布，例如：在焦页 4 井区，产层总孔隙度 4.6%~7.8%（平均 5.8%），裂缝孔隙度 0.3%~3.3%（平均 1.3%），渗透率 0.05~0.30mD（平均 0.15mD）；在焦页 1 井区，仅局部深度点发育裂缝孔隙，总孔隙度 3.7%~7.0%（平均 4.9%），裂缝孔隙度 0~2.4%（平均 0.3%），渗透率 0.0017~0.5451mD（平均 0.0580mD）。长宁气田位于构造斜坡和向斜区，五峰组—龙马溪组未发生明显的顺层滑脱，产层裂缝孔隙（主要为微裂缝）发育程度较焦石坝气田差，总孔隙度为 3.4%~8.4%（平均 5.5%），裂缝孔隙度为 0~1.2%（平均 0.1%），渗透率 0.00022~0.00190mD（平均 0.00029mD）。

勘探和生产实践证实，天然裂缝和有机质孔隙是页岩优质储集空间的重要组成部分，两者的发育程度是页岩气富集与高产的关键控制因素。天然裂缝的大量存在，不仅为五峰组—龙马溪组页岩气富集高产提供了充足的空间，而且降低了该页岩储层改造的起裂压力，易形成人造裂缝网络，增大人工改造的裂缝总体积。

与五峰组—龙马溪组相比，筇竹寺组页岩基质孔隙度为 1.4%~3.1%，仅为龙马溪组的 1/3~1/2。此套页岩物性变差的主要原因为：（1）有机质出现严重碳化，导致有机质内孔隙大量减少。依据电阻率和激光拉曼测试资料，川南及周边大部分地区下寒武统富有机质页岩具有较强的导电能力（测井电阻率小于 2Ω·m，干岩样电阻率小于 100Ω·m），拉曼石墨峰值高，已出现明显的有机质碳化特征。有机质碳化不仅导致有机质产气能力衰竭，而且使有机质孔隙出现白边、塌陷、充填和消失，有机质孔隙体积减小，对甲烷的吸附能力降低。据测算，长宁地区筇竹寺组有机质孔隙度仅 0.2%~0.6%，有机质孔隙体积仅为龙马溪组的 1/2，对甲烷的吸附能力仅为后者的 80%。（2）黏土矿物晶间孔大量减少。下寒武统总体处于晚成岩—变质作用阶段，黏土矿物结晶度高，具有较高孔隙体积的伊利石相对含量减少至 50%~60%，具有较低孔隙体积的绿泥石相对含量增至 30%~50%（为龙马溪组的 2 倍），导致黏土矿物晶间孔隙度减少至 0.8%~1.6%。（3）脆性矿物内孔隙基本消失。电镜观察发现，筇竹寺组脆性矿物内孔隙主体为硅藻类颗粒体腔孔，且普遍为硅质矿物所充填，残余的颗粒内孔隙度低于 0.04%。

表 5-10 四川盆地长宁页岩气田和焦石坝页岩气田五峰组—龙马溪组孔隙度构成表

气田		涪陵焦石坝		长宁
		焦页 4 井区	焦页 1 井区	
构造背景		箱状、梳状背斜	箱状、梳状背斜	宽缓斜坡
孔隙类型		基质孔隙和裂缝	基质孔隙为主，少量裂缝	基质孔隙
总孔隙度，%		4.6~7.8/5.8	3.7~7.0/4.9	3.4~8.4/5.5
基质孔隙度	小计	3.7~5.2/4.6	3.7~5.6/4.6	3.4~8.2/5.4
	有机质孔隙度，%	0.6~2.0/1.3	0.3~2.0/1.1	0.4~1.9/1.2
	黏土矿物晶间孔隙度，%	1.2~3.6/2.4	1.2~4.1/2.6	0.8~5.6/3.0
	脆性矿物内孔隙度，%	0.6~1.2/0.9	0.5~1.2/0.9	0.7~1.7/1.2
裂缝孔隙度，%		0.3~3.3/1.3	0~2.4/0.3	0~1.2/0.1
渗透率，mD		0.05~0.30/0.15	0.0017~0.5451/0.0580	0.00022~0.00190/0.00029

注：表中数值区间表示为最小值~最大值/平均值。

4）构造稳定和保存条件优越，是形成南方海相页岩气"甜点"的重要保障

中国南方海相页岩分布区经历了多期复杂的构造运动，出现大面积抬升剥蚀，断层发育，断块破碎，页岩地层遭受不同程度的破坏。为此，需要寻找构造相对稳定的复背（向）斜地区，黑色页岩层未被断层、褶皱破坏，且大面积连续分布，气层一般为常压—超压。

在四川盆地及其周缘，自盆内向盆外随着构造稳定性和保存条件变差，勘探成效显著变差。长宁主产气区位于川南低陡构造带长宁背斜西南翼部，是背斜构造背景下平缓的向斜构造，远离通天断裂和剥蚀线，地表覆盖三叠系。该气区五峰组—龙马溪组地层产状平缓，无大型断层破坏，保存条件较好，有利于形成页岩气核心区，目前已成为川南海相页岩气重点勘探开发地区，水平井单井平均日产量为 $10 \times 10^4 m^3$。在紧邻川南的昭通构造区，页岩气含气性普遍很差，钻探的昭101井位于通天断裂发育带，含气量只有 $0.17 \sim 0.51 m^3/t$、平均为 $0.33 m^3/t$，钻探未获工业油气流。在川东南至渝东南地区，龙马溪组页岩气保存条件逐渐变差，受此控制，齐岳山断裂带以西（即盆地内），压力系数高（>1.5），而齐岳山断裂带以东，压力系数较低（<1）（表5-11）。

表5-11　四川盆地五峰组—龙马溪组地层压力与页岩气产量关系统计表

所处构造位置	压力系数	测试产量，$10^4 m^3/d$	实例
盆地外及盆地内常压区	0.85~1.20	<2.5	威远构造上部、齐岳山断裂带以东
盆内超压区	1.20~1.50	2.5~7.0	威远构造中斜坡
盆内超高压区	>1.50	7.0~55.0	富顺—永川、长宁、涪陵

地层超压是页岩气"甜点"的重要标志。在四川盆地及周边，页岩气单井产量与压力系数呈明显的正相关关系，在超压区明显高于常压区。地层超压不仅反映页岩具有持续的生烃能力，也是页岩储盖组合有利和保存条件良好的重要体现。龙马溪组含气性普遍好于筇竹寺组，一方面缘于生烃条件优越，另一方面缘于良好的储盖组合和自封闭能力。龙马溪组页岩产层上覆巨厚的黏土质页岩，塑性好，下伏泥质含量高、稳定性好的宝塔组泥灰岩，上下围岩均不发育裂缝，因此自封闭能力强，在生烃作用下易形成超压型页岩气层。筇竹寺组上部为裂缝型砂质页岩与石灰岩，下部为风化壳型白云岩，水动力活跃，自封闭能力较弱，气体逸散严重，造成其含气量低。

2. 海相页岩气富集模式

受四大富集条件控制，中国海相页岩气发育构造型和连续型两种页岩气"甜点"区富集模式（图5-11）。连续型"甜点"区富集以川南威远—富顺—永川—长宁页岩气区为代表，属盆地内大型凹陷斜坡或构造斜坡区，含气页岩大面积（$5000 km^2$以上）、稳定、连续分布。构造型"甜点"区富集以焦石坝为代表，边缘构造环境复杂、内部稳定、裂缝发育、面积较小（一般小于$400 km^2$）。不同构造背景下，页理缝、构造缝、节理缝等天然裂缝型储集空间，在构造褶皱区构成网状裂缝体系，不仅为页岩气富集提供了充足的空间，而且在储层改造中还能降低起裂压力，形成人造网络裂缝，增大裂缝总体积。

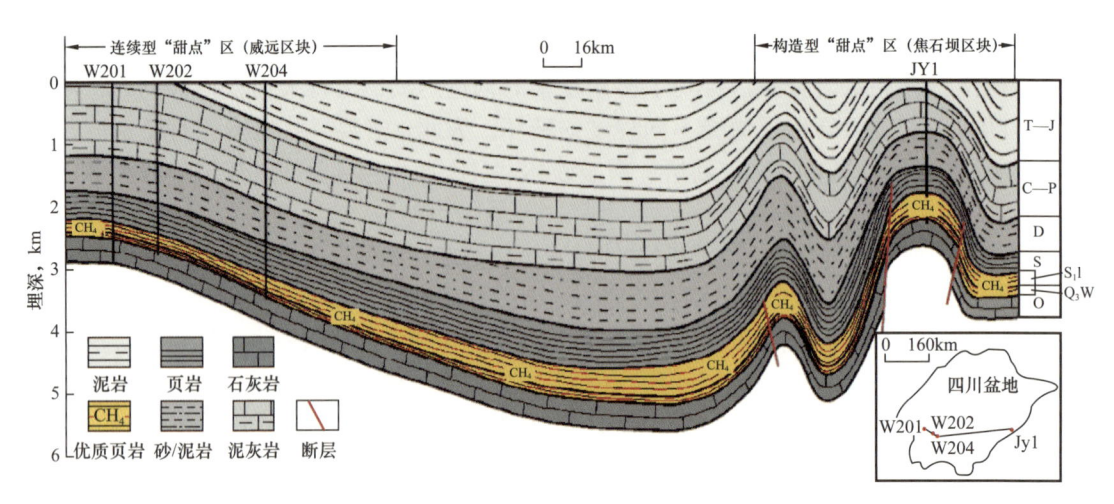

图 5-11 四川盆地五峰组—龙马溪组页岩气富集模式图

第六节 煤层气富集高产模式

煤层气是世界上开发较早的非常规天然气之一。中国是一个煤层气资源大国，2000m以浅的煤层气地质资源量达 $36.81\times10^{12}\mathrm{m}^3$，居世界第三。2002年中国煤层气研究刚起步，工业发展主要借鉴国外煤层气勘探理论认识。通过对具有中国特色的煤层气产出盆地的研究，认识到煤层气资源富集区不一定都是高产区，如何在资源富集区内准确预测高产区（即煤层气富集高产区）的分布是煤层气勘探亟须解决的关键问题。针对这一科学问题，通过国外典型煤层气富集高产区的剖析，结合国内中高煤阶富集区地质特点，以沁水盆地南部、鄂尔多斯盆地东缘和两淮矿区为研究对象，结合地质统计、实验验证和生产数据分析，揭示了基于含气量—渗透率耦合控制的煤层气富集高产区形成机理，建立了中高煤阶高丰度煤层气富集模式，为中国中高煤阶煤层气富集高产区的有效预测提供了理论依据和技术支持。

一、煤层气富集高产区涵义

煤层气是主要以吸附形式赋存于煤层中的天然气，但天然气在煤层中的分布是不均衡的，多种因素的共同作用导致煤层中存在着不同规模和丰度的含气区域。国内外煤层气开发实践表明，要实现商业化运作就必须具备高丰度富集条件，即要有丰富的煤层气资源，且具有一定的资源规模；同时煤储层的原始渗透率要高，且储层具有可改造性（表5-12）。在具备这些条件之后，通过各类工程改变煤层气储层空间的压力系统和应力分布，使煤层气与煤储层之间的动平衡状态受到破坏而产出煤层气并达到商业产量。因此，煤层气富集高产区可定义为：煤层气高丰度富集区是在相似地质构造单元，有效供气面积内储量丰度较高，规模较大，并能进行相应商业性开发的区域[7, 11, 35—37]。

煤层作为煤层气生成和储集的载体，在整个成煤作用的泥炭化作用阶段、成岩作用和变质作用阶段以及后期煤层抬升阶段，在微生物、温度、压力的作用下，伴随煤（或泥炭）成分与结构的变化，都有烃类气体的形成。而不同阶段，气体的成因、产气量大小、煤储层结构特征及对煤层气的保存、开发的影响都各不相同。不同煤体演化程度导致不同地区煤层气的富集机制与富集模式不同。故按煤演化程度将煤层气富集区分为高煤阶煤层气富集区、中煤阶煤层气富集区和低煤阶煤层气富集区，其中低煤阶煤层气富集区又可以进一步划分为未熟低煤阶煤层气富集区和低成熟低煤阶煤层气富集区。

表 5-12 国内外不同煤阶煤层气地质学特征对比

	资源					
	圣胡安盆地	粉河盆地	拉丁盆地	河东煤田	沁水盆地	阜新盆地
面积，$10^{10}m^2$	1.94	6.68	0.17	1.60	4.20	0.20
煤系地层厚度，m	91～122	457～762	152～457	79～221	70～140	300～2300
煤资源，10^8t	2400	13000	15～48	2111	3098	12
煤级（R_o），%	>0.73	<0.50	>0.73	<1.50	1.50～4.50	0.55～0.75
典型含气量，m^3/t	2.83～14.16	<2.80	5.68～14.16	4.00～16.00	4.00～25.00	2.30～16.23
煤层气资源量，$10^{12}m^3$	2.49	0.45～2.92	0.24～0.34	4.50	3.28	0.0137
资源丰度，$10^{12}m^3/km^2$	1.67	0.07～0.43	1.41～2.00	2.81	0.78	0.07
构造关系	简单	局部复杂	局部复杂	简单	简单	较复杂
内陆抬升	存在	存在	很少	存在	存在	很少
裂隙走向	NW，NE	NNE，E	ENE，WNW	EW	NW，NE	NNE，NE
裂隙控制	是	是	可能	是	是	可能
构造倾角变化	很少	很少	很少	很少	很少	个别
	沉积环境					
最大煤厚，m	7.62～12.19	30.48～45.72	<3.05	<4.00	5.00～7.00	0.05～96.84
煤层净厚度，m	12.19～18.29	76.20～106.68	12.19～21.33	8.00～29.00	5.00～14.63	80.00～120.00
煤层连续性	好	非常好	不好	好	好	不好
煤层走向	NW	NW	NE（盆地南）—NW（盆地北）	SN	NNE，NE	SN
煤系厚度，m	91～122	457～762	152～457	79～221	70～140	300～2300

续表

水文地质						
承压水超压	广泛	存在	可能	存在	广泛	广泛
烃类超压	缺乏	缺乏	缺乏	缺乏	缺乏	可能
正常压力	存在	存在	存在	广泛	广泛	存在
欠压	广泛	缺乏	广泛	存在	存在	
Cl⁻含量，mg/L	10～100	100	100	10～1000	10～150	
渗透率，mD	～10	10～100	～5	＞10	＜0.1～6.7	＜100
压力转变	广泛	缺乏	存在	存在	存在	可能
集中流	广泛	最小	存在	存在	广泛	最小
流向	西南	北；东	西北	西	西；东	垂直
热成熟度						
煤级①	0.65～2.35	0.50	2.00	＜1.50	1.50～4.50	0.55～0.75
典型含气量	2.83～14.16	＜2.80	5.68～14.16	7.00～15.00	5.00～25.00	2.30～16.23
气体成分	非常湿—非常干	干—非常干	非常干	干	干	干—非常干
CO₂含量	低—非常高	低—非常高	低	低	低	低—非常低
气体成因类型	热成气，生物气	生物气	热成气	热成气	热成气	热成气，生物气

①：在热成熟度中，圣胡安盆地、粉河盆地、拉丁盆地取的是1800m处煤的煤级。

二、中高煤阶煤含气性主控因素与向斜富集模式

煤层含气量影响因素较多，以往研究表明，资源富集程度受控于构造演化、水文地质条件和封盖条件三大地质因素，除此之外，煤储层本身由于非均质性的存在，对煤层气藏也可以起到自封闭作用。下面重点阐述水文地质条件、封盖条件和煤储层对中高阶煤含气性的控制。

1. 水文地质条件对煤层气富集的控制

水文地质条件包括煤层水矿化度、水型等静态要素和水势、水的来源及演化等动态因素。以沁水盆地南部和鄂尔多斯盆地韩城地区为例，通过对煤层水矿化度、水型、水的来源等研究，阐述水文地质条件对煤层气富集高产区形成的控制。

1）地层水矿化度、水型特征

沁水盆地南部煤层地层水矿化度具有东部低、西部高的特点。垂向上，研究区主力煤层地层水的矿化度有随埋深增加而不断变大趋势，浅部地层水矿化度较低，主要受地表水渗入后淡化作用引起矿化度减小；深部地层水矿化度变高，与深层地层水水文地质条件具有较好

的封闭性有关。就地区而言，矿化度的变化趋势也存在较大的差异，沁水南部煤层地层水的矿化度随深度变化不很明显，而韩城地区变化较大，并在深度为700m左右处发生突变。

从研究区地层水水型平面分布特征（图5-12）可以看出，$NaHCO_3$型地层水在沁水南部地区广泛分布，并且对应的矿化度多小于3000mg/L；大于3000mg/L的地层水多以NaCl型为主，在郑庄、固县两区块少量分布。韩城地区$NaHCO_3$型和NaCl型地层水分布较均衡，高矿化度的地层水为NaCl型，且分布在韩城的中西部；低矿化度的地层水为$NaHCO_3$型，分布在韩城地区的东部靠近断层带附近。

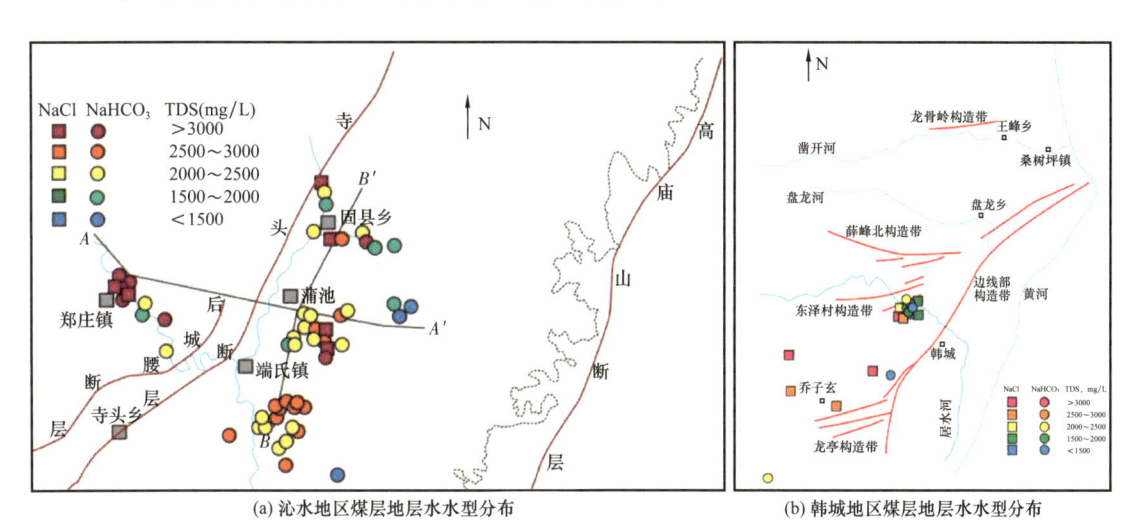

图5-12 沁水地区、韩城地区煤层地层水水型分布

2）地层水来源

沁南地区和韩城地区煤层水的稳定氢氧同位素多分布在全球大气降水线GMWL的附近（图5-13），指示主要来源为大气降水，推测古大气降水可能是研究区地层水的主要来源。研究区在地质历史时期构造抬升过程中，由于断层的开启和地层剥蚀导致地表水从断层和输导层渗入到煤层中去。研究区分布在GMWL之上的地层水样品多受到生物发酵作用的影响，因为在生物发酵产生甲烷的过程中需要利用水分子中的氢，进而导致地层水氢同位素偏重。分布在GMWL之下的样品则与大气降水的混合作用有关，这与卤素离子的分析结果一致，表明地层水发生混合作用后在演化过程中又经历了蒸发作用导致其偏离GMWL，其中可能有原生成岩作用产生的地层水，但特征不明显或只是极少量。

3）水文地质条件与煤层气富集

煤层气的富集过程实际上是一个保存过程。煤层气的散失过程是由于构造抬升，温度压力条件的改变，煤层气发生解吸，解吸出来的气体一部分溶于水，另一部分以游离态存在于裂隙中。水动力对溶解于水的煤层气起到破坏作用，从而打破煤层吸附气、游离气和溶解气赋存状态的动平衡，使煤层中含气量降低。因此，水动力强弱对煤层气的富集息息相关。通过以上研究，水文地质条件对煤层气的富集具有如下显著特征：

（1）$NaHCO_3$型和NaCl型中等矿化度地层水有利于煤层气的保存。

通过对沁水盆地南部、韩城地区以及低煤阶阜新盆地的煤层气井日产量的统计（图5-14），可以发现煤层气高产井的地层水矿化度既不属于低矿化度区域，也不对应着高矿化度范围，而是处于中等偏低的水平，矿化度值介于 1200~4000mg/L 之间。NaHCO$_3$ 型低矿化度地层水表明其受地表水渗入的稀释等作用影响较强，水流动频繁，水体环境不稳定，煤层气遭受到破坏；高矿化度的地层水指示其水—岩相互作用强烈，一般埋深较大，煤层气的含量有限，不利于煤层气的富集和高产。NaHCO$_3$ 型和 NaCl 型中等矿化度地层水指示地层水环境水体比较稳定、封闭，受地表水和大气降水等的影响有限，水岩作用较弱，同时，埋藏深度适合煤层气的开发，这些优势条件共同促成了煤层气的保存和高产。

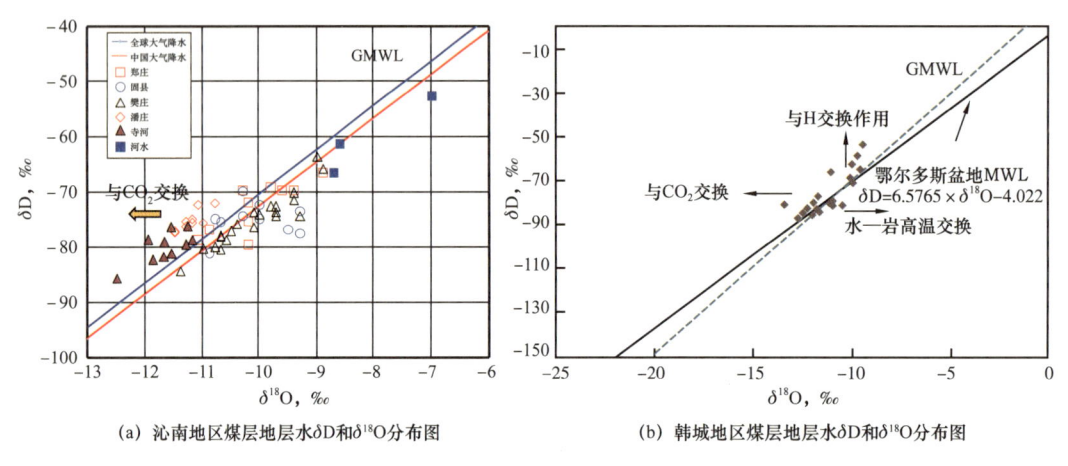

图 5-13 沁南地区、韩城地区煤层地层水 δD 和 $\delta^{18}O$ 分布图

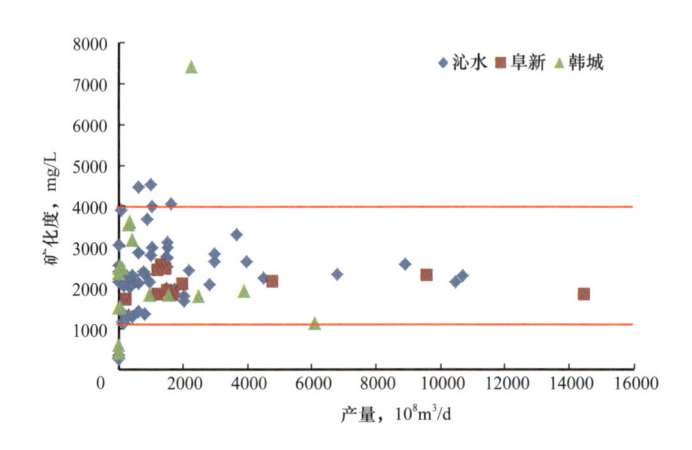

图 5-14 煤层气产量与地层水矿化度的关系

（2）地层水滞流—弱径流区有利于煤层气的保存。

煤层中地层水的流动特征同样受流体势（水势）控制，在不同水势大小的地方表现出不同的流动特征，煤层中不同的水流特征导致煤层气保存和产出的差异。水动力条件强的地区煤层含气量低，而水动力相对较弱的区域含气量高。以沁水盆地南部地区为例，研究区为复式向斜，呈单斜向盆地内部延伸，断层不甚发育，地下水呈典型的汇流状态：研究区东部和南部的煤层出露地表遭受大气降水和地表水的补给，北部和西部有分水岭的水源补给。东、南、西、北四面的地层水向水位低等势面部位汇流。随着水流指向汇水区方向，煤层气的含量明显增加。沁水盆地南部地层水滞流—弱径流区，水流速度缓慢并趋于停滞，煤层含气量很高，为煤层气的富气区，这主要是因为该区为低水势的区域，水势变化较小，地层水流动缓慢或停滞且能承压，压力使煤层吸附的煤层气不易发生解吸，对煤层气起重要的保存作用。在径流水区含气量一般较低，这主要是因为该区水动力强，意味着水势梯度大，从高势区到低势区变化较快，地层水流动快速，使水体动荡，煤层气中的甲烷在水中部分被氧化或在水力充足条件下溶解于水并随水力运移发生扩散散失，甲烷含量大幅度减少；同时，在氧分子和溶解于与气藏接触的水中的硫酸盐的作用下，表生作用带内的甲烷部分受到氧化，产生了大量的氮气、二氧化碳等，由于氮气分子直径比甲烷的分子直径小，随着水力运移距离的增大，氮气含量的增加幅度比甲烷幅度大，从而影响甲烷的吸附性能，致使在水动力强的径流区煤层气含量较低。由此可见，地层水滞流—弱径流区有利于煤层气的保存。

（3）地层水滞流区煤层含气饱和度高。

从理论上讲，构造运动引起煤层含气饱和度的变化，如果煤层抬升后再埋藏，无气源补充的话，含气饱和度随埋深的加大而降低；如果煤层处于持续抬升状态，吸附气量降低，含气饱和度保持较高水平。但现实中，煤层的含气饱和度并不都表现出经过构造抬升后变高的特点，这主要是受到水动力作用所致。大气降水补给后，因甲烷不饱和而不断溶解浅部煤层的游离气，吸附气不断补充游离气，长时间巨量水的溶解使浅层或者较高构造部位含气量和含气饱和度低。深部地区煤层水由于溶解甲烷已达到一定量，加之矿化度的升高抑制了溶解作用，使深部煤层因溶解损失的含气量有限，其至可能部分溶解甲烷出溶，补充深部煤层含气量，造成高含气饱和度的结果。如沁水盆地南部山西组3号煤层含气饱和度与含气量分布规律大体一致。浅部地区含气量低，含气饱和度也低，大宁、潘庄1号井田、成庄、樊庄等地区含气饱和度0.54~0.71；嘉峰、端氏到蒲池一带，含气量处于高值区，含气饱和度也较高，大于0.83，潘1井达到1.07，明显有相当量的游离气存在。

2. 盖层对煤层气富集的控制

盖层对煤层气藏的保存至关重要，盖层包括煤层顶、底板及其上覆地层，煤层顶、底板对煤层气藏起到直接封盖作用，上覆地层具有区域性封盖作用。煤层的围岩主要是指煤层气藏周围的岩石，可以是煤岩体本身，也可以是与气藏直接或者间接接触的地层，如煤层的顶、底板和上覆地层。围岩在煤层气富集中充当封堵作用角色，围岩封闭性优劣直接控制煤层气富集程度。

1）顶、底板性质对煤层气富集的控制

煤层顶、底板对煤层气的富集起到重要作用。从沁水盆地南部不同深度区3号煤层含气量的比较，不难发现煤层含气量受顶、底板的影响是明显的。在顶、底板条件相近的情况下，煤层的含气量是随埋深的增大而升高的，除了顶、底板封盖性变好外，另一个重要的原因是煤层的压力增大，提高了煤层的吸附能力，从而最终造成含气量的升高。如果煤层顶、底板封盖性不同，却会造成含气量变化的不规律性，这一点可以说明，煤层气富集不仅与顶板有关，同样与底板也有关，顶、底板的封盖性影响到煤层的含气量。沁水盆地南部潘庄、郑庄和樊庄地区，由于煤层的顶、底板岩性不同，使得含气量有别的现象比较突出。按理郑庄区和0801井埋深比较大（>600m），煤层的含气量也应该更高的，但实际上郑庄区煤层厚4.6~5.7m，平均5.24m，含气量6.33~6.81m³/t，平均含气量仅6.57m³/t；0801井3号煤层含气量也只有10.87m³/t，比邻区埋藏浅的潘庄一号井田区和樊庄地区含气量还要低，如潘庄一号井田3号煤层埋深多在300~350m，厚4.81~6.79m，平均5.58m，含气量3.74~21.86m³/t，平均10.89m³/t；樊庄区煤层厚4.83~6.56m，平均5.56m，含气量7.59~22.96m³/t，平均13.43m³/t，其中晋试1井3号煤层埋深450~500m，含气量21.97~27.17m³/t，平均25.29m³/t。究其原因，郑庄区和0801井普遍是砂岩顶、底板，而潘庄、晋试1井等多是泥质岩顶、底板，很显然，煤层顶、底板的封盖性的优劣也是造成煤层气含气量变化的原因之一（图5-15）。

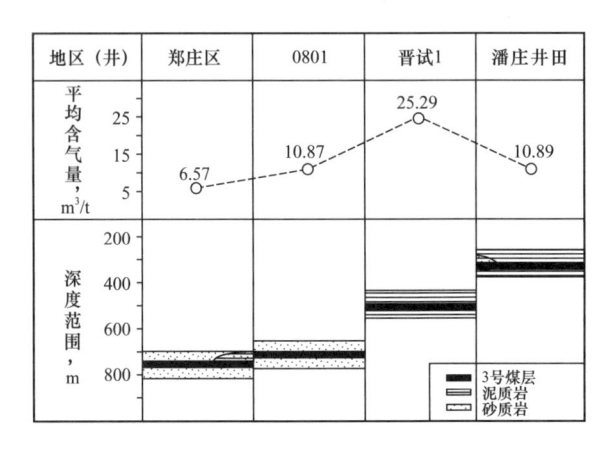

图5-15 沁水盆地南部不同深度区3号煤层顶、底板岩性和含气量比较

2）上覆地层对煤层气富集的控制

上覆地层是指煤层气藏的上部地层，由于上覆地层厚度反映煤层的埋藏深度，是煤层气富集的外部条件，随着上覆地层厚度变化，煤层所处温度压力也变化，从而影响煤层的吸附能力。

（1）上覆地层厚度对煤层含气量的影响。上覆层厚度基本上反映了煤储层所处的压力，一般来讲，高压力有利于煤层气的吸附。煤储层流体压力受上覆岩层压力、静水压力、构造应力共同影响，但如果岩石孔隙是连通的，储层流体的压力则等于静水压力。埋深一定程度反映了煤层气藏的孔隙流体压力，储层流体压力随埋深增大而增大，沁水盆地主煤层压力与埋深呈指数正相关关系。在等温的情况下，随着压力的增大，煤层含气量是升高的。但并不是压力越大越好，一些学者认为，一般当煤层埋深超过1500m，兰氏方程不再适用。所以煤层气在1500m以浅具有煤层气埋深大则含气量高的特点。通过统计沁水盆地3号煤、15号煤和新集1~13煤层、云南恩洪盆地等煤层含气量与埋深的关系可见，煤层埋深一般在400~1000m范围内，煤层含气量有随埋深增大而增大的趋势，其他含煤盆地也有这种特点。

（2）上覆地层有效厚度对煤层含气量的影响。煤储层上覆地层有效厚度，是指煤层到气体大量生成后第一个不整合面的地层厚度，它真实反映了煤层气大量生成后构造运动及其造成的地层抬升、剥蚀等作用对煤层气保存条件的影响。一般来说煤储层上覆地层有效厚度越大，保存条件越好；有效地层厚度越薄，表明构造运动造成抬升、剥蚀强烈，地层压力下降越多，气体越易发生解吸散失。

华北地区煤层在三叠纪下沉达到生气高峰，古近纪—新近纪抬升遭受剥蚀，然后又沉降，无二次生气，形成现今形态。构造运动使经过生气高峰的煤层抬升，遭受剥蚀，剥蚀程度未达到瓦斯风化带，因而煤层气散失量不大，对煤层气保存未起到破坏作用，煤层富含煤层气。如华北大城凸起在含煤地层沉积后开始下沉，达到生气高峰，接着在三叠纪的后构造运动抬升下，地层遭受剥蚀，在大试1井区主力煤层顶部连续沉积的二叠系厚度（上覆地层有效厚度）仅为100m，其含气量小于2m³/t，处于瓦斯风化带，而大1-1井区主力煤层顶部连续沉积厚度为200m，其含气量较高，一般大于10m³/t。开平涧河地区虽然煤层埋深较大（大于1000m），但是该区尤其是西河凸起煤层上覆地层有效厚度较小，仅为100m左右，因此测井解释结果是西2井含气性较差；而开平向斜的煤层上覆地层连续沉积，厚度较大，一般在200～2000m，故其保存条件较好。

3. 煤储层对煤层气富集的控制

煤储层对煤层气富集的控制主要表现于煤储层由于具有强非均质性，在同一煤层中物性差异所形成的自封闭作用。煤储层对煤层气富集的控制主要包括煤岩的成煤环境、变质程度和煤层的非均质性。成煤环境决定煤岩特征、生气潜力、储集性能及渗透性，变质程度影响煤层的吸附能力，煤层的非均质性易形成侧向封堵。

1）成煤环境

沉积环境及煤质对煤储层的储集性能起到直接的作用。沉积环境对煤储层的影响体现在不同沉积环境煤储层的煤岩特征、生气潜力、储集性能及渗透性具有一定的差异，如准噶尔盆地西山窑组潮湿森林泥炭沼泽、干燥森林泥炭沼泽和高位泥炭沼泽煤储层较发育，对甲烷的吸附能力相对较大，渗透性也较好，成藏条件较好，从成煤环境对煤储层物质组成的控制来看，西山窑组煤层不乏有利于形成煤层气藏的煤层。

2）煤岩变质程度

煤层气富集很大程度上取决于煤岩的储气能力。煤层储气能力的影响因素很多，就煤岩体本身而言，显微组分及煤变质程度是两个主要因素。

煤变质程度对煤层储气能力的影响表现为低、高变质煤吸附量大，而中等变质煤吸附量小。这是因为煤的变质程度反映了煤层气的生成和吸附性，从生气的角度，煤的成熟度高，一般经过两次生烃演化，生成大量的煤层气，生成的煤层气可以满足煤层吸附，只要有好的保存条件，不需要外来气源的补给就可以富集成藏，如我国沁水盆地南部的煤层气富集区；而低煤阶煤层热演化程度低，有机质均处于未熟至低成熟阶段，生气量不大，煤层气的富集有外来气源弥补含气量的不足，如美国粉河盆地煤岩的R_o小于0.5%，煤层含气量普遍较低，一般为0.78～1.60m³/t，最大一般不超过4m³/t，富集区煤层气成因主要为原生生物成因。不同变质程度的煤孔隙结构不同，煤岩的内表面积大小也不同从而导致煤的吸附能力不同，低煤阶煤以大孔为主，孔隙较大，随着煤变质程度的加深，孔隙变为以微孔为主，造成中等变质程度煤孔隙度和内表面积小，吸附力也小，而低、高变质煤孔隙度和内表面积大因而吸附力也强。当煤级达到无烟煤阶段，随着热演化程度的进一步加深，煤层吸附能力迅速下降。通过不同变质程度煤等温吸附实验结果表明，随着变质程度的增高，煤的吸附量是增大的，说明高变质煤层具有较好的吸附性。中国不同含煤盆地含气量随深度变化的统计也表明高变质煤比低变质煤具有更好的吸附能力，不同煤阶盆地在相同深度条件下含气量不同，中国东北鸡西地区是以低煤阶为主的煤层，含气量较低，山西沁水地区高煤阶煤层含气量较高，河南平顶山地区中低煤阶煤层的含气量则介于两者之间（图5-16）。

4. 煤层气向斜富集规律

煤层气富集主要取决于含煤盆地区域构造演化、水动力作用和封闭条件等三大控藏地质因素，这三个煤层气富集控藏因素综合作用的结果决定了地质构造中的向斜具有天然维持地层压力的机制，即具有向斜富气的规律特征。向斜一般保持有上覆最大的有效地层厚度，有利于维持较为稳定的地层压力；一般具有地层水的向心流动机制，在向斜核部维持较高的地层压力系统；一般向斜核部断裂、裂隙不发育，煤层气被水动力溶解、冲洗作用弱。

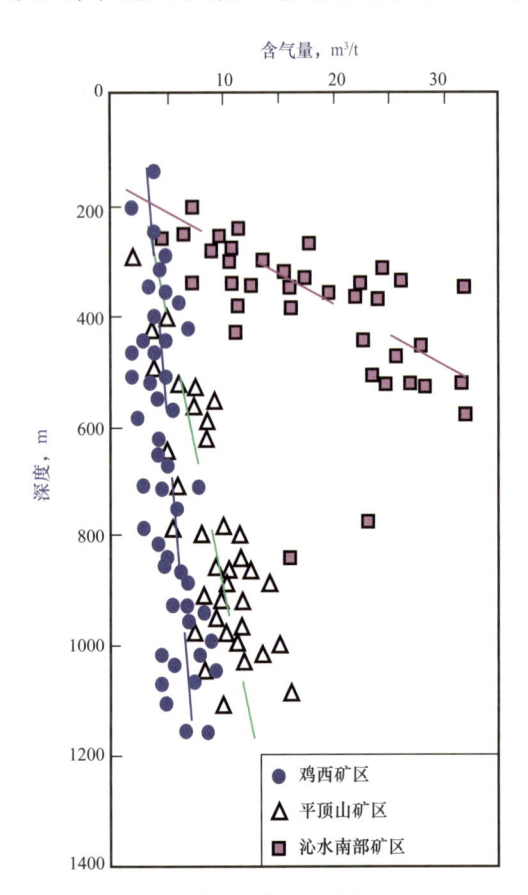

1）煤层气向斜富集机理

向斜构造富集机理是基于构造演化、水动力条件以及封闭条件等三大控藏地质因素的综合地质反映。

煤层气的富集主要表现在含气量的相对大小，同样的煤阶含气量高，也就表明其在某处富集，含气量低则不富集。通过在实验室内仔细分析发现，影响煤层含气量的主要静态因素有六种，即煤阶、温度、压力、水分、煤岩组成和灰分，用地质思维来描述这些因素则集中表现为五大场，即地温场、地压场、地应力场、水动力场和生物场。煤层气储存在煤层中的机理，主要是靠地层压力吸附在煤基质中。所以在特定的地质条件下，对于一定煤阶的煤层，只要能维持一定的地层压力，煤层气就可以吸附在煤层中，即煤层气富集于地层高压区。因此，向斜富气区主要位于地层高压区，煤层气主要靠地层压力吸附在煤基质中。

图 5-16 中国含煤盆地煤层深度与含气量关系图

在向斜构造中，从翼部至核部，总体上看煤层埋深不断增加，高程不断减小，导致由重力引起的地层水位能呈降低趋势。而处于同一流体动力系统中的向斜富集煤层气藏，在没有外来水体补给的情况下，其流体动力系统处于平衡状态，水头处于同一水平，水势相等，那么位于向斜轴部相对深部的煤层便具有较高的流体压能（弹性能），更容易吸附煤层气从而富集成藏，这就是向斜构造富气理论。

向斜具有天然的维持地层压力机制和富气条件。这是因为：（1）向斜上覆地层厚度一般较大，压力较高，有利于吸附煤层气，能有效阻止煤层气垂向散失；（2）向斜一般具有地层水的向心流动机制，在向斜核部维持较高的地层压力系统，容易形成滞流水承压封闭；（3）向斜核部一般断裂、裂隙不发育，煤层气难逸散，具有良好的封闭条件。

通过对不同煤层气聚集单元，如聚气区、聚气盆地、构造带和褶曲等的分析发现，不同的构造单元层次其影响的主要地质因素也有很大区别，但是对于盆地—构造带—褶曲而言，与向斜这一特定的构造形态有关的地质主控因素如水文地质因素、盖层和断裂的发育程度等是控制这三级构造的主要地质因素。无论在单个向斜构造，还是盆地、盆地内的二级构造带，煤层气的向斜富气特征都具有普遍性的作用规律。

2）煤层气向斜富集规律的地质意义

煤层气在向斜部位富集是一种地质现象，也是一种地质规律，一方面由于向斜部位煤层上覆地层厚度相对较大，储层压力相对较高，有利于煤层气的吸附；另一方面向斜部位煤层中的水动力条件相对较弱，由于水的流动缓慢，带走的溶解在水中的煤层气相对较少，从而含气量相对较高。煤层气的勘探开发既要选择煤层气富集有利的部位，又要选择煤层渗透率相对较高的区域。因此，煤层气向斜部位富集这一地质规律对于指导煤层气的勘探具有重要的意义。向斜构造富集规律在沁水煤层气田勘探中发挥了重要作用。

从构造特征看，沁水盆地南部和北缘都呈向斜构造形态，向斜部位含气量明显高于两翼。剖面形态上，沁水盆地复向斜盆地的南段地层宽阔平缓，地层倾角平均只有4°左右，区内低缓、平行褶皱普遍发育，展布方向以北北东向和近南北向为主，呈典型的长轴线型褶皱。煤层气赋存与褶皱构造有一定的相关性，背斜轴部含气量低，含气量5~15m³/t，特别是潘庄矿西部的马村背斜表现得更加明显，而向斜轴部和翼部煤层含气量高，含气量均高于15m³/t。平面上看，通过对沁水盆地南缘晋城矿区成庄矿的煤层含气量与构造形态的关系进行了详细研究，发现构造形态对煤层气的富集具有明显的控制作用，处于向斜部位的煤层含气量（15~25m³/t）一般要比处于背斜部位的煤层含气量（5~15m³/t）高得多。

从水动力条件看，地下水条件对沁水盆地南部向斜构造煤层气富集有重要意义。该向斜地下水接受来自东部和南部的大气降水补给，以及北部和西部分水岭的水源补给，水体向水位低等势面部位汇流；水质由$HCO_3·SO_4—Ca$型向$HCO_3·SO_4—K·Na$型和$HCO_3·SO_4—Ca·Mg$型转化，矿化度最低为800mg/L，最高可达2600mg/L以上。向斜部位矿化度一般大于1000mg/L，显示出地下水滞流的特征，有利于保存煤层气，形成含气量高值区，含气量在15m³/t以上。

从封闭条件看，从向斜翼部到轴部，煤层埋深及上覆地层厚度增大，离煤层风化带变远，有效阻止了煤层气垂向散失，另外向斜部位上覆地层厚度相对较大，储层压力相对较高，有利于煤层气的吸附。向斜核部上覆地层厚度大于向斜翼部，煤层含气量向核部逐渐增大。再者由于向斜核部断裂、裂隙不发育，煤层气逸散难，有效保存了煤层气（图5-17）。

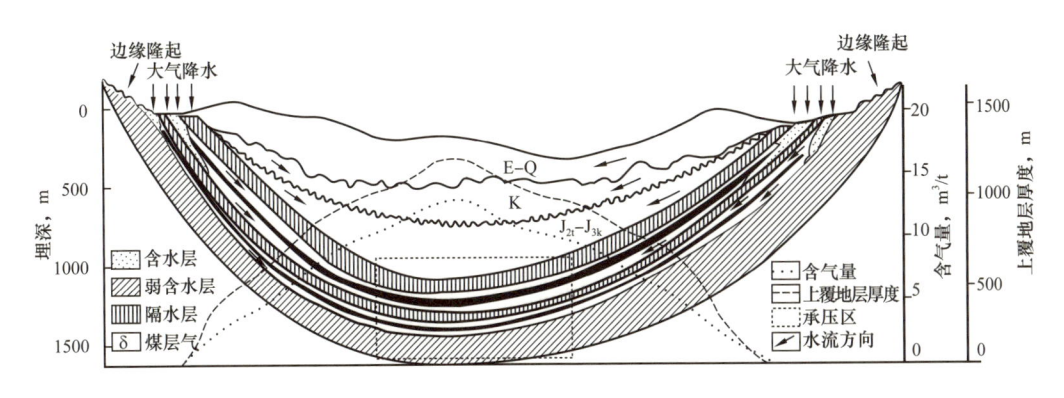

图5-17 向斜构造富气模式图

综合分析构造特征、水动力条件以及封闭条件，应用向斜构造富气理论，认为沁水盆地南部向斜构造有利于煤层气富集，这对沁水南部煤层气勘探具有现实指导意义。

三、中高煤阶煤层气富集高产区形成模式

在地质条件下，煤层含气量和渗透率变化趋势往往不一致，两者优势耦合关系控制了煤层气产量，即高含气量和高渗透率叠合区控制了煤层气的富集与高产。根据国内外典型盆地煤层气地质解剖、物理模拟实验和地质数据统计，可以建立中国煤层渗透率与含气量耦合关系控制煤层气产量的中高煤阶煤层气富集高产区的三种模式：斜坡区含气量和渗透率优势叠合富集模式，脆韧性变形过渡带煤层气富集模式以及富集区相对构造高部位高产模式。

1. 斜坡区含气量和渗透率优势叠合富集模式

斜坡带是大型沉积盆地煤层气富集区的主要类型，鄂尔多斯盆地韩城富集区位于盆地东缘韩城地区的南部，处于龙亭构造带附近，为一向西倾的单斜构造，由浅部到深部依次钻HS5井、HS10井、WLC08井和HS4井，其中在浅部的HS5井目前没有煤层气产量，主要是由于煤储层含气量低；在深部的HS4井，煤层气产量仅为66m³/d，是由于含气量和渗透率组合较差；而位于斜坡中部的WLC08井和HS10井煤层气产量相对较高，最高的为HS10井，煤层气产量超过1000m³/d，这两口井所处的煤层含气量和渗透率的匹配具有一定的优势。这说明，煤层气高产井多分布在斜坡区的中部，该区域煤层的地质特征均是渗透率和含气量较高，且深度不是太大，推测在深度方向上可能存在一个渗透率和含气量优势叠合带控制了煤层气的富集和高产。

地质条件下，随着埋藏深度的增加，含气量逐渐升高，当埋深增加到一定程度时，受温度和压力综合作用的结果，含气量变为降低的趋势，而煤层的渗透率却随深度的增加呈指数下降。煤层气富集高产区形成于含气量和渗透率的优势耦合区域，在这个平衡带内煤层气高丰度富集和高产，确定含气量和渗透率优势叠合带作用区的界限是研究缓斜坡高丰度富集区煤层气富集关键。

实际地质资料统计和物理模拟实验均证明斜坡带含气量和渗透率优势叠合控制富集高产区，从而建立了含气量和渗透率优势叠合带富集地质模式（图5-18），含气量和渗透率耦合作用控制了斜坡区煤层气的富集高产，煤层含气量大于8m³/t、渗透率大于0.2mD是优势叠合带的参数下限，但不同地区埋深范围有所不同。沁水盆地南部含气量和渗透率的优势带大致在200～1700m，鄂尔多斯盆地东缘大致在300～1800m，优势带内含气量和渗透率对煤层气富集和高产的影响达到最佳。中国沁水盆地南部樊庄地区和鄂尔多斯盆地韩城地区属于这种类型的富集区。

2. 脆韧性变形过渡带煤层气富集模式

不同构造变形机制、变形程度以及变形类型会对煤储层孔隙—裂隙系统产生影响，并通过孔隙—裂隙系统影响煤储层的吸附、扩散和渗流特征，进而制约煤储层富集性及渗透性。

在多期构造作用下，华北含煤盆地内的煤层和煤系发生了不同程度的抬升剥蚀、沉降深埋和褶皱断裂，形成分割的含煤区块。其中，两淮地区在石炭纪—二叠纪含煤岩系形成之后，经过挤压、推覆、叠置、变深、拆离、变浅等一系列构造作用最终形成逆冲推覆构造系统，含煤岩系也随之多次发生形变，形成了褶皱、断裂等各种形变迹象。两淮地区主

要控煤构造为叠瓦扇逆冲断层构造，它造成大范围、大幅度升降运动，控制和影响褶皱及滑脱构造，使煤层埋深增加，构造煤普遍发育。

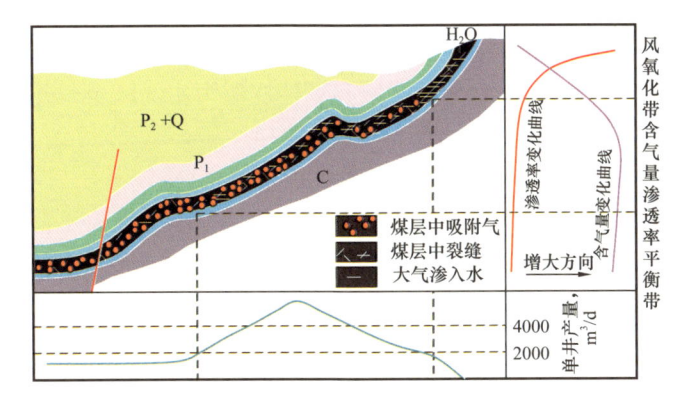

图 5-18　斜坡区含气量和渗透率优势叠合带富集模式

在淮北宿县煤田中，西寺坡断层东西煤层变形不同，西寺坡断层以东芦岭矿区，煤储层以韧性变形煤为主，煤层渗透率低，但含气量较高；西寺坡断层以西桃园矿区煤储层以脆韧性叠加变形为主，煤层除具有较高的含气饱和度外，还具有较大的渗透率。整体上以脆韧性叠加变形为主的煤储层，其含气性和渗透性较好，更有利于煤层气的经济开采。不管是物理模拟实验数据分析还是淮北煤田实例数据统计分析，都可以发现经历脆、韧性叠加变形的煤样，渗透率和含气量配置最好，最有利于煤层气经济开采。因此，可以认为在煤储层脆韧性变形过渡带煤层气相对富集，进而认为存在煤储层脆韧性变形过渡带煤层气富集模式（图 5-19）。

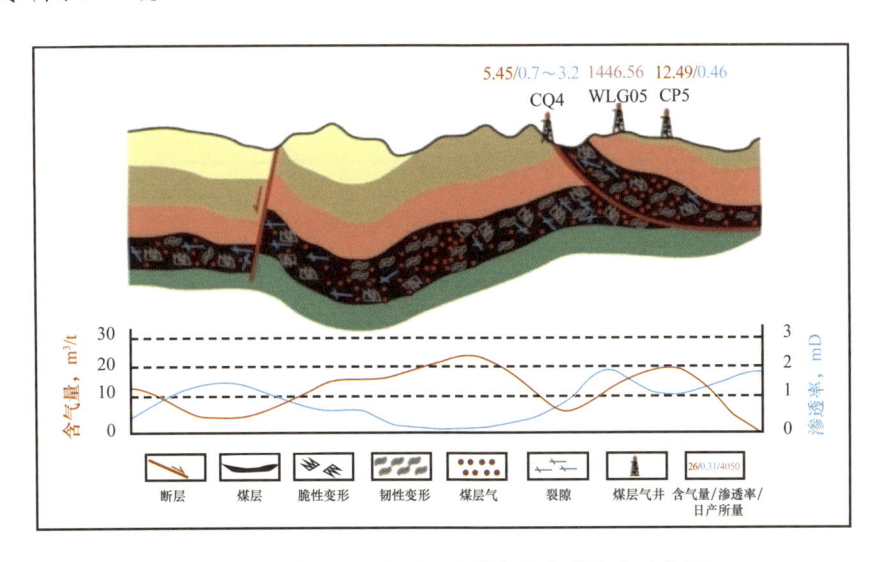

图 5-19　脆、韧性变形过渡带富集高渗模式示意图

含煤盆地在构造演化过程中，煤储层受到挤压作用影响，含煤层系会逐渐形成褶皱系统，并且随着煤储层受挤压和剪切作用的增强，会沿挤压运动方向形成逆冲构造，煤岩多韧性变形；断层附近煤层气逸散，含量降低，渗透性较好。断层夹持的中间区域，常形成

宽缓褶皱区，在背斜轴部区域，以张性作用为主，形成脆性变形煤；在向斜核部以挤压应力为主，形成韧性变形煤；在向斜、背斜翼部，煤岩多以脆性、韧性变形为主；煤储层含气性自核部向翼部降低，渗透性自核部向翼部增大。脆韧性叠加变形模式多在褶皱系统和复杂褶皱系统中起到控制煤储层物性的关键性作用，因此脆韧性叠加变形的区域其含气量和渗透率的匹配要好于脆性变形为主的区域和韧性变形为主的区域，并形成具有高产意义的煤层气富集区。

3. 富集区相对构造高部位高产模式

沁水盆地南部总体上为一宽缓的斜坡带，区内褶皱、断层较为发育，煤层含气量总体上较高，平均为 10~25m³/t，区内樊庄、潘庄、郑庄已初步实现规模开发，通过大量的实例证明，在含气量差不多的情况下，构造不同部位产气差别较大，表现为相对构造高部位煤层气高产。构造调整降压富集，相对构造高部位饱和度高。富集区内，构造抬升幅度较小，未造成煤层气大量散失，同时由于储层压力下降，吸附能力降低，相应吸附饱和度增高。通过开展模拟实验表明，构造调整，储层压力降低，吸附饱和度增高。富集区相对构造高部位裂隙比较发育且有效应力小，渗透率高。轴部煤层为应力释放区，张裂缝发育，渗透率高。

相对构造高部位高产的前提是位于富集区，其高产机制可归纳为：富集区的构造高部位为应力释放区，微裂缝发育，且上覆地层压实作用弱，造成渗透率较高，煤层气易产出；构造抬升引起的储层压力降低相当于煤层内自解吸，造成吸附饱和度增大；储层压力降至临界解吸压力之下，煤层气由吸附态变为游离态，水因重力作用易流向下倾方向，气因浮力作用易流向上倾构造相对高部位，使得相对构造高部位产量高。富集区相对构造高部位高产模式如图 5-20 所示：含煤盆地斜坡带复向斜部位由于煤层埋深适中，煤层气相对富集；复向斜内部次级褶皱的相对构造高部位由于抬升应力释放，微裂缝发育，且上覆地层压实作用弱，为相对高渗透带，再者构造抬升导致储层压力降低，相当于储层内自排采过程，在保存条件好的区域易形成煤层气高吸附饱和带；"气上水下"排采动态地质效应的补给作用，致使其相对构造高部位产气早，产气量大而产水量小。

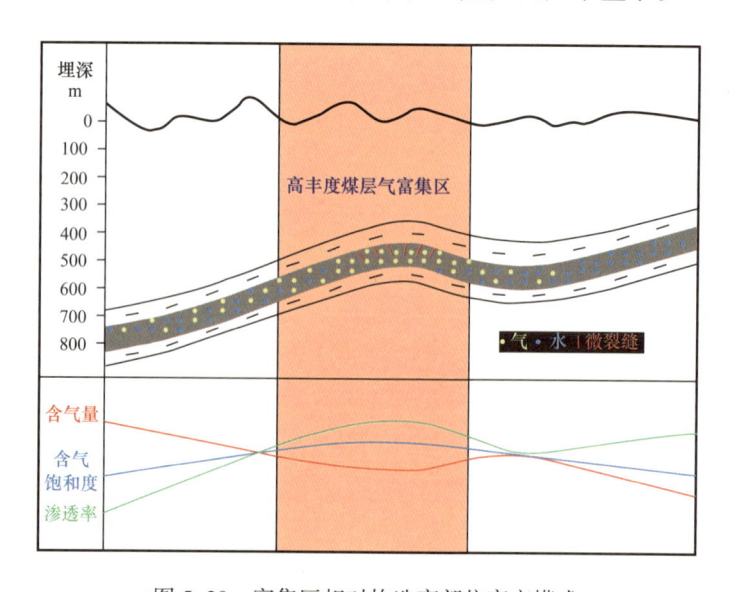

图 5-20 富集区相对构造高部位高产模式

小　结

国内外非常规油气勘探取得重大进展，微纳米孔喉页岩系统油气成为油气资源接替的重要新领域，非常规油气资源在能源格局中的地位越发重要。中国非常规油气勘探取得快速发展，在致密气、页岩气、致密油、煤层气等非常规油气资源勘探开发获重要突破，油页岩、天然气水合物、重油、油砂矿等获重要进展。在非常规储层微纳米孔喉系统表征、致密油/页岩油聚集机理与连续大面积分布规律、页岩气源储一体持续聚集机理与富集模式、煤层气赋存特征与富集高产模式等理论认识方面均取得了很大进展。中国非常规油气资源丰富，但存在地质条件的特殊性，应坚持理论创新、核心技术攻关，分层次、分阶段规模发展非常规油气。

参 考 文 献

[1] Schmoker J W. Resource—assessment perspectives for unconventional gas systems [J]. AAPG Bulletin, 2002, 86 (11): 1993-1999.

[2] McCallister T. Unconventional gas production projections in the annual energy outlook 2006: An Overview//Washington D C: EIA Energy Outlook and Modeling Confernece, 2006.

[3] Petzet G A. Unconventional gas wealth seen in worlds basins [J]. Oil & Gas Journal, 2008, 106 (37): 38-39.

[4] Harris Cander. What is unconventional resources [J]. AAPG Annual Convention and Exhibition, Long Beach, California, 2012.

[5] 孙赞东，贾承造，李相方，等.非常规油气勘探与开发（上、下）[M].北京：石油工业出版社，2011.

[6] 赵政璋，杜金虎，等.致密油气[M].北京：石油工业出版社，2012：99-109.

[7] 邹才能，陶士振，侯连华，等.非常规油气地质（第二版）[M].北京：地质出版社，2013：103-106.

[8] 贾承造，郑民，张永峰.中国非常规油气资源与勘探开发前景[J].石油勘探与开发，2012，39（2）：129-136.

[9] 邱中建，赵文智，邓松涛.我国致密砂岩气和页岩气发展前景和战略意义[J].中国工程科学，2012，14（6）：4-8.

[10] 赵文智，胡素云，李建忠，等.我国陆上油气勘探领域变化与启示[J].中国石油勘探，2013，18（4）：1-10.

[11] 宋岩，张新民，等.煤层气成藏机制及经济开采理论基础[M].北京：科学出版社，2005：1-9.

[12] 董大忠，程克明，王世谦，等.页岩气资源评价方法及其在四川盆地的应用[J].天然气工业，2009，29（5）：33-39.

[13] 李玉喜，乔德武，姜文利，等.页岩气含气量和页岩气地质评价综述[J].地质通报，2011，30(2-3)：308-317.

[14] 贾承造，邹才能，李建忠，等.中国致密油评价标准、主要类型、基本特征及资源前景[J].石油学报，2012，33（3）：343-350.

[15] 邹才能, 陶士振, 杨智, 等. 中国非常规油气勘探与研究新进展[J]. 矿物岩石地球化学通报, 2012, 31(4): 312-322.

[16] 邹才能, 陶士振, 袁选俊, 等. 连续型油气藏形成条件与分布特征[J]. 石油学报, 2009, 30(3): 324-331.

[17] 邹才能, 朱如凯, 白斌, 等. 中国油气储层中纳米孔喉首次发现及其科学价值[J]. 岩石学报, 2011, 27(6): 1857-1864.

[18] 邹才能, 董大忠, 王社教, 等. 中国页岩气形成机理、地质特征及资源潜力[J]. 石油勘探与开发, 2010, 37(6): 641-653.

[19] 匡立春, 唐勇, 雷德文, 等. 准噶尔盆地二叠系咸化湖相云质岩致密油形成条件与勘探潜力[J]. 石油勘探与开发, 2012, 39(6): 657-667.

[20] 贾承造, 郑民, 张永峰. 非常规油气地质学重要理论问题[J]. 石油学报, 2014, 35(1): 1-10.

[21] 童晓光. 非常规油的成因和分布[J]. 石油学报, 2012, 33(S1): 20-26.

[22] 姚泾利, 邓秀芹, 赵彦德, 等. 鄂尔多斯盆地延长组致密油特征[J]. 石油勘探与开发, 2013, 40(2): 150-158.

[23] 张林晔, 李钜源, 李政, 等. 北美页岩油气研究进展及对中国陆相页岩油气勘探的思考[J]. 地球科学进展, 2014, 29(6): 700-711.

[24] 杨智, 侯连华, 陶士振, 等. 致密油与页岩油形成条件与"甜点区"评价[J]. 石油勘探与开发, 2015, 42(5): 555-565.

[25] 邹才能, 朱如凯, 吴松涛, 等. 常规与非常规油气聚集类型、特征、机理及展望——以中国致密油和致密气为例[J]. 石油学报, 2012, 33(2): 173-187.

[26] 赵文智, 汪泽成, 王红军, 等. 中国中、低丰度大油气田基本特征及形成条件[J]. 石油勘探与开发, 2008, 35(6): 641-650.

[27] 付金华, 魏新善, 任军峰. 伊陕斜坡上古生界大面积岩性气藏分布与成因[J]. 石油勘探与开发, 2008, 35(6): 664-667.

[28] Bowker K A. Recent developments of the Barnett Shale play, Fort Worth Basin[J]. Exploration Concepts Symposium Denver, 2002.

[29] 张金川, 徐波, 聂海宽, 等. 中国页岩气资源勘探潜力[J]. 天然气工业, 2008, 28(6): 136-140.

[30] 王世谦, 陈更生, 董大忠, 等. 四川盆地下古生界页岩气藏形成条件与勘探前景[J]. 天然气工业, 2009, 29(5): 51-58.

[31] 翟光明, 何文渊, 王世洪. 中国页岩气实现产业化发展需重视的几个问题[J]. 天然气工业, 2012, 32(2): 1-4.

[32] Slatt E M and O Neal N R. Pore types in the Barnett and Woodford gas shale: contribution to understanding gas storage and migration pathways in fine grained rocks[J]. AAPG annual Convention Abstracts, 2011, 20: 167.

[33] Curtis E M, Sondergeld H C, Ambrose J R, et al. Microstructural investigation of gas shales in two and three dimensions using nanometerscale resolution inaging[J]. AAPG Bulletin, 2012, 96: 665-667.

[34] Glorioso J C, Rattia A Repsol. Unconventional reservoirs: basic petrophysical concepts for shale gas[R]. SPE, 2012, 153004: 1-37.

［35］Bustin R M, Clarkson C R. Geological controls on coalbed methane reservoir capacity and gas content［J］. International Journal of Coal Geology, 1998, 38（1-2）: 3-26.

［36］Ayers Jr W B. Coalbed gas system, resources, and production and a review of contrasting cases from the San Juan and Powder River basins［J］. AAPG Bulletin, 2002, 86（11）: 1853-1890.

［37］Eaton S R. Coalbed gas frontier being tapped［J］. Explorer, 2006, 12: 20-24.

第六章 石油地质实验技术

进入 21 世纪以来，中国油气勘探进入一个新的阶段，以湖盆三角洲为主体的岩性油气藏、复杂构造为主体的前陆冲断带油气藏、复杂演化历史的古老碳酸盐岩油气藏、高温高压为特征的深层油气藏以及低丰度连续分布的非常规油气藏已成为勘探的重要对象，这些勘探难题给传统的手段和实验技术方带来了较大的挑战。自 2006 年以来，在中国石油天然气集团有限公司科技管理部组织下，依托于中国石油勘探开发研究院，先后进行了油气地球化学和油气储层重点实验室的升级改造，建立了盆地构造与油气成藏重点实验室。实验室建设和运行过程中形成了系列石油地质实验技术，其中重点的创新技术包括成盆—成烃—成储—成藏物理模拟技术、多尺度储层孔隙与含油气性表征技术、全组分烃类解析与油气来源示踪技术等。本章是基于以上三个重点实验室重点技术成果的总结，是组织、参与实验室建设的广大科研人员和实验人员集体智慧的结晶。

第一节 成盆—成烃—成储—成藏物理模拟技术

盆地形成演化、构造变形和地质体中油气生成、运移、聚集、成藏及次生蚀变，是一个长达几千万年到几亿年的复杂的物理化学变化过程，认识和再现这一过程是国际地球科学研究的重点和难点。长期以来，物理模拟技术是国内外认识沉积盆地油气成藏全过程的重要手段。中国石油勘探开发研究院通过十年攻关，自主研发形成了含油气盆地构造变形、成烃、成储与成藏全过程物理模拟新技术，实现了油气成藏要素模拟的定量化、可视化和规范化，为揭示复杂盆地油气成藏规律、指导油气勘探部署提供了新手段，整体提升了石油地质理论创新和油气分布规律认识的能力。

一、构造物理模拟和三维重构技术

盆地构造的物理模拟是通过将地质原型进行一定比例的几何缩小，在实验室条件下，利用满足相似强度比例的实验材料，辅以相似比例的动力和时间条件，再现构造变形过程，开展构造几何学、运动学和动力学分析的技术。基于相似性原理建立的构造物理模拟实验模型通常被称为相似模型（analog models）或尺度模型（scale models）。实验在模拟自然界地质构造变形的同时，可以确定控制构造几何学特征和演化的参数，有助于分析构造形成与发展的地质过程，辅助地震解释。实验中，相似性比例关系的计算和模型变形结构的分析构成了物理模拟研究的两项重要内容。其中，实验结果的三维重构作为一种新兴的技术手段，是变形结构分析的重要内容。

实现构造变形物理模拟的基本工作流程如图 6-1 所示。完整的物理模拟分析可包括：（1）前处理阶段的相似性分析、边界设置和初始模型构建；（2）实验实施阶段的系统控制和记录；（3）后处理阶段的变形分析处理和模型重建。实验的相似性分析属于前处理技术，用于解决实验材料的选择、模型大小的确定和运动参数的设置（如运行速度）等问题，而变形模型的三维重构通常属于实验后处理技术。

在相似性分析技术理论的基础上，盆地构造物理模拟的实施主要分为四个步骤进行：（1）初始模型的结构分析；（2）计算相似比例参数；（3）制作实验模型并施加动力；（4）模型三维重构。最后根据物理模拟和三维重构结果对研究区进行复杂构造解析。

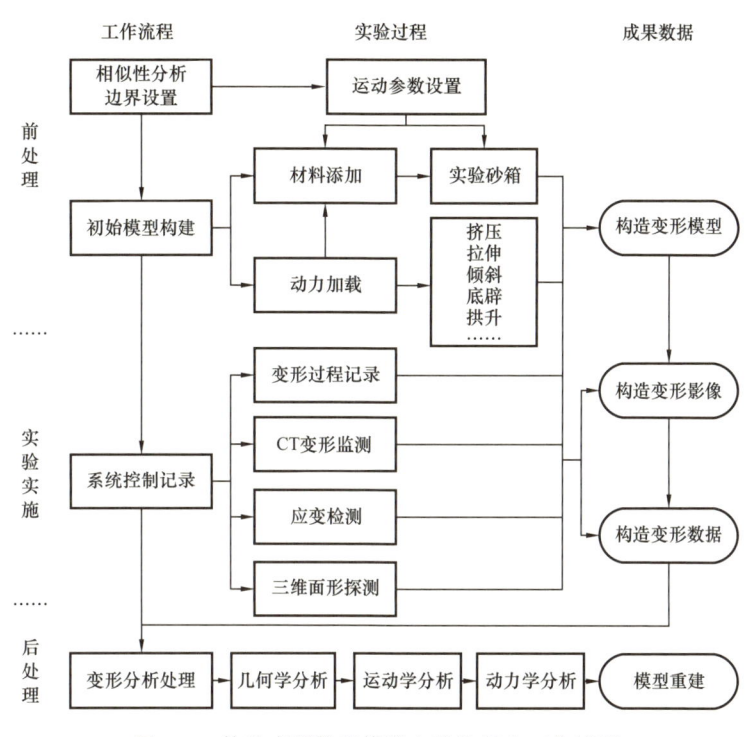

图 6-1 构造变形物理模拟实验的基本工作流程

1. 初始模型的结构分析

实验模拟注重的是地质原型的初始结构。依据地质原型建立实验物理模型需考虑厚度、密度、黏聚强度、黏度和变形速率等参数。但同时，为了保证模拟实验设计的可操作性，对现实的地质原型有必要在结构上作一定的精简。精简的原则依据地质原型结构构造层的划分、构造边界及实验材料的属性等。

图 6-2 为示例未变形盆地结构的简化地层柱状图，自上而下的地层组成为：上层砂岩 4250m，为脆性地层；中层膏盐岩 607m，为韧性地层；下层砂岩至基底拆离面 4250m，为脆性地层。由此可确定模拟设计初始应为三层结构的脆—韧性组合模型。脆性地层段可选择石英砂作为实验材料，韧性地层段选用黏性硅胶作为实验材料。

构造变形物理模拟实验中，模拟过程是指与地质过程相对应的运动学过程。如造山作用的推挤、冲断和盆山形成过程通常被认为是"挤压"相关过程，而断陷盆地结构的形成通常被认为是"拉张"相关过程。此外，结合特定

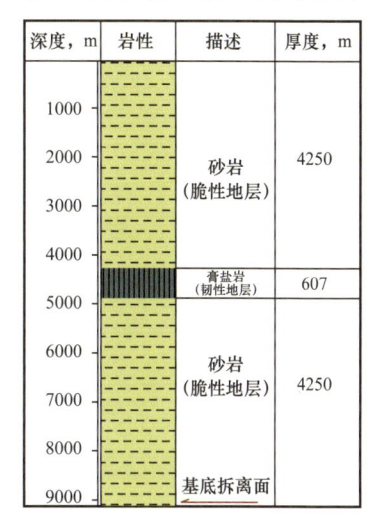

图 6-2 示例盆地结构的简化地层柱状图

构造的作用方式，模拟过程还可附加走滑、同沉积、剥蚀等方式，研究复杂构造的形成和结构特征。为便于理解，该示例中仅考虑挤压构造变形，忽略地质过程中复杂的同沉积和剥蚀等其他地质作用过程。

2. 计算相似比例参数

在开展根据地质原型建立实验模型的构造变形物理模拟实验中，已知的参数分别为：原型地层厚度（h_n和h_{dn}）、原型地层密度（ρ_n和ρ_{dn}）、原型地层黏聚强度（C_n）和黏度（η_n）、重力加速度（g）、实验材料的密度（ρ_m和ρ_{dm}）、实验材料的黏聚强度（C_m）、实验材料的黏度（η_m）以及地质变形的时间（t_n）或速率（v_n）。其中，重力加速度g通常取常数值（$g=9.81\text{m}\cdot\text{s}^{-2}$）。在实际构建实验模型中，原型地层或实验材料的密度、黏聚强度、黏度等相关参数可采用地质实测值或平均值、实验测量值或理论（经验）数据。表6-1为根据已知参数计算的实验模型相关参数和比例值。该示例的实验模型与地质原型的几何比例尺度约为1:100000，相当于实验尺度的1cm代表了地质尺度的1km。其中，假定地质变形的速率约5mm/a（相当于1.6×10^{-10}m/s），则计算得出实验上需施加的运动速率约为0.001mm/s。

表6-1 示例模型计算参数和相似性比例

参数	代号	SI单位	模型	原型	相似比例
重力加速度	g	m/s²	9.81*	9.81*	1
脆性层					
上部脆性层厚度	h_{b1}	m	0.042	4250*	9.9×10^{-6}
下部脆性层厚度	h_{b2}	m	0.042	4250*	9.9×10^{-6}
密度	ρ_b	kg/m³	1457*	2400**	0.6
黏聚强度	C	Pa	30*	5×10^6**	6×10^{-6}
垂向应力	σ_b	Pa	600	10^8	6×10^{-6}
韧性层					
中间韧性层厚度	h_d	m	0.006	607*	9.9×10^{-6}
密度	ρ_d	kg/m³	930*	2200**	0.42
黏度	η	Pa·s	6900*	10^{-18}**	6.9×10^{-15}
速率	v	m/s	1×10^{-6}	1.6×10^{-10}*	5981
垂向应力	σ_d	Pa	54.7	13104770	4.2×10^{-6}
垂向应变率	ε'	s⁻¹	0.00016	2.6×10^{-13}	6.1×10^8

注：* 为输入值，** 采用理论（或经验）值，其余为计算值。

3. 制作模型和实施实验

基于相似比例的计算结果，示例实验模型底部铺设石英砂厚度为4.2cm，硅胶层厚度0.6cm，最上层铺设石英砂厚度为4.2cm。实验设计模型如图6-3所示。实验上，为了便于构造变形的观察，铺设的石英砂层中通常采用染色的石英砂作为小的分层标志，染色的石英砂不影响实验材料的物性。图 6-4 为初始铺设的示例实验模型。挤压、拉伸、走滑、拱升等动力的施加可通过电动缸装置来完成，通常只需设置电动缸的运行速率和运行距离。

图像数据是分析实验过程的主要数据，主要利用相机进行间隔拍照来完成。拍照间隔取决于研究者和成果分析的需求，通常以设置整数间隔为宜（如 1min、5min 或 10min）。通常实验变形速率越大（快），拍照设置的时间间隔越短。实验结束后，需要对这些图像数据进行旋转、裁剪、数值化校正等后处理整理，并进一步分析实验模型的变形特征（图 6-5）。

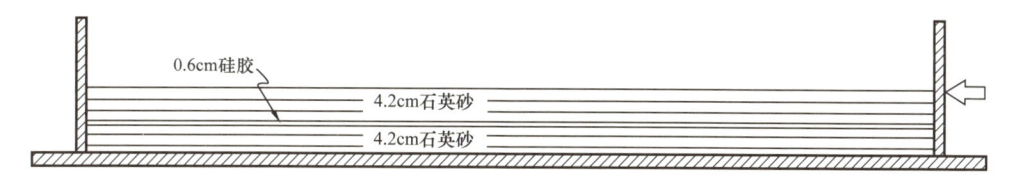

图 6-3　示例实验设计模型

图 6-4　初始铺设的示例实验模型

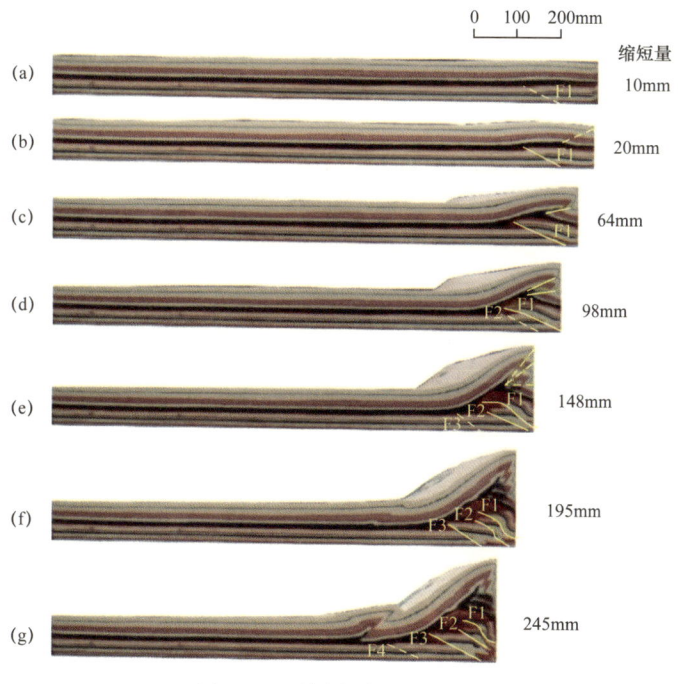

图 6-5　示例实验的变形过程
（a）至（g）展示了缩短量从 9mm 增加到 225mm，断层 F_1—F_4 的发育过程

4. 模型三维重构

实验模型的三维重构是实验分析的重要内容之一。三维重建是描绘和理解模型的一种手段，是数据体的一种表征形式。它一方面便于研究者观察模型的内部结构变化，另一方面也可以通过模型重建后的图像分割实现目标构造层要素的细致分析。三维重构属于实验后处理技术。通过三维重构再现模型的虚拟图像，是分析构造变形内部结构的重要支撑技术。

实验模型三维重构技术的原理是基于已完成实验的模型的切片图像/照片，利用图像处理和图像数字化合成技术，对图像像素数据进行重新取样和重建比例，并通过软件实现图像在计算机虚拟空间重组。

模型三维重构的技术流程（图6-6）主要包括以下内容：（1）开展模型切片，获取切片图片；（2）对切片照片（图片）的图像处理；（3）处理后的图片导入三维建模软件，开展图像重新取样和图像组合。

图6-6 构造模型三维重建的技术流程和效果

1）模型切片

目前，模型切片图像的获取主要有两种方法：（1）CT断面扫描切片数据；（2）实际模型切割拍照。二者的区别在于，前者通常是利用工业或医用CT对实验模型进行断面扫描和成像获得数据（图6-7），而后者则是通过刀具直接切割实验模型，对其剖面进行拍照获得切片图像数据（图6-8）。

CT断面扫描的优势在于：（1）切片过程和数据存取由CT设备自动完成；（2）切片数据精度高、间隔小（如增量精度可达0.25mm）；（3）可在实验过程中开展切片断面扫描；（4）三维重构的质量高。但同时也存在明显不足，如设备造价高、数据量大、实验模型受CT扫描范围和可容空间限制（如医用CT的可容空间<50cm）、实验材料需有一定物理属性的差异才能满足图像识别的要求、图像数据不能反映模型的真实色彩等。

实际模型的切割照相实际上是在实验结束后对模型的破坏性操作。实施这一操作的前提是在研究中往往只需要保存模型的数字化重构成果，而不是模型实体本身。相较于CT断面扫描而言，它的优势在于：（1）成本低；（2）数据量小；（3）实验模型的大小和实验材料的使用不受限制；（4）可实现实验模型的真色彩结构重现等。而明显的不足之处在于：（1）需要投入大量人工操作（切割及图像处理）；（2）切片间隔大（厘米级）；（3）三维重建的精细度受切片图像质量的制约；（4）实验过程中不能进行实时切割分析。通常对模型进行等间距的切割（1cm 或 2cm），切割间距越小，预期的三维重构结果越精细。

2）图像处理

CT 断面扫描的切片数据通常是由多个断面切片文件组成的数据包。单个数据文件的默认格式为 DCM 即 DICOM（Digital Imaging and Communications in Medicine）格式，里面包含有数据的位置和数值信息。通常情况下，在进行三维重建前，这种数据格式无须对原始数据进行前期图像处理，但为了方便导入三维软件中，可根据需要进行一定的格式转换。

实际模型的切割照相是对每一次切割后的模型剖面进行拍照记录，获取的单个原始图像文件通常为 jpg 栅格格式。对于这类图像，切片照相后的图像处理是实现三维重构的关键步骤。需要利用图像处理软件（如 Photoshop、ImageJ 等）进行照片（图片）的旋转、裁剪、统一图片尺寸、删减背景（设置背景为透明）、更改图像保存格式（支持透明图像背景的文件格式，如 .png 或 .gif 格式）等一系列操作。处理后的图片原则上需按顺序编排或分组。

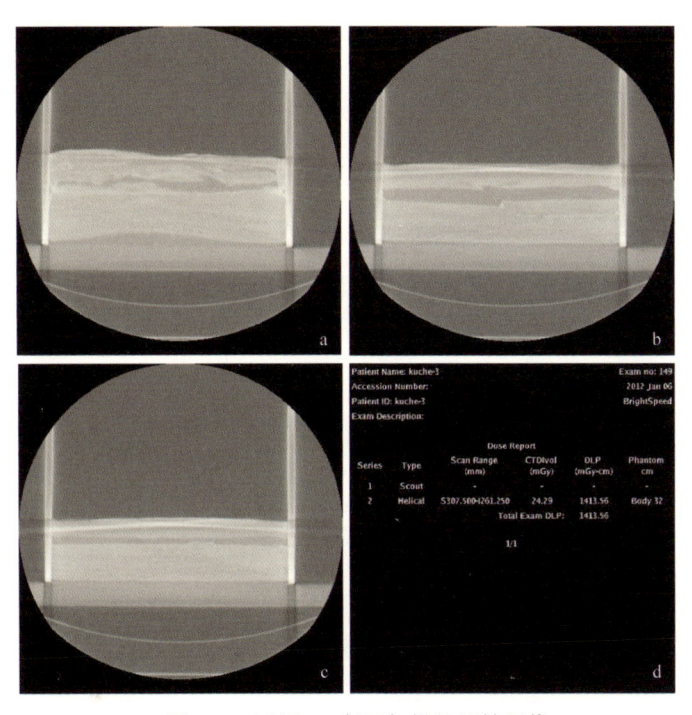

图 6-7 医用 CT 断面扫描的原始图像

图 6-8 实验模型的原始切片图像

3）图像的三维重组

三维重构是一种计算机虚拟现实技术。目前，有关此类技术的软件很多，如 3DMed、3D-Slicer、Avizo、Voxler 等。它们既可用于 CT 断面数据的三维重构，也可以用于实验模型切割图像的三维重构。一般来说，三维重构软件通常都具备两块功能：数据处理和三维渲染。

在 CT 断面扫描数据的重构中，数据处理通常完成图像阈值分离、降噪过滤、材质分割等功能。而渲染的过程可赋予模型假彩色，并进行体绘制、等值面显示和任意方位的切片展示等（图 6-9、图 6-10）。

实际模型切割图像的三维重构与 CT 断面扫描重构基本类似。处理后的图片需按文件的编排顺序导入三维软件中。导入的图片集通常需要进行图像数字化的像素重新取样、设置图像的像素比例和切片间隔（按像素计），这一过程实质上是在图像集之间进行像素插值，以增加三维成像效果的精细度，同时厘定图像在虚拟三维空间的位置。在此基础上，对数据集进行渲染，即可呈现模型的三维体绘制效果、等值面显示和切片展示等（图 6-11）。

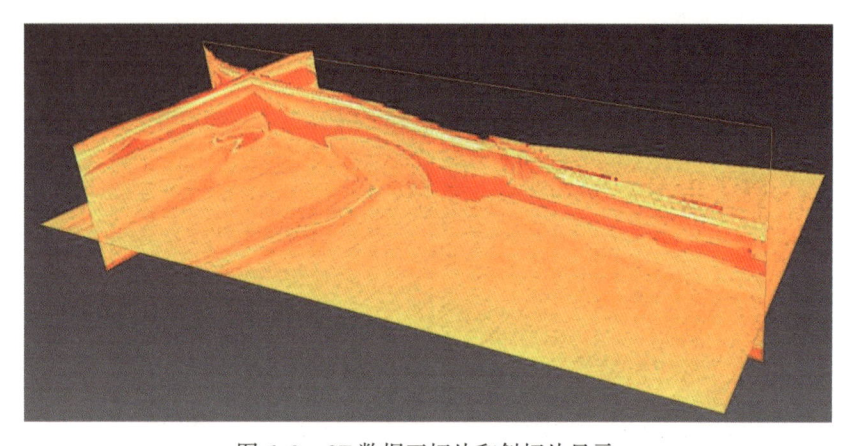

图 6-9　CT 数据正切片和斜切片显示

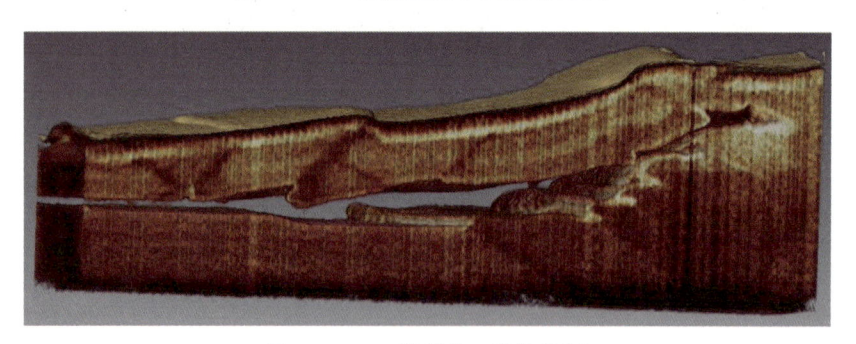

图 6-10　CT 数据的三维体绘制

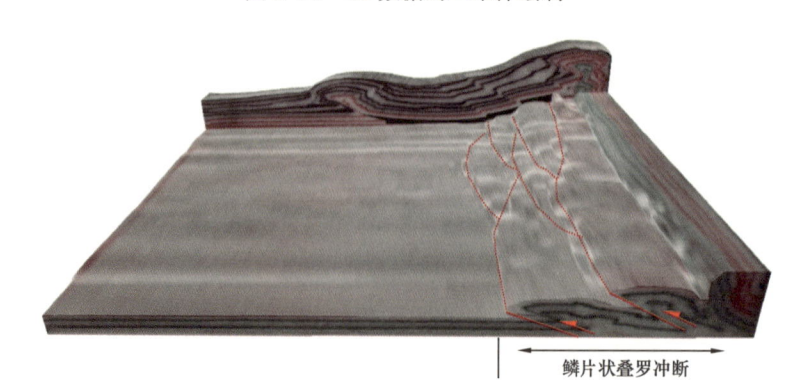

图 6-11　实际模型切割图像的盐下深层鳞片状冲断三维体绘制

近年来，三维可视化技术作为一种新兴的技术，在物理模拟分析中正处于蓬勃发展阶段。通过三维物理模拟，国内外的盐构造分析已深入到岩盐变形过程、盐底辟作用机制和盐岩流动性等问题的探索中[1-3]。而对于盐下深层结构变形，目前我们利用三维物理模拟的研究已初步揭示出盐层滑脱面下存在冲断构造呈横向"鳞片状"交错组合的结构特征。三维可视化技术不仅是一种成果表达方式，更是研究深层地质结构和解析构造变形样式的有力手段。

5. 库车前陆冲断带构造物理模拟与三维重构

1）构造变形物理模拟

库车坳陷是中国中西部塔里木盆地的一个含盐坳陷，以发育大型的褶皱—冲断构造为特征。库车中西部地区含盐层位主要位于古近系库姆格列木群（$E_{1-2}km$），以盐层为界，可划分盐上构造层（$E_{2-3}s—Q_1x$）、盐构造层（$E_{1-2}km$）、盐下构造层（T—K）和基底构造层（P）。这当中，盐上构造层（$E_{2-3}s—Q_1x$）含有同构造沉积。结合构造分层在流变学上的特征，实验上构建的库车冲断带盐相关构造物理模型属于脆—韧性组合的三层结构模型。

根据测试分析结果，脆性地层（盐上构造层和盐下构造层）的密度取值为2503kg/m³，黏聚强度取值为31×10^6Pa，韧性地层（盐层）的密度参考值取2260kg/m³，黏度参考值取$10^{18} \sim 10^{20}$Pa·s[4]。实验中采用石英砂（密度=1457kg/m³，黏聚强度=120Pa）模拟脆性地层，硅胶（密度=929kg/m³，黏度=12000Pa·s）模拟韧性盐层。根据比例换算，获得实验模型与地质原型的比例尺度约为1∶150000，这相当于实验尺度的1cm代表了地质尺度的1.5km。

在开展的大量实验中，对三个实验模型进行了对比分析。模型的设置见图6-12。模型1为底板水平的实验模型，盐下构造层（石英砂层）厚度为15mm。模型2和模型3为底板倾斜的实验模型，坡度为2°，接近库车地区地震解释剖面的基底倾斜幅度。其中，模型2的盐下构造层（石英砂层）厚度从25mm变化到30mm，模型3的盐下构造层（石英砂层）厚度从20mm变化到35mm。

2）实验模型三维结构

结合三维模型的结构重建，针对实验模型的盐下深部结构开展了分析。由图6-13的三维重构结果可见，在模型1中，盐下（硅胶层下）构造层的冲断变形表现为发育走向上交错的冲断片组合，以冲断片的断面为分隔，构成较典型的鳞片状组合结构。在模型2中，深部构造层的冲断片形成断面的交错。但在模型3中，深部构造层的冲断片沿走向无明显的断层交错，从而形成排带状的冲断构造。

实验结果表明，由于三个模型的深部构造层初始厚度存在差异，其发育的深部冲断构造在组合上的表现是不同的。由于深部构造层之下的实验底板通常被当作地质构造层的拆离面，这意味着这些构造组合的产生实际上可能与深部构造层的基底拆离深度有关。此外，基底拆离面的加深实质上意味着深部构造冲断的体积作用效应变大，因而深部构造在三维空间的整体性变形更显著，相对而言，构造变形受来自上覆沉积以及盐岩自身流动性的影响可能要小得多。这在一定程度上可以解释深部构造层随着厚度增加而发育差异的冲断构造组合。基于实验的相似性比例计算，25~30mm的盐下拆离深度约相当于地质原型3.75~4.50km的深度，而35mm的盐下拆离深度约相当于地质原型5.25km的深度。以此推测，在库车地区，盐下构造变形与发育构造的拆离面深度具有一定联系，基底拆离面深度通常制约着构造变形组合样式。盐下拆离面深度小于 5km 的冲断构造叠片，其三维结构的展布在一定程度上可能表现为鳞片状交错堆叠的特征。

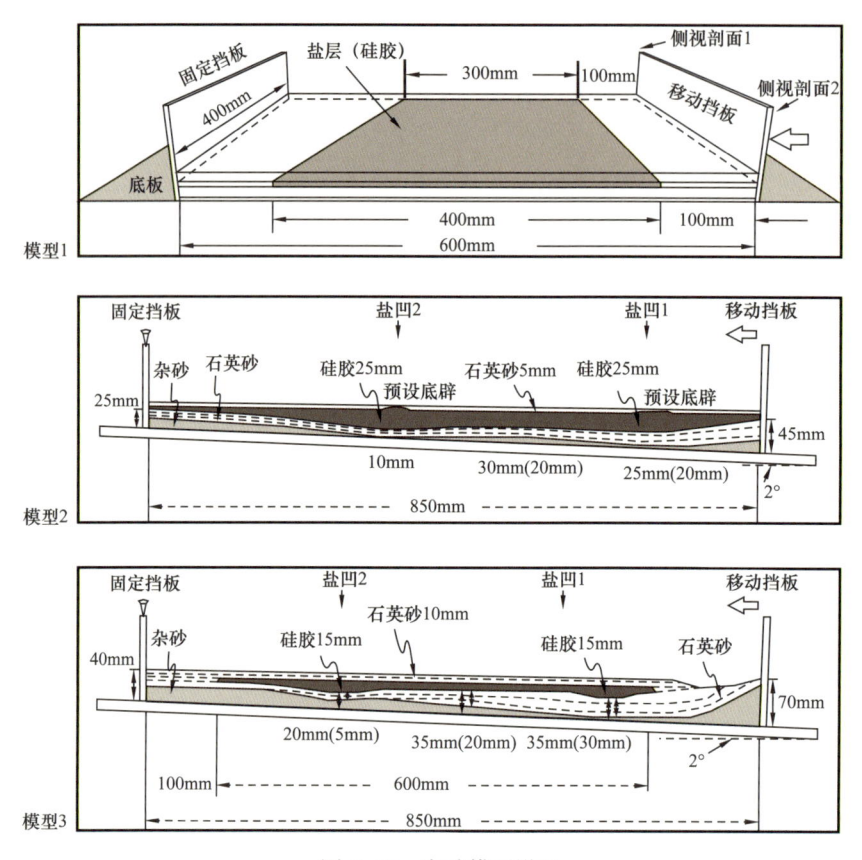

图 6-12 实验模型设置

3）油气勘探意义

盐下深层冲断构造分布规律的认识也改变了以前传统上根据地面构造形态和高低位置进行地震、钻井勘探部署的思路。特别是在地震部署上，过去往往将地面构造高点作为勘探的主攻区。当存在分层（滑脱导致）构造变形时，地面构造高点并非深层次一级冲断岩席的褶皱高部位，并且深部的褶皱也不是地面构造那样大规模和完整，往往是由多个次一级的褶皱及其控制的构造圈闭组成，这些次一级的褶皱及其构造圈闭的高点将是前陆冲断带深层油气勘探的首选。

二、高温高压生排烃物理模拟技术

地质条件下烃源岩的生烃与排烃是一个漫长而又非常复杂的地质过程，实验室内不可能重现地质条件下的这种低温、慢速的生烃过程。自从 Waples、Lopatian 等提出温度可以弥补时间的地质效应后，出现了多种通过快速升温来模拟有机质生烃和排烃的实验方法，这些方法也广泛地应用在油气资源评价、油气源对比等研究工作当中。

生烃和排烃模拟实验方法是随着人们对生排烃过程认识的发展而出现的，相比较而言，生烃模拟实验要比排烃模拟实验发展得早。20 世纪 60 年代国外开始了有机烃源岩的模拟生烃实验，到了 20 世纪 90 年代才出现了关于烃源岩排烃的模拟实验研究。最早的生烃模拟实验基本上只考虑温度对生烃过程的影响，起先的模拟实验多是在恒温条件下延长加热的时间。为了考虑各种地质条件对生烃过程的影响，之后进行的模拟实验考虑了不同有机质类型、温度、压力、时间、催化剂和水介质对产物特征的影响。中国的生烃模拟实验研究从 20 世纪 80 年代初期开始，80 年代末期，一些学者开展了对不同煤岩组分生烃的模拟实验研究。之后广泛展开了对不同类型、不同成熟度的有机质在不同温度、压力以及有无催化剂的条件下的生烃模拟实验研究。排烃模拟实验最早利用开放钢质模拟体系，由于没有外加流体压力且完全开放的排烃体系与地质条件下的半开放体系存在很大的差别，实验结果往往和实际地质统计资料差距比较大。目前应用最多的是更接近于地质条件下的半开放的模拟实验体系，其实验原理将在下一部分介绍。

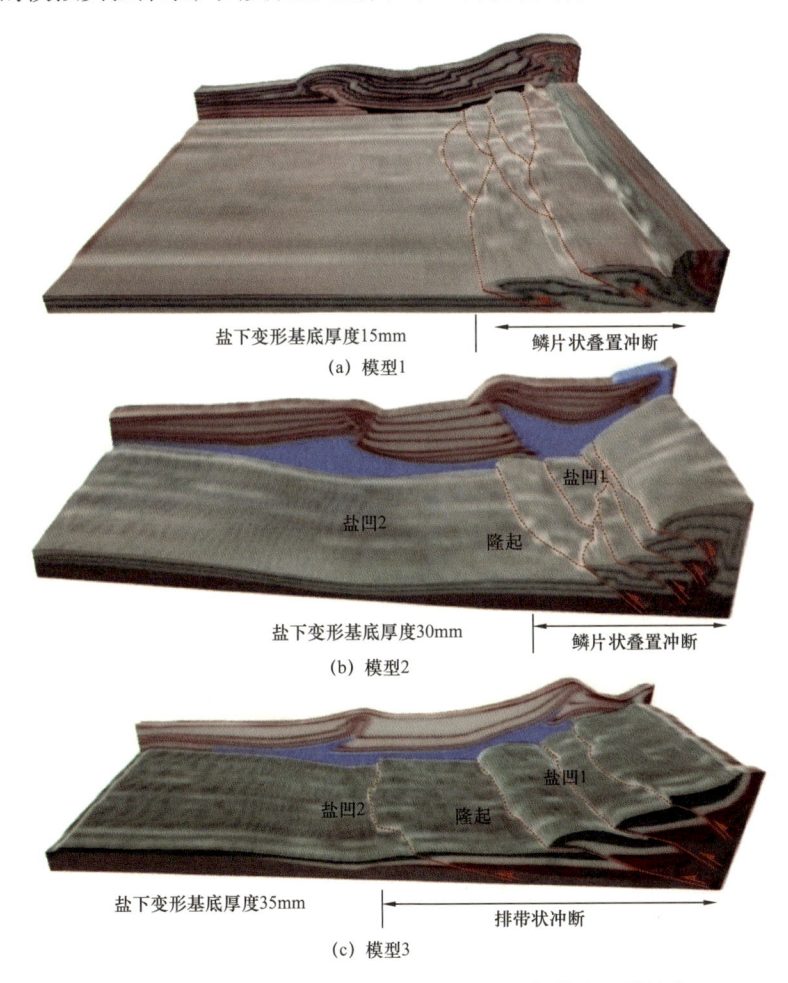

图 6-13　实验模型 1、模型 2、模型 3 深部构造三维结构

1. 生排烃模拟实验技术分类与特征

由于有机烃源岩的生烃和排烃过程既相互独立、又相互重叠，所以生烃排烃模拟实验往往是相互联系在一起进行的。这里只对生烃模拟实验方法进行讨论。生烃模拟实验方法根据不同的内容，有多种分类。其中按照实验体系封闭程度的分类方法最为常见，可分为开放体系、半开放体系和封闭体系三类。从这三种实验方法的发展历史来看，最早出现的

是开放体系，其次是封闭体系，最晚出现的实验方法是半开放体系。

1）开放体系

开放体系包括Rock-Eval热解仪、Py-Gc热解—气相色谱仪、Py-Gc-Ms热解—气相色谱仪、热解失重仪、开放钢质模拟体系等。开放体系的最大优点是设备简单，便于操作。但由于地质条件下的生排烃根本不可能是在完全开放体系中进行的，所以，开放的模拟实验体系在目前的相关研究中的应用越来越少。最早的排烃实验也多是在开放的容积较大的钢质体系中进行的。排烃效率多是根据不同温度下，烃源岩中的残留烃量与排出的烃量（或总生烃量）之间的关系计算得到的。但由于这种方法的整个实验过程无外加流体压力的存在，得到的排烃效率往往偏低。

2）封闭体系

封闭体系包括一般的钢质容器封闭体系、玻璃管体系和黄金管体系。封闭体系的最大优点是可以模拟烃源岩的最大生气量。由于生成的液态组分无法排出体系之外，在高温条件下液态烃与重烃气体组分都会发生裂解，所以不适用于原油生成模拟和排烃模拟研究。

（1）钢质容器封闭体系。钢质容器封闭体系是最传统的模拟实验方法，其工作原理是把样品装入一个带有密闭阀门的钢质密闭反应容器中，通过缠绕在反应容器外侧的电阻丝给样品加热，使样品达到生烃的目的。反应过程中一般没有外部压力施加给样品，反应体系的压力只是由反应生成的气体产生。钢质容器封闭体系的最大优点是反应装置简单，易于加工。其不足有以下几点：① 由于钢质材料在高温、高压条件下容易发生变形，整个体系的密封性变差，目前的模拟温度一般不超过600℃，很难完全反映烃源岩的最大生气量。② 金属在高温条件下可能会在烃源岩的生烃过程中起到催化剂的作用，影响烃源岩生烃能力的准确评价。③ 一般钢质容器封闭体系的反应釜比较大，加热电阻丝缠绕在反应釜的外围，反应釜内的温度比较难准确测定，而且反应釜内样品受热不均匀。由于以上原因，许多通过钢质封闭体系的模拟实验结果与地质实际的拟合效果比较差。

（2）石英管封闭体系。石英管封闭体系也是最早使用的一种封闭的生烃模拟体系。石英管封闭体系的加热方式一般有两种：① 把装有样品的石英管放在马沸炉中加热。② 利用电阻丝对石英管中的样品加热。由于石英的熔点比较高，所以样品可以加热到非常高的温度（1000℃），可以非常完全地模拟有机烃源岩的最大生气量。由于石英管容易破碎，石英管的模拟实验结果不能反映压力对生烃作用的影响。

（3）黄金管模拟实验体系。黄金管模拟实验体系最早是由中国科学院广州地球化学研究所的刘金钟研究员从国外引进的（图6-14）。其工作原理是：模拟样品装在两头封闭的黄金管中，通过高压泵利用水对釜体内部施加压力。由于黄金具有很好的延展性，外部压力可以比较容易地传递到样品上。黄金管封闭模拟体系与一般钢质容器和石英管封闭模拟体系相比，最大的优点是能探讨压力对生烃作用的影响，并能任意选择模拟升温速率。目前广州地球化学研究所的黄金管模拟体系外加流体压力可以达到100MPa，但模拟的最高温度只有600℃。

中国石油勘探开发研究院地球化学重点实验室开发了一套分体式黄金管模拟实验系统（图6-15）。其外加流体压力可以达到100MPa，模拟的最高温度只有800℃。它与广州地球化学研究所整体式黄金管模拟实验体系的最大区别是每个反应釜体具有单独的加热和控制系统，可对不同的反应釜体进行单独的温度和升温方式的控制。因而可以根据需要，使样品在任一温度点具有充足的反应时间。

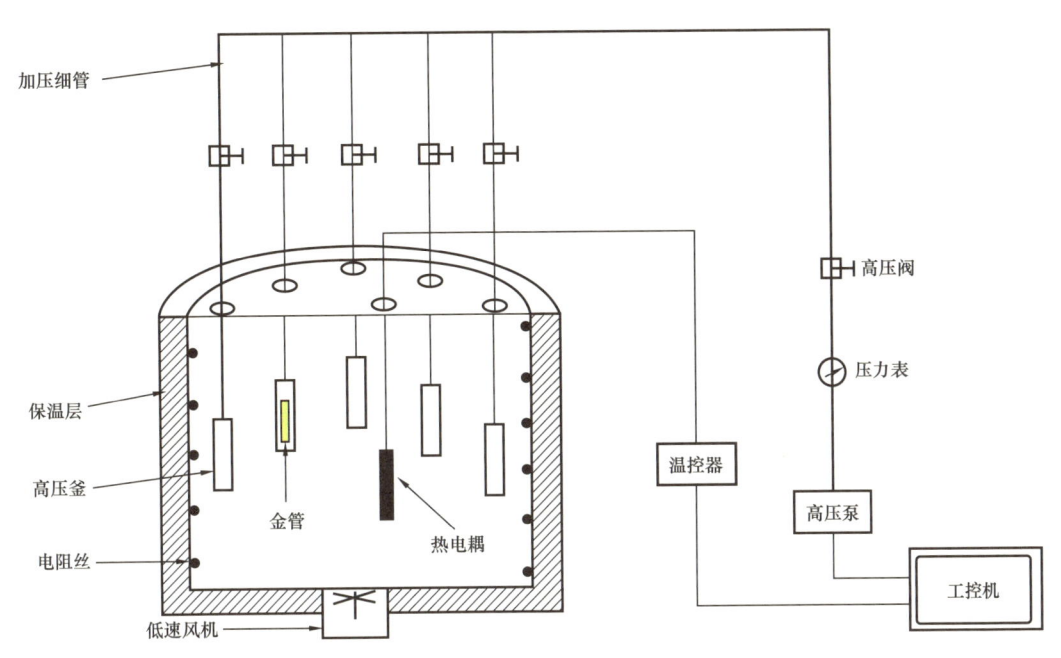

图 6-14 整体式黄金管生烃模拟实验体系结构图

图 6-15 分体式黄金管生烃模拟实验体系

3）半开放体系

地质条件下，烃源岩的生烃过程既不是一个完全的封闭体系，也不是一个完全的开放体系，而是一个边生边排的半开放体系。虽然这种边生边排的地质过程在实验室内很难模拟，但随着科学的发展，这种边生边排模拟实验已经成为可能。中国石化无锡石油地质实验中心和中国石油勘探开发研究院地球化学重点实验室先后研制了一套半开放体系的模拟实验系统（图 6-16）。

这套系统最大的优点是考虑了有机烃源岩在地质条件下受到静水压力和上覆岩石压力的共同作用。另一个优点是可以模拟原始岩心而非提纯干酪根样品的生烃过程。其工作的基本

图 6-16 直压式生排烃模拟实验系统

原理是通过液压支柱在模拟岩心加压,来模拟烃源岩上覆岩石压力;通过高压泵向反映釜腔体注水来模拟烃源岩在地质条件下受到的静水压力;体系开放度是通过一个电磁阀进行自动控制的,实验开始前对体系设置一个压力极限值(一般为烃源岩的驱排压力),整个实验体系处于封闭状态,随着模拟温度的升高,烃源岩的生烃量增加,体系内压力不断增加,当压力达到设置体系极限压力时,电磁阀自动打开,烃源岩进行排烃,排烃的结果使得体系内的压力降低,电磁阀又自动关闭。如此循环,整个体系始终处于封闭、开放的一个动态变化过程。这种模拟过程更接近地质条件下烃源岩边生边排的地质过程。

虽然该套半开放体系模拟装置在目前条件下应该是最接近地质条件的一套模拟系统,但也存在着一定的缺陷。其最大的缺陷是体系是一种加水模拟系统,水直接和样品接触,在超过水的临界温度(375℃)的高压条件下,水的化学活性大大增强,水会与有机质直接发生反应,生成大量的二氧化碳,从而使烃源岩的生烃能力降低,也影响到排烃效率的准确计算。地质条件下,烃源岩的主要生烃温度区间不超过200℃,在200℃以下的地质条件下,水的性质不会发生很大变化。因此,直接利用这套模拟实验体系得到的实验数据在计算资源量时要非常慎重。

2. 生排烃模拟技术应用实例

1)生烃模拟实验应用

生烃模拟实验方面目前应用最多的是黄金管模拟实验方法,不管采用哪一种模拟实验体系,实验结果必须通过不同的方法推演到地质条件下才能应用,目前应用最多的地质推演方法是 Easy(R_o)法。生烃模拟实验体系目前所涉及的研究内容很广,主要包括有机质生油实验、有机质生气实验、原油(包括不同的族组分、单体化合物、重烃气体)裂解、矿物催化和费托合成等。根据不同研究目的采用不同的实验方法和升温程序,主要包括恒温和升温实验。例如,在研究不同类型有机质初次热解气生气量时,最好的实验方法是利用一定升温程序的分步模拟实验。其实验原理如下:先将样品装入金管中,把装有样品的金管在釜体中按一定的升温速率从室温加热到第一温度点,待反应釜体温度降至室温时,取出金管。对金管中的气体进行相关地球化学分析后,用二氯甲烷对残渣进行超声抽提;抽提过的模拟残渣烘干后,再次装入金管中。按照上述升温程序加热到下一个温度点,待反应釜体温度降至室温时,取出金管。对金管中的气体进行相关地球化学分析后,再用二氯甲烷对残渣进行超声抽提。如此反复直到残渣不再生气为止。这样做的优点是,低温条件下生成的原油已经被抽提,不会在下一个温度点发生分解。每次得到的气体量就是干酪根在两个温度点之间的生气量,每一个温度点生气量之和为有机质初次热解气量。经过大量的实验证明,煤的最大生气量可达300~350mL/g,而Ⅰ型、Ⅱ型有机质初次热解气量一般不超过140mL/g。图 6-17 是在黄金管体系中以 20℃/h 的升温速率连续升温模拟得到的不同类型有机质的生油量。可见不同类型有机质的生油量有非常大的差别。正常腐殖煤及煤系泥岩的最大生油量一般很少超过 50mg/g，而 I 型有机质的最大生油量一般超过 600mg/g，甚至有些非常优质的烃源岩可以达到 800mg/g。

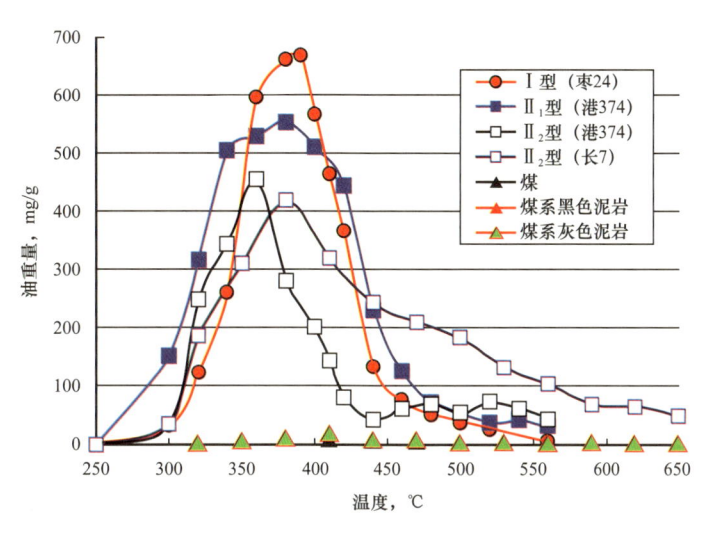

图 6-17　不同类型有机质的生油量

图 6-18 是在黄金管体系中以 20℃/h 的升温速率连续升温模拟得到的不同性质的原油裂解生气量。可见原油的最大裂解生气量与原油性质密切相关。轻质油裂解生气量最大、正常油次之、重质油第三、储层抽提沥青裂解生气量最小。图 6-19 是根据模拟实验结果推演到地质条件下的含油气盆地天然气生成模式—源内、源外液态烃转化模式图。从图中可以看出干酪根裂解生气的主要阶段在地质温度 200℃以前，之后生气速率降低，在 280℃，干酪根生气基本结束。源内的残留油比源外油优先裂解，烃源岩生油和早期生成原油的裂解并不是两个相互独立的过程，而是存在一定的重叠。当地质温度大于 210℃时，就有重烃气体开始裂解。

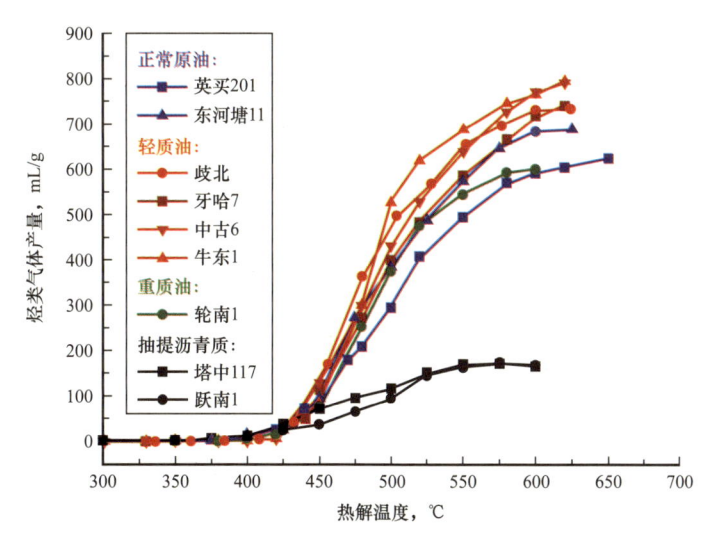

图 6-18　不同性质的原油裂解生气量

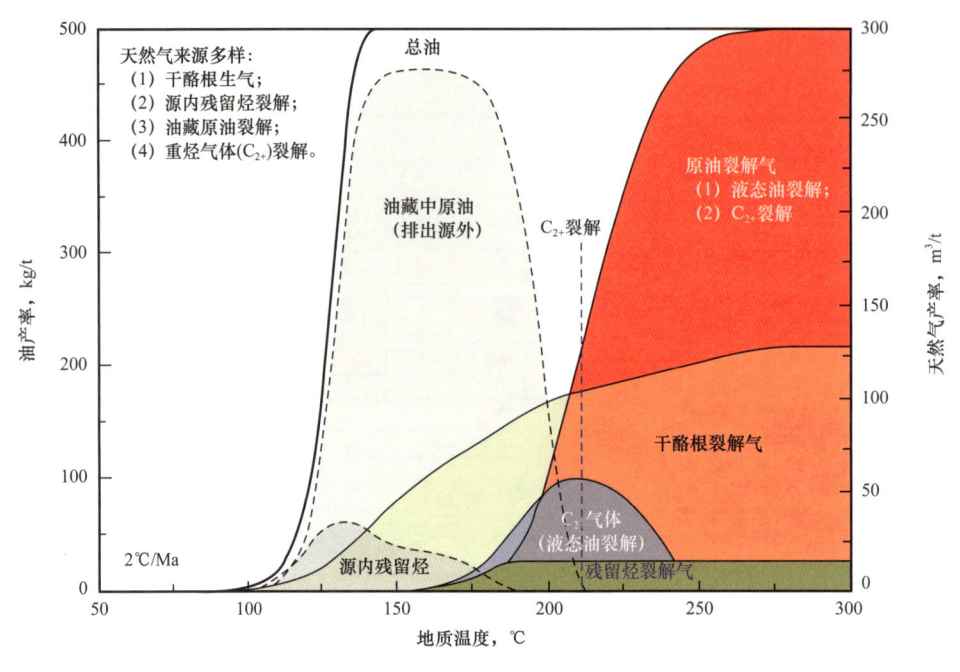

图6-19 含油气盆地天然气生成模式—源内、源外液态烃转化模式图

2）排烃模拟实验应用

目前排烃模拟实验应用最多的是半开放的生排烃模拟实验体系。由于模拟实验温度一般比地质温度高很多（一般大于300℃），而在高温条件下气体的膨胀系数很高，几乎所有的气体都能排到实验体系外，会导致排气效率非常高。所以，一般研究只用这套体系对原油的排出效率进行实验。排油效率的计算原理为分别定量不同实验温度条件下的排油量和样品中的残留油量，排油效率=排出油量/（排出油量+残留油量）。图6-20是利用松辽盆地青山口组的一个烃源岩样品（T_{max}=445℃、TOC=4.89%、HI=755mg/g）在直压式生排烃模拟实验系统的实验结果外推到地质条件的排油效率图。

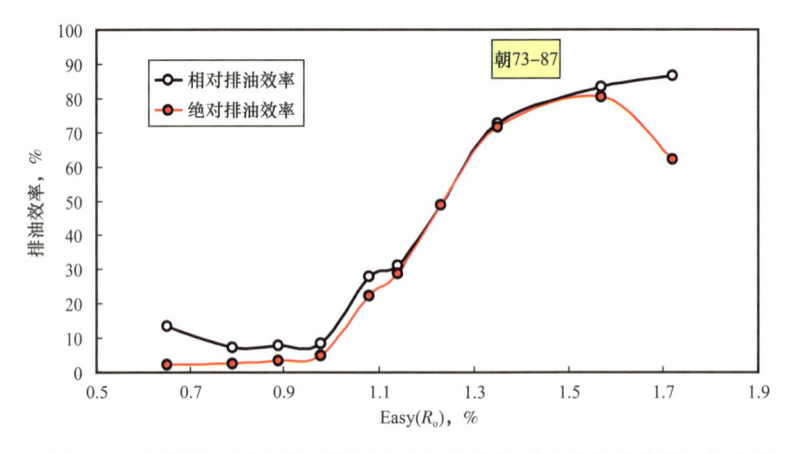

图6-20 根据直压式生排烃模拟实验结果外推到地质条件的排油效率图

可见地质条件下优质烃源岩的排油阶段为R_o在0.60%~1.55%，大量排油在R_o>0.90%，到生油窗结束时（R_o=1.30%），累计排油效率为60%左右。随着原油的进一步裂

解和干酪根的进一步热解生气，烃源岩内的压力进一步增加，未裂解的原油仍可以继续排出，所以绝对排油效率继续增加。到 R_o=1.55% 时，排油效率达到最高，可达 80%。

三、储层成岩模拟技术

砂岩储层形成过程中，不仅与沉积作用和构造运动等外部作用的程度相关，更与砂岩储层内部的成岩改造作用紧密相关。砂岩储层在它整个形成过程中经受了不同温度压力场、不同成岩环境流体及构造作用等多种复杂因素的影响和改造，主要成岩作用包括机械和化学压实作用、胶结作用、矿物溶蚀淋滤作用及不同自生矿物的生成等。开展砂岩储层成岩模拟实验，旨在探讨砂岩储层在时间场—压力场—温度场—流体场成岩环境影响下，正演模拟不同类型成岩作用是如何影响和改造砂岩储层的岩石特征和物性特征，从而为储层成岩演化和孔隙演化过程的表征及储层成因机理研究提供理论依据。

1. 储层成岩模拟技术流程与设备构成

目前国内外开展的成岩模拟实验研究[5—9]，一般是根据实验要求，用组装的小型实验装置开展实验，整个实验过程多是在单一的、静态的平衡体系中进行，此种实验方法相对比较简单，在实际的地质体系中这种理想的平衡体系很难具有实际的应用意义。因此，综合地层温度、静岩压力及流体成分等主要影响储层改变的动态参数，开展地质条件约束下的正演模拟实验，探索岩石在不同温度、压力和地质流体条件下孔隙演化、自生矿物生成及溶蚀作用的特征，探讨不同成岩环境下优质储层的形成机理，将有效地完善储层成岩作用的实验理论基础。

开展储层成因机理的研究有利于从实验理论上提高储层预测的准确性，而成岩作用研究是剖析储层成因机理的关键。现有地质样品是不同地质时期、不同成岩作用叠加后的产物，它的复杂性给我们的解剖带来相当大的困难，作出的结论往往是多解性的。储层成岩模拟技术是通过用研究区砂岩储层的岩石学特征相对应的配比样品，在实际地质成岩演化史的制约下，正演模拟不同的成岩演化阶段，探讨岩石、矿物在不同形成条件下矿物元素迁移转化效率，温度、压力及酸碱流体对样品的固结、改造程度及对岩石物性的影响。

储层成岩模拟技术主要包括前期地质样品成分分析、模拟实验样品的配制选定、储层成岩模拟系统的模拟实验和后期实验样品分析测试，获得砂岩在不同阶段的成岩指标、物性指标和成熟度指标等相关资料，并与地质样品的实际资料进行对比，讨论相应砂岩储层的形成机理及进行储层的评价预测。

中国石油集团公司油气储层重点实验室研制的储层成岩模拟系统是一个正演成岩演化地史过程并再现储层成岩特征的实验设备[10]。依据碎屑岩在沉积埋藏过程中成岩环境的改变，包括温度、压力和地质流体等指标的设定，精细地再现不同成岩阶段岩石矿物的成分、孔隙结构及成岩流体的改造。储层成岩模拟系统主要由反应炉体、压力供给、流体供给和控制总成四部分组成（图6-21）。成岩模拟实验过程中，压力和温度是最关键的实验参数，代表实际地史过程中储层所处的埋深及地温变化，分别由系统中的液压机和计算机程序系统控制。六个反应炉体及反应釜分别相当于某一成岩环境体系，实验样品放入样品管中，承受特定的温度、压力和流体供给方式，从而按照实验设计的时间，完成岩石矿物和流体间的水岩反应。该装置拥有耐高温、耐酸碱，密封性强等技术特点，能够完成最高温度500℃，最高静岩压力275MPa，最高流体压力120MPa的模拟实验，依据用温度、压力补偿时间的方式，最大限度地模拟真实地史中的成岩过程[11, 12]。整个实验过程，通过系统所使用的专用软件，设置各种实验参数，包括温度、压力和流体供给等的初始点、结束点以及升温、升压速率等，还可以实时记录各个炉体内样品的温度、压力及流体压力变化值等。

(a) 反应炉体部分　　(b) 压力供给部分　　(c) 流体供给部分　　(d) 控制总成部分

图6-21　储层成岩模拟系统

2. 储层成岩物理模拟实验应用实例

1）库车前陆冲断带深部储层物理模拟

（1）实验样品制备。

自主研发的储层成岩模拟系统由六个反应炉体及计算机控制总成等组成，其中六个炉体中配置了金属反应釜体，用于放置加入配比好的砂质和泥质的样品管。模拟的砂岩样品中不同矿物的配比是按照巴什基奇克组实际砂岩样品碎屑组分含量百分比来配制的（表6-2），并按照粒径大小分为粗砂、中砂和细砂三种颗粒。同一批次实验中六个样品管放置的砂质样品的碎屑成分、含量及粒径相同，每个成岩反应釜体内样品管中填装泥岩和砂岩两部分，样品管下部填放暗色泥质厚4cm，上部填放砂质碎屑颗粒厚12cm。库车前陆盆地白垩系地层水以氯化钙为主，配制了重量浓度为2%的氯化钙溶液和重量浓度为1%的醋酸溶液。实验中流体以恒流方式在不同成岩阶段分别供给，当流体供给接近样品总体积的20%时，闭合反应釜的上下阀门，使内部为一封闭环境，保证流体与砂泥质在设定的温度压力条件下进行一定时间充分的水岩反应后排出并收集反应残余的液体，根据实验设计要求的供液、取液次数，如此循环反复至整个实验结束。

表6-2　成岩模拟实验样品碎屑组分与成岩流体特征表

砂岩成分构成（100%）							泥岩（100%）	成岩流体，WT	
砂质碎屑颗粒（84%）						填隙物（16%）			
岩屑（30%）			长石（12%）		石英（58%）				
粗安岩	流纹岩	变质石英岩	钾长石	钠长石	石英	泥质	现代沉积泥质	氯化钙溶液	醋酸溶液
15	12	3	4	8	58	16	100	2	1

注：WT是Weight的英文缩写，指重量百分含量。

（2）深部储层孔隙演化的定量分析。

针对中粒—细粒级（0.5～0.1mm）的碎屑成分分别进行了200℃、82.5MPa（模拟地层埋深1000m）至500℃、275MPa（模拟地层埋深9000m）的成岩模拟实验，并对获取的砂岩样品在日本OlympusBX51型偏光显微镜下进行储层微观结构的观察与描述，认为：

在模拟地层埋深1000m（200℃，82.5MPa）至3000m（350℃，137.5MPa）的浅埋藏阶段，中砂岩、细砂岩碎屑颗粒以点接触为主，颗粒间原生孔保存较多。

在模拟地层埋深3000m（350℃，137.5MPa）至5000m（400℃，165MPa）阶段，中砂岩、细砂岩碎屑颗粒仍以点状接触为主，少量线状接触，碎屑颗粒中见颗粒裂纹出现，粒间少量泥质及岩屑颗粒被溶蚀，颗粒间孔隙类型为原生粒间孔和次生溶蚀孔，孔隙连通性较好。

模拟地层埋深5000m（400℃，165MPa）至7000m（450℃，220MPa）阶段，砂岩碎屑颗粒受压作用强烈，碎屑颗粒点—线状接触演变为线状接触为主。压实作用使变质石英岩岩屑、长石等颗粒裂纹较发育，裂纹内铸体浸染，并见挤压裂缝存在。颗粒间泥质及部分长石颗粒、岩屑被溶蚀，溶蚀现象局部较发育且主要表现在碎裂纹及裂缝的溶蚀扩大，孔隙以溶蚀孔隙为主，原生孔不发育。

模拟地层埋深7000m（450℃，220MPa）至9000m（500℃，275MPa）阶段，碎屑颗粒线状接触为主，见少量的颗粒裂纹存在，溶蚀现象不太发育，粒间以剩余原生粒间孔、粒间溶孔为主（图6-22）。在成岩模拟实验样品分析的基础上，与库车前陆冲断带白垩系巴什基奇克组砂岩储层的实际岩石样品进行了比对，巴什基奇克组砂岩储层上部碎屑颗粒以点—线状接触为主，该组下部的碎屑颗粒主要是线状接触，并见塑性岩屑被压弯，脆性石英颗粒表面具压裂纹，这说明岩石自上而下压实作用呈变强趋势，已达中等压实程度。粒间溶孔是库车前陆冲断带大北地区的重要储集空间类型，仅次于剩余原生粒间孔。溶蚀作用主要表现为长石和岩屑的溶蚀，还有少量的石英颗粒溶蚀。

在储层微观特征观察的基础上，对模拟不同温度与压力条件下的砂岩样品进行了岩石储集空间类型、薄片面孔率的分析和统计工作，并编制了模拟冲断带深部储层不同埋深砂岩的孔隙类型、面孔率及含量变化的演化曲线图（图6-23），由图可知模拟的前陆冲断带深部储层的孔隙演化具明显的四段性特征[10]：

第一阶段为模拟地层埋深1000m（200℃，82.5MPa）至3000m（350℃，137.5MPa）的长期浅埋藏阶段，砂岩总面孔率出现了一个急速减少的过程，由40%迅速减小到18%左右，该阶段的减孔率[（原始面孔率－现今面孔率）/原始面孔率×100%]为55%。砂岩孔隙以原生孔为主（图6-22），溶蚀孔含量在埋深3000m开始有少量增加。出现面孔率快速降低的原因在于碎屑颗粒在压实的初期存在一个位置调整的过程，在这个过程中，随着外加压力的不断增加，压实作用的不断增强，石英和长石碎屑颗粒会发生转动、滑动、位移和碎裂，进而导致颗粒的重新排列和某些结构构造的改变，从而达到一个位能最低的紧密堆积状态，在这个过程中就会出现一个陡变阶段。

第二阶段为模拟地层埋深3000m（350℃，137.5MPa）至5000m（400℃，165MPa）的储层长期浅埋—后期快速深埋的转换阶段，砂岩面孔率变化曲线处于陡变阶段—缓变阶段的转换阶段，此时曲线斜率最大。砂岩面孔率由18%减小至13%左右，总减孔率为67.5%，此阶段是原生孔快速减小、溶蚀孔快速增加的阶段。砂岩颗粒间以点—线状接触为主，孔隙类型以原生粒间孔为主，但可见溶蚀孔增多（图6-22）。

第三阶段为模拟地层埋深5000m（400℃，165MPa）至8000m（475℃，247.5MPa）的深埋藏早期阶段，此阶段由于压实作用的进一步增大，原生孔面孔率持续降低，溶蚀孔的面孔率处于最大时期，总的砂岩面孔率由13%降低到11%左右，总减孔率为72.5%。该阶段由砂岩埋藏5000m开始，大量颗粒裂纹出现，砂岩碎裂对颗粒溶蚀起促进作用并提高了孔隙之间的连通性。

第四阶段为模拟地层埋深8000m（475℃，247.5MPa）至9000m（500℃，275MPa）的深埋藏晚期阶段，该阶段随着碎屑颗粒趋于最紧密堆积的状态，溶蚀孔、原生孔含量均逐渐减少，导致砂岩总面孔率持续降低，一般小于10%左右。当承载压力继续增加时，碎屑颗粒不会再发生以上变化，只是堆积的紧密程度进一步增加，面孔率减少得十分缓慢，颗粒间将会有压溶现象的发生。

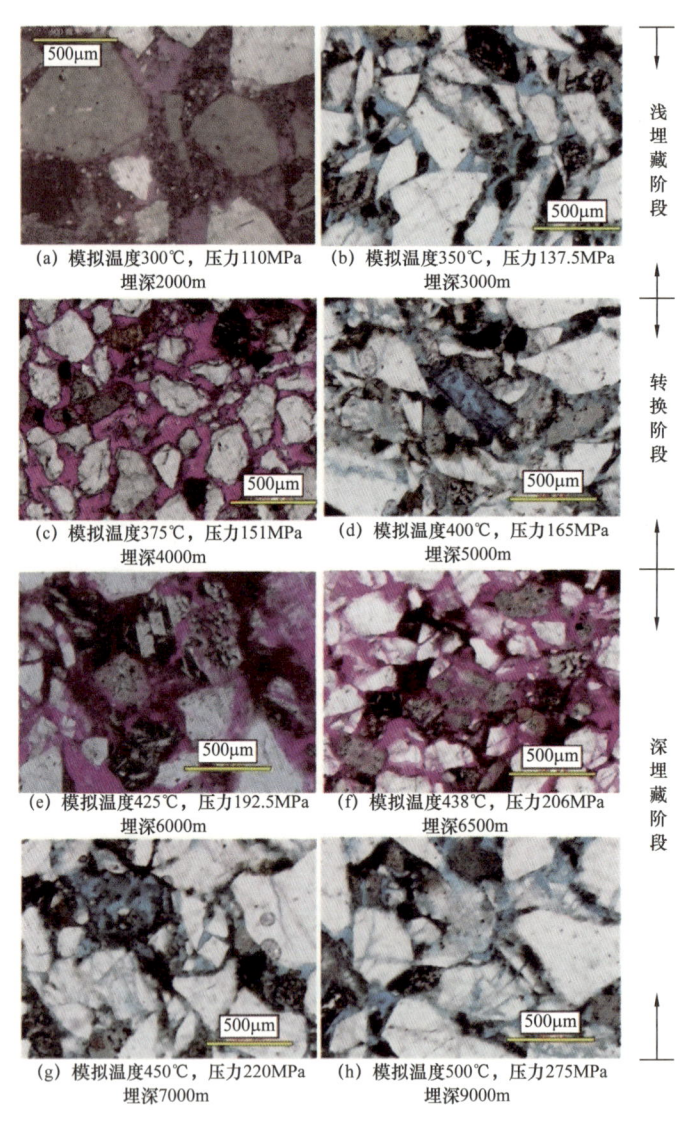

图6-22 成岩模拟前陆盆地深部砂岩储层孔隙类型与微观特征

（a）砂岩以粒间孔为主，面孔率19%，颗粒间点状接触，粒间少量泥质被溶蚀；（b）碎屑颗粒间点状接触为主，面孔率16.69%，粒间原生孔为主；（c）碎屑颗粒点状接触为主，粒间少量泥质、长石颗粒被溶蚀；（d）碎屑颗粒点—线状接触，砂岩面孔率14.23%，见铸模孔，长石及少量岩屑被溶蚀，并见颗粒被压碎裂；（e）碎屑颗粒点—线状接触，岩屑颗粒被压碎裂并发生溶蚀，溶蚀孔较发育；（f）碎屑颗粒点—线状接触，大量岩屑颗粒被压碎裂并发生溶蚀，溶蚀孔较发育；（g）碎屑颗粒线状接触为主，颗粒间填隙物被溶蚀，部分颗粒破裂后被溶蚀；（h）砂岩面孔率10.32%，颗粒线状接触为主，碎裂后被溶蚀，但溶蚀现象减弱。图中的蓝色、红色均为铸体

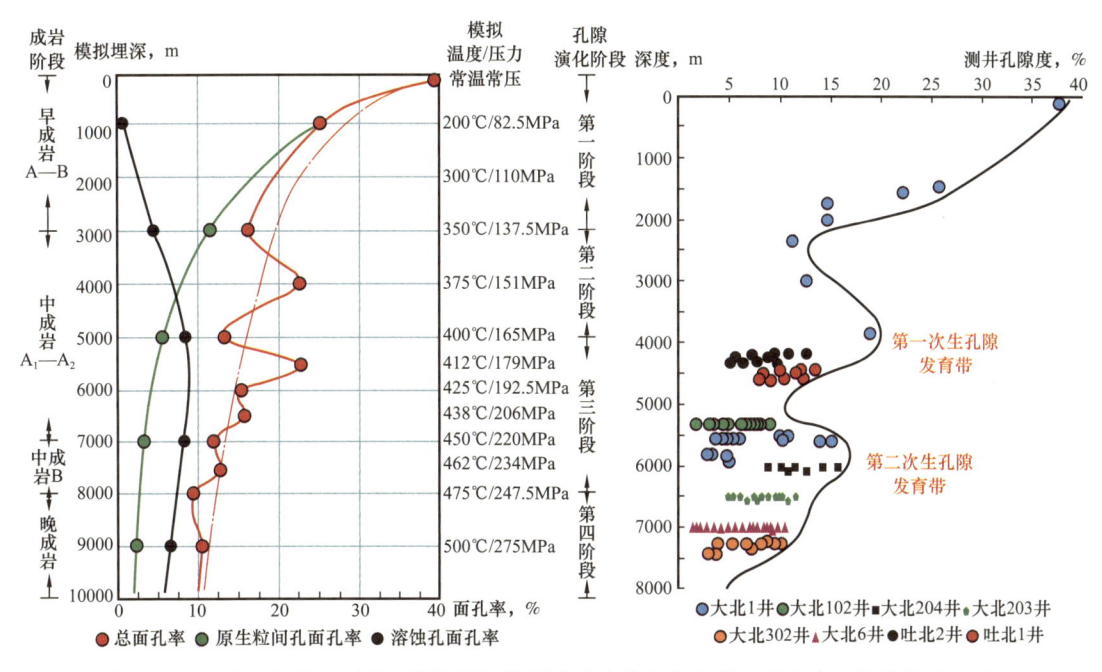

图 6-23　地质过程约束下成岩模拟深部储层孔隙演化与大北井区孔隙度变化曲线特征对比

库车前陆冲断带大北地区白垩系巴什基奇克组储层在强烈压实和挤压作用下，溶蚀作用的发生大大地改善了储层的储集性能。由模拟的库车前陆盆地冲断带深部砂岩储层孔隙类型与含量变化曲线和前陆冲断带大北—克拉苏构造带深部砂岩储层孔隙度随埋深变化曲线对比可知，在模拟和实际埋深的 4000m 层段均出现了岩石面孔率/孔隙度的高值区，同样，在模拟和实际埋深的 5000～7000m 层段也出现了岩石面孔率/孔隙度的高值区（图 6-23），说明成岩模拟的深部储层孔隙演化曲线与实际地质储层孔隙度演化曲线较一致，这就为深部储层成因机理解析奠定了很好的基础[10]。

2）鄂尔多斯盆地上三叠统长 7 油层组泥页岩物理模拟

样品选自鄂尔多斯盆地上三叠统长 7 油层组泥页岩，有机碳含量为 2.23%，硫含量为 0.14%，镜质组反射率为 0.67%，岩石热解分析中 S_1 为 5.1mg/g，S_2 为 10.73mg/g，氢指数为 481mg/g，最高温度 T_{max} 为 426℃。采用地层水为 $CaCl_2$ 型，地层水矿化度为 100mg/L。截取模拟实验后的岩石样品进行 X 衍射矿物分析、有机地球化学分析、压汞分析、CO_2 和 N_2 吸附实验，进而分析泥页岩等非常规储层孔喉演化规律。利用 N_2 吸附和 CO_2 吸附分别对中孔（2～50nm）和微孔（<2nm）对压汞方法测量缺失孔隙进行测定。高压压汞（MICP）—氮气吸附（N_2）—二氧化碳吸附（CO_2）流体法分别定量计算页岩大孔（>50nm）、中孔（2～50nm）和微孔（<2nm）的比孔容，孔隙的分类参照国际纯粹与应用化学联合会（IUPAC）标准。

本次研究的四个纳米 CT 三维孔喉模型分别代表了泥页岩成熟度不断增加的四个阶段[13]：低成熟阶段、生油窗、生气窗和过成熟阶段。对比这四个阶段的孔隙平面分布特征，发现随着成熟度的增加，泥页岩孔隙发育程度逐渐增大，但增大率有所降低：从原始样品到 350℃样品再到 450℃样品，孔喉尺寸与发育程度明显增大，而从 450℃样品到 550℃样品，孔喉尺寸与发育程度增大幅度较小（图 6-24a—d）。三维孔隙模型结果也同样支持这一结论（图6-24e—h）：孔喉系统表面积由原始样品的691.87μm^{2}逐渐增大为1474.27μm^2（350℃）、3963.2μm^2（450℃）和4029.3μm^2（550℃），相对增大比例依次为113%、169%和1.67%；孔喉系统体积由原始样品的43.05μm^{3}逐渐增大为117.76μm^3（350℃）、414.27μm^3（450℃）和445.5μm^3（550℃），相对增大比例依次为173%、252%和7.5%；计算孔隙度由原始样品的0.56%，进一步增大为0.95%（350℃）、1.98%（450℃）和2.06%（550℃），相对增大比例依次为70%、108%和4%。同时，三维孔隙系统模型显示，伴随演化程度的增加，长7油层组泥页岩样品孔喉系统整体连通性逐渐提高（图6-24e—h）。

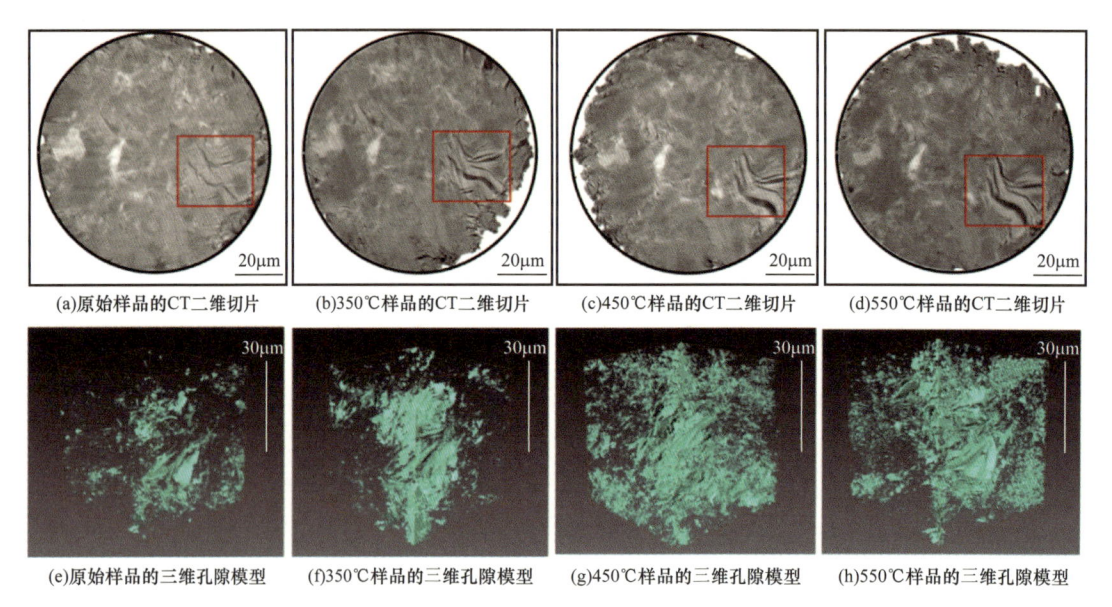

图6-24 不同温度点样品纳米CT二维平面图与三维孔喉系统

四、油气成藏物理模拟技术

油气运聚与成藏物理模拟实验是油气成藏研究的重要手段，在石油地质理论的发展中起到了重要作用。Munn最早通过物理模拟实验研究了流动的水对石油在地层中的分布的影响[14]，Emmons、Illing、Hubbert、Hill、Dembicki、Catalan、Thomas、曾溅辉、张发强、罗晓容、周波等针对不同实验目的进行过相应的二次运移物理模拟实验研究[15—25]。

从最初的一维玻璃管油气运移模拟实验，到一维钢管实验，再到二维可视和三维物理模拟实验，进而到基于微米CT的三维油气充注实验，物理模拟实验技术逐渐提高，也越来越接近真实的地下地质条件，为深层高温高压、复杂构造或岩性油气藏、非常规致密油气藏的成藏机理、运聚动力和富集模式等研究奠定了实验基础。

1. 油气成藏物理模拟技术与仪器构成

油气成藏物理模拟实验主要目的体现在三个方面：（1）模拟油气成藏历史；（2）探讨油气成藏机理；（3）确定油气成藏参数。根据使用的实验装置，油气成藏动力学物理模拟技术可以划分为以下四种类型：（1）一维玻璃管油气运移模拟实验，主要研究油气运移条件、机理与路径（可视化）；（2）一维钢管油气运移模拟实验，主要研究高温高压下油气运移机理与油气饱和度增长规律;(3)二维可视油气运移模拟实验,主要研究油气运移动力与不同油气藏的成藏机制;(4)应用其他新技术的油气运移模拟实验以及三维油气运移模拟实验。

中国石油盆地构造与油气成藏重点实验室,根据研究对象和目的自主研发了多功能油气运聚物理模拟装置,模拟不同地质条件下的油气成藏过程,为分析油气成藏机理、油气成藏过程和运聚规律等提供技术手段。在自主研发的一系列油气运聚物理模拟实验装置的基础上,已形成系统的从简单的一维到复杂的二维、三维油气运聚物理模拟实验技术。一维油气运移物理模拟实验技术,解决了目前一维玻璃管油气运聚物理模拟实验只能用染色煤油,不能采用实际原油开展实验的问题,并设计了相应的高温高压模型管,可以开展150℃和50MPa条件下的一维油气运移物理模拟实验。二维可视模拟实验技术解决了目前依靠旋拧螺丝的方式压实模型存在的问题(压实不足,模型直立时发生垮塌现象;压实过量,压碎可视玻璃板,损坏模型),采用背部活塞的方式定量挤压模型,可以设置定量挤压1MPa,保证了实验过程的可靠性。二维构造变形与油气运移物理模拟装置集成了构造变形与油气运移两个物理模拟功能,更好地将实验过程与地下实际油气成藏过程作对比。三维高温高压可视模拟实验技术通过使用饱和度测量电极,实现了三维空间内高温高压条件下对油气运移过程的实时追踪。下面重点介绍二维和三维油气运聚物理模拟实验技术。

1)二维可定量挤压油气运聚模拟技术

二维可定量挤压油气运聚可视物理模拟装置(图6-25)包括:具有填装二维地质模型的模型主体、盖板和带活塞的压板,盖板由透明玻璃制成并具有支撑二维地质模型的支撑面,二维地质模型位于盖板和带活塞的压板之间,带活塞的压板将二维地质模型挤压在盖板上。通过活塞对二维地质模型压实,避免了因二维地质模型压实过量导致可视盖板形成破裂而损坏仪器的情况;也避免了因二维地质模型压实不足而产生明显可见的变形或垮塌导致模型填装失败的情况;解决了因二维地质模型压实不足而产生不可见的变形或垮塌导致运移输导体系不可预见的多解性问题,保证了实验现象和实验结果的真实性。

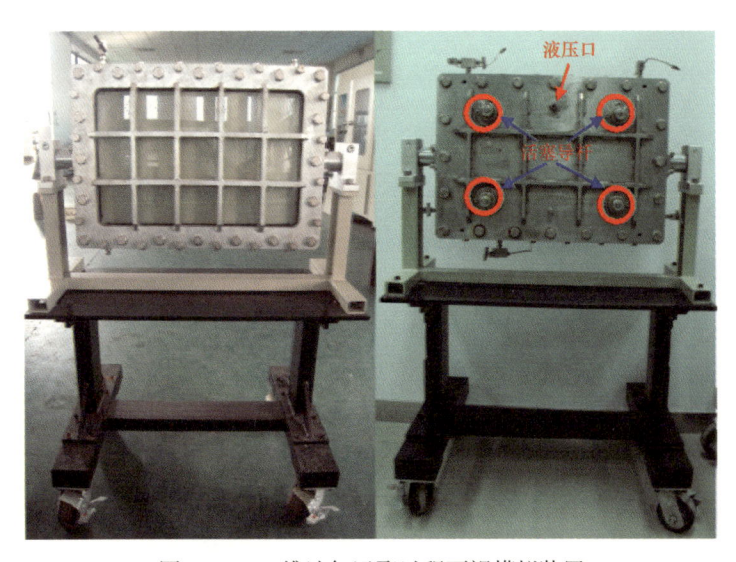

图6-25 二维油气运聚过程可视模拟装置

2）二维构造变形与油气运移物理模拟技术

目前，构造变形和油气运移物理模拟实验装置的功能都比较单一，构造变形物理模拟装置主要是进行干砂模型实验，模拟地层构造变形情况，实验装置内不能进行流体充注，不能用于油气运移研究，而油气运移物理模拟实验装置则不能挤压（或拉张）产生构造变形，只能事先填装地质模型，然后充注流体模拟油气运移过程。因此，目前的实验装置不能完整地模拟地下油气的运聚成藏过程，从而限制了油气成藏研究的深入发展。

为了深入研究地下油气的运聚成藏过程，将相互联系、不可分割的两个地质过程充分结合，自主研发了构造变形与油气运移物理模拟装置，集成了构造变形与油气运移两个物理模拟功能，更好地将实验过程与地下实际油气成藏过程相对比，完善油气成藏综合研究的物理模拟手段。

二维构造变形与油气运聚物理模拟装置由一个无顶、模型底板固定、前后壁可视且固定、两侧壁可移动的箱体构成（图6-26）；模型底板采用不锈钢材质，前后壁采用高强度钢化玻璃构成，是箱体的固定部分；两侧壁为活塞式，活塞挡板采用不锈钢材质，可在驱动系统驱动下左右移动，模拟挤压或拉张的构造应力条件，是箱体的可移动部分；两侧壁与模型底板及前后壁连接处设有空心密封圈、刮沙密封圈，以保证注入的流体不发生泄漏。

两侧活塞挡板的拉张和挤压运动均由驱动系统控制，可同时向同一方向或相反的方向运动。两侧活塞挡板安装有螺钉，用于安装传递应力的帆布或胶皮，螺钉不穿透活塞挡板，避免油气泄漏。两侧活塞挡板上外引有导向杆，既可以扶正活塞挡板，也可以与挤压和拉伸传感器联动来准确计量位移。模型底板设置多个底部注入口，通过底部注入阀门与外部注入系统相连接，可实现油气的底部注入。两侧活塞挡板设置多个侧板注入口，实现油气的入口也具备此项功能。箱体外部安装支承联板，侧板，顶板，压紧机构，使两侧活塞挡板移动过程中密封圈与高强度钢化玻璃之间紧密接触，达到密封的目的。数码摄像机和数码照相机可以对整个实验过程进行实时记录。

图6-26 构造变形与油气运移物理模拟装置

3）三维油气运移物理模拟实验技术

目前，三维高温高压油气运移物理模拟主要是通过CT或者核磁共振的方式实现对三维模型内部油气运聚过程的表征。这种方式的测量准确度较高，但主要存在以下三个问题：（1）实验成本非常高；（2）不能实现对整个实验过程的实时追踪；（3）实验过程中存在辐射效应，长期从事这种实验研究，对实验人员的身体健康不利。为此，实验室自主研发了一种低成本、环保、无辐射的可以对实验过程进行实时追踪的三维高温高压油气运移物理模拟装置，采用饱和度测量电极可以实现对油气运移路径的实时追踪，可以用于高温高压条件下不同地质体的油气运聚研究（图6-27）。

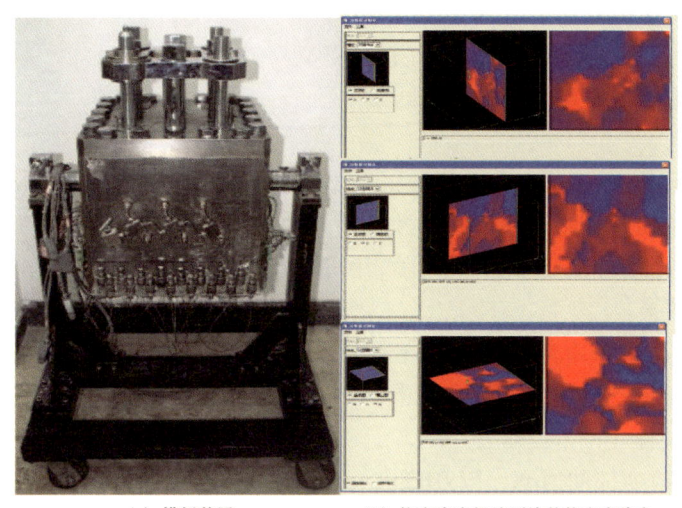

(a) 模拟装置　　(b) 饱和度电极检测流体饱和度信息

图 6-27　三维高温高压油气运移物理模拟装置

4）油气成藏动力学模拟实验技术

油气成藏动力学模拟实验技术可以开展成藏动力学研究，例如测试储层临界充注压力以及不同充注压力对应的含气饱和度变化情况等。

天然气向致密储层中形成充注之前，需要压力的积累过程，当压力达到一个临界值时，才会发生充注。临界压力的实验室测定一般流程是先将岩心烘干，抽真空饱和水，然后安装岩心夹持器，连接管线连接岩心夹持器和气瓶，逐渐调节气瓶出口压力，直至出口有流体流出，完成实验。在这个过程中，气体注入压力是通过手动调节的方式完成的，这种方法存在压力调节不连续、不准确和气瓶压力限制注入压力不高等问题。通过注水增压的方式，调节注气压力，能够准确测定天然气临界充注压力（图6-28）。

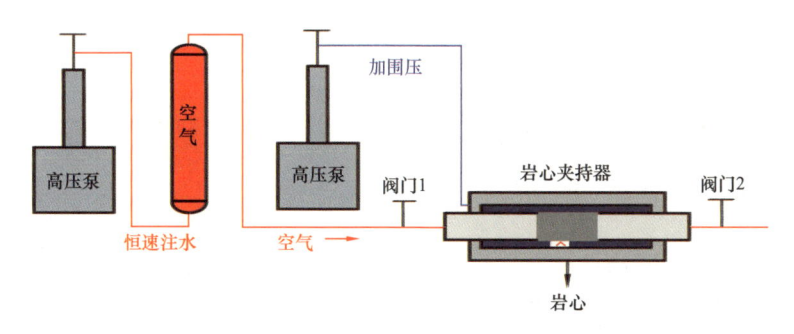

图 6-28　天然气临界充注压力的测试装置示意图

含气饱和度测试是通过天然气充注物理模拟实验完成的，其一般流程是先将岩心烘干，抽真空饱和水，然后安装岩心夹持器，连接管线连接岩心夹持器和气瓶，逐渐调节气瓶出口压力，在不同压力下注入气体，计量采出水量，计算含气饱和度。在这个过程中，采出水的计量是关键问题，目前的方法根本无法准确计量水的采出量，因为水的采出过程比较缓慢，而水的挥发却无处不在。为了避免这种情况，通过单一充注压力下天平称量的方式计算含气饱和度。

2. 油气成藏物理模拟技术应用

1）局部高孔渗砂体（透镜体）油气充注模拟

（1）二维可视油气运聚模拟实验。

实验模型：

采用二维可视物理模拟装置，砂岩采用不同目数的玻璃珠，20～30目代表储集物性好的砂岩，小于300目的玻璃珠代表物性相对差的砂岩，储集物性好的砂岩被物性差的砂岩包围，通过模拟油的充注，观察不同砂岩的含油情况。

实验过程与结果：

首先以0.1mL/min速率注入染红色煤油，经过240min，可以见到注入口模型底部有红色煤油出现，360min，红色煤油往上扩散，1380min后发现红色煤油开始进入位于中心的20～30目砂岩透镜体（图6-29a）。

1440min后，改变注油速率，以0.05mL/min速率注入红色煤油，1560min观察模型底部砂岩含油饱和度变化不是很明显，而透镜体砂岩含油饱和度进一步增加（图6-29b）。

继续以0.05mL/min速率注入红色煤油，同样可见到透镜体周边的孔渗性相对差的砂岩含油饱和度变化不大，而透镜体砂体含油饱和度逐渐增加，直至整个砂体全部充满了红色煤油（图6-29c—f）。

实验结果显示在20～30目玻璃珠中煤油形成了明显的富集，表明致密储层中的局部高孔渗砂体有利于油气的富集。

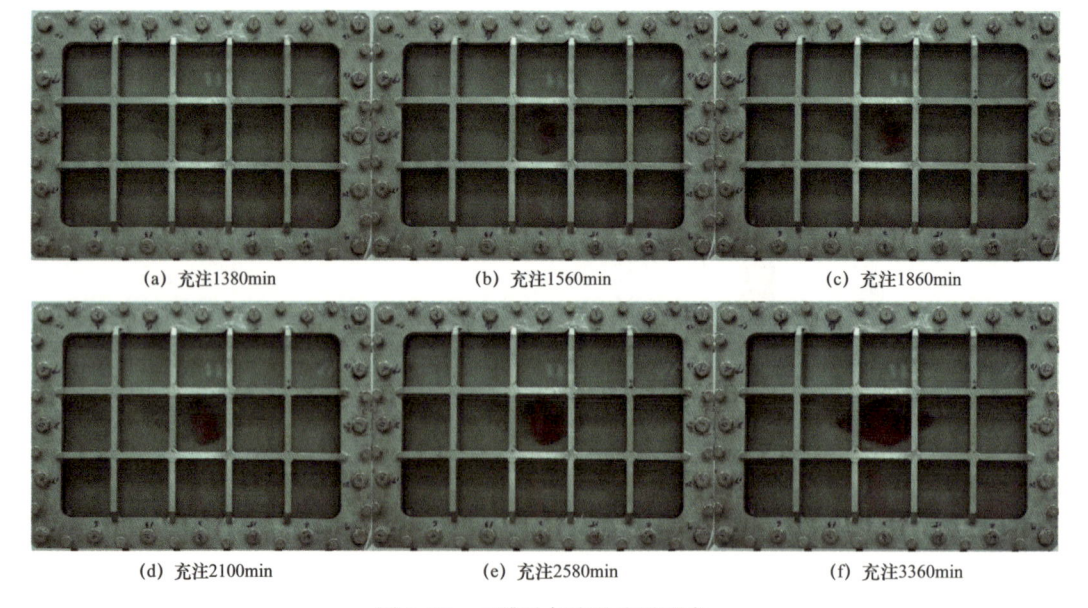

图6-29 二维油气充注实验现象

（2）三维不可视物理模拟实验。

实验模型：

基于致密砂岩透镜体油气富集机理，假设大套烃源岩中存在一定形状的砂岩透镜体，烃源岩生烃过程中，了解烃类在透镜体砂岩中的富集成藏情况。在 300mm×300mm×200mm 三维模型中，周围填充 250～300 目玻璃珠代表泥质岩，在泥质岩中央填充 120mm×120mm×80mm 方形的 20～40 目玻璃珠代表砂岩透镜体（图 6-30）。布置了 128 个电极和 12 个压力传感器。

实验过程及认识：

以 4.5MPa 的稳压从模型底部注入氮气，历时 13 天。通过饱和度测量电极实时监测

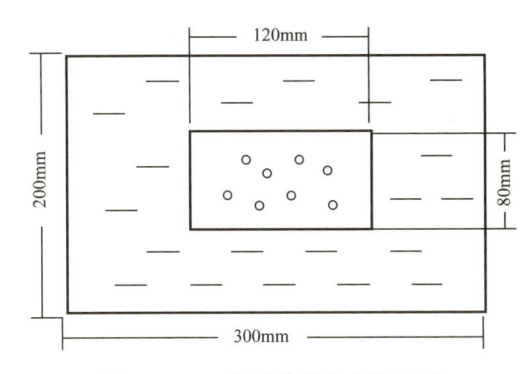

图 6-30　三维填砂模型（纵切面）

氮气的充注过程，实验结果显示不同阈值云图特征不一样，但总体上，在中部的 20～40 目玻璃珠中氮气充注情况最好，表明致密储层中的局部高孔渗砂体有利于天然气的富集（图 6-31）。

2）前陆盆地断裂演化与油气运移物理模拟

实验模型：

分析地层构造变形的过程，研究构造挤压应力强烈的前陆冲断带与构造挤压应力较弱的斜坡带及隆起带成藏特征。

实验方案：

20～30 目玻璃珠代表砂岩，小于 300 目玻璃珠与黏土的混合物代表泥；

染红色煤油代替地下原油；

填充模型，其中泥岩 4cm 模拟库车前陆盆地厚膏盐层；

左侧强应力挤压模拟冲断带，右侧弱应力挤压模拟斜坡带及隆起带；

底部均匀多点注入染红色煤油；

照相机实时记录煤油的的运移情况。

实验结果及认识：

实验结果显示在模拟冲断带一侧的 4cm 泥岩（即膏盐层）中断层具有良好的封闭性，而在模拟斜坡带一侧的 4cm 泥岩（即膏盐层）中断层形成了开启（图 6-32），表明强烈的构造挤压作用有利于断层的封闭，因此库车前陆盆地冲断带盐下形成良好的油气聚集，盐上地层油气成藏规模有限。

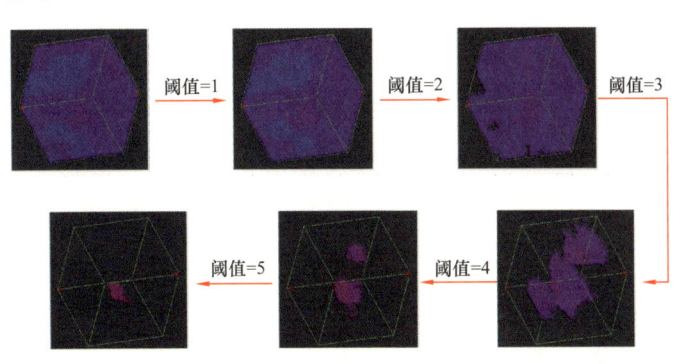

图 6-31　不同阈值的气体在不同孔渗条件砂体中的云图特征

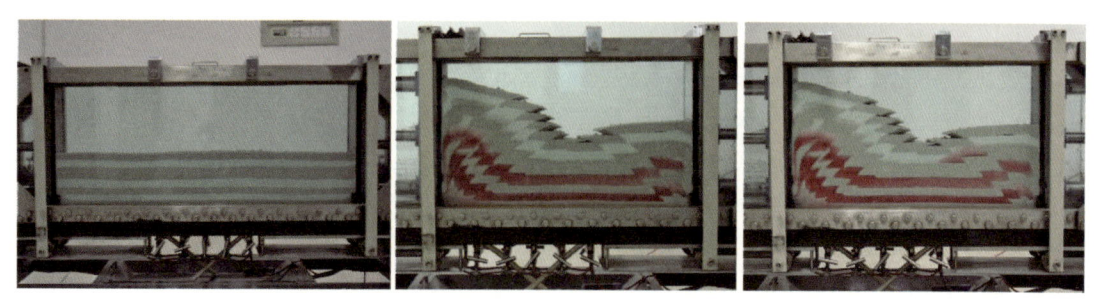

图 6-32　构造变形与油气运移物理模拟实验过程图

3）天然气充注过程物理模拟实验

采用自主研发的临界充注压力测试新方法，通过注水增压的方式，调节注气压力，准确测定天然气临界充注压力。首先测定人工岩心样品的孔隙度，然后抽真空、饱和蒸馏水，再将样品装入岩心夹持器、加围压 1MPa。实验过程中，通过 0.1mL/min 恒速注水压缩方式逐渐增大注气压力（中间容器体积为 2.0L），实时记录注气压力，观察出口产物。持续开展实验，通过压力记录和出口产物观察，研究天然气充注过程。

实验结果表明，天然气充注过程可以分为四个阶段：压差积累阶段、驱替水阶段、断续式驱替水阶段和气体散失阶段（图 6-33）。随着蒸馏水的注入，中间容器内的空气受到挤压，气体压力逐渐增大，当气体压力达到临界注气压力时，气体开始向岩心中充注（即压力积累阶段）；最先将大孔喉中的可动水驱替，中间容器内气体压力减小（即驱替水阶段）；随着最容易驱替的可动水的孔喉被气体占据，其他孔喉里的可动水在重力作用下逐渐向这些孔喉中汇聚，气体逐渐占据这些孔喉，并且逐渐将该压力条件下可以驱替的可动水全部置换，在这个过程中可动水与空气断续排出，中间容器压力相对稳定（即断续式驱替水阶段）；最后气体将可动水全部置换以后，形成一个较好的气体通道，中间容器中的气体迅速释放（即气体散失阶段）。

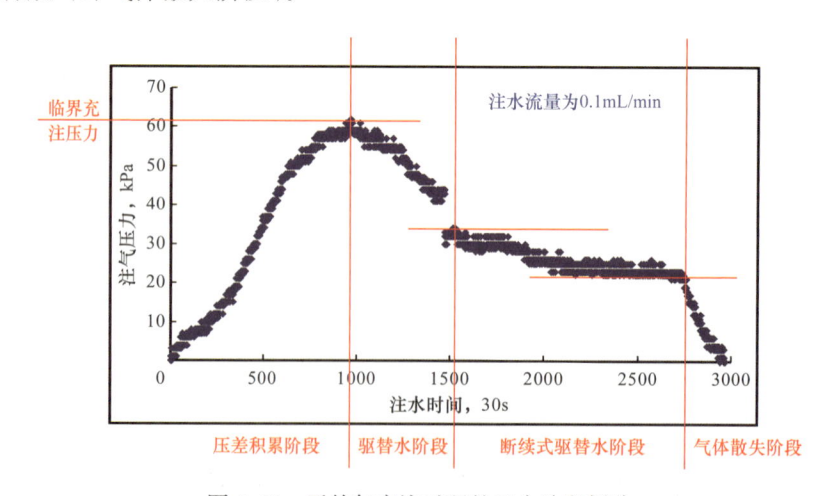

图 6-33　天然气充注过程的四个阶段划分

4）天然岩心天然气充注渗流实验

首先将样品干燥 24h；然后抽真空、饱和蒸馏水 24h；实验前，擦干表面，天平称重，之后安装模型，设置围压 50MPa；缓慢开启压力，先设置 5MPa，等 30min，如果不出气,逐渐梯度增加注气压力;出气 30min 后,取出样品,擦干表面,天平称重,计算含气饱和度;换样品,进行测试。分别测定注气压力为 5MPa、10MPa、15MPa、20MPa、25MPa、30MPa 时每一个岩心样品的含气饱和度。

对四川盆地合川地区岩心样品的孔隙度和渗透率测试结果表明均属于致密砂岩储层。岩心天然气充注实验结果表明,岩心含气饱和度与充注压力呈正比,即充注压力越大,含气饱和度越高,表明岩心注气过程中发生了渗透率级变,随着注气压力的增大,更小的孔喉参与到整个渗流过程,从而导致含气饱和度逐渐增大。与压汞曲线类似,常规岩心在较低的压力条件下,就达到了较高的饱和度,并且随着压力的增大,饱和度几乎保持不变,而致密砂岩则达到临界压力后,表现出随着压力的增大,饱和度逐渐增大的特征(图 6-34)。

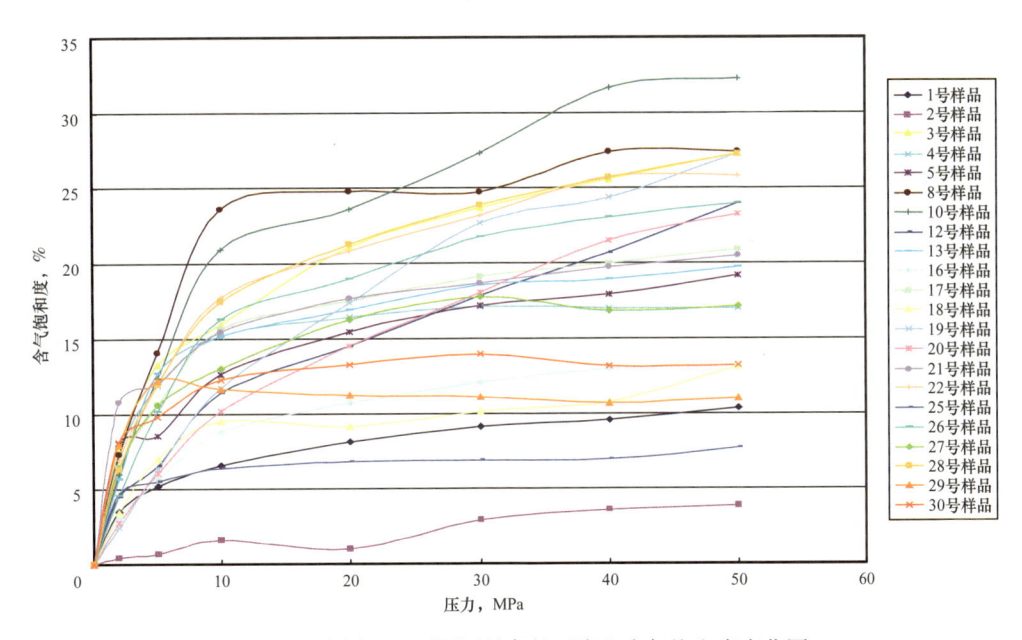

图 6-34 合川地区不同压差条件下岩心含气饱和度变化图

第二节 多尺度储层孔隙与含油气性表征技术

本节介绍了近年来油气储层表征与含油气性评价研究的部分成果和进展,涉及的内容包括多尺度储层孔喉结构观测与表征技术、电化学沉积法表征储层微观结构的方法、储层孔喉连通性定量评价技术、基于荷电效应的致密油赋存表征技术等。

一、多尺度储层孔喉结构观测与表征技术

储层岩石结构复杂,在不同的尺度下具有不同的结构特征和属性,因此需要利用不同尺度的表征方法对岩石结构进行观测表征。根据表征方式的不同,可以将表征方法分为直接观察法、间接测量法和图像三维重构方法等。

1. 直接观察法

1)激光共聚焦显微镜分析技术

激光扫描共聚焦显微镜(LSCM)是国外 20 世纪 80 年代后期开发的新测试仪器,它

集显微技术、高速激光扫描和计算机图像处理技术于一体,包括激光光源和共聚焦扫描探测器、偏光显微镜和Z轴聚焦步进马达以及计算机数据和图像处理系统。该显微镜的放大倍数可达10000倍,分辨率比一般显微镜高1.4倍,可分层扫描,光切片最薄为0.1μm,纵向穿透深度为100μm左右,将每层扫描图像存入计算机,然后可重建三维立体图像。

利用激光扫描共聚焦显微镜技术观测到,四川盆地侏罗系大安寨段致密灰岩样品裂缝—孔隙网络形态清晰,面孔率为1.25%～5.85%,主体小于2%(图6-35),储层以微孔、微裂缝为主,孔隙度低。

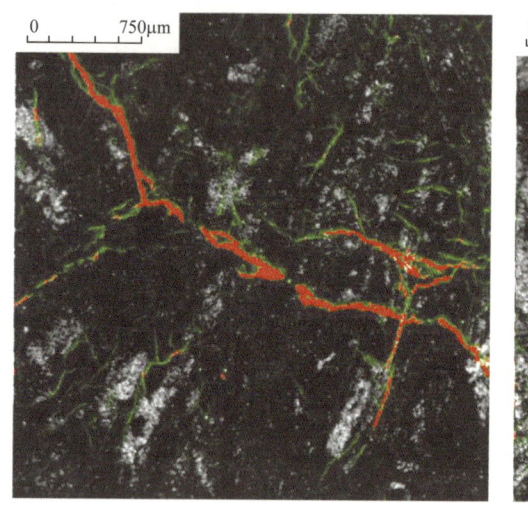

(a) 台7井, 2745.35m, 面孔率1.76%　　(b) 狮3井, 2791.1m, 面孔率1.35%

图6-35　四川盆地侏罗系大安寨段致密灰岩激光共聚焦显微图像

2)扫描电镜分析技术

扫描电镜,全称为扫描电子显微镜(scanning electron microscope),是一种用于观察物体表面结构的电子光学仪器。原理是利用一束精细聚焦的电子扫描样品表面,从而得到二次电子、背散射电子、X射线、吸收电子、俄歇(Auger)电子等不同类型信号随表面形貌不同而发生的变化。根据发射电子枪类型的差异,可分为钨灯丝、场发射电子枪等。

扫描电镜背散射微孔隙定量图像分析方法,是近年发展起来的一种新方法,放大倍数可以在从几十倍到几万倍的观察范围内连续可调。能直接观察微孔隙的分布状况。微孔隙主要包括粒间黏土矿物中的微孔隙、粒间碎屑中的微孔隙、长石或岩屑颗粒被淋滤溶蚀产生的微孔隙、晶间微孔隙;首先利用环境扫描电镜的背散射电子图像进行图像采集,放大倍数通常选择2000～10000倍,再将采集到的各类微孔隙图像进行图像处理和参数提取、计算,提供的参数包括面孔率、孔隙直径、喉道宽度、孔隙周长、平均孔隙直径、配位数、分选系数、偏度、尖度、孔喉直径比、比表面、均质系数等。

场发射扫描电子显微镜具有超高分辨率,能开展各种固态样品表面形貌的二次电子像、反射电子像观察及图像处理,配与高性能X射线能谱仪,便具有形貌、化学组分综合分析的能力,是微米—纳米级孔喉结构测试和形貌观察的最有效仪器;近年来已广泛用于致密砂岩、致密灰岩、泥页岩储层的超微孔隙结构研究(图6-36)。

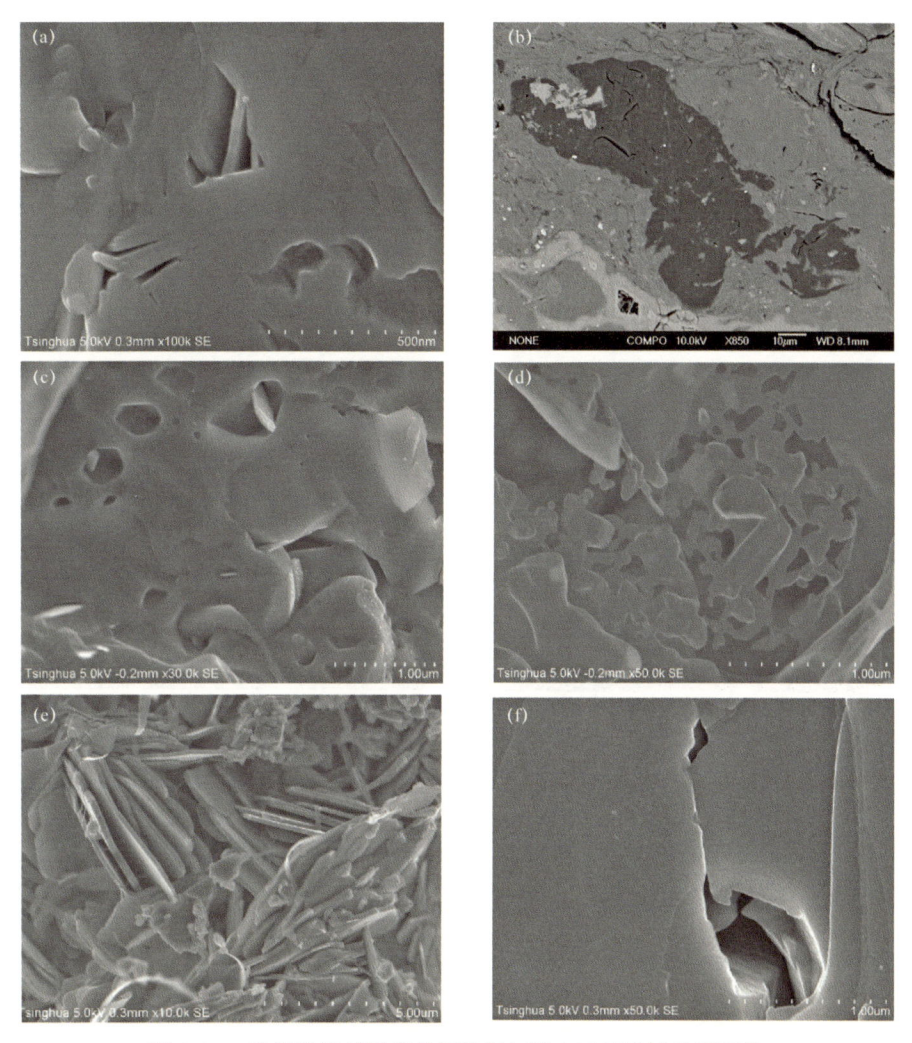

图 6-36　致密砂岩储层样品场发射扫描电子显微镜分析图像

(a) 四川盆地合川 1 井, 2124.88m, 黏土矿物晶体间微缝; (b) 四川盆地威远剖面, 须 5 段, 暗色泥岩, 有机质微孔;
(c), (d) 四川盆地龙 13 井, 3541.93m, $\Phi=1.96\%$, $K=0.00231mD$; 粒间充填黏土矿物表面微小溶孔、微孔; (e), (f) 松辽盆地老深 1-10 井, 2567.5m, $\Phi=7.1\%$, $K=0.388mD$; (e) 孔隙中充填绿泥石间微缝; (f) 颗粒表面微孔

3) 环境扫描电镜分析技术

环境扫描电子显微镜是一种扫描式电子光学仪器。主要用途是在自然状态下观察图像和元素分析, 可分析生物、非导电样品 (背散射和二次电子像)、液体样品, 也可观察 ±20℃内的固液相变过程, 分析结果可拍照、视频打印和直接存盘 (全数字化)。环境扫描电镜分析技术具有高真空、低真空和环境三种工作方式, 可在很低真空的情况下对多孔隙材料与薄膜表面、经化学修饰后的微粒吸附现象等进行观察分析, 并配有 X 射线能谱仪及注射系统、冷台及热台, 观察含油含水固体样品、胶体样品及液体样品时, 同时能够进行微观结构动态变化过程的观察。邹才能等已利用低真空环境扫描电镜观察了鄂尔多斯、四川盆地等含油致密砂岩储层原始状态下的原油赋存特征, 结合能谱定量分析, 验证微孔赋存流体的性质[26]。

鄂尔多斯盆地延长组长 6 段含油致密砂岩样品, 环境扫描图像与能谱数据分析表明,原油在致密砂岩微观孔喉中呈现不同赋存状态和特征（图6-37）：（1）原油以薄膜状涂抹在颗粒表面，呈条带状或团块状分布（图6-37a、b）；（2）原油以短柱状集合体发育于颗粒间微孔内，相互黏连，呈丝状弥漫分布（图6-37c）；（3）原油黏结于裂缝两壁，相互连接，呈残余分布（图6-37d、e）。同时针对不同原油赋存状态进行能谱测试，可以发现在推测为原油位置处能谱测试含碳质量百分数为41%，明显高于不含油区域含碳质量百分数16%，验证微孔赋存流体为含碳有机质成分，推测为原油。

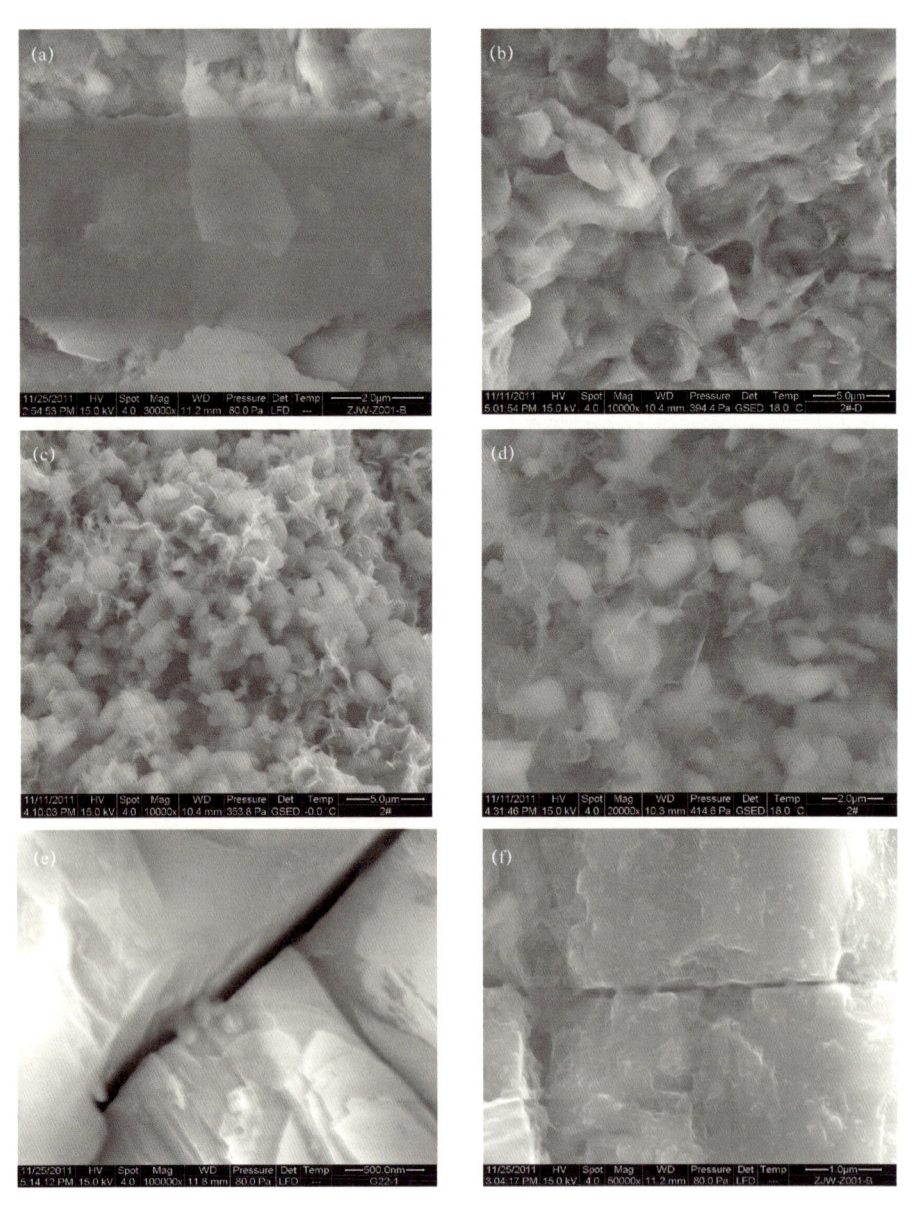

图6-37 致密砂岩油储层环境扫描图像

(a) 含油细砂岩，鄂尔多斯盆地延河剖面，长6段；(b) 含油细砂岩，鄂尔多斯盆地宁57井，长7段；(c) 含油细砂岩，鄂尔多斯盆地宁57井，长7段；(d) 含油细砂岩，四川盆地公22井，沙一段；(e) 含油细砂岩，鄂尔多斯盆地延河剖面，长6段

在实验中应注意以下两个问题：首先，选取含油岩心样品进行微观原油赋存状态实验，保证微观孔喉中赋存物质为原油，并结合能谱分析证明赋存物质具有高含碳成分特征，但没有直接证据证明微观孔喉中赋存物质即为原油；其次，能谱束斑直径为3μm，穿透厚度为1μm，石油在孔隙或颗粒表面呈薄膜状展布，厚度较小，故使用能谱验证时受孔隙附近颗粒影响大。在低真空环境扫描条件下，石油在电子束轰击下挥发较快，特别是放大倍数越高，挥发速度越快，影响观测效果。

2. 间接测量法

1）气体吸附法

气体吸附法是利用毛细凝聚现象和体积等效代换原理，以被测孔中充满的液氮量等效为孔的体积，包括氮气与二氧化碳气体吸附测试两种方法。吸附理论假设孔的形状为圆柱形管状，进而建立毛细凝聚模型。根据毛细凝聚理论，在不同的P/P_0下，发生毛细凝聚的孔径范围不一样；随着P/P_0值增大，发生凝聚的孔半径也随之增大。对应于一定的P/P_0值，存在临界孔半径R_k，半径小于R_k的所有孔皆发生毛细凝聚，液氮在其中填充；半径大于R_k的孔皆不会发生毛细凝聚，液氮不会在其中填充。临界半径可由开尔文方程计算：

$$R_k = -0.414/l_g(P/P_0)$$

式中　P——被吸附气体分压；

　　　P_0——发生吸附的固体材料饱和蒸汽压；

　　　R_k——临界孔半径。

通过测定出样品在不同P/P_0下的凝聚氮气量，可绘制出等温吸脱附曲线，通过不同的理论方法（常用BJH理论）得出其孔容积和孔径分布曲线。

根据鄂尔多斯盆地延长组25块致密储层样品气体吸附测试的结果，其中10~100nm的孔喉平均占总孔喉的70%以上，致密砂岩为81.6%，泥页岩为71.8%；致密砂岩孔喉直径为4~10nm的占总孔喉的13%，泥页岩储层为20.1%；孔喉直径小于4nm孔喉所占比例较少，致密砂岩为5.4%，泥页岩仅为4.6%（图6-38）。

2）同步辐射小角X射线散射技术

小角X射线散射是发生在X射线原光束附近小角度范围内的电子相干散射现象，当X射线照射到试样上时，如果试样内部存在纳米尺度的电子密度不均匀区，则会在入射光束周围的小角度范围内（一般$2\theta \leq 6°$）出现散射X射线，这种现象称为X射线小角散射或小角X射线散射，简写为SAXS。它是在纳米尺度（一到几百纳米）上研究物质结构的主要手段之一。作为一种非破坏性的结构分析方法，SAXS被广泛应用于解析纳米尺度电子密度不均匀物质（纳米颗粒或纳米孔洞）的结构尺寸、比表面、孔径分布、界面信息等，成为研究亚微观结构和形态特征的一种技术和方法。

利用强度高、光线集中的同步辐射光源作为小角散射的光源，可使得样品处光强达到1011cps，比常规X光机的强度高$10^3 \sim 10^4$倍（中国科学院高能物理研究所），能更好地获取样品多样化的结构信息，如颗粒的形态、孔径分布等。样品孔径分布测量的精度，可通过调节样品到探测器的距离，实现1~220nm的可测粒度。

3）岩心压汞分析法

毛细管压力曲线测定方法包括压汞法、半渗透隔板法、离心机法、动力驱替法和蒸汽压力法等，最常用、最经典的方法是压汞法。20世纪40年代后期，珀塞尔首先将压汞法引入石油地质研究工作中，多次测得毛细管压力曲线，并以毛细管束理论为依据来研究渗透率的计算方法，成为后来使用压汞资料研究孔隙结构的基础。

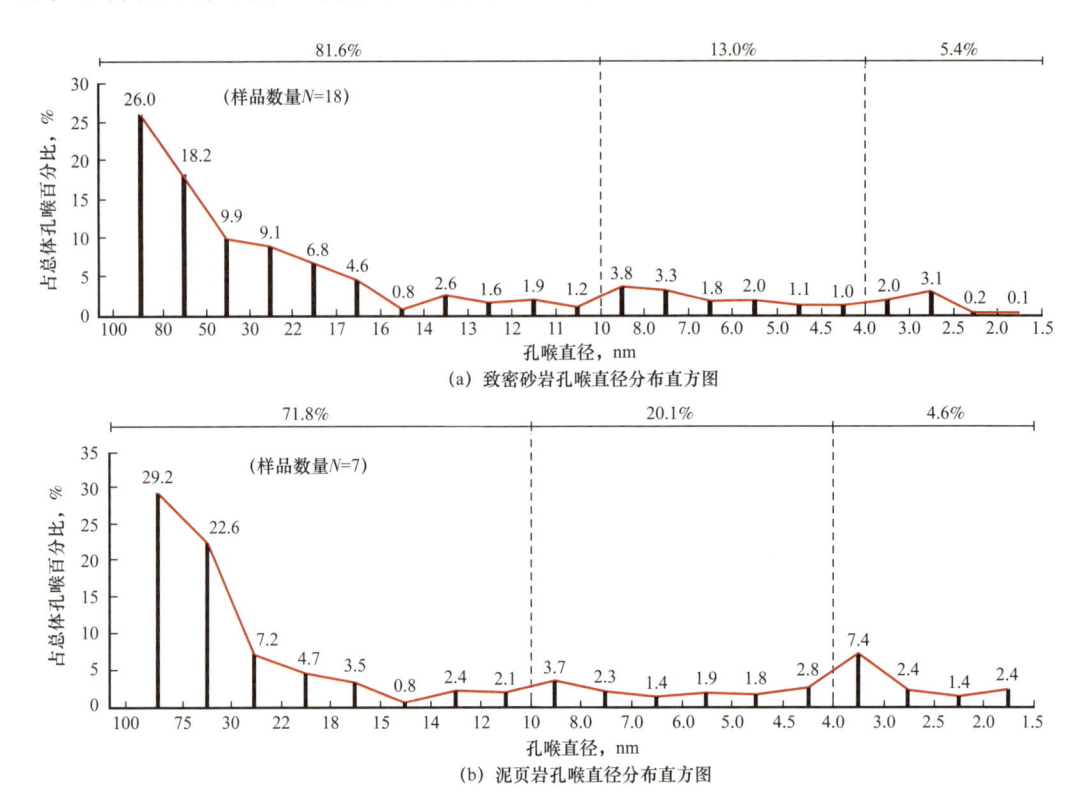

图6-38 鄂尔多斯盆地致密砂岩、泥页岩孔喉直径分布直方图

压汞法俗称水银注入法，它的原理是把相对岩石为非润湿相流体的汞注入被抽空的岩石孔隙系统内时，必须克服岩石孔隙喉道所造成的毛细管阻力。当某一注汞压力与岩样孔隙喉道的毛细管阻力达到平衡时，便可测得该注汞压力及在该压力条件下进入岩样内的汞体积。在对同一岩样注汞的过程中，可在一系列测点上测得注汞压力及其相应压力下的进汞体积，从而得到压力与汞注入量的曲线，即压汞曲线。

由于注汞压力在数值上和岩石孔隙喉道毛细管压力相等，或两者等效，故注汞压力又称毛细管压力，用 P_c 表示。

$$P_c = 2\sigma\cos\theta R$$

式中　σ——界面张力，N/m；
　　　θ——接触角。

根据毛细管压力与孔隙喉道半径 R 成反比，通过注入汞的毛细管压力计算出相应的孔隙喉道半径，其孔径分布测量范围为950～0.0036μm（直径）。

鄂尔多斯盆地延长组泥页岩储层孔喉直径小于1μm的孔喉比例达95%，致密砂岩达 90%。致密砂岩与泥页岩储层孔喉直径介于 1~0.01μm 之间的纳米孔分别占总数的 80% 和 95%，致密砂岩中直径小于 500nm 的纳米孔所占比例为 77.2%，泥页岩中占 94%（图 6-39）。

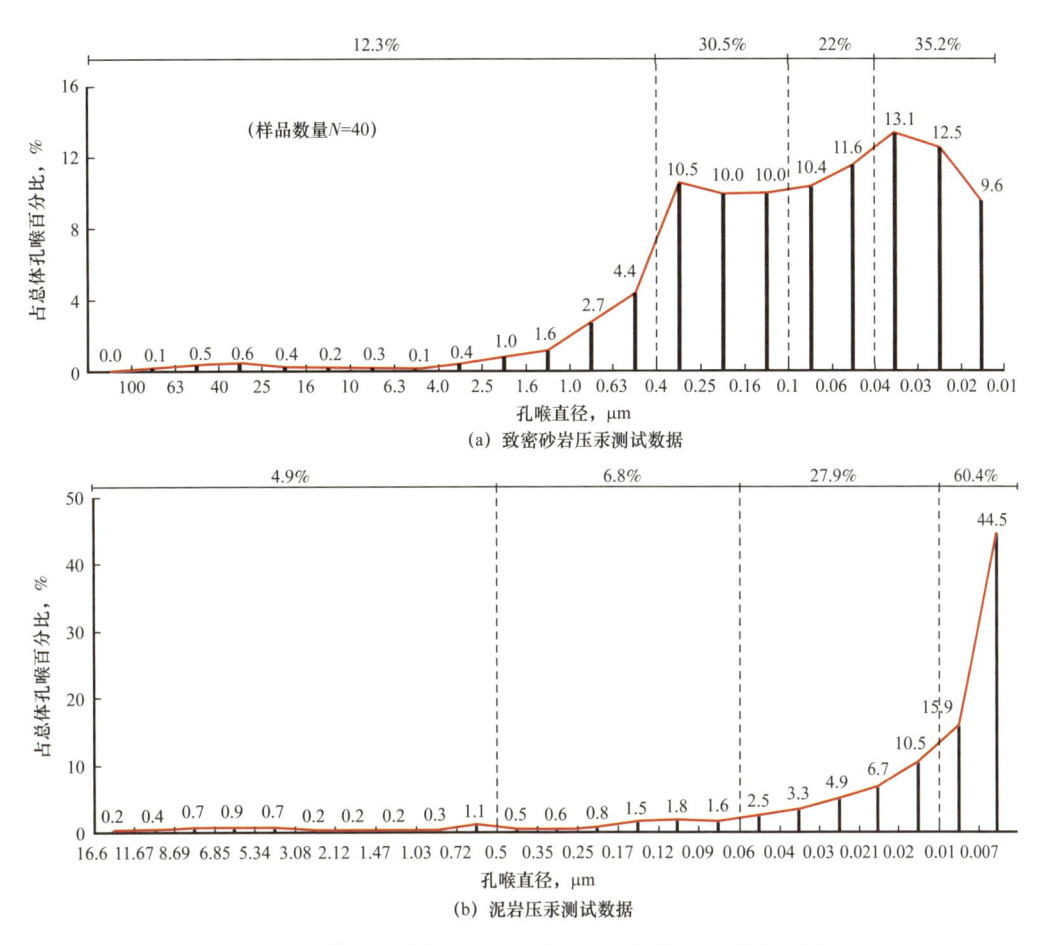

图 6-39　鄂尔多斯盆地延长组致密砂岩和泥岩压汞测试数据

4）核磁共振技术

核磁共振的基本原理是利用原子核的自旋运动，在恒定的磁场中，自旋的原子核将绕外加磁场作回旋转动，即进动（precession）。进动有一定的频率，它与所加磁场的强度成正比。在此基础上再加一个固定频率的电磁波，并调节外加磁场的强度，使进动频率与电磁波频率相同，原子核进动与电磁波就会产生共振，叫核磁共振。核磁共振时，原子核吸收电磁波的能量，记录下的吸收曲线就是核磁共振谱（NMR-spectrum）。由于不同分子中原子核的化学环境不同，将会有不同的共振频率，产生不同的共振谱。通过受检物体各种组成成分和结构特征的不同弛豫过程，根据观测信号的强度变化，利用带有核磁性的原子与外磁场的相互作用引起的共振现象进行实验和检测。唐巨鹏等利用核磁共振成像技术研究了煤层气渗流规律，建立了核磁渗透率和煤储层渗透率的关系表达式，指出核磁 T_2 分布谱与煤孔隙结构具有较好的对应关系[27]。王志战等基于 T_2 谱累计曲线与毛细管压力曲线之间的关系，对储层的孔喉分布进行了评价[28]。

核磁共振技术测试孔喉半径的一般范围为 8nm～80μm（$r=\rho \cdot T_2$，$\rho=735$nm/ms，将 T_2 谱从 0.01ms 进行反演；也可从 0.001ms 反演，通过缩短 TE，将孔喉半径测至约 0.8nm）。致密砂岩孔隙度为 8.45%，渗透率为 0.267mD，孔喉直径以 0～200nm 最多，占总孔隙类型的 35%，孔喉直径小于 500nm 的约 50% 左右，而直径小于 1μm 的孔喉约占 50% 以上，整体也表现为以微孔为主的特征；泥岩样品孔隙度为 5.09%，渗透率为 0.0256mD，孔喉直径全部位于 0～320nm，整体表现为纳米级微孔的特征（图 6-40）。

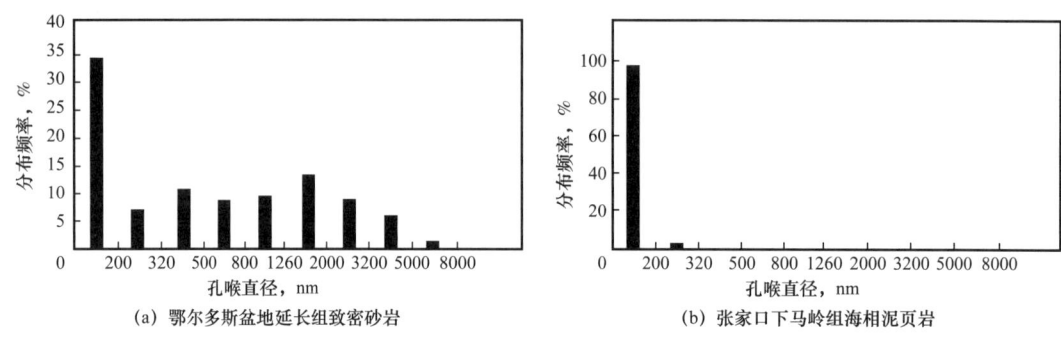

图 6-40 致密储层核磁共振分析孔喉直径分布直方图

3. 图像三维重构法

1）X 射线断层三维扫描（CT）技术

近年发展的 X 射线断层成像技术（简称 X-CT），使致密储层微孔三维结构研究成为可能。国内利用 Micro-CT 装置在这方面开展了相关研究，并取得了较好结果，而 Nano-CT 与 Micro-CT 技术相结合的应用还未有报道。

利用 Xradia 公司实验室光源显微成像 Nano-CT 与 Micro-CT，开展了致密储层三维结构特征研究，对致密储层微孔三维空间展布特征进行数值重构。鄂尔多斯盆地延长组致密储层三维扫描重构表明，其微观孔喉发育，致密砂岩微裂缝为 500～600nm。

2）聚焦离子束成像技术（FIB）

聚焦粒子束技术广泛应用于半导体工业、材料科学等领域。其常常与扫描电子显微镜（简称 SEM）集成在一起，制成具有三维成像功能的仪器。在低束流下，FIB 具有与 SEM 类似的微观成像功能。而高束流下的 FIB 技术是把离子束斑聚焦到亚微米甚至纳米级尺寸，通过偏转系统实现微细束加工。与其他高能粒子束流相比，聚焦离子束具有较大的质量，经加速聚焦后能够以很高的能量和较短的波长直接把图案转移到较硬的基体材料上，还可对材料和器件进行刻蚀、沉积等微纳米加工。

以 FEI 公司型号为 Helios 650 的 FIB-SEM 电镜为例，其在 1kV 加速电压下，分辨率可达 0.9nm。除了具备超高分辨率外，这台 FIB-SEM 最大的特点是可以实现致密储层岩石的纳米级剥蚀并实现逐层扫描，然后重构获得具有纳米体分辨率三维图像，精确地刻画致密储层三维微纳米孔喉系统（图 6-41）。这项技术处于国际先进水平，对于研究致密储层的储集空间特性有重要意义。

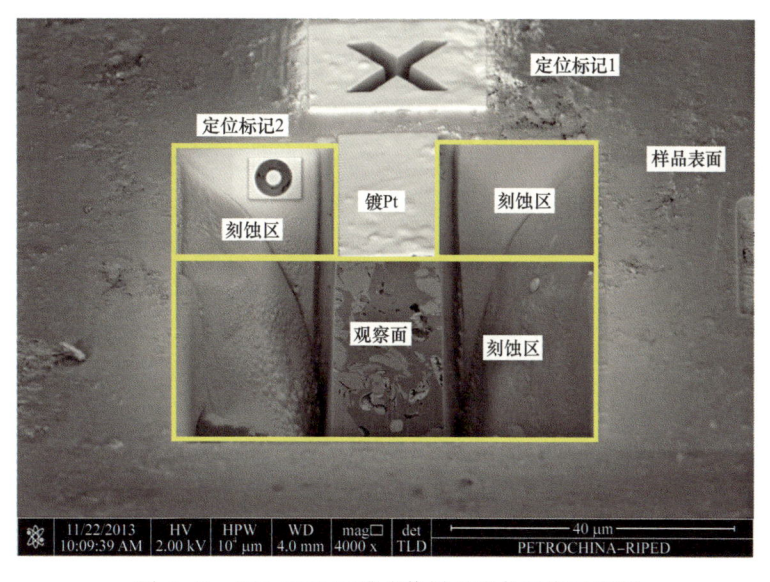

图 6-41　FIB-SEM 三维成像样品准备工作示意图

其成像原理如图 6-42 所示：通过对样平台进行倾斜，使样品表面与离子束保持垂直位置。使用离子束对样品表面进行刻蚀，露出观察面，并使用电子束对观察面进行第一帧成像。根据对观察面剥蚀厚度的要求，设置粒子束能量参数对观察面进行剥蚀，剥蚀之后使用电子束对新的观察面进行成像，重复这个步骤直到成像完成。

目前，聚焦式离子束曝光系统在电阻胶上曝光的线宽可小到约 20nm，主要功能包括：利用入射离子束快速切割试片而挖出所需的洞或剖面，结合场发射扫描电镜对切割二维图像进行扫描，最终利用高分辨率二维图像重建三维微结构。高分辨率的二维图像可以提供岩石微观结构的几何性质，比如孔隙分布以及孔隙的特殊形状。

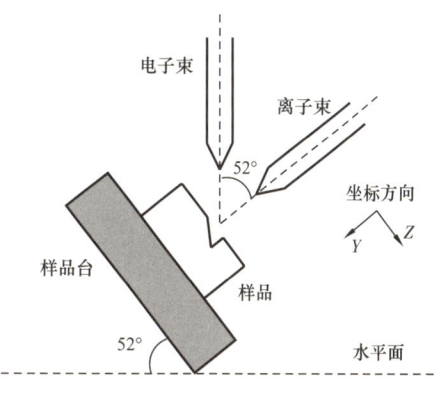

图 6-42　电子束、离子束和样品角度关系示意图

二、电化学沉积法表征储层微观结构的方法

油气储层微观孔隙结构是指储集岩中孔隙和喉道的几何形状、大小、分布及其相互连通关系。油气储层微观孔隙结构决定了油气资源的储集特征、赋存机理与产出过程，特别是对于纳米级的微观孔隙结构为主的致密砂岩储集体，其微观孔隙结构更是决定其孔渗透性特征的重要因素。因此，如何准确表征储层微观孔隙结构已成为油气勘探过程中的重要议题。

近年来，低渗透与致密油气藏、非常规油气资源引起各国高度重视。此类储层物性差，发育大量微纳米尺度的孔喉储集系统。目前，对致密储层的研究正逐步从定性描述过渡到定量表征，从微米尺度深入到纳米尺度，从二维平面分析到三维立体评价。针对致密储层三维微观孔隙结构表征方法常采用 CT 扫描技术。CT 扫描技术是一种利用 X 射线对岩石样品全方位、大范围快速无损扫描成像，最终利用扫描图像数值重构微观孔隙三维结构特征的技术方法。CT 扫描技术分为纳米级 CT、微米级 CT 和工业级 CT。其中，微米级 CT 仅能表征微米级以上的孔隙结构，其最大分辨率为 0.7μm；纳米级 CT 比微米级 CT 分辨率高，其测量过程中的最大分辨率也仅为 50nm。此外，纳米级 CT 分析观测的区域小，约为 60μm，存在制样困难、运行成本高等难题。

在油气勘探开发过程中，发现致密砂岩、页岩等非常规储层中存在大量的小于 50nm 的微观孔隙结构，由于 CT 扫描技术最大分辨率为 50nm，所以采用常规的 CT 扫描技术是难以满足此种微观孔隙结构的表征需求，在一定程度上制约了致密砂岩、页岩等非常规储层的油气勘探开发进程。所以，亟需一种储层微观孔隙结构的表征方法以能表征小于 50nm 的储层微观孔隙结构。

1. 电化学表征方法的原理及流程

电化学沉积是指在电场的作用下，金属离子或络合金属离子在电极表面还原形成金属的过程。金属离子或络合金属离子必须通过连通的孔喉系统才能达到电极表面进行还原反应，随着金属离子在电极表面还原的进行，金属能沿着连通的孔喉系统逐渐地向外还原生长，最终填充满整个连通的孔喉系统。

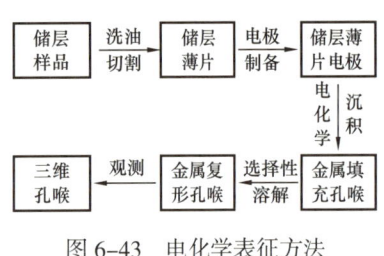

图 6-43 电化学表征方法流程示意图

表征流程如图 6-43 所示：（1）首先将储层样品经洗油后进行切割抛光处理，制备得到厚度为 0.03~0.10mm 厚的储层薄片样品；（2）采用电极制备的方式，将储层薄片制备成储层薄片电极，电极制备方式包括：① 往储层薄片样品的一面溅射一层金属导电层，② 将溅射导电层的储层薄片切割成大小约为 5mm×5mm 的储层小薄片，③ 将上述小薄片的导电面同工作电极相连接，并将除岩石表面外的其他表面进行绝缘处理，得到储层薄片电极；（3）采用电化学沉积的方式，往储层薄片的内部连通孔隙中填充满金属；（4）采用选择性溶解的方式，将金属填充后的储层岩石溶解，得到金属复形的孔喉结构；（5）采用电镜观测金属复形的储层三维孔喉系统。

2. 表征测试结果及其应用

表征选取鄂尔多斯盆地延长组午 221 井岩心，深度为 1724.5m 的致密砂岩作为主要分析测试。首先将储层进行洗油后切割制作成 0.3cm×0.3cm×0.1cm 的储层薄片，往储层薄片的一面镀上导电层，后采用电化学沉积往储层的孔隙中沉积满金属铂，随后选择性溶解将沉积满铂后的储层中的岩石骨架完全溶解，得到铂金属复形的微纳米结构。如图 6-44 所示，图 6-44a 中的基板部分为设置的金属导电层，图中凸起的部分为金属复形的岩石孔喉系统，该骨架的成分也由能谱仪（EDS）证实为金属铂。对该复形结构进行放大观测，可发现金属铂的表面不光滑，由许多毛刺状结构组成，该毛刺结构为储层中的纳米级吼道，占有较大的比例。通过该技术方法能大面积、较直观地观测储层的三维微观孔喉系统；分辨率高，可刻画出小于 10nm 的微观孔喉结构，有利于储层中纳米三维孔喉系统的表征刻画。此外，储层样品内部孔隙结构不是完全连通的，电沉积方法只能刻画储层中连通的孔结构。采用多晶 Pt 电极活性面积的测试方法，可有效地计算出连通孔隙所占面积，进而反映储层中连通孔隙所占的比例。

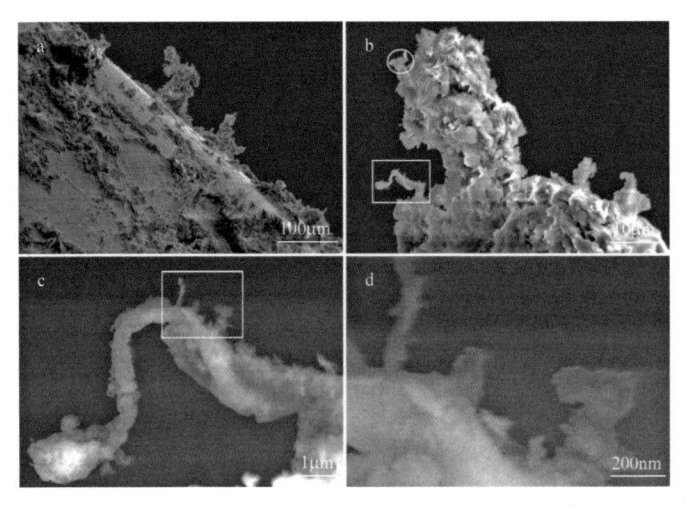

图 6-44 电化学沉积法复形储层微观孔喉结构

该技术在直观表征致密储层微观结构方面表现出一定的应用前景，但该方法目前还处于开发阶段，需进一步优化实验方案及实验参数，以获得较为准确的实验分析测试结果。

三、储层孔喉连通性定量评价技术

1. 储层连通域检测、分级与提取

连通域的检测与统计即基于微米、纳米 CT 以及 FIB-SEM 图像获取的含有物相区分信息的数字模型。为简化起见，假设数字模型中只有两类物相：孔隙和无机矿物。接下来采用种子填充法对孔隙像素进行连通域检测，即将互相连通但又与其他像素不连通的一组像素标定为一个连通域，然后再对这些连通域进行一定几何分析及归类。

种子填充算法源于计算机图形学，广泛应用于图案的填充。以任意一个孔隙像素为种子，使用种子填充法，检测出所有与其相连通的像素，标记为一组，作为一个连通域，重复上述步骤，直到所有的孔隙像素都被分组，这些组被称为孔隙连通域。孔隙连通域对于分析岩石的微观孔隙结构具有非常重要的作用。孔隙连通域的参数分析有助于对孔隙大小、形状、分布等特性的了解。

将得到的连通域分为活连通域和死连通域两类。通常来说，三维数字模型只能表征有限体积范围内的岩石孔隙信息（后简称有限表征范围），死连通域便是那些没有任何像素落在模型边界上的连通域。

相对于死连通域，活连通域是指含有落在模型边界上的像素的连通域。为方便起见，常常选取正六面体作为有限表征范围。针对这样的有限表征范围，将活连通域分为三级，如图 6-45 所示。1 级连通域指有孔隙像素落在且仅落在一个模型边界上的连通域；2 级连通域是指有孔隙像素落在相邻模型边界上，且不为 3 级连通的连通域；3 级连通域是指有孔隙像素落在相对的模型边界上的连通域。对于有限表征范围来说，3 级连通域的相对连通性最好，对

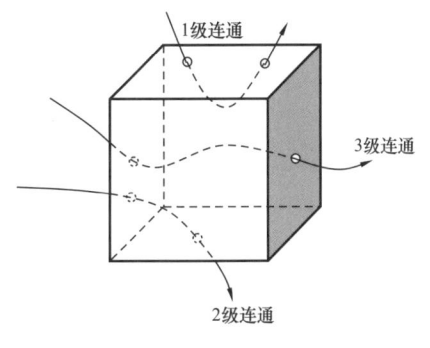

图 6-45 连通性分级

某特定方向的渗透性贡献最大。

通过连通域筛选为数字建模提取有针对性的连通域是非常必要的。基本步骤包括：（1）删除死连通域，即将死连通域的孔隙像素点变为骨架像素；（2）选择连通率类型；（3）设定限定条件。例如，只选取3级连通域，将不满足条件的孔隙像素变为骨架像素（图6-46）；又如，删除体积小于特定值的连通域，即将满足该条件的连通域的孔隙像素变为骨架像素。

(a) 所有活连通域　　　　(b) 连通域分级　　　　(c) 3级连通域提取

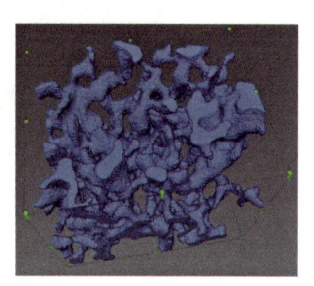

图6-46　连通域提取

2. 页岩及致密碳酸盐岩孔隙连通性评价

本节将孔隙连通性评价方法用于四川龙马溪组页岩以及新疆芦草沟组致密碳酸盐岩，分析实际非常规油气储层的微观孔隙结构特性。图6-47为三维成像结果。

图6-48展示了实际岩心样品的连通性分析结果。从这些分析结果中可以清楚地看到页岩与致密碳酸盐岩的孔隙结构特征。

即使对四川龙马溪组页岩使用较高的分辨率进行成像，孔隙度依然非常低，只有1.41%。从分辨率、孔隙度、连通域数量上基本可以判断出其孔隙尺度比较小。在现有的分辨率情况下，页岩的孔隙连通性很差，总连通率不足22%，有限表征区的有效孔隙度只有0.30%；由于芦草沟致密碳酸盐岩矿物颗粒尺度较大，为获取较大的视野，采用较低的图像分辨率，从数字模型上可以得到其孔隙度为3.91%，主体孔隙并不以小孔为主，而是以平均半径500nm以上的大孔隙为主，这些孔隙的连通率较高，接近近81%，有限表征区有效孔隙度3.17%。

(a) 四川龙马溪组页岩　　　　(b) 新疆芦草沟组致密碳酸盐岩

图6-47　四川页岩和新疆致密碳酸盐岩FIB-SEM三维成像

(a) 四川页岩连通域数量随像素数变化分布图

(b) 四川页岩连通域累计体积随像素数变化分布图

(c) 新疆致密碳酸盐岩连通域数量随像素数变化分布图

(d) 新疆致密碳酸盐岩连通域累计体积随像素数变化分布图

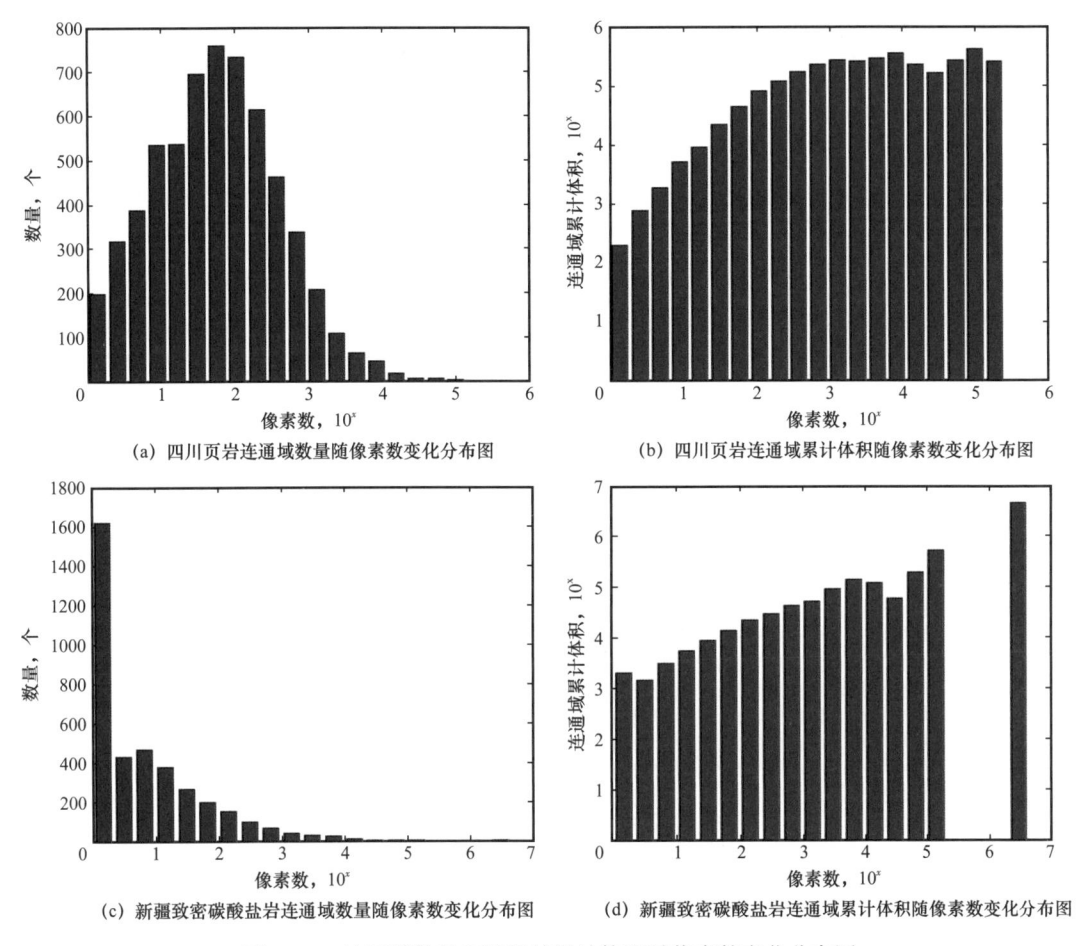

图 6-48　连通域数量和连通域累计体积随像素数变化分布图

从对四川龙马溪组页岩和新疆芦草沟组致密碳酸盐岩的孔隙连通性分析可以发现，结合孔隙度的表征，连通性分析可以有效地反映微纳米尺度孔隙空间的渗透性。对于页岩来说，尽管孔隙多，但是总孔隙度太小，连通性也非常差，要动用这些小孔隙中的油气需要进一步降低人工压裂改造的微裂缝尺度。对于致密碳酸盐岩来说，尽管孔隙度不高，但是有效储集空间的尺度还是较大的，开发难度远小于页岩。分析表明，连通性评价方法可以有效地定量评价非常规储层微纳米级孔隙空间对储油与产油的贡献。

四、基于荷电效应的致密油赋存表征技术

1. 扫描电镜荷电效应

扫描电镜在石油地质研究工作中发挥了重要作用，在微孔隙观察分析、储层孔隙的组成结构和产状、胶结物的分布和结构特点以及微晶体的析出、再生长等方面都起到了重要作用。在常规的扫描电镜分析中，往往因为地质储层样品本身不导电而对其表面进行镀导电层处理，然而，在储层研究进入非常规微纳米孔喉研究阶段以后，对氩离子抛光过的样品镀导电层往往不是最佳选择，因为导电层纳米颗粒会对纳米级孔隙进行填充，导致出现分析偏差。因此，随着低加速电压高分辨成像的推广，不镀导电层直接观察是非常规储层

电镜成像领域的一个新热点。

荷电效应是利用扫描电镜对不导电样品进行成像时最常见的现象，如图像畸形、异常亮度对比度、图像漂移等，一般通过表面镀导电膜的方式予以消除。然而，合理地设置扫描参数，精细操作局部荷电却能为图像带来更多有用的信息，利用荷电效应进行电镜分析的方法被应用于电子、陶瓷领域，用于区分同一样品上不同导电性的区域，取得了一定的效果，但利用该效应研究致密油储层的方法尚未展开深入研究。

对经氩离子束抛光或 FIB-SEM 的镓离子抛光后的含油致密储层样品表面进行成像，调节成像参数即可同时获得出现荷电以及不出现荷电的图像，如图 6-49a、b 所示。从图 6-49 中可以看到矿物颗粒一般不出现荷电现象，而荷电主要来源于孔隙中的填充物，即有机质。

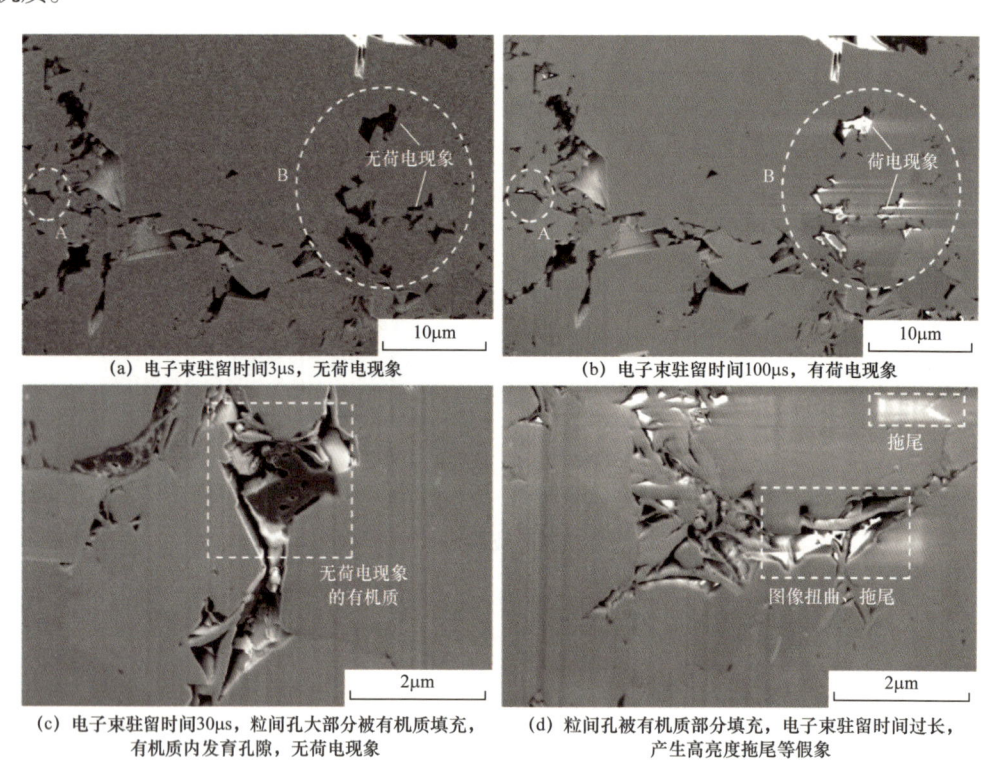

(a) 电子束驻留时间3μs，无荷电现象

(b) 电子束驻留时间100μs，有荷电现象

(c) 电子束驻留时间30μs，粒间孔大部分被有机质填充，有机质内发育孔隙，无荷电现象

(d) 粒间孔被有机质部分填充，电子束驻留时间过长，产生高亮度拖尾等假象

图 6-49　致密储层背散射电子图像（芦草沟组）

对大量非常规致密储层样品进行截面成像分析，采用不同长短电子束驻留时间观察荷电分布，对荷电规律进行了总结：矿物颗粒表面一般不会出现可见的荷电现象，荷电现象大多出现在有机质填充的孔隙中；并非所有的有机质附近都会出现荷电现象，如图 6-49c 所示，内部发育孔隙的有机质往往无荷电现象出现；固定其他成像参数，电子束驻留时间直接控制荷电现象，如图 6-49d 所示，过长的电子束驻留时间会导致局部荷电效应过强而扭曲图像、产生高亮度拖尾等假象。

2.荷电效应的成因

如图 6-50a 所示，实验中经常发现随电子束长时间轰击，荷电现象会逐渐消失，而无荷电的有机质始终不出现荷电。据此推断易荷电物质为填充在固态有机质内的可动有机质。如图 6-50b 所示，提取样品中的氯仿沥青"A"涂覆于不导电的多孔陶瓷表面，同样参数下观察到了荷电现象。因此导致荷电的物质可以认为是样品中的残余油。

3. 荷电效应的应用

利用荷电效应可以研究致密储层样品中残留油的分布。采用低加速电压，固定束流参数，首先利用短驻留时间对离子抛光截面成像，获得无荷电现象的图像；再延长驻留时间成像，获得残余油荷电的背散射图像。对两次获得的图像进行总孔隙、荷电孔隙提取操作，即可进行面孔分析、残余油分布分析与定量计算。

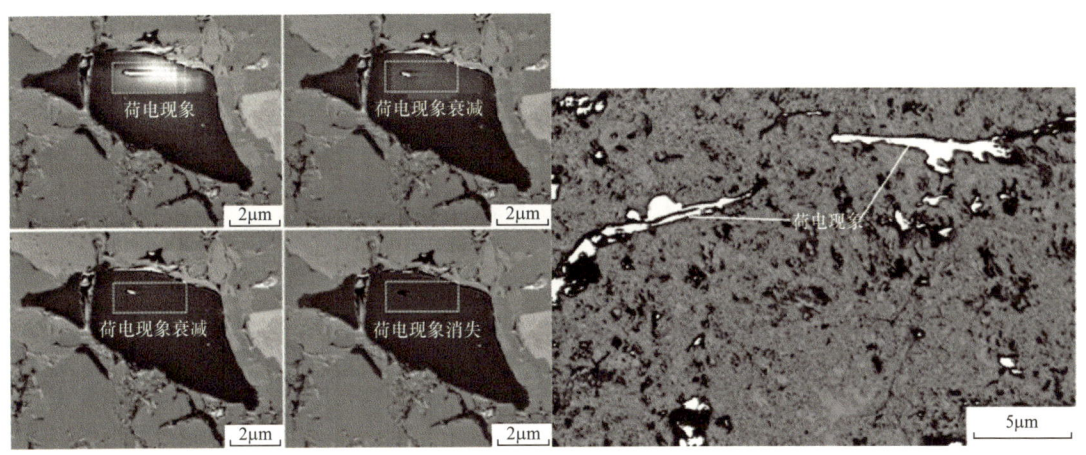

(a) 背散射电子图像　　　　　　　(b) 氯仿沥青"A"背散射电子图像

图 6-50　背散射电子图像和氯仿沥青"A"背散射电子图像

以芦草沟组二段中的第二层组（$P_2l_2^2$）的样品为例进行残余油分布研究。在富有机质区，如图 6-51a 所示，荷电现象主要出现在有机质边缘及有机质的表面，表明该有机质正处于生油窗内，该储层样品中的泥质区有机质生油能力较强。在贫有机质区，如图 6-51b 所示，荷电现象主要连片出现在较大的孔隙中，表明残余油在储层区仅进入了有限储集空间，这些储集空间对于致密油来说是有效储集空间。利用软件将有残余油填充的孔隙与无残余油填充的孔隙进行了区分，结果如图 6-51c 所示，红色部分为有残余油填充的孔隙，主要包括尺寸较大的粒间孔，蓝色部分为无残余油填充的孔隙，包括大量小尺寸的溶蚀孔、黏土矿物粒间孔及小部分大尺寸的粒间孔。该方法直观地描述了致密油储层孔隙中残余油的分布特点，通过计算能定量算出有残余油占据的面孔率占总面孔率的百分比。该样品的总面孔率为 11.83%，残余油孔隙面孔率为 2.79%，无残余油填充的面孔率为 9.04%，残余油孔隙占总孔隙比例约为 23.58%。因此，该样品的贫有机质区残余油储集空间约为总孔隙空间的 25%。

荷电效应能用于有效识别残余油的精确位置，不会将普通有机质与残余油混淆，具有独特的优势。该方法配合 FIB-SEM 的三维成像功能可以得到三维残余油分布（图 6-52），配合扫描电镜的大面积拼接功能可以得到大面积残余油分布，从而解决表征区尺寸的问题。

(a) 富有机质区背散射像，有机质附近有荷电现象

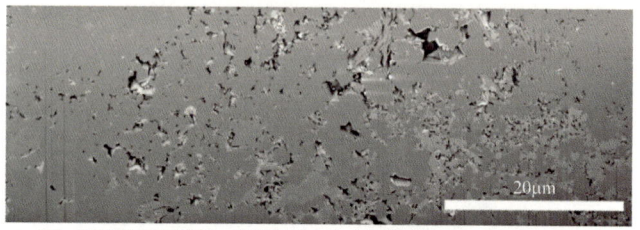

(b) 贫有机区背散射像，部分粒间孔中有荷电现象，表示有残余油存在

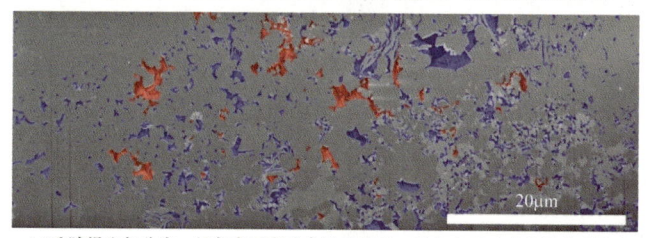

(c) 孔隙提取与分类，红色表示有残余油的孔隙，蓝色表示无残余油的孔隙

图 6-51 芦草沟组致密残余油分布图像

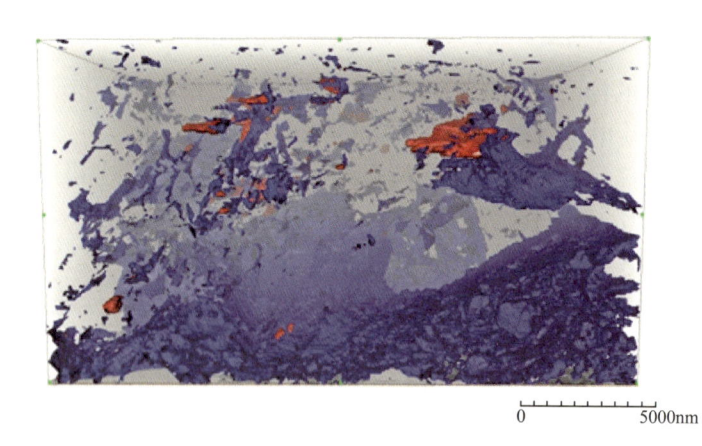

图 6-52 残余油三维空间分布
红色表示有荷电的区域，蓝色表示无荷电的有机质

第三节 全组分烃类解析与油气来源示踪技术

地质体中油气的生成、运移、聚集、成藏及次生蚀变，是一个长达几千万年到几亿年的复杂的物理化学变化过程。精确再现这些过程，对于准确评价油气资源潜力、预测油气流体性质、明确油气分布规律、降低勘探风险、提高勘探成功率至关重要。油气成藏地球

化学示踪技术是石油界公认的追踪和再现油气成藏全过程、准确评价油气资源潜力、指导勘探部署、获得油气重大发现最重要的核心技术，复杂油气藏的分子示踪技术更是十多年来国际地球科学研究的重点和难点。

中国中西部盆地的油气藏普遍具有多源多期复合叠加的特点，油气藏深达6000~8000m，在"十一五"之前发展起来的中性含氮化合物分离、提取单体包裹体烃类成分等地球化学示踪技术不能满足勘探生产发展需要，制约了油气的重大发现。因此，依托中国石油天然气集团有限公司重大科技项目，对低分子量 C_6—C_{13} 轻馏分、中分子量金刚烷类和重烃甾萜烷等化合物进行了分离和定性、定量等实验技术研究，经过10年连续的技术攻关，打破了国外技术垄断，发明了具有国际领先水平的能够表征复杂油气生成到成藏全过程的分子地球化学示踪技术，有效地揭示了复杂油气从生成到成藏的全过程，为中国中西部多源复合多期叠加盆地的油气重大发现提供了决策依据，发挥了重大作用。

一、低分子量 C_6—C_{13} 轻馏分检测及定量分析方法

油气地球化学分析中对烃类全组分的分析主要集中在 C_1—C_5 和 C_{13} 以上组分。由于在自然条件下 C_6—C_{13} 轻馏分容易散失，且 C_8 以上化合物不易识别等，对 C_6—C_{13} 轻馏分的地球化学应用研究开展的工作相对较少。即使在 C_6—C_{13} 轻馏分分析中，也主要是集中在油气 C_6—C_7 轻烃分析和应用研究。

1. 烃源岩 C_6—C_{13} 轻馏分在线分析方法

常规的岩石中的烃类化合物分析主要采用氯仿沥青"A"法，即通过对岩石粉碎、抽提获得氯仿沥青"A"，然后在自然条件下，让溶剂挥发，测定氯仿沥青"A"的重量，得到烃源岩中的烃类含量，进行组分分离得到饱和烃，在饱和烃色谱分析过程中，通常只能得到 C_{14} 以上的烃类。而 C_6—C_{13} 之间的组分，在上述处理过程中，几乎完全散失。因此，常规的方法对烃类的检测是不完整的。

轻烃的检测主要针对原油，国内外对烃源岩中轻烃组分检测的方法还处于探索阶段，其难点就在于岩石粉碎过程中的组分收集。"十一五"和"十二五"期间实验室开发了冷冻粉碎—加热解析—氦气吹扫—冷阱捕集的色谱和热解色谱两种在线分析方法测定烃源岩中的 C_6—C_{13} 轻馏分。

1）冷冻粉碎—加热解析—氦气吹扫—冷阱捕集的色谱在线检测方法

该方法在色谱仪上完成，色谱仪装有自制的冷冻粉碎—密闭加热脱附—氦气吹扫—冷阱捕集的在线分析装置。在密封罐内对烃源岩实施研磨，确保烃类组分保留完整而不散失。该方法成功收集了烃源岩中的烃类组分，尤其是轻组分，在色谱仪上分析，可识别不同化合物的含量，与氯仿沥青"A"法结合，即可获得不同化合物的相对含量。而烃源岩中轻组分的分析对油气源对比至关重要。密闭球磨法使得页岩中轻烃的直接测定成为可能。首先，通过密闭取心，使烃源岩中的烃类组分在取样过程中没有挥发；然后，将样品放入密闭球磨罐中进行研磨，通过加热脱附、氦气吹扫等技术，将烃类气体进行气相色谱分析，不仅可获得烃源岩中烃类的总量，还可获取烃类的组分及各自的相对含量。图6-53是松辽盆地五102井青一段烃源岩样品的分析结果，从 C_5—C_{13} 大约可得203个色谱峰，在 C_6—C_8 馏分段中较难分离的谱峰分离对（2-甲基己烷与2,3-二甲基戊烷）可得到低于半峰宽的分离，同时尚可见到3-乙基戊烷呈肩峰出现，说明色谱分离度较好，可以满足应用研究的需要。

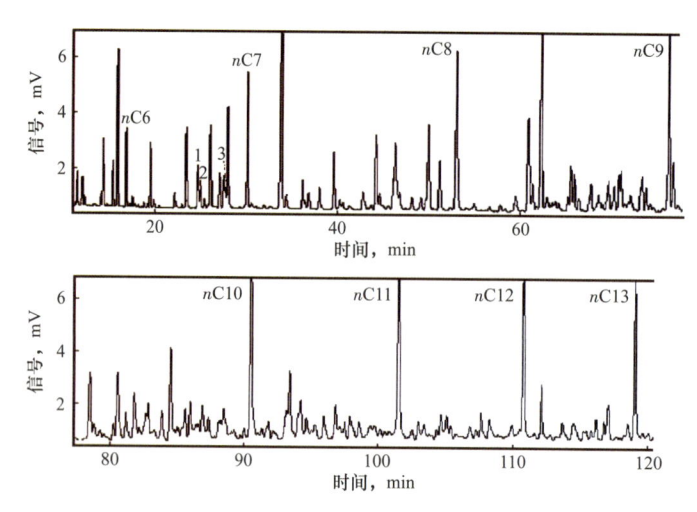

图 6-53　松辽盆地五 102 井 765.18m 青一段烃源岩轻馏分分析色谱图

1—2-甲基己烷；2—2，3-二甲基戊烷；3—3-乙基戊烷

本方法采用液氮冷冻粉碎、密封加热解析、在线色谱分析装置，进样样品直径可达 2cm，大大减少了液态轻馏分段的损失，分析结果能较好地保留烃源岩分散有机质中轻馏分的原始面貌，既有效且环保，方法具有较好的重复性，有可能为石油勘探地球化学的油源、残留烃量等研究提供一个新的研究工具。

松辽盆地五 102 井青一段 765.18m 烃源岩 C_6—C_{13} 轻馏分重复性实验结果如表 6-3 所示，同一烃源岩样品三次重复分析结果的 C_6—C_{13} 正构烷烃相对百分含量的标准偏差分别为 0.22~2.36，相邻正构烷烃峰面积比值的标准偏差分别仅为 0.06~0.16。说明分析实验的重复性相当好，进而也说明不仅这个方法可行，而且这套冷冻粉碎—密闭加热脱附—氦气吹扫—冷阱捕集的在线分析装置运行平稳，可靠性、平行性均较好。

表 6-3　松辽盆地五 102 井青一段 765.18m 烃源岩连续三次分析结果的重复性

No.	C_6	C_7	C_8	C_9	C_{10}	C_{11}	C_{12}	C_{13}	C_6/C_7	C_7/C_8	C_8/C_9	C_9/C_{10}	C_{10}/C_{11}	C_{11}/C_{12}	C_{12}/C_{13}
1	5.72	12.04	17.88	18.12	14.14	12.07	9.09	10.95	0.48	0.67	0.99	1.28	1.17	1.33	0.83
2	3.16	8.68	14.89	17.55	17.39	16.46	11.33	10.54	0.36	0.58	0.85	1.01	1.06	1.45	1.07
3	2.58	7.61	14.91	18.14	18.28	15.77	12.11	10.6	0.34	0.51	0.82	0.99	1.16	1.30	1.14
$\bar{X}$	3.82	9.44	15.89	17.94	16.60	14.77	10.84	10.70	0.39	0.59	0.89	1.09	1.13	1.36	1.02
S	1.67	2.31	1.72	0.34	2.18	2.36	1.57	0.22	0.07	0.08	0.09	0.16	0.06	0.08	0.16

2）烃源岩 C_6—C_{13} 轻馏分定量热解色谱分析方法

针对烃源岩中 C_6—C_{13} 液态烃的定量分析，国际上鲜有报道。在岩石轻馏分分析中，国内外目前大多采用热蒸发法和低沸点溶剂密封抽提法，只能进行定性和相对定量分析，不能进行轻馏分其他项目分析以及轻馏分全定量。

在烃源岩和油气运移路径上的岩石中都吸附有一定量的烃类。随着分析水平的不断提高，可以检测到 C_1—C_{40} 的吸附烃。在常规有机地球化学研究中，岩石进行氯仿抽提，取抽提物中的烃类进行分析。由于沸点低，C_6—C_{13}范围的轻馏分在进行抽提和抽提物的族组分分离时已挥发殆尽，不能为研究工作提供任何数据。为弥补这项工作的不足，采用岩石吸附烃和热解烃的轻馏分分析技术，应用不同演化阶段生成的热解产物进行动态对比，可以更好地符合地质条件下的演化规律。

具体分析方法是热模拟部分采用热模拟仪SGE装置，轻馏分采用HP50mPONA毛细柱分析，可得到轻烃吸附色谱图。实验所选样品为颗粒，尽量保持较完整的岩石骨架，使实验结果更接近地质条件下天然气生成、运移和聚集过程。将放有样品的钢型衬管放入热解器内，利用氮吹将热解器内产生的轻馏分吹入到色谱仪进样口，进入色谱仪进行检测，得到轻馏分分析谱图，并对轻馏分各峰进行定量分析。

C_6—C_{13}轻馏分是烃源岩全组分烃类中重要的组成部分，建立的检测及定量方法可以对烃源岩全组分烃类进行检测和定量，为研究油气藏的油气来源、烃源岩中的残留烃和确定烃源岩排烃效率提供科学依据。

2. 原油C_6—C_{13}轻馏分"反吹、微流控"技术

在轻质油和凝析油中，C_6—C_{13}轻馏分几乎占据全油质量的90%以上，具有无可置疑的代表性，因其包含的地球化学信息不容忽视而日益受到重视[29]。目前C_6—C_{13}轻馏分色谱精细分析一般存在三个问题：一是顶空进样分析轻烃失真；二是全油直接进样可得到不失真的轻组分分布面貌，但同时分子量较重的非烃组分对色谱柱的寿命影响非常大；三是nC_8—C_{15}以后的组分定性和分离效果很差。

色谱仪配有自动进样器、Nist0.5谱库、PTV进样器、反吹、微流控装置和"F1D"检测器。采用"PTV—反吹"法，全油一次进样，用微流控装置控制在分析柱的末端分流，按一定的分流比，一部分进入FID检测器，另一部分进入MSD检测器，同时获得保留时间相同的色谱和色质全扫描和多离子检测结果。图6-54为实验装置的示意图：有三个电子压力控制器（EPC），分别控制柱前压、反吹连接口的压力以及柱尾部的氦气压力和尾吹气压力，进样时，EPC_1的压力≥EPC_2的压力，载气带着样品经预柱进入分析柱，需反吹时，控制$EPC_2 > EPC_1$，此时载气由此处三通，一部分经预柱将尚未进入分析柱的较重组分反吹至PTV进样器逸出，另一部分氦气分流进入分析柱，继续进行色谱分离，EPC_3始终控制在设定的压力，由此处进入的氦气作为FID和MSD的尾吹气。

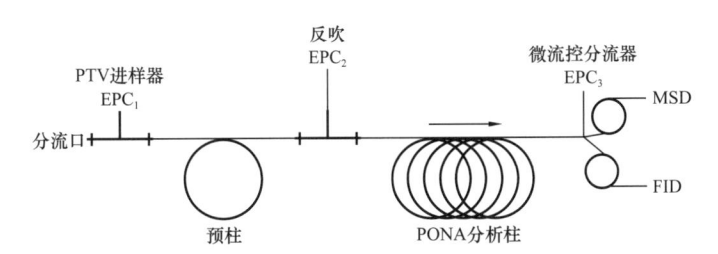

图6-54 PTV、反吹、G3180B微流控装置的示意图

色谱与色质分析相比，因柱尾出口压力差别悬殊，在做C_5—C_{13}轻馏分分析时，很难得到同一油样色谱图和色谱—质谱总离子图中的各个峰，前、后都有一致的保留时间，这使同一油样所得色谱图和色谱—质谱总离子图中的各个峰的定性不是一一对应的，导致将色谱—质谱定性结果用于色谱定性时发生困难。本方法安装了微流控，色质分析时分析柱

的两端压差与常规的色谱分析近似,也就是说,对比用的色谱与色质分析中,原油 C_5—C_{13} 轻馏分中各化合物在相似保留温度的条件下流出色谱柱,各化合物有相同的先后流出顺序,这样同一油样色质定性的结果可准确地用于色谱的定性结果,为吸收、应用和发展石油化工界对汽油组成的研究成果,提供了新的有效的色质定性工具,为更深入地研究原油 C_5—C_{13} 轻馏分的地球化学意义和应用奠定了良好的基础。

二、中分子量烃类金刚烷分离、定量及单体碳同位素测定方法

21 世纪初之前的有关金刚烷在油气勘探领域中的应用可分为以下几个方面:(1)用于气藏来源识别以及凝析油油源对比;(2)用于表征原油裂解成气的程度;(3)用于表征原油的生物降解程度;(4)作为硫酸盐热化学反应的标志物;(5)作为表征成熟度的指标。但是,从石油或烃源岩中同时分离、富集多种金刚烷的技术目前仅被美国的一家公司所掌握和保密,并且无法从商业途径获得除氘代单金刚烷外的其他氘代金刚烷标准品用于这类化合物的定量。因此,建立和完善具有自主知识产权的金刚烷分离、富集和定量的方法是非常必要的。

1. 金刚烷的分离方法

金刚烷的分离主要是作为其碳同位素测定的前处理方法。稳定同位素技术在天然气勘探领域应用广泛,通过测定金刚烷化合物的碳、氢同位素可以确定油气的生成环境和母质来源。但迄今为止将金刚烷作为稳定同位素标志物的应用研究还很少,其原因在于从分子水平识别并选择性地从石油或天然气凝析油中提取、富集金刚烷十分困难。目前已报道的分离方法是利用低级金刚烷的熔、沸点较高的性质,通过减压蒸馏或冷却过滤的方法从石油或天然气凝析油中富集,但该方法仅适用于浓度较高的体系或样品量较大的情况,方法的缺陷限制了其在油气勘探中的应用;高级金刚烷的分离方法是首先高温分解除去低沸点的杂质,再通过高效液相色谱法进行分离。Dahl 等通过制备级气相和液相色谱法从天然气凝析油中分离出四金刚烷至十金刚烷的所有异构体,该方法虽然达到了很好的分离纯化效果,但操作步骤繁多,对仪器设备要求亦较高,在实际应用中推广存在较大难度。因此,希望建立一种简单有效的提取和富集低级金刚烷的方法,通过对具有分子识别能力的母体化合物(比如环糊精)进行功能化修饰,使其能选择性地识别和包结石油和天然气凝析油中的金刚烷,从而使所分离富集的金刚烷的纯度达到同位素测定的要求。环糊精是一类由 D-吡喃葡萄糖单元通过 α-1,4 糖苷键首尾连接而成的大环化合物,常见的 α-CD、β-CD 和 γ-CD 分别有 6 个、7 个和 8 个葡萄糖单元。环糊精分子都呈圆锥状腔体结构,内腔表面由 C_3 和 C_5 上的氢原子和糖苷键上的氧原子构成,故内腔呈疏水环境,外侧因羟基的聚集而呈亲水性。这一独特的两亲性结构可使环糊精作为主体包结不同的疏水性客体化合物,因而在超分子化学、手性化合物分离和新药物剂型等领域受到了广泛关注。β-CD 的衍生物具有很好的温控异构能力,可作为转运金刚烷的载体从原油或天然气凝析产物中分离、富集低级金刚烷。

金刚烷的分离和富集分为样品前处理、包合过程和水解过程三个步骤。首先用孔径在 5~6Å 的分子筛除去正构烷烃组分和沥青质,然后用硅胶柱色谱法除去石油或天然气凝析油中的芳香烃和非烃组分,进而得到异构饱和烃组分。再用环糊精将金刚烷从含异构饱和烃的有机相萃取到水相,最后通过调节体系 pH 值使环糊精水解,释放出的金刚烷又重新回到有机相,进而达到分离和富集的目的。从已取得的 GC-MS 测试结果来看,环糊精对金刚烷有较好的选择性络合作用,可作为转运金刚烷的载体。由于这种方法选择性高,操

作简单，富集产物的纯度满足同位素测定的要求，使得金刚烷的碳、氢同位素指标更易于在气藏来源识别以及天然气与相关原油和凝析油对比中得到应用。

通过该方法处理后，富集产物的总离子流色谱图如图 6-55 所示。由图 6-55 可以看出，富集产物中基本不含有其他类型的化合物，主要组分为单、双和三金刚烷。并且通过气相色谱分离后，这些化合物都得到了较好的分离，可满足单体烃稳定同位素的分析条件。

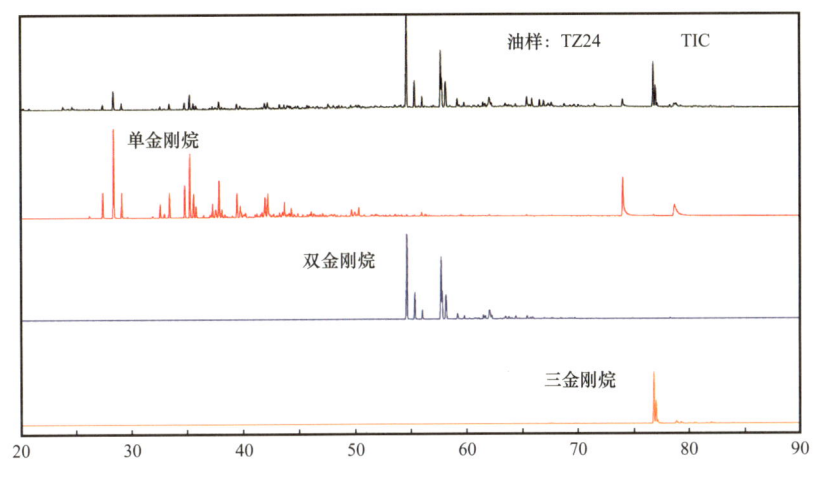

图 6-55 金刚烷富集样品的总离子流和提取离子色谱图

2. 金刚烷的定量方法

金刚烷在油气勘探领域的大多数应用都是以准确分析其在原油或天然气凝析油中的含量为基础的。由于石油是一个多组分的复杂体系，即使是饱和烃组分中也含有大量干扰金刚烷含量测定的化合物，而气相色谱—质谱联用仪的特点是分析快速、灵敏、分辨率高、样品用量少且分析对象广泛，是目前常用的分析检测金刚烷的方法。但是由于无法得到氘代双金刚烷标准品，单金刚烷的定量使用内标法，双金刚烷的定量则需通过测定双金刚烷相对于氘代单金刚烷的响应系数来完成。

将氘代单金刚烷作内标，单金刚烷及其烷基取代物通过比较峰高确定含量。本方法可将绝大多数单金刚烷有效分离，氘代标样与大多数金刚烷强度相当，因此可用内标法作为这类化合物的定量方法。通过测定不同浓度的双金刚烷标样和恒定浓度的氘代单金刚烷内标的峰高比与浓度比之间的线性关系来计算双金刚烷及其烷基取代物的含量。

该方法在塔里木盆地库车坳陷取得了较好的应用效果。库车坳陷以产天然气为主，同时产出少量原油和凝析油，油气充注不同步，晚期大量天然气的侵入将对早期聚集的油藏进行改造。对气藏中原油成分变化的定量计算和讨论，可为天然气的注入强度定量评价提供直接证据。张斌等通过对库车凹陷地区油样中的金刚烷和多环芳烃的含量进行测定比对发现：气洗作用导致原油正构烷烃减少，而金刚烷、多环芳烃等在天然气中溶解度较低的化合物得以浓缩富集，相对含量大大增加。由此可初步推断，克拉 2 构造原油遭受的气洗作用最强，是其他构造带的 2~5 倍。

3. 金刚烷的单体烃同位素测定方法

Thermo 公司 DELTA V Advantage 型质谱仪记录质荷比分别为 44、45 和 46 的离子信号强度随保留时间变化的曲线，不同化合物的 $\delta^{13}C$ 值通过以下公式计算：

$$\delta^{13}C=\{(R_{sample}-R_{VPDB})/R_{VPDB}\}\times 1000$$

式中 $R={}^{13}C/{}^{12}C$，$R_{VDPB}=0.0112372$。

应用上述金刚烷的分离、富集方法对塔里木盆地部分地区原油样品进行处理，经同位素质谱分析后可得到原油中十余种金刚烷的碳同位素数据。由于富集效果明显，同位素质谱所测得的数据准确可靠。

随着对地质样品中金刚烷类化合物的形成和演化机理研究的深入，以及样品前处理和仪器分析技术的发展，金刚烷分析技术可能的发展趋势主要表现在以下几个方面：（1）使用串联三重四级杆质谱定量金刚烷。由于串联三重四级杆质谱具有特殊的二级碎裂功能，可有效避免非目标离子信号的干扰，提高分析的灵敏度和准确度。（2）利用超分子化学和生物化学手段提高地质样品中的金刚烷，尤其是单金刚烷类化合物的富集效率，进一步扩展金刚烷标志化合物的应用领域。（3）开发硫代金刚烷的定量分析方法和单体同位素分析方法，研究在金刚烷形成和演化过程中硫元素的变化规律。（4）目前有关金刚烷单体氢同位素的测定和应用研究报道很少，将来通过建立相关的分析方法和标准，可提供新的金刚烷指标用于拓展其在油气地球化学研究中的应用领域。

三、重烃类甾烷、藿烷分离方法

生物标记化合物中甾烷、藿烷分离主要是为了实现生物标记化合物单体碳同位素的测定。这项分离是一项比较困难的技术，国外已经出现，并且已经应用到地球化学研究领域中，解决了烃源岩地球化学精细对比等实际问题，为地球化学研究开拓了新的思路和领域。这项技术国外已研究了近20年，属于保密技术，目前还没有公开发表相关分离技术的文章，Stanford大学的Moldowan教授在2004年AAPG会议上就展示了他们利用单体生物标记化合物稳定碳同位素成功区分了沙特阿拉伯侏罗系与白垩系的原油，但相关的分离技术只字未提。因此要想在地球化学方面有更大的突破，就必须在基础实验方面赶超国外。

分子筛是一种硅铝酸盐，主要由硅铝通过氧桥连接组成空旷的骨架结构，在结构中有很多孔径均匀的孔道和排列整齐、内表面积很大的空穴。此外还含有电价较低而离子半径较大的金属离子和化合态的水。由于水分子在加热后散失，但晶体骨架结构不变，形成了许多大小相同的空腔，空腔又有许多直径相同的微孔相连，比孔道直径小的物质分子吸附在空腔内部，而比孔道大得多的分子被排斥在外，从而使不同大小形状的分子分开，起到筛分分子的作用，因而称作分子筛。当气体或液体混合物分子通过这种物质后，就能按照不同的分子特性彼此分离开来。常见的分子筛如图6-56所示，由于分离的分子半径比较大，所以一般都用图6-56中的B型分子筛。

已有四种方法能成功分离生物标志化合物中的甾烷和藿烷，并获得了四项国家发明专利。在这四种方法中，通常是一种分子筛分离甾烷但不能得到藿烷，或者是两种分子筛联合分离甾烷和藿烷。在积累以前工作经验的基础上，本分离方法想利用一种分子筛NaY同时分离甾烷和藿烷。也有相关文献介绍过利用Y型分子筛分离生物标记化合物，如Kenig在2000年发表了一篇文章，利用HPLC和超稳Y型分子筛分离生物标记化合物单体，但分离过程中甾烷和藿烷同时析出，此文分离的目的主要是想证明利用HPLC分离单体不会造成同位素分馏效用。

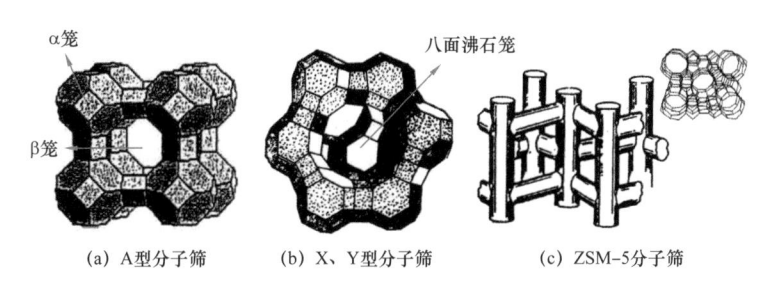

(a) A型分子筛 (b) X、Y型分子筛 (c) ZSM-5分子筛

图 6-56 不同类型的分子筛

NaY 型分子筛是一种具有 Y 型晶体结构的钠型硅铝酸盐晶体，是一种高硅铝比、小晶粒的分子筛，NaY 型分子筛的骨架硅铝比即 SiO_2/Al_2O_3 摩尔比在 6.0~7.0，且平均晶粒在 300~800nm。NaY 型分子筛能吸附临界直径不大于 10A 的分子，其分子式为 $Na_{56}[(AlO_2)_{56}(SiO_2)_{136}] \cdot xH_2O$，凡可吸附于 3A、4A 及 5A 型分子筛上的分子，都能吸附于 NaY 型分子筛上。此外，NaY 型分子筛又可吸附稍小于临界直径的分子，如某些芳烃和支链烃，其选择性、吸附活性、热稳定性、抗酸性均优于 A 型、X 型分子筛，这些基本特性成为分离甾烷和藿烷的先决条件。

1. 分离方法及效果

取油样 100mg，在自制的加压玻璃柱中装填 6g 细粒硅胶，用 20ml 正己烷加压淋洗，制备出不含烷基苯、单芳甾的饱和烃组分。溶剂挥发后，用 3g ZSM-5 型分子筛充填柱子，在氮气压力下，用 20mL 异辛烷淋洗，得到饱和烃的异构烃和环状烃，柱留物用氢氟酸处理后，正己烷萃取得到饱和烃的正构部分。取异构烃和环状烃样品约 10mg，置于 300 倍的 NaY 型分子筛填料填充的柱上端，在氮气压力下用正戊烷淋洗，将馏分分段收集。先收集甾烷类样品，接着收萜烷类样品。全部分离过程所得到的各组分用色谱—质谱联用仪检测。

2. 生物标志物单体碳同位素测定

对制备出来的两个样品的正构烃和萜类化合物进行单体烃测定，图 6-57 是两个样品的藿烷单体烃稳定碳同位素分析数据图，可以从图中看出：京西下马岭组的样品其生物标志化合物藿烷的单体烃稳定碳同位素轻于下花园地区下马岭组藿烷的单体烃稳定碳同位素，并且京西的藿烷单体烃碳同位素数值在 −50‰~−35‰，说明京西的烃源岩生源来自浮游藻类，而下花园地区下马岭组的藿烷单体烃碳同位素数值在 −35‰ 以上，说明其烃源岩的生源来自藻类，这与镜下看到的宏观底栖藻特征吻合。

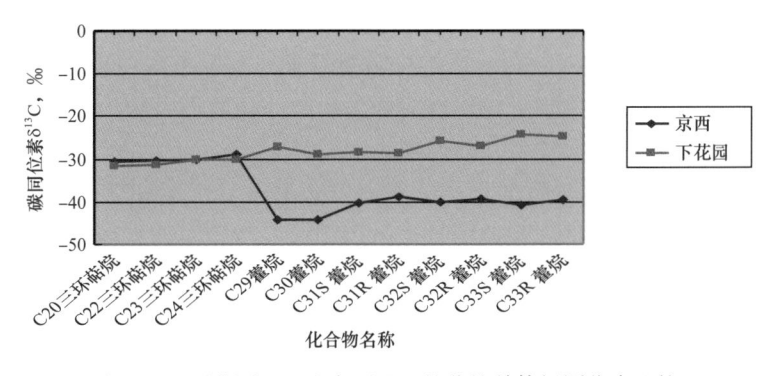

图 6-57 下花园地区和京西地区的萜烷单体烃同位素比较

四、石油地质样品的全二维气相色谱—飞行时间质谱分析方法

全二维气相色谱（GC×GC）是20世纪90年代发展起来的分离复杂混合物的一种全新手段。它是多维色谱的一种，但不同于色谱柱的简单连接，它是把分离机理不同而又相互独立的两支色谱柱通过一个调制器以串联方式连接成二维气相色谱柱系统，调制器起捕集、聚焦、再传送的作用。调制器将第一维色谱柱流出的组分切割成连续的碎片，每个碎片都要通过调制器进行重新聚焦，然后传送到第二维色谱柱进行分离。经第一根色谱分离后的每个色谱峰都会经过此过程，调制器的存在使得样品的全部组分都能在两根色谱柱上进行分离。通常第一根色谱柱使用非极性的厚膜毛细管色谱柱，第二根色谱柱采用中等极性或极性的薄膜毛细管色谱柱，两根色谱柱采用程序升温，做到真正的正交分离。与常规的一维气相色谱相比，全二维气相色谱具有以下特点：（1）分辨率高、峰容量大。它的峰容量为两根色谱柱各自峰容量的乘积，分辨率是两根色谱柱各自分辨率平方和的平方根，一次性能检出上千种化合物。（2）灵敏度好。是常规一维色谱的20～50倍。（3）分析速度快，时间短。原油样品可以直接进样分析，省去了前处理的时间。（4）定性更有规律可循。

国外对于全二维气相色谱的研究要早于国内，从1991年全二维气相色谱仪器被开发开始，全二维气相色谱的研究就在飞速发展，至今为止全二维气相色谱在环境[30, 31]等领域已取得了一定的研究成果。在石油领域，有关的研究也早已展开。早在2000年，Beens和Brinkman就阐述了全二维气相色谱在石油组成分析上的作用；Frysinger和Gaines在2001年首次用全二维气相色谱分析了石油样品中的生物标志化合物。但由于当时还未找到能与全二维气相色谱搭配的质谱，早期石油样品的研究仅能依靠GC-MS和GC-MSMS的分析结果，因此未取得进展。GC×GC-TOFMS的问世，为石油样品分析注入了新鲜力量。石油化工样品的发展要早于石油地质样品，2007年，Adam等利用GC×GC-TOFMS分析中等馏分中的含氮化合物。而石油地质样品的分析直到2008年才开始发展起来。用GC×GC-TOFMS分析基线鼓包物质UCM（Unresolved Complex Mixtures）、原油中的生物标志化合物[32, 33]和生物降解原油在2010年已有报道，除了这些传统分析，也有学者将GC×GC-TOFMS应用到到热解油的分析中。

1. 凝析油全二维轻馏分分析技术

凝析油C_9之前的化合物由于挥发性大，检测比较困难。在采用传统方法分析时，前处理方法易造成组分的挥发损失，使结果不准确。为避免这种现象，一般采用全油进样方法分析凝析油，但由于芳烃组分在凝析油中含量较低，易受共馏峰的干扰而不易被测到。除了无法对凝析油中各个化合物进行定性定量分析外，传统的分析方法也无法做到族组成定量分析，薄层定量无法避免轻组分的挥发。

全二维气相色谱解决了凝析油分析的难题。它的高分辨率和大柱容量可以做到饱和烃、芳烃同时分析。用全二维气相色谱分析凝析油可以做到原油直接进样，减少了样品在前处理中轻组分的损失。全二维气相色谱—飞行时间质谱的调制器采用四喷口的冷热调制器，冷吹气使用液氮冷凝的氮气，最低温度可达到$-196℃$，理论上可调至的化合物范围为C_4—C_{40}，能满足凝析油的分析。

用全二维气相色谱分析凝析油中的轻烃组分（C_6—C_{13}），样品不用进行任何前处理，

可直接进样分析，避免了轻组分的损失。GC×GC 的正交分离能力使得在常规一维色谱上共馏的化合物，可以在第二维色谱柱上因为极性不同而被分开。C_6—C_{13} 中的烷烃（正构、异构烷烃）、单环环烷烃（烷基环己烷、烷基环戊烷等）、双环烷烃（十氢化萘等）、多环烷烃（金刚烷等）、单环芳烃（烷基苯等）和双环芳烃（萘）等九大类（图6-58）的其中198个化合物可以在色谱条件下被很好地分离，借助 GC×GC-TOFMS 的定性结果，利用 GC×GC-FID 的面积归一化法可以绝对定量 C_5—C_{13} 的198个化合物，为轻烃的研究提供更为可靠的定量数据。

2. 生物降解油的全二维分析

石油是一种复杂的多组分混合物，现代科学技术水平对正常原油（未经历热液蚀变或者未遭受生物降解的原油）分子组成认识可以达到原油重量的90%以上；对于非正常原油（经历热液蚀变或者遭受生物降解的原油）分子组分认识尚不足原油重量的70%，热液蚀变或者生物降解程度越高，难以识别的分子成分就越多。非正常原油在世界各地十分普遍。据统计，世界上约有1/5的原油遭到细菌破坏，另外约有1/5的原油被细菌改造过，还有一些经历热液蚀变的原油。在中国的塔里木、渤海湾、准噶尔、松辽等盆地，生物降解油超过原油产量的20%。目前我们采用的分析手法主要是气相色谱法。对于正常原油来说，用气相色谱分析会得到一个基线较平稳的色谱图，但对于经过生物降解的原油，用气相色谱法分析就会形成一个基线鼓包 UCM，大多数化合物会重叠在一起而无法被检测。有报道曾指出，UCM 中大概包含了25万个化合物。目前的分析技术只能分析其中的一小部分，而对包含大量信息的绝大多数化合物认识的缺乏阻碍了地球化学的发展。

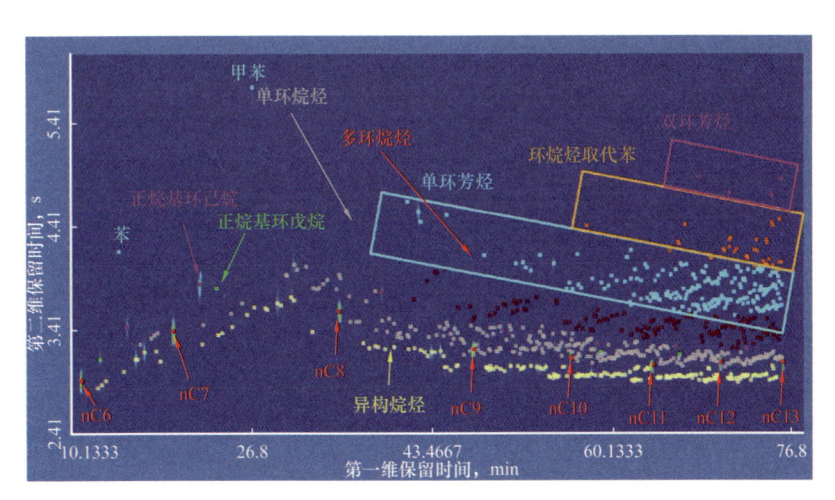

图6-58 凝析油 nC_6—nC_{13} 各类化合物分布

用全二维气相色谱—飞行时间质谱分析生物降解油已在国外展开，但也处于摸索阶段。由于 GC-MS 一维色谱柱峰容量的限制，选择饱和烃组分和芳烃组分分别检测的方法。图6-59是用 GC-MS 分析六个生物降解油的饱和烃组分得到的全二维点阵图，我们在图上做了标注，大致划分了化合物的分布区域。与普通 GC-MS 不同的是，全二维气相色谱的总离子流图更能直观地反映样品化合物的组成。

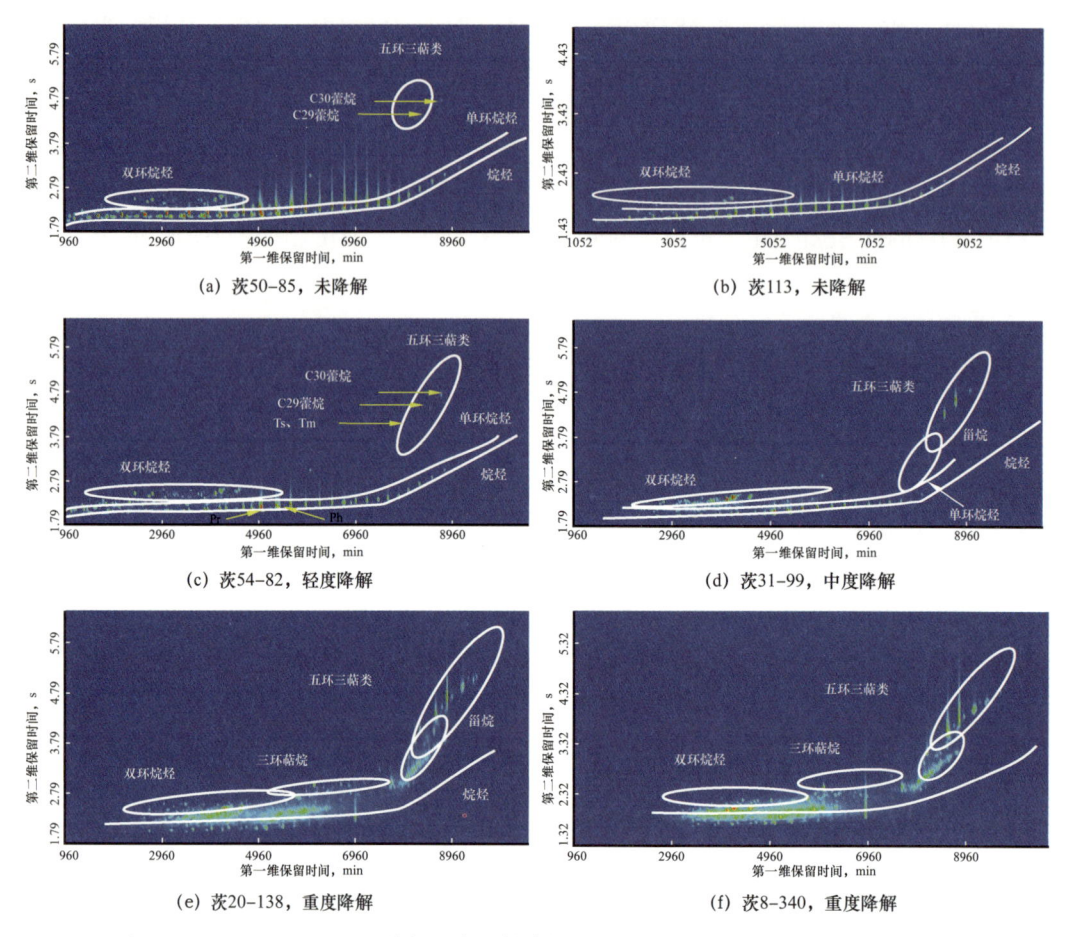

图 6-59　GC×GC-TOFMS 分析六个生物降解油的饱和烃组分得到的总离子流色谱图

小　　结

  石油地质实验技术是油气勘探技术的重要组成部分，是石油地质研究的关键和基础。本章针对目前以复杂构造—岩性油气藏、深层油气藏及非常规油气藏等为主要类型油气藏，立足"十一五"以来重点实验室在石油地质实验技术方面取得的研究进展，重点介绍了成盆—成烃—成储—成藏物理模拟技术、多尺度储层孔隙与含油气性表征技术、全组分烃类解析与油气来源示踪技术等实验技术和方法。

  （1）以构造物理模拟和三维重构技术、高温高压生排烃物理模拟技术、储层成岩模拟技术和油气成藏物理模拟技术为核心的含油气盆地构造变形、成烃、成储与成藏全过程物理模拟新技术，实现了油气成藏要素模拟的定量化、可视化和规范化，为揭示复杂盆地油气成藏规律、指导油气勘探部署提供了新手段，整体提升了石油地质理论创新和油气分布规律认识的能力。

  （2）基于多学科交叉和前沿观测技术形成的多尺度储层孔隙与含油气性表征技术系列，包含多尺度储层孔喉结构观测与表征技术、电化学沉积法表征储层微观结构的方法、储层孔喉连通性定量评价技术、基于荷电效应的致密油赋存表征等技术，有效解决了致密储层不同尺度不同级别孔喉系统精细观测、重构及含油气性的定量表征，为非常规油气资源准确评价和有利区优选提供了技术支撑。

（3）针对传统中性含氮化合物分离、提取单体包裹体烃类成分等地球化学示踪技术不能满足中国"多期多源"为特点的中西部叠合盆地勘探生产发展需求的问题，创建了低分子量 C_6—C_{13} 轻馏分检测及定量分析方法，中分子量烃类金刚烷分离、定量及单体碳同位素测定方法，重烃类甾烷、萜烷分离方法和石油地质样品的全二维气相色谱—飞行时间质谱分析方法，形成了国际领先的全组分烃类解析与油气来源示踪技术，再现了复杂油气从生成到成藏的全过程，为中国中西部多源复合多期叠加盆地的油气勘探部署提供了决策依据。

参 考 文 献

[1] Guglielmo G, Jackson M P A, Vendeville B C. Three-dimensional visualization of salt wallsand associated fault systems [J]. AAPG Bulletin, 1997, 81（1）: 46-61.

[2] Dooley T P, Jackson M P A, Hudec M R. Inflation and deflation of deeply buried salt stocksduring lateral shortening [J]. Journal of Structural Geology, 2009, 31: 582-600.

[3] 谢会文, 雷永良, 能源, 等. 挤压作用下盐岩流动的三维物理模拟分析 [J]. 地质科学, 2012, 47（3）: 824-835.

[4] Weijermars R, Schmeling H. Scaling of Newtonian and non-Newtonian fluid dynamicswithout inertia for quantitative modelling of rock flow due to gravity (including the concept ofrheological similarity) [J]. Physics of the Earth and Planetary Interiors, 1986, 43: 316-330.

[5] 黄思静, 杨俊杰, 张文正, 等. 不同温度条件下乙酸对长石溶蚀过程的实验研究 [J]. 沉积学报, 1995, 13（1）: 7-17.

[6] 应凤祥, 罗平, 何东博, 等. 中国含油气盆地碎屑岩储集层成岩作用与成岩数值模拟 [J]. 北京: 石油工业出版社, 2004.

[7] 孟元林, 黄文彪, 王粤川, 等. 超压背景下粘土矿物转化的化学动力学模型及应用 [J]. 沉积学报, 2006, 24（4）: 461-467.

[8] 刘国勇, 金之钧, 张刘平. 碎屑岩成岩压实作用模拟实验研究 [J]. 沉积学报. 2006, 24（3）: 407-413.

[9] 黄可可, 黄思静, 佟宏鹏, 等. 长石溶解过程的热力学计算及其在碎屑岩储层研究中的意义 [J]. 地质通报, 2009, 28（4）: 474-482.

[10] 高志勇, 朱如凯, 冯佳睿, 等. 中国前陆盆地构造—沉积充填响应与深层储层特征 [M]. 北京: 地质出版社, 2016.

[11] 高志勇, 崔京钢, 冯佳睿, 等. 埋藏压实作用对前陆盆地深部储层的作用过程与改造机制 [J]. 石油学报, 2013, 34（5）: 867-876.

[12] 冯佳睿, 高志勇, 崔京钢, 等. 准南斜坡带砂岩储层孔隙演化特征与有利储层评价: 基于成岩物理模拟实验研究 [J]. 地质科技情报, 2014, 33（5）: 134-140.

[13] 吴松涛, 朱如凯, 崔京钢, 等. 鄂尔多斯盆地长7湖相泥页岩孔隙演化特征 [J]. 石油勘探与开发, 2015, 42（2）: 167-176.

[14] Munn. Studies in the application of the anticlinal theory of oil and gas accumulation [J]. Economic Geology, 1909, 4（3）: 141-157.

[15] Emmons W H. Experiments on accumulation of oil in sands [J]. AAPG Bulletin, 1924, 5: 103-104.

[16] Illing V C. The migration of oil and natural gas [J]. Inst Petrol, 1933, 19(4): 229-260.

[17] Hubbert.Entrpment of petroleum under hygrodynamic conditions [J]. Bulletin of the American Association of Petroleum Geologists, 1953, 37(8): 1954-2026.

[18] Hill.Geochemical prospecting for nickel in the blue mountain area, Jamaica, W.I [J]. Bulletin of the American Association of Petroleum Geologists, 1961, 56: 1025-1032.

[19] Dembicki.Secondary migration of oil [J]. AAPG Bulletin, 1989, 73(8): 1018-1021.

[20] Catalan. An experimental study of secondary oil migration [J]. AAPG Bulletin, 1992, 76(5): 638-650.

[21] Thomas. Scaled Physical Model of Secondary Oil Migration. An experimental study of secondary oil migration [J]. AAPG Bulletin, 1995, 79(1): 19-29.

[22] 曾溅辉, 等. 反韵律砂层石油运移模拟实验研究 [J]. 沉积学报, 2001, 19(4): 592-597.

[23] 曾溅辉, 王捷. 油气运移机理及物理模拟实验 [M]. 北京: 石油工业出版社, 2006.

[24] 张发强, 罗晓容, 等. 石油二次运移优势路径形成过程实验及机理分析 [J]. 地质科学, 2004, 39(2): 159-167.

[25] 周波, 罗晓容. 单个裂隙中油运移实验及特征分析 [J]. 地质学报, 2006, 80(3): 454-458.

[26] 邹才能, 朱如凯, 吴松涛, 等. 常规与非常规油气聚集类型、特征、机理及展望——以中国致密油和致密气为例 [J]. 石油学报, 2012, 33(2): 173-187.

[27] 唐巨鹏, 潘一山, 张佐刚. 煤层气赋存和运移规律的NMRI研究 [J]. 辽宁工程技术大学学报, 2005(5): 674-676.

[28] 王志战, 许小琼. 利用核磁共振录井技术定量评价储层的分选性 [J]. 波谱学杂志, 2010, 27(2): 214-220.

[29] 王培荣. 烃源岩与原油中轻馏分烃测定及其地球化学应用 [M]. 北京, 石油工业出版社, 2011.

[30] Mao D B, Lookman R, Van De Weghe H, et al. Aqueous solubility calculation for petroleum mixtures in soil using comprehensive two-dimensional gas chromatography analysis data [J]. Journal of Chromatography A. 2009, 1216: 2873-2880.

[31] Mao D B, Van De Weghe H, Diels L, et al. High-performance liquid chromatography fractionation using a silver-modified column followed by two-dimensional comprehensive gas chromatography for detailed group-type characterization of oils and oil pollutions [J]. Journal of Chromatography A. 2008, 1179: 33-40.

[32] Aguiar A, Júnior A I S, Azevedo D A, et al. Application of comprehensive two-dimensional gas chromatography coupled to time-of-flight mass spectrometry to biomarker characterization in Brazilian oils [J]. Fuel. 2010, 89: 2760-2768.

[33] Ventura G T, Raghuraman B, Nelson R K, et al. Compound class oil fingerprinting techniques using comprehensive two-dimensional gas chromatography (GC×GC) [J]. Organic Geochemistry. 2010, 41: 1026-1035.

第七章 油气资源评价方法技术

油气资源是赋存于含油气盆地储层中可形成规模性油气聚集的油气总量，对地下油气资源开展评价是油气勘探开发活动中一项重要的基础性研究工作，同时也是对石油地质研究成果进行综合应用的一项系统研究工程。

油气资源评价有三项基本研究任务：一是油气形成与分布规律研究，即首先预测油气资源分布的范围；二是油气资源评价方法的建立，即采用适合的资源评价方法对地下油气资源进行预测，其中还包括关键参数的研究；三是资源量计算与剩余资源分布特征研究，即按照统一评价流程，对盆地、区带资源量进行评价，汇总得出全国油气资源总量，并开展剩余资源质量、分布等研究，提出油气勘探重点领域和勘探方向。可见，对地下油气资源及其分布进行客观评价是油气资源评价的主要任务。油气资源评价的内涵可以概括为以下6个方面：（1）在石油地质理论指导下，发展油气资源评价方法体系，研发与之适应的评价软件与数据库系统；（2）根据评价目的和评价对象的需要，合理选择评价方法，建立评价流程和规范，编制评价实施方案；（3）总结评价区油气地质特征、分布规律和控制因素，应用最新勘探资料和分析测试数据，编制基础地质图件；（4）按照"三高"（勘探程度高、认识程度高、资源探明率高）原则，建立最具代表性的刻度区，开展地质特征和资源参数的详细解剖，获得可供直接应用或类比的关键参数；（5）开展统一评价，提供各级评价单元的资源量数据；（6）依据剩余资源分布状况和勘探形势，优选重点勘探领域和区带，为勘探决策及部署提供科学依据。

我国一直十分重视油气资源评价研究，从20世纪三四十年代至今，不同机构、部门和专家学者都在持续研究我国油气资源问题。其中全国性的油气资源评价研究也已开展了三次，历次全国油气资源评价的思路和做法既一脉相承，又各具时代特色。自2005年全国新一轮油气资源评价完成以来，我国油气勘探及地质研究进展体现在：（1）四川、塔里木、准噶尔、鄂尔多斯等大型叠合盆地勘探获新突破，发现了以古生界海相碳酸盐岩、前陆冲断带深层、深层火山岩、斜坡区岩性油藏等为代表的一批勘探新领域；（2）松辽盆地、渤海湾盆地等东部探区石油探明储量稳定增长，富油气凹陷精细勘探成效显著，说明勘探程度较高的老探区剩余资源潜力仍然较大；（3）海域油气勘探在渤海海域、南海深水区以及东海发现一批新油气田，成为重要战略接替领域；（4）致密油、致密气、煤层气、页岩气等非常规资源成功实现工业化开发，需要对我国非常规油气资源潜力开展系统评价；（5）石油地质基础研究形成有机质"接力生烃"、富油气凹陷"满凹含油"、大面积岩性成藏、古老海相碳酸盐岩成藏、非常规"连续型"油气聚集等新理论和新认识，为油气勘探和资源潜力评价提供了理论指导。总体来看，随着我国主要含油气盆地勘探程度不断提高，正逐步进入常规与非常规油气并重发展阶段。

2013年，中国石油设立了"第四次油气资源评价"重大研究项目，主要任务是面向我国主要盆地和重点领域，以最新油气地质理论认识为指导，创新发展油气资源评价方法和评价技术，客观评价油气资源潜力，提供常规与非常规两类资源的权威评价结果，为勘探决策和规划部署提供科学依据。"第四次油气资源评价"项目组在充分吸收历次全国油气资源评价研究成果基础上，确定了新形势下开展油气资源评价的基本思路，既要加强常规剩余油气资源及其分布评价，又要系统评价非常规油气资源潜力及可利用性，同时更要依据常规与非常规油气资源具有密切成因联系、有序分布等特点，探索发展常规与非常规一体化资源评价技术，为整体认识我国常规与非常规油气资源潜力提供新思路、新方法。经过三年多的协同攻关，"第四次油气资源评价"项目总结了油气勘探新进展和地质研究新认识，发展完善了常规与非常规油气资源评价方法体系，研发形成一套以 Web-GIS 为基础的大型资源评价软件数据库，集成了油气资源评价关键技术，实现了油气资源评价技术的升级换代，圆满完成了本次油气资源评价任务。

第一节 油气资源评价新方法、新技术

评价方法是开展资源评价的基础之一。2003 年中国石油第三次油气资源评价构建了较为完善的常规油气资源评价方法体系，之后的全国新一轮油气资源评价增加了针对煤层气、油页岩、油砂的非常规资源评价方法。鉴于本次油气资源评价的新要求，评价方法选择遵循三个原则：（1）继承与发展已有的评价方法，主要针对我国前三次油气资源评价广泛采用行之有效的方法，放弃其中不适应目前评价需要的方法；（2）创建新的评价方法，主要针对非常规油气资源，既要适应大面积连续聚集特点，又要满足反映储层非均质性的要求；（3）加强可采资源评价方法研究，以满足对接国际通行的可采资源序列的需要。

一、常规油气资源评价方法的完善

常规油气资源评价方法已有较好基础，本次评价以发展完善为主。评价方法优选的基本原则：一是立足已有评价方法基础；二是明确发展重点，以适应评价方法体系系统性、针对性以及与国际评价方法接轨的需要。一般情况下，将常规油气资源评价目标划分为盆地级和区带级两个评价层次。其中盆地级主要采用成因法和统计法，重点发展三维运聚模拟；区带级主要采用类比法和统计法。本次评价重点发展完善刻度区资源丰度类比法和广义帕莱托分布法（表 7-1）[1-3]。

表 7-1 常规油气资源评价方法体系

目标或范围	勘探程度	主要评价方法
区带、区块	中低	① 资源丰度类比法 ② 运聚单元资源分配法等
区带、区块	中高	① 油气藏发现过程模型法 ② 油气藏规模序列法 ③ 广义帕莱托分布法 ④ 圈闭加和法等
盆地、坳陷、凹陷	中低	① 盆地模拟法 ② 氢指数质量平衡法 ③ 氯仿沥青"A"法等
盆地、坳陷、凹陷	中高	① 探井饱和勘探法 ② 趋势外推法

1. 盆地模拟法（三维运聚模拟）

1）基本原理

盆地模拟是以一个油气生成、运移聚集单元为对象，在对模拟对象的地质、地球物理和地球化学过程深入了解的基础上，根据石油地质的物理化学机理，首先建立地质模型，然后建立数学模型，最后编制相应的软件，从而在时空概念下，动态模拟各种石油地质要素演化及石油地质作用过程，定量计算和评价油气资源量及其三维空间分布的方法。

2）主要模拟方法与技术

盆地模拟包括地史、热史、成岩史、生烃史、排烃史和油气运移聚集史六类模拟技术，主要模拟方法大体见表7-2。本文仅概要列出部分方法基本原理和简要过程，重点是研究工作中主要使用、实用性较强的方法技术，更多技术细节读者可参考相关盆地模拟专著[4]。

表7-2 盆地模拟的主要方法技术

类别	模拟内容	模拟方法	考虑因素
地史	沉降史、埋藏史、构造演化史	Airy地壳均衡法、分段回剥技术、超压技术、平衡地质剖面技术	构造沉降与负荷沉降、沉积压实与异常压力、沉积间断与剥蚀事件、海平面变化与古水深
热史	热流史、地温史、有机质演化史	古温标法：R_o指标法、磷灰石裂变径迹法；R_o模拟法：Easy模型、Baker最大温度模型	热导率、古地温梯度、大地热流值
成岩史	单因素模拟、成岩阶段评价	单因素模拟法：石英次生加大史、蒙皂石转化伊利石史、干酪根产酸史；综合评价法：多因素成岩阶段综合评价法	时间、温度；活化能、频率因子；石英含量、包壳因子；有机质丰度、干酪根含量等
生烃史	生烃量、生烃时间	产油产气率法、降解率法、化学动力学法	有机质类型、丰度、演化程度和生烃潜力等
排烃史	排烃量、排烃时间	压实排油法、压差排油法、残留油法、物质平衡排气法	初次运移相态、动力、排油临界饱和度等
油气运移聚集史	运移方向 运移时间 聚集强度 聚集区	流体势分析法	水动力类型、流体势
		运移流线模拟	排烃量、构造、流体势、储层性质等
		侵入逾渗法	排烃量、烃源层生烃增压；储层物性、储层地层水压力、浮力、毛细管压力等
		三维达西流法	油、气、水三相渗流等

3）三维运聚模拟

目前，油气运聚模拟主要有三种方法，即二维流线法、侵入逾渗法（Invasion Percolation）和三维多相达西流法[5]。其中，流线模拟法适用于二维构造面上的油气运聚模拟，仅能模拟构造型油气藏的运聚；侵入逾渗法主要用于模拟油气运移路径，既可在二维空间也可在三维空间使用。以上两种方法都要求地质模型是静态的，模拟网格不变。三维多相达西流法是各种运聚定量模拟技术中考虑因素最全面、技术较成熟的方法，其有三种核心算法：有限元法（如 PetroMod、3D SEMI）、有限体积法（如 Temispack）和有限差分法（如 BasinMod 等）。每种方法采用的三维网格有所差异，有限差分法仅适用于规则的中心网格，如矩形网格；有限元法适用于规则或不规则的角点网格，如矩形网格、角点网格、四面体网格等；有限体积法适用于规则或不规则中心网格，如矩形网格、PEBI 网格（垂直正交网格）等。各种算法及相应的网格建模技术各有优缺点。随着地质认识的深入和油气勘探的发展，对三维地质模型的要求越来越高，建模中较简单且较常用的矩形网格已很难满足复杂地区的建模需要。由于 PEBI 网格建模技术更加灵活，因此适用范围也更宽。

基于有限体积法的油气运聚三维模拟技术在国内外已开展了许多研究。石广仁等（2009）对该方法进行了改进；Hantschelh T. 和 Kauerauf 等（2009）对该技术进行了较深入的研究；IBM 公司 Watson 实验室提出了一种三维控制体积有限元法；2010 年，石广仁等发展了基于 PEBI 网格的有限体积法，并在库车坳陷进行了应用，取得初步应用实效。以上研究的地质建模网格除 IBM 公司外均为水平柱状 PEBI 网格，即垂向上的网格面与水平面平行。这类柱状网格的顶底面与地层面相交，在地质上称为穿层或穿时。这样划分网格虽可以提高运算速度，但却损失了建模精度，不利于复杂地区油气运聚精细模拟。

本次研究从地质模型的建立、渗流方程的构建、传导率的全张量计算、牛顿法迭代稳定性与计算效率的提高等方面，研发了基于有限体积法的油气运聚三维模拟方法。主要包括：（1）建立了顺层柱状 PEBI 网格三维动态地质模型，精细刻画地层的演化，初步解决了地层非均质性、断层等引起的渗流特定性及混合岩性等地质难题；（2）构建变网格条件下的渗流方程，代替定网格渗流方程，更有效地实现了质量守恒；（3）引入了矢量渗透率（即全张量渗透率），解决复杂的渗流问题。该方法成功实现了软件有形化，在南堡凹陷等进行了实际应用，取得了良好效果。

2. 刻度区资源丰度类比法

在资源丰度类比法研究领域，利用刻度区类比技术，进一步丰富了该方法内涵，丰富了刻度区类型，完善了评价参数标准。在此基础上，建立了评价流程技术体系，满足常规油气的相似性分级评价需要。

1）技术内涵

如果某一评价区（预测区）和某一高勘探程度区（刻度区）有类似的成油气地质条件，那么它们的油气资源丰度也具有可比性。资源丰度类比法（也称地质类比法），是一种通过对比已知区（如刻度区）地质条件，估算未知区地质资源量的方法。因此不难看出，选择合适的类比刻度区是类比评价的关键。

除此以外，根据资源丰度类比的概念及技术内涵，其技术关键主要还在于以下几个方面：

（1）合理制定评价单元分级方案，其中关键是要结合工区实际情况，在充分进行综合地质论证的基础上，合理制定分级标准，并确定评价单元边界；

（2）准确计算刻度区资源丰度，其中关键是在获取地质评价指标的基础上，结合评价区油气地质背景，选择合适的刻度区，建立合理的资源地质刻度，形成对研究区的准确评价；

（3）科学表征相似系数，其中关键是在分级类比过程中，利用地质研究成果，形成地质参数不同主控程度的准确表征，进而得出科学合理的相似系数。

2）刻度区地质评价

刻度区是用于评价区类比参照标准的地质单元，是指以相似地质单元的地质类比和资源评价参数研究为主要目的而进行系统解剖研究的地质单元。

（1）刻度区定义。刻度区是指在油气资源评价中用来作为评价区类比标准的勘探程度高、地质认识程度高、资源探明程度高（简称"三高"）的地质单元。

（2）刻度区分级。按构造单元分级，刻度区可分为盆地（或凹陷、洼陷）级、运聚单元级、区带（或区块）级三种。其中，美国地质调查局（USGS）采用盆地级作为类比对象；我国主要采用区带级作为类比对象。

（3）刻度区分类。以区带级刻度区为例，按构造单元类型，刻度区可分为：构造型、岩性型、地层型、潜山型和混合型等类型。

（4）刻度区解剖。解剖的目的，一是建立不同类型类比刻度区的参数体系和取值标准；二是求取用于资源量计算的类比参数、参数分布和参数预测模型。刻度区解剖结果除了23项地质参数外，还包括两项基本参数，即地质资源丰度和可采资源丰度。

（5）刻度区定量评价标准。刻度区地质参数体系一般与地质评价标准（表7-3）一致，参数评分值可以是绝对值，如表7-3中的分值（0.25、0.5、0.75、1.0），也可以是相对值，如HyRAS（2.0）软件系统中的分值（1、2、3、4）。

（6）刻度区地质参数定量评价。根据地质评价标准（表7-3）将刻度区成藏地质条件分5类（烃源条件、储层条件、圈闭条件、保存条件和配套条件）23小项（其中烃源条件10项、储层条件5项、圈闭条件3项、保存条件3项、配套条件2项）逐一进行评估与定量评价。

表7-3 地质评价参数体系与取值标准

参数类型	参数名称	分值			
		1	0.75	0.5	0.25
圈闭条件	圈闭类型	背斜为主	断背斜、断块	地层	岩性
	圈闭面积系数，%	>50	50~30	30~15	<15
	圈闭幅度，m	>400	400~200	200~50	<50
保存条件	盖层岩性	膏盐岩、泥膏岩	厚层泥岩	泥岩	脆泥岩、砂质泥岩
	盖层厚度，m	>100	100~50	50~20	<20
	盖层破坏程度	无破坏	破坏弱	破坏较强	破坏强烈
储层条件	储层沉积相	三角洲、滨浅湖	扇三角洲	水下扇、河道、重力流	洪积扇、冲积扇
	砂岩百分比，%	>60	60~40	40~20	<20
	储层孔隙度，%	>25	25~15	15~10	<10
	储层渗透率，mD	>600	600~100	100~10	<10
	储层埋深，m	<1500	1500~2500	2500~3500	>3500

续表

参数类型	参数名称	分值			
		1	0.75	0.5	0.25
烃源条件	烃源岩厚度，m	>1000	1000～500	500～250	<250
	有机碳含量，%	>2	2.0～1.5	1.5～1.0	<1
	有机质类型	I	II$_1$	II$_2$	III
	成熟度	成熟	高成熟	过成熟	未成熟
	供烃面积系数，%	>125	125～80	80～50	<50
	供烃方式	汇聚流供烃	平行流供烃	发散流供烃	线形流供烃
	生烃强度，10^4t/km^2	>900	900～500	500～200	<200
	生烃高峰时期	古近—新近纪	白垩纪	三叠纪、侏罗纪	古生代
	运移距离，km	<10	10～25	25～50	>50
	输导条件	储层+断层	储层	断层	不整合
配套条件	生烃高峰匹配程度	早	早或同时	同时或晚	晚
	生储盖配置	自生自储	下生上储	上生下储	异地生储

3）相似系数计算

相似系数计算过程分三步：第一步是对刻度区地质参数进行定量评价；第二步是对评价区地质参数进行定量评价；第三步是计算两者的相似系数。

其中第三步，计算相似系数的过程如下。

（1）参数权重确定。各项参数权重值一般与表7-4一致，在具体地区可根据实际情况适当修改。

（2）相似系数计算。计算公式如下：

$$\alpha = r_o / r_c \tag{7-1}$$

式中 α——相似系数；

r_o——评价区地质条件评价值；

r_c——刻度区地质条件评价值。

表7-4 评价参数权重模式

参数类型	参数名称	权重值	参数类型	参数名称	权重值
圈闭条件	圈闭类型	0.30	烃源条件	烃源岩厚度，m	0.05
	圈闭面积系数，%	0.30		有机碳含量，%	0.20
	圈闭幅度，m	0.40		有机质类型	0.05
保存条件	盖层厚度，m	0.30		成熟度	0.10
	盖层岩性	0.20		供烃面积系数，%	0.10
	断裂破坏程度	0.50		供烃方式	0.05

续表

参数类型	参数名称	权重值	参数类型	参数名称	权重值
储层条件	储层沉积相	0.10	烃源条件	生烃强度，10^4t/km²	0.25
	储层百分比，%	0.25		生烃高峰时间	0.10
	储层孔隙度，%	0.30		运移距离，km	0.05
	储层渗透率，mD	0.25		输导条件	0.05
	储层埋深，m	0.10	配套条件	生烃高峰匹配程度	0.60
				生储盖配置	0.40

4）资源丰度类比

刻度区资源丰度一般用面积丰度表示，即每平方千米万吨资源量，有时也用体积丰度表示，即每立方千米万吨资源量。因此，资源丰度类比法也分为面积丰度类比法和体积丰度类比法两种。计算公式如下：

$$\begin{cases} Q_s = \sum_{i=1}^{n}(S_i \times G_s \times \alpha_i) \\ Q_v = \sum_{i=1}^{n}(V_i \times G_v \times \beta_i) \end{cases} \quad (7-2)$$

式中 Q_s——根据面积丰度类比计算得到的地质资源量，10^8t；

Q_v——根据体积丰度类比计算得到的地质资源量，10^8t；

n——评价区子区的个数；

G_s——刻度区面积资源丰度，10^4t/km²，来自刻度区解剖结果；

G_v——刻度区体积资源丰度，10^4t/km³，来自刻度区解剖结果；

S_i——评价区第 i 个子区的面积，km²；

V_i——评价区第 i 个子区的体积，km³；

α_i——评价区第 i 个子区与刻度区的面积丰度类比相似系数；

β_i——评价区第 i 个子区与刻度区的体积丰度类比相似系数。

相似系数直接影响评价结果，参数体系和取值标准是正确评价的条件。方法应用条件是：（1）预测区的成油气地质条件基本清楚；（2）类比刻度区已进行了系统的油气资源评价研究，且已发现油气田或油气藏（图7-1）。

3. 油藏规模分布预测法

油藏规模分布预测法的地质数理模型主要包括了选择帕莱托分布模型（Shifted Pareto distribution，简称SP）、左偏右截帕莱托分布模型（Shifted Truncated Pareto distribution，简称STP）和对数正态发现过程模型（Log-normal Discovery Process model，简称LDP）作为研究重点。国内，将SP分布模型称为油气藏（田）规模序列法，将STP分布模型称为广义帕莱托分布法，将LDP模型称为油气藏发现过程模型法或油气藏（田）发现序列法[6]。

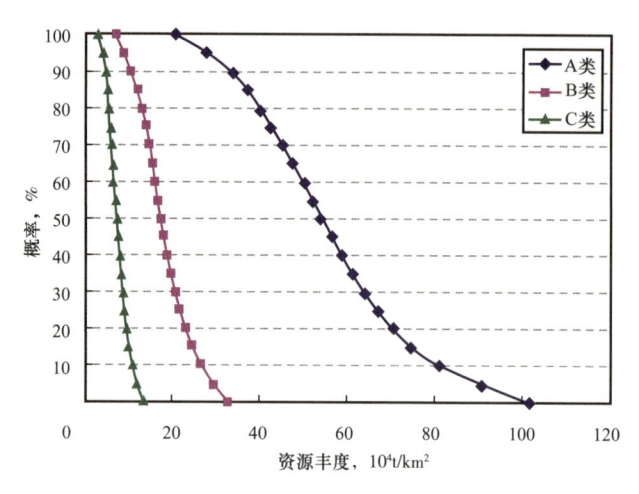

图 7-1 资源丰度类比法评价成果示意图

1）油气藏规模分布序列法

油气藏规模分布序列法采用的数学模型为 SP 分布模型。SP 分布模型是一种非常著名的双参数帕莱托分布模型，其密度函数由 Johnson 和 Kotz 在 1970 年提出：

$$f(x) = a^\theta \theta / x^{(1+\theta)} \tag{7-3}$$

其累计分布函数为：

$$F(x) = 1 - a^\theta / x^\theta \tag{7-4}$$

补函数形式为：

$$G(x) = a^\theta / x^\theta \tag{7-5}$$

1994 年，Chen 和 Sinding-Larsen 定义了在有限个区域内的第 m 个大油藏的规模，如下所述：

$$x_m = x_{\min} \left(\frac{m}{N} \right)^{-\frac{1}{\theta}} \tag{7-6}$$

第 n 个大油藏与第 m 个大油藏的规模比例如下：

$$\frac{x_n}{x_m} = \left(\frac{m}{n} \right)^{\frac{1}{\theta}} \tag{7-7}$$

并进一步推导出：

$$N = \left(\frac{x_1}{x_N} \right)^\theta = \left(\frac{x_1}{x_{\min}} \right)^\theta \tag{7-8}$$

$$R = x_1 \sum_{m=1}^{N} \left(\frac{1}{m} \right)^{\frac{1}{\theta}} \tag{7-9}$$

式中　N——大于或等于任意经济开采油藏规模的下限值 $x_{\min}$ 的规模；

θ——表征油藏规模分布的形式参数；

x_m——第 m 个大油藏的规模；

m 和 n——在油藏规模序列中的序号（自然数）；

R——待评价区带里总可采资源量的评估值；

x_1——区带中最大的油藏规模。

油藏规模分布序列法的主要参数有油藏储量、油藏规模序列、分布角度 β 和最小油藏规模等。

（1）油藏储量：油藏按其严格的定义是指存在于单一圈闭中的油气聚集，同一油藏具有统一的压力系统和统一的油水界面。但考虑到油田企业在计算储量时往往并非以此严格意义上的油藏为储量计算单元，因此，在统计油藏储量时应以相对完整的油藏为统计单位进行归一化处理。

（2）油藏规模序列：评价单元内按油藏储量大小顺序排列的油藏储量序列。评价单元可以是盆地、凹陷或区带，对评价单元划分的唯一要求是使得评价单元成为完整、独立的石油地质体系（含油气系统）。

（3）分布角度 β：$\tan\beta=-(1/\theta)$，而分布角度 β 对应的 K 值，也称为油藏规模分布系数。K 值根据已发现油藏的规模序列用 Pareto 定律拟合确定，可以由软件自动实现。K 值的大小也可以由有经验的地质学家商定，一般 K 值的范围为 0.5～2.0，即分布角度 β 在 30°～70°。

（4）计算矩阵中各行的标准差 σ：根据经验，取值区间在 0.05～0.01，标准差 σ 越小，越有可能预测出大油藏。

（5）计算预测序列中已发现油田与所预测的储量之间的标准差 η：已发现油田与所预测的储量之间的标准差 η 可根据需要定，不同地区、不同数据可设定不同的 η。

（6）最小油藏规模：是指在预测的油藏规模序列中参与总资源量累加的最小油藏的储量值。该值通过本地区最小经济油藏规模下限确定。

2）广义帕莱托分布法

所有改进的帕莱托模型统称为广义帕莱托模型，本文重点研究左偏右截帕莱托分布模型（STP）。用于计算油气藏分布的 STP 分布模型主要有两种：一种是 USGS 曾经使用的模型；另一种是国内正在使用的模型。USGS 在评价一些待发现区带油藏规模时常常用到 STP 分布模型，其密度函数为：

$$f(z)=\frac{a\cdot b}{1-T^u}\cdot\left(\frac{z-z_c}{a}+1\right)^{-1-\frac{1}{b}} \quad (7-10)$$

式中 z——累计油藏规模；

b——介于 [0，1] 的形状参数；

a——比例参数；

z_c——漂移参数（最小累计规模）；

T^u——截断分位值。

1995 年，金之钧统计了西西伯利亚盆地 2600 个油气藏的数据，划分选定了 3 个含油气区，并以 5 年为一勘探阶段，划分出 16 个勘探样本，研究建立了如下分布函数：

$$f(q)=\frac{\lambda(q_0+r)^{\lambda}}{(q+r)^{\lambda+1}} \tag{7-11}$$

$$F(q)=1-\left(\frac{q_0+r}{q+r}\right)^{\lambda}+\left(\frac{q_0+r}{q_{max}+r}\right)^{\lambda} \tag{7-12}$$

式（7-11）和式（7-12）中　r——样本中中位数（median）油气藏储量大小；

λ——特征参数，为油气藏规模分布系数（$\lambda \geqslant 0$）；

q_0、q_{max}——分别为最小、最大油藏规模。

模型的关键参数主要有中位数 r 和特征参数 λ 两项，其中特征参数 λ 由标准方差 σ 计算得到。

将已发现油气藏按发现先后排序并划分出若干阶段，统计分析各阶段累计油藏规模与中位数 r 和标准方差 σ 之间的关系，并确定出一种最合理的关系模型。经过应用验证得到四种数学模型，即：

$$\begin{cases} y=ae^{b/x} \\ y=ae^{bx}+c \\ y=ax^b+c \\ y=a\lg x+b \end{cases} \tag{7-13}$$

数学模型参数 a、b、c 通过拟合方法得到。在已知标准方差 σ 之后，用以下公式计算特征参数 λ，即：

$$\lambda=\frac{1}{2}e^{-\frac{r-4}{2.718\sigma}}+\frac{1}{2} \tag{7-14}$$

3）油气藏发现过程模型法

1975 年，Kaufman 等提出了一个发现过程模型来处理勘探结果数据：利用有偏样本估算油气藏规模大小，称为卡夫曼发现模型。该模型认为，在石油工业中，勘探家习惯于首先去钻探被推断为区带内最大油气藏所在的地方。首先钻探最佳远景的倾向，导致发现过程的统计特性变成了一个取样程序问题。该取样程序可以这样来描述，即大的油气藏将有更高的概率被发现（即发现概率与油藏大小成比例），且一个油气藏不会被发现两次（即不放回取样）。这样的模型被认为是抓住了发现过程的主要成分，可以应用于特定的发现情形中。然而事实上，发现是被很多因素所影响的，例如勘探技术、矿权问题、地表施工条件和勘探决策等。模型中没有涉及这些因素，Bloomfield 等（1979）建议通过向模型中引入勘探效率系数 β，来间接地引入这些因素。

将已发现油气藏的储量按油气藏的发现时间顺序排列，构成一个发现序列（图 7-2）。这一序列是评价单元的一个子样，它的抽样过程满足以下两个条件。（1）发现某一油气藏的概率与该油气藏的规模成比例；（2）一个油气藏只能被发现一次。此外，发现概率还与前述的地表施工条件和勘探决策等因素有关。

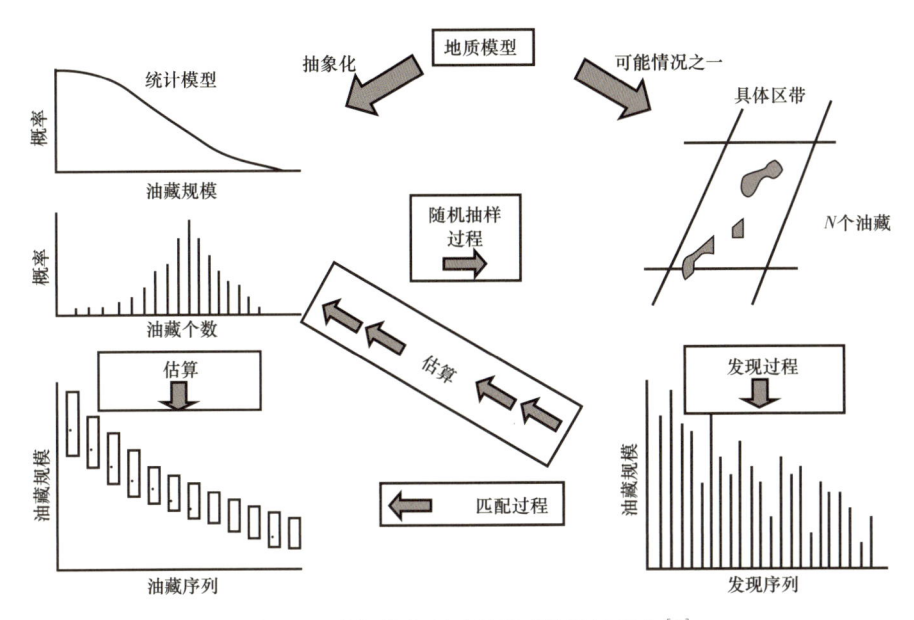

图 7-2　油气藏发现过程模型的统计概念[7]

按照这些条件建立的概率模型叫发现过程模型，它可以用以下数学公式表示：

$$P\left[(x_1,\cdots,x_n)|(Y_1,\cdots,Y_N)\right]=\prod_{j=1}^{n}\frac{x_j^{\beta}}{b_j+Y_{n+1}^{\beta}+\cdots+Y_N^{\beta}} \quad (7-15)$$

式中　Y_i——评价单元中全部（包括尚未发现的）油气藏的储量或资源量，$i=1,\cdots,N$；
　　　$x_i=Y_i$——已发现油气藏的储量，$i=1,\cdots,n$；
　　　$b_j=x_j^{\beta}+\cdots+x_n^{\beta}$；
　　　P——发现过程的概率；
　　　β——勘探效率系数，反映了施工条件、勘探决策等因素的影响；β 为正值时，反映早期大油气藏发现较多；β 为负值时，反映早期小油气藏发现较多；β 为 0 时，反映油气藏发现次序是随机的。

一个油气藏被第 j 个发现的概率是以下两个概率的乘积：这个油气藏在对数正态分布 $f_\theta(x_j)$ 中的概率和这个油气藏在发现序列中处于第 j 位的概率。因而，全部已发现油气藏的联合概率密度函数为：

$$L(\theta)=\frac{N!}{(N-n)!}\prod_{j=1}^{n}f_\theta(x_j)\cdot E_\theta\left[\prod_{j=1}^{n}\frac{X_j^{\beta}}{b_j+Y_{n+1}^{\beta}+\cdots+Y_N^{\beta}}\right] \quad (7-16)$$

式中　θ——分布参数（油藏规模均值 μ，油藏规模方差 σ^2）；
　　　$L(\theta)$——发现序列的似然值；对其求极值，可以用最大似然估算方法分别求得 μ、σ^2、β 和 N；
　　　$N!$——从 N 个油气藏中不回置地抽取 n 个油气藏的次数；
　　　其他参数意义同式（7-15）。

由此可见，发现序列是油气藏储量母体的一个有偏样本，其中既包含了与母体有关的信息，又包含了与具体评价单元和具体勘探发现过程有关的信息。

利用该方法计算区带资源量时，需要注意以下三点：（1）区带的划分是该方法的基础，只有评价单元在地质意义上符合同一个区带，模型才能有正确的预测功能，即评价单元只有符合统计规律，才能使用发现过程模型；（2）此模型主要应用于对中高勘探程度区带的评价，模型中关键参数 N、μ、σ^2 和 β 的匹配是在实际发现过程资料与统计模型之间，经过反复地解释和对比验证求得的，若没有可靠的地质参数（如在低成熟区），则可能产生畸形的分布模型，此时应用效果不好；（3）可以单独用于油藏评价或气藏评价，也可用于油气当量（合计）的评价。

二、非常规油气资源评价方法的创建

与常规油气资源相比，非常规油气资源评价具有特殊性，其面临的难点主要在于非常规资源既有大面积连续分布的特点，同时具有较强的非均质性，油气富集程度差异较大。因此需要进一步细化评价单元，充分利用地质资料，依据资源富集程度的差异，对其展开分级评价。本次非常规油气资源评价方法重点创建了小面元法、分级资源丰度类比法、EUR类比法和数值模拟法，完善了体积（容积）法和资源空间分布预测法（表7-5）[8—10]。

表7-5 非常规油气资源评价方法体系

勘探程度	评价方法	评价对象
低（新区）	体积法或容积法（无详细基础地质资料）	致密气、致密油、页岩气、页岩油、油页岩、煤层气、油砂油
中低	① 分级资源丰度类比法（有基础地质资料） ② 小面元法（有部分勘探井） ③ EUR类比法（有部分生产井）	致密气、致密油、页岩气
中高	① 数值模拟法（有烃源岩评价资料） ② 资源空间分布预测法（有储量分布资料）	致密气、致密油、页岩气

1. 小面元法评价方法与流程

以致密油资源评价为例，将评价区划分为若干网格单元（或称面元），考虑每个网格单元致密储层有效厚度、有效孔隙度等参数的变化，然后逐一计算出每个网格单元资源量。技术流程如下（图7-3）。

（1）用评价区边界点和已钻探井构建PEBI网格，PEBI网格分为有井控制的网格（简称井控网格）和无井控制的网格（简称无井控网格）两种。

（2）通过分析钻井资料得到井控网格的评价参数，通过已知参数的空间插值得到无井控网格的评价参数。评价参数包括致密储层的有效厚度（h）、孔隙度（ϕ）、含油饱和度（S_o）和致密储层石油充满系数（δ_c）等。主要烃源岩的排油强度（E）来自盆地模拟结果。

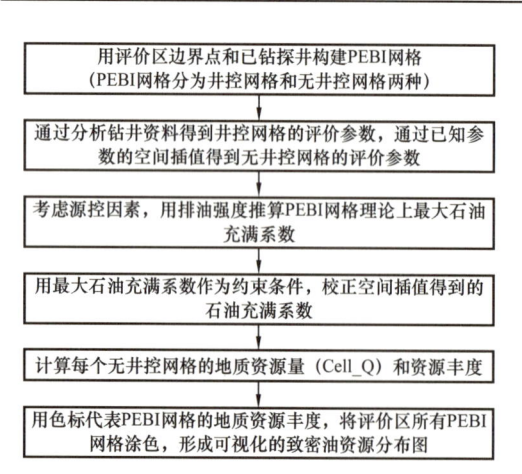

图7-3 小面元法评价技术流程

（3）考虑源控因素，用排油强度推算 PEBI 网格理论上最大石油充满系数（δ_{max}）。

（4）用最大石油充满系数作为约束条件，校正空间插值得到的石油充满系数。

（5）计算每个无井控网格的地质资源量（Cell_Q）和资源丰度。

（6）用色标代表 PEBI 网格的地质资源丰度，将评价区所有 PEBI 网格涂色，形成可视化的致密油资源分布图。

（7）计算评价区地质资源量和可采资源量。小面元致密油气地质资源量的计算采用容积法的储量计算模型。地质资源量是每个小面元内资源量之和，可采资源量是每个小面元内地质资源量与可采系数乘积之和（图 7-4）。

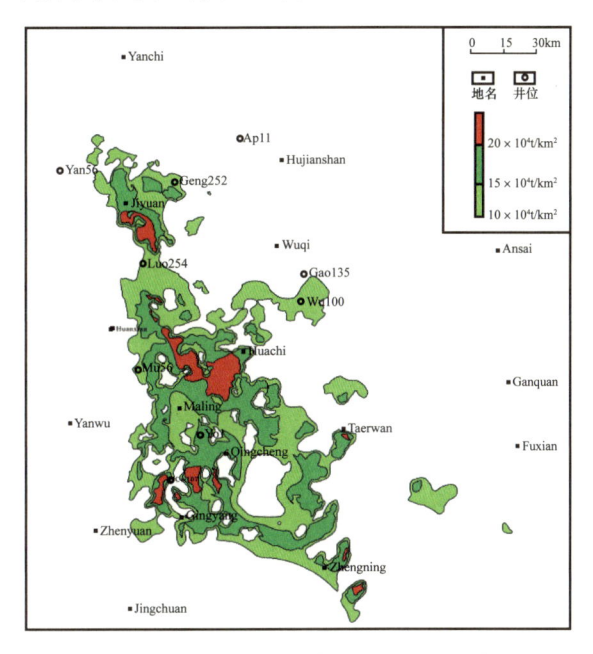

图 7-4　小面元法油气资源评价成果示意图

2. 分级资源丰度类比法

1）基本原理

油气资源丰度类比法是一种由已知区资源丰度推测未知区资源丰度的方法，包括面积丰度类比法和体积丰度类比法两种。USGS 曾经借助全球主要盆地地质特征和油气资源数据库，以盆地为评价单元对常规油气资源进行评价。我国比较重视该方法，将该方法列为油气资源评价最重要的方法之一。在评价常规油气资源时，一般以区带或区块为评价单元；在评价非常规油气资源时，一般以区块（分层系）为评价单元。

2）评价方法和流程

下面以致密油面积丰度类比法为例简要介绍评价方法和流程。致密油资源丰度类比法与常规油气资源丰度类比法的原理基本相同，但在具体实施过程中存在很大差异。主要原因是致密油地质资源质量相差较大，这就要求评价者不仅要评价地质资源的总量，更要评价地质资源的质量。通过将评价区内部的各区块分级，即分为 A 类（相当于潜力区、核心区）、B 类（相当于远景区、扩展区或非甜点区）和 C 类，然后再分别进行类比评价。这样既可评价致密油地质资源总量，又能评价致密油地质资源质量。分级评价流程如下。

(1) 评价区边界确定和评价区内部区块分类。从资源评价角度，致密油区边界与岩性地层区带边界比较一致，主要边界类型包括：盆地构造单元边界、主要储集体沉积体系边界、断层和地层尖灭边界、储层岩性和物性边界。根据石油地质特征，将评价区内部分为潜力区（A类）、扩展区（B类）和其他区（C类）三类，并估算各类的面积。一般情况下C类区目前不具备经济性，不参与资源量计算。

(2) 选择刻度区。根据潜力区的石油地质特征，选择与A类特征相似的一个或多个刻度区；B类同理。

(3) 计算相似系数。根据潜力区和扩展区油气成藏条件地质风险评价结果，逐一类比评价区与所选的刻度区，求出对应相似系数。计算公式如下：

$$\begin{cases} \alpha = R_{Af} / R_{Ac} \\ \beta = R_{Bf} / R_{Bc} \end{cases} \quad (7-17)$$

式中 α、β——分别为潜力区和扩展区与对应刻度区类比的相似系数；

R_{Af}、R_{Bf}——分别为潜力区和扩展区油气成藏条件地质评价结果，即把握系数；

R_{Ac}、R_{Bc}——分别为潜力区和扩展区对应的刻度区油气成藏条件地质评价结果，即把握系数。

(4) 计算评价区地质资源量。根据相似系数和刻度区的面积资源丰度，求出评价区地质资源量。计算公式如下：

$$\begin{cases} Q_{ip-p} = \sum_{i=1}^{n}(A_p \times Zp_i \times \alpha_i)/n \\ Q_{ip-e} = \sum_{i=1}^{m}(A_e \times Ze_i \times \beta_i)/m \\ Q_{ip} = Q_{ip-p} + Q_{ip-e} \end{cases} \quad (7-18)$$

式中 Q_{ip}——评价区致密油地质资源量，10^4t；

Q_{ip-p}、Q_{ip-e}——分别为潜力区和扩展区致密油地质资源量，10^4t；

A_p、A_e——分别为潜力区和扩展区面积，km^2；

Zp_i、Ze_i——第i个刻度区致密油资源丰度，10^4t/km^2；

α_i——潜力区与第i个刻度区类比的相似系数；

β_i——扩展区与第i个刻度区类比的相似系数；

n、m——分别为潜力区和扩展区对应的刻度区个数。

(5) 计算评价区可采资源量。可采资源量的计算公式如下：

$$Q_r = Q_{ip-p} \times E_{r-p} + Q_{ip-e} \times E_{r-e} \quad (7-19)$$

式中 Q_r——评价区致密油可采资源量，10^4t；

Q_{ip-p}、Q_{ip-e}——分别为潜力区和扩展区致密油地质资源量，10^4t；

E_{r-p}——潜力区对应刻度区致密油平均可采系数；

E_{r-e}——扩展区对应刻度区致密油平均可采系数。

分级资源丰度类比法使用的前提条件是：（1）评价区已完成地质评价，并进行分级；（2）具备相似的刻度区；（3）刻度区的资源丰度和可采系数比较可靠。

3. 体积法和容积法

体积法和容积法的基本原理是一致的，都是根据体积的大小来计算油气资源量。两者的区别在于测量体积的对象，前者一般以岩石体积作为计算对象，后者则是以岩石中的孔隙容积作为计算对象。

1）体积法

每种非常规油气资源的体积法计算公式都不相同，但原理和计算过程是一致的。以页岩气资源量计算为例，计算公式为：

$$G = 0.01 \times A \times h \times \rho \times C_t \quad (7-20)$$

式中　G——页岩气资源量，$10^8 m^3$；
　　　A——页岩储层面积，km^2；
　　　h——页岩储层厚度，m；
　　　ρ——页岩岩石密度，g/cm^3；
　　　C_t——实测页岩含气量，m^3/t。

体积法简便、实用，只要有实测含气量和岩石体积数据就能快速评价页岩气资源量。但是，体积法也存在不足，即非均质性问题。不同地区、不同层系、不同岩相带含气量变化大，不能用单一值替代。因此，该方法一般只适用于资料较少的新区。

2）容积法

以页岩气资源量计算为例，采用岩石孔隙中包含的游离气和岩石吸附气的总和作为页岩气资源量。计算公式如下：

$$Q_g = 0.01 \cdot A \cdot H \cdot (\phi_g \cdot S_g + \rho \cdot G_f) \quad (7-21)$$

式中　Q_g——页岩气资源量，$10^8 m^3$；
　　　A——页岩气含气面积，km^2；
　　　H——有效页岩厚度，m；
　　　ϕ_g——含气页岩孔隙度，%；
　　　S_g——含气饱和度，%；
　　　ρ——页岩岩石密度，t/m^3；
　　　G_f——吸附气含量，m^3/t。

不管是体积法还是容积法，在计算资源量时都会采用蒙特卡罗随机抽样方法。使用的计算参数一般用三个数（最大、最小和平均值），参数多数采用三角分布模式进行抽样计算，资源量计算一般采用对数正态分布模型。

4. 数值模拟法

不同类型的非常规油气聚集机制差别很大，一种成因法一般只能针对一种非常规油气资源。反过来讲，每种非常规油气资源都有独特的成因法，如页岩油滞留成藏、连续型致密气预测法和页岩气扩散聚集模拟法等。常规气藏的运移主体服从置换式运移原理，即在天然气向上运移的同时，地层水不断向下运移，其驱动力来自浮力。对于致密气来说，致密储层与烃源岩大面积接触，天然气的运移方式表现为气—水间发生的广泛排驱和气—水界面的整体推进，其过程类似活塞式排驱，运移动力来源于烃源岩强有力的生烃作用，气—水倒置得以维持并整体向上运移，形成大面积含气[11,12]。烃源岩越厚，单位体积生气量越大，产生的压力越大，致密气富集规模也就越大。

1）致密气动力平衡方程

根据致密气的活塞式排驱特点，张金川等（2008b）建立了动态平衡方程，即天然气运移的阻力包括上覆储层毛细管压力、天然气重力和地层水压力等，驱动力主要为烃源岩生气增压。驱动力和阻力之间平衡方程为：

$$p_g = p_c + \rho_g g_g h_g + \rho_f \tag{7-22}$$

式中　p_g——烃源岩中游离相天然气注入储层压力，atm；

p_c——上覆储层毛细管压力，atm；

$\rho_g g_g h_g$——天然气重力，atm；

h_g——天然气柱高度，m；

p_f——上覆储层地层水压力，atm。

在平衡方程中：（1）毛细管压力可用拉普拉斯方程求出；（2）天然气重力可直接求出；（3）地层水压力在成藏时一般为静水压力，成藏后的压力可用现今压力代替，也可用有效骨架应力模型求解；（4）烃源岩中游离气压力，为烃源岩生气增压后烃源岩中流体和游离相天然气的压力，简称"游离气压力"。

2）烃源岩生气增压定量计算模型

形成超压的因素很多，生烃作用和差异压实作用是最主要的两种[13]。在地层进入压实成岩之后，尤其是孔隙致密之后，压实作用基本停止，此时压实对排烃基本不起作用，生气作用成为排气的主要动力。依据气体状态方程，天然气压力（P）、体积（V）和温度（T）三者之间保持动态平衡。在地下高温、高压条件下，P、V、T三者之间的关系可用研究区的P–V–T曲线表示。根据这一原理建立的烃源岩生气增压定量计算模型为：

$$\begin{cases} p_{\text{gas}} = f(B_g) \\ B_g = \dfrac{v_p - v_w - v_o}{v_g} = \dfrac{(1-s_w-s_o)h_s \times \phi \times 10^6}{Q_{\text{gas}} - Q_{\text{miss}} - Q_{\text{exp}}} \end{cases} \tag{7-23}$$

式中　p_{gas}——烃源岩生烃排气产生的压力，atm；

B_g——天然气体积系数；

V_p——烃源岩孔隙体积，m³；

V_w——烃源岩孔隙水体积，m³；

V_o——烃源岩孔隙含油体积，m³；

V_g——烃源岩中游离相天然气体积（地表条件下），m³；

h_s——烃源岩层厚度，m；

ϕ——烃源岩层的评价孔隙度，%；

S_w——烃源岩层中束缚水饱和度，%；

S_o——烃源岩层中残余油饱和度，%；

Q_{gas}——单位面积烃源层生成的天然气体积（地表条件下），m³/km²；

Q_{miss}——单位面积烃源岩层中散失的天然气体积（地表条件下），m³/km²，包括吸附气、扩散气和溶解气等；

Q_{exp}——单位面积烃源层已排出的游离相天然气体积（地表条件下），m³，初始值为0。

3）模拟步骤

模拟步骤共10步：（1）建立地质模型（以下生上储为例）；（2）平面上划分网格，网格边界尽可能与构造线、断层线等一致；（3）纵向上按组细分储层；（4）计算运移驱动力（烃源岩层中游离相天然气压力）；（5）计算运移阻力；（6）比较运移驱动力和运移阻力，如果驱动力小于阻力则不能运移，停止对该点的模拟，反之则烃源岩层中的天然气能进入细层1，并排挤出细层1中的部分水；（7）天然气进入细层1并达到短暂的平衡，随着烃源岩层生气量的增加，游离相天然气压力P_g也在增加，重新计算P_g，并计算细层2的运移阻力；（8）比较运移驱动力和运移阻力，如果驱动力小于阻力则不能运移，即细层不能成藏，停止对该点的模拟，反之则烃源岩层中的天然气能进入细层2，并排挤出细层2中的部分水；（9）重复（7）和（8）的过程，直到驱动力小于阻力或遇到盖层为止，如果压差超过盖层排替压力，则天然气将会突破盖层散失掉一部分，直到压差小于盖层排替压力，天然气才停止运移；（10）计算天然气聚集量。

4）天然气聚集量计算

进入致密储层的天然气聚集量可用下式表示：

$$\begin{cases} Q_{gas} = \sum q_i \, (i=1,2,\cdots,n) \\ q_i = (1-S_w)h_i \times A_i \times \phi_i \times (1/B_{gi}) \end{cases} \quad (7-24)$$

式中　Q_{gas}——储层中天然气聚集量，m³；

n——天然气进入储层中的细层数，自然数；

i——储层中的细层号，自然数；

q——细层天然气聚集量，m³；

S_w——细层中束缚水饱和度，%；

h——细层平均厚度，m；

A——细层面积，m²；

ϕ——细层平均孔隙度，%；

B_g——细层（地层压力对应的）天然气体积系数。

根据驱动力与阻力的关系，如果确定天然气只能进入细层3，则式（7-24）中n为3。细层中束缚水饱和度可通过类比相邻地区的致密气获得，一般为30%~60%；天然气体积系数可根据细层地层压力在P-V-T曲线上反插值求得。进入致密储层的天然气会有部分损失，如一部分溶解在地层水中，还有一部分会以扩散方式向外扩散等。这些损失可以用溶解气公式和扩散气公式计算，精度要求不高时可忽略不计。

5）关键参数

该模型关键参数包括：（1）天然气体积系数与地层压力关系曲线；（2）束缚水饱和度与孔隙度关系曲线；（3）烃源层埋深、厚度、孔隙度、生气量和排气量（游离气量）等；

(4)储层埋深或顶界构造、等厚图,储层孔隙度、孔喉半径等值线图,现今储层流体压力系数等;(5)盖层排替压力。

从未来发展趋势看,非常规油气资源数值模拟法资源评价简明直观,预测性和应用成效较好。但依然面临一系列挑战,主要表现在:(1)地下地质体变化大,构造复杂;(2)地层非均质性较强,岩性组合类型多;(3)致密储层中的油气流体以非达西渗流为特征,对有效建立多孔隙尺度的渗流模型提出了挑战;(4)非常规油气储集空间孔渗结构比较复杂,数值模拟运算量较大。有效解决途径主要包括:(1)建立动态PEBI网格,结合有限体积法技术,提高建模精度;(2)采用全张量渗透率,适应实际地质情况(图7-5);(3)引入启动/临界压力梯度,满足低渗—非常规储层模拟需要;(4)采用多核并行技术,提高运算速率。

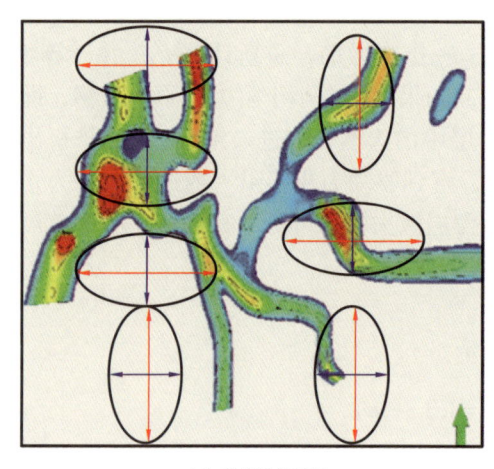

(a)传统数值模拟　　　　　　　(b)全张量数值模拟

图7-5　传统方法与全张量渗透率数值模拟应有对比效果图

5. 资源空间分布预测法

油气资源空间分布预测法是一种特殊统计法。包括三种评价方法:(1)基于成藏机理和空间数据的分析法;(2)基于地质模型的随机模拟法;(3)支持向量机的数据分析法。三种评价方法数理统计分析不同,思路和评价过程相似。

1)二维分形模型

由于地质过程的复杂性,已知油气聚集与未发现油气聚集信息相差可能较大,用常规地质统计学的随机模拟法,直接从已知油气聚集中提取空间统计信息,预测油气资源空间分布,其结果误差较大。如果把已知油气资源分布和地质变量空间相关特征,作为随机模拟限制条件,用统计法将概率密度函数近似地表达出来,即可提高预测的准确性。

油气资源空间分布的二维分形模型,基于随机模拟技术和傅里叶变换功率谱方法建立,即通过傅里叶变换,把具有分形特征的油气聚集分布空间(空间域),转化到傅里叶空间(频率域)中,用功率谱方式来表述油气资源的空间相关特征。对于具有分形特征的时间序列,其功率谱函数可表达为时间序列频率的幂函数,即:

$$S(f) \propto \frac{1}{f^{\beta}} \quad (7-25)$$

式中　f——频率，Hz；

　　　S——功率谱密度；

　　　β——幂因子，称为频谱指数。

式中表述的这种随机过程，相当于 Hurst 空间维数（$H=(\beta-1)/2$）的一维分数布朗运动（f_{Bm}），选择不同的 β 值，即可产生不同分形维数的 f_{Bm}。对于二维图像或序列，其功率谱 S 有 x 和 y 共两个方向的频率变量 u 和 v，及对应的频谱指数 β_x 和 β_y。对统计特性来说，xy 平面上的所有方向都是等价的，当沿 xy 平面上的任一方向切割功率谱 S 时，可用 $\sqrt{u^2+v^2}$ 代替频率 f。

因此，由式（7-25）可推出各向同性的二维对象随机过程的表达式：

$$S(u,v)=\frac{1}{(u_2+v_2)^{H+1}} \tag{7-26}$$

而对于各向异性的对象，可定义 H 为方位角 θ 的函数，则其二维分形模型的表达式可写成：

$$S(u,v)=\frac{1}{(u_2+v_2)^{H(\theta)+1}} \tag{7-27}$$

式中　$H(\theta)=\sqrt{(\beta_x\cdot\cos\theta)^2+(\beta_y\cdot\sin\theta)^2}$；

　　　β_x 和 β_y——分别代表功率谱中 x 方向和 y 方向的频谱指数。

通过式（7-27）即可模拟出油气聚集分布空间的新功率谱。

2）修正资源丰度

二维分形模型中的指数函数 $H(\theta)$，可通过实际数据拟合 β_x 和 β_y 后获得。功率谱能量（资源丰度）越高的油气聚集，出现的频率越低，反之亦然。这一特点与油气勘探结果相吻合。如果以能量较高的若干数据点为基础进行拟合，结果基本能代表该方向上油气资源的分布趋势（分形直线）。拟合的直线斜率（绝对值）即为该方向上的频谱指数。分别确定 x 方向和 y 方向上的频谱指数 β_x 和 β_y 后，代入二维分形模型中，即能模拟出新的功率谱 S。新功率谱修正了原始功率谱的不足，且包含了已发现和未发现的所有油气聚集资源丰度的信息。

3）资源丰度空间分布模拟

确定油气藏空间分布位置，预测油气勘探风险[14]，确定资源丰度空间分布，需做如下处理。（1）空间域转化为频率域，用傅里叶空间变换，把勘探风险从空间域转化到频率域，得到功率谱和相位谱，相位谱中包含着油气藏位置的信息；（2）从频率域回到空间域，用傅里叶逆变换，把新的资源丰度功率谱和勘探风险相位谱相结合，得到空间域中的油气资源分布，提供油气聚集位置，预测资源丰度。其间还需考虑包括设置经济界限、排除丰度低的没有经济价值的油气藏及用已钻井数据验证和修正等技术处理。

三、油气资源评价关键技术与软件集成

当前油气资源勘探的地质复杂性和勘探难度不断加大，因此油气资源评价技术领域的研究程度不断加深，技术内涵不断扩展。为了更有效的满足隐蔽性、复合性的常规及非常

规油气资源评价的需要，目前已经广泛开展了深入的技术攻关，形成了针对性的一系列技术理论创新，并形成了集成化技术成果。主要包括三维三相油气运聚模拟技术、小面元评价技术、分级 EUR 类比评价技术、刻度区类比评价技术、分级资源丰度类比评价技术以及广义帕莱托评价技术 6 项关键评价技术，并研发集成了常规与非常规油气资源评价系统[15]。

1. 三维三相油气运聚模拟技术

从地质模型建立、渗流方程的构建、传导率的全张量计算、牛顿法迭代稳定性与计算效率的提高等方面进行研究与探索，研发了基于有限体积法的三维油气运聚模拟技术。包括：（1）建立了顺层柱状 PEBI 网格三维动态地质模型，精细刻画地层与流体的演化，初步解决地层非均质性、断层等引起的渗流特定性及混合岩性等特殊地质难题；（2）构建变网格条件下的渗流方程，代替定网格渗流方程，更有效地实现质量守恒；（3）引入了矢量渗透率（即全张量渗透率），解决复杂的渗流问题。该项创新技术在南堡凹陷等应用取得良好效果（图 7-6）。

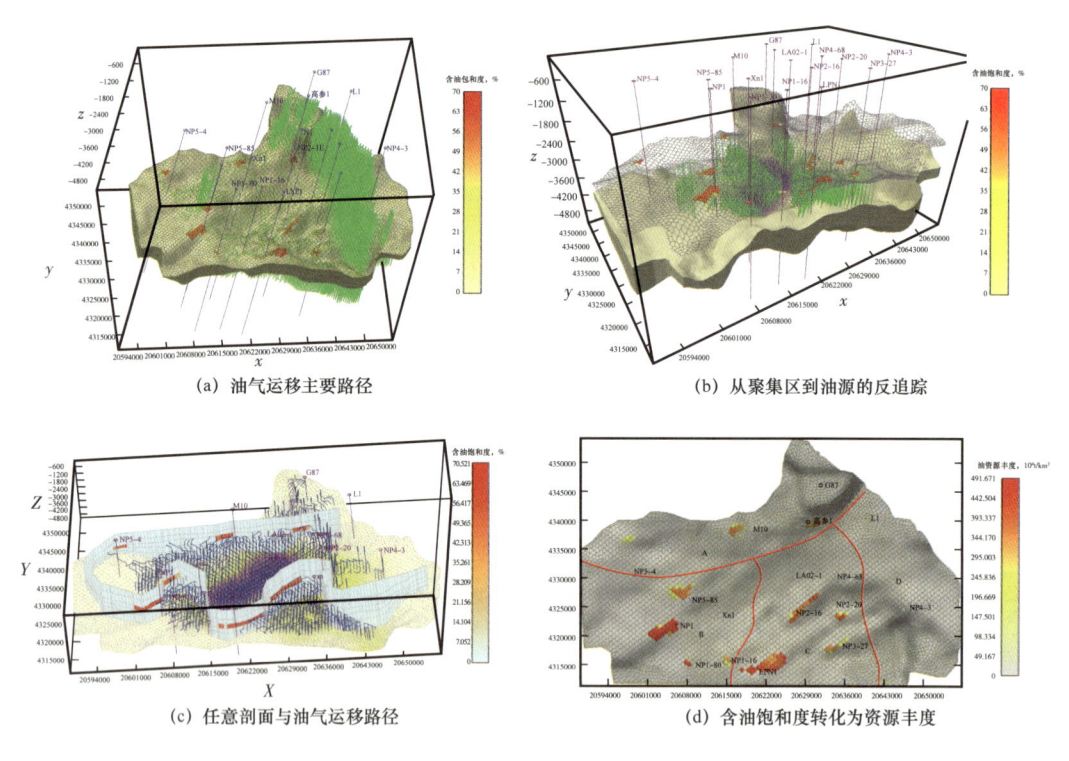

(a) 油气运移主要路径

(b) 从聚集区到油源的反追踪

(c) 任意剖面与油气运移路径

(d) 含油饱和度转化为资源丰度

图 7-6 南堡凹陷东营组三维油气运聚过程模拟结果

1）关键技术步骤

第一步为三维地质体网格划分。本次研究优先考虑地质模型的精确刻画。基于这一思路，本研究的三维地质体网格采用顺层柱状 PEBI 网格，即平面为 PEBI 网格，垂向为地层面网格。这种网格，在平面上能够根据已知数据点的分布构建最优平面网格，最大化地提高模拟运行效率；在垂向上按地层面划分，保持网格面与地层面一致，提高了地质模型精度。

第二步为关键地质问题的处理。采用随机抽样解决非均质性问题：（1）按沉积相类型统计孔隙度、渗透率和孔喉半径等参数的最大值、最小值、平均值和方差，并建立分布模型；（2）按分布模型随机抽样获得不同网格的孔隙度、渗透率和孔喉半径等参数。采用全张量（矢量）渗透率解决特定方向的渗透率问题：（1）将渗透率分为三个方向：主方向渗透率（K_x）、副方向渗透率（K_y）和垂向渗透率（K_z）；（2）用矢量或方位角表示主方向，副方向与主方向垂直（相差90°），垂向是指垂直地层面的方向（地层倾向），河道、断层的走向设为主方向；（3）将河道、断层带等所在的网格分别赋值（可采用随机抽样方法），包括K_x、K_y、K_z和用矢量（或方位角）。本研究通过引入有效储层比例参数，设置有效储层存在的下限值等处理方法降低混合岩性对模拟精度的影响程度。

第三步为建立基于有限体积法的三维数值模型。包括变网格渗流方程（质量守恒方程、渗流运动方程、流动方程）、初始条件和边界条件、全张量渗透率的分解和计算与传导率的计算等。构建过程详见流程图（图7-7）。

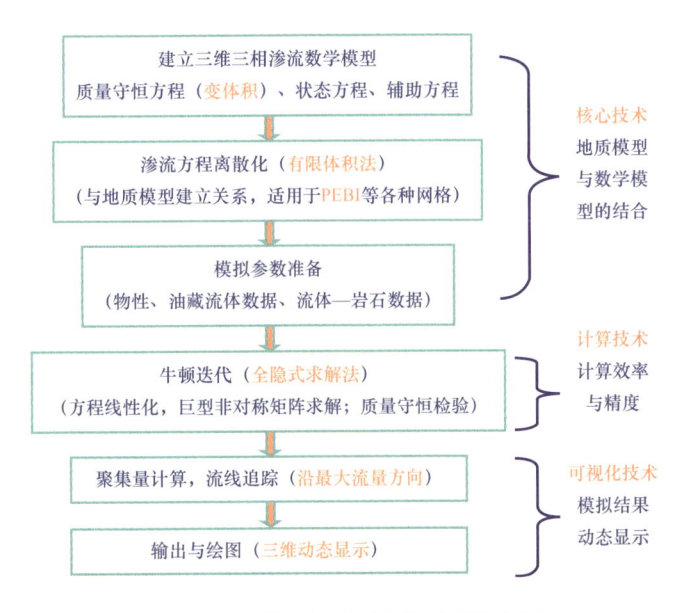

图7-7　三维三相达西流技术研发流程

第四步为稳定性与计算效率提高的处理。参数曲线光滑等特殊处理，提高牛顿法的收敛性能；自动调整时间步长，提高计算速度；多核并行计算，提高计算速度。

第五步为资源量计算与模拟结果展示。追踪运移流线，模拟含油气饱和度，计算油气资源丰度和聚集量，绘制三维流线图、油气资源分布图。

2）关键技术指标对比

该技术与国内外同类技术对比，有三个方面的创新（表7-6）。

第一，针对静态地质模型存在的不足，建立动态网格的数值模型，解决了模拟网格与实际地层不一致的问题，精细描述地层及流体变化，大幅提升三维运聚模拟技术的精度和实用价值。

第二，传统的渗透率向量是以渗透率主方向与坐标系方向相同为前提的，但当地层非均质性较强时，则会产生较大误差。首次采用全张量渗透率，可以提高对复杂地层（如存在河道和发育裂缝的地区）的适应性。

表 7-6　本技术与国内外同类技术对比表

序号	对比项	本技术	国外（德国）	国内
1	基本方法	改进的黑油模型： ① 三维三相 ② 有限体积法 ③ 全隐式 ④ 并行	改进的黑油模型： ① 三维三相 ② 有限元法 ③ 全隐式 ④ 并行	改进的黑油模型： ① 三维两相 ② 有限差分法 ③ 全隐式 ④ 并行
2	地质模型	动态、变网格体积，与地层界面一致	固定网格，切割地层界面	固定网格，切割地层界面
3	模拟网格	① 规则网格（矩形、角点） ② 不规则网格（PEBI）	规则网格（矩形、角点）	矩形网格
4	数值模型特点	① 变体积、变属性 ② 全张量渗透率 ③ 可设启动压力梯度 ④ 在低压力梯度端采用非线性达西流模型	① 变属性 ② 一般渗透率 ③ 未设启动压力梯度 ④ 线性达西流模型	① 变属性 ② 一般渗透率 ③ 未设启动压力梯度 ④ 线性达西流模型
5	模拟范围	① 常规储层 ② 致密储层 ③ 烃源岩层	常规储层	常规储层

第三，建立源储一体的运聚模型，采用非线性达西流，引入启动压力，突破了模拟界限，拓展了应用领域。

2. 小面元评价技术

1）关键技术步骤

第一步，利用评价区边界点和预先获得的钻井数据构建局部正交化网络 PEBI 网格，所述 PEBI 网络包括井控网格和无井控网格；

第二步，根据预先获得的钻井数据来获取井控网格的评价参数，利用井控网格的评价参数通过空间插值来获取无井控网格的评价参数，所述评价参数包括 PEBI 网格储层有效厚度、PEBI 网格孔隙度、PEBI 网格含油饱和度和 PEBI 网格石油充满系数；

第三步，根据预先获得的钻井数据以及烃源岩分布数据来获取 PEBI 网格排油量，根据所述 PEBI 网格排油量计算 PEBI 网格最大石油充满系数；

第四步，利用计算得到的所述 PEBI 网格最大石油充满系数，对无井控网格的 PEBI 网格石油充满系数进行校正；

第五步，根据无井控网格的 PEBI 网格储层有效厚度、无井控网格的 PEBI 网格孔隙度、无井控网格的 PEBI 网格含油饱和度、校正后的无井控网格的 PEBI 网格石油充满系数、预先获得的地面原油密度、PEBI 网格面积，以及利用预先获得的钻井数据获取的原始原油体积系数，计算无井控网格的地质资源量和资源丰度。

2）关键技术指标对比

小面元法是一种成因法与统计法相结合的技术，采用有限元法预测关键参数分布，利用供烃量做校正（表 7-7）。

表7-7 小面元法与国外相关技术的关键指标对比

序号	对比项	小面元法	埃克森美孚	Discovery 公司
1	评价单元	井控 PEBI 网格	规则 PEBI 网格	矩形网格
2	基础方法	容积法	EUR 类比法	容积法
3	校正参数	供烃量	储层容积	无校正
4	空间插值方法	有限元法	借助 ArcGIS 软件	无
5	软件系统	TigOIL1.5	没有独立的软件	没有独立的软件

该方法采用 PEBI 网格剖分技术构建评价单元，采用有限元法预测关键参数分布，采用盆地模拟技术计算供烃量，并用于校正评价单元石油充满系数，用可视化技术展示油气资源空间分布，形成小面元评价方法及甜点预测技术。该技术已在松辽盆地、鄂尔多斯盆地、准噶尔盆地的致密油资源评价中得到了很好的应用（图 7-8）。

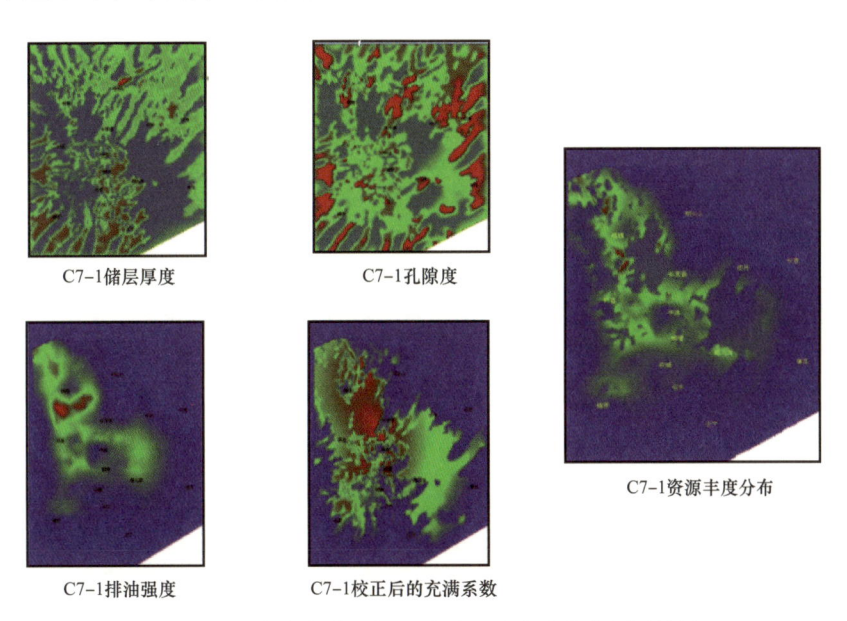

图 7-8 鄂尔多斯盆地长 7 油层组致密油分布预测结果

3. 分级 EUR 类比评价技术

1）关键技术步骤

EUR（Estimated Ultimate Recovery）是指根据生产递减规律，评估得到的单井最终可采储量。根据 EUR 值估算可采资源量的思路如下：

第一步，通过相关资料分析，估算评价区开发平均每井控制面积（井控面积）；

第二步，按平均井控面积计算评价区可钻井数；

第三步，根据评价区地质分析和风险评估，估算评价区今后成功的井数；

第四步，通过评价区与典型开发井的地质条件类比，得到评价区平均 EUR；

第五步，将成功井数与平均 EUR 相乘，得到评价区可采资源量。

以上评价过程涉及平均 EUR、平均井控面积、风险系数（或成功率）等关键参数。

2）基本原理与关键参数

以致密油为例，简要介绍评价流程和计算公式。

（1）评价区分类：根据石油地质特征，将评价区分为潜力区（A类）、扩展区（B类）和其他区（C类）三类，并估算各类的面积。一般情况下C类区目前不具备经济性，不参与资源量计算。

（2）选择典型生产井作为类比对象，确定单井EUR：根据潜力区油气地质特征，为A类选择具有相似特征的一个或多个刻度区；B类同理。

（3）确定关键参数。过程包括：①分别统计A类和B类刻度区的EUR，确定EUR均值、方差、最小值和最大值，求出EUR概率分布曲线；②分别统计A类和B类刻度区的平均井控面积和采收率（或可采系数）。

（4）计算评价区可采资源量。可采资源量的计算公式如下：

$$\begin{cases} Q_r = Q_{r-p} + Q_{r-e} \\ Q_{r-p} = \mathrm{EUR}_p \times A_p / W_p \\ Q_{r-e} = \mathrm{EUR}_e \times A_e / W_e \end{cases} \quad (7-28)$$

式中　Q_r——评价区致密油可采资源量，10^4t；

Q_{r-p}——潜力区致密油可采资源量，10^4t；

Q_{r-e}——扩展区致密油可采资源量，10^4t；

EUR_p、EUR_e——分别表示潜力区与扩展区对应刻度区EUR均值，10^4t；

A_p、A_e——分别表示潜力区与扩展区的面积，km^2；

W_p、W_e——分别表示潜力区与扩展区对应刻度区平均井控面积，km^2。

（5）计算评价区地质资源量。地质资源量的计算公式如下：

$$Q_{ip} = Q_{r-p}/E_{r-p} + Q_{r-e}/E_{r-e} \quad (7-29)$$

式中　Q_{ip}——评价区致密油地质资源量，10^4t；

Q_{r-p}、Q_{r-e}——分别表示潜力区与扩展区致密油可采资源量，10^4t；

E_{r-p}、E_{r-e}——分别表示潜力区与扩展区对应刻度区致密油平均可采系数。

EUR类比法使用的前提条件是：具备相似地质条件的生产井及其EUR、井控面积、可采系数等数据。

3）关键技术指标对比

是一种统计法与类比法相结合的技术，采用生产井产量递减规律与单井井控面积，实现最终可采资源量计算。

分级EUR类比法与面积丰度类比法和体积丰度类比法的基本原理相似，是一种结合类比与定量分析的技术，是按照相似性原理类比并计算评价区资源量的方法，与面积丰度类比法和体积丰度类比法的不同之处主要有以下两个方面：

（1）该方法为分级类比法，依据不同的地质条件分别求取类比参数来进行计算，先要依据地质条件对评价区进行分级，一般分为A级、B级、C级评价区，并分别求取A级、B级、C级评价区的类比参数；

（2）该方法首先计算出的是可采资源量，进而根据可采系数反算地质资源量，基本原理较为简单，使用的评价参数数量相对较少，对于不同地区具有较更好的适用性，与生产实际结合更为紧密。

4. 常规与非常规油气资源评价系统

本次评价研发和集成了常规与非常规油气资源评价系统（Hydrocarbon Resource Assessment System，简称 HyRAS），用于评价石油和天然气及 7 种非常规资源、评价地质资源和可采资源、评价资源经济性及探区环境压力和承载力、管理各油气田资源评价专业数据库和图形库等领域（图 7-9）。

图 7-9　主界面、光盘、产品盒

该资源评价系统核心技术包括三维三相油气运聚模拟技术、小面元评价技术、分级 EUR 类比评价技术、刻度区类比评价技术、分级资源丰度类比评价技术以及广义帕莱托评价技术等关键技术。还集成了经济评价与环境评价技术，研发了基于 Web-GIS 的数据库管理技术，含有盆地油气资源评价、区带油气资源评价、圈闭评价、非常规油气资源评价、经济评价与环境评价等核心评价系统，以及相应的数据库与图形库管理等子系统，其主要功能如下。

1）盆地油气资源评价系统功能

该系统是针对盆地、坳陷或凹陷级常规油气资源评价而设计和研制的综合评价系统。该系统以石油地质理论为基础，运用统计预测等多学科知识及计算机技术，定量模拟和评价盆地油气资源量，预测资源空间分布。该系统包括成因法和统计法两大类。其中成因法由盆地模拟法、氯仿沥青"A"法和氢指数法三种方法组成；统计法由趋势外推法、饱和勘探法等方法组成。除了以上方法对应的功能模块外，该系统还包含盆地资源量综合汇总、可采资源量计算、分层系资源量计算等模块。

2）区带油气资源评价系统功能

该系统主要是针对区带、区块常规油气资源评价、地质评价和有利区优选而开发的应用软件。该系统主要由数据管理、地质评价、资源评价、综合评价等软件模块组成。其中资源评价模块由资源丰度类比法、油藏规模序列法、发现过程模型法、广义帕莱托法、圈闭加和法和运聚单元分配法等方法模块构成。

3）圈闭评价系统功能

新增了钻后评价与信息反馈模块、外部图形与文档资料管理模块，加强了圈闭有效性评价功能、圈闭综合优选功能；采用先进的开发平台和资源与目标一体化集成数据库，使数据交流更方便、用户界面更友好。圈闭评价系统引入圈闭形态可靠性的专家评价因素，采用统计技术定量评价圈闭资料的丰富程度，采用有生命周期的数据库管理技术进行钻后评价与信息反馈，可以依据已钻探圈闭信息的统计分析结果来修改未钻探圈闭的储量评价参数和风险评价等级，从而提高评价的准确度。

4）非常规油气资源评价系统功能

非常规油气资源评价分为重点评价和快速评价两大部分。重点评价主要使用EUR类比法、资源丰度类比法以及小面元容积法进行评价，评价对象包括致密油、致密气和页岩气3种资源；快速评价主要使用容积法（蒙特卡罗方法）进行评价，评价对象包括对致密油、致密气、页岩气、煤层气、油砂矿、油页岩以及天然气水合物7种资源。

5）经济评价与环境评价系统功能

经济与环境评价系统由独立的三个模块组成，分别包括现金流评价、经济指标评价和环境指标评价。其中，现金流评价主要是针对勘探项目或目标进行经济评价及勘探目标优选而设计的系统；经济指标评价主要是对各项经济指标进行综合分析与评价，评价结果将直接有助于对各项资源的合理开发，确保产生最大的经济效益；环境指标评价主要对各类资源的经济和环境指标进行综合分析与评价，保证资源开发的合理性和经济性，做到科学开发，与自然和谐发展。

6）基于Web-GIS的数据库管理系统

常规与非常规油气资源评价数据库管理系统是基于主流Web-GIS技术研发的一套大型数据库管理系统，用于管理常规油气资源、非常规资源评价相关数据和图形资源，支撑油气资源评价和资源动态评价工作。根据当前油气资源评价研究领域的特点和需求，针对性研发了新一代资源评价数据库，为油气资源的统一高效评价提供了平台。

该系统具有四个方面的先进技术和特色功能。（1）支持非常规油气资源评价，建立了致密油、致密气、页岩气、煤层气、油砂油、油页岩油、天然气水合物等7种非常规资源评价的数据结构和数据管理模型，能支持非常规油气资源评价。（2）支持油气资源动态评价，通过独立的基础库、参数库可以不断积累和更新数据，满足动态评价需要。（3）先进的Web-GIS数据和图形管理技术，支持通过Web浏览器远程访问和管理数据，支持带空间地理信息的矢量图形管理。（4）实现了多层面的数据安全机制，通过企业局域网进行多级、多层身份认证和用户权限管理及磁盘阵列、双机备份机制保障数据的安全存储和安全访问。

该系统包含数据表200余张，数据字段4000多个，以4层结构模型实现8项主要功能模块和3项目标。主要包括：（1）管理四类数据：系统表结构数据、基础数据、参数数据、评价成果数据；（2）支持各类资源评价：为评价方法提供评价参数，汇总资源评价结果；（3）展示发布评价成果：基础数据和图形查询下载、成果数据和图形发布，可有效满足相关各路领域的技术需求（图7-10）。

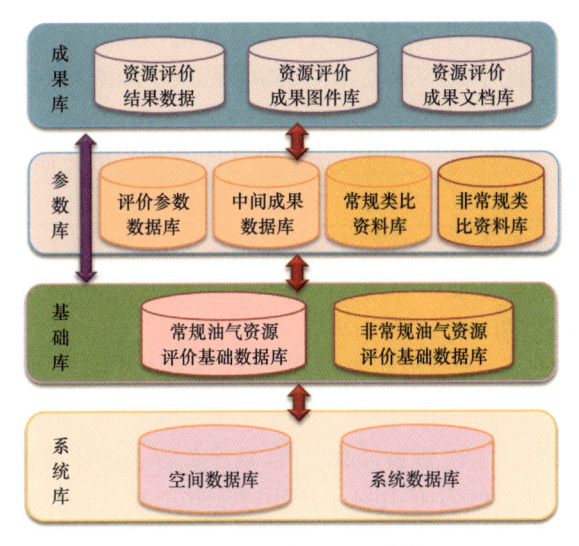

图 7-10 数据库层次设计模型

第二节 油气资源评价关键参数

评价参数研究和参数标准建立是油气资源评价的关键工作之一。本次评价以油气地质新认识为指导，立足实验测试数据和类比刻度区资料库，加强了资源评价关键参数研究，形成了较为完善的常规与非常规资源评价参数体系，为本次开展统一评价提供了参数取值依据。

一、刻度区解剖技术的发展

1. 刻度区的选择

1）遵循"三高"原则

为了能够比较准确地确定刻度区的资源量，刻度区选择的原则之一是遵循"三高"原则，即勘探程度高、地质规律认识程度高和油气资源探明率较高或资源的分布与潜力的认识程度较高。

本次资源评价刻度区实际上可分为两种类型。（1）刻度区：符合通常的"三高"要求；（2）重点解剖区：由于勘探程度的限制达不到"三高"要求，但却是当前油气勘探中的重点、热点地区或者代表了某种特定的评价目标类型，如非常规油气资源解剖区。

2）针对不同级别的评价单元

为满足本次资源评价不同级别评价单元的类比需要，按坳陷/凹陷、运聚单元、区块/区带、层区带四个层次的评价单元选择相应级别层次的类比刻度区。不同级别刻度区解剖的目的不尽相同。

（1）凹陷级刻度区：主要是以含油气系统为基础，描述静态、动态成藏体系，解剖结果主要用于盆地或凹陷资源量的计算。

（2）运聚单元级刻度区：除满足一般类比要求外，另一重要目的就是要准确求取运聚单元的油气运聚系数，为成因法计算油气资源量提供参数。运聚单元级类比刻度区的选择主要考虑运聚单元在盆地中的构造位置（如断陷陡坡、断陷缓坡、中央构造带、前陆陡坡、前陆缓坡、克拉通等）、油气源类型（如湖相、海相碳酸盐岩、煤系）、不同的圈闭类型（如背斜型、地层型、岩性型等）以及运聚单元的改造类型（如持续埋藏型、后期抬升型）等。

（3）区块/区带级刻度区：主要为区块和区带资源量的计算以及层系资源量的计算提供类比依据。刻度区的选择主要考虑刻度区的构造类型，如长垣型构造带、披覆背斜构造带、挤压背斜构造带、古潜山带、岩性带等。

（4）"层区带"刻度区：主要为非常规油气资源的客观类比研究、常规油气资源精细评价与常规剩余油气资源潜力及分布评价奠定基础。以"层区带"为基础解剖刻度区，获取相应的"层运聚系数""层资源丰度"等类比关键参数。本次资源评价"层区带"刻度区的解剖在鄂尔多斯盆地石炭系—二叠系致密气、延长组石油、四川盆地震旦系—寒武系海相气藏、塔里木盆地奥陶系海相碳酸盐岩油藏的精细评价中得到了很好的应用和体现。

2. 刻度区类型划分

刻度区分类方案的设计在资源类比评价中具有举足轻重的地位。在对未知盆地/坳陷、区带/区块或评价单元进行资源潜力评价时，首先要选择与评价单元具有类似地质条件的刻度区进行类比。因此，刻度区分类方案的合理性决定了类比评价的精度。

对于常规资源，需要首先考虑油气勘探领域与油气藏构造类型，划分出大类，通过盆地类型结合构造部位划分出亚类，再依据构造—沉积背景结合发育层序，细分出具体的油气藏类型。对于非常规资源，根据本次解剖刻度区的情况，按照资源类型划分出大类，结合构造—沉积、岩性与源储组合，制定致密气、致密油、页岩气刻度区分类方案。

1）常规油气刻度区

按照勘探领域、盆地类型、构造—沉积背景，将常规油气资源分为3大类19亚类30种类型（表7-8）。

2）非常规油气刻度区

按资源类型、构造—沉积、源储组合、岩性特征等，非常规油气资源分为4大类8亚类13种类型。四大类即致密气、致密油、页岩气、煤层气四类资源（表7-9）。

其中，致密气细分为前陆盆地前缘隆起或挤压型盆地褶皱构造高部位、不对称盆地的平缓斜坡区两种类型。致密油包括浅海厌氧陆棚相、深海厌氧海盆（海底扇）、浅水相—潮汐三角洲相、深湖相、河流—湖滨相4亚类，共细分出8种类型。页岩气解剖了海相（深水—半深水陆棚相）类型，划分为盆地内稳定型、盆地周缘改造型两种类型。

3. 刻度区解剖内容及流程

刻度区解剖内容包括四个方面：（1）刻度区油气地质条件与成藏特征的刻画，即梳理现有研究成果，研究关键地质问题，总结归纳符合本区特点的油气资源富集规律与成藏主控因素；（2）评价刻度区石油地质条件（油源、储层、保存、圈闭及配套条件），建立刻度区地质评价参数体系；（3）对刻度区资源潜力进行客观评价，包括地质资源、可采资源、剩余资源；（4）确定刻度区的类比评价关键参数，为类比法、统计法、成因法三大类方法建立关键参数取值标准。

表 7-8 常规油气资源刻度区分类表

大类	亚类	类型	刻度区
构造型	裂陷盆地构造型	断陷盆地	断陷陡坡带构造型	方正断陷兴旺构造带方 15 井区、月海构造带、冷东断裂构造带、高尚堡及柳赞构造（Nm+Ng/Ed/Es）、白云油气系统、管镇次凹、曲塘次凹
			断陷中央构造型	苏德尔特构造带（N_2、N_1、T）、方正断陷柞树岗凹陷带、兴隆台构造带、大民屯凹陷、陆西凹陷、孔店构造带（Ek_1、EK_2）、柳泉—曹家务（沙三、沙四段）、阿尔（腾一段）、青西长沙岭构造带 K_1g_3、莺中油气系统、花场（流三段、流一段）、美台流三段
			断陷缓坡带构造型	欢曙斜坡带、茨榆坨构造带、荣兴屯、板桥斜坡（沙一段下部）、惠州油气系统、万安中油气系统、景谷盆地东部断阶、洋心次凹
		坳陷盆地	坳陷边缘隆起型	昌德（登娄库组砂岩）、扶新隆起区带（下部 FY 成藏组合）
	克拉通盆地构造型		克拉通内部隆起型	群库恰克构造带（C）、玛扎塔格构造带（C、O）、塔中 10 号构造带（C、S）、石柱复向斜
	压陷盆地构造型	前陆盆地	前陆冲断带构造型	克拉苏构造带深层（E、K）、东秋—迪那构造带（E、N）、柯克亚构造带（N、E）、青西—老君庙运聚单元（古近—新近系、白垩系、下古生界）
			前陆前渊带构造型	
			前陆前缘斜坡构造型	鲁克沁（T_2k 稠油）、巴兰三角洲油气系统
			前陆前缘隆起型	牙哈构造带（E、N、K）、却勒 1—羊塔构造带（E、K）
		古生代坳陷	坳陷内部构造型	
			坳陷边缘构造型	陆西凸起带、陆东凸起带、克拉玛依—百口泉断阶带、红车断裂带、乌夏断褶带
		中—新生代坳陷	坳陷内部隆起型	台北凹陷、丘东次凹、鄯善弧型带、英东、小梁山—南翼山、马北、三湖坳陷北斜坡
			坳陷边缘隆起型	神泉—雁木西、红南—连木沁、昆北、东坪、牛东
岩性型	断陷型	陡坡	陡坡断阶——湖侵和高位扇三角洲、水下扇组合	莫里青断陷、南堡 1 号（Ed_1）、南堡 3 号（Ed_1）
		缓坡	多断裂系缓坡——湖侵和高位辫状河三角洲、水下扇组合	乌东（N_2、N_1、T）、铁匠炉斜坡带（沙一、沙三段）、歧北斜坡（沙二、沙三段）、雁翎南—西柳（沙一、沙二、沙三段）、史各庄（东营组/沙一段）
		中央构造带	多中央构造带——湖侵和高位扇三角洲、水下扇组合	贝中（N_2、N_1、T）、阿尔（腾一段）

续表

大类	亚类		类型	刻度区
岩性型	断陷型	深断裂带	深断裂带—火山爆发相和溢流相组合	安达西（营城组火山岩）、英台断陷（K_1YC_1 火山岩）、欧利坨子—黄沙坨（沙三段火山岩）
			深断裂带—次生岩性气藏	英台断陷（K_1d、K_1q^{1-3} 碎屑岩）
	坳陷型	长轴	长轴缓坡——湖侵和高位/低位河流三角洲组合	江桥—平洋（萨尔图油层）、齐家北（扶余油层、高台子油层）、常家围子（黑帝庙油层）、肇源、古龙南（葡萄花油层）、敖南（葡萄花油层）、红井子（延1—延7油层组）、马岭（延1—延7油层组）、杨井（延8+延9油层组）、盘古梁（延8+延9油层组）、马岭（延8+延9油层组）、红井子（延8+延9油层组）、富县盘古梁（延10油层组及以上）、富县马坊（延10油层组及以上）、富县马岭（延10油层组以及上）、耿32（长1油层组）、华池—城壕（长1油层组）、耿19（长2油层组）、化子坪（长2油层组）、镇北（长3油层组）、南梁（长3油层组）、堡子湾（长4+长5油层组）、环县（长4+长5油层组）、坪桥（长4+长5油层组）、白豹（长4+长5油层组）、铁边城（长6油层组）、华庆（长6油层组）、安塞（长6油层组）、新庄（长8油层组）、西峰（长8油层组）、吴起东（长8油层组）、黄39（长9油层组）、白257（长9油层组）、高52（长10油层组）、
	前陆型	陡坡	前陆陡坡—湖侵和高位/低位冲积扇、扇三角洲组合	英台—四方坨子区带（中部SPG成藏组合）、玛湖西斜坡（P_2w、T_1b）
		缓坡	前陆缓坡——湖侵和高位/低位河流三角洲、滩坝组合	乾安大情字井区带（中部SPG成藏组合）、牛圈湖（J_2x）
	克拉通型	台缘	台缘—海侵礁滩组合	塔中26-82井区（O_3l）、塔中45-86井区（O_3l）、高石梯—磨溪（灯影组）、川北下二叠统解剖区（P_1q）、龙岗（T_1f、P_2ch）、渡口河—罗家寨（飞仙关）、朱家嘴—老鹰岩（飞仙关）
		台内	台内—海侵礁滩组合	高石梯—磨溪（龙王庙组、雷口坡）、川北下二叠统解剖区（P_1m）
			台内—海侵滩坝组合	哈得逊构造带（C）、川南高陡构造带、川南低陡构造带、川东北（飞仙关组鲕滩气藏）、高石梯—磨溪（龙王庙组）、川东大天池—明月峡构造带、川东大池干构造带、川东板桥构造带
		古隆起	古隆起—岩溶组合	轮南低凸起碳酸盐岩（O）、轮古东区带（O）、轮古西区带（O）、新垦—哈6区块（O）、塔中北斜坡碳酸盐岩（O）、中古8-43井区（O_1y）、高桥（马家沟组上组合）、苏203井区（马家沟组中组合）

续表

大类	亚类	类型	刻度区
地层型	地层风化型	块体潜山型	盆内古潜山岩壳型	曙光高潜山
			盆缘古潜山岩体型	赵家潜山
		层状潜山型	盆内古隆起裂缝型	兴隆台潜山
			盆缘断壳型	牛东（C_2k 火山岩）
		凹陷型	盆内基岩	大民屯潜山

表7-9 非常规油气资源刻度区分类表

大类	亚类	类型	刻度区
致密气	构造型	前陆盆地前缘隆起或挤压型盆地褶皱构造高部位	徐中北（营四段砂砾岩）、巴喀致密气（J_1b 水西沟群）、苏码头—盐井沟（侏罗系）、平落坝—大兴（须家河）
	斜坡型	不对称盆地（前陆盆地前缘斜坡或古克拉通盆地构造掀斜斜坡）的平缓斜坡区	安达西（沙河子组砂砾岩）、英台断陷（K_1YC_2）、歧北（沙二段）、库车东部（J）、佳县（石千峰—上石盒子组）、米脂（下石盒子组盒5—盒7段）、苏里格中部（下石盒子组盒8段）、苏里格东部（下石盒子组盒8段）、米脂（下石盒子组盒8段）、苏里格中部（山西组山1段）、榆林（山西组山1段）、苏里格东部（山西组山2段）、榆林（山西组山2段）、神木（太原组）、艾好峁（本溪组）、广安（须家河）、安岳—合川（须家河）、川西北部（须家河）
致密油	浅海厌氧陆棚相	海进体系域—夹碳酸盐岩或砂岩/粉砂岩储层	Bakken, Woodford
		海进体系域—夹碳酸盐岩储层	Niobrara, Eagle Ford
	深海厌氧海盆（海底扇）	深水海底扇—泥灰岩	Utica, Wolfcamp, Duvernay, Bone Spring/Avalon
	浅水相，潮汐三角洲相	浅水高能，扇前浊积岩，离岸沙坝，滨岸砂岩，三角洲平原和河流相	Cardium
	深湖相、河流—湖滨相	深湖—砂质碎屑流，生油岩内部的致密砂岩油层	齐家南（高台子）、沧东凹陷孔南（孔二段）、歧北斜坡（沙一段下部）、阿南特殊岩性段、西233井区（长7油层组）、安83井区（长7油层组）
		半深湖—浅湖，生油岩内部的碳酸盐岩夹层	辽河西部坳陷雷家（沙四段）、歧口西南缘（沙一段下部白云岩）、束鹿（沙三段下部泥灰岩）、吉木萨尔（芦草沟组）、公山庙（大安寨段）

续表

大类	亚类	类型	刻度区
致密油	深湖相、河流—湖滨相	深湖相，页岩与砂岩互层，生油岩上下紧邻的致密砂岩油层	长垣南（扶杨）、肇州（扶杨）、红岗大安海坨斜坡区带（下部FY成藏组合）
		咸化湖盆—高有机质含量的混杂体	牛圈湖—马中（P_2l）
页岩气	海相（深水—半深水陆棚相）	盆地内稳定型	威远（龙马溪组）、长宁（龙马溪组）
		盆地周缘改造型	滇黔北黄金坝（龙马溪组）
煤层气	前陆盆地	湖沼相煤层	沙尔湖（J）、沁水盆地樊庄（C、P）、滇黔北筠连沐爱（乐平组）

刻度区解剖的工作流程可以归纳为刻度区边界的确定、石油地质条件研究和类比参数的提取、资源量的计算、资源评价参数研究四个主要步骤，通过上述步骤，建立关键参数取值标准与预测模型，汇总刻度区解剖结果，编写刻度区研究报告，具体解剖流程如图7-11所示。

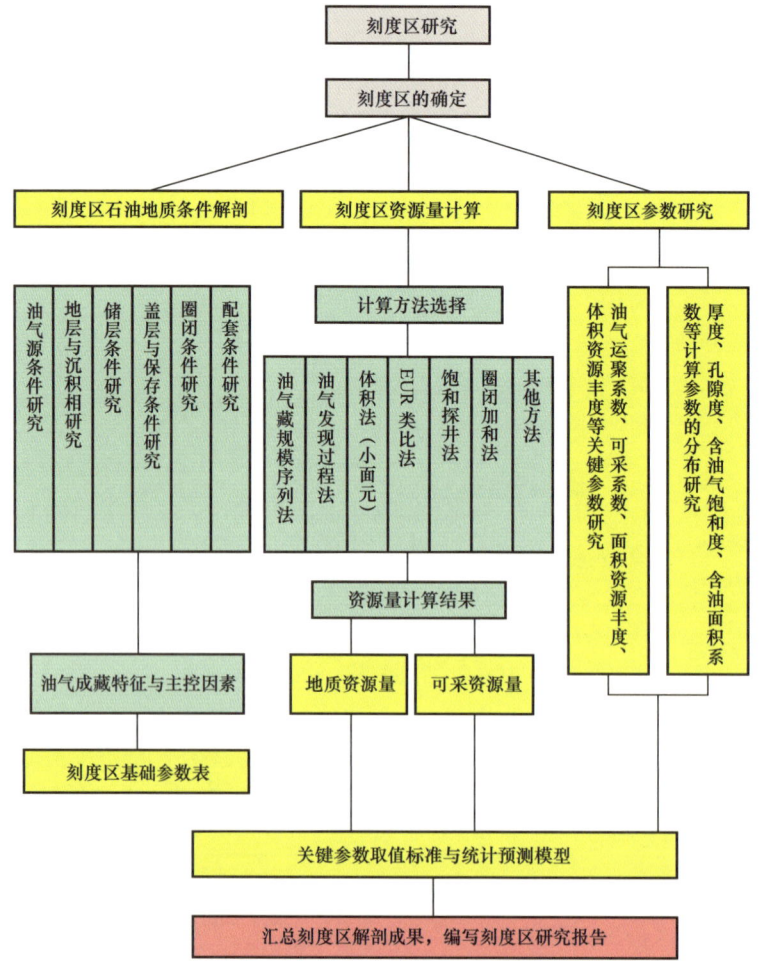

图7-11 刻度区解剖技术路线图

1）刻度区边界的确定

刻度区的面积资源丰度是评价过程中所用的最主要的关键参数，刻度区边界是确定面积资源丰度的前提。凹陷级和区块级刻度区的边界确定相对容易，运聚单元级刻度区边界的确定则需要进行含油气系统研究。

2）刻度区石油地质条件解剖

刻度区的成藏条件主要包括烃源、储层、圈闭、保存和配套条件五个方面。针对刻度区的成藏地质条件进行解剖，建立刻度区基础参数表，分析油气成藏特征与主控因素，优选提取类比参数。

3）刻度区资源量计算

刻度区资源量计算方法主要有规模序列法、发现过程法、体积法（小面元法）、EUR类比法，以及基于地质分析的圈闭面积丰度法或储量加和法。在运用过程中比较灵活，根据资源类型、刻度区类型进行优选，尽量采用多种方法相互验证，最后按特尔菲方法设权重相加。

4）刻度区资源评价参数研究

刻度区资源评价参数包括厚度、孔隙度、含油气饱和度、含油气面积系数等计算参数；运聚系数、资源丰度、可采系数等关键参数。

刻度区的资源评价参数是刻度区解剖最重要的结果。不同级别刻度区所得到的参数有所不同。凹陷级和运聚单元级刻度区的主要资源评价参数包括地质资源丰度、可采资源丰度、可采系数、运聚系数等。其中地质资源丰度和可采资源丰度是类比法计算资源量的关键参数，运聚系数是成因法计算资源量的关键参数。区块级刻度区不是独立的石油地质单元，不能获取运聚系数，只能计算得到油气地质资源丰度、可采资源丰度、可采系数等。

4. 建立刻度区库

刻度区库建设涉及已有刻度区补充完善、新类型新领域刻度区新建两个方面内容，包括了常规与非常规两种类型刻度区。本次资源评价刻度区库的建立围绕三条主线开展：（1）常规与非常规油气刻度区分别建立；（2）已有刻度区补充完善与新建刻度区同步；（3）按照刻度区分类方案体系，分类存储刻度区解剖成果资料。刻度区库的建立流程（图7-12）。

本次油气资源评价依托数据库与图形库系统，形成了类型齐全、参数完整的刻度区数据库，构建了常规与非常规资源评价类比参数体系，各探区、各领域风险参数评价标准。建立了成因法、统计法、类比法三大类资源评价方法关键参数的取值标准。具备如下特征：

（1）所建刻度区包括了精细解剖刻度区与重点解剖区两类，有效区分了高勘探程度、高认识程度，以及满足了热点勘探领域/目标的类比评价需求；

（2）形成的刻度区数据库覆盖海相碳酸盐岩、前陆盆地、成熟探区、复杂岩性区、海域及非常规资源，领域类型齐全；

（3）涵盖常规油气藏，以及致密油气、页岩油气、煤层气等非常规油气，资源类型齐全；

(4)刻度区解剖成果要素齐全,包括4图1表,即刻度区构造位置图、地层综合柱状图、油气藏剖面图、刻度区勘探成果图及刻度区解剖成果表;

(5)刻度区入库参数齐全,涵盖刻度区基础数据、油气藏、烃源岩、储层、盖层、配置条件、圈闭、刻度区资源量、储量及勘探开发等方面的数据项。

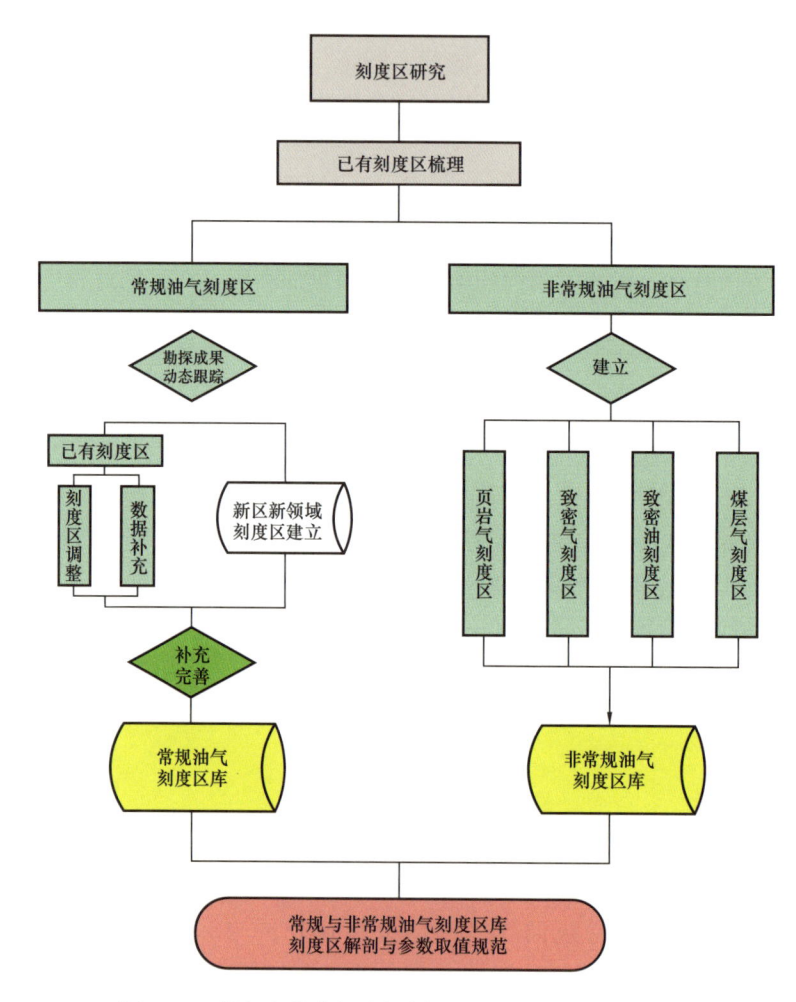

图 7-12 常规与非常规油气刻度区研究工作技术路线图

二、常规与非常规资源评价类比参数体系

油气资源评价参数体系包括盆地和区带地质评价,以及资源量计算中所涉及参数的名称、单位、取值标准和规范。本次研究将常规与非常规资源评价参数体系构成分为4个层次(图7-13)。

按照盆地、区带二级评价单元,建立地质评价、资源评价两类参数。具体地,按照评价要求可分为基础信息参数(资料性参数)、资源评价方法参数、标准类比参数(表7-10)。在此基础上,开展参数取值标准、地质风险打分标准、关键参数取值标准与预测模型研究。

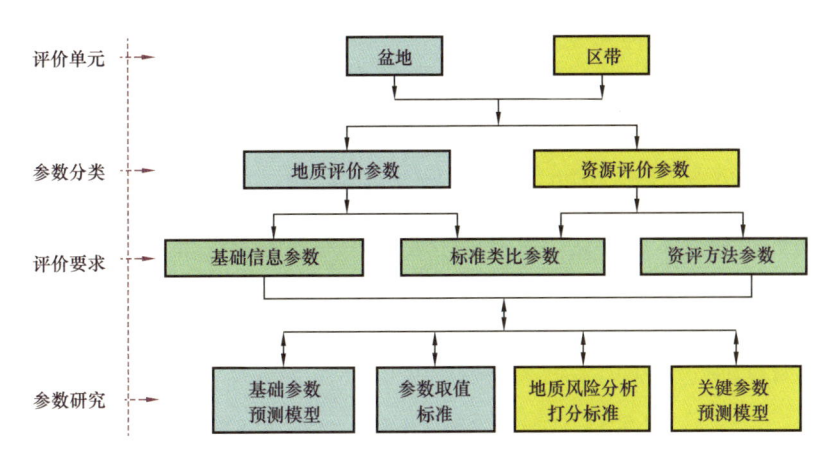

图 7-13　第四次资源评价参数体系构成图

表 7-10　常规与非常规油气资源评价参数体系

资源类型	参数分类	参数分类	参数内容
常规资源	地质评价参数	油气藏特征	油气藏类型、主力产层、油气层埋深、油气类型、油气密度、原油黏度、油气藏温度、地层压力、压力系数、含油气饱和度、气油比、单井平均产量等
		烃源条件	烃源岩岩性、烃源岩厚度、沉积相、有机质丰度 TOC、有机质类型、成熟度 R_o、生烃强度、主要排烃高峰期等
		储集条件	岩性、埋深、厚度、孔隙度、渗透率、储集空间类型等
		保存条件	盖层岩性、盖层厚度、断裂发育程度等
		配套条件	输导条件、生储盖组合、关键时刻等
		储量情况	探明地质储量、含油气面积、储量丰度、采收率等
	资源评价方法参数	成因法	烃源岩有机碳下限、产烃率、排烃率、运聚系数等
		统计法	油藏储量、探井进尺、探井成功率等
		类比法	面积丰度、含气面积系数等
非常规资源	地质评价参数	油气层特征	油气藏类型、油气层埋深、油气密度、原油黏度、油气藏温度、压力系数、含油气饱和度、气油比等
		烃源条件	烃源岩岩性、烃源岩厚度、沉积相、有机质丰度 TOC、有机质类型、成熟度 R_o、生烃强度等
		储集条件	岩性、埋深、平均厚度、孔隙度、渗透率、黏土矿物含量、微裂缝发育、储集空间类型等
		保存条件	断裂发育程度、水动力条件等
		生产情况	直井单井平均产量、水平井单井平均产量、单井 EUR 等
	资源评价方法参数	统计法	含油气面积、有效厚度、孔隙度、含油气饱和度等
		类比法	面积丰度、体积丰度、EUR、井控面积、可采系数等

第四次资源评价参数体系主要包括：（1）常规资源地质评价参数、资源评价参数；（2）非常规资源地质评价参数、资源评价参数；（3）各探区、各领域地质风险参数与打分标准；（4）关键参数取值标准与预测模型。

三、资源评价关键参数取值标准与预测模型

本次资源评价建立了成因法、统计法、类比法三类资源评价方法关键参数的取值标准，共有12项（表7-11）。其中，含气量、含油/气饱和度和EUR、井控面积等参数仅作为非常规资源体积法和EUR类比法评价时的关键参数。储量增长系数为老油田储量增长预测法计算常规油气资源量的关键参数。

表7-11 三大类资源评价方法关键参数类型表

方法	关键参数	资源类型	
成因法	TOC恢复系数	常规	非常规
	TOC下限	常规	非常规
	产烃率	常规	非常规
	排烃率	常规	页岩油气
	运聚系数	常规	非常规
统计法	含气量	—	页岩气
	含油饱和度、含气饱和度	—	致密油、致密气
	储量增长系数	常规	—
类比法	资源丰度	常规	非常规
	可采系数	常规	非常规
	EUR	—	非常规
	井控面积	—	非常规

本书重点论述成因法中的产烃率、排烃效率、运聚系数3个关键参数，类比法中的资源丰度和EUR 2个关键参数，以及反映资源技术可采性的可采系数。

1. 生排烃效率

烃源岩评价是成因法应用的基础，有机质生烃理论新认识和实验模拟技术进步为烃源岩精细评价提供了条件。第四次油气资源评价基于改进的Rock-Eval（开放体系）岩石热模拟实验和金管实验（密闭体系油成气实验），获得研究区目标层位烃源岩的干酪根成油、成气和油裂解成气动力学参数。结合研究区目标层位烃源岩的地球化学资料，确定烃源岩的生排烃门限，采用研究区目标层位烃源岩的实测R_o约束调整研究区地热史。基于此，将已经标定好的干酪根成油、干酪根成气和油裂解成气动力学参数结合研究区的地热史进行地质外推，获得研究区目标层位产烃率图版，并用已确定的生排烃门限佐证产烃率图版的准确性。

本次评价在23个盆地共新采集160块烃源岩样品开展生烃模拟实验，应用生烃动力学方法，有效区分干酪根生油气、油裂解气演化过程，重新建立分地区、分类型产烃率图版（图7-14），为各探区开展烃源岩精细评价奠定了基础。

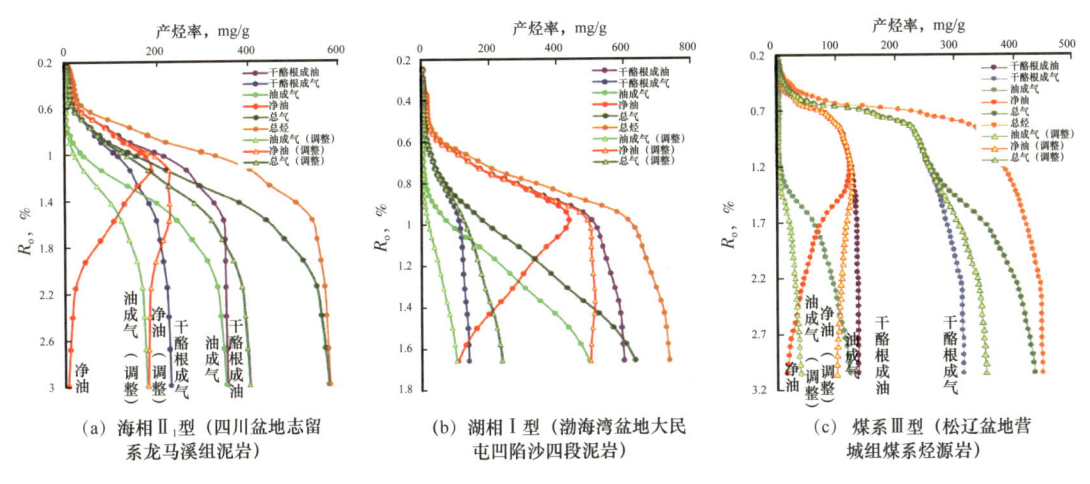

图 7-14 第四次资源评价分地区、分类型产烃率图版

(a) 海相Ⅱ₁型（四川盆地志留系龙马溪组泥岩）
(b) 湖相Ⅰ型（渤海湾盆地大民屯凹陷沙四段泥岩）
(c) 煤系Ⅲ型（松辽盆地营城组煤系烃源岩）

本次资源评价还针对煤系烃源岩（煤、碳质泥岩、Ⅲ型煤系泥岩）、陆相烃源岩（Ⅰ、Ⅱ₁、Ⅱ₂、Ⅲ型湖相泥岩）、海相烃源岩（Ⅰ、Ⅱ₁型泥岩）以及咸化湖盆烃源岩等我国发育的主要类型烃源岩的油气生成一般化模式和生排烃图版进行了研究和总结；对不同演化程度下，Ⅰ、Ⅱ₁、Ⅱ₂、Ⅲ型湖相烃源岩的排烃效率及滞留烃进行了定量化评价，探讨了排烃效率的影响因素。

1）产烃率

（1）煤系烃源岩。

研究表明，煤、碳质泥岩与煤系泥岩生气结束的成熟度（R_o）界限可达到4.5%～5.0%，煤与碳质泥岩的最大生气量为200mg/gTOC，煤系泥岩的最大生气量为150mg/gTOC；过成熟阶段仍有20%以上的生气能力。与前人的研究成果相比，这种生气结束界限下延、生气潜力增加的"双增加"模式对天然气资源量评价具有重要的意义。

（2）陆相烃源岩。

陆相烃源岩按照类型分为Ⅰ、Ⅱ₁、Ⅱ₂、Ⅲ型，湖相和海相泥岩在高过成熟阶段产气率约占总生气量的7%～20%，随类型变差高温阶段产率增加。类型好的干酪根裂解生气结束较早，而类型差的干酪根裂解生气结束晚，生气持续时间长，生烃死亡线（R_o）为3.5%～4.5%。

（3）海相烃源岩。

海相烃源岩类型普遍较好，按照类型分为Ⅰ、Ⅱ₁型，海相泥岩生烃特征与陆相同类型烃源岩相近。在高过成熟阶段产气率约占总生气量的7%～13%，随类型变差高温阶段产率增加。类型好的干酪根裂解生气结束较早，而类型差的干酪根裂解生气结束晚，生气持续时间长，生烃死亡线（R_o）为3.5%～3.75%。

（4）咸化湖盆烃源岩。

地质剖面法、热模拟实验法均表明，咸化烃源岩具有未熟—低熟油的生成，与正常烃源岩生烃曲线不同。采用柴达木盆地西部坳陷396个实测地球化学数据，依据自然演化剖面法建立了不同类型有机质的咸化烃源岩产烃率剖面（图7-15）。未熟—低熟油出现在3000～3500m，3500m以下为成熟油。

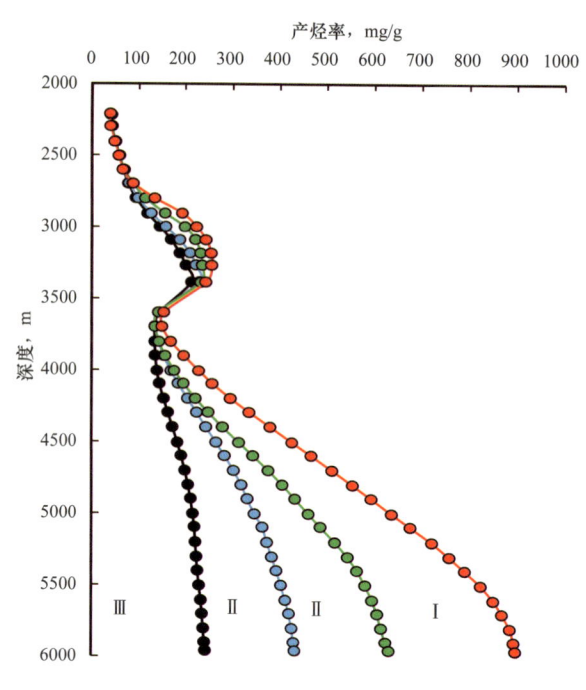

图 7-15 咸化烃源岩产烃率演化剖面

采用柴达木盆地不同类型有机质咸化烃源岩，进行生烃热模拟实验，建立了咸化烃源岩产烃率图版（图 7-16）。实验结果表明，在成熟度 R_o 约 0.5% 附近，有部分低熟油生成；实验条件下Ⅰ型有机质产烃率达 500 mg/gTOC，而Ⅲ型有机质产烃率较低。

2）排烃效率

Ⅰ、Ⅱ₁ 型湖相优质烃源岩在低成熟阶段（R_o < 0.8%）的排烃效率低于 20%；在主生油阶段（R_o 为 0.8%～1.3%）的排烃效率可达 50%；在高成熟阶段（R_o 为 1.3%～2.0%），排烃效率可达 90%。相应阶段，Ⅱ₂ 型和Ⅲ型有机质排烃效率相对前两者要低约 10%：低成熟阶段，排烃效率低于 10%；在主生油阶段排烃效率可达 40%；在高成熟阶段排烃效率可达 85%。总体上，有机质丰度越高、类型越好、成熟度越高，排烃效率越高（图 7-17）；烃源岩厚度影响排烃效率，厚层泥岩不利于排烃；排烃效率受源储关系影响，砂泥互层更利于排烃。

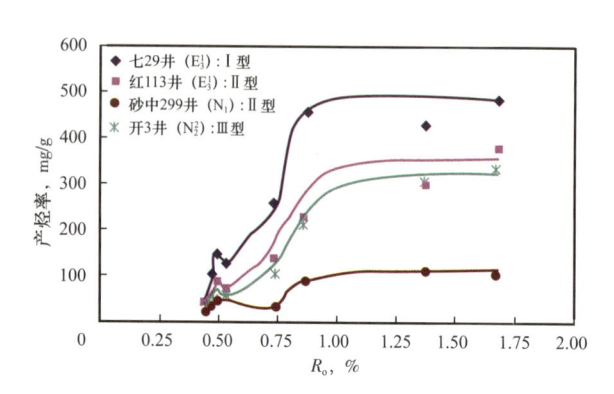

图 7-16 咸化烃源岩模拟生烃图版

2. 运聚系数

运聚系数是根据生烃量计算资源量时使用的系数，是运聚单元的资源量与生烃量的比值。运聚系数是成因法计算资源量时一个敏感的重要参数，运聚系数取值的大小对成因法计算结果影响较大。

中国石油第三次资源评价（2003）通过对常规石油运聚单元刻度区的石油成藏条件与相应的运聚系数的分析，将运聚单元分为五级，每一级对应不同的石油运聚系数（表7-12）。

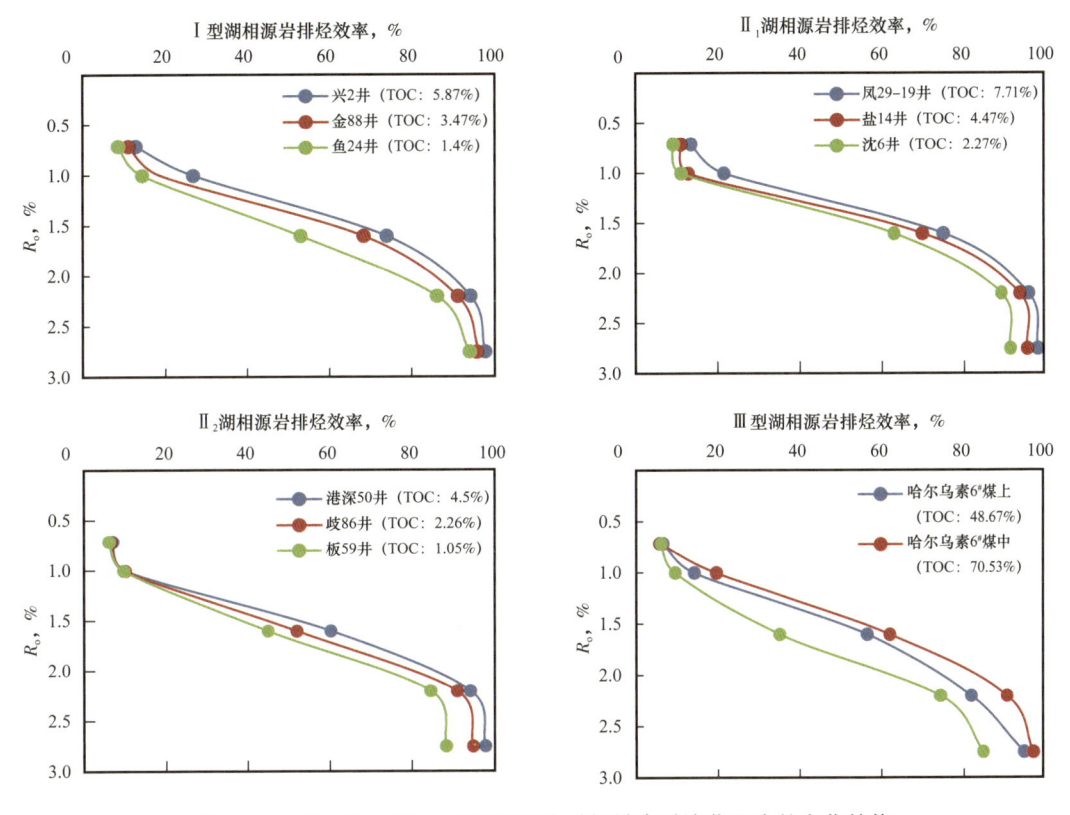

图 7-17　Ⅰ、Ⅱ₁、Ⅱ₂、Ⅲ型烃源岩排烃效率随演化程度的变化趋势

表 7-12　石油运聚系数分级评价表 [中国石油第三次油气资源评价（2003）]

地质条件	类别				
	Ⅰ	Ⅱ	Ⅲ	Ⅳ	Ⅴ
运聚单元类型	中—新生代凹陷中央构造、潜山型	中生代凹陷边缘构造型、岩性型	古近—新近纪断陷缓坡构造型	古生代凹陷构造型	古生代残留运聚单元
烃源岩时代	中—新生代	中生代	新生代	晚古生代	早古生代
关键时刻	古近—新近纪	古近—新近纪	古近—新近纪	中生代	古生代
烃源岩成熟度	成熟	成熟	成熟	高成熟	高过成熟
圈闭发育程度	圈闭发育，圈闭面积系数 >50%	圈闭发育，圈闭面积系数 >50%	圈闭较发育，圈闭面积系数 20%~50%		
保存条件	区域盖层无破坏、剥蚀次数 1 次	区域盖层无破坏、剥蚀次数 1 次	区域盖层无破坏、剥蚀次数 1 次	剥蚀次数 2~3 次，破坏中等	多次剥蚀（4次以上），破坏强烈
运聚系数，%	15~10	10~8	8~5	5~2	<2

全国第一轮天然气资源评价（2005）按海相和陆相两大体系，将天然气运聚系数的取值分成四个级别（表7-13）。其中，陆相盆地的运聚系数分别为Ⅰ类20‰～25‰、Ⅱ类15‰；Ⅲ类10‰；Ⅳ类3‰～5‰；海相碳酸盐岩沉积区的运聚系数分别为Ⅰ类5‰、Ⅱ类4‰、Ⅲ类3‰、Ⅳ类1‰～1.5‰。

表7-13 天然气运聚系数取值［第一轮天然气资源评价（2005）］

分类	陆相油气盆地		海相碳酸盐岩沉积区	
	运聚系数，‰	适用地区	运聚系数，‰	适用地区
Ⅰ	20～25	东海、珠江口、莺歌海、北部湾、东濮、辽河	5	四川盆地
Ⅱ	15	黄骅、济阳、冀中、渤海	4	鄂尔多斯盆地
Ⅲ	10	松辽、江汉、济源、塔里木中新生界	3	华北地区
Ⅳ	3～5	西部诸盆地、二连、海拉尔、南襄、周口苏北	1～1.5	滇黔桂、鄂湘赣下扬子

由于近源型或源内型非常规油气的勘探开发，运聚系数的认识发生了变化。之前，致密储层中油气资源都算作是运移路径中散失的烃类资源，没有纳入运聚成藏的资源范畴。如今，由于地质认识和技术进步，致密油气等非常规资源得到有效开发。另外，研究表明高成熟阶段烃源岩的排烃效率能到80%以上，如长7油层组油页岩（TOC≥6%）排烃率主要分布在70%～90%，平均77.3%。而且近源运聚成藏，油气散失量小，具有较高聚集效率。因此，从区带或运聚单元尺度整体来看，运聚系数较过去传统认识有所提高。

以鄂尔多斯盆地中生界延长组和上古生界石炭系—二叠系"近源"型油气聚集为例。解剖延长组（长1—长10油层组）石油及上古生界石炭系—二叠系（本溪组—石千峰组）天然气"层刻度区"，获取各层区带的"层运聚系数"。结果表明，整个延长组石油运聚系数最高能达13.7%～28.2%。各层刻度区石油运聚系数（图7-18），其中紧邻烃源岩的长6、长7、长8油层组运聚系数最高。上古生界石炭系—二叠系天然气运聚系数最高能达3.93%～8.02%（图7-19），其中盒8段和山2段运聚系数最高。

总体来看，随着致密油气的勘探以及地质认识深化，以鄂尔多斯盆地中生界延长组和上古生界石炭系—二叠系为代表的"近源型"油气运聚系数有了大幅提高，突破了传统认识。

海相叠合盆地克拉通天然气运聚系数也有了大幅度提高。接力成气，多元、多期、立体供烃，高效成藏理论等地质新认识的产生，解放了传统认识。以海相克拉通古隆起岩溶型为例，塔里木盆地整个轮南低凸起刻度区及塔北运聚单元范围内的天然气运聚系数为10.1‰（第三次资源评价为2.4‰）。塔中北斜坡奥陶系刻度区的天然气运聚系数可达21.6‰（第三次资源评价为4.0‰）。四川盆地高石梯—磨溪灯影组具有上生下储、旁生侧储、下生上储多种成藏组合，不整合面、断裂系统作为运移通道，形成立体供烃的高效成藏模式，同时，下寒武统优质烃源是直接盖层和侧向封堵层，天然气有效保存，运聚系数可达10.2‰（第三次资源评价为2.2‰）。

1) 运聚系数取值标准

本次资源评价建立了不同类型地质单元刻度区的运聚系数取值参考标准（表 7-14）。

对于常规石油，断陷陡坡带构造型、前陆冲断带构造型、前陆前缘斜坡构造型、断陷中央构造带岩性型、断陷陡坡岩性型、层状潜山型等运聚系数较高，可达 10% 左右。

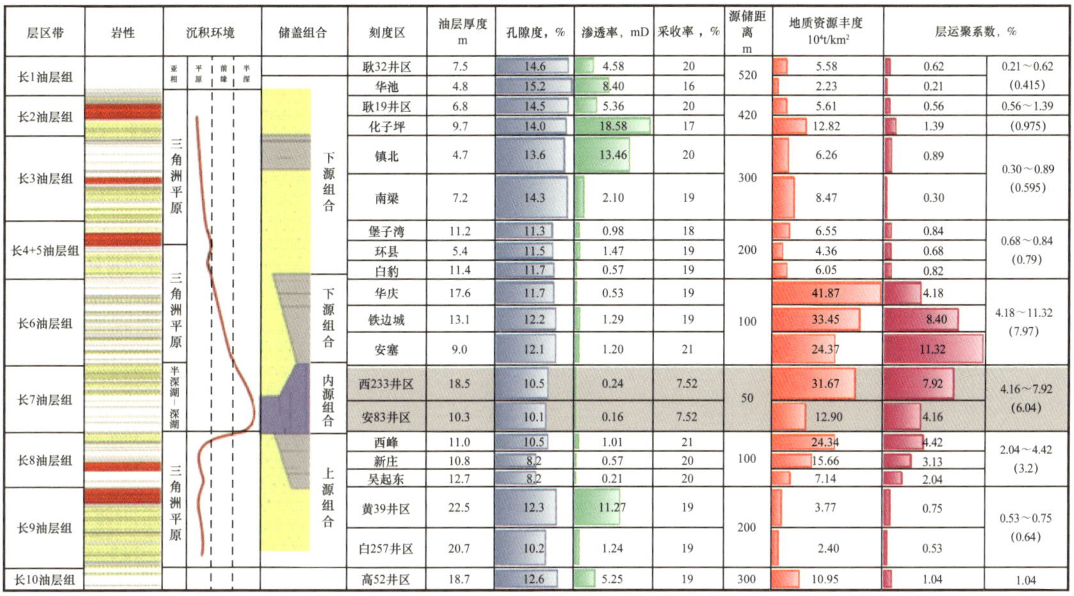

层区带	岩性	沉积环境	储盖组合	刻度区	油层厚度 m	孔隙度, %	渗透率, mD	采收率, %	源储距离 m	地质资源丰度 10⁴t/km²	层运聚系数, %
长1油层组		三角洲平原	下源组合	耿32井区	7.5	14.6	4.58	20	520	5.58	0.62	0.21~0.62 (0.415)
				华池	4.8	15.2	8.40	16		2.23	0.21	
长2油层组				耿19井区	6.8	14.5	5.36	20	420	5.61	0.56	0.56~1.39 (0.975)
				化子坪	9.7	14.0	18.58	17		12.82	1.39	
长3油层组				镇北	4.7	13.6	13.46	20	300	6.26	0.89	0.30~0.89 (0.595)
				南梁	7.2	14.3	2.10	19		8.47	0.30	
长4+5油层组				堡子湾	11.2	11.3	0.98	18	200	6.55	0.84	0.68~0.84 (0.79)
				环县	5.4	11.5	1.47	19		4.36	0.68	
				白豹	11.4	11.7	0.57	19		6.05	0.82	
长6油层组		三角洲平原	下源组合	华庆	17.6	11.7	0.53	19	100	41.87	4.18	4.18~11.32 (7.97)
				铁边城	13.1	12.2	1.29	19		33.45	8.40	
				安塞	9.0	12.1	1.20	19		24.37	11.32	
长7油层组		半深湖深湖	内源组合	西233井区	18.5	10.5	0.24	7.52	50	31.67	7.92	4.16~7.92 (6.04)
				安83井区	10.3	10.1	0.16	7.52		12.90	4.16	
长8油层组			上源组合	西峰	14.0	10.5	1.01	21	100	24.34	4.42	2.04~4.42 (3.2)
				新庄	10.8	8.2	0.57	20		15.66	3.13	
				吴起东	12.7	8.2	0.21	20		7.14	2.04	
长9油层组		三角洲平原		黄39井区	22.5	12.3	11.27	19	200	3.77	0.75	0.53~0.75 (0.64)
				白257井区	20.7	10.2	1.24	19		2.40	0.53	
长10油层组				高52井区	18.7	12.6	5.25	19	300	10.95	1.04	1.04

图 7-18 鄂尔多斯盆地延长组"近源型"石油运聚系数

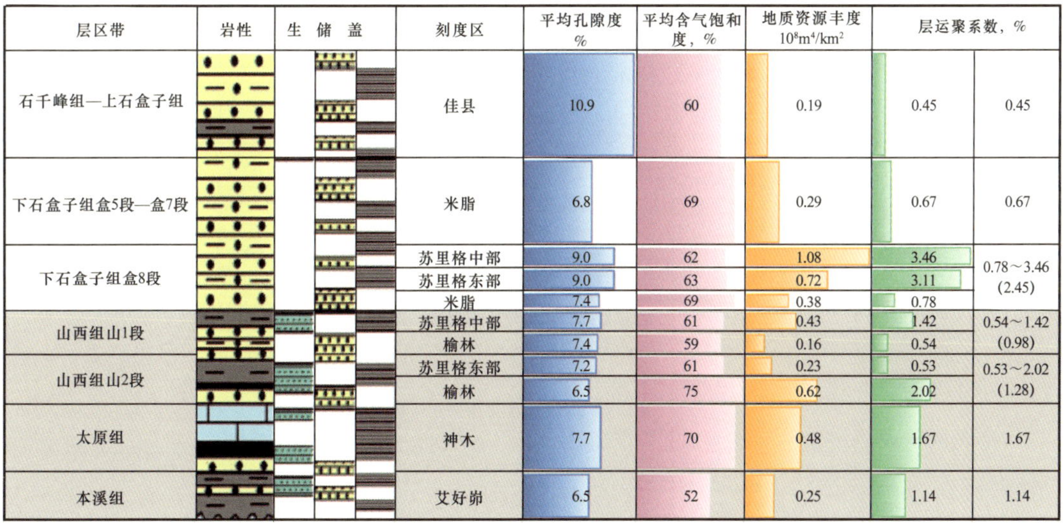

层区带	岩性	生储盖	刻度区	平均孔隙度 %	平均含气饱和度, %	地质资源丰度 10⁸m³/km²	层运聚系数, %
石千峰组—上石盒子组			佳县	10.9	60	0.19	0.45	0.45
下石盒子组盒5段—盒7段			米脂	6.8	69	0.29	0.67	0.67
下石盒子组盒8段			苏里格中部	9.0	62	1.08	3.46	0.78~3.46 (2.45)
			苏里格东部	9.0	63	0.72	3.11	
			米脂	7.4	69	0.38	0.78	
山西组山1段			苏里格中部	7.7	61	0.43	1.42	0.54~1.42 (0.98)
			榆林	7.4	59	0.16	0.54	
山西组山2段			苏里格东部	7.2	61	0.23	0.53	0.53~2.02 (1.28)
			榆林	6.5	75	0.62	2.02	
太原组			神木	7.7	70	0.48	1.67	1.67
本溪组			艾好峁	6.5	52	0.25	1.14	1.14

图 7-19 鄂尔多斯盆地上古生界石炭系—二叠系"近源型"天然气运聚系数

对于常规天然气，前陆冲断带构造型、前陆前缘斜坡构造型、中—新生代坳陷隆起型、断陷深断裂带火山岩型、克拉通古隆起岩溶型及克拉通台内、台缘礁滩型等运聚系数较高，成藏条件较好的可达 10‰ 以上。

表 7-14 不同类型刻度区油气运聚系数分布表

大类	亚类		类型	油运聚系数,%	气运聚系数,‰
构造型	裂陷盆地构造型	断陷盆地	断陷陡坡带构造型	4~17(11)	4~5
			断陷中央构造型	1~15(8)	3~4
			断陷缓坡带构造型	2~17(7)	7
		坳陷盆地	坳陷边缘隆起型	—	3
	压陷盆地构造型	前陆盆地	前陆冲断带构造型	1~23(13)	40~50
			前陆前缘斜坡构造型	10~14(12)	13
		古生代坳陷	坳陷边缘构造型	5~14(9)	8
		中—新生代坳陷	坳陷内部隆起型	3~5(4)	6~18(11)
			坳陷边缘隆起型	2~5(4)	26
岩性型	断陷型	陡坡	陡坡断阶——湖侵和高位扇三角洲、水下扇组合	10~17(14)	—
		缓坡	多断裂系缓坡——湖侵和高位辫状河三角洲、水下扇组合	7~11(8)	—
		中央构造带	多中央构造带——湖侵和高位扇三角洲、水下扇组合	8~20(14)	—
		深断裂带	深断裂带—火山爆发相和溢流相组合	8	5~30(15)
			深断裂带—次生岩性气藏	—	5
	坳陷型	长轴	长轴缓坡——湖侵和高位/低位河流三角洲组合	1~10(5)	—
	前陆型	陡坡	前陆陡坡——湖侵和高位/低位冲积扇、扇三角洲组合	8	—
		缓坡	前陆缓坡——湖侵和高位/低位河流三角洲、滩坝组合	6	—
	克拉通型	台缘	台缘—海侵礁滩组合	—	4~10(6)
		台内	台内—海侵礁滩组合	—	2~7
			台内—海侵滩坝组合	—	3~17(9)
		古隆起	古隆起—岩溶组合	2~4(3)	10~20(14)

续表

大类	亚类	类型	油运聚系数，%	气运聚系数，‰
地层型	地层风化型	块体潜山型	盆内古潜山岩壳型	8~14（10）	—
			盆缘古潜山岩体型		
		层状潜山型	盆内古隆起裂缝型		
			盆缘断壳型		
	凹陷型	盆内基岩		

注：油/气运聚系数为最小值~最大值（平均值）。

2）运聚系数预测模型

（1）常规石油。

根据刻度区运聚系数解剖结果，对影响运聚系数的主要地质因素进行了统计分析。结果表明，烃源岩的年龄、成熟度、上覆地层区域不整合面的个数、运聚单元的圈闭面积系数与石油运聚系数有比较密切的关系（图7-20），而其他参数如生烃强度、储层发育程度等与运聚系数基本不具相关关系。

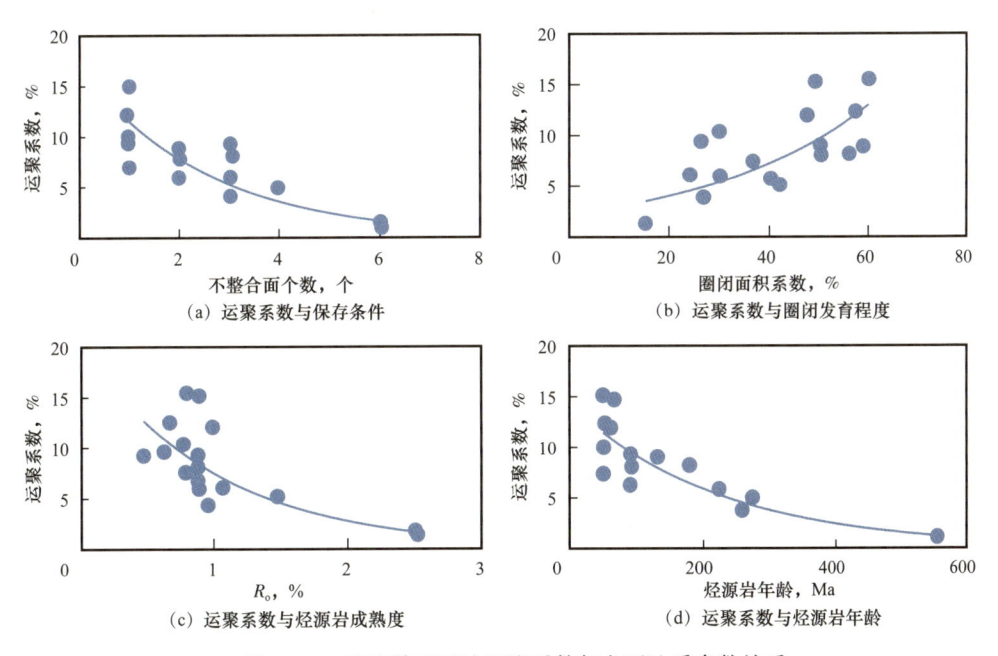

图7-20 运聚单元石油运聚系数与主要地质参数关系

采用多元回归和逐步回归的统计方法，建立了运聚单元石油运聚系数与主要地质因素之间定量关系的统计模型，包括双因素模型和多因素模型两种。双因素模型选用烃源岩年龄和圈闭面积系数两个地质因素，多因素模型选用了烃源岩年龄、烃源岩的成熟度、区域不整合面个数和圈闭面积系数四项地质因素。

① 双因素模型：

$$\ln y=1.62-0.0032x_1+0.01696x_4\ (R^2=0.85) \quad (7-30)$$

② 多因素模型：

$$\ln y=1.487-0.00318x_1+0.186x_2-0.112x_3+0.02118x_4\ (R^2=0.87) \quad (7-31)$$

式中　y——运聚单元的石油运聚系数，%；

　　　x_1——烃源岩年龄，Ma；

　　　x_2——烃源岩成熟度，%；

　　　x_3——不整合面个数，个；

　　　x_4——圈闭面积系数，%。

两个模型的相关系数均超过了 0.85，说明相关关系显著。为了进一步检验模型的可靠性，对模型计算的运聚系数与实际的运聚系数进行了比较，结果表明预测值与实际值接近，预测效果较好。

（2）常规天然气。

天然气运聚系数是天然气生成、运移、聚集成藏及成藏后的保存等诸多成藏地质条件优劣的综合反映，是多种因素综合影响的结果。通过对影响运聚系数的主要地质因素的分析可知，每个地质因素都不同程度地影响着运聚系数的取值，但单个地质因素与运聚系数之间的相关关系不明显，这也正是多因素综合作用的充分体现。

在此将所有可以定量的参数与运聚系数进行相关分析，最终选取了 7 个与运聚系数的相关系数大于 0.5 的参数，最后经过多因素综合分析，得出了运聚系数与 7 个主控因素之间的关系模型：

$$y=0.298-0.00259x_1+0.218x_2-0.00223x_3-0.00236x_4+0.0009x_5-0.286x_6+0.000104x_7 \quad (7-32)$$

式中　y——天然气的运聚系数，‰；

　　　x_1——烃源岩年龄，Ma；

　　　x_2——烃源岩有机碳含量，%；

　　　x_3——成藏关键时刻，Ma；

　　　x_4——盖层厚度，m；

　　　x_5——盖层埋深，m；

　　　x_6——不整合面个数，个；

　　　x_7——储层年龄，Ma。

（3）"近源型"岩性—致密油藏。

通过鄂尔多斯盆地中生界延长组石油刻度区解剖与层运聚系数的研究（图 7-18），发现长 6 油层组与长 7 油层组运聚系数最高，层区带呈现出越远离烃源岩，运聚系数逐渐降低的特征。通过研究，发现运聚系数与源储距离具有如下关系，如图 7-21 所示。

$$y=871.46x^{-1.222}\ (R^2=0.7566) \quad (7-33)$$

式中　y——层运聚系数，%；

　　　x——源储距离，m。

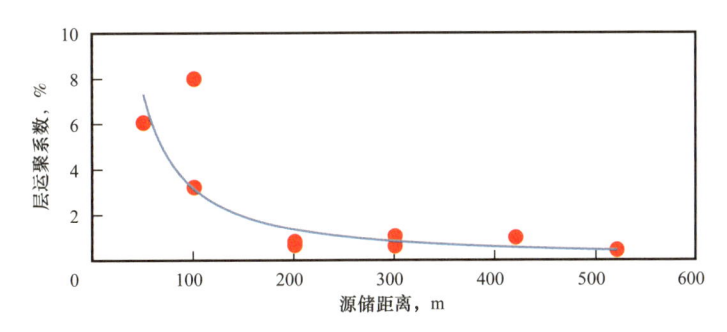

图 7-21 "近源型"岩性—致密油藏运聚系数与源储距离关系

（4）"近源型"致密气藏。

通过鄂尔多斯盆地上古生界天然气刻度区解剖与层运聚系数的研究，发现盒 8 段运聚系数最高，盒 8 段与山 1 段、山 2 段储层同样紧邻烃源岩发育，但盒 8 段储层物性较好，孔隙度相对较高，在致密储层中形成优势储集通道，有利于天然气富集。运聚系数与储层物性和储集空间密切相关，从多参数拟合结果来看，储集空间相对越大，运聚系数越高，如图 7-22 所示。

$$y=0.0678x_1x_2-2.0093（R^2=0.8138）\tag{7-34}$$

式中　y——层运聚系数，%；

　　　x_1——平均孔隙度，%；

　　　x_2——平均厚度，m。

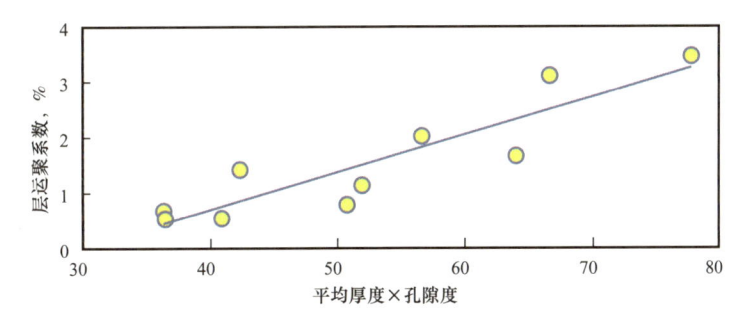

图 7-22 "近源型"致密气运聚系数与储集空间关系

3. 资源丰度

油气资源丰度是评价区或刻度区资源量与其面积/体积比值。资源丰度是类比法资源评价的关键参数，是刻度区解剖的核心参数，准确求取类比资源丰度是获取评价区准确客观资源量的前提。

1）常规石油

（1）石油资源丰度分布特征。

对松辽、渤海湾、鄂尔多斯、塔里木、准噶尔、吐哈、柴达木、二连等盆地石油资源丰度的研究表明，不同类型刻度区石油资源丰度有很大差异。总体上，石油资源丰度分布集中化，呈"单极式"分布特征。绝大部分（90%）的刻度区石油资源丰度小于 $50×10^4t/km^2$，大部分（80%）的刻度区石油资源丰度小于 $30×10^4t/km^2$。层状潜山型丰度最高，其次，是克拉通古隆起—岩溶组合、断陷湖盆中央构造型、陡坡带构造型、前陆坡折带岩性型、中—新生代坳陷隆起型等，而坳陷长轴缓坡岩性型、古生代残留盆地构造型的石油资源丰度偏低，属于低丰度油藏。

石油资源丰度大于 $100 \times 10^4 t/km^2$ 的刻度区包括渤海湾盆地辽河坳陷冷东断裂构造带（$210.6 \times 10^4 t/km^2$）、月海构造带（$114 \times 10^4 t/km^2$）、兴隆台构造带（$172 \times 10^4 t/km^2$）、欢曙斜坡带（$138 \times 10^4 t/km^2$）、兴隆台潜山（$114 \times 10^4 t/km^2$）、冀东坳陷南堡1号（Ed_1）（$147 \times 10^4 t/km^2$），准噶尔盆地鲁克沁（T_2k 稠油）（$147 \times 10^4 t/km^2$）、玛湖西斜坡（P_2w、T_1b）、克拉玛依—百口泉断阶带（$97 \times 10^4 t/km^2$）等，主要集中在"满凹含油"的富油气凹陷、复式油气聚集带，纵向上往往具有多套含油层系，一般也是运聚单元或区带级刻度区的解剖结果。

（2）资源丰度取值标准与预测模型。

根据资源丰度的分布特征，按照不同类型地质单元结合相应的石油地质条件，划分出高丰度、中丰度、低丰度、特低丰度四个等级。高丰度运聚单元的石油资源丰度大于 $30 \times 10^4/km^2$，而特低丰度运聚单元的石油资源丰度则小于 $5 \times 10^4/km^2$。古近—新近纪断陷型陡坡带、中央构造带型石油资源丰度最高，古生代残留盆地构造型石油资源丰度最低。

在刻度区解剖基础上，研究了各类型刻度区资源丰度与主要地质因素的相关关系。初步选择的主要地质因素包括油气源、储层、圈闭、保存和配套条件等方面的参数共21项。统计分析表明，烃源岩的生烃强度、储层的发育程度、烃源岩上覆地层区域不整合面的个数及运聚单元的圈闭面积系数（圈闭面积与刻度区面积的比值）与刻度区石油资源丰度有比较密切的关系（图7-23）。

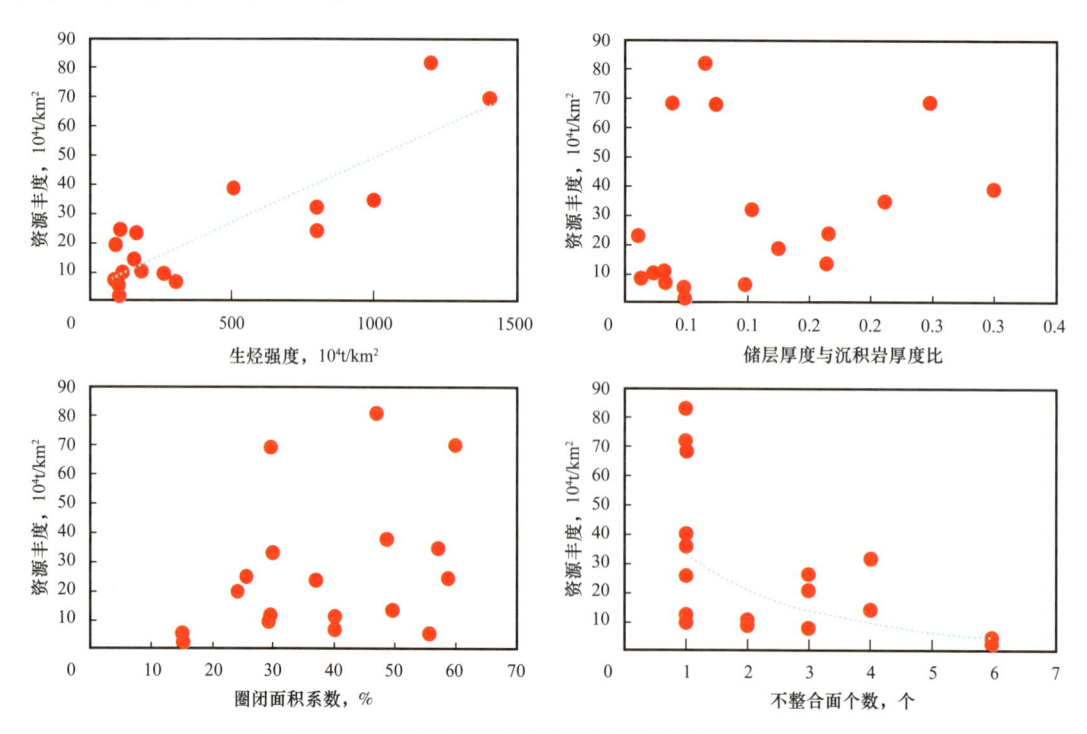

图7-23 我国常规石油刻度区资源丰度与主控因素关系

采用多元回归分析建立石油资源丰度与主要地质因素之间定量关系的统计模型：

$$y=-5.688+0.4199x_1-9.369x_2+0.297x_3+0.291e^{-0.4349}x_4 \quad (7-35)$$

式中　y——运聚单元的石油资源丰度，10^4t/km^2；

　　　x_1——烃源岩生烃强度，10^4t/km^2；

　　　x_2——储层厚度与沉积岩厚度比值；

　　　x_3——圈闭面积系数，%；

　　　x_4——区域不整合面个数，个。

为了进一步检验模型的可靠性，对模型计算的资源丰度与实际的资源丰度进行了比较，结果表明计算值与实际值接近，预测效果较好。

2）常规天然气

不同类型刻度区天然气资源丰度差异较大。总体上来看，天然气资源丰度分布两极化，呈"双峰式"分布特征。地质资源丰度以 1.0×10^8m^3/km^2 为界限，各占50%。这种分布特征某种程度上体现了天然气资源对保存条件要求较高，保存条件好则容易形成高丰度气藏，保存条件较差则形成低丰度气藏。

首先，从不同地质类型天然气资源丰度分布来看，克拉通古隆起岩溶组合、前陆冲断带构造型、中—新生代坳陷边缘隆起型、深断裂带火山相组合等类型资源丰度高，平均可达 2.0×10^8m^3/km^2 以上；其次，克拉通内部隆起型、前陆前缘隆起型、中—新生代坳陷内部隆起型、克拉通台缘—海侵礁滩组合为中等，平均可达 1.0×10^8m^3/km^2 以上；其余，如裂陷盆地构造型、古生代坳陷边缘构造型、克拉通台内组合等资源丰度较低，通常小于 1.0×10^8m^3/km^2。

3）非常规油气

非常规油气资源具有"连续型"分布的特征，储层横向发育具有规模性。单纯考虑面积资源丰度（单位分别为油 10^4t/km^2、气 10^8m^3/km^2）难以避免"有效储层厚度"参数对资源丰度的影响，尤其是对于非常规油气资源，发育在烃源岩内部或者紧邻烃源岩层系，评价目的层系往往厚度较大，而真正的开采目的层可能是其中的有效富集层段。本次资源评价在非常规刻度区解剖及参数研究中，推荐采用"体积资源丰度"的概念［单位分别为油 10^4t/（m·km^2）、气 10^8m^3/（m·km^2）］。

图7-24为致密油刻度区解剖得到的"面积资源丰度"与"体积资源丰度"的相关关系图，由于评价层系厚度的影响，"面积资源丰度"与"体积资源丰度"没有显著的线性关系。Wolfcamp 等致密油刻度区由于厚度大，导致评价的资源丰度很高，但是反映实际储集能力的"体积资源丰度"在（1～2）$\times10^4$t/（m·km^2）之间，仅属于中等。Bakken、松辽盆地扶杨油层等区带由于评价层系的厚度不大，在5～30m之间，面积资源丰度并不是很高，但是其体积资源丰度较大，资源储集能力较高。

可见，"体积资源丰度"消除了厚度的影响，反映的是评价层的储集能力。因此，在类比评价应用时，"体积资源丰度"作为类比关键参数，更能客观地评价非常规油气资源潜力。

（1）致密油。

从面积资源丰度看，致密油资源丰度总体要高于常规石油，国内致密油区带资源丰度平均值可达到 50×10⁴t/km²。吉木萨尔和马朗凹陷的芦草沟致密油资源丰度达到 100×10⁴t/km² 以上，束鹿凹陷（沙三段下部泥灰岩）致密油资源丰度达到 90×10⁴t/km² 以上。

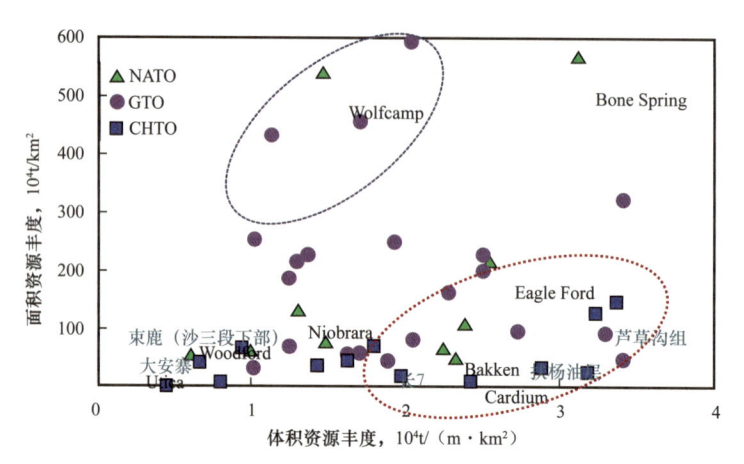

图 7-24 致密油刻度区"面积资源丰度"与"体积资源丰度"关系图

NATO—北美致密油；GTO—全球致密油；CHTO—国内致密油

从体积资源丰度看，以 Bakken、Eagle Ford 为代表的陆棚相夹碳酸盐岩或砂岩/粉砂岩型体积资源丰度平均能达到 2.0×10⁴t/（m·km²）以上。松辽盆地齐家南（高台子）、肇州（扶杨）、长垣南（扶杨），以及准噶尔盆地吉木萨尔（芦草沟组）、鄂尔多斯盆地长 7 油层组等国内湖相致密油体积资源丰度也能达到 2.0×10⁴t/（m·km²）左右。而束鹿（沙三段下部泥灰岩）、公山庙（大安寨段石灰岩）、沧东凹陷孔南（孔二段）、歧北斜坡（沙一段下部）等体积资源丰度小于 1.0×10⁴t/（m·km²）。

本次研究表明，致密油体积资源丰度与烃源岩、储层参数具有较好的相关性。因此，可以根据相关关系，建立资源丰度预测模型。

① 烃源岩参数与体积资源丰度。

致密油属于近源聚集，资源富集一定程度上受控于烃源岩品质与生排烃能力。图 7-25 为致密油刻度区平均 TOC 与体积资源丰度的关系图，可见随着总有机碳（TOC）含量的增加，对应的体积资源丰度也增加，两者具有一定的对数相关关系：

$$y = \begin{cases} 1.90\ln(x) + 1.45 & (\text{Max}) \\ 1.93\ln(x) + 0.45 & (\text{Avg}) \\ 0.97\ln(x) + 0.45 & (\text{Min}) \end{cases} \quad (7-36)$$

式中　y——体积资源丰度，10^4t/（m·km²）；

x——TOC 含量，%。

根据式（7-36），视评价区致密油烃源岩储层物性好坏及含油饱和度高低，选择相应的预测模型。例如，若评价区致密油烃源岩储层物性较好，含油饱和度较高，则选择 Max 模型；反之，选择 Min 模型；适中的则选择 Avg 模型。因此，可通过烃源岩总有机碳（TOC）含量来预测评价区体积资源丰度的取值分布。

② 储层参数与体积资源丰度。

体积资源丰度在一定程度上反映的是致密油层的储集能力，因此储层可容纳石油的空间越大，体积资源丰度则越高。如图7-26所示，北美致密油刻度区体积丰度与孔隙度具有较好的对数相关性，随着孔隙度的增加，体积资源丰度随之增大。因此，建立预测模型如下：

$$y = \begin{cases} 1.3052\ln(x) + 0.1135 & (\text{Max}) \\ 1.5322\ln(x) - 1.0215 & (\text{Avg}) \\ 1.6457\ln(x) - 2.0429 & (\text{Min}) \end{cases} \quad (7-37)$$

式中　y——体积资源丰度，10^4t/（m·km^2）；

　　　x——孔隙度，%。

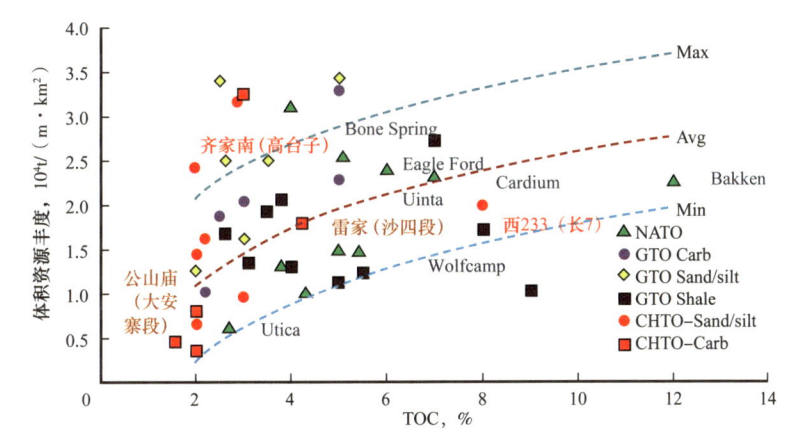

NATO—北美致密油；GTO Carb—全球致密油（碳酸盐岩）；GTO Sand/silt—全球致密油（砂岩/粉砂岩）；GTO Shale—全球致密油（页岩）；CHTO Sand/silt—国内致密油（砂岩/粉砂岩）；CHTO Carb—国内致密油（碳酸盐岩）

图 7-25　体积资源丰度与 TOC 关系图

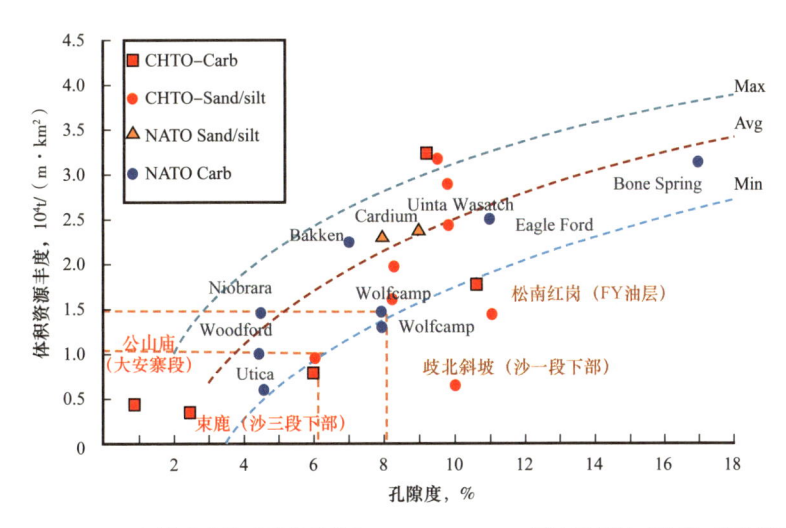

CHTO Carb—国内致密油（碳酸盐岩）；CHTO Sand/Silt—国内致密油（砂岩/粉砂岩）；NATO Carb—北美致密油（碳酸盐岩）；NATO Sand/Silt—北美（砂岩/粉砂岩）

图 7-26　体积资源丰度与孔隙度关系图

根据式（7-37），视评价区致密油烃源岩生排烃强度的大小及含油饱和度的高低，选

- 367 -

择相应的预测模型。例如，若评价区致密油烃源岩生排烃强度较大，含油饱和度较高，则选择 Max 模型；反之，选择 Min 模型；适中的则选择 Avg 模型。

发现当烃源岩 TOC 含量位于 2%～6%，体积丰度总体位于 Min 曲线与 Avg 曲线值之间；当 TOC 含量位于 6%～12%，体积丰度位于 Avg 曲线与 Max 曲线值之间（图 7-27）。从图 7-27 中可见，致密油体积丰度在 $1.0 \times 10^4 t/(m \cdot km^2)$ 以上，孔隙度基本上要大于 6%；致密油体积丰度在 $1.5 \times 10^4 t/(m \cdot km^2)$ 以上，孔隙度要大于 8%。

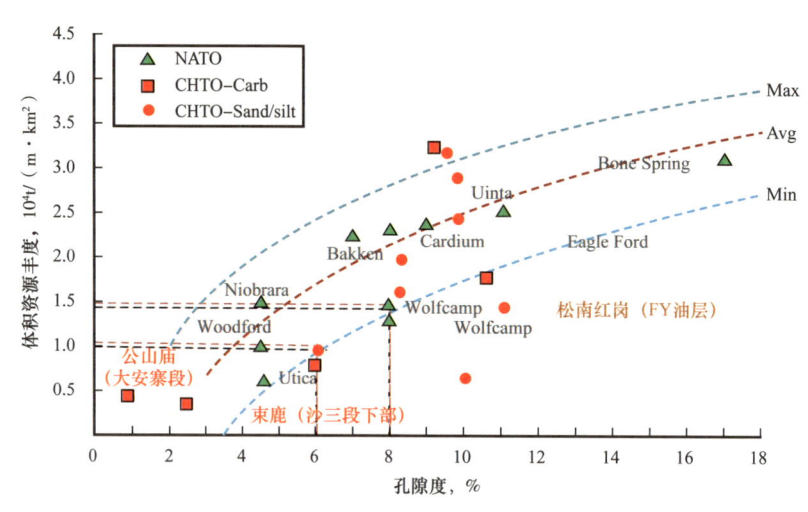

NATO—北美致密油；CHTO Carb—国内致密油（碳酸盐岩）；CHTO Sand/Silt—国内致密油（砂岩/粉砂岩）

图 7-27 体积资源丰度与孔隙度关系图

③ 体积资源丰度与单井产能。

既然体积资源丰度反映的是致密储层的储集能力，故致密油单井产能必然与体积资源丰度相关。根据国内外体积丰度与 EUR 的相关性分析（图 7-28），建立体积资源丰度与单井 EUR 的相关方程：

$$y = \begin{cases} 1.7269x + 0.14 & (\text{Max}) \\ 1.4866x - 0.3379 & (\text{Avg}) \\ 1.2335x - 0.7 & (\text{Min}) \end{cases} \quad (7-38)$$

式中　y——单井最终可采资源量（EUR），$10^4 t$；

　　　x——体积资源丰度，$10^4 t/(m \cdot km^2)$。

通过式（7-38），可以根据资源评价获取的体积资源丰度来预测评价区产能。当然，应用时也得考虑储层的可改造性、流体的可动性等其他影响因素。因此，式（7-38）给出了 Max、Avg、Min（高、中、低）三种情景，实际应用时可根据具体情况，选择相应的预测模型。

（2）致密气。

从面积资源丰度看，鄂尔多斯盆地致密气总体小于 $1.0 \times 10^8 m^3/km^2$，松辽盆地徐家围子安达西（沙河子组砂砾岩）、英台断陷（营二段），以及渤海湾盆地歧北（沙二段）、塔里木盆地库车东部（J）则达到 $2.0 \times 10^8 m^3/km^2$ 以上。

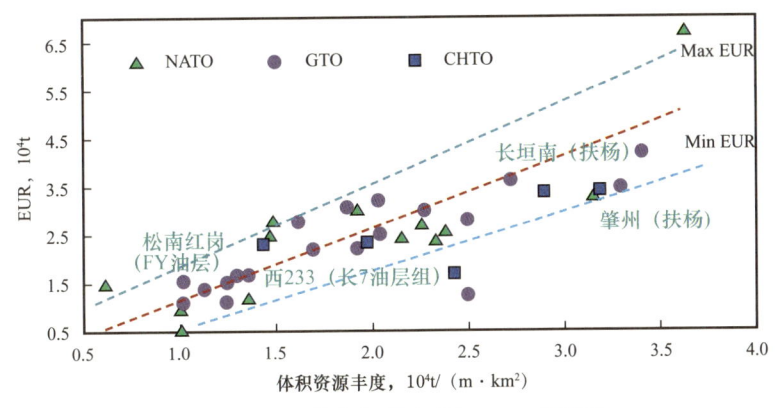

图 7-28 体积资源丰度与 EUR 关系图

从体积资源丰度看，鄂尔多斯盆地苏里格中部和东部（盒 8 段）、苏里格中部（山 1 段）、榆林（山 2 段）、四川盆地安岳—合川（须二段）、松辽盆地英台断陷（营二段）体积资源丰度能达到 $0.07 \times 10^8 m^3/(m \cdot km^2)$ 以上，苏里格（下石盒子组盒 8 段）和安岳—合川（须二段）储集能力最好，能达到 $0.1 \times 10^8 m^3/(m \cdot km^2)$ 左右。徐中北（营四段砂砾岩）、巴喀（J_1b 水西沟群）、苏码头—盐井沟（侏罗系）、平落坝—大兴（须二段）等前陆盆地前缘隆起或挤压型盆地褶皱构造高部位的致密气区带体积资源丰度在 $0.02 \times 10^8 m^3/(m \cdot km^2)$ 以下。

西加拿大盆地 Montney 致密气资源丰度最高（Montney 上段 + 下段），面积资源丰度可达 $12.2 \times 10^8 m^3/km^2$。Montney 上段为主要储层，面积资源丰度为 $5.5 \times 10^8 m^3/km^2$，体积资源丰度可达 $0.10 \times 10^8 m^3/(m \cdot km^2)$。

4. EUR

EUR（Estimated Ultimate Recovery）是单井最终可采资源量的简称。指已经生产多年的开发井，根据产能递减规律，运用趋势预测方法，评估的该井最终可采资源量。EUR 类比法是评价非常规油气技术可采资源量的主要方法，因此单井 EUR 参数取值标准的建立尤显重要。

1）致密油 EUR 取值与分布

（1）北美典型致密油。

北美致密油刻度区解剖结果表明：垂直井 EUR 分布范围很广，在 $(0.08 \sim 2.00) \times 10^4 t$ 之间，期望值小于 $1.0 \times 10^4 t$。因此，直井 EUR 取值可以分为三类：Ⅰ类（P_{50}，EUR > $1.0 \times 10^4 t$）；Ⅱ类（P_{50}，$0.5 \times 10^4 t$ < EUR < $1.0 \times 10^4 t$）；Ⅲ类（P_{50}，EUR < $0.5 \times 10^4 t$）。

水平井 EUR 分布范围为 $(0.12 \sim 17) \times 10^4 t$，EUR 期望值小于 $3.0 \times 10^4 t$。水平井 EUR 取值也可以分为三类（图 7-29）：Ⅰ类（P_{50}，EUR > $3.0 \times 10^4 t$）；Ⅱ类（P_{50}，$1.0 \times 10^4 t$ < EUR < $3.0 \times 10^4 t$）；Ⅲ类（P_{50}，EUR < $1.0 \times 10^4 t$）。

根据水平井 EUR 的分布特征，从岩性矿物、地质复杂性、储层性质和油层性质四个方面出发，建立了致密油水平井 EUR 的取值标准。其中，Ⅰ类 EUR > $3.0 \times 10^4 t$，Ⅱ类 EUR 为 $(1.0 \sim 3.0) \times 10^4 t$，Ⅲ类 EUR < $1.0 \times 10^4 t$。每一类对应有解剖刻度区实例，每个实例根据实际地质情况，可以选择高、中、低三种 EUR 取值水平。

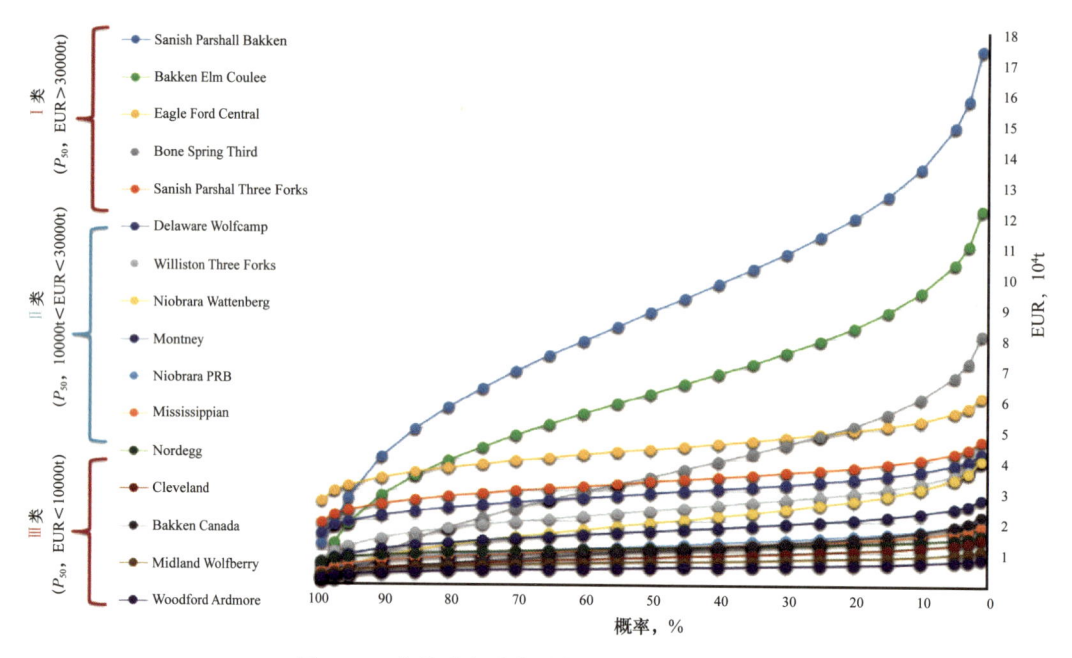

图 7-29 北美致密油水平井 EUR 分布及分类图

（2）国内典型致密油。

① 鄂尔多斯盆地长 7 油层组。

鄂尔多斯盆地延长组长 7 致密油水平井 EUR 期望值可分为三类：Ⅰ类 $3.1 \times 10^4 t$；Ⅱ类 $2.0 \times 10^4 t$；Ⅲ类 $0.7 \times 10^4 t$。

② 四川盆地侏罗系。

川中侏罗系大安寨致密油 EUR 期望值可分为三类：Ⅰ类 $2.5 \times 10^4 t$；Ⅱ类 $0.8 \times 10^4 t$；Ⅲ类 $0.2 \times 10^4 t$。

2）页岩气 EUR 取值与分布

北美页岩气刻度区解剖结果表明，水平井 EUR 分布范围为 $80 \times 10^4 m^3 \sim 4.5 \times 10^8 m^3$，EUR 期望值小于 $1.0 \times 10^8 m^3$。EUR 取值可以分为三类：Ⅰ类（P_{50}，EUR $> 1.0 \times 10^8 m^3$）；Ⅱ类（P_{50}，$0.3 \times 10^8 m^3 <$ EUR $< 1.0 \times 10^8 m^3$）；Ⅲ类（P_{50}，EUR $< 0.3 \times 10^8 m^3$）。

根据水平井 EUR 的分布特征，从岩性矿物、地质复杂性、储层性质和气层性质四个方面出发，建立了页岩气水平井 EUR 的取值标准。其中，Ⅰ类 EUR $> 1.0 \times 10^8 m^3$，Ⅱ类 EUR 为 $(0.3 \sim 1.0) \times 10^8 m^3$，Ⅲ类 EUR $< 0.3 \times 10^8 m^3$。每一类对应有解剖刻度区实例，每个实例根据实际地质情况，可以选择高、中、低三种情景，进行 EUR 取值。

5. 可采系数

1）常规油气资源

（1）依据岩性划分为：砂岩型、碳酸盐岩型、砾岩型、火山岩型、变质岩型、稠油型；

（2）依据目前油气开发实践特征，划分为：整装砂岩型、断块砂岩型、潜山碳酸盐岩型、缝洞碳酸盐岩型；

（3）依据油气藏渗透率高低与油田品质差异划分为：高渗型、低渗型；

（4）综合（1）、（2）、（3），组合建立可采系数相关的油气赋存类型划分方案，包括：整装高渗砂岩型、整装低渗砂岩型、断块高渗砂岩型、断块低渗砂岩型、缝洞碳酸盐岩型、古潜山碳酸盐岩型、砾岩型、火山岩型、变质岩型、稠油型，共 10 种类型。

基于全国各油气田已标定的可采系数数据收集整理，共筛选出 16 个盆地石油可采系数数据 18000 个点，以储层岩性、圈闭类型、储集空间类型、渗透率为划分依据，建立了石油可采系数评价标准表（表 7-15）；统计分析 3200 多个天然气可采系数数据点，以储层岩性、圈闭类型、储集空间类型、渗透率为划分依据，建立天然气可采系数评价标准表（表 7-16）。

表 7-15　石油可采系数评价标准表

岩性	复杂程度	渗透性	可采系数，% 最小值	可采系数，% 均值	可采系数，% 最大值
砂岩	整装	中高渗	17	27.0	37
砂岩	整装	低渗透	12	21.7	32
砂岩	断块	中高渗	15	26.7	35
砂岩	断块	低渗透	14	23.5	32
碳酸盐岩		缝洞型	9	17.8	26
碳酸盐岩		古潜山型	12	20.1	28
砾岩			11	21.3	31
火山岩			4	18.5	32
变质岩			12	17.8	24
稠油			12	19.6	28

表 7-16　天然气可采系数评价标准表

岩性	复杂程度	渗透性	可采系数，% 集中范围	可采系数，% 均值	可采系数，% 标准差
砂岩	构造	中高渗	38～71	53.6	17.1
砂岩	构造	低渗透	32～68	49.8	18.0
砂岩	岩性	中高渗	56～70	63.0	6.7
砂岩	岩性	低渗透	45～60	51.8	7.2
砂岩	构造—岩性	中高渗	29～76	47.5	19.0
砂岩	构造—岩性	低渗透	32～66	49.4	17.2
碳酸盐岩	古隆起		38～69	53.6	15.8
碳酸盐岩	缝洞		52～96	70.0	13.0
砾岩			40～75	57.4	17.8
火山岩			41～64	52.2	11.8
变质岩			49～79	64.0	15.0

2）非常规油气资源

（1）致密油。

北美致密油刻度区解剖表明，致密油可采系数变化范围为1%～9%，平均值为3.5%。去除可采系数极低（<1.5%）的区带（作为非技术可采区带），平均可采系数4.1%。

随着未来开采技术和方式的转变，如①井距缩小；②水平井段增加、压裂技术提高；③垂向上，单井眼射孔开发小层数增加；④平面上，逐渐扩边，过渡到产能较差部位，会导致可采系数的提高。按照岩性矿物、地质复杂性、油层性质可将可采系数分为3级（表7-17）。Ⅰ类可采系数为6%～9%，Ⅱ类可采系数为3%～6%，Ⅲ类可采系数为1%～3%。其中，满足"两低"（黏土矿物含量低、地质复杂性低），"两高"（压力系数高、含油饱和度高），则相应的可采系数越高。

表7-17 致密油可采系数取值标准表

分类	岩性矿物 （黏土矿物含量）	地质复杂性 （非均质性）	油层性质 （压力系数/含油饱和度）	可采系数 %
Ⅰ类	低	低—中等	超压/高	6～9
Ⅱ类	中等	中等	超压—轻微超压/中等	3～6
Ⅲ类	中等—高	中等—高	轻微超压—低压/偏低	1～3

（2）致密气。

根据鄂尔多斯盆地苏里格气田刻度区解剖，建立三类单井产量递减曲线，确定可采系数。Ⅰ类井可采系数56%，Ⅱ类井可采系数55%，Ⅲ类井可采系数43%（表7-18）。

表7-18 鄂尔多斯盆地苏里格致密气可采系数取值表

井别	井数	地质储量 $10^4 m^3$	技术可采资源量	
			可采储量，$10^4 m^3$	可采系数，%
Ⅰ类井	9	7759	4365	56
Ⅱ类井	6	5222	2882	55
Ⅲ类井	13	2990	1282	43

第三节 油气资源潜力与勘探方向

本次对我国主要含油气盆地常规与非常规油气资源开展了系统评价，得到了我国常规油气以及致密油、致密气、页岩气、煤层气、油页岩油、油砂油和天然气水合物7类非常规油气资源量评价结果。

本次常规油气资源评价盆地/凹陷/地区共计72个，其中陆上56个、海域16个。最终常规油气资源评价结果汇总涉及全国范围101个盆地/坳陷/凹陷/地区。

非常规油气资源评价以资源分布区域为评价范围，不完全局限于某个盆地的范围。致密油主要包括已发现致密油的重点盆地及具有致密油成藏条件的重点层系和盆地；致密气主要包括已发现致密气藏或工业开发的盆地；页岩气对海相、海陆过渡相、陆相三类页岩均进行了评价，其中南方寒武系筇竹寺组和志留系龙马溪组海相页岩气是评价重点；煤层气对主要含煤盆地均进行了评价。

在剩余油气资源潜力分布基础上，开展了勘探领域评价优选，提出我国未来油气勘探立足岩性地层（碎屑岩）、海相碳酸盐岩、前陆冲断带、复杂构造、海域深水以及非常规油气六大领域，明确了近期有利区带和勘探方向。

一、常规与非常规油气资源潜力

在本次评价范围72个盆地（地区）资源评价结果基础上，针对评价范围以外的29个盆地（凹陷）借鉴吸收其他部门（单位）资源评价成果，汇总得到全国101个盆地/坳陷/凹陷/地区资源评价结果。其中，渤海湾盆地油气资源评价结果由中国石油矿权区第四次油气资源评价结果、中国石化与中国海油油气资源动态评价结果（2013）汇总得到；东海海域与黄海海域沿用新一轮油气资源评价（2005）数据结果；矿权区外29个中小盆地沿用新一轮油气资源评价（2005）数据结果。

1. 全国常规油气地质资源潜力

全国101个盆地常规石油地质资源量1080.31×10^8t，其中陆上792.16×10^8t、海域288.15×10^8t；常规天然气地质资源量$78.44\times10^{12}m^3$，其中陆上$41.00\times10^{12}m^3$、海域$37.44\times10^{12}m^3$（表7-19）。

全国101个盆地常规石油可采资源量272.5×10^8t，其中陆上190.16×10^8t、海域82.34×10^8t；常规天然气可采资源量$48.45\times10^{12}m^3$，其中陆上$22.41\times10^{12}m^3$、海域$26.04\times10^{12}m^3$（表7-20）。

2. 非常规油气地质资源潜力

本次系统评价了7类非常规油气资源，评价结果，非常规石油地质资源量672.08×10^8t，技术可采资源量151.81×10^8t；非常规天然气地质资源量$284.95\times10^{12}m^3$，技术可采资源量$89.30\times10^{12}m^3$（表7-21）。其中，致密油地质资源量125.80×10^8t，技术可采资源量12.34×10^8t；致密气地质资源量$21.86\times10^{12}m^3$，技术可采资源量$10.94\times10^{12}m^3$；页岩气地质资源量$80.21\times10^{12}m^3$，技术可采资源量$12.85\times10^{12}m^3$；煤层气地质资源量$29.82\times10^{12}m^3$（2000m以浅），技术可采资源量$12.51\times10^{12}m^3$；油砂油地质资源量12.55×10^8t（200m以浅），技术可采资源量7.67×10^8t；油页岩油地质资源量533.73×10^8t（1000m以浅），技术可采资源量131.80×10^8t；天然气水合物地质资源量$153.06\times10^{12}m^3$，技术可采资源量$53\times10^{12}m^3$。

从资源的现实性来看，最现实的为致密油、致密气、页岩气和煤层气资源，致密油技术可采资源量12.34×10^8t。致密气、页岩气和煤层气技术可采资源为$10.94\times10^{12}m^3$、$12.85\times10^{12}m^3$和$12.51\times10^{12}m^3$。与常规油气相比，非常规油气地质认识深度与勘探开发程度都还很低，随着研究认识程度与勘探开发技术的进步，对非常规油气资源潜力认识将逐步深化。

表 7-19 全国常规油气地质资源量汇总结果

地域	主要含油气盆地		石油，10^4t		天然气，10^8m^3		备注
			地质资源量		地质资源量		
	盆地名称	面积 km^2	探明地质储量	总地质资源量	探明地质储量	总地质资源量	
陆上	松辽盆地	260000.00	756990.34	1113720.64	4349.94	26734.89	*
	渤海湾（陆上）	133200.00	1092956.64	2149357.95	2670.56	23097.11	*
	鄂尔多斯	250000.00	538715.30	1165000.00	6877.52	23636.27	*
	塔里木	560000.00	212883.11	750550.11	16921.19	117398.96	*
	准噶尔	134000.00	260800.19	800813.10	2017.49	23071.31	*
	四川	200000.00	0	0	21557.35	124655.82	*
	柴达木	104000.00	62313.92	295890.80	3612.30	32126.99	*
	吐哈	53500.00	41146.15	100903.76	482.52	2434.57	*
	二连	109000.00	32961.86	133889.00	0	0	*
	南襄	17000.00	30612.34	51500.00	11.07	400.00	**
	苏北	35000.00	35372.13	62172.20	29.78	600.00	**
	江汉	28000.00	16213.76	51456.00	0	0	**
	海拉尔	79600.00	22780.12	100955.58	0	841.79	*
	酒泉	13100.00	16979.30	51056.90	0	416.09	*
	三塘湖	23000.00	8823.59	44770.78	0	0	*
	百色	830.00	1707.83	4162.00	7.00	60.00	**
	其他	1153287.00	12296.86	1045397.82	477.88	34572.35	
	小计	3153517.00	3143553.44	7921596.64	59014.60	410046.15	
海域	渤海湾（海域）	61800.00	331440.84	1102915.00	679.50	12977.00	***
	东海	250000.00	2709.50	72304.00	3154.87	36361.00	****
	黄海	169000.00	0	72201.00	0	1847.00	****
	南海	1116752.00	597062.75	1634117.27	82683.43	323191.00	*
	小计	1597552.00	931213.09	2881537.27	86517.80	374376.00	
合计		4751069.00	4074766.53	10803133.91	145532.40	784422.15	

注：（1）全国探明储量数据来自国土资源部 2015 年度《全国油气矿产储量通报》，探明储量数据截至 2015 年底；
（2）四川盆地侏罗系石油，全部归为非常规致密油，探明地质储量 8240.62×10^4t、技术可采 527.88×10^4t；
（3）四川盆地三叠系须家河组与侏罗系天然气，全部归为非常规致密气，致密气累计探明地质储量 12844.00×10^8m^3、技术可采 5809.85×10^8m^3；
（4）鄂尔多斯盆地石炭系—二叠系天然气，全部归为非常规致密气，致密气累计探明地质储量 28770.24×10^8m^3、技术可采 14759.36×10⁸m³，非常规致密气统计包含了苏里格基本探明地质储量 32302.61×10⁸m³、技术可采 16977.74×10⁸m³；

（5）长庆油田新安边油田长 7 油层组，探明地质储量 10060.31×10⁴t、探明可采储量 1177.05×10⁴t，归为非常规致密油；

（6）* 为中国石油第四次油气资源评价；** 为中国石化 2015 年勘探年报；*** 为国土部动态评价（2013）；**** 为 2005 年全国新一轮油气资源评价。

表 7-20 全国常规油气可采资源量汇总结果

地域	主要含油气盆地		石油，10⁴t		天然气，10⁸m³	
	盆地名称	面积 km²	探明技术可采储量	技术可采资源量	探明技术可采储量	技术可采资源量
陆上	松辽盆地	260000.00	299827.49	367575.11	2039.15	12214.67
	渤海湾（陆上）	133200.00	286256.63	545413.26	1434.40	11757.93
	鄂尔多斯	250000.00	95517.42	217818.04	4348.72	13959.95
	塔里木	560000.00	36583.98	191165.62	10572.79	66236.12
	准噶尔	134000.00	63861.33	173547.13	1219.95	10072.04
	四川	200000.00	0	0	14298.33	73859.57
	柴达木	104000.00	13137.40	55410.90	1967.86	15899.93
	吐哈	53500.00	10272.19	22614.47	320.89	1311.74
	二连	109000.00	6115.78	25439.00	0	0
	南襄	17000.00	9795.76	15300.00	2.78	100.00
	苏北	35000.00	7956.98	13985.67	19.94	330.00
	江汉	28000.00	4931.08	15089.97	0	0
	海拉尔	79600.00	4460.91	20138.67	0	336.72
	酒泉	13100.00	4673.00	10864.00	0	287.10
	三塘湖	23000.00	1150.01	7302.42	0	0
	百色	830.00	375.35	1019.00	1.69	14.50
	其他	1153287.00	2219.56	218878.92	223.49	17715.64
	小计	3153517.00	847134.87	1901562.18	36449.99	224095.91
海域	渤海湾（海域）	61800.00	75486.63	253707.00	418.04	6099.00
	东海	250000.00	858.60	14812.00	1812.42	24753.00
	黄海	169000.00	0	15680.00	0	1071.00
	南海	1116752.00	198896.27	539258.52	58366.28	228439.03
	小计	1597552.00	275241.50	823457.52	60596.74	260362.03
合计		4751069.00	1122376.37	2725019.70	97046.73	484457.94

表7-21 非常规油气资源评价结果

资源类型		地质资源量		技术可采资源量	
		主要盆地	中小盆地	主要盆地	中小盆地
非常规石油 10^8t	致密油	125.80	13.80	12.34	1.05
	油砂油	12.55		7.67	
	油页岩油	533.73		131.80	
	合计	672.08	13.80	151.81	1.05
非常规天然气，10^{12}m^3	致密气	21.86	1.30	10.94	0.70
	页岩气	80.21		12.85	
	煤层气	29.82		12.51	
	天然气水合物	153.06		53.00	
	合计	284.95	1.30	89.30	0.70

二、常规剩余油气资源分布特征

全国常规石油剩余地质资源量 672.84×10^8t，其中陆上剩余石油地质资源量 477.81×10^8t，海域剩余石油地质资源量 195.03×10^8t。全国常规石油可采资源剩余 160.26×10^8t，陆上剩余可采资源量 105.44×10^8t，海域剩余可采资源量 54.82×10^8t（图7-30）。

全国常规天然气剩余地质资源量 63.89×10^{12}m^3，其中陆上剩余天然气地质资源量 35.10×10^{12}m^3，海域剩余天然气地质资源量 28.79×10^{12}m^3。全国常规天然气可采资源剩余 38.74×10^{12}m^3，其中陆上剩余可采资源量 18.76×10^{12}m^3，海域剩余可采资源量 19.98×10^{12}m^3。

(a) 剩余地质资源量　　(b) 剩余可采资源量

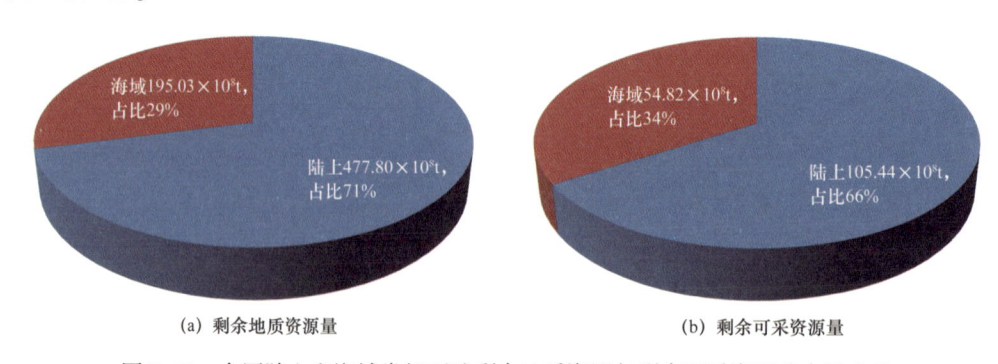

图7-30 全国陆上和海域常规石油剩余地质资源与剩余可采资源分布及占比

其中，全国陆上常规石油剩余地质资源量 477.81×10^8t，剩余可采资源量 105.44×10^8t（表7-22）。全国陆上常规天然气剩余地质资源量 35.10×10^{12}m^3，剩余可采资源量 18.76×10^{12}m^3。剩余常规石油资源主要分布在渤海湾、鄂尔多斯、塔里木、准噶尔、松辽五大盆地，占65%；剩余常规天然气资源主要分布在塔里木、四川两大盆地，占60%。

表 7-22　全国陆上主要含油气盆地剩余油气地质资源分布表

盆地	石油剩余资源量，10^8t 地质资源量	可采资源量	天然气剩余资源量，10^8m³ 地质资源量	可采资源量
松辽	35.67	6.77	22384.95	10175.52
渤海湾（陆上）	105.64	25.92	20426.55	10323.53
鄂尔多斯	62.63	12.23	16758.75	9611.23
四川	0	0	103098.47	59561.24
塔里木	53.77	15.46	100477.77	55663.33
准噶尔	54.00	10.97	21053.82	8852.09
柴达木	23.36	4.23	28514.69	13932.07
吐哈	5.98	1.23	1952.05	990.85
三塘湖	3.59	0.62	0	0
酒泉	3.41	0.62	416.09	287.10
二连	10.09	1.93	0	0
海拉尔	7.82	1.57	841.79	336.72
其他	111.85	23.89	35106.62	17912.24
合计	477.81	105.44	351031.55	187645.92

三、非常规油气资源分布与现实性

非常规油气资源平面上呈大面积连续或准连续聚集，主要分布在盆地中心、斜坡区等负向构造单元。连续型聚集是非常规油气的主要聚集形式，包括源储一体的页岩气、煤层气，源储紧邻的致密油、致密气等资源类型，油气在源内滞留或近源聚集成藏，呈大面积连续分布。

1. 致密油

本次评价结果，致密油地质资源量主要分布在鄂尔多斯、松辽、渤海湾、准噶尔四大盆地（表7-23）。其中鄂尔多斯盆地总地质资源量 30×10^8t，松辽盆地总地质资源量 22.4×10^8t，渤海湾盆地总地质资源量约 20×10^8t，准噶尔盆地总地质资源量 19.79×10^8t，合计 92.19×10^8t，占总地质资源量的 73.3%。已探明地质储量集中在松辽盆地、鄂尔多斯盆地、渤海湾盆地，其中松辽盆地探明致密油地质资源量 2.588×10^8t，资源探明率为 11.6%，剩余地质资源量 19.82×10^8t；鄂尔多斯盆地探明长 7 油层组探明致密油地质资源量 1.006×10^8t，资源探明率为 3.35%，剩余地质资源量 28.99×10^8t。

我国致密油资源量主要集中在鄂尔多斯盆地、松辽盆地、准噶尔盆地和渤海湾盆地，是今后致密油勘探的重点。

表 7-23 我国重点盆地致密油地质资源量盆地分布表

盆地	油公司	层位	面积 km²	地质资源量，10⁸t							技术可采资源量，10⁸t				
				探明地质储量	剩余资源量	总地质资源量				探明地质储量	剩余资源量	总可采资源量			
						Ⅰ类	Ⅱ类	Ⅲ类	合计			Ⅰ类	Ⅱ类	Ⅲ类	合计
鄂尔多斯	长庆	T_3y_3 长7油层组	78879	1.006	28.990	22.890	7.110		30.000	0.118	3.390	2.678	0.832		3.510
松辽	吉林	K_1q_4	5313	2.588	7.095	7.843	1.840		9.683	0.463	0.911	1.097	0.277		1.374
	大庆	K_2qn_{2-3}	1962	0	1.565	1.565	0		1.565	0	0.125	0.125	0		0.125
		K_1q_4	13232	0	11.158	7.568	3.590		11.158	0	1.227	0.832	0.395		1.227
	小计		20507	2.588	19.818	16.976	5.430	0	22.406	0.463	2.263	2.054	0.672	0	2.726
渤海湾	辽河	Es_3	60	0	0.520	0	0.520		0.520		0.052	0	0.052		0.052
		Es_4	780	0	5.000	3.700	1.300		5.000		0.428	0.324	0.104		0.428
	华北	$Es_3^下$	248	0	1.959	1.493	0.248	0.218	1.959	0	0.167	0.130	0.020	0.017	0.167
		$Es_1^下$	1214	0	1.852	0.730	0.528	0.594	1.852	0	0.176	0.069	0.062	0.046	0.177
		$Es_3^{中-上}$	458	0	1.382	0.990	0.241	0.151	1.382	0	0.132	0.088	0.026	0.018	0.132
	大港	Es_1	3060	0.763	2.505	1.700	1.243	0.326	3.269	0.114	0.376	0.255	0.187	0.048	0.490
		Es_2	3060	0.075	0.658	0.381	0.278	0.073	0.732	0.011	0.097	0.056	0.041	0.011	0.108
		Es_3	5280	0.130	1.784	0.964	0.698	0.253	1.915	0.020	0.277	0.149	0.108	0.040	0.297
		Ek_2	1760	0	1.180	0.566	0.401	0.212	1.179	0	0.177	0.085	0.060	0.032	0.177
	冀东	Es_1	679		1.330	0.740	0.320	0.270	1.330		0.107	0.060	0.026	0.021	0.107
		Es_3^3	103		0.860	0.530	0.160	0.170	0.860		0.067	0.042	0.012	0.013	0.067
	小计		16702	0.968	19.030	11.794	5.937	2.267	19.998	0.145	2.056	1.258	0.698	0.246	2.202
准噶尔	新疆	P_2l	1278	0	12.400	3.291	6.752	2.358	12.401	0	0.651	0.173	0.354	0.124	0.651
		P_1f	2312	0.11	4.080	0	0	4.190	4.190	0.016	0.320	0	0	0.335	0.335
		P_2p	4436	0.21	2.990	0	0	3.200	3.200	0.059	0.197	0	0	0.256	0.256
	小计		8026	0.320	19.470	3.291	6.752	9.748	19.791	0.075	1.168	0.173	0.354	0.715	1.242
四川	西南	J	53010	0.812	15.316			16.128	16.128	0.051	1.237			1.288	1.288
柴达木	青海	N_1	1800	0	3.292	2.199	0.809	0.285	3.293		0.264	0.176	0.065	0.023	0.264
		E_3	1350	0.066	1.331	0.727	0.506	0.164	1.397	0.009	0.075	0.044	0.030	0.010	0.084
		N_2	4900	0	3.887	1.588	1.850	0.449	3.887	0	0.350	0.143	0.166	0.040	0.349
	小计		8050	0.066	8.510	4.514	3.165	0.898	8.577	0.009	0.689	0.363	0.261	0.073	0.697

续表

盆地	油公司	层位	面积 km²	地质资源量, 10⁸t					技术可采资源量, 10⁸t				
				探明地质储量	剩余资源量	总地质资源量				探明地质储量	剩余资源量	总可采资源量			
						I类	II类	III类	合计			I类	II类	III类	合计
三塘湖	吐哈	P₂t	562	0.330	1.101	1.056	0.242	0.133	1.431	0.021	0.059	0.059	0.013	0.007	0.079
		p₂l	1677	0	3.199	0.193	1.363	1.643	3.199	0	0.160	0.010	0.068	0.082	0.160
	小计		2239	0.330	4.300	1.249	1.605	1.776	4.630	0.021	0.219	0.069	0.081	0.089	0.239
二连	华北	K₁	896	0	2.983	0.934	1.229	0.821	2.984	0	0.310	0.082	0.145	0.082	0.309
酒泉	玉门	K₁g₂₊₃	231	0.188	1.101	0.122	0.454	0.712	1.288	0.030	0.096	0.011	0.039	0.076	0.126
合计				6.278	119.518	61.770	31.682	32.350	125.802	0.912	11.428	6.688	3.082	2.569	12.341

2. 致密气

本次评价结果，致密气地质资源量主要分布在鄂尔多斯、四川、松辽、塔里木盆地（表7-24）。其中鄂尔多斯盆地总地质资源量 $13.32 \times 10^{12} m^3$，四川盆地总地质资源量 $3.98 \times 10^{12} m^3$，松辽盆地总地质资源量 $2.25 \times 10^{12} m^3$，塔里木盆地总地质资源量 $1.23 \times 10^{12} m^3$，合计 $20.78 \times 10^{12} m^3$，占总地质资源量的95%。已探明地质储量集中在鄂尔多斯和四川盆地。其中鄂尔多斯盆地上古生界探明致密气地质资源量 $6.02 \times 10^{12} m^3$，资源探明率为45.2%，剩余地质资源量 $7.3 \times 10^{12} m^3$，剩余可采地质资源量 $3.8 \times 10^{12} m^3$；四川盆地探明致密气地质资源量 $1.28 \times 10^{12} m^3$，资源探明率为32.2%，剩余地质资源量 $2.7 \times 10^{12} m^3$，剩余可采地质资源量 $1.2 \times 10^{12} m^3$。

我国致密气资源主要集中在鄂尔多斯盆地、四川盆地、松辽盆地，是今后致密气勘探的重点。

表 7-24 我国重点盆地致密气地质资源量盆地分布表

盆地	层位	面积 km²	地质资源量, 10⁸m³			技术可采资源量, 10⁸m³		
			探明地质储量	剩余资源量	总地质资源量	探明储量	剩余资源量	总可采资源量
鄂尔多斯	C–P	120000	60189.51	72990.87	133180.38	33334.02	38023.32	71357.34
四川	T₃x, J	128976	12844.03	27000.85	39844.88	5779.82	12150.38	17930.20
塔里木	J₁a	3157	530.35	11816.15	12346.50	265.17	6338.39	6603.56
松辽	K₁yc、K₁sh、J₃h	19333	372.99	22108.63	22481.62	159.20	9090.12	9249.32
吐哈	J₂x, J₁	17000	132.35	4955.31	5087.66	50.30	1890.30	1940.60
渤海湾	Es₁, Es₂, Es₃	19934	103.98	4130.62	4234.60	48.53	1760.58	1809.11
准噶尔	P₁j	1373		1468.00	1468.00		496.00	496.00
合计			74173.21	144470.43	218643.64	39637.04	69749.09	109386.13

3. 煤层气

本次煤层气资源评价结果显示，煤层气资源量仍主要集中在几个大的含油气盆地内，以鄂尔多斯盆地资源量最大，其次是准噶尔盆地。随着勘探开发工作的开展，评价参数更加详实可靠，部分盆地资源量也发生了变化，主要是煤储层埋深展布变化、煤层含气量以及视密度变化等影响了煤层气地质资源量，如鄂尔多斯等7个主要煤层气盆地资源量减少$68889.33 \times 10^8 m^3$（图7-31）。

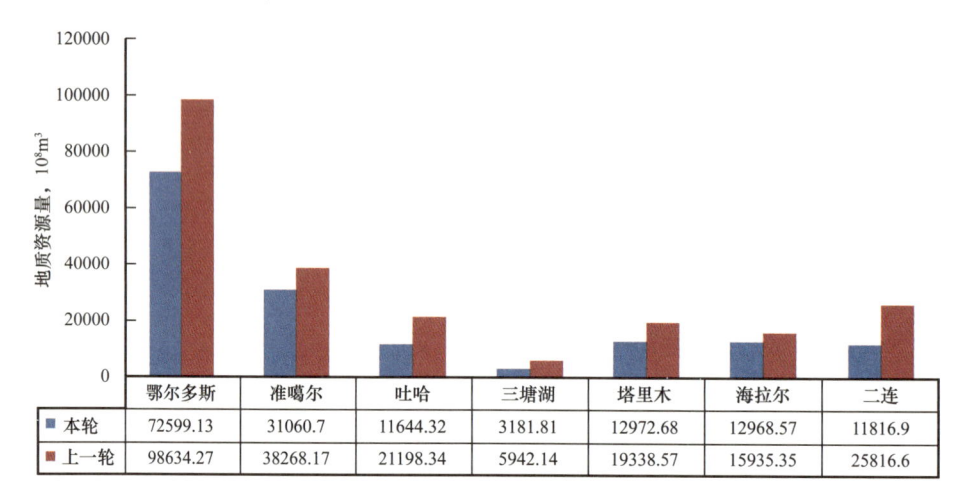

	鄂尔多斯	准噶尔	吐哈	三塘湖	塔里木	海拉尔	二连
本轮	72599.13	31060.7	11644.32	3181.81	12972.68	12968.57	11816.9
上一轮	98634.27	38268.17	21198.34	5942.14	19338.57	15935.35	25816.6

图7-31 与上一轮资源评价主要变化盆地资源量对比

从层系方面，全国煤层气地质资源中生界和古生界各占约50%，新生界地质资源量极少。从煤阶方面，高煤阶、低煤阶略高于中煤阶地质资源量，但由于渗透率值差异，低煤阶可采资源量明显高于高煤阶和中煤阶。综合煤阶、埋深，高煤阶、低煤阶资源量以1000m以浅埋深为主，中煤阶以1000~2000m埋深为主。总体看，我国煤层气资源主要集中在东部的沁水、二连、海拉尔盆地，中部的鄂尔多斯盆地，西部的准噶尔、塔里木、吐哈—三塘湖盆地，其中中煤阶、低煤阶煤层气勘探是未来重点方向。

4. 页岩气

从评价结果看，我国页岩气技术可采资源期望值$12.85 \times 10^{12} m^3$。其中海相页岩气资源占主体，期望值$8.82 \times 10^{12} m^3$，占我国页岩气总资源量的68.64%；海陆过渡相页岩气技术可采资源期望值$2.42 \times 10^{12} m^3$，占我国页岩气总资源量的18.83%；陆相页岩气技术可采资源期望值$1.61 \times 10^{12} m^3$，占我国页岩气总资源量的12.5%。

海相页岩气主要分布在三大区域，有利勘探面积$14.8 \times 10^4 km^2$。一是四川盆地，技术可采资源量$5.14 \times 10^{12} m^3$，占海相页岩气总资源量的58.3%。其次是四川盆地周边，包括滇东—黔北、渝东—湘鄂西，技术可采资源量$2.75 \times 10^{12} m^3$，占海相页岩气总资源量的31.2%。三是中—下扬子地区，技术可采资源量$0.93 \times 10^{12} m^3$，占海相页岩气总资源量的10.0%。

海陆过渡相页岩气资源初步落实有利勘探面积量$19.13 \times 10^4 km^2$，主要分布在两大盆地及一个地区。两大盆地一是四川盆地，技术可采资源量$0.89 \times 10^{12} m^3$，占海陆过渡相页岩气总资源量的37%；二是鄂尔多斯盆地，技术可采资源量$0.67 \times 10^{12} m^3$，占海陆过渡相页岩气总资源量的31.0%；一个地区是中—下扬子地区，技术可采资源量$0.65 \times 10^{12} m^3$，占海陆过渡相页岩气总资源量的27.3%。

陆相页岩气有限,主要分布在四川盆地及鄂尔多斯盆地。四川盆地陆相页岩气技术可采资源量$1.14\times10^{12}m^3$,占陆相页岩气总资源量的68.7%。鄂尔多斯盆地陆相页岩气技术可采资源量$0.15\times10^{12}m^3$,占陆相页岩气总资源量的9%。

5. 油页岩

我国现在油页岩资源量排前10位的油气盆地分别是松辽、鄂尔多斯、准噶尔、羌塘、伦坡拉、民和、柴达木、茂名、大杨树、四川盆地,前10位盆地油页岩资源量为9558×10^8t,占全国油页岩资源量的98.2%;而排前两位的松辽盆地与鄂尔多斯盆地油页岩潜在资源量为7532×10^8t,占全国油页岩资源量的77.4%;排前六位的是松辽、鄂尔多斯、准噶尔、羌塘、伦坡拉、民和盆地。

从我国现在油页岩探明资源储量排前10位的含油气盆地分析,前10位盆地油页岩探明资源储量为655×10^8t,占全国已探明油页岩资源储量的96.6%;排前六位的是松辽、茂名、抚顺、北部湾、民和、鄂尔多斯盆地。而准噶尔盆地油页岩丰富,但资源落实程度较低,缺乏相应的地质钻井资料,强化油页岩资源储量勘查应是重点工作。

6. 油砂油

中国石油矿权范围的油砂点多面广。本次调查评价了大小10个盆地。在10个盆地中发现了规模不等的油砂出露,共评价出油砂油地质资源量12.55×10^8t,可采资源量7.67×10^8t。其中,0~100m埋深的油砂油地质资源量7×10^8t,可采资源量4.89×10^8t;100~200m埋深的油砂油地质资源量5.55×10^8t,可采资源量2.78×10^8t。

四、未来勘探重点领域与勘探方向

1. 常规油气

依据本次资源评价结果,结合近10年来油气勘探进展及探明储量状况,对剩余油气资源分布领域进行了详细分析。分析结果表明,中国石油矿权区剩余常规油气资源主要分布在岩性地层(碎屑岩)、海相碳酸盐岩、前陆冲断带、复杂构造以及南海海域等五大重点领域(表7-25)。其中,中国石油矿权区内陆上常规石油剩余资源量298.81×10^8t,岩性—地层(碎屑岩)剩余地质资源135.42×10^8t,复杂构造剩余地质资源81.08×10^8t,两者合计剩余资源量216.50×10^8t,占陆上剩余石油资源的72.45%。中国石油矿权区陆上剩余常规天然气资源$27.47\times10^{12}m^3$,海相碳酸盐岩剩余地质资源$13.02\times10^{12}m^3$,前陆冲断带剩余地质资源$5.82\times10^{12}m^3$,两者合计剩余资源量$18.84\times10^{12}m^3$,占陆上剩余天然气资源的68.58%。

1)岩性—地层(碎屑岩)

按岩性可划分为湖相碎屑岩和海相碎屑岩两个亚类。其中,湖相碎屑岩亚类剩余石油地质资源量118.7×10^8t,而海相碎屑岩剩余地质资源量6.4×10^8t,石油地质资源量绝大部分集中分布于湖相碎屑岩岩性—地层领域。该领域剩余石油地质资源主要分布于我国中部地区鄂尔多斯盆地延长组,东部地区渤海湾盆地沙河街组与松辽盆地萨尔图—葡萄花—高台子油层组,西部地区准噶尔盆地与柴达木盆地干柴沟组,以富油气凹陷及富油气区带为主。

表 7-25 中国石油矿权区常规油气资源勘探领域分布汇总表

勘探领域			石油，10^8t			天然气，10^8m^3		
			探明地质储量	剩余资源量	总地质资源量	探明地质储量	剩余资源量	总地质资源量
陆上	岩性—地层（碎屑岩）		95.81	135.42	231.22	3276.54	24776.62	28053.16
	海相碳酸盐岩		4.05	22.54	26.59	26751.36	130176.88	156928.24
	前陆冲断带		19.96	32.66	52.62	10223.23	58231.14	68454.37
	复杂构造		82.31	81.08	163.39	4315.14	30267.60	34582.74
	复杂岩性	潜山	9.93	10.48	20.41	770.43	7954.94	8725.37
		火山岩	2.29	11.28	13.57	3695.25	18962.08	22657.33
		湖相碳酸盐岩	1.87	5.35	7.22	7.25	4368.41	4375.66
海域	构造		0.18	6.23	6.41	50.16	14505.34	14555.50
	生物礁		0	3.10	3.10	0	7509.00	7509.00
	深水岩性		0	4.58	4.58	0	21159.50	21159.50
	基岩潜山		0	0.40	0.40	0	839.00	839.00
合计			216.40	313.12	529.51	49089.36	318750.51	367839.87

2）海相碳酸盐岩

海相碳酸盐岩剩余石油地质资源量 $22.85×10^8$t，主要集中分布于我国西部的塔里木盆地，并且已塔北隆起区与塔中隆起区富油气区带为主。

海相碳酸盐岩剩余天然气地质资源量 $130177×10^8$m^3，主要集中分布于我国中西部三大海相叠合盆地下组合，其中四川盆地的川中隆起区、塔里木盆地塔中与巴楚隆起区、鄂尔多斯盆地伊陕斜坡区的碳酸盐岩是重点勘探区带。

3）前陆冲断带

前陆冲断带剩余石油地质资源量 $32.64×10^8$t，主要集中分布于我国西部的准噶尔盆地与塔里木盆地，以准噶尔盆地西北缘与南缘、塔里木盆地库车与塔西南富油气区带为主。

前陆冲断带领域剩余天然气地质资源量 $58231×10^8$m^3，主要集中分布于我国西部前陆型叠合盆地，如塔里木库车与塔西南坳陷、准噶尔盆地南缘北天山山前坳陷区、柴达木盆地柴北缘等地区。

4）复杂构造

复杂构造剩余石油地质资源量 $81.1×10^8$t、剩余天然气地质资源量 $60420.42×10^8$m^3，主要分布在松辽、渤海湾（陆上）、柴达木、海拉尔、吐哈、二连等含油气盆地。经过数十年的勘探，大型背斜、断块等较为简单的构造型油气藏多已被发现，勘探程度较高，构造型目标多以深层构造、低幅度构造以及复杂断块为主，尽管剩余资源总量不少，但资源丰度低、勘探难度较大。

5）南海海域

从本次评价结果来看，在南海海域，油气资源主要集中分布于南海海域南部，多集中于曾母盆地、文莱—沙巴盆地、万安盆地、巴拉望盆地西部。我国南海海域油气资源勘探开发主要集中分布于南海海域北部的北部湾盆地、珠江口盆地、莺歌海盆地、琼东南盆地；而中国石油介入海域勘探较晚，主要在南海海域深水区登记油气勘查区块，油气资源主要集中分布于曾母盆地、中建盆地、中建南盆地、北康盆地。

中国石油南海海域构造领域剩余石油地质资源量 $6.23 \times 10^8 t$，主要集中分布于南海北部的中建盆地与中建南盆地、南海南部的北康盆地。深水岩性领域剩余石油地质资源量为 $4.58 \times 10^8 t$，主要集中分布于南海北部的中建盆地与中建南盆地、南海南部的北康盆地。

中国石油南海海域构造领域剩余天然气地质资源量为 $14505.34 \times 10^8 m^3$，主要集中分布于南海北部的中建南盆地、南海南部的曾母盆地与北康盆地。深水岩性领域剩余天然气地质资源量为 $21159.5 \times 10^8 m^3$，主要集中分布于南海北部的中建南盆地、南海南部的曾母盆地和北康盆地。

2. 非常规油气

通过近几年在非常规油气领域的积极探索，在致密油、致密气、页岩气和煤层气领域均取得较大进展。总体看，致密气、致密油、页岩气、煤层气勘探开发程度低，剩余资源量大，资源现实性较好（表 7-26）。

表 7-26 非常规油气剩余资源分布

类型	地质资源量			技术可采资源量		
	探明地质储量	剩余资源量	总地质资源量	探明地质储量	剩余资源量	总可采资源量
致密油，$10^8 t$	6.28	119.52	125.80	0.91	11.43	12.34
致密气，$10^8 m^3$	74173.20	144470.40	218643.60	39637.00	69749.10	109386.10
煤层气，$10^8 m^3$	6292.69	291918.36	298211.05	3167.41	121974.97	125142.38
页岩气，$10^8 m^3$	5441.29	796644.53	802085.82	1360.33	127140.79	128501.12

1）致密油

致密油目前仅探明可采储量 $0.91 \times 10^8 t$，剩余可采资源 $11.43 \times 10^8 t$。从剩余资源分布来看，可采资源大于 $1 \times 10^8 t$ 的主要集中在鄂尔多斯盆地、松辽盆地、渤海湾盆地、准噶尔盆地、四川盆地。依据致密油成藏条件的差异，主要勘探领域为鄂尔多斯长 7 油层组致密油，松辽盆地扶余致密油，渤海湾盆地辽河西部凹陷—大民屯凹陷—束鹿凹陷—沧东凹陷—歧北斜坡沙河街组致密油，准噶尔盆地吉木萨尔致密油等。

2）致密气

致密气目前探明可采储量 $3.96 \times 10^{12} m^3$，已探明总资源量的三分之一多，探明率达到 36.9%，剩余可采资源 $6.97 \times 10^{12} m^3$。从剩余资源量分布看，未来致密气的勘探领域仍集中在鄂尔多斯盆地和四川盆地，松辽盆地深层致密气也不容忽视，是潜在的勘探领域。

3）页岩气

页岩气目前仅探明可采储量 $1360\times10^8m^3$，剩余可采资源 $12.7\times10^{12}m^3$，已在四川盆地实现工业化开发。从剩余资源量分布看，页岩气资源主要富集在海相地层，尤其是我国南部寒武系和志留系海相页岩气。未来页岩气勘探领域主要在四川盆地寒武系和志留系，鄂尔多斯盆地海陆过渡相石炭系—二叠系页岩气剩余资源也比较大，该领域也应给予关注。

4）煤层气

煤层气目前探明可采储量 $3167\times10^8m^3$，探明程度很低，剩余可采资源 $12.2\times10^{12}m^3$。从剩余资源分布来看，主要在鄂尔多斯石炭系—二叠系、准噶尔盆地侏罗系、沁水盆地石炭系—二叠系、滇东黔西二叠系，上述这些盆地和地区是煤层气未来重要的勘探领域。

5）非常规油气发展方向

由于资源基础、勘探程度以及经济技术的差异，致密气、致密油、页岩气、煤层气四类非常规资源应采取不同的发展思路，有序推进，逐步成为增储上产的重要资源类型。

致密气现已成为天然气勘探与开发的现实接替领域，应立足鄂尔多斯盆地石炭系—二叠系与四川盆地三叠系须家河组、侏罗系；积极拓展东部松辽盆地深层断陷，西部准噶尔盆地二叠系、塔里木盆地库车坳陷与吐哈盆地侏罗系。

致密油是常规石油勘探开发的重要补充，应立足陆相大型坳陷型盆地优质烃源岩发育区，鄂尔多斯盆地长 7 油层组、松辽盆地扶余油层、准噶尔盆地二叠系芦草沟组、四川盆地侏罗系、渤海湾盆地沙三段—孔二段、柴达木盆地柴西是发展重点。

页岩气具备加快发展的条件。应立足我国南部下古生界志留系龙马溪组优质海相页岩，加快资源落实和开发试验，扩大产能规模，为四川盆地天然气发展提供战略资源。

煤层气具有稳步发展的条件。应立足我国主要含煤沉积盆地，在努力拓展沁水盆地、鄂尔多斯盆地东缘和东部与南方中小型盆地中高阶煤层气领域的同时，积极准备准噶尔盆地、鄂尔多斯盆地、松辽盆地、海拉尔盆地、二连盆地与吐哈盆地低阶煤，探索有效开发技术，实现资源向储量、产量的有效转化。

小 结

本章立足于中国石油第四次油气资源评价最新研究进展，重点介绍了常规与非常规油气资源评价方法技术研发成果、刻度区解剖成果与关键参数取值标准，以及我国常规剩余资源潜力、非常规资源现实性、未来油气勘探重点领域与勘探方向。

（1）针对常规剩余油气资源的隐蔽性、非常规油气资源的强非均质性等，明确油气资源评价方法研发重点。常规油气资源评价重点发展了三维运聚模拟、刻度区资源丰度类比法和广义帕莱托分布法。非常规油气资源评价重点创建了小面元法、分级资源丰度类比法、EUR 类比法和数值模拟法，完善了体积（容积）法和资源空间分布预测法。研发集成了常规与非常规油气资源评价系统，为油气资源评价提供了技术平台。

（2）针对常规与非常规油气勘探新进展与油气地质新认识，在补充完善 218 个刻度区基础上，建立基础信息参数、资源评价方法参数、标准类比参数体系，明确参数取值标准、地质风险打分标准、关键参数取值标准与预测模型，构建了 3 个大类资源评价方法 12 项关键参数的取值标准，为油气资源类比评价提供了依据。

（3）针对油气资源家底，重点评价与展示了我国 101 个盆地范围的常规油气以及致密油、致密气、页岩气、煤层气、油页岩油、油砂油、天然气水合物 7 类非常规油气资源量评价结果。论述了常规剩余油气资源潜力及分布、非常规油气资源分布及现实性，根据分析结果进一步明确常规剩余油气资源未来勘探的重点领域，以及非常规油气发展方向。

参 考 文 献

[1] 郭秋麟，谢红兵，黄旭楠，等. 油气资源评价方法体系与应用［M］. 北京：石油工业出版社，2016.

[2] 柳广第，刘成林，郭秋麟. 油气资源评价［M］. 北京：石油工业出版社，2018.

[3] 宋振响，陆建林，周卓明. 常规油气资源评价方法研究进展与发展方向［J］. 中国石油勘探，2017，22（3）：21-31.

[4] 郭秋麟，谢红兵，任洪佳，等. 盆地与油气系统模拟［M］. 北京：石油工业出版社，2018.

[5] 郭秋麟，杨文静，肖中尧，等. 不整合面下缝洞岩体油气运聚模型——以塔里木盆地碳酸盐岩油藏为例［J］. 石油实验地质，2013，（5）：495-499.

[6] 郭秋麟，闫伟，高日丽，等. 3 种重要的油气资源评价方法及应用对比［J］. 中国石油勘探，2014，19（1）：50-50.

[7] Lee P J. Statistical methods for estimating petroleum resources［J］. Oxford：Oxford University Press，2008：234.

[8] 郭秋麟，李峰，陈宁生，等. 致密油资源评价方法、软件与关键技术［J］. 天然气地球科学，2016，27（9）：1566-1575.

[9] 郭秋麟，陈宁生，宋焕琪. 致密油聚集模型与数值模拟探讨. 岩性油气藏，2013，25（1）：4-10.

[10] 郭秋麟，陈宁生，吴晓智，等. 致密油资源评价方法研究［J］. 中国石油勘探，2013，18（2）：67-76.

[11] Schmoker J W. Resource—assessment perspectives for unconventional gas systems［J］. AAPG Bulletin，2002，86（11）：1993-1999.

[12] 邹才能，陶士振，张响响，等. 中国低孔渗大气区地质特征、控制因素和成藏机制［J］. 中国科学：D 辑，2009，（11）：1607-1624.

[13] 李明诚. 石油与天然气运移（第三版）［R］. 北京：石油工业出版社，2004.

[14] 胡素云，田克勤，柳广弟，等. 刻度区解剖方法与油气资源评价关键参数研究［J］. 石油学报，2005，（B03）：49-54.

[15] 郭秋麟，陈宁生，刘成林，等. 油气资源评价方法研究进展与新一代评价软件系统［J］. 石油学报，2015，36（10）：1305-1314.

第八章 地球物理勘探技术

随着油气勘探领域不断延伸，勘探对象由碎屑岩向碳酸盐岩、火山岩延伸，油气藏类型由构造油气藏向岩性油气藏延伸，地表条件由平原向大沙漠、复杂山地延伸，对地球物理勘探技术要求越来越高。经过十年发展，中国石油基本形成了针对不同岩性、不同对象的地球物理配套技术，在松辽盆地中—浅层岩性油藏、松辽盆地深层及准噶尔盆地火山岩气藏、四川盆地及塔里木盆地碳酸盐岩油气藏、库车坳陷复杂构造带增储上产中发挥了重要作用。

第一节 岩性地层油气藏地震预测技术

勘探实践表明，岩性地层油气藏勘探是我国陆上盆地储量增长的主体，是目前和未来相当长一个时期内最现实的勘探领域[1]。"十一五""十二五"期间，岩性地层油气藏勘探重点发生四个转变：由点到大油气区整体，由中—浅层向深层，由碎屑岩向多类型储层，由常规向常规非常规并重。

一、地震预测技术需求

岩性地层油气藏储集目标隐蔽性强，非均质性严重，有效储集空间背景差异性弱，精细成像与识别、刻画其物性及流体性质成为地球物理技术面临的突出共性难题。例如，松辽盆地中—浅层薄互层砂体识别、塔里木盆地深层碳酸盐岩储层和东河砂岩识别、准噶尔盆地腹部的低信噪比资料砂体识别，都面临地震分辨率的制约。在储层与非储层岩性速度差异较小的时候，常规的地震反演不能有效满足岩性预测和油气检测的需求。

无论是断陷盆地还是坳陷盆地，广泛发育的冲积扇、河流、三角洲构成岩性地层油气藏的主要相带类型，在层序结构上以不整合面和沉积间歇面控制，形成薄互层、砂体遮挡岩性地层圈闭，其典型几何特征表现为地层薄、砂体尖灭等，对地震分辨率需求高。以松辽盆地、鄂尔多斯盆地为代表，进入"十一五"，厚度5~10m甚至更薄的砂体是主要储集体，砂体识别中普遍存在的难题是地震垂向分辨率低于砂体厚度，地层顶底板不能直接分辨。受地震分辨率影响，砂岩上倾方向是否存在岩性封闭、不整合遮挡、削截或顶超等，在常规地震剖面上难以定论，圈闭识别存在多解性。

进入"十一五"，勘探目标以低孔低渗为主，储层物性差，非均质性强，对岩性、物性等地震预测精度提出巨大挑战。地震速度等是确定地层岩性的主要参数，由于不同岩性之间存在地震速度重叠，相同岩性间常有速度差异，地震速度和地层岩性并非一一对应，导致地震预测岩性存在多解性和不确定性，因此需要地球物理发展除速度反演之外的叠前弹性参数预测技术，针对岩性、物性甚至流体性质方面进行精细预测，优选敏感参数，突出储集体特征与背景的差异，提高储层预测精度。

不同类型沉积凹陷、不同区带沉积条件的差异，造成储层类型分布及岩性岩相带变化、不整合发育程度等存在差异，同时，不同洼槽地质结构和演化史不完全相同，在圈闭类型及展布方式上又有其特殊性。"十一五"以来形成的大油气区整体勘探思路迫切需要地球物理提供针对性的描述技术，不能采用常规模式进行一般推广，需要厘定针对性的技术解决方案。

二、地震勘探关键技术进展

面对新形势下的勘探需求和挑战，十年来以地震属性和地震反演为主的技术系列取得三个方面进展：一是形成了保幅提高分辨率处理流程和关键技术，拓宽地震频带 10% 以上，地震资料对 3~5m 薄储层、5~10m 小断层的识别能力明显提高，对储集体边界刻画清晰；二是形成了针对薄储层等目标的叠前有效储层预测技术，预测精度提高 10% 以上；三是形成了针对不同类型岩性地层油气藏的针对性技术方案，岩性圈闭落实成功率提高 20% 以上。地球物理技术总体实现了从叠后到叠前、从定性到半定量—定量预测，有效支撑了岩性地层油气藏的勘探突破。

1. 薄砂体地震预测技术

在薄储层地震预测中，保幅提高分辨率处理和薄储层有效性预测是关键。针对薄互层，地震资料处理既要保证振幅真实反映储层响应，又要获得较高的分辨率，达到真实刻画薄储层的目的。表 8-1 列出了薄储层地震技术近年来发展形成的关键技术进展。在薄储层勘探实践中，形成了模型约束层析静校正、分步多域去噪、炮检域两步法反褶积、叠前数据规则化等保幅处理关键技术。通过保幅处理关键技术的应用，既保证了消除非地质因素造成的振幅改变，又使得高频弱信号得以真实保留，达到保幅、宽频的资料处理效果[2,3]。针对地震资料分辨率问题，形成了"3提1优选"的叠前提高分辨率处理技术：利用井控反褶积等技术提高垂向分辨率，利用吸收衰减补偿技术提高道集分辨率[4]，利用子波拉伸校正技术提高中远道频率，利用有效炮检距优选技术避开远道振幅异常。经过"保幅宽频 + 叠前拓频"的叠前处理技术流程[5]，地震频带可得到 10~15Hz 拓展，减弱薄储层地震响应干涉作用影响，AVO 特征趋于正确，为薄储层叠前预测奠定基础。

表 8-1　薄砂体地震预测技术进展

技术类别		关键技术	技术效果
薄砂体预测技术	保幅提高分辨率处理技术	优化振幅一致性处理流程	振幅保真性提高，储集体边界变得清晰
		数据规则化 + 面元中心化	
		相对品质因子能量补偿技术	
		改进指数法 Q 因子求取技术	拓展频带 10~20Hz，提高薄层刻画能力
		井控反褶积技术	
		调谐能量增强法提频技术	
		子波拉伸校正技术	
	薄储层有效性预测技术	最佳时窗子体技术	刻画储集体岩性、物性特征，预测有效性提高
		有效调谐频带 AVO 技术	
		基于概率判别的叠前孔隙度预测技术	
		叠前弹性参数反演及参数交会技术	

在有效储层预测方面，通过地震岩石物理和叠前弹性参数反演相结合，优选敏感参数，提高对岩性、物性的预测精度。基于概率判别的叠前孔隙度预测技术是以 AVO 流体反演为基础，充分利用其统计学分析优势，将岩石物理模版、概率统计和数学映射三者结合，减少单一孔隙度直接映射的预测多解性问题[6,7]。首先根据孔隙度参数对 P—G 模版的敏感性，在概率统计基础上抽取孔隙度样本，分别计算出 P—G 交会的理论岩石物理模版，然后通过 Bayers 判别技术获得对应孔隙度的储层概率，从而计算出孔隙度参数。由于该方法以概率统计为基础，较好降低了预测结果的多解性，提高了预测精度。在有效储层定量预测方面，采用高精度叠前弹性参数反演技术，优选纵横波速度比（v_P/v_S）等敏感参数，描述薄互层有效储层。通过纵横波速度比和孔隙度预测结果进一步交会，获得有效储层厚度。

2. 地层油藏地震预测技术

"十一五""十二五"期间，在四川、鄂尔多斯、塔里木、准噶尔等中西部盆地不断有大型碳酸盐岩、碎屑岩地层油气藏的大发现。从已发现的地层油气藏规模来看，地层油气藏单体规模较大，可采程度高，而且其平均单井产量高，经济效益高。我国各大含油气盆地都经过了多旋回的构造叠加，具备发育地层油气藏的良好条件。地层型油气藏的控制因素主要包括不整合、超覆/剥蚀带、储层、顶底板盖层、输导层等。近年来针对地层型油藏发展的地球物理技术主要包括地层尖灭线识别技术，不整合内幕储层刻画技术，裂缝型储层有效性预测技术，地层圈闭地球物理有效性评价等（表8-2）。

表8-2 地层油气藏地震预测技术

技术类别		关键技术	技术效果
地层油气藏预测技术	地层尖灭线、相变带刻画	有效调谐频带识别技术	识别顶底板、尖灭线，预测岩性、物性
		高精度 Q 求取及补偿技术	
		密度泥质含量校正法孔隙度预测技术	
	不整合内幕刻画	波形分解法去屏蔽技术	刻画不整合结构体内幕
		不整合结构体分层刻画技术	
	风化壳裂缝、各向异性预测	AVO 趋势异常裂缝检测技术	预测风化壳裂缝发育区
		裂缝孔隙度反演技术	
	内幕有效储层预测	非线性 AVO 反演、射线阻抗反演技术	精细刻画内幕储集体

地层尖灭线的识别属于典型的地震分辨率问题，技术突破点以提高薄层识别能力为核心，采用的技术如有效调谐带识别技术[2,8]、高精度 Q 求取及补偿技术等，通过优选或补偿地层尖灭部分的地震敏感响应能量，提高地层尖灭区识别能力，达到尖灭线识别的目的。同时，地层尖灭伴随着地层岩性发生相变，结合储层岩性及物性预测可提高尖灭线刻画精度，发展形成了针对碎屑岩相变预测的密度泥质含量校正法孔隙度预测等技术。

围绕地层型油气藏的控制因素，不整合结构体的刻画是重要内容。通过在地震解释中引入不整合结构体的概念，可以实现不整合结构体分层刻画。不整合面或沉积间歇面作为重要的地层界面，在地震响应中表现出明显的强反射，低频强反射子波对下伏内幕储层形成屏蔽作用,通过利用匹配追踪波形分解法等技术,可去除强反射屏蔽,突出刻画内幕储层。另外,针对风化壳类型的地层油气藏,裂缝、各向异性预测是重要内容[9]。

三、松辽盆地薄砂体地震勘探实践

松辽盆地 40% 石油剩余资源量赋存在扶杨油层,但是面临着单层薄、物性差、油藏规律不清、有效储层预测不能满足地质需求等难题,薄互储层识别成为制约增储上产的主要瓶颈。大庆长垣扶杨油层单砂体厚度 75% 集中在 5m 以下,孔隙度在 10% 左右,渗透率为 0.1~1mD,厚度薄、低孔低渗的双重难度使得探井成功率在 2009 年以前仅为 29.5%。因此,开展地震高分辨率处理和叠前预测技术研究,提高薄互层预测精度具有极其重要的战略意义。

2006—2013 年,通过组织大规模持续攻关研究,形成了针对松辽盆地薄互层的高保真高分辨率地震处理关键技术、地震叠前储层预测关键技术,建立起一套有效的配套技术流程,并进行了推广应用,在大庆朝阳沟—长春岭地区形成了 2500km^2、长垣地区形成了 1930km^2 连片成果,部署钻探成功了杏 69-1 井、垣平 1 井、葡平 1 井、葡平 2 等高产井,钻井成功率提高到 74.7%,为松辽盆地增储上产提供了有力支撑。

1. 主要技术成果

"十五"以来,松辽盆地扶杨油层低渗透薄储层地震处理解释关键技术发展及应用效果见表 8-3。

表 8-3 低渗透薄储层地震处理解释关键技术及应用效果

研究区类型	保幅提高分辨率处理	有效储层预测	应用效果
大庆朝阳沟—长春岭地区低渗透薄层	①模型约束层析静校正 ②三维空变速度场球面扩散补偿 ③炮检域分步反褶积 ④非对称走时叠前时间偏移	①基于参考标准层拉平的四级层序精细解释技术 ②最佳时窗子体砂体识别技术 ③基于地震属性微相解释技术	①地震资料分辨率和保真度大幅度提高,保持了薄层砂体地震反射动力学特征,为河道砂体量化识别奠定了基础 ②实现了曲流河点沙坝形态的定量刻画,大于 5m 砂体可以准确识别,3~5m 砂体预测符合率达到了 88%
大庆长垣地区低渗透薄互层	①叠前多域保幅去噪 ②基于模型的一致性振幅补偿 ③井控反褶积 ④空变反 Q 补偿 ⑤子波拉伸校正 ⑥有效炮检距优选叠加	①薄互层 AVO 正演模拟技术 ②拟横波反射率有效储层预测技术 ③基于概率判别的叠前孔隙度预测技术	①目的层频带拓宽了 15Hz,地质现象更加丰富,薄互层砂体得到准确成像 ②识别出了清晰的三角洲分支河道形态 ③AVO 属性有效储层定量预测符合率达到 78.6%
大庆长垣南部特低渗透薄互层	①广义时频域拓频处理 ②保持 AVO 特征叠前道集规则化处理	①岩石物理分析与建模技术 ②叠前弹性反演含油检测技术 ③重构流体敏感因子含油检测技术	①道集保真规则化处理满足了叠前反演和 AVO 属性分析需要 ②广义时频域拓频处理频带拓宽 20% ③叠前弹性参数反演含油检测符合率达到 73% ④重构流体敏感因子能进一步突出薄储层含油特征

（1）保幅提高分辨率处理：针对保幅处理，形成了模型约束层析静校正、叠前多域保幅去噪、三维空变速度场球面扩散补偿、基于模型的振幅补偿、炮检域分步反褶积、非对称走时叠前时间偏移等关键技术；针对提高分辨率，探索形成了井控反褶积、空变反 Q 补偿、子波拉伸校正、广义时频域拓频处理和有效炮检距优选道集拉平等技术。为满足叠前地震储层预测的需要，形成了非均匀观测系统规则化处理、各向异性动校正等保持 AVO 特征的叠前道集优化处理技术。保幅提高分辨率处理效果如图 8-1 所示，地震频率从 8~85Hz 拓展至 8~100Hz，井震匹配程度明显提高。图 8-2 给出了扶 I_3 层的振幅属性平面图，清晰展示出河道砂体展布，砂体边界和老资料相比显著提高。

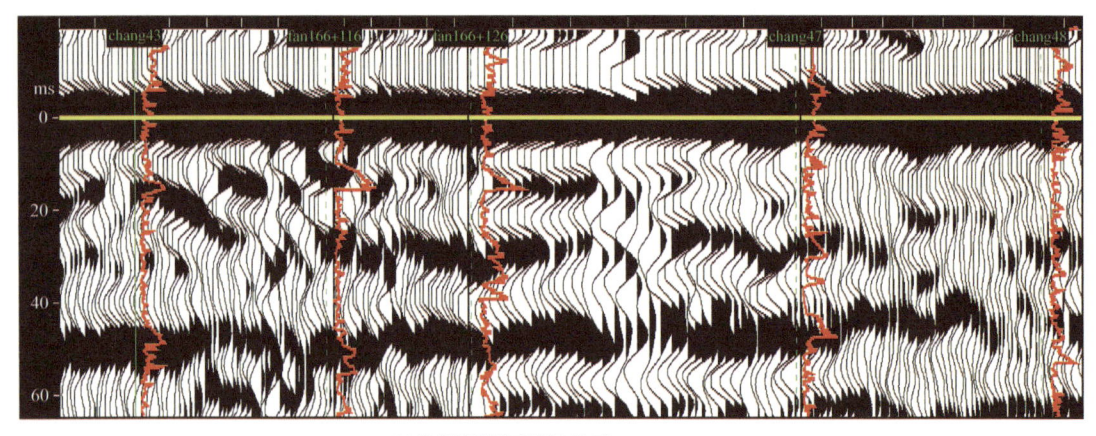

(a) 常规处理剖面(沿T₂拉平)

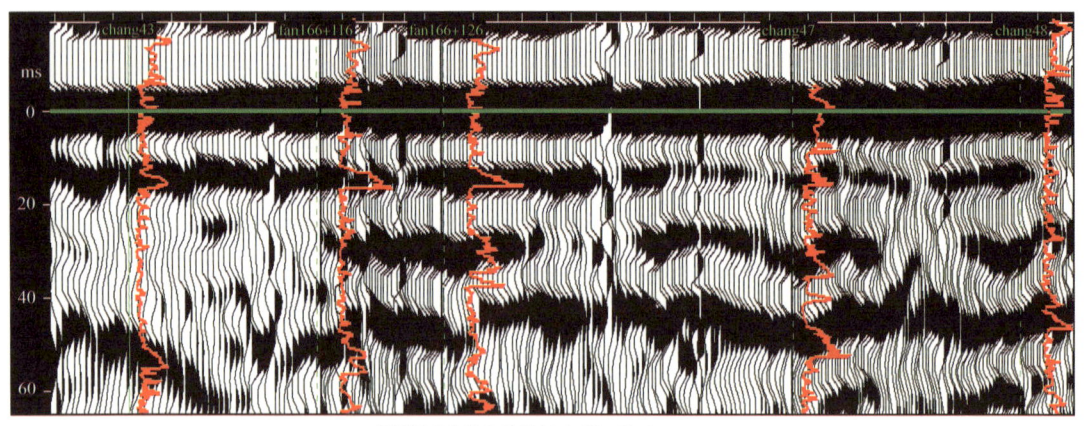

(b) 保幅提高分辨率处理剖面(沿T₂拉平)

图 8-1 保幅提高分辨率处理和常规处理剖面对比图

（2）河道砂体识别解释：根据陆相薄互层地质特点，参考地震沉积学理念，形成了一系列薄河道砂体解释技术，包括基于参考标准层拉平的四级层序精细解释技术、最佳时窗子体技术、基于地震属性沉积微相解释技术等。

（3）有效储层叠前预测：通过 AVO 正演与实际资料对比分析，明确松辽盆地扶杨油层油层、水层和干层的 AVO 特征差异，优选出 AVO 拟横波反射率等方法可定性预测储层。为进一步降低多解性，在 AVO 流体反演的基础上，提出了基于概率判别的叠前孔隙度预测技术，有效储层定量预测符合率达到 78.6%。岩石物理分析研究证明，泊松比、拉梅系数、纵横波速度比等是预测扶杨油层有效储层及含油性的敏感弹性参数，通过建立多参数交会的岩石物理模版，提高了有效储层预测精度，预测符合率达到了 73%。图 8-3 给出的是葡南地区叠前反演 v_P/v_S 剖面，能够较好预测出有效储层。

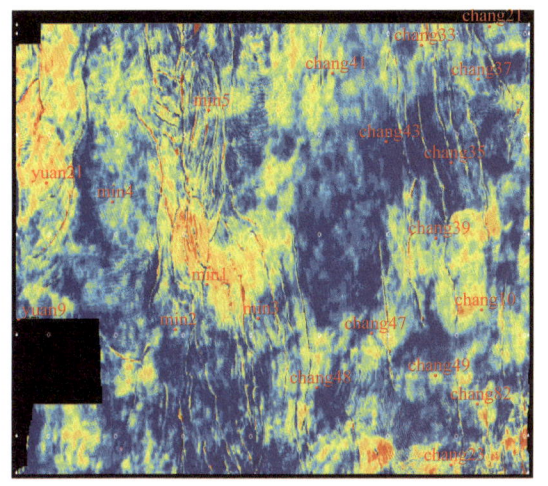

(a) 常规处理老资料扶I_3层振幅属性　　　　(b) 保幅提高分辨率处理扶I_3层振幅属性

图 8-2　保幅提高分辨率处理和常规处理振幅属性对比图

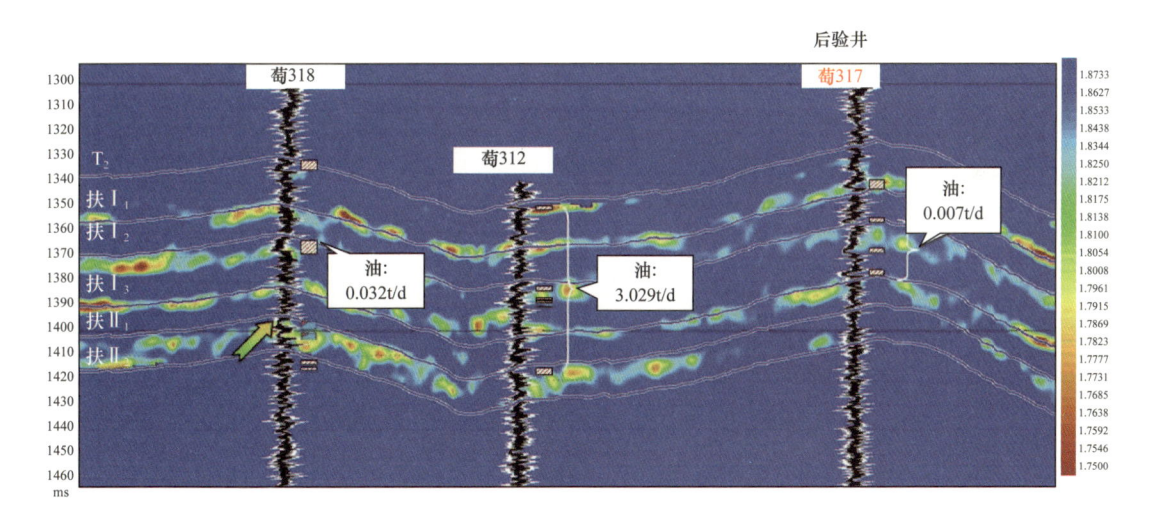

图 8-3　葡南地区 v_P/v_S 反演剖面

2. 主要地质效果

结合大庆长垣扶余油层的勘探开发，通过开展保幅提高分辨率处理、薄砂体识别及叠前有效储层预测等技术系列的研发与应用、地震地质综合一体化研究，单井产能不断突破，多口高产井的钻探成功有力支撑了大庆油田扶余油层低渗透薄油藏储量升级和勘探开发成效的提升。

应用上述配套技术，大庆朝阳沟—长春岭地区形成了 2500 km²、长垣地区形成了 1930km² 连片成果（图 8-4、图 8-5）。2010—2011 年，部署钻探 29 口探评井，预测符合率 77.5%，获工业油流井 17 口，成功率由 29.5% 提高到 58.7%；其中 11 口井为高效井，高效井比例为64.7%。2012—2013年，大庆长垣扶余油层完成钻井33口，钻井成功率为74.7%。根据研究成果部署的杏69-1井获得40.46t/d高产油流（图8-6），使大庆长垣单井产能获得新突破（原最高18t/d）。2011年，钻探成功大庆长垣扶余油层第一口水平井——垣平1井，水平段共完成进尺2660m，实际钻遇砂岩长度1484.4m，地震预测符合率96.8%，日产油72.26t。2011—2014年，先后钻探成功葡平1井、葡平2井等多口水平井，探索形成了低渗透薄油层高效勘探开发的新模式。

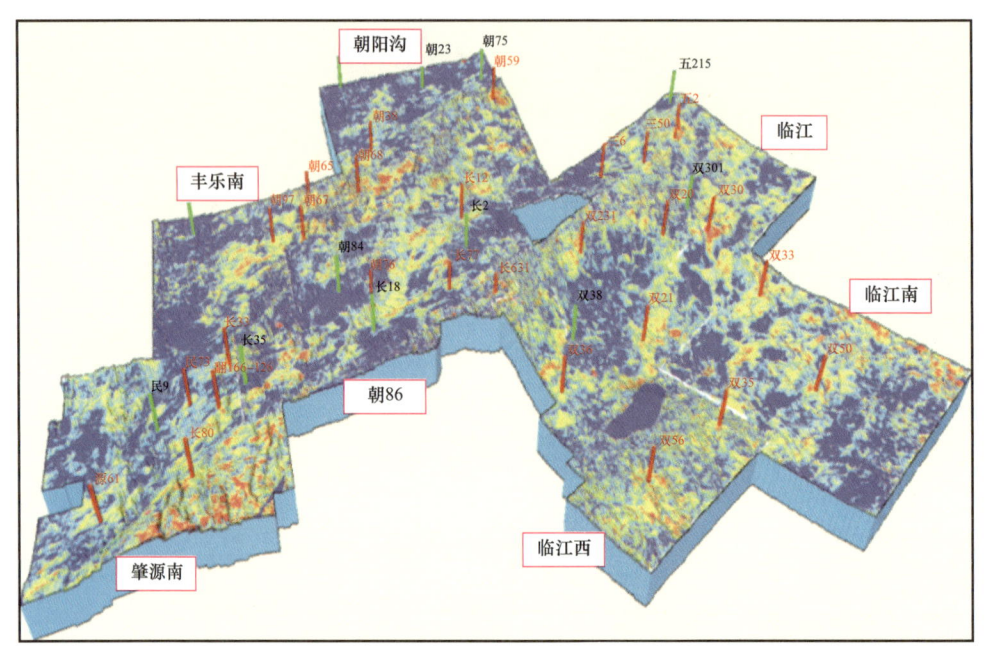

图 8-4　大庆朝阳沟—长春岭地区扶 I 中油层组河道砂体预测图（连片 2500km²）

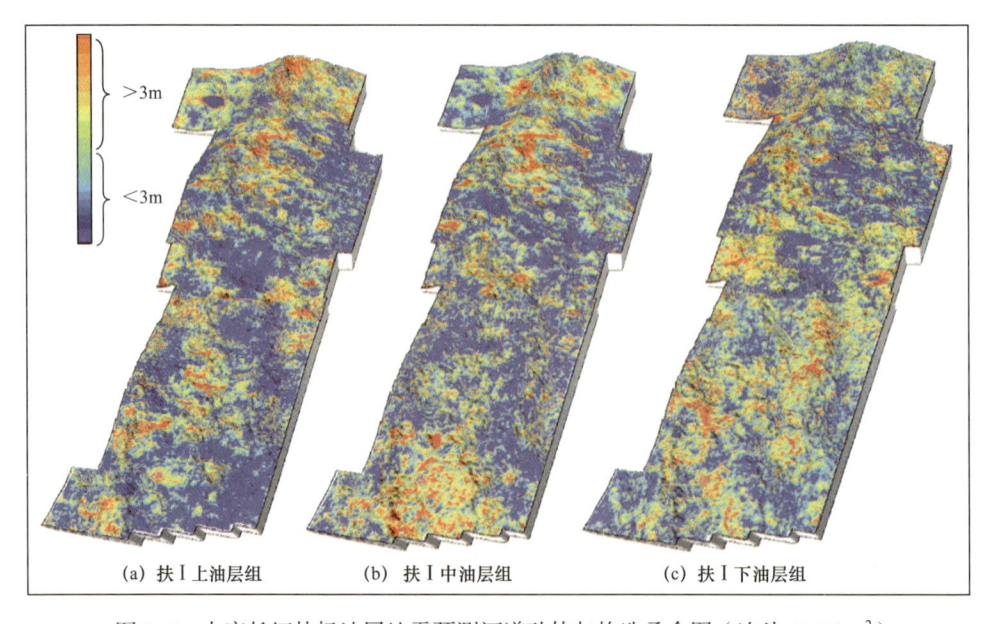

图 8-5　大庆长垣扶杨油层地震预测河道砂体与构造叠合图（连片 1930km²）

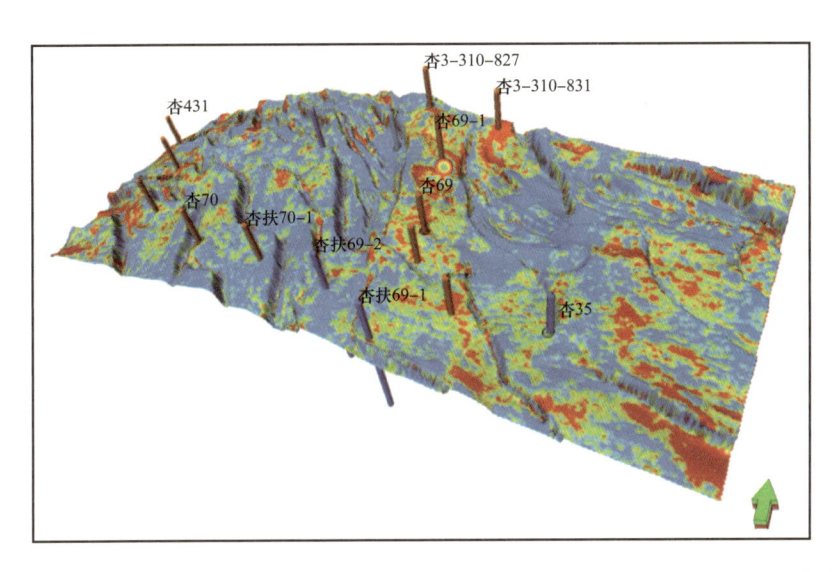

图 8-6　大庆长垣杏 69 井区扶杨油层有效储层预测立体图（杏 69-1 井获得 40.46t/d 高产油流）

大庆长垣扶余油层 2009 年探明储量为 5000×10^4t（图 8-7）。2010 年在杏树岗地区提交石油控制储量 6575×10^4t；高台子—葡南地区提交石油预测储量 1×10^8t（图 8-8），2011 年升级控制储量 8869×10^4t（图 8-9）。2013 年，大庆油田根据勘探开发效果对长垣扶余油层进行进一步评价，剩余资源Ⅰ类 1.87×10^9t，Ⅱ类 1.5×10^9t（图 8-10），探明储量从 2009 年的 5000×10^4t 增加到 1.65×10^8t 的规模。和 2009 年扶余油层勘探成果（图 8-7）相比，大庆长垣扶余油层呈现出大面积规模可动用的局面，对大庆油田的持续稳产起到重要的支撑作用。

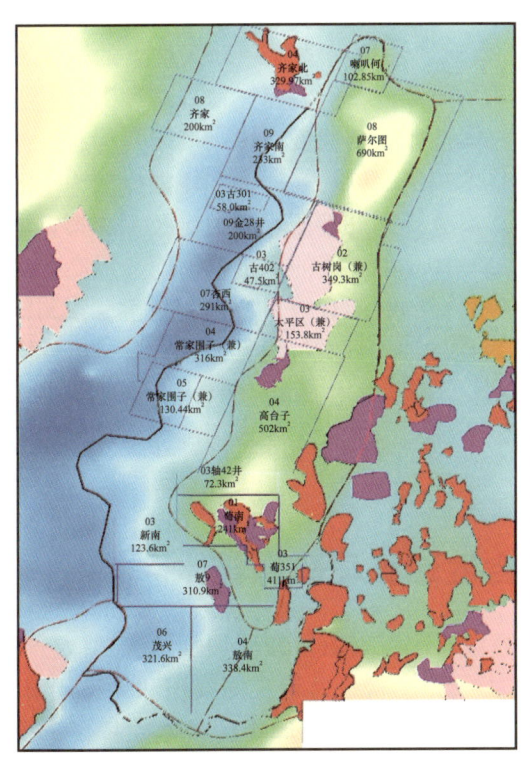

图 8-7　大庆长垣扶余油层 2009 年勘探成果图 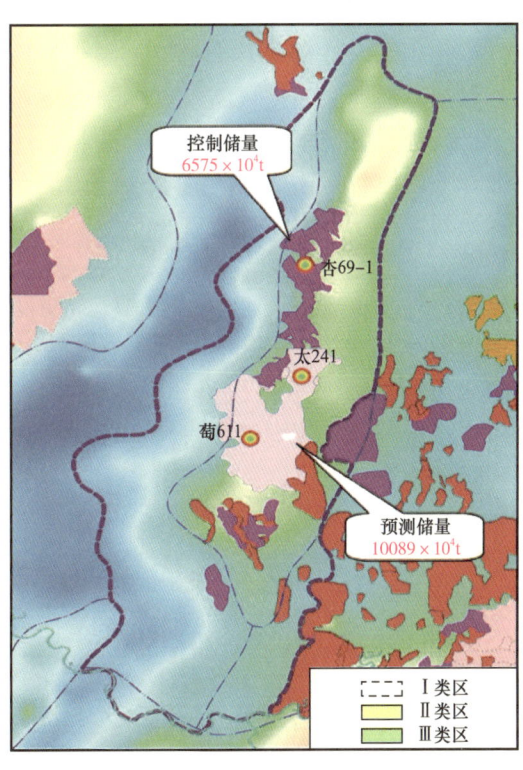　　图 8-8　大庆长垣扶余油层 2010 年勘探成果图

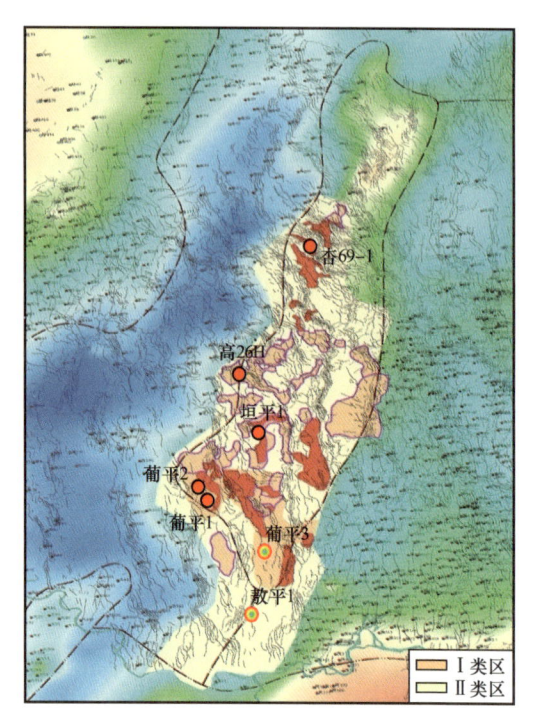

图 8-9　大庆长垣扶余油层 2011 年勘探成果图　　图 8-10　大庆长垣扶余油层 2013 年资源分布图

四、小结

"十一五""十二五"期间，岩性地层油气藏成为中国石油陆上油气储量增长的主体，是相当长一个时期内最现实的勘探领域。面对岩性地层油气藏勘探重点的四个转变，以及岩性地层油气藏储集目标隐蔽性强、非均质性严重等特点，对地震预测技术提出了提高资料分辨率，提高储层岩性、物性、流体性质预测精度，提高圈闭目标有效性的地球物理综合描述能力的需求。经过十年的技术攻关，以地震属性和地震反演为主的技术系列取得三个方面进展：一是形成了保幅提高分辨率处理流程和关键技术，拓宽地震频带 10% 以上，地震资料对 3~5m 薄储层、5~10m 小断层的识别能力明显提高，对储集体边界刻画清晰；二是形成了针对薄储层等目标的叠前有效储层预测技术，预测精度提高 10% 以上；三是形成了针对不同类型岩性地层油气藏的针对性技术方案，岩性圈闭落实成功率提高 20% 以上。地球物理技术总体实现了从叠后到叠前、从定性到半定量—定量预测，有效支撑了岩性地层油气藏的勘探突破。在松辽盆地薄砂体地震勘探中见到明显效果。

第二节　火山岩气藏综合地球物理勘探技术

"十五"以来，中国石油在准噶尔、松辽等盆地深层火山岩领域加强油气勘探，获得一系列重大发现，探明了准噶尔盆地克拉美丽气田、松辽盆地长深气田和徐深气田、三塘湖盆地牛东油田等火山岩油气藏[10—12]。重磁电震综合地球物理技术发挥了重要作用。

一、地球物理技术需求

随着松辽盆地和准噶尔盆地油气勘探向深层领域的延伸，深层火山岩逐步成为中国石油增储上产的新领域和新层系。在裂缝发育的条件下，火山岩储层具有良好的储集性能，可为大规模油气成藏提供优质的储集空间。但火山岩对地震波的屏蔽及火山岩储层的非均质性特点造成地震资料品质差、成像精度差。对于火山岩这种特殊岩性体，由于其与沉积岩在密度、磁性、电阻率等方面存在较大差异，正好可发挥重磁电方法的体积勘探和区域评价的作用，为火山岩分布预测和含油气评价提供一种快速而有效的手段。

针对深层火山岩油气藏物性差异大和非均质性强的特点，需要开发三维重磁电数据采集技术、重磁电异常弱信息增强技术和重磁电多参数联合反演技术，形成火山岩体宏观分布重磁电综合物探预测、井震约束的火山岩目标多参数识别、火山岩含油气性综合评价等关键技术，提高火山岩识别和预测能力，实现火山岩油气综合勘探的推广应用。

二、地球物理关键技术进展

地球物理勘探方法在进行采集、处理、解释的过程中都需要满足三个条件，即"看得见""看得清""看得准"。"看得见"是要求采集到的目标异常信号强度能达到仪器的测量精度，"看得清"是要求在处理过程中能够将勘探目标的异常信号从干扰信号中提取出来，"看得准"是要求在进行目标解释时能够较准确地刻画目标的地质结构及地球物理特性，以便更准确地进行油气预测。"十五"以来，重磁电资料采集、处理技术进展表现在大功率人工源电磁采集技术、高精度重磁数据采集技术、重磁电弱信号提取技术和重磁电约束与联合反演技术等方面。

1. 延拓回返重磁异常二阶导数异常增强技术

针对火山岩的非均质性特点，通过引入延拓回返带通滤波算子对传统的求导进行改进，开发了适合于埋藏较深的复杂勘探目标的重磁异常增强处理技术——高分辨率重磁延拓回返垂直导数目标处理技术[13, 14]。在对重磁异常数据处理时，采用广义垂直n次导数技术进行重磁异常的处理，并通过多次向上延拓和向下回返处理，压制高频噪声，突出不同目标层段的异常。通过广义导数次数的选择，突出更多不同深度地质体产生的异常，实现重磁异常的目标处理，提高对火山岩性体的识别能力。通过对准噶尔盆地陆东—五彩湾地区航磁异常的垂向二阶求导处理，局部磁异常与火山岩分布对应关系明显，吻合率达到85%以上。

2. 地震构造约束重力正演剥层技术

重力正演剥层处理是指通过建立目的层以浅地层的密度模型并进行正演重力计算，再从原始重力异常中逐层消除浅层影响，从而达到突出深层目标重力异常的目的[15]。该方法适合于勘探程度相对较高的地区，可以通过地震解释的构造层建立浅层地层的深度变化模型，通过钻测井资料统计赋以构造模型的密度值，然后进行重力正演计算及剥层处理。

根据松辽盆地三维地震构造图和测井及岩石标本密度资料，建立了 T_1—T_4（青山口组顶、泉头组顶、登娄库组顶和断陷期顶）4个反射界面的构造密度模型（图 8-11）。利用三维重力正演计算的各层重力效应，从原始布格重力异常中减去各层重力影响，得到全盆地侏罗纪断陷期以下地层的重力异常[15]。对比分析表明，正演剥层后重力异常突出了断陷期火山岩的总体展布及控制火山喷发的北西向断裂构造特征。

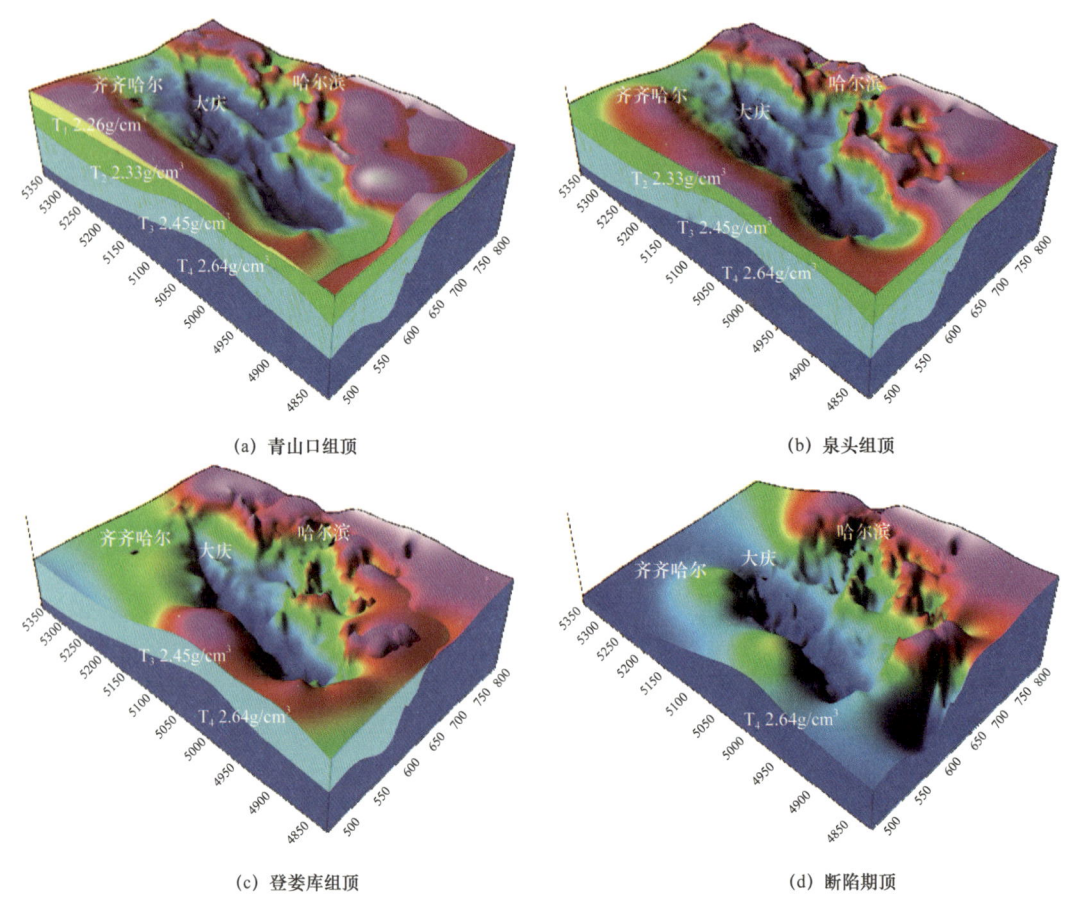

(a) 青山口组顶

(b) 泉头组顶

(c) 登娄库组顶

(d) 断陷期顶

图 8-11　松辽盆地 T_1—T_4 界面构造密度模型

3. 重磁异常沿层追踪技术

重磁异常沿层追踪技术是指将地面重磁场向下延拓到地下主要目的层地质界面上，沿地质界面追踪拾取重磁异常，以提高对岩性地层的分辨率。

常规的重磁处理分析方法是从地面上远距离研究探讨勘探目标的。根据位场理论，靠近场源观测可以提高对物性变化的分辨率，因此为了近距离精细刻画火山岩勘探目标的重磁异常特征，可采用正则化下延技术，结合地震构造建模，沿构造层面追踪拾取重磁异常，可实现构造层内弱异常提取，为弱磁性中酸性火山岩勘探提供新手段。

从准噶尔盆地陆东—五彩湾地区沿石炭系顶面追踪的磁异常结果看，利用正则化下延方法沿层拾取的磁异常反差强度增大，边界特征清晰，展布形态精细（图 8-12）。

4. 石炭系火山岩重磁异常综合解释技术

根据北疆地区不同岩性火山岩的密度、磁化率、电阻率等存在的特征差异，特别是通过区域重力和磁力勘探可以获得大区面积性密度和磁化率参数，利用岩石地球物理测量资料，建立不同岩性火山岩交会图版（图8-13）。按照"两种类型，三个层次"的原则进行火山岩不同岩性的识别预测（图8-14）。

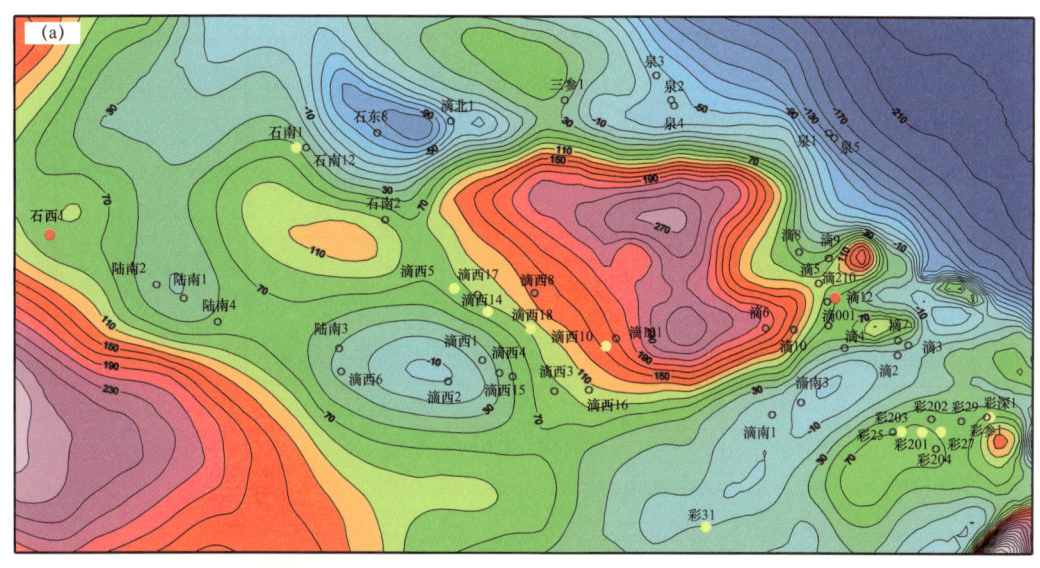

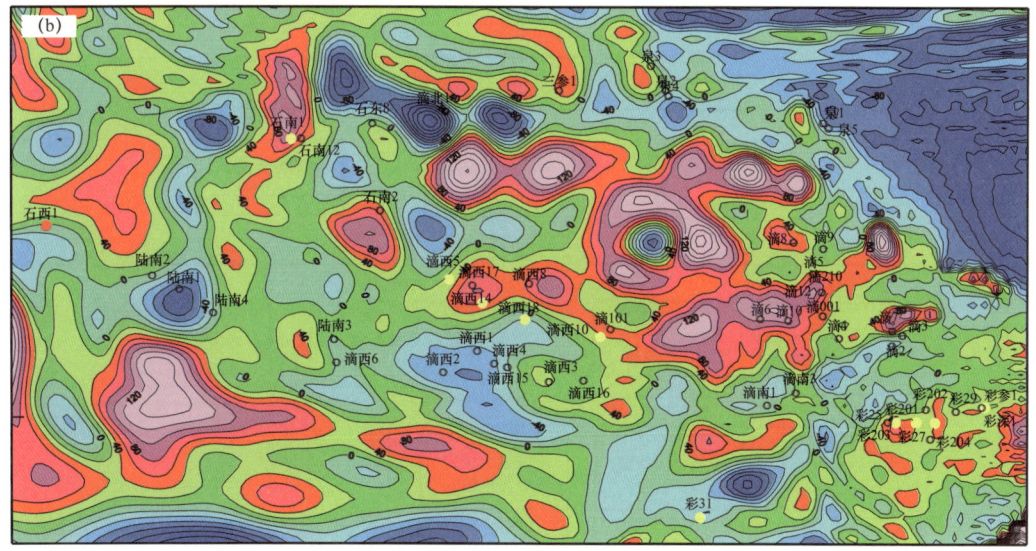

图8-12　原始航磁异常（a）与石炭系沿层追踪磁异常（b）对比图

5. 井震结合火山岩岩相地震识别技术

火山岩与沉积岩之间以及不同火山岩岩性、岩相之间的岩石物理特征存在一定的差异，这种差异必然会在地震属性中有所反映。因此通过刻度不同岩性、岩相与地震属性之间的关系，可以在空间上预测火山岩岩性及岩相的平面分布特征[16]。

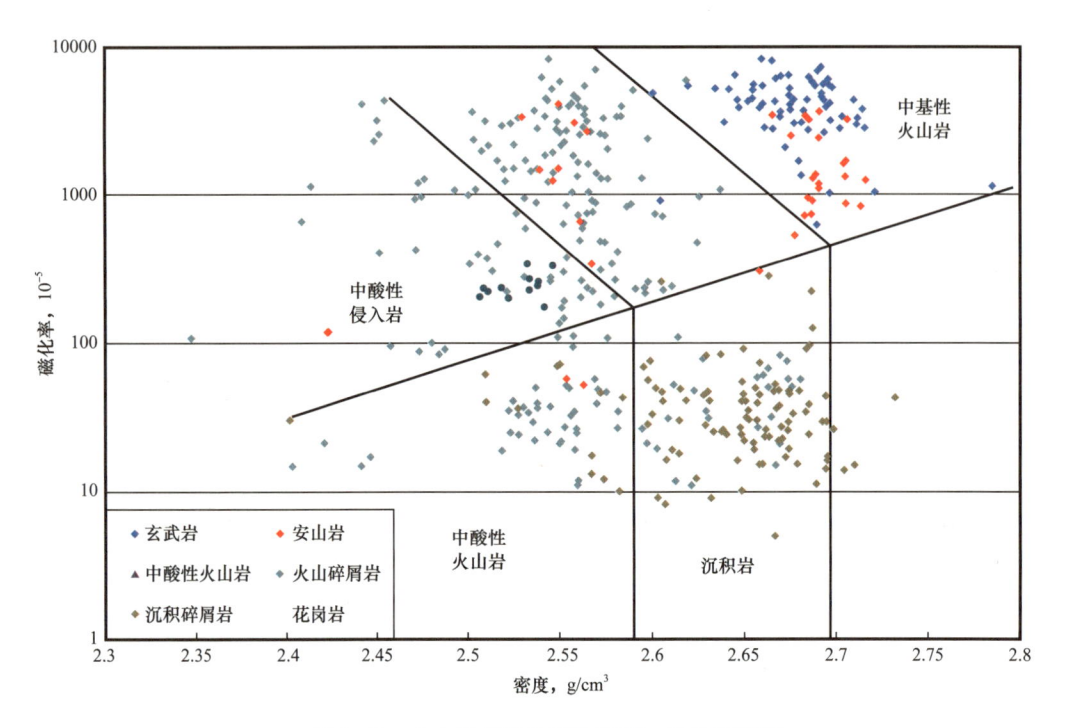

图 8-13 火山岩岩性识别的密度—磁化率模板

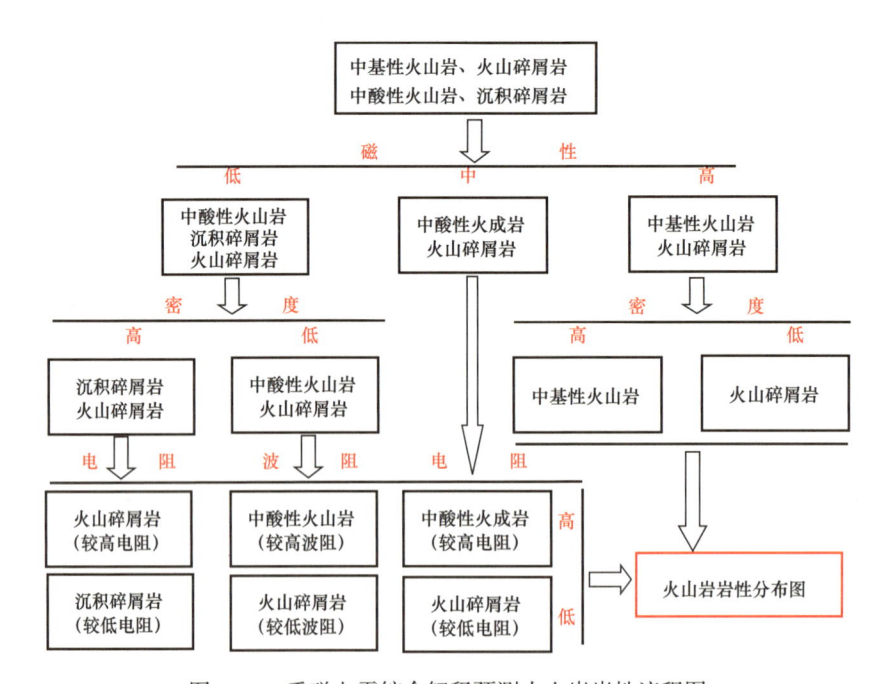

图 8-14 重磁电震综合解释预测火山岩岩性流程图

根据不同类型地震属性对不同地质地球物理参数的敏感性，结合对徐家围子地区已知钻井火山岩岩性、岩相与井旁地震道地震属性关系分析，建立了火山岩地质特征与地震属性关系表（表8-4）。利用地震属性关系，结合钻井岩心资料标定，可大致划分出爆发相、溢流相和火山沉积相三类[17, 18]。爆发相具有弱连续，弱反射，相关性差的特点；溢流相具有中等连续，强反射，相关性强的特点；火山沉积相具有弱连续，杂乱反射，相关性较差的特点（图 8-15、图 8-16）。

表 8-4 火山岩地质特征与地震属性关系表

属性类型	振幅类	波形频率类	波形相关类	构造层位类
火山岩 地球物理特征	火山岩岩性	火山岩厚度	火山岩岩相	有利火山岩构造
地震属性	振幅能量 最大峰值振幅 平均绝对振幅	瞬时相位 反射强度斜率 弧线长度	相似性 平均信噪比 相关长度	地层方位角 地层曲率 地层倾角
优化属性	均方根振幅	平均瞬时频率	协方差	时间构造
地质信息	酸性→基性 振幅：小→大	厚度：薄→厚 频率：大→小	爆发→溢流相 方差：大→小	含气→含水 构造：高→低

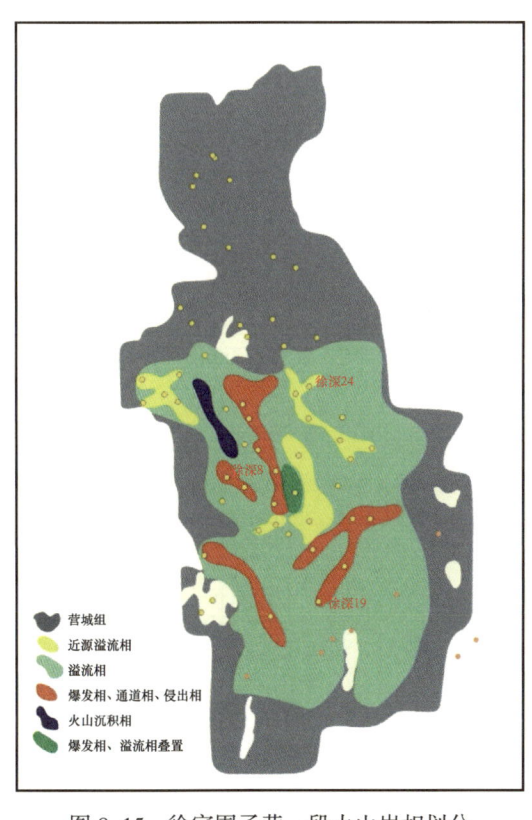

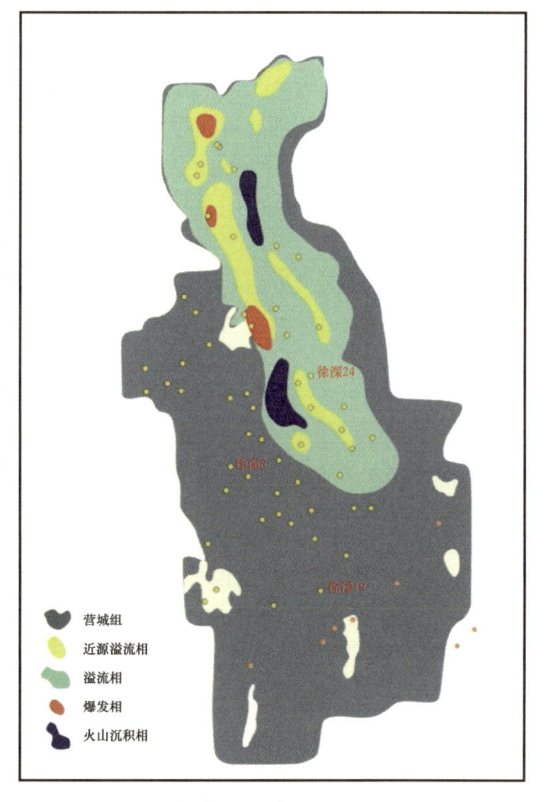

图 8-15 徐家围子营一段火山岩相划分　　图 8-16 徐家围子营三段火山岩相划分

通过对深层火山岩岩性和岩相分布预测，分析火山活动规律，推测火山通道、侵入体、爆发相、溢流相、沉积相的展布和叠合关系，结合地震反射振幅、瞬时频率、相干体、纵波阻抗、方位角等信息预测火山岩裂缝发育情况，对深层火山岩油气预测具有一定的指导意义。

三、火山岩综合勘探实践

松辽盆地和准噶尔盆地是经历多期构造运动与演化形成的叠合含油气盆地,受构造运动过程中发生的多期强烈的岩浆活动影响,盆地的深层存在众多火山岩体。地质研究表明,松辽盆地和准噶尔盆地深层火山岩具有良好的储集性能,能够为大规模的油气成藏提供优质的储集空间。近年来,松辽盆地徐深气田和长深气田、准噶尔盆地克拉美丽气田等深层火山岩油气田已顺利投产,拉动了深层火山岩油气藏勘探开发的发展[19—21]。

1. 松辽盆地火山岩综合地球物理勘探效果

松辽盆地北部徐家围子断陷深层火山岩天然气勘探程度最高,截至目前,该区深层共完成探井100余口,其中20余口探井获得了工业气流,钻探初步证实火山岩气藏为构造—岩性气藏。

根据松辽盆地北部徐家围子断陷航磁延拓回返垂直二阶导数异常图(图8-17)预测火山岩分布,数十口钻井资料验证,预测成功率可达85%以上[13]。根据地震3D构造图及岩石物性资料建立的地球物理模型,逐层进行3D重力异常的高精度重力正演剥层增强处理(图8-18),分别利用重磁结合钻井等资料综合预测火山岩岩性,预测成功率可达70%以上[15]。

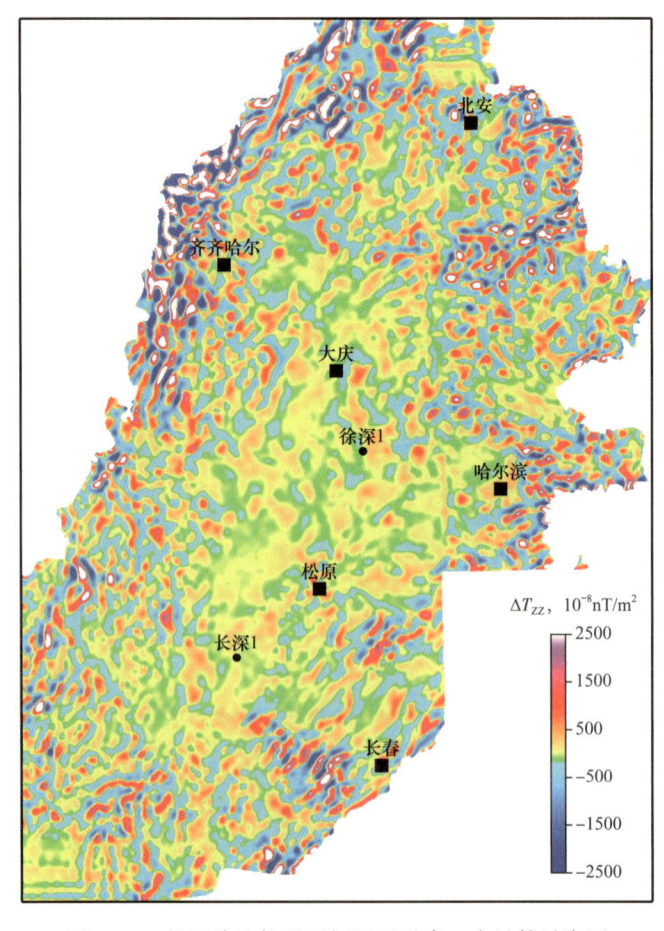

图8-17 松辽盆地航磁延拓回返垂直二次导数异常图

此外，根据松辽盆地南部长岭断陷航磁二阶导数异常与断陷期地层厚度叠合图（图8-19），长深1井、长深2井均位于航磁梯度带上，推测为裂缝发育的火山岩分布区，且与断陷期地层叠合良好。过长深1井、长深2井的地震剖面（图8-20）反映了两个多期火山喷发的丘状火山构造，溢流相火山岩表现为较连续的同相轴反射，其内部则为杂乱强反射。结合图8-19进行分析，认为长深3井断陷期地层厚度小于900m，推测火山岩与烃源岩不匹配，存在勘探风险；长深4井位于磁力高值处，火山岩与烃源岩基本匹配[13, 14]。综合各种勘探资料，推荐优先钻探长深1井。长深1井获天然气无阻流量百万立方米，日产 $42 \times 10^4 m^3$ 高产气流，取得了历史性突破；位于预测富集区带上的长深2井获得了高产气流，日产 $12 \times 10^4 m^3$；长深4井获工业气流，日产 $1.5 \times 10^4 m^3$；长深3井钻探失利，原因是无烃源岩。钻探结果证实了钻前综合地球物理的勘探认识[18]。

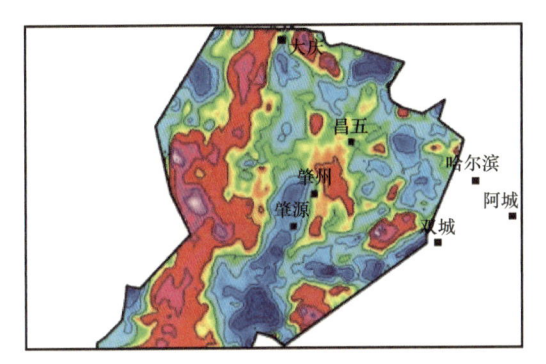

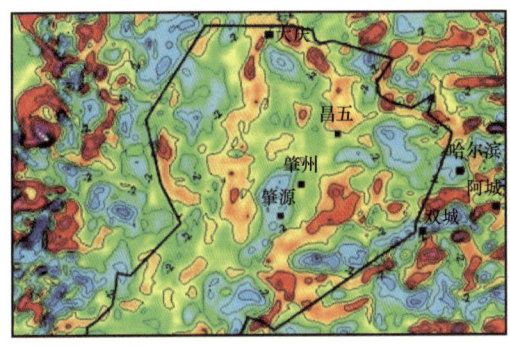

图 8-18 松辽盆地地震约束正演剥层侏罗纪断陷重力一阶导数异常图

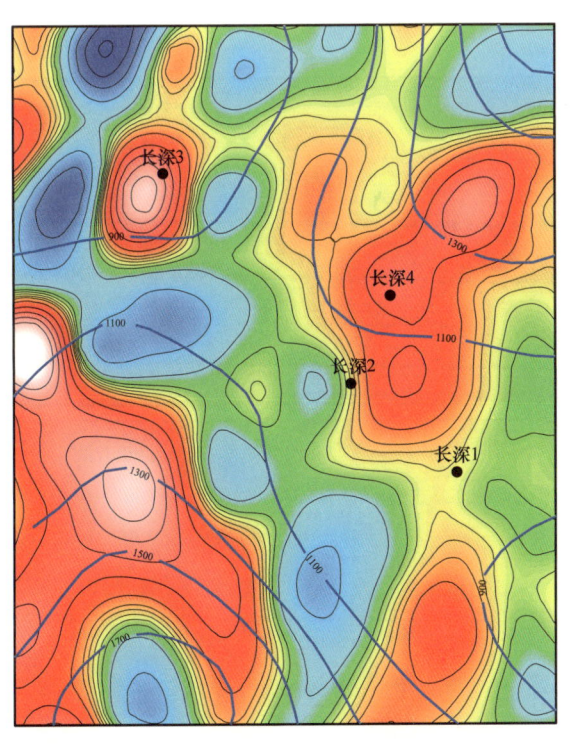

图 8-19 松辽盆地南部长岭断陷航磁延拓回返垂直二阶导数异常图
彩图及黑色等值线为航磁异常，蓝色等值线为断陷期地层厚度（单位：m）

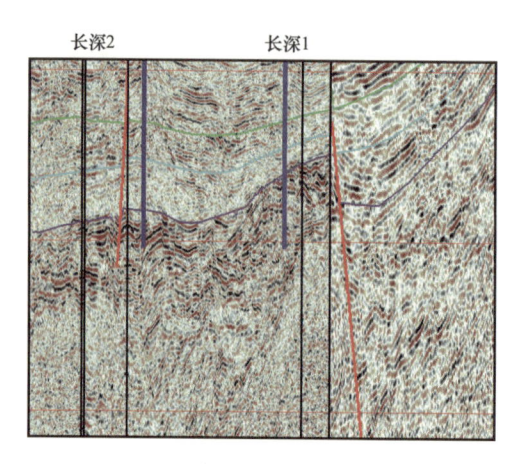

图 8-20　过长深 1—长深 2 井地震剖面

2. 准噶尔盆地火山岩综合地球物理勘探效果

新疆北部古生代经历了多旋回板块构造演化，大部分盆地存在前震旦系结晶基底及古生界似盖层褶皱基底，石炭纪以来又经历了多期岩浆活动、构造叠加及盆地叠合。准噶尔盆地火山岩石主要发育在上石炭统和下二叠统，是寻找石炭系火山岩油气藏的主要目标层系。

新疆北部新近系—石炭系主要存在三个明显的密度界面，即白垩系顶面、三叠系顶面和石炭系顶面。利用陆东—五彩湾地区中—浅层地震构造和测井资料，并对 500 多块岩石标本密度测量数据进行统计分析，建立了陆东—五彩湾地区的构造密度模型[14,17]。图 8-21（a）为陆东—五彩湾地区的布格重力异常图。通过对白垩系顶、三叠系顶和石炭系顶三层构造的重力效应进行正演剥层，获得了石炭系火山岩及以下地层的重力异常（图 8-21）。

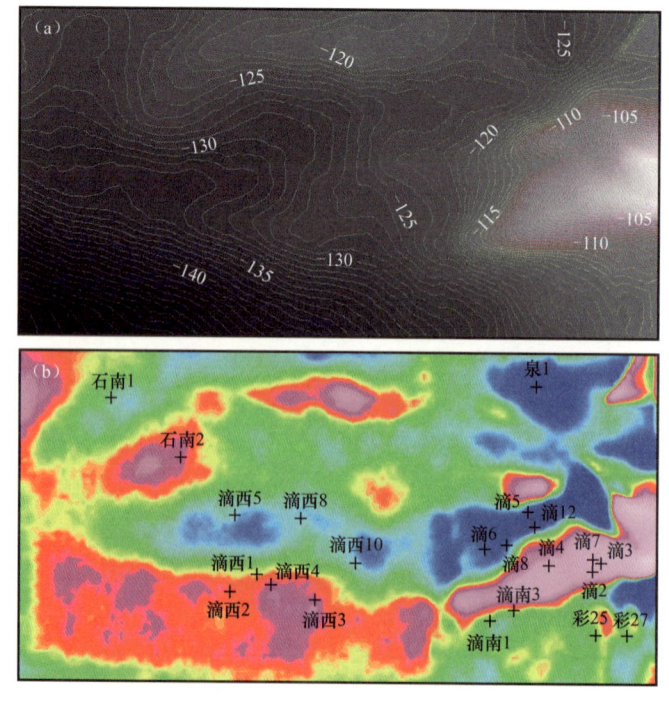

图 8-21　陆东—五彩湾地区布格重力异常（a，单位 mGal）与正演剥层重力异常（b）对比图

对比发现，陆东—五彩湾地区原始布格重力异常曲线平缓，呈现从东部的克拉美丽山前向盆地腹部莫北地区方向，重力异常从高到低的趋势，与钻井揭示的火山岩分布没有相关性。通过井震约束的重力正演剥层后，图8-21（b）较好地揭示了滴水泉凹陷、滴南低凸起、五彩湾凹陷不同类型火山岩及相应构造的分布特征。特别是滴西5—滴西8—滴西10井区为重力异常低值区，是中酸性火山岩发育的有利地带；彩25和彩27井区为重力异常中值区，是中性火山岩发育的有利地带；滴西2—滴西3—滴4井区一带为重力异常高值区，是中基性火山岩发育的有利地带。

利用正则化下延沿层追踪技术，可以初步揭示石炭系顶和二叠系底附近的火山岩重磁异常垂向分布特征。通过与地震特征的结合可以初步预测火山岩分布及类型（图8-22）。

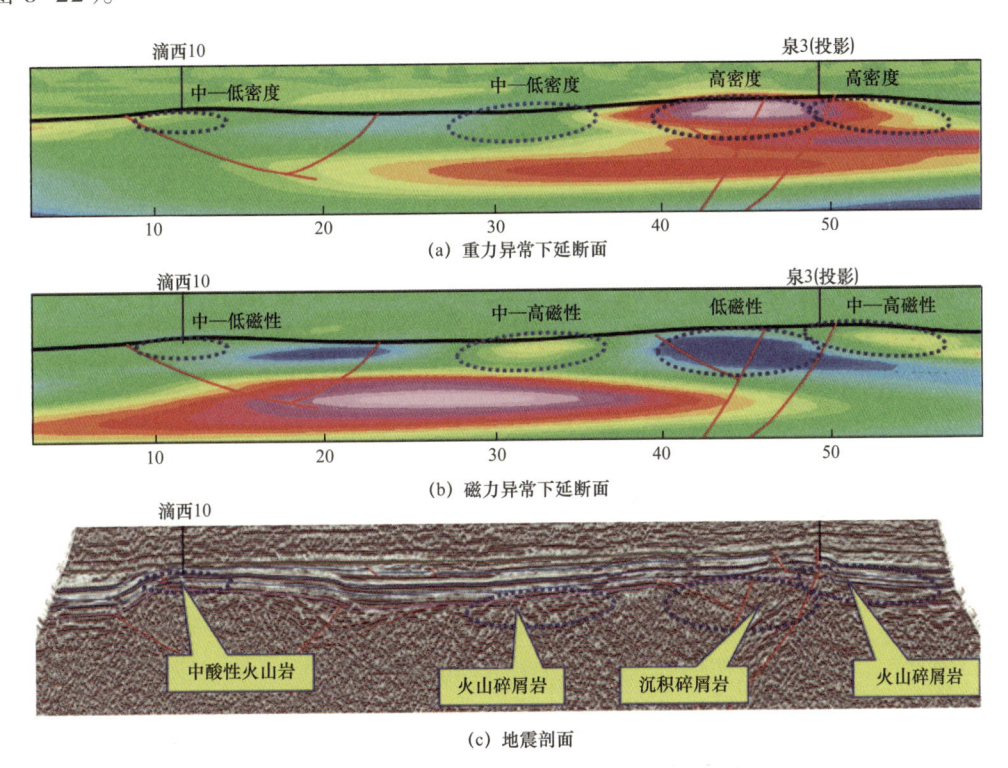

图8-22 L2007-05剖面重磁正则化下延异常与地震特征的对比

利用火山岩规模油气藏的局部高阻异常特征，应用高精度电磁勘探成果可进一步预测火山岩的含油气性[17,18]。图8-23为L2004E-1剖面时频电磁油气分布预测结果。对比分析表明，钻遇石炭系高阻等值线圈闭的井共8口，其中7口获得了工业油气流及高产，符合率为87.5%；滴西31井在高阻旁边中—低阻区，推测为干层，实际钻探为干井；未钻遇石炭系高阻等值线圈闭的井共5口，均未获油气流，符合率为100%。因此，综合地球物理勘探技术不但可用于火山岩平面分布预测，而且在有高精度电磁资料条件下，还可用于含油气评价。

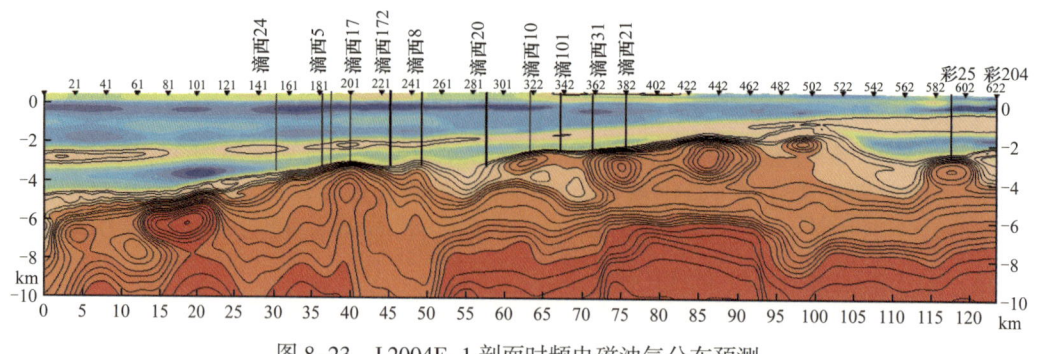

图8-23　L2004E-1剖面时频电磁油气分布预测

四、小结

"十一五"以来，随着松辽盆地和准噶尔盆地油气勘探向深层领域的延伸，深层火山岩逐步成为中国石油增储上产的新领域和新层系。在有利裂缝发育的条件下，火山岩储层具有良好的储集性能，可为大规模油气成藏提供优质的储集空间。针对深层火山岩油气藏物性差异大和非均质性强的特点，对综合地球物理勘探技术提出了提高火山岩识别和预测能力，实现火山岩油气综合勘探的技术需求。十年期间，研发了延拓回返重磁异常二阶导数异常增强技术、地震构造约束重力正演剥层技术、重磁异常沿层追踪技术、石炭系火山岩重磁异常综合解释技术、井震结合火山岩岩相地震识别技术，在松辽盆地北部徐家围子断陷及南部长岭断陷、准噶尔盆地陆东—五彩湾地区火山岩综合地球物理勘探中发挥了重要作用。

第三节　碳酸盐岩油气藏地震预测技术

我国中西部地区碳酸盐岩油气资源丰富，储层类型多样。"十一五"以来，碳酸盐岩由潜在的接替领域逐步成为现实的勘探开发对象[22]。由于我国碳酸盐岩地层普遍时代老，埋藏深，储层改造作用强，油气成藏主控因素复杂，地震预测技术面临严峻的技术挑战。

一、地震预测技术需求

"十五"阶段，地震勘探技术主要面向的是中—浅层砂岩油气藏预测问题，常规采集参数的三维地震采集技术、以叠后/叠前时间偏移为主的处理技术、中—浅层构造解释及连续性较强的碎屑岩储层刻画技术发挥着重要作用[23]。对于碳酸盐岩油气藏勘探开发，地震勘探面临较大技术挑战，涵盖了地震资料的采集、处理、解释等各个环节。

碳酸盐岩发育地区地表条件复杂，目的层埋藏深，常规三维地震采集得到的原始资料信噪比较低，需要发展宽频带、宽方位、高密度（即"两宽一高"）三维地震采集技术，提高原始资料品质。

沙漠、丘陵等地区表层结构复杂，上覆层系对地震波吸收和屏蔽作用强，高频信息衰减严重，地震成像精度不能有效满足储层预测及地质评价要求，需要发展高精度叠前成像和分方位处理技术，为储层及流体预测奠定资料基础。

碳酸盐岩储层包括石灰岩缝洞型储层和白云岩裂缝—孔隙型储层，前者非均质性强，主控因素复杂，后者储层与围岩物性差异小，地震响应微弱。两类储层赋存流体后，油气水相态特征差异很大，需要基于岩石物理特征发展不同类型油气藏流体预测技术。

二、地震勘探关键技术进展

经过十年技术攻关和勘探实践，地震勘探技术已经形成了高密度宽方位地震采集技术、叠前时间/深度/分方位偏移处理技术、处理解释一体化的高保真处理技术以及井震结合的地震精细解释技术、叠前强非均质储层及流体预测技术，有效推动了我国碳酸盐岩油气藏的勘探开发，相继在四川盆地震旦系、寒武系、奥陶系、石炭系、二叠系、三叠系，塔里木盆地奥陶系、寒武系，鄂尔多斯盆地奥陶系新发现众多碳酸盐岩油气藏[24]。

1. 各向异性叠前深度偏移技术

各向异性叠前深度偏移关键技术包括高精度速度建模技术和各向异性叠加技术。通过高密度速度分析和VTI各向异性PSDM速度模型的优化，建立与地质规律相一致的纵横向速度场，通过构建高精度的体速度场，解决了目的层横向速度变化大的问题。利用层位控制叠前时间偏移速度分析技术，提高速度分析精度和成像质量；通过各向异性叠前时间偏移保证CRP远偏移距同相轴拉平，降低对高频信号的损失。从叠前道集出发，提出各向异性叠加方法，按照波形相似度选择自适应最优叠加，保幅效果更好，相应的全叠加剖面分辨率高于常规处理成果。

利用各向异性叠前深度偏移技术，解决了陡倾角及横向变速大的偏移归位问题，偏移聚焦成像好，横向分辨率较高。相比老资料，"亮点"反射特征明显，构造成图精度明显提高。

2. 保幅高分辨率处理技术

与常规地震处理技术相比，叠前高分辨率保幅处理技术重点提高地震资料的分辨率，同时保持地震数据振幅的相对关系。研究过程中，将成熟技术和特色技术相结合，取得了较好效果。

预测反褶积是地震处理中提高地震资料分辨率的成熟技术，可以有效提升地震资料的低频和高频能量，同时保持地震资料振幅的相对关系。如图8-24和图8-25所示，预测反褶积处理使得5~10Hz的低频区和35~60Hz的高频区能量得到明显提升，对比分析反褶积前后的平面振幅属性图发现，反褶积后振幅的空间相对关系得到保持，细节更加丰富。

3. 小断距断裂精细解释技术

针对川中等地区存在的压扭断裂纵向断距小、平面延展变化大等问题，开展了频率域倾角方位角计算的方法研究[25]，沿多个方向计算地层视倾角，突出断距小于10ms的微小断裂（图8-26），为含气面积及气柱高度等关键经济评价参数的确定打下坚实基础。

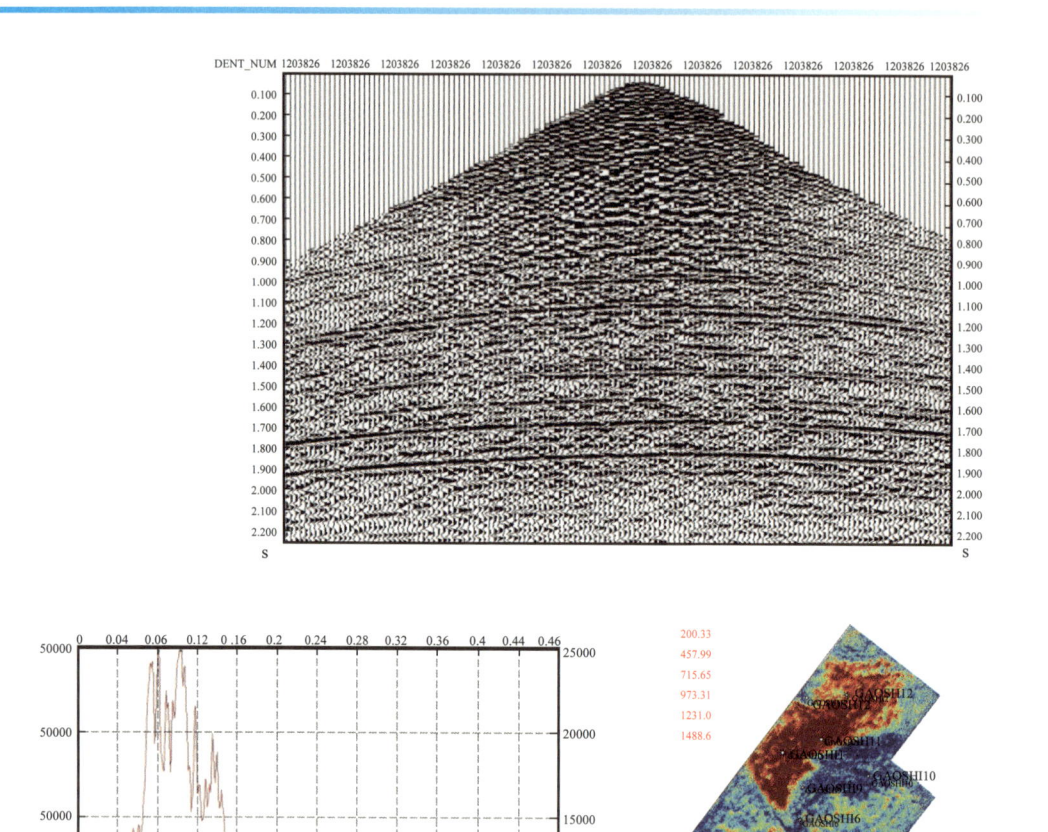

图 8-24 预测反褶积前的单炮、频谱和平面振幅属性图

4. 白云岩储层叠前反演技术

充分利用地震资料的叠前道集响应特征，通过反演运算，可以从叠前地震资料中获得速度、密度和泊松比等定量弹性参数，并由此得到更多种类的弹性参数，如纵横波速度比、泊松比、杨氏模量等弹性参数，反映储层与围岩响应差异。通过弹性参数的定量分析，可识别出油气勘探过程中所关注介质的岩性、物性及流体等特征，是有效提高白云岩等储层刻画精度的有效技术手段。

反演方法对于地震反演精度的影响非常大。采用基于量子蒙特卡罗的非线性反演方法[26]对储层横向非均质性的反映更为清晰。图 8-27a 为利用常规井约束反演技术得到的磨溪 16 井与磨溪 46 井的连井剖面地震反演结果，图 8-27b 为利用非线性反演技术得到的磨溪 16 井与磨溪 46 井的连井剖面地震反演结果。两者对比可见，在剖面中圈出的位置，后一种地震反演揭示磨溪 16 井与磨溪 46 井的储层连通性较差，这一点被油藏动态信息证实。

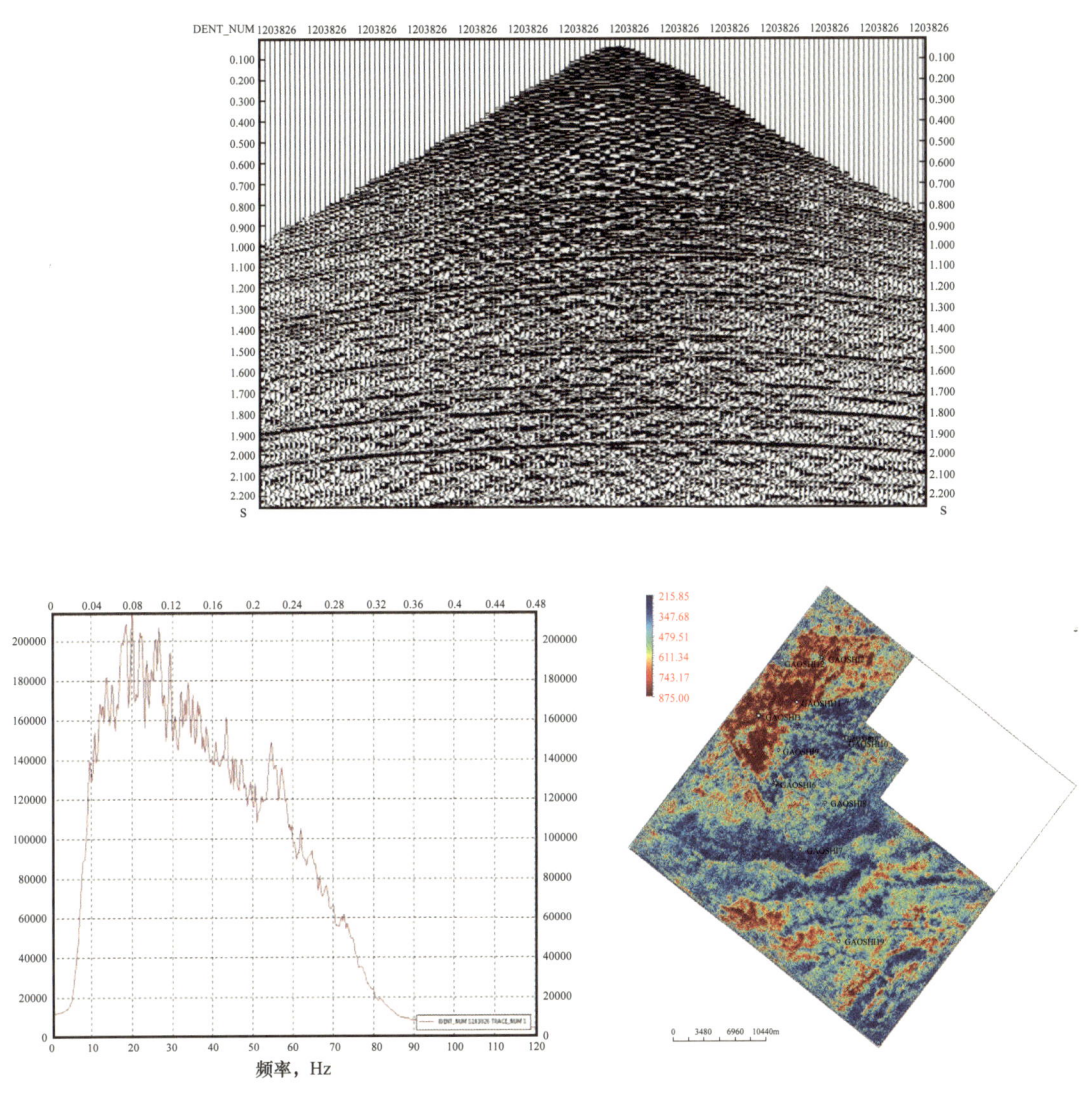

图 8-25 预测反褶积后的单炮、频谱和平面振幅属性图

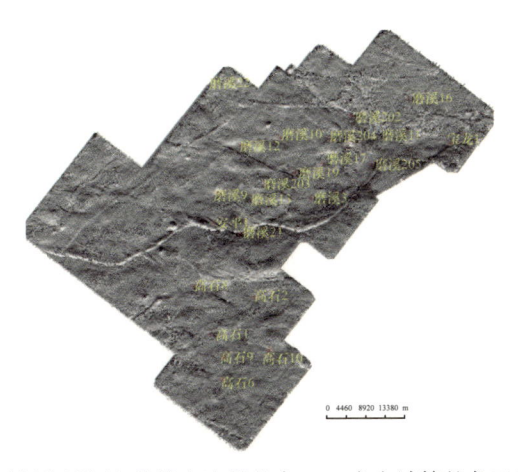

图 8-26 利用频率域倾角估算方法沿北东 45° 方向计算的龙王庙顶界视倾角

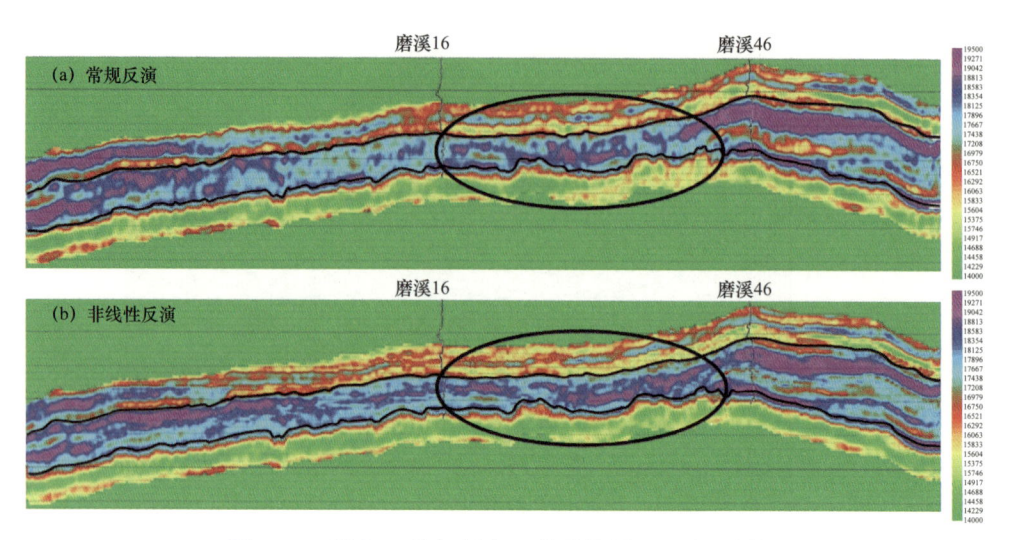

图 8-27 磨溪16井与磨溪46井联井剖面地震反演结果

5. 基于岩石物理分析的气藏检测技术

白云岩储层由于其强非均质性，特别是其孔隙结构及孔隙连通性也会造成不同地区白云岩含气性的敏感参数有所不同。因此，烃类检测技术中，需要首先针对研究目的层的白云岩类型开展实验室测量，选择针对性的岩石物理模型进行介质弹性参数分析，在此基础上挑选敏感弹性参数或建立烃类解释模板，有效提高白云岩储层烃类检测的准确度。

在川中地区，灯影组和龙王庙组储层为典型的低孔、低渗储层，非均质性强。灯影组储层岩心平均孔隙度为3.86%，平均渗透率为2.12mD；龙王庙组储层岩心平均孔隙度为4.78%，平均渗透率为4.24mD。以灯影组储层岩心参数为例，当孔隙度由1%增大到4%时，P属性值相对变化为41.2%，G属性值相对变化为22.6%，变化较为明显，通过常规手段可以较好预测储层。当含气饱合度由30%增大到70%时，P属性值相对变化为12.5%，G属性值相对变化为4.6%，变化非常微弱，另外还需考虑10%左右的误差影响，所以本地区白云岩气藏烃类检测难度非常大。

研究中针对实际采集的目的层段岩心进行测量，分析测量获取的参数，优选烃类检测敏感参数。图8-28中，黄色点为气饱和条件下测量的岩心参数，蓝色点为水饱和条件

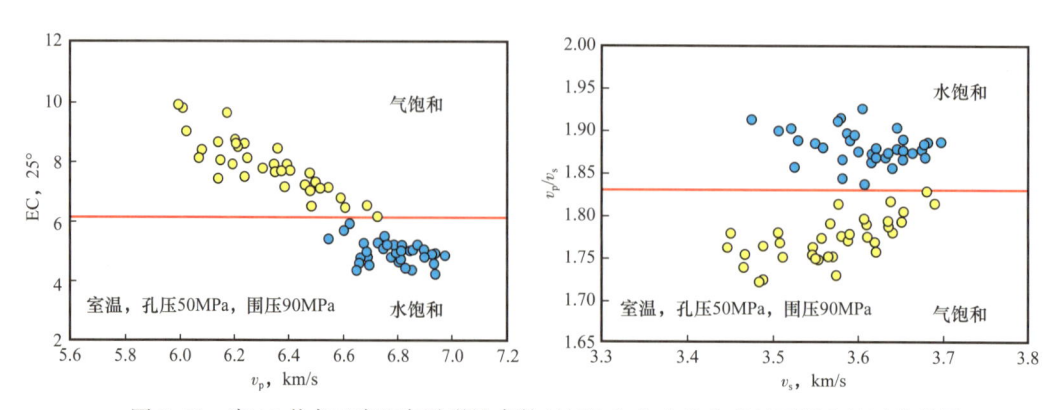

图 8-28 高10井龙王庙组各种弹性参数对气饱和和水饱和条件下岩心的区分效果

下测量的岩心参数，分析认为弹性阻抗系数（EC）和纵横波速度比（v_p/v_s）均可以较好地将气饱和与水饱和条件下的测量参数区分开来，但是二者在气饱和与水饱和条件下的相对变化有所不同，纵横波速度比（v_p/v_s）的相对变化量只有5%，而弹性阻抗系数（EC）相对变化量可以超过50%。最终优选弹性阻抗系数作为本地区白云岩烃类检测的敏感参数。

实验测量优选的烃类检测敏感参数—弹性阻抗系数在实际应用中取得较好效果。高石1井在灯二段上部测试获得$102.15 \times 10^4 m^3/d$的试气结果，在灯四段上部和中部测试也分别获得$32.27 \times 10^4 m^3/d$和$3.72 \times 10^4 m^3/d$的试气结果，在过高石1井弹性阻抗系数烃类检测剖面上对应位置均有较好含气显示（图8-29），与实际测试结果吻合，验证了弹性阻抗系数在本地区白云岩气藏烃类检测中的适用性。

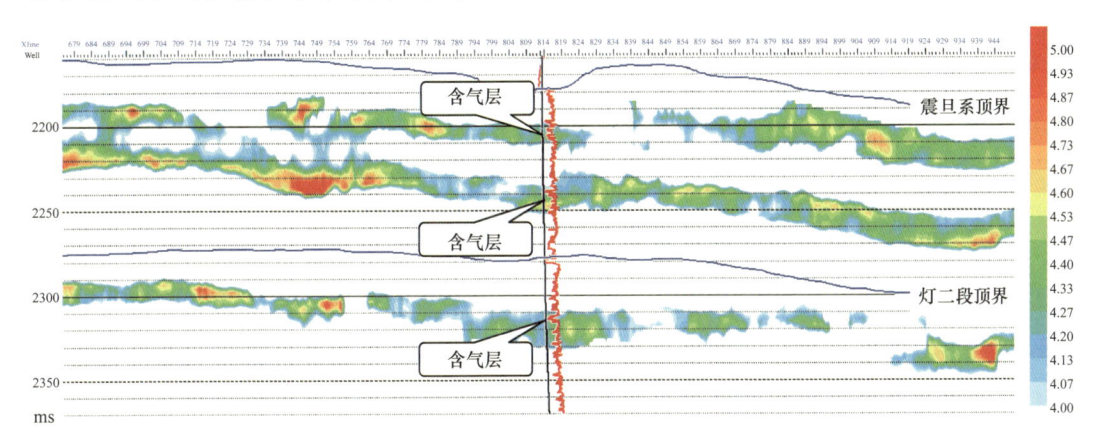

图8-29 过高石1井弹性阻抗系数烃类检测剖面

6. 基于道集AVO特征的油水检测技术

现有的基于AVO分析的碳酸盐岩储层烃类检测技术很少涉及石灰岩缝洞型岩溶储层的烃类检测。裂缝的存在会显著改变不同流体类型对碳酸盐岩储层岩石物理参数的影响。为深入研究流体对缝洞型碳酸盐岩储层岩石物理参数和地震响应特征的影响，采用含裂缝的等效介质模型研究了裂缝、不同类型流体对碳酸盐岩岩石物理参数的影响。结果表明：对于含裂缝碳酸盐岩储层，油饱和与水饱和情况下的纵横波速度比v_p/v_s会发生显著变化，当孔隙度为20%时，油饱和情况下缝洞型碳酸盐岩的v_p/v_s与水饱和情况下的v_p/v_s的差异可达10.3%，从而引起AVO响应特征的显著变化。

图8-30和图8-31分别是不含裂缝与含裂缝碳酸盐岩储层的v_p/v_s随孔隙度和流体类型的变化关系。可见，不含裂缝时，油饱和与水饱和碳酸盐岩储层v_p/v_s的差异不大，但当含有裂缝时，油饱和与水饱和情况下碳酸盐岩储层的v_p/v_s会产生显著差异，从而引起道集AVO特征的显著变化。正演模拟结果表明，对于哈拉哈塘地区的缝洞型岩溶储层，在含油饱和的条件下，AVO特征表现为振幅随入射角增大而增大；在含水饱和条件下，AVO特征表现为振幅随入射角增加而减小。这一点是利用道集AVO特征进行哈拉哈塘地区缝洞型岩溶储层油水检测的理论基础。

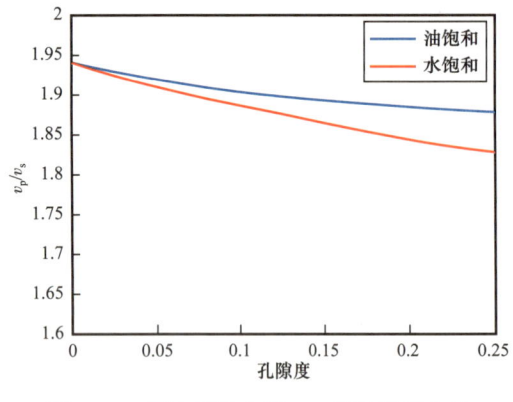

图 8-30　不含裂缝介质 v_p/v_s 随孔隙度和流体类型的变化

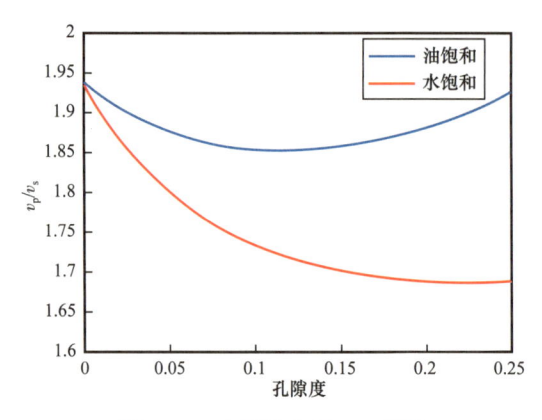

图 8-31　含裂缝介质 v_p/v_s 随孔隙度和流体类型的变化

7. 基于频谱分解的烃类检测技术

基于频谱分解的烃类检测技术将地震数据由时间域变换到时频域，利用不同频率数据体反映各种地质异常体敏感程度的差异，定量表征地层厚度变化，刻画地质异常体的不连续性，并能在一定程度上克服地震资料分辨率的限制。它不但可以提高对薄储层的解释能力，而且还能够从地震数据体中提取更丰富的地质信息，提高对特殊地质体的解释识别能力。其主要技术进展有：一是形成了饱和流体岩心样品的低频岩石物理测试技术，测试频率范围在 1~1000Hz 之间。测试结果表明，在地震频段内，含饱和流体岩心样品弹性参数也能表现出显著的频散特征，为基于地震频谱分解的烃类检测技术奠定了实验基础。二是形成了宽频保幅处理技术，能够最大限度保持地震采集数据的有效频带范围，为基于频谱分解的烃类检测技术奠定了数据基础。三是研发了基于 Wigner-Ville 分布、匹配追踪和时频域自适应基函数表征等方法的高分辨率频谱分解技术和频散属性提取分析技术，系统分析了不同类型频谱异常以及不同频散参数与流体类型的关系，丰富了基于频谱分解的烃类检测技术的内涵，拓展了技术应用范围。该项技术在塔里木盆地塔中、塔北地区，鄂尔多斯盆地苏里格气田东区，滨里海盆地东缘中区块等多个地区得到了成功应用。

三、四川盆地川中地区白云岩气藏地震预测技术应用实践

四川盆地是一个大型的叠合含油气盆地，经历了多旋回构造运动、多类型盆地叠合，从下到上形成了多个含油气层系。震旦系是该盆地现今为止发现的最古老含油气层系。该层系油气勘探始于 20 世纪 50 年代，1964 年在乐山—龙女寺古隆起西南翼斜坡发现我国第一个整装大型气田——威远气田，产层为震旦系灯影组[27]。自威远震旦系气田发现至 2010 年，该层系开展了持续勘探，陆续发现龙女寺、安平店、资阳、高石梯等含气构造，但一直未获得重大突破。

2011 年 7 月，乐山—龙女寺古隆起东段高石 1 井震旦系灯影组获得重要突破，2012 年 9 月，磨溪 8 井下寒武统龙王庙组获得历史性突破，四川盆地白云岩勘探进入了新的历史阶段。勘探初期，由于勘探程度低，对储层展布特征、沉积相类型（特别是油气富集规律）不明确。针对上述问题，通过关键处理解释技术的持续攻关，以及常规技术与特色技术的有效配套，为四川盆地川中地区震旦系—寒武系特大型白云岩气藏的勘探开发提供了

有效的技术支撑。

1. 深层碳酸盐岩高精度地震成像

针对龙王庙组、灯影组目的层埋深大、地震资料信噪比低、速度横向变化快、地震精确成像难等难题，形成超深层古老碳酸盐岩高精度地震成像技术，提高了深层碳酸盐岩目的层地震资料成像质量，裂陷形态清晰，构造图相对误差小于0.6%。

针对性地选取十字交叉排列压制面波、聚束滤波、拉冬变换压制多次波，采用分频、分步、分域的组合去噪技术压制噪声。针对性精细保真去噪后，深层信噪比明显提高。

用零井源距VSP资料拟合，求取球面扩散补偿因子，对地震资料进行真振幅恢复；利用VSP资料采用累积频谱比法得到精确的Q模型，在保真保幅的基础上提高了目的层分辨率。采用高保真高分辨率井驱处理技术，利用VSP资料求取Q模型，对地层的吸收衰减进行补偿，分辨率得到明显提高，主频由25Hz提高至35Hz，有效频宽拓展至7～76Hz。

利用各向异性叠前深度偏移技术，解决了陡倾角及横向变速大的偏移归位问题，偏移聚焦成像好，横向分辨率较高。相干体水平切片显示，"陡坎带"及断层非常清晰。相比老资料，通过超深层古老碳酸盐岩高精度地震成像技术处理，龙王庙组顶界更易准确追踪对比，"亮点"反射特征明显。

利用形成的超深层古老碳酸盐岩高精度地震成像技术，提高了深层碳酸盐岩目的层地震资料成像质量，为精细构造解释和储层流体预测奠定坚实资料基础。

2. 高能滩白云岩储层精细描述

针对龙王庙组储层厚度薄、非均质性强等特点，形成碳酸盐岩高能滩储层地震精细描述技术，解决了非均质储层预测难题，促使该区块取得重大勘探突破。

通过开展薄储层地震正演模拟，明确龙王庙组内部出现的地震反射与龙王庙组储层厚度、物性好坏密切相关，建立了"亮点、双轴、上弱下强"的储层地震识别模式。根据龙王庙组顶界、内部反射组合特征，总结白云岩颗粒滩相储层地震响应特征。结合产能测试资料，对不同类型地震响应特征进行分类评价。通过基于地震层序格架优化全局自动地震解释，追踪有利储层反射模式，实现了颗粒滩薄储层的平面精细刻画。形成叠前地质统计学随机反演技术，保证测井的垂向分辨率，横向忠实于地震信息变化，实现了薄储层的定量预测，储层预测吻合率达88%，为井位部署提供有力支撑（图8-32）。

建立横波资料质控分析标准，通过测井资料的精细预处理，为后续岩石物理分析奠定可靠的数据基础。横波资料质控标准包括：纵波和横波测井曲线的相似度，纵波和横波交会识别异常数据，井眼的扩径程度及与曲线变化的对应关系，标志岩性或基本岩性的测井响应数值是否在合理的值域区间等。

基于岩心超声波实验开展跨尺度岩石物理建模，建立碳酸盐岩双连通孔隙模型，优选对物性和含气性变化最敏感的岩石物理参数（或参数组合），指导地震储层预测和含气性检测。在岩石物理模板基础上，形成叠前非线性弹性反演流体预测技术，实现了龙王庙的气水分布预测。

白云岩储层预测与流体检测系列技术的突破，为安岳龙王庙组大气藏发现及百亿立方米产能建设提供了有效支撑。被采纳井位60口，储层符合率从76%提高到85%，气层符合率从56%提高到75%。

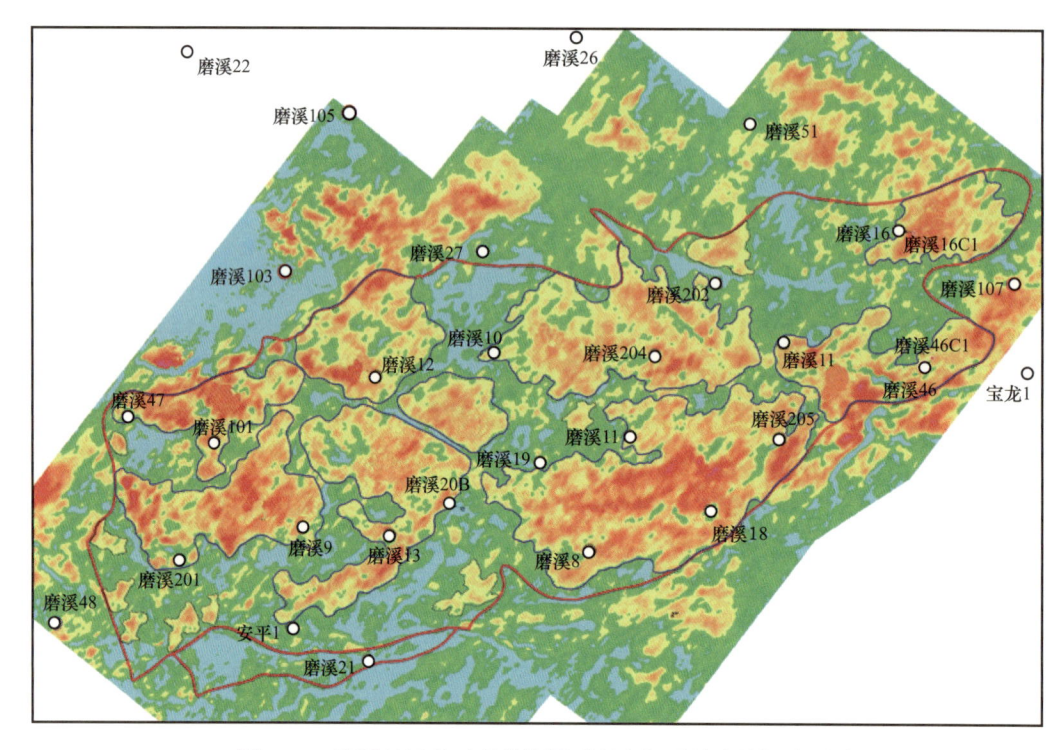

图 8-32　磨溪地区龙王庙组储层"亮点"反射地震相平面图

四、塔里木盆地塔北地区岩溶油气藏流体检测技术应用实践

哈拉哈塘地区位于塔里木盆地塔北隆起中部，三维地震满覆盖总面积达 6077 km²，主要目的层为奥陶系一间房组和鹰山组。2014 年和 2015 年在哈拉哈塘油田南端的跃满区块获得重要油气发现，同时哈得逊、玉科两个区块的油气勘探开发工作进展顺利，使得哈拉哈塘油田范围不断向南、向东扩展，目前仍未探索到储层及含油气边界，碳酸盐岩勘探开发潜力仍然很大。截至 2015 年底，哈拉哈塘地区已实现连续 7 年 9 个区块获得突破，落实有利含油气面积 4500km²，上交探明石油地质储量 2.49×10^8 t，目前已建成百万吨大油田。

1. AVO 油水检测技术的应用效果分析

2010 年 9 月—2012 年 9 月，应用基于道集 AVO 特征的烃类检测技术在哈拉哈塘地区共完成 7 个批次 125 口井的钻前油水检测。截至 2013 年 11 月 8 日，共完钻 82 口，经试油和生产情况检验，油水预测总符合率为 78%（表 8-5）。

（1）完成钻前油水预测的 125 口钻井中，哈 6 区块有 102 口，新垦区块有 11 口，热瓦谱区块有 12 口。AVO 油水检测技术的符合率在各个区块有所不同，哈 6 区块为 80%，新垦区块为 75%，热瓦谱区块为 60%。

（2）完成钻前油水预测的 125 口钻井中，预测为大储集体（雕刻体积 $> 20 \times 10^4 \text{m}^3$）油井的 12 口井当中，11 口获得高产，其中 5 口井累计产油超过 2×10^4 t，5 口井累计产油超过 1×10^4 t。以 HA15-11 井为例为说明 AVO 油水预测技术在哈 6 区块的实际应用效果。

图 8-33 是 2012 年 3 月 9 日提交的 HA15-11 井的钻前油水预测结果。从预测结果可

见，HA15-11 井的振幅随入射角增大而显著增加，表现为典型的油井 AVO 特征，从反演结果看，该井的储集体发育规模大，物性好，具有高产油井的特征。从 AVO 油水检测的平面预测结果来看，HA15-11 井周围的 AVO 正异常较明显，且面积较大，而负异常很弱。HA15-11 井于 2013 年 5 月 6 日完钻，完钻层位为鹰山组，钻揭石灰岩 60m，奥陶系气测显示很差，全烃最高只达到 2.55%，无放空和漏失，测井解释 6m 的 II 类孔洞型储层。本井经酸压后获得高产油流，于 2013 年 5 月 27 日投产，截至 2013 年 12 月 9 日，累计产油 1.25×10^4t，累计产水 0.02×10^4t。

表 8-5 AVO 油水预测实际应用效果分析

批次	日期	井数	符合	不符合	AVO 技术不适用	正钻	未上钻	符合率
1	2010 年 9 月	19	15	4	0	0	0	78%
2	2010 年 12 月	33	14	3	0	2	14	
3	2011 年 6 月	4	1	0	1	1	1	
4	2011 年 9 月	14	3	1	1	3	6	
5	2012 年 3 月	24	0	1	0	9	14	
6	2012 年 5 月	20	0	0	0	9	11	
7	2012 年 9 月	11	0	0	0	1	10	
总计			33	9	2	25	56	

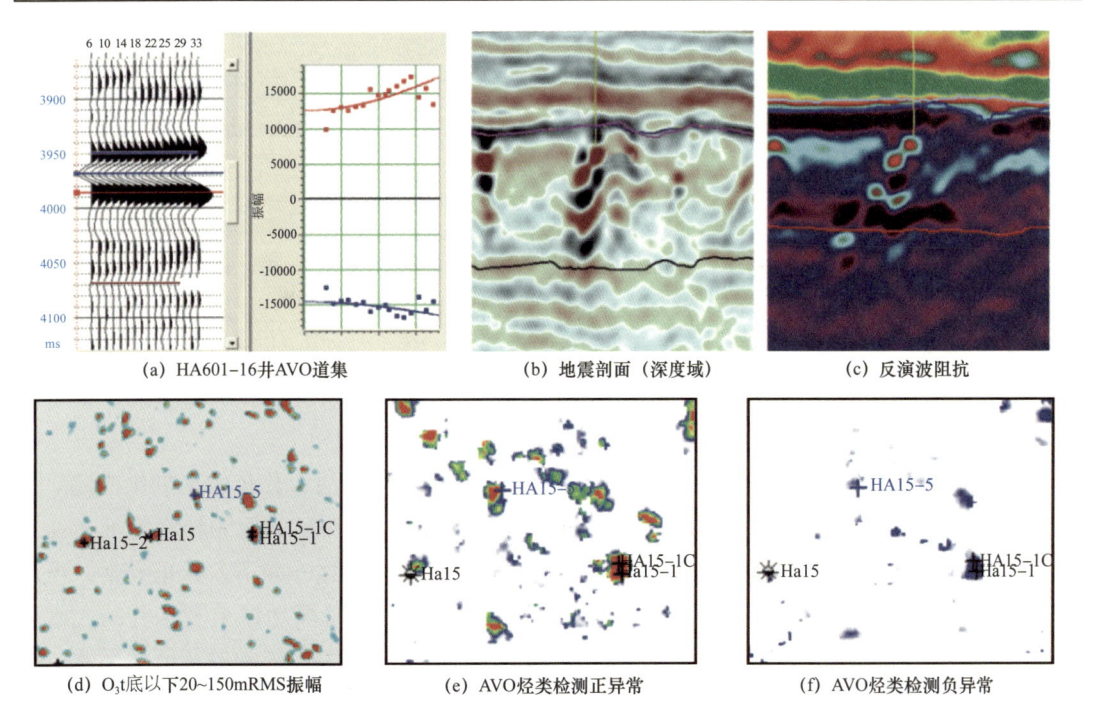

(a) HA601-16井AVO道集　　(b) 地震剖面（深度域）　　(c) 反演波阻抗

(d) O_3t底以下20~150mRMS振幅　　(e) AVO烃类检测正异常　　(f) AVO烃类检测负异常

图 8-33　HA15-11 井钻前烃类检测结果

HA15-5 井为典型油井 AVO 特征，反演结果表明储层发育规模大，物性好

基于实际钻井和开发数据的统计结果表明，在哈6区块，基于道集AVO特征的缝洞型岩溶储层油水检测技术对典型油井预测的符合率大于90%。同时，统计结果也表明，基于道集AVO的油水检测技术在哈拉哈塘地区对典型水井的识别正确率也较高，大于85%。对于油水同出型钻井，目前基于道集AVO特征的油水检测技术的应用效果相对一般。

2. 基于频谱分解的油水检测技术的应用效果分析

哈6区块典型高产油井（哈7井）的频谱分解响应特征如图8-34所示，该井是哈拉哈塘地区的一口发现井，累计产油超过$3.5×10^4$t。从图8-34可见，典型油井具有明显的低频阴影特征，在油洞下方，低频能量显著强于高频能量，所以，在低频与高频的差剖面上，溶洞下方表现出明显的正差异，即低频阴影。典型水井（哈6C井）的频谱分解响应特征如图8-35所示，该井在测试过程中累计产水超过900t，基本不产油。从图8-35可见，在哈6C井的含水溶洞储层下方无明显的低频能量增强现象，相反，低频能量反而弱于高频能量，在低频与高频的差剖面上，出现了负异常，即高频能量的异常。

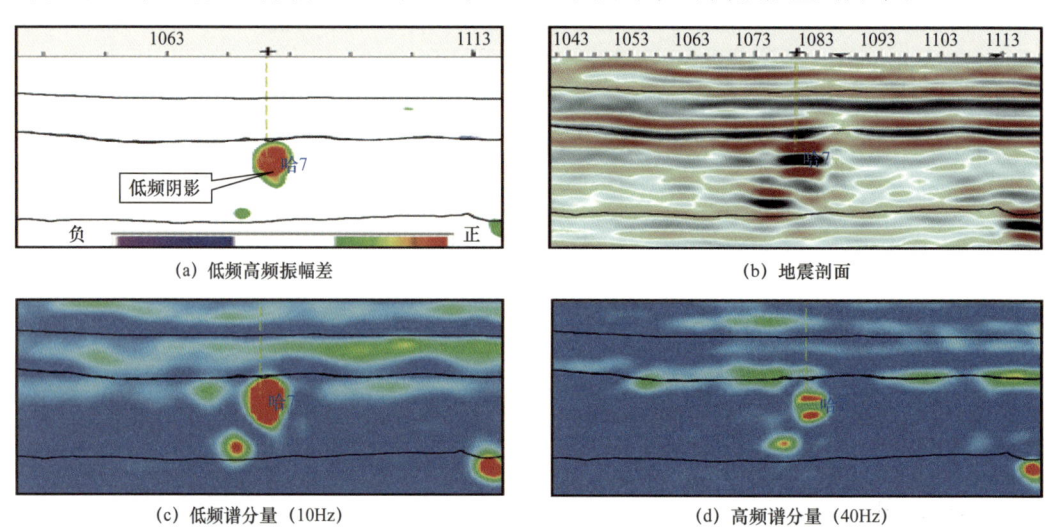

(a) 低频高频振幅差

(b) 地震剖面

(c) 低频谱分量（10Hz）

(d) 高频谱分量（40Hz）

图8-34 哈6区块典型油井（哈7井）的频谱分解响应特征

通常来说，含水饱和溶洞对应的低频能量和高频能量无显著差异，因此，在低频与高频的差剖面上，通常表现无显著异常或表现为高频异常，这可以作为识别本区水井的一个频谱分解特征。将这一特征与AVO特征相结合，可以提高对高产油井和水井识别的正确率，即溶洞同时表现出振幅随入射角增大而增加的AVO特征以及低频阴影特征，则可以较可靠地判别为高产油井，否则就认为不具备高产油井的特征。

在基于频谱分解特征进行油水检测的基础上，还可以进行油水分布的定量化描述。从图8-34中可见，哈拉哈塘地区典型油井的含油储层段表现为明显的低频异常特征，在低频高频振幅差剖面上表现为明显的正异常特征，因此，提取出这一频谱差异正异常，可以定量化表现含油饱和储层的平面展布。从图8-35可见，哈拉哈塘地区典型水井的含水饱和储层段表现为高频异常特征，在低频高频振幅差剖面上表现为负异常的特征。因此，提取出这一频谱差异的负异常，可以定量化表现含水饱和储层的平面展布。由此可以实现油水分布的定量化描述。

(a) 低频高频振幅差

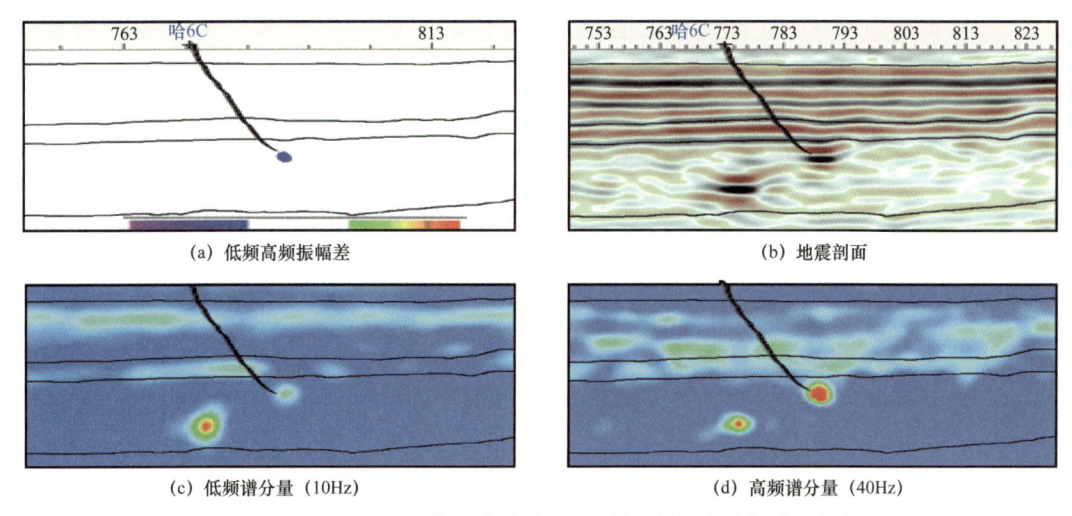

(b) 地震剖面

(c) 低频谱分量（10Hz）

(d) 高频谱分量（40Hz）

图 8-35　哈 6 区块典型水井（哈 6C 井）的频谱分解响应特征

五、小结

我国中西部地区碳酸盐岩油气资源丰富，储层类型多样。"十一五"以来，碳酸盐岩由潜在的接替领域逐步成为现实的勘探开发对象。由于我国碳酸盐岩地层普遍时代老、埋藏深，储层改造作用强，油气成藏主控因素复杂，对于碳酸盐岩油气藏勘探开发，地震勘探面临较大技术挑战，涵盖了地震资料的采集、处理、解释等各个环节。经过十年技术攻关和勘探实践，地震勘探技术已经形成了由高密度宽方位为主的地震采集技术、叠前时间/深度/分方位偏移处理技术、处理解释一体化的高保真处理技术以及井震结合的地震精细解释技术、叠前强非均质储层及流体预测技术，有效推动了我国碳酸盐岩油气藏的勘探开发，相继在四川盆地震旦系、寒武系、奥陶系、石炭系、二叠系、三叠系，塔里木盆地奥陶系、寒武系，鄂尔多斯盆地奥陶系新发现众多碳酸盐岩油气藏。

第四节　前陆冲断带复杂构造地震成像技术

前陆冲断带复杂构造油气藏勘探是一项十分复杂的系统工程，存在区域地质背景、生储盖组合关系、构造模式、油气成藏和圈闭综合评价等石油地质规律的认识问题，同时存在地震、钻井等方面的工程技术问题。就地震勘探技术而言，现阶段面临的主要勘探问题是复杂地表复杂构造区地震成像精度低导致的构造圈闭落实程度低。

一、复杂构造地震成像技术需求

在前陆冲断带等复杂山区，地形起伏剧烈，近地表速度纵横向变化大，采用简单静校正技术解决近地表问题，叠前深度域成像解决复杂构造问题的传统做法，无法有效地改善起伏地表复杂构造的地震成像。常规地震时间域成像技术以水平层状介质为假设前提，在前陆冲断带逆冲断裂下盘和盐下构造圈闭成像中存在一定的技术局限性。叠前深度偏移技术是解决复杂构造地震成像的有效技术之一，但是它不是一个孤立的处理步骤，叠前深度偏移算法本身需要输入高信噪比的叠前地震数据和一个合理的深度速度模型，才能取得理想的结果。因此，需要发展适合前陆冲断带的复杂构造地震深度域成像技术，将静校正与叠前成像一体化的解决方案，最终实现基于起伏地表的叠前深度偏移成像。

目前适合简单地表的速度建模和成像技术相对成熟，有多套相应商业软件，但是复杂山地高陡构造地震成像在国际地球物理界仍然是一个难题，需要修正静校正和速度建模方法，使之与起伏地表成像算法相匹配。山前冲断带采集的原始资料信噪比很低，速度分析等处理环节所必需的有效信号被淹没在噪声背景之中，传统的去噪技术难以奏效，需要发展与复杂山地地表条件相适应的叠前去噪技术。

冲断带逆冲构造导致速度反转，复杂的断裂体系和高角度地层产状不符合地震资料处理基本的水平层状介质假设，常规的时间域成像方法失去了赖以存在的基础，从而导致圈闭空间归位不准确。提高复杂构造成像精度的关键在于发展以速度建模为核心的深度域成像技术。经过十年来的努力，中国石油初步建立了面向起伏地表深度域成像处理的保持波场运动学特征的配套处理流程，在库车、准南、祁连山、川西北等冲断带应用效果良好，明显改善了复杂构造地震成像质量，为前陆冲断带构造目标优选提供更为可靠的深度域成像技术。

二、地震成像关键技术进展

静校正、噪声压制、复杂构造深度域速度建模与偏移构成了起伏地表复杂构造成像的三大难题，深度域速度建模直接影响成像精度，已经成为地震成像核心技术，静校正和去噪影响资料信噪比和速度建模效果，是为速度建模和偏移服务的配套技术。

1. 复杂山地静校正技术

在近地表结构复杂的前陆冲断带要研究静校正、偏移基准面对速度分析和叠前偏移成像的影响，避免常规时间域静校正处理技术中可能破坏偏移速度的因素，探索偏移基准面选择与静校正应用的一体化解决方案，建立面向起伏地表深度域成像的时间域配套处理和深度域建模流程，该流程的基础是高精度的近地表速度反演，在此基础上分两部分开展处理，时间域常规静校正计算是为了进行线性噪声压制，应用了静校正量之后，线性干扰波的相干性增强，更有利于叠前噪声衰减和一致性振幅处理，目标是得到高信噪比的叠前数据，在获得高信噪比叠前数据之后，把长波长静校正量去掉，使数据回到实际地表，这时可以开展真地表或基于地表小平滑面的深度域速度建模和偏移。

以高精度近地表速度建模为基础的起伏地表深度域速度建模与偏移成像应用的关键是设法提高近地表速度建模精度。地震波传播过程中，近偏移距主要在低降速度带传播，而中、远偏移距传播路径主要为高速层。初至波走时层析反演中选用不同偏移距时间反演的速度信息也就不同，仅利用近偏移距数据，近地表反演速度精度会增加，但往往速度模型深度不能满足要求，而增加远偏移数据，可以提高模型反演的深度，但是近地表速度精度却会降低。为了解决初至波层析反演中这一矛盾问题，在层析反演过程中，利用偏移距非线性加权方法，提高近偏移数据在层析反演中的权重，减小远偏移数据的影响，在提高低降速带反演厚度的情况下，不影响低降速度带速度的精度。图8-36是位于山体部位的数据应用野外静校正和偏移距加权层析静校正的叠加剖面对比，可见经过偏移距加权层析静校正后山体部位叠加数据品质改善明显。

(a) 5000m偏移距层析静校正叠加　　　　　　　(b) 5000m偏移距加权层析静校正叠加

图 8-36　偏移距加权层析静校正效果对比

2. 叠前噪声衰减技术

我国中西部前陆冲断带属于复杂山地，由于近地表地震地质条件较为复杂，采集过程中受各种复杂因素的影响较大，地震记录中存在多种类型的干扰波，降低了地震记录的信噪比。因此，有效压制地震记录中的噪声是资料处理工作中最基础的环节。

做好叠前去噪工作，首先要对噪声进行多方面分析，充分了解噪声能量、频率特征及空间变化规律，找出与有效波的差别，采用相应技术措施对其进行压制。如利用有效波与噪声在传播方向上的不同，即视速度的差别，可以采用 $f—k$、$\tau—p$ 滤波等技术去除。噪声压制过程中遵循由强到弱的原则，首先衰减强能量噪声，然后通过能量补偿突出有效信号，再衰减次一级的噪声。即噪声衰减和能量补偿迭代展开，逐级衰减噪声，逐步提高信噪比。更加合理的去噪技术应该是预测出噪声，再从原始数据中减去噪声。

图 8-37 是库车山地某宽线原始单炮记录，受地表高程和近地表结构变化影响，不同位置单炮品质差异很大，山下平缓砾石区存在极强的面波、多次折射以及散射等干扰（如位置 1、2、4 所示），山体区散射噪声普遍发育，几乎看不到有效信号，资料信噪比极低（如位置 3 所示）。对这类数据去噪必须按照分区域、分类型、分能量级、分数据域来设计去噪方法和参数，没有一个固定模块或一种普适的参数可以把这些噪声一次性压制掉。一种可能的思路是首先在炮域压制部分能量极强的面波和多次折射干扰，然后进行振幅补偿，再压制异常能量干扰，之后再经过振幅补偿，再一次衰减线性噪声，最后在检波点域再次压制散射噪声。图 8-38 是位于山体和砾石堆积区典型单炮去噪前后的对比记录，可见强能量面波以及散射噪声得以衰减，有效反射隐约显现出来，加上静校正和速度分析就可以在多次覆盖的叠加剖面上看到有效反射同相轴了。图 8-39 是去噪前初叠加剖面与经过综合去噪后叠加剖面的效果对比，可见采用多域分步综合去噪以后资料信噪比得以大幅提升。

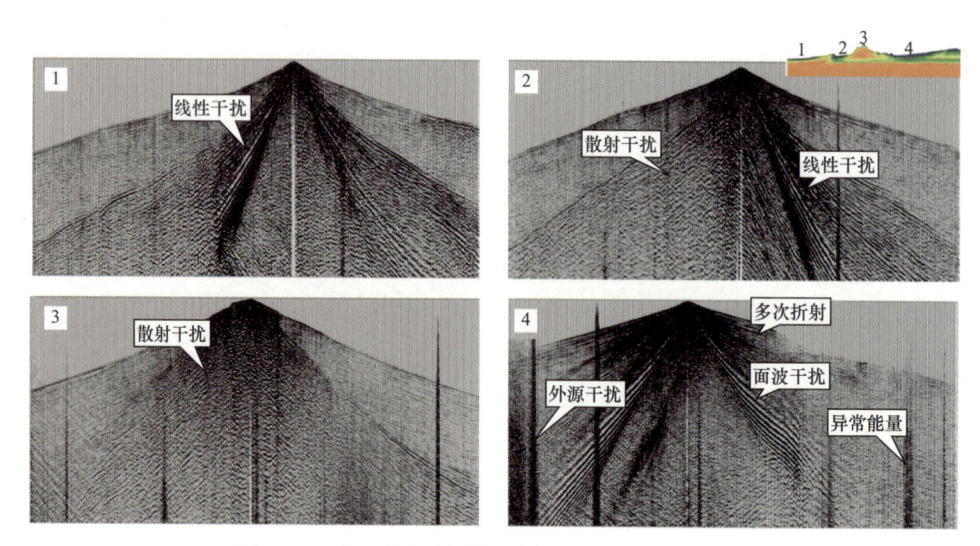

图 8-37 位于某山地测线不同地面位置的原始单炮

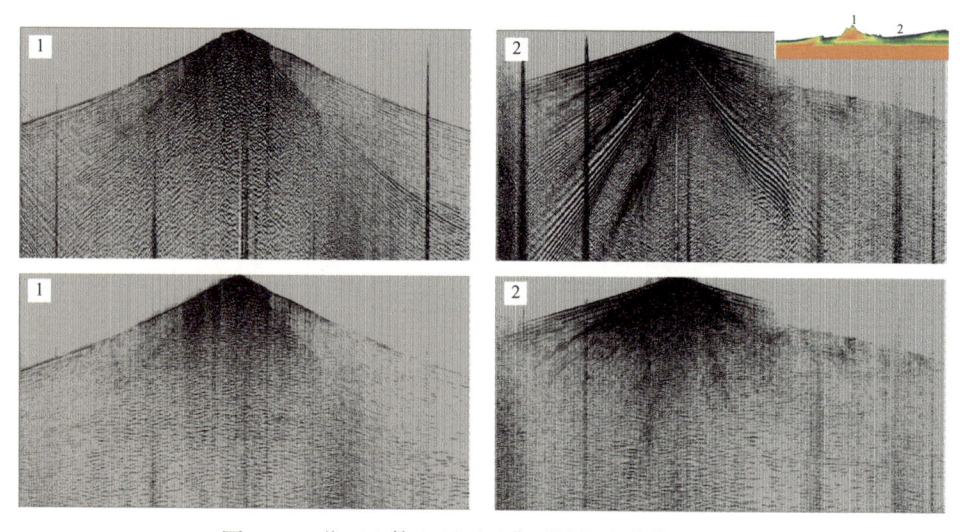

图 8-38 位于山体和砾石区典型单炮去噪前后对比

3. 深度域速度建模技术

叠前深度偏移的核心是速度建模。偏移速度建模技术有多种，但是建模过程是一个解释性处理过程，没有固定的流程。常用的建模流程是处理迭代，先建立一个初始深度速度模型，用此模型进行目标线叠前深度偏移，生成可供剩余速度分析的成像域道集，利用剩余延迟法或是层析成像法进行速度模型更新，修改初始模型，重新开始新一轮叠前深度偏移，再重复速度修正过程，直到偏移后成像道集上的同相轴全部拉平，并且成像剖面聚焦效果较好，地质解释合理，才是获得了相对合理的速度模型。

中西部前陆冲断带经历多期构造运动，地下构造形态十分复杂，导致速度场纵横向变化剧烈。常用的层状模型和块体模型的应用在冲断带都存在技术难点：（1）层状的沉积环境已经被剧烈的构造运动复杂化，地震资料信噪比较低，断裂带冲出地表，没有明显的速度分界面，层位解释时难以进行有效的横向追踪；（2）断裂带构造变化迅速，同一区块不能采用单一构造解释模式；（3）断裂近于直立，常数梯度变化假设不再成立。

(a) 未去噪的初叠加剖面

(b) 经过综合去噪后叠加剖面

图 8-39 叠前去噪效果对比

经过长期实践发现，现有的速度建模方法对于前陆冲断带复杂速度场建模的适应性较差，即使是建立非层状模型也需要一定的信噪比，而且目前的速度建模方法多适应均匀介质、小偏移距数据，不适合中西部的实际情况。目前生产处理中前陆冲断带叠前深度偏移大多数采用一种浅中深层简化的速度模型（图 8-40），存在的主要问题是：近地表速度精度低，较少考虑近地表速度对地下成像的影响，构造描述简单，层间速度缺少梯度变化，缺少对盐构造局部速度异常的刻画，无论是层状模型还是非层状模型都不能完全满足前陆冲断带地下速度建模精度的要求，需要发展适合剧烈起伏地表的速度建模技术。

针对前陆冲断带速度场分布十分复杂、地震资料信噪比较低、速度建模精度远远不能满足叠前深度偏移要求的问题，提出了真地表成像的理念，虽然理论上有进展，但是在我国前陆冲断带应用遇到困难，原因是冲断带构造运动剧烈，广泛发育逆掩推覆构造，老地层以高角度出露地表，构造运动导致地表高差和近地表速度结构变化大，给地震野外施工带来极大困难，造成野外采集观测系统不规则，道间距较大，炮点深度难以达到高速层，同一排列内地形变化大，最终导致地震资料品质很差，地震道间时差较大，近地表初至反演算法不适应这么复杂的观测系统和近乎直立的表层结构，无法直接使用初至反演的结果。

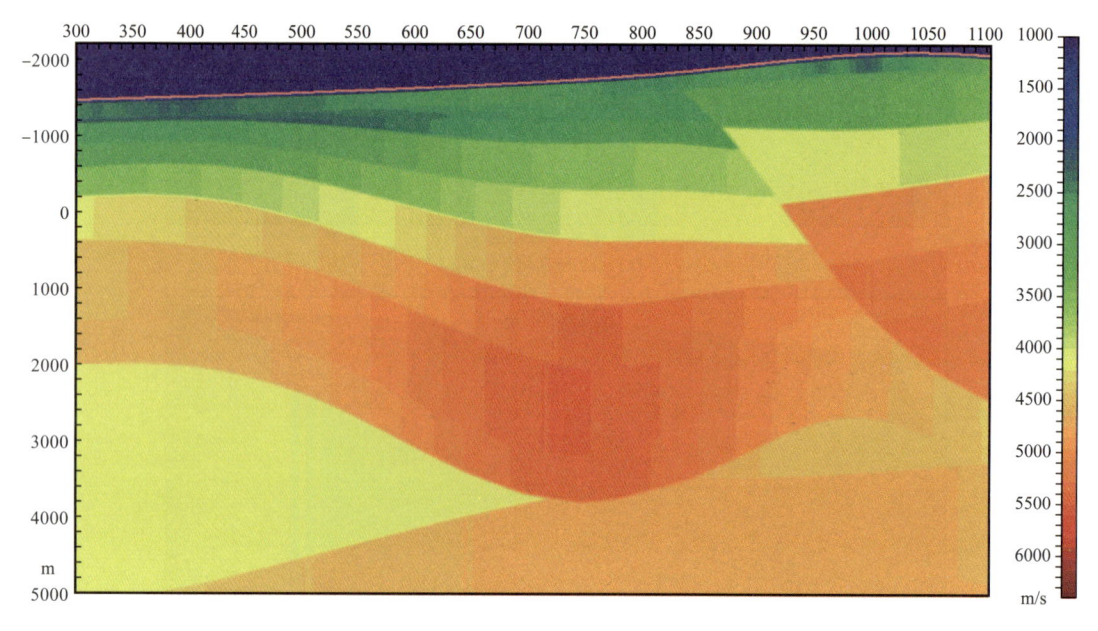

图 8-40　叠前深度偏移采用的浅中深层简化速度模型

经过多年探索，研究人员在前期真地表试验基础上，提出从与地形相关的地表小平滑面开始进行叠前深度偏移，并且在塔里木库车前陆冲断带开展了系统试验。图 8-41 是地表小平滑面的示意图，其中蓝色是真实地形线，绿色是把真实地表高程适当平滑后的地表相关小平滑面，红色是常规时间域叠加处理用到的 CMP 面（较大光滑的浮动面），可见绿色曲线与真实地表最接近，同时又消除了道间时差。图 8-42a 是用真实地表上的大炮初至反演的近地表速度，可见地震道间距之内的反演精度还有待进一步提高；图 8-42b 是考虑了近地表反演结果，同时从地表小平滑面开始整体速度建模的初始模型，进行小平滑面校正的目的就是消除地震测量和初至反演精度无法解决的剩余时差，提高资料信噪比，在此基础上将近地表速度建模和地下复杂构造速度建模有机结合，才更加有利于保持复杂构造的速度场信息。图 8-43 是常规速度建模与包含近地表速度建模后的结果对比，可见从地表相关小平滑面开始的整体速度建模得到的速度模型包含近地表速度变化特征，更适应开展起伏地表叠前深度偏移处理。

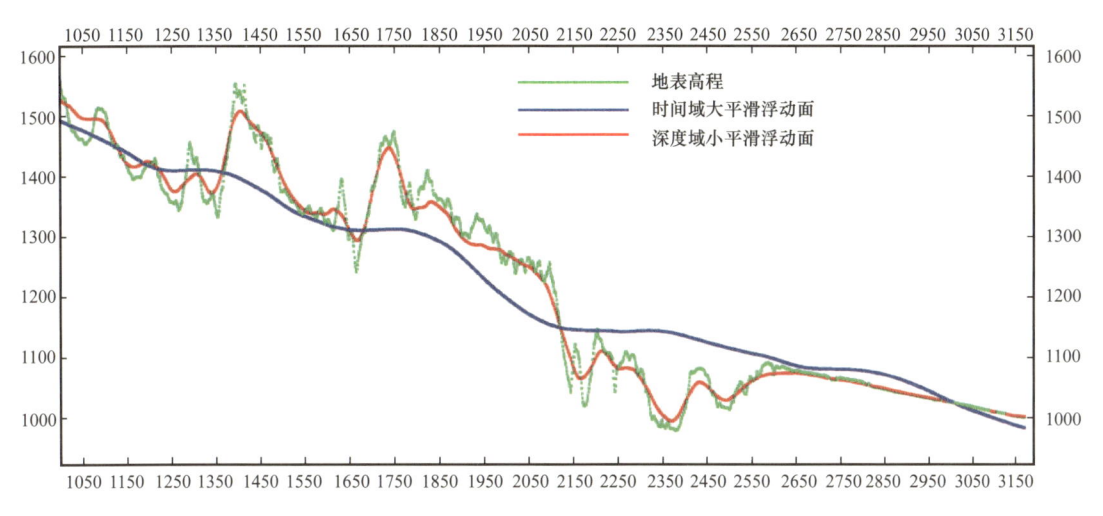

图 8-41　地形相关小平滑面示意图

(a) 从真地表开始的浅层建模　　(b) 从地表小平滑面开始的浅层建模

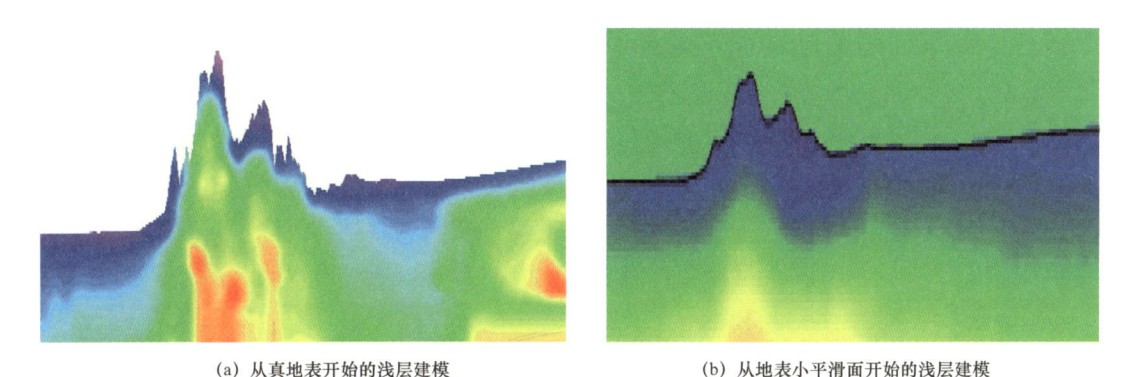

图 8-42　从不同地表相关面开始的浅层建模比较

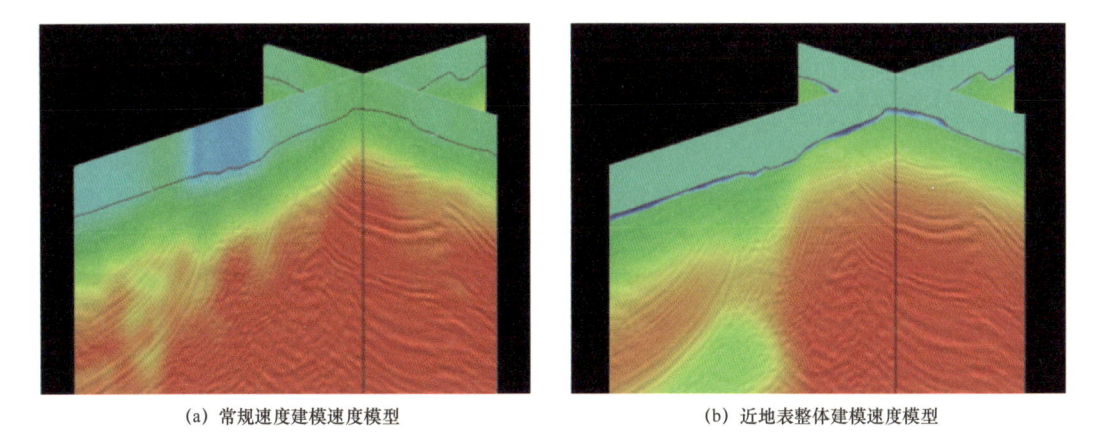

(a) 常规速度建模速度模型　　(b) 近地表整体建模速度模型

图 8-43　整体速度建模得到的速度模型和常规速度模型对比

4. 偏移算法

目前叠前深度偏移方法主要类别有射线法、单程波法及逆时偏移等，其中射线法是应用中较为普遍的方法，主要优点在于计算效率较高，便于进行目标处理，但其只相当于运动学的衍射扫描叠加，在处理复杂地质目标时，在速度模型达到一定精度的前提下，成像效果不如波动方程偏移方法好。波动方程类方法主要包括单程波偏移和逆时偏移。两大类方法都是以波动方程为理论基础，不同之处在于射线类偏移利用几何射线理论来计算波场的振幅以及相位信息，从而实现波场的延拓成像。两类方法具有各自的优势与不足，一般来说，波动方程类偏移具有更高的成像精度，射线类偏移则具有更高的计算效率和灵活性。逆时偏移则是通过双程波动方程在时间上对地震资料进行反向外推以实现偏移，在偏移过程中避免了上下行波分离，因而没有倾角限制，是目前理论上较为完善的方法。

偏移算法是地震处理中研究力量最强、进展最快的一个领域，但是在前陆冲断带低信噪比数据中的作用不如静校正、去噪和速度建模明显。迄今在我国塔里木库车等山前带的应用效果主要来自传统的克希霍夫积分法或高斯射线束法，逆时偏移算法由于其计算量巨大，对速度模型和数据信噪比要求较高，导致在现阶段速度建模还没过关的过程中，高精度的偏移算法尚不能完全发挥作用。

三、库车坳陷前陆冲断带复杂构造地震成像技术应用实践

库车南缘三排构造带中，南北两排构造均有油气大发现，中间的秋里塔格构造带油气勘探一直没有取得突破。主要原因是复杂的地表结构和巨厚的膏盐层使得地震资料准确成像十分困难，目标构造形态难以准确落实。为此，针对该地区构造成像难题，开展了多轮次采集处理技术攻关。近年来研究人员以新采集宽线资料为基础，提出了一套以保持起伏地表高陡构造区地震波传播运动学特征为主的针对性技术流程，有效改善盐上、盐下构造及深层基底成像效果。

1. 成像难点分析

秋里塔格构造带位于构造强烈变形的山前带，发育一系列不完整的逆冲推覆构造，且成排成带分布形成了凸起和凹陷相间的展布特征。地下发育两套膏盐层，地层变形严重，构造十分复杂，给地震资料叠前成像归位带来很大困难，具体难点如下：

（1）该地区地形起伏剧烈，地表岩性多变，低降速度带速度和厚度横向变化较大，使得近地表结构复杂，静校正问题十分突出；

（2）受地形及地表结构的影响，地表相关噪声十分发育，原始单炮几乎都看不到有效反射，噪声规律性较差；

（3）地下构造复杂，横向速度变化大，偏移归位不准确。山地资料速度建模和配套应用难度大，浅层资料信噪比较低，速度反演较难，深层资料横向一致性差，速度反演结果可靠性低。

2. 地震成像技术应用

1）表层约束层析静校正

初至层析静校正是目前复杂山地静校正处理中应用最广泛的一项静校正技术。针对该地区地表低降速度带变化剧烈的难题，为了进一步提高近地表模型反演精度，采用表层调查资料约束层析反演技术。通过表层调查模型的约束，提高了浅层速度模型精度，图8-44是近地表约束层析反演模型对比，直接反演模型近地表最低速度为950m/s，而约束模型最低速度为716m/s，从模型速度变化情况看，约束模型浅层速度变化细节更清楚。

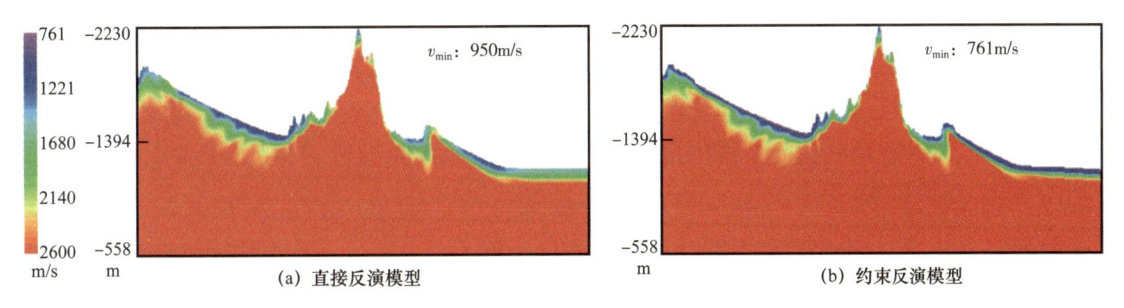

图 8-44 近地表约束层析反演模型对比

层析反演只是求取了一个准确的近地表模型。在模型已知的情况下，静校正量计算有两个关键参数，模型底界和替换速度。常用模型底界选取方法有两种：(1) 利用地表平滑后下移一定的深度作为底界面；(2) 采用等速度界面作为模型的底界面。采用地表平滑下移底界面方法，在该地区横穿高速、低速层，对于高速层出露的山体区，模型底界选择显得偏深，而对于山前低速度较厚的区域，又显得较浅；采用等速界面方法，可以很好适应速度横向变化趋势。对比图 8-45 中两种方法计算出的静校正量高程平移方法，在山体区存在一个与地形起伏正相关的静校正量，该变化趋势是由于模型底界选择不合适造成的，而等速界面法，在山体区基本是一个随机量。

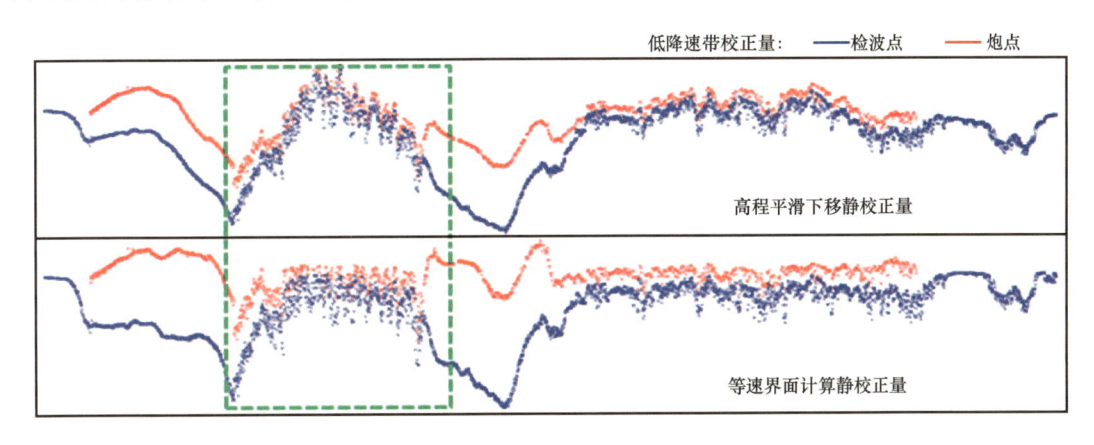

图 8-45 不同模型底界计算静校正量

通过表层约束与非线性加权层析静校正方法和对静校正量计算过程中的参数优化，在求取一个精确的近地表模型的基础上，获得一个更为准确的静校正量，较好地满足了时间域叠加和深度偏移成像的要求。图 8-46 为一条测线层析静校正与野外静校正叠加剖面对比，经过层析静校正后同相轴信噪比与连续性得到有效提高。

2）叠前多域组合去噪技术

从本区原始资料品质分析看，在地表相对平缓的戈壁区存在规则的面波干扰、线性干扰，对于地形起伏的山体区主要存在一些与近地表结构相关的散射干扰，该类型干扰波在单炮上基本没有什么传播规律，且空间能量、频率等分布不均。根据资料这些特点，为了达到高保真数据处理的要求，采用分频、多域、分步、分级噪声压制的思路：(1) 根据原始数据异常能量干扰发育的特点，采用分时、分频异常噪声衰减方法，同时根据噪声在不同空间位置发育特征不同的特点，对去噪参数进行优化，在不同特征位置采用不同的去噪参数，做到在严格保护有效波的基础上，最大限度压制干扰；（2）针对线性噪音压制，根据其传播群速度的差异，根据群速度的变化情况，采用分级压制方法，第一步压制低速300～1000m/s线性干扰，第二步压制800～1800m/s线性干扰，第三步压制高速多次折射干扰；（3）针对残余的反向传播的散射干扰波，在共检波点域进一步进行压制，去噪效果如图8-47和图8-48所示。

(a) 野外静校正叠加剖面　　　(b) 层析静校正叠加剖面

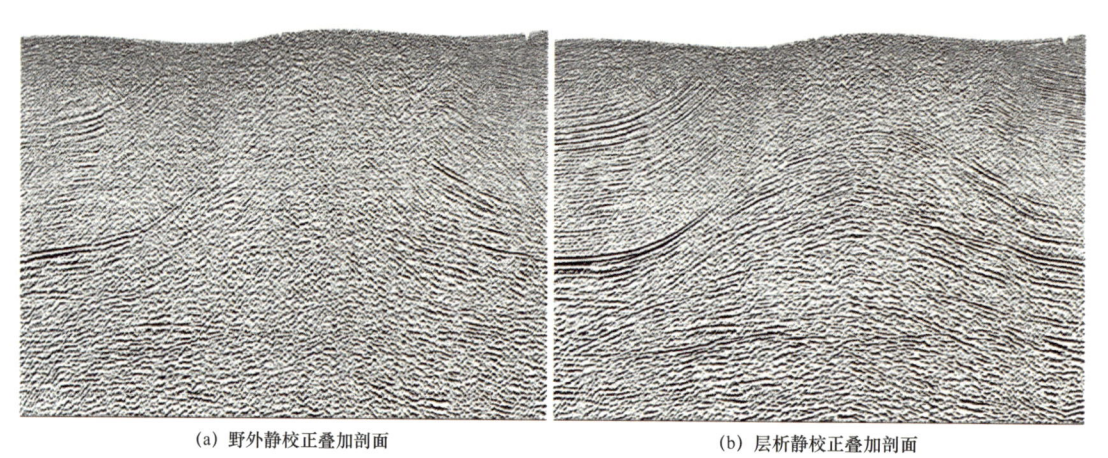

图8-46　不同静校正数据叠加效果对比

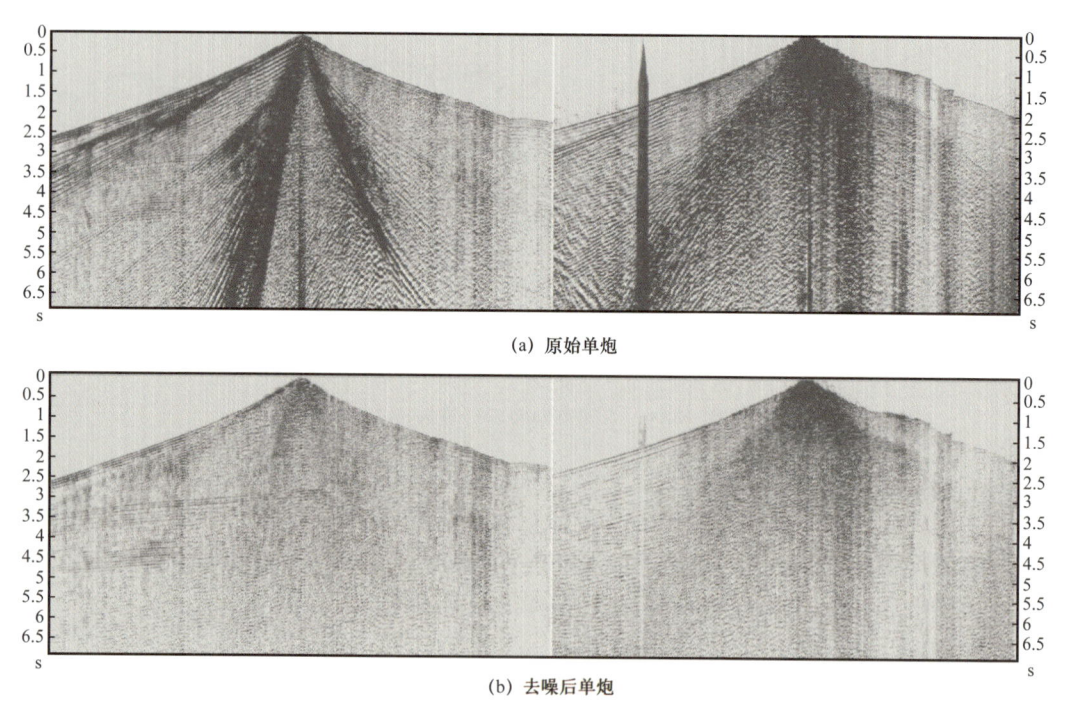

(a) 原始单炮

(b) 去噪后单炮

图8-47　叠前去噪应用效果

3）深度域速度建模与成像技术

叠前深度偏移采用小平滑面出发（图8-49），处理基本平滑参数为300m，部分测线由于存在数据空间缺口，为确保平滑面的横向连续性，平滑参数选为500m。偏移输入

CMP 道集，静校正改变以往低降速带校正方法，采用与深度偏移相匹配的高频剩余静校正方法，减小静校正对地震波场的影响。

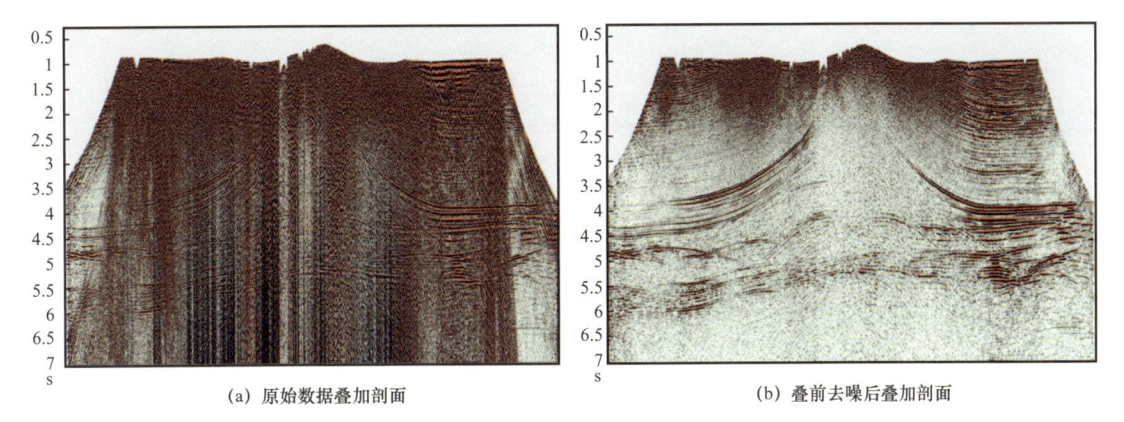

(a) 原始数据叠加剖面　　　(b) 叠前去噪后叠加剖面

图 8-48　叠前去噪应用效果

叠前深度偏移速度模型建立都是通过迭代方式来求取的，尽可能建立接近于实际的初始模型，减少迭代次数，是提高叠前深度偏移效率的重要环节。深层速度模型迭代采用网格层析技术，利用高密度剩余时差拾取对速度模型精细优化迭代。在信噪比较高、构造相对简单的地层条件下，网格层析速度修正方法可以快速实现速度收敛，但对复杂构造低信噪比地区和浅地表往往很难达到好的应用效果。因此对于复杂构造建模，在速度迭代初期，利用网格层析方法可以快速获取平缓地层速度大小，使得平缓地层的成像基本满足成像要求，而对于山体复杂地区，网格层析方法无法适用。在速度迭代过程中需要借助其他非地震信息，如表层地质调查、地质构造认识、非地震资料等，来提高山体部位模型精度。如图 8-50 所示，在速度建模初期，根据剖面初步结果判断认为浅层速度在山体高部位对应速度高，对比表层地质调查结果和电阻率资料后，实际高速老地层并不是在高部位出露，而是在山的北翼出露，根据这一新认识结果，通过对山体部位速度模型进行调整（图 8-51），主要调整山体北翼速度，将北翼速度提高后深层及浅层成像效果得到明显改善（图 8-52）。

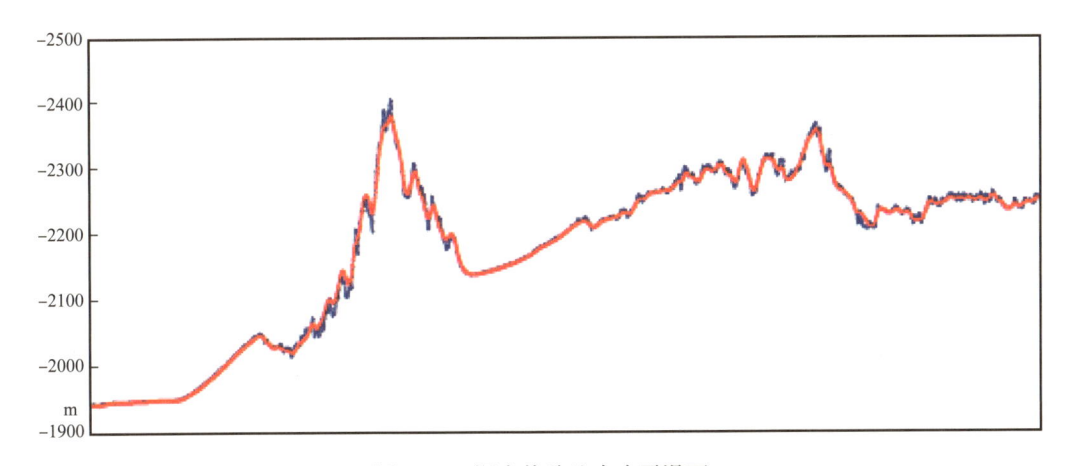

图 8-49　深度偏移地表小平滑面

(a) 速度模型 (b) 电阻率

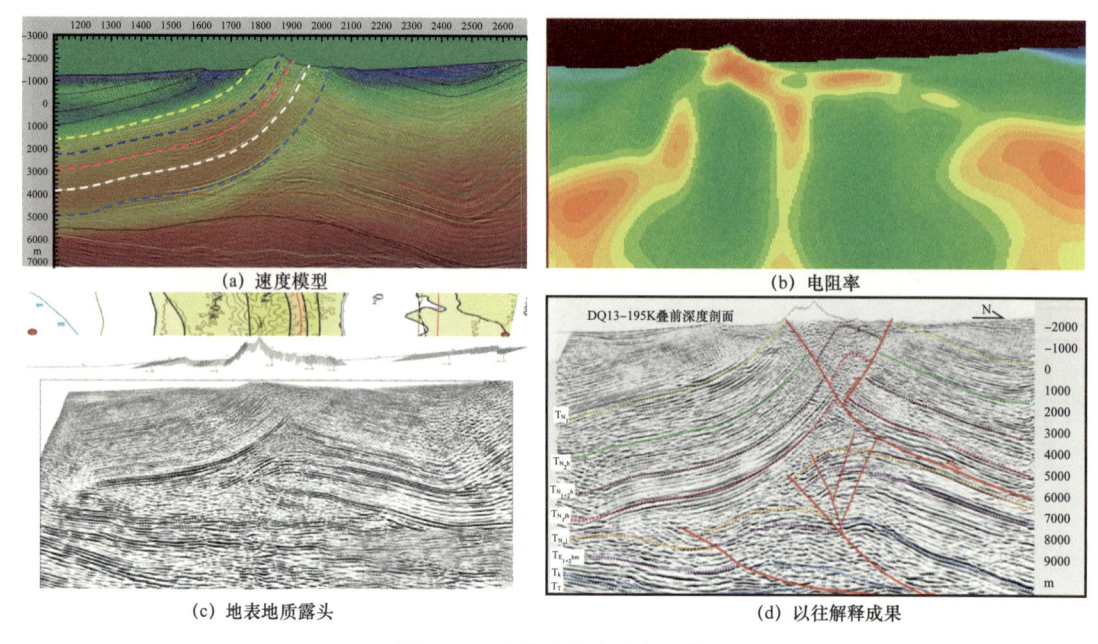

(c) 地表地质露头 (d) 以往解释成果

图 8-50　多信息约束速度建模

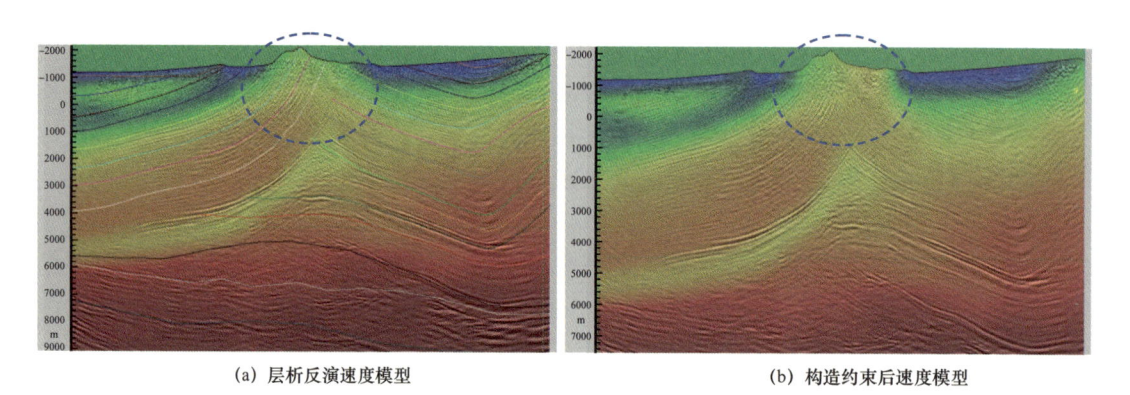

(a) 层析反演速度模型 (b) 构造约束后速度模型

图 8-51　层析速度模型与多信息约束速度模型对比

(a) 层析反演速度模型偏移结果 (b) 构造约束后速度模型偏移结果

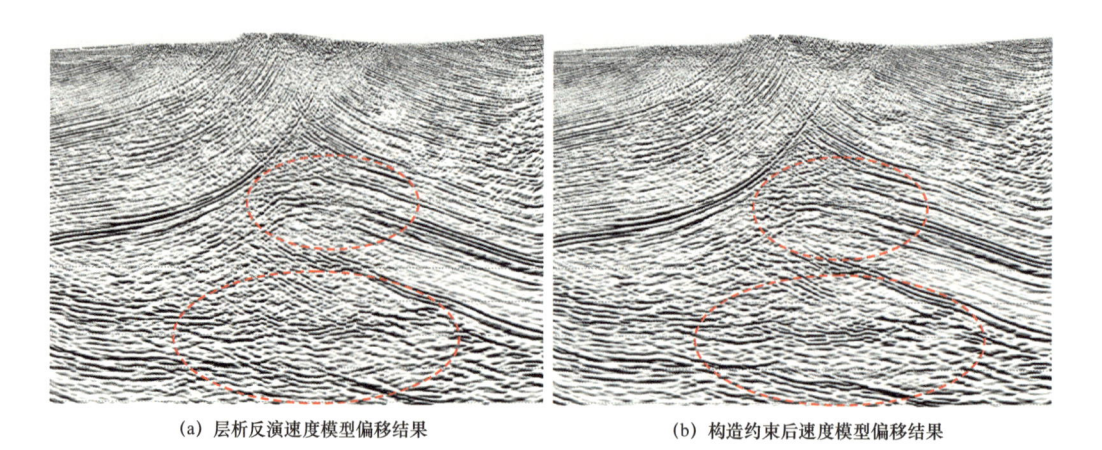

图 8-52　层析速度模型与多信息约束速度模型偏移效果对比

3. 叠前深度偏移效果分析

针对库车秋里塔格构造带地震资料的特点，利用近地表约束和炮检距加权层析静校正、精细噪声压制以及小平滑面出发的叠前深度偏移及高精度速度建模技术，使得资料成像效果得到明显改善（图8-53）。整个剖面偏移归位合理，基底成像清楚，有利于下一步构造解释和圈闭落实。

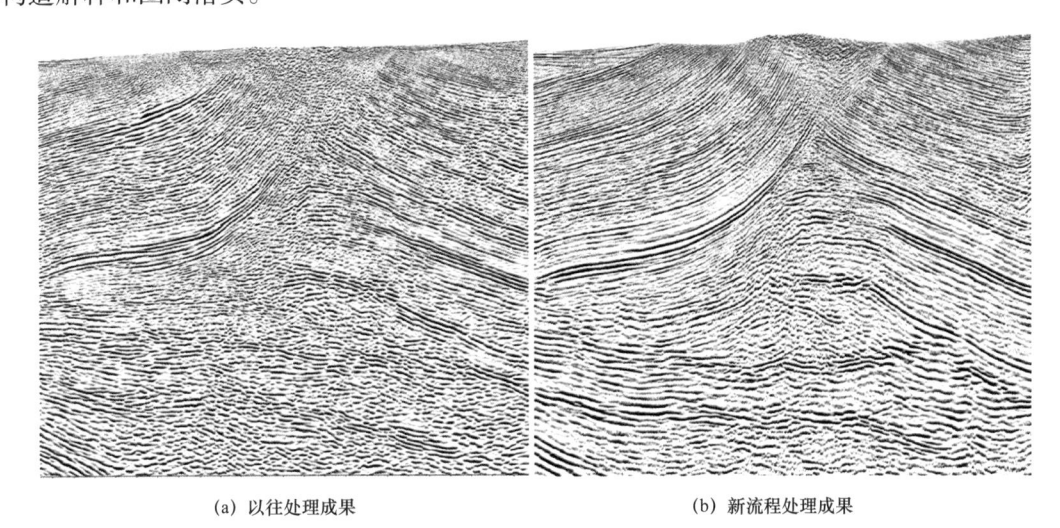

(a) 以往处理成果　　　　　　　　　　　(b) 新流程处理成果

图 8-53　叠前深度偏移效果对比

四、小结

前陆冲断带复杂构造油气藏是中国石油"十一五""十二五"重点勘探领域之一。地震勘探面临复杂地表复杂构造区地震成像精度低导致的构造圈闭落实程度低的突出问题。十年中，针对起伏地表复杂构造成像的三大难题，即静校正、噪声压制、复杂构造深度域速度建模与偏移，开展持续攻关，取得重要进展，形成了叠前去噪技术系列，探索了偏移基准面选择与静校正应用的一体化解决方案，建立了面向起伏地表深度域成像的时间域配套处理和深度域建模流程，研发了适合剧烈起伏地表的深度域速度建模技术。在塔里木盆地库车坳陷前陆冲断带复杂构造勘探中，见到了明显效果。

第五节　致密砂岩油气层测井评价技术

致密油气为源储一体或近源成藏，且须采用水平井钻井和大型压裂改造等方式开采，这就决定了致密油气评价承担的任务、采用的评价思路与评价方法等均与常规油气评价存在本质的区别。致密油气评价中，不但要评价储层，而且要同时评价烃源岩，并要做好水平井钻井和压裂改造等工程设计的技术支撑。

一、技术需求与技术挑战

如前所述，致密油为在紧邻或夹于优质生油层系的致密碎屑岩、致密碳酸盐岩及致密混积岩储层中聚集且未经过大规模长距离运移的石油资源，其一般无自然产能，或自然产能低于经济下限,需通过大规模压裂才能形成工业产能。目前的研究认为,我国的致密油以陆相致密油为主。

中国陆相致密油烃源岩类型多样,Ⅰ型、Ⅱ$_1$型、Ⅱ$_2$型和Ⅲ型均有发育,有机质丰度较高但变化较大。岩性类型多样、整体复杂,主要可分为砂岩和碳酸盐岩两大类,但其岩性组成一般比常规储层要复杂很多,且变化较大。储层孔隙度渗透率低,孔隙结构复杂,层内非均质性强,井间差异较大。

这些陆相致密油的地质特征导致中国陆相致密油的岩石物理特征和测井响应规律与北美海相致密油存在着极大的区别,简单地照搬北美致密油的测井评价思路与方法势必会产生极大的误差。另外,因为致密油总体储层品质差,一般没有自然产能,需采用水平井和大型压裂改造才可获有效动用,这也意味着致密油评价内容和方法技术还需要发展与之相对应的评价内容,以促进增产措施更加有效。

基于中国陆相致密油地质特征及其勘探开发的技术需求,致密油测井评价应承担以下三个方面的主要任务:一是深化地质与油藏认识,评价致密油储层特征及其分布,为致密油储量评估提供孔隙度、有效厚度和饱和度等关键参数;二是评价烃源岩特征,并与储层特征相结合,筛选致密油的甜点分布层段和甜点分布域,支持开发建产选区;三是为钻井和压裂改造提供技术支持,如有利层段优选、井眼轨迹方位设计和压裂参数优化等,促进致密油资源的有效经济动用。

二、致密砂岩油气层测井评价关键技术

1. 总有机碳含量(TOC)测井计算方法

测井烃源岩品质的评价最主要的是 TOC 的评价。TOC 测井评价的基础是干酪根的电阻率、声波时差、密度、天然放射性等岩石物理性质与构成岩石其他矿物组分的差异性。TOC 的测井计算方法主要有孔隙度—电阻率测井曲线交会的 $\Delta \lg R$ 法、自然伽马能谱测井的 U 曲线法和密度测井法等。

1)孔隙度—电阻率测井曲线交会的 $\Delta \lg R$ 法

烃源岩段存在干酪根,故电阻率测井值增高,视孔隙度增大。当对反映孔隙度的声波时差曲线反向刻度而电阻率正向刻度,且在非烃源岩段将其重合时,在烃源岩段会产生两条曲线的分离。在干酪根含量一定的情况下,成熟度越高,分离距离越大;相反在成熟度基本一致的前提下,干酪根含量越高,分离的距离越大。据此,Passey 于 1990 年提出用电阻率—孔隙度曲线叠加法($\Delta \lg R$ 法)描述 TOC 的大小。

图 8-54 为束鹿凹陷一口井目的层段应用 $\Delta \lg R$ 法计算 TOC 的实例,可以看出,采用上述模型计算的有机碳含量与实验分析的有机碳含量具有较高的吻合程度。

2)铀曲线经验公式法

有机质对放射性同位素铀具有较高的吸附能力。通常,有机质含量越高,放射性同位素铀的含量越高。根据不同地区的总有机碳含量与测井铀曲线之间关系,可以建立线性或非线性 TOC 计算模型。鄂尔多斯盆地三叠系延长组长 7 段岩心分析的总有机碳含量数据与自然伽马能谱测井测量的铀含量就是这种关系的典型代表。总有机碳含量与测井铀元素含量呈线性关系(图 8-55)。

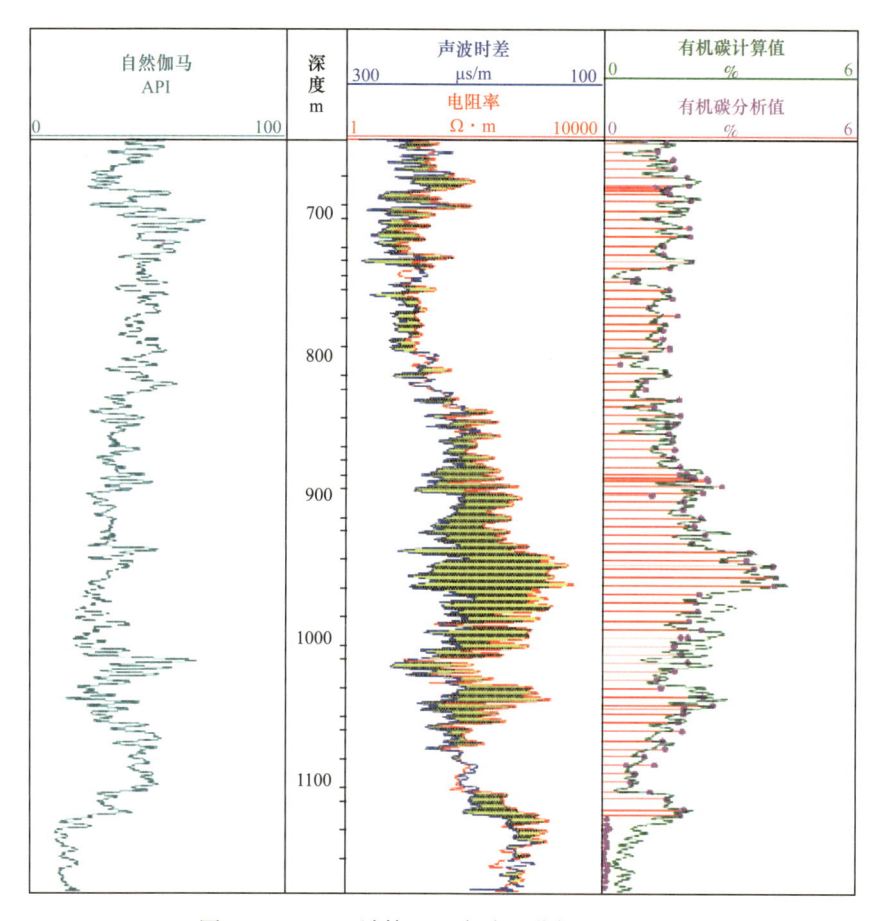

图 8-54 ΔlgR 计算 TOC 与岩心分析 TOC 对比图

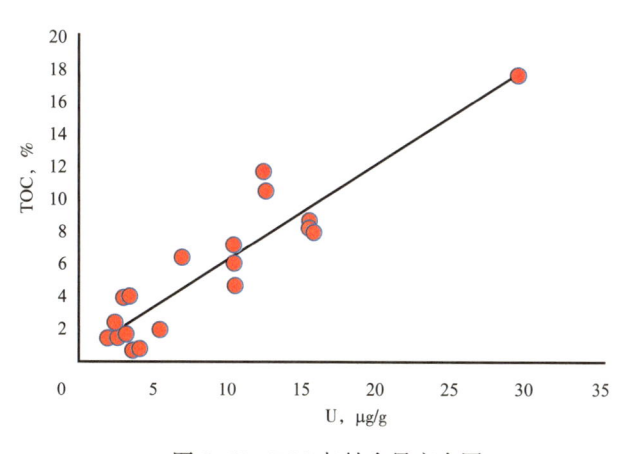

图 8-55 TOC 与铀含量交会图

2. 致密砂岩储层核磁共振测井分析孔隙结构方法

以孔隙结构评价为核心的储层品质评价是致密砂岩储层测井评价的主要任务之一，因此孔隙结构是致密砂岩储层测井评价的核心内容。

储层岩石的孔隙结构特征是影响储层流体（油、气、水）的储集能力和开采油气资源的主要因素。致密储层孔隙结构特点是孔隙喉道细小，迂曲度复杂，毛细管压力高。因此精细定量评价孔隙结构具有重大意义。

利用核磁共振表征孔隙结构是测井目前唯一的方法。当岩石孔隙中流体完全为水时，核磁共振的响应机理主要是表面弛豫，即在岩石的颗粒表面，单一孔隙的 T_2 值与孔隙的表面积、体积的比值成正比，此时的 T_2 分布经过转换可以得到孔径分布，继而可以比较准确地评价孔隙结构。

研究表明，核磁共振 T_2 分布响应于孔径分布，与压汞得到的孔喉分布具有一定的相关性。因此，若将 T_2 分布曲线转换为压汞曲线，可以采用压汞毛细管压力曲线的方法获得排驱压力（p_d）、最大连通孔喉半径（R_d）、饱和度中值压力（p_{c50}）、孔喉半径中值（R_{50}）、最小湿相饱和度（S_{min}）、孔喉半径平均值、孔喉半径均值、孔喉分选系数、孔隙吼道歪度（S_{kp}）、孔隙喉道峰度（K_p）和曲折度或弯曲系数（T）等表征孔隙结构参数。

将核磁共振测井 T_2 分布转换为毛细管压力曲线的关键是转换系数的确定，普遍采用相似对比方法，即通过转换系数调节 T_2 数值大小，使 T_2 分布与毛细管压力的孔喉分布具有足够的相关性。常用以下两种做法。

线性转化法：相似对比法的基本思想是首先假定一个转换系数 C，将 C/T_2—Amp（T_2 谱的幅度）与 p_c—$S_{Hg(i)}$（进汞饱和度增量）重合在一张图上。结果表明，只要想办法选择一个合适的 C，使 C/T_2—Amp 与 p_c—$S_{Hg(i)}$ 之间的相关系数达到最大值，此时的 C 值就是 T_2 与 p_c 之间的转换系数。利用此转换刻度系数就可以将核磁共振测井 T_2 分布转换为储层孔喉半径分布，然后将孔喉半径分布进行累加，即可得到连续分布的储层毛细管压力曲线。

如果不论孔径分布上的大孔还是小孔都采用同样的 C，同时对于所有类型的岩心样品均采用相同的 C，则将此种方法称之为线性转换刻度系数。通过对实际资料的分析处理发现，利用线性转换刻度方法构造的核磁毛细管压力曲线与压汞毛细管压力曲线在大孔隙部分（低毛细管压力段）吻合较好，而在小孔隙部分（高毛细管压力段）则会出现分叉现象，由此确定的核磁毛细管压力曲线并不能准确地反映储层小孔隙部分的孔隙结构。

二维等面积法：针对上述线性转换系数问题，利用二维等面积刻度转换系数法构造核磁毛细管压力曲线可以得到改进。第一，在同时测量了压汞毛细管压力曲线和核磁共振测井 T_2 分布的基础上，利用微分相似原理确定每块样品的 T_2 谱与毛细管压力微分曲线（孔喉半径分布谱）之间的横向转换系数；第二，分别确定 T_2 谱经横向转换后得到的核磁毛细管压力曲线以及压汞毛细管压力微分曲线的拐点，分别计算拐点两侧不同孔径下压汞毛细管压力微分曲线与核磁毛细管压力曲线包络面积的比值，该比值分别为大孔径部分与小孔径部分的纵向刻度系数，拐点曲线左边为小孔径包络面积，拐点曲线右边为大孔径包络面积，如图 8-56 所示；第三，建立横向转换系数和纵向转换系数与测井计算参数（孔隙度、渗透率）之间的关系以实现利用核磁共振测井资料连续、定量构造核磁毛细管压力曲线的目的，如图 8-57 所示。

可以看到，二维等面积法的转换效果比线性转化法要好，如图 8-58 所示。

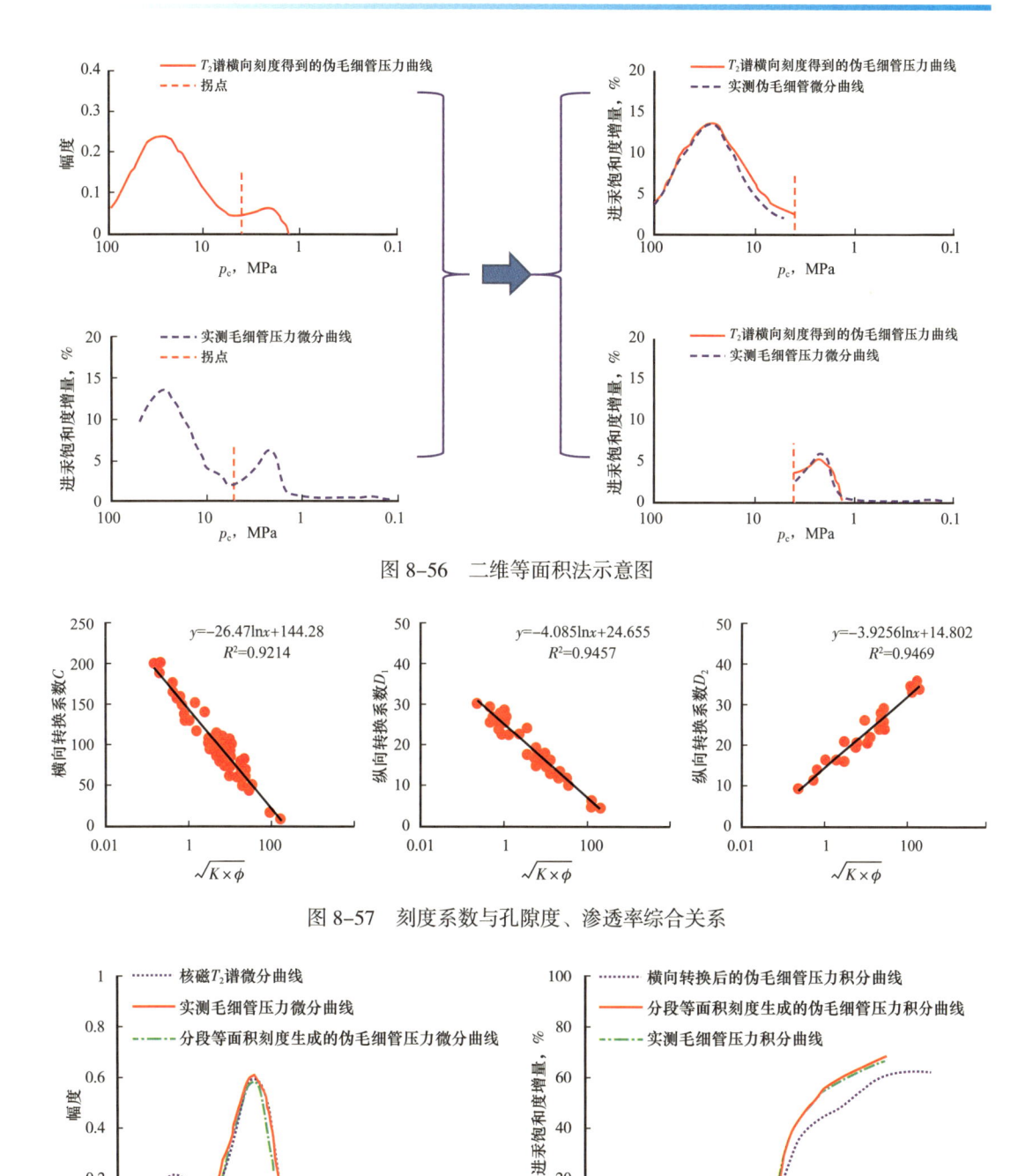

图 8-56　二维等面积法示意图

图 8-57　刻度系数与孔隙度、渗透率综合关系

图 8-58　不同方法得到的毛细管压力曲线对比图

3. 宏观砂体结构测井定量表征技术

陆相致密油储层单层厚度较小，常呈薄互层状分布，宏观各向异性强，微观孔隙结构复杂、非均质性强，即使如鄂尔多斯盆地延长组长 7 段那样优质的致密油层也有如此表现（图 8-59）。陆相致密油储层品质不仅决定于微观的孔渗参数，还和储层宏观结构有密切关系。

图 8-59　互层状砂体沉积与测井曲线特征对比图

利用测井曲线分析砂体结构就是利用能够有效区分地层特征的测井曲线来对砂体结构特征进行描述，这些测井曲线包括电阻率、声波时差、密度、自然电位以及自然伽马等。测井曲线幅度大小可以反映出沉积物的粒度、分选及泥质含量等沉积物特征变化。测井曲线的形状反映的是沉积过程中物源的丰富程度和水动力条件强弱，幅度和形状的变化就是储层结构的变化，就是储层宏观非均质性的响应。提取这些曲线的幅度和形状特征参数，可以对储层砂体结构进行定性描述和定量评价。

数学上常用变差方差根函数 GS 来描述曲线的光滑性，将该函数引入储层非均质性评价中可较好反映储层非均质性强弱，为致密油储层品质评价提供量化标准。以变差方差根 GS 反映曲线光滑程度，其计算公式如下：

$$GS = \sqrt{\gamma(1)+\gamma(2)+\cdots+\gamma(h)+S^2}　\quad (8-1)$$

式中，S^2 为方差，反映深度段上曲线数据的整体波动性；$\gamma(h)$ 为变差函数，反映曲线数据局部波动性。GS 反映储层的光滑程度，即表征储层的宏观结构。GS 越小，则曲线越光滑，曲线波动性就越小，砂体就越接近块状；反之，GS 越大，曲线越不光滑，曲线的波动性就越大，砂体形态就越接近砂泥互层。

考虑到自然伽马和泥质含量对储层岩性各向异性的敏感性强，密度测井对储层物性各向异性敏感性强，因此，以式（8-1）为基础构建分别反映砂体岩性及含油非均质程度的测井表征参数 PSS 及 PPA，定义如下：

$$\text{PSS} = \text{GS}(\text{GR}) \cdot V_{sh} \tag{8-2}$$

$$\text{PPA} = \frac{\sum_{i=1}^{n} H_i \cdot \phi_i \cdot S_{oi}}{\text{GS}(\text{DEN})} \tag{8-3}$$

式中，H_i、ϕ_i、S_{oi} 分别为深度段内第 i 小层的厚度，孔隙度和含油饱和度；V_{sh} 为泥质含量；GS（GR）和 GS（DEN）分别为自然伽马和密度曲线的变差方差根。

图 8-60 是储层宏观结构和储层含油非均质性参数应用实例。上部储层品质较好，测井计算 PSS 值小，PPA 值大，综合解释为油层，压裂后日产油量达 31t；下部储层品质较差，测井解释为差油层。

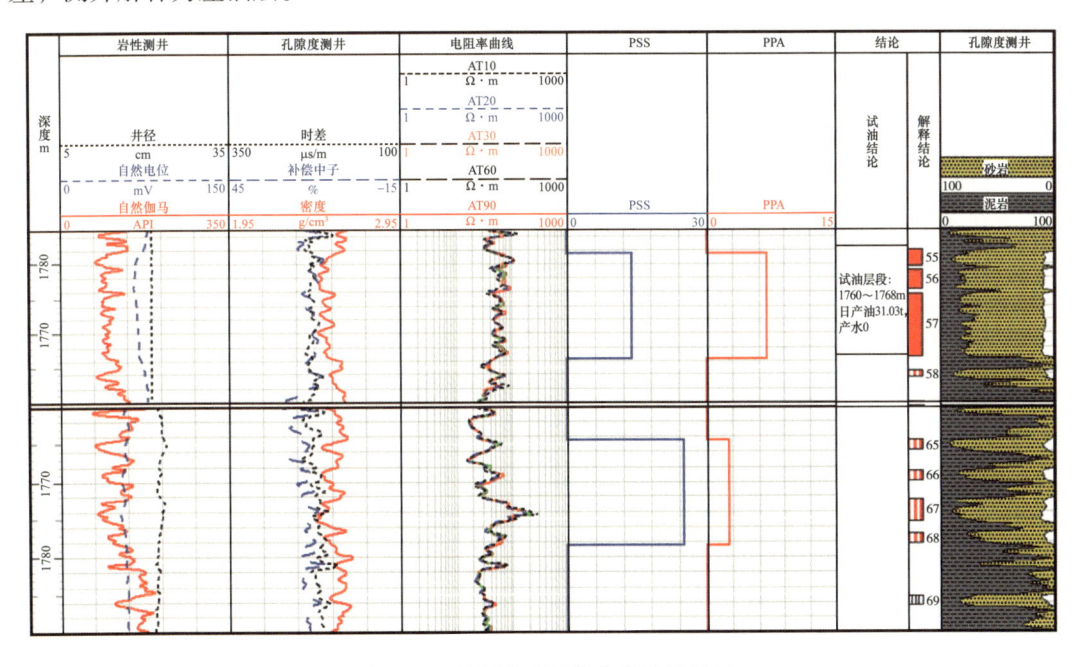

图 8-60 储层宏观结构参数计算结果

根据测井计算的储层砂体结构参数 PSS 和含油非均质性参数 PPA 可快速实现对致密油储层品质的分类评价。如图 8-61 所示，PSS 由大变小时，储层由互层状砂体变化为块状砂体，储层宏观砂体结构逐渐变好，各向异性较弱；PPA 由小变大时，表明储层含油性及其层内均质程度由差到好。因此，落在右上角的储层产量高，落在左下角的储层产量低（图中红色圆点表示产油大于 10t/d，绿色三角点表示产油小于 10t/d。）

- 433 -

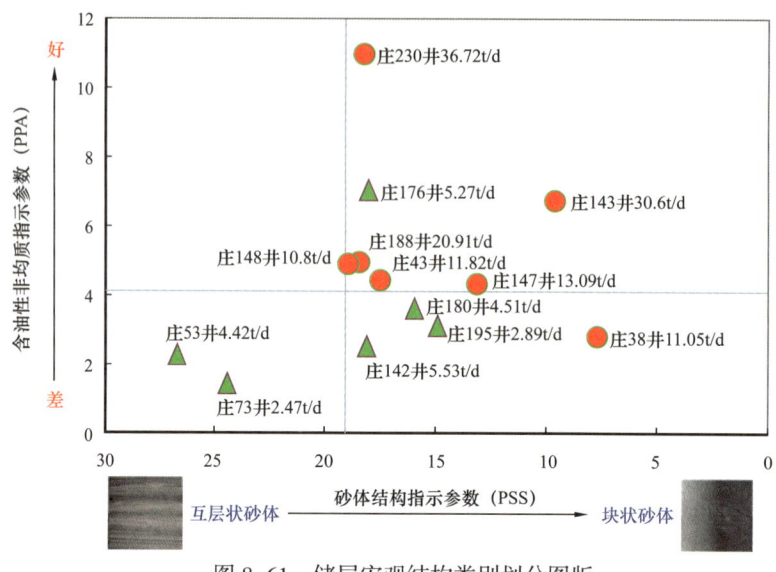

图 8-61　储层宏观结构类别划分图版

三、长庆油田陇东地区长 7 致密油测井评价技术应用实践

鄂尔多斯盆地三叠系延长组是一套内陆湖泊—三角洲碎屑沉积，盆地的西南部陇东地区属西南沉积体系，三叠纪时受西南物源控制，形成了一套以碎屑岩为主的沉积物。长 7 致密油以深湖—半深湖相重力流沉积为主，发育细砂岩—极细砂岩级别的岩屑长石砂岩和长石岩屑砂岩，填隙物含量较高，均大于 16%，以水云母、碳酸盐、绿泥石为主。孔隙类型以长石溶孔为主，占总孔隙的 67.54%；粒间孔次之，占总孔隙的 22.37%；岩屑溶孔较少，见到少量晶间孔、微裂缝。长 7 段储层储集砂体直接与烃源岩接触，具有近源成藏和源储共生的特点，生成的油气经过短距离运移便可聚集成藏，油源充足，充注强度大，油藏含油饱和度高。

1. 长 7 段烃源岩 TOC 测井评价

前已述及，$\Delta \lg R$ 法使用了电阻率，地层没有黄铁矿时效果较好，但较好的烃源岩往往不同程度地都有黄铁矿的存在，黄铁矿的分布对电阻率影响极大，从而也影响到 $\Delta \lg R$ 方法计算 TOC 的准确性。利用自然伽马能谱测量的 U（铀）曲线计算 TOC 一般具有较好的精度，但其纵向分辨率受测量机理的控制有时其精度也难以达到期望值。在陇东长 7 段的 TOC 计算中充分吸收两种方法的长处，使用了 U 曲线与 $\Delta \lg R$ 两个参数的多元拟合，有效避开了各自的短处。

陇东长 7 段拟合公式如下，其相关性达到了 0.88：

$$\text{TOC}=0.48U+1.78\lg R+0.184 \tag{8-4}$$

图 8-62 为 Z58 井延长组总有机碳含量的结果图，其中第一道为深度道，第二道中黑色曲线为铀曲线，红色线为自然伽马曲线；第三道 CNL、DEN、DT 分别代表中子、密度和声波三条曲线；第四道 RID1、RID2、RID3、RID6、RID9 为五条阵列感应曲线；第五道、第六道、第七道红色数据点为岩心分析总有机碳含量的结果，而三条黑色的曲线 TOC、TOC_U、TOC_UL 分别表示采用 $\Delta \lg R$ 法、U 曲线法以及式（7-4）计算的总有机碳含量结

果。从图 8-62 计算的结果可以看出多元拟合方法计算结果与只用 U 曲线或只用 $\Delta \lg R$ 方法计算结果相比有明显改善。

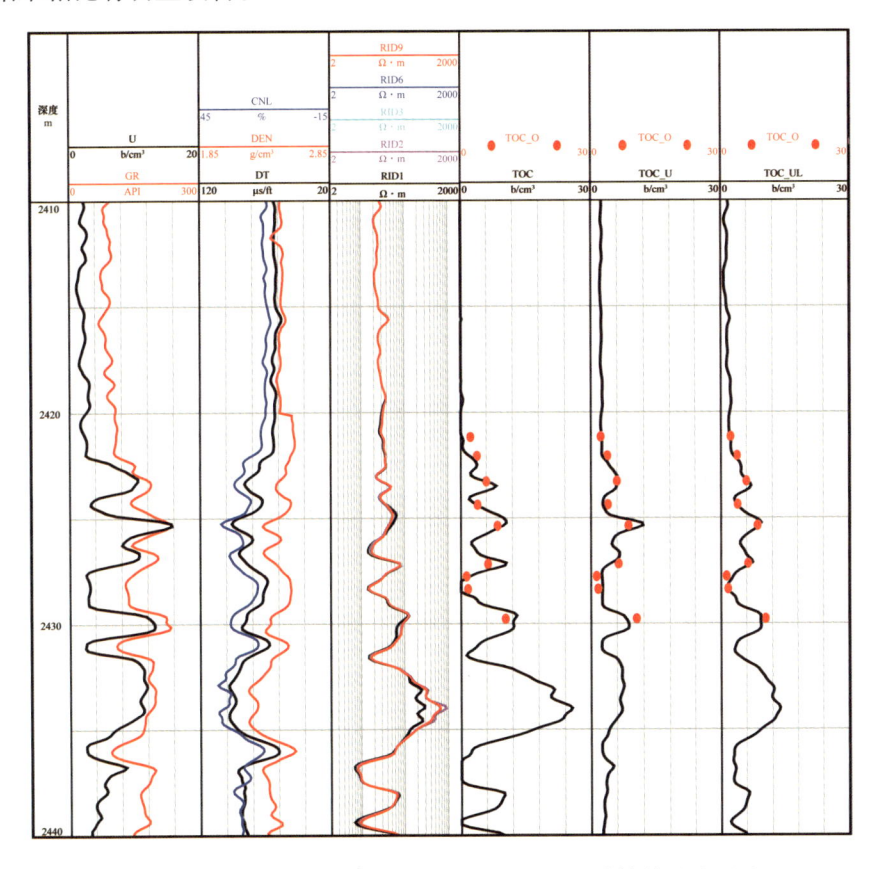

图 8-62　Z58 井长 7 段烃源岩 TOC 不同方法计算结果对比图

2. 致密砂岩储层品质测井评价

1）致密砂岩储层岩石组分的多矿物模型最优化精细解释

陇东地区长 7 段储层沉积物粒度细、堆积速度快，形成的致密砂岩储层岩石成分复杂。根据工区地质研究的结果，矿物组成主要为石英、长石、伊利石、绿泥石以及干酪根，由此建立的烃源岩段与非烃源岩段岩石物理模型如图 8-63 所示。

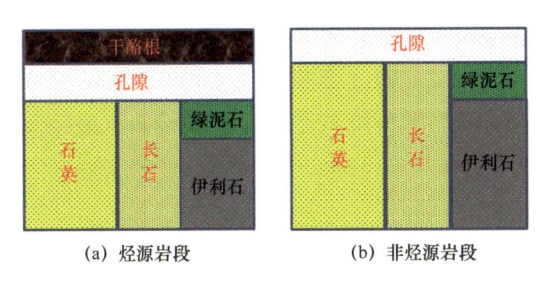

图 8-63　陇东地区长 7 段矿物模型

由于该地区测井系列除少数探井测量了新技术外，大多是一些常规测井曲线，包括三孔隙度曲线、阵列感应曲线、自然伽马曲线、自然电位曲线和井径曲线。这些常规测井数据，对于不同的矿物，其测井响应值，如补偿中子（CNL）、声波时差（DT）、自然伽马（GR）、密度（DEN）、光电吸收截面指数（PE）有很大的差异，因此采用图8-63的多矿物模型最优化方法精细求解岩石矿物组分。

图8-64是利用所建模型以及参数处理后Z230井长7段多矿物测井解释成果图。处理结果与X衍射结果进行了对比，二者符合较好，说明多矿物模型最优化方法适合长7段的复杂岩性识别。

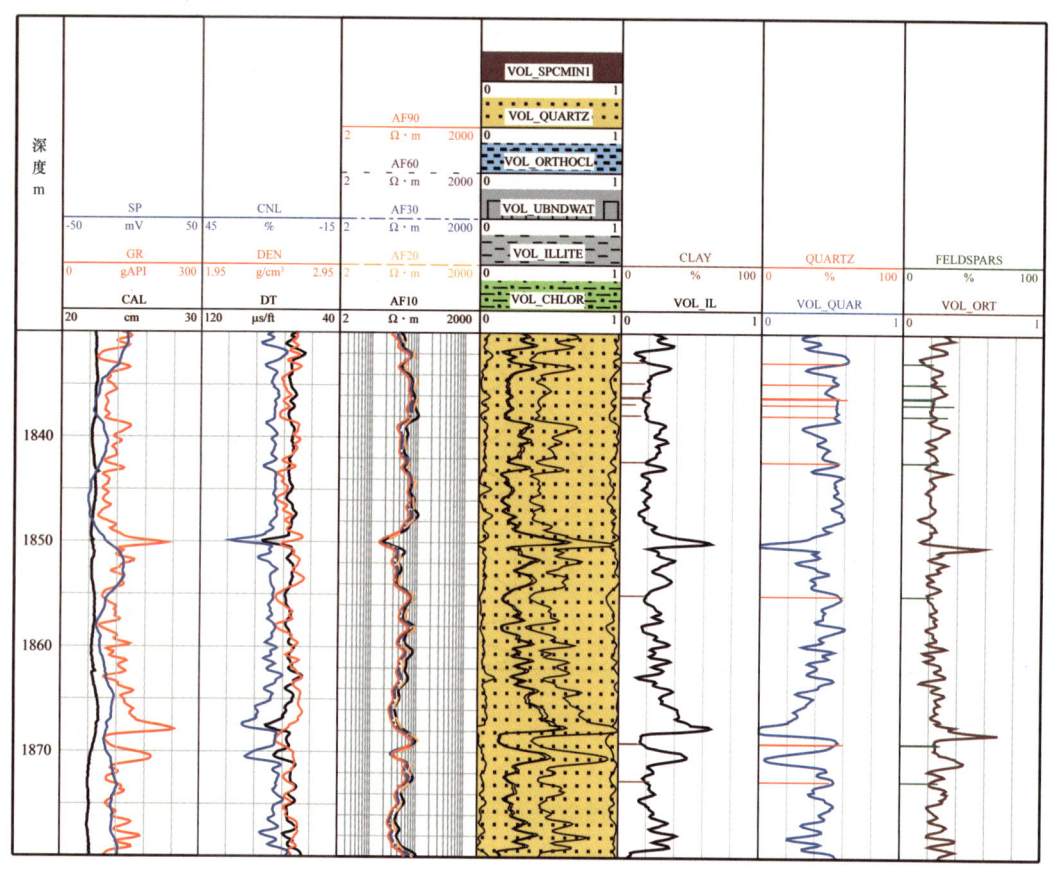

图8-64　Z230井多矿物测井解释成果图

2）储层品质评价

长7段储层品质不仅受控于常规物性，还受控于孔隙结构和砂体结构。在工区研究和应用实践中，孔隙度采用声波、密度测井联合计算，饱和度采用变参数的阿尔奇公式计算。孔隙结构评价主要采用前述的核磁共振测井关键技术，砂体结构主要采用前述的宏观砂体结构测井定量表征技术。

（1）孔隙结构评价。

构建一个反映储层孔隙结构的综合评价指标PTI：

$$\text{PTI} = \omega_1 f_1(R_{\max}) + \omega_2 f_2(R_{pt50}) + \omega_3 f_3(\phi) \tag{8-5}$$

式中，ω_1、ω_2、ω_3为权系数；f_1、f_2、f_3为最大孔喉半径、中值半径和孔隙度等参数的归一化函数。应用配套的岩石物理实验，可确定表8-6的配套标准：

表 8-6 基于孔隙结构参数的砂岩致密油储层品质评价标准

分类参数		储层品质分类			
		好	较好	中等	差
单参数	ϕ，%	> 12	12～10	11～8	9～6
	K，mD	> 0.12	0.08～0.12	0.05～0.09	0.03～0.07
	排驱压力，MPa	< 1.5	1.5～2.5	2.0～3.5	> 3.5
	中值半径，μm	> 0.15	0.15～0.06		< 0.1
综合参数（PTI）	孔喉结构指数	> 0.8	0.8～0.6	0.6～0.4	< 0.4

图 8-65 为应用核磁共振测井计算的储层微观孔隙结构参数及应用式（8-5）计算的综合分类参数 PTI 结果，根据表 8-6 对储层分类结果见图中第九道，将以一类、二类储层为主的 104 号层和 106 号层测井解释为油层，将以三类、四类储层为主的 105 号层测井解释为差油层，104 号层和 106 号层合试，日产油 13.35t，为高产工业油流。

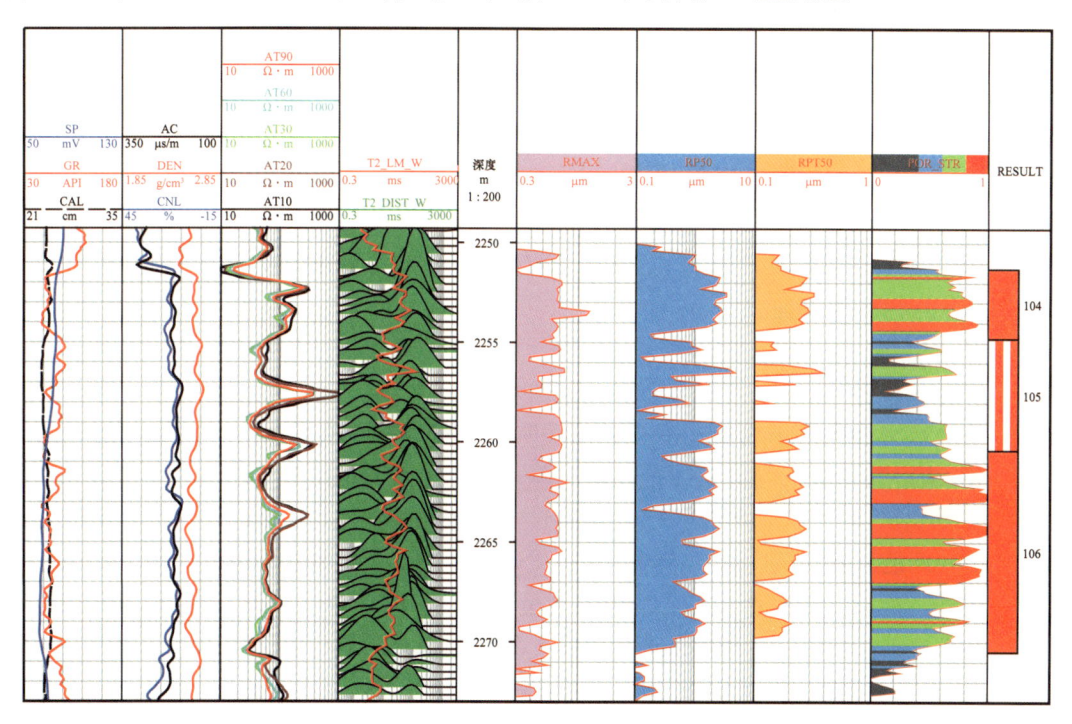

图 8-65 核磁共振测井计算储层孔隙结构参数与储层分类

（2）砂体结构评价。

前已述及，根据测井计算的储层砂体结构参数 PSS 和含油非均质性参数 PPA 可快速实现对致密油储层品质的分类评价。图 8-66 为两口井的致密油储层段 PSS 和 PPA 测井计算结果，据此可快速判断出储层的砂体结构类型，分别为块状砂体和薄互层砂体，块状砂体储层品质好，含油性好，试油日产油 13.09t，为高产工业油流；薄互层砂体储层品质相对较差，试油日产油 4.42t。

(a) 块状砂体　　　　　　　　　　　　(b) 薄互层砂体

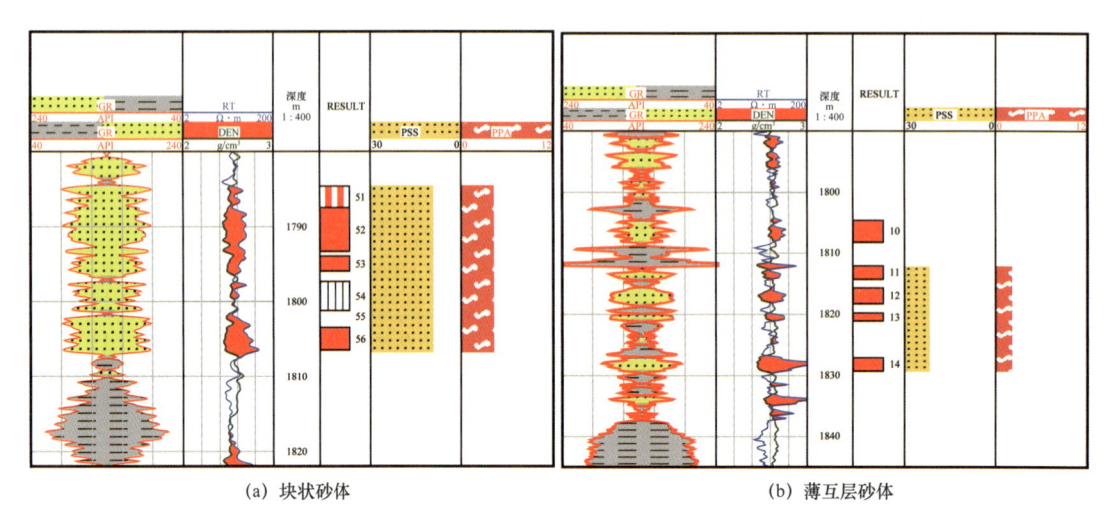

图 8-66　测井评价砂体结构和含油非均质性结果

3. 致密砂岩储层甜点分布测井评价

鄂尔多斯盆地陇东地区长 7 段致密砂岩储层紧邻烃源岩，源储组合好。通过对该区致密砂岩油层影响因素综合分析和测井解释评价，"甜点"分布主要受储层品质（物性、厚度和砂体结构等）、烃源岩品质（烃源岩有机碳含量）、完井品质（脆性指数）等因素控制。因此，在岩石物理研究和致密油"三品质"测井评价思路指导下，分析该区致密油"甜点"的主控因素，构建"甜点"测井表征的关键参数（本次研究选取烃源岩有机碳含量、储层砂体结构、储层含油非均质性、储层脆性指数等），并进行多井对比评价，分析各主要参数的横向分布规律，通过源储配置关系分析和综合评价，优选"甜点"分布区。

根据"甜点"优选测井表征的关键参数计算方法，对 Z230 井区 27 口关键井进行了测井处理解释，并制作相应的平面分布图。

长 7 段致密油为近源成藏，多井对比表明，烃源岩对致密油分布具有较好的控制作用（图 8-67），且烃源岩与储层配置关系对单井产能具有较好控制作用。烃源岩有机碳含量越高（图 8-67 中灰色充填部分），储层物性与含油饱和度越高，即储层含油富集程度越高，则单井产能就越高。反之，若烃源岩有机碳含量越低，储层物性越差，含油饱和度越低，则单井产能就越低。若烃源岩有机碳含量较高，但储层物性较差，或储层物性较好，但烃源岩有机碳含量较低，则单井产量适中。致密油单井产能与储层砂体结构和含油非均质性关系密切。

整体上，湖盆中部烃源岩厚度大，储层厚度大，含油性较好，源储配置关系有利。

图 8-68 为测井计算的 I 类烃源岩、II 类烃源岩、III 类烃源岩、总烃源岩 $TOC \times H$ 平面分布图和测井计算的烃源岩 $TOC \times H$ 分级平面图。从图中可以看出，庄 53—庄 143—庄 188—庄 230 井区烃源岩品质较好，有机碳含量高。将烃源岩 $TOC \times H$ 平面分布图划分为三个等级（图 8-68e），图中颜色越深表明烃源岩 $TOC \times H$ 值越高，烃源岩品质越好。从平面分布图中可以看出，庄 230 井区中心部位烃源岩生烃能力最强，庄 156—庄 202 井区 $TOC \times H$ 值较低，烃源岩品质变差。

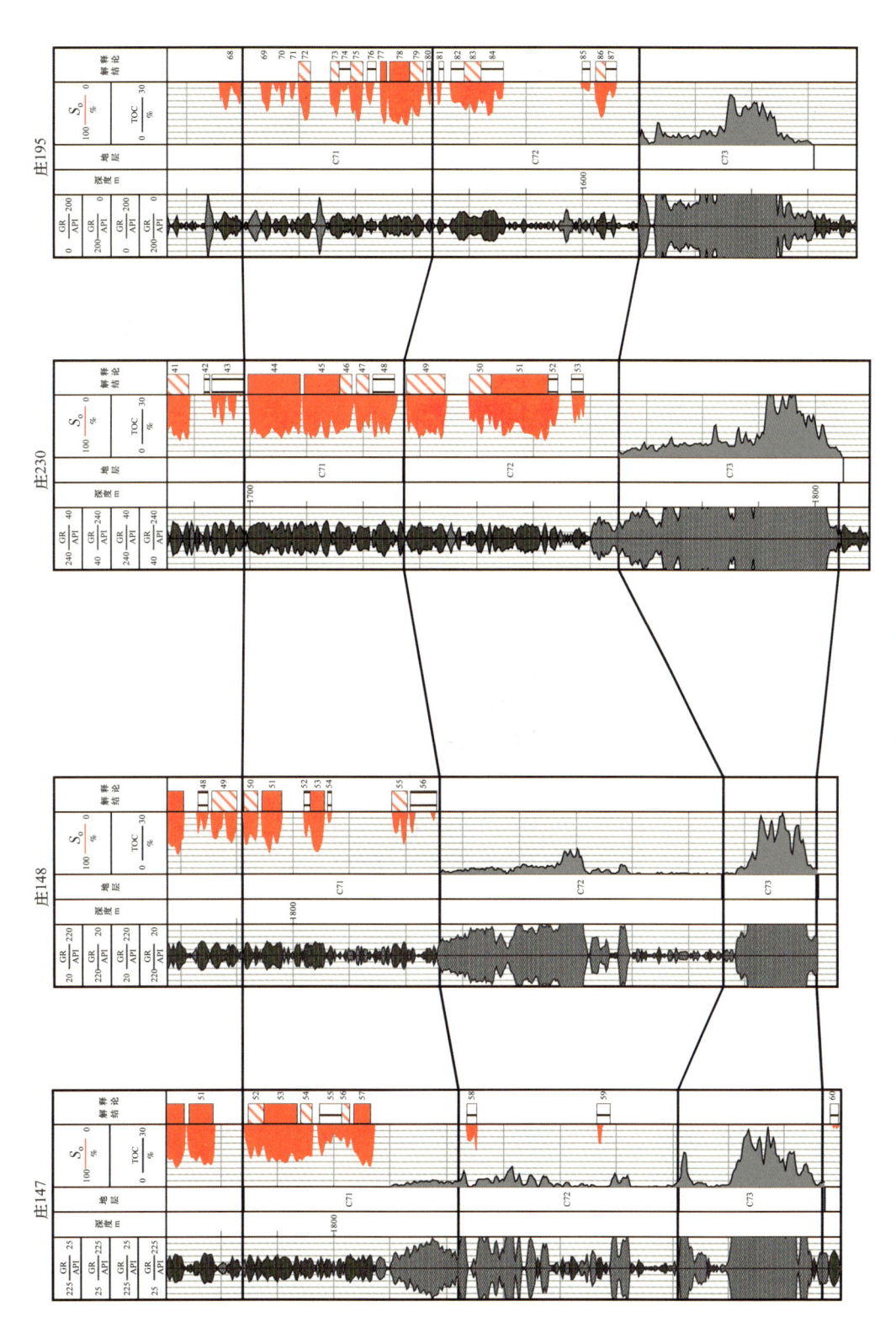

图 8-67 测井多井对比源储配置关系分析

(a) Ⅰ类烃源岩　　(b) Ⅱ类烃源岩

(c) Ⅲ类烃源岩　　(d) 总烃源岩

(e) 烃源岩TOC×H分级

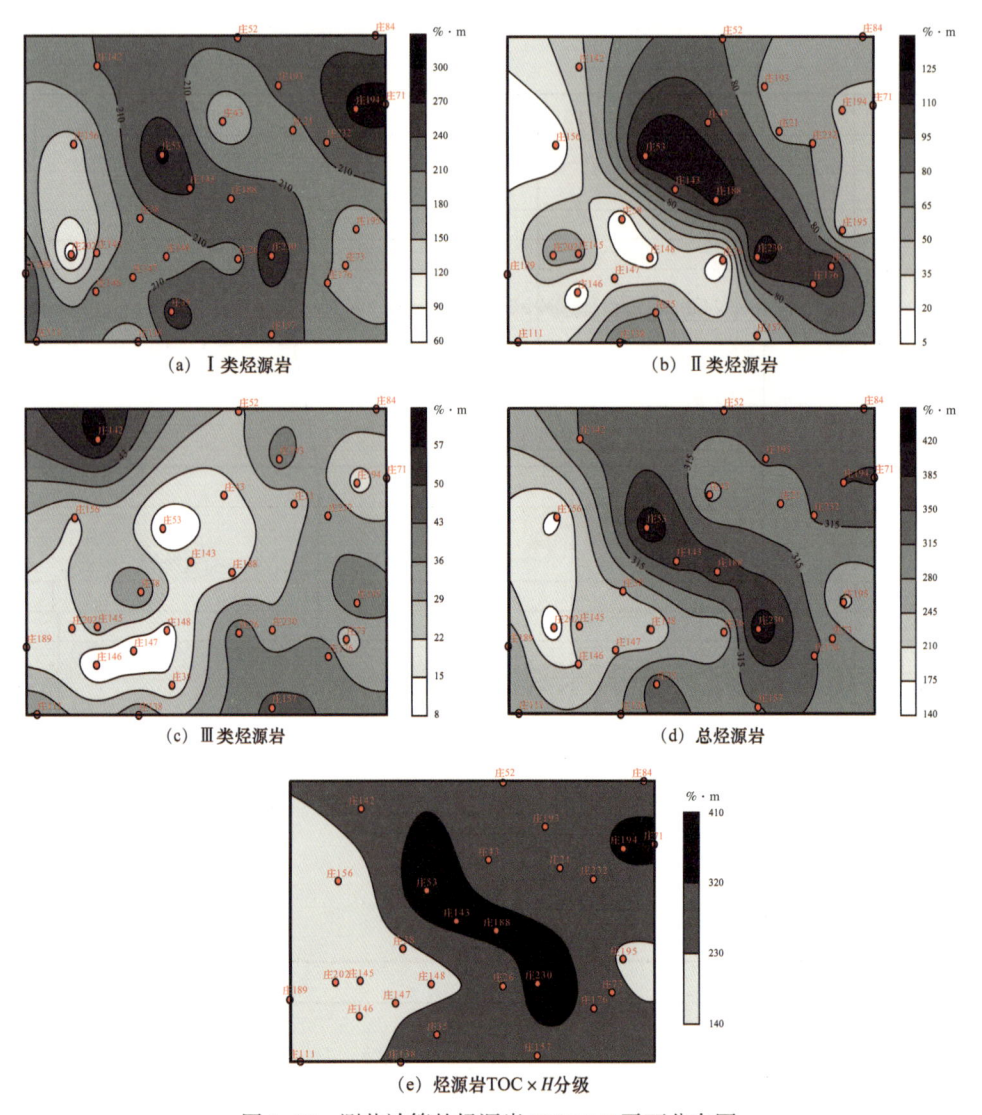

图 8-68　测井计算的烃源岩 TOC×H 平面分布图

图 8-69 为测井计算的储层砂体结构平面分布图，根据测井计算结果，将储层砂体结构划分为四个等级，颜色越深表明储层砂体结构越好，块状砂岩发育，颜色越浅表明储层砂体结构越差，互层状砂体发育。可以看出，庄 38—庄 143—庄 21 井区块状砂体发育，而庄 53、庄 52、庄 73、庄 146 等井附近主要发育薄层或者互层状砂体。

图 8-70 为测井计算的储层含油非均质性平面分布图，根据测井计算结果，将储层含油非均质性划分为四个等级，颜色越深表明储层含油非均质性越好，油层越均质，厚度越大，颜色越浅表明储层含油非均质性越强，厚度相对较小。可以看出，庄 230—庄 188—庄 143 井区油层均质，含油性好，厚度大，而庄 142、庄 53、庄 194、庄 195 等井附近含油性较差，油层厚度相对较薄。

图 8-71 为测井计算的储层脆性指数平面分布图，根据测井计算结果，将储层脆性指数划分为四个等级，颜色越深表明储层脆性越好，颜色越浅表明储层脆性越差。可以看

出，庄 21—庄 176—庄 230 井区、庄 38—庄 147 井区储层脆性较好，而庄 52、庄 53、庄 156、庄 35 等井附近储层脆性较差。

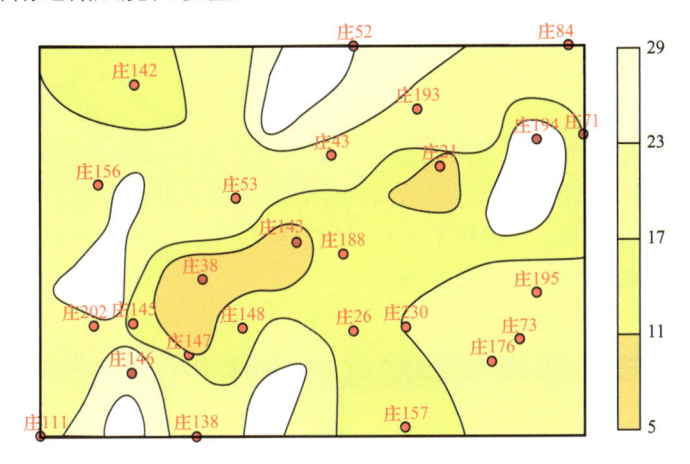

图 8-69　测井计算储层砂体结构平面分布图

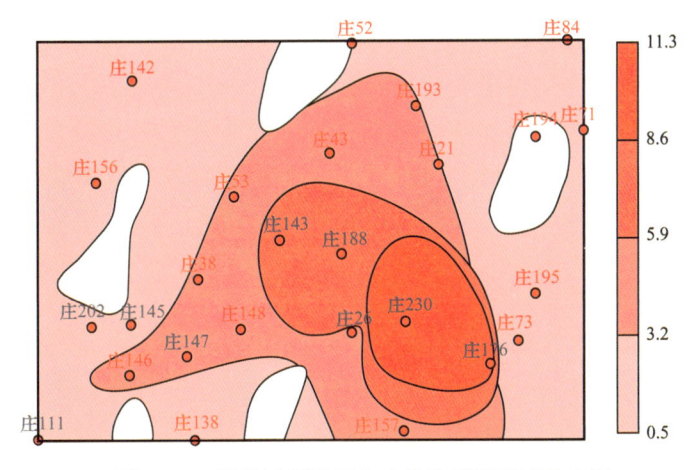

图 8-70　测井计算储层含油非均质性平面分布图

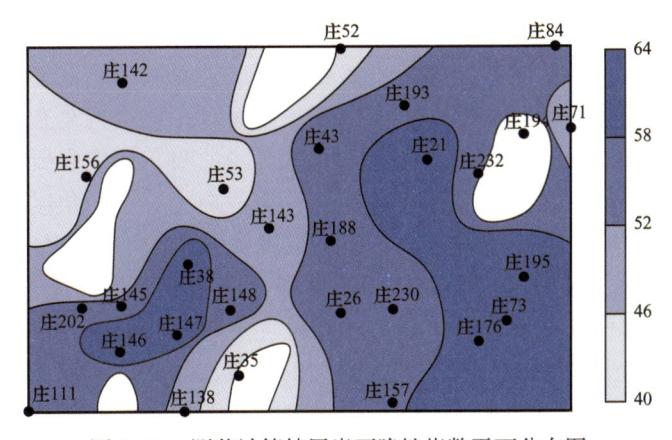

图 8-71　测井计算储层岩石脆性指数平面分布图

结合烃源岩有机碳含量、储层砂体结构、含油非均质性和脆性指数等关键参数的平面分布情况，可综合优选庄230井区的"甜点"分布情况，为致密油开发建产提供参考和技术支持。

四、小结

本节从致密油测井评价技术需求出发，介绍了致密油烃源岩总有机碳含量测井计算、储层孔隙结构测井评价、储层宏观砂体结构测井表征等测井评价关键技术，以长庆油田陇东地区为例对致密油测井评价关键技术进行了解剖和应用，见到了明显的应用效果，为致密油甜点优选提供了基础数据和技术支持。

第六节　非均质碳酸盐岩测井评价关键技术

一、技术需求与技术挑战

对于非均质性极强的碳酸盐岩储层，其有效性和产能预测一直是困扰勘探家的难题。测井工作者近几年在这方面作了大量有意义的探索。

有效储层是指在现有经济技术条件下能够达到工业产能的储层，不同油田和不同类型储层对于储层有效性的定义有所不同，西南油气田将深度在3000～4000m之间，产量达到产气$1\times10^4 m^3/d$、产油$5\ m^3/d$以上的碳酸盐岩储层确定为有效储层。国内碳酸盐岩储层非均质性和低孔、低渗现象严重，测井评价难度大，准确预测碳酸盐岩储层有效性已经成为制约油气勘探成效最关键的环节之一，对于降低试油成本、准确计算储量等都至关重要。虽然有部分学者从常规资料入手进行储层裂缝的张开度、孔洞缝的充填程度及孔隙结构特征研究，进而与储层的有效性识别建立联系，但实践证明这种认识往往存在主观性和多解性。利用MDT技术评价储层有效性对很多孔隙性储层来说是一种有效方法，但我国碳酸盐岩探井、开发井普遍具有深度大、温度压力高以及非均质性强的特点，MDT测井的成功率较低，很难实现规模化的应用。而根据测井资料进行渗透率计算，进而评价储层有效性，从理论上看是一种最可行的手段，但由于储层渗透率的准确计算一直是测井解释评价的技术瓶颈，因此也具有相当大的困难。

产能预测是勘探开发对测井技术提出的更高要求，但从影响产能的诸多因素看，仅以测井技术进行产能的准确评价存在很多困难，当面对孔隙结构复杂、非均质性强的碳酸盐岩储层时，定量评价的难度将会更大。大量实践证明，抓住主要矛盾是关键。国内外很多学者从地质特征、孔隙结构、物性及岩石物理响应等不同角度对碳酸盐岩储层产能预测方法进行了研究。李晓辉等提出了以电成像测井孔隙度频谱分析技术为基础的碳酸盐岩储层产能预测方法。这一研究从缝洞储层孔隙特征定量描述入手进行产能预测，突出影响储层产能的核心因素，与传统方法相比优势明显。但该方法使用的孔隙度频谱是依据成像测井资料通过Archie公式转换得到的，成像测井探测深度浅及受井眼环境影响大是该方法在应用中碰到的实际问题。毫无疑问，上述这些产能预测方法在油气勘探开发中均发挥了重要作用，但在预测精度及适用性上也存在较大局限性。很显然，储层本身的生产潜力是控制储层产能最核心、最重要的因素，如果暂不考虑复杂的工程技术因素，而建立一种以储层本身生产潜力为核心的产能预测方法，这对碳酸盐岩储层评价具有重要意义。

二、非均质碳酸盐岩有效储层测井识别关键技术

全井眼地层微电阻率成像测井（FMI）资料本质上反映的是井壁附近冲洗带的电导率图像，具有分辨率高、能定量解释的特点。对不同岩性中的次生构造反映明显，如裂缝、溶缝、溶孔、溶洞、泥纹、泥质或方解石充填缝等。电成像孔隙度谱是对全井眼地层微电阻率成像测井（FMI）资料根据阿奇公式计算得到的，阿尔奇公式是连接电阻率与孔隙度之间的纽带，通过该纽带不仅将电阻率转成了孔隙度，而且可以得到每一个深度点的孔隙大小分布。

一般来说，非均质储层通常具有双孔隙介质特性，在储层中发育不同比例的原生孔隙和次生孔隙。由于次生孔隙的孔径通常比原生孔隙的孔径大，渗透性要好得多，因此原生孔隙和次生孔隙的相对大小对度量储层的好坏尤其重要。

储层的有效性主要为储层的储集性能和连通性能。对孔隙度谱的研究表明，最能反映这两个特征的参数为孔隙度谱均值和方差。

在电成像孔隙度谱计算结果的基础上，引入均值表达孔隙度分布谱中主峰偏离基线的程度，用方差（二阶矩）表达孔隙度分布谱的谱形变化（分散性），用孔隙度分布比表示大于某一孔隙度值 ϕ_c 的电成像像素孔隙度占所有像素孔隙度的份额。一个深度点孔隙度分布谱均值可用式（8-6）进行计算，孔隙度分布谱方差用式（8-7）进行计算。

$$\bar{\phi} = \sum_{i=1}^{n} \phi_i P_{\phi i} / \sum_{i=1}^{n} P_{\phi i} \tag{8-6}$$

$$\sigma_\phi = \sqrt{\frac{\sum_{i=1}^{n} P_{\phi i}\left(\phi_{i-}\bar{\phi}\right)^2}{\sum_{i=1}^{n} P_{\phi i}}} \tag{8-7}$$

式中，$\bar{\phi}$ 为电成像像素的孔隙度均值；σ_ϕ 为孔隙度分布谱方差；ϕ_i 为电成像像素的孔隙度；$P_{\phi i}$ 为相应孔隙度的频数（像素点数）；$\sum_{i=1}^{n} P_{\phi i}$ 为电成像像素的孔隙度 $\phi_i > \phi_c$ 的频数（像素点数），n 为孔隙度份额，采用千分孔隙度，取值范围为 0~1000。

根据上述方法计算结果，提出在由孔隙度谱均值和方差构成的二维平面上进行储层有效性评价，其中 X 坐标表示孔隙度谱均值，Y 坐标表示孔隙度谱形变化的方差参数，在此基础上提出了4区间分类方法（图8-72）。Ⅰ区：孔隙发育，连通性好，自然主导产能区；Ⅱ区：孔隙度好，连通性差，酸化主导产能区；Ⅲ区：孔隙度差，连通性好，压裂主导产能区；Ⅳ区：孔隙不发育，连通性差主要为非产能层。基于电成像孔隙度谱储层有效性评价方法，将电成像测井计算获得的孔隙度谱信息进行深入挖掘，定量计算出了能够表征孔隙谱谱形变化的均值和方差参数，从储层潜在连通性评价的角度对储层有效性进行了评价。

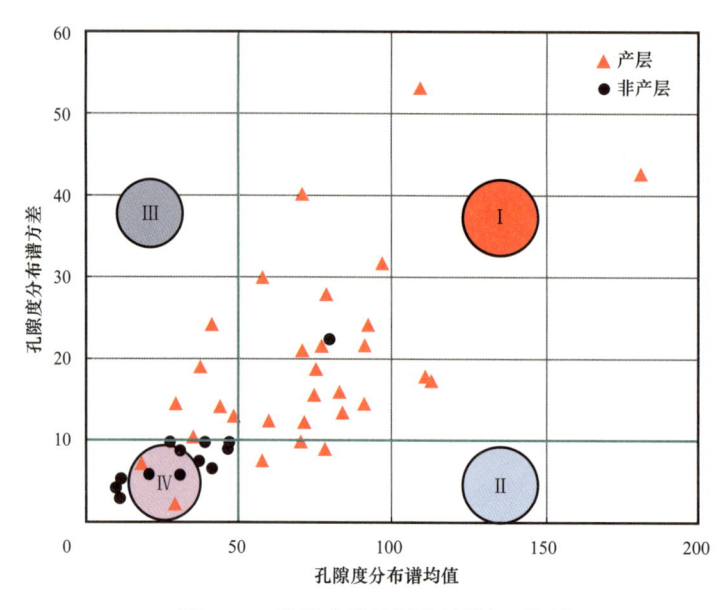

图 8-72　孔隙度谱储层有效性识别图版

三、碳酸盐岩储层产气量测井预测关键技术

岩石微观孔隙结构特征影响油气在储层中的分布及流动，进而影响储层的渗透性及有效性，因此，储层孔隙特征特别是孔隙空间连通性的研究对缝洞储层测井评价具有重要作用。高分辨率 CT 是近年来逐渐发展起来的一种岩心三维孔隙结构分析技术，其优点在于可以直接获得岩心真实的三维孔隙结构，且属于无损测量，方便，耗时短。对我国中西部深层碳酸盐岩储层而言，目前产能预测的重点是产气量预测，它直接决定储层的工业开采价值。针对该问题，研究提出了一种应用 CT 分析及核磁测井资料预测碳酸盐岩储层产气量的方法，并在西南油气田震旦系灯影组和寒武系龙王庙组的碳酸盐岩储层测井评价中获得了很好的验证。

CT 测量分辨率除了与仪器性能、扫描方式等有关外，还与被测岩样的直径密切相关；岩样直径越小，测量结果的分辨率越高，但保留的非均质储层孔隙结构特征越少；反之，直径越大，测量结果的分辨率越低，但保留的非均质储层孔隙结构特征越多。综合考虑分辨率和保留尽量多的孔隙结构特征，对碳酸盐岩做 CT 测量时采用的是全直径岩心（直径 7.5cm）。由于目前全直径岩心 CT 的分辨率约为 70μm，故本书定义 CT70 孔隙度为 70μm 以上的孔隙占整个岩样体积的百分比，用以客观描述非均质碳酸盐岩的孔隙特性（图 8-73）。需要指出的是，CT70 孔隙度仅反映储层孔隙大小，并不反映孔隙成因。换言之，就特定岩心而言，CT70 孔隙度表征的孔隙可能是次生的，也可能是原生的。

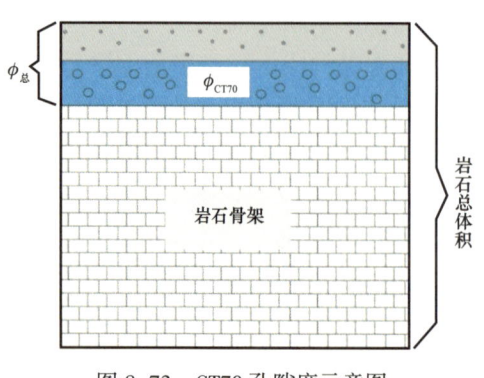

图 8-73　CT70 孔隙度示意图

碳酸盐岩储层具有粒间和晶间、溶蚀孔洞和裂缝等不同类型的孔隙，结构十分复杂，并且尺寸相对较大的溶蚀孔洞和裂缝对储层孔渗特性影响显著。

通过分析四川盆地某区块 A1、A2 和 A3 三口井中三个不同气层段全直径岩心的 CT 扫描切片发现，三个层段的 CT70 孔隙主要反映的是溶蚀孔洞，其中 A3 井岩心的孔洞最发育，A2 井次之，A1 井较差。同时，A3 井岩心 CT70 孔隙的空间延展分布也明显优于 A2 井和 A1 井。进一步的定量计算表明，A1 井、A2 井和 A3 井的 CT70 孔隙度分别为 0.73%、2.66% 和 4.6%。这三个层段解释的有效厚度上的每米试气量分别为 $0.12\times10^4\text{m}^3/\text{d}$、$0.29\times10^4\text{m}^3/\text{d}$ 和 $1.25\times10^4\text{m}^3/\text{d}$。显然，有效厚度每米试气量与 CT70 孔隙度有很好的相关性，即随着 CT70 孔隙度的增大，有效厚度每米试气量显著增加。基于上述认识，提出了 CT70 孔隙度预测产气量的如下模型：

$$Q = a\text{e}^{b\phi_{\text{CT70}}} \tag{8-8}$$

式中，Q 为有效厚度每米试气量，$10^4\text{m}^3/\text{d}$；ϕ_{CT70} 为 CT70 孔隙度，%；a，b 为常数。

根据式（8-8），A1 井、A2 井和 A3 井 CT70 孔隙度与产气量关系如图 8-74 所示。实心圆为实际资料点，蓝色实线为建立的产气量定量预测模型。

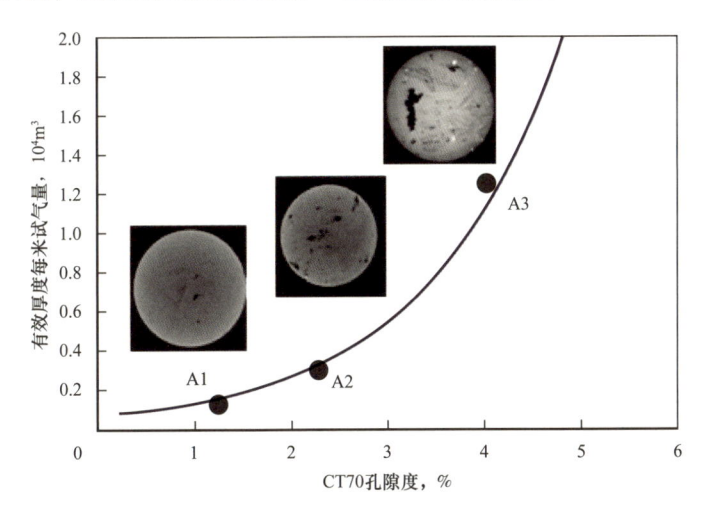

图 8-74　CT70 孔隙度与有效厚度每米产气量关系

进一步的数值分析表明，产气量预测模型中参数 a 主要反映均匀的基质特性，其数值大小主要受基质渗透率 K_1 的影响；参数 b 主要反映高渗透孔洞体系对有效渗透率提高的幅度，其大小取决于孔洞渗透率 K_2 与基质渗透率 K_1 的比值。

利用 CT70 孔隙度预测储层产气量需对目的层的取心进行 CT 扫描分析，然而实际生产中所有层段都进行全直径取心是不现实的。因此，如何利用测井资料计算 CT70 孔隙度是上述方法现场应用必须考虑的问题。

岩心 CT、核磁 T_2 谱均能反映储层的孔隙结构特征。由于测量原理及影响因素的不同，CT、T_2 谱对特定孔隙的表征结果可能会存在差异，但 CT、T_2 谱表征的孔隙分布总体规律应该一致，即 CT 测量的大孔隙对应核磁 T_2 谱的右端（孔隙半径较大），CT 测量的小孔隙对应核磁 T_2 谱的左端（孔隙半径较小）。由于这一现象总是客观存在的，所以以下转换关系成立：

$$\frac{CT70\text{孔隙度}}{\text{岩心总孔隙度}} = \frac{\text{与}CT70\text{对应的核磁孔隙度}}{\text{核磁总孔隙度}} \qquad (8-9)$$

称上式为"CT—核磁同比例转换"关系式。根据这一转换关系,可以首先计算出与CT70孔隙度对应的核磁孔隙度,进而确定与CT70孔隙度对应的核磁T_2特征值,原理如图8-75所示。

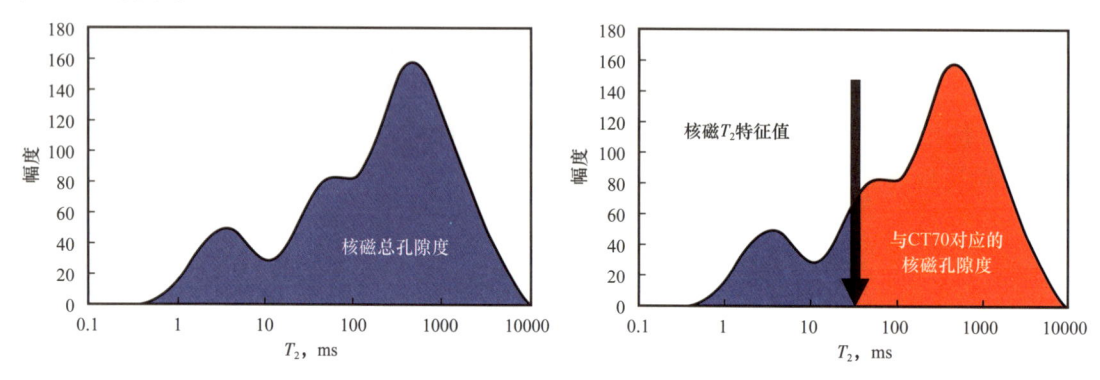

图8-75 与CT70孔隙度对应的核磁特征值的确定

分析同时具有CT、核磁资料的4块碳酸盐岩岩心的CT70孔隙度及核磁T_2特征值,计算表明,4块岩心的核磁T_2特征值在18~30ms之间,变化范围很小。进一步考察了核磁T_2特征值在18~30ms之间变化时,上述4块岩心CT70孔隙度的差异,结果表明T_2特征值在18~30ms之间变化时对岩心CT70孔隙度的计算结果影响很小,故一般取20ms作为与CT70孔隙度对应的核磁特征值即可。

在岩心核磁T_2特征值分析基础上,进一步考察了现场测井常用的CMR、MRIL-P两种核磁仪器T_2特征值的取值规律:CMR型核磁仪器CT70孔隙度核磁特征值与岩心核磁分析结果一致,为20ms;P型核磁仪器CT70孔隙度核磁特征值较大,为54ms。因此,利用核磁测井资料进行产气量预测的步骤为:(1)根据核磁仪器的类型确定与CT70对应的核磁T_2特征值;(2)利用核磁测井资料计算各试油层段的CT70孔隙度;(3)利用预测模型进行产气量预测。

四、碳酸盐岩有效储层测井识别技术实践

根据孔隙谱分布原理,可以对成像测井的孔隙谱作如下分解:微孔,中孔和洞(缝)三孔隙分布,三种孔隙度对渗透率的贡献各不相同,微孔和中孔的渗透性主要受孔隙度均值控制。孔隙度均值越大,谱越靠后,渗透性越好。洞缝储层的渗透性主要受洞缝发育程度控制,洞缝越发育且搭配好,孔隙连通性好,渗透率高。根据岩石物理实验和全直径岩心的标定,可以得到成像测井三孔隙分类的储层渗透性评价模型,利用这一模型对近两年完钻的风化壳储层进行了系统评价,取得较好效果。电成像孔隙分类渗透率与岩心分析渗透率吻合好,表明电成像孔隙谱渗透率具有较高的精度。常规测井也可以通过总孔隙度计算得到渗透率。但这种计算结果基本依赖于岩心刻度。而成像测井对图像的分析人为控制因素少,纵向上趋势明显,可比性强。重要的是,孔隙谱可以得到井周的孔隙突变系数、孔隙度级差系数、孔隙度均值和孔隙度方差,其中用孔隙度均

值和孔隙度方差交会形成的储层有效性判别模版，在划分和识别风化壳储层有效性中应用效果显著。

若孔隙谱均值和孔隙度方差的交会点在一区占有一定比例，表明孔洞缝发育，搭配好，储集能力和连通性能均较好，可获得高产，表现为自然主导产能，如陕384井。

若交会点在二区占有一定比例，同时落在一区的数据点较少，表明孔隙发育，裂缝不太发育，储集性能较好，在酸化和压裂改造下，可获得中—高产，表现为酸化主导产能，如陕331井（图8-76、图8-77）。

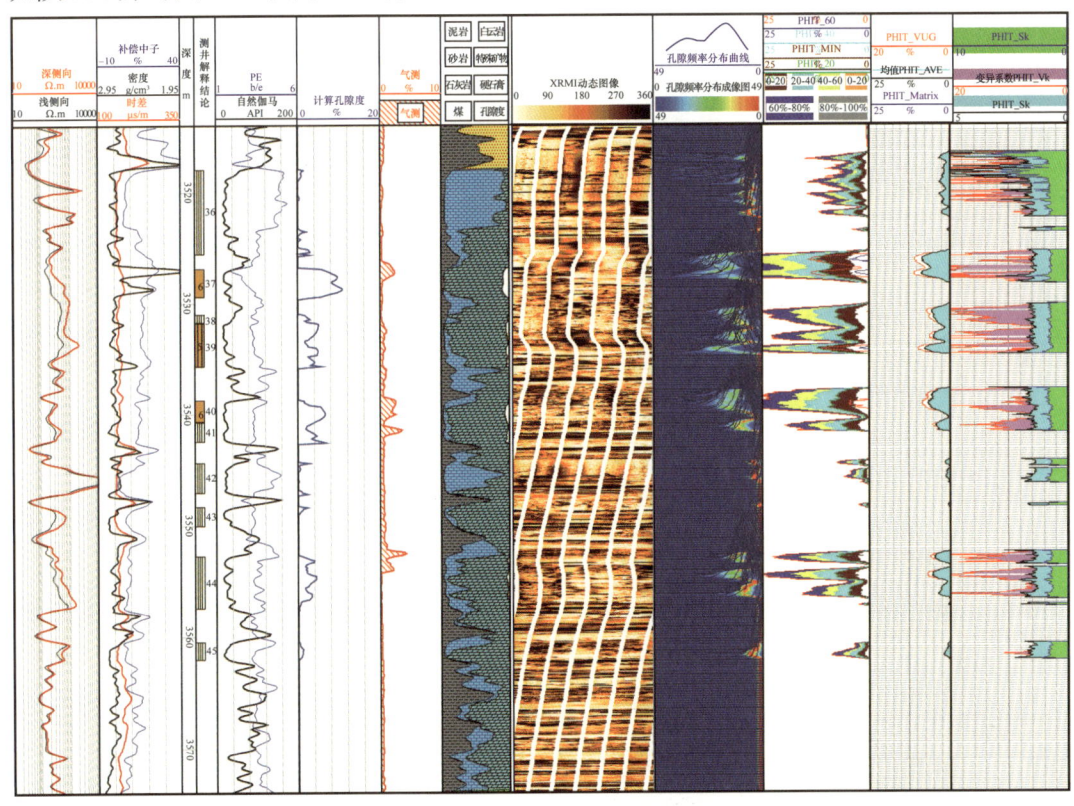

图8-76 陕331井储层有效性评价成果图

若交会点大部分落在三区，孔隙度差，连通性好，中—低产，压裂主导产能，如陕401井、陕289井、陕455井等。

若大部分点落在四区，表明孔隙度差，连通性也差，低产或干层，如陕315井（图8-78、图8-79）。

以陕331井为例，从成像测井可以看出，马五$_{11}$、马五$_{12}$和马五$_{13}$的次生孔隙相对发育。孔隙谱交会图落在Ⅱ区，表明孔隙相对发育，而裂缝不太发育。对其进行射孔，射孔井段为马五$_{11}$

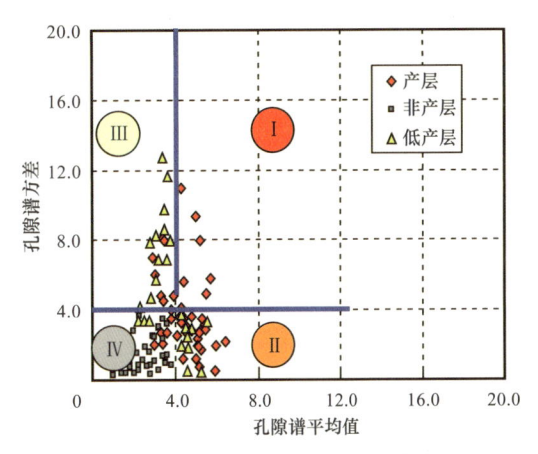

图8-77 陕331井储层有效性评价成果图

- 447 -

3527～3529m，马五$_{12}$ 3532～3535m，马五$_{13}$ 3539～3541m，交联酸压裂，加陶粒 22.6m^3，排量 3.0m^3/min，砂比 22.3%，伴注液氮，试气获 5.6389×10^{4}m^3/d（无阻）。

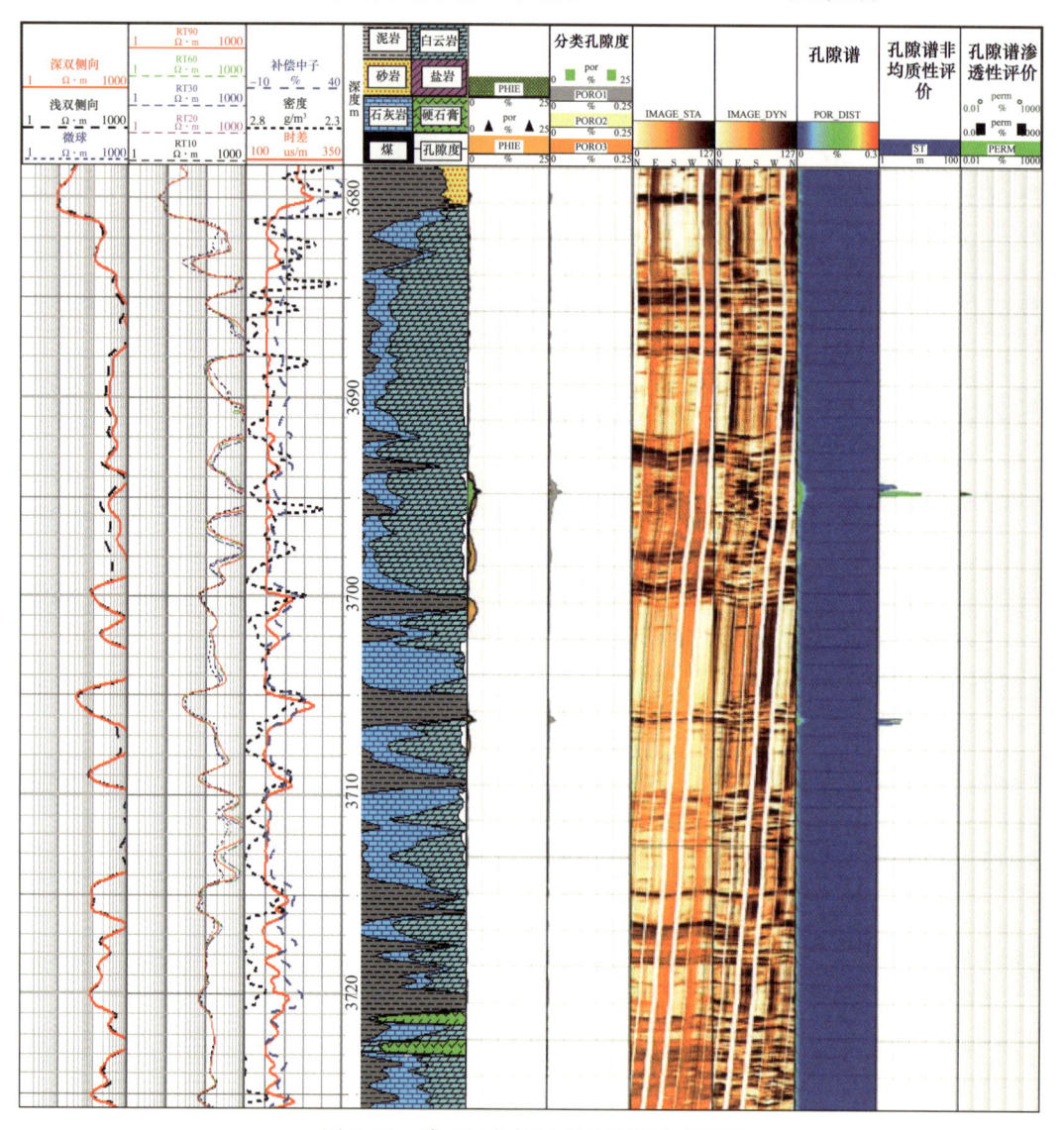

图 8-78　陕 315 井储层有效性评价成果图

对于低产气井，陕 315 井具有较好代表性，从成像测井可以看出，整个井段次生孔隙均不发育，孔隙谱交会图落在Ⅳ区，表明孔隙和裂缝都不发育。次生孔隙相对发育。对马五$_{13}$ 和马五$_{14}$ 进行射孔，射孔井段为马五$_{13}$ 3688～3691m，马五$_{14}$ 3696～3699m。前后置酸加砂压裂，加降阻酸 30m^3，加砂 27.3m^3，砂比 21.4%，排量 3.1m^3/min，试气获 0.0864×10^{4}m^3/d（井口）。

五、四川碳酸盐岩储层产气量测井预测技术实践

对四川盆地某区块 4 口井 7 个层段的 40 块岩心进行了 CT 分析，计算了各层段的

CT70 孔隙度，并进行产气量预测，结果见表 8-7。该表同时给出了上述 4 口井的测试产量，可以看到预测结果与实际试气结果非常接近，预测精度满足测井评价要求。

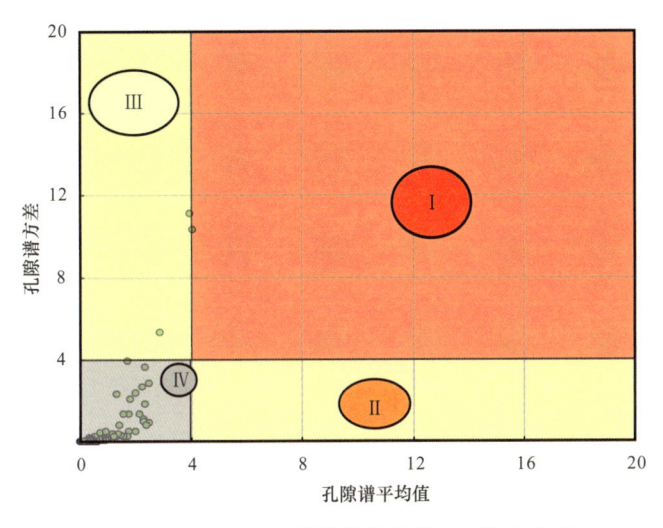

图 8-79 陕 315 井孔隙谱均值与方差交会图

表 8-7 4 口井岩心 CT70 产气量预测及试气资料

井号	深度范围 m	CT70 孔隙度 %	预测产量 $10^4 m^3/d$	测试产量 $10^4 m^3/d$
C1	4603～4637	5.37	100	116
	4639～4660	5.42	70	
C2	4569～4664	4.6	120	128
C3	4601～4620	5.12	40	53
	4628～4677	3.8	55	
C4	4601～4611	2.63	5.5	7.27
	4641～4655	2.29	<3	

另外，选择没有岩心 CT 资料，但有核磁测井的 D1、D2、D3、D4、D5 和 D6 这 6 口井进行产气量预测，结果见表 8-8。通过对比、分析可以看出：CMR 型和 P 型两种核磁测井产气量预测结果均与试气结果吻合，预测精度均能满足勘探阶段测井评价的要求；相对而言，P 型仪器的预测结果与试气结果更接近，预测精度更高。

图 8-80 总结了现有 16 个层段的产气量预测情况，其中，实线是产气量预测曲线，实心圆圈是实际资料点；CT70 孔隙度根据岩心 CT 或核磁资料确定，有效厚度每米产气量根据现场试气结果确定。图 8-80 中，A1、A2 和 A3 为最初发现规律的三个层段；B1、B2 和 B3 为用已有试气结果验证规律的三个层段；C1、C2、C3 和 C4 为根据岩心 CT 资料进行产气量预测的四个层段（紫色实心圆）；D1、D2、D3、D4、D5 和 D6 则为利用核磁测井资料进行产气量预测的 6 个层段（红色实心圆）。现有 16 个层段的实际资料点均

分布在理论预测曲线的两侧，预测结果与试气结果的一致性非常好，证实了该方法的可靠性。

表 8-8 核磁测井资料 CT70 孔隙度计算及产气量预测结果

井号	仪器类型	深度范围 m	CT70 孔隙度 %	预测产量 $10^4 m^3/d$	测试产量 $10^4 m^3/d$
D1	MRIL-P	4634～4685	3.12	29.4	30.3
		4688～4692	2.16	1.1	
		4700～4711	0.96	1.0	
				31.5	
D1	CMR	4634～4685	3.79	49	30.3
		4688～4692	3.05	2.2	
		4700～4711	1.16	1.2	
				52.9	
D2	CMR	4597～4615	3.51	13.4	116.87
		4617～4632	5.55	57	
		4636～4654	2.09	4	
				74.4	
D3	MRIL-P	4660～4685	5.29	121	115
D4	MRIL-P	4705～4720	1.72	2.89	1.53
D5	MRIL-P	4761～4786	1.84	5.23	10.45
		4786～4903	2.23	4.64	
				9.87	
D6	MRIL-P	4680～4694	4.0	16.29	38.00
		4696～4701	4.4	7.08	
				23.37	

进一步对图 8-80 作详细分析，16 个资料点均分布在理论预测曲线两侧，但仍有个别井的数据点偏离预测曲线，这主要是大孔隙和溶蚀孔洞渗透率的影响。这部分渗透率变大，将使预测曲线向左上角偏移，否则向右下角偏移。当孔洞渗透率较高时，采用图 8-81 左上角的预测曲线（参数 b 的数值为 0.85）；当存在孤立孔洞，渗透率较低时，采用图 8-81 右下角的预测曲线（参数 b 的数值为 0.65），可使产能级别大于 $10 \times 10^4 m^3$ 预测结果的平均相对误差由原来的 29% 降为 8%，从而获得更高的预测精度。

实际上，在产气量预测时还需考虑储层的含气饱和度，因为即使储层孔洞发育程度、渗透率相近，含气饱和度不同，产气量也将存在显著差异。研究提出的产气量预测方法应用的前提条件是目的层段含气饱和度高且相对稳定，如果含气饱和度变化很大，单纯利用 CT70 孔隙度难以对产气量进行准确预测。图 8-82 是研究层段 16 口井的产气量预测结果及对应的含气饱和度，从中可以看出，研究层段含气饱和度分布在 75%～85% 之间，含气饱和度高且相对稳定。

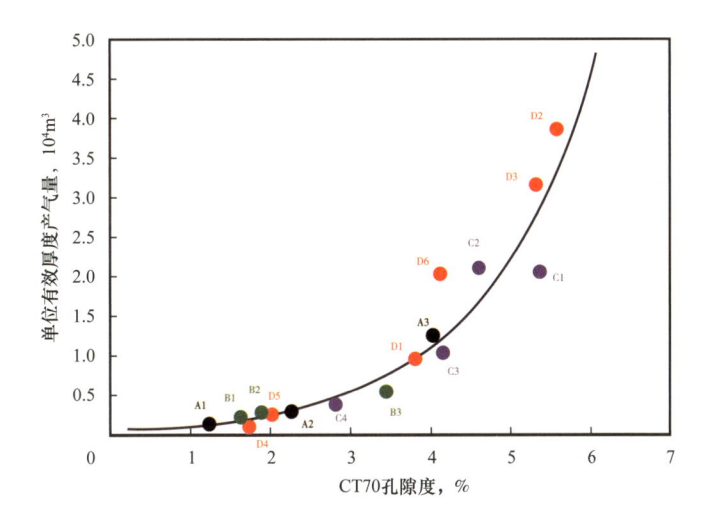

图 8-80　CT70 孔隙度与有效厚度每米产气量的关系

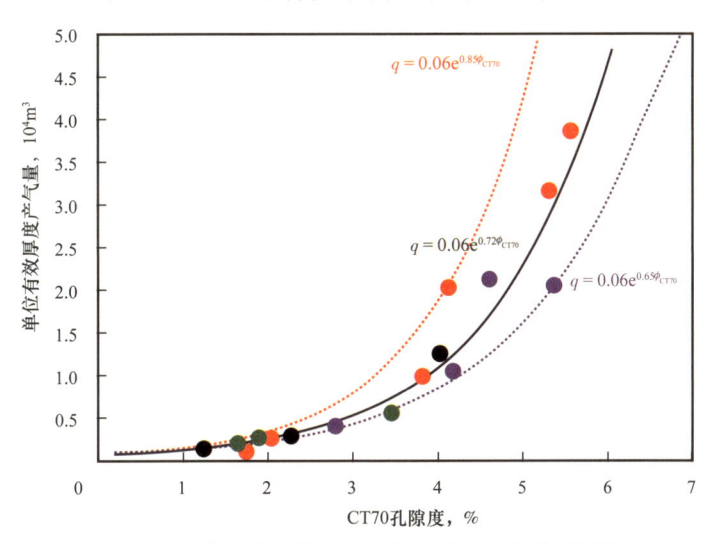

图 8-81　考虑孔洞体系渗透率差异的产气量预测模型

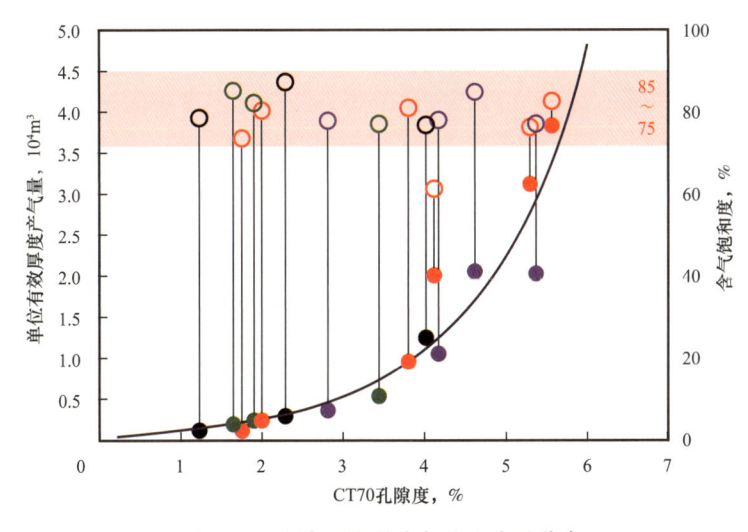

图 8-82　研究层段的含气饱和度及分布

六、小结

本节从非均质碳酸盐储层测井解释评价的勘探技术需求出发，围绕碳酸盐岩储层识别、有效性评价、产气量预测等储层测井评价重点，深入介绍了以电成像孔隙度分布谱为核心的储层有效性评价技术内涵，以高精度 CT 和核磁测井为核心的储层产气量分级预测技术，通过重点区块的应用实践明确了技术的适用范围。

第七节　海相页岩气测井评价技术

一、技术需求与技术挑战

页岩气测井技术是页岩气勘探开发关键技术之一。页岩气藏属于自生自储气藏，不需要苛刻的储层、盖层条件，它在成藏机理、评价对象、储层岩性、赋存状态以及岩石物理性质等方面与常规油气藏之间存在很大差异。目前的岩石物理实验技术和成熟的测井评价技术都是基于常规油气藏勘探开发的需要发展起来的，不少适用于常规储层的实验方法和常规油气藏评价的成熟技术在页岩气储层的应用中受到地质条件制约，存在极大的局限性。亟需针对页岩气储层的地质特征，在开展页岩储层岩心特色实验技术分析的基础上，围绕生烃能力、储集空间、岩石矿物组分、岩石力学等内容，开展测井资料识别和评价页岩气储层的技术研究。

同时也注意到，四川盆地蜀南地区龙马溪组和筇竹寺组页岩气勘探开发的前期实践表明，我国的海相页岩气储层与北美地区存在很多差别，只有既借鉴西方的页岩气测井思路和成熟做法，也深入研究我国页岩气储层的特点，研究针对性的技术方法，中国的页岩气勘探开发才能够取得突破。

面对"十一五""十二五"着力研究的四川海相页岩气储层，测井的挑战主要是：
（1）四川海相页岩成熟度高，传统 TOC 计算方法适用性差。
（2）矿物多样岩性复杂，传统测井评价方法无法满足需要。
（3）吸附气与游离气共存，高压条件吸附机理不明确，传统计算方法适用性差，纳米储层孔隙度、饱和度计算难度大，游离气含量计算精度低。
（4）资源总体品位低，须建立页岩品质分类方法优选出富集段。
（5）"水平井+体积压裂"钻采技术亟需测井配套技术支持，特别是岩石力学参数。

二、海相页岩气测井评价关键技术

1. 基于铀曲线的海相高成熟—过成熟页岩总有机碳含量非线性计算方法

自 20 世纪 80 年代以来，国内外学者针对烃源岩做了大量研究工作，研究了地球化学参数特别是总有机碳含量 TOC 与测井响应特征之间的关系，提出了多种利用测井信息评价有机碳含量的方法。本次研究是在考察前人方法适用性的基础上，提出更适合研究区地质特点的有机碳测井计算方法。

测井 TOC 计算最经典的方法是电阻率与孔隙度曲线重叠法（$\Delta \lg R$ 法，本章第四节做过介绍）。该方法中最直接影响有机碳含量求取精度的参数是反映有机质成熟度的指数

LOM。国内外大量地球化学研究表明 $\Delta \lg R$ 方法主要适用于 LOM 为 6～11，即未成熟—成熟的烃源岩，而威远—长宁地区龙马溪组有机质成熟度为 1.9%～3.1%，筇竹寺组有机质成熟度为 2.01%～3.2%，属于海相高成熟—过成熟烃源岩。因此 $\Delta \lg R$ 方法在威远—长宁地区计算 TOC 结果与实际实验测定值之间存在一定的误差。

除了 $\Delta \lg R$ 方法计算 TOC 之外，还有一些计算 TOC 的方法，比如孔隙度曲线法、多参数经验统计法以及近几年迅速发展的元素测井方法等。它们或者区域性极强，适应性有限；或者需要元素全谱测井，成本很高，难以大面积使用。

通过分析发现，海相高成熟—过成熟页岩总有机碳含量与铀含量关系密切。有机质富集沉淀铀的机理是一个复杂的物理化学过程，据研究，促使铀在有机质中富集沉淀的主要原因是还原作用、吸附作用、离子交换作用和形成有机化合物的化学反应。具体来说，有机质在生烃过程中，尤其是高成熟—过成熟阶段的烃源岩，会产生大量的有机酸和腐殖酸，腐殖酸可以把铀离子还原为不溶于水的铀而固定在有机组分中；腐殖酸中的羧基等与铀酰离子发生络合或整合作用，或发生离子交换；有机质吸附铀元素、还原含铀氧化物或者与铀元素产生配位作用而产生含铀的有机化合物；有机质高成熟—过成熟阶段形成的大量微孔隙对铀元素具有吸附作用，因而铀元素对于有机质含量具有很好的指示作用。研究区大量岩心实验分析 TOC 含量与测井资料铀曲线的响应特征也表明，两者具有很好的相关性（图 8-83），因此可以将铀曲线与总有机碳含量建立关系来计算总有机碳含量。

利用威远、长宁地区大量地球化学实验数据建立了基于铀曲线的 TOC 计算方法，具体公式如下：

龙马溪组
$$TOC = 10^{\left(1.1 - \frac{3.1}{1 + (\frac{U}{2.2})^{0.9}}\right)} \qquad (8-10)$$

筇竹寺组
$$TOC = 10^{\left(2.5 - \frac{14.5}{1 + (\frac{U}{0.017})^{0.25}}\right)} \qquad (8-11)$$

式中，U 为测井铀曲线数值，$\mu g/g$。

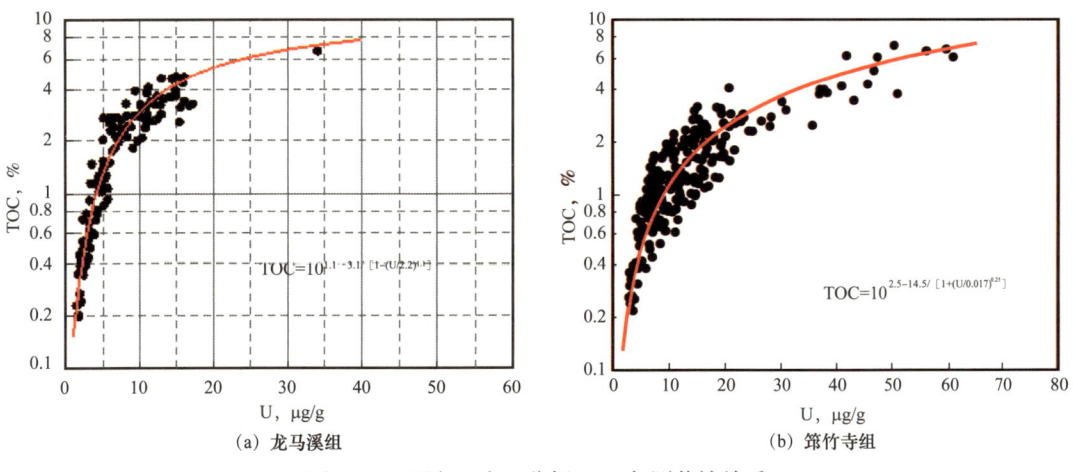

(a) 龙马溪组　　(b) 筇竹寺组

图 8-83　研究区岩心分析 TOC 与测井铀关系

图8-84是利用测井自然伽马能谱的铀曲线方法计算的总有机碳含量，与相应部位钻井岩心实验分析得到的有机碳含量对比，可以看出，该方法计算TOC与实验分析结果具有非常高的吻合度，计算精度完全能够满足实际生产的需要。

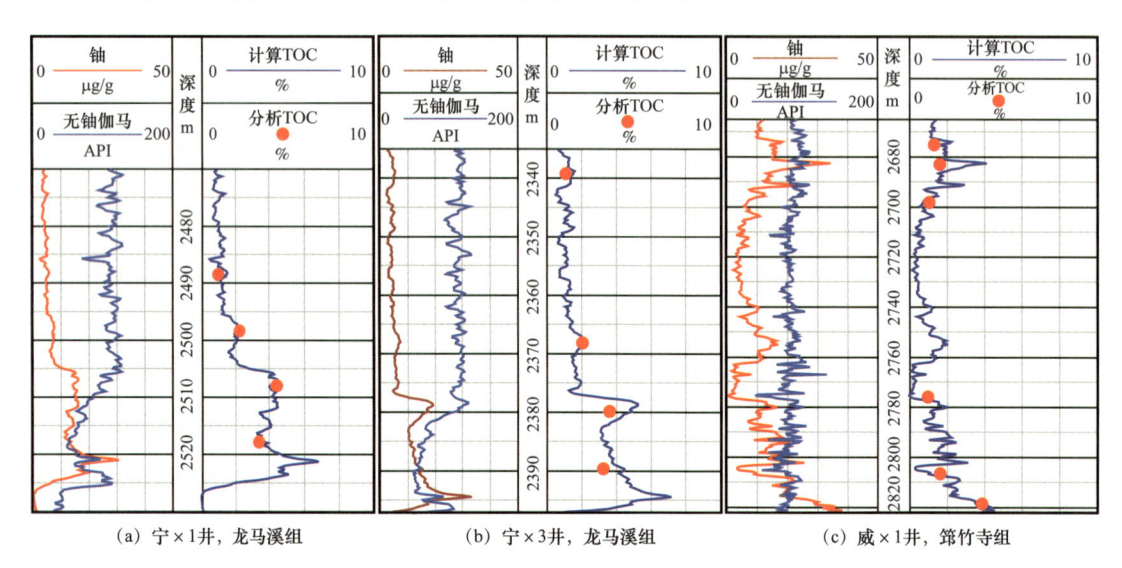

(a) 宁×1井，龙马溪组　　(b) 宁×3井，龙马溪组　　(c) 威×1井，筇竹寺组

图8-84　铀曲线方法计算结果与分析结果的对比

2. 页岩气储层高压条件下的吸附气计算方法

含气量是页岩气测井评价中的一个重要参数，它是评价页岩气储层的一项重要指标，含气量的高低直接影响着页岩区块是否具有工业开采价值，因此，页岩地层含气性的识别及含气量的计算至关重要。

相对于以游离气为主的常规气层可以直接评价储层含气饱和度而言，页岩气储层评价含气性则复杂、困难得多。页岩气主要包括游离气、吸附气及少量的溶解气（可以忽略），由于吸附气的存在，不能够直接采用常规含气饱和度的概念对其定量评价，只能通过评价地层含气量方法评价页岩气层，而且是将吸附气含量和游离气含量区别开来分别评价。

页岩含气性的影响因素很多，包括孔隙和裂缝发育程度、含气饱和度、地层压力、地层温度、总有机碳含量、干酪根类型、有机质成熟度、黏土类型等。其中影响游离气含量的主要因素与普通砂岩气藏类似，主要是地层温度与压力、有效孔隙度和含水饱和度。因此对于页岩气储层中游离气含量的计算方法仍然沿用常规储层的技术，在此不再赘述。

特殊的是吸附气。吸附气被吸附过程受有机质性质（干酪根类型，总有机碳含量，有机质热成熟度）、地层温度与压力、矿物组成、孔隙度、湿度和天然气成分的组成影响。含气页岩中含有大量的微孔隙（尤其是成熟烃源岩中纳米级的孔隙），比表面积巨大，为吸附气的大量存在提供了物质基础和有利条件，因此含气页岩中吸附气含量不容忽视。

吸附气含量的计量有绝对吸附量和过剩吸附量两种方式，前者表示的是页岩中甲烷的实际吸附量，当压力增加到一定程度，吸附必然会达到饱和，表现为绝对吸附量的不再增加。在临界温度以下，吸附平衡压力的上限是饱和蒸气压，气相压力达到饱和蒸气压后即发生凝聚，而不再是吸附。后者表示单位面积的表面层中，所含溶质的物质的量与同量溶剂在溶液本体中所含溶质物质的量的差值，称为溶质的表面过剩或表面吸附量。本节研究中的吸附气含量全部指的是绝对吸附量。

国内外的煤层气、页岩气的吸附气含气量计算普遍采用兰格缪尔方程。兰格缪尔模型是根据气化和凝聚的热动力学平衡原理建立的，其方程简单实用。但是必须注意，这种方法有一个关键的假设：吸附气是以单分子层的形式紧密排列在有机质或黏土颗粒的表面，而且气体分子之间没有作用力。这种假设只有在一定特殊条件下才能成立。首先分子之间存在着斥力，理论上说不可能紧密排列，其次实际的等温吸附实验在高压情况下吸附气量不能趋于稳定，不能验证这种假设。

图 8-85 是研究区页岩岩心实验等温吸附曲线，图中的散点是实际的实验数据点（不同颜色代表不同的岩心样品），实线是对应不同样品理论上的兰格缪尔曲线，可以看出：在低压阶段实验点与理论曲线基本吻合，但在高压（尤其是高于 20MPa）情况下，实验点与理论曲线出现分离，而且是随着有机碳含量的增大，分离程度也增大。由此可见，高压条件下兰格缪尔假设条件不能满足，会导致含气量计算出现偏差。

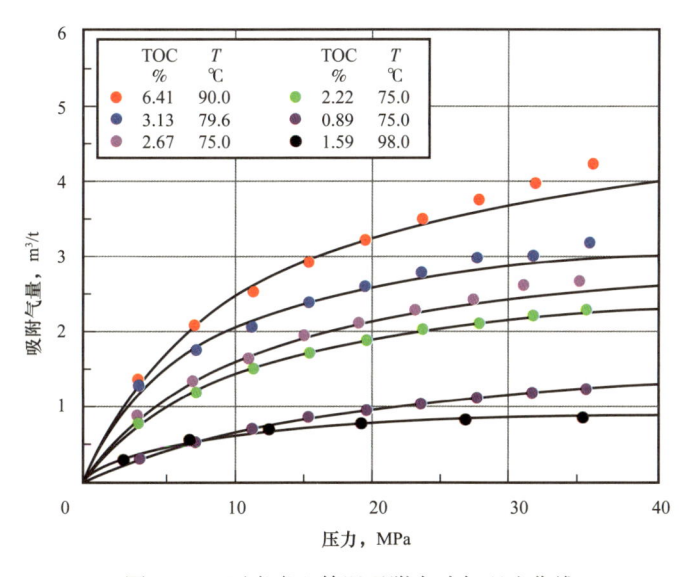

图 8-85 页岩岩心等温吸附实验与理论曲线

为了分析这种误差的来源和解决方案，开展了吸附气机理分析。给定温度下甲烷分子在每一个吸附层上的密度随压力变化的趋势，通过分析甲烷分子层密度变化判定吸附层及游离层，描述吸附气的吸附状态。得到的重要结论是，无论在任何温度、任何压力下，不管是第一吸附层还是第二吸附层都达不到饱和（单层紧密排列）吸附状态。从单分子层的角度出发，满足不了兰格缪尔的假设条件，无法使用兰格缪尔方程计算吸附气。但实际情况是并不仅仅考虑单分子层，而是从总体效应考虑吸附问题。因此假设，在第一吸附层甲烷分子排列不满的情况下（实际上总是排列不满），第二吸附层甲烷分子可以填充到第一吸附层。在此假设下，小于 20MPa（60℃）时，总体效应等同于甲烷分子单层紧密排列，基本可以满足兰格缪尔的单分子条件；大于 20MPa（60℃）时，即使将第二吸附层的部分甲烷分子补充到第一吸附层的所有空位，第二吸附层仍然存在甲烷分子，这样，压力在20MPa以上满足不了兰格缪尔的假设条件，不能采用兰格缪尔方程评价页岩气吸附量。还应注意，随着温度的增加，出现这种现象的压力点会向后拖延。

目前，研究区目的层埋深大多在2000m以下，地层孔隙压力一般都在20MPa以上。按照本次研究的结论，目的层的条件满足不了兰格缪尔假设，这就是在高压状态下利用兰格缪尔评价吸附气含量总会出现一定程度误差的原因。

根据上述吸附气机理研究成果，以20MPa压力点为界（虽然温度不同，这个压力点有稍许变化，但为了方法应用上的统一，均采取20MPa为分界点），压力低于20MPa可以采用兰格缪尔方程评价吸附气量，压力高于20MPa则需要新的方法评价吸附气量。

低压下（<20MPa）吸附气量计算：

$$G_a = \frac{V_L p}{p_L + p} \tag{8-12}$$

式中，G_a为吸附气含量，m^3/t；p为油藏压力，MPa；p_L为兰格缪尔压力，MPa；V_L为兰格缪尔体积，m^3/t。

高压下（≥20MPa）吸附气量计算给出如下形式：

$$G_a = V_a p + V_b \tag{8-13}$$

高压下（≥20MPa）吸附气量计算公式可用图8-86加以说明。图8-86是研究区5块页岩样品的等温吸附曲线（散点），有机质含量由低到高不等（0.89%~6.41%），实验温度由70℃到90℃不等。可以看到压力20MPa以后，实验数据点出现了不同程度的"上翘"现象，而且随着有机碳含量的增多，"上翘"幅度越大。进一步研究发现压力20MPa后的吸附气量与压力大小基本呈正相关的近似线性关系变化，只是不同样品之间变化斜率和截距不同而已。因此，压力高于20MPa时，可以采用吸附气量与压力之间的线性变化来描述和表征。

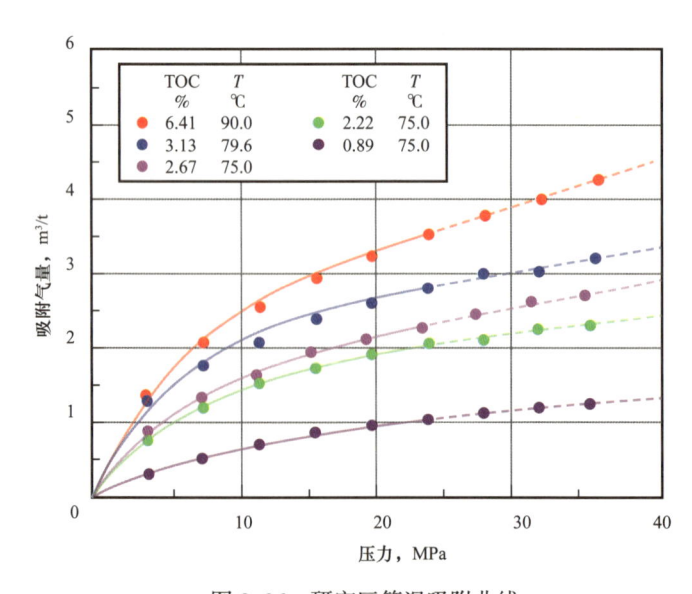

图8-86 研究区等温吸附曲线

依据研究区大量的等温吸附实验曲线,可以得到每一块页岩样品的 V_a、V_b 值,结合每一块岩心样品的本身岩石属性,采用数理统计的手段进行统计分析,最后得到 V_a、V_b 的经验计算关系式如下:

$$V_a = -0.00446 + 0.00503\text{TOC} + 0.00523\phi \tag{8-14}$$

$$V_b = 2.507 - 0.0246T + 0.2292\text{TOC} \tag{8-15}$$

式中,V_a,V_b 为中间参数;T 为温度,℃;ϕ 为岩石孔隙度,%;TOC 为有机碳含量,%。

3. 页岩气储层声波矿物组合脆性指数计算方法

岩石脆性是岩石的自然属性,是应力应变的响应。岩石脆性指数是评价地层岩石脆性好坏的参数,通过脆性指数可以反映地层岩石的破裂难易程度,从而可以指导压裂施工,也是制定完井和油气开发方案的重要依据。

国内外评价岩石脆性普遍采用声波法和矿物组分法计算岩石脆性指数。

声波法计算岩石脆性指数的依据是利用阵列声波资料可以计算得到岩石的杨氏模量和泊松比,而泊松比和杨氏模量是岩石力学中响应应力应变的重要参数,它们的结合能够反映岩石在应力(泊松比)下被破坏和一旦岩石破裂时维持一个裂缝张开(杨氏模量)的能力。采用归一化的泊松比和杨氏模量的平均值作为岩石脆性指数 BI:

$$\text{BI} = (\text{BI}_{\text{杨氏模量}} + \text{BI}_{\text{泊松比}})/2 \tag{8-16}$$

矿物组分法计算岩石脆性指数的依据是岩石的脆性(尤其是页岩岩石的脆性)与其矿物组分关系密切。页岩地层中石英或碳酸盐矿物组分增加,将引起岩石整体的脆性增加。矿物组分法计算岩石脆性指数,就是计算主要脆性矿物石英占主要骨架矿物的体积比例:

$$(V_{\text{Qtz}} + V_{\text{Carb}})/(V_{\text{Qtz}} + V_{\text{Carb}} + V_{\text{Clay}}) \tag{8-17}$$

研究认为,声波法的计算相对更准确,但要求测井系列中必须有阵列声波资料,而这种测井资料不可能是每口井都能具备的。矿物组分法的结果地区经验性更强一些,同时认为石英和方解石对岩石脆性的贡献程度是相同的,但石英和方解石两种矿物的岩石力学弹性性质是有一定差异的。

为了更全面地表征岩石脆性指数,依据岩石空间体积平均弹性参数理论和配套的岩石力学实验和岩石矿物组分实验,强化了基础研究。研究认为:(1)岩石的杨氏模量随石英含量增加而减小,随方解石含量增加而增大;(2)随石英、方解石体积含量的变化,杨氏模量变化程度不大;(3)岩石泊松比随石英含量增加而急剧减小,随方解石含量增加而增大;(4)与杨氏模量相比,泊松比随石英、方解石体积含量的变化更敏感;(5)与方解石相比,石英对页岩脆性的贡献更大,泊松比 $\mu_{\text{石英}} < \mu_{\text{方解石}}$。

基于以上认识,同时考虑泥页岩中脆性矿物体积含量(石英、方解石)和相应矿物的敏感弹性参数对整体岩石脆性程度的贡献,提出声波矿物组分法。其具体表达式如下:

$$\text{BI} = \frac{\sum \frac{1}{\mu_i} V_i}{\mu_{\text{岩石}}^{-1}} = \frac{\frac{1}{\mu_{\text{石英}}} V_{\text{石英}} + \frac{1}{\mu_{\text{方解石}}} V_{\text{方解石}}}{\frac{1}{\mu_{\text{石英}}} V_{\text{石英}} + \frac{1}{\mu_{\text{方解石}}} V_{\text{方解石}} + \frac{1}{\mu_{\text{黏土}}} V_{\text{黏土}}} \tag{8-18}$$

应用三种岩石脆性计算方法对威远地区威×2井进行了评价，其中BRIT_SONIC为声波法计算脆性指数，BRIT_VPR为声波矿物组分法计算脆性指数，BRIT为矿物组分法计算脆性指数。由图8-87可知，声波矿物组分新方法计算的脆性指数与来源于阵列声波新技术的声波法具有同样的精度，与矿物组分法相比，当碳酸盐岩含量高时，新方法具有明显优势。

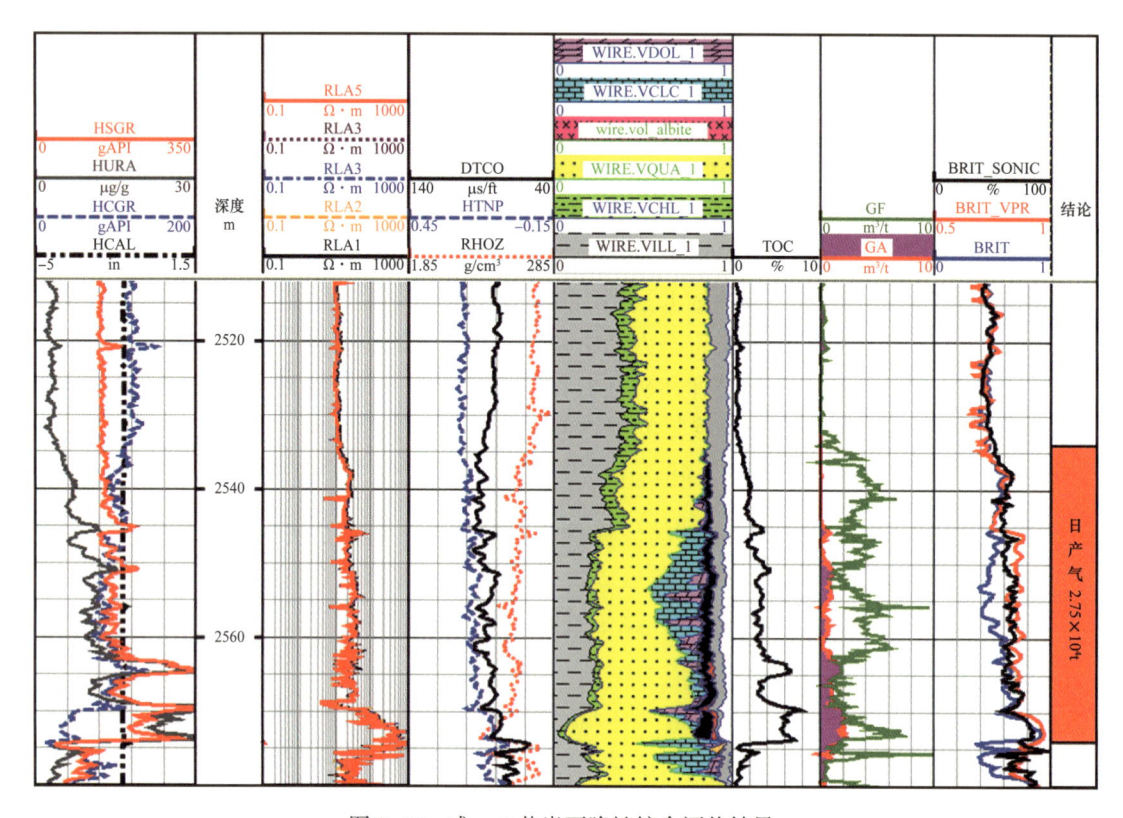

图8-87 威×2井岩石脆性综合评价结果

三、蜀南地区长宁构造宁×9井页岩气测井评价技术应用实践

宁×9井测井资料采集系列比较齐全，包括伽马、中子、密度、电阻率、能谱、声波扫描、电阻率成像、ECS元素测井。测井专业主要开展了储层识别、裂缝有效性评价、储层参数处理与评价以及生产测井和试油等方面跟踪分析。图8-88为宁×9井龙马溪组页岩气处理成果图。

1. 地层裂缝评价

宁×9井依据微电阻率成像资料，对于低孔、低渗页岩储层裂缝依成因可识别构造裂缝和非构造裂缝两大类，从裂缝的有效性可根据充填、半充填性质识别有效裂缝和无效裂缝，如图8-89所示。该井页岩储层裂缝产状差异较大，如图8-90所示，部分为充填缝，反映了成岩后期经过多期地质构造运动，前期形成的裂缝被其他原生或次生矿物不断充填，变成无效裂缝，而有效裂缝以后期构造运动形成为主。

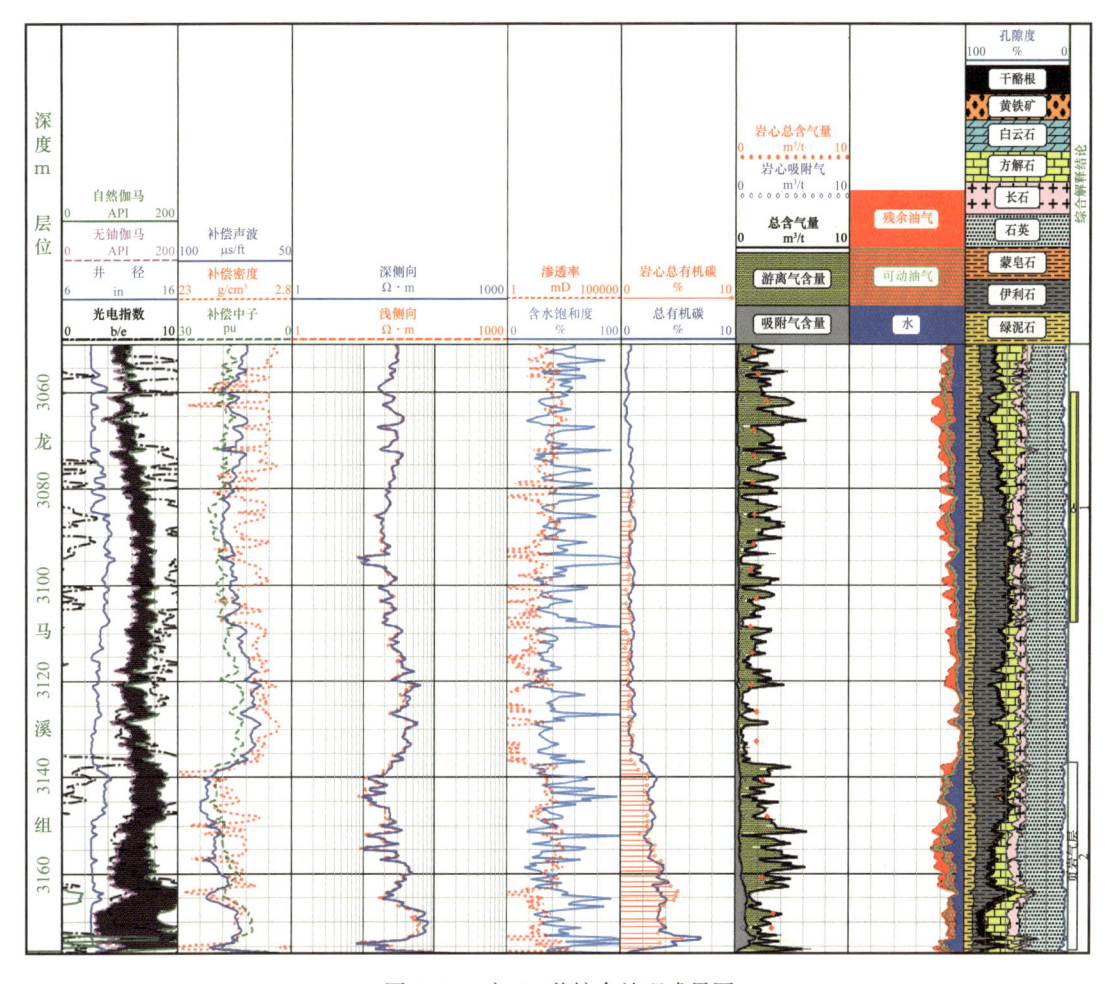

图 8-88　宁×9 井综合处理成果图

2. 储层识别与处理

页岩储层，尤其是优质页岩储层的定性识别是页岩储层评价的重点工作之一，依据优质页岩气储层测井响应特征规律的总结，开展宁×9 井页岩气层，特别是优质页岩气层的定性识别，大致划分有利页岩气层段。

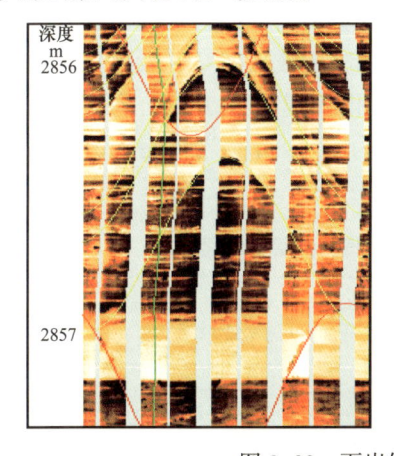

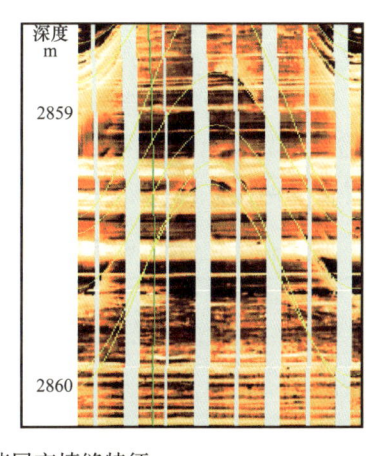

图 8-89　页岩储层充填缝特征

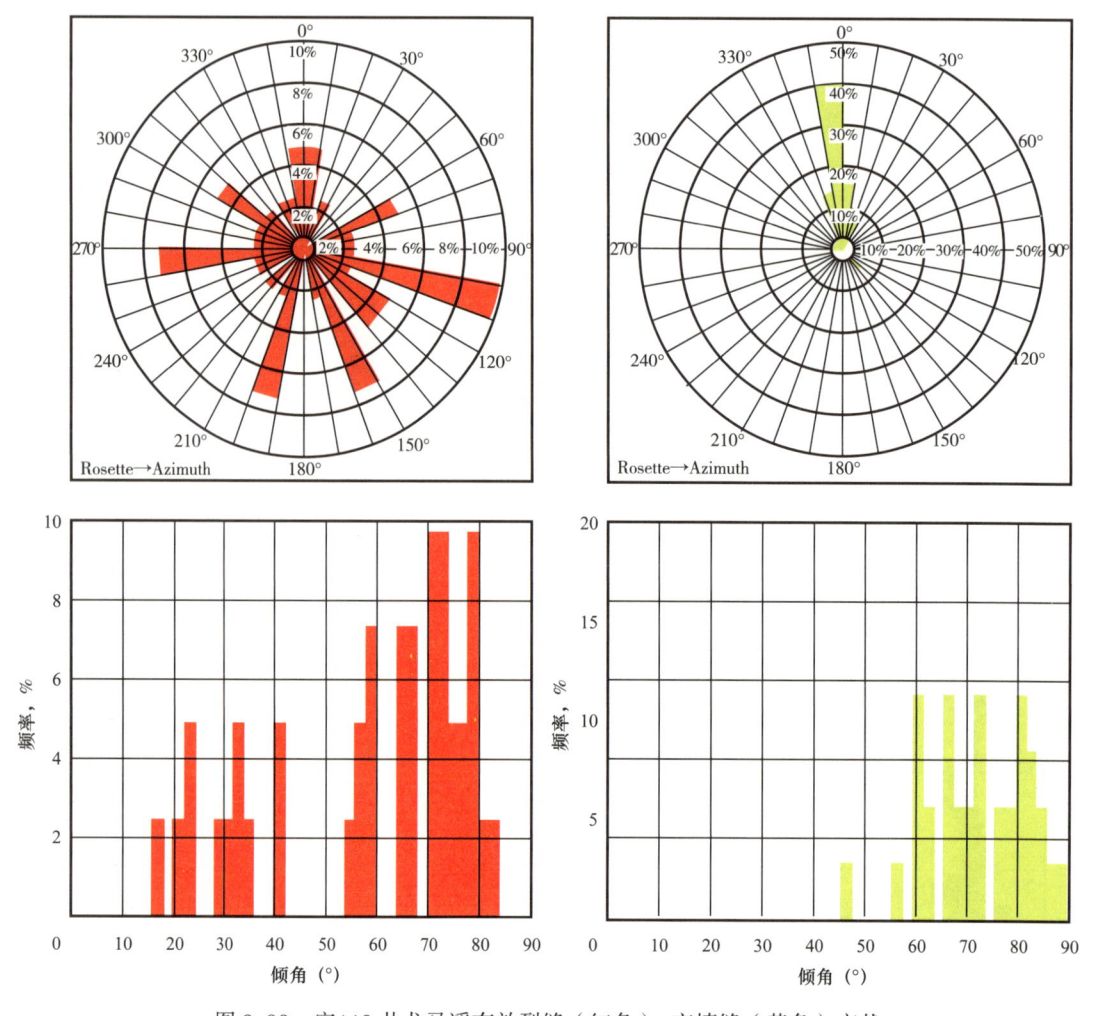

图 8-90　宁×9井龙马溪有效裂缝（红色）、充填缝（黄色）产状

按照页岩气储层评价思路和流程进行页岩气储层参数处理，首先利用能谱中的铀曲线依据经验公式计算总有机碳含量，以计算有机碳含量作为约束条件，利用常规资料结合ECS资料、采用最优化算法计算页岩岩石的复杂矿物组分含量和孔隙度；然后利用含水饱和度（参数经目的层岩电实验标定）经验公式计算页岩储层含水饱和度，再结合地层温度和地层压力，采用页岩岩心实验标定的兰格缪尔方程或新建立的吸附气方程计算页岩储层的吸附气含量、游离气含量等关键参数。再利用阵列声波测井结合岩石物理实验，计算页岩储层的岩石脆性指数及地应力参数。表8-9为宁×9井页岩气储层识别及处理评价的解释成果表，该井解释两段页岩气储层。

表 8-9　宁×9井页岩气测井解释成果

序号	井段 m	厚度 m	黏土 %	孔隙度 %	TOC %	吸附气 m³/t	游离气 m³/t	总气量 m³/t	结论
1	3060~3108	48	35	2.9	0.71	0.19	1.69	1.88	差气层
2	3137~3176	39	27	4.4	3.23	0.87	2.71	3.57	页岩气层

3. 储层综合评价

1#储层的资料处理显示，总有机碳含量为0.25%~1.07%，平均值为0.7%，总含气量为0.2~5.5m³/t，平均总含气量为1.88m³/t，平均黏土含量为35%，脆性矿物（石英、长石）含量较高，含一定的碳酸盐矿物，平均孔隙度为2.92%，有效裂缝较发育，录井分别在3067.5~3068m、3075.5~3076.5m、3093.5~3098m井段显示气测异常，测井综合解释为页岩差气层。

2#储层资料处理显示，总有机碳含量为0.6%~7.56%，平均值为3.23%，总含气量为0.6~8.1m³/t，平均总含气量为3.57m³/t，平均黏土含量为27%，脆性矿物（石英、长石）含量高，含少量的碳酸盐矿物，平均孔隙度为4.36%，有效裂缝较发育，录井分别在3144~3147.5m、3168.5~3171.5m井段显示为气测异常，该储层页岩气评价关键参数均比1#储层好，结合区域邻井资料，综合解释为页岩气层。

4. 试油建议与结果

根据宁×9井页岩气储层测井处理成果及储层品质评价结论，龙马溪组综合解释1号层为差气层，2号层为页岩气层，经综合分析建议对该两层进行测试，以弄清龙马溪组页岩气产能状况。

2012年8月，对龙马溪组3147~3170m、3059~3081m进行水力压裂试油，压裂液分别为2018m³和1918m³，共排液1450m³，生产测井解释分别产气为1.0172×10^4m³/d、0.2298×10^4m³/d。试油结果验证了测井解释的正确性。

小　　结

针对页岩气"源储一体"的成藏模式、高压吸附气与游离气并存、复杂的岩矿组成以及主要采用水平井钻探等特点，从测井岩石物理基础研究入手，重点围绕烃源岩、岩矿、物性、含气性、脆性等方面开展适用评价技术研究，建立了高精度TOC评价模型、适合于常规测井系列的复杂组分精细评价模型、高压地层吸附气计算模型、脆性评价模型、地应力计算模型等。页岩气储层测井评价技术系列已经在四川盆地目标区块开展了单井评价和多井分析，明确了主要成果参数的分布规律及有利"甜点"区分布范围。

参 考 文 献

[1] 贾承造，赵文智，邹才能，等.岩性地层油气藏地质理论与勘探技术［M］.北京：石油工业出版社，2008.

[2] 孙夕平，李劲松，郑晓东，等.调谐能量增强法在石南21井区薄储层识别中的应用［J］.石油勘探与开发，2007，34（6）：711-717.

[3] 孙夕平，张研，张尔华，等.大庆长垣萨尔图工区扶余油层低孔渗储层地震叠前描述［J］.中国石油勘探，2011，16（Z1）：148-156.

[4] 孙夕平，张研，张永清，等.地震拓频技术在薄层油藏开发动态分析中的应用［J］.石油地球物理勘探，2010，45（5）：695-699.

[5] 于永才，姚逢昌，孙夕平，等.品质因子估计与地震波衰减补偿研究［J］.科学技术与工程，2014，14（28）：9-15.

[6] 方兴, 孙夕平, 张明, 等. 基于AVO流体反演的储层孔隙度预测技术[J]. 石油地球物理勘探, 2012, 47 (3): 470-472.

[7] Fred J.Hilterman. 地震振幅解释[M]. 孙夕平, 赵良武, 等译. 张研, 校. 北京: 石油工业出版社, 2006.

[8] 杜世通, 宋建国, 孙夕平. 地震储层解释[M]. 北京: 石油工业出版社, 2010.

[9] 孙夕平, 周超. 小尺度边缘特征地震检测技术研究[J]. 石油地球物理勘探, 2011, 46 (1): 121-125.

[10] 赵文智, 邹才能, 冯志强, 等. 松辽盆地深层火山岩气藏地质特征及评价技术[J]. 石油勘探与开发, 2008, 35 (2): 129-142.

[11] 赵文智, 邹才能, 李建忠, 等. 中国陆上东、西部地区火山岩成藏比较研究与意义[J]. 石油勘探与开发, 2009, 36 (1): 1-11.

[12] 邹才能, 赵文智, 贾承造, 等. 中国沉积盆地火山岩气藏形成与分布[J]. 石油勘探与开发, 2008, 35 (3): 257-271.

[13] 杨辉, 张研, 邹才能, 等. 松辽盆地北部徐家围子断陷火山岩分布及天然气富集规律[J]. 地球物理学报, 2006, 49 (4): 1136-1143.

[14] 文百红, 杨辉, 张研. 中国典型火山岩油气藏地球物理特征及有利区带预测[J]. 中国石油勘探, 2006, 11 (4): 67-73.

[15] 杨辉, 宋吉杰, 文百红, 等. 火山岩岩性宏观预测方法——以松辽盆地北部徐家围子断陷为例[J]. 石油勘探与开发, 2007, 34 (2): 150-155.

[16] 王玲, 张研, 杨辉, 等. 火山岩天然气藏评价技术研究[J]. 石油地球物理勘探, 2008, 43 (5): 540-548.

[17] 杨辉, 文百红, 张研, 等. 准噶尔盆地火山岩油气藏分布规律及区带目标优选方法——以陆东—五彩湾地区为例[J]. 石油勘探与开发, 2009, 36 (4): 419-427.

[18] 杨辉, 文百红, 戴晓峰, 等. 火山岩油气藏重磁电震综合预测方法及应用[J]. 地球物理学报, 2011, 54 (2): 286-293.

[19] 孙龙德, 撒利明, 等. 地球物理技术在深层油气勘探中的创新与展望[J]. 石油勘探与开发, 2015, 42 (4): 414-424.

[20] 徐礼贵, 夏义平, 刘万辉. 综合利用地球物理资料解释叠合盆地深层火山岩[J]. 石油地球物理勘探, 2009, 44 (1): 70-74.

[21] 杜金虎, 赵邦六, 王喜双, 等. 中国石油物探技术攻关成效及成功做法[J]. 中国石油勘探, 2011, 16 (5): 1-7.

[22] 赵文智, 沈安江, 胡素云, 等. 中国碳酸盐岩储集层大型化发育的地质条件与分布特征[J]. 石油勘探与开发, 2012, 39 (1): 1-12.

[23] 赵邦六, 张颖, 等. 中国石油地球物理勘探典型范例[M]. 北京: 石油工业出版社, 2005.

[24] 杜金虎, 等. 古老碳酸盐岩大气田地质理论与勘探实践[M]. 北京: 石油工业出版社, 2015.

[25] 隋京坤. 地震不连续性检测方法研究[D]. 北京: 中国石油勘探开发研究院, 2015.

[26] 魏超, 郑晓东, 李劲松. 扩散蒙特卡罗反演方法及应用[J]. 石油地球物理勘探, 2011, 46 (2): 267-271.

[27] 戴金星. 中国天然气地质学（卷一）[M]. 北京: 石油工业出版社, 1992.

第九章 结 语

在国际油价持续低迷的背景下，中国油气勘探同时又面临着资源劣质化、对象复杂化的挑战，如何寻找优质资源，实现效益勘探是当前中国石油迫切需要解决的问题。从产出现状看，大型—巨型沉积盆地仍然是当前增储上产的主力贡献者。在宏观地质规律基本明确的情况下，如何实现老探区勘探的可持续性，是当代石油地质工作者所需要解决的实际问题。从长远发展看，非常规油气资源是未来人类利用资源的必然选择，其在世界能源结构中比重会逐步加大。如何实现致密油、致密气、页岩气、页岩油等非常规油气资源的效益勘探是上游业务发展面临的现实问题。从接替领域看，中—新元古界及深层—超深层油气资源勘探已经取得了突破性进展。如何进一步深化地质认识，是解决潜在领域向现实领域转化的基础问题。

从第四次资源评价结果看，中国常规剩余油气资源仍较丰富，主要分布于岩性地层（碎屑岩）、海相碳酸盐岩、前陆盆地、复杂构造/复杂岩性和海域等五大领域，是未来勘探重点领域，一批有利现实区带可保证较长时间稳定增储，但勘探难度将日趋加大，新增储量品位下降趋势将更加明显，对新理念、新技术和新机制提出更高要求。非常规油气资源潜力更大，其中致密油、致密气、页岩气、煤层气等4类主要非常规资源现实性好，随着技术进步和成本下降，有望实现快速发展，将在未来储量、产量结构中占据重要地位。总体来看，未来随着主要盆地勘探程度不断提高，对资源评价的需求将更为常态化，对一些重点新领域及时开展动态评价将更为频繁，而评价对象将由过去的常规油气为主逐步转变为以深层及非常规油气为主，而且常规、非常规之间的关联性将更强，评价结果也将随着勘探程度、认识程度提高而更为客观、准确。

未来油气资源评价技术发展趋势将主要体现在三个方面：一是对评价方法适用性和模型可靠性提出更高要求，具体评价中更多采用多种资源评价方法组合，相互验证，减少或尽量消除因评价方法局限和评价人员参数取值主观性造成的评价结果不确定性，提高资源定量估算结果的准确性；二是加强油气资源空间分布定量预测技术研发和应用，更加准确评价待发现油气资源量及其分布，未来技术发展方向是综合使用地质学、统计学、经济学、计算机科学、运筹学等多学科、多领域知识，充分利用已有地质资料，建立资源空间分布模型，达到预测油气资源空间分布的目的；三是研发常规、非常规资源一体化评价技术，通过建立合理地质模型，研发针对性评价新技术，实现对某一盆地或地区常规及致密油、页岩油、页岩气等非常规资源的统一评价，更好体现常规与非常规油气资源可追根朔源的成因联系和有序分布，服务油气勘探实践。

古老碳酸盐岩区由于地质演化历史长，多期构造叠加严重，油气成藏过程复杂，勘探与认识程度还很不够，规模勘探仍然面临很多科学问题。未来应在前期研究基础之上，向"更古老""超深层""更复杂"的领域拓展，进一步完善小克拉通碳酸盐岩油气地质理论的同时，积极探索中—新元古界油气生成与成藏条件、资源潜力与勘探方向。在古老碳酸盐岩油气成藏有效性研究及评价方面，从"源、运、聚"等方面明确成藏有效性机制，进一步搞清古老碳酸盐岩油气成藏与富集的主要控制因素，并形成相应的评价方法；在下古生界大油气田富集规律与有利区带评价方面，从已知大油气田解剖和下古生界构造—层序格架建立入手，明确克拉通盆地演化不同阶段的构造差异以及这种构造差异对碳酸盐岩层序特征和成藏要素空间分布的影响，总结海相碳酸盐岩大油气田成藏模式、形成条件与分布主控因素，建立有利区带评价方法和流程；针对前寒武系古老含油气系统，立足华北、上扬子和塔里木地区三大克拉通中—新元古界，开展前寒武系烃源岩分布及生烃潜力评价、中—新元古代盆地原型特征及古地理演化、中—新元古界生储盖组合特征及油气资源潜力评价等方面基础研究工作，为拓展新领域提供理论指导。

碎屑岩勘探区仍需发展完善以沉积储层和油气成藏为主的地质理论。一是立足"源—汇"系统开展含油气盆地沉积体系精细刻画，"源—渠—汇"系统研究是国际地质领域的重大前沿科学问题，强调从物源地貌、搬运通道及沉积体系的分布、耦合及演化规律分析地质历史过程中的沉积作用与机理，为生、储、盖及岩性—地层油气藏的分布预测提供重要依据，有效指导油气勘探。下一阶段要重点开展湖盆边缘冲积扇—扇三角洲等粗粒沉积体系分布规律、砂砾岩储层非均质性评价、深部储层保持机理与有效性评价等研究，预测有利储集相带。二是立足古生代克拉通盆地，加强海相、海陆过渡相三角洲—滨岸体系、富有机质页岩分布规律与规模储层预测研究，拓展新的勘探领域。三是立足岩性地层大油气区，深化大面积成藏机理与油气分布规律，指导勘探部署与目标评价。四是立足远源、次生岩性地层油气藏群，重点开展输导体系刻画、成藏机理及分布规律等研究，拓展油气勘探潜力。

非常规油气资源探测同样面临着严峻挑战，需要通过科技创新最大限度提高采收率及通过管理创新最大限度降低成本，进一步加强对非常规油气富集甜点的预测。包括：（1）"甜点"综合识别技术，利用地球物理方法，联合微地震及岩心数据，通过大数据分析识别"甜点"，有效降低成本；（2）人工神经网络法，将已知井的井位坐标、地震、测井、储层等油田数据应用于训练集，根据工作流程生成模型，可客观确定未钻目标区，提高工作效率和经济效益；（3）GeoSphere 油藏随钻测绘技术，可对 30m 范围内的地层进行全方位的连续成像，在井眼四周空间内探测油藏"甜点"并优化井眼轨迹，降低钻井风险；（4）核磁共振（NMR）因子分析技术，通过核磁共振测井和先进的光谱数据把干酪根中的液态烃分离出来，可识别流体类型和孔隙特征，计算含油量，识别"甜点"。另外，开发少水和无水压裂技术以及大平台丛式水平井开采技术等，做好非常规油气资源提高采收率技术攻关，努力实现非常规油气大规模有效开发利用，推动非常规油气规模效益发展再上新台阶。未来页岩油的发展主要取决于开采技术方法的突破，如页岩油原位转化技术的突破和商业化开采。

地球物理技术则需要针对成熟探区常规优质资源，在现有地质认识指导下，围绕地质评价需求开展目标采集、目标处理，积极推动地质与物探、采集与处理、勘探与开发三个一体化工作，充分挖掘现有资料与技术潜力，为有利区带、目标评价奠定基础。对于非常规油气资源，要充分借鉴国外经验，将地质评价与地震、测井、钻井、储层改造等工程技术紧密结合，通过降低操作成本实现资源接替。对于深层—超深层潜在领域，重点是强化重磁电震综合地球物理技术研究与应用，努力降低地质解译多解性，为深化地质认识奠定扎实的资料基础。

实践出真知，创新无止境。油气勘探的可持续发展和重大突破，仍然需要依靠在地质理论认识和勘探技术方面的创新发展。例如，从地球系统观的角度出发，探索重大地质事件与油气资源形成的相关性；立足"源—渠—汇"系统研究，实现对多类沉积盆地的油气勘探；大力发展非常规"甜点"预测技术，提高勘探效率，降低成本效益；借助"大数据""地质云"等信息平台，有效深化综合地质研究，提高勘探成功率等。